湖泊学

Limnology

沈 吉 刘正文 羊向东 张运林
朱广伟 吴庆龙 江和龙 薛 滨 编著

高等教育出版社·北京

内容简介

湖泊学是揭示湖泊生态系统演变过程与机理的科学，是涉及物理学、化学、生物学和地质学等诸多学科的交叉学科。我国湖泊分布广泛，很多位于亚热带，且多属浅水湖泊，其起源、理化性质和生物群落特征等方面与其他国家存在差别。本书在丰富国际湖泊学理论的同时，主要依据我国湖泊研究成果进行撰写，从湖泊学的基本概念和发展历史着手，介绍了湖泊的形成与演化历史、湖泊类型以及空间分布特征。在此基础上分章阐述湖泊地质、湖泊物理学、湖泊化学、湖泊生物学的主要内容，并针对我国湖泊的特征，列举了部分应用案例。最后介绍了我国近年来主要实施的湖泊污染治理和生态修复工程。

本书可作为湖泊学、生态、环境、地理及地质等相关专业高校师生的专业课学习用书，也可供相关科研人员和管理人员参考。

图书在版编目(CIP)数据

湖泊学 / 沈吉等编著. -- 北京：高等教育出版社，2020.9

ISBN 978-7-04-054804-4

Ⅰ. ①湖… Ⅱ. ①沈… Ⅲ. ①湖泊学 Ⅳ. ①P343.3

中国版本图书馆 CIP 数据核字(2020)第 142393 号

策划编辑 关 焱　　责任编辑 殷 鸽　　封面设计 张 楠　　版式设计 张 杰
插图绘制 于 博　　责任校对 张 薇　　责任印制 赵义民

出版发行 高等教育出版社
社　　址 北京市西城区德外大街4号
邮政编码 100120
印　　刷 北京盛通印刷股份有限公司
开　　本 787mm ×1092mm　1/16
印　　张 40.75
字　　数 980千字
插　　页 3
购书热线 010-58581118
咨询电话 400-810-0598
网　　址 http://www.hep.edu.cn
　　　　 http://www.hep.com.cn
网上订购 http://www.hepmall.com.cn
　　　　 http://www.hepmall.com
　　　　 http://www.hepmall.cn
版　　次 2020年9月第1版
印　　次 2020年9月第1次印刷
定　　价 268.00元

物 料 号 54804-00
审 图 号 GS(2020)2888号
HUPOXUE

序

虽然人们对湖泊的探索可以追溯到 15 世纪，但对湖泊进行综合研究始于 19 世纪下半叶。1892—1902 年，瑞士学者 Francois A. Forel 陆续发表的湖泊综合研究专著《莱芒湖（日内瓦湖）：湖泊学》（*Le Léman：Monographie Limnologique*）（共三卷），标志着湖泊学（limnology）的诞生，因此 Forel 被誉为"湖泊学之父"。正如 Forel 在解释湖泊学概念时所述，与海洋学一样，湖泊学是关于湖泊的地理学研究，最恰当的英文名称应该是"limnography"，但由于一个相近的词已存在（即"limnograph"，指湖泊水位测量仪），为避免歧义，Forel 把湖泊学取名为"limnology"。由此可见，跟海洋学一样，湖泊作为一个地理单元，其研究具备综合性和多学科交叉的特点。

随着相关基础学科知识的积累和研究手段的发展，学科分化日益精细，学科分支不断增多，科学家对自身领域问题探究的深度不断增加。这种趋势也体现在湖泊学研究中，科学家更多关注自身分支学科中问题的探索，大团队的协作越来越少，研究的碎片化现象日益严重。作为综合性强的交叉学科，湖泊学发展面临严峻的挑战。湖泊是重要的自然资源，与人类社会发展息息相关，其功能包括灌溉、饮水、航运、防洪、旅游和水产养殖等诸多方面，湖泊学研究内涵无疑也会受到社会发展需求的影响。20 世纪中叶，人们普遍关注的科学问题主要是水体生物生产力开发，而研究者多为水生生物学家或水产领域的专家。到了 20 世纪末，水污染和生态系统退化引起的湖泊富营养化问题凸显，生态和环境问题得到更多关注，但"limnology"被简单地作为淡水生态学的误解始终没有消除。然而，湖泊中任何现象或特征都是系统中多因子相互作用产生的结果，要准确了解湖泊系统的结构与功能及其变化，必须有生物学、物理学、化学、地质学、气象学甚至数学等多学科的参与。例如，湖泊起源对揭示生物多样性形成过程与机理至关重要，而湖泊所在的区域地质背景对了解湖泊环境演变规律和制定环境质量标准十分关键。

我国湖泊资源丰富，面积大于 1 km^2 的湖泊就有近 2 700 个。然而，我国湖泊学研究起步较晚，真正意义的湖泊学研究还是始于新中国成立之后。湖泊学教学与人才培养滞后，缺乏适应我国湖泊特征的湖泊学专著。在中国科学院南京地理与湖泊研究所成立 80 周年之际，欣悉该所沈吉研究员组织有关科研人员主要依托我国湖泊学研究成果，编写了这本湖泊学著作。该书涵盖了经典湖泊学的知识与原理，包括湖泊地质学（湖泊起源与演化）、湖泊物理学（光学、水动力学等）、湖泊化学和湖泊生态学，还就当前湖泊面临的环境问题进行了分析，并介绍了湖泊水环境治理与生态系统修复的原理和方法。该书充分体现了湖泊学的综合性与多学科交叉属性，并兼顾解决湖泊环境问题的实用性。我相信该书的出版将对我国湖泊学研究和人才培养事业的发展起到重要的作用。

中国科学院院士

前言

湖泊具有的经济价值和文化价值与生产力发展、人类社会的经济需要密切相关,值得进行必要的研究。随着社会向更高的发展阶段过渡,产生了日益广泛的对于自然资源利用的要求,其中当然也包括湖泊。湖泊的使用价值是多方面的,这就使得人们有必要了解关于这类水体的各方面情况。早在湖泊学成为一门独立的学科之前,湖泊就已经从两个方面引起了人们的注意。一方面,淡水湖提供捕鱼的场地;另一方面,盐湖可以发展采盐业。湖泊不仅是人类生存与发展所必需的重要水源之一,也是兴农兴渔和水上交通的物质基础,一些湖泊还是重要的文化遗产,给人类提供了超物质的精神享受。

湖泊学的发展密切联系着其他相关学科,首先是生物学、自然地理学和水文学,之后又与水化学、水物理学、地质学的发展有密切的联系。当研究某一门学科的发展历史时,首先须了解这门学科各个时期在方法上和理论上的发展,了解其发展历史、经典理论、主要学术组织和代表人物等。但是,全面地讲述湖泊学发展历史乃是专门著作的任务。在本书有限的篇幅中,我们不可能充分地按照年代序列进行说明,只能局限于对湖泊学不同发展阶段的主要方向和研究成果做出概述,列举一些最杰出的、对湖泊学有重要推动作用的工作。

湖泊学界曾因大量的经费被投入应用领域而引发了一场大辩论。辩论范围极其广泛,从科学研究的目的、基础与应用科学的优缺点,到长期生态系统监测与短期简化的基础科学研究的重要性等,都囊括其中。令人鼓舞的是,因为此番辩论,湖泊学的内涵得以丰富,发展得更加生机勃勃。此外,投入应用研究的经费也被允许进行部分基础科学研究。基础与应用研究的结合对湖泊学的发展具有里程碑式的意义。一方面,关于应用问题的研究有助于湖泊学家从中推导归纳出普适性原理;另一方面,基础研究是应用研究与技术开发的源泉,如基于食物网研究发展起来的生物操纵在湖泊、湿地、水库等水体的管理工作中得到了广泛的应用。

但是,我国湖泊学研究起步较晚,缺少系统性论著,目前国内教学使用的大多是国外生态学家与湖泊学家所出版书籍的译著。同时,国内高校与研究所尚未设置湖泊学专业,一定程度上阻碍了我国湖泊学的发展、人才培养与学科建设。因此,十分有必要编写一部湖泊学著作。本书需要提请读者注意以下几个问题:

第一,湖泊学仍是一门发展中的学科。学者对湖泊学的认识是一个逐步发展的过程,研究对象从水生生物个体到种群、群落,再到整个生态系统,包含了生物、气候、水文、地质、物理和化学等多门学科知识。因此,本书只能对迄今为止湖泊学的发展做简要的介绍与解释。一本用来介绍某个学科的著作不应该也不可能面面俱到,而是应该让读者认识到它的发展与变化。只有认识到湖泊学的不完整性,学生才能用批判的态度从教科书和学术论文中获得知识。爱因斯坦曾经说过做任何事情都必须尽可能简单,但又不能过于简单。尽管简明扼要是必需的,但本书仍试图从湖泊的物理、化学、生物、地质成因等角度做出说明,以使读者能够初步了解湖泊学具有的多学科特性。

第二,无论是本科生还是研究生,乃至专业的研究人员,都应当注意的一点就是如何在学术观点和数据之间找到平衡。研究人员从各自研究领域中得到的数据分析与结论通常都带有强烈的个人研究背景与专业色彩,毫无疑问,不同领域的科学家对同一批数据很有可能得出完全不同甚至相反的结论,这就使得初学者难以辨别结论的客观性与可靠性。因此,对于专业的学术问题则需要读者阅读专业刊物中的学术论文,形成自己的判断与见解。

第三,务必注意研究尺度问题,对任何研究模式的解释均取决于该研究中所使用的时间、空间和分辨尺度。正如 Fisher(1994)指出,在一个尺度得到的结果和解释在另一个尺度里可能是不恰当甚至是错误的。这个观点并没有引起研究者足够的注意,在不同学科或从事不同尺度研究或采用不同方法构建数据模型的科研人员之间引发争论。实际上,我们认为,生态学或湖泊学研究并不存在“最佳”尺度。研究的重要性或质量与所采用的尺度无关,仅与所研究的问题和结论是否明确相关。从事大尺度比较研究的湖泊学家常常偏好使用统计模型,关注点在于一个气候/地质区内多个生态系统的群集特性(如浮游植物生物量、鱼产量、磷释放)的季节或年际响应。在大尺度研究中,营养物的供应、流域水文条件和湖的形态起着非常重要的作用。与此相比,从事机理、过程和种间竞争的研究人员则重视单个系统内的研究,他们采用实验手段在较小的时间尺度(小时或天)对系统进行研究。在小尺度研究中,围隔外的因子或环境变化对机理和过程的影响不大。这两组研究人员各有不同的研究目标,以不同的时空尺度研究,采用不同的模型和手段,因此在影响湖泊功能的因子上得出不同的结论。在把生态系统各组分的短期研究尺度上的结论推广至全系统的长期行为的可能性这个问题上,两组研究人员常常存在分歧。例如,大部分的实验工作建立在少量体积的水体和沉积物的检测和操纵的基础上,然后将数据和结论推论到整个浮游生物群落。许多研究使用的重复太少,周期太短,不能得出确凿的无懈可击的结论。因此,我们今后的研究应着重考虑:一是单个系统的多年研究;二是多个系统的比较分析;三是全系统的控制实验;四是把单组分特征性状与变化过程、机理联系起来的模式。

在不同时间和空间尺度上研究得到的生态学模型,是预测其他内陆水体或生物行为模式的基础。如果早期的模型不适用于后来的研究结果,则必须考虑模型修正甚至重建。这些新的研究结果可能会引导新的科学假设的提出。湖泊学及生态学的主要问题之一就是许多研究是在没有任何数据的情况下提出论点或假设,或者是在得到数据之后才提出假设。因此,文献中的假设不断增加,而这些假设未必得到检验,甚至由于假设不严谨而无法检验。最严重的问题是,久而久之,有些未经证实的假设在经过多次使用之后被视为事实或基本概念。

> “我一直在努力保持我的思维不受禁锢,任何假设一旦被证据否定,我就立即放弃。我不记得有任何一个假设在这种情况下不被放弃或不做重大修改。”
>
> ——查尔斯·达尔文

第四,湖泊学将湖泊、河流和湿地系统视作研究对象,湖泊、河流和湿地系统的本质并没有截然不同,事实上这三类水体构成了一个连续的系列。河流汇入湿地或湖泊,湖泊和湿地则通过提供生物、有机物、营养物和污染物而影响下游的河流。这些系统相互关联,研究者如果孤立地看待这些水体,就不能对水系统有深入的认识和理解。在生态系统的水平上进行研究，既是把研究置于一个较高的层次，也是研究者与水生生态学家、水文学家、生物地球化学家和陆地生态学家进行跨领域合作的重要基础。在一个尺度或生物组织水平上的研究所获得的数据不但对该研究本身具有重要意义，还能够为其他生物组织水平的研究提供参考与借鉴。湖泊学把生物物种按功能划分并不意味着只有这些研究才重要，而是因为这种方式的研究更容易得出较为普适性的结论；同样，对比研究除了有助于了解不同系统的异同点之外，也能够为单个系统或组分的研究提供框架和思路。

长期以来，湖泊学的研究大多集中于北温带湖泊、溪流和湿地，因此获得的知识多局限于同一个气候区，但低纬度地区的气候与水文条件具有明显不同于北温带的特点，因此，本书将对各地区各种不同的水体类型进行介绍，以便读者对不同地区的湖泊特征及成因有较为全面的了解。

作为湖泊学研究者，我们的工作之一是将我们掌握的知识（研究结果）传达给学生和更广泛的公众。对于我们的社会而言，拥有信息灵通、善于表达、积极参与、有思想的公民来应对未来的挑战至关重要。水管理依赖于长期的基础研究，尤其是系统水平的研究，因为许多环境问题在系统水平上会暴露无遗。在当下全球环境问题日益凸显之时，正确的科学决策需要研究者能够提供更准确的数据，提出能够更系统和全面地解决问题的措施。为此，除了积极推进湖泊学专业的设立之外，也要积极有效地为政策制定者、管理者和公众及时传达知识与信息，以达到共同保护、合理利用水资源的目的。

本书由中国科学院南京地理与湖泊研究所科研人员集体编写完成，各章主要编写人员如下：第 1 章由刘正文和苏雅玲组织编写；第 2 章由薛滨、马荣华和张风菊组织编写；第 3 章由沈吉、羊向东和吴敬禄组织编写；第 4 章由张运林、胡维平、吴挺峰、彭兆亮、邓建明、张毅辉和刘淼等编写；第 5 章由朱广伟组织编写；第 6 章由吴庆龙、邢鹏、史小丽、陈非洲、关保华、蔡永久、张又、毛志刚和李化炳等编写；第 7 章由江和龙、尹洪斌、陈开宁、张路、丁士明、钟继承、潘继征、冯慕华、李文朝、史小丽、晏再生、宋娜、申秋实、张民、于洋和阳振编写。全书由沈吉和刘正文负责统稿并审定。

本书的出版得到中国科学院南京地理与湖泊研究所研究生部和湖泊与环境国家重点实验室的大力支持，作者谨以此书献给中国科学院南京地理与湖泊研究所建所 80 周年。

由于本书内容广泛，涉及学科众多，书中不足之处在所难免，敬请广大读者批评指正！

沈　吉　刘正文

2020 年 2 月于南京

目录

第 1 章　湖泊学概念与发展历史

1.1　湖泊学概念与内涵

湖泊学(limnology),也称湖沼学,作为一个学科已有一百多年的历史。瑞士洛桑大学的生理学教授 F. A. Forel(1841—1912)于 1892—1902 年陆续发表了湖泊学的第一部专著《莱芒湖(日内瓦湖):湖泊学》(*Le Léman*:*Monographie Limnologique*)(共三卷),从而宣告了这门学科的诞生。因此,Forel 被称为“湖泊学之父”。这部书是在他 1869 年出版的深水湖底栖动物专著的基础上写完的。Forel 认识到,生物、气候、水文、地质和理化环境之间存在密切关系,将湖泊视作一个综合系统。他将多个学科的研究方法运用到对日内瓦湖的研究中,包括地质学、物理学、化学、生物学和考古学。他把湖泊学定义为“湖泊的海洋学”,承认海洋科学的居先发展对湖泊学的影响。

> “本书是一本关于湖泊学的专著。对于‘湖泊学’这个新名词,我有必要解释一下,如有需要,我可能要为此道歉。我所描述的对象是地球的一部分,所以也是地理学的内容,正如海洋的地理学被称为海洋学。但是湖泊的面积再大,也不是海洋。它具有独特性,区域有限,与无边无际的海洋完全不同。我必须寻找一个更切实的词来描述我的工作,比如‘湖泊地理学’(limnography)。但是因为‘limnograph’(湖泊水位测量仪)是测量湖水水位的工具,我必须另外创造一个新词——湖泊学(limnology)。湖泊学是湖泊的海洋学。”
>
> ——Forel,1892

顾名思义,湖泊学是研究湖泊的科学。在古希腊语中,“limni”表示湖、池塘、潟湖或港湾。Forel 对湖泊学的定义局限于对湖泊的研究,广义的湖泊学研究对象不仅包括池塘和湿地,还包括河流与地下水。早在 1922 年在德国基尔举行的“国际理论与应用湖泊(沼)学学会”成立大会上,湿地、溪流或河流等水体也被纳入湖泊(沼)学的研究范围。本书将湖泊学的研究对象限定于湖泊,但值得注意的是,即使研究湖泊也必须了解入湖溪流或河流,不仅很多物质是通过入湖河流进入湖泊的,河流也是许多湖泊生物(如鱼类)的重要栖息地。

像海洋学一样,湖泊学是一门真正的综合学科,研究的目标是全面地了解湖泊系统。湖泊水体本身将湖泊学各个领域联合起来,湖泊学不是任何具体的空间和时间尺度、单独的物理、化学、地质或生物学研究(图 1.1)。湖泊学的物理分支包括研究水体的自然光学特性、水体运动和固体物质沉降过程等;化学分支涉及营养物质,溶解气体,来源于土壤、岩石、大气与生物的有机物和无机物互相转化,沉积物和水界面的化学作用等领域;地质学分支研究排水模式、径流、流域形态测量与湖泊形态随时间的变化等;生物学分支则包括有机体在内陆水域的分布与适应特征、有机体的功能和行为、有机体之间的竞争和捕食以及个体和群体的代谢活动等;此外,沉积物中过去事件的记录发展成古湖泊学。湖泊最初被理解为一个独立的生态系统,随着学科的发展,研究对象已经囊括了湖泊流域,越来越多的研究将湖泊视作湖泊-流域复合系统的一个组成部分。

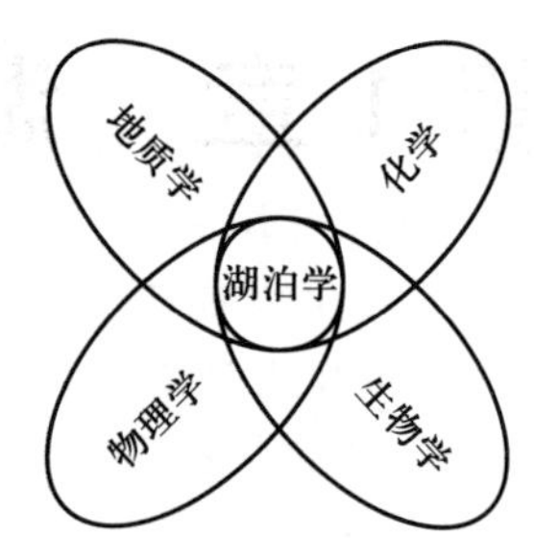

图 1.1　湖泊学——包含物理学、化学、生物学和地质学的综合学科

从生态系统水平揭示湖泊各种现象或过程是湖泊学的重要特征。由于湖泊中的物种非常丰富,在研究中常常将其划分为不同的功能单位。例如,我们将几千种溶解性有机物统称为溶解性有机碳,把不同形态的磷归为总磷。尽管这些分类方法已被广泛使用,且相关研究工作已经硕果累累,但对单个物种或物质的研究仍然是湖泊学的重要组成部分,必须加以重视。在一个尺度或生物组织水平(如物种或化合物)获得的重要数据不但对该研究本身具有价值,还可为其他生物组织水平的研究提供思路。湖泊学侧重于水体系统水平的研究,把生物物种按功能群划分或使用整合尺度并不意味着只有这些研究才重要,而是由于这些尺度水平的研究更容易得出较为普遍的结论。同样,对比研究并不是因为它的内在重要性,而是因为对比研究为特定组分或单个系统的特征分析提供了一种途径。

局限于湖泊本身的研究很难全面地理解湖泊生态系统,必须同时了解其流域状况和大气环境。例如,湖泊的生物学特征在一定程度上是种间或多个物种的集合体之间相互作用的结果,是有机物和营养物流动的反映。过去的长期研究多集中于物种竞争与捕食-被捕食的关系,但是,生物相互作用所需的能量和营养最终来源于湖泊之外。光合作用所需的光能、从植物到动物的能量和营养均从大气中获得,因而支持生物的营养物最终从陆地流域或有时从大气中获得。许多陆地有机物进入水体,从而成为水生植物制造的有机物的重要补充。因此,湖泊的生物学特征在很大程度上由区域和流域的特点最终决定。

湖泊学专著极少讨论湖泊水体与陆地以及大气环境的关系,忽视流域和大气就不能很好地了解湖泊生态系统,而流域和大气受人类活动的影响极大。为了更好地了解人类和环境的影响,一些学者已经开展了湖泊酸化、环境污染等方面的研究。这些工作能够把基础科学与应用研究和资源环境管理联系起来,有利于更好地推动研究成果在水管理中的应用。

1.2　国际湖泊学发展历史

尽管 Forel 教授 1902 年完成了专著《莱芒湖(日内瓦湖):湖泊学》,从而宣告了湖泊学学科的诞生,但早在 1650 年,B. Varenius(德国/荷兰)就开始了湖泊学的研究,基于有无溪流进水对 4 个湖泊类型进行了划分。依据不同学科的原理对湖泊进行分类,往往导致多种分类方法,如根据其地质成因分类。

1922 年,拥有 401 名建会会员的"国际理论和应用湖泊(沼)学学会"(SIL)在德国成立。会员几乎覆盖五大洲,这对于湖泊学的发展具有里程碑式的意义。此后,湖泊学的发展随着时代的发展而变化。湖泊学的发展历程大致为:20 世纪 20—30 年代重点研究湖泊分类;50—60 年代重点研究营养等级和能量流动;70—80 年代重点研究磷循环,同时在氮的作用、鱼类和浮游动物对营养级联和浮游植物群落结构的影响(下行效应)、细菌等微生物的作用以及水生态系统中微型浮游动物对藻类生产力和有机质与营养盐流动的作用等方面开展了大量工作;20 世纪 80 年代后期开始,转移到营养污染、酸雨和有毒化学物质等应用研究上。这期间微生物生态学和古湖泊学取得重大进展;群落结构和功能以及鱼类的作用的定量研究也取得显著进展,使鱼类生态学重归湖泊学怀抱;磷、氮和污染物循环和归趋得到阐明;水温、浑浊度和植物生物量的遥感监测方法取得进展等。

1.2.1 欧洲湖泊学发展历史

Kalff 在 2002 年对早期的湖泊学工作进行了总结,包括不同湖泊系统比较以及浮游植物和浮游动物动态。第一次世界大战之前,大部分的湖泊学工作者都主要研究单个湖泊的理化因子和生物种类,例如,H. T. de la Bèche(英国)在日内瓦湖首次发现变温层(温跃层);1888 年,第一个淡水实验室在捷克的波希米亚建立;1893 年在德国普伦湖也建立了实验室(研究站)。这些工作为后来的湖泊分类打下了基础。20 世纪前 10 年最富影响力的欧洲湖泊学家可能是 C. Wesenberg-Lund(丹麦,1867—1955),他的工作在当时是超前的。他指出了开展模拟实验对获得明确结论的重要性,同时提出了进行多个湖泊的比较分析而不局限于单个湖泊。他针对丹麦湖泊浮游生物和沿岸带动物做出了卓越的研究。与此同时,F. Nipkow(瑞士)报道,莱茵湖沉积物具有明显的年代分层。30 年后,古湖泊学发展成为一门独立的学科。与此同时,湖泊学家对遥远的热带非洲湖泊进行了调查。接踵而来的是采样工具的研制和用于水质分析技术的发展。

在欧洲从事湖泊学研究的学者中,A. Thienemann(德国,1882—1960)和 E. C. L. Naumann(瑞典,1891—1934)是两位杰出的学者。他们是国际理论和应用湖泊(沼)学学会的发起人。这个学会至今仍是凝聚世界各国湖泊学工作者的核心组织之一。把“理论”和“应用”放在学会名称中代表他们对湖泊学两个不同研究方向的认可。曾经,这个认识并未得到广泛认同,渔业生物学、污水生物学和水文学逐渐从湖泊学独立出去。然而,由于最近对环境影响的关注和对湖泊全系统认识的需要,这些学科有重归湖泊学的趋势。

Thienemann 是一位杰出的、声誉卓著的湖泊学家,也是生态学家。他不但从事昆虫个体研究(个体生物学),而且是功能群(生产者、消费者和分解者)分类研究的创始人。早在 1914 年他就开始从事这项工作,为后来的水体能流和生态系统概念的提出奠定了基础。20 世纪 20 年代后,Thienemann 主要致力于水生昆虫(摇蚊)个体生物学、分布和分类研究。他研究静水水体摇蚊生态学的目的是利用它们作为水体的指示生物,而不是把摇蚊作为昆虫生态学的代表。R. L. Lindeman(1942 年)在他富有影响力的关于水体营养级和能流的论文里也提到 Thienemann 关于湖泊营养循环和食物网结构的概念。

Thienemann 有关湖泊作为系统或单位的概念得到欧洲湖泊学家的认同,在某种程度上也得到北美著名学者 Birge 和 Juday 的支持。第二次世界大战期间,Thienemann 在欧洲的影响力是巨大的,其影响力在其他湖泊学家之上,包括 E.C.L.Naumann(瑞典)、

C. Wesenberg-Lund（丹麦）、F. Ruttner（奥地利）、K. M. Strom（挪威）、W.H. Pearsall（英国）、L.L. Rossolimo（苏联）或 S.Yoshimura（日本）等。他除了高产（460 篇论文）之外，还独力编辑 *Archiv für Hydrobiologie*（《水生生物学报》）40 多年。

Naumann 对科学的贡献主要来源于他的直觉。1919 年，他提出湖泊 P、N、Ca 的浓度和浮游植物数量以及组成存在着直接的关系。因为当时还不能够测定水中营养盐浓度，Naumann 相信，浮游植物组成可以作为营养盐浓度的指示物。他借助贫营养（oligotrophic）和富营养（eutrophic），后来再加上中营养（mesotrophic）这些概念描述湖泊营养水平。这种特别的湖泊分类方法经受住了时间的考验，并被 Thienemann（1925）接受和修改。Thienemann 发现，这种分类方法不适用于有机物浓度高的有色湖泊（有色湖，也称腐殖质或褐色湖），Thienemann 将这类湖泊命名为腐殖营养（dystrophic）湖。与基于营养盐浓度的三类湖泊不同，第四类湖泊专指水色，尽管大多数腐殖营养湖也属于贫营养湖。

Naumann 在营养水平基础上进行湖泊分类的同时也认识到，湖泊本身是开放系统，来自陆地的营养供应把湖泊与流域联系起来。他的观点促使后来的能流和湖泊生产力概念的产生。这些概念对比较湖泊学研究和环境管理来说至关重要。但是，Wesenberg-Lund（1926 年）认为，Naumann 的观点存在着不确定性而且没有数据的支撑。当时 Naumann的影响力远远比不上 Thienemann，Thienemann 把湖泊看成封闭式系统、简单的功能单位或者如同 S. T. Forbes 所称的“微宇宙”（microcosms）。湖泊的功能只能在湖泊的内在结构范围去理解和描述。Forbes 的观点得到当时湖泊学家的认同，他们认为，湖泊是简单易于理解的系统。这个观点在 20 世纪吸引了大批生态学家去从事湖泊而不是流水系统或湿地研究。“湖泊作为功能单位”这一观点关注岸线以下发生的事件，从而降低了湖泊学家对于流域和大气对水体影响的研究兴趣。这种观点认识主导了 20 世纪 60 年代以前的湖泊学思想，即便在今天依然十分流行。

Thienemann 和 Naumann 及其同事在欧洲用分类索引的方法把湖泊按功能单位或超级组织单位进行划分。Thienemann 指出，“如果调查湖泊的布局，我们就会发现自然界的千变万化。如果要从科学的角度理解湖泊，我们就必须对湖泊的特征、模式和过程进行分类。”大部分从事湖泊学研究的人受过分类训练，而且迫切需要将迅速积累起来的大量湖泊学资料进行分门别类。他们认为，科学是世界真实、自然、纯朴的表达，基于鱼类和无脊椎动物组合的湖泊特征分类可以大大地推进湖泊学的发展。但是，如果没有 W. H. Pearsall 在英国卓有远见的研究工作，我们就不会认识到，水体及其生物区系是沿着许多物理、化学、生物梯度分布的，把任何水体在这个多维空间进行定位都取决于流域的气候、地质特征、土地利用类型、湖泊的形态和生物种类组成。Thienemann、Naumann 及其他学者曾经使用过的分类方法包括溶解氧浓度、生物、水色、湖泊形态、沉积物质量甚至湖泊的“成熟度”等指标。但是，这些方法缺乏广泛的代表性和预测能力，加之没有合适的数理统计方法，使得问题变得更加复杂。值得读者注意的是，湖泊分类研究仍然是湖泊学发展的一个里程碑。分类学研究把不同的学科凝聚在一起，开启了不同湖泊之间的比较研究。

第二次世界大战到来之前，湖泊学工作者对湖泊的物质输入与输出以及初级生产量进行了测定，认识到营养盐供应的变化可以造成生物的变化，并影响铁的生物地球化学循环。在这段时间里，水文学研究十分流行。19 世纪末到 20 世纪初，欧洲西部、中部和东部地区率先建立了湖泊学野外研究站，如 1890 年的普伦湖水生生物研究站（德国)、1905 年建立的伦茨生物研究站(奥地利)等,开启了湖泊学的定点和长期观测研究,是湖泊学研究发展的里程碑。

第二次世界大战后,欧洲普遍出现的湖泊富营养化问题使营养盐循环及其与湖泊生态系统结构及功能之间的关系得到了广泛的研究。在 W. H. Pearsall(英国)用无机 N/P 作为湖泊氮(N)和磷(P)限制指标之后,R. A. Vollenweider(1968 年)建立了一个简单的经验方程将流域排放的磷与湖水中的磷浓度关联起来,并将水体磷浓度与藻类生物量联系起来。此类模型对于湖泊管理有重要的影响,给营养盐循环和营养物及其比例对群落演替的作用等基础研究指明了方向。20 世纪 60—70 年代实施的国际生物学计划(IBP)推动了湖泊生产力与环境关系的研究。

1.2.2 北美湖泊学发展历史

20 世纪时,北美的湖泊学家主要受两位高度奉行实用主义的科学家所代表的威斯康星学派的影响,这两位科学家就是 E. A. Birge(1851—1950)和 C. Juday(1871—1944)。自 1890 年开始,其他的湖泊学研究中心也在伊利诺伊州(S. Forbes, C. A. Kofoid)、密歇根州(J. Reighard)、印第安纳州(D. S. Jordan)、俄亥俄州、纽约州(J. G. Needham)、马萨诸塞州(G. C. Whipple)等地成立。在 1920—1960 年,安大略省(R. Langford)和萨克其万省(D. Rawson)成为加拿大重要的湖泊研究中心。但是,没有一个中心能够像威斯康星大学那样对湖泊学的发展做出如此杰出的贡献。

当 Birge 在 1876 年加入威斯康星大学时,从事的是浮游动物生态学研究。1904 年,他把注意力转移到威斯康星湖泊群的理化和生物特性上。四年后 Juday 也来到威斯康星大学。他们对威斯康星数百个湖泊的调查得到威斯康星湖泊自然史调查局的鼓励和资助。他们凭借大学的优势和个人魅力吸引了化学、生物、细菌、物理和仪器制造等方面的人才。这种在当时闻所未闻的多学科合作给他们的湖泊学研究带来了广阔的前景。他们和助手一起研制了许多新仪器并开发了各种新技术。在对许多不同面积、形状和地理位置的湖泊调查中积累了丰富的经验后,他们对 Thienemann 及其同事将少数几个德国北部非腐殖质湖泊得到的结果推广到其他湖泊的可能性产生了极大的怀疑。在大量的湖泊调查的基础上,他们将自养型湖泊(autotrophic lake)和异养型湖泊(allotrophic or heterotrophic lake)区别开来。自养型湖泊的有机物主要由湖泊内的初级生产力提供,异养型湖泊的有机物则部分来自流域。他们也认识到缺乏河流输入或表面流输出的湖泊(渗水湖)与拥有流域河流输入和输出的湖泊(流域湖)的区别。渗水湖的水源和营养直接由大气或地下水提供,而流域湖的水源和营养则由陆地提供。E. A. Birge 和 C. Juday 发现,湖泊存在支持食物链的两种碳源,即内源(autochthonous)和外源(allochthonous)。这个发现在当时远远处于领先地位。

Birge 和 Juday 在利用大量参数研究湖泊不同特征方面也与他们的欧洲同行不同。他们了解到湖泊在多个非常复杂的理化和生物梯度上的分布特征,这种分布特征证明了简单的欧洲湖泊分类法没有多少实用价值。由于 Birge 和 Juday 有大量的数据做比较,他们使用比欧洲同行更为复杂的定量比较方法。但他们缺乏最简单的统计手段,不能对数据进行显著性分析。他们与欧洲同行一样,认为湖泊是超级有机体系统或单位(微宇宙),而且都对"湖泊学存在着普遍原理"充满信心。关于 Birge 和 Juday 对湖泊学发展的贡献,著名湖泊学家 C. H. Mortimer 于 1956 年有如下的评论:

“他们的观察范围、频度和细节使他们对数据的解释比那些浅薄的研究更为深入和合理。他们不是利用暑假从事湖泊学研究的人;他们的研究方法是严谨的。他们并不反对推测,但是他们首先努力收集数据。”

Birge 意识到,为了能够看到湖泊的格局,他必须尽可能绕过湖泊的复杂性,寻找 Mortimer 所说的综合特征:“记录最后结果或记录未明的重要因子综合作用的总和的特征。”Birge 和 Juday 用溶解氧的分布来描述湖泊的功能。这是因为,溶解氧是多种机理和相互作用的因子的反映。二氧化碳和有机物浓度是另外两个他们后来用来描述湖泊季节与垂直变化的因子或替代特征。1928 年,Juday 和 Birge 及同事也把植物生长的主要营养元素——磷加入其中。这个元素成为预测湖泊功能作用的主要参照物。

1940 年到 1980 年间,国际湖泊学和生态学研究最有影响力的人是 G. E. Hutchinson (1903—1991)。Hutchinson 了解并欣赏第二次世界大战期间的湖泊学研究成果。但是,他深知加强湖泊学理论基础研究和提出准确的研究问题之必要性。与湖泊学前辈不同,Hutchinson 有能力而且有兴趣把数学引入生物学之中。他认识到建立模型和统计分析在数据整合中的重要性。Hutchinson 在英国出生并在那里完成学业。他热爱音乐、拉丁文、胚胎学、湖泊学、生态学和数学模型。他在湖泊学上的研究方法和观点与 Birge 和 Juday 完全不同。他在南非、印度、我国西藏也进行过研究工作。但是,他最杰出的贡献是在湖泊代谢、生物地球化学、古湖泊学、湖泊分类、浮游植物多样性等方面,以及著有三卷不朽巨著《湖泊学论》(*A Treatise on Limnology*)(1957—1976)。另有第四卷(1993 年出版)是在他去世后根据他的笔记整理成的。在前三卷里,Hutchinson 对湖泊学的重要方面进行了综合分析和回顾。考虑到湖泊学的迅速发展和研究领域的专门化,任何人试图再做出这样的综合分析是不大可能的。Hutchinson 拥有许多优秀的研究生和助手,这些研究生和助手从他的创新思想、好奇的大脑和广泛的兴趣中获益甚丰。他对湖泊学和生态学的影响是巨大的。

Hutchinson 与欧洲和北美著名的湖泊学前辈的不同之处是他的研究方法。他认为,可以通过研究湖泊的各个组分(物种的生活史、种群动态、竞争、摄食和种间关系),然后把每个组分组装成一个整体。为了做到这一点,他和其他学者必须假定整体(群落特征)是多个组分的总和。如果这个假设成立的话,不同种群之间的相互影响和反馈必须最小。作为种群之间相互影响和反馈的结果,如果群落特征与每个种的特征的总和明显不同,那么整体就不能用组分特征的总和来构建。只是研究各个组分不可能了解复杂系统的特性。所以,我们不仅必须了解各个组分,而且必须知道各组分之间的相互作用。

Hutchinson 关于“湖泊及其他系统的结构与功能是系统里各个组分(物种和种群属性)特性的反映”的观点来源于数学家 Volterra 对竞争和捕食-被捕食关系的研究。他的简单数学公式描述了两个物种对有限资源的竞争,这种竞争被认为可以影响群落结构。“资源的竞争是自然界群落结构和进化的原动力”,即“自然平衡限制”观点,是达尔文时代有关自然界存在着资源和种群大小之间的平衡的早期思想之一。“生物相互作用是群落结构与功能的控制因子”的观点支配了生态学思想潮流达 50 年之久。“湖岸线下的生物作用在决定湖泊行为特征上起着主导作用”的观点与早期有关“湖泊是功能单位”的观点密切吻合,这些观点都忽视了外部因子(流域属性和气候)的重要性。

1942 年,Lindeman 发表了一篇有关湖泊能量流动的里程碑式论文。这篇论文建立在 Hutchinson 提出的数学模型基础上,是通过分析湖泊营养级解释整个系统功能的一个早期的重大尝试,这个新方法与早已形成的观点相矛盾,以前的观点认为,最好的研究方法是寻找系统之间的格局。Lindeman 的论文第一次提交时,作为湖泊学家前辈的 Juday 被邀请对论文作评审。他对论文数据的不足、使用数学模型和企图利用从成千上万个组分中的少数几个得到的结果来解释湖泊是如何组织起来的十分不以为然。

尽管 Juday 和另一个审稿人 P. S. Welch(1935 年版《湖泊学》的作者,此书是北美第一部湖泊学领域的专著)表示反对,Lindeman 的论文还是得以发表。这篇论文的发表标志着湖泊学在动物摄食和淘汰竞争的生物机理、过程和效率研究上取得了重大突破,也宣布了长期统治欧洲和北美湖泊学研究的哲学和理论的结束。此后的 30~40 年,湖泊系统的组分、相互作用和基于对各组分研究的系统构建主导了湖泊学的研究。关于多种浮游生物如何共存的问题——浮游生物之谜(the paradox of the plankton),可能直接或间接地吸引了比其他领域更多的水生态学家,促进了许多对浮游生物个体、种群和被认为调节系统动态的竞争关系等方面的重要研究。

然而,没有几位重要的湖泊学家像 Thienemann、Birge 和 Juday 那样真正把内陆水体作为综合系统或像 Hutchinson 那样通过系统组分的组装来研究。直到 20 世纪 50 年代,Hutchinson 才对全湖的特性发生兴趣。他所建立的湖下层溶解氧消耗和湖泊生产力的经验关系以及把湖泊视为拥有超级有机体特性的"中间代谢"(intermediary metabolism)研究工作充分证明他是一位视野开阔的科学家。后来,Hutchinson 的研究主要转向群落组成的控制因子和建立在达尔文的进化论基础上的生态理论。在思考和写作有关生态系统组分论文的过程中,Hutchinson 把湖泊定义为"相互影响的物种或营养组与理化环境紧密联系的系统"。他的概括性观点成为许多湖泊学家的研究基础。

Hutchinson 在提出他的假设和写作《湖泊学论》第一卷(1957 年)时,充分利用了 Birge 和 Juday 的数据。他对湖泊系统组分和组装这些组分的兴趣与湖泊理化和生物资料的迅速增加、复杂仪器的迅速出现与数学模型和统计方法的建立有关。湖泊学在这些方面的迅猛发展使得研究湖泊系统的组分变得更有吸引力。他对湖岸线以下的物种、物种的相互关系和理化过程的研究与美国湖泊学界主流学派的缓慢进展形成了鲜明的对比。当时的主流学派是基于样品收集和野外数据分析的观察科学,他们对生态学(进化论)、数学模型和假设检验不感兴趣。在 20 世纪的上半段时间里,在北美以及一定程度上在欧洲,Hutchinson 的湖泊研究方法与 Birge 和 Juday 及其他人的方法大相径庭。毫不奇怪,在对 Hutchinson 教授的晋升作评审意见时,Juday 教授写道:"Hutchinson 教授有一些很好的想法,如果他的数学论著是建立在更多的观察数据基础上的话,我们认为他对湖泊学的贡献就更有价值了。"

1.2.3 俄国(苏联)湖泊学发展历史

1958 年,苏联的波果斯洛夫斯基等出版了《湖泊(沼)学概论》,将湖泊学发展划分为三个历史时期:第一个时期是从研究初始(很难查明具体的日期)到 19 世纪 90 年代,这时湖泊学逐渐形成水文学的一个分支。这一时期的工作特点是收集各种有用的资料,出现了关于大型湖泊的专著,研究湖泊水文和生物过程的个别影响因素。此时的研究没有系统性,所得的资料多是一般性叙述或个别因素研究。在这一时期的末期发起了建立固定的湖泊观测站的计划,不过真正实施是在 1890 年之后。

此后,在第二个时期(1890—1917 年),安努靖在《陆地水——湖泊》著作中总结了历年来俄国等国家的湖泊研究结果，描述了湖泊作为与周围环境相联系并相互作用的景观要素的水域特征。他的湖泊研究具有显著的地理学倾向，成为当时俄国湖泊学家工作的主要方向。1891 年，莫斯科自然科学、人类学和人种学爱好者协会动物组织在格卢博科耶湖（莫斯科州）建立了俄国第一个淡水水生生物站。1896 年在莫斯科附近的科星建立了湖泊观测站。同年，波罗丁教授在波洛果夫湖建立了生物站。这些工作站在组织水文气象观测网的全盘计划下还广泛地在各湖中进行水位观测。

到第三个时期（1917 年十月社会主义革命之后），在湖泊学中水文水动力的倾向逐渐加强，着重对湖水的运动与湖盆形状改变进行研究。苏联时期进行了大量的水利建设、水利建筑物的改造和综合利用，因而这种倾向得到最为广泛的发展。自从苏联国立水文研究所成立（1919 年）以后，研究者有计划地进行了苏联境内湖泊的调查工作。除了研究大型湖泊以外还进行了沼泽地的测量，在大面积的区域中进行湖泊的综合研究。所收集的资料都由苏联国立水文研究所集中发表在《苏联水域资源指南》一书中。湖泊学课程当时被列入大学地理系和水文气象专科学校的教学计划中。苏联于 1920 年在国立水文研究所内成立了湖泊学部；1921 年，当时的苏联科学院设立了世界上第一个水化学研究所。这个时期进行湖泊研究的还有科学院湖泊研究室和几个大的湖泊学研究站，全苏湖河渔业研究所，全苏给水、排水、水工建筑及工程水文地质研究所，水文气象总局各工作站以及 20 多个研究河湖水库的机构。从事水化学研究的有苏联科学院系统的水化学研究所、海洋研究所、普通化学和无机化学研究所、地球化学与分析化学研究所、全苏海洋渔业与海洋学研究所等。

第二次世界大战后，苏联科学家不仅发展了放射性同位素技术以测定细菌的呼吸作用，而且探索并使用荧光染料技术对细菌进行染色。从 20 世纪 60—70 年代起，西方科学家才重拾对浮游微生物的兴趣，使得简便的荧光染色技术得到快速发展，进而成为现今细菌丰度测定的常规方法。苏联在水体能流方面的工作同样十分出色。但由于语言隔阂和政治原因，这些工作并没有得到世界范围内的重视。

1.2.4 日本湖泊学发展历史

A.Tanakas 是最早在日本开展湖泊学研究的学者之一。他于 1899 年开展了一些湖泊的形态观测，并对湖泊进行了分类。A.Tanakas 也是日本湖泊协会（成立于 1931 年）的创始人之一。日本的湖泊学研究主要受德国学派的影响。20 世纪初，医学生理学者 H.Ishikawa 访问了德国普伦湖生物研究站（马普学会湖泊研究所），回国后在他的努力下，于 1914 年在滋贺县成立了大津水生生物研究站。1929 年，日本的 K. Kimura 率先采用声呐技术探测鱼群，D. Miyadi、S. Yoshimura 和其他学者对包括本地湖泊在内的湖泊进行了分类。S. Yoshimura 和他的同事也在水化学和湖泊分层方面做了许多杰出的贡献。另外，他们对具有低 pH 值的火山湖的研究为湖泊学开辟了新的方向。目前在北半球重工业区，包括日本，雨水中的酸浓度比工业化之前增加了 10~50 倍（pH 值相应降低 1.0~1.5 个单位），而工业化之前雨水的 pH 值为 5.5~6.0。但是目前对 SO_2 释放量的控制已逐渐加强，降水的 pH 值已在缓慢升高。pH 值影响湖泊内生源要素的地球化学循环。例如，锰（Mn）和铁（Fe）在水体中的浓度与 pH 值呈负相关，酸化的湖泊沉积层对水体来说是一个 Mn 和 Fe 源。同时，酸化时 pH 值降低可增加 Mn^{2+} 的相对稳定性，避免形成 Mn（Ⅲ）和 Mn（Ⅳ）的氢氧化物及其沉淀。日本湖泊学者参与了 20 世纪 60—70 年代实施的国际生物学计划（IBP），进一步推动了日本湖泊学研究的国际合作,并于 1980 年举办了第 21 届国际湖沼学大会。

1.3 我国湖泊学发展历史

我国开展湖泊学综合研究是新中国成立以后,目前已有 70 余年的历史。我国早期有关湖泊的研究主要是关于湖泊的形成、水文和湖泊生物等方面的调查和描述,例如竺可桢的杭州西湖成因分析(1921 年)、孙健初关于青海湖的成因与流域特征调查(1938 年)、王家楫关于南京原生动物研究(1925 年)、秉志关于腹足类分类研究(1930 年)、张玺和易伯鲁关于滇池枝角类和桡足类的研究(1945 年)等。

1950 年 11 月,刚成立的中国科学院水生生物研究所太湖淡水生物研究室负责开展五里湖综合调查,内容包括:五里湖地图的绘制、湖水理化分析、沉积物分析、浮游生物和鱼类分析等,并对理化和浮游生物等指标进行了逐月监测。五里湖是我国首个开展定点监测的湖泊。1957 年,在著名的气象和地理学家竺可桢教授的倡导与主持下,召开了全国首次湖泊科研工作会议,明确提出了填补我国湖泊学研究空白的任务。中国科学院水生生物研究所、原中国科学院长春地理研究所、中国科学院南京地理与湖泊研究所、中国科学院青海盐湖研究所、东北师范大学、南京大学等相继开展了沼泽、湖泊、河口等资源调查与专门研究,奠定了我国湖泊学研究的基础。早期有关我国湖泊的研究重点主要集中在湖泊综合调查,通过 40 余年的调查,相继出版了《太湖综合调查初步报告》(1965)、《中国湖泊概论》(1989)、《东湖生态学研究》(1990)和《中国湖泊志》(1998)等,建立了"中国湖泊数据库"和"中国湖泊编码"等。20 世纪 60 年代中期至 90 年代初,针对当时国家需求,我国湖泊学研究的重点转移到湖泊资源的开发利用方面,在湖盆油气资源勘探与开发、湖泊水资源调配、湖泊滩地围垦、湖泊渔业等资源开发利用方面取得了丰硕的成果。近 20 年来,随着经济快速发展,湖泊生态环境不断恶化,尤其是湖泊富营养化问题日趋严重。湖泊学关注的重点又转移到湖泊生态环境退化和修复的理论与实践研究方面,专家学者在入湖污染物调查与控制、湖泊水环境变化规律、湖泊富营养化形成机理、富营养化湖泊藻华控制与治理、湖泊退化生态系统修复、湖泊沉积与全球变化等方面开展了大量研究工作,积累了大量的数据和资料,极大促进了国内湖泊学的发展。我国湖泊学发展迅速,研究成果大量呈现,研究领域不断扩展,内容日益丰富,研究水平也逐步提高,已逐步形成了较为完整的湖泊物理、湖泊化学、湖泊生物、湖泊地质、湖泊-流域综合管理等研究体系。1989 年,中国海洋湖沼学会与中国科学院南京地理与湖泊研究所主办的《湖泊科学》创刊,成为我国湖泊学研究领域的第一个专业性学术期刊。

我国湖泊物理学起始于 20 世纪 50 年代,当时的研究重点集中在湖泊水文状况调查,湖泊水文模型,湖泊光学、热学和水动力学等,包括:① 云贵高原湖泊水动力学、湖泊热分层与湖体双层环流的观测研究;② 蒙新内陆地区湖泊水资源调查、水量平衡计算和干旱半干旱地区湖泊萎缩、水位下降原因分析;③ 青藏高原湖泊水文补给与水质关系研究;④ 长江中下游湖泊洪水规律探讨。此外,也进行了深水湖泊的基本物理结构研究和大型浅水湖泊水体热力学、动力学及其数值模拟,这些大量基础性的观测与研究为我国物理湖泊学的发展奠定了基础。20 世纪 80 年代以来,随着人类开发利用湖泊的强度增加,湖泊水环境恶化问题越来越为社会各界特别是学术界所关注,湖泊物理因子变化对湖泊生态系统结构、功能的影响成为湖泊物理学研究的新课题。

我国湖泊化学的发展大致可分为三个阶段:20 世纪 50—60 年代,为普查和资料积累阶段，进行了大量湖泊水、沉积物的化学分析和含量比较研究；70—80 年代，在获取大量第一手资料的基础上，进行了湖泊水化学类型分区研究，同时也开展了湖泊水体有机污染和重金属污染现状、湖泊营养状况、污染物出入湖平衡及环境容量等定量研究和评价；90 年代起，湖泊化学更加注重研究化学污染物引起的湖泊环境恶化问题，如湖泊富营养化、酸化、咸化等，研究内容包括营养物在湖泊水、沉积物中的化学行为，富营养化对湖泊生态系统的胁迫作用以及物质在水、沉积物（悬浮物）、生物体等介质间和界面上的形态转化及其环境效应。此外，研究者也开始重视湖泊过程和实验模拟研究。

我国早期湖泊生物学研究受传统植物学、动物学的影响较大，研究集中于水生生物分类学研究，如浮游植物、浮游动物、底栖动物、鱼类等的分类与区系组成。代表现代湖泊生物学研究的特征是研究重点转移到了湖泊生态学，内容几乎包括所有生态学的基础理论与应用研究，20 世纪 90 年代初出版了《东湖生态学研究》（刘建康主编）。随着社会经济的发展、自然资源的枯竭和环境的恶化，湖泊生态学的研究热点转向了包括生态恢复、生物多样性保护、生态系统对环境变化的响应与分子生物学在湖泊生物群落演替和生态修复研究中的应用。

20 世纪 70 年代至今是湖泊沉积学蓬勃发展的时期，相继在湖泊重力流沉积、蒸发岩沉积、湖泊三角洲与扇三角洲沉积、年层沉积、淡水碳酸盐沉积等的沉积类型、形成动力机制、沉积模式方面取得重大进展，建立了湖泊沉积学的理论体系。90 年代以来，继深海钻探和极地冰芯研究取得突破之后，越来越多的科学家开始关注陆地环境的变化。由于湖泊具有沉积连续、分辨率高、信息丰富、地理覆盖面广、对气候变化响应敏感等特点，已成为不同时间尺度过去全球变化研究的重要领域之一。近年来，以气候变率与可预测性以及分辨人类活动影响为目标，以精确定年和环境要素定量化为前提的短时间尺度气候环境研究迅速成为热点。从湖泊-流域现代沉积过程着手，揭示湖泊-流域生态环境变化过程，定量评估人类活动的影响成为湖泊沉积研究的新方向。以通过湖泊沉积物中化学和生物指标的变化重建湖泊生态系统演变历史为核心的古湖沼学近年来也得到了快速发展。

1.4 主要湖泊学学会、期刊与国际会议

专业学会在湖泊学的发展中起到了巨大的推动与引领作用，这些学会以定期举办会议的方式吸引来自世界各地的湖泊学家与青年学子进行最新的研究成果的展示与交流。1922 年，在德国基尔成立了国际理论与应用湖泊（沼）学学会（Societas Internationalis Limnologiae Theoreticae et Applicatae，SIL），现改名为“国际湖泊（沼）学学会”（International Society of Limnology，SIL），每 2～3 年举行一次学术交流大会。令人鼓舞的是，SIL 第 34 届国际湖泊（沼）学大会在我国南京召开，是学会创建以来首次在我国举行，由中国科学院南京地理与湖泊研究所等承办。国际湖泊（沼）学大会是国际上最有影响力的内陆水体（湖泊、河流等）综合研究的学术大会，旨在促进内陆水体基础研究和相关应用技术新成果的交流，内容涵盖生物多样性、富营养化、水质安全、渔业管理与生态系统修复等，是关于湖泊、河流等水体最新研究成果、新思想与新技术的重要国际交流平台。

湖泊（沼）海洋学学会（Association for the Sciences of Limnology and Oceanography，ASLO）是与 SIL 同样著名的有关湖泊学的专业学会，其历史可以追溯到成立于 1936 年的美国湖泊（沼）学学会（LSA），该学会旨在推进湖泊学的研究。1948 年，太平洋海洋

学学会与LSA合并成为美国湖泊(沼)学与海洋学学会(American Society of Limnology and Oceanography,ASLO)。2011年,更名为“湖泊(沼)海洋学学会”。该学会的成员从1936年的221名特邀成员增加到2014年的4 300余名,成员来自包括美国在内的58个国家,超过四分之一的成员居住在美国以外,反映了学会日益国际化的特点。ASLO旨在培养一个多元化的国际科学共同体,创造、整合和传播全方位的水科学知识,提高公众对水资源和研究的认知,科学管理水资源,维护促进公众利益。

国际古湖泊学会(International Paleolimnology Association,IPA)是国际上唯一有关古湖泊学的专业学会,旨在推进古湖泊学的发展与应用,增进全球对古湖泊学的了解。自1967年在匈牙利举办第一次学术研讨会以来,每3年举办一次,促进古湖泊学和相关领域学者以及古湖泊学科学与技术的用户之间的交流。至今已举办14次,其中第十三届大会(IPS13)于2015年在我国兰州举办,由兰州大学和中国科学院南京地理与湖泊研究所共同承办。

目前,全球发行的关于湖泊学的主流期刊包括:

- *Limnology and Oceanography*(ASLO主办,该学会主办出版物还有*L&O Bulletin*,*L&O*:*Letters*,*L&O*:*Methods*,*L&O*:*Fluids and Environments*)
- *Aquatic Sciences*
- *Inland Waters*(SIL主办)
- *Journal of Limnology*(原名为*Memoire dell' Istituto Italiano de Idrobiologia Dott. Marco de Marchi*)
- *International Journal of Limnology*
- *Limnology*(日本湖沼学学会主办)
- *Fundamental and Applied Limnology*(原名为*Archiv für Hydrobiologie*)
- *Canadian Journal of Fisheries and Aquatic Science*
- *Journal of Paleolimnology*(IPA主办)
- *Chinese Journal of Oceanology and Limnology*(中国海洋湖沼学会主办)

湖泊学中文期刊包括《湖泊科学》和《海洋与湖沼》。《湖泊科学》由中国科学院南京地理与湖泊研究所和中国海洋湖沼学会联合主办,主要报道湖泊(含水库)及其流域在人与自然相互作用下资源、生态、环境变化的最新研究成果,刊载与湖泊学有关的各学科(如物理湖泊学、湖泊化学、生物学、生态学、地质学、地理学等)以及湖泊工程、流域综合管理的理论性或应用性研究论文、简报和综述。《海洋与湖沼》由中国海洋湖沼学会主办,发表论文涵盖生物、物理、化学、地质等多个学科及其分支,水体类型包括湖泊、海洋和河流等。

湖泊学的论文也经常发表在其他世界知名的刊物中,如*Nature*、*Science*、*PNAS*和*Ecology Letters*等。

1.5 湖泊学发展趋势与面临的挑战

尽管今天的湖泊学比过去任何一个时期更为强盛,但是在20世纪80—90年代,西方的湖泊学却经历了一段缓慢的发展时期。在60—70年代,用于湖泊学研究的经费就已经开始出现偏离基础研究的势头。基础研究的方向和问题常常由科学家决定。但是政府不断地把研究经费用来解决实际问题,只把小部分经费用于基础研究。早期近100%的湖泊学经费投入了基础研究,现在尽管湖泊学研究领域已经扩大许多,但是基础研究经费减少了。经费资助方向的转移起因于环境问题的出现，包括60年代污水和农业肥料输入造成温带湖泊和河流营养盐污染。其后是酸雨，最近包括有机污染物、有毒微量金属和气候变化对湖泊的影响等。更多的经费投入以开展针对环境问题和环境管理的研究，许多应用研究成果对基础湖泊学的贡献也很大。近来，对人类活动对全球生态系统，包括湖泊生态系统影响的关注日益增加，对基础研究的经费投入有所增加。

尽管与过去相比，目前的湖泊学研究在仪器设备、交通便利、技术支撑、计算能力和大数据库的建立等方面拥有不可超越的优势，但是大部分湖泊学基本概念是在第二次世界大战以前甚至是在第一次世界大战以前产生的。复杂仪器设备的研发、强调定量分析、采用数学模型处理数据能力的提高、基础研究和应用研究的融合等，是区别现代和过去湖泊学研究的基本特征。因为定量的需要，低浓度化合物和离子的测定分析技术比过去有了重大的提高。例如，分析有毒物的检测限由50年代的千分值（ppt① 或 $g \cdot L^{-1}$）提高到60年代的百万分值（ppm② 或 $mg \cdot L^{-1}$）。检测限中值从70年代的 $mg \cdot L^{-1}$ 提升到80年代的ppb③ 或 $\mu g \cdot L^{-1}$。新技术的使用和样品测定精度的提高对解决悬而未决的湖泊学问题和促进湖泊学的发展至关重要。技术的进步将不可避免地导致对过去的观点和信条重新进行评估。

Hutchinson学派的影响仍在继续，但其范式不断得到修改。“资源竞争作为决定自然群落演化主要结构的动力”这一观点不断受到质疑，特别是在过去20年里。各种干扰能够使群落处于非平衡状态，而处于非平衡状态的群落因其种群密度太低不会受到资源的限制。从事水生态系统种群和群落研究的现代生物学家大都支持“捕食（而不是资源竞争）决定群落结构”这一观点。尽管如此，许多竞争范式和非平衡捕食范式的支持者均认识到种间相互作用对决定群落结构动力的重要性。然而，在对北温带地区湖泊植物营养盐（特别是磷）、生产力、群落结构和管理的研究中，“种间相互作用是决定群落结构主要因子”的假说受到了挑战。今天，“集水区的营养（资源）供应对寡营养湖的群落结构有重要影响”的观点已经得到普遍接受。这个观点在某些方面与Hutchinson及其支持者提出的基于种间生物作用的个体生物学/种群/营养级范式有冲突。20世纪70—80年代，磷范式认为湖泊是一个生物反应器，甚至也认为湖泊是超级有机体。湖泊营养盐的输入和输出直接地决定了湖泊浮游生物生物量、群落结构和间接地决定了高营养级的发展。强调水生态系统是开放系统，其生产力和群落结构取决于外源营养盐的输入、物理动力和系统形态等特征。这些观点与那些认为“水体本身的物种和营养的相互作用是驱动因子”的观点相违背。

“外来资源输入决定群落生产力效率和季节最大生物量”这一观点在今天已经被广泛接受。但是全湖和围隔食物网操纵实验同样有力地证明了食物网结构和物种关系在决定群落结构上所起的重要作用。对于作为群落结构决定因子的资源（营养、光照）可得性和生物互动作用（捕食、竞争、疾病）的相对重要性还有许多争论和不同意见。对营养范式理论的出现，持有生物作用范式观点的学者认为今天的湖泊学有“化学偏见”。大多数生物作用范式支持者承认“下行效应”对生态系统结构和功能影响的重要

① 1 ppt = 10^{-3}。

② 1 ppm = 10^{-6}。

③ 1 ppb = 10^{-9}。

性,但认为那些强调"种群/生态系统功能和结构基本上取决于资源可得性(营养限制)"的学者抱有"上行效应"的偏见。一个中间观点是,下行控制是在营养供应决定的潜在生产力前提下的作用机理,但是这个观点似乎也解决不了上述争论。

目前,大多数定量的理论(模式)在预测某些系统行为方面的能力有限。在湖泊学(和其他学科),这些理论是研究人员忽略大部分内在复杂性的结果。大多数理论是建立在重要环境因子(例如营养盐浓度、平均深度、平均河流流量)的平均值与某些简化的生物响应(例如系统之间或有机体功能组的年/季节生产量)的时间整合值的关系上。这个过程导致与时空变化相关的复杂性的损失(改变研究尺度),物种被整合为综合集群。不管选择何种组合,所采用的时空尺度对群落和系统的结构和功能的分析建模均有重大的影响。

许多学者认为了解水生态系统的唯一途径是各个物种变化的详细机理综合研究,但是据此建立起来的生态系统模型是否具有预测能力还存在争论。任何这样的预测模型都需要在某种时空尺度上重要机理的相对和绝对重要性的知识。然而,在有机体水平上,我们有一些比较好的基于有机体的代谢预测模型,而基于种类有机体组成的组合预测模型还是不够理想。对自然系统复杂性的深入了解要求从不同尺度上对种群生物学到生态系统功能的进一步研究。为更好地进行模拟和预测,需把生态系统各组分的信息综合成动态(分析)模型,这是湖泊学以及生态学一个长期研究目标。

随着湖泊学的发展,研究观念的更新,探测、分析技术的提高,湖泊学的研究方法及学科出现了一些新动向。总体来看,目前湖泊学研究主要有以下研究热点或主题:

(1) 湖泊食物网的基本原理

这个主题涵盖消费者在决定生物量、物种组成、捕食者、初级生产者方面的重要作用;过度捕捞等导致的鱼类数量变化对湖泊食物网的影响;藻类和大型植物群落成为管理调控水生态系统工具的食物网原理。

(2) 湖泊有机物的来源、结构和作用

水体天然有机物影响水的光学性质和 pH 值,其与金属的螯合作用对金属的生物毒性有一定影响。在一个给定的系统中,有机物的量由系统内生产力、流域输入量、光降解与微生物降解作用所决定。研究人员也对外源补贴的作用感兴趣,包括陆地上的有机物是否能够进入水生食物网中。此外,溶解性与胶体有机物的结构需要分子水平上的认识,从而掌握其在水体中的角色与作用。

(3) 湖泊水动力学和流体力学

由于声学多普勒流速仪的应用,近年来,科学家在水动力学和流体力学取得了丰富的成果。先进仪器的使用有助于更好地对热力学结构、平流、弥散和湍流进行建模。流体力学的研究范围已经拓展到生物和化学过程的研究。

(4) 湖泊生源要素的地球化学循环过程

关键元素(如 C、N、P 等)的迁移转化是湖泊学的重要研究内容。元素的输入-输出收支平衡往往需要确定源与汇。随着新型有毒物质的出现,它们的生物地球化学循环正在受到研究者的关注。

(5) 陆地-水和大气-水相互作用

以湖泊及流域资源可持续利用、生态与环境保护为目标的湖泊-流域系统物质产生、输移、转化和控制研究日益重要。随着土地用途的改变,水生系统随之产生响应。气候变化作为影响土地利用的驱动力,相关领域的研究变得至关重要。此外,大气-水的相互作用机制、程度以及大气-水界面的物质交换过程，包括风成粒子的输运和气体交换也是重要的研究内容。

(6) 湖泊生态系统的能量流动与物质循环

能量在任何生态系统中都是一个基础研究主题，在湖泊学中同样有着悠久的研究历史。一个有趣的方向是生态化学计量学，该领域将生物体中关键元素（N、P、Si、C）与食物网联系起来并解释能量限制的问题。

(7) 湖泊生态系统演变与机理

湖泊生态系统在自然和人类活动因素的影响下发生演变的特征与机理不仅是湖泊学的基础研究，对湖泊保护与治理也有重要意义。近些年，湖泊长期监测数据和遥感影像分析以及基于湖泊沉积物岩芯分析的古湖沼学手段应用使该领域获得了较大的发展。

湖泊学当前主要面临两大挑战。一个是迫切需要加强不同学科的交叉研究，并整合在不同尺度上得出的研究成果，构建并完善系统理论与模型，以便更深入地从湖泊系统水平了解并预测复杂的多变的湖泊问题。湖泊学是典型的交叉学科，湖泊系统中不同因子相互作用，必须把不同学科理论与手段结合起来才能推动湖泊学理论的发展，更全面地揭示湖泊现象发生的机理，并对湖泊系统的变化进行预测，进而为解决湖泊面临的各种问题提供支撑。大家比较熟悉的例子是湖泊磷循环，要了解深水湖泊湖上层的磷浓度，不仅需要了解磷相关的化学特征，还要了解湖上层和湖下层混合相关的水动力学特征，食物网结构无疑也是重要方面。另外，湖泊沉积物特征研究对分析湖上层磷浓度变化也必不可少。但由于不同专业研究的细化与深入，湖泊学研究碎片化严重。因此，急需加强不同学科、不同尺度研究的交流与融合。

面对气候变化和人类活动的双重驱动及相互叠加效应，湖泊生态系统响应研究及其适应性管理变得日益重要。湖泊驱动因素的复杂性和生态系统响应的多样性促使生物地球化学、生物学和自然地理学在内的多学科研究走向融合交叉。与此同时，包括观测方法、数据存储、信息处理和分析模拟等在内的技术创新和进步，给湖泊研究带来了难得的机遇并可能带来新的发现。然而，技术的革新并不能完全有效地促进多层面的数据共享及国际机构间的合作研究。因此，需要世界各国所有湖泊学家共同努力，加强交流与合作，加快全球湖泊观测网络的发展与数据共享体制的建设。

由于湖泊学的多学科交叉性、综合性和实验性的特点以及学科划分存在的模糊性，我国大学教育体系中没有独立的湖泊学人才培养体系，全国从事湖泊学研究的人才数量不多，且多呈单学科方向散布于为数不多的大学和研究机构内。因此，应加强学术交流与合作平台建设，并加强与国际湖泊学研究组织和机构的联系，加快湖泊学研究的年轻人才培养步伐。加大对人才的投入，建立与我国湖泊大国相适应的科研、实验与野外观测技术人才和科技管理人才队伍，支撑我国湖泊学研究的创新跨越。加大湖泊学的综合基础研究投入，增强湖泊学成果应用的基础积累，加快湖泊学创新研究的实验、观测仪器设备的建设和更新，提高创新能力的建设。

另一个重要挑战是如何让湖泊管理人员和公众更好地了解湖泊学成果，让湖泊学研究成果更好地服务于社会。湖泊环境与资源问题的解决不能仅依赖于科学研究，更重要的是将复杂的科学结论转化为可用于制定政策和实施管理的相对简单的知识，同时通过教育与科普等途径提高公众的参与和保护意识。把科学发现在适当的尺度范围清楚地表达出来，将减少管理人员对结果做出误判，防止决策者制定对湖泊生态系统保护与修复不利或无效的政策。

参 考 文 献

Carpenter S R, Kitcheu J F, Hodgson J K, 1985. Cascading trophic interactions and lake productivity. Bioscience, 35: 634-639.

Cole J J, 2009. Limnology as a discipline. In: Likens G E (ed). *Encyclopedia of Inland Waters*. Vol 1. Oxford: Elsevier, 6-13.

Cook R E, 1977. Raymond Lindeman and the trophic-dynamic concept in ecology. Science, 198: 22-26.

Dodson S I, 2018. 湖沼学导论. 韩博平, 王洪铸, 陆开宏等译. 北京: 高等教育出版社.

Duarte C M, Piro O, 2001. Interdisciplinary challenges and bottlenecks in the aquatic sciences. The Limnology and Oceanography Bulletin, 10(4): 57-60.

Elster H-J, 1974. History of limnology. Internationale Vereinigung für Theoretische und Angewandte Limnologie: Mitteilungen, 20: 1, 7-30.

Harris G P, 1999. This is not the end of limnology (or of science): The world may well be a lot simpler than we think. Freshw. Biol., 42: 689-706.

Hutchinson G E, 1961. The paradox of the plankton. Amer. Nat., 95: 137-145.

Kalff J, 2011. 湖沼学——内陆水生态系统. 古滨河, 刘正文, 李宽意译. 北京: 高等教育出版社, 122-126.

Likens G E, 1984. Beyond the shoreline: A watershed-ecosystem approach. Verh. Int. Ver. Limnol., 22: 1-22.

Lindeman R L, 1942. The trophic-dynamic aspect of ecology. Ecology, 23: 399-418.

Mortimer C H, 1956. An explorer of lakes. In: Sellery G C, Birge E A (ed). *A Memoir*. Madison: University of Wisconsin Press, 165-206.

National Research Council, 1996. *Freshwater Ecosystems: Revitalizing Educational Programs in Limnology*. Washington, DC: The National Academies Press.

Neill W E, 1994. Spatial and temporal scaling and the organization of limnetic communities. In: Giller P S, Hilldrew A G, Raffaelli D G (eds). *Aquatic Ecology — Scale, Pattern and Process*. Oxford: Blackwell Science, 189-231.

Persson L, Andersson G, Hamrin S F, et al., 1988. Predator regulation and primary production along the productivity gradient of temperate lake ecosystems. In: Carpenter S R (ed). *Complex Interactions in Lake Communities*. New York: Springer-Verlag, 45-65.

Reice S R, 1994. Nonequilibrium determinants of biological community structure. Amer. Sci., 82: 424-435.

Rodhe W, 1979. The life of lakes. Arch. Hydrobiologia Beih., 13: 5-9.

Rzóska J, 1980. History and development of the freshwater production section of IBP. In: Le Cren E D, LoweMcConnell R H (eds). *The Functioning of Freshwater Ecosystems*. Cambridge: Cambridge University Press, 7-12.

Sakamoto M, 1966. Primary production by phytoplankton community in some Japanese lakes and its dependence on lake depth. Arch. Hydrobiologia, 62: 1-28.

Thienemann A, 1925. *Die Binnengewässer Mitteleuropas: Eine Limnologische Einfiihrung*. Stuttgart: E. Schweizerbart'sche Verlagsbuchhandlung.

Vollenweider R A, 1968. Scientific fundamental of the eutrophication of lakes and flowing waters, with particular reference to nitrogen and phosphorus as factors in eutrophication. Technical report DAS/CSI/68. 27. Paris: Org. for Econ. Cooperation and Dev.

第2章　湖泊形成演化与分布

2.1　湖泊的形成

地球表面的湖泊，不论何种成因类型，其形成都必须具备两个最基本的条件：一是能集水的洼地（即湖盆），二是提供足够的水量使湖盆积水。因此湖泊总是在一定的地质、地理背景下形成。大多数湖盆是由冰川活动或者地壳形变等渐进性运动形成的。例如，位于俄罗斯西伯利亚地区的贝加尔湖是在2 500万年前形成的，至今仍是世界上最深的湖泊。该湖泊处于仍然活跃的地堑上，以大约每年1 cm的速度扩大。少数湖泊是由地震、山体滑坡或者火山爆发等灾难性地质运动形成的。例如，1913年，在美国阿拉斯加由卡特迈火山爆发形成万烟谷火山堰坝湖，随即堰坝崩塌，湖水也迅速泄空，这个湖泊还没来得及命名就很快消失了。又如，2008年5月12日，我国汶川地震后，山体滑坡，阻塞河道形成了唐家坝堰塞湖。当湖泊形成后，流域和湖盆的地形由于遭受风化、侵蚀、沉积以及人类活动等外营力的作用，不断地发生着变化。例如，北欧和北美洲北部的所有湖泊，都曾遭受过末次冰期巨大营力的影响，如果这些地区不再发生大的地质构造变动，那么所有湖泊终将在适当的时候被不断补充的沉积物所充填而转变为陆地。根据地质学的观点，湖泊是地球表面上暂时存在的地质体。就地貌类型或生物种属而言，它们具有青年期、壮年期和老年期三个连续的发育阶段。从其形成到成熟直至消亡的演化过程中，地质、物理、化学、生物作用的相互影响与依存，表现出明显的区域特色。因此，按照湖泊盆地的地质成因等差异，湖泊的形成及其成因也具有复杂的多样性。

Hutchinson在1957年发表的专著中较详细地讨论了地球上湖泊的主要类型、成因、地貌特征和分布，他把湖泊分为11个主要类型和亚类。基于现代湖盆的形成特点，将湖泊分为6种（表2.1）。但是，湖盆的形成是地质内、外营力相互作用的结果，所以多数湖盆的形成都具有混成的特点，然而每个湖盆在形成和发展的一个特定阶段中，都可以找到制约其形成的主导因素。本部分主要对这6种天然湖泊进行详细讨论。

2.1.1　冰川湖

冰川湖是由于冰川作用而形成的湖泊（图2.1）。冰川活动可产生多种湖泊，比较有名的如冰障成湖、冰蚀湖、冰碛湖以及冰川活动和非冰川过程混合作用形成的湖泊。冰障形成的湖泊大多是小湖，主要分布在南极洲和格陵兰冰盖上，这类湖泊被称为冰堰湖（或前冰川期湖泊），通常是由于冰川在消退时堵塞天然出口而形成的。古代或现代冰川在缓侵移动过程中，它所携带的岩块和泥沙强烈地侵蚀着陆地表面，能把地面的岩层刨掘出许多大大小小的凹坑，当气候转暖冰川后退时，那些凹坑便会积水形成湖泊，

表 2.1 各种主要类型湖泊的地质成因、大致数量(>0.01 km^2 或>1 hm^2)及其基于区域平均的总水面面积(Meybeck,1995)

类型	成因	湖泊数量	占湖泊数量的百分比/%	总水面面积/km^2	占总水面面积的百分比/%
冰川湖	冰川	3 875 000	74	1 247 000	50
构造湖	构造	249 000	5	893 000	35
潟湖	海岸带	41 000	<1	60 000	2
河成湖	河流	531 000	10	218 000	9
火山口湖	火山	1 000	≪1	3 000	≪1
其他成因自然湖泊	其他	567 000	10	88 000	4
合计		5 264 000	约 100	2 509 000	约 100

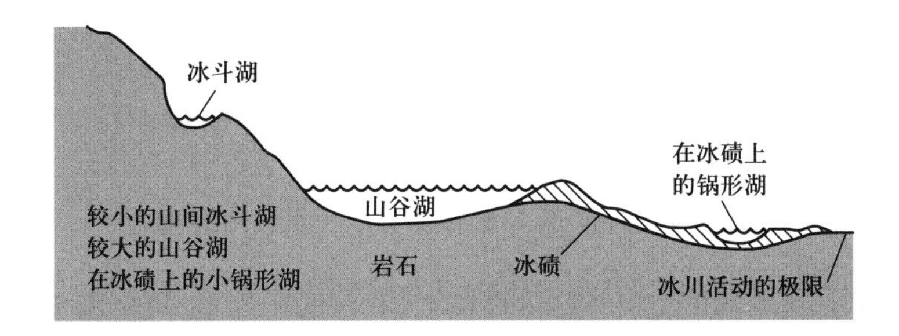

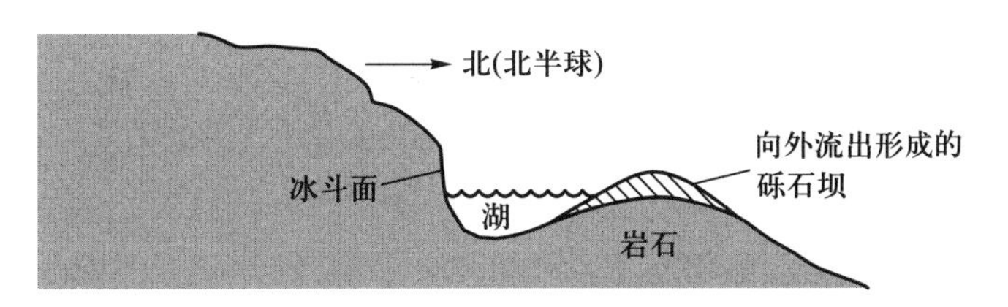

图 2.1 由近代地质期冰川的冲刷作用形成的冰川湖(李小平,2013)

这类湖泊被称为冰蚀湖;冰川后退时,冰川所挟带的冰碛物质有时可以在地面上堆积成中间低四周高的洼地,待冰川融化后便可以形成湖泊,这类湖泊被称为冰碛湖;在因冰川侵蚀而直接或间接形成的湖盆中,有一种位于山谷顶端的、由高山冰川作用而形成的湖泊,冰川的旋转作用及其厚壁下坚硬凹陷的冷冻和解冻作用对陆地进行挖蚀,从而形成圆形盆地,最终产生小而圆的位于冰斗里的湖泊,被称为冰斗湖。

冰川湖大小不一,外形长而弯曲,湖水不深。世界上冰川湖的分布都密集成群,一般集中在高纬和高山地区。例如,北美洲北部、西北欧以及我国青藏高原、南美洲安第斯山脉的南段、欧洲的阿尔卑斯山地区等都是著名的冰川湖分布区。位于加拿大大草原的阿加西斯湖是已知最大的冰川湖,面积曾达 35 000 km^2,最大水深 200 m。冰川向北消退使得阿加西斯湖自形成(8 000~12 000 年以前)以来就在不断变化,在以不同形态存在了几千年之后，如今已逐渐干涸，仅残留一些小湖。美国和加拿大之间的五大湖（图 2.2），总面积达 $24.5\times10^4\ km^2$，是世界上最大的淡水湖群。其中苏必利尔湖面积为 $8.2\times10^4\ km^2$，最大水深 393 m，是世界上最大的淡水湖，也是北美洲最深的湖泊。五大湖与北美洲北部的大熊湖、大奴湖、温尼伯湖等呈西北-东南弧形排列，各湖之间还有水道相连，构成了世界上最大的连锁湖带。这个湖带恰好处于加拿大地盾和北美洲中部地台的交界部位，湖泊都是北美大陆第四纪冰川作用留给人们的宝贵财富。

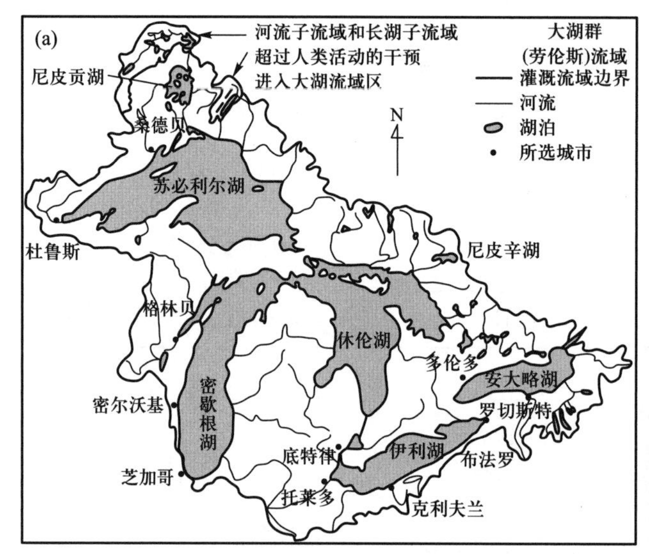

图 2.2 （a）北美洲五大湖地形图；（b）苏必利尔湖岸边一隅（图片来源：http://www.worldlakes.org/）

我国冰川湖多为山谷冰川所形成，湖泊位于较高的海拔处。青藏高原上的冰川湖主要分布在念青唐古拉山和喜马拉雅山区，但多数是有出口的小湖，如藏南工布江达县的帕桑错，是扎拉弄巴和钟错弄巴两条古冰川汇合后挖蚀成的槽谷，经冰川终碛封闭而成为冰碛湖。它位居海拔 3 460 m 处，长 13 km，宽 2 km，深 60 m，面积达 26 km^2。四川甘孜的新路海，系冰蚀挖深、冰碛物阻塞河谷出口而形成的冰川湖，深 75 m。

新疆境内的阿尔泰山、昆仑山和天山，亦有冰川湖分布，它们大多是冰期前的构造谷地，在冰期时受冰川强烈挖蚀，形成宽坦的槽谷。冰退时，槽谷受冰碛垄阻塞形成长形湖泊，如阿尔泰山的喀纳斯湖就属于这一类型。在冰斗上下串联或冰碛叠置地区，还发育有串珠状冰川湖。此外，现代冰川的冰面在衰退过程中，由于冰舌的后退或消融，冰舌部分的冰面地形趋于复杂，常形成大小不等、深浅不一的冰面湖。

2.1.2 构造湖

构造湖是地壳运动造成的。沿断陷盆地发育的叫断陷湖，因断裂构造是线性构造，故断陷湖一般为狭长形，深度也较大（图 2.3）。俄罗斯的贝加尔湖和东非的坦噶尼喀湖是典型的断陷湖（图 2.4），贝加尔湖位于南北向的贝加尔裂谷带上，它的长度是宽度的 13.2 倍，深 1 621 m；坦噶尼喀湖位于东非裂谷带上，它的长度是宽度的 13.6 倍，深 1 418 m。

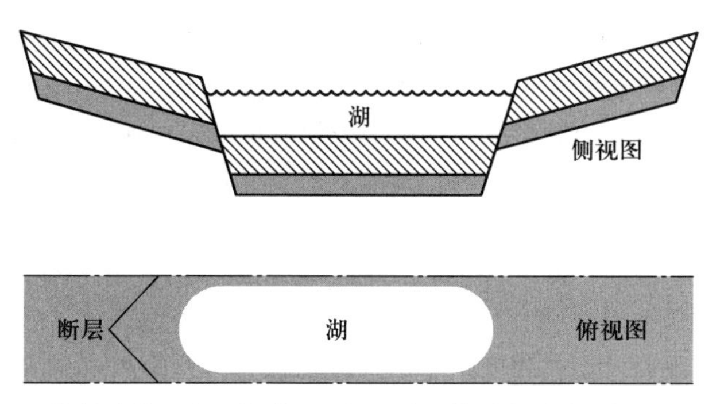

图 2.3 沿断陷盆地出现的陆地下沉形成的构造断陷湖(李小平,2013)

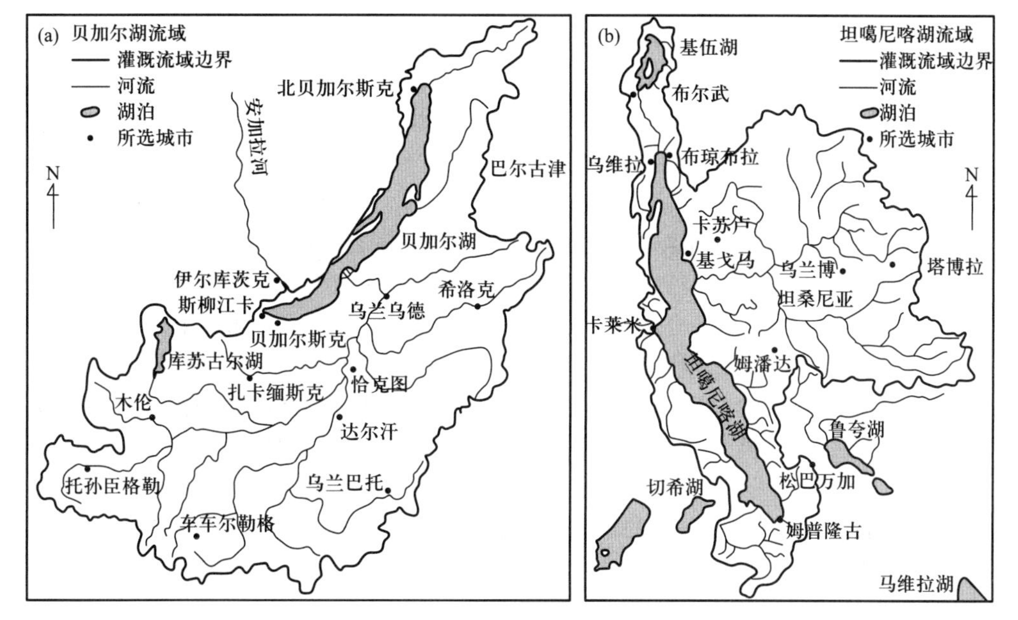

图 2.4 (a)贝加尔湖地形图;(b)坦噶尼喀湖地形图(图片来源:http://www.worldlakes.org/)

使地表变形导致山地形成或地面降低的力称为构造力,在降水量少的地区(亚洲中部和西南部、非洲中东部、安第斯山脉等)构造力最活跃,因此只有少数构造盆地现在还储存有水,大多数大的构造湖年代很老。但冰岛的许多湖泊例外,形成于 2 000~10 000 年前,由于位于两个大陆板块的扩散带上,这些湖泊仍在不断变深和加宽。

尽管与冰川湖相比,淡水构造湖的数量很少,但在湖泊的大小和容积方面保持了记录。贝加尔湖(18%)和坦噶尼喀湖(14%)储水量占到全球湖泊淡水总量的 32%。

贝加尔湖和东非大湖分别位于平底山谷和由构造运动产生的地堑中。东非大湖位于裂谷的两个弯道处,长约 800 km,宽 75 km。这些山谷形成于中新世—上新世时期,当时陆地沿断层东部和西部边缘的两个方向抬升了 1 000~2 000 m,其中西部边缘的隆起阻断了原来流向朝西的河流,形成了维多利亚湖。

大型盐湖湖盆和很多盐湖区也是在相似的构造作用下形成的。如里海约占世界盐湖总面积的 75%,在中新世[距今(5.3~23)Ma①]山脉形成期间,海底隆起后,邻近的阿

① Ma,百万年。

拉海的水向下沉陷形成湖盆。这个巨大的盆地容纳了来源于流域的盐类物质,但没有出海口。的的喀喀湖(秘鲁—玻利维亚)是世界上最大(8 030 km^2)的高海拔(约 3 800 m)湖泊,是安第斯山脉形成时期由一个低海拔山谷快速隆起而成。

澳大利亚南部原入海口区域,因陆地上升形成了几个很大的季节性浅水盐湖,如艾尔湖和托伦斯湖。当出现百年一遇的降水时,这两个湖盆就会被部分或全部充满,其中艾尔湖的面积能扩大到近 100 000 km^2。然而,数量最多的构造盐湖分布在中亚的内陆高原地区,即俄罗斯东南部、蒙古和中国。另外,在加拿大大草原、美国西南部、西班牙东部、澳大利亚南部以及南美洲安第斯山脉区域也有一些重要的盐湖区。和其他盐湖一样,这些湖泊的主要特征就是年均淡水入流量小于或等于湖泊表面蒸发量。

日本的琵琶湖形成于 250 万年前,是人们最为了解的古老淡水湖泊之一。科学家在琵琶湖水深 68 m 处用钻塔采集了长约 1 400 m 的沉积岩芯,通过对岩芯进行分析,重建了湖泊和区域气候的演化历史。分析结果表明,琵琶湖的水深在大约 70 万年前就已达到目前的水平。科学家还对其他的古老湖泊进行过相似研究,如坦噶尼喀湖和贝加尔湖,其上千米厚的沉积物记录了过去几百万年的湖泊演化历史和区域气候变化信息。

中国的构造湖主要分布在以下地区:云南高原的湖泊,与地质构造的因素有关,除异龙湖和杞麓湖位于滇东山字形构造的弧顶,受东西向断裂控制、湖泊长轴作东西向延伸外,其余的湖泊大多受南北向断裂的影响,均呈南北向条带状分布。滇东的湖泊带,是由于地面断裂系统的强烈发育,形成了许多地堑式断陷盆地和断陷湖,如滇池、抚仙湖、阳宗海、杞麓湖和杨林湖等,都是在断陷盆地基础上发育成的构造湖。这些断陷湖都保留有明显的断层陡崖,附近常有涌泉或温泉出露,沿断层两侧的垂直差异运动至今未曾停息。在纵贯全区的大断裂系统上,曾发生过多次比较强烈的破坏性地震,新构造运动对湖盆的发育仍起着一定的影响。位于元江大断裂带附近的洱海、剑湖、茈碧湖等,新构造运动的迹象也颇明显,断层两盘间——点苍山与洱海仍有相对的升降,形成地形上的强烈切割。金沙江以北的程海,川滇界上的泸沽湖和川西的邛海,也都是地壳断陷而成的湖泊。

分布在柴达木盆地中的众多湖泊,大多位于构造盆地的最低洼处,这些湖泊都是古近纪—新近纪柴达木古巨泊的构造残留湖。盆地东缘的青海湖原是个向斜构造,后因东部发生断块上升而成为内陆湖泊。扎陵湖和鄂陵湖是因巴颜喀拉山褶皱隆起,并受到北北东、北西西和北东向几组断裂的影响而形成的构造湖。

青藏高原盆地众多,湖泊星罗棋布,那些近东西向、北西向和北东向的纵形谷地的谷底洼地,往往有纵向延伸的湖泊带分布。湖泊长轴走向与构造线基本吻合,说明湖盆的形成受区域构造线的控制比较明显。这些湖盆的起源可追溯到古近纪—新近纪,它们都是在古近纪—新近纪喜马拉雅运动中由构造断陷作用所形成的。例如,色林错就是在古近纪始新世晚期第一期喜马拉雅运动活跃时形成并延续至今的残留湖泊,因此湖盆有巨厚的古近系、新近系和第四系的沉积。而其余的湖盆目前只发现上新统的沉积,可能是在中新世中晚期第二期喜马拉雅运动期间形成。此外,分布于滨湖的断层三角面,在一些湖泊中至今仍清晰可见。

内蒙古的呼伦湖、岱海、黄旗海和查干诺尔均属于构造湖。新疆的赛里木湖、艾比湖、乌伦古湖和博斯腾湖等,也都是在断陷盆地基础上发育而成的内陆湖泊。

此外,位于山西地台南缘、渭河地堑东段的运城解池,是由中条山北麓及峨嵋台地南缘两条平行断裂形成的地堑式构造湖。中俄国境上的兴凯湖,是远东最大的淡水湖,亦是在古近纪—新近纪地壳陷落基础上形成的湖泊。

2.1.3 火山口湖

由岩浆及其所含气体从管状通道里喷出而造成火山堆积物——火山锥,其中央管道的出口即火山口。在火山活动停止后,火山锥的顶部形成一个凹地,蓄水成湖,即是火山口湖(图 2.5)。火山口湖一般有三种。第一种是地下物质从火山锥直接喷出之后形成的。第二种是热的熔岩(岩浆)与地下水接触或岩浆排气引起地下爆炸之后形成的。这类湖泊面积小(直径约为 2 km),流域面积也很小,但通常比较深。地球上有上千个这种火山口湖,它们在全球所有大陆上都有分布,其中以非洲乌干达—扎伊尔边界的维龙加火山地区数量众多的锥形湖最为著名;另外,在日本、喀麦隆和中非也有数量众多的火山口湖。一些湖泊位于典型的锥形火山口底部,其他湖泊所在的火山口边缘则由于侵蚀作用变得很低,因此这些湖泊的成因很不明显,如德国埃菲尔地区、法国奥佛涅地区以及意大利中部的火山口湖。第三种火山口湖更大,是由于岩浆已经喷发的地方地表崩塌而形成的。这些地表崩塌形成的盆地称为巨火山口,在合适的气候条件下就形成了巨火山口湖。美国俄勒冈州的克雷特湖形成于约 6 600 年前,湖泊呈圆形,面积 54 km^2,最大水深 589 m。新西兰的陶波湖是一个更大的破火山口湖,面积 610 km^2,但最大水深仅为 159 m,其湖盆已经被构造力进一步改变。基伍湖(卢旺达和刚果民主共和国交界处)是由于岩浆堰塞凹陷的山谷或地堑而形成的,湖盆面积 2 220 km^2,最大水深 480 m。

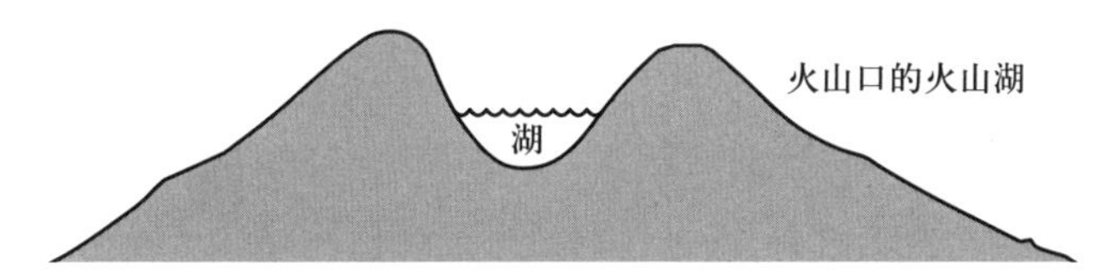

图 2.5 位于火山锥内的火山口处火山湖(李小平,2013)

长白山区是我国典型的火山地貌区域,在玄武岩高原与台地之上突起一座雄伟秀丽的休眠火山,在凹陷的火山锥顶部周围,环绕着 16 座高达 2 500 m 以上的山峰,其中形如盆状的火山口,已积水成湖,称为长白山天池(图 2.6)。它是我国目前已知的第一深湖,是松花江支流二道白河的源头。湖水主要来自天然降水和湖周岩层的裂隙水,常年水位无大变化,水温较低,湖水偏碱性。据历史记载,有史以来长白山火山口曾有过

图 2.6 长白山天池景观(图片来源:http://www.changbaishan.gov.cn/)

3 次喷发(公元 1597 年、1668 年和 1702 年),最终形成今日如此规模巨大而雄伟的同心圆状火山锥地貌景观。

第四纪火山喷发时,在长白山区还形成另外一些小型火山口湖,它们是长白山小天池和靖宇县龙岗火山区的玛珥湖,其中比较有名的玛珥湖如大龙湾、小龙湾、二龙湾、三角龙湾、东龙湾、南龙湾、龙泉龙湾和四海龙湾等。位于广东省湛江市区西南方向的湖光岩玛珥湖是雷琼新生代火山区中一个典型的玛珥湖,也是和德国埃菲尔地区玛珥湖齐名的"姐妹湖"(图 2.7)。此外,在大兴安岭东麓鄂温克旗境内哈尔新火山群的奥内诺尔火山顶上也有一个火山口湖。德都县五大连池火山群的南格拉球火山口湖,湖水较浅,已长满苔藓植物。台湾宜兰平原外的龟山岛上,龟头及龟尾也各有一个火山口湖。云南腾冲打鹰山和山西大同昊天寺火山,山上原来都有火山口湖,后已被破坏而消失,唯腾冲大龙潭火山口尚积水成湖。

图 2.7 湖光岩玛珥湖景观(图片来源:http://www.hgytravel.com)

2.1.4 河成湖

地球上有各种各样的河成湖,这类湖泊的形成往往与河流的发育和河道变迁有着密切关系。因受地形起伏和水量丰枯等影响,河道经常迁徙,因而形成了多种类型的河成湖。它们主要分布在低纬度地区。洪泛平原或河流三角洲地带形成的湖泊是最普通也是人们最熟悉的河成湖。牛轭湖是河成湖中比较常见的一种,在平原地区流淌的河流,河曲发育,随着流水对河岸的冲刷与侵蚀,河流愈来愈曲,最后导致河流自然截弯取直,河水由取直部位径直流去,原来弯曲的河道被废弃,形成湖泊。因这种湖泊的形状恰似牛轭,故称为牛轭湖(图 2.8)。著名的牛轭湖有澳大利亚的牛轭湖、印度与孟加拉国地区的牛轭湖,它们形成于河流蜿蜒流过的广阔的洪泛平原。在河湾内由于流速降低而泥沙沉积,在河湾外则由于水流速度加快而对河岸产生侵蚀。当泥沙充分沉积阻

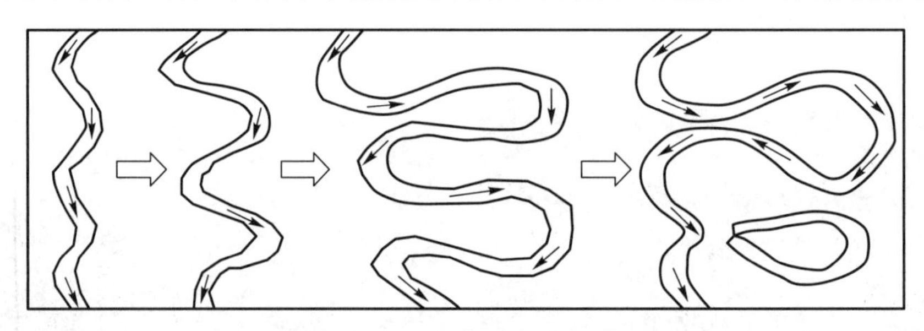

图 2.8 牛轭湖形成示意图

断原有水道,且两个弯道间狭窄的地段因河流的强烈侵蚀被穿通时,新的河道就形成了。被切断的旧河道则因地下水和季节性洪水的注入,逐渐发育成新月形浅水湖。

第二种常见的河成湖是峡谷湖,是河流流经被基岩封闭且相对狭窄的洪泛平原时形成的。在一些有侧面支流的山谷,当主河道泥沙沉积比支流冲刷的速度快时,这些支流就会被堵塞从而形成湖泊,这类湖泊的典型特征就是小而浅。

第三种河成湖通常很大,形成于河流流入的大内陆三角洲区域,即远离海岸且坡度很小的洼地区。雨季到来后由于河流输入的水量超过排泄量,湖泊涨潮远超过正常界限。比较著名的内陆三角洲湖泊如洞里萨湖,它位于湄公河三角洲,在干旱季节湖泊面积约为 2 500 km^2,雨季则会扩大到约 11 000 km^2。

第四种河成湖形成于大的内陆或海岸河流三角洲,如西非的尼日尔河、南美洲的亚马孙河和马格达莱纳河都有这样的湖泊。洪水时期,水位升高使得水体携带的溶解物质和颗粒物质从河岸裂口涌出,大部分洪水进入低位三角洲,雨季结束后,水位开始下降,大量浅水湖泊就形成了。在巴西,这些由没有腐殖质的洪泛平原上的河流形成的湖泊称为瓦尔泽亚湖。那些干旱季节部分或全部干涸的湖泊,由于涨水阶段生长的大量大型植物和低水位阶段生长的陆地植物的降解,水体容易变得缺氧(低溶解氧)或厌氧(溶解氧为零)。在对植被覆盖度高的大型湿地进行灌溉之后,河流的溶解氧含量往往会降得很低,甚至降低至零,从而使得鱼类大量死亡,进而改变食物网结构。

第五种类型的河成湖形成于河谷,如南美洲的巴拉那河和欧洲被渠化前的多瑙河,在地势低的流出河道和洪泛平原边缘之间宽阔的带状低地上,因季节性洪水形成湖泊。巴拉那河的带状地宽 20~30 km,长约 1 100 km,在水位降低时布满了洪泛平原湖和池塘,在高水位季节其带状地全部被填满。当水位下降到低于最大流量水位 2~3 m 时,这些带状地就出现了干涸的盆地、孤立的湖泊(由当地河流补给)以及仍然与主河道相通的大湖。

洪水期间,当三角洲主河流的河水溢出河堤后,由于主渠道外流速较小,河水中较重的颗粒物很快沉积下来,在洪泛平原表面产生脊或堤。浅水湖泊或漫滩沼泽就形成于这些堤岸和洪泛平原的边缘之间。漫滩沼泽的主要特征是被漂浮和有根的大型水生植物所覆盖。

由于水深很浅,河流带来的营养物使得土壤全年都很肥沃,并且 1—6 月底洪水期间的土壤在缺氧条件下释放营养物质,使得洪泛湖和漫滩沼泽的生产力都很高。

热带及更高纬度范围(如加拿大马根歇河三角洲)的河成湖内,盐度、总磷、总氮、溶解性硅浓度、无机浊度、大型植物生长和浮游生物群落等,都表现出显著的季节变化和湖泊内部差异。例如,巴西巴塔塔湖由于全年与亚马孙河相通,受换水、水深和水体垂向稳定性的影响,浮游植物呈现明显的年周期变化特征。

一些洪泛湖在高水位季节结束的时候,被来源于远距离大流域的河水充满,而其他湖泊则主要由本地河水补充。当主河道流量减小时,地下水和本地输入河流对河成湖水体的物理和化学性质的影响变得更加重要。在亚马孙地区,洪泛平原的湖泊有相对中等的流域面积与湖区面积比(CA : LA<20),在旱季末期,湖水化学成分会发生显著变化。这时的湖泊容纳了各种地下水、当地河水和主河道河水。而湖泊内部的降解作用和沉积物中营养物质向上覆水体的释放(内源负荷),加上当地雨水和灰尘的输入,使得湖泊的营养水平进一步改变。相反,CA : LA 值大的湖泊,由于流域面积大,即使在低水位时期,仍然有充足的水源补给,从而使得湖泊的水化学成分与主河道相近。在

旱季,所有洪泛湖和河流水的化学成分都会因蒸发而改变。此外,由于水位下降,风浪引起的扰动逐渐增大,浅水湖泊的无机浊度会明显升高。

在中纬度地区,主要洪泛平原湖泊-湿地系统的人为改变使得湖泊的温带区域特征消失,但这未引起湖泊学家足够的重视。未受人类活动影响或人类活动影响很小的洪泛平原系统大多位于非洲和南美洲,相反,在巨大的南亚洪泛平原,洪水控制措施和不断增长的农业种植的影响在逐渐增大。欧洲(多瑙河)和北美洲(密西西比河)的河流两侧最初也有很多洪泛平原,但如今堤坝或渠道的建设已经使得原始的湿地遗迹几乎完全消失。在澳大利亚、非洲、亚洲以及北美洲的半干旱地区,大规模的引流灌溉也已使得洪泛平原湖泊及其湿地明显减少。

我国国土辽阔,沿着许多河流两岸,常常分布着一系列大小湖泊,如我国长江中下游、淮河流城、黄河、松花江与黑龙江沿岸、珠江下游等,均分布有湖泊。这些湖泊的形成多与河流涨落有关系,由众多原因形成。有天然堤之间的洼地积水成湖,有泥沙淤塞的支流壅水成湖,有河湾堰塞成湖,还有与干流溃决改道有关,有的是洼地季节性积水,另有与人工筑堤蓄水有关。

长江中下游地区有洞庭湖、洪湖、古云梦泽、梁子湖、涨渡湖、长湖、排湖、黄鳝湖、鄱阳湖、东湖、鲁湖、源湖、龙湖、白水湖、七里湖、大官湖、泊湖、武昌湖、古彭蠡湖、黄盆湖、白荡湖、陈瑶湖、白湖、石臼湖、固城湖、南漪湖、长荡湖、洮湖、葛湖、巢湖、太湖、北澄湖、澄湖、淀山湖、里下河洼地等数以百计的大小湖荡和洼地。

淮河流域有城西湖、城东湖、瓦埠湖、女山湖、洪泽湖、白马湖、高宝湖、邵伯湖等。

黄河干流以南至徐州,沿苏鲁之间断层带自北而南分布的南阳湖、独山湖、昭阳湖和微山湖,总称南四湖,这是黄河南徙后,泗水下游被堵、潴水而成的。

在华北平原,黄河与海河都遗留了许多季节性洼淀、湖泊。它们大多数是堤涧洼地或被弃河槽经潴水而成的,如东平湖、衡水湖、白洋淀、东淀等均属这类。

东北的嫩江、海拉尔河、乌尔逊河沿岸散布许多咸泡子。松花江畔的月亮泡、查干泡、松花湖等也是这类泡子。

此外,在各河流沿岸还广布有废弃河曲、牛轭湖等,这些湖泊也是沿河湖泊常见现象。

2.1.5 潟湖

此类湖原系海湾,后湾口处由于泥沙沉积将海湾与海洋分隔开而成为湖泊,通常称为潟湖(图 2.9)。由于海平面在 6 000 年前即冰川消融后才稳定下来,因此滨海湖都是最近才形成的。通常,滨海湖是沙嘴或沙坝在海角或非常大的淡水湾之间堵塞而形成的,如圣劳伦斯大湖群中的湖。当近岸流带来的沉积物遇到静止海湾或海岸线凹入处,携带的泥沙就会部分沉积下来从而形成湾成湖,如果产生的沙坝不被风暴毁坏,就会逐渐发展成为滨海湖。一些滨海湖会因注入的河水或地下水的稀释而变淡,但大多数滨海湖仍然是咸水,这是由于沙坝在风暴期间被海水部分淹没,或当淡水流出量很小时,盐水不时通过出流渠道进入。如果湖泊太深不易被风力混合,流入的密度低的淡水将位于上层,而密度大、浓度高的盐水则在下层。在所有滨海湖类型中,只有溺谷湖的湖盆是在海平面升高之前形成的,当粗颗粒物被波浪带动并形成障碍包围了盆地后,就逐渐形成溺谷湖。

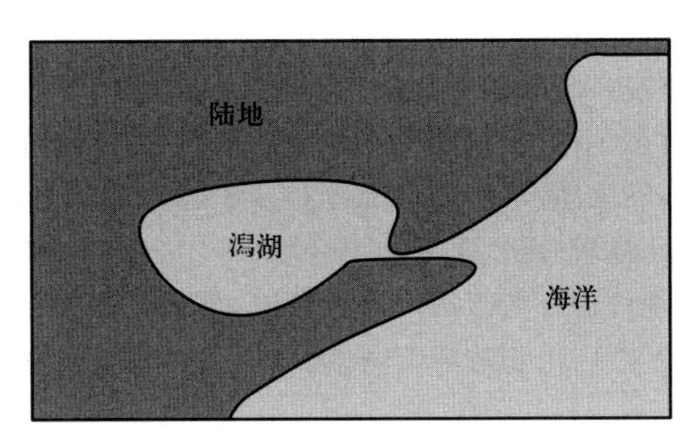

图 2.9 潟湖成因示意图

我国沿海平原上，尤其在海滨平原，广泛分布有众多湖泊，其中较大而较著名者有渤海西岸的七里海、古硕项湖、射阳湖及其以东某些小湖泊，如杭州西湖、宁绍平原上的湖泊——东钱湖。这类湖泊主要是在全新世高海面之后海水回落过程中，海岸不断东移陆续成湖的，因而在成湖前期湖水较咸，而后逐渐淡化成为今日湖泊。这类湖泊已如前述比较宽浅，多成浅碟形。当它高出海平面以后则具各自进出水口，并与海面有一定高差。潟湖衰亡后，多成为低地。其水面高低直接由海面升降来控制。此外，有部分学者认为，太湖及其周围的湖群也曾是个古潟湖。

2.1.6 其他成因自然湖泊

2.1.6.1 岩溶湖或喀斯特湖

岩溶湖或喀斯特湖一般较小，位于高溶解性岩石（主要为石灰岩、碳酸钙和碳酸镁）所在的盆地。上层土壤呼吸作用释放出的二氧化碳与降雨结合产生碳酸，使水体呈弱酸性，石灰岩在与这类水体接触时溶解增强。岩溶湖趋于圆形，主要特征是水下坡度很陡、相对深度比（最大深度/平均直径）高。喀斯特湖和岩洞在欧洲巴尔干半岛很常见，在欧洲阿尔卑斯山、西班牙、俄罗斯，美国的肯塔基地区、印第安纳州、田纳西州和佛罗里达州，以及澳大利亚的塔斯马尼亚也有发现。我国喀斯特湖主要集中分布在喀斯特发育的黔、桂、滇等省、区，如贵州省威宁县的草海、云南中甸附近的纳帕海、滇东的黄水洞、滇池的蝙蝠洞、丘北县的六郎洞、桂林的七星岩、贵阳的花溪等湖泊。撒斯卡尔湖随构造断层的变化逐渐扩大，是全球大湖（$>500\ km^2$）中唯一的喀斯特湖。

2.1.6.2 风成湖

由风力活动形成的湖盆，称为风成湖。这样的湖盆主要出现于干旱地区。常见的有由风的侵蚀作用形成的风蚀盆地和由风成砂或风成黄土围堵而成的湖泊。风成湖由于其变幻莫测，常被称为神出鬼没的湖泊。例如，非洲的摩纳哥柯萨培卡沙漠的东部高地上的“鬼湖”，晚上表现为水深几百米的大湖，白天则成为百米高的大沙丘。原因在于其地下可能有一条巨大的伏流，通常在晚上时，由于地层变动，伏流涌溢而成为大湖；白天刮起大风沙时，风沙又把它填塞，湖就消失而成沙丘。我国沙漠地区有成百上千个被称作“明珠”的大小湖泊，它们中有淡水湖，也有咸水湖或盐湖。例如，毛乌素沙地分布有众多的湖泊，大小计 170 余个，虽然大部分是苏打湖和氯化物湖，但也有淡水湖分布。腾格里沙漠内部分布了众多面积很小的季节性草湖，其中由泉水补给的湖泊水质较好。乌兰布和沙漠西部为一古湖积平原,分布有盐湖,其中吉兰泰盐池是我国开采已久的著名盐湖之一。塔克拉玛干沙漠的东北,靠近塔里木河下游的一些丘间洼地,也有风成湖分布。分布在科尔沁沙地,浑善达克沙地及呼伦贝尔沙地的一些湖泊,仅湖盆中央稍有积水,周围是沼泽,水质较好,矿化度在 1~3 $g \cdot L^{-1}$,湖周是天然牧场。只有少许湖泊因基底岩层隔水,水质较差,矿化度达 10~20 $g \cdot L^{-1}$而未予利用。至于沙漠中湖泊的成因,部分是风蚀洼地的底部低于潜水面而形成,部分是残留的古湖泊,也受风蚀的影响。这些湖泊的滨湖地区,由于牧草茂密,大多成为优良的天然牧场,是沙区少数民族劳动生息的地方。

2.1.6.3 堰塞湖

因地震、山体崩塌滑坡、火山熔岩流、泥石流等阻塞河道而成的湖泊。这种类型湖泊在国内外均较常见。世界上最深的堰塞湖——萨雷兹湖位于塔吉克斯坦东部的帕米尔高原上,该湖海拔 3 263 m,最大水深 505 m。此外,哈萨克斯坦境内的巴尔喀什湖、新西兰的普卡基湖等也是较著名的堰塞湖。我国堰塞湖主要有两类:一类是冰川或地震所形成的堰塞湖,这类湖泊在西藏东南部较为常见。1900 年,藏东南波密县因地震影响而发生特大泥石流,截断了乍龙曲,形成一个海拔 2 159 m、长 16 km、宽 2 km、深 25 m的易贡错。波密县的古乡错是 1953 年由冰川泥石流堵塞而成的。八宿县 200 年前在一条河流的右岸发生巨大山崩,堵截了河流的出口,从而形成海拔 3 800 m、长 26 km、宽 1.2 km 的然乌错。2000 年 4 月发生的西藏易贡藏布大滑坡阻塞易贡河谷,形成了覆盖面积达 33 km^2 的易贡湖。2008 年汶川地震形成的唐家山堰塞湖,面积 0.3 km^2。另一类堰塞湖是火山堰塞湖,指地表水流为火山喷出物堵截,造成截流高地形而形成的湖泊。例如,新疆于田县普鲁村南约 80 km 昆仑山中的卡尔达西火山群,根据相关的资料,该火山群最近一次喷发为 1951 年(1 号火山),近百年内 4 个火山喷发出的熔岩已被连成一片,把原来自西向东流的克里雅河正源以及从南面汇入的另一支流截断,形成两个规模较大的堰塞湖。由 1、2 号火山堆积物堰塞而形成的湖泊称阿支其克库尔,最大水深 11.14 m;由 1、3 号火山熔岩堰塞而形成的湖泊称乌鲁克勒,最大水深 39.82 m。此外,东北地区是我国火山分布最多的地区,相应的火山堰塞湖也较多,东北地区火山成因的堰塞湖有镜泊湖、五大连池和达里诺尔等,以镜泊湖最大,该湖位于牡丹江上游,是第四纪初期火山喷发熔岩(玄武岩)流形成堰塞堤、堵塞牡丹江河道而成的南北长 45 km、东西宽 0.7~6 km 的狭长湖泊。

2.1.6.4 陨石湖

陨石湖是由陨石以非常剧烈的撞击方式所形成。例如,非洲加纳地区的博苏姆维湖(Lake Bosumtwi),就是典型的由陨石撞击坑积聚雨水而成的天然湖泊。

2.1.6.5 生物成因湖

多属于小型湖泊,包括由植物围堵形成的植物水坝、海狸水坝和珊瑚湖等。海狸是湖泊的另外一个建造者,因海狸活动产生的湖泊遍布北美各地和欧洲的一部分河流中。海狸用石块、树枝和淤泥在河流中筑成了大坝,使得海狸窝周边的水位抬升,仿佛新居前的护城河一样,保卫这个家族的安全。这种“大坝”最长可达 300 m 左右,为捕鱼提供了方便。珊瑚湖又称礁湖,是在热带海洋中,由于珊瑚在岛屿周围群集附生,形成环状(成带状)珊瑚礁,后岛屿下沉,投入水中,于是在珊瑚礁体之间形成的湖泊。我国南沙诸岛地区,有各种形状的礁湖。

2.1.6.6 人工湖泊或水库

为了发电、灌溉、防洪和供水,近半个世纪以来,人类在世界各地修建了许多大型人工湖泊(水库),全球水库数量迅速增加,其中堤坝超过 15 m 高的水库已经从 1950 年的 5 000 个增加到 1986 年的 36 562 个。这些水库中 64% 在亚洲,21% 在美洲,12% 在欧洲。1986 年后建设的水库使全球水库总量增加到 40 000 个,为 1950 年的 8 倍。大水库的惊人数量反映了人类改造地表的能力,尽管水库总容量仍然不到自然淡水湖泊容量的 10%,但正在快速增加。在 20 世纪 70 年代中期,相当于全球 8% 的年径流量被截留到水库中,10 年后这个比例已经上升到 14%。水库对河流生物群落和下游湖泊有着或多或少的负面影响。除大水库以外,人们还建设了无数小的人工湖泊作为蓄水池,在南非和澳大利亚,这些蓄水池被称作大坝。小水库主要用于供水、控制洪水、养鱼、灌溉和娱乐,大部分位于北美洲、澳大利亚、南非、欧洲以及亚洲南部和东部的较干旱地区。我国已建成各类水库 86 852 座,总库容占天然湖泊储水量的 59%,约为淡水湖泊储水量的两倍。

2.2 湖泊的历史演化

湖泊从形成到消亡这一漫长的演变过程中,由于所处的地理环境不同,其变迁的历史也很不一样。初生期的湖泊,周围自然界对其影响较小,湖盆基本上保留了它的原始形态,岸线欠发育,湖水清澈;湖水的有机质含量低,多属贫营养型,湖里的生物种类不多,几乎没有大型水生植物分布,处于青年期的内陆湖或外流湖,多属淡水湖。当湖泊发展到壮年期,周围的环境因素参与了湖泊形态的改造,发育了入湖三角洲,湖盆淤浅,湖岸受到侵蚀等;加上入湖径流携入的盐量不断增加,湖泊由贫营养型演变成中营养型,内陆湖泊往往发育成咸水湖。老年期的湖泊,基本上已濒临衰亡阶段,此时湖水极浅,湖面缩小,湖水多属富营养型,大型水生植物满湖丛生,湖泊日渐消亡。外流湖常演变为沼泽地,内陆湖演变为盐湖或干盐湖。

因湖盆多处于被周围较高地区团团围绕的地形低洼处,故湖泊一旦形成,也就开始接受物质的充填。湖盆的充填作用无时不在,在一些湖泊非常显著,特别是一些裂谷湖中可以堆积很大的厚度。例如,死海自中新世以来沉积厚度已超过 4 000 m,而 Tahoe 湖 200 万年以来堆积了 200 多米厚的沉积物,瑞士的日内瓦湖覆盖在基岩上的冰川堆积物和现代沉积物厚度约为 200 m,加拿大不列颠哥伦比亚 Lillooet 湖的狭窄盆地内,大约接纳了 200 m 厚的充填物,而日本 Yogo 湖在 1 km 宽的谷地内充填物厚度达 200 m。最近钻探发现,位于我国云南西北、面积仅为 144 km^2 的鹤庆盆地,在 280 万年内堆积了 700 m 厚的湖相沉积,云南抚仙湖的沉积也非常厚。

2.2.1 自然湖泊的长期演化

2.2.1.1 国外湖泊长期演化

长期以来,国外对湖泊演化的研究较多,特别是自 20 世纪 70 年代以来,用湖泊演化来反映区域气候变化的研究逐渐受到重视,并逐渐形成全球及不同区域的古湖泊数据库,如牛津古湖泊数据库(OILDB)、欧洲古湖泊数据库(ELSDB)、苏联和蒙古湖泊数据库(FSUDB)等(图2.10)。这些区域性的数据库涵盖了北半球大部分地区的湖泊,所含的湖泊类型不仅有封闭湖,还有吞吐湖,组成了一个全球性的湖泊水位变化数据库,并由此提供了一个全球性的湖泊演化时空分析与综合。数据库的部分研究结果如下。

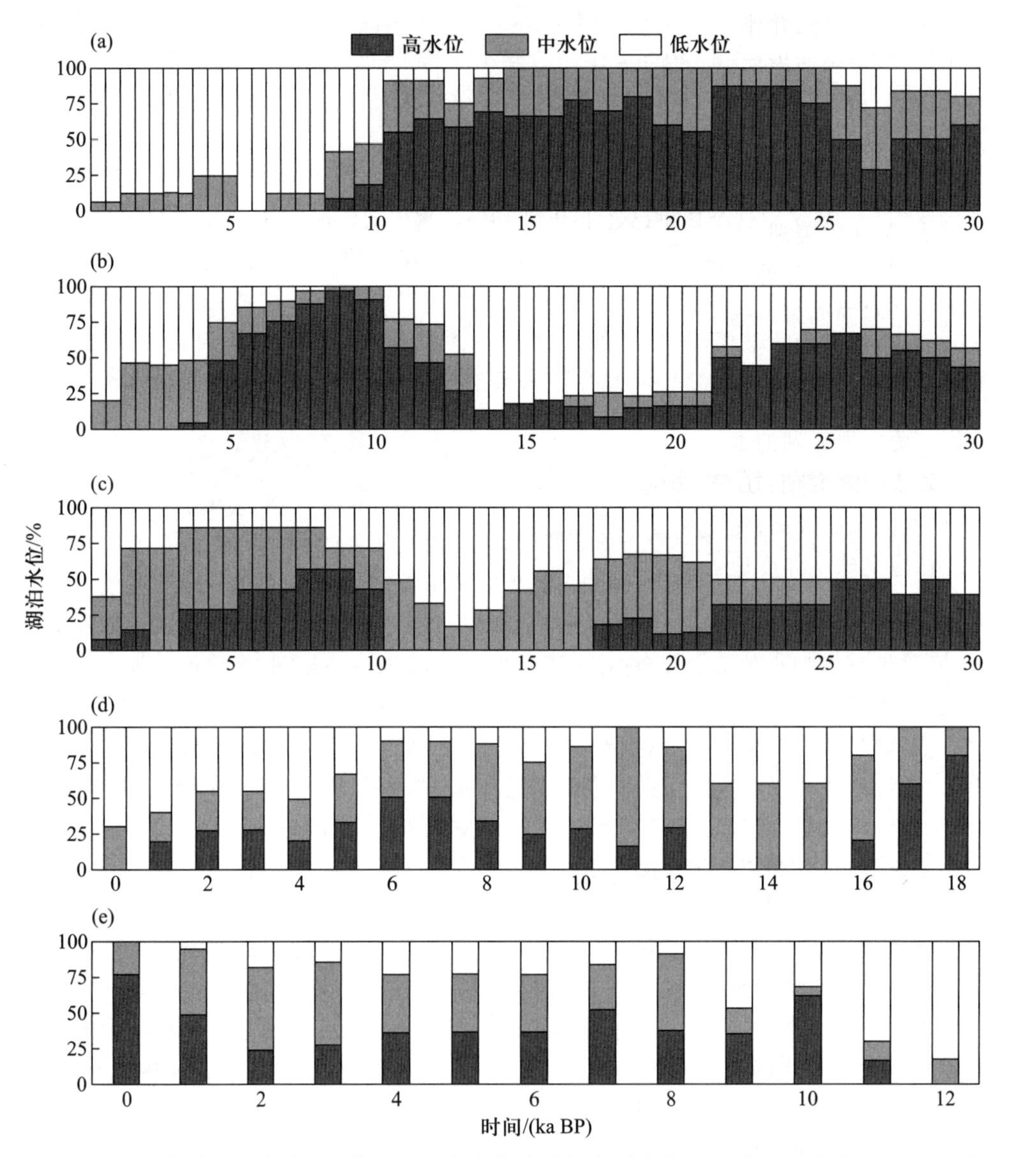

图2.10 世界部分地区湖泊群晚第四纪以来水位的时间序列变化:(a)美国西南部地区;(b)非洲地区;(c)澳大利亚地区;(d)地中海地区;(e)北欧地区(数据来源:Street and Grove,1979;Harrison et al.,1996)

末次冰期间冰阶晚期(30~21 ka BP①):非洲大部分湖泊表现为高湖面,但也有部分湖泊呈现低湖面特征,如卡纳湖、马尼亚拉湖、蒙博托湖等。同时,地中海南部、阿拉

① ka,千年;BP,距今年代。

伯半岛及哥伦比亚地区湖泊也大多表现为高湖面的特征。澳大利亚南部地区表现为高湖面,但在澳大利亚北部湖泊水位则相对较低。美国西南部地区也在此时表现为高湖面的特征。

21~20 ka BP 时期:非洲北部地区开始出现湖面较前期下降的趋势,但在地中海地区、红海地区以及非洲南部的喀拉哈里沙漠则表现为高湖面的特征。澳大利亚南部地区湖面开始下降,并伴有黏土质沙丘的形成,澳大利亚北部地区湖水位变化较前期波动不明显,但美国西南部地区湖泊水位略有下降。

18 ka BP 时期:欧洲中、高纬度地区湖泊水位普遍较现在低,而中低纬度地区则相对现在较高,如在北美西南部,现今是一片干旱地区,但 18 ka BP 时湖水位显著比现今高。在地中海地区及撒哈拉与萨西尔地区,少量的湖泊点位同样显示湖面较高。而在赤道地区,从中美洲一直到非洲,均以低湖面为主,但在东非大裂谷周围,湖泊资料显示水位较现今高。此外,在南半球中纬度地区即从南美洲至南澳大利亚,呈现一条明显的东西向的高湖面带。

15 ka BP 时期:湖面较 18 ka BP 变化不大,但环地中海地区高湖面的湖泊数量较 18 ka BP 时期有所减少。在撒哈拉及萨西尔以及亚洲季风区的湖泊,湖水位达到了最高点。美国地区湖泊水位较前期稍有下降,但总体仍相对较高。

12 ka BP 时期:在北半球中纬度地带即北美与欧洲中部及中亚等地,湖泊资料显示,该地区湖面较高,但北缘为低湖面。在非洲大陆的湖泊点位显示,该时期湖水位上升。在南半球中纬度地带,湖泊水位下降,和现今相似。

早全新世(9 ka BP)时期:非洲大陆及亚洲大部分地区湖泊表现为水位显著高于现在的状态,但非洲最南端及撒哈拉西北地区水位变化不明显。北美大部分地区表现为湖水位下降,但同时北美西南部部分湖泊仍维持着高湖面特征。在欧洲大陆的南部与北部,湖面相对较高,但欧洲中部及波罗的海南部地区则呈现出湖面下降的趋势。中亚及东亚北部,部分湖泊资料亦显示为低湖面。此外,南半球已有的部分记录显示,该时期湖面与当今相差不大。

中全新世(6 ka BP)时期:全球的湖面波动与 9 ka BP 时期基本相似,但在不同地区具体表现也略有不同,如原先在北美西南部的一些高湖面均转为与现在相似的中、低水位,但在中亚地区大部分湖泊则表现为水位较现今高的状态,同时,南半球中纬度地带及澳大利亚大陆南部湖面也比 9 ka BP 时期要高。

晚全新世(4.5 ka BP 之后)时期:大部分地区(非洲、中东、印度及澳大利亚)湖泊出现萎缩状态,特别是近千年来,大部分湖泊处于晚第四纪以来的最低水位,一些湖泊甚至出现干涸状态。如在非洲,中高水位的湖泊已经退缩到赤道地区。但仍有一些湖泊处于高湖面时期,如澳大利亚的 Keilambete 湖,此时湖面为历史最高值。

2.2.1.2 国内湖泊长期演化

全球及国外不同区域古湖泊数据库的逐渐形成,也催生了我国古湖泊数据库的建设工作。目前,第一版中国晚第四纪古湖泊数据库(CLSDB,V.1)和第二版中国晚第四纪古湖泊数据库(CLSDB,V.2)均已建立出版。以下根据中国晚第四纪古湖泊数据库的资料,结合已有的其他国内湖泊演化资料,对我国不同地理区域的湖泊演化特征做一简要概述。

1）青藏高原地区

基于^{14}C测年的传统研究认为，末次冰期的间冰阶晚期（40～20 ka BP）是青藏高原的大湖发育期（即MIS 3a大湖期），这些大湖多为淡水湖泊，如西昆仑山南坡的苦水海、甜水海、阿克赛钦湖等。近年来，这一研究结果受到来自最新测年技术的挑战，OSL和铀系测年与过去的^{14}C测年结果存在很大差别。对于来自高原东北缘腾格里地区同期湖相沉积，^{14}C测得的年代为25～40 ka BP，而OSL测得的年代落在了70～130 ka BP（MIS 5）。对于^{14}C与OSL和铀系测年的MIS 3a与MIS 5的年代框架差别，国际学术界也有类似报道，并建议采用^{14}C测年方法时，对大于3.5万年的样品需要格外小心。因此，晚更新世高湖面出现的时间差异，究竟是由于湖泊演化过程中存在区域差异还是测年技术的不同造成的，还需要进一步研究。

末次盛冰期时（20～15 ka BP）高原东北部绝大多数湖泊都结束了早期间冰阶的湖相沉积而处于干涸状况，如察尔汗、大柴旦等湖泊沉积了多层原生石盐，在原生石盐之间，多为含石膏的粉砂黏土。

晚冰期高原地区多为高湖面时期。特别是在高原中部，如中、西昆仑山地区尤为明显，时间为15～12 ka BP。11.5～10 ka BP，很多湖泊水位下降，如色林错、松西错。全新世早期11～9 ka BP，大部分湖泊已达到全新世的最大湖面，而且在高原的东部和南部地区多数湖泊为外流湖。9 ka BP之后有一短暂的湖泊退缩时期。全新世中期青藏高原的大多数湖泊湖面上升，面积扩大，湖水淡化，但此时湖面仍低于全新世早期。高原中南部许多湖泊发育宽广的第三级湖滨阶地，测年在7.5～3.0 ka BP，如佩枯错、沉错、那日雍错、扎日南木错等。藏南很多湖泊为外流湖，湖水矿化度普遍较现今低，如扎日南木错沉积物含淡水螺，而现在该湖矿化度在15 $g \cdot L^{-1}$左右。色林错、扎布耶茶卡等湖泊均表现为湖面较高、湖水较现今偏淡。可是，藏北高原内部无冰融水补给的一些小型湖泊还是呈封闭状态，湖面下降和盐度增加，如斯潘古尔湖中全新世后期沉积物中大型底栖和附生硅藻增加，还出现嗜盐种；扎仓茶卡沉积了芒硝和石膏。全新世晚期湖泊普遍强烈退缩，从藏南和藏北的一些湖岸线分析，该时期湖面下降10～20 m。湖泊水位下降促使一些大湖解体，如羊卓雍错、沉错、巴纠错等就是在该时期分离的。另外一些湖泊也由外流湖转变为内流湖，如藏南的羊卓雍错、佩枯错等。同时由于湖水位进一步下降，除了藏东外流湖和藏南一部分刚封闭不久的内流湖仍为淡水湖外，大部分湖泊成为咸水湖和盐湖。咸水湖多分布于藏南和藏北的湖泊封闭较晚的地区，盐湖则主要分布在藏北高原的中部和柴达木盆地中。不少盐湖已进入盐湖发展的最后阶段，如扎仓茶卡，此时沉积物以芒硝和石盐为主。晚全新世是青藏高原湖泊主要成盐期。

2）西北干旱区

我国西北干旱区湖泊主要分布在新疆和内蒙古高原（称为蒙新高原），这些湖泊大部分位于东亚季风的边缘地带，而地处新疆西北部的一些湖泊则位于西风带或西风与季风过渡带。据中国晚第四纪古湖泊数据库已定量重建的3万年以来古湖泊水量空间变化，30 ka BP时湖泊记录主要集中在我国西部，该时期西部湖泊普遍表现为湖面较高、水体偏淡的特点，与东部水量较少、只有极少数湖泊记录形成鲜明的对比。如新疆巴里坤湖在30～24 ka BP时为高湖面，内蒙古白碱湖在30～27 ka BP也是高湖面阶段。27 ka BP我国西部仍然以高湖面、湖泊水量大为特征，但中等湖面的比例有一定增加。

至 21 ka BP 高湖面的范围和程度已有显著的减小,总体呈现中等湖面特征,如新疆罗布泊在该时期维持中等湖面。末次盛冰期西北地区仍以中等湖面为主,相对于现代(0 ka)而言,西北地区湖泊水位比现代高、面积比现代大、湖水盐度比现代低,与当时我国中、东部低湖面或干涸湖盆有着巨大的反差。对比国际古气候模拟研究结果,该时期我国西北地区高湖面与中亚和地中海地区的高湖面连成一条带。然而,有些湖泊记录如新疆博斯腾湖钻孔地层资料显示,至少晚冰期时现代湖泊并未形成,与该地区其他湖泊普遍呈现的高湖面相悖。

进入晚冰期(15 ka BP),西北地区的湖泊仍以中等湖面为主,但新疆西部部分湖泊则开始出现高湖面,如艾比湖、柴窝堡湖、乌伦古湖等,罗布泊在 14.5 ka BP 左右也开始出现典型的湖相沉积。地处内蒙古高原东部的呼伦湖也在这个时期出现了最高湖面,继而在晚冰期末的新仙女木时期湖面又有所下降。地处内蒙古高原中部的岱海、黄旗海等最早的高湖面出现在全新世早期约 10 ka BP,早全新世晚期本区湖面普遍下降。中全新世该地区呈现出东、南部湖泊湖面上升起始时间早而结束较晚,西北部湖泊湖面上升起始时间晚结束早的格局,如内蒙古岱海、黄旗海中全新世高湖面始于 8 ka BP,终于 4 ka BP;新疆的巴里坤湖、乌伦古湖,中全新世高湖面都始于 7 ka BP,终结于 5 ka BP。进入晚全新世,随着大暖期的结束,本区湖泊总体呈退缩、咸化的趋势,期间有些湖泊在 3 ka BP 左右湖面略有短暂回升,如新疆柴窝堡湖、巴里坤湖、艾比湖、乌伦古湖,内蒙古呼伦湖、黄旗海等。

蒙新高原也是我国盐湖分布区之一,其中内蒙古高原在早、中更新世基本维持淡水湖泊的面貌,直到晚更新世至全新世早期,湖水开始咸化,出现碳酸盐沉积。如二连盆地南缘的查干诺尔湖,约 15 ka BP 形成了泡碱、天然碱等碳酸盐沉积。但该时期区域成盐作用的范围并不广泛,仅限于内蒙古高原内一些大型断陷盆地或凹陷盆地,如吉兰泰盐湖、查哈诺尔湖盆。中全新世该区出现淡水沉积与化学沉积互层,但区内总体湖泊水位不高,尤其是高原西部和西南部。6 ka BP 以来,内蒙古高原湖泊普遍进入咸水湖或盐湖发育阶段,形成碳酸盐类(针钙钠钙石、钙水碱、泡碱、水碱、天然碱等)、硫酸盐类(石膏、芒硝、无水芒硝、白钠镁矾等)和氯化物盐类(石盐、水石盐等)沉积。这次成盐作用涉及内蒙古全区,规模较上次成盐期大得多,构成了内蒙古湖泊现代化学沉积的格局。

目前,新疆地区的盐湖研究还不够深入,据艾丁湖的研究,该湖泊在 24.9 ka BP 进入盐湖阶段,10.9 ka BP 卤水进一步浓缩,形成纯芒硝沉积层和石盐盐壳,表明该地区早在末次盛冰期以前就进入了成盐期。

3) 云贵高原地区

云贵高原地区的湖泊多为断陷湖,形成时代较早,大多形成于上新世末到第四纪初期。如云南鹤庆 737 m 连续的湖泊沉积,其底部年龄为 2.7 Ma;滇池形成于约 3 Ma 前;泸沽湖 18 m 连续湖泊沉积(其中 12 m 处 AMS^{14}C 年龄为 40 ka BP)仍未见底;星云湖 12 m 岩芯底部年龄大于 50 ka BP,这些都充分说明了该地区湖泊形成历史的悠久。

在 40~20 ka BP 时期,云贵高原地区也经历了大湖阶段,滇池水面至少是现在的 3 倍,抚仙湖、星云湖连成一片,鹤庆盆地、玉溪盆地也被古湖水所淹没,洱海岸线向西、北、南三个方向推进了相当距离。末次盛冰期,由于西南季风的退缩,该地区湖面下降。鹤庆古湖湖水也在该时期退出盆地,统一的大湖消失。

晚冰期以来该区湖面开始上升,尤其是全新世初期,区内湖泊水位上升比较普遍。

但由于云南山高谷深,地形高差十分强烈,位于不同地理位置和海拔的湖泊,其水位上升的时间和幅度存在一定差异。云南中部星云湖和杞麓湖研究表明,湖泊水位从 12 000 cal. a BP[①]开始上升;洱海在晚冰期以后湖面开始回升,10 300 cal. a BP 时进入高湖面阶段;滇池进入深湖阶段也是从 10 ka BP 开始;四川冕宁杀野马湖在 11~9.1 ka BP 湖面较低,9.1 ka BP 开始湖面升高,略迟于滇池地区。

全新世中期区内在总体维持较高湖面的基础上,湖泊水位的升降不一。如北部高海拔地区的泸沽湖、杀野马湖高湖面从全新世初一直持续到 4 ka BP 才开始下降;滇池湖水最深时段是在 6~4 ka BP;洱海最深水位出现在 7.5~5.5 ka BP。

4 ka BP 以后湖面突然下降,一直持续到 2.7 ka BP。这一湖面急剧下降时期不仅在沉积岩芯中留下了鲜明的记录(如洱海沉积岩芯中出现螺壳堆积层),而且滇池湖周的古文化遗址也证实了这一点。杀野马湖的低湖面也出现在 4 ka BP 以后。之后,气候渐干,到汉唐时代,湖面萎缩,唐朝中期滇池水位降至最低,比现在湖面低 3 m 左右。

4) 东部平原地区

东部平原地形上位于中国大陆第三阶梯,地势低平多浅洼地。在末次盛冰期,海面大幅度下降,比现今低 130~150 m。河流的侵蚀作用强烈,大部分湖盆被切开,湖水被疏干,代之以河流相沉积,这种特点已被太湖、鄱阳湖、洞庭湖、白洋淀地区的钻孔所揭示。全新世初气候转暖,海面迅速回升,原先岸边一些地带(如渤海西岸中部)曾有过湖泊发育,但随着海面上升,它们又被海水所淹。全新世早期我国东部长江中下游地区没有大规模的湖泊发育,仅出现一些零星的湖相沉积,如太湖西侧、江苏固城湖等;华北和内蒙古东部存在一些湖泊(如呼伦湖、岱海),并发育泥炭剖面,如辽南普兰店泥炭于(9 950±300)a BP 开始发育,北京海淀高里掌泥炭于(9 930±150)a BP 开始发育,河北昌黎毛家河泥炭于(9 535±170)a BP 开始发育,河北黄骅南排河泥炭于(10 300±200)a BP 开始发育。全新世中期(7.5~3.0 a BP),我国东部地区华北平原上湖泊扩张,自西南-东北分布着大陆泽-宁晋泊、白洋淀-文安洼和七里海-黄庄洼三大相对集中的湖泊洼地群,在全新世中期达到最大,并且可能曾彼此相连,形成了相对统一的中全新世大湖群。在长江的中游地区,由于中全新世气候最适宜期的降水丰沛以及海面上升对河流的顶托作用,河水位上升,在低洼处潴积成湖,形成了面积很大的云梦泽、彭蠡泽及江汉平原等古湖群。

晚全新世(3 ka BP)以来,华北平原的湖群显著收缩,并不断解体,形成一些互不连通的小湖,如河北的白洋淀等。而在长江中下游流域,却是湖泊的广泛发育时期。首先在长江下游由于晚全新世海平面的下降,本区一些低洼地区脱离海侵,同时由于长江三角洲向外发展,使下游河流尾部被淤积抬高,河水潴积在低洼处,形成淡水湖泊。长江下游的湖泊大都形成于全新世末次海侵以后,而且随海面的不断后退,越向海的地带湖泊年龄越轻。例如,太湖成湖于春秋战国前后,即距今 2 500 年左右,西湖是距今 2 000 年左右由潟湖晚期转变而成,同样在苏北沿海平原的射阳湖形成于 2 000 年以前。晚全新世在长江中游也形成了许多湖泊,如鄱阳湖发育于 3 ka BP 左右,汉代以后,由于长江主泓道的南移,阻碍了赣江水系的泄流,使湖面迅速向南扩张。与此同时,古彭蠡泽不断萎缩,分裂成若干小湖,如今称为龙感湖、黄大湖、泊湖等。洞庭湖则在春秋战国

① cal. a BP,校正年代。

时期出现，东晋和南朝时迅速形成大湖。

以上所述仅是历史时期湖泊演化过程的梗概，在湖泊演化过程中，气候的变化和新构造运动的影响都会引起湖泊水量平衡诸要素以及湖盆形态的变化，直接或间接地导致湖泊消长。所以，湖泊的演化要经历相当复杂且漫长的过程，其中，在长时间尺度上来说，尤以新构造运动、气候变化、河流及海面影响等较为显著，现以我国湖泊为例，将这几个方面分述如下。

1）湖泊演化与地质构造

地质构造是湖盆形成的基础，控制了湖泊空间分布和区域宏观特征。大型的可供积水的湖盆，或多或少均与地质构造活动和地质构造背景有关。湖盆形态和湖水深浅总是和地质构造活动的性质与强度分不开。即使是平原区的河成湖和堆积洼地中发育的浅水湖，它们的前身或者是地质构造的下沉区，或者是沿薄弱带形成的古河道。因此，区域大构造的差异使得湖泊或湖群的特点截然相异。

总体而言，在大地构造背景的控制下，我国陆地形成了自西向东三大地貌阶梯。第一阶梯为青藏高原，以整体的强烈隆升为特色，表现为高原内部为山脉与宽谷和盆地相间分布的地形特点，但其边缘地区高山环绕，峡谷深切。青藏高原上星罗棋布的湖泊大多沿断裂发育，呈条带状分布，加上高寒的气候条件，湖泊多为咸水湖和盐湖。淡水湖一般分布在冰雪融水补给的山间盆地或者近期河流溯源侵蚀切开的盆地。该区湖泊成湖历史长，至今大多数仍维持较大水深，而且具有较复杂的演变历史。位于一、二级阶梯过渡转换带的横断山区，强烈的地质构造运动造成巨大的地形高差，形成特有的高山深谷相间分布的地貌景观。这里湖泊规模较小，多发育在陡而深的断陷盆地内，多为地震、滑坡、泥石流等活动频发而形成的堰塞湖。第二阶梯地质构造的特点是总体抬升背景下的断块升降差异运动，形成一些巨大的高原和盆地，为断陷湖的形成奠定了地质基础。但因构造运动的强度和幅度均不及第一阶梯，新构造运动也相对稳定，故很多断陷湖经长期演化已逐渐进入充填晚期，如云贵高原的滇池、洱海、杞麓湖，内蒙古高原的岱海等，但也有湖泊如抚仙湖、泸沽湖仍处于深陷阶段。我国东部第三阶梯的地质构造运动总体背景是以下沉为主，形成自北向南的广阔丘陵平原带。平原区很多湖泊的形成与古河道变迁有关，特别是长江中下游地区，形成密如蛛网的河湖交织带，这些湖泊的共同特征是水浅，形成时代较晚，一般仅有数千年历史，成湖后变化较大，受人类活动的影响十分明显。

地质构造还控制着湖泊形态和湖水补给条件，但不同类型的断陷湖存有差异。发育于双断式地堑内的湖泊多为狭长形，两侧为高大山体所挟制，边坡陡峭，岸带狭窄，湖水较深，水下地形坡度也较大，湖盆横剖面呈倒梯形，如发育在云南小江断裂带的抚仙湖最大水深达 155 m，又如新疆阿尔泰山区的喀纳斯湖，在强烈断陷和冰川刨蚀的作用下最大水深达 188.5 m。更多的断陷湖盆是在不对称地堑或单断构造的基础上发育形成，控盆主断裂一侧成陡岸，岸线曲折，如洱海、滇池、青海湖、岱海、博斯腾湖等。构造拗陷湖盆则往往呈圆形、椭圆形，无明显的断裂构造控制。另外，构造湖的湖水补给条件也与构造运动性质和强度密切相关。在地质构造差异运动强烈的地区，往往盆地高差大，但汇水面积并不大，径流补给方式常常表现为多条短小湍急的入湖溪流及沿盆地长轴方向发育的较大的河流补给，如洱海、青海湖。而在地质构造相对稳定或者平原地区，河流发育成熟，流域面积宽阔，常有数条较长的河流入湖，形成较大规模的河流三角洲体系，如洞庭湖、鄱阳湖等。内陆地区地质构造分隔性强的断陷盆地，往往是区域地形的最低点，为水文封闭型内流湖的水系发育创造了条件。

从湖泊发育演化做分析，地质构造运动的作用常表现在对湖泊演化阶段与过程，即地貌-沉积旋回的控制。一般来讲，构造湖在地质构造发育的初始阶段地形高差还较小，往往形成浅水湖沼沉积；进入深陷期，地质构造下沉强烈，发育为深水湖阶段；随着区域地质构造运动渐趋稳定，沉积作用大于构造沉降作用，湖盆沉积呈超补偿充填，水域趋于收缩变浅，湖水富营养化，水生植物繁盛直至湖泊完全被充填、消亡。

2）湖泊演化与气候变化

地质构造运动在湖泊演化中的作用是长尺度的，它控制了湖泊演化的大格局。而气候因素对湖泊的塑造和影响更为直接。在气候的诸多要素中，降水量与温度对湖泊的影响最为显著，因为降水量和蒸发量的改变直接控制了湖泊进出水量的平衡状况，表现为湖泊水体的收缩和扩张，进而可影响湖泊的性质。末次冰期以来，我国不同区域的湖泊经历了数次变化，多明显地受控于气候的冷暖、干湿波动。全新世时期的一些重要的气候事件，在湖泊演化的记录上相应地都有所响应。在末次冰盛期时，由于冬季风加强，夏季风退缩，海面急剧下降，季风降水减少，我国境内湖泊都处于收缩甚至干涸的状态。青藏高原许多大湖解体，湖水咸化，形成沉积蒸发岩盐层；内蒙古的一些内陆湖泊这一时期普遍出现盐类沉积；东部湖泊大多被河流切穿而疏干，转变为河流相沉积。随着末次冰盛期结束，气温回升，季风降水增加，我国大部分地区的湖泊水面扩张，尤以干旱半干旱区的湖泊水面扩张较明显。全新世早中期的气候适宜期，是我国湖泊发育的鼎盛时期，不论湖泊的数量还是面积都达到最大。晚全新世以来，气候又向冷干的方向发展，季风极峰位置南迁，我国南涝北旱的气候格局初步形成。相应的我国西部、西北部的许多湖泊逐渐收缩、咸化，发生盐类沉积；而东部长江中下游为一明显的成湖期，现存的一些大湖大多形成于该时期。

3）湖泊演化与河流影响

我国东部平原上的湖泊，大多与江河相通，河湖关系密切，河流在湖泊的发育过程中起着极为明显的作用。湖泊是换流缓慢的水体，湖盆为泥沙提供了良好的沉积环境。海河流域的下游原来也是洼淀星罗棋布之地，由于河流携带的泥沙在湖内不断地沉积，特别是公元 10 世纪以前，黄河流经现在的海河，多沙的黄河又使河床多次改道，更加速了湖泊的消亡，如文安洼、安晋洼等湖泊均由这一原因而成为历史陈迹。黄河自 1194 年南徙后，泗、淮二水为黄河所夺，历史上的梁山泊-东平湖变迁、苏北的射阳湖等的消亡以及洪泽湖大淤滩的形成，皆是黄河泛滥造成的恶果。

江汉平原湖群原来是古云梦泽的一个组成部分，是古云梦泽在其消亡过程中，泥沙堆积的局部差异所造成的洼地积水。云梦泽虽因长江、汉水等江河所携带的泥沙不断淤积而逐渐消亡，但江汉平原上还是湖水茫茫，江湖难分。之后，江河泥沙进一步堆积，才使江湖分离，湖泊被支解为众多的湖荡，有的也因淤积而消亡。

在地壳运动强烈的山地和高原地区，由于河流强烈下切，溯源侵蚀迅速，致使高原面上的一些湖泊被河流切穿，湖水被疏干，湖泊消失，现代仅保留了古湖盆形态和古湖相沉积物。也有部分湖泊因河流作用，封闭的咸水湖变为有出流的淡水湖。这种现象在藏东南和云南高原较多，在上述地区至今仍有众多干涸的古湖盆分布，如若尔盖盆地，扎陵-鄂陵湖盆地，云南的保山坝、蒙自坝、曲靖沾益坝等。

4）湖泊演化与海面变化

近海湖泊的形成和演变或多或少受海面变化的影响。有的湖泊本身就是海面变化后形成的，如海面下降、海岸后退，往往在沙砾堤之间的洼地积水成湖；也有的湖泊因沿岸搬运的物质围堵，沙嘴发育，形成沙颈岬湖和沙嘴湖。江苏省的太湖就是一个典型的例子，“潟湖说”也是太湖成因的一个主要假说。

沿海的湖泊环境更直接受海洋的影响，如海面上升导致海水入侵，湖水咸化，相应的湖泊生物属种也发生变化，甚至会出现一些有孔虫等海相属种。此外，海洋的一些特殊气象灾害也会对沿海的湖泊产生重要的影响，比如风暴潮，在湖泊的沉积物中均有反映。

更多近海湖泊的形成和环境演化受到海面变化的间接影响。一些近海湖泊，尽管与海洋不是直接连通，但是湖泊的侵蚀基面通常是海平面，海平面的波动必然导致湖泊的相应变化。比如长江中下游的很多湖泊，在末次冰盛期时，海平面比现在低 100 多米，侵蚀基面下降，引起长江河床深切，沿江湖泊多处于干涸状态；在晚冰期至早全新世，随着海面的上升，侵蚀基面随之上升，湖泊逐渐形成，湖面面积扩大，湖水位也升高。

2.2.2 自然湖泊的近代演化

2.2.2.1 国外湖泊近代演化

纵观整个地球，气候变化使许多湖泊变暖的速度比海洋和空气变暖更快。湖水的加速蒸发，伴随人为用水的快速增长，加剧了湖泊的萎缩和水资源短缺。在气候变暖的背景下，湖泊面临的所有挑战中，最严酷的例子是封闭的流域盆地——水流入终端湖泊，但不会进入河流或海洋。这些末端或内流湖泊往往是浅的、咸的，并且对气候或人类用水等扰动尤其敏感。如中亚咸海的消失，就是这种内陆水域可能发生的一个灾难性例子。在里海之后，伊朗的尔米亚湖曾经是中东最大的咸水湖，但在过去的 30 年里它已经萎缩了 80%左右。类似的情况在几乎每个大陆的终端湖都会发生，这是湖泊资源过度使用和气候干旱化的综合响应。近百年来，世界不同地区湖泊表现为不同的演变特征，本小节以北美地区、地中海地区、亚洲地区及非洲地区典型湖泊演化为例，分析不同湖泊水位/盐度等变化及其影响因素，为预防或解决目前湖泊流域资源开发利用中出现的问题提供科学思路。

1）北美地区湖泊

北美五大湖近百年来水位处于不断波动变化中，且变化趋势大致一致（图 2.11），高水位时期出现在 19 世纪前 10 年的后期、20 世纪 20 年代后期、50 年代中期及 70 年代早期到 80 年代中期，低水位时期为 20 世纪 20 年代中期、30 年代中期、60 年代中期及 90 年代后期。值得注意的是，苏必利尔湖和安大略湖由于大坝的修筑，其水位变化并不如其他几个湖泊明显。如密歇根湖-休伦湖和伊利湖分别在 1929 年、1952 年、1973 年、1986 年及 1997 年出现高水位，分别在 1926 年、1934 年、1964 年及 2003 年出现低水位，但在苏必利尔湖和安大略湖中表现得并不明显。进一步研究表明，气候变化（特别是降水变化）是导致湖泊水位波动的重要原因。对美国大盐湖近百年来水量变化的研究也表明，气候变化是导致其水量变化的主要原因。

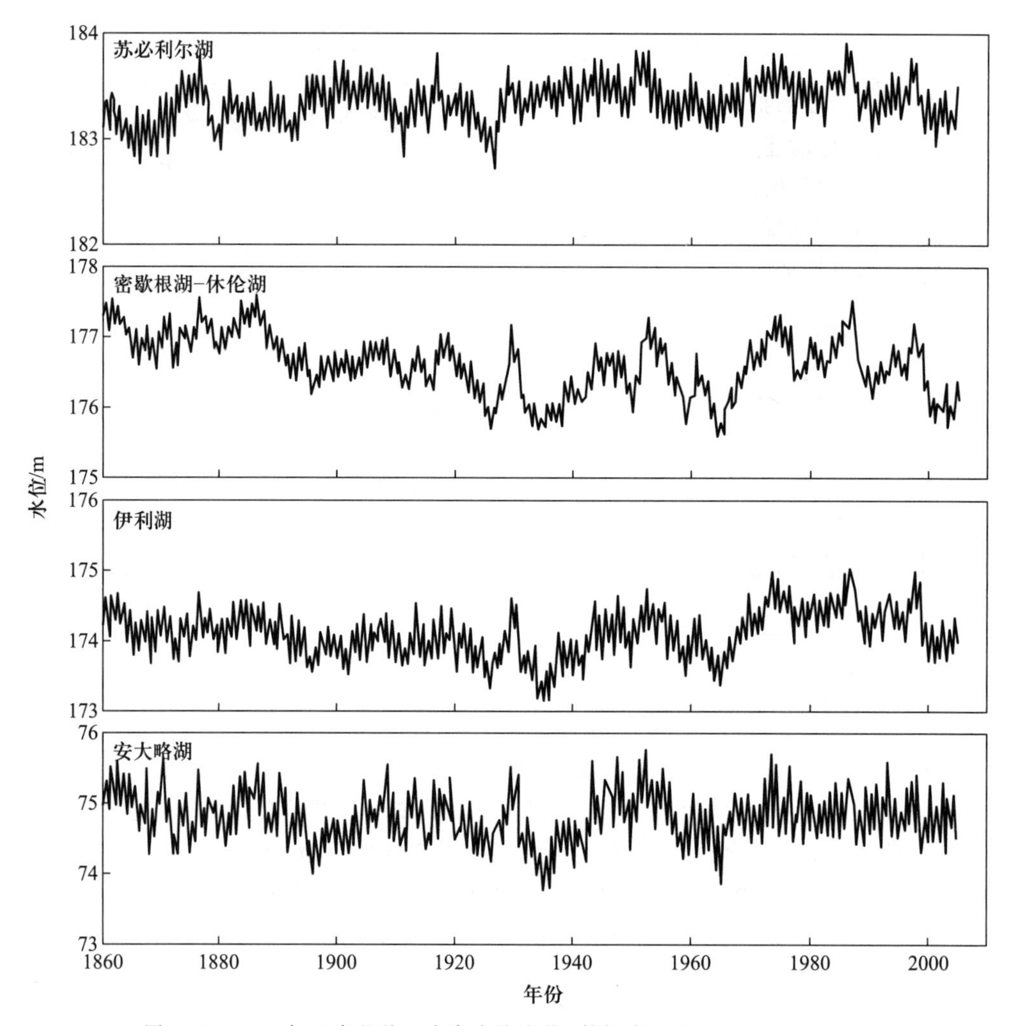

图 2.11　1860 年以来北美五大湖水位变化(数据来源:Wilcox et al.,2007)

此外,遥感分析还表明,1980—2000 年,北美地区湖泊面积变化趋势为持续增加,且气象因素是大盆地湖泊面积变化的主要原因,同时地下水和径流补给量的变化对湖泊面积也有一定影响。

2) 地中海地区湖泊

该地区典型湖泊(希腊地区的 Doirani 湖和 Vegoritis 湖、意大利地区的 Biviere di Gela 湖、以色列地区的 Kinneret 湖)水位随时间变化趋势表明(图 2.12),近几十年来,这些湖泊水位总体呈下降趋势。Doirani 湖自 20 世纪 60 年代以来水位波动下降,特别是 1987—2001 年,水位下降了近 4.3 m。湖水位的下降除了和 1985—2002 年的气候干旱事件密切相关外,还和人类活动相关。研究显示,人为灌溉和其他类型用水分别从湖中抽取水量 4.8×10^6 m^3 和 0.2×10^6 m^3。随着湖水位下降,该湖湖水盐度也随之上升,湖泊开始出现富营养化,水质下降。Vegoritis 湖自 1960 年以来水位下降趋势明显,1972—2011 年,湖泊面积缩减了 32%。与此同时,湖周边农业用地面积则增加了 200%,耕地面积的增加导致用水量激增,进而导致 Vegoritis 湖泊水位下降、水质恶化,并导致湖中水生植物及鱼类资源组成发生变化。Biviere di Gela 湖在 20 世纪 80 年代时水位波动不大(<1 m),且处于水位最高时期。随后,湖泊水位开始剧烈下降,20 世纪 90 年代末期水位仅为 1.2~1.5 m。湖水位的剧烈波动除了和气候干旱导致的蒸发较高有关外,更主要的是和周边农业用水量的增加有关。2004 年以后,湖水位的升高则是由于周边水库的建立导致湖泊蓄水增加。20 世纪 70—80 年代,Kinneret 湖水位波动不大,但 90 年代开始出现较大波动,1994—2001 年以及 2005—2009 年湖泊水位最低,这主要和该时期气候干旱、人类活动导致的湖水需求量远大于补给量有关。随着湖泊萎缩,湖水盐度增加明显,浮游植物群落组成发生改变,湖泊稳定性受到影响。

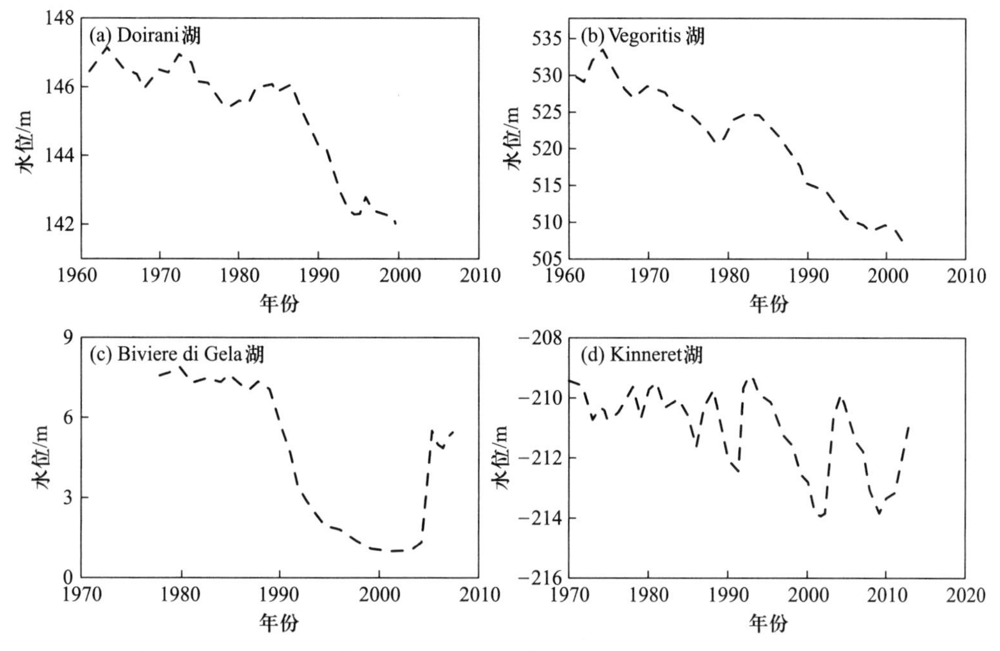

图 2.12 地中海地区湖泊水位随时间变化(数据来源:Jeppesen et al.,2015)

3) 亚洲湖泊

咸海危机是湖泊濒临干涸最为严重的例子,被称为全球最令人震惊的环境灾害。以光学卫星 Landsat TM/ETM+/OLI 影像为数据源监测的 1992—2015 年咸海变化结果表明,水域面积一直在缩小,并逐渐萎缩和分裂为南、北、东、西四个独立的部分。其中南咸海东部水域的变化最大,面积逐年萎缩的水域几乎快要消失。1992—2015 年,南咸海的面积由最初的 35 521.94 km^2 减少到 6 724.73 km^2,以平均每年减少 1 252.05 km^2 的速度,一共减少了 81.07%。五个时期(1992—1995 年、1995—2000 年、2000—2005 年、2005—2010 年和 2010—2015 年)南咸海的面积分别减少了 13.77%、23.63%、22.80%、28.85%和 47.66%,面积下降幅度越来越大。至 2015 年,南咸海已经萎缩到最小面积。北咸海的面积变化和南咸海正好相反,呈现出逐渐增长的态势,2010 年的水域面积为观测年间最大。1992—2015 年,北咸海的面积由最初的 2 766.97 km^2 增加到 3 247.53 km^2,扩张了 17.37%。这主要是因为在 2000—2005 年和 2005—2010 年这两个时期,北咸海的面积分别增大了 2.46%和 20.95%。尽管在另外三个时期(1992—1995 年、1995—2000 年和 2010—2015 年),湖泊的面积都有不同程度的缩小(分别缩小了 4.23%、0.48%和0.63%),但依然没有超过扩张的幅度。同时,随着湖泊水量减少,湖水含盐量剧增,20 世纪末湖泊含盐量上升到 45 g · L^{-1};2009 年面积仅为最初的 10%,而南咸海的含盐量高达 100 g · L^{-1}以上(图 2.13)。

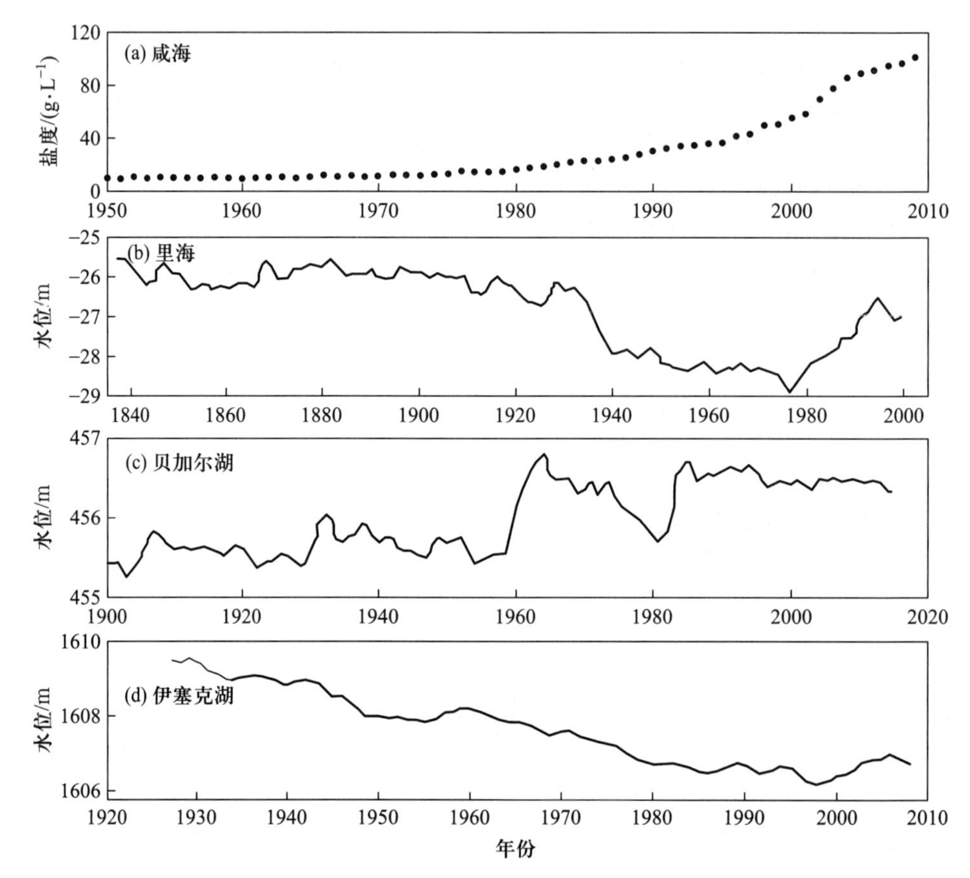

图 2.13 亚洲咸海、里海、贝加尔湖及伊塞克湖近年来的湖泊变化(数据来源:Ramiz, 2015;姚俊强等,2016;王冠等,2018;王国亚等,2010)

咸海萎缩始于 20 世纪 60 年代,这期间也是中亚五国咸海流域灌溉农业迅速发展达到顶点的时期。咸海的两大主要补给河流阿姆河和锡尔河占咸海流域年径流量的 90%,约占中亚国家农业灌溉水量的 75%。自棉花种植规模的不断扩张,咸海流域中亚五国的引水灌溉面积从 60 年代的 4.51×10^4 km^2 增加到 90 年代的 7.61×10^4 km^2。同时,总取水量从 1960 年的 64.7 km^3 快速增长,至 80 年代达到一个高峰后下降,但 1999 年的取水量仍达 118.1 km^3,相比 1960 年几乎翻倍。其中农业用水超过总取水量的 90%;而流入咸海的水量从 1983 年的 3.5 km^3 减少到 1996 年的 1.0 km^3。同时,近 30 年来该区域降水处于减少趋势,而 60 年代以来的农业灌溉导致咸海入湖河流补给减少,更是加剧了咸海水量平衡失调和导致湖面迅速萎缩。

尽管里海和咸海两者很相近,但湖泊变化却差异较大。1830—1930 年,里海水位波动不大,水位变化幅度在 1 m 范围内。其中 1882 年里海水位为近百年来最高值。1930 年以来,里海水位以下降为主(图 2.13),尽管中间有升有降。下降最快的是 20 世纪 30 年代与 70 年代,如 1930—1941 年水位下降了 1.8 m,1977 年水位则下降到了海拔 −29 m,为近百年来的最低水位。1978 年以来,水位止跌回升,至 90 年代已上涨到海拔 −26.9 m 以上。关于里海止跌回升的原因,一般认为与气候变化下造成的流域内干湿变化有关,同时也与人类活动如过度使用入湖河水导致湖泊补给量下降等因素有关。

近百年来,贝加尔湖多年平均水位为 456.01 m。从贝加尔湖年均水位变化曲线来看(图 2.13),自 1900 年以来,湖泊水位呈高水期与低水期相互交替的波动变化,具有多年的周期循环:1900—1928 年,贝加尔湖水位较低,近百年来最低水位(1904 年)就出现在这一时期,同时,其水位年际变化较为平稳;1929—1957 年的水位年际变化也相对平稳,但平均水位较前期高;1958—1975 年,贝加尔湖水位较高;1976—1982 年,贝加尔湖水位急剧下降;1982 年至今,贝加尔湖水位年际变化较为平稳,且水位一直保持在较高水平。对贝加尔湖水位变化影响因素的研究表明,贝加尔湖水位变化与气温和降水具有显著的相关性,其水位变化几乎直接取决于其最大支流色楞格河的入湖水量。此外,人类活动的影响也加剧了贝加尔湖水位的动态过程。人口增长、土地利用变化、农业灌溉需求增加等一系列人类活动带来的用水增加,加剧了气候变暖背景下地表径流量的减少,被认为是导致贝加尔湖水位下降的重要原因。与此同时,在贝加尔湖下游的安加拉河上修建伊尔库茨克水电站之后,受安加拉河水位顶托的影响,贝加尔湖湖面水位得到抬升,水位变化幅度加剧。

此外,位于吉尔吉斯斯坦境内的伊塞克湖以及位于哈萨克斯坦境内的巴尔喀什湖,近百年来在气候变化及人类活动双重影响下,水位也整体呈现下降趋势。以伊塞克湖为例,伊塞克湖从 1927 年到 2008 年湖水位共下降 2.72 m,平均每年下降约 34 mm,并于 1998 年停止下降,开始回升,至 2008 年年底,水位已经回升了 0.59 m。1929 年湖水位最高,为海拔 1 609.52 m,1998 年水位最低,为海拔 1 606.17 m,最高和最低湖面相差 3.35 m(图 2.13)。根据伊塞克湖年水位变化特征,湖面变化过程可以分为 3 个阶段:1927—1960 年的波动下降阶段,共下降了 1.74 m;1961—1986 年是湖面快速下降阶段,共下降了 1.69 m;1987—2008 年湖面处于缓慢波动上升阶段,共上升了 0.11 m,并且 2006 年的湖水位已经恢复到了 1977 年前后的水平。近百年来,尽管湖区温度升高导致蒸发量加大,但气温升高也使湖盆内受冰川补给的河川径流量增加,这可以部分抵消因气温升高导致的蒸发量加大。由于人为引水灌溉及蒸发量的增加,因此,湖泊水位仍总体处于下降之中。

4) 非洲湖泊

对非洲地区部分湖泊水位随时间变化研究表明(图 2.14),19 世纪初期,特别是 20—30 年代,湖泊水位相对较低,此时坦噶尼喀湖湖面较 70 年代低了 9 m,图尔卡纳湖湖面也极低,纳瓦沙湖此时一度成为一个小水洼,乍得湖在此阶段湖面也极度缩小,马拉维湖也呈几近干涸的状态。到 19 世纪中期,该地区大部分湖泊水位较上阶段升高,马拉维湖水位升高了 6 m,且在随后的几十年内湖泊一直保持着高水位状态。在 19 世纪 70 年代左右,除了恩加米湖之外,其他大部分湖泊均保持在高水位状态,且这种状态一直持续至 90 年代左右。乍得湖、坦噶尼喀湖、维多利亚湖及纳瓦沙湖等水位比 19 世纪初期上升了 3~10 m,达到了迄今为止的最高水位。20 世纪早期,湖泊水位表现为迅速下降的趋势,但湖面相对于 19 世纪初期仍略高;20 世纪中期,湖水位开始上升,70 年代以来,湖水位总体略有增加,但变化幅度并不十分明显。

此外,对非洲乍得湖近期湖面变化研究进一步表明,1973—2012 年乍得湖开放水域面积变化总体呈减小趋势:1973—1975 年面积急剧减少,之后在 2 000~5 000 km^2 范围内波动;1973—1984 年呈减小趋势,1987—2000 年呈增大趋势,2000—2012 年又呈减小趋势。其中,1973—1975 年开放水域面积变化最大,1975 年的 4 398 km^2 相比 1973

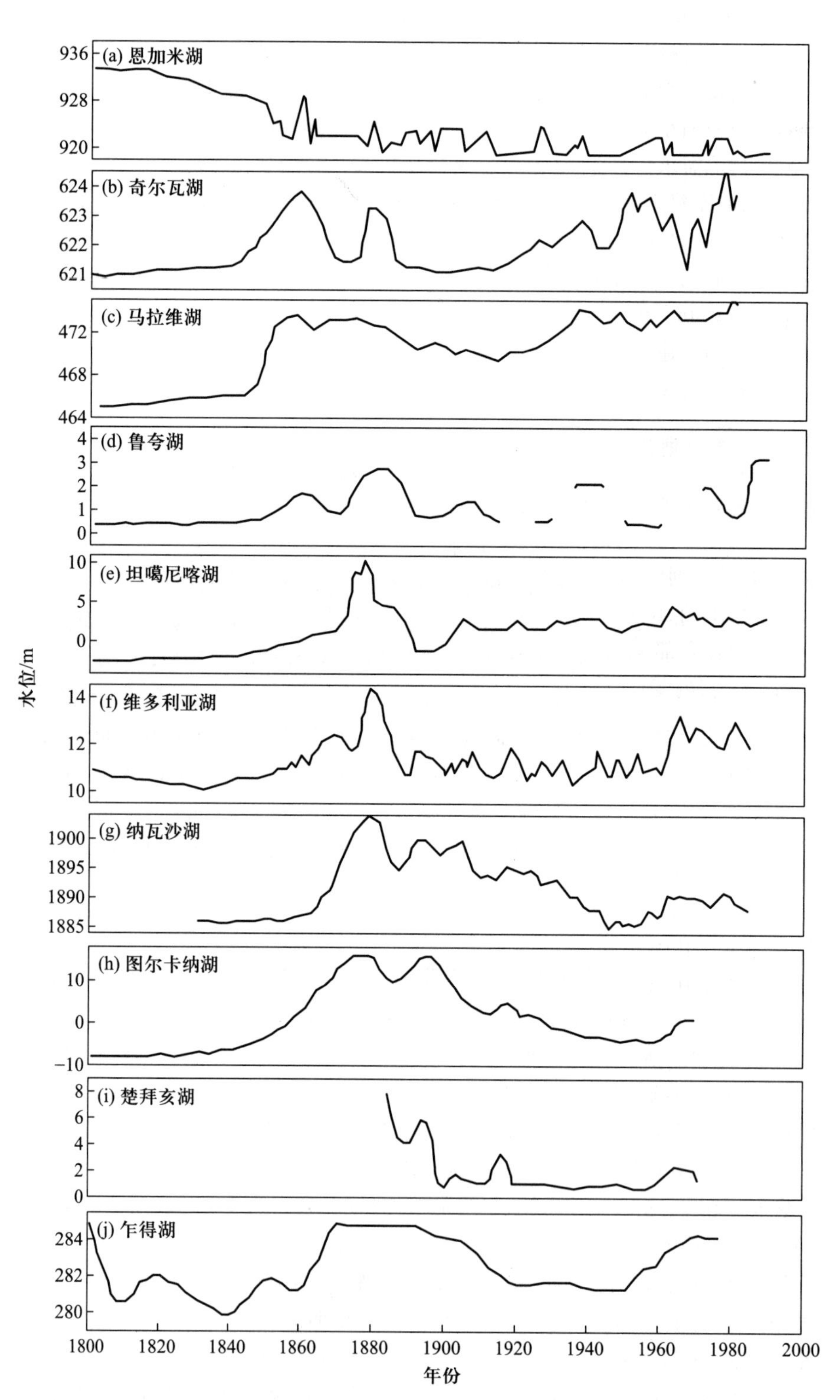

图 2.14　非洲地区典型湖泊水位随时间变化(数据来源:Nicholson and Yin,2001)

年的 15 240 km^2,缩小幅度达 71.14%。2012 年面积为 3 555 km^2,与 1973 年相比减少 76.67%。自 1975 年湖泊面积缩小之后,2000 年面积曾一度达到最大值 5 075 km^2。对该湖面积变化驱动机制的研究表明,降水量的波动与乍得湖面积变化有很好的相关性,因此降水量变化是影响乍得湖面积变化的重要原因。此外,大量兴建水库、发展灌溉,也是乍得湖面积缩小的重要原因。由于降水量减少,盆地中依靠雨水生长的农作物产量不能满足当地需求,为此乍得湖周围大量兴建水库。Maga 水库位于洛贡平原上游喀麦隆境内,该水库建于 1979 年,面积为 90~360 km^2,蓄水量 400 Mm^3,用于水稻种植,致使流入乍得湖的水量减少,并且导致因蒸发而流失的水量增加。Tiga 大坝和 Challawa 大坝是尼日利亚境内尤比盆地上游两个大型的水库,分别建于 1974 年和 1992 年,蓄水量分别为 1 492 Mm^3 和 972 Mm^3,用于饮水供应和灌溉用水。南乍得湖灌溉工程和巴加圩田工程分别兴建于 1979 年和 1982 年,覆盖面积分别为 670 km^2 和 200 km^2,正常运行的年需水量为 2.5 km^3。

2.2.2.2 国内湖泊近代演化

基于大量历史地形图与卫星遥感数据集,包括中巴资源卫星(CBERS)影像、美国陆地资源卫星(Landsat)影像等,通过建设我国 20 世纪 60—80 年代和 2005—2006 年的湖泊数据库发现,湖泊的面积有较大的变化。30 年来,湖泊变化比较剧烈:新生湖泊主要发生在冰川末梢、山间洼地、河谷湿地,集中于青藏高原和蒙新湖区;而围垦导致消失的湖泊多集中在东部平原湖区。全国新生面积在 1.0 km^2 以上的湖泊 60 个,其中西藏 22 个、青海 8 个、内蒙古 22 个、新疆 5 个、四川 1 个、甘肃 1 个、吉林 1 个。西藏和内蒙古的新生湖泊分别约占全国的 36.7%,并列第 1 位。四川的 1 个新生湖泊是唐家山堰塞湖,由汶川大地震引起的山体滑坡阻塞岷江而形成。同 20 世纪 60—80 年代的第一次湖泊调查相比,第二次全国湖泊调查(调查基期为 2005—2006 年)新发现面积在 1.0 km^2 以上的湖泊 131 个,其中西藏 67 个、黑龙江 15 个、青海 6 个、内蒙古 31 个、吉林 2 个、新疆 1 个、宁夏 2 个、云南 4 个、四川 2 个和河南 1 个;西藏的新发现湖泊约占全国的 51.1%。更为值得关注的是,有 243 个面积在 1.0 km^2 以上的湖泊消失(其中自然干涸的约占 40%),其中新疆 62 个(包括完全干涸的干盐湖)、湖北 55 个、内蒙古 59 个、江苏 11 个、安徽 10 个、江西 10 个、河北 9 个、湖南 9 个、陕西 4 个、西藏 3 个、黑龙江 3 个、浙江 2 个、青海 2 个、山东 1 个、上海 1 个、宁夏 1 个和吉林 1 个。这些消失的湖泊中,10.0 km^2 以下的湖泊 147 个,10.0~100.0 km^2 的 48 个,100.0~500.0 km^2 的 4 个(新疆的曲曲克苏湖、青格力克湖、加依多拜湖和乌尊布拉克湖),1 000.0 km^2 以上的 1 个(新疆的罗布泊,原面积 5 500.0 km^2),《中国湖泊志》和《中国湖泊代码本》中均未有面积记录的 43 个。其中因围垦而消失的湖泊 101 个,约占消失湖泊总量的 41.6%,均分布在东部平原湖区(安徽 10 个、河北 8 个、湖北 55 个、湖南 9 个、江苏 8 个、江西 8 个、上海 1 个、浙江 2 个)。

此外,利用中等分辨率成像光谱仪(MODIS)每 8 天 500 m 分辨率的高时间频率影像,通过自动的方法选取样本,然后结合支持向量机(SVM)实现了水体的自动提取,获取了我国 629 个大中型湖泊(>10 km^2)在 21 世纪初(2000—2010 年)每 8 天的湖泊水域动态变化信息。总的来说,由于青藏高原湖泊的快速扩张,629 个大中型湖泊总面积在 2000—2010 年呈增加趋势。这 11 年,最大面积大于 1 000 km^2 的 12 个湖泊中,处于萎缩状态的有 6 个。显著萎缩的以鄱阳湖和洞庭湖为代表,其中鄱阳湖以 54.76 $km^2 \cdot a^{-1}$ 的萎缩速率萎缩，洞庭湖的萎缩速率为 25.08 $km^2 \cdot a^{-1}$。青藏高原、新疆北部、内蒙古东北部和东北地区湖泊面积波动性较小，长江中下游、内蒙古南部、新疆中部的湖泊面积呈现较大的波动性。青藏高原、新疆北部、黑龙江、吉林湖泊的淹没强度呈现增加趋势，而新疆中部、西藏南部、内蒙古南部、四川、长江中下游湖泊的淹没强度呈现减少趋势。

青藏高原湖泊较少受到人类活动的直接影响，为气候变化提供了重要的指标。采用 Landsat 卫星数据，对青藏高原 20 世纪 70 年代及 1990 年、2000 年和 2010 年大于 1 km^2的湖泊数量与面积变化进行了详细的研究。利用 2000 年的 Landsat 数据，共发现青藏高原有湖泊 32 842 个，总面积为 43 151.08 km^2，占整个青藏高原面积的 1.4%，其中大于 1 km^2的湖泊有 1 204 个。2010 年青藏高原面积大于 1 km^2 的湖泊有 1 236 个，主要分布在内流区（面积占整个青藏高原湖泊面积的 66%）。在 1970—1990 年，大于 1 km^2的湖泊总数量和面积都略有减少，然而在 1990—2010 年明显增加。近 40 年来，湖泊面积增加了 7 240 km^2（18%），主要发生在 2000—2010 年（占 40 年来的 84%）及内流区。结合 ICESat 数据对青藏高原湖泊从水位变化方面开展监测，111 个有 ICESat 测高数据覆盖的湖泊中，74 个湖泊有 4 年以上的数据，2003—2009 年湖水位平均变化率约为 0.21 $m \cdot a^{-1}$。湖面升高的湖泊的平均变化率为 0.26 $m \cdot a^{-1}$（0.01～0.80 $m \cdot a^{-1}$），湖面降低的湖泊的平均变化率为−0.06 $m \cdot a^{-1}$（−0.40～−0.02 $m \cdot a^{-1}$）。湖面升高的盐湖的平均变化率约为 0.27 $m \cdot a^{-1}$，湖面降低的盐湖的平均变化率为−0.10 $m \cdot a^{-1}$（−0.40～−0.03 $m \cdot a^{-1}$）。湖面升高的淡水湖的平均变化率为 0.24 $m \cdot a^{-1}$（0.01～0.39 $m \cdot a^{-1}$），湖面降低的淡水湖的平均变化率为−0.03 $m \cdot a^{-1}$（−0.04～−0.02 $m \cdot a^{-1}$）。相对来说，蒙古高原湖泊出现消失和萎缩，连续时间序列变化显示其萎缩主要发生在 1997/1998 年后。蒙古高原湖泊的萎缩主要归因于降水的减少，同时伴随有人类活动的影响。

针对东北地区湖泊，以 2000 年、2005 年和 2010 年的 Landsat TM 和 ETM+遥感影像为主要数据源，利用面向对象的分类方法，提取三期数据；在 GIS 技术的支持下，分析了过去 10 年东北地区湖泊的时空变化特征，并对导致湖泊面积变化的自然和人文驱动因素进行分析。结果表明，2000—2010 年，东北地区湖泊面积由 12 234.02 km^2 减少至 11 307.58 km^2，其中，2005—2010 年湖泊萎缩剧烈程度大于 2000—2005 年；湖泊数量先增加后减少，共减少了 4 092 个；天然湖泊面积大幅减少，人工湖泊面积略增加。湖泊变化受自然因素（气候暖干化）和人类活动（围湖造田和上游河流截留）的共同影响，人类活动叠加在自然因素之上，对湖泊变化产生了放大作用。

近几十年来，东部和西部湖区还都面临着一个相似的问题——水资源短缺。西部地区湖泊总体呈萎缩消亡态势，水量减少、水位下降、水体盐碱化、富营养化加重、生态退化和渔业资源减少。近几十年来，受气候变化周期性和冰川快速消融等要素的影响，我国西部地区湖泊水量和面积呈现明显的波动变化，不同时段萎缩与扩张交替变化，但总体呈现萎缩态势，不少湖泊甚至干涸消失，进而又引起湖水咸化和碱化、湖泊滩地沙化现象更为普遍和严重；云贵高原湖区湖泊水体富营养化不断加重，生物多样性也受到重大影响，生物组成结构发生了很大变化，高等水生植物种类减少，其中敏感种消失，耐污种数量增多，水生生物种类、群落类型及分布区域与历史资料相比下降显著；东部平原湖区受湖泊过度围网和围堤养殖活动等影响，湖泊淤积、富营养化严重，同时也直接造成湖泊生态系统破坏，此外，该地区受人类防洪蓄水工程建设和湖泊围垦利用等因素影响，湖泊与江湖自然水力的联系被大坝或涵闸阻断，一些洄游性物种濒危或消失，水生生物多样性下降,湖泊环境净化与水量调节等生态服务功能不断退化。

对我国东、西部地区典型湖泊水量的空间变化趋势做定量/半定量研究,可为揭示近代湖泊演化趋势提供科学依据。图2.15时间序列反映了近几十年记录的我国东部和西部湖泊组水面波动的大致趋势。整体上看,20世纪80年代以前,东部湖区以中高湖面组为主,变化趋势不明显;而西部湖区高湖面组表现为明显的阶梯状减少趋势。20世纪80年代以后,东部湖区高湖面组呈现增加趋势;而西部湖区自90年代中期中湖面所占比例略有增加。这与中国近50年来的降水变化趋势大体上相一致。

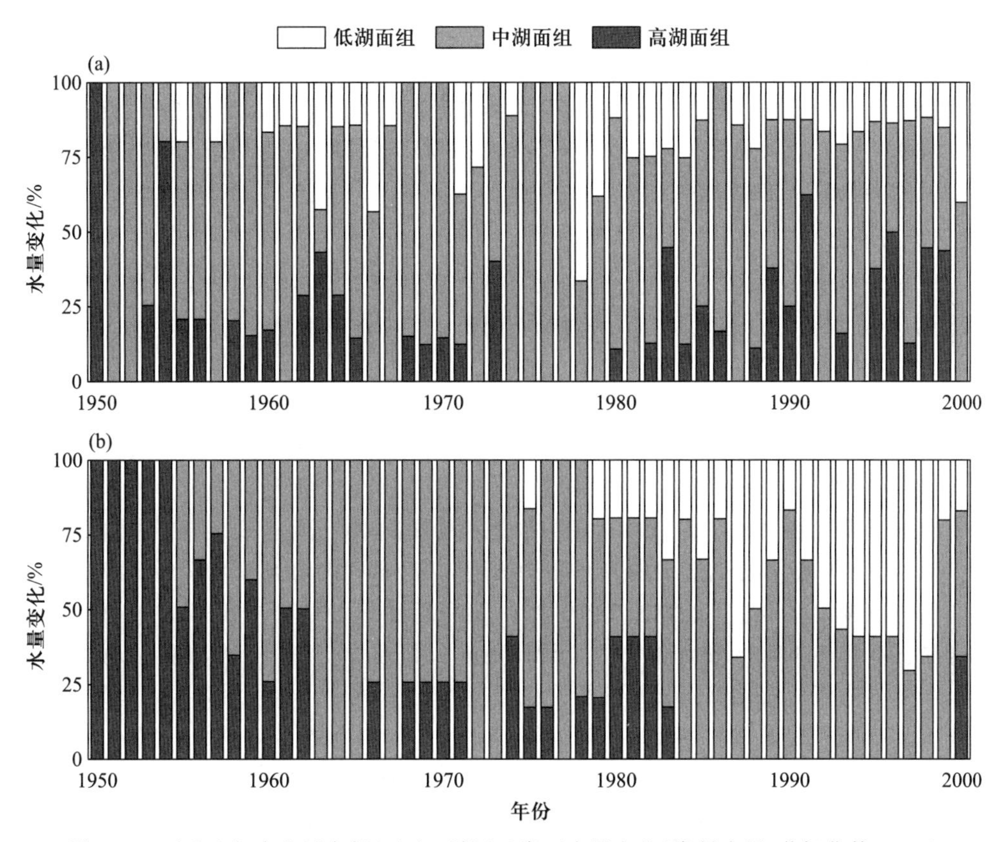

图2.15 近几十年来我国东部(a)和西部(b)湖区水量变化(资料来源:黄智华等,2007)

20世纪50年代,东部和西部湖区基本保持高湖面特征,这大概是由于50年代是我国降水量最多的十年,且湖泊流域受人类活动的影响存在一定的滞后现象,因此湖泊水量普遍较多。20世纪60年代,东部地区湖泊水量略有减少但幅度不明显,可能是该地区多为过水性湖泊,因而对水位变化不敏感。但该时期大规模的围湖造田则使得长江中下游地区大部分湖泊水域面积锐减,如洞庭湖、巢湖、洪湖、固城湖等。而西部地区湖泊大都保持中高水量状况。有研究认为,该时期湖泊水量减少部分是由于气候偏干,主要还是农业及生活需水量增加,以及大量的截流、引水灌溉造成入湖补给水量减少引发的,一些湖泊甚至濒临干涸(如罗布泊、玛纳斯湖等)。20世纪70年代,东部和西部湖区湖面波动不大,且中湖面组所占比例均达到近70%,说明该时期不同区域湖泊均处于稳定的中水量阶段,反映出湖泊水量相对于气候及人类活动保持了准平衡。20世纪80年代开始,东部高湖面组所占比例逐渐增加,分析认为主要是长江流域同时期的降水增加引起的,降水增加甚至引发了长江中下游地区1991年的大暴雨及1998年的大洪水。20 世纪 80 年代,西部湖区水量相对 70 年代略有减少,大概是该时期降水量减少造成的。90 年代中后期开始,西部地区中湖面比例略显增加趋势。有研究推断,该时期水量增加很可能是"温室效应"引起的北半球同纬度地区气候增温变暖所造成的。温度升高使得西部地区冰川、雪线不断退缩,融水又直接导致入湖河流径流量的增加,最终湖泊水位上升、湖面扩张。尽管如此,到 2000 年,西部降水增加仍没有达到 20 世纪 50—60 年代水平,其结果是 2000 年西部湖泊水量相对于 60 年代而言仍然是减少的。王绍武等也认为,西部水量增加属于气候的"世纪周期性"变化。

近代中国湖泊的演化,除了与气候变化相关外,人文因素的影响也不可小觑。已有的研究表明,最近几十年来,人类活动的强烈干预成为影响湖泊环境的最主要的驱动力,有的地方甚至超过自然变化的幅度。人类活动影响主要表现在围湖造田、流域森林砍伐和水土流失以及各种河湖水利工程建设如湖堤、河湖闸坝、引水工程,以及湖水污染和富营养化过程加速等方面。

1) 围湖造田

随着人口的增加,人类对土地的需求也随之增加,人们常利用湖滩地优越的水热条件围湖造田,湖泊的自然发展受人为影响而削弱。它不但影响湖泊正常演变,而且也常成为加重湖区洪涝灾害的隐患。

在长江中下游两岸,由于泥沙在湖内日益淤积和湖滨滩地不断被围垦,湖泊水面不断缩小。据不完全统计,20 世纪 50 年代初期以来,长江中下游地区有 1/3 以上的湖泊面积被围垦,因此消亡的湖泊达 1 000 余个。长江下游地区的太湖流域受围垦的湖泊 239 个,减少湖泊面积约 529 km^2,因围垦而消亡的湖泊 165 个,占该区原有湖泊数量的 23.3%。近百年来,由于冲淤和围垦作用的加剧,江汉湖群湖泊大幅度消失。清末民初该地区水面积 100 亩以上的湖泊 2 000 余个,面积超过 26 000 km^2;新中国成立初期,湖泊个数减少到 1 309 个,面积缩小到 8 503.7 km^2。最近 50 年来,江汉湖群湿地面积的变化与人口数量的变化有着紧密的相关性。20 世纪 50 年代以来,湖北省人口猛增,掀起了大规模围湖造田活动,湖泊面积锐减。50 年代初,江汉湖群有湖泊 1 066 个,面积为 4 708 km^2。经过 50 年代末 60 年代初的大规模围垦,1963 年湖泊减少到 574 个,面积缩小到 2 728 km^2。1966—1976 年又再次围垦,1977 年湖泊个数减少至 310 个,面积只剩 2 373 km^2。到 20 世纪 80 年代初,湖泊个数为 326 个,面积 2 657 km^2,总面积减少了近 44%。

此外,在云贵高原地区,湖泊面积也因围垦大幅减少。如滇池在 1970 年前后的围湖造田活动中,围垦出农田 0.25×10^4 hm^2,占去湖泊水面面积 23.8 km^2,其中草海被围面积 16.6 km^2,占草海水面面积的 2/3。异龙湖由于围湖造田等原因,从 1952 年到 2008 年,湖泊蓄水量由 2.1×10^8 m^3 下降到 1.08×10^8 m^3,减少了 48.57%,极大地削减了湖体的自净能力。

2) 拦河建坝,截流用水

在湖泊的补给河流上建拦河闸坝、截流和开发利用水资源,是人类发展生产的基本方法,也是影响湖泊变化的重要方面。我国西北干旱区主要靠河流径流补给的湖泊尤为明显。随着区域经济的发展,灌溉、工业、生活用水的需求猛增,致使湖水补给减少,湖泊水位下降,水质咸化等现象普遍。如 20 世纪 60 年代中期以后尤其是 70 年代末以来,新疆博斯腾湖流域经历了大规模的农业开发,灌溉面积从 1960 年的 5.78×10^4 hm^2

增加到1989年的10.24×10^4 hm^2、1999年的12.62×10^4 hm^2以及2003年的约15.6×10^4 hm^2；绿洲引水量由1950年的3×10^8 m^3、1958年的8.17×10^8 m^3，增加到1986年的约10.3×10^8 m^3；流域用水量也增加到2003年的约17.9×10^8 m^3。极端情况下甚至导致湖泊干涸消失，如罗布泊和台特马湖由于孔雀河与塔里木河的中下游大量垦荒种田，拦截水量，故很少有水注入湖内，罗布泊遂在1964年、台特马湖则在1972年已先后干涸。鉴于同样的原因，玛纳斯湖也曾一度干涸，于2001年又重新蓄水。再如内蒙古的居延海，自1960年以来，在弱水上游的一些支流上兴建水库、拦截河水，中游一带又大量发展农业，故入湖水量骤减，使面积曾达560 km^2的西居延海（噶顺诺尔）干涸，东居延海（索果诺尔）也在历经多次干涸与扩张之后走向消亡。

也有些湖泊因灌溉尾水的大量排入，湖面扩大。如新疆的艾西曼湖，原来面积仅18.0 km^2。1954年在其上游开垦了沙井子灌区，耕地面积达2.2×10^3 hm^2；从1960年起，由于种植水稻压盐洗盐的需要，大量引水入灌区，现灌区水稻面积已占总耕种面积的55%以上，年排出水量超过1.0×10^8 m^3。大量高矿化度农田排水入艾西曼湖，使湖面迅速向东南扩展，现湖泊面积已达149.6 km^2，湖水的矿化度也迅速增高。

可见，西部干旱半干旱内流地区，上游截流用水引起的湖泊补给水量的变化，对湖泊的扩大或缩小有重要的影响。我国东部外流湖区湖泊，人类筑堤建闸、兴建防洪和航运工程使湖面扩大的例子也很多。如骆马湖，原为沂河和运河间的季节性的滞洪洼地，汛期蓄水，冬季种麦。1958年修建了一系列闸、堤，使之形成一个面积达296 km^2的湖泊。又如洪泽湖，是淮河干流上面积最大的拦洪蓄水的平原湖泊，以东岸人工大堤为屏障，形成湖底高出东部平原4.0~8.0 m的“悬湖”。在历史上洪泽湖一遇特大洪水年份，大堤溃决，水患连年。中华人民共和国成立后经大规模水利整治工程建设，如三河闸、二河闸、高良涧进水闸、入海河道、入江水道及配套船闸等一系列大型工程建设，基本上根治了洪泽湖水患，并使其面积从1 555 km^2扩大到1 805 km^2。

3）湖水污染和富营养化过程加速

湖泊富营养化是指湖泊水体接纳过量的氮、磷等营养性物质，引起水体中藻类以及其他浮游生物异常过度繁殖，水体溶解氧下降，造成水质恶化、鱼类及其他生物大量死亡的现象。在自然界，湖泊由贫营养→中营养→富营养的演变过程极其缓慢，但人类社会经济的快速发展，大大加快了湖泊富营养化进程，往往在几十年间甚至几年间便可完成湖泊的富营养化进程。加上工、农业与生活废水中有毒有害物污染，导致部分湖泊水环境急剧恶化。尤其是在我国东部平原湖区，入湖污染物增加引起湖泊水环境质量急剧下降。根据2001—2002水文年115条环太湖河道同步水文监测资料与1987—1988水文年资料对比，入湖污染物除总磷（TP）略有减少外，高锰酸盐指数（COD_{Mn}）、总氮（TN）等主要污染物均明显增加，COD_{Mn}由32 350 $t\cdot a^{-1}$增加到37 579 $t\cdot a^{-1}$；TN由20 241 $t\cdot a^{-1}$增加到28 658 $t\cdot a^{-1}$；铵态氮（NH_4^+-N）由5 363 $t\cdot a^{-1}$增加到12 432 $t\cdot a^{-1}$；另据江苏省水文水资源勘测局监测，2007年江苏省环太湖TP、TN和NH_4^+-N入湖量分别达1 862 t、35 100 t和18 300 t。入湖污染物量的持续增加导致太湖营养盐（TN、TP）浓度不断升高，水质不断下降。据调查，20世纪80年代前期太湖仍以Ⅱ至Ⅲ类水为主，处于尚清洁状态，后期以Ⅲ类水为主，呈现一定的污染趋势；到90年代中期以Ⅲ至Ⅳ类水为主，属轻度污染，局部Ⅴ类水；后期以Ⅳ至Ⅴ类水为主，局部已劣于Ⅴ类水；2000年后，全太湖水体以Ⅴ类水为主，属重污染，其中太湖西岸地区、梅梁湾、竺山湾水质较差，已劣于V类水。2007年梅梁湾藻类水华大规模暴发及污水团事件，引起了国家和全社会对太湖水环境的高度重视。

云贵高原湖区湖泊水环境质量下降趋势也十分明显，2008年调查数据与历史相比，1998—2008年，滇池TN和TP浓度分别升高75%和78%，分别达2.57 mg·L^{-1}和0.19 mg·L^{-1}，星云湖TN和TP浓度分别升高了1.6倍和3.5倍，其他湖泊TN、TP浓度也有不同程度增加。由于营养盐含量的增加，浮游藻类数量明显增多，导致水体透明度下降；云贵高原13个湖泊中，抚仙湖、星云湖、阳宗海、异龙湖、洱海、程海和邛海透明度下降显著，下降幅度40%~70%，其中程海最为明显，透明度下降了70%。

湖泊水体TN、TP等污染物浓度增加，导致湖泊水体富营养化不断加重，据2007—2010年对东部平原湖区、东北平原与山地湖区和云贵高原湖区138个面积大于10 km^2湖泊水质调查，采用TN、TP、叶绿素a(Chla)、透明度(SD)、悬浮颗粒物(SS)和COD_{Mn} 6个水化学指标进行评价的湖泊营养指数(TSI)显示，138个湖泊中有85.4%的湖泊超过了富营养化标准，其中达到重富营养化标准的占40.1%，而全湖全年均为贫营养水平的仅泸沽湖一个，部分湖泊在部分湖区(部分季节)存在贫营养水平，但全湖平均也大都为中营养水平(如云南抚仙湖、江西军山湖等)，中营养型和贫营养型湖泊总计仅为14.6%。其中，东北平原与山地湖区湖泊富营养化比例最高，达96.0%；其次是东部平原湖区的长江中下游地区，为85.9%；云贵高原湖区最低，为61.5%。我国五大淡水湖(鄱阳湖、洞庭湖、太湖、洪泽湖和巢湖)，其水环境质量都不容乐观，除洞庭湖目前尚处于中营养水平外，其余四大淡水湖整体上已经处于富营养化水平。

4) *采砂活动对湖泊的影响*

采砂是一项具有巨大生态影响的经济活动，会降低水体透明度、减弱水下光环境、导致水生植物生物量的降低甚至植物的死亡，以及产生噪声、水体油污和重金属污染等。例如在骆马湖地区，20世纪90年代发现黄砂资源后，受利益的驱使，骆马湖采砂活动日益兴盛，非法采砂形成产、供、销、运、维完整的产业链条。仅2006年200多艘采砂船的年采砂量就高达40多万吨。该地区近10年高强度的采砂活动改变了原来的湖盆形态，骆马湖北部大部分区域深度都大于10 m，且在湖底形成了许多深浅不等的砂坑，导致沉积物结构受到严重破坏，部分采砂区无任何底栖动物和水生植物，“水下荒漠”日益严重。洪泽湖地区的采砂也不容乐观。自2006年发现洪泽湖砂源后，多条采砂船在此疯狂进行采砂，洪泽湖水域采砂几近处于失控状态，特别是2012—2017年，采砂船数量激增，给洪泽湖水生生态系统产生极大的影响。洪泽湖非法采砂造成湖区浊度极显著提高(是原来的2~3倍)、湖盆显著下降(>2 m)，沉积生源要素显著下降(沉积物N、P含量下降比重约为35%)，并进一步造成底栖生物群落的崩溃(密度、生物量下降达90%以上，极低的底栖动物生物多样性等)。

鄱阳湖采砂业自2001年以来迅速兴起。2001—2010年，鄱阳湖采砂面积范围大约为260.4 km^2，挖沙平均深度4.95 m，采砂量达到1.29×10^9 m^3或2 154 Mt，体积上相当于使鄱阳湖库容增加了6.5%，重量上相当于1955—2000年鄱阳湖自然沉积量的6.5倍。鄱阳湖采砂通过扩大通江河道的过水断面面积，加速湖水注入长江，是引起近年来鄱阳湖秋冬季枯水期提前、枯水期延长的主要原因之一。同时，鄱阳湖采砂过程中通过挖沙、洗沙使沙场附近的水体含沙量增加、水体透明度降低，从而影响鄱阳湖湖底水生植物光合作用，影响鄱阳湖和长江下游的泥沙平衡。此外，洞庭湖湖盆砂石在2006年被大规模采挖,在高峰年份旺季的采砂量高达 9.3×10^8 t,大规模的采砂活动也加快了洞庭湖湖盆由淤积到冲刷的转变模式。

2.3 湖泊的现代分布

湖泊在地球上的所有大陆均有分布,全球湖泊发育具有一定的规律。在 55°N 以北地区气候较为寒冷,第四纪时期曾有冰川作用,加之多年冻土发育,因此多分布有冰蚀湖、冰碛湖、热融湖和冰丘遗迹湖等,如俄罗斯北部地区、芬兰、瑞典、美国北部以及加拿大的湖泊。内陆干旱区多分布有盐湖和咸水湖,如中亚及非洲中部地区。构造断裂带多分布有断陷湖,如中非裂谷带的湖群。对我国而言,我国湖泊数量众多、类型多样,但分布不均匀,大致以大兴安岭—阴山—贺兰山—祁连山—昆仑山—唐古拉山—冈底斯山一线为界。此线东南为外流湖区,以淡水湖为主,湖泊大多直接或间接与海洋相通,成为河流水系的组成部分,属于吞吐型湖泊。此线西北为内流湖区,湖泊处于封闭或半封闭的内陆盆地之中,与海洋隔绝,自成一小流域,为盆地水系的尾闾,以咸水湖或盐湖为主。我国与世界不同地区自然地理分异较大,导致相应的湖泊特性差异显著。本节介绍了我国与世界湖泊分布特征及其调查方法。

2.3.1 我国湖泊分布及特征

2.3.1.1 我国湖泊的数量与面积

我国的湖泊数量众多、成因复杂、类型多样。目前,我国境内(包括香港、澳门和台湾)共有 1 km^2 以上的自然湖泊 2 693 个,总面积 81 414.6 km^2,约占全国国土面积的 0.9%,分别分布在除海南、福建、广西、重庆、香港、澳门外的 28 个省(自治区、直辖市)(图 2.16)。其中大于 1 000 km^2 的特大型湖泊有 10 个,分别为色林错、纳木错、青海

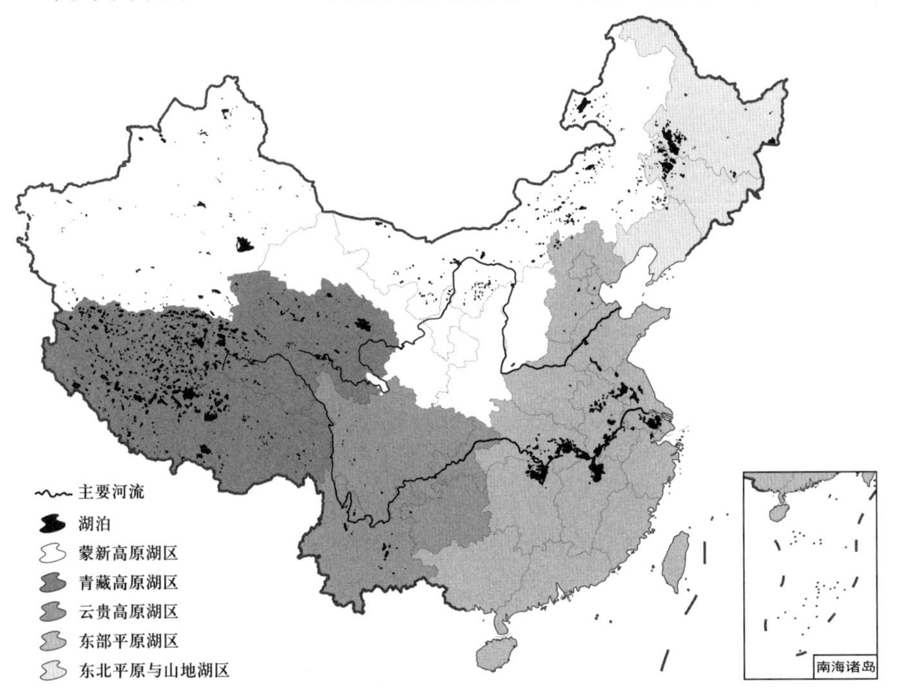

图 2.16 我国湖泊分布图(见书末彩插)

湖、博斯腾湖、兴凯湖、鄱阳湖、洞庭湖、太湖、洪泽湖、呼伦湖；面积在 1～10 km^2、10～50 km^2、50～100 km^2、100～500 km^2 和 500～1 000 km^2 的湖泊分别有 2 000 个、456 个、101 个、109 个和 17 个(表 2.2)。

表 2.2 我国面积大于 1 km^2 的湖泊数量和面积(分省，不包括人工湖和干盐湖)

	>1 000 km^2	500～1 000 km^2	100～500 km^2	50～100 km^2	10～50 km^2	1～10 km^2	数量合计/个	面积合计/km^2
西藏	2	5	50	57	185	534	833	28 616.85
青海	1	5	18	13	53	132	222	13 214.87
内蒙古	1	1	6	3	31	353	395	6 151.17
新疆	1	3	7	5	24	68	108	6 236.44
宁夏					2	3	5	38.66
甘肃					2	1	3	49.05
陕西					1	1	2	44.20
山西				1			1	70.33
云南			3	2	6	20	31	1 115.24
贵州					1		1	24.31
四川					1	32	33	100.71
黑龙江	1		3	4	35	200	243	3 241.31
吉林			2	1	18	160	181	1 402.79
辽宁				1			1	55.58
北京						1	1	2.03
上海				1	0	1	2	60.61
天津					2	1	3	66.41
河南					1	0	1	11.66
河北					3	16	19	146.68
江西	1		1	3	9	41	55	3 882.73
安徽		1	9	4	16	74	104	3 426.06
湖南	1			2	14	100	117	3 355.00
湖北			4	2	39	143	188	2 527.17
山东		1	1	0	0	7	9	1 105.84
江苏	2	1	5	2	12	77	99	6 372.80
浙江					1	31	32	80.23
广东						1	1	5.48
台湾						3	3	10.25
数量合计/个	10	17	109	101	456	2 000	2 693	
面积合计/km^2	22 711.77	11 807.64	22 989.40	7 243.57	10 297.76	6 364.42		81 414.56

关于我国湖泊的地理分布,20 世纪 80 年代就有成果问世。1981 年,由中国科学院南京地理与湖泊研究所等科研单位联合撰写出版的《中国自然地理地表水》,将全国的湖泊从地理上划分为五大湖区。之后,《中国湖泊概论》《中国湖泊水资源》《中国湖泊资源》《中国湖泊志》等一系列专著中,均承袭了这一成果,并对各分布区湖泊的地理特征做了进一步的系统阐述。这五大湖区分别是:① 青藏高原湖区(包括青海和西藏);② 蒙新高原湖区或称西北干旱区湖区(包括内蒙古、新疆、甘肃、宁夏、陕西、山西);③ 云贵高原湖区(包括云南、贵州、四川、重庆);④ 东北平原与山地湖区(包括辽宁、吉林、黑龙江);⑤ 东部平原湖区(包括江西、湖南、湖北、安徽、河南、江苏、上海、山东、河北、北京、天津、浙江、台湾、香港、澳门、海南、福建、广东、广西)。五大湖区的划分突出了我国大地貌和气候的特点,同时也反映出湖泊属性的区域特色。需要说明的是,青藏高原湖区界线与青藏高原的自然界线存在一些差别;蒙新高原湖区的范围包含了黄土高原;因内蒙古的东部划归蒙新高原湖区,东北平原与山地湖区比习惯上的范围要小;云贵高原湖区包含了四川和重庆。

拥有湖泊数量和面积最多的湖区是青藏高原湖区(表 2.3),分别占全国湖泊总数量和总面积的 39.2%和 51.4%,其中大于 10.0 km^2 的 389 个,合计面积 39 603.68 km^2;其次是东部平原湖区,分别占全国湖泊总数量和总面积的 23.5%和 25.9%,其中大于 10.0 km^2 的 138 个,合计面积 19 411.96 km^2;然后是蒙新高原湖区(其中大于 10 km^2 的 88 个,面积 11 307.70 km^2)和东北平原与山地湖区(其中大于 10 km^2 的 65 个,面积 3 623.46 km^2);最少的是云贵高原湖区,分别仅占全国湖泊总数量和总面积的 2.41%和 1.52%,其中大于 10 km^2 的 13 个,面积 1 103.32 km^2。

拥有湖泊数量最多的 3 个省、区分别是西藏自治区、内蒙古自治区和黑龙江省,分别约占全国湖泊总数量的 30.9%、14.7%和 9.0%。拥有湖泊面积最大的 3 个省、区分别是西藏自治区、青海省和江苏省,分别约占全国的 35.1%、16.2%和 7.8%。湖泊拥有率(=湖泊总面积/本省国土面积×100%)最高的 3 个省、区分别是江苏省(6.4%)、安徽省(2.6%)和江西省(2.4%),排在 4—10 位的分别是西藏自治区、青海省、湖南省、湖北省、上海市、吉林省、山东省。全国最大的 3 个湖泊分别是青海湖、鄱阳湖和洞庭湖,太湖和呼伦湖分列第 4 和第 5 位,其中青海湖和呼伦湖属于咸水湖,其他 3 个属于淡水湖。全国最大的咸水湖是青海湖,最大的淡水湖是鄱阳湖。

拥有湖泊数量最多的 3 个一级流域分别是西北诸河流域、长江流域和松花江流域,分别占全国湖泊总数量的 39.8%、24.1%和 18.7%,然后依次是西南诸河流域、黄河流域、淮河流域、辽河流域、海河流域、东南诸河流域和珠江流域。按照拥有的湖泊面积从大到小排序,分别是西北诸河流域、长江流域、松花江流域、淮河流域、西南诸河流域、黄河流域、珠江流域、辽河流域、海河流域和东南诸河流域(表 2.4),分别占全国湖泊总面积的 54.8%、21.2%、9.83%、5.98%、4.25%、3.00%、0.43%、0.28%、0.17%和 0.06%。

我国的湖泊在地域上跨越三个地貌阶梯,即海拔 4 km 以上的青藏高原、海拔 1~2 km的主要高原及盆地和海拔 500 m 以下的主要平原。分布在海拔 0~1 000 m 的湖泊有 1 267 个(约占全国湖泊的 47%)、1 000~2 000 m 有 276 个、2 000~3 000 m 有 45 个、3 000~4000 m 有 34 个、4 000~5 000 m 有 866 个(约占全国湖泊的 32%)以及>5 000 m 有 204 个(约占全国湖泊的 7.6%)(图 2.17)。新疆的艾丁湖是我国唯一一个位于海平面以下的湖泊。

表 2.3 我国面积大于 1 km² 的湖泊数量和面积统计（分湖区，不包括人工湖和干盐湖）

	>1 000 km²	500～1 000 km²	100～500 km²	50～100 km²	10～50 km²	1～10 km²	数量合计/个	面积合计/km²
东北平原与山地湖区	1	0	5	6	53	360	425	4 699.68
东部平原湖区	4	3	20	14	97	496	634	21 053.05
蒙新高原湖区	2	4	13	9	60	426	514	12 589.85
云贵高原湖区	0	0	3	2	8	52	65	1 240.26
青藏高原湖区	3	10	68	70	238	666	1 055	41 831.72
数量合计/个	10	17	109	101	456	2 000	2 693	
面积合计/km²	22 711.77	11 807.64	22 989.40	7 243.57	10 297.76	6 364.42		81 414.56

表 2.4 我国面积大于 1 km² 的湖泊数量和面积统计（分流域，不包括人工湖和干盐湖）

	>1 000 km²	500～1 000 km²	100～500 km²	50～100 km²	10～50 km²	1～10 km²	数量合计/个	面积合计/km²
西北诸河流域	4	10	73	68	241	676	1 072	44 594.80
长江流域	3	1	16	16	88	524	648	17 276.96
松花江流域	2	1	6	5	63	427	504	8 003.43
西南诸河流域	0	1	6	6	18	141	172	3 462.10
黄河流域	0	2	2	1	19	111	135	2 439.68
淮河流域	1	2	5	4	16	42	70	4 871.53
辽河流域	0	0	0	1	1	58	60	226.19
海河流域	0	0	0	0	4	7	11	140.96
珠江流域	0	0	1	0	5	4	10	351.91
东南诸河流域	0	0	0	0	1	10	11	47.00
数量合计/个	10	17	109	101	456	2 000	2 693	
面积合计/km²	22 711.77	11 807.64	22 989.40	7 243.57	10 297.76	6 364.42		81 414.56

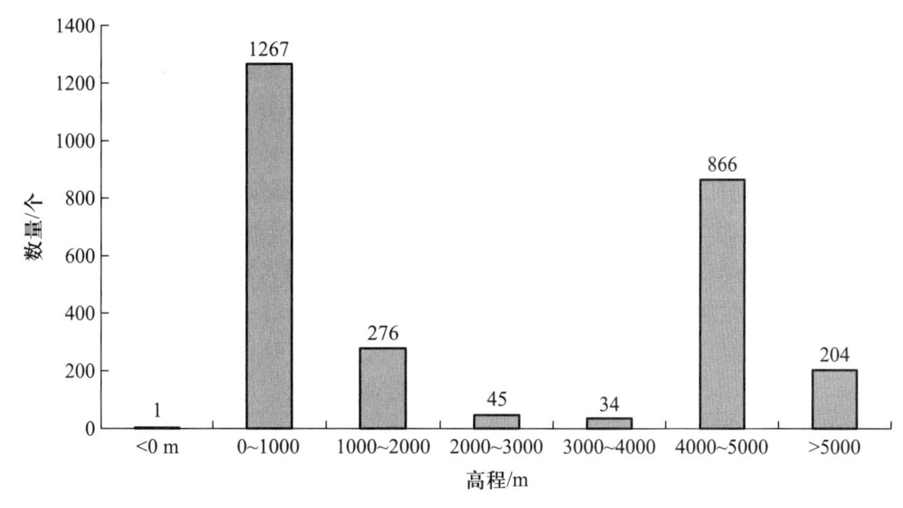

图 2.17 我国湖泊高程数量分布

2.3.1.2 我国湖泊的空间分布特征

我国疆域辽阔,自然地理环境的变化十分复杂,区域分异显著。从南向北,自然地理环境呈纬向地带性明显变化的决定因素是温度,并因此从南向北依次展现为热带、亚热带、暖温带、中温带和寒温带等地带性的变化,这是第一级的自然地理分异。海陆相对位置和季风气候特点又导致水分条件由东南向西北呈现经向地带性的变化,并因此而决定了其自然地理的地带性分异,依次展现出湿润、半湿润、半干旱、干旱的自然景观,这是第二级的自然地理分异。青藏高原自然环境变化最明显的决定因素是海拔,即自然景观及其组成要素随着海拔的递变而呈现规律性的变化。但因高原幅员辽阔,上述纬向、经向两个水平方向的自然地理地带性变化也有明显反映,因此由南向北或者说从相对低海拔到高海拔的变化依次为山地亚热带、高原温带、高原亚寒带、高原寒带,由东向西依次为湿润、半湿润、半干旱、干旱地带。湖盆的多种成因以及湖盆积水的多种环境,使得湖泊本身不具备明显的地带性,也不受海拔的限制,可以分布在地球表面任何一个地理带或气候区(带),如热带、温带、寒带,湿润区、干旱区等,也可以发育在低海拔的滨海平原或高海拔的高原盆地。湖泊的生存和演变很大程度上受到入湖径流量和水量收支平衡的影响,而入湖径流量和水量收支平衡一定程度上取决于大气降水和气温。因此,虽然湖泊的形成不具有明显的地带性,但其物理、化学和生物过程却具有明显的地带性。因此,我国经、纬两个方向生物地理环境的显著变化和区域自然地理的鲜明特色,导致湖泊的空间分布呈现出一些显著的区域特点。

1) 湖泊分布广泛,但相对集中

面积大于 1.0 km^2 的 2 693 个湖泊,分布在我国除福建、广西、海南、重庆、香港和澳门外的 28 个省(自治区、直辖市)内;福建、广西、海南和重庆虽无面积大于 1.0 km^2 的湖泊,但分布有小于 1.0 km^2 的湖泊。另外,从湿热多雨的台湾岛到干燥寒冷的塞北草原,从东部的滨海平原到有“世界屋脊”之称的青藏高原,都有湖泊分布,甚至连干旱少雨或终年无雨、极度干旱的巴丹吉林、腾格里、毛乌素等沙漠腹地,也不乏湖泊存在。位于西藏地区的纳木错,水位海拔 4 718.0 m,面积 1 961.5 km^2,为我国和世界上海拔最高的大湖;至于中、小型湖泊,分布在海拔 5 000 m 以上者,亦并非鲜见,如奖弄错水位海拔 5 580.0 m（面积 7.7 km²）、森里错水位海拔 5 386.0 m（面积 53.8 km²）、杰萨错水位海拔 5 201.0 m（面积 146.2 km²）。地处新疆吐鲁番盆地内的艾丁湖，湖面海拔-154 m，是我国海拔最低的湖泊。我国湖泊空间分布的高差可达 5 600 m 之多，这在世界上是绝无仅有的。

然而，我国湖泊的区域分布极不均衡。东部平原湖区和青藏高原湖区共有湖泊 1 689个，面积 62 884.8 km²，分别占全国湖泊总数量和总面积的 62.7%和 77.2%，是我国湖泊分布最为集中的两个区域，形成了东、西遥遥相对的两大稠密湖群。江淮中下游更是水网密集，大小湖荡星罗棋布，呈现一派"水乡泽国"的自然景观。东北平原与山地、蒙新高原、云贵高原 3 个湖区合计仅有湖泊 1 004 个，面积 18 529.8 km²，分别占全国湖泊总数量和总面积的 37.3%及 22.8%；尤其是云贵高原湖区，是全国诸湖泊分布区中湖泊数量和面积最为稀少的一个。

2）湖泊类型多样，地带性鲜明

我国拥有世界上海拔最高的湖泊（青藏高原湖泊），也有位于海平面以下的湖泊（艾丁湖）；既有大量的浅水湖泊，也有诸多的深水湖泊；既有淡水湖，也有咸水湖和盐湖；既有吞吐湖，也有闭流湖；另外，从成因的角度看，构造湖、火山口湖、堰塞湖、冰川湖、岩溶湖、风成湖、河成湖以及海成湖等均有分布。

我国地势西高东低，东亚季风在从沿海向西北内陆推进的过程中，受山地的层层阻挡，难以深入西北内陆腹地，距海洋越远，空气中的水汽含量越少，降水量也相应递减。另外，由于青藏高原的阻挡，来自印度洋的西南季风无法抵达高原内部。季风气候特征与地貌条件相组合，造成我国年降水量的地区分布呈现由东南沿海向西北内陆逐步减少的格局。东南沿海一带年降水量可高达 2 000 mm 以上，秦岭—淮河以北减至 800 mm以下，贺兰山以西的内陆腹地以及青藏高原的大部分地区，年降水量更低到 200 mm以下，塔里木盆地、柴达木盆地内部的沙漠、荒漠区，年降水量仅仅数十毫米。降水量的这种空间分配，造成湖泊的补给条件、湖泊的水文循环和湖水的化学特性呈纬向带状分布，使得大兴安岭西麓—内蒙古高原南缘—阴山山脉—贺兰山—祁连山—日月山—巴颜喀拉山—念青唐古拉山—冈底斯山一线成为我国内外流的分界。此线以东，除松嫩平原、鄂尔多斯高原以及雅鲁藏布江南侧的羊卓雍错、空母错等地区有面积不大的内流域区外，其余都属于外流区；此线以西，除了额尔齐斯河流入北冰洋外，其他基本上属于内流区。外流区的降水丰沛，水系发达，河流源远流长，流量较大，湖泊补给的水量颇丰，湖水矿化度低，以淡水吞吐型湖泊为主，水量交换频繁，湖泊换水周期较短。内流区远离海洋，气候干旱，水系不发育，入湖河流多为短小的间歇性河，湖泊补给水量亦小，地处盆地中心的湖泊常是盆地水系的尾闾，湖泊补给形式以雨水和冰雪融水为主，水情丰、枯季节变化明显，水位年际变幅大。

在外流区，湖泊的形成与演变跟河流水系的变迁有着不可分割的联系；在滨海地区，湖泊的形成与演变除跟河流水系的变迁有关外，还与海岸变迁和海面波动有着直接的联系；湖泊水量的年内季节性变化和年际变化显著，水位涨落幅度较大，具有"洪水一片、枯水一线、高水湖相、低水河相"的水情特点；长期的泥沙淤积和较大的水位变幅使得滩地发育良好，丰富的水、热条件诱使湖泊的生物地球化学过程活跃，湖泊生物繁茂，种类多，分布广，生物生产力和生物的蓄存量高。在内流区，尤其处于沙漠地区的湖泊，仰赖地下水和稀少的降水补给，多以时令湖的形式出现，湖水的损耗主要是强烈的湖面蒸发，湖水矿化度普遍较高，以咸水湖和盐湖为主；少数有河川泄流的吞吐湖，吞吐水量亦较小,调节作用甚微。为数不多的一些微咸水湖和淡水湖,如青海湖、色林错、玛旁雍错等,有生物栖息,但种类贫乏,生长缓慢,生产力低,生物蓄存量不高。

2.3.1.3 我国湖泊水资源概况

我国陆地水资源总量约为 2.7×10^{12} m^3,仅次于巴西、俄罗斯、加拿大、美国和印度尼西亚,居世界第六位。然而我国人口较多,人均占有水资源量仅为世界平均水平的四分之一。湖泊是陆地水资源的重要组成部分,它既有供给人类生产与生活用水之利,又有航运、发电、拦蓄洪水的功能,还具有提供多种水产品和改善生态环境的作用。湖泊水资源包括了湖泊的补给资源和湖泊的存储资源,其天然的补给方法包含了上游入湖水量、湖面获得的降水量和地下水潜流入湖量三部分。

湖泊储水量的多少是表示湖泊蓄水能力大小的一个重要指标,对于湖泊储水量的估算,视资料的不同,可分别选用以下三种途径来估算:① 有实测湖盆地形资料的湖泊,按水位容积曲线推算出相应于平均水位下的湖泊储水量;② 有水深资料的湖泊,算出平均水深后,再乘以量算的湖泊面积;③ 缺乏水深测量的湖泊,按省(区)将湖泊进行分类,用类型相近的已知湖泊水深,再推出各类湖泊的储水量。据此,王洪道等初步估算出我国湖泊的储水量约为 7.077×10^{11} m^3,其中淡水储水量为 2.25×10^{11}m^3,占湖泊总水量的 31.8%,其余多为咸水资源。我国湖泊淡水资源主要分布在青藏高原、东部平原和云贵高原三个湖区内,淡水资源的储量高达 2.023×10^{11} m^3,占湖泊淡水总储量的 89.9%,其他湖泊淡水储量仅占 10.1%左右。

我国地域辽阔,各大湖区的湖泊水资源有着不同的特色。东部平原湖区降水丰沛,径流丰富,水系发达,湖泊大多是河流水系的组成部分。该湖区是我国淡水湖泊最主要的分布区,尤其又以长江中下游地区湖泊的淡水资源最为丰富,储水量约 5.5×10^{10} m^3,其中鄱阳湖、洞庭湖、太湖、洪泽湖、巢湖五大淡水湖平均储水量也在 3.4×10^{10} m^3 左右。东部平原湖区不仅淡水储量丰富,其换水周期也较其他湖区湖泊短,如洞庭湖、洪泽湖、鄱阳湖分别为 20 天、27 天和 59 天,巢湖和太湖分别为 127 天和 264 天。湖泊换水周期短,说明入湖水量丰富,湖水更新快,湖水被利用后能在较短时间内得到恢复,对于湖泊水资源的利用是非常有利的。东部平原湖区区内社会经济发展水平较高,工业、农业及生活用水的需求量较大,对水资源的量和质均有较高的要求。区内各湖泊在丰水年份,就年水量而言,并不缺乏,但年内各月水量分配不均匀,个别月份仍会出现缺水现象,中水年及枯水年湖泊水量不足。因此,就整个湖区而言,湖泊水资源相比实际需求并不丰富,随着社会经济的进一步发展,湖泊水资源供需间的矛盾将会日益显露。

云贵高原湖区是我国淡水湖泊分布较为集中的另一个重要区域,区内有大小湖泊 60 个,以滇池、洱海、抚仙湖最为著名。该区域湖泊的特点是多构造湖,面积较小,一般仅有数十平方公里,但深度普遍较大,因此湖泊的淡水资源也是比较丰富的,湖泊总储水量在 2.91×10^{10} m^3 以上,其中抚仙湖水量约 1.89×10^{10} m^3。但本区域的湖泊多发育在断裂谷或各大水系的分水岭地带,入湖水系不发达,湖泊换水周期较长,如抚仙湖和泸沽湖分别长达 49 268 天和 2 051 天,滇池和洱海也达到了 891 天和 485 天,湖水一经大量引用,将不易很快得到补充恢复。通过对云贵高原湖区主要湖泊多年平均水量平衡的分析发现,该湖区的湖泊水量收支大体平衡,但在人类经济活动的干预下,不少湖泊水资源供需矛盾日益突出。滇池是云南省第一大湖,多年统计资料显示,丰水年入湖水量高达 1.4×10^9 m^3,但滇池的储水能力仅有 1.2×10^9 m^3,而调蓄容量仅有 8.9×10^8 m^3,这样多余的水量就从湖泊内流出。而枯水年份的入湖水量较正常年份入湖水量明显减少,必须削减湖泊供水,才能达到湖泊水量的自然平衡。

青藏高原湖区是我国湖泊分布密度最大的两个稠密湖区之一,根据第二次全国湖泊调查的数据,该湖区共有大于 1 km^2 的湖泊 1 055 个,合计面积 41 831.72 km^2,分别占全国湖泊总数量和总面积的 39.2% 和 51.4%。由于该区域深居高原腹地,气候干燥,降水稀少,因此湖泊以盐湖和咸水湖为主,淡水湖数量相对较少,主要分布在黄河、雅鲁藏布江、长江水系的河源区。青藏高原湖区的湖泊主要由构造作用形成,湖泊的分布与纬经向构造带相吻合,湖盆陡峭,湖水较深。只有一些小型湖泊分布在崇山峻岭的峡谷区,属冰川湖或堰塞湖类型。因此该区域湖泊的水储量普遍较大,总的湖泊水量占全国水量超过 70%,而淡水湖泊水量占全国淡水湖泊总水量约 45.8%。如位于普兰县附近的玛旁雍错,平均水深约为 46 m,储水量约 2×10^{10} m^3,仅次于抚仙湖,是我国储水量第二大的天然淡水湖,同时也是恒河、印度河和雅鲁藏布江等著名河流的源头。而位于青海省黄河源区的扎陵湖、鄂陵湖,也是本区的著名淡水湖,其蓄水量分别为 4.67×10^9 m^3 和 1.08×10^{10} m^3。青藏高原作为"亚洲水塔"和我国重要的生态安全屏障,其巨大的淡水资源具有重要的生态效益和战略价值,当前对青藏高原湖区的水资源利用还较为有限,后期的开发与利用要面向水资源可持续发展和湖泊生态系统的健康稳定。

蒙新高原湖区的湖泊主要位于干旱与半干旱地区,大多为内陆湖泊,该湖区的湖泊水资源主要特点有三:① 湖泊水量收支的绝对量都不大,比东部平原湖区一些湖泊的水量平衡值都要小很多;② 湖泊收入的水量主要消耗于湖面蒸发;③ 湖泊对人类活动的影响极为敏感,其影响多半是朝着减少湖泊水量这一方向发展。该湖区的湖泊处于极脆弱的自然平衡之中,水循环的任何改变必将引起平衡项的变化。近年来,人类活动对该区域湖泊的影响非常显著,修建水库、农田增多等都会引起入湖水量的减少,该区域湖泊面积的缩小、湖泊水资源下降已成为一种较为严峻的自然现象。例如,内蒙古的居延海由于气候干燥,湖泊分裂为东、西两湖,两湖水量主要有弱水补给,水源比较充沛,昔日的居延海沿岸素有"居延海绿洲"之称。然而 1960 年以后,在弱水的支流兴建了多座水库,加之弱水中游又大力发展农业,用水量的激增、拦蓄量的增大,造成了入湖水量的锐减。东居延海的面积从 50 年代的 75 km^2 不断锐减,1992 年出现了干涸情况,额济纳绿洲急剧萎缩。进入 21 世纪以来,国家对该湖区湖泊生态环境进行治理,通过补充入湖水量,自 2002 年黑河下游生态输水进入东居延海以来,居延海的水域面积逐渐恢复,生态环境显著改善,目前东居延海水面面积保持在 40 km^2,储水量达到 5.05×10^7 m^3。实践表明,优化生态输水调度对于维持该区域湿地生态系统的可持续发展和确保流域水资源的高效利用至关重要。

东北平原与山地湖区也分布有较多的淡水湖泊,其中较为重要的有兴凯湖(中俄两国界湖)、镜泊湖、月亮泡、连环泡和长白山天池(中朝两国界湖)等。其余的淡水资源分布在三江平原及松嫩平原滨江沿河的一些中小湖泊中。该区域湖泊主要有三种类型:① 受火山活动影响明显的湖泊,如镜泊湖、五大连池等,湖泊水资源相对稳定。② 东北平原中部冲积平原上发育的大大小小的泡子,受降水丰歉影响,面积的年际变化非常大。表现为干旱年份水量锐减,甚至干涸;多雨年份降水集中,来不及排泄,往往泛滥成灾。③ 受水利工程影响的湖泊。其主要特点是湖区建闸筑坝引河水入湖,减少了流出量,增加了蓄水量,如连环泡、查干泡等。由于本湖区湖泊上游来水量较丰,因此湖泊换水周期较短,如镜泊湖仅为 185 天。

总体分析，我国湖泊水资源在总量上并不富裕，同时时间和空间的分布亦不平衡，因此对有限的湖泊水资源要予以特别的重视和保护，对已出现的问题应妥善加以解决。当前主要的措施有：① 制止盲目围湖，充分发挥湖泊的调蓄效益。此类问题集中出现在长江中下游流域，由于不断地围湖垦殖，湖泊水面日益缩小，造成湖泊淡水储量的损失。同时湖泊面积的缩小必将引起出湖流量的增加和湖泊水位的抬升，降低了湖泊调蓄洪水的能力。② 关注水源保护，防治湖泊富营养化。现代富含氮、磷等营养物质的工业废水和生活废水，大量直接或间接排入湖泊水体，是造成富营养化的最主要原因。富营养化严重时发生"水华"和产生藻毒素，给水资源的利用造成影响，给湖泊水环境及生态系统带来严重的不良后果。富营养化的防治是水污染处理中最为复杂和困难的问题，截断外源营养物质输入途径以及转化和消除内源营养物质是目前较为可行的方案。③ 调节水资源分布的不平衡性，逐步做到水尽其利。为了消除湖泊水资源时空分布的不平衡性，可以考虑在一些重要湖泊的出口处建闸，在湖泊上游增设水库，以及进行跨流域的调水等。④ 建立积极的生态平衡，发挥湖泊的多功能效益。湖泊资源的利用，应贯彻全面规划、以水为主、兼顾其他资源的合理利用与综合治理的原则，既要重视资源利用的经济效益，也要考虑生态效益和社会效益，这样才能建立积极的湖泊生态平衡，为社会经济发展做出更大的贡献。

2.3.2 世界湖泊特征与典型湖泊群

2.3.2.1 世界湖泊的数量与地理特征

地球上水的总体积约为 13.86×10^8 km^3，其中 96.5%的水体分布在海洋（其他水体类型比重参考表 2.5）。湖泊作为水量仅次于冰川的地表水体，总储水体积为 17.64×10^4 km^3，占地球总水量的 0.013%。其中，湖泊淡水体积为 9.1×10^4 km^3，分别占地球总水量和总淡水储量的 0.007%和 0.26%；湖泊咸水体积为 8.54×10^4 km^3，占地球咸水储量的 0.006%。

表 2.5 地球各水文要素的水储量分布情况（资料来源：UNESCO）

类型	水量		咸水水量		淡水水量	
	体积/10^{12} m^3	占比/%	体积/10^{12} m^3	占比/%	体积/10^{12} m^3	占比/%
海洋	1 338 000	96.538 0	1 338 000	99.041		
冰川积雪	24 064.1	1.736 2			24 064.1	68.697 3
地下水层	23 400	1.688 3	12 870	0.952 7	10 530	30.060 6
永久冻土	300	0.021 6			300	0.856 4
湖泊	176.4	0.012 7	85.4	0.006 3	91	0.259 8
土壤	16.5	0.001 2			16.5	0.047 1
大气	12.9	0.000 9			12.9	0.036 8
沼泽	11.47	0.000 8			11.47	0.032 7
河流	2.12	0.000 2			2.12	0.006 1
生物	1.12	0.000 1			1.12	0.003 2
总计	1 385 984.61	100	1 350 955.4	100	35 029.21	100

不同来源的世界湖泊的数量、面积及水储量的具体数据各有出入。根据 Messager 等的统计,全世界大于0.1 km^2 湖泊总面积为292.67×10^4 km^2,占全球陆地面积的1.8%。其中面积大于1 000 km^2 的湖泊数量178个,亚洲有32个,北美洲有62个,南美洲有18个,欧洲有37个,非洲有25个,大洋洲有4个。表2.6提供全球面积在5 000 km^2 以上的38个世界大湖基本参数。其中,全球面积最大的湖泊为里海,约占世界湖泊总面积的13%;其次为北美洲的苏必利尔湖;第三大湖泊是分布在东非大裂谷的维多利亚湖。

表2.6 世界大湖(>5 000 km^2)分布情况

中文名称	英文名称	地区	位置(纬度,经度)	面积/km^2	平均深度/m	体积/km^3	水体类型
里海	Caspian Sea	欧洲	41.7N,50.7E	377 001.9	200.5	75 600.00	咸
苏必利尔湖	Superior	北美洲	47.5N,87.8W	81 843.9	146.7	12 004.00	淡
维多利亚湖	Victoria	非洲	1.1S,32.9E	67 166.2	41.1	2 760.00	淡
休伦湖	Huron	北美洲	44.9N,82.3W	59 399.3	59.8	3 550.00	淡
密歇根湖	Michigan	北美洲	44.0N,86.8W	57 726.8	84.2	4 860.00	淡
坦噶尼喀湖	Tanganyika	非洲	6.2S,29.9E	32 826.6	577.0	18 940.00	淡
贝加尔湖	Baikal	欧洲	53.4N,107.7E	31 967.8	738.7	23 615.00	淡
大熊湖	Great Bear	北美洲	66.0N,121W	30 450.6	72.2	2 200.00	淡
马拉维湖	Malawi	非洲	12.0S,34.5E	29 544.0	261.3	7 720.00	淡
大奴湖	Great Slave	北美洲	61.8N,113.7W	26 734.2	59.1	1 580.00	淡
伊利湖	Erie	北美洲	42.1N,81.2W	25 767.7	19.4	499.00	淡
温尼伯湖	Winnipeg	北美洲	52.5N,97.8W	23 923.0	11.9	284.00	淡
大咸海	Large Aral Sea	亚洲	45.0N,59.5E	23 865.9	1.1	26.80	咸
安大略湖	Ontario	北美洲	43.7N,77.8W	19 347.3	84.8	1 640.00	淡
乍得湖	Chad	非洲	13.5N,14.0E	18 751.5	0.1	2.40	淡
卡拉博加兹戈尔湖	Kara-Bogaz-Gol	亚洲	41.3N,53.6E	18 666.8	101.0	1 885.35	淡
拉多加湖	Ladoga	欧洲	60.8N,31.5E	17 444.0	48.0	837.00	淡
巴尔喀什湖	Balkhash	亚洲	46.3N,75.6E	16 717.8	6.7	111.50	咸+淡
奥涅加湖	Onega	欧洲	61.8N,35.4E	9 961.85	26.3	262.00	淡
艾尔湖	Eyre	大洋洲	28.6S,137.3E	8 026.70	3.0	24.20	咸
的的喀喀湖	Titicaca	南美洲	15.9S,69.4W	8 002.51	111.6	893.00	淡
尼加拉瓜湖	Nicaragua	北美洲	11.5N,85.4W	7 833.32	13.3	104.00	淡
阿萨巴斯卡湖	Athabasca	北美洲	59.2N,109.3W	7 528.73	20.6	155.40	淡
图尔卡纳湖	Turkana	非洲	3.5N,36.2E	7 473.43	31.8	238.00	咸
大盐湖	Great Salt	北美洲	41.2N,112.5W	6 478.85	3.5	22.80	咸

续表

中文名称	英文名称	地区	位置（纬度，经度）	面积/km^2	平均深度/m	体积/km^3	水体类型
伊塞克湖	Issyk Kul	亚洲	42.4N,77.3E	6 195.93	280.5	1 738.00	咸
奇基塔湖	Chiquita	南美洲	30.5S,62.6W	6 132.89	2.4	14.48	咸
沃尔特湖	Volta	非洲	7.4N,0.1W	6 045.16	24.5	148.00	淡
鲁夸湖	Rukwa	非洲	8.0S,32.2E	5 894.78	3.5	20.63	咸
密西卡茂湖	Michikamau	北美洲	54.1N,64.4W	5 814.10	5.6	32.32	淡
艾伯特湖	Albert	非洲	1.7N,30.9E	5 526.92	25.0	138.17	淡
维纳恩湖	Vanern	欧洲	58.9N,13.3E	5 486.23	27.9	153.00	淡
伦迪尔湖	Reindeer	北美洲	57.3N,102.4W	5 435.48	17.0	92.40	淡
纳赛尔湖	Nasser	非洲	22.9N,32.3E	5 385.34	30.1	162.00	淡
卡里巴湖	Kariba	非洲	17.0S,28.1E	5 276.89	35.1	185.00	淡
库比雪夫湖	Kuybyshev	欧洲	54.7N,49.1E	5 060.10	11.5	58.00	淡
姆韦鲁湖	Mweru	非洲	9.0S,28.7E	5 042.56	7.6	38.20	淡
温尼伯吉斯湖	Winnipegosis	北美洲	52.6N,100.2W	5 035.51	3.2	16.00	淡

湖泊水量主要集中于少数的大型深水湖，比如面积 1 000 km^2 以上的 178 个大型湖泊储水量共计 170 389 km^3，约占全球湖泊总储水量的 90.7%。里海为储水量最大的湖泊，贝加尔湖仅次于里海，但属于地球上最深的湖泊，最深处达 1 621 m，也是世界上水量最大的淡水湖泊，相当于北美洲五大湖水量的总和，该湖水体循环一次需要约 17 年。第 3、4 位分别为非洲的坦葛尼喀湖与北美洲的苏必利尔湖。

世界湖泊分布极为不均匀，北美大陆北部和西伯利亚分布着极其众多的淡水湖泊，相反，中亚、南亚、北非、伊比利亚半岛、澳大利亚和巴西等地却缺少可利用的天然淡水湖泊（图 2.18）。

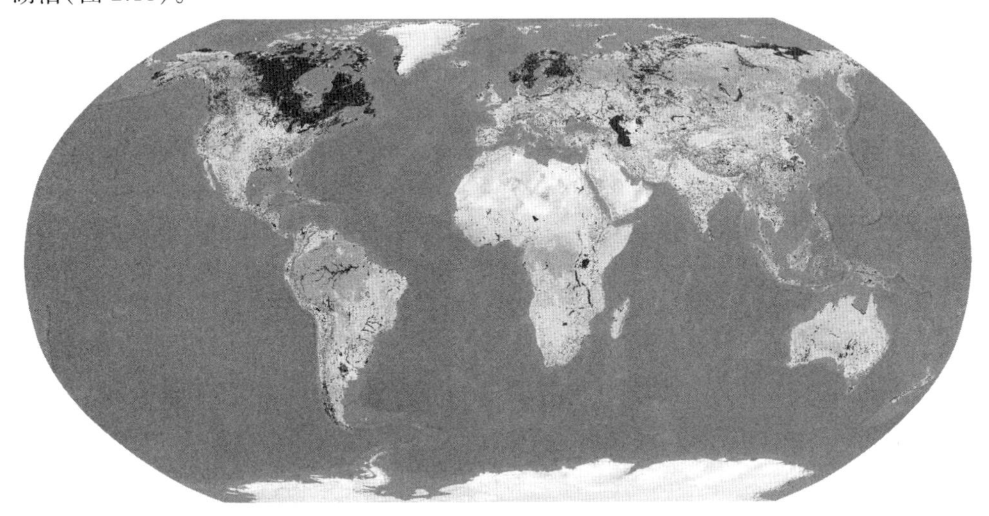

图 2.18　全球湖泊分布图

亚洲是世界第一大洲，其面积为 4.4×10^7 km^2，约占世界陆地总面积的 29.4%，是世界人口分布最多的大陆。亚洲湖泊储水量丰富，拥有世界上最深的湖泊(贝加尔湖)。亚洲湖泊数量较多，不同地区分布差异较大。亚洲面积广大，地形复杂多样，根据湖泊的成因可分为构造湖(贝加尔湖、库苏古尔湖、死海等)、海迹湖(咸海)、冰川湖(天山、喜马拉雅山脉等山地湖泊)、火山口湖(长白山天池、镜泊湖)和风蚀洼地湖(亚洲中部、中国西北部及蒙古部分湖泊)等不同类型，且不同区域湖泊差异较大。

欧洲是世界第五大洲，面积为 1.016×10^7 km^2。欧洲水资源分布不均，分布的五大河系连接大量湖泊，形成欧洲河湖水系特点。欧洲湖泊分布密度较大，大于 0.01 km^2 的自然湖泊超过 50 万个，其中面积在 0.01~0.1 km^2 的湖泊数量比例为 80%~90%，超过 1 km^{2}的湖泊仅 16 000 个左右。欧洲湖泊面积最大的两个是位于俄罗斯西北部的拉多加湖(Lake Ladoga)和奥涅加湖(Lake Onega)。欧洲的天然湖泊多出现在1 万~1.5 万年前，大多数湖泊是在末次冰期形成的，集中分布在北欧的瑞典、挪威和芬兰。西欧的湖泊也较多，主要分布在斯堪的纳维亚半岛和阿尔卑斯山脉南北两侧，也是以冰川湖为主。在中欧，大部分湖泊位于山区，如阿尔卑斯山脉的博登湖、奥赫里德湖。

非洲是世界第二大洲，面积为 3.02×10^7 km^2。非洲分布有世界上最大的沙漠撒哈拉沙漠，湖泊水体分布不平衡。非洲的湖泊面积大小不一，深浅各异。从湖泊构造形式上，非洲湖泊主要包括两类：一类是断层湖(如马拉维湖)，另一类是凹陷湖。非洲拥有世界上第二大淡水湖维多利亚湖，其他大型湖泊包括洲内储水量最大的坦葛尼喀湖、最深的马拉维湖、最大的内流淡水湖乍得湖等。此外，位于撒哈拉沙漠南沿的乍得湖是典型的海迹湖，地处干旱气候区的湖面蒸发作用强烈，水域面积的季节与年际变化较大。

美洲包括北美洲和南美洲，面积共计 4.21×10^7 km^2，占陆地面积的 28.4%。北美洲湖泊众多，淡水湖泊面积居世界之首，总计 4×10^5 km^2，并且大型湖泊数量较多，面积 1 000 km^{2}以上的湖泊 22 个，主要分布在加拿大及美加边境(五大湖)。仅加拿大境内就分布着世界约半数淡水湖，这些湖泊多集中在人烟稀少地区，受人类影响较少。据统计，面积大于 3 km^2 的湖泊共计有 31 752 个，大于 100 km^2 的湖泊有 561 个，大于 1 000 km^{2}的湖泊有 43 个，大于 10 000 km^2 的大型湖泊有 7 个，加拿大的湖泊淡水总量占世界淡水总量的 7%。境内的大型湖泊有大熊湖、大奴湖、温尼伯湖等。在北美洲最受人注目的湖泊应为五大湖。目前，美国和加拿大约有一亿人居住于大湖区，有 2 400 万人直接饮用大湖水，每日有 8 370 万吨水用于发电，有 376 万吨水用于其他生产。

相较而言，南美洲的湖泊数量较少，也无大型湖泊或湖泊群。这是由于南美洲第四纪冰川规模较小，多为高山冰川的延续，同时大陆面积在中高纬度狭小，不具备形成大湖或大湖群的空间。南美洲西北部的马拉开波湖是洲内最大的湖泊，位于委内瑞拉西北部沿海，有长 35 km、宽 3~12 km 的水道同委内瑞拉相通；湖泊水域北浅南深，最深 34 m，容积 280 km^3，含盐度 15‰~38‰；湖盆是由断层下陷而成，北部微咸，南部由于数十条河流补给冲淡；湖泊流域内石油资源丰富，油田主要分布在湖泊东北岸和西北岸，并向湖中发展，因此也有“石油湖”之称。安第斯山区的荒漠高原地区多构造湖，如的的喀喀湖、波波湖等。的的喀喀湖是南美洲地势最高的大型淡水湖，也是南美洲第二大湖，有“高原明珠”之美誉。而南美洲南端的巴塔哥尼亚高原区多为冰川湖，高原内流区主要为内陆盐沼。

大洋洲是世界面积最小的大洲，陆地面积为 8.97×10^6 km^2，占全球陆地面积的 6%。大洋洲湖泊淡水资源量为 2 390 km^3，其中澳大利亚湖泊数量较多，多数湖泊位于干旱半干旱气候区，如艾尔湖、托伦斯湖（Lake Torrens）、亚历山大利纳湖（Lake Alexandrina）等，湖泊面积受气候影响年内波动较大。其他地区如所罗门群岛、巴布亚新几内亚等群岛，湖泊很少，几乎无大型湖泊分布。

2.3.2.2 世界典型湖泊群

1）北美五大湖地区湖泊群

北美五大淡水湖位于加拿大和美国交界处，按水域面积大小分别为苏必利尔湖、休伦湖、密歇根湖、伊利湖和安大略湖，总面积约 224 085 km^2，流域总面积为 5.22×10^5 km^2，湖岸线长约 1.7×10^4 km，是地球表面分布最大的淡水湖群。湖泊流域跨越美国八个州（明尼苏达，威斯康星，伊利诺伊，密歇根，印第安纳，俄亥俄，宾夕法尼亚和纽约）及加拿大两个省（安大略和魁北克）。五大湖是世界上最大的地表淡水资源系统，总水量达 2.3×10^4 km^3，占美国 95%、全球 20% 的地表淡水量，对于美国和加拿大经济繁荣起着至关重要的作用。就水量而言，苏必利尔湖最大，其次为密歇根湖、休伦湖、安大略湖及伊利湖。

五大湖地区位于北纬 42°—48°，气候受西部季风与湖泊效应影响强烈。西部季风主要来自南部亚热带墨西哥湾的湿润气流和北极圈的干冷空气。这两种气流相互作用，交替控制了五大湖气候，因此该地区夏季湿润多雨，冬季多雪。且由于湖泊效应，五大湖地区冬季比较温暖。五大湖水力资源丰富，具有重要的航运价值以及丰富的野生动植物和水生生物资源。五大湖地区形成始于 30 亿年前，火山活动活跃，地质结构复杂。约 100 万年前，第 1 批约 2 000 m 厚的大陆冰川开始覆盖北美地区，形成早期的五大湖地区地貌。此后几十万年间，该地区经历了数次冰川融化与覆盖。随着冰川的大面积融化及退缩，大量的融雪形成了比现在五大湖大得多的湖泊，植物和动物重新出现。约 1 万年前，当大陆冰川后退时，冰水聚积于冰蚀洼地中，形成了现在的五大湖。五大湖地区除了上述五个大湖以外，还有许多面积较小的次级湖泊。其中比较重要的包括尼皮贡湖（Lake Nipigon）、圣克莱尔湖（Lake St Clair）、锡姆科湖（Lake Simcoe）、尼皮辛湖（Lake Nipissing）、乔治湖（Lake George）和温尼贝戈湖（Lake Winnebago）等。

2）中亚干旱内陆区湖泊群

内陆湖尤其是尾闾湖泊，处于一个相对独立的内陆水分循环系统中，受气候波动和人类活动的共同作用。中亚干旱区远离海洋，位于欧亚大陆腹地，占全球干旱区总面积的三分之一，是内陆湖泊最主要的分布区。湖泊总面积超过 123 000 km^2，主要分布在里海流域、咸海流域、楚河流域、伊犁河流域、额尔齐斯河流域，以及东部的帕米尔高原和天山山脉。在降水较少的中亚内陆地区，湖泊是维系区域生态系统的重要支撑。中亚干旱/半干旱区湖泊面积在 1 km^2 以上的有 3 000 多个，100 km^2 以上的 60 多个，湖泊总面积超过 88 000 km^2，是全球湖泊分布相对密集的地区之一。湖泊是中亚干旱/半干旱区重要的水资源，同时也是气候与环境变化的敏感指示器。中亚湖泊群主要包括平原尾闾湖、高山封闭湖和吞吐湖三种类型。平原尾闾湖以河流补给为主，处于人类活动较频繁的地区，湖泊变化受自然和人类活动的共同影响；高山封闭湖位于高山或高原低洼的盆地之中，部分湖泊具有稳定的高山冰川融水补给，受人类活动影响较小，能够真实地反映区域气候变化状况；吞吐湖湖水流动的主导因素是进出水动力，既有河水注入，也有河水流出，这类湖泊换水周期较短，湖泊水域面积与容积一般不大。中亚的大型湖泊里海和咸海与现今的地中海、黑海、亚速海等,原来都是古地中海的一部分,经过海陆演变,古地中海逐渐缩小,上述各海也多次改变它们的轮廓、面积和深度。所以,今天的里海是古地中海残存的一部分,地理学家称之为“海迹湖”。

位于中亚西部的里海是世界最大的湖,属于咸水湖类型。湖泊形状略似“S”形,南北长约 1 200 km,是世界最长且唯一长度在 1 000 km 以上的湖泊。东西平均宽约 320 km,湖岸线长约 7 000 km,大小几乎与波罗的海相当,相当于全世界湖泊总面积的 13%,比著名的北美五大湖面积总和还大出 51%。里海的南面和西南面被厄尔布尔士山脉和高加索山脉所环抱,其他几面是低平的平原和低地。里海北部位于温带大陆性气候带,中部以及南部大部分区域则位于温热带,西南部受副热带气候影响,东海岸以沙漠气候为主,从而气候多变。

咸海是位于中亚地区的内流咸水湖,坐落于哈萨克斯坦和乌兹别克斯坦两国交界处,原为世界第四大湖泊水体。研究表明,咸海诞生于上新世时期,距今已有 500 多万年的历史。咸海面积大于 6×10^4 km^2,平均水深 13 m,最深处 64 m,主要由中亚两大内流河锡尔河(现注入北咸海)和阿姆河(注入南咸海,现注入东咸海和西咸海)注入。20 世纪 60 年代初,咸海水面高程约为 53 m,南北最长 435 km,东西 290 km,水域面积 68 000 km^2,平均深度 16 m,在西海岸外最深处达 69 m。此后,由于阿姆河和锡尔河的河水被大量用于农业和工业,加之 70 年代以来气候持续干旱,导致湖面水位下降、湖面积急剧减小和湖水盐度增高,鱼产量减少,多种鱼类灭绝,湖盆附近地区大量干盐堆积,植物受到破坏。咸海就此分裂形成了南咸海与北咸海。后来湖中的复活岛与大陆相连,将南咸海进一步分为东西两部分。由于地理环境及注入河水的影响,咸海的水呈层状分布,水流循环呈顺时针方向,表层海水盐分不高,到底层则盐分上升。湖盆地区气候属极端沙漠大陆型,历史上受周期性干旱气候影响,湖水位变比较大。湖水的蒸发量与流入量大致相同,但从过去几十年变化来看,水位下降趋势显著。随着咸海水域范围的急剧缩减,周围气候已经改变,大陆性特点更强,夏季更短、更炎热、无雨,冬季更长、更寒冷、无雪。流域内植被生长季节已缩短到平均每年 170 天,每年沙尘暴持续90 天以上。

湖区内还存在许多其他大型湖泊,如位于哈萨克斯坦东部的巴尔喀什湖,是哈萨克斯坦境内第三大水体,由于深居亚欧大陆腹地,海洋上的气流很难流入,呈现出典型的温带大陆性气候。阿拉湖是哈萨克斯坦境内的盐湖,在巴尔喀什湖东 180 km 处,接近我国新疆维吾尔自治区边界,属于典型的干旱半干旱地区。斋桑泊是哈萨克斯坦境内东北部的淡水湖,位于阿尔泰山西麓,发源于我国新疆北部的额尔齐斯河最终汇入此湖。

3) *东非大裂谷湖泊群*

非洲湖泊受地形和气候控制,空间分布极不均匀。在非洲东部存在陆地上最大的断裂带,俗称“东非大裂谷”,也称“东非大峡谷”。在断裂形成的谷地汇水形成断层湖,通常形状狭长,湖岸陡崖峭壁,深度较大。这条大裂谷带是一座天然储水库,集中了非洲大部分湖泊,大型湖泊超过 30 个。这条裂谷带位于非洲东部,南起赞比西河的下游谷地,向北经希雷河谷至马拉维湖(尼亚萨湖)北部,分为东西两支。东支裂谷是主裂谷,沿维多利亚湖东侧,向北穿越坦桑尼亚中部的埃亚西湖、纳特龙湖等,经肯尼亚北部的图尔卡纳湖以及埃塞俄比亚高原中部的阿巴亚湖、兹怀湖等,继续向北直抵红海;西支裂谷带大致沿维多利亚湖西侧由南向北穿过坦噶尼喀湖、基伍湖、爱德华湖、艾尔伯特湖等一串湖泊,一直到苏丹境内的白尼罗河附近。这些湖泊多狭长水深,其中坦噶尼喀湖南北长 670 km,东西宽 40~80 km,是世界上最狭长的湖泊,平均水深达 577 m,仅次于北亚的贝加尔湖为世界第二深湖。世界第四深湖泊(也是非洲第二深)马拉维湖,湖面狭长,平均水深 261.3 m,最深处超过 700 m,其水量相当于 300 个鄱阳湖。裂谷最大的湖泊维多利亚湖位于坦桑尼亚和乌干达境内,为两国与肯尼亚界湖,是非洲最大的淡水湖,也是仅次于北美苏必利尔湖的世界第二大淡水湖;它还是尼罗河主要水源,是著名的尼罗河支流白尼罗河的发源地。这些裂谷带的湖泊,水色湛蓝,辽阔浩荡,千变万化,不仅是旅游观光的胜地,而且湖区水量丰富,湖滨土地肥沃,植被茂盛,野生动物众多。

2.3.3 湖泊时空特征调查方法与进展

2.3.3.1 湖泊时空特征调查传统方法

20 世纪 60 年代以来,我国学者陆续开展了面向全国范围的湖泊调查工作。其中湖泊时空特征调查主要包含了湖泊的空间分布、水位、水量等信息。针对湖泊时空特征调查的野外工作主要包含了野外实地调查和实地测量两类。野外实地调查主要以文字性记录及拍摄照片为主,通过地形图、航空像片等数据可实现对湖泊数量的记录以及湖泊范围的空间界定。野外实地测量则主要借助于一定的测量工具,以实现对水位、水深、湖岸地形的量测。对水位信息的野外观测可采用水尺,通常中小型湖泊设立一个水尺,大型湖泊或水面坡降较大的湖泊应设立多个水尺。水位测量次数应根据湖泊水位变化速度而定,水位变幅较小的湖泊每天测量一次水位,水位变幅较大的湖泊每天早晚各测一次水位。湖泊水深的测量需考虑是否已有水下地形资料,对于无水下地形资料的湖泊,全湖应采用断面测量的方法,对于有水下地形资料,但年代较为久远或变化较大的湖泊,采用局部复测的方法施测。对于湖滩地地形测量,如地形图上已有高程点,以地形图数据补充;地形图上无高程测点,则需要按照相关测绘规范进行地形测量。传统型湖泊时空特征调查方法虽然具有较高的精度,但数据获取效率极低,很难运用于大区域长时间序列湖泊变化监测。此外,考虑到部分湖泊分布在地形复杂的人迹罕至区域,因此,传统型方法在湖泊调查上也受很多客观条件的限制。

2.3.3.2 湖泊时空特征调查新方法与进展

对湖泊的实地考察和定点观测具有较大的局限性。近年来,遥感技术以其大区域、多时相等优点,为全面深入认识湖泊环境变化提供了有力工具。下面从面向湖泊时空特征调查出发,对光学遥感、卫星测高、重力场卫星观测、无人机低空遥感平台以及新型水下传感器等新方法进行介绍。这些技术手段在整体上构建了星天地立体观测系统,为湖泊时空特征的调查提供了有效保障(图 2.19)。

1) 光学遥感

遥感是从人造卫星、飞机或其他飞行器上收集地物目标的电磁辐射信息,通过分析、解释揭示出目标物本身的特征、性质及其变化规律的技术。遥感技术的基本原理在于,任何目标物都具有反射、吸收、透射及辐射电磁波的特性,当目标物与电磁波发生相互作用时会形成目标物的电磁波特征,这就为遥感探测提供了获取信息的依据。光学遥感的工作波段限于从紫外到红外波段范围内(图 2.20)。近年来随着遥感技术的逐

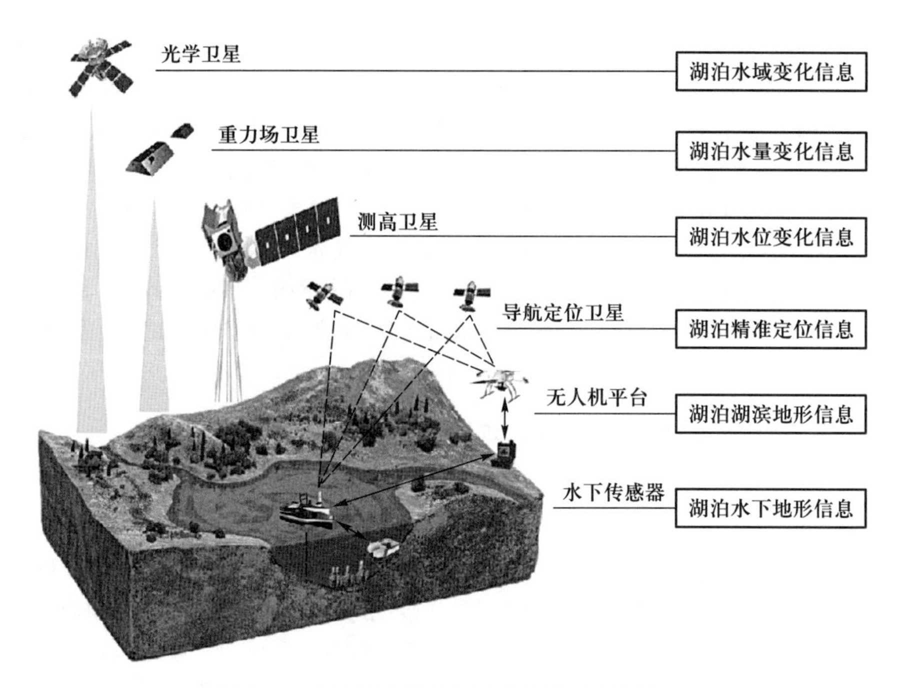

图 2.19　湖泊时空特征调查方法体系示意图

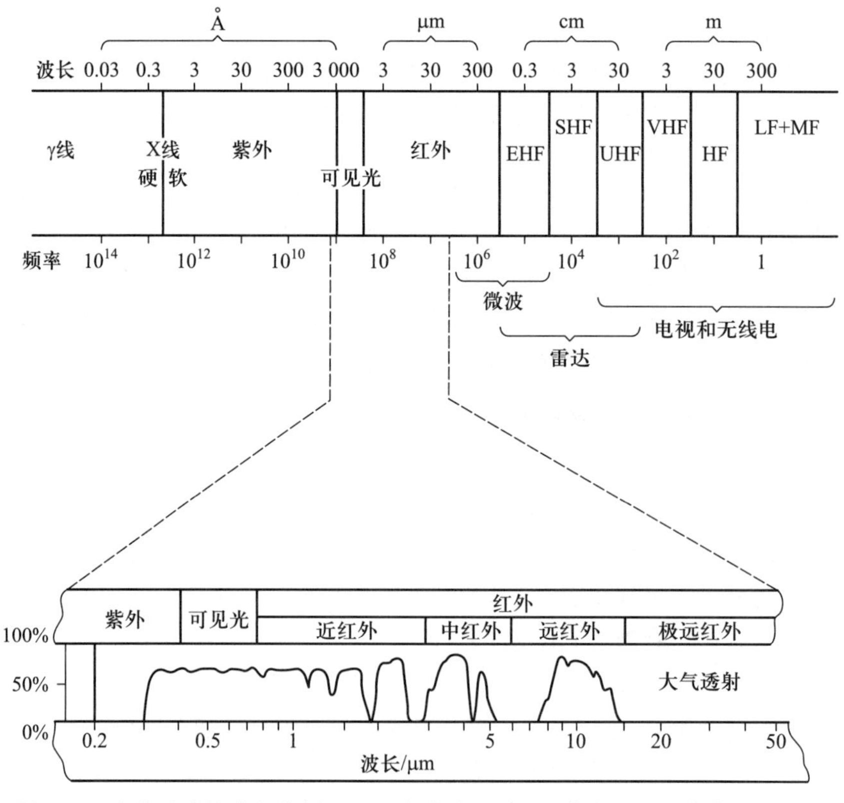

图 2.20　光学遥感的波段范围。EHF，极高频；SHF，超高频；UHF，特高频；VHF，甚高频；HF，高频；LF+MF，低频+中频

步成熟,特别是中高分辨率卫星的发射,为大范围长时间序列的湖泊调查与动态观测提供了数据支持。其中,能够对湖泊面积进行长时间持续观测的卫星主要有较低空间分辨率的 AVHRR 数据、中等分辨率的 MODIS 数据以及较高分辨率的 Landsat 系列卫星、中巴资源卫星、环境减灾卫星等,而 Landsat 系列卫星的应用最为广泛,其最大优势在于可提供较长时间序列的全球高质量的对地观测数据。第一代 Landsat 卫星发射于 1972 年,至今已相继发射了 8 颗。早期的 Landsat-1/2/3 系列卫星主要搭载了 MSS(multi spectral scanner)多光谱扫描仪,MSS 传感器共有 4 个波段,其中两个为可见光波段,另有两个为近红外波段,空间分辨率为 80 m。Landsat-4 增加了 TM(thematic mapper)专题制图仪,在 MSS 传感器基础上增加 3 个波段,分别为蓝波段、短波红外波段和热红外波段,热红外波段地面分辨率为 120 m,其余波段均为 30 m。Landsat-7 卫星对传感器进行了进一步升级,其搭载了 ETM+(enhanced thematic mapper plus)增强型专题制图仪,另增加了一个空间分辨率为 15 m 的全色波段。最新发射的 Landsat-8 卫星主要搭载的是 OLI(operational land imager)陆地成像仪,共有 9 个波段,除了包含 ETM+的全部波段,还新增了一个深蓝波段。Landsat-8 卫星性能优异,波段划分更加精细,辐射分辨率更高,可为湖泊动态监测提供更高质量的影像数据。在 Landsat 卫星对地球表面持续观测的同时,近年来米级、亚米级卫星数据,如 QuickBird、IKONOS、WorldView、GF-2 等逐步投入使用,为湖泊动态监测提供了更多有效数据源。高分辨率影像数据在空间分辨率上具有明显优势,然而受到影像幅宽、获取成本、数据处理量等因素限制,目前在湖泊动态变化中的应用还较有限。表 2.7 总结了目前在湖泊动态研究中常用的光学遥感卫星数据及其主要参数。

表 2.7　湖泊动态研究中主要光学遥感卫星统计表

卫星	重访周期	波段信息
NOAA(AVHRR-1/2/3)	12 小时	一共有三代传感器,最新的包含 6 个波段,地面分辨率 1.1 km
Landsat-1/2/3(MSS)	18 天	包含 4 个波段,空间分辨率为 80 m
Landsat-4/5(MSS/TM)	16 天	包含 7 个波段,空间分辨率为 30 m
Landsat-7(ETM+)	16 天	包含 8 个波段,最大空间分辨率为 15 m
Landsat-8(OLI)	16 天	包含 9 个波段,最大空间分辨率为 15 m
SPOT-1/2(HRV)	2~3 天	空间分辨率最高可达 10 m
SPOT-4(HRVIR)	2~3 天	空间分辨率最高可达 10 m
SPOT-5(HRG)	2~3 天	空间分辨率最高可达 2.5 m
SPOT-6/7(MAOMI)	2~3 天	空间分辨率最高可达 2.5 m
EOS(MODIS)	0.5 天	36 个离散光谱波段,最大空间分辨率 250 m
IKONOS	1~3 天	全色波段空间分辨率为 1 m,多光谱为 4 m
CBERS-01/02/02B (CCD/WFI/IRMSS)	26 天	包含多种传感器,空间分辨率最高可达 2.36 m
QuickBird	1~6 天	全色波段空间分辨率 0.61 m,多光谱波段 2.44 m
WorldView-1/2	1.7 天	共 8 个波段,全色波段 0.5 m,多光谱波段 1.8 m
WorldView-3/4	1 天	全色波段 0.31 m,多光谱波段 1.2 m

续表

卫星	重访周期	波段信息
HJ-1A/B	4天	共4个波段,空间分辨率为30 m
ZY-3(CCD)	5天	空间分辨率最高可达2.1 m
GF-1/2	2天	5个全色波段,4个多光谱波段,全色0.81 m、多光谱3.24 m
GF-4	静止卫星	可见光波段空间分辨率约50 m
Sentinel-2A/2B(MSI)	10天	覆盖13个光谱波段,空间分辨率最高可达10 m
Sentinel-3A/3B(OLCI)	4天	搭载了中分辨率推扫成像光谱仪,空间分辨率为300 m

由于水体和陆地对太阳辐射的反射、吸收和透射的情况具有明显差异,因而光学遥感图像上水陆边界非常清晰,这也为基于光学遥感数据进行湖泊时空信息提取提供了便利。目前主要的提取算法有:① 单波段阈值法,利用水体在近红外波段(NIR)具有较强吸收的光谱特征,通过设定阈值来提取水体; ② 水体指数法,主要利用绿光、NIR及中红外(MIR)等特征波段构建水体指数,包括简单比值指数、NDWI指数、MNDWI指数等,通过设定阈值来提取水体;③ 基于统计和机器学习的分类方法,包括非ISODATA监督分类、最大似然法监督分类等;④ 基于先验知识的决策树分类方法,如对特征波段、指数或辅助信息设置判别函数来提取各种水体;⑤ 面向对象的方法,利用水体在空间上连续分布特征的对象尺度以及考虑目标紧凑度、平滑度或连通性等特征的提取方法。

2) 卫星测高

卫星测高包含卫星激光测高和卫星雷达测高两种。卫星激光测高是一种在卫星平台上搭载激光测高仪,并以一定频率向地面发射激光脉冲,通过测量激光从卫星到地面再返回的时间,计算激光单向传输的精确距离,再结合精确测量的卫星轨道、姿态以及激光指向角,最终获得激光足印点高程的技术与方法。卫星激光测高的几个核心部分包括:高精度距离测量、高精度卫星轨道测量、高精度卫星姿态及激光指向测量、高精度时间测量。利用激光精确测量卫星到地面的距离,通过接收全球定位系统(GPS)信号精确测量轨道的位置,采用星敏感器精确测量卫星的姿态,最终结合高精度的时间同步测量,将测距、定轨、定姿三者进行关联,即可计算出地面足印点的三维空间坐标。与卫星激光测高类似的是卫星雷达测高。严格来说,卫星激光测高属于卫星激光雷达的一个子类。卫星激光雷达总体上包括:用于测 CO_2 等大气含量的差分吸收激光雷达、测风场的多普勒激光雷达、测云层与气溶胶的后向散射激光雷达以及测高激光雷达。卫星激光测高搭载的是激光测高仪,而卫星雷达测高搭载的是雷达测高仪,两者在传感器上有区别,此外足印大小是区分两者的最显著指标,卫星雷达测高的足印大小基本在千米级,而卫星激光测高的足印大小一般在10~100 m。卫星雷达测高以海洋为主,主要卫星有ERS-1、Topex/Poseidon、ERS-2、Jason-1/2等,虽然也有研究将卫星雷达测高数据运用于湖泊水位的监测,但考虑到数据精度较低,目前只适用于面积较大的湖泊。

卫星激光高度计以其高精度及大尺度的优势,成为目前湖泊水位高度测量及其变化监测的主要工具。美国国家航空航天局在2003年发射的ICESat(Ice,Cloud,and land Elevation Satellite)携带地学激光测高系统(geoscience laser altimeter system,GLAS),可实现对基地冰盖的变化监测和对全球陆地高程的高精度量测。近年来,基于ICESat数据的湖泊、河流等内陆水体水位变化研究已有较多案例,与Topex/Poseidon、Jason-1/2等数据相比,ICESat/GLAS激光雷达信号具有较小的空间元,能够对面积更小的湖泊水位进行高精度量测,而于2018年10月发射的ICESat-2卫星可为湖泊水位变化研究提供更高精度及现势性更强的数据。表2.8总结了目前常用的卫星测高数据及其主要参数。

表2.8 常用卫星测高数据

卫星	高度计	重访周期/天	垂直精度/cm
Topex/Poseidon	Topex、Poseidon-1	10	6
Jason-1	Poseidon-2	10	4.2
Jason-2	Poseidon-3	10	2.5~3.4
Jason-3	Poseidon-3B	10	2
Geosat	GRA	17	10~20
ERS-1	RA-1	335	10
ERS-2	RA-1	35	10
GFO	GFO-RA	17	2.5~3.5
Envisat,RA2	RA-2	35	2.5
ICESat	GLAS	183	10
Cryosat-2	SIRAL	369	1~3
SARAL	AltiKa	35	3
Sentinel-3	SRAL	27	2~8
ICESat-2	ATLAS	91	2

3)*重力场卫星观测*

湖泊的水量变化是根据湖泊入水量和出水量之间的差值计算,其中入水量一般包括湖面降水、地表径流流入和地下水补给等,出水量则包括湖面蒸散量、地表径流流出以及地下水下渗等方面。但是这些参数一般需要通过当地水文站的观测获取,对于很多自然条件恶劣的偏远地区的湖泊,相关参数的收集非常困难。传统型方法对于湖泊水量变化的计算具有较大困难及不确定性。随着遥感技术的发展,很多研究通过结合卫星测高数据和卫星影像数据获取的湖泊的高程变化和面积变化,估算出湖泊的水量平衡,为解决这一困难提供了可靠的办法。

而另一种较为有效的方法是利用重力场卫星进行水量变化的估算。重力场卫星是利用星载定位传感器、加速度传感器和姿态传感器在近地轨道空间飞行观测,获取全球重力场信息的应用卫星。GRACE(Gravity Recovery and Climate Experiment,重力恢复及气候实验)重力场卫星由美国国家航空航天局和德国航空航天中心联合研发发射成功,可以不因为陆地条件的限制进行连续多次的重复观测,而由GRACE卫星获得陆地精确的时变重力场已经广泛地运用到陆地水储量变化、地下水储量变化、全球海平面变化以及极地与高山冰川质量迁移变化等方面。近年来,GRACE卫星重力测量结合卫星测高和光学影像数据已被用于研究范围比较大的(不小于 200 000 km^2)内陆水体的水储量变化,在大尺度范围内,GRACE 数据非常适用于监测陆地水储量变化,但对于一些面积较小的湖泊或者小区域尺度的水储量变化监测并不适用。尽管基于 GRACE 数据的陆地水储量研究存在一定的误差,但是依然能够较为准确地估算出误差的取值范围,并且随着数据处理方法的日益改进以及联合更加多源的数据进行更加深层次的分析,GRACE 卫星重力场模型数据在全球、区域或流域水量平衡变化方面的应用研究将会进一步拓展。

4) 无人机低空遥感平台

无人机是近年来兴起的数据获取平台,通过搭载不同的传感器,无人机广泛应用于自然资源普查、灾害调查与监测、基础地理信息获取等诸多领域。基于无人机平台的数据获取具有极强的灵活性,相比较传统实地测量,无人机具有较高的效率;而相比较卫星及航空遥感,无人机又具有较低的数据获取成本和相对较高的数据精度。因此,无人机低空遥感平台较好地平衡了数据获取的效率和精度,在中小型湖泊调查和监测中具有广泛的应用前景。根据具体的应用目标,无人机平台可搭载不同的仪器。对于常规湖泊调查而言,通过搭载数码相机即可获取湖泊空间分布信息,同时可完成对水生植被、鸟类分布等生态要素的基础评价。而对于湖泊湖滨地带的地形测绘而言,无人机可选择搭载数码相机,并辅助地面控制点测量,从而实现基于摄影测量技术的湖滨地形数据构建。此外无人机低空遥感平台也可搭载激光扫描仪,对于地形较为复杂、数据精度要求较高的区域,通过获取湖滨地带激光点云数据可生成极高精度的湖滨三维地形数据,为定量分析湖泊水量变化提供基础数据。

5) 新型水下传感器

对于湖泊水下地形信息的采集是湖泊水量及水量变化估算的重要基础。当前对水下地形的测量主要借助于声呐测深技术。其中单波束测深在湖泊水下地形测绘中应用较广。其测深过程是采用换能器垂直向下发射短脉冲声波,当这个脉冲声波遇到海底时发生发射,反射回波返回声呐,并被换能器接收。其水深值由声波的传播时间与水介质的平均声速确定。单波束测深过程中采用的是单点连续测量的方式,其测深数据分布特点是沿航迹数据非常密集,而在测线间没有数据。与单波束回声测深仪相比,多波束测深系统具有测量范围大、测量速度快、精度和效率高的优点,它将测深技术从点、线扩展到面,并进一步发展到立体测深和自动成图,特别适合进行大面积的海底地形探测。但综合考虑设备成本,目前在湖泊水下地形测绘中,单波束测深仪仍为主要选择。此外,智能化的水下机器人也在部分研究中得到应用。采用智能机器人可实现对水下地形、流速、温度、盐度、浊度、pH 值等要素的综合观测,不仅可服务于湖泊时空特征研究,还将为湖泊的物理、生物、化学特征研究提供有效工具。

参考文献

白洁,陈曦,李均力,等,2011. 1975—2007 年中亚干旱区内陆湖泊面积变化遥感分析. 湖泊科学,23(1):80-88.

成晨,傅文学,胡召玲,等,2015. 基于遥感技术的近 30 年中亚地区主要湖泊变化. 国土资源遥感,27(1):146-152.

陈起川,夏自强,郭利丹,等,2012. 中亚湖泊地区气温变化特征. 河海大学学报(自然科学版),40(1):88-94.

邓勃,2008. 地球脸上最美丽的伤痕:揭秘东非大裂谷. 广州:花城出版社.
窦明,马军霞,胡彩虹,2007. 北美五大湖水环境保护经验分析. 气象与环境科学,30(2):20-22.
都金康,黄永胜,冯学智,等,2001. SPOT 卫星影像的水体提取方法及分类研究. 遥感学报,5(3):214-219.
高登义,2006. 东非大裂谷科考记. 科学,1:020.
顾延生,李贶家,秦养民,等,2013. 历史时期以来人类活动与江汉湖群生态环境演变. 地球科学:中国地质大学学报,(S1):133-144.
贺晓英,贺缠生,2008. 北美五大湖保护管理对鄱阳湖发展之启示. 生态学报,28(12):6235-6242.
黄智华,薛滨,逄勇,2007. 近 50 年中国东部和西部湖区水量空间变化趋势. 湖泊科学,19(5):497-503.
霍坎松 L,杨松 M,1992. 湖泊沉积学原理. 郑光膺,译. 北京:科学出版社.
江丰,齐述华,廖富强,等,2015. 2001—2010 年鄱阳湖采砂规模及其水文泥沙效应. 地理学报,70(5):837-845.
李均力,陈曦,包安明,2011. 2003—2009 年中亚地区湖泊水位变化的时空特征. 地理学报,66(9):1219-1229.
李小平,2013. 湖泊学. 北京:科学出版社.
李媛媛,刘金淼,黄新皓,等,2018. 北美五大湖恢复行动计划经验及对中国湖泊生态环境保护的建议. 世界环境,171(02):35-38.
凌波,2018. 地球最美丽的伤疤——东非大裂谷. 天天爱科学,(3):2-7.
骆剑承,盛永伟,沈占锋,等,2009. 分步迭代的多光谱遥感水体信息高精度自动提取. 遥感学报,13(4):610-615.
马荣华,刘晓玫,段洪涛,2015. 中国湖泊分布地图集. 北京:科学出版社.
秦伯强,1999. 近百年来亚洲中部内陆湖泊演变及其原因分析. 湖泊科学,11(1):11-19.
秦伯强,Harrison S P,于革,等,1997. 末次盛冰期以来全球湿润状况的地质证据——全球古湖泊数据库及其湖水位变化的大尺度时空分析. 湖泊科学,9(3):201-210.
沈吉,2009. 湖泊沉积研究的历史进展与展望. 湖泊科学,21(3):307-313.
沈吉,2012. 末次盛冰期以来中国湖泊时空演变及驱动机制研究综述:来自湖泊沉积的证据. 科学通报,57(34):3228-3242.
沈吉,薛滨,吴敬禄,等,2010. 湖泊沉积与环境演化. 北京:科学出版社.
施成熙,1989. 中国湖泊概论.北京:科学出版社.
施雅风,1990. 山地冰川与湖泊萎缩所指示的亚洲中部气候干暖化趋势与未来展望. 地理学报,(1):1-13.
施雅风,1995. 气候变化对西北华北水资源的影响. 济南:山东科学技术出版社.
施雅风,沈永平,胡汝骥,2002. 西北气候由暖干向暖湿转型的信号、影响和前景初步探讨. 冰川冻土,24(3):219-226.
施雅风,沈永平,李栋梁,等,2003. 中国西北气候由暖干向暖湿转型的特征和趋势探讨. 第四纪研究,23(2):152-164.
苏海磊,吴丰昌,李会仙,等,2011. 太湖生物区系研究及与北美五大湖的比较. 环境科学研究,24(12):1346-1354.
徐馨,沈志达,1990. 全新世环境:最近一万多年来环境变迁. 贵阳:贵州人民出版社.
王冠,王平,王田野,等,2018. 1900 年以来贝加尔湖水位变化及其原因分析. 资源科学,40(11):2177-2186.
王国亚,沈永平,王宁练,等,2010. 气候变化和人类活动对伊塞克湖水位变化的影响及其演化趋势. 冰川冻土,32(6):1097-1105.

王洪道,1989. 中国湖泊资源. 北京:科学出版社.

王洪道,1995. 中国的湖泊. 北京:商务印书馆.

王洪道,顾丁锡,刘雪芬,1987. 中国湖泊水资源.北京:中国农业出版社.

王绍武,蔡静宁,慕巧珍,等,2002. 中国西部年降水量的气候变化. 自然资源学报,17(4):415-422.

王圣瑞,2015. 世界湖泊水环境保护概论. 北京:科学出版社.

王苏民,窦鸿身,1998. 中国湖泊志. 北京:科学出版社.

徐涵秋,2005. 利用改进的归一化差异水体指数(MNDWI)提取水体信息的研究. 遥感学报,9(5):589-595.

薛滨,于革,张风菊,2016. 中国晚第四纪古湖泊数据库. 北京:科学出版社.

姚俊强,杨青,毛炜峄,等,2016. 气候变化和人类活动对中亚地区水文环境的影响评估. 冰川冻土,38(1):222-230.

于革,王苏民,1998. 欧亚大陆湖泊记录和两万年来大气环流变化. 第四纪研究,18(4):360-367.

臧菁菁,2016. 北美洲水体动态遥感监测及典型地区湖泊变化驱动力分析. 硕士学位论文. 四平:吉林师范大学.

张风菊,薛滨,于革,2016. 晚第四纪中国湖泊水量变化及其古环境意义. 第四纪研究,36(3):598-611.

中国科学院南京地理与湖泊研究所,2015. 湖泊调查技术规程. 北京:科学出版社.

中国科学院《中国自然地理》编辑委员会,1981. 中国自然地理地表水. 北京:科学出版社.

张彭熹,1999. 中国盐湖自然资源及其开发利用. 北京:科学出版社.

张志明,2009. 高原湖泊富营养化发生机制与防治对策初探. 环境科学导刊,28(3):52-56.

郑佳佳,2017. 基于多源卫星数据的中亚地区湖泊水量变化监测研究. 博士学位论文. 南京:南京大学.

Botts L, Krushelnicki B, 1987. *The Great Lakes. An Environmental Atlas and Resource Book*. Great Lakes National Program Office, US Environmental Protection Agency.

Crétaux J F, Létolle R, Calmant S, 2009. Investigations on Aral Sea regressions from Mirabilite deposits and remote sensing. Aquatic geochemistry, 15(1-2):277-291.

Duan H T, Cao Z G, Shen M, et al., 2019. Detection of illicit sand mining and the associated environmental effects in China's fourth largest freshwater lake using daytime and nighttime satellite images. Science of the Total Environment, 647:606-618.

Harrison S P, Yu G, Tarasov P E, 1996. Late Quaternary lake-level record from northern Eurasia. Quaternary Research, 45(2):138-159.

Hutchinson G E, 1957. *A Treatise on Limnology*, vol Ⅰ. *Geography, Physics and Chemistry*. New York: John Wiley and Sons.

Jeppesen E, Brucet S, Naselli-Flores L, et al., 2015. Ecological impacts of global warming and water abstraction on lakes and reservoirs due to changes in water level and related changes in salinity. Hydrobiologia, 750(1):201-227.

Kalff J, 2011. 湖沼学:内陆水生态系统. 古滨河,刘正文,李宽意,等译. 北京:高等教育出版社.

Lehner B, Doll P, 2004. Development and validation of a global database of lakes, reservoirs and wetlands. Journal of Hydrology, 296:1-22.

Long D, Longuevergne L, Scanlon B R, 2015. Global analysis of approaches for deriving total water storage changes from GRACE satellites. Water Resources Research, 51(4):2574-2594.

Lowe J, Walker M, 2010. 第四纪环境演变. 北京:科学出版社.

Mann M E, Lall U, Saltzman B, 1995. Decadal-to-centennial-scale climate variability: Insights into the rise and fall of the Great Salt Lake. Geophysical Research Letters, 22(8):937-940.

McFeeters S K, 1996. The use of the normalized difference water index(NDWI) in the delineation of open water features. International Journal of Remote Sensing, 17(7) : 1425-1432.

Meybeck M, 1995. Global distribution of lakes. In: Lerman A, Imboden D M, Gat J R(eds). *Physics and Chemistry of Lakes*, 2nd ed. Berlin: Springer-Verlag.

Meng X L, Jiang X M, Li Z F, et al., 2018. Responses of macroinvertebrates and local environment to short-term commercial sand dredging practices in a flood-plain lake. Science of the Total Environment, 631: 1350-1359.

Messager M L, Lehner B, Grill G, et al., 2016. Estimating the volume and age of water stored in global lakes using a geo-statistical approach. Nature communications, 7: 13603.

Nicholson S E, Yin X, 2001. Rainfall conditions in equatorial East Africa during the nineteenth century as inferred from the record of Lake Victoria. Climatic Change, 48(2-3) : 387-398.

Ramiz M, 2015. Impact of climate changes on the Caspian Sea level. Journal of Resources and Ecology, 6(2) : 87-92.

Schutz B E, Zwally H J, Shuman C A, et al., 2005. Overview of the ICESat Mission. Geophysical Research Letters, 32(21) : L21S01.

Sivanpillai R, Miller S N, 2010. Improvements in mapping water bodies using ASTER data. Ecological Informatics, 5(1) : 73-78.

Shankman D, Wu G, Burnham J, et al., 2010. Strategic assessment of the magnitude and impacts of sand mining in Poyang Lake, China. Regional Environmental Change, 10(2) : 95-102.

Song C, Huang B, Ke L, 2013. Modeling and analysis of lake water storage changes on the Tibetan Plateau using multi-mission satellite data. Remote Sensing of Environment, 135: 25-35.

Stefanik K V, Gassaway J C, Kochersberger K, et al., 2011. UAV-based stereo vision for rapid aerial terrain mapping. GIScience and Remote Sensing, 48(1) : 24-49.

Street F A, Grove A T, 1979. Global maps of lake-level fluctuations since 30, 000 yr BP. Quaternary Research, 12(1) : 83-118.

Street-Perrott F A, Marchand D S, Roberts N, et al., 1989. Global lake-level variations from 18, 000 to 0 years ago: A palaeoclimatic analysis. Washington: U.S. Department of Energy, Technical Report.

Tarasov P E, Harrison S P, Saarse L, et al., 1994. Lake status records from the Former Soviet Union and Mongolia: Data base documentation. Boulder: NOAA Paleoclimatology Publications Series Report.

van der Werff H M A, van der Meer F D, 2008. Shape-based classification of spectrally identical objects. ISPRS Journal of Photogrammetry and Remote Sensing, 63(2) : 251-258.

Wilcox D A, Thompson T A, Booth R K, et al., 2007. Lake-level variability and water availability in the Great Lakes. US Geological Survey Circular, 1311: 1-25.

Yu G, Harrison S P, 1995. Lake status records from Europe: Data base documentation. Boulder: NOAA Paleoclimatology Publications Series Report 3.

第3章 湖泊地质

湖泊是在一定的地质和地理背景下形成的,形成湖泊必须具备两个最基本的要素:一是能集水的洼地(即湖盆),二是提供足够的水量使湖盆积水。由于湖盆多处于被周围较高地形围绕的低洼处,故湖泊一旦形成,也就开始接受流域物质的充填,如果不再发生大的构造运动,那么所有湖泊终将在适当的时候被沉积物所充填而转变为陆地。因此,从地质学的角度来说,湖泊是地球表面上暂时存在的地质体。

湖泊从形成到消亡经历了不同的演化阶段。初生期的湖泊,周围自然界对其影响较小,湖盆基本保留了它的原始形态:岸线欠发育,湖水有机质含量低,生物种类不多。当湖泊发展到壮年期,周围的环境因素参与了湖泊形态的改造,发育了入湖三角洲,湖盆淤浅,湖岸受到侵蚀等。老年期的湖泊,基本上已濒临衰亡阶段,此时湖水极浅,湖面缩小,大型水生植物满湖丛生。外流型湖泊常演变为沼泽地,内流型湖泊演变为干盐湖。

湖泊演变的历史被忠实地记录于湖泊沉积中。长期以来,国内外对湖泊沉积开展了大量研究,形成了古湖沼学。特别是自 20 世纪 70 年代以来,利用湖泊沉积来反映区域气候变化受到极大重视,并逐渐形成了湖泊沉积与全球变化研究领域。

本章主要从湖泊沉积的动力学过程、沉积物特征以及利用湖泊沉积重建古气候环境三个方面来阐述湖泊地质学研究的基本内容。

3.1 湖泊沉积过程及动力学

湖泊沉积作用是来自流域经河流、大气等搬运而来的碎屑和可溶性矿物质,或湖泊生物新陈代谢过程产生的有机物质,在物理、化学和生物作用下堆积于湖盆的过程。湖泊是陆地上的集水洼地,其中湖水各种动力对湖盆的冲刷侵蚀作用、湖水的搬运和沉积作用等都与海洋的地质作用相类似,但是在规模和强度等方面却远不如海洋。湖水是陆地水圈中相对平静的水体,因此在湖泊的地质作用中以沉积作用为主导。

湖泊的沉积过程按作用方式可以分为物理、化学和生物三种。不同气候条件下,沉积方式有一定的差异。气候湿润地区,湖泊的沉积作用既有物理(机械)、化学沉积,也有大量的生物沉积;在干旱地区的湖泊沉积物中,生物沉积较少,同时由于蒸发量大于补给量,湖水含盐度不断升高,以盐类化学沉积为主。湖泊沉积作用的动力主要有物理、化学风化作用,水力、风力等机械力的侵蚀和搬运作用,生物地球化学作用,还包括浅水湖泊的风力扰动作用和深水湖泊的密度流作用等。本节主要介绍湖泊内物质的物理沉积作用、化学沉积作用和生物沉积作用及其动力学过程,其中还简要介绍湖泊的沉积分异作用、沉积后作用等几个方面。

3.1.1 物理沉积作用

驱动湖泊物质搬运和沉积发生的基本水动力为波浪和湖流。另外,还有风涌水、表面定振波、浊流等。但各种水动力作用的强度和特性与湖盆的大小、形状以及地质背景等密切相关。不同的湖盆特征以及人类活动的影响强度等差异,更导致了湖水运动的复杂性,导致多样的沉积结构和构造,例如,各种层理和层面构造以及砾状结构和砂状结构等。一般来说,当湖水从浅水区进入深水区时,因水动力减小而发生机械沉积分异作用,形成沉积物粒度从湖滨到湖心由粗变细的同心环带状分布模式。湖泊与海洋相似,粗碎屑物多堆积在滨岸带形成湖滩、沙坝和沙嘴;细小的黏土级物质被湖流搬运到湖心,极缓慢地沉积到湖底,形成深色的、含有机质的湖泥。一般湖底较平静,沉积物不受波浪扰动,发育水平层理。山区入湖碎屑沉积物一般粒度偏粗,平原区湖泊的沉积物粒度较细,反映在沉积上有明显差异。有些湖泊由于入湖河流多,水量大,碎屑物丰富,可在河口形成三角洲,如洱海北部的弥苴三角洲(沈吉等,2010)、岱海西北侧的元子沟三角洲(于兴河等,1995),贝加尔湖甚至形成面积约 500 km^2 的湖成色楞格三角洲平原(任明达和王乃梁,1981)。

湖泊的机械沉积物主要来源于河流,其次为湖岸岩石的破碎产物。此外,风、冰川、地下水也可携带一些泥沙入湖。流水和大气是两种最主要的物质搬运介质,它们都属于流体。自然界中的流体存在两种基本类型,即牵引流与重力流或密度流。早期对流水作用的研究主要关注牵引流的搬运和沉积作用,自 20 世纪 50 年代开始才认识到沉积物重力流的重要性,尔后,重力流的研究有了很大的发展,特别是现今,在形成机理、微相特征、实验研究和岩性油气藏勘探等方面均取得了丰硕的成果(中国科学院南京地理与湖泊研究所,1990)。

3.1.1.1 物理沉积作用的基本动力学特征

湖泊水动力过程是驱使湖泊沉积作用发生、发展的基本动力,是湖泊系统中最基本、最活跃的物理过程,具有极端的易变性。Sly(1978)曾概括性地描述了控制湖泊水动力和沉积作用的各因素及其在时间和空间上的相互关系。图 3.1 表示在风、河水、大气供热、湖面气压差和重力作用下,湖水产生不同的反应和运动(Sly,1978)。

影响湖水运动的各要素中,最重要的是风力。风的吹程和持续时间制约波浪的生成和强度,从而影响了湖盆中粗粒质点的侵蚀和搬运。作为风力剪切的结果,湖盆中也会出现环流、上涌、湖岸喷流和假潮,但这些湖流速度较低,只能搬运被波浪带入的悬浮状态细质点,如粉砂和泥。入湖河流是湖水和碎屑物质的主要来源,其效果因湖盆和河水的不同情况而差别很大。由于湖泊面积一般较小、故很多湖泊更易受台风、飓风等短时段强风的影响,形成大的风暴浪。风暴浪可重新将滨岸带沉积物冲刷扰动起来,以回流形式、重力流和牵引流的双重水流机制,将碎屑物质搬向正常浪基面以下,即所谓风暴回流沉积效应(吝文等,2008)。

大气供热的效果表现在湖水中产生密度分层,该效应对深水湖泊尤其明显。在湖水分层的条件下,水体间的密度差可能足以使细质点保持悬浮。湖面冰封后,冰层下的静水条件使平时处于悬浮的极细物质得以沉降,从而产生类似季节性的纹层(王冠民和钟建华,2004)。湖水密度分层还会产生季节性的垂直环流,促进湖泊水体的动量、热量和物质交换。如云南抚仙湖 100 m 以下水体仍有 4 mg · L^{-1}的溶解氧,使某些浮游

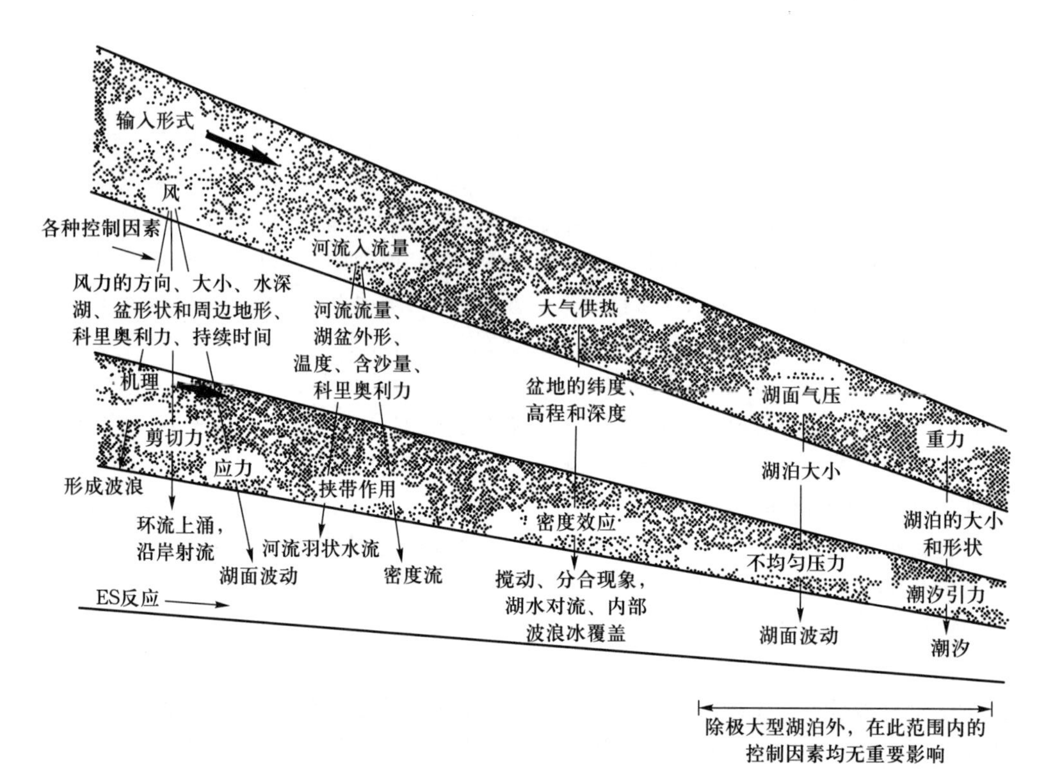

图 3.1　湖泊对各种物理力的响应

生物与底栖动物和局部湖底表层沉积物还保留陆源氧化环境的特点(冯增昭等,1994)。一般来说,湖面气压差和重力的作用最小。湖面气压差可能产生假潮现象,但一般只出现在较大的湖泊中(莱尔曼,1989)。

上述各种作用力中,驱动湖泊沉积作用的水动力条件主要有湖浪和湖流。湖浪,即湖泊中的波浪运动,包括风生波浪、上涌和假潮,其中以风生波浪最为重要。湖泊风浪是风力作用于湖面所产生的一种水团质点做周期性振荡起伏的运动。湖浪的大小取决于风速、风程、风向、风的持续时间、水深和湖水内摩擦阻应力等因素(乔树梁和杜金曼,1996)。湖浪可加强湖水的对流和紊动作用,从而影响湖中泥沙的输移、污染物质的扩散和浮游生物的迁移过程,在大面积浅水湖泊中,湖浪会影响到整个湖底沉积物的再悬浮、再搬运与再沉积。此外,大风浪还对湖泊中的船只航行、水上作业和湖泊汛期防洪抢险等构成威胁。

湖流是湖泊中大致沿一定方向前进的运动水团,它是湖泊中运移悬移质、溶解质、有机质等的载体,也是其紊动交换、迁移扩散的基本动力。如湖泊水位的时空变化便是湖水流动的结果;湖盆的泥沙冲淤变化也是湖泊在湖流作用下,湖水中泥沙悬浮、运动、沉积、再悬浮、再运动、再沉积循环往复的结果。湖流的平流作用使湖泊中各类悬浮物质在水平方向上再分布,其对流作用又使湖泊中各类悬浮物质在垂直方向的分布趋于均匀化。引起湖流的动力有重力、梯度力、风力和派生的地转偏向力等。水力梯度主要由进出的水流使湖面倾斜而产生;密度梯度则由湖水温度、含沙量和含盐量等在湖内分布的差异而产生。风把动能传给湖水,引起湖水运动。湖水一旦运动便受到地转偏向力和摩擦力的作用。在北半球,地转偏向力使水流偏向前进方向的右方。摩擦力往往使湖水运动受到阻滞。湖流与海流相同之处在于都有梯度流和漂流,不同之处在于湖流受进出湖水的影响显著,而海流则受地转偏向力的影响较大。根据成因,湖流分为梯度流和漂流。根据流动的路线,分为:① 平面环流,即在平面上形成循环系统;② 垂直环流,即水流在断面上形成循环系统;③ 朗缪尔环流,即在表层形成的螺旋流。

3.1.1.2 物理沉积作用中的牵引流和重力流

作为碎屑物质搬运和沉积的两种基本流体,牵引流和重力流在流体力学性质、沉积物的搬运方式与驱动力、流体与沉积颗粒之间的力学关系等方面都有显著差异,即它们的沉积机理不一样,从而形成的沉积物也有各自的特点。牵引流是牛顿流体,属静水流(弱水流)作用的流体,能沿沉积盆地底床搬运沉积物。例如,河流、海流、波浪流、潮汐流和等深流等含有少量沉积物的流水。重力流(又称密度流)是非牛顿流体,由沉积介质与沉积物混为一体和整体搬运,以悬移方式搬运为主。随着流体中碎屑数量的不断增加,牵引流逐渐向重力流过渡,例如,水中富集有大量碎屑物的浊流、泥石流等都属沉积物重力流类型。由于沉积物大部分都是在流水的作用下形成,下文主要介绍与水流有关的牵引流和重力流的搬运和沉积机理。

1) 牛顿流体和非牛顿流体

牛顿流体是指在任意小的外力作用下即能流动,并且流动的速度梯度与所加的切应力的大小呈正比的流体。而非牛顿流体是指剪应力和剪切变形速率之间不满足线性关系的流体(陈文芳,1984)。若从流体力学性质来定义,凡服从牛顿内摩擦定律的流体称为牛顿流体;否则称为非牛顿流体。内摩擦定律可表示为

$$\tau=\mu\frac{\mathrm{d}u}{\mathrm{d}y} \tag{3.1}$$

式中,τ 为单位面积上的内摩擦力,称为黏滞切应力;u 为流体流速;y 为流体内两滑动面之间的距离(从底部开始计算),因此 $\mathrm{d}u/\mathrm{d}y$ 称为流速梯度(或称为剪切变形率);μ 为反映流体黏滞性大小的系数,称为动力黏滞系数;μ 也可用公式 $\mu=V/\rho$ 表达,V 为运动黏滞系数,ρ 为水的密度。

所谓服从内摩擦定律是指在温度不变的条件下,随着 $\mathrm{d}u/\mathrm{d}y$ 变化,μ 值始终保持一常数。牵引流就属于牛顿流体。在温度不变的条件下,若 μ 值随 $\mathrm{d}u/\mathrm{d}y$ 变化而变,即不服从内摩擦定律,沉积物重力流属于非牛顿流体。

2) 层流、紊流与雷诺数

自然界任何流体由于存在黏滞性而具有两种流动形态,即层流与紊流(或称为湍流)(图 3.2)(李炜和徐孝平,2001)。流体质点做一种缓慢而有条不紊的平行线状运动,彼此不相混掺的形态称为层流。流体质点做不规则运动,互相混掺、轨迹曲折混乱的形态叫作紊流。层流与紊流传递动能、热能和质量的方式不同:层流通过分子间相互作用,紊流主要通过质点间的混掺;紊流的传递速率远大于层流。层流和紊流的水力学性质不同,因此造成沉积物的搬运方式和沉积特点的差异。

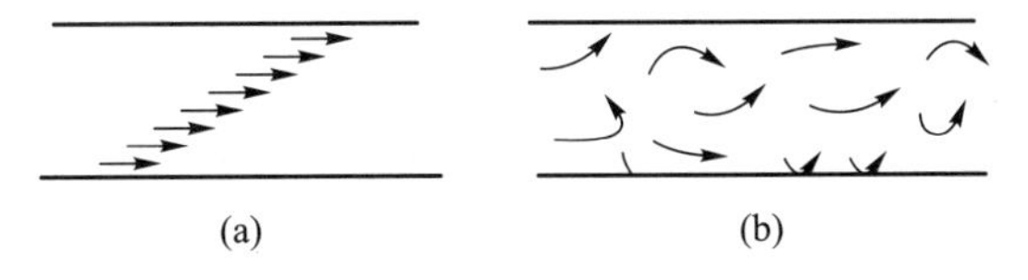

图 3.2 层流(a)和紊流(b)的流动特点

对于水中运动的各种颗粒,可用雷诺数(Re)表示。雷诺数是用来表征流体惯性力和黏滞力之间关系的一个参数,是可用于判别流动形态的无因次数。雷诺数的定义式为

$$Re=\frac{\text{惯性力}}{\text{黏滞力}}=\frac{v^2d^2\rho}{vd\mu}=\frac{vd\rho}{\mu} \tag{3.2}$$

式中,v 为水的流速;d 为颗粒直径;ρ 为水的密度。由雷诺数的定义式可知,流水作用于碎屑颗粒上的惯性力可认为与流体的质量以及流体碰撞到颗粒时所产生的减速度 v 呈正比;作用于颗粒上的黏滞力可认为与动力黏滞系数 μ、颗粒表面的速度梯度以及颗粒表面积呈正比。

雷诺数为无量纲数。实验表明,流体通过一个正在沉降的球形颗粒时,当 Re 接近 1 时,流体呈层流型;当 Re 为 1~40 时,在颗粒的背后就会出现漩涡状的背流尾迹,开始尾迹具有规则的几何形状,但随着 Re 的增大,背流尾迹就越来越不规则;当 Re 大于 40 时,则出现"卡门涡街",此时流体呈紊流(赵澄林,2001)。

层流与紊流具有不同的力学特点。紊流不仅具有黏滞切应力,而且还有流体质点的紊乱流动面而引起的附加切应力(或称为惯性切应力);而层流只有黏滞切应力。因此,紊流的搬运能力要强于层流。并且紊流还具有漩涡扬举作用,是沉积物呈悬浮状态搬运的主要因素。从沉积物沉积时遭受的阻力来说,紊流兼有黏滞阻力和惯性阻力,层流则只有黏滞阻力,因此沉积物不易从紊流中沉积下来,而在层流中则如同在静水中一样很容易沉积下来。

层流在自然界中不常见,而紊流为自然界中绝大多数水体的运动形式。紊流在某些条件下,如洪水期、枯水期以及河道弯曲或在流动的过程中遇到障碍物等情况,可形成两种特殊的水流形式,即环流和涡流。环流是指水质点绕平行于水流方向的轴做螺旋状有规则运动;而涡流是指水质点绕垂直于水流方向的轴做螺旋状运动。在环流和涡流的作用下,流体的侵蚀、搬运和沉积的作用更趋丰富而复杂。

虽然自然界中的水体多数以紊流的形式运动,但是任何紊流的水体在与固体边界接触处,由于固体边界处的流动仍是黏滞力起主导作用下的流动,流体运动形态仍接近层流,所以此层也称为层流底层,或黏性底层(图 3.3)。层流底层的厚度随雷诺数的增加而减小。层流底层的存在对沉积物的搬运和沉积起着重要作用,使得沉积物与流体之间的界面上不断发生的沉积和搬运交替作用更趋于频繁。

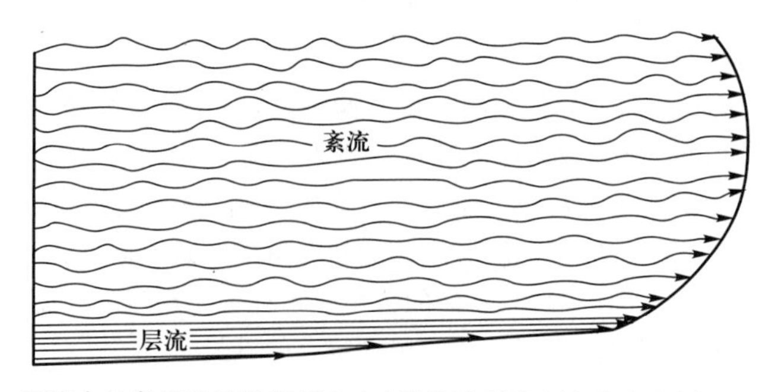

图 3.3　河流中的紊流及层流底层分布(流线长度代表流速大小)(Rubey,1938)

3)缓流、急流和佛罗德数

在明渠水流(包括河流、湖、海中的水流)中,由于流速与波速的比值不同而出现急流、缓流和临界流三种流态。流速小于波速,外界干扰引起的水面波动能逆流上传的水

流称为缓流,缓流水势平稳,遇到底部障碍物时水面下跌;流速等于波速的水流称为临界流;流速大于波速,外界干扰引起的水面波动不能上传的水流称为急流,急流水势湍急,遇到底部障碍物时水面隆起,一跃而过(图 3.4)。

急流、缓流和临界流三种流态的判别标准为佛罗德数(Fr):

$$Fr = v / \sqrt{h \cdot g} \tag{3.3}$$

式中,v 为平均流速;h 为水深;g 为重力加速度。佛罗德数为无量纲数,表示流体的流动强度,是判别急流和缓流的定量准则,用它可以判别明渠水流的流态。$Fr<1$ 时,水流为缓流,也称为临界下的流动状态,它代表一种水深流缓的流动特点;$Fr=1$,水流为临界流;$Fr>1$ 时,水流为急流,也称为超临界的流动状态或高流态,它代表一种水浅流急的流动特点。

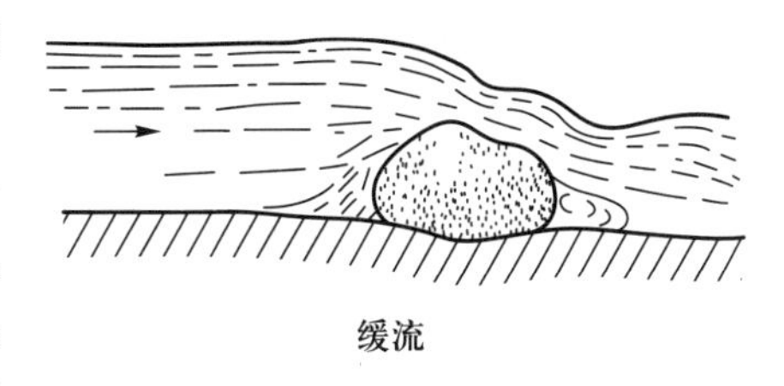

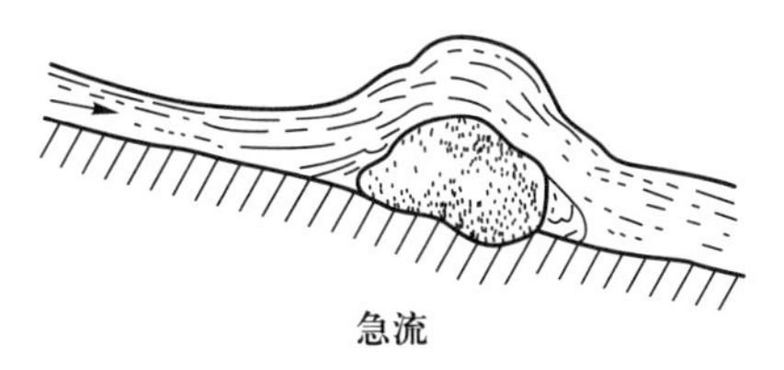

图 3.4 缓流和急流

床沙表面可随水流强度变化而出现各种类型的床沙形体。每一类型的床沙形体不是固定不动的,而是通过组成床沙的沙砾颗粒的滚动、滑动或跳跃移动而使床沙形体发生顺流或逆流移动,这种现象在水力学上称为沙波运动。

明渠水流随着流动强度加大,在床面上会依次出现下列床沙形体:无颗粒运动的平坦床沙→沙纹→沙浪→受冲刷的沙丘→受冲刷的平坦床沙→逆行沙丘→流槽和凹坑(陈建强等,2004)。每一种床沙形体都与特定的水力条件和沉积作用有关,并发育不同的层理,因此层理保存了古水动力条件变化的信息。

3.1.1.3 牵引流的机械搬运和沉积作用

牵引流和重力流在沉积方式和机械搬运的机理上存在明显的差别。牵引流除了可以搬运碎屑物质,还搬运大量溶解物质;不仅有机械沉积作用,而且还广泛进行着化学和生物沉积作用。而重力流占绝对优势的是机械搬运和沉积作用。

碎屑颗粒在流水中的搬运和沉积,主要与水的流动状态关系密切。是层流还是紊流,是急流还是缓流;还与碎屑颗粒本身特点,如大小、相对密度、形状等都有关系。由雷诺数公式和佛罗德数公式可以看出,水流状态的变换在很大程度上取决于流速,并且还与水的黏度、密度、水深、水量、边界条件等因素有关。可见,碎屑颗粒的搬运和沉积受到多种因素的影响和制约,其机理是个相当复杂的问题。

1) 牵引流的搬运作用

碎屑颗粒由静止状态进入运动状态时的临界水流条件称为碎屑颗粒的起动条件。碎屑颗粒之所以能起动,是由于促使颗粒运动的力超过了阻止颗粒运动的力。因此,要研究起动条件,必须首先分析颗粒在水中的受力状况。也正是由于受力状况不同,可以出现滑动、滚动、跳动和悬浮等各种搬运方式。

(1) 颗粒在水中的受力状况

碎屑颗粒在水中的受力分析见图 3.5,作用于碎屑颗粒的力主要有:

① 有效重力(W):颗粒在水中同时受到重力和水体浮力的作用,两者的差值称为

有效重力。

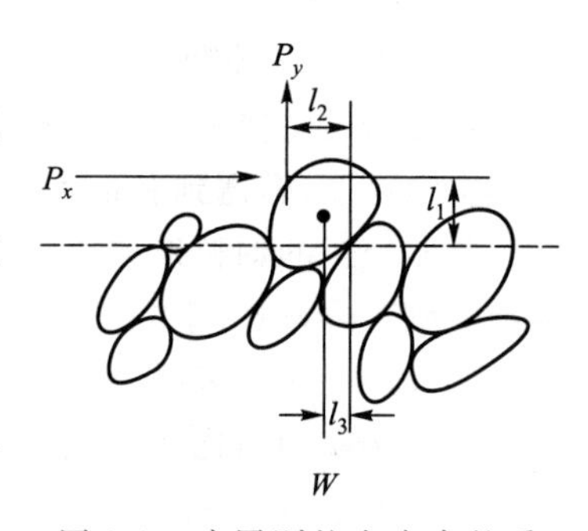

图3.5 碎屑颗粒在水中的受力情况

② 水平推移力(P_x):水流作用于颗粒上的顺水流方向的力。

③ 垂直上举力(P_y):为垂直向上的力,产生的原因有:

- 水体浮力,此力已计算在有效重力中。
- 颗粒上下存在流速差所引起的压力差。由边界底部往上,水流流速逐渐增大,再加上水流遇到颗粒发生绕流运动,在颗粒上方流水断面变窄,流速进一步加大,即上方的流速要明显大于下方。根据伯努利方程(Clancy,1975):

$$P+\rho gy+\frac{1}{2}\rho v^2=\text{常数} \tag{3.4}$$

式中,P 为压力;y 为距某基准面高度;v 为流速;ρ 为流体密度。由公式可以看出,流速大的颗粒上方压力低,反之则压力高。由此可见,水流作用于颗粒时,在其上下方存在一个压力差,其方向是朝上。

- 在紊流中除上述压力差外,还存在涡流的扬举作用(或称为上升涡力)。因此,紊流的上举力要明显大于层流。

④ 黏结(滞)力(P_c):由多种因素造成,其中主要是由颗粒表面的水膜造成的黏结力,其方向与 W、P_x、P_y 相反。

上述四种作用力中,P_x 和 P_y 是促使颗粒移动的,P_c 和 W 是抗拒颗粒移动的,碎屑颗粒的搬运和沉积就是这两类作用力相互作用的表现。

(2) 牵引流的搬运方式

碎屑颗粒在流水中可以利用推移(床沙)载荷和悬移载荷方式被搬运。

① 推移载荷的搬运:较粗的碎屑(砾、较粗砂)在水体底部主要呈滑动或滚动搬运;较细碎屑(较细砂、粉砂)则呈跳跃搬运。搬运方式和碎屑大小之间的关系不是恒定的,随水流强度而变,水流强度大时,跳跃颗粒偏粗,反之则偏细。

假如只考虑 P_x、P_y 和 W 三种力,则当 $P_x\geqslant f(W-P_y)$ 时,碎屑颗粒开始滑动;当 $P_x\cdot l_1+P_y\cdot l_2\geqslant W\cdot l_3$ 时,则碎屑开始滚动。其中,f 为静摩擦系数,l_1、l_2、l_3 见图3.5。滚动搬运的颗粒停留在床面上,水力作用于颗粒向上游的一面,因为底部有摩擦阻力,作用于其顶部的水流比其下部的水流速度更快,推力更大,故颗粒趋向于滚动。

颗粒顺流一边跳跃一边时沉时浮地向前运动,称跳跃搬运。引起颗粒跳跃的条件是:底部不平,使颗粒碰撞底部障碍物或其他颗粒而激发的向上弹跳力;主要由流速引起的顺流推力;水流引起的上举力。若上举力大于有效重力,则颗粒便会从床面上跳起,并在推移力作用下向前移动。当颗粒上升到一定高度时,上举力就大大减小而使颗粒再次落到床面上。上举力减小是由于颗粒跳起后,颗粒上下的绕流线呈对称状,并且由于边界效应而使水流的速度梯度不如在床面上大;随着颗粒上下方的速度差的减小,使压力差降低,上举力就降低。上述诸因素的反复进行,颗粒就跳跃着被搬运前进。

推移载荷的搬运方式主要与受力状况和水流强度有关,但也不同程度地与颗粒大小、形状、性质和排列状况等因素有关,情况较复杂。

② 悬移载荷的搬运:细小的碎屑颗粒被水流带起,在流水中长期不易下沉到底部,

总是呈悬浮状态被搬运。

悬移搬运主要发生在紊流中,因为紊流中存在紊动作用。上举力的作用使颗粒跳跃到一定高度,若遇到有足够能量的紊流漩涡,漩涡就携带颗粒运动。漩涡的紊动作用将下部水流中的颗粒带到上部;同时,颗粒又因重力作用不断地下沉。向下的漩涡可将颗粒带到下部,但由于沉积物在近底部大量集中,因此上升漩涡携带的颗粒在单位体积内比下降的漩涡要多(图 3.6),使得更多的颗粒悬浮在水中。紊动的结果是使得水体中悬浮的物质均匀化,但因重力影响,悬浮颗粒总是由下往上减少。

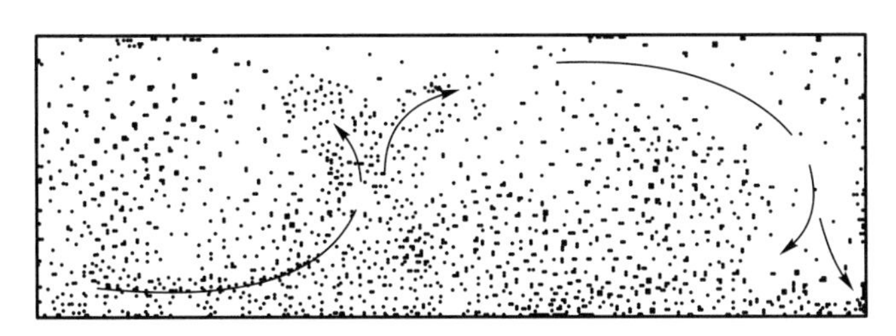

图 3.6　使沉积颗粒呈悬浮状态的漩涡紊流作用

除上述因素影响和控制颗粒的悬浮外,还与颗粒和流体的相对密度、颗粒形状、流体黏度等密切相关。颗粒的搬运方式不是固定的,可随水流强度的变化而相互转化。随着流速增大,滑动或滚动颗粒可变为跳动,跳动的变为悬浮;流速降低时,则发生相反的转变。

(3) 牵引流的搬运与沉积作用的条件

通过碎屑颗粒在水中的受力分析可以看出,作用于碎屑颗粒上的力取决于颗粒大小、密度及水的黏度、水流速度、水深等,这些因素又可简化为颗粒大小和水流速度两个主要参数。Hjulström(1939)图解表示了颗粒大小、流速与侵蚀、搬运和沉积之间的关系(图 3.7)。

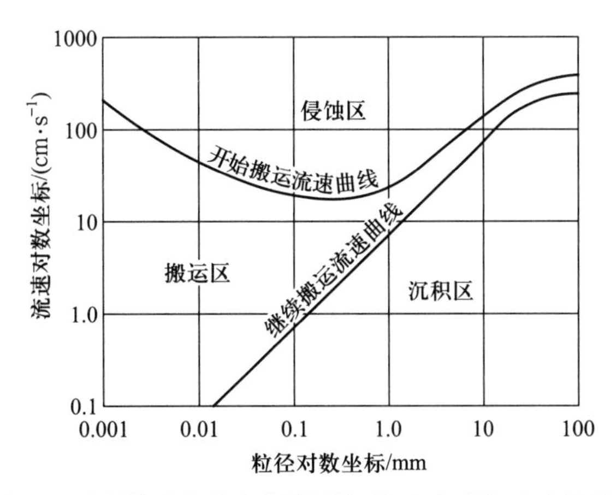

图 3.7　碎屑物质在流水中被侵蚀、搬运、沉积与流速的关系

开始搬运流速指的是流水把处于静止状态的颗粒开始搬运走所需的流速,又称为起动流速。继续搬运流速是指维持颗粒搬运所需最小的流速,又称为沉积临界流速。显然,开始搬运流速要大于继续搬运流速,这是因为开始搬运流速不仅要克服颗粒本身的重力,还要克服颗粒彼此间的吸附力,颗粒才能发生移动。当流速大于开始搬运流速

时,沉积物将被侵蚀,因此,开始搬运流速曲线之上的范围称为侵蚀区。而当流速小于继续搬运流速时,颗粒将发生沉积,因此,继续搬运流速曲线之下的范围称为沉积区。当流速介于两者之间时,颗粒保持搬运状态,该速度区间称为搬运区。

据 Hjulström(1939)图解,砾石(粒径大于 2 mm 的颗粒)的开始搬运流速曲线与继续搬运流速曲线最接近,但两者的流速增大,颗粒也同样增大,因此砾石很难做长距离搬运,且多沿河底呈滚动式推移前进,在自然界中的砾石主要分布在近源区。砂(粒径为 0.05~2 mm 的颗粒)开始搬运流速最小,与继续搬运流速相差不大,易搬运、易沉积,最为活跃,故砂呈跳跃式前进。泥和粉砂(粒径小于 0.05 mm 的颗粒)的开始搬运流速与继续搬运流速之间差值大,持续搬运流速小,不易起动,但一旦起动,就可以长距离搬运,一直搬运到湖泊深处的静水环境才慢慢沉积。它们一旦沉积下来,就很不易呈分散质点再被搬运,即使是流速发生急剧改变,也只是冲刷成粉砂质或泥质碎块继续搬运,故在湖泊波浪作用带的沉积物中常见冲刷成因的“泥砾”。

2) 牵引流的沉积作用

牵引流中沉积物的沉积作用服从于机械沉积分异规律。机械沉积分异是当介质运动速度和运移能力降低时(能量降低时),被搬运的碎屑物质和黏土物质相应地按照颗粒大小、形状和比重发生分异并依次沉积的现象。随着水流速度的降低,当 $P_x<f(W-P_y)$ 时,推移颗粒就停止运动;当上举力小于有效重力时,悬移颗粒就沉降。

在静水中,碎屑颗粒因受重力作用而下沉。开始下沉时,速度较小,水流对碎屑颗粒的阻力亦小;随着碎屑加速下沉而阻力增大,当水流的阻力与碎屑的有效重力恰好相等时,碎屑等速下沉,此时的下沉速度称为碎屑的沉降速度,简称为沉速。

碎屑颗粒在静水中沉降时,受到的作用力主要是碎屑的有效重力和水体阻力,前者是促使下沉的力,后者是阻止下沉的力。水体阻力的大小与碎屑颗粒下沉的流态有关。在静水中,碎屑颗粒下沉时,两侧水体相对于碎屑来说是做反方向流动。碎屑沉降速度随颗粒大小而异,故水体的相对流动速度也就不同,也就有不同的流态,其判别准则是碎屑颗粒的雷诺数 Re。据前文,流态有两种:层流和紊流。其临界颗粒雷诺数随碎屑形状而异,碎屑下沉时流态也不同。即使碎屑形状相同,其沉速公式也不一样。下面以较简单的层流状态中碎屑颗粒下沉时的沉速分析,揭示碎屑在水体中沉积作用的一般规律。

对于球体碎屑,斯托克斯(Stokes,1850)提出了如下公式:

$$v=\frac{2}{9}\times\frac{(\rho_s-\rho)\cdot g\cdot r^2}{\mu} \tag{3.5}$$

式中,v 为碎屑沉降速度;r 为碎屑的半径;ρ_s 和 ρ 分别为碎屑和水介质的密度;μ 为水介质的黏度。斯托克斯公式表明,碎屑在静水中的沉速与碎屑半径的平方呈正比,与水介质的黏度呈反比。但是,这一关系只适用于半径小于 0.05 mm 的球体碎屑。对于半径大于 0.05 mm 的球体碎屑,其沉降速度与其半径的平方根呈正比。因为随着碎屑粒径的增大,介质黏度对沉降速度的影响越来越小,而水介质浮力的影响越来越大。

斯托克斯公式是在理想条件下推导得出,即满足的基本条件为:在静水中、20 ℃恒温、介质的黏度不变、碎屑为球体、相对密度相同、表面光滑且互相不碰撞及处于层流状态下沉淀。

针对自然界碎屑颗粒的实际情况,韦德尔提出如下公式:

$$v_p = \frac{1}{7} \times \frac{(\rho_s - \rho) \cdot g \cdot r_p^2}{\mu} \tag{3.6}$$

式中,v_p 与 r_p 分别为不规则碎屑的沉速和实际半径。

Rubey(1933)在澄清的静水中测定了不同粒径沉积物的沉降速度,其结果见表 3.1。按表 3.1 所列沉降速度,极细砂沉降 30 m 需 2 h,而细黏土则大约需 1 年;若沉降至水深 3 660 m 的大洋底部,极细砂需 10 天,细黏土则要 100 年以上。

表 3.1 澄清静水中沉积物的沉降速度

沉积物	沉降速度/($mm \cdot s^{-1}$)	沉积物	沉降速度/($mm \cdot s^{-1}$)
极细砂	>3.84	极细粉砂	0.015~0.06
粗粉砂	0.96~3.84	粗黏土	0.003 75~0.015
中等粉砂	0.24~0.96	中等黏土	0.000 937 5~0.003 75
细粉砂	0.06~0.24	细黏土	<0.000 937 5

比较韦德尔公式和斯托克斯公式可以看出,不规则颗粒的沉降速度等于球形颗粒的 64%,而其半径则是球形颗粒的 1.25 倍。这是由于不规则颗粒的表面积要比同体积的球体颗粒大,因此沉降时受到阻力也大,使沉速降低。若以球形颗粒的沉速为 100,则椭球形颗粒为 61~84,立方体为 74,长柱状体为 50,圆片状体为 38~80。由此可见,球形颗粒的沉降速度最快,片状颗粒的沉降速度最慢。不过颗粒形状对沉速的影响随颗粒粒径的减小而变小,如对球形砾石来说,沉速减慢 40%~60%;对球状砂粒来说,沉速减慢 10%~20%;黏土对沉速的影响已经很小。

颗粒的沉降速度又与其相对密度呈正比,因此密度大而体积小的重矿物往往与相对密度小而体积大的轻矿物在一起沉积下来。

斯托克斯公式和韦德尔公式都是在理想的静水条件下获得的,然而自然界的沉积作用要复杂得多。除了上述列出的影响因素外,还有其他因素。例如,实际上碎屑颗粒表面都是粗糙的,且下沉时碎屑会互相碰撞,有的水体还具有一定的盐度等,这些因素都会使颗粒下沉时阻力增加。此外,自然界更多的颗粒是在具有不同流态的流动水中沉积,流动水中的沉降机理目前尚不清楚。尽管上述沉降速度公式与自然界的实际情况出入颇大,但斯托克斯公式和韦德尔公式仍然阐明了沉降速度与主要影响因素之间的密切关系。

随流速降低,碎屑颗粒按大小不同做有规律的沉积:近源处粗颗粒先沉积,细颗粒被搬运到远源处沉积,即按砾石→砂→粉砂→黏土的顺序分布。矿物相对密度与其沉降速度呈正比,在粒度相近的条件下,按矿物相对密度不同进行分异,比重大者先沉积、比重小者后沉积。如砂金常与比其粒度粗的粗砂和细砾共生。按形状分异,粒状颗粒近源沉降,片状矿物可以被搬运到较远处,与较细的粒状矿物共同沉积,故在细粒沉积岩层面上常富集较大的白云母片。

由于湖泊,特别是大湖,与海洋的动力条件有许多相似之处,如波浪和湖流等作用,故从湖岸向湖心,也能观察到相应的沉积分异现象。图 3.8 为抚仙湖机械沉积的空间分异带。滨湖区自水深相当于 1/2 波高的深度(波浪开始破碎点)起到湖岸线之间,主要由砾石组成;浅湖区自 1/2 波长至 1/2 波高的水深区,即波浪作用的下限到波浪开始破碎这一区间,为过渡沉积区;深湖区自水深 8~10 m 至湖中心,处于波浪作用基面以下，主要是以黏土为主的细颗粒悬移质沉积。在抚仙湖沉积分布区，湖心深湖沉积占其总面积的80%以上。

图3.9为抚仙湖沉积物类型的平面分布图，由于湖泊的机械分异作用，从湖滨到湖心，沉积物颗粒由粗到细呈现近同心状分布。

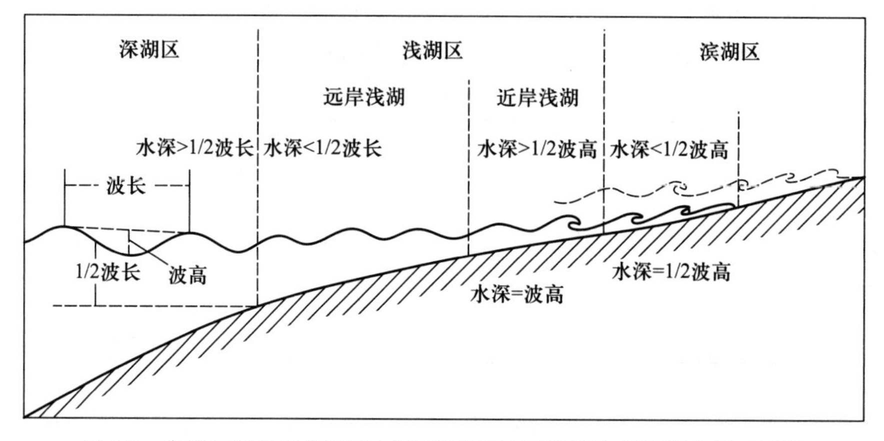

图3.8　湖泊沉积分异分区图（中国科学院南京地理与湖泊研究所，1990）

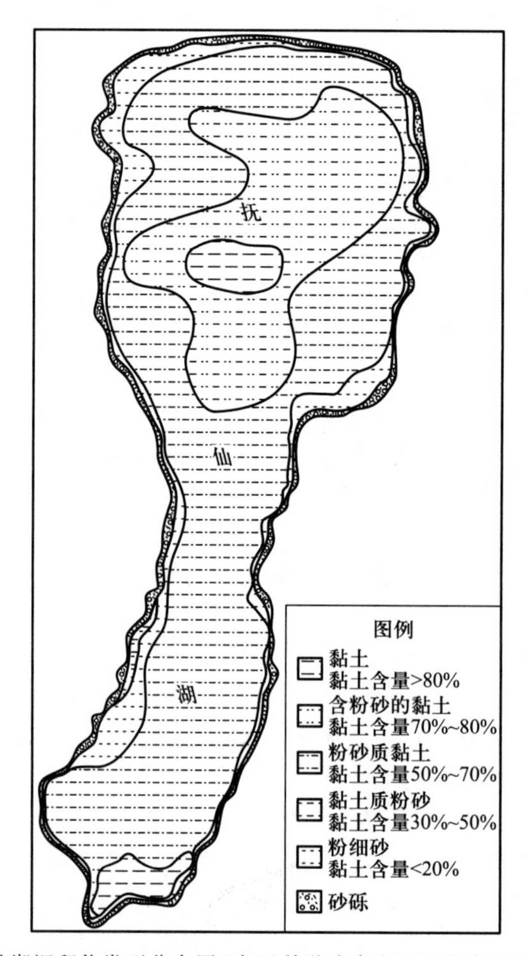

图3.9　抚仙湖沉积物类型分布图（中国科学院南京地理与湖泊研究所，1990）

3.1.1.4 重力流的机械搬运与沉积作用

重力流是一种高密度的碎屑和水或气的混合流体，是一种在重力作用下发生流动的弥散有大量沉积物的高密度流体。在流动时，以整体形式搬运，并且有明显的边界，所以也被称为整体流。在水体中，由于盐度的差异和温度的差异形成的密度差，都可产生密度流。含大量碎屑沉积物质的重力流是密度流的一种(高密度流体)。重力流还与坡度、沉积物丰富度、风暴、地震等因素有关。Johnson(1964)曾将这类流体称为“浊流”。而事实上，浊流仅是沉积物重力流的一种类型。

沉积物重力流是不服从内摩擦定律的非牛顿流体，其剪应力与剪切变形率之间的关系为：

$$\tau=\tau_B+\eta\frac{\mathrm{d}u}{\mathrm{d}y} \tag{3.7}$$

式中，τ_B 为屈服应力；η 为塑性黏滞系数或称刚性黏滞系数；$\frac{\mathrm{d}u}{\mathrm{d}y}$为流速梯度(或称为剪切变形率)。随着搬运距离增大，重力流可与上覆水体混合而降低其密度，但这种混合作用相当缓慢，或者由于流速降低而使运载的悬浮物下沉析出，随之密度降低。重力流随着密度降低，可向牵引流转变。

沉积物重力流可以分为水下的和大气的两大类，这里只讨论前者。水下沉积物重力流是指在水体底部流动的沉积物与水混合的高密度流体。重力流沉积物分选性很差、无大型交错层理、常呈块状及粒序构造。Middleton 和 Hampton(1973,1976)对水下重力流进行了系统研究，根据颗粒的支撑机理和堆积的沉积物类型，将水下重力流分为四类：泥石流、颗粒流、液化流和浊流(图 3.10)。

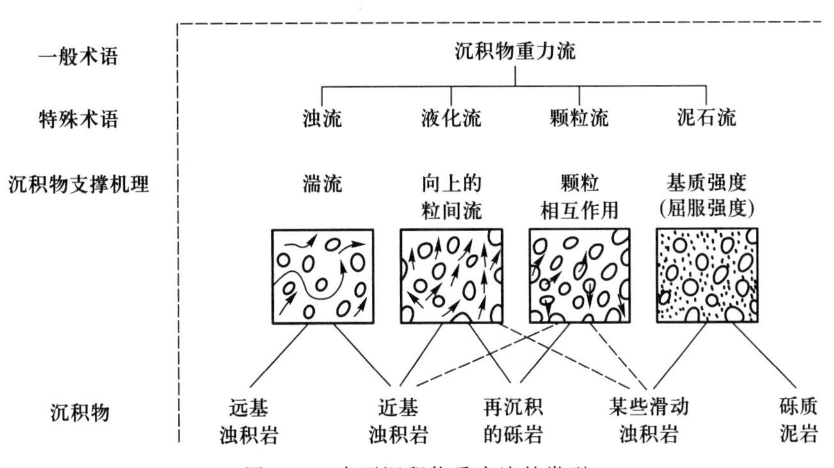

图 3.10 水下沉积物重力流的类型

泥石流是一种含有大量粗碎屑和黏土(砾、砂、泥和水相混合)、呈涌浪状前进的黏稠流体(高密度流体)。由“基质凝聚力”支撑，即砂砾在块体内被填隙的黏土和水的基质支撑着呈悬浮状态被搬运。泥石流可发育在大于 1°的山麓处，也可分布在深水地区。颗粒流是指颗粒之间没有黏结力或凝聚力的流体，由于颗粒相互碰撞，传递剪应力，产生扩散应力而支撑和搬运沉积物。维持颗粒流流动需要的斜坡角较大(18°)，因此深水地区颗粒流作用是局限的，但在沙丘、沙垄的背流面存在高浓度的颗粒流。液化流是由颗粒之间空隙中的液体向上流动而支撑颗粒，并在重力作用下呈块体运动的重力流。在未固结的颗粒沉积物中，在空隙压力与空隙流体静压力相等的条件下，快速堆积时造成沉积物孔隙压力大于静水压力，使流体向上流动，并使颗粒呈悬浮状，从而形成液化流。浊流是一种混合着大量悬浮沉积物质的高速紊流状态的混浊高密度流，也是由重力推动呈涌浪状前进的重力流，由流体内湍流的向上分力支撑并搬运沉积物。根据浊流沉积物的密度，可将浊流进一步划分为低密度浊流（密度小于 1.5 $g \cdot cm^{-3}$）和高密度浊流（密度大于 1.5 $g \cdot cm^{-3}$）。

3.1.1.5 冰的搬运和沉积作用

当冰川或冰山断裂的冰体入湖后可到处漂浮流动。浮冰融化后，冰体所含碎屑即沉入湖底，形成冰川-湖泊沉积。现代南极附近、青藏高原的一些湖泊中均分布有此种类型沉积物。

冰川和浮冰是一种搬运能力巨大的搬运介质。现代冰川覆盖面积约占陆地的10%，在地质历史的一些时期曾有更广泛的冰川分布。冰川是固体物质，它的移动机制包括两个方面：一是塑性流动；二是滑动。塑性流动因冰川自身重力使其下部处于塑性状态，称为可塑带；上部则为脆性带。可塑带托着脆性带在重力作用下向前运动，由于底部有摩擦阻力的缘故，运动速度有向下变缓的趋势。滑动系由于冰融水的活动或冰川底部常处于压力状况下（每增加一个大气压，冰的熔点就要降低 0.007 5 ℃），所以冰川底部与基岩并没有冻结在一起，冰体可沿冰床滑动。此外，还可沿着冰川内部一系列的破裂而滑动，这是由于下游冰川消融变薄而速度降低，上游运动较快的冰川向前推挤，形成一系列滑动面。冰川移动速度每年可由数十米到数百米。

冰川主要搬运碎屑物质，它们可浮于冰上或包于冰内。碎屑物质可来自冰川对谷壁基岩侵蚀，或由两侧山坡崩塌而来。由于冰川是固体搬运，因而搬运能力很大，可搬运大至直径数十米、重达数千吨的岩块。由于碎屑不能在冰体内自由移动，彼此间极少撞击和摩擦，因此碎屑缺乏磨圆与分选，故融化后大小混杂堆积在一起。冰川内碎屑与底壁基岩间的磨蚀和刻划，以及塑性流动产生的部分岩块间的摩擦，都可产生特殊的冰川擦痕。

冰川流动到雪线以下就要逐渐消融，所载运的碎屑物就沉积下来。冰川向雪线以下流动，并非无休止。随着气温的逐渐升高，冰川逐渐消融，冰运物也就随之堆积，所以冰川消融是冰川堆积的主要原因。此外，冰川前进时若底部碎屑物过多或受基岩的阻挡，也会发生中途停积，沉积作用主要发生在冰川退却或暂时停顿期。随着冰川的消融就有冰水产生，冰碛物遭到流水的改造即成为冰水沉积物。

3.1.1.6 搬运和沉积过程中碎屑物质的变化

碎屑颗粒在长距离搬运过程中，颗粒间的碰撞和摩擦、流体对颗粒的分选作用以及持续进行的化学分解和机械破碎，使得碎屑物质的矿物成分、粒度、分选性和颗粒形状都会发生变化。

1）*矿物成分上的变化*

由于搬运过程中的化学分解、破碎和磨蚀作用以及随着搬运距离增长，不稳定组分如长石、铁镁矿物等会逐渐减少，而石英、燧石等稳定组分的含量会相对增加。

2）*粒度和分选性的变化*

随着搬运距离的增长，沉积物粒径越来越小。现代河流沉积物的粒度分布清晰地显示了这一特征。河流上游流速大,各级颗粒一起被搬运;随着流速减缓,被搬运颗粒经水力分选作用从大到小依次沉积。其次,长距离搬运过程中的磨蚀和破碎作用也会使颗粒不断变小,使得细颗粒不断增加。

地形坡度对粒度的变化也有影响:山区河流流速大,变化亦大,且磨蚀和破碎作用强烈,因而,沉积物粒度变化也剧烈;平原河流沉积物的粒度变化则缓慢得多。

随着搬运距离增长,颗粒分选程度越来越高,即颗粒大小越趋向于一致。但分选性也与粒度有一定关系,即越趋向于细砂粒级,分选就越好。比如细砂最活跃,容易沉积也容易再搬运,因此通常经历不止一次的再分选。

3) 颗粒形状的变化

随着搬运距离的增长,被搬运颗粒的磨圆程度(圆度)与接近于球形的程度(球度)也越来越高。特别是在搬运初期,磨圆作用强烈(图 3.11),但搬运过程中的破碎作用一定程度上抵消了颗粒的圆化过程,如脆性大的碎屑在其被搬运的过程中更容易破碎,反而使碎屑的圆度降低。但总的趋势仍是越来越高。

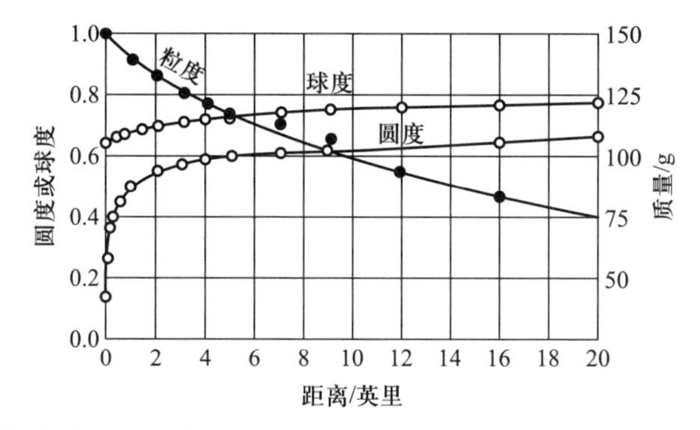

图 3.11 石灰岩碎屑在流水搬运过程中其粒度、圆度、球度变化(Pettijohn, 1975)。粒度以颗粒质量大小表示。圆度 $P=\sum r/nR$,式中,r 为碎屑棱角的内接圆半径,n 为棱角数目,R 为整个碎屑的内接圆半径;球度 $\Phi=\sqrt[3]{ABC/A}$,A、B、C 分别为碎屑的长轴、中轴、短轴。1 英里≈1.61 km

碎屑颗粒的圆化程度还受到矿物物理性质、颗粒大小、搬运方式以及搬运介质等因素的影响。碎屑颗粒的球度变化受矿物结晶特性的影响较大:片状矿物即使搬运很远,也不可能达到高球度;而等轴晶系的粒状矿物较容易达到高球度。搬运方式对颗粒球度的影响体现在床沙搬运的颗粒比悬浮搬运的颗粒更容易被磨圆。

3.1.2 化学沉积作用

3.1.2.1 溶解物质的化学搬运和沉积作用

溶解在水体中的物质通常以胶体溶液或真溶液形式被搬运,这与物质的溶解度有关。Al、Fe、Mn、Si 的氧化物难溶于水,常呈胶体溶液搬运。胶体凝聚可沉积形成黏土矿物、磷酸盐类矿物、铝土矿、铁矿和锰矿等;而 Ca、Na、Mg、K 等盐类常以离子状态存在于水溶液中,被搬运并通过化学作用而沉淀形成各种盐类及石灰岩、白云岩、多水高岭石等(沈照理等,1993)。

1）胶体溶液的搬运与沉积

胶体溶液是指带有电荷，大小介于1～100 μm，多呈分子状态的胶体质点。胶体质点带正电荷者为正胶体，如Fe、Al的含水氧化物胶体；带负电荷者为负胶体，如Si、Mn的含水氧化物胶体。

布朗运动的存在可抗衡重力作用，不使胶粒下沉；具有相同符号的电荷，因排斥力而避免胶粒相碰和聚集成较大的粒子；由于扩散层和双电层中反离子和溶剂的亲和作用，形成一层溶剂化膜，可缓冲和阻碍粒子的碰撞。上述各种因素导致胶体的运移。

在适当的条件下，胶体溶液会失去稳定性，随之胶粒就凝聚成大粒子，进一步凝聚成絮状物，在重力的作用下和合适的环境里逐渐沉积，称为凝聚作用或絮凝作用。促使胶体凝聚和沉积的因素主要有：

① 带有不同性质电荷的胶体相遇，因中和而发生凝聚，物理化学上称为“相互聚沉”。例如，带正电荷的氢氧化铁胶体与带负电荷的二氧化硅胶体中和形成二氧化硅的褐铁矿。

② 电解质作用。溶液中加入电解质后可使胶粒表面吸附的带相反电荷的离子中和，从而使扩散层的厚度变薄，降低了胶体的电动势，使得胶体失去稳定性而凝聚。盐湖中含有大量电解质，因此当河流携带的胶体与盐水相遇时，就形成凝胶沉淀，导致三角洲和湖岸沉积中常见到大量黏土和氧化铁等胶体沉积物，有时可聚集成Fe、Al、Mn等沉积矿床。

③ 胶体溶液浓度增大以及溶液的pH值变化引起胶体凝聚。其原因一方面是浓度增大造成胶粒碰撞机会增多，另一方面也增大了原先存在于胶体溶液中的电解质浓度。而不同的矿物析出对溶液的pH值要求也不一样，例如高价铁的氧化物在pH值为2～5的氧化环境中沉淀，铁的硅酸盐在pH值为2～7的氧化环境中沉淀，铁的碳酸盐和硫化物则在pH>7的还原环境中沉淀。

④ 穿透能力较强的辐射线可使某些胶体凝聚，如带负电荷的β射线可使正胶体凝聚。放射线照射、毛管作用、剧烈的振荡以及大气放电等都可导致胶体的凝聚。

此外，温度升高导致布朗运动加剧，也会增加相互碰撞聚沉的机会。因此，在其他条件相同时，胶体凝聚强度随温度的升高而增大。

2）真溶液的搬运和沉积

Cl、S、Ca、Na、Mg、K等多呈离子状态溶解于水中，即呈真溶液状态搬运；在某些特殊环境下，Fe、Mn、Si和Al也可呈离子状态在水中搬运。可溶物质的溶解、搬运和沉淀首先取决于溶解度，就物质本身来说与其溶度积常数有关。在一定温度下，难溶电解质的饱和溶液中，离子浓度的乘积为一常数，称为难溶电解质的溶度积。在一定温度下，组成该化合物的离子浓度在水中的乘积超过了该物质溶度积时，表明处于过饱和状态，该物质即可能沉淀析出；反之则要溶解。根据溶度积来判断物质沉淀-溶解平衡移动的原理，称为溶度积规则。如硬石膏的溶度积为6.1×10^{-5}，当溶液中$[Ca^{2+}]\times[SO_4^{2-}]$等于或大于此值时，硬石膏即析出；小于此值时，则硬石膏溶解。

真溶液的搬运（溶解）和沉淀除受主要因素溶解度（溶度积）控制外，还受介质pH值、Eh值、温度、压力以及CO_2含量等因素的影响。

（1）介质的酸碱度（pH值）

各种物质从溶液中沉淀出来都需要一定的pH值条件，pH值的影响因溶解物质而异。pH 值对易溶盐影响不大,但对氢氧化物和氧化物的影响较大。如 SiO_2 的沉淀需要弱酸性条件,而 $CaCO_3$ 的沉淀需要弱碱性条件(图 3.12)。Al_2O_3 的沉淀条件更为特殊,它只在 pH 值为 4~7 时才会沉淀(图 3.13)。此外,某些物质沉淀时所需的 pH 值会受到其他离子的影响。如 $Al(OH)_3$ 沉淀需要 pH>4,但若介质中存在 PO_4^{2-},所需 pH 值在 3.8~4;如有 SO_4^{2-},所需 pH 值在 4.7~4.8;如有 Cl^-,则所需 pH 值为 5.8;如有 NO_3^-,则所需 pH 值为 5.8~6。

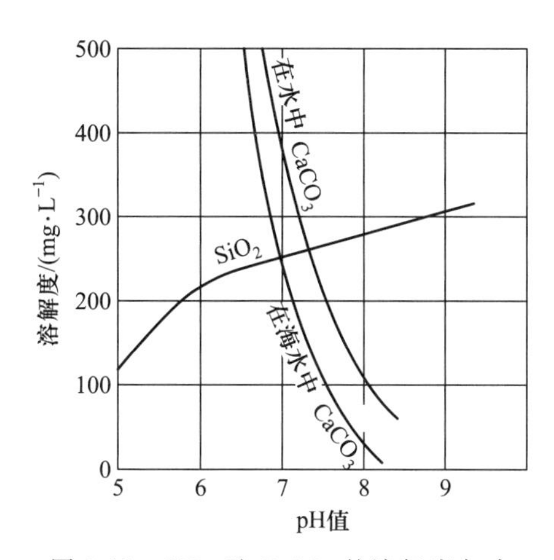

图 3.12　SiO_2 及 $CaCO_3$ 的溶解度与介质 pH 值的关系(Correns,1950)

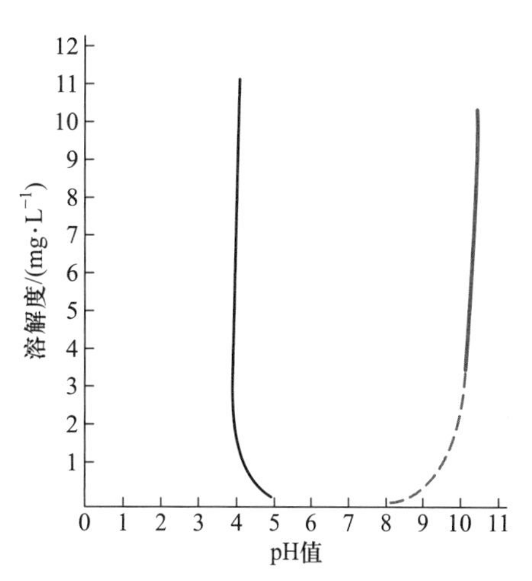

图 3.13　Al_2O_3 的溶解度与介质 pH 值的关系(Correns,1950)

(2) 介质的氧化-还原电位(Eh 值)

Eh 值对 Fe、Mn 等变价元素的溶解和沉淀影响较大。在氧化条件下,Fe、Mn 等元素呈高价的赤铁矿、软锰矿沉淀;在还原条件下,则形成海绿石、鲕绿泥石。但介质 Eh 值对有些元素(如 Al、Si 等)几乎毫无影响。

(3) 温度与压力

温度与蒸发作用(压力大小)可以改变化学反应的进行方向和溶液浓度。物质的溶解度一般随温度的增高而加大。温度尤其对 Ca、Mg 的硫酸盐,K、Na 的碳酸盐、硫酸盐和氯化物等易溶物质的影响较大。但总的来说,由于地表温度变化相对不大,故影响有限,但在特殊条件下其对溶解度的影响可增加几倍。温度还改变反应方向,如降低温度有利于化学平衡向放热方向移动,反之则相反。压力增大时,化学平衡向着气体摩尔总数减少的方向移动;反之则相反。压力对溶解度的影响不大,但对溶液中 CO_2 含量的影响却很大。

(4) 溶液中 CO_2 含量

CO_2 含量对碳酸盐的沉淀和溶解有很大影响,其反应式如下:

$$CaCO_3+CO_2+H_2O \rightleftharpoons Ca(HCO_3)_2$$

当 CO_2 分压(P_{CO_2})增大时,即水中 CO_2 浓度增高,平衡向右移动,生成 $Ca(HCO_3)_2$,$Ca(HCO_3)_2$ 比 $CaCO_3$ 溶解度大得多。反之,水中 CO_2 浓度减小,平衡向左移动,$CaCO_3$ 就发生沉淀。

水中的 CO_2 含量与温度、压力有关。随着温度升高,CO_2 含量减少,所以在干旱半干旱湖泊中可见到较多的 $CaCO_3$ 沉淀。随着压力增大,CO_2 含量也增加,例如地下水因压力较大,故 CO_2 含量比地面水的浓度大,因而在石灰岩溶洞中以及温泉出口处可见到较多的石钟乳、石灰华等碳酸盐沉淀。

(5) 离子吸附作用

某些元素可通过离子吸附作用而沉淀下来,这就使得溶液中浓度不高的元素以及某些不易富集的极为稀散的元素得以沉淀,甚至富集达到工业品位矿产。吸附能力最强的是一些胶体物质,凡是在溶液中附着于胶体的能力大于水化能力的阳离子均可被吸附于胶体表面。

由此可见,溶解物质的搬运和沉淀与一定的地球化学条件密切相关。因此,化学沉积物可作为判断沉积环境是否良好的标志之一。

当然,胶体物质和某些真溶液物质如磷酸盐和碳酸盐及一些铁质矿物,当从溶液中析出后,也可能以颗粒形式经机械搬运再沉积。此时,这些沉积矿物则受水动力即物理因素控制,表现出与碎屑沉积物相同的沉积特征,这些颗粒称为异化颗粒,其环境判别另作别论。

3.1.2.2 不同气候区湖泊化学沉积的差异

湖泊化学沉积作用受气候条件的控制最明显,故不同的气候区湖泊的化学沉积物差别很大。

1) 湿润气候区湖泊化学沉积作用

湿润气候区降水充沛,湖泊多为淡水类型。湿润区由于陆地化学风化作用和生物有机地球化学作用强烈,矿物分解彻底,故不仅 K、Na、Ca、Mg 等易溶性盐类组分可呈离子状态迁入湖中,而且 Fe、Mn、Al、Si、P 等较难溶解的化合物组分也能成为胶体溶液或离子溶液进入湖水中,并成为湿润气候区湖泊化学沉积的重要组成部分。

淡水湖泊中化学及生物沉积类型多样,形成条件也差别较大。湖泊沉积物中虽然化学和生物成因的沉积物只占沉积物总量的很小部分,但通过沉积物地球化学的研究可发现,这些沉积物中包含了当地气候学、水文学、沉积学以及湖泊环境等方面的丰富信息。因此,运用沉积物地球化学的分析研究,可以认识和了解区域自然地理条件、地球化学条件、气候条件等环境及其变化的特征。

淡水湖泊中的主要化学沉积是碳酸盐类化学沉积物。淡化硬水湖中沉积物的成分视碎屑注入有无碳酸盐、SiO_2(来自硅藻)以及有机物质的混合情况决定(Dean,1981)。在碎屑沉积物占次要地位的大多数硬水湖中,$CaCO_3$ 可能成为重要成分。一般认为,这种 $CaCO_3$ 沉积为化学成因,因为温度和 CO_2 平衡的变化能引起方解石、文石的沉淀。但应注意,生物作用过程在绝大多数时候都具有触媒作用。

碳酸盐有以下四种来源(Kelts and Hsü,1978):① 无机沉淀的原生碳酸盐,通常由生物活动所致,其次由温度、蒸发量变化和水体混合等物理过程造成碳酸盐矿物沉淀。② 生物的介壳等钙质构造成分。③ 来自流域的外源碎屑碳酸盐。④ 沉积后期的物理化学作用产物。

钙质介壳,包括头足类、软体类和介形类的壳体,一般分布于沿岸地带。其外壳常被生物 $CaCO_3$(主要来自轮藻和绿藻)包裹,因而轮藻和绿藻是主要的碳酸盐生产者。Dean(1981)估计,在较小的泥灰质湖泊化学沉积物中,轮藻每年在每平方米面积内沉淀数百克 $CaCO_3$。而在较大的湖泊中,开阔水域浮游生物沉淀碳酸盐的作用要比近岸固着的轮藻大得多。除此之外,湖泊碳酸盐类沉积物的来源及沉积特征还显著受到湖

泊沉积环境的影响,具体来说:

(1) 沿岸带环境

在这一带,化学沉积物主要呈被膜状和皮壳状。沉积物可以由粗砂质滩地急剧变为显植物产生的碳酸盐沉积。近岸区稍深处,轮藻占主导地位,并形成藻微晶的"砂状"相,单个晶体极小,聚合体呈不规则的多孔集合体状。更深湖泊沿岸带环境常由富含腹足类和介形类贝壳的灰泥组成。近岸碳酸盐沉积常呈无沉积构造的小丘和透镜体等外形。

(2) 深水带环境

大型较深水湖泊中,由微体植物生物化学沉淀的方解石可能遍布于全盆地,形成碳酸盐层。一些近岸灰泥也可由浊流带至深水区。深水沉积物主要通过水体重力沉落方式沉淀。由于盐度相对较低,絮凝机会减少,故沉降缓慢,且受季节控制,故许多湖泊中,最终形成遍布盆地的细纹层状富含有机质的石灰岩。

2) 干旱气候区湖泊化学沉积作用

干旱气候区多为封闭湖泊,湖水在干旱的气候背景下蒸发消耗强烈。因此,河流或地下水带来的盐分长期积累在湖泊中,致使湖水盐度增大,变成咸水湖甚至盐湖。在湖水逐渐咸化的过程中,溶解度小者首先沉淀,其沉淀顺序大致为碳酸盐、硫酸盐、氯化物。据此将典型的盐湖沉积划分为四个阶段。

(1) 碳酸盐阶段

湖水在咸化初期,溶解度较低的碳酸盐先达到饱和而结晶沉淀。钙的碳酸盐沉淀最早,镁、钠碳酸盐次之,先后形成 $CaCO_3$(方解石)、$MgCa(CO_3)_2$(白云石)、$Na_2CO_3 \cdot 10H_2O$(苏打)和 $Na_2CO_3 \cdot NaHCO_3 \cdot 2H_2O$(天然碱)。若湖水中含硼酸盐,则可出现硼砂,此类湖泊称碱湖或苏打湖。

(2) 硫酸盐阶段

湖水进一步咸化,水深变浅,溶解度较大的硫酸盐类矿物沉淀下来,形成 $CaSO_4 \cdot 2H_2O$(石膏)、$Na_2SO_4 \cdot 10H_2O$(芒硝)、Na_2SO_4(无水芒硝)等矿物,这类盐湖又称为苦湖。

(3) 氯化物阶段

湖水进一步浓缩,残余湖水浓缩成为可供直接开采的以 NaCl 为主的天然卤水。在湖水继续蒸发时,食盐(NaCl)、光卤石($KCl \cdot MgCl_2 \cdot 6H_2O$)和钾盐(KCl)开始析出,此类湖泊称为盐湖。

(4) 沙下湖阶段

当湖泊全被固体盐类充满,全年都不存在天然卤水,盐层常被风成碎屑物覆盖而成为埋藏的盐矿床,盐湖的发展结束。

需要注意的是,上述盐湖的演化阶段是一个理想过程,只有在气候长期不变、湖水化学成分多的情况下才能达到。另外,盐湖除化学沉积外也有机械沉积,因此盐层常与砂泥层交互出现。

干旱气候区湖泊化学沉积作用通常发生在水文封闭的湖盆条件,且蒸发损耗量高于注入水量,但又必须有充分的流入量以便带入足够多的化学溶解物质。根据现代盐湖的形成分析,山脉背风区和山间盆地是较有利于形成盐湖的区域。但沙漠地区的湖盆,在长年不断的泉水补给或足够的暂时性降雨的气候背景下,也可形成盐湖,如广泛分布的柴达木盆地的盐湖。大型盐湖盆地多为构造成因,另外,火山作用亦可形成封闭湖盆。

封闭盐湖的重要特点是湖面波动强烈,高水位时为湖区,完全干涸时为盐湖带。当湖心干涸后,形成暂时性盐湖环境,干湖中部的盐塘可以季节性地也可数十年一次地被淹没。对于干旱区各种封闭水体,蒸发浓缩和脱气的结果,首先是方解石的饱和,当方解石和石膏等矿物沉淀后,影响残余水体组成的化学成分,导致不同类型盐湖矿物的沉淀析出。

3.1.3 沉积分异作用

母岩风化产物以及其他来源的沉积物,在搬运和沉积过程中在适当环境下会按照颗粒大小、形状、相对密度、矿物成分和化学成分在湖盆依次沉积下来,这种现象称为湖泊沉积分异作用。沉积分异作用可分为两类:① 机械沉积分异作用:主要受物理作用支配。随着搬运介质速度的降低,被搬运物沿搬运方向按颗粒大小或矿物比重依次沉积下来。一般说来,颗粒粗的先沉积,细的后沉积;矿物比重大的先沉积,小的后沉积。此外,机械沉积分异作用还可形成许多有经济价值的砂矿,如金、铂、锡石、金刚石等。② 化学沉积分异作用:主要受化学原理支配。由于它们的溶解度、浓度不同以及受溶液的化学成分、温度、酸碱度等因素的影响,常常形成一定的沉淀顺序。一般情况下,按照氧化物→磷酸盐→硅酸盐→碳酸盐→硫酸盐→卤化物的顺序沉淀。

3.1.3.1 机械沉积分异作用

普斯托瓦洛夫(1954)认为,决定机械分异的主要因素是颗粒大小、形状、相对密度以及搬运介质的性质和速度。首先,沉积物会按照颗粒大小和相对密度发生分异(图 3.14 和图 3.15)。这就有可能使相对密度大而体积小的矿物与相对密度小而体积大的矿物富积,形成有开采价值的沉积矿物,如砂金矿。

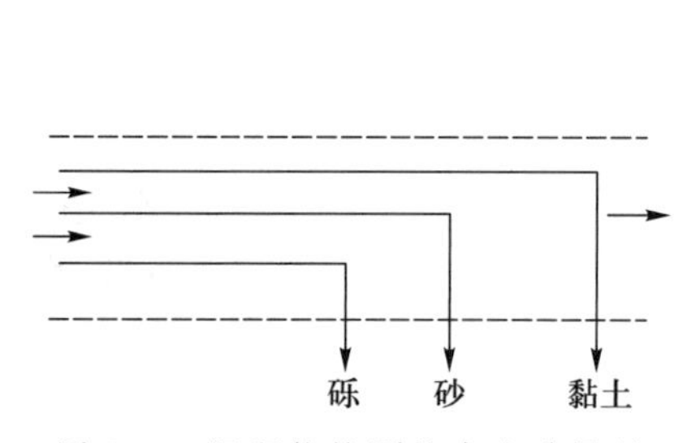

图 3.14 沉积物按颗粒大小分异的示意图(普斯托瓦洛夫,1954)

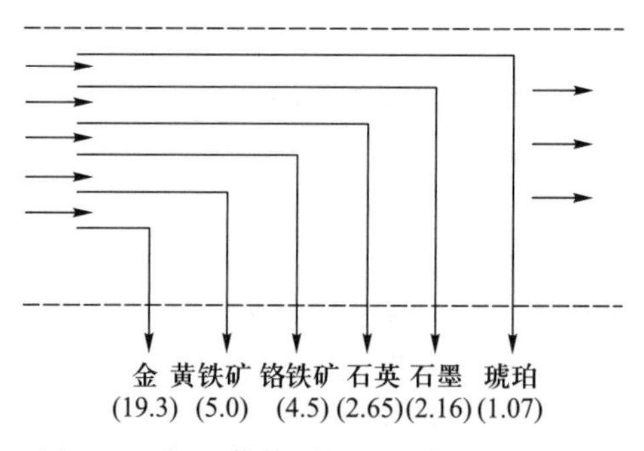

图 3.15 沉积物按颗粒相对密度分异的示意图(普斯托瓦洛夫,1954)

颗粒形状也会影响着物质分异,片状矿物易悬浮而被搬运得远些,等轴粒状矿物只能被近距离搬运;做滚动搬运的颗粒和圆度、球度高的矿物,相对更利于被搬运。

颗粒的相对密度和形状与矿物成分及晶形密切相关;颗粒大小与矿物的物性如解理、脆性、硬度等有一定关系,而且影响颗粒被磨蚀和破碎的难易程度。因此,机械沉积分异在一定程度上被认为是依矿物的成分分异,随着搬运距离的增长,稳定组分增多,重矿物含量减少。

3.1.3.2　化学沉积分异作用

普斯托瓦洛夫提出的化学沉积分异顺序如图 3.16 所示。图中各分异阶段不是截然分开的,而是逐渐过渡彼此重叠。影响分异顺序的主要因素是矿物溶解度,一般情况下沉积矿物按溶解度从小到大依次沉淀。该化学分异理论提出后,受到了学界的极大重视,但同时也出现了一些疑难和分歧,尤其是个别成分沉淀的先后顺序和图解的表现形式问题。实际上,影响化学沉淀的因素还很多,所以该分异顺序是一般的图示,自然界的实际顺序远比理论上的序列复杂得多。

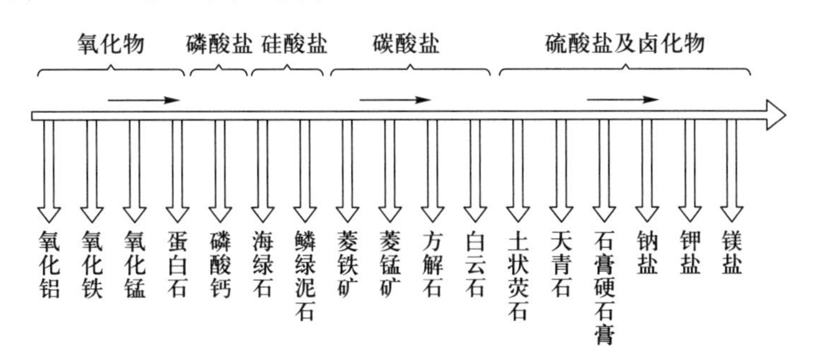

图 3.16　化学沉积分异顺序示意图(普斯托瓦洛夫,1954)

3.1.4　生物沉积作用

生物作为一种搬运营力的意义较小,但生物的沉积作用却相当重要,它不仅可使溶解物质大量沉淀,还可使部分黏土物质、内源粒屑物质以及大量被大气迁移的元素沉积下来。自从地球上出现生命以来,生物就参与了沉积作用,并且随着地质历史的进展,生物在沉积和沉积矿床形成中的意义也越来越大(周启星和黄国宏,2001)。在各类生物中,尤以藻类和细菌等微生物对沉积作用的贡献最大,这不仅是由于这类生物繁殖快、分布广、数量多、适应性强,而且在地质历史中出现很早,被认为是最早的生命记录和若干重要沉积矿床的贡献者。31 亿年前南非的无花果树群中的生物遗迹,就被认为属蓝藻类;前寒武纪地层中广泛分布的叠层石即与藻类有关,早在 25 亿年前的太古代末期就已知存在生物沉积作用(曾允孚,1986)。

生物的沉积作用首先表现在生物遗体直接堆积形成岩石或沉积矿床。生物的生命活动是一个从发育、生长到衰亡的相当复杂的生理过程,不仅可以通过光合作用或吸取养料形成有机体,还可通过吸取介质中 Ca、P、Si 等无机盐和生物分泌作用形成外壳和骨骼。

生物的沉积作用还表现为间接的方式,即在生物的生命活动过程中或生物遗体分解过程中引起介质的物理、化学环境的变化,从而促使某些溶解物质沉淀,或有机质的吸附作用使得某些元素沉积,称为生物化学沉积作用。还可以在生物的生命活动过程中通过捕获、黏结或障积等作用使物质发生沉积,即生物物理沉积作用。当然,与沉积作用有关的生物生理作用与生物化学作用或生物物理作用有时很难严格地区分开。

3.1.4.1　生物遗体直接堆积

生物在生活过程中,通过新陈代谢作用,不断地从周围介质中汲取一定的物质成分,从而把一些元素富集起来。生物死亡后,生物的有机质部分被埋藏,经长时期生物有机地球化学演化,可形成石油、天然气和煤,以及油页岩等矿产资源。无机的生物外壳和骨骼经富集,可形成岩石或矿床,如生物骨屑石灰岩、生物磷块岩、硅藻土、白垩等。有些生物原来就群体生活,在生活过程中通过生物分泌物及生物黏结作用形成坚固骨架而保存在沉积物中(如礁灰岩)。

大部分生物的无机硬体部分是通过生物分泌作用形成的,唯有钙质藻类的"骨骼"多数是通过钙化作用形成的。藻类是植物,本身原无骨骼或硬壳。但藻类在生命活动过程中可吸收大气中的 CO_2,形成钙质沉淀于细胞内外以及叶状体表面,即钙化作用。至于钙化作用的机理,多数学者认为与藻类新陈代谢和光合作用有关,是藻类的生理与生物化学作用紧密结合的产物。此外,无脊椎动物的排泄物——粪球粒,也可大量堆积经成岩作用形成岩石,如球粒石灰岩。

在湖泊沉积环境中,水生植物或湿生植物参与到湖泊沉积过程中,可形成腐泥或泥炭层,对沉积时的气候环境状况有一定的指示意义;动物残骸或遗体构成的生物沉积也较为常见,如淡水湖泊滨岸带多见贝壳层,常与具有浪成斜层理的碎屑层构成互层沉积,是古滨岸沉积的判识标志;在高矿化度湖泊中还可见层状介形虫沉积。

实际上,生物的生长与周围介质的物理化学条件往往具有一致性,介质中某些物质的浓度高,可有利于某种生物的生长繁殖。如介质中 SiO_2 或 $CaCO_3$ 浓度大,则硅质或钙质生物就繁盛。只有这样,生物才能从周围介质中吸取硅质或钙质组成其外壳,否则即使已形成外壳,由于介质浓度低,残留的部分还会重新发生溶解。

3.1.4.2 生物的间接沉积作用

1) 生物化学沉积作用

生物在其生命活动过程中或生物遗体分解过程中要产生大量 H_2S、NH_3、CH_4、O_2 等气体或吸收大量 CO_2 气体,影响介质环境的物理化学条件,从而促使某些物质溶解或沉淀。其中最明显的实例是 CO_2 含量变化促使 $CaCO_3$ 沉淀。例如,当植物通过光合作用每生成1 g糖类时,就有3.3 g $CaCO_3$ 沉淀,由下列反应完成:

$$Ca^{2+}+2HCO_3^- \Leftrightarrow CaCO_3+H_2O+CO_2$$

$$6CO_2+6H_2O+2822J \xrightarrow{\text{光+叶绿素}} C_6H_{12}O_6+6O_2$$

又如,还原硫酸盐细菌能将硫酸盐还原成 H_2S,其反应式为

$$SO_4^{2-}+10H^++8e \rightarrow H_2S+4H_2O$$

2) 生物物理沉积作用

机械方式的生物间接沉积作用主要表现为:

(1) 藻类的捕获和黏结作用

蓝绿藻能分泌黏液,在蓝绿藻构成的藻席表面形成有机质薄膜,这种黏液能捕获和黏结水中的碳酸盐颗粒,使之沉积于藻体表面。当一层藻席被新的沉积物覆盖时,藻丝体就会穿过上覆沉积物并繁殖于其表面,重新形成新的藻席。如此周而复始,形成由生物物理沉积作用形成的富藻纹层和非生物成因(机械沉积)的富屑纹层交替出现的叠层石及其他藻纹层沉积物。此外,层孔虫也具有类似的捕获和黏结作用。

(2) 生物障积作用

当流水流经丛生有枝状珊瑚或枝状藻类的地区时,因流速受阻,流水中所携带的沉积物即沉积成障积岩。实际上类似于地表植被造成的风沙障碍堆积,只不过是发生于

水下的生物障积作用(贾振远和李之琪,1989)。

3.1.4.3 生物扰动作用

所谓生物扰动作用系指生活于充氧条件下的草食性鱼类和其他大、小动物对湖底沉积物所造成的机械混合作用。这种作用能够破坏原生物理构造,特别是成层构造,因而对韵律状纹理的形成极为不利。生物扰动作用还会改变 pH 值、氧化还原电位等,进而改变介质的物理、化学环境,促使某些溶解物质的沉淀。在湖泊中,不同的底栖生物显示不同的扰动活动,而且在时间和空间上,呈不规则状分布。

3.1.5 沉积后作用

沉积物沉积以后,温度、压力、地层水等作用会使其由疏松的沉积物变成坚硬的岩石,当沉积岩埋藏到一定深度又会向变质岩转化,也可能由于构造抬升或基准面下降,沉积岩暴露于大气中发生风化作用。在沉积学上一般把沉积物形成后到变质作用或风化作用之前所发生的作用统称为沉积后作用,包括同生、成岩、后生、潜在表生等阶段的变化。沉积后作用的每个阶段又可细分为若干亚阶段或亚时期。由于黏土对沉积条件变化反映最灵敏,所以黏土和黏土质岩石(泥质岩)常作为压力变化的良好标志;煤和碳质有机物(烃类)对温度变化最灵敏,因而镜质体反射率和折光率常可作为沉积后变化阶段细分的重要标志。各类沉积岩的成分、单矿物及其组合、沉积岩的密度及孔隙度、结构及构造、牙形石的颜色变化等,均可作为沉积后变化的各个阶段的鉴别标志。然而,不同地区、不同地质历史、不同岩石类型的各个阶段变化不同,过程复杂,故沉积后变化的阶段常常难以准确划分。沉积物形成的各个阶段所发生的物理、化学以及生物作用,决定了沉积层的成分、结构、储集性质以及其他许多特点。煤、石油、天然气及许多层控矿床的形成和聚集,都与这些特点有关,特别与沉积期后变化的不同阶段有关。

3.1.5.1 同生作用

同生作用指沉积物沉积下来后,与沉积介质还保持着联系,沉积物表层与底层水之间所发生的一系列作用和反应,包括沉积物在埋藏前搬运与沉积过程中所发生的物理、化学和生物的变化。在这个阶段中沉积物的上部还没有和沉积介质脱离,常呈胶体状态,所含水分也较多,因而沉积物质点之间以及沉积物质点与周围环境中的物质之间同时进行相互作用,表现在一部分矿物被溶解,另一部分由于介质条件发生改变逐渐固结而进入成岩作用阶段。在湖泊系统中,达到湖底沉积质点静止并固定在沉积物表面,不受扰动而达到平衡的环境条件往往与底层水的性质有关,而底层水的性质则与湖泊物质循环状况、沉积速率等关系密切。当湖泊水循环好、底部氧气充足时,则喜氧细菌增多,导致沉积物中有机质分解产生 CO_2、pH 值降低,产生酸化作用,碳酸盐的生物化石常消失不见,只有几丁质的生物个体才能留下其生活的痕迹(如牙形石)。在水循环很差的湖泊中,水体处于停滞状态,沉积物中的有机质受厌氧细菌的作用,产生 H_2S,使底层水被污染而缺乏底栖生物,因而形成暗色、水平层理保存完好的微-薄层状泥质沉积物,当 H_2S 消耗尽,pH 值有时偏高(姜在兴,2003;刘宝珺,1980)。同生作用带的浓度下界从沉积物表面向下延伸,一般不超过几十厘米,它取决于湖泊的深度、有机质的数量、堆积的速度等条件。

3.1.5.2 成岩作用

成岩作用指松散沉积物脱离沉积环境而被固结成岩期间所发生的作用。成岩作用始自沉积物沉积后被一薄层新的沉积物掩盖而与原来的沉积环境隔绝之时起，包括了沉积物固化和形成沉积岩之前的各种物理、化学和生物的变化。在成岩作用阶段，沉积物被埋藏后，与底层水逐步隔绝，沉积物的质点只与孔隙水发生作用。在此阶段，引起成岩变化的一个重要因素是厌氧细菌，这种细菌分解有机质及孔隙水中的 SO_4^{2-}，释放出 H_2S，使 Eh 值降至-0.4 或-0.6，成为还原条件；当沉积深度越过 H_2S 逸出带，pH 值急剧增大，常可达 9 以上（姜在兴，2003；刘宝珺，1980）。在此种介质条件下，沉积物中早先的高价铁（Fe^{3+}）、锰（Mn^{4+}）氧化物可被还原成低价铁、锰的硫化物（如莓状黄铁矿、硫锰矿），并有菱铁矿、方解石、鳞绿泥石等伴生，形成这一时期的有代表性的矿物序列和组合。在成岩作用晚期阶段，由于物质再分配，形成碳酸盐、硅质、硫化物及其他成分的结核，其中，碳酸盐结核的氧同位素组成反映了不同埋藏深度的特点。

在成岩作用中，低温反应通常要放出热量（放热反应），并伴有络合物的形成作用。这对于有机质转化为石油以及某些元素的迁移、富集和沉淀，都是十分有利的。在富含细菌的还原条件下，许多较大的有机分子和无机分子都会被破坏，植物质被分解，并只保存其最稳定的部分。

成岩作用所持续的时间和分布的深度，取决于物质的成分、结构、有机组分、堆积速率、气体状况和水的深度等因素。其下界相当于细菌作用消失的深度，此带的厚度一般为 1~100 m，最大到 300 m，延续的时间可能在千年到百万年。由于成岩作用是在埋藏不深的地带发生，而且又是发生在无垂直贯通裂隙的沉积物中，因此，成岩期的主要作用是沉积层物质的迁移、重新分配组合，没有或很少有外来物质的参加。作用发生时的温度不高，压力不大，主要是碱性还原条件。它所表现出的特征是自生矿物颗粒不大，新生矿物或其集合体的分布受层理控制，可穿过层理，但不穿过层面。

沉积后演化的成岩阶段是一个相当重要的阶段，有机质经过细菌发酵等作用产生甲烷或低熟油，沼泽植物可形成泥炭。我国柴达木盆地第四系天然气和东南沿海浅层甲烷气及油田发现的中浅层低熟油藏可能主要形成于该阶段。

3.1.5.3 后生作用

后生作用指继成岩作用阶段之后，在沉积岩转变为变质岩之前所产生的一切作用和变化。由于静水压力、负荷压力及构造应力等力的作用，已固结为岩石的沉积物中产生切穿岩层的连通的裂隙，使得高矿化度的地层水可以穿层迁移，促进后生变化的进程。后生作用的介质为碱性至弱碱性及弱还原条件，或近于中性的氧化-还原条件。

后生作用阶段温度高、压力大，作用时间长，因而所形成的新生矿物晶体粗大；由于外来物质的加入，新生的自生矿物性质常与本层物质无关，其分布不受原生构造-层理的控制。它既可穿过层理，也可穿过层面。最常见的是交代、重结晶、次生加大等现象。所形成的自生矿物常反映了后生期介质的 pH 值、Eh 值等特点，而且多比重大、分子体积较小的矿物变种。例如，在成岩阶段形成的莓状黄铁矿在后生时期转变为立方体黄铁矿；成岩阶段形成的卵状白云石在后生时期转变为结晶完好的菱面体形态。有机质在该阶段变为成熟至过成熟，形成石油或进一步裂解成天然气，钠质石棉矿、水晶矿、萤石矿及各种金属硫化物等有价值的矿床均可在该阶段形成。

3.1.5.4 潜在表生作用

潜在表生作用指沉积岩隆升到近地表,在潜水面以下常温、常压或低温、低压的条件下,由于渗透水和浅部地下水的影响所发生的变化。主要通过大气渗透到地下深处所发生的作用,称为深部表生作用或隐伏表生作用,此种作用基本上是在厌氧细菌条件下进行的;在接近地壳表面,在地下水潜水面以下进行的作用称为浅部表生作用或狭义的表生作用,此种作用的特点是以喜氧细菌条件为主。

潜在表生作用与风化作用往往容易混淆,且有时可互相叠置,但实际上是不同的。风化作用主要是潜水面以上发生的岩石分解和成壤作用,是一种"去石化作用";而潜在表生作用是在潜水面以下所发生的变化,主要表现为溶蚀、充填、交代、某些物质的次生富集以至成矿作用。潜在表生作用在碳酸盐岩中表现明显,如形成溶孔、溶洞等,因而改变其储集性能。

3.1.5.5 沉积后作用的影响因素

沉积物脱离沉积环境进入沉积后作用阶段,实质上是沉积物在新的条件下重新建立起新平衡的过程。在新体系的平衡过程中,水的作用十分重要,其过程几乎总是在水的参与下进行。当溶液中任何物质的活度系数减小时,都会加大摩尔浓度或加大其溶解度。由于所有的盐类在水中都有增大摩尔浓度、减小活度系数值的功效,因此,$CaCO_3$ 在 NaCl 溶液中比在纯水中溶解得更完全。而且盐度高的水相对于纯水具有更高的溶解能力,更有利于物质的迁移。影响这一平衡过程的因素有多个,其中主要的因素是沉积物层间水溶液的性质(溶度积、自由能、pH 值、Eh 值、浓度、溶解气体的状况等)、温度、压力、沉积物的成分、地球化学性质、地质构造环境以及气候条件等,它们支配着成岩、后生、表生期的各种变化及新生矿物的形成全过程。现将一些主要因素的影响简要介绍如下:

1) 自由能

在恒温、恒压条件下,自由能决定着沉积后化学反应进行的方向。当体系处于平衡状态时,体系内各组分的质量、体积及能量都处于稳定状态;当质量、体积等因素变化时,则能量会发生变化。

2) pH 值、Eh 值

成岩、后生及表生作用是在氧化还原电位(Eh 值)和酸碱度(pH 值)及其他地球化学因素等变化较大的环境中进行。介质的 Eh 值和 pH 值条件对各种矿物(特别是含变价元素的氢氧化物或氧化物的矿物)的稳定性影响较大,由于沉积物埋藏后的变化通常是稳定相的平衡,Eh 值和 pH 值的变化限定了各种矿物的稳定区。

3) 温度

温度的重要作用在于它可以影响矿物结晶的地球化学性质、络合剂的电离化、OH^- 的活度、矿物的溶解度以及溶液的流动性。沉积物随着埋藏深度的加大,温度逐渐递增,平均地热增温率为 2.5 ℃ · 100 m^{-1}。温度因素的影响:① 影响矿物结晶的地球化学性质。温度低时,只形成简单的化合物;而在高温或温度变化快的情况下,可能形成复杂的络合物矿物。② 影响络合物的电离化。如温度升高可使 HCl 电离程度降低。

③ 影响 OH^- 的活度。在实验室条件下，温度每升高 10 ℃，反应速率大致增大一倍。④ 影响矿物的溶解度。一般情况下，温度升高，溶解度加大，而系统内的温度差可促使溶液发生迁移。

4）压力对成岩作用的影响

在上覆沉积物及水体负荷压力的作用下，沉积物发生脱水、压缩、固结等过程。通常认为，沉积物随着埋藏深度加大，孔隙度有递减的趋势。压力还可影响矿物的溶解度，当埋藏较浅时一般只发生机械的压实作用（压实和压缩）；而埋藏较深时，则可能出现化学的压实作用（如压溶作用）。在压力的作用下，矿物的转化趋向于形成分子体积较小、相对密度较大的矿物变种，如莓状黄铁矿要转变为立方体黄铁矿。

5）生物对成岩作用的影响

沉积物中所含的有机体，尤其是细菌，对成岩作用的影响较大，其生存和死亡均可造成介质的物理化学条件改变，尤其是 O_2 和 CO_2 的活度及逸度的变化，可引起某些矿物的溶解以及新生矿物的沉淀。生物活动还可改变介质的 Eh 值、pH 值，促使沉积物发生变化。另外，生物作用还可提供某些物质，例如脱硫细菌的作用可释放出 H_2S，参与形成硫化物；还原硫酸盐细菌作用于石膏及硬石膏时，还可产生自然硫，可见于现代盐湖、干盐湖沉积和盐丘的岩帽之中。腐殖质在溶解不溶性盐类时可释放出金属离子、溶解矿物和硅酸盐，延迟金属元素的沉淀，并对金属的螯合作用、阳离子的交换、表面吸收等方面有重要的作用。

除上述各影响因素，另外还有：① 物质成分和性质的变化还涉及其自由能、形成络合物的稳定常数等，这些因素可影响物质在溶液中是长期保持迁移状态还是很快沉淀下来。② 岩性因素包括其孔隙度和渗透性，决定溶液迁移的快慢和远近。③ 沉积后作用很大程度上还取决于气候条件，例如在潮湿气候带，可以发生分解作用、成岩作用、后生作用、表生成岩作用等表生作用的全过程。而在干旱环境中，有机质的作用很弱，成岩作用阶段与后生作用阶段的划分不明显，同时由于高矿化度水的上升作用，表层盐渍化、碳酸盐化等表生成岩作用显著。④ 在冰川发育地区和火山活动地区，成岩后生作用的进程也有较大的差别。

3.1.5.6 沉积后作用的方式

沉积后作用的方式包括下列各种：

1）压实作用

压实作用指在上覆沉积物不断加厚而使其负荷压力增加的情况下，松散沉积物变得比较致密，体积（实际体积+孔隙体积）减小，其中的水含量也减少。机械的压实不伴有化学反应；化学的压实作用伴有颗粒间或颗粒与水之间的化学反应及新生矿物的形成。沉积物经压实后，孔隙度减小，结构与构造发生变化，如出现颗粒的定向性、压溶结构和次生加大结构等。

2）水化作用

水化作用指矿物与水结合形成含水矿物的作用；反之即脱水作用。石膏（$CaSO_4 \cdot 2H_2O$）与硬石膏（$CaSO_4$）间的转化是这一对作用的典型例子。沉积盆地的沉积过程大多在水介质中进行，因此同生阶段和表生成岩阶段发生的水化作用是普遍的现象。随着埋藏深度的加大，沉积物固结程度的增强，逐渐会发生脱水的作用，在后生作用阶段尤为常见。

3）水解作用

水解作用指矿物在水的作用下发生分解的作用，反映了水与可溶性盐类进行反应的趋势。水起着盐基的作用，并提供氢氧根离子。大多数硅酸盐矿物均可发生水解，这与水介质的 pH 值有关，矿物水解过程中可产生金属阳离子的游离。随着 pH 值的变化，矿物可以朝着水解方向进行，也可朝着去水解方向进行。

4）氧化与还原作用

氧化与还原作用与沉积环境和沉积演化的阶段有关。在同生阶段，正常的沉积常处于氧化或弱氧化环境，在成岩作用和后生作用阶段变为还原及弱还原环境。

5）离子交换和吸附作用

水中呈离解状态的 H^+ 和 OH^- 与遭受变化的矿物中的离子可以发生交换反应。水电离而产生的 H^+ 能置换矿物中的碱金属离子。在成岩作用、后生作用阶段，黏土矿物和沸石类矿物等都可进行离子交换或离子吸附作用。某些矿物在吸附一些离子或进行离子交换之后，即转变为另一矿物。

6）胶体陈化作用

胶体陈化作用指胶体脱水、过渡为偏胶体，最后形成稳定的自生矿物的过程，如蛋白石—玉髓—石英的变化就是一个例子。重结晶是后生作用中极常见的现象，常发生在压力增大（或伴有温度的升高）的情况下，变化的趋势是缩小体积及矿物变为分子体积较小的变种。

7）交代作用

交代作用指发生在已固化的沉积岩内对已有矿物的一种化学的替代作用，是化学上保持晶形不变的情况下沉淀物成分的转化作用，作用中有物质的带入及带出。主要发生在后生作用和表生成岩作用阶段，经交代后常造成某些矿物的假象。交代作用服从体积保持定律和质量作用定律，即变化过程中体积不变。交代顺序与浓度（或溶度积）有关。

8）结核形成

结核是在矿物岩石学特征上（成分、结构等）与周围沉积物不同的、规模不大的包体。它可以产生在成岩的各个阶段，通常是化学的或生物化学的产物。

9）自生矿物的形成

自生矿物指沉积作用过程之中或其后，在封闭的沉积物内部，在原地形成的与沉积演化各时期的介质条件相平衡的矿物。它们反映了各时期的环境特点及物理化学特点，因而有一些可作为某些时期的标志矿物：如成岩作用阶段的莓状黄铁矿、菱铁矿、白云石、鳞绿泥石等；后生作用阶段的赤铁矿、板钛矿、次生沸石、次生碳酸盐、云母类和自生长石等。

10）胶结作用

胶结作用指个别颗粒彼此联结的过程。它可以通过粒间矿物质的沉淀、碎屑颗粒的溶解和沉淀、粒间反应等多种方式完成。

11）固结作用

固结作用指松散的沉积物转变为坚硬岩石的过程，常用于表述黏土岩及各种生物化学岩。

12）石化作用

石化作用是最广泛的一般性用语，它表示各种未固结的沉积物转变为坚硬岩石的整体过程。

综上所述，沉积物在经历了成岩-后生作用之后，不仅固结成岩，还发生结构、构造上的变化和形成新矿物（自生矿物）。其中最主要变化有压实作用、压溶作用、胶结作用、矿物的多相转变、重结晶作用、溶蚀作用、交代作用等，它们之间既互相联系又互相影响。

3.1.6 湖泊沉积作用空间分异的动力学特征

从湖泊沉积过程中的质点对驱动力响应或能量输入进行分析，主要的驱动力有风力、河流入流量以及大气供热等（图 3.1）。这些输入方式的作用受湖泊形态、周边地形以及湖泊中占主导地位的水文动态等因素控制。

从湖泊沉积学原理分析，区分河流作用控制区与风力-波浪作用控制区具有实际的应用意义。Sly（1978）认为，在以河流作用为主的沉积区内通常不会形成河流羽状水流沉积，而深水沉积作用和浊流沉积作用等与已沉积物质的再次搬运有关的沉积作用并不局限于河口地区。柱状湖泊沉积物的沉积速率是进行环境演化重建的前提，四种主要因素影响着湖泊的沉积速率：① 沉积容量，即蓄积湖泊沉积物的能力。在其他所有因素都保持不变的情况下，湖泊容积越大，则截留沉积物的能力越强。② 湖泊生物量。内源物质的补给量，即湖泊内的总生物量。③ 搬运路径及距离。在湖泊的滨岸带沉积外来的物质多，越趋近湖心物质越少。④ 沉积物特征。

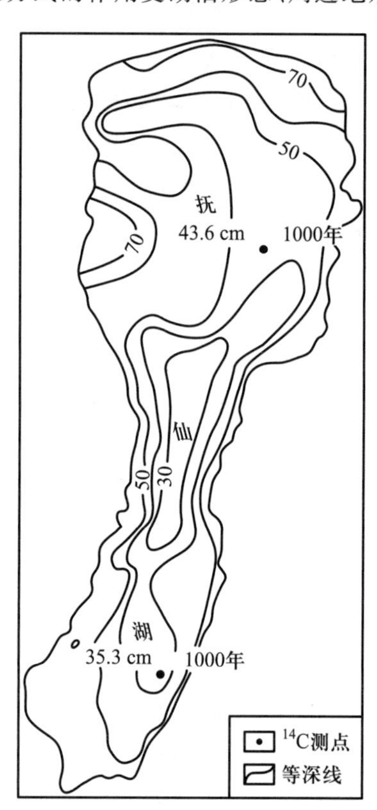

图 3.17 抚仙湖湖区沉积速率分布图（中国科学院南京地理与湖泊研究所，1990）

以上各因素也影响着湖泊沉积作用的地理分布特点，包括湖泊沉积物组成、结构以及时空展布特征。图 3.17 显示了抚仙湖现代沉积速率的空间分布状况。抚仙湖以北部三角洲地区的沉积速率最大，达到 60~70 $cm \cdot ka^{-1}$；其次是河口段，一般在 60 $cm \cdot ka^{-1}$以上；北部湖心区因受到密度流的影响，沉积速率也达到 50 $cm \cdot ka^{-1}$；中、南部湖心区的沉积速率最小，在 30~40 $cm \cdot ka^{-1}$。

3.1.6.1 河口区

1) 三角洲的沉积作用

在河流注入湖泊的河口区,水流形式复杂,水动力条件变化迅速,但三角洲地区具有类似反向流补偿带的水底射流扩张作用(Jopling,1963)。图3.18阐明了三角洲沉积作用的部分基本原理。三角洲前缘的沉积形式不仅取决于河流与湖滨的作用过程以及沉积物的性质,而且也取决于湖盆的地形(楼章华和蔡希源,1999)。河流作用的结果可以形成扇形、舌形的沉积体,而湖滨作用过程的无序性使三角洲总体呈现向外逐渐变缓的趋势,从而使得三角洲的滨线常呈直线形或尖头形。三角洲通常可划分为顶积区、前积区以及底积区(图 3.18)。前积区沉积物具有交错层理,而底积区具有水平层理。大于 0.18 mm 颗粒的质点搬运是形成前积斜坡的必要条件,前积区的主体由这种分选很好的物质构成。前积区的分布范围取决于沉积物的粒径(沉积的颗粒越粗,则前积区的范围越大)以及河口地区的湖泊水深状况。当推移质搬运作用停止时,粒径小于 0.18 mm 的悬移质的沉积作用使前积斜坡的高度依次降低。前积斜坡的倾角一般为 30°~35°。前积斜坡倾角大小主要取决于沉积颗粒的粒径、分选度、形状及颗粒密度。粉砂、黏土等细粒物质的出现使前积斜坡的倾角变小,并使底积斜坡的倾角增大(图3.18b)。所以,底积斜坡较稳定,而前积斜坡上的块体迁移比较频繁(图 3.19)。

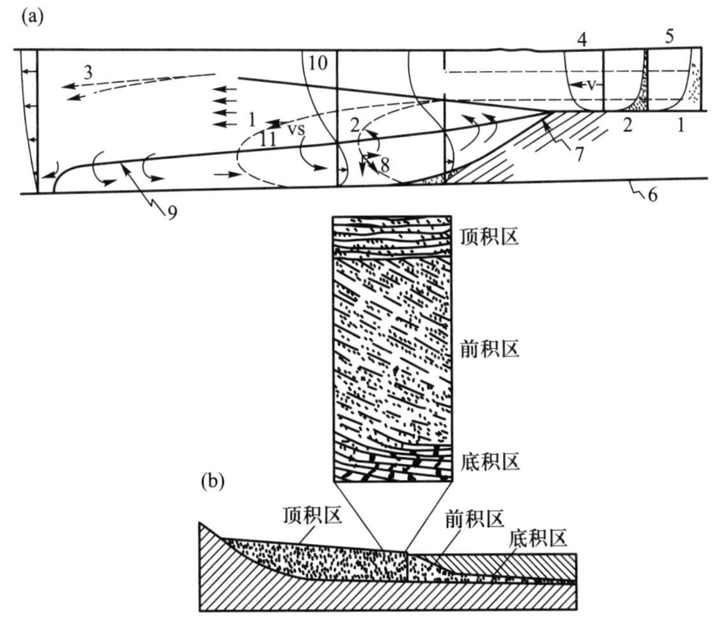

1. 细粒;2. 粗粒;3. 沉降颗粒的流动路线;4. 速度分布;5. 沉积物浓度;6. 底积区;7. 沿河床移动的颗粒的总沉降量;8. 回流带;9. 零速度迹线;10. 无扩散带;11. 混合带

图 3.18 三角洲沉积作用原理简易图:(a) 小型三角洲的溢流分布图,图中点线表示沉降颗粒的理想流径(Jopling,1963;Axelsson,1967);(b) 通过三角洲粗粒带的理想剖面和断面图(Friedman and Samders,1978)

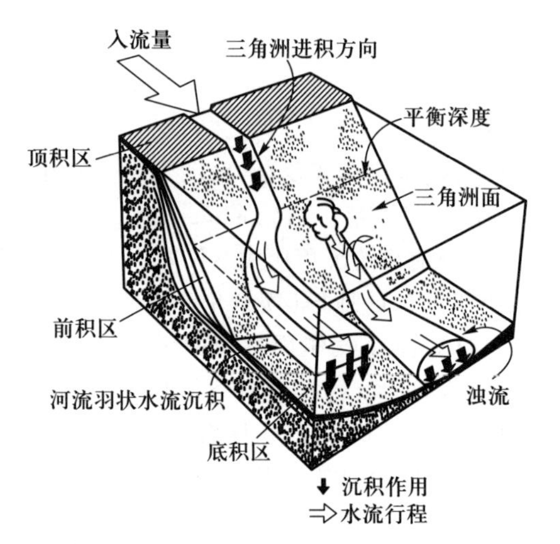

图 3.19 与进入分层湖泊的河流有关的沉积作用机理图(Pharo and Carmark,1979)

在大量接受外源物质的湖泊中,三角洲能快速地向前推进。下面以云南地区的深水湖泊抚仙湖的三角洲和半深水湖泊洱海三角洲沉积体系的特征为例进行说明(中国科学院南京地理与湖泊研究所,1990)。

抚仙湖三角洲主要在北部和南部发育。北部有约 50 km^2 的湖滨平原,最宽约 8 km,有 7 条河流入湖,最长的是东大河,长达 20 km。水深 50 m 以上湖滨地形的平均坡度为 7°~9°,雨季河流携带大量泥沙入湖。由于北岸是整个湖区波浪作用最强烈地段,持续的西南季风最大吹程可达 30 km,波高有 1.5 m,所以三角洲发育不同于云南的滇池和星云湖(图 3.20)。抚仙湖没有形成伸入湖泊的鸟足状或尖头状三角洲,而是呈弧形凹入的岸线(图 3.21),外形上十分类似高度破坏型三角洲。但是在沉积层序上,表现为湖水退缩的建设型三角洲沉积层序和空间上不同沉积类型展布,相应可划分为三角洲平原沉积-三角洲河口坝沉积、三角洲前缘斜坡沉积和三角洲底积三部分(图3.22)。

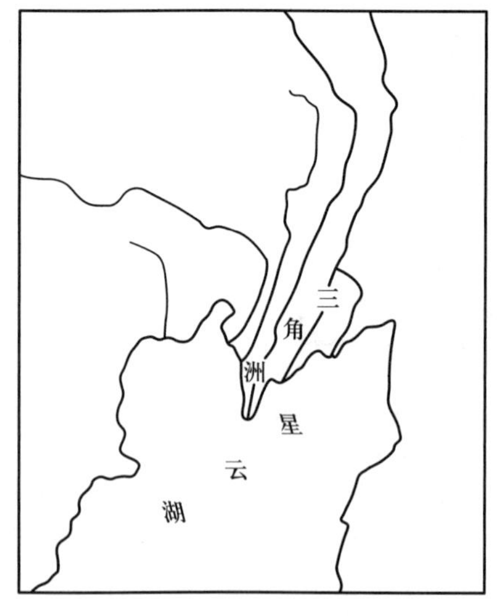

图 3.20 星云湖北部三角洲平面分布图(中国科学院南京地理与湖泊研究所,1990)

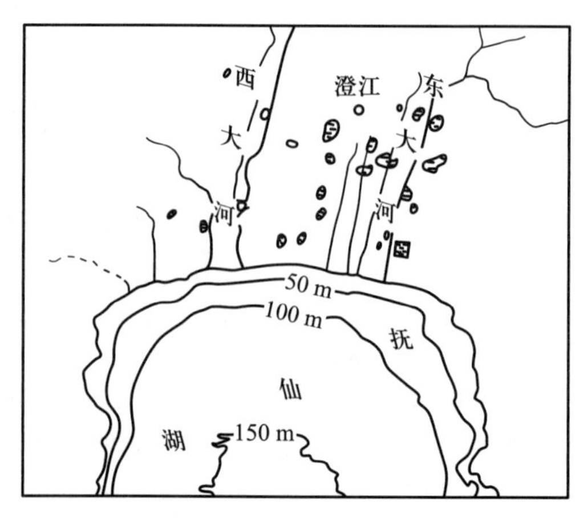

图 3.21 抚仙湖北部三角洲沉积平面分布图(中国科学院南京地理与湖泊研究所,1990)

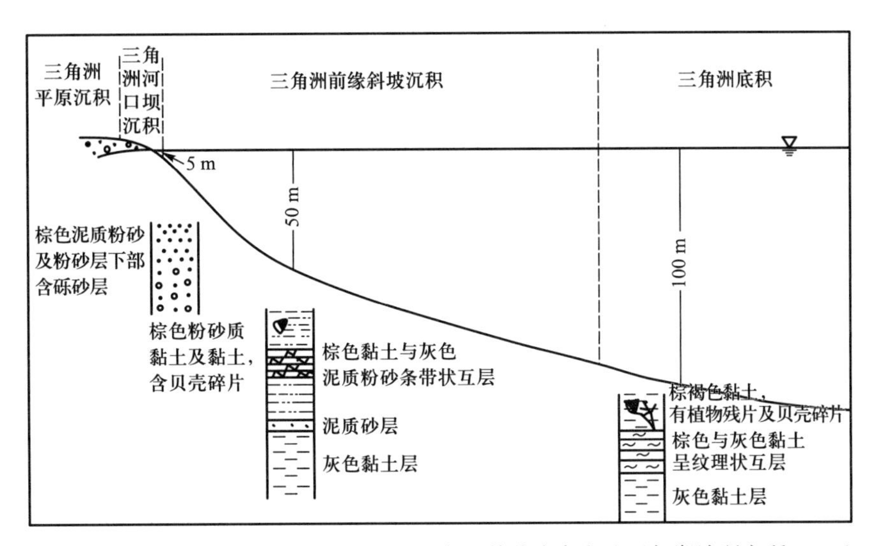

图 3.22 抚仙湖北部三角洲沉积剖面图(中国科学院南京地理与湖泊研究所,1990)

(1) 冲积-湖积平原

位于北部澄江平原,面积约 50 km^2,宽 6~8 km,比降 7‰~8‰,为约 12 000 年前湖退所形成的湖滨平原。平原面上发育 7~30 条辫状河道,河流的比降与平原地形基本一致。在这一沉积带,可以明显地划分出三种不同的沉积:① 分流河道沉积。由粗砂砾石组成,砾石倾向河流源头,与湖滨砾石层的倾斜方向恰好相反,并构成砾质纵坝。② 废弃河道沉积。由河流改道后废弃河床沉积的砂砾层,其上覆盖河漫滩相粉砂和黏土层,具二元结构、发育较好的水平层理。③ 沼泽沉积。在平原上,分流河道间的低洼地分布有数十个沼泽和池塘,沉积物为富含有机质的淤泥,其上生长大量水生植物,富含水生腹足类和瓣鳃类软体动物。

(2) 三角洲前缘沉积

分布范围自湖滨至水深 30~40 m,局部可达 50~60 m。这一带沉积既受河流作用,又受波浪和湖流的改造,沉积环境较复杂,但可划分出两种不同的沉积亚相:① 河口坝沉积。主要分布在河流入湖口处,由粗砂、细砾组成,坝顶面有一系列垅脊。分流河口间为湖滨砾石滩地。② 三角洲前缘斜坡沉积。该沉积又可再细分为两段:上段沉积,水深小于 10 m,主要由中粗砂至粉细砂组成的席状砂体,有很好的水平层理和波痕,构成三角洲水下的主要砂体区;下段沉积,自水深 10 m 至 30~40 m,主要为黏土层与黏土粉砂层,呈不等厚薄互层或条带状互层,波痕不发育,但有不少植物残片和贝壳碎片。介形类组合以浅湖、滨湖属种占优势,包括中华土星介和湖纹新介等;从沉积结构所反映的动力特征看,主要是轴状喷流和平面喷流交互作用的产物,即既有密度流又有非密度流的作用,因而呈现不等厚的条带状互层沉积结构。

表 3.2 表明,三角洲前缘沉积物的中值粒径的 Φ 值多在 4~7 范围变动,砂和粉砂含量占沉积物总量的 50%以上,其中浅湖部分砂质可占 70%以上。在图 3.23 上,跃移组分可占总量的 60%~70%,具双向往复水流作用,斜线倾角在 50°~60°,分选较好,曲线形态类似湖滩砂,但斜线倾角较缓。斜坡前缘水较深,悬浮组分的比重增大,占到总量的 80%~90%,概率图上由悬浮和跃移两段组成。在三角洲前缘末端有一个较长的过渡带(粒度的 Φ 值在 5~7),表明水流能量减小,逐步向三角洲底积区过渡。

表 3.2　三角洲沉积物粒度组成及参数(中国科学院南京地理与湖泊研究所,1990)

深度/m	岩性	粒度组成/%			Md/Φ	$\overline{X}/\Phi$	σ	SK	K
		$\Phi\leqslant4$	$5\leqslant\Phi\leqslant7$	$\Phi\geqslant8$					
13	三角洲前缘沉积	20.0	58.0	22.0	4.64	5.96	2.41	+0.52	−0.48
44	三角洲前缘沉积	0.5	51.0	48.5	7.85	8.06	2.12	−0.08	−1.36
94	三角洲底积区	0.5	40.5	59.0	8.60	8.45	1.97	−0.31	−0.48
101	三角洲底积区	1.2	29.3	69.5	9.54	8.83	1.93	−0.46	−0.31

注:Md,中值粒径;$\overline{X}$,平均粒径;σ,标准偏差;SK,分选系数;K,总体峰态。

(3) 三角洲底积区

分布从水深 30~40 m 以下至 100 m 范围,为棕色和棕褐色黏土与灰色黏土互层,单层厚 0.5~1 cm。具水平层理及纹层理,有植物和贝壳残片。介形类组合以深水属种占优势,但与深湖沉积相比,又含有一定数量的浅水属种,构成了由三角洲沉积向深湖过渡的环境,但又不同于深湖和湖湾沉积。

沉积物中黏粒含量约占总量的 60%以上。概率图上悬浮组分占 70%~80%甚至更多,跃移组分仅占 10%~20%,倾角 20°~30°。说明沉积过程仍然受到水流影响,但能量低,已接近于深湖静水沉积环境(图 3.23)。

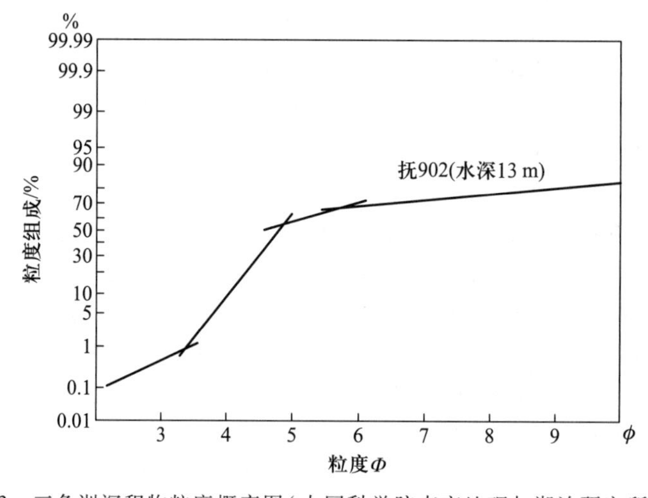

图 3.23　三角洲沉积物粒度概率图(中国科学院南京地理与湖泊研究所,1990)

相对于抚仙湖深水湖泊的三角洲沉积,洱海三角洲沉积体系以中、小型为主,但数量多、分布广、类型复杂,与抚仙湖三角洲有较明显的差异。按洱海三角洲走向与湖盆轴向的关系,可把三角洲划分为两大类:平行轴向发育的三角洲体系,与区域构造轴向一致,具有获得充沛水量和丰富碎屑物源的良好条件,三角洲体系规模较大,沉积物较细,延伸也较远,以河流三角洲为主;垂直构造轴向发育的三角洲,由于源近流短、湖水作用强,三角洲规模较小,物质较粗,延伸不远,以扇三角洲沉积体系为主。

洱海三角洲按河流动力与湖水动力强度的对比关系,划分为建设型和破坏型两大类。洱海东、西部的三角洲多为洪水水流占优势下发育的特殊形式的扇三角洲沉积体系,三角洲沉积多表现为砂、砾混杂,黏土含量高,沉积物成熟度低,兼有密度流和牵引流双重沉积特征,属常态三角洲与扇三角洲之间过渡类型(图 3.24)。其形成与流域自然环境条件有关,是断陷湖三角洲的一种特有类型,也是区别其他湖泊三角洲沉积体系的一项标志。

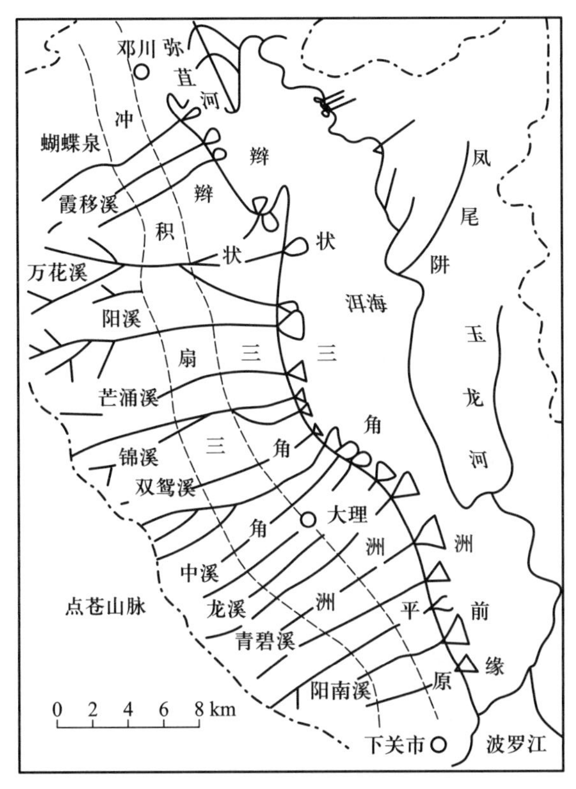

图 3.24 洱海西岸三角洲的分布特征

洱海三角洲的沉积模式可归纳为三种。

① 叶状-鸟足状三角洲沉积体系。该三角洲发育地带,波浪、沿岸流作用弱,故河流及其支流呈指状快速向湖区推进。垂向序列上表现为湖泊-三角洲-河流的沉积序列组合。平面展布上,陆上三角洲平原环境是多平直分流河道,天然堤、决口扇位于分流河道两侧,低洼处为分流间洼地或沼泽化环境;三角洲前缘的中间为陆上分流河道向下延伸的水下分流河道,两侧为水下天然堤,前缘是河口沙坝。该沉积体系以北部弥苴河三角洲最典型。

② 尖头状三角洲沉积体系。以南部波罗江为代表。三角洲河口西侧西洱河峡口为一风口,风力常在 8 级以上,波浪和沿岸流作用强,破坏了三角洲的正常伸展。在平面展布上,陆上三角洲平原环境与上述类似,前缘带表现为较小规模的河口沙坝或席状沙,发育多道障壁沙坝或水下沙坝,形成典型的沙坝-潟湖沉积体系。

③ 扇三角洲沉积体系。地形和气候条件使得发源于苍山而流向洱海的河流具有流程短、比降大、流速快、洪枯流量变幅大等特点,这些河流平行向东流入洱海,在湖西岸形成了壮观的扇三角洲群。在平面展布上,扇顶为水上分流河道分布区,两侧为天然堤,部分或大部分露出水面,河道以牵引流沉积为主;扇中是辫状分流河道发育区,河间为洪水漫溢沉积,表现为牵引流-重力流过渡水流机制;扇缘因地形平坦,分流河道消

失，全为悬浮粒级的低密度流浊流沉积。浅水湖泊由于受水动力条件的限制，往往难以形成典型的三角洲，但近年来对我国陆相盆地进行油气勘探揭示出，大型坳陷湖盆内发育大面积的浅水型三角洲，并发育岩性油气藏，因而湖泊浅水三角洲的形成条件、沉积特征值得进一步研究。

鄱阳湖是大型浅水湖泊，周围有赣江、抚河、信江、修水、饶河五大河流入湖，并发育三角洲，其中以赣江三角洲规模最大、发育最好。鄱阳湖沉积受到入湖河流与长江的双重影响，它们的水位差所形成的重力型湖流——吞吐流是主要的湖流形态。河流入湖后，吞吐流继续保持河口喷射流惯性力，因而粗颗粒物质仍可沿水下河道继续运移，但河道两侧流速骤减，形成天然堤或漫滩。因此，上述三角洲的沉积过程与深水、半深水湖泊三角洲的沉积模式迥然不同：在垂向组合上，不易区分出底积区、前积区和顶积区；在平面分布上，可划分为三角洲平原（陆上三角洲）、三角洲前缘（三角洲水下部分）和前三角洲（湖区）（图3.25），其沉积特征如下。

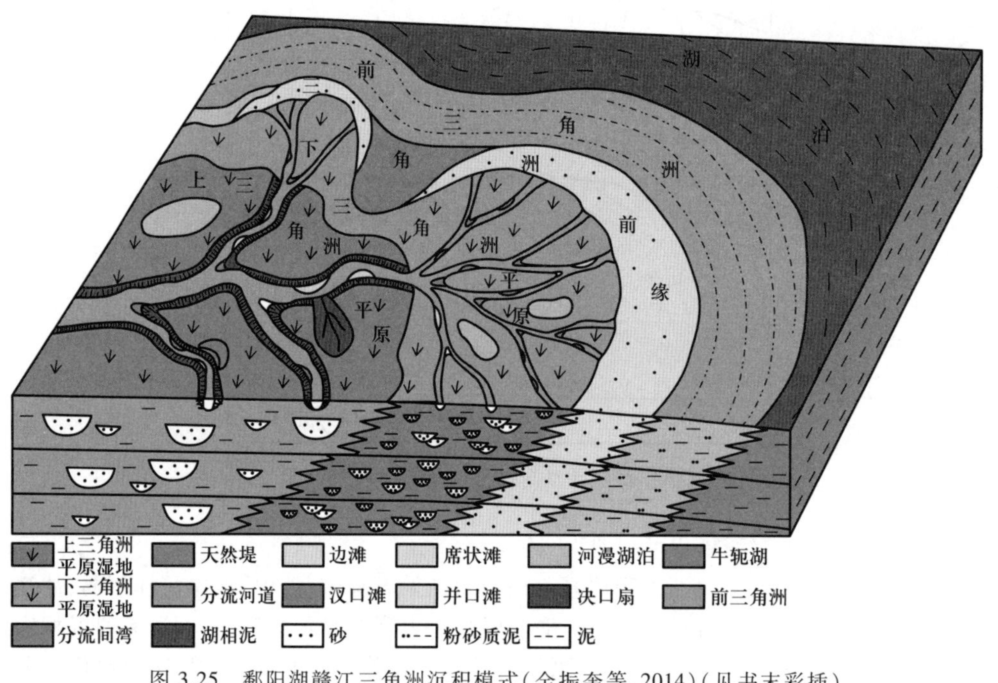

图3.25 鄱阳湖赣江三角洲沉积模式（金振奎等，2014）（见书末彩插）

① 三角洲平原沉积。主要包括分流河道沉积、天然堤沉积、决口扇沉积、分流河道间洼地沉积和牛轭湖沉积。分流河道主要发育水道沉积和边滩沉积，其中：水道沉积位于主流线位置，水动力条件最强，沉积物为砾、粗砂，从上游到下游颗粒粒度变小；边滩沉积发育在水道的凸岸，沉积物由中、细砂组成，常见交错层理。天然堤主要是由洪水期河水溢出河道、沉积物在两岸堆积而成，由泥与细砂互层组成。决口扇是洪水期河水冲破天然堤在湿地沉积形成的扇状堆积体，沉积物主要为细砂。从决口处向扇体末端，沉积物粒度逐渐变细。洼地多位于分流河道之间，沉积物为暗色泥，富含植物化石。牛轭湖由分流河道废弃形成，呈弯月形，沉积物为暗色泥，发育水平层理。

② 三角洲前缘沉积。主要发育河口坝沉积、席状滩沉积和分流间湾沉积。河口坝位于河流入湖口处，由细砂组成。由于水浅坡缓，高度仅为几十厘米。席状滩由湖边沿岸流将河口坝的砂侧向搬运、在分流河道河口之间的地带沉积形成。分流间湾发育于

三角洲朵页体之间无分流河道注入的地带,沉积物主要为泥和粉砂。

③ 前三角洲沉积。前三角洲位于正常浪基面之下的地带,总体为静水沉积环境,但洪水期仍受河流影响,河水靠惯性继续向湖中运动,带来呈悬浮状态搬运的物质,沉积物主要为暗色泥、粉砂质泥夹薄层粉砂。

2）河流羽状水流沉积作用

河流羽状水流沉积作用指较细颗粒随注入湖中的河水以羽状流动和沉积的作用。它不同于射流作用,是由于河流羽状水流受地球自转产生的科里奥利力影响的结果。在北半球,河流羽状水流沿着湖岸扩散的流向取决于地貌特征和河流的季节性变化;根据湖水与河水之间密度差的不同,羽状水流以表层流、中间流或底流的方式运移。因此,不同的运移方式将对湖水的分层、河流的扩散作用、湖泊生物量以及湖泊的季节性变化等要素产生复杂影响,使这些要素间相互变化,形成湖底沉积物的复杂沉积构造。

河流作用与风力-波浪作用分界线的位置取决于河流入湖水量、河水入湖外延方向以及湖盆形态和湖水的深度等条件。在河流羽状水流直接影响的区域内,其沉积物通常比开阔水域的沉积物大,沉积物粒度及沉降速率一般随着与支流河口距离增大而呈对数降低。而在羽状水流间接影响的区域内,沉积物的粒度要比给定水深下正常粒度偏小。河流作用与风力-波浪作用的分界线一般定位在支流水流速比较低而且缺失河流作用的湖水特征地带。

3）湖湾沉积作用

在滨、浅湖地区,由于三角洲、沙嘴、沙坝、水下隆起的障壁沙坝等砂体的遮挡作用,近岸的局部地区水体受到限制而形成半封闭的湖湾。

湖湾内由于水体流通不畅,波浪和湖流作用弱、无大河注入,故湖湾水体较平静,湖底缺氧,沉积物以细粒的泥质沉积为主,主要为富含有机质的暗色粉砂质泥,中间往往夹薄层白云质层,成岩后往往形成油页岩。气候温湿时,水生植物生长繁盛,可发育成泥炭沼泽,形成碳质页岩和薄煤层。在有间歇性物源注入的湖湾环境,沉积物可含有某些正韵律小砂体,可发育粒序层理、平行层理、浪成小型沙纹及低角度交错层理。泥质湖湾沉积中,水平层理和季节性韵律层理发育,有时则形成块状层理,可见泥裂、雨痕、生物潜穴。泥岩颜色较暗,有时见少量的特殊浅水生物。

当湖湾的障壁沙坝或沙嘴向湖心推进时,可形成下细上粗的反旋回沉积层序,自下而上为:湖相块状或发育水平层理的泥岩-障壁沙坝-半封闭湖湾泥岩夹白云岩和油页岩。若沙坝不断向陆地退缩,则出现与上述沉积相反的退积型沉积序列,即自下而上为:半封闭湖湾沉积-障壁沙坝-湖盆沉积(何镜宇和孟祥化,1987)。

3.1.6.2　开阔湖区

开阔湖区指滨岸带以外的开阔水域,这里湖底受波浪的振荡运动或轻度扰动作用,沉积物主要为黏土和粉砂质黏土。从沉积学分析,区别内源沉积物及其分布区(开阔湖区)和外源沉积物及其分布区(河口区为主)具有重要意义。依据沉积速率的变化特征,河口区沉积速率通常比开阔湖区高;以外源沉积物为主的湖泊比以内源沉积物为主的湖泊沉积速率高。在贫营养的坎卢普斯湖中,年平均沉积速率为 20 000 $g \cdot m^{-2}$ (Pharo and Carmark,1979)。

在开阔湖区,以雷诺数小于 0.5 的较细颗粒沉积物为主,对应颗粒周围的水流多为层流,而且水平速度分量比垂直速度高得多。因此,这些颗粒的沉积作用主要取决于湖泊的水文状况、湖泊是否分层以及风和波浪的作用等。

在河口或湖泊滨岸带的沉积环境中,通常可以应用沉积物粒度参数来表征水流速度参数,通过粒度参数分布图来反映河口区不同空间的能量变化。但在开阔湖区,由于水的能量因素难以用简单的沉积物参数加以表现,需要综合考虑一系列相关的变量,包括波高、风速、风向、风的持续时间以及有效吹程等(图 3.26 和图 3.27)。从图 3.27 中显示由湖滨地带进入较深水区,则相关关系较为复杂。因为在以细颗粒沉积物为主的深水区,如果仍以无机颗粒的粒度作为湖水与湖底动力特征间唯一的联系就很难反映湖水的动力特征。因此,人们通常应用沉积学的基本原理,对湖泊开阔水区进行侵蚀、搬运和沉积带的划分,并分别对湖底动力做分析。而在河口地区,由于各种类型的沉积作用都可能同时存在,如砂层的堆积、粉砂的搬运以及碎屑颗粒的侵蚀等,因此,采用深水区的方法显然不适用。

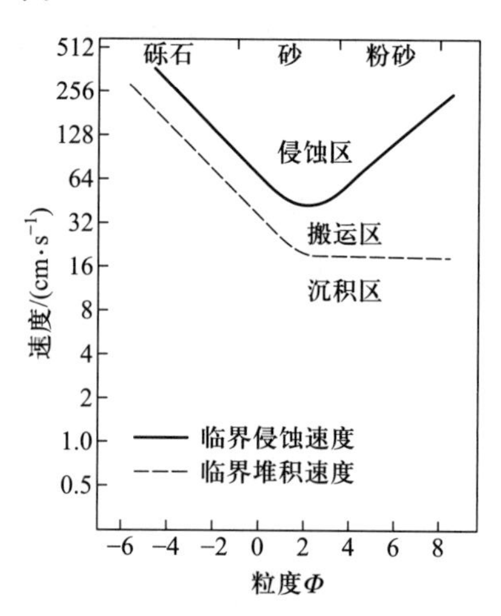

图 3.26 不同粒度颗粒在单向水流条件下临界侵蚀速度与临界堆积速度间的关系[经 Sundborg(1956)修正后的 Hjulström(1939)曲线]

抚仙湖开阔湖区分布于水深 35~40 m 至 155 m 最深湖心,占湖泊总面积 85%左右。沉积类型包括浊积、湖底河道和湖底扇等,但主要以深湖静水沉积为主。沉积物主

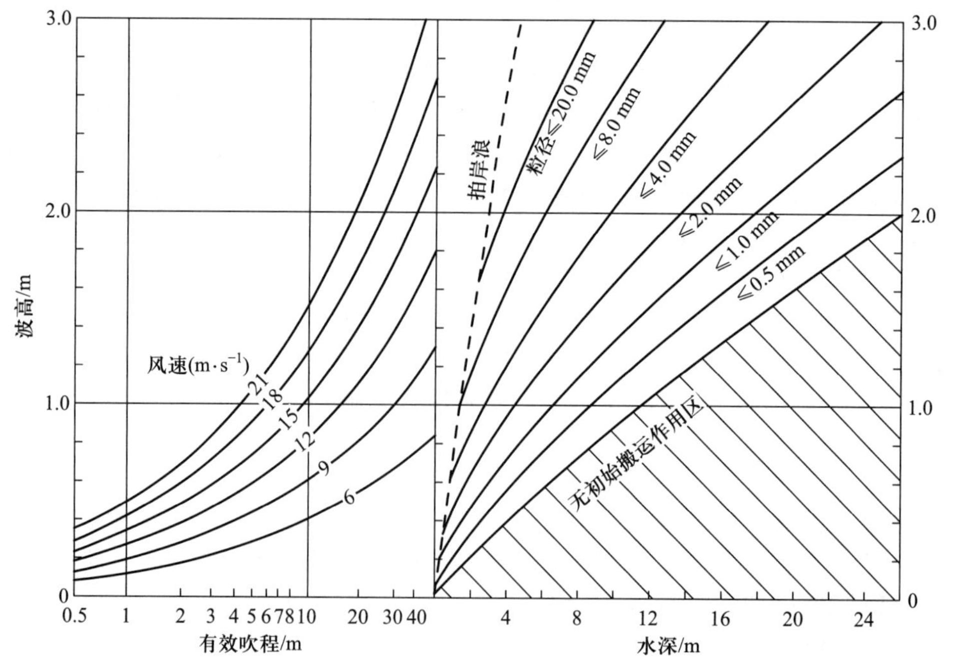

图 3.27 湖滨带的有效吹程与波高及波高与湖底动力学特征之间的关系(中国科学院南京地理与湖泊研究所,1990)

要为棕色和棕褐色黏土，表层厚 50~60 cm，向下颜色逐渐加深，呈现为厚层块状，具水平层理，但未见微层理，为连续的静水沉积过程。沉积物粒度 $\Phi\geqslant 8$ 的黏粒含量占到 60%~80%（表 3.3）。在概率图上呈现出一条由不同的悬浮线段组成的直线段（图3.28）。

表 3.3　深湖沉积物粒度组成及参数（中国科学院南京地理与湖泊研究所，1990）

深度/m	岩性	粒度组成/%			Md/Φ	$\overline{X}\Phi$	σ	SK	K
		$\Phi\leqslant 4$	$5\leqslant\Phi\leqslant 7$	$\Phi\geqslant 8$					
140	棕色黏土	0.5	25.5	74.0	9.33	9.04	1.54	−0.42	−0.02
91	棕色黏土	0	29.0	71.0	9.77	9.11	1.62	−0.39	−0.69
140	棕色黏土	0	36.5	63.5	8.79	8.66	1.71	−0.24	−0.92
112	棕色黏土	0	28.5	71.5	9.24	9.06	1.41	−0.24	−0.80

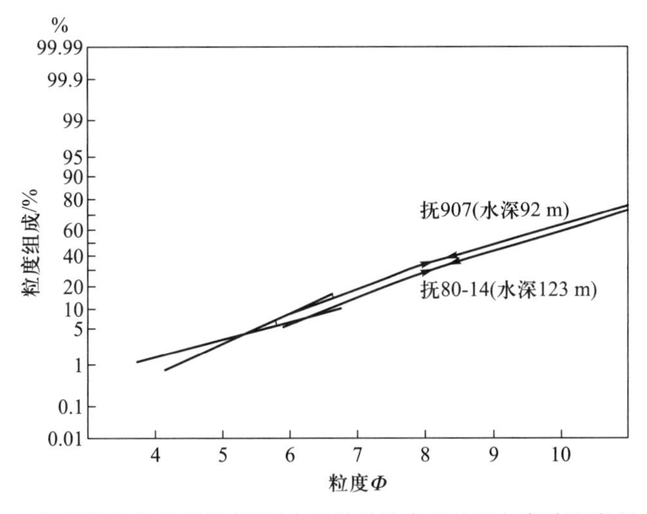

图 3.28　深湖沉积物粒度概率图（中国科学院南京地理与湖泊研究所，1990）

另外，河流中季节性洪水含有大量悬浮状态的泥砂形成密度流，在湖盆边缘由于坡度陡，在重力作用下，沿湖底或水下河道流入湖泊中央深水区堆积下来，形成洪水型重力流沉积。此外，湖成三角洲前缘尚未完全固结的沉积物，因受地震或其他构造因素的影响，沉积物发生破裂、滑动并与水混合形成密度流，在重力作用下沿斜坡流入湖泊深水区堆积形成滑塌型重力流沉积。在形态上呈扇状，形成所谓“湖底扇”或“深水浊积扇”，也可呈层状展布或沿深水区沟谷、断凹形成重力流水道的长形堆积体。下面以云南地区的抚仙湖的浊流沉积为例简要说明重力流动力学机制下的开阔湖区沉积特点（中国科学院南京地理与湖泊研究所，1990）。

分布在抚仙湖的高密度浊流沉积有两种类型：一种是某种突发因素引起的水下崩塌、滑坡等造成的高密度浊流在深水环境的沉积，它并不受河流、气候等季节性因素的影响；另一种是沿水下谷地所形成的浊流及水下扇沉积。抚仙湖的现代浊流沉积见于湖的北部和南部。北部自西岸水深约 50 m 以下延至 150 m 的湖中心，它的主要物源来自西岸的尖山河与路歧河，浊流沉积呈扇形展开直伸到湖心地段，沉积面积达 30 km^2，占湖泊总面积的 13%；南部浊流沉积物源来自湖东几条河，浊积砂体沿着狭长的湖底分布，长达 16 km，沉积面积亦达 20 km^2（图 3.29）。

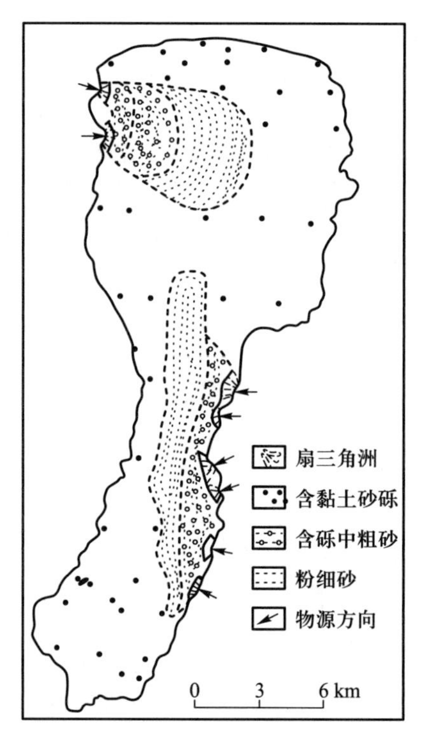

图 3.29 抚仙湖浊积砂体平面分布图(中国科学院南京地理与湖泊研究所,1990)

因受物源区气候带和岩性的影响,整个浊流沉积是一套棕红色、棕色砂泥互层沉积,其沉积层序见图 3.30。下部为棕红色含砾中粗砂层(A 段),厚 4~6 cm,呈粒级递变,向上逐渐过渡为粉砂层和粉砂质黏土层(B 段),上部为厚层棕红色黏土层(E 段),从砂层到黏土层总厚 25~30 cm,上下颜色一致。岩性逐渐过渡,其砂泥比为 0.2~0.3,尽管来自不同的物源区,但大部分剖面表现为两个沉积旋回,沉积层序基本一致,层位稳定。这也表明它们在形成过程和时间上的一致性。

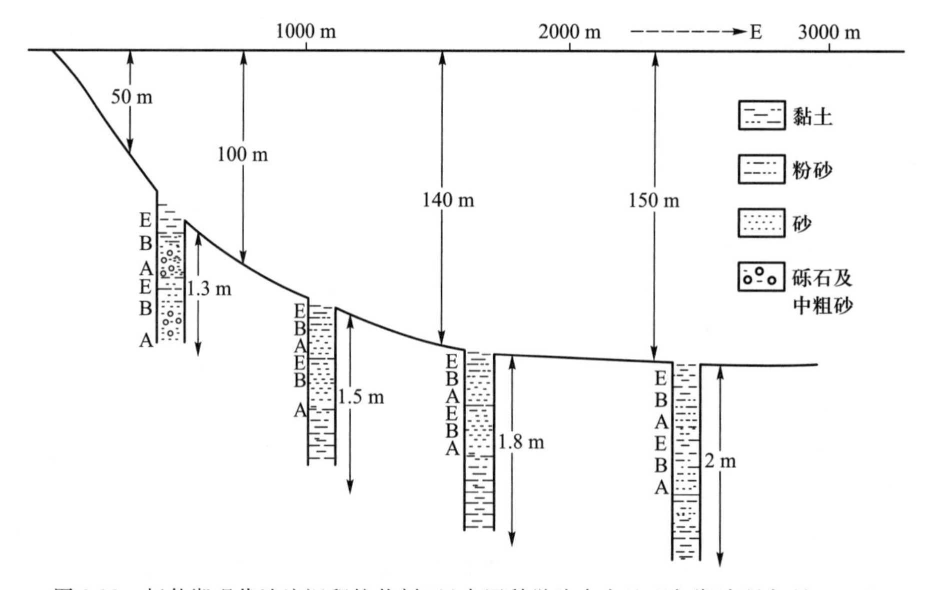

图 3.30 抚仙湖现代浊流沉积柱状剖面(中国科学院南京地理与湖泊研究所,1990)

在湖的北部,整个浊积体自湖滨至中心呈扇形展布。根据浊积体的平面分布特征,大致可以划分三个区(图 3.30):① 物源区:自西岸的河口湖滨至水深约 50 m 处,地形坡度达 10°~11°,为碎屑物质组成的扇三角洲沉积,从沉积物的组成和分布看,它是浊流沉积物质的主要来源区。② 驱动或流动区:自扇三角洲前缘至水深 100~120 m 地段,湖底坡度 5°~6°,为砂、砾、泥混合组成,泥质含量可占 30%以上,单层厚 6~8 cm,向上依次递变为砂层和黏土层。在湖底地形上,伴有宽达 10~100 m、深 1~2 m 的侵蚀谷地,反映出具有滑动型浊流沉积特征。③ 浊积区:分布于 100~150 m 深处,沉积物为含砾的中粗砂,向前缘渐变过渡为粉、细砂层,水深 150 m 以下的最前缘部分,则以含泥的粉砂为主,堆积形态上呈现为几个大型舌状体,舌状体之间为宽 10~20 m、长达数百米的槽状洼地。

3.2 湖泊沉积物特征

湖泊沉积物主要来源于流域输入、大气沉降和湖泊自生等(图 3.31),湖泊的沉积作用按其作用方式可以分为物理、化学和生物等几种。不同气候条件下,沉积方式和特征均有一定的差异,如:气候潮湿地区,湖泊的沉积作用既有物理、化学沉积,也有大量的生物沉积;而在干旱地区的湖泊沉积物中,生物沉积较少。同时由于蒸发量大于补给量,在化学沉积过程中以盐类的沉积为主。通过了解湖泊沉积物特征,有助于了解湖区古地理,探明沉积物质来源,推断这些沉积物形成时期的水文、气候条件,为寻找湖相沉积矿藏提供依据。

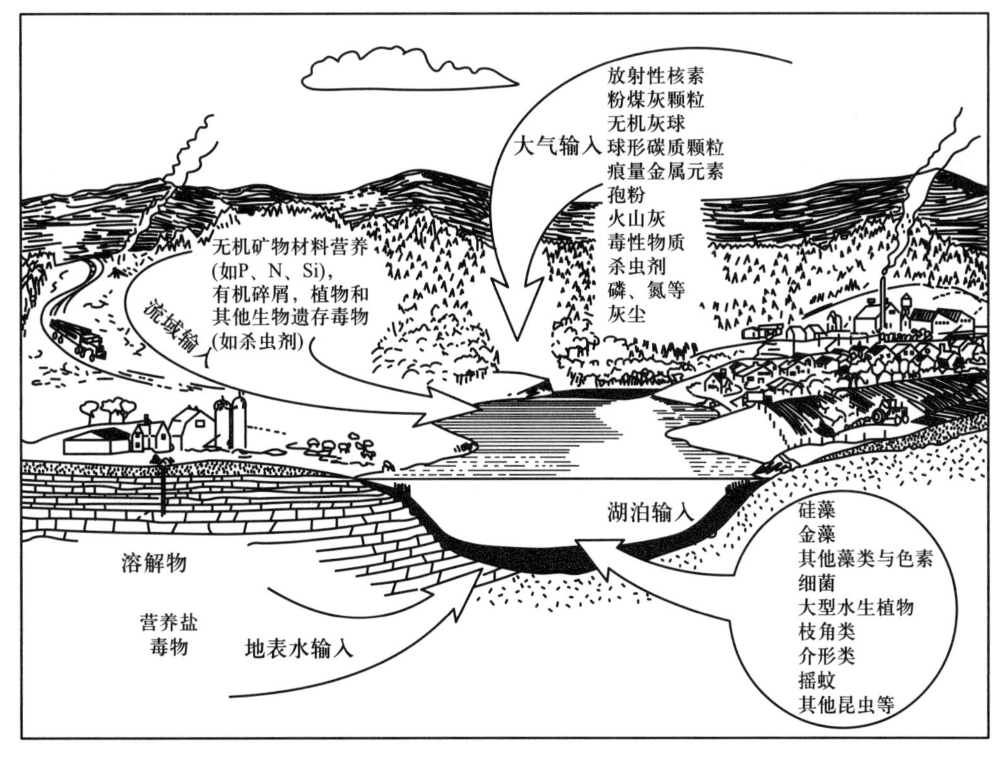

图 3.31 湖泊沉积物的内源和外源示意图

湖泊沉积物特征涉及多个学科领域,并且仍处于不断发展之中。目前,湖泊沉积物特征主要通过各类环境参数表征,包含两个层面:第一个层面是指那些能表征湖泊沉积物基本特征的参数,如湖泊沉积物的元素组成、矿物成分、主要生物含量,以及反映湖泊沉积物物理特征的含水量、密度、颗粒形态和沉积构造等参数;第二个层面是那些能指示某种特定环境特征的参数,这些参数对环境的指示意义有些已经比较清楚,如孢粉、同位素、元素比值等,有些还在进一步发展和挖掘之中,如生物标志化合物、特殊的微生物种群等。本节主要论述第一层面的环境参数,对于那些已在湖泊沉积学中广泛应用的环境参数如孢粉、硅藻等生物参数,介形类等微体古生物参数,C/N、Mg/Ca 等元素地球化学参数,将在下一节中详细介绍。

3.2.1 湖泊沉积物的物理特征

本小节着重论述湖泊沉积物的含水量、体积密度、烧失量和粒度等湖泊沉积物的物理参数,其他一些湖泊沉积的物理参数,如孔隙度、空隙比、渗透率和压实性等可按上述四个基本参数予以确定和表示。近年来,磁参数在湖泊沉积研究中运用广泛,为此将磁参数也归入本节。

3.2.1.1 含水量

含水量(W)是指沉积物中所含水分的数量,是湖泊沉积一个关键性参数。通常至少可用两种方法予以确定。

(1) 用水重 W_w(g)与固体干重 W_s(g)之比值表示:

$$W=\frac{W_w}{W_s}\times 100=\frac{W_t-W_s}{W_s}\times 100 \tag{3.8}$$

式中,W 为含水量(%);W_t 为总湿重(g)。

对于松散沉积物而言,运用这一计算方法,其值可能大于 100%,故一般不予采用。

(2) 用水重与总湿重之比表示:

$$W=\frac{W_w}{W_t}\times 100=\frac{W_t-W_s}{W_t}\times 100=\frac{gws-gds}{gws}\times 100 \tag{3.9}$$

式中,gws 为用克表示的湿沉积物质量;gds 为用克表示的固体干沉积物质量。

应用此方法计算得到的含水量值,从接近于零(干岩石)到百分之百(纯水)。因此,在下文有关含水量的论述中均采用这种表示方法。

通常测定沉积物含水量的方法,是将 3~5 g 的湿沉积物置于干燥箱内,在 105 ℃温度下,经 6~8 h 烘至恒定质量后,即可计算出沉积物的含水量。此定义得以确立的前提是,湖泊沉积物中饱含水分,且忽略不计其中所含气体的质量和体积。

含水量是湖泊沉积学中一项极为重要的参数。在湖泊沉积物中,含水量具有典型的水平和垂向分布形式(Håkanson,1981)。在粗粒物质占优势的浅水区和沉积物粒径较大的主、支流河口区,沉积物含水量值往往比较低;而在湖泊的较深水区,含水量比较高。沉积物岩芯中的含水量,由于受压实作用的影响,自表层向深部其含水量逐渐降低。含水量的垂向变化主要受下列因素控制:① 沉积速率(包括现在和过去的各种变化);② 沉积物性质和特征;③ 压实度;④ 生物扰动作用的程度及其在时间上的变化。

直至目前,尚无一个可被利用的通用动力模式和一种完善的物理方法描述、确定含水量(及有关的沉积物物理参数)的垂向变化及其一切可能存在的相互关系。因此,人们不得不用某些理想的、经验的或半经验的模式，以描述含水量在垂向上的分布特征，其中一个很简单的关系是：

$$W(x)=W_{0-1}+K_s\cdot\ln(2x) \tag{3.10}$$

式中，$W(x)$为在沉积物深度 x 上 1 cm 厚的沉积层中的含水量；W_{0-1}为表层沉积物（0~1 cm）的含水量；K_s 为沉积物的经验常数。K_s 不仅取决于湖泊类型而且也取决于采样位置。其数值大小主要是由湖底动力特征如侵蚀作用、搬运作用、堆积作用等决定。通常在湖泊的开阔水区（堆积区）内变化较小；而不同类型的湖泊中，沉积物的化学、物理以及生物等因素的影响致使其数值范围变化较大；在压实程度低和松散的沉积物中，K_s 值低，反之亦然。

3.2.1.2 体积密度

体积密度（ρ）或称湿密度（$g\cdot cm^{-3}$），是指沉积物在自然状态下单位体积的质量。所谓自然状态下的体积，即包含了沉积物内部空隙体积在内的总体积。体积密度可以采用纳廷比重瓶法测定（Krumbein and Pettijohn, 1938）或用下列公式进行计算（Axelsson and Håkanson, 1971）：

$$\rho=\frac{100\rho_m}{100+(W+LOI^0)(\rho_m-1)} \tag{3.11}$$

假定在被水饱和的沉积物中，水和有机质的密度均为 1.00 $g\cdot cm^{-3}$时，该式方可成立。式中，LOI^0 为用总湿重（W_t）的百分数表示的烧失量（见第 3.2.1.3 小节），W 为含水量，ρ_m 为固体颗粒的密度（$g\cdot cm^{-3}$）。

该式描述了体积密度（ρ）与含水量（W）、烧失量（LOI^0）及固体颗粒密度 ρ_m 之间的关系，既适用于湖沼沉积物（Axelsson and Håkanson, 1972），也适用于海洋沉积物（Ericsson, 1973）。在精度相同的情况下，此法与比重瓶法相比，方法更简单，而且节省工作量。但使用该式时，需知道 ρ_m 值。从公式中可以明显看出，在含水量大于约 75%的松散沉积物中，例如在湖泊堆积区的大量沉积物中，ρ_m 值对 ρ 值的影响相当小。鉴于此，且湖泊侵蚀区沉积物中多以平均密度为 2.65 $g\cdot cm^{-3}$的砂（石英）为主，其含水量一般为 50%或更少。另外，由于黏性粉砂和黏土的 ρ_m 值一般限于 2.60~2.85 $g\cdot cm^{-3}$（Lgelman and Hamilton, 1963; Keller and Bennett, 1970; Richards, 1974），所以根据一般经验可采用 $\rho_m=2.6\ g\cdot cm^{-3}$计算体积密度。这意味着，公式（3.11）可以改写为

$$\rho=\frac{260}{100+1.60(W+LOI^0)} \tag{3.12}$$

由于湖泊沉积物中体积密度、含水量和烧失量三者之间具有内在的联系，所以它们显示出相类似的分布形式也是十分自然的。

3.2.1.3 烧失量

烧失量（loss on ignition, LOI）是指在一定的高温条件下，样品损失的部分占样品总质量的百分比。样品具有多种组成成分，由于其中的某些成分在一定温度条件下会发生挥发、燃烧以及分解等物理、化学过程，因此烧失量能够表示样品中某些组成成分的含量。由于具有简便、快速、经济等优点，因此烧失量经常被用作湖泊沉积物中有机质含量的量度。

通常烧失量的测定方法是将干燥沉积物在 550 ℃下灼烧 5 h，则沉积物中绝大部分

有机质将被烧掉，但一些化学键结合水以及孔隙中的部分化合物也会挥发掉。烧失量可用下式表示：

$$LOI=\frac{W_s-W_r}{W_s}\times100=\frac{gds-gir}{gds}\times100 \tag{3.13}$$

式中，LOI 为烧失量，用固体颗粒干重（W_s）的百分数表示；W_r 为无机残渣的重量；gds 为用克表示的干物（或干沉积物）重量；gir 为用克表示的无机残渣重量。

长期以来，湖泊沉积物中有机质含量的研究一直被作为评价湖泊初始生产力，判断生物死亡与埋藏、分解和保存条件以及重建湖泊古气候环境演变过程的主要依据之一。由于生物有机体在死亡后受到微生物的作用，生物残体发生分解、缩合、脱水和脱羟基等复杂的生物化学过程，碳元素不断积累而显著增多，氢、氧和氮的含量逐渐下降，因此，有机碳的含量常作为有机质含量的参数。

Heiri 对多个研究机构烧失量测定方法的对比研究表明，在不同研究机构之间相同沉积物烧失量测定结果的差异很小。Christophe Luczak 采用元素分析仪方法和烧失量方法进行沉积物有机质含量的比较研究，实验结果表明，两种方法间存在很好的相关性，烧失量测定是一种能够比较稳定而可靠地反映沉积物有机质含量的研究方法。关于烧失量与有机碳及有机质的关系，有多位学者进行了研究。Cato（1977）认为，在一定条件下可以用烧失量估算沉积物中有机碳的含量。有机碳含量与烧失量之间一般有很好的相关性，Dean 认为，烧失量与有机碳含量的二倍大致相当。对瑞典梅拉伦湖的韦斯特雷斯湾、孔塞拉湾和格尔费尔恩湾三湖区的表层沉积物分析数据研究（霍坎松和杨松，1992）表明，沉积物中的有机碳含量（TOC）与烧失量（LOI）之间的相关性可以建立以下回归方程：

$$TOC=0.48\times LOI-0.73$$

同时该研究也指出，只有在烧失量大于 10%时才可以用烧失量的二分之一粗略计算有机碳含量；在烧失量值很小的时候这一计算方法往往不准确。

早在 1973 年 Carter（1973）就论证，下列三个因素往往促使沉积物中烧失量数值增高：① 人为排放的有机物质；② 湖泊中高的生物产率；③ 沉积物中阻碍有机质降解的还原条件。

沉积物中有机质含量与含水量之间有明显的相关性，因而在湖泊沉积物中，有机质含量与含水量以极其相似的方式分布。沉积物中有机质的矿化作用意味着有机质的含量往往随着沉积物埋藏深度的增加而减少。由于湖泊沉积物的烧失量与沉积物的有机质和碳酸盐含量之间存在着紧密的相关性，而有机质和碳酸盐的生成和沉积过程在很大程度上受到气候环境条件的影响，所以烧失量不仅指示着有机质的沉积过程，而且间接地反映着碳酸盐的形成及其发生环境。因此烧失量能够表示湖泊沉积物中的有机质和碳酸盐含量，反映湖区气候环境特征，是湖泊古生产力和气候环境特征的地质记录。

3.2.1.4 粒度

颗粒的大小称作粒度，颗粒的直径称作粒径，通常用粒径来表示粒度。粒度有两种值，即线性值和体积值。体积值一般以标准直径（d_n）表示，它代表与颗粒体积相等的球的直径。线性值常因颗粒形状不规则而测定很困难，通常测三个值：最长直径 d_L、中间直径 d_I 及最短直径 d_J。

沉积物颗粒粒度的测定及其解释对湖水动力学、地貌学和沉积学的研究（Friedman

and Sanders,1978)具有十分重要的意义。沉积物粒度是湖泊沉积特征的重要指标之一,并因其测定简单、快速、经济、不受生物作用影响、对气候变化敏感等特点而倍受研究者青睐。本节重点讨论沉积物的粒度分级,与湖泊沉积学特别有关的平均值、分选系数、偏态、峰态等粒度参数,以及与沉积物类型和湖底动力状态相关的某些应用。

1) 粒度分析方法

粒度测试的方法很多,目前比较常用的主要有沉降法、激光法、筛分法、显微图像法和电阻法五种。

(1) 沉降法

沉降法是根据不同粒径的颗粒在液体中沉降速度不同,测量粒度及其分布的一种方法。它的基本过程是把样品放到某种液体(通常是纯净水)中制成一定浓度的悬浮液,悬浮液中的颗粒在重力或离心力作用下将发生沉降。由于不同粒径颗粒的沉降速度不同,大颗粒的沉降速度较快,小颗粒的沉降速度较慢,以此计算求出颗粒的粒径。

(2) 激光法

激光法是根据激光照射到颗粒后,颗粒能使激光产生衍射或散射的现象来测试粒度分布。激光法具有实验简便、速度快、成本低、稳定性强、准确性高和输出数据准确直观等优点,因而国内外进行湖泊沉积物粒度分析以激光粒度分析仪为主。

(3) 筛分法

筛分法是一种最传统的粒度测试方法。它是使颗粒通过不同尺寸的筛孔来测试粒度的分布。筛分法又分干筛和湿筛两种形式。可以用单个筛子来控制单一粒径颗粒的通过率,也可以用多个筛子叠加起来同时测量多个粒径颗粒的通过率,并计算出百分数。此方法的有效粒度下限为 0.63 μm。

(4) 显微图像法

显微图像法包括显微镜、CCD 摄像头(或数码相机)、图形采集卡、计算机等组成部分。它的基本工作原理是将显微镜放大后的颗粒图像通过 CCD 相机和图形采集卡传输到计算机中,由计算机对这些图像进行边缘识别等处理,计算出每个颗粒的投影面积,根据等效投影面积原理得出每个颗粒的粒径,再统计出所设定视域内的颗粒数量,就可以得到粒度分布。

(5) 电阻法

电阻法又称库尔特法,是由美国人库尔特发明的一种粒度测试方法。这种方法是根据颗粒在通过一个小微孔的瞬间,占据了小微孔中的部分空间而排开了小微孔中的导电液体,根据小微孔两端电阻发生变化的原理测试粒度分布。

2) 粒度分级

粒度的分级与分类有多种方案,表 3.4 列出了 Φ 值分级、毫米分级(mm),微米分级(μm)与温氏分级(Å)等几种最为常用的分类方法。在湖泊沉积学中下列粒度分级方案(Müller and Förstner,1968a,1968b)最为常用:砂>63 μm,粉砂 2~63 μm,黏土<2 μm。

Φ 值分级的数学定义是:

$$\Phi = -\log_2(d)$$
$$\text{或}\quad \Phi = -\log_2(d/d_0) \tag{3.14}$$

式中,d 为颗粒直径(mm);d_0 为标准颗粒直径(1 mm);Φ 为无量纲的粒度值。

表 3.4 沉积物颗粒的粒级表(Kohnke,1968)

粒 级	直 径			测试方法	机械分析方法
	mm	μm(10^{-6} m)	Å(10^{-8} cm)		
砾石(Φ<0)	2	2 000			
砂(0<Φ<4)	0.06	200		光学法 显微镜法	筛析法
粉砂(4≤Φ≤9)		50			
	0.002	20 2	20 000	X 射线衍射 电子显微镜	电泳计数法 重力沉降法
粗黏土(Φ>9)		红光*	7 000		
	0.000 5		5 000	光学显微镜研究界限	
		紫色光*	4 000		
	0.000 2	0.2	2 000	红外光谱分析	
					离心沉降法
	0.000 06	0.06	600		
胶质黏土	0.000 02	0.02	200	X 射线衍射及电子显微镜研究界限	
	0.000 005	0.005	50		
真溶液	0.000 002	0.002	20	红外光谱分析界限	

注:*,可见光波长。

3) 粒度参数

经常使用的粒度参数有平均值、分选系数、偏态、峰态等。

(1) 平均值($\overline{X}$)

平均值代表粒度分布的集中趋势。如以有效能来表示,则代表沉积介质的平均动力能(速度)。但沉积物的平均粒度还在一定程度上取决于源区物质的粒度分布。

平均值可用各种方法予以确定,譬如用25%与75%位置上的粒度值或16%与84%位置上的粒度值来计算平均值,它代表正态分布曲线上中值任何一侧的标准偏差值处的粒度(图3.32),即

$$\overline{X}=\frac{\Phi_{16}+\Phi_{50}+\Phi_{84}}{3} \qquad (3.15)$$

平均粒度是解释与底部动力特征有关的沉积物的重要参数。密歇根湖沉积物的平均粒度与水深之间的关系表明,较细颗粒主要赋存于连续堆积作用占优势的深水区,其分布范围虽小,但分选良好;在浅水区,由于在地形开阔地区以侵蚀作用和搬运作用为主,

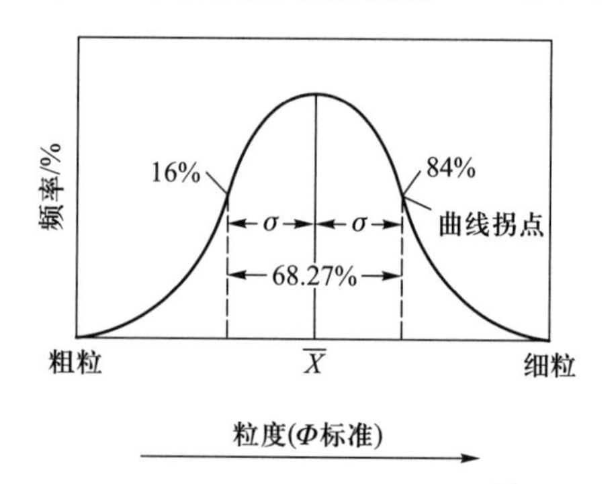

图 3.32 正态频率分布曲线图。$\overline{X}$,平均值,σ,标准偏差

堆积作用多见于一些隐蔽地带，颗粒一般较粗，分布范围较大，分选性较差（Cahill，1981）。

（2）众数

众数是含量最多的颗粒粒度，即最大频率的粒度。简单地说，众数是频率曲线上的峰值（图3.33）。

（3）中值（M_d）

表示位于总体中部（按重量计）的粒度：

$$M_d = \Phi_{50} \tag{3.16}$$

在正偏态分布中，中值低于平均值；而在负偏态分布中，中值高于平均值。所以，对于这样的偏态总体来说，中值比平均值更适合用于描述其最典型的特征值。

（4）标准偏差（σ）

可以按下式用图解法求出：

$$\sigma = \frac{\Phi_{84} - \Phi_{16}}{4} + \frac{\Phi_{95} - \Phi_{5}}{16} \tag{3.17}$$

（5）分选系数（S_o）

可用下式求出：

$$S_o = \frac{\Phi_{95} - \Phi_{5}}{2} \tag{3.18}$$

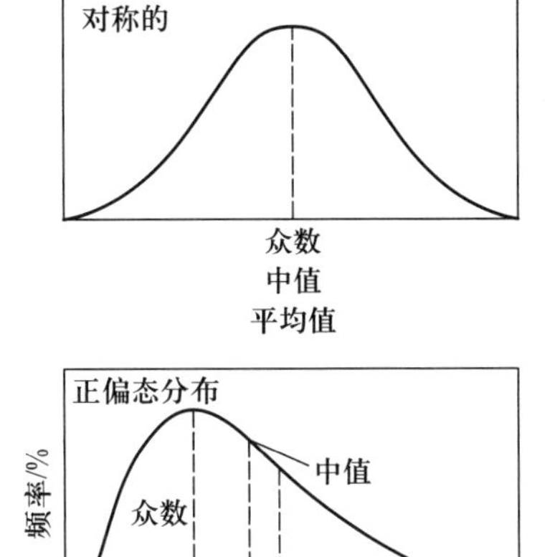

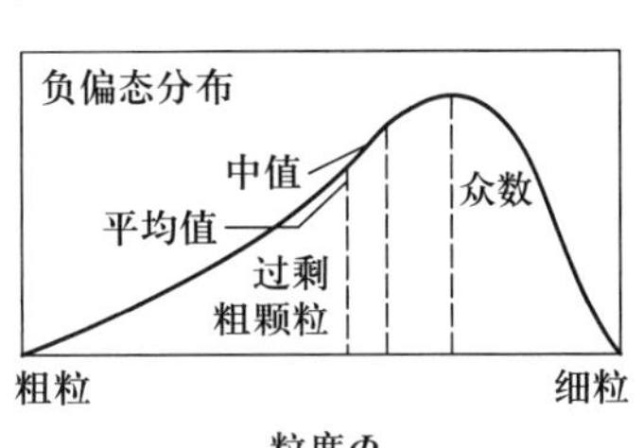

图 3.33 具有不同偏态的频率分布曲线

描述各种分选系数（S_o）值的术语列于表 3.5 中，$S_o<0.35$ 指分选很好的粒度分布；$S_o>4.00$ 表示分选极差。

表 3.5 按 Φ 分级测量的分选系数、峰态和偏态的描述性术语（Briggs，1977）

分选系数	峰态	偏态
分选很好<0.35	很平峰态<0.67	极负偏态-1～-0.3
分选良好 0.35～0.70	平峰态 0.67～0.90	负偏态-0.3～-0.1
分选中等良好 0.50～0.70	常峰态 0.90～1.11	对称-0.1～0.1
分选中等 0.70～1.00	尖峰态 1.11～1.50	正偏态 0.1～0.3
分选差 1.00～2.00	很尖峰态 1.50～3.00	极正偏态 0.3～1.0
分选很差 2.00～4.00	极尖峰态>3.00	
分选极差>4.00		

分选系数也常被用作环境指标。通常，最差的分选系数代表冲积扇和冰积物等粗粒沉积物；海滩卵石较河流卵石分选要好。对当代环境而言，滨岸沙比水下沙、潮间坪和河流沙分选更好，风成沙丘分选最好。

（6）偏态（α_s）

偏态可判别粒度分布的对称性，并表明平均值与中值的相对位置。如为负偏，则此沉积物是粗偏,平均值将向中值的较粗方向移动;正偏则是细偏,平均值向中值的较细方向移动。

偏态可用下式求出:

$$\alpha_s = \Phi_{95} + \Phi_5 - 2\Phi_{50} \tag{3.19}$$

当 α_s 为-1.0~-0.3时,表示极负的偏态总体;α_s 为0.3~1.0时,表示极正的偏态总体。利用偏态(和峰态)可以度量湖底的能量水平和颗粒混合程度(Thomas et al., 1972;Damiani and Thomas, 1974;Sly, 1977, 1978)。砂中的粉砂为正偏态,而黏土中的粉砂却为负偏态。

(7) 总体的峰态或峰度(K)

峰态是度量粒度分布的中部和尾部展形之比,通俗讲就是衡量分布曲线的峰凸程度。峰态可用下式求出:

$$K = \frac{\Phi_{95} - \Phi_5}{2.44(\Phi_{75} - \Phi_{25})} \tag{3.20}$$

呈尖峰形的称为尖峰态,平坦的称为平峰态,正态分布的称为常峰态(表3.5)。峰态也能提供与中央部分有关的分布曲线尾部的分选数据。

4) 粒度的相互关系

通过对沉积物粒度的分析,可直接反映各种沉积作用的过程、介质携带物质的能力以及沉积物吸附污染物的能力。一个球形颗粒的比表面可用下式进行计算:

$$S_s = \frac{4\pi r^2}{(4/3)\pi r^3} = \frac{3}{r} \tag{3.21}$$

图3.34说明了颗粒大小与比表面之间的关系,活化的吸附面积随着粒度的减小而明显增加。但是,自然界中的沉积物是由不同粒级组成的,通常采用图3.35表示的谢帕德图解法描述粒度的组成(Shepard, 1954)。沉积物粒度的结构分类是用三角形的三个顶角表示砂、粉砂和黏土。它涉及六个二元命名(如粉砂质黏土、砂质粉砂等)和一个三元命名(即砂-粉砂-黏土),具体命名由各种粒级的样品量占总质量的百分数决定。

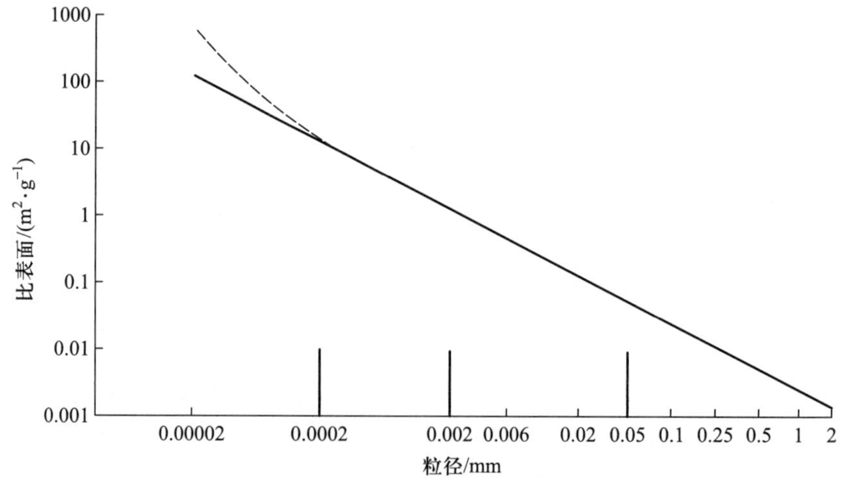

图3.34 颗粒粒度与近似比表面间的关系(Kohnke, 1968)。实线表示密度为2.65 $g \cdot cm^{-3}$ 的球状颗粒;虚线表示黏土颗粒多为板状,且具有较大的内部表面积

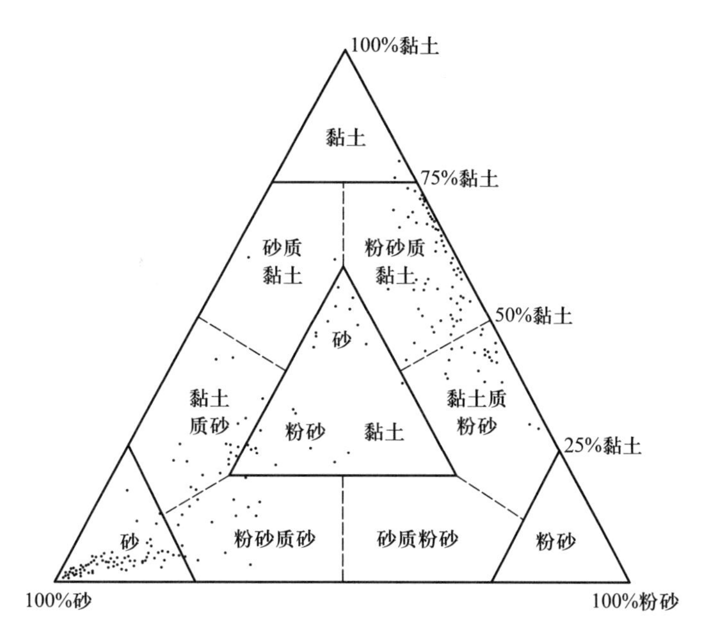

图 3.35 湖泊沉积物粒度的结构分类(据谢帕德图解法)

湖泊沉积物的粒度、含水量与体积密度三者之间存在着一种明显的、自然的内在联系。湖泊沉积物的平均粒径与含水量之间的关系取决于下列诸多因素:① 沉积物深度。因为含水量取决于沉积物的压实程度,而不一定取决于粒度。② 有机质含量。强烈地影响沉积物的含水量,但不一定影响其粒度。③ 固体颗粒的矿物成分和粒度分布。可能影响颗粒的比表面、形态和黏结性,因此对含水量的影响不同于对粒度的影响。④ 对于浅水区侵蚀带内的砂质沉积物($0<\Phi<4$)来说,其有机质含量本身就低(一般 $LOI<5\%$)。故其含水量与粒度间的关系在不同湖泊类型之间的差别比较小。⑤ 粉砂质沉积物($4\leqslant\Phi\leqslant9$)中的有机质含量,在质和量上都可能有很大的变化。⑥ 对于黏土质沉积物($\Phi>9$),由于含水量除受粒度影响外,尚有多种控制因素,所以含水量与平均粒度之间的相关性随着粒度的减小而明显变差。

作为湖泊沉积特征与古气候研究中一个重要的传统代用指标,湖泊沉积物的粒度变化特征可以反映湖泊流域或区域的沉积环境特征,从而提供区域降水、湖泊水位波动、湖泊水动力条件、风尘活动和冰川进退等古气候环境演变的信息。但湖泊沉积物的物理沉积过程比较复杂,因而影响沉积物粒度分布的外界条件比较多,比如受湖泊区域自然地理环境、湖泊水位变化、湖泊补给条件以及风浪作用等搬运介质、搬运方式、沉积环境等多因素控制。因此,需结合特定研究区域自然环境特点,探讨沉积物粒度变化的主控因素,从而揭示区域气候与环境变化的特征。

3.2.1.5 磁参数

环境磁学是 20 世纪 80 年代兴起的一门新学科,已经广泛应用于土壤、河流、湖泊和海洋沉积物的研究,其目的主要是探索沉积物物源,恢复古沉积环境,也可用作地层对比。

1) 矿物的磁性分类

所有物质都是磁介质。当物质在外加磁场 H 中,会额外生成一个新磁场,定义为

磁化强度 M,其中磁化强度 M 与外加磁场 H 的比值即为磁化率($M=\chi H$ 或者 $M=\kappa H$,式中,χ 为质量归一化,κ 为体积归一化),它是衡量物质在外加磁场中被磁化强弱的物理量。根据磁化率值的大小和正负,可以简单把物质分为抗磁性物质、顺磁性物质和铁磁性物质。

从磁学的角度观察,矿物可分成三大类:

(1) 抗磁性矿物

抗磁性矿物的磁化率为负值,这些矿物原子核外每层内的电子总是成对出现,但自旋方向相反,电子的自旋磁矩相互抵消;且由于原子内部的对称特征,相邻轨道磁矩相互抵消,不显示磁性。当这种矿物置于外磁场 H 时,由于电子轨道偏转会产生与外磁场 H 方向相反的磁化强度 M,一旦去掉外磁场,磁矩立即消失。地质中常见的抗磁性矿物有:石英,长石,方解石,石膏等。

(2) 顺磁性矿物

顺磁性矿物的磁化率为正值,这些矿物含有未成对电子,轨道磁矩和自旋磁矩之和不为 0,即原子磁矩不为 0。当无外加磁场时,原子磁矩在热运动下,取向杂乱,因而在宏观上不显示磁性;当有外磁场作用时,原子磁矩将沿外磁场方向排列,在宏观上显示磁性,并且磁化方向与外磁场相同;当外磁场 H 消失时,磁化强度 M 也会消失。地质中常见的顺磁性矿物有:黑云母、辉石、角闪石、褐铁矿等。

(3) 铁磁性矿物

铁磁性矿物的磁化率为正值且大于 1,它的原子磁矩主要来源于电子的自旋。在铁磁性矿物中,由于交换力作用,自旋磁矩在同一方向排列,当有外磁场作用时,会形成一个大于外磁场 H 的磁化强度 M。当外磁场 H 消失时,磁化强度也不会消失,磁化率曲线为复杂的磁滞回线。地质中常见的铁磁性矿物有:磁铁矿、赤铁矿、磁赤铁矿、钛磁铁矿、钛铁矿等。当铁磁性矿物的粒径在 0.01~0.001 μm 时,其行为与顺磁性矿物相似,但在有外磁场存在时,其内部磁畴完全被磁化(朝一个方向排列),因此被磁化的程度远远超过顺磁性矿物(表现为其磁化率值大于顺磁性矿物)。细粒铁磁性矿物的这种行为称为超顺磁性。

2) 湖泊沉积物常用的磁性参数

(1) 磁化率(χ)

磁化率指物质在磁场中被磁化的程度。该参数指示物质的基本磁性类型,通常又用作铁磁性矿物含量的粗略量度。一般而言,铁磁性矿物浓度高,磁化率值就高。该参数还反映了磁畴特征,超顺磁晶粒的磁化率明显大于单畴和多畴铁磁矿物。

(2) 频率磁化率(χ_{FD})

频率磁化率指在不同频率外磁场下,沉积物产生的磁化率值变化程度。χ_{FD} 由下式求得:

$$\chi_{FD}=\frac{\chi_{LF}-\chi_{HF}}{\chi_{LF}}\times 100\% \tag{3.22}$$

式中,χ_{LF} 为低频磁化率;χ_{HF} 为高频磁化率。该参数用于定性反映所测磁性矿物的粒径。当铁磁性矿物颗粒粒径很小时(一般小于 0.02 μm),在高频磁场下,其对沉积物磁化率所做的贡献很小(即 $\chi_{HF}<\chi_{LF}$)。因此,χ_{FD} 值增大表明沉积物中较细的磁性矿物较多。

(3) 饱和等温剩磁(*SIRM*)

指在1特斯拉(T)外磁场强度下被测样品得到的最大剩磁。它既与矿物类型和铁磁性矿物含量有关,又能指示磁畴特征。与磁化率一样,该值也受矿物组合方式、粒径及浓度变化控制。但不同的是,*SIRM* 值在铁磁性矿物粒径小于0.1 μm时,随粒径变大而增大;当粒径大于1 μm时,则正好相反。*SIRM* 与磁化率的比(*SIRM/X*)可以用来定性判别矿物组合,当该比值高时,表明样品中以赤铁矿、针铁矿为主;反之,则以顺磁性矿物为主。此外,*SIRM/X* 也可判断铁磁性矿物的粒径,当比值高时,说明样品以0.04~1 μm的磁性矿物为主;而比值低时,则可能是以小于0.04 μm或大于1 μm的颗粒为主。

(4) 非滞后剩磁(*ARM*)

样品在由强度逐渐下降的交变磁场(100~0 mT)与恒定的弱磁场(0.04 mT)相叠加的磁场中磁化,会获得非滞后剩磁。它提供了铁磁晶粒的磁畴信息,与单畴晶体的含量有着正相关联系。

(5) 退磁参数(*S*)

对已获得 *SIRM* 值的样品施以反向磁场,则原先的正向磁化作用减弱,反向磁化作用加强。根据不同的反向磁场(如-20 mT、-40 mT、-100 mT等),可以得出不同的 *S* 值:

$$S_{\mathrm{kmT}}=\frac{100(SIRM-IRM_{\mathrm{kmT}})}{2SIRM} \tag{3.23}$$

式中,k 为反向磁场强度,单位为毫特斯拉(mT);IRM_{kmT} 为不同反向磁场下的等温剩磁。这个参数可以用来定性区分铁磁性矿物,如当 *S* 值在磁场为-40 mT或-100 mT时即可达到90%以上,表明样品以磁铁矿为主。而赤铁矿或针铁矿则不易被反向磁化,故当反向磁场达到-300 mT时,*S* 值往往仍然很低。

3.2.2 湖泊沉积物的化学特征

由于湖泊沉积物主要是由湖泊周围供给的陆源物质及其在湖水中合成的物质共同组成,因此,一个特定湖泊中沉积物的化学组分与汇水区和湖泊内的物质成分密切相关。

当使用正确的取样方法并与沉积物的化学分析恰当地配合起来,即可获得有关湖泊及其周围地区环境变化的大量有用信息。鉴于沉积物样品的化学分析需花费一定的时间,所以沉积物的分析工作要比从单一位置上采集水样的分析工作花费的时间长得多(这种水样分析不是指持续若干年、费时耗资的系统水样分析方案)。但通过对某一点沉积物的系统分析,可以获得许多有意义的环境演化信息。

对沉积物岩芯进行化学分析,可以为研究湖泊演化史提供若干基础而关键的资料。在早期的沉积学研究中,人们将保存于沉积物中的信息作为湖泊生命的记录。然而近几十年的研究发现,湖泊沉积物记录的信息远远不止湖泊本身的环境演化,它是流域内环境变化乃至全球环境变化的记录载体。同时湖泊沉积记录的信息包括了自然变化和人类活动两方面,以及两者之间的相互作用。

3.2.2.1 湖泊沉积物的元素组成

沉积物中化学元素的聚散及分布既反映了沉积物形成时的古地理、古气候和古环境,又反映了沉积物形成后的环境变化过程。任何一个沉积物样品都是由分散的矿物和有机化合物的复杂混合物组成的,许多元素离子都多多少少地通过吸附、吸收或络合作用紧密地与有机化合物缔合在一起。在湖泊沉积物研究中,很少进行元素的全分析工作,而且所研究的化学参数大多也很有限,这都是由研究目的决定的。

在湖泊沉积物基质内,主要元素 Si、Al、K、Na 和 Mg 等构成了最主要的元素组合(约占 80%)。作为对照,湖水的主要组分为 Ca、Mg、Na、K、HCO_3^-、SO_4^{2-}、Cl^-和 NO_3^- 等。其次为碳酸盐元素、营养元素(有机碳、氮和磷)和活泼元素(Mn、Fe 和 S)等几个次要元素组合,约占沉积物的 20%;微量元素组合(Hg、Cd、Pb、Zn、Cu、Cr、Ni、Ag 和 V 等)在沉积物中还不到 0.1%(Kemp et al.,1976)。

1) 常量元素

通常所说的常量元素包括 Si、Al、K、Ca、Na、Mg、Fe、Ti 和 Mn。元素在流域与湖泊沉积物中的分配受元素本身的化学性质控制。Si 是最主要的造岩元素,广泛赋存于石英和硅酸盐矿物中,但是湖泊沉积物中 Si 含量受到硅藻、植硅体和放射虫的影响。Al 也是自然界丰富的元素之一,主要以铝硅酸盐形式存在。在铝硅酸盐矿物转化过程中,铝被水溶解的量很少,所以一般认为 Al 含量在风化过程中是不变的。K 主要赋存于伊利石和钾长石中,在风化过程中容易淋失,但是 K 易被吸附于黏土矿物中,受到粒度的影响较大。Na 化学性质活泼,与 K 相似,赋存于斜长石等矿物中。富含 Ca 的矿物主要为碳酸盐矿物和斜长石等硅酸盐矿物,在表生环境中活动性很强。钙矿物易风化,随水流发生迁移进入湖盆。Mg 也具有较强的迁移能力,在表生地球化学过程中多数进入沉积循环,当风化作用强时,降水导致 Mg 的淋失。在干旱环境下,Ca、Mg、K 和 Na 等元素在成盐过程中也是湖泊咸化的重要标志物。

Tihe、Mn 和 Fe 为铁族元素。Fe 在表生条件下溶液中的溶解完全受环境的影响,例如 pH 值和 Eh 值。在酸性环境中,溶液中主要为还原性 Fe;在碱性环境中,Fe 的氧化作用增强,Fe 呈三价,因而在溶液中以氧化态形式被沉淀。在基性岩遭受风化作用时,Mn 和 Fe 能被解析出来,主要以胶体形式迁移,一旦进入盐湖水体,遇电介质就凝聚而发生沉淀。在淡水湖中 Mn∶Fe 值低于咸水湖。Ti 在交代和变质过程中迁移量很少。表生风化条件下,含 Ti 矿物中含结晶水的 TiO_2 失去水并重结晶为金红石。在风化壳内由于损失的含量很小,所以 Ti 相对其他常量元素较稳定,一般不形成可溶性化合物,造成在风化壳中由于其他元素的淋失,Ti 则相对富集。

在大部分湖泊沉积物中,Si、Al、Ca、碳酸盐-C 以及有机碳等元素占有重要地位,这是因为除有机碳外,其他元素是构成地壳中许多矿物的主要组分。Ca 和碳酸盐是构成钙质湖泊的主要沉积物,而 Si 和 Al 在非钙质湖泊中占优势。其他常见的元素是 Fe、Mg 和 N。在地壳组成中,Fe 仅次于 O、Si 和 Al,是最常见的元素之一,因而也是湖泊沉积物中的常见组分。Fe 既能以矿物形式存在,也能与有机化合物缔合。Mg 主要结合于无机矿物中。

2) 营养元素

营养元素主要包括有机碳、N 和 P 等元素,是许多湖泊沉积物中的重要组分。有机碳的含量是可变的,它取决于陆源环境的有机物补给量和湖泊自身的生物产率。尽管湖泊仅占陆地地表面积 3%左右,但因其内部物种丰富,初级生产力高以及流域陆生有机质的输入,其沉积物中封存着大量的有机碳,是全球生态系统中重要的碳汇之一。而 N 总是以特殊的形式结合在有机化合物中,在有机质含量高的沉积物中,N 的浓度可以超过 2%。

P 是湖泊沉积物中研究最多的营养元素之一,此乃由于 P 在大多数淡水湖泊中是控制原始生物产量的最具决定性的因素。近几十年来,由于耕地大量使用化肥以及生活污水和工业废水的倾注与排放,输入湖泊水体中的 P 含量大为增加,这对湖水的营养水平产生重大的影响。进入湖水中的大量 P,经水-沉积物界面转化后,富集于沉积物内。因此,进入沉积物中的 P 具有双重作用:一方面 P 可以促进沉积物本身的生物作用,另一方面 P 可以返回湖水,加速水体的营养化进程。

湖泊生态系统内 P 的主要来源有:① 岩石的风化作用。以磷灰石[$Ca_{10}(PO_4)_6(OH)_2$]为主,这一来源的 P 与天然的大气沉降的 P 一起构成 P 的背景输入。尽管 P 的天然供给量很低,但有少数例外的情况,如在火成岩地区,基岩是富含 P 的。② 可耕地。由于磷肥的使用,农业区排放的水中一般富含 P。来自农田供给的 P,就其数量级来说,比背景值高 10 倍左右。③ 地区性来源(如城市污水和工业废水)。20 世纪以来,城市污水的排放已成为许多湖泊营养水平迅速提高的重要因素,相当数量的 P 来自食品工业、冶炼厂以及化肥和洗涤剂工厂等的排放物。近几年来,由于脱磷工厂的建立,已降低了这个来源的重要性。

3) 重金属元素

所谓重金属或微量元素是指比重大于 $5\ g \cdot cm^{-3}$ 的金属。这些重金属元素可形成很难溶解的氧化物和硫化物,并且具有与有机和无机颗粒结合为稳定络合物的趋势。重金属在沉积物中的数量通常小于 0.1%,且以他生矿物或内生沉淀物、自生沉淀物、络合物等形式出现。然而,由于人类活动将这些重金属元素极过量地供给了水域环境,而有些重金属元素常常对水生生物有害,所以这些重金属引起了人们极大的研究兴趣,被用作污染和人类影响的示踪物。

湖泊沉积物中重金属有自然和人为两大来源。自然源是指来源于各种地质、地球化学作用(构造活动、岩石风化、火山活动、气体释放、侵蚀及水动力作用等)的重金属元素。自然源构成了重金属环境背景值,即“在没有人为污染和干扰的情况下,沉积物中所含重金属的量,其值一般很低,不会对生态系统造成危害”。人为源包括化工、矿石和金属的冶炼加工、化石燃料的使用、农药和化肥的施用、垃圾和固体废料中金属的淋虑以及人类和养殖动物的排泄物等方面。重金属是通过地表径流、地下水、废水排放和大气沉降等途径进入湖泊生态系统中。重金属在黏土和页岩中含量最高,在碳酸盐岩中含量很低。重金属在湖泊沉积物中的平均背景值与页岩的平均背景值相似,但沉积物中的重金属自然背景值变化很大,主要取决于汇水盆地的基岩组成和结构。研究表明,生活污水和工业废水的排放是湖泊沉积物最重要的重金属污染源,大气沉降也是重要污染源。一般而言,沉积物重金属含量受沉积物粒度、环境温度、pH 值、Eh 值等控制。当环境条件改变时,重金属可从沉积物中溶出、解吸造成二次污染。

进入湖泊和湖泊沉积物中的重金属增高,实质上与工业发展有关(Krenkel,1975)。19 世纪“工业革命”的开始,往往记录在沉积物中重金属浓度的增高上。由于人类活动而释放的重金属主要有 Cr、Co、Cu、Zn、Cd、Hg 和 Pb。湖泊沉积物中重金属含量的显著增高为认识湖泊污染史提供了极好的线索。同样,还可利用湖泊沉积物中重金属元素的水平分布和垂直变化,评价入湖河流或污水流等点污染源金属搬运方式及其污染历史。

许多重金属元素之所以受到重视的另一个原因是它们的毒性。如 Bowen(1966)、

Förstner 和 Wittmann(1979)等已对重金属毒性的主要机理做过如下概括:① 氨基酸或氢硫基等反应基对酶具有高电负性亲合力,而使酶和酶系统受到干扰;② 重金属可与主要代谢物形成稳定的络合物;③ 重金属可对代谢物的分解起催化作用;④ 金属可结合于细胞表面,从而影响了细胞膜的渗透性;⑤ 重金属可以取代细胞新陈代谢过程中起重要作用的其他元素,由此,可使代谢作用的功能趋于中止。

在湖泊环境中,重金属元素的存在形式十分重要。沉积物重金属主要包括有效态(可交换态、碳酸盐结合态、铁猛氧化物结合态、有机硫化物结合态)和残渣态。由于重金属常常以吸附等形式与各种化合物相结合,所以,它们毒性的潜在影响往往会明显地增加,硫化物、氢氧化物、碳酸盐以及有机络合物等,都是这种“载体颗粒”的实例。某些 pH 值低、氧化还原电位高的无机沉积物处于重金属污染作用最显著的环境,这些沉积物常见于寡营养型湖泊中,如斯堪的纳维亚、美国和加拿大等湖泊的生态系统中,主要由于矿物燃料的燃烧,目前正经历着湖水酸化作用。大多数重金属的溶解度在 pH 值下降时会有所增大,先前以无害的颗粒形式出现在沉积物中的金属,经循环作用回到酸化湖水中时,往往以离子形式表现出毒性。一般说来,以离子形式出现的元素毒性最强,而且其毒性与氧化价态成正比,譬如 CrO_4^- 较 Cr^{3+} 的毒性大。利用连续提取法揭示底泥中重金属的赋存形态分配,可以更好地反映湖泊体系受污染的真实状况及污染来源。

鉴于生物的生长需要少量重金属的事实,某些重金属的作用变得比较复杂。这意味着金属浓度的少量增加可以促进植物的生长,但超过某一限度便可产生抑制作用。

总而言之,沉积物中重金属元素的异常往往是人为因素造成的,有关重金属的转化、滞留时间及其可能的生态作用是极为易变的,主要取决于存在形式和许多环境参数。

3.2.2.2 湖泊沉积物的矿物组成

在地球表生作用过程中,高温高压下形成的岩石在暴露地表后将发生物理和化学反应,往往导致矿物的溶解、分解,并在地表环境下形成更稳定的新矿物,如黏土、碳酸盐矿物等。因此,湖泊沉积物中矿物是原生耐风化矿物和次生矿物的组合,其组合特征受流域基岩类型、构造、气候、湖泊内生物种类以及人类活动等因素的综合制约。赋存于湖泊沉积物中的矿物,据其来源可分为以下三类(表 3.6)。

1) 他生矿物

他生矿物来源于湖泊以外的地区,一般是由河流、地表径流的搬运、湖岸侵蚀、大气降落物以及人类活动来源等供给,以它们到达湖泊时的不同形式逐步堆积于沉积物中。湖泊沉积物中他生矿物的组分与流域及湖水的环境密切相关,因此深入研究他生矿物沉积分异、组合及其含量变化、微细结构、转化规律以及粒度分布等特征,可以恢复沉积历史中流域所经历的古气候、古温度、古盐度,地层的划分和对比以及物质来源、湖水物理化学条件探讨等,有助于揭示区域环境变化及全球环境演化。主要的他生矿物类型有造岩铝硅酸盐、黏土和碳酸盐等。

2) 内生矿物

内生矿物是由于湖水的化学作用,沉淀物或絮凝物沉降至沉积物表面而形成,是湖水化学和生物条件的重要指示物。湖泊沉积物中内生矿物主要包括碳酸盐、铁-锰氧化物、硫化物和蒸发岩等。

表 3.6 湖泊沉积物中的主要矿物(莱尔曼,1989)

矿物	来源类型		
	他生	内生	自生
非黏土质硅酸盐			
石英(SiO_2)	×		
钾长石($KAlSi_3O_8$)	×		
斜长石[$(Na,Ca)(Al,Si)Si_2O_8$]	×		
云母[$K(Mg,Fe,Al)_3AlSi_3O_{10}(OH)_2$]	×		
角闪石[$(Ca,Mg,Fe,Al)_{3.5}Si_4O_{11}(OH)$]	×		
辉石[$(Ca,Mg,Fe)_2Si_2O_6$]	×		
蛋白石二氧化硅(硅藻)		×	
黏土			
伊利石[$K_{0.8}Mg_{0.35}Al_{2.26}Si_{3.43}O_{10}(OH)_2$]	×		
蒙脱石[$X_{0.3}Mg_{0.2}Al_{1.9}Si_{3.9}O_{10}(OH)_2$]	×		
绿泥石[$Mg_5Al_2Si_3O_{10}(OH)_8$]	×		
高岭石[$Al_2Si_2O_5(OH)_4$]	×		
混合黏土、蛭石(中间型的)	×		?
坡缕石[$(Ca,Mg,Al)_{2.5}Si_4O_{10}(OH)_2 \cdot 4H_2O$]	×		?
绿脱石[$X_{0.5}Fe_2Al_{0.5}Si_{3.5}O_{10}(OH)_2$]	×		×
碳酸盐			
方解石($CaCO_3$)	×	×	×
白云石[$CaMg(CO_3)_2$]	×		?
文石($CaCO_3$)	×	×	
镁方解石(中间型的)		×	×
菱锰矿($MnCO_3$)			×
一水方解石($CaCO_3 \cdot H_2O$)		×	?
菱铁矿($FeCO_3$)	?		?
铁-锰氧化物			
针铁矿、纤铁矿($FeOOH$)	×	×	×
磁铁矿(Fe_3O_4)	×		
赤铁矿、磁赤铁矿(Fe_2O_3)	×		?
水钠锰矿[$(Na,Ca)Mn_7O_{14} \cdot 3H_2O$]	?		×
钙锰矿[$(Na,Ca,K,Ba,Mn)_2Mn_5O_{12} \cdot 3H_2O$]	?		×
硬锰矿[$(Ba,K)(MnO_2)_{2.5} \cdot 3H_2O$]			×
钛铁矿($FeTiO_3$)	×		

续表

矿物	来源类型		
	他生	内生	自生
磷酸盐			
磷灰石[$Ca_5(PO_4)_3(OH,F)$]	×		×
蓝铁矿[$Fe_3(PO_4)_2 \cdot 8H_2O$]			×
板磷铁矿[$(Fe,Mn,Mg)_3(PO_4)_2 \cdot 4H_2O$]			×
(?)四方复铁天蓝石[Fca(POn)s(UH)a]			×
(?)水磷铁石[$(Mn,Fe)_3(PO_4)_2 \cdot 3H_2O$]			×
(?)三斜磷钙铁矿[$Ca_3Fe(PO_4)_3 \cdot 4H_2O$]			×
硫化物			
四方硫铁矿($FeS_{0.9}$)		×	×
黄铁矿(FeS_2)	×		×
硫复铁矿(Fe_3S_4)			×
闪锌矿(ZnS)		×	
氟化物			
萤石(CaF_2)			×

注:? 表示来源成因没有完全确定。

3) 自生矿物

自生矿物是由于特殊的化学和物理条件而形成于沉积物中的矿物。他生矿物和内生矿物在遭受结构上的变化或通过溶解物质而形成新矿物的过程,一般称为成岩作用,因此湖泊自生矿物往往被认为是早期成岩的产物。鉴于这些反应影响了沉积物中固相与液相之间的平衡,从而改变了能够迁移至湖水中元素的浓度,因此,自生矿物研究极为重要。

湖泊沉积物中的矿物,大部分是他生矿物或内生矿物。其中硅酸盐类,包括黏土和非黏土的硅酸盐,大多数是由他生作用堆积形成;而铁-磷酸盐和含硫矿物则是在沉积物中形成的矿物实例;只有少数矿物(如方解石)既可以有他生成因,也可以有内生和自生成因。

3.2.2.3 沉积物中有机碳化合物

在很多湖泊沉积物中,有机质所占的比例比较高。水体中未受降解的有机质,可以混入沉积物中沉积下来。有机质在沉积物中可以得到不同程度的保存,或者进一步经生物降解作用而还原为有机碳,为湖泊沉积物中的异养生物提供主要能源。

有机碳化合物或是异地成因的(即从湖泊周围地区搬运到湖泊中),或是原地成因的(产自湖中),这些由不同来源形成的有机质,其相对含量取决于汇水区的特征,且与湖泊中生物产率有关。

大体说来,外来有机碳的分量是随着湖泊生物产率的下降而增加的。无营养湖类型代表一个极端的情况,沉积物中的有机质几乎全是陆源的。另一个极端是以原地生成的碳为主,多见于营养物质输入量高,因而有机质产率也高的湖泊中。

1) 腐殖质

腐殖质主要是由植物的降解作用生成,它既可以是异地来源,也可以是原地生成。可是在富含腐殖质的沉积物中,腐殖质主要来源于湖泊周围的陆地区域。若不考虑成因,则腐殖质构成了很多沉积物中总有机碳的主要部分,而且对新陈代谢以及许多无机元素,特别是金属和磷的循环也具有极其重要的意义。

腐殖质的近似元素组成:

C:45%~60%　　O:35%~40%　　H:3%~5%

N:3%~5%　　P:0.5%　　S:0.5%

尽管湖泊中的腐殖质一般比土壤中的腐殖质含氮量低,但是赋存于土壤中的腐殖质与水环境中的腐殖质,在结构上似乎并无明显差异(Gjessing,1976)。

腐殖质是植物受到微生物的降解作用而形成的,用于合成腐殖质的最重要化合物是木质素、碳水化合物、蛋白质和酚醛等。高分子量原始类型的腐殖质是由多酚木质素合成的,其进一步的降解作用可以产生腐殖酸、黄腐酸,并排放出大量的气体物质。值得指出的是,除了由细菌作用维持的“外部降解作用过程”以外,还有自溶作用,即生物死亡后自身产生的酶解作用,也能产生许多类腐殖质物质。

腐殖质化合物的破坏过程非常缓慢,其对沉积物代谢作用过程的影响是由腐殖质的化学特性决定的。这些性质又取决于腐殖质官能团的组成及其含量,在官能团中,特别重要的是羟基和酚基,它们具有酸-碱双面性,而且可与许多阳离子发生化学反应,从而使腐殖质具有离子交换能力和与金属络合的能力。由于富含腐殖质的沉积物通过超络合作用可以抵消 Pb、Sn、Cu 等重金属的毒性作用,所以,这种与金属结合的能力是非常重要的。

腐殖质可以有效地吸附三价铁,因此,在富含腐殖质的沉积物中也总是含有高浓度的 Fe。与腐殖质共生的 Fe 并不妨碍它与其他阴离子发生反应,典型的例子是带负电荷的磷酸盐对腐殖质-铁络合物的吸附作用。人们早已认识到这一反应对控制沉积物与湖泊的营养状态具有重要的意义(Boström and Petterson,1982)。腐殖质与其他有机化合物发生反应,可以中和有毒物质,包括人造有毒试剂和自然成因的有毒化合物。同时,湖泊沉积物中的腐殖质还可降低酶的活性(Povoledo,1972)。

腐殖质可以影响湖泊沉积物的 pH 值,富含腐殖质的沉积物显示酸性特征(pH 值为 5~6)。同时,由于腐殖质具有酸-碱性质,它还具有缓冲剂的作用。虽然与碳酸盐系统相比,腐殖质的缓冲能力较小,可是在碳酸盐被耗尽的酸性环境中,腐殖质往往成为阻止 pH 值变化的主要缓冲剂。总体上,富含腐殖质的沉积物对于酸化作用的敏感性不及类似的碳酸盐系统沉积物。

沉积物中腐殖质的主要作用可概括如下:① 腐殖质可以降低金属和有机化合物的毒性作用。② 腐殖质能借助结合在腐殖质-铁-磷酸盐络合物中的磷,影响湖泊的营养状态。③ 腐殖质具有充当 pH 值缓冲剂的作用。

因此,腐殖质对沉积物中生物活动的影响可能是正向的——中和有毒化合物;或是负向的——减缓生物作用或减少营养物的供应。目前,关于沉积物中的腐殖质对于化学反应和生物反应的全部影响,几乎还是未知的,所以,涉及这一领域的进一步研究工作是湖泊沉积学的重要课题。

2）生物标志化合物

生物标志化合物（也叫分子化石）是指地质体中那些来自生物有机体的分子。它们在有机质演化过程中具有一定的稳定性，虽受成岩、成土等地质作用的影响，但基本保存了原始生物生物化学组分的碳骨架，记载了原始生物母质的相关信息，具有一定的生物学意义。目前，生物标志化合物的研究已涵盖了主要的4种生物化学组分：蛋白质（包括核酸）、碳水化合物（包括几丁质）、类脂物和木质素。在这四类生物标志化合物中，研究得最为广泛的是类脂物和蛋白质（核酸）。相比较而言，类脂物在地质体中要稳定得多，可以在许多环境中被长期保存下来，但它所携带的生物学信息相对较少。相反，蛋白质（核酸）的生物学信息相当丰富，但它们相对要不稳定得多。在全球变化研究中，研究最多的生物标志化合物是类脂物分子，包括烷烃、芳烃、酸、醇、酮和酯等，研究主要涉及这些生物标志化合物的种类、含量、分布特征以及单体C、H、O、N等稳定同位素组成特征。

3.2.3 湖泊沉积物的生物特征

湖泊沉积物往往是不同类型生物体的丰富的给养基质：光合植物、各种动物、细菌及其他微生物的生长发育或多或少有赖于沉积物营养供给，并表现出总体的营养水平。

在某些方面，沉积物较湖水更能为生物提供合适的生存环境，譬如沉积物能供给高得多的无机养分和有机物质；同时，水下光照强度一般较低，而且只限于浅水区沉积物的表面。这就意味着沉积物中主要的生物活动是由异养生物（动物和细菌）维持的，异养生物利用的能量固定在由沉降的有机颗粒提供的还原碳的化合物中。可是，当日光的透射使光合作用能够在沉积物的大部分面积上进行时，湖底可能有较高的原始生物产率，有时甚至比水柱中的生物产率还要高。

本节将重点描述主要的四组底栖生物，即底栖藻类、大型植物、底栖无脊椎动物和细菌，以说明沉积物与整个湖泊生态系统有关的生物作用。

3.2.3.1 底栖藻类

底栖藻类以湖底为其给养基质，并可再分为淀生藻类，即生长于沉积物表面或沉积物中的藻类和生长于岩石及石头上的石生藻类。除此之外还存在其他几个概念。譬如，水底附生植物是一个常用的术语，它包括淀生、石生或附生植物（附着在其他植物上）的藻类，以及整个底栖群落。可是就原意来说，水底附生植物是指那些附着于水底沉船、标杆等水下人工基质上的藻类（Hutchinson，1975）。本小节仅讨论生活于沉积物中的藻类，即淀生藻类。

目前，对淀生藻类的研究主要集中于有限几个种类，特别是硅藻，对其工作大多从分类学和环境生态学的角度进行研究，而对于整个藻类群落进行分类学、生产率及生态系统面貌的调查研究却很少进行，有关这方面的早期工作已由Hutchinson（1975）进行了概括。Round（1957，1960，1961）曾对英国某些湖泊中的淀生藻类进行了一系列研究，在这些湖泊中硅藻和蓝绿藻在总生物量中占有主导地位，绿藻和鞭毛藻虽然也有大量的发现，但数量少多了。在沉积物的营养参数与藻类生物量之间未发现明显的相关性，然而钙质沉积物似乎较有利于硅藻的生长，而蓝绿藻在富含有机质的类泥炭沉积物中更丰富。

关于藻类的生长与营养状态之间相当弱的相关性，可借助于下列事实予以解释，即淀生藻类的生长受低光照条件的限制多于受低营养补给的限制。对此可从瑞典北部库奥克尔(Kuokkel)地区某些亚北极湖泊中得到证据(Persson et al.,1977),在这些湖中,蓝绿藻和硅藻占有主要地位,但在整个湖泊中施以氮肥和磷肥以后,淀生藻类的生产率或生物量并无明显的变化。当藻类暴露于比它原来生长位置更强的光照条件下,其生产率增加且光合作用亦有所加强。

为了满足藻类生物对日光的需要,淀生藻类在沉积物中很可能是可以移动的,否则,一旦藻类被沉降物质或再悬浮颗粒覆盖,则会切断其能量的来源。在沉积物表面以下数厘米处可以经常见到活的藻类,而日光却在数毫米处已完全消失的事实,可以间接说明淀生藻类的移动能力。而且淀生藻类还显示出规律性的昼夜移动(Round and Happey,1965;Round and Eaton,1966),赋存于沉积物表面的细胞数量在上午的中段时间内比较高,而在傍晚较低。淀生藻类大概能利用贮藏在沉积物中的营养物质,因此,它们与湖水的营养条件关系不大。Jansson(1978)通过以^{15}N进行的置换实验和质量平衡计算指出,库奥克尔湖中的蓝绿藻类是从沉积物的孔隙水中摄取铵氮,这个来源很容易满足它们对N的需要。另外,底栖藻类可以充当将N从沉积物中运送到湖水中的转换链环。因此,蓝绿藻类可从孔隙水中吸收铵,并以溶解有机氮的形式将其大部分排泄到上覆水体中,从而在一定程度上影响了湖水的化学组成。因而,不应将淀生藻类看作是一种孤立的底栖群落,而应将其视为湖泊生态系统的组成部分,并以各种方式影响着湖泊的新陈代谢。库奥克尔湖的研究成果表明,湖泊内原始总生产率的50%~80%与湖中的淀生和石生藻类有关,虽然湖水中的营养补给往往限制浮游藻类的生长,但对沉积物中的藻类却无影响,而且日光的透射作用使光合作用向下达到颇大深度,并为淀生藻类利用。

沉积物中的藻类群落较之浮游生物有更长的世代,并且生活在更为稳定的环境中,所以,浮游藻类的生物量和生产率的突然变化(往往是剧烈的)很少发生在底栖藻类群落中。冬季生物量一般较低,随着春季和初夏光照强度的增加,生物量也会缓慢地、不断地增加,在盛夏季节生物量出现一个峰值。应当指出,上述年生物量的变化仅适用于总生物量,各个种的生长可能显示出不同的形式。需要特别注意的是,在沉积物表面所见到的藻类植物群并非全由真正的淀生藻类组成,还可能包括活的种属或处于憩息阶段的浮游藻类。在浅水湖泊中,底栖与浮游藻类的混杂现象特别明显,那里的浮游藻类不同程度地、连续地与沉积物表面相接触。

有的浮游藻类在沉积物中度过休眠期,这可作为它们在湖水中生长的接种期。大型硅藻 *Melosira italica*(直链藻属)即属于这种类型,它们在湖水停滞的冬、夏季节从水柱中沉淀出来,而在春、秋环流季节重新悬浮起来。

3.2.3.2 大型植物

所谓水生大型植物,系指肉眼可见的水生植物,大多数是真被子植物,此外,还包括水苔藓,有时甚至包括轮藻属和 *Chladophora* 属。

大型植物或者呈自由漂浮状态,或者以某个部位(根或根状茎)附着于沉积物上,形成固定生长的植物群落。它们可进一步分为:浮露植物——绿色部分浮现于水面之上;漂浮叶大型植物——叶子漂浮于水中或水面上;沉水植物——全部处于水面以下。

有时发育于浅水中的生长稠密的大型植物群落造成一种防止波浪扰动的特殊环境,并包含各种各样的环境微区。在这些被遮掩的生物成因的沉积物中,生物的活动性相当高,其中常常密集地栖居着不同类型的底栖动物群落,并有细菌强烈的新陈代谢作用。

植物与沉积物之间较为直接的联系是通过许多植物的根系进行的,主要由根部摄取必要的营养,输送至泥土以上的绿色部分。当大型植物占据了沉积区中大部分地区时,正如通常在浅水富营养湖中所见到的情形,根生植物对营养物质的摄取引起多种元素从沉积物至生物体的可观数量搬运。在植物死亡和腐烂以后,大量的营养物质常常释放到湖水中,其中对磷的上述形式迁移的计算表明,死亡植物释放并供给湖水的磷,其数值等于或大于外来总磷量的50%以上(Barko and Smart,1979;Welch,1979)。相反,供呼吸用的氧以相反的方向,即从水体向根部输送,这意味着在大型植物根的周围能够保持高的氧化-还原电位,而这本身就表现出对取决于氧化还原条件的化学和细菌作用过程的影响。

3.2.3.3 底栖无脊椎动物

在湖泊沉积物的表层,栖居着种类繁多的无脊椎动物群,其中有些动物在底泥中度过其一生。但是在许多情况下,很多底栖动物只是在其生活周期的某一段时间内栖居在泥中,另一部分时间生活于湖水中。大部分水生昆虫在蛹及幼虫阶段生活于湖泊中,当它们变为成虫后便脱离了水生环境。

底栖无脊椎动物群栖居于沉积物中是为了获取食物和寻求保护,它们取食于有机沉积物、底栖植物、细菌以及其他种类的动物。它们经常生活于沉积物表面以下,固定于原地或在周围活动。动物在沉积物中的运动可以引起紊流和沉积颗粒重新分布,这种物理现象称为生物扰动作用,它常常是沉积物中的颗粒和溶解物质运移和相互作用的极重要的动力因素。

有关生物扰动和混合作用的化学方面的问题已由Berner(1980)做过讨论,但是有关底栖动物群在沉积物中的新陈代谢及其与湖泊生态系统中其他组分间的相互作用等许多重要方面目前仍知之甚少。对底栖动物群的研究工作主要集中在分类学、族种分布等描述方面。由于底栖动物群有时参与了湖泊的分类并作为水质的指示,故Brinkhurst(1974)对底栖动物研究的主要成果尤其是出色的评述具有较高价值。

3.2.3.4 细菌

细菌和细菌的作用在沉积物中具有无可比拟的重要性。生活于沉积物中的细菌不仅影响沉积物本身的条件,而且其新陈代谢作用还在很大程度上影响着湖水的化学环境。细菌作用之所以重要,原因在于它不仅能利用溶解的颗粒将化合物作为营养源,而且还可以作为能源。光合藻类仅从日光获得能量,而大多数细菌却能从还原碳化合物或还原无机盐的氧化作用中取得能量;绿色植物依靠氧进行呼吸,而很多细菌能够利用一些氧化合物(如NO_3^-,SO_4^{2-}和CO_2)作为电子受体。因此,沉积物中细菌活动在很大程度上也影响沉积物中主要营养元素如碳和硫的循环。

当然,细菌影响范围的大小取决于生物量和细菌的活动性。在湖泊生态系统中,细菌新陈代谢的主要场所是沉积物的表面。这是由于细菌活动的主要驱动力是有机质供给的,而沉积物表面的有机质供给一般高于湖水(尽管有些细菌用CO_2作为碳的来源,并且从还原无机盐中取得能量也不例外)。

3.2.4 湖泊沉积的构造特征

沉积构造是沉积物中最常见而又最容易直接观察到的主要特征之一,是由沉积物的成分、结构、颜色的不均一性而形成的特征。无论是研究沉积物本身,还是解释沉积环境,都必然要涉及沉积构造。沉积构造指的是沉积物在沉积时到成岩之前,由物理、化学、生物等作用在沉积物内部或者沿着沉积物与流体的界面所形成的构造,如层理、波痕等。由于其规模一般较大,在野外露头上及岩芯中可直接观察和测量。根据其形成时间可划分为原生沉积构造和次生沉积构造。在沉积过程中产生的并受沉积条件所控制的沉积构造称为原生沉积构造(primary sedimentary structure),如各种表面痕迹、交错层理等。在沉积物沉积之后和固结之前由准同生变形作用所形成的沉积构造(如滑塌构造)也可看作原生沉积构造,它保存了能反映有关沉积时期的沉积介质性质和能量条件等方面的信息。原生沉积构造是划分沉积相、判别沉积环境的重要标志。而在沉积期后由压实作用、成岩作用等所产生的沉积构造则称为次生沉积构造(secondary sedimentary structure),如缝合线、成岩结核等,它可以反映成岩环境。根据沉积构造的成因性质可分为三类(表 3.7):① 物理成因的沉积构造,指沉积物在搬运、沉积过程中及沉积后不久,在流体流动、重力等物理因素作用下产生的沉积构造;② 化学成因的沉积构造,指沉积时期和沉积期后由结晶、溶解、压溶沉淀等化学作用在沉积层面上或沉积物中所形成的沉积构造,其中大多数是在沉积物压实和成岩过程中生成的,属于次生沉积构造;③ 生物成因的沉积构造,指由生物活动或生长而在沉积物表面或内部遗留下来的各种痕迹。

表 3.7　沉积构造分类

<table>
<tr><th colspan="4">物理成因构造</th><th colspan="2">化学成因构造</th><th colspan="2">生物成因构造</th></tr>
<tr><td rowspan="6">流动构造</td><td rowspan="2">层面构造</td><td>顶面构造</td><td>波痕、细流痕、剥离线理</td><td>结晶构造</td><td>晶体印痕和假晶,鸟眼构造,示顶底构造,帐篷构造</td><td rowspan="2">生物遗迹构造</td><td rowspan="2">足迹,爬迹,停息迹,潜穴,钻孔</td></tr>
<tr><td>底面构造</td><td>冲刷痕,压刻痕</td><td>压溶构造</td><td>缝合线构造,叠锥构造</td></tr>
<tr><td rowspan="3">层理构造</td><td rowspan="2">简单层理</td><td rowspan="2">水平层理,平行层理,交错层理,爬升波痕层理,递变层理,均匀层理</td><td>增生与交代构造</td><td>结核,葡萄状构造</td><td colspan="2">生物扰动构造</td></tr>
<tr><td colspan="2"></td><td>生物生长构造</td><td>植物根痕迹</td></tr>
<tr><td>复合层理</td><td>脉状、波状和透镜状层理,砂泥岩互层水平层理,韵律层理</td><td colspan="2" rowspan="2"></td><td colspan="2" rowspan="2"></td></tr>
<tr><td colspan="3">再作用面构造</td></tr>
<tr><td>准同生变形构造</td><td colspan="3">负载构造,球状构造,枕状构造,包卷层理,滑塌构造,砂岩脉,喷出构造,碟状构造,坑丘构造</td><td colspan="2"></td><td colspan="2"></td></tr>
<tr><td>暴露构造</td><td colspan="3">干裂,水下收缩裂隙,假泥裂,雨痕,冰雹痕,泡沫痕</td><td colspan="2"></td><td colspan="2"></td></tr>
</table>

3.2.4.1 物理成因的沉积构造

物理成因的沉积构造主要包括流动构造、准同生变形构造和暴露构造等。

1）流动构造

流动构造是最重要和最常见的沉积构造，是沉积物在搬运和沉积过程中由于介质的流动在沉积物表面及内部形成的各种构造现象。

（1）层面构造

层面构造是在沉积层面上的各种特征，主要有波痕、细流痕、剥离线理、冲刷痕、压刻痕。

① 波痕。波痕是现代和古代沉积物中最常见的表面或层面特征之一。它是非黏性沉积物在水流、波浪或风的作用下形成的一种有规律的波状起伏的表面痕迹。

一个波痕由一个脊和一个谷组成，相邻的两个波峰共用一个波谷。在自然界中，单个波痕极少见，而往往是成组出现，在平面上表现为一系列近于彼此平行或分叉的波峰和波谷，在剖面中则由起伏相间的峰和谷组成。由于流动介质的不同及其运动方式和强度的差异，形成规模和形态各异的不同类型的波痕，按成因可大致分为：流水波痕、浪成波痕、孤立波痕、干涉波痕、改造波痕。

流水波痕：单向水流作用于非黏性沉积物表面所形成的波痕为流水波痕。其特点是波痕垂直于水流流向延长，横剖面中显出不对称性，向流面平缓，背流面较陡。据此可以恢复水流的大致流向。发育完善的流水波痕，由一个或几个向流面纹层、许多个前积纹层以及一个或几个水平的底积纹层组成。前积纹层是流水波痕的主要组成部分，其倾角和形态变化较大，最大倾角可达35°。控制前积纹层倾角和形态变化的主要因素是流速和湖底切应力、深度比以及沉积物类型。一般说来，随着流速的增大，前积纹层的形态从直线形→切线形→凹形→S形。小的深度比（较深的水）有利于角度较大的直线形前积纹层的形成；而较大的深度比（浅水）则有利于发育缓倾斜的切线形前积纹层。当其他条件均相同时，沉积物变细或者黏土含量增多时，前积纹层的倾角减小。在流水波痕中，一方面，由于沉积物颗粒在越过波峰顺背流面塌落时发生分选，因此粗颗粒往往堆积在外侧；另一方面，在重力作用下，较大的颗粒由于下降速度较快，而趋于富集在背流面底部。所以，粗颗粒往往集中在前积纹层的外侧和底部，也就是说，波谷中的沉积物比波峰上的粗。

浪成波痕：浪成波痕（wave ripple）是波浪作用于非黏结性沉积物表面所产生的波浪形痕迹。它们的波峰一般较直，垂直于波浪传播方向延伸，而且往往表现出分而复合的现象。控制浪成波痕形成和大小的因素主要有三个：波浪的传播速度、波长以及沉积物的粒度。一般来说，粗砂中的浪成波痕要比细砂中的大，而波痕指数则比细砂中的小得多。浪成波痕主要发育于浅水环境中，如湖滨、潮坪等环境。一般认为，水深超过2 m便不能生成浪成波痕。浪成波痕可根据波峰的对称性进一步划分为对称的和不对称的浪成波痕。

孤立波痕：水流或波浪作用于砂供应不足的非砂质表面时形成波峰不连续的波痕称为孤立波痕或不完整波痕。它往往呈孤立的、底平上凸的砂质透镜体状，出现在泥质层面上。当它被嵌在泥质沉积物中时就成了透镜状层理。这种波痕与正常波痕相似，但发育不完整，波高一般较低，波痕指数较大。孤立波痕的环境分布与相应的流水波痕或浪成波痕相似，只是大多数出现在砂供应不足的环境中，例如砂泥质湖底或湖滩上。

干涉波痕:在浅水区,不同方向水流的波浪同时或基本同时联合作用于非黏性沉积物表面,所形成的波痕称为干涉波痕。它们一般由不同方向的两组或两组以上的波痕组合而成。由于起作用的波浪和水流的方向、强度及影响顺序不同,干涉波痕的形态和内部构造往往复杂多变。干涉波痕主要发育于水流和波浪同时存在或者有不同方向波浪的浅水区,例如潮坪和浅湖区,可以根据形成动力分为波浪-波浪干涉波痕和波浪-水流干涉波痕。

改造波痕:改造波痕是水位下降时波浪或流水改造先成波痕而使其形态发生变化的结果,它们一般发育于水位经常变化的浅水环境中。

② 细流痕。细流痕是由细小水流的刻蚀作用所形成的表面侵蚀痕迹。当水位下降使沉积物表面暴露于水面之上时,水便从沉积物中溢出,形成薄层水,并侵蚀沉积物表面,形成细流痕。细流痕具有不同的形状,如树枝状、网状等。细流痕可作为指示沉积物表面间歇性短期暴露和古坡向的一个标志,常见于潮间带、湖滨、洪水后的泛滥平原区。

③ 剥离线理。剥离线理或称原生水流线理是指出现在砂岩层面上的,由微细的脊与沟平行交替排列所组成的线理。因为在砂岩层的剥离面上看得更清楚,故称为剥离线理。

剥离面上的线状脊平行于水流方向延伸,有几个砂粒的直径那么高,长一般为20~30 cm,相距几毫米到1 cm。脊之间是与之平行的小浅沟,脊的间距在粗粒沉积物中要比细粒沉积物中的宽些。剥离线理常分布在平行层理的层面上,是急流的良好标志,主要见于湖滨、三角洲平原和浊流环境中。

④ 冲刷痕。冲刷痕是水流在泥质沉积物层面上流动时,由于水流分离伴生有大的涡流,对沉积物表面产生差异冲蚀的结果。它们通常呈铸型保存在上覆砂质层的底面上。在浊积层较为发育,也产于三角洲、湖滩环境中。

冲刷痕主要包括槽铸型(槽痕)和纵向脊(沟铸型)两种。槽铸型由不连续的舌状突起体组成,突起的上游端呈浑圆状,且突起稍高,向下游端变宽和变缓,一般呈平行于水流方向的雁行状成群出现,大多发育于浊流环境中,是良好的古水流向标志。纵向脊(沟铸型)是平行于水流方向延伸的紧密排列的连续低脊,脊窄而尖,沟宽而圆。

⑤ 压刻痕。水流所携带的物质在松软的沉积物表面上运动时所刻蚀或刻划出来的痕迹称为压刻痕或工具痕(tool mark)。在古代沉积物中,尤其是在露头上,这类表面痕迹也像冲刷痕一样,绝大多数以铸型形式良好地保存,是浊流沉积的良好标志之一,其指向特征可用于恢复古水流方向。

(2) 层理构造

层理是沉积物的最重要特征之一,指沉积物成层沉积所产生的构造。它由组成物质的成分、颜色、粒度、形状、排列方向或填隙方式等在垂直于沉积表面方向上的变化显示出来。层理是沉积物沉积时介质动力条件的直接反映,也是沉积环境的重要标志之一。

① 递变层理。递变层理或粒序层理是以组分颗粒的粒度递变为特征的沉积单元,层面基本上相互平行,没有交切现象。单个递变层的厚度变化较大,从数毫米到1 m以上不等,一般为几厘米到数十厘米。

递变层理除了粒度递变外,一般无任何内部纹理。其递变形式主要有两种:一种是颗粒向上逐渐变细,但下部不含细颗粒,这可能是由流速和搬运能力逐渐减小的水流沉积而成的;另一种是细颗粒从底到顶均有分布,粗颗粒向上逐渐减少,其形成可能是含有各种不同大小颗粒的悬浮体沉积的结果,大多数递变层理属于这种类型。

从下到上颗粒由粗变细的为正递变层理。它以浊流和风暴成因为主,经常组成厚层系。此外,悬浮浑浊液的沉积作用、大洪水最后期的沉积作用、三角洲分流河道的周期性淤塞、火山喷发后火山灰的沉降,甚至生物扰动作用、潮坪上的衰减水流等也有可能产生这种层理,但一般是孤立和零星的,不会形成厚的层系。

从底到顶颗粒逐渐变粗的为逆递变层理。它主要发育于海滩、潮坪、湖滩的局部地区,与冲流-回流作用有关,厚度一般为几毫米到 2 cm。浊流有时也可形成逆递变层理。

② 水平层理。水平层理是细粒沉积物中最主要的层理类型。它的特征是纹层呈连续或断续直线状平行排列并平行于总的层面,厚度一般为几毫米。纹理常由粒度变化、重矿物富集或有机质含量的不同而显示出来。这种层理的形成是在比生成沙纹更低的弱水动力条件下,由悬浮物质或溶解物质沉积而成的,因此是低能和静水环境的标志。它主要发育于粉砂、泥、泥灰、硅质沉积以及蒸发岩等较深水或低能环境下的沉积物中。

③ 交错层理。交错层理由一系列与层系界面斜交的倾斜纹层或前积纹层组成的多层或单个的沉积单元。这种沉积单元由侵蚀面、无沉积面或特征突变面(即层面)与相邻单元分开。它可发育于多种不同的沉积环境中。主要产于粉砂级和砂级沉积物内,具有水流、波浪、风等多种不同的成因,其形态和规模变化也较大。主要分布于碎屑沉积物和颗粒碳酸盐岩中,是在介质能量较强的情况下形成的层理类型。

④ 平行层理。平行层理是由强水动力条件下形成的纹层相互平行,并由中粗砂、砾组成的层理,是在水流的搬运能力比形成大型交错层理更强的高流态条件下于平坦底床上形成,貌似水平层理,但组分颗粒较粗,纹层较厚可达几厘米,纹层间没有清晰的界面,沿层面易剥开,并可见剥离线理。平行层理是强水动力条件的标志,常见于河流、湖滩、浊流等环境中。

⑤ 爬升波痕层理。这种层理是在沉积物供应充足,尤其是悬移质丰富的情况下,流水或波浪产生的波痕在向前迁移的同时向上方爬升所形成的内部沉积构造。爬升波痕层理在河流天然堤和泛滥平原、三角洲以及浊流环境中十分发育。

⑥ 均匀层理。这是一种外貌大致均匀,借助仪器也辨认不出任何内部纹理和其他定向排列现象的层理。其特点是内部物质均匀,组分和结构都没有分异现象。

这种层理在粗粒和细粒沉积物中均可以发育。它可以由未经分选的沉积物快速堆积而成;或者在安静环境中由成分单一的悬浮物质快速沉积而成;也可以由生物的强烈扰动或者沉积物中大量的水或气体向上运动时彻底破坏原生层理而成。由于均匀层理的成因多种多样,因此它的分布受沉积环境的限制不明显。

⑦ 脉状、波状和透镜状层理。它们是在水动力强、弱交替的情况下,由砂和泥交替沉积而形成。在强水流活动期,砂以波痕形式搬运和沉积,泥保持悬浮状态。在水流减弱或停滞期,悬浮泥沉积于波谷中或者覆盖整个波痕。根据砂层和泥层的相对比例、内部构造和空间上的连续性,可分为脉状、波状和透镜状层理。

上述三种层理经常相互伴生,而且可以连续过渡。它们主要发育于潮下带和潮间带,其形成与潮流期和平潮期的周期性交替有关。在滨湖和三角洲前缘沉积中也常见到。

⑧ 砂泥岩互层水平层理。这种层理是由水平或近水平的、不同成分的沉积层交互组成的层理。单层的厚度一般为数厘米，互层可以是接近等厚，也可以是不等厚的。它广泛地分布于各种环境中，其成因多种多样，目前尚未完全了解清楚。在比形成波状层理更弱的水动力条件下，砂和泥的交替沉积可以形成这种层理；在陆架或湖泊中，在正常沉积泥的地方，大风暴或特大洪水时期可以引起砂的沉积，形成厚泥层与薄砂层组成的互层层理。某些周期较长的变化因素，例如沉积盆地中沉积物成分的周期性重复变化，也可以产生这种层理。

⑨ 韵律层理。它是由成分、结构或颜色等明显不同或略有差异的、厚度一般小于 5 mm 的纹层韵律性重复交互所组成的层理。这种层理的形成是沉积物的产生和沉积机制发生有规律的周期性重复的结果。这种周期可以是短期的，如涨、落潮与平潮的交替，也可以是较长期的，如气候的季节性变化。

在潮汐环境中，如果砂和泥供应充足，潮流活动期沉积的砂质纹层与平潮期沉积的泥质纹层重复交替便构成韵律层理。气候的季节性变化所产生的韵律层理在湖泊、受限海湾、停滞盆地中十分发育。它通常由夏季沉积的、富含超微化石的浅色碳酸盐岩层与其他季节形成的、暗色细粒的陆源碎屑层交互而成。在蒸发岩盆地内，由于水的周期性浓缩，也可以形成由不同蒸发盐层交互组成的韵律层理。

2）准同生变形构造

准同生变形构造是沉积物在沉积之后到固结成岩之前，受局部性物理因素的作用而发生不同程度形变所形成的构造，通常限于上、下未变形层之间的一个层内。导致沉积物变形的作用因素是多种多样的，主要有重力、沉积物液化、超孔隙压力、收缩、破裂、撞击以及沉积介质对沉积物的拖曳作用等。这类构造在现代和古代沉积物中均可见到，除干裂、雨痕和冰雹痕外，其分布一般不受沉积环境的限制。从浅水到深水环境，或者从陆相到海相环境，它们均可发育。

（1）负载构造

负载构造是当砂质层堆积在含水的可塑性泥质层之上后，由于差异负载或超负载，沉积物发生垂向运动，上覆的砂质物局部陷入下伏的泥质层中而形成。它们一般呈小圆丘状或不规则瘤状突出在泥质层的底面上，大小不一，从几毫米到几十厘米不等，高度一般为几毫米到几厘米，无定向呈杂乱排列。

负载构造的分布不受沉积环境的限制。唯一条件是砂质层堆积在含水的塑性泥质层上，浊流堆积物中负载构造较发育，保存也较好。

（2）球状和枕状构造

这种构造主要是由于堆积在含水塑性泥质层上的砂质层，在震动和重力等因素作用下局部断开并陷入下伏泥质层中而形成的。砂枕或者砂球的大小从几厘米到数米不等，或紧密或稀疏排列，彼此间可以是稍微连接的，也可以是完全孤立的。看起来颇像泥质层中的大型砂质结核，故亦被称为假结核。球状和枕状砂体的内部可以没有构造，也可以发育已变形的纹层。

球状和枕状构造的分布不限于任何特定的沉积环境。但具有这种构造的沉积层一般指示快速沉积作用的形成机制。

（3）滑塌构造

堆积在斜坡上的未固结沉积物在重力作用下顺坡发生滑塌、滑动或位移而形成的变形构造称为滑塌构造。它包括滑塌褶曲或扭曲层理、滑塌角砾岩和重力断层等。滑塌构造层的厚度一般为十几厘米到 1 m,有时厚达几十米,通常朝下坡方向加厚,侧向延伸不稳定,一般为几十米,亦可延伸数百米甚至几千米。

引起滑塌的主要因素包括沉积物特性、地形以及诱导因素如地震、海啸等,但在滑塌过程中重力起主导作用。滑塌构造大多发育于具有斜坡和快速沉积的环境中,是水下坡地的良好标志。该构造在浊流环境中特别发育。

(4) 包卷层理

包卷层理是发生于未变形层之间的一个沉积层内的纹层,出现盘回褶曲或者复杂揉皱的一种变形构造。其褶曲形态以"向斜"宽阔圆滑和"背斜"紧密尖锐为特征。与滑塌构造不同,包卷层理的纹层虽强烈揉皱,但却是连续的,从不伴生断裂和角砾化现象。

包卷层理的成因有多种解释,实际上也可由多种因素造成。但是,沉积物的液化导致层内侧向流动是形成包卷层理最基本的因素。它在潮坪和河流环境中很丰富,在浊流沉积中也常发育。

(5) 碟状构造和坑丘构造

碟状构造是由于饱含水的沉积物在超孔隙压力的作用下,或者因沉积物的液化作用,孔隙水向上运动,冲断纹层并带动其边缘向上弯曲,从而使受变纹层呈凹面朝上的碟状形态。其直径一般为 1~50 cm,边缘上翘,横向上断续分布,垂向上可能互相叠置。碟状构造常见于重力流的沉积物中。

当沉积物中所含的水或气体穿过沉积层向上运移到沉积物表面时,可以在其上形成小而圆的浅坑,或者具有微小中心坑的小圆丘或小圆锥,称为坑丘构造。该构造规模很小,直径一般只有几毫米到 1 cm。坑丘构造的成因与碟状构造相似,但前者属层面构造,后者表现为层内构造。这些构造经常发育于湖滩、潮坪和三角洲沉积内。

3) 暴露构造

暴露构造(exposed structure)是指已沉积的沉积物表面间歇性地暴露于大气下所形成的各种沉积构造的总称。因此,这类沉积构造的形成大多与气候和天气变化有密切的关系。天气变化包括刮风、下雨、降雪或冰雹、结冰、阳光曝晒等。这些作用可以在沉积物表面产生各种特征性的痕迹。这类构造基本上发育于沉积物表面可以间歇性暴露于大气下的沉积环境中,其中主要有河流、湖滨、浅湖、三角洲平原、海滩、潮坪等。在古代沉积物中,暴露构造的存在则可证明沉积物表面当时确实曾暴露于大气下,从而有助于解释沉积环境,而且还可以作为推测古气候的线索。

(1) 雨痕和冰雹痕

雨痕是雨滴降落在松软的沉积层表面上所形成的小型撞击坑。如果雨滴垂直降落,雨痕呈圆形坑,坑缘有略显粗糙的环形小低脊;如果倾斜降落,撞击坑呈椭圆形,坑缘一边高一边低。雨点稀疏,有利于形成容易辨认和保存较完好的雨痕。降雨多时,雨痕呈部分连通的不规则凹坑,使层面看起来像蜂窝状。雨痕主要见于干燥或半干燥气候条件下的陆地沉积中。

冰雹打在沉积物层面上,也可以形成类似的层面痕迹,其撞击坑比雨痕大而深,形状不规则,坑缘的环形脊高而参差不齐。

(2) 干裂、水下收缩裂隙及假泥裂

干裂或泥裂是沉积层表面露出水面,因暴晒干涸而形成的收缩裂缝。在层面上,干裂呈网格状;在垂向断面上,干裂缝常呈 V 形。干裂多发育于泥质或灰泥质等细粒沉积物的层面上。

干裂是沉积层表面间歇性出露水面经历曝晒的良好标志,常见于冲积扇、河流、三角洲平原、湖滨、海岸、潮坪环境。

水下收缩裂隙是泥质层在水下脱水收缩或者含盐度增大而造成的,裂隙较窄,且不具有 V 形形态,常见于潮下浅水和湖泊沉积物中。

假泥裂或者是细粒层在受到地震震动时发生破裂的结果,或者与砂层液化作用有关。显然,假泥裂的形成机理和干裂、水下收缩裂隙不同。

3.2.4.2 化学成因的沉积构造

这类构造多数属于次生沉积构造,因此对沉积环境解释的意义不大,但有助于了解沉积物沉积期后所经历的化学变化。常见的有晶体印痕、假晶、鸟眼构造、结核、缝合线构造、叠锥构造、帐篷构造等。

1) 晶体印痕和假晶

在适宜的条件下,冰、盐类等物质在松软的沉积物层面上生长结晶,但后期由于溶融、溶解而消失,从而在层面上留下其晶体的印痕。如果这类晶体后来被其他物质交代,或者晶体印痕为其他物质充填,就形成晶体假象,即假晶。

这种构造大多产于盐湖、内陆盐沼以及干热气候下的潮坪沉积物中。

2) 鸟眼构造

这种构造主要发育于细粒沉积物中,由单个或成群的毫米级鸟眼状孔隙被亮晶方解石或石膏等胶结物充填而形成。它们常呈浅色斑点出现在暗色的基底中,如果成群定向排列,则形成筛状、窗格状或网格状构造。

鸟眼构造的成因既与鸟眼状孔隙的形成有关,也与化学成因的胶结物充填孔隙有关。碳酸盐岩中的鸟眼构造常见于潮上带,潮间带较少见,潮下带罕见。

3) 结核

结核是沉积物中自生矿物的集合体。它在成分、结构、颜色等方面与周围沉积物有明显的差异。结核的形状常为球状、团块状、饼状、扁豆状、透镜状、不规则瘤状等,大小不一,从几毫米到数十厘米,更大者可达几米。结核的内部形态呈均质或非均质。其构造形状复杂,有同心圆状、放射状、网格状等。它们在沉积层中可以单个产出,也可以呈串珠状、似层状或不规则状成群分布。

结核的成分常见的有碳酸盐、硫化铁、硫酸盐、硅质、磷酸盐和锰质等。它们常与一定的岩性有关。钙质结核脱水收缩后可产生从里向外由宽变窄的放射状裂隙。

4) 缝合线构造和叠锥构造

缝合线构造在碳酸盐岩地层中广泛发育,在石英砂岩、硅质岩、盐岩等岩层内也有产出。它在剖面上表现为连接岩层的两个相邻部分的锯齿状接缝,其中常富集黏土等不溶残余物,在平面上呈参差起伏的表面,常见的有简单波曲形、复杂弯曲形、尖齿形、方齿形和震波曲线形等形状。

叠锥是由一套空心的同心圆锥体套叠在一起所组成的构造。叠锥在层面上呈同心圆状,在纵剖面中则呈 V 形套叠,多出现在不纯的石灰岩中,如泥灰岩、泥质灰岩中,有时也产于钙质黏土岩和方解石脉中。

5）帐篷构造

帐篷构造是一种碳酸盐潮坪环境形成的脊型背斜构造，这种构造具有柱状裂隙和极大的干裂状多角断面，呈不和谐的褶皱和类似尖顶褶皱或倒转岩层，此外，还有V形裂隙缝和伴生有角砾岩层出现，现代常见于潮坪环境中。

帐篷构造系碳酸盐沉积后水体变浅，并暴露于大气环境，当碳酸盐沉积物从潮下，经潮间，最后变为潮上时，地表中地下水上涌和岩层发生固结膨胀变形而形成。

3.2.4.3 生物成因的沉积构造

生物成因的沉积构造包括生物遗迹构造、生物扰动构造、生物生长构造等。

1）生物遗迹构造

生物遗迹构造是指生物生活期间因运动、居住、觅食、摄食等功能行为而在沉积物中所遗留下来的痕迹，又称遗迹化石，包括足迹、爬迹、停息迹、潜穴、钻孔等。

（1）足迹

足迹主要是指脊椎动物用两足或四足交替行走时，在沉积物表面上遗留下的痕迹。如果动物足迹断续排列成行，且具有一定的方向性，则可称为行迹。

（2）爬迹

爬迹是由无脊椎动物（例如蠕虫动物、节肢动物、腹足类动物等）在沉积物表面上爬行和觅食时，以其身体的腹侧、节肢或疣足等与沉积物表面相接触而形成的连续的细小沟槽状痕迹。

（3）停息迹

停息迹是动物停息、躺卧或伺机捕捉其他生物时，在沉积物表面上遗留下的痕迹。这种遗迹大多呈孤立的、具有一定形状的凹坑，其大小、深浅和形状取决于造迹动物的着地部分。

（4）潜穴

潜穴俗称虫孔，它们是动物在尚未固结的松软沉积物内部因居住、觅食或摄食所形成的管穴或孔道。

潜穴一般较坚固，易于保存。生物所遗弃的潜穴，大多被与周围沉积物不同的其他物质所充填。在沉积层表面，其形态一般表现为大小不一的圆形或椭圆形的浅色斑点。

（5）钻孔

钻孔是生物为居住、防护或觅食而在坚硬物体的表面上所钻成的孔洞。钻孔一般较光滑，可以是与被钻物体的表面垂直的，也可以是呈不同角度倾斜的。钻孔在后期也多为其他物质充填而显示出来。

2）生物扰动构造

生物扰动构造是指生物在沉积物中活动，使原生沉积构造遭到不同程度的破坏或变形而产生的构造。生物遗迹构造（遗迹化石）也属于生物扰动构造。生物扰动作用强烈时，可以使原生沉积构造遭到破坏，显示出斑状构造，甚至形成均匀层理。斑状构造是指因生物活动而形成的颜色、结构或成分与周围沉积物不同的斑点或斑块不规则地断续分布于沉积物中的现象。

上述的遗迹化石和生物扰动构造虽然在各种不同的沉积环境中均有发育，但它们对于解释沉积环境仍具有一定的意义。一般来说，遗迹化石常发育在沉积缓慢、水体比较平静的氧化或弱氧化环境中。例如,在浅湖泥质沉积物中,遗迹化石或生物扰动构造特别发育,常常使原生沉积构造遭到破坏和改造。相反,在沉积物迅速堆积的环境(如三角洲前缘和浊流环境),遗迹化石就不发育或很少发育。

3) 生物生长构造

生物生长构造是由生物本身的生长和捕获沉积物所产生的一种具有层理的生物沉积构造。一般来说,这种构造的形成与藻类的生长有关,最典型的生物生长构造是藻叠层石(以及藻礁和藻丘)。藻叠层石是由蓝绿藻细胞丝状体或球状体分泌的黏液黏结细粒沉积物所形成的一种具有不同形态纹层的钙质沉积构造。由明(浅色,无机质多)和暗(深色,有机质多)两种基本纹层交互组成的藻叠层石有不同的形状和大小,这主要取决于藻叠层石生长的局部环境,而与藻类生物本身无关。藻叠层石一般按形态分类,如球状、半球状、锥状、柱状、波状、层状,其形态与沉积环境有密切关系。

4) 植物根痕迹

在三角洲平原、冲积平原、沼泽、湖滨等陆地环境中,经常有各种植物生长。当植物死亡后,它们的根就遗留在沉积物中成为植物根痕迹,可以经碳化或硅化后保存下来,还有的在腐烂分解后其空洞被泥砂充填成为铸型。

3.2.4.4 湖泊沉积纹层特征

20 世纪 90 年代初期以来,随着以格陵兰冰芯为代表的高分辨率古气候、古环境研究揭示出冰期-间冰期旋回中千年尺度甚至更短时间尺度的气候突变事件,“高分辨率”古气候环境研究成为目前古全球变化研究的新特征和新热点。由于纹层的结构和组成受湖泊水文、气候、生物等过程的影响,不同湖泊所发育的纹层类型不同。连续的纹层序列可以建立精确的纹层年代学,为沉积岩芯提供可靠的时间标尺,成为晚第四纪高分辨率(年、十年尺度甚至季节尺度)古气候环境研究的理想材料。

湖泊沉积中的年纹层(varve)特指一年期内沉积于湖底的纹层状沉积物。“varve”一词最初是由瑞典地质学家 DeGeer 于 1912 年提出并用来描述冰川融水年变化而形成的韵律性沉积物,即冰川纹泥。但随着研究工作的逐步深入,人们在海洋、河口和湖泊等沉积环境中均发现有一年期内沉积的纹层状沉积物。为此,本书倾向于用“年纹层”来表示湖泊中的“varve”或“annual lamination”(刘强等,2004),而组成一个年纹层的两个或更多的代表不同季节形成的纹层称为季节纹层(seasonal laminae);如果季节性意义不明确而纹层状结构明显的就简单地称为“纹层”(laminae 或 lamination)。

一般来说,湖泊沉积物中年纹层的形成依赖于多种因素。O'Sullivan(1983)总结了湖泊沉积物形成和保存年纹层的有利条件为:① 合适的湖盆地貌形态,一个理想的湖盆是湖水的深度相对于湖水表面积来说足够大,并且湖盆不受风的侵扰;② 湖水底部是一个缺氧的环境,因此湖底没有什么底栖生物,细微的纹层结构得以保存下来而不受生物扰动的影响;③ 湖泊的自生生产力和外源物质的输入量都受到气候季节性变化的控制。简而言之,湖泊沉积物年纹层的发育既需要特定的湖盆环境,更重要的是当地的气候环境存在明显的季节性变化(图 3.36)。

湖泊沉积物年纹层一般是根据年纹层的结构和组成来进行分类的,但不同的作者所划分的年纹层类型并不完全一致(O'Sullivan,1983;Saarnisto,1986;Anderson and Dean,1988;Kemp,1996;Brauer,2004)。表 3.8 归纳总结了前人对年纹层类型的划分,在此基础上本书根据形成年纹层的物理、生物和化学性质的变化将各种年纹层划分为三大类：① 碎屑年纹层（clastic varve）；② 生物成因年纹层（biogenic varve），如硅藻年纹层等；③ 化学成因年纹层（chemically induced varve），包括方解石年纹层、黄铁矿年纹层、蒸发盐年纹层等。图 3.37 列举了湖泊沉积物中一些典型的年纹层类型。

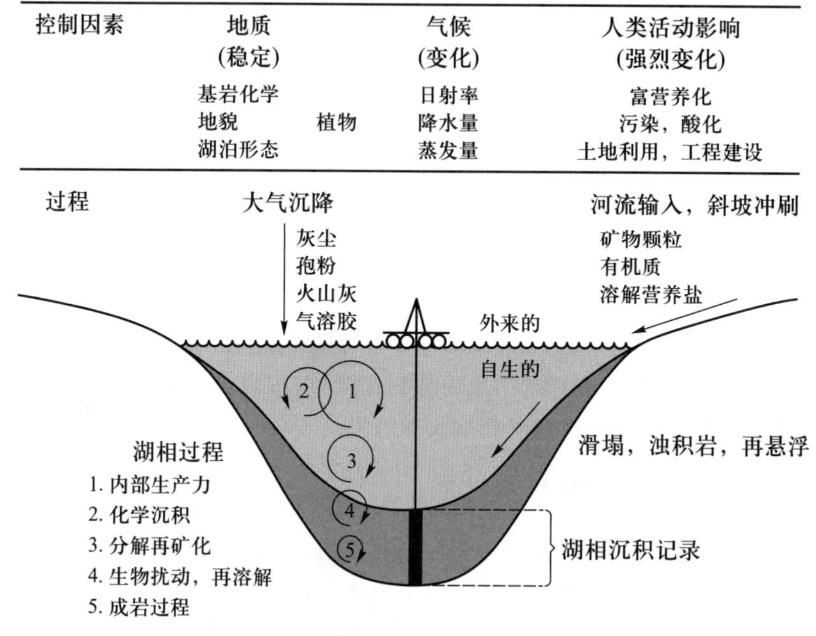

图 3.36　湖泊沉积物年纹层的控制因素和形成过程示意图

表 3.8　前人和本书对湖泊沉积物年纹层类型的划分

<table>
<tr><th>O'Sullivan（1983）</th><th>Saarnisto（1986）</th><th>Anderson 和 Dean（1988）</th><th colspan="2">Kemp（1996）</th><th colspan="2">Brauer（2004）</th><th colspan="2">本书</th></tr>
<tr><td>碎屑年纹层</td><td>碎屑年纹层</td><td>碎屑年纹层</td><td colspan="2">碎屑年纹层</td><td colspan="2">碎屑年纹层</td><td colspan="2">碎屑年纹层</td></tr>
<tr><td>生物成因年纹层</td><td>富硅藻年纹层</td><td>生物成因年纹层</td><td>生物成因年纹层</td><td>硅藻年纹层
球石年纹层</td><td>生物成因年纹层</td><td>硅藻年纹层
方解石年纹层
黄铁矿年纹层
菱铁矿年纹层</td><td>生物成因年纹层</td><td>硅藻年纹层</td></tr>
<tr><td>铁质年纹层</td><td>富铁质年纹层</td><td>富铁（锰）质年纹层</td><td rowspan="2">化学成因年纹层</td><td rowspan="2">黄铁矿年纹层
菱铁矿年纹层
碳酸钙年纹层
蒸发盐年纹层</td><td colspan="2" rowspan="2">蒸发盐年纹层</td><td rowspan="2">化学成因年纹层</td><td rowspan="2">方解石年纹层
黄铁矿年纹层
菱铁矿年纹层
蒸发盐年纹层</td></tr>
<tr><td>钙质年纹层（方解石年纹层）</td><td>钙质年纹层</td><td>碳酸盐年纹层</td></tr>
</table>

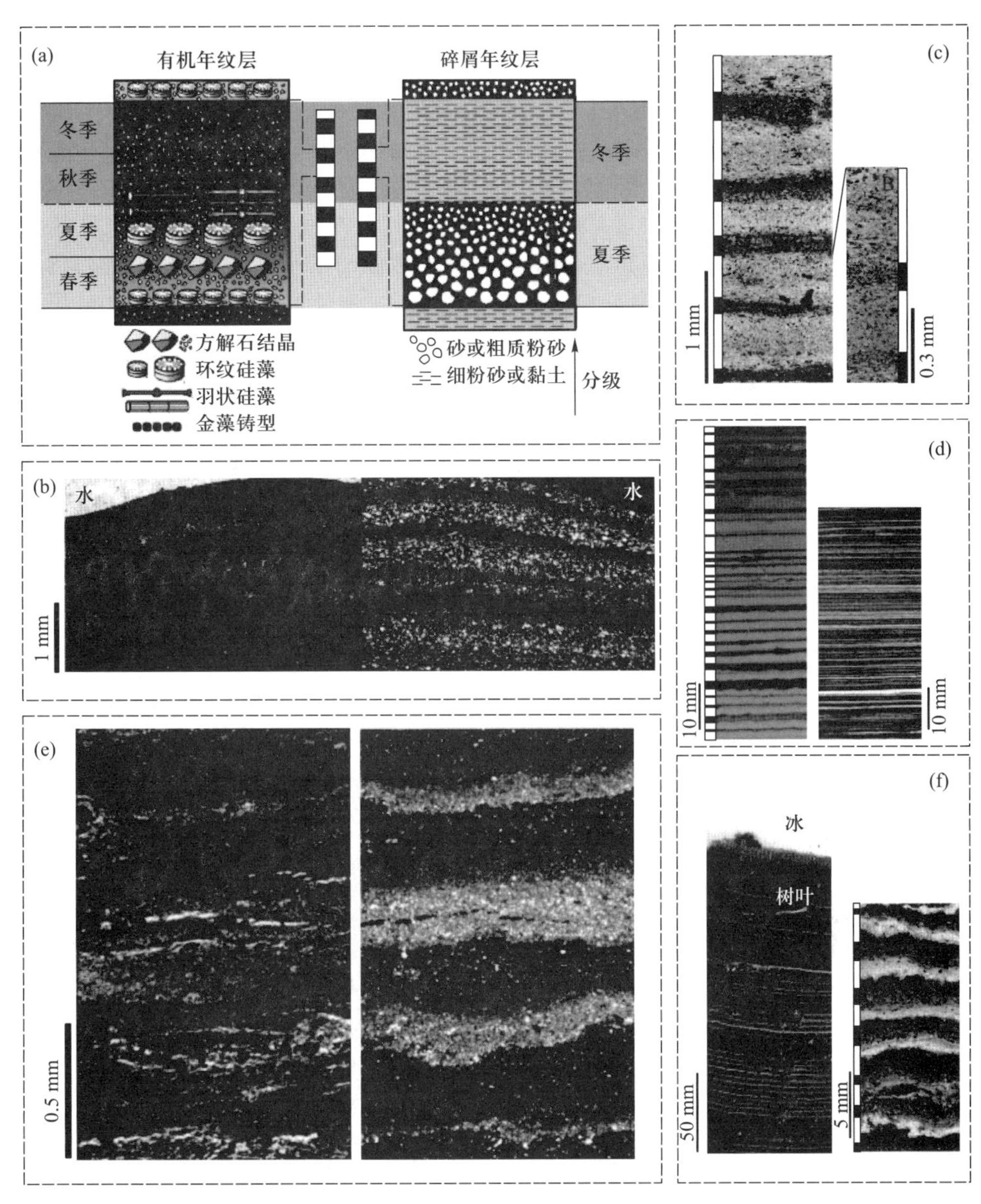

图 3.37 湖泊沉积物中各种类型的年纹层(见书末彩插)

(a) 有机年纹层和碎屑年纹层沉积简化图;(b) 加拿大北极圈附近 C2 湖沉积物-水界面附近的碎屑年纹层(左图为正常灯,右图为极化灯),灰白色层对应夏季融雪携带粗粒沉积,暗黑色层对应冬季悬浮细粒沉积;(c) 德国 Holzmaar 玛珥湖中硅藻年纹层,浅白色对应大量浮游藻类暴发,深色对应底栖和附生藻类;(d) 以色列死海内生年纹层,其中文石层和石膏层是夏季高蒸发速率导致湖水中离子浓度增高形成的纹层,而砂、淤泥和黏土组成的碎屑混合层则是冬季降水带入大量的矿物质碎屑进入湖泊中沉积而形成的;(e) 芬兰 Alimmainen Savijarvi 湖碎屑-生物混合年纹层,春季积雪融水携带的外来矿物碎屑形成灰白色层,其余季节自生有机质积累为棕褐色;(f) 德国 Sacrower See 石灰质-生物质年纹层,春季浮游硅藻暴发形成的黑色薄层,夏季白色方解石层和冬季浅灰色碎屑层

3.3 湖泊沉积记录的环境演化

湖盆内按时间顺序积累的沉积物不仅是研究湖泊及其流域环境演化的自然档案,也是区域和全球环境变化研究的良好载体之一。利用湖泊沉积记录进行环境重建的研究属于古湖泊学范畴,即通过对沉积物中保存的各种生物、物理和化学信息进行计数和测定,研究湖泊生态系统演化的过程,以及这些过程与流域乃至区域和全球环境变化的联系(Cohen,2003;Smol,2012)。古湖泊学是湖泊学向过去的延伸,这决定了古湖泊学有明确的时间特征,可以依据特定湖盆形成的年代,研究包括不同时间尺度变化的过程。古湖泊学同样具有多学科交叉和综合的特征,涉及湖泊学、生态学、环境科学、沉积学、地质学、第四纪地质学等学科的研究内容,回答全球变化的生态系统效应、湖泊-流域相互作用、生态环境等基础应用方面的科学问题。最近几十年来随着科学技术的不断创新,各种沉积物新指标被挖掘,标准分析方法也纷纷建立,数据分析的精度得到进一步提高,推动了学科研究向纵深发展。本节主要介绍开展湖泊沉积记录研究的基本原理、研究方法,及其在古气候、古水文、湖泊酸化和污染等方面的应用。

3.3.1 基本原理

湖泊是一个复杂的生态系统,各种环境和生物要素彼此相互作用,共同决定了湖泊的生物地球化学循环特征。尽管湖泊具有相对独立的边界,但其环境的变化历史明显受到流域过程、气候变化、人类活动以及它们之间相互作用的影响(图3.38)。气候变化和人类活动通过能量和物质传输(如温度、降水、光照、紫外辐射、大气污染沉降等)不仅直接影响湖泊,还可以通过间接改变流域土壤和植被发育、围岩风化、侵蚀强度和营养输入等,对湖泊的物理、化学和生物过程产生影响(Leavitt et al.,2009)。因此,古湖泊学的一个重要研究目标就是通过湖泊关键过程的重建,分析其与流域过程的关系,揭示气候变化和人类活动对湖泊生态系统演化的驱动和影响机理。高分辨率的古湖泊数据揭示的过去生态系统变化,可以从时间长度上弥补生态试验和生态系统监测数据过短的缺陷,阐明特定的研究时段物种多样性变化速率和特征、不同生物群落组合更替规律、有机体大小变化的时空分布和响应模式,可以用不同化石生物的分析数据测试食物网中生物相互作用(如竞争、捕食等)的关系,可以从时间序列上检验学术界提出的生态学假设,如生态系统的稳态转换和弹性变化,并检验生态系统动态模型的结果。最

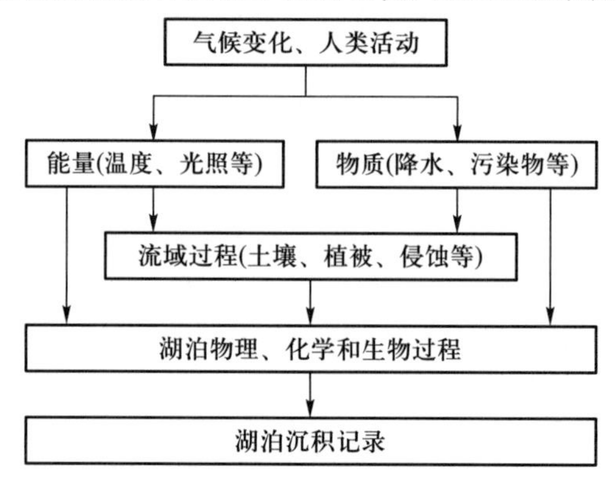

图3.38 人与自然对湖泊环境的影响路径

近的研究还显示,沉积记录的 DNA 分析在揭示生物遗传变异和系统发育等方面有着很大的潜力(Bálint et al.,2018)。近年来,古湖泊研究在帮助界定、描述和指导生态系统管理方面也得到广泛应用(Bennion et al.,2012)。在缺乏长期监测的情况下,湖泊沉积记录为湖泊的管理和决策提供了了解从自然到人类干扰以来湖泊长期变化知识背景的唯一手段。例如,通过沉积物中重金属变化的分析,古湖泊研究发展了评估重金属污染风险、生源要素定量、生态本底评估的系列方法,为湖泊环境治理和生态修复提供了参考目标。通过沉积记录分析,可以提供地方种、外来种和入侵种相互作用的信息、人类活动导致的湖泊生态系统服务功能的变化以及生态系统状态转变的阈值和原因。

用于古湖泊研究的替代性指标很多,主要分外源和内源两种来源,一些指标同时兼有内外源特征。外源指标主要包括孢粉、炭屑、气孔器、植硅体、陆生植物残体、沉积物粒度、磁化率、矿物和元素地球化学指标等,这些指标可以用于提供流域植物生态、流域土壤侵蚀、有机和无机碎屑来源、围岩化学和物理风化、人类活动等信息。最近的研究显示,湖泊沉积物中微塑料、多环芳烃等指标,可以指示特定的人类活动方式。内源指标包括能够保存在沉积物中的藻类(如硅藻)、水生无脊椎动物(如枝角类、介形类、摇蚊类)、水生植物等各种生物指标,也包括以分子构架形态保存在沉积物中的各种生物标志化合物,如正构烷烃、酯类化合物、藻类色素和 DNA 等,还有湖泊自生的环境地球化学指标,如自生碳酸盐、生物硅、生物壳体的同位素等化学沉积指标,可以反映湖泊本身的生态和环境的状况。有机碳、碳酸盐、有机碳同位素等属于混源性指标,其对环境的意义往往需要借助于多指标的综合对比、现代过程的调查及文献检索等途径加以判识。

古湖泊研究中,沉积记录的获取主要来自沉积钻孔、露头剖面和古湖阶地剖面。尽管露头和阶地剖面可以提供古水位、古水文和环境变化的信息,但受研究时段、出露有限、后期侵蚀、成岩和成壤作用的限制。钻孔沉积记录提取则是最常规手段,包括冷冻采样、刀式采样、重力采样、活塞采样和机械采样等各种钻井技术,为获得不同时间尺度的沉积记录提供了有力支撑。精确的年代测定和年代序列的建立是古湖泊数据解释的关键。对不同时间尺度的沉积记录,都有成熟的年代学测试方法。古湖泊学关注的几个关键时段包括过去 200 年、过去 2 万年和更长的第四纪时期。对过去 200 年的记录,传统的测年手段是 ^{210}Pb 和 ^{137}Cs 技术。一些特殊的人类活动指标(如反映大气污染的碳球粒等)也可以作为年代标志,这是因为这些指标专属人类活动的产物,在工业革命前,不可能在自然演化过程中出现,而且这些指标的变化有很好的事件记载可以佐证。对末次盛冰期以来的沉积记录,^{14}C 定年是常规技术,但由于存在老碳效应,选择合适的材料(如陆生植物残体)进行年代学测定是关键。目前光释光、热释光技术也被用于与 ^{14}C 年代比较和补充,并常用于更老的(2~10)万年的沉积物定年中。基于古地磁数据建立的地磁极性年表,为百万年来沉积记录的年代序列建立提供了重要年代学依据。

用于古湖泊解释的沉积指标很多,而且随着科技的发展,更多的新指标还将不断涌现。Smol(2008)对古湖泊的常规指标进行了归类和总结,针对各种不同来源的物理、地球化学和生物指标,都建立了标准的实验流程和数据表达形式,包括生物化石的计数方法和分类标准。指标测试数据完成后,接下来就是如何进行数据的表达。传统的方法就是绘制钻孔指标数据变化图,基本要素包括深度或年代标尺、沉积岩性特征、不同指标类别、同一指标不同组成和数据单位、变化阶段划分。一些环境指标还包含了均值和各种参数,如粒度中不仅包括了不同粒级的含量,还可以计算中值粒径、分选系数、峰态等参数的变化。所有不同类别的生物指标均包含各属种的相对丰度(百分含量)和绝对丰度(浓度)的变化,还可以根据生态习性、生态位和生境的特点进行归类并在制图中展示。组合带的划分一方面可以通过可视的变化实现,另一方面可以借助于聚类分析等统计分析的手段进行精确划分。

古湖泊重建依据关键生态和环境过程的推导,因此,判识沉积指标的指示意义至关重要。不同指标意义可以从大量文献中查询,还可以通过指标综合对比来判识。许多外源性指标具有明确的环境指示意义,通过流域将湖泊的关键环境过程与驱动力(如人类活动和气候)进行联系。如沉积物氮、磷含量与流域营养物质的输入有关,但也反映湖泊营养变化的过程,同时也暗示人类活动的干扰作用。陆源孢粉、炭屑等指标与流域植被生态有关,一方面可以用于重建过去气候的变化,另一方面可以通过有机质的输入影响湖泊有机颗粒含量、溶解有机碳、光透度等。内源藻类生物指标可以反映初级生产力的变化,包括藻类群落组成和多样性等信息,但这些变化又是不同环境过程影响的结果,当然也不排除牧食作用对藻类发育的影响。目前,越来越多的统计分析技术被用于指标数据变化的规律性分析,为古湖泊从定性向半定量和定量重建提供了有力支撑。除用于上述的阶段划分外,许多数值分析技术可以用于各种指标的排序,进行来源和组成、变化趋势及环境信息的判识,并用于气候、湖泊环境要素的定量重建中。

现代过程的调查和采样分析是获得环境替代指标物理意义的又一个重要途径。指标机理过程的调查主要通过定点监测、湖泊及其流域多点采样以及特定区域的湖泊采样来实现。为了了解某一指标与环境的关系,需要分析水体、表层沉积物和流域表土中该指标与理化环境和不同生境的关系,揭示影响和控制指标分布的显著因子。指标现代过程的研究也促进了古湖泊定量研究的迅速发展,尤其是基于孢粉、硅藻、摇蚊、生物标志化合物、地球化学、同位素地球化学等各种指标的转换函数和转换方程模型的建立。这些定量模型,已经在过去不同时间尺度湖泊的盐度、营养、水位、pH 值以及古气候变化的定量重建得到广泛应用。

3.3.2 研究方法

3.3.2.1 沉积记录提取

高质量沉积记录的获取是古湖泊学研究的基础工作。依据事先设计的研究时段,可以借助相应的采样设备进行钻井和沉积记录提取。通常,对历史时期湖泊环境变化的研究,采用便携式重力采样器比较常见。此类重力采样器以 Kajak-Brinkhus 型和 Phleger 型为代表(Mudroch and Macknight,1994),配以重锤,可以获取 0.5~1.0 m 深的沉积柱。这类采样设备可以满足几乎所有的水深条件。在底质较硬的情况下,可以选择卡式重力采样器并辅以压力进行钻孔提取,该设备尤其适用于浅水湖泊,在我国古湖泊研究中被广泛使用(沈吉等,2010)。上述采样设备也被普遍用于湖泊表层沉积物的采集。对全新世或更长时间尺度的沉积记录提取,活塞式柱状采样器也是经常使用的采样设备。该设备的已知取芯长度可以长达 50 m,尤其满足深水和大型湖泊的钻井采样需求。活塞式柱状采样器主要由稳定重锤、钻筒、活塞、钻孔固定器、钻头和触发装置等部件构成。在实际应用中,美国明尼苏达大学研究人员发明设计的 Livingstone 活塞采样器(Wright,1967)以及奥地利产的 UWITEC 活塞采样器是比较经典且在湖泊沉积学领域应用较为广泛的活塞采样器(图 3.39 和图 3.40)。

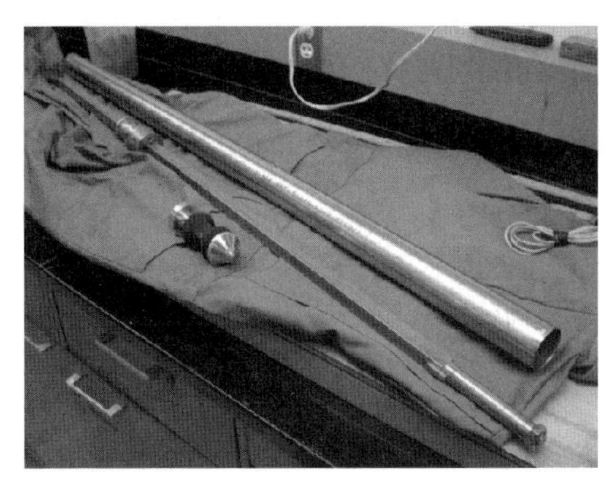

图 3.39 Livingstone 活塞采样器组件(Wright,1967)

图 3.40 我国东北镜泊湖采用奥地利 UWITEC 活塞采样器采样工作场景

钻孔材料获取之前,对湖泊沉积物分布的全面调查是必要的。古湖泊研究者通常利用地球物理勘探技术(如地震反射剖面仪、声呐和回声剖面探测仪等),了解湖底沉积地貌的几何形态和沉积物的时空分布信息,帮助绘制水深等深线,查明沉积物厚度,确定钻孔点位和获取高质量的钻孔材料。对一个具体的湖泊,不同部位多钻孔和平行钻孔的提取也是必需的。因此在实验室,需要进行不同钻孔的对接和层位对比,常用的方法是在所有指标全面分析之前,对岩芯首先进行元素指标的 XRF 扫描或者测定磁化率和烧失量。对重力岩芯的采样,通常用顶芯技术在野外进行,采样间距视研究分辨率而定,一般为 0.5 cm 或 1 cm,这样可以避免长途运输对近表层松散沉积物造成的扰动。对晚更新世以来的沉积岩芯,通常采用切割技术采样,采样按远疏近密的原则,对可能的事件时段加密,分辨率一般控制在 1 cm 至 5 cm 间距不等。

"一孔之见"是古湖泊研究中一个备受质疑的问题。但至今,依赖特定湖泊单点沉积钻孔的分析研究仍在主导着学科的发展。理由是一些学者通过一个湖泊不同深度的多钻孔多指标分析对比发现,不同部位多生物和环境指标变化的趋势具有一致性。尽管选择湖心部位具有沉积稳定、地层连续、各种扰动相对较少的优势,但沿岸带和敞水区非均质性必然对湖泊系统变化的解释产生偏差,基于单一沉积物记录的推断是否代表整个湖盆?由于多钻孔的分析存在工作量大、时间长、经费限制等方面的问题,单孔研究的不确定性评估，尤其是湖泊生物群落分布、生物量变化、沉积速率变化等时空差异的评估方面，是今后古湖泊研究中面临的一个挑战。

3.3.2.2 沉积物定年

湖泊沉积年代测定的方法很多，常用的湖泊沉积物定年方法包括^{14}C、^{210}Pb和^{137}Cs、光释光、热释光、裂变径迹和古地磁定年等。不同的测年方法适用于不同的时间尺度，且有各自的原理、测定范围和优缺点。对有纹层沉积的湖泊，可以通过纹层计数法进行钻孔沉积记录定年。此外，对较短时间尺度的沉积柱，还可以通过指标的记录事件进行年代确定，如碳球粒、多环芳烃等指标，反映了特定人类干扰方式，这些指标记录的初始和峰值出现时间，可以与区域和流域大气污染排放和农药使用的时间对应起来。为获得精确的沉积钻孔年代序列，对基于不同手段获得的定年结果进行相互补充和交叉检验是很有必要的。下面就古湖泊研究中常用的几个定年技术进行介绍。

1) ^{210}Pb和^{137}Cs定年

这两种放射性核素适用于对浅钻沉积记录的定年。^{210}Pb定年的前提条件是它们进入沉积物后，不再受外界扰动，严格按照自身的衰变规律随时间发生放射线衰变，而不发生其他形式的迁移。应用$^{210}Pb_{exc}$活度数据及^{210}Pb的半衰期来计算沉积物不同层位的年龄，其中涉及与沉降、堆积和变率等有关的经验模式选择问题。现有的沉积年代计算模式有恒定初始浓度模式（CIC模式）、恒定补偿速率模式（CRS模式）、稳定输入通量-稳定堆积模式等（刘恩峰等，2009）。较为常用的模式是恒定初始浓度模式和恒定补偿速率模式。^{137}Cs的半衰期为30.17年。在湖泊沉积柱中，通常根据^{137}Cs比活度的变化，与全球核试验开始发生（1950—1954年）和高峰时间（1963年）以及核泄漏事故发生时间（如1986年的切尔诺贝利核反应堆泄漏事件）对比，进行时标定年。由于受沉积后迁移和大气输送路径等因素的影响，目前以1963年^{137}Cs时标确定最为可靠。该时标还可以对^{210}Pb建立的深度-年代序列进行校正，如目前的研究中常用的复合CRS深度-年代模式（刘恩峰等，2009）。

^{210}Pb和^{137}Cs定年借助超本底高纯锗γ谱仪定年系统。湖泊沉积物样品的^{210}Pb和^{137}Cs定年要求计数误差小于±15%。标准源的测量计数误差小于±2%。近年来，为了降低放射性核素定年时受到的扰动，减少主观性选择定年时标可能产生的误差，将其他核素的活度和原子比率测定技术引入，为提升定年准确性提供了新途径。

2) ^{14}C定年

^{14}C定年是由W.F.Libby在1949年首先发现。^{14}C是大气圈中通过宇宙射线中的次生中子与^{14}N核相互作用形成的，平均寿命有8 270年，在古老的含碳岩石中不能保留自然形成的^{14}C。但在大气中^{14}C不能迅速消失，而是氧化成CO_2，然后进入水圈和生物圈。在光合作用过程中，^{14}C进入植物体，通过食物链进入动物体。在生物体的生命过程中，其吸收的碳会与生活环境（大气、海水或者淡水）达到同位素平衡。当生物体死亡后，吸收碳的过程中止，但有机组织中的^{14}C衰变依然在继续，放射性碳的“计时”功能开始。^{14}C年代学基于以下3个假设：① 几万年以来，宇宙射线的强度不变，^{14}C的生成和衰变达到动态平衡，各交换储存库中的^{14}C浓度不变；② ^{14}C在各个储存库中的分布均匀，它们之间的交换循环也达到动态平衡，^{14}C初始放射性比度不随时间、地点和物质而变；③ 含碳样品脱离交换储存库以后，^{14}C的浓度（放射性比度）随时间而自然衰

变。因此,借助于^{14}C的半衰期,对比样品剩余的放射性碳与现今生存的同类样品(现代参照标准),获得样品中^{14}C的减少量,就可以计算出样品的绝对年龄。

用于^{14}C定年的含碳测试材料可以是无机的,也可以是有机的,大致分为4类:碳酸盐物质、总有机质、大化石和孢粉。碳酸盐物质包括一些动物壳体(如瓣鳃类、腹足类、介形类等)碳酸盐矿物、湖泊自生碳酸盐矿物(如方解石、文石、白云石等),这些材料均可用来进行^{14}C年代测定。但利用这些碳酸盐矿物定年可能受到碳库效应等因素的影响,其结果会造成年代误差。湖泊沉积物中有机质组成十分复杂,包括腐殖质和非腐殖质中的各种化合物成分。在这些成分中,胡敏素的惰性组分最为稳定,可以从沉积物中提取进行可靠的年代测定。沉积物中植物大化石包括陆生的和湖泊自生的植物(如各种植物残体和炭屑等),也是^{14}C年代测定材料。受沉积再搬运、光合作用碳来源等因素影响,也可能存在碳库效应。通常认为,保存在沉积物中的陆生植物残体是理想的^{14}C定年材料,可以尽可能选择多个层位的陆生植物残体进行年代测试和结果比对,获得精确的年代序列。陆生植物孢粉几乎能在所有湖泊的沉积物中存在,理论上可以避免定年材料的碳库效应,在实验操作中相对烦琐。但如果与陆生植物残体结合,可以达到对定年结果相互验证的目的。

由于碳库效应的存在,沉积钻孔年代序列的分析尤其需要小心。通常的校正方法是对同一地层的多种定年材料如植物残体、陆生花粉、总有机质和其他化石生物壳体同时进行年代测定,并将结果进行对比分析判识。其他定年手段(如光释光定年)也可以用于验证^{14}C定年结果。在极地、青藏高原和干旱区,一些湖泊沉积物中往往很难检出可靠的定年材料,在这种情况下,可以采用线性回归的方法建立深度-年代关系,来判识平均碳库效应年龄。另外,表层沉积样品或者现生水生生物样品的^{14}C测定结果也可为钻孔碳库效应的判识提供旁证。

3) 光释光定年

释光是指矿物晶体接受核辐射作用积蓄起来的能量在受到热或光激发时,以光的形式释放出来的一种物理现象。受热激发产生的释光现象叫"热释光"(thermoluminescence,TL),以光激发产生的释光现象称为"光释光"(optically stimulated luminescence,OSL)(Aitken,1998)。释光定年(luminescence dating)就是利用矿物中晶体的释光现象来测定矿物自上次热事件或曝光事件后埋藏至今所经历的时间。其中,沉积物光释光定年首先由 Huntley 等于 1985 年提出。

沉积物沉积前暴露在阳光下时,其光释光信号就会被排空或者降低到一个可以忽略的水平(释光信号归零);沉积物被埋藏后,其中的矿物晶体便开始接受周围环境中放射性核素(U、Th 和 K)提供的 α、β 粒子和 γ 射线及宇宙射线的辐照而累积释光信号。结晶矿物的释光信号强度与该矿物沉积埋藏后所接受的辐射剂量成正比。在一定条件下矿物接受辐射的时间越长,其释光信号的累积量就越大,即辐射剂量与累积时间成正比。所以,用已知剂量的人工辐照产生的释光信号与自然释光信号对比,可以得到晶体自最后一次曝光以来所累积的总辐射剂量,即等效剂量(equivalent dose,De)。在百万年以来的地质历史上,相对于 U、Th 和 K 的半衰期而言,可以认为晶体所接受周围环境的辐射为一恒定值,即剂量率(dose rate)恒定。释光定年最主要的方法就是围绕等效剂量的测量,主要采用单片再生法(single aliquot regenerative-dose,SAR),又称 SAR 法(Murray and Wintle,2000),该法可实现在一个独立测片上完成等效剂量的测量,其核心是采用实验剂量的 OSL 响应来校正实验室多次预热、激发和辐照所带来的感量变化。

湖泊沉积物中富含石英、长石等矿物，因此是 OSL 定年的理想材料。从湖泊沉积物中提取石英和(钠)长石等用于等效剂量测定的矿物材料需要经过相对复杂的前处理操作步骤，主要有对细颗粒混合矿物及粗颗粒中石英和钾长石矿物的提取过程，涉及筛分、去有机质和碳酸盐及残留氟化物、重液分离、氟化氢刻蚀等物理和化学处理。

如果想进一步了解^{210}Pb、^{137}Cs、^{14}C 和释光定年的方法原理、仪器设备、实验操作流程、数据计算、仪器性能以及注意事项等详细内容，可以参考古湖泊学研究的系列丛书(沈吉等，2010)。

3.3.2.3 环境替代指标

古环境的解释依赖于湖泊沉积记录中保存的各种物理、化学和生物信息，这些信息可以通过环境替代指标的分析获取。因此，理解环境替代指标的指示意义非常重要，需要有一定的知识储备，这也是古环境重建研究的基本前提。初学者可以通过阅读相关的文献获取必要的信息。但细心的读者往往会发现，由于研究区域背景、湖泊类型、人类活动等原因，不同的学者对同一沉积指标的环境解释存在一定的差异，而且一些指标的环境指示还存在多解性问题。解决这些问题的关键就是查明沉积指标形成的物理机理。通常的途径包括对特定湖泊及其流域的现代过程观测、长期生态和环境监测、空间分布调查等数据分析，以此判识沉积指标与环境的关系。在缺乏现代过程数据的情况下，沉积记录中多指标的对比分析也是判识特定指标环境指示意义的常用手段，但前提是必须建立在对其他指标机理认识的基础上。近年来随着科学技术的进步，沉积物中越来越多的新指标被挖掘，这些新指标的环境机理研究为古环境重建研究提供了更多的方法和理论支持。

依据沉积物特征，环境替代指标同样可以划分为物理、地球化学和生物三类指标。下面对湖泊古环境研究中常用指标的形成机理及环境指示意义进行介绍。

1) 物理指标

常规的物理指标包括粒度、环境磁学、色度等。

(1) 粒度指标

粒度代表了沉积物颗粒的大小，通常与湖泊水文有直接关系(如入湖流量、湖泊水位和水动力条件等)。可以根据沉积地层中粒度的粗细程度、各粒度组分占比变化情况，借助于粒度的参数特征(如分选系数、偏度和峰态等)，判识当时的湖泊水文环境变化，进而将湖泊水文的变化与流域侵蚀、径流甚至区域降水进行联系。粒度指标变化与水文和降水关系的逻辑推理已经被许多现代过程的观测数据所证明。开放性湖泊中，沉积物粒度的变化与湖水滞留时间或换水周期有着密切的关系。一些研究表明，当入湖径流增加时，会有更多的颗粒物质被搬运到湖泊中，细颗粒悬浮物质易于被出流带走，造成沉积物中粗颗粒含量相对增高。相反，入湖径流减少和水位较低的情况下，颗粒物质在湖泊中的滞留时间相对较长，其结果是被带出的细颗粒物质也相对较少。由此，可以通过时间序列上粒度指示的换水周期等水文变化，来推导流域径流和区域降水的变化过程。

湖泊沉积物粒度还可以指示人类活动引起的水文环境的变化。湖泊的围垦、建闸和建坝、上游水库的建设等农业活动和水利工程势必影响到湖泊面积、水位、河湖水量交换能力的变化。例如，湖泊出水口筑坝的建设使得湖泊水文得到控制，出水量减少，换水周期变长,由此造成沉积物中细粒度物质相对增多,中值粒径变细。长江中下游地区多个浅水湖泊的沉积钻孔清楚地记录了20世纪60年代以来人类活动引起的粒度指标中中值粒径的减小和细颗粒组分增多的变化过程,并得到江湖水量和泥沙交换数据的验证(图3.41)(Chen et al.,2011)。

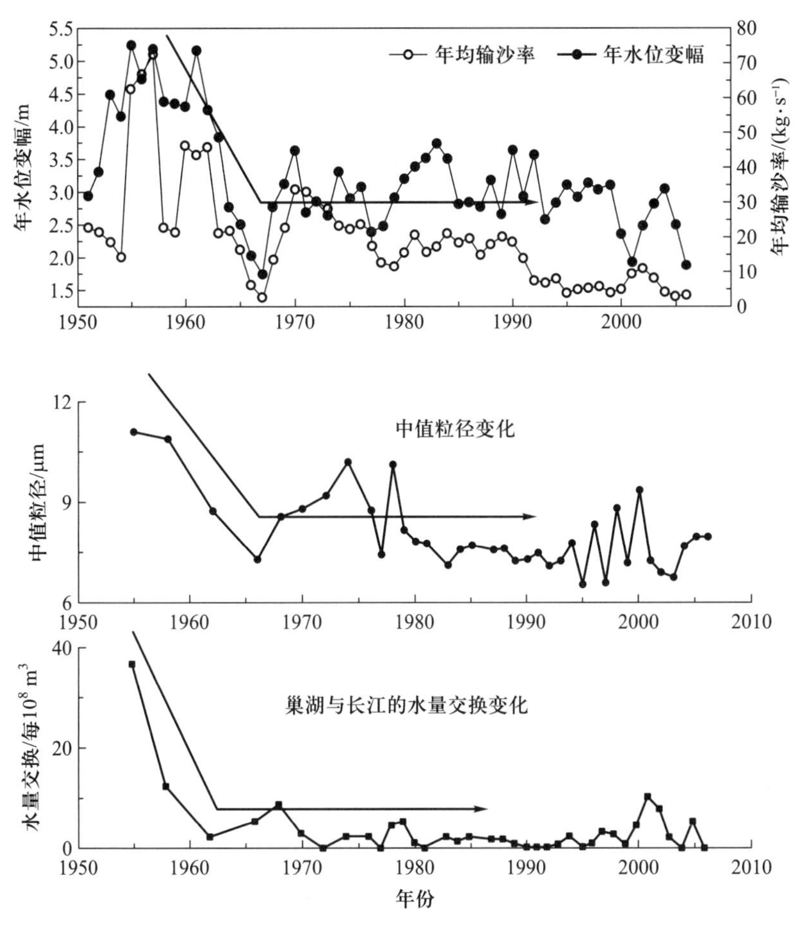

图3.41 过去50年来巢湖沉积物粒度变化(中值粒径)与输沙量、水位和江湖水量交换的比较

在干旱-半干旱区一些湖泊,沉积物粒度指标还可以推导区域大气粉尘的变化。一些研究者通过对湖泊表层沉积物、河流径流沉积物、冬季湖泊冰面风成堆积物等粒度参数的对比分析,判识了粒度组分的不同来源,进而基于沉积钻孔粒度的变化,揭示了地质历史时期区域风沙活动过程,甚至包括沙尘暴事件。例如,强明瑞等(2006)根据柴达木盆地不同来源沉积物粒度现代过程的对比研究得出,湖泊沉积物中大于63 μm的粗颗粒含量主要与风力搬运有关,由此重建了研究区苏干湖过去千年来风沙活动的历史,其中数次出现的粗颗粒含量峰值阶段,恰好对应了历史文献记载的沙尘暴频繁发生时期。

最近的一些研究还显示,在冰川地区,湖泊沉积钻孔的粒度指标记录可以指示冰川进退的变化历史,但其中的物理机制尚有待深入研究。

(2) 环境磁学指标

湖泊沉积物环境磁学指标包括高低频磁化率、剩磁和热磁等参数,可以指示流域侵蚀强度、土壤成熟度和磁性矿物的物质来源。而利用磁学指标重建过去气候变化、流域人类活动和湖泊生态环境变化,是一个间接推导的过程,需要借助于多指标的对比分析进行判识。例如,通过对比全新世沉积记录中磁化率与孢粉和有机体指标的变化,有助于判识流域侵蚀变化与植被发育、土壤发育和碎屑物质输入的关系,从而揭示磁化率变化指示的气候环境意义。许多研究表明,环境磁学指标在记录人类世土地利用和土壤侵蚀、大气重金属污染、湖泊酸化等方面发挥着重要的作用。

由于磁化率测试具有对样品无损、快速和简便的特点,通常用于同一湖泊多钻孔和平行孔的地层对比和校对。

(3) 色度指标

常用的色度指标包括亮度、红度和黄度等,这些指标的变化通常与湖泊沉积物中矿物和有机质组成有关。色度指标的形成机理目前尚不完全清楚,对其环境指示意义的判识主要也是通过指标对比获得。一些学者利用多指标的对比认为,色素指标可以较好地重建碳酸盐等矿物种类的变化,并以此对古气候环境进行推导。

2) 地球化学指标

相比沉积物中的物理指标和化学指标,地球化学指标数量最多、类别最丰富,不仅可以直接从沉积物中,而且可以从其中的各种生物、矿物等介质中分析提取。这些指标主要用于推导湖泊生源要素变化及来源、盐类组成、金属污染、水化学变化等,反映了环境地球化学循环过程。地球化学指标包括元素地球化学、稳定同位素地球化学和有机地球化学指标三个亚类。

(1) 元素地球化学指标

湖泊沉积物的元素地球化学特征(包括稀土元素)记录了流域或区域化学风化作用和环境变化的历史。依据元素组合、元素迁移能力的大小等,可以反映物质来源以及它们随环境变化的关系。一些元素和元素组合间的比值(化学蚀变指数、地质累积指数、富集系数等)还提供了化学风化强弱和人类活动影响的信息。例如研究者根据元素 Rb、Sr 地球化学性质的明显差异特征,通常用湖泊沉积物中 Rb/Sr 值变化指示流域化学风化和淋溶作用的强度;硅酸盐矿物具有全球广泛分布性,利用化学蚀变指数(CIV)可判识物源区化学风化作用的过程。而化学风化和淋溶强度又取决于当时的降水和温度的变化。

湖泊沉积物中保存的一些生物壳体,如介形类、螺等,由碳酸盐组成,是生物在其生长过程中通过吸收水体的微量和常量元素形成。这些生物在环境条件的变化中选择性吸收 Sr、Ca、Mg 等,形成了特定的分馏作用,故可以依据壳体的元素组成、壳体与水体元素的关系推导当时的水化学性质。如 Chivas 等(1985)通过对比现生介形类壳体与水体微量元素的关系,提出了分配系数(K_d),并在此基础上发展了湖水古盐度的转换方程。沈吉等(2000)利用我国半干旱区岱海活体单种意外湖花介(*Limnocythere* cf. *inopinata*)壳体,测定了 Sr、Ca 含量和湖水 Sr^{2+}/Ca^{2+} 值,获得了该湖古盐度的定量计算方程。然而,由于无论是沉积物还是其中的生物壳体,影响其元素地球化学的环境因素很多,对上述各种指标的环境信息提取和经验公式的建立,还需要更多现代过程(包括室内培养试验)的研究加以验证,并借助于统计分析手段,获得更为明确的环境机理的解释。

湖泊沉积物中主要的生源要素指标包括有机碳、氮、磷等,其含量的变化直接反映了湖泊的营养状况和初级生产力的变化。在湖泊长期自然演化过程中,这些生源要素的变化通常与气候变化有关,通过直接或间接(流域土壤植被、风化、侵蚀等)的作用,对湖泊生态环境产生影响。在近现代湖泊沉积记录中,这些指标在沉积物中含量普遍增高,通常反映了人类活动干扰的强度。而对人类世而言,地层中重金属含量的增加应该是人类活动的直接产物,人类活动可以通过点源和面源、大气和流域排放的方式,最终汇集到湖泊沉积物中。因此,生源要素和重金属污染指标可以作为相对独立的指标,对湖泊环境污染的历史进行相互验证,以揭示人类活动的影响。此外,利用生源要素和重金属污染指标的累积速率,结合富集系数(*EF*)、人类活动系数(*AF*)、地累积指数(*Igeo*)等经验公式,可以估算流域和湖泊自然背景值的变化,定量估算流域人类活动对入湖营养输入量的贡献。

(2) 稳定同位素地球化学指标

在同位素地球化学中,有一类不能自行发生放射性衰变的元素,如 O、C、N、H 和 Sr 等,称为稳定同位素。同一元素各同位素之间由于其质子数和核外电子数结构相同,它们的化学性质极为相似,但原子量的轻微差别又导致其在理化过程中行为的差异。在某些理化过程中,同位素组分会显示出细微的变化,称为同位素效应。当物质间发生相互作用或转化,就会引起同位素间的交换和再分配,轻、重同位素在不同物质中相对富集,即发生同位素的分馏作用。同位素可以通过质谱仪测定。

自然界中,多数同位素具有两种以上的稳定同位素,O 同位素由 ^{18}O、^{17}O、^{16}O 组成,C 同位素由 ^{13}C 和 ^{12}C 组成,N 同位素由 ^{14}N 和 ^{15}N 组成,Sr 同位素由 ^{88}Sr、^{87}Sr、^{86}Sr、^{84}Sr 组成。在某一元素的多个同位素中,通常只有一种是主要的,可以利用两种同位素的比值(如 $^{87}Sr/^{86}Sr$ 值)并依据其变化重建古环境。目前,在古湖泊学研究中,O、C、Sr 同位素主要使用碳酸盐物质进行测定,N 同位素主要通过有机质测定。理解同位素指标形成的物理机理,首先需搞清楚用于同位素测定的介质物质的成因,如湖相碳酸盐形成的气候环境条件及其类型和来源,以及观测同位素介质与水体之间是否呈现同位素平衡;然后可以通过分析同位素分馏作用与气候环境的关系对指标指示意义进行判识。大量的研究显示,各种介质的 O 同位素指标均一致性地指示了温度的变化;C 同位素指标可以反映有机质来源、植被变化(C3 和 C4 植物)等,进而推测湖泊初级生产力和气候(温度和降水)变化;N 同位素指标也可指示有机质的来源,更多地反映了营养和水化学环境的变化。

(3) 有机地球化学指标

沉积物中的有机地球化学指标很多,在古环境重建中常见的指标主要包括生物标志化合物、色素以及人类世特有的有机污染物等指标。其中生物标志化合物是从分子水平揭示湖泊沉积有机质的生物来源及其所携带的环境变迁信息,此类化合物在经历一系列有机质演化过程之后,仍然能保留原始生物组分的碳骨架,具有较好的溯源能力,能够有效区分湖泊沉积物中不同生物来源(包括古菌、细菌以及真核生物)的贡献。类脂物是湖泊全球变化研究中涉及较多的一类生物标志化合物,包括烷烃、芳烃、醇、酮以及酯类等。分析类脂物的种类、含量、分布特征以及单体 C、H、O、N 等稳定同位素组成,能够有效分离湖泊沉积物中陆生、水生以及沉积物自身有机质的贡献情况,故被广泛用于湖泊古环境重建研究。

正构烷烃是一类指示生物源信息的稳定类脂物分子。依据碳链长短和奇偶优势,可以区分不同生物来源。藻类和光合细菌正构烷烃碳链分布为 C15、C17 和 C19,在 C17 处达到最大丰度;沉水和挺水等水生植物正构烷烃在 C21、C23 和 C25 有最大丰度;陆生植物表层叶蜡则以 C27、C29 和 C31 为主。因此,根据沉积地层这些指标分布特征,结合正构烷烃不同碳链组合与比值,如碳优势指数(carbon preference index,CPI)、平均碳链长短度(average chain length,ACL)、陆生/水生脂质物比值(terrigenous/aquatic ratio,TAR)等参数,可以指示湖泊藻类、水生植物和流域植被的发育状况、沉水和漂浮植物以及木本和草本的相对变化,进而推导区域气候、营养和水文的变化。如 Zhang 等(2018)通过我国太湖流域长荡湖浅钻沉积物正构烷烃的研究,重建了过去百年来湖泊藻类与水生植被交互演替的过程,揭示了流域人类活动对湖泊生态环境的影响(图 3.42)。

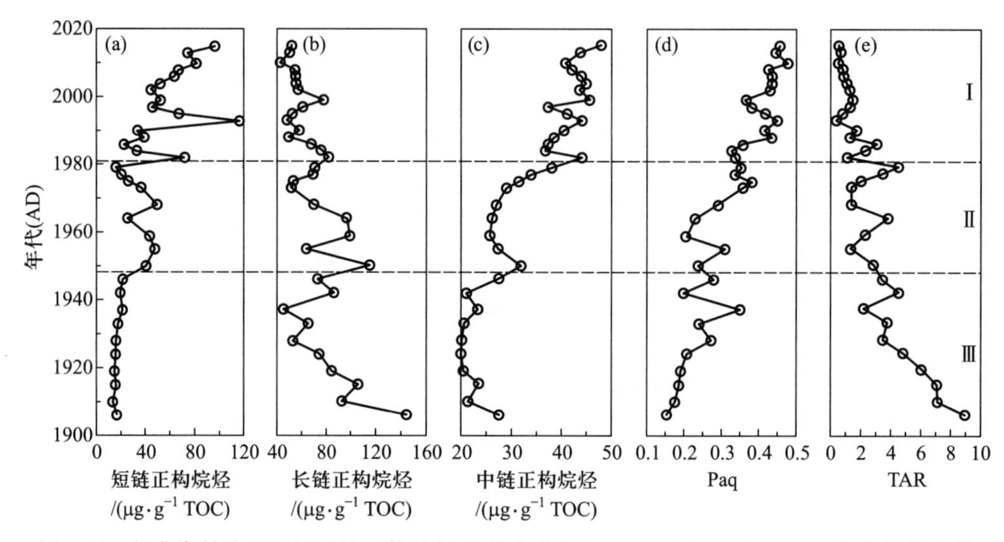

图 3.42 长荡湖钻孔沉积记录的正构烷烃指标变化(Zhang et al.,2018)。Paq,水生植物比值(percent of aquatic plants ratio)

甘油二烷基甘油四醚(GDGT)主要由两条烷基链与甘油分子以醚键形式合成。依据碳链结构以及生物来源的差异分为两种类型:一类是古菌合成的类异戊二烯,其碳链分别携带五元环和六元环;另一类来源于细菌的支链,其碳链为烷基结构,携带不同个数的甲基以及五元环。GDGT 最早用于海水温度定量重建与海洋古环境重建,近年来在湖泊沉积环境研究中也取得了重要进展,并显示了其在古温度和 pH 值重建中的潜力。然而,尽管许多湖泊表层和钻孔沉积物中 GDGT 普遍存在,但对该指标的细菌菌种来源和形成机理目前并不十分清楚。

TEX86 温标是基于古菌合成的具有类异戊二烯结构的类脂化合物,同样可以指示温度的变化。但目前在湖泊古环境重建中的应用相当有限,古菌菌种的区分、不同介质的来源区分是对该指标形成物理机理认识的关键。

长链烯酮(LCA)是一系列碳链长度在 37~39、携带 2~4 个不饱和键的烯酮化合物。湖泊长链烯酮以 C37:4 为主(37 指示碳链长度,4 指示不饱和键的个数)。现代过程和培养试验的分析表明,基于长链烯酮不饱和度构建的温标(Uk′37)与生长温度存在显著相关。基于这种关系的构建,一些研究已经利用湖泊沉积长链烯酮记录进行古温度的定量估算。然而,不同湖泊合成长链烯酮的藻类存在一定的差异,Uk′37 与温度的显著性关系是否具有普遍适应性,藻类生理特征是否影响长链烯酮的产生,尚有待深入研究。

高等植物蜡质来源的长链类脂以及水生藻类合成类脂的单体 H 同位素(δD),有效记录了源水中 H 同位素组成,从而成为追踪水文变化的替代性指标(Huang et al., 2002;Sauer et al.,2001)。一些研究认为,可以通过分析湖泊沉积物中植物或者藻类的 H 同位素组成,进行有效湿度的重建,以此探讨大气水循环以及气候变化。来自现生植物、湖泊表层沉积物、表层土壤的证据均显示,来源于陆生高等植物的正构烷烃(C27, C29,C31)单体 H 同位素组成有效指示了大气降水的 δD 变化;来自水生低等生物(如藻类)的正构烷烃(C17,C19)以及指示水生植物的正构烷烃(C23,C25)则记录了湖水 δD 的信号。基于此,有学者提出,水生植物和陆生植物 δD 同位素组成的差值可以用来指示湖泊流域陆生植物的蒸散作用。

藻类光合作用过程中合成了多种色素,大部分色素在水体中经化学氧化、捕食作用和微生物降解等过程而分解,只有一些稳定性好的色素能够保存在沉积物中。早期的色素指标采用分光光度计提取,但提取的色素种类较少。高效液相色谱技术可以提取更多种类的色素指标,如 β 类胡萝卜素(β-carotene)、异黄素或双四氧嘧啶(alloxanthin)、叶黄素(lutein)、墨角藻黄素或岩藻黄质(fucoxanthin)、硅藻黄素(diatoxanthin)、玉米黄素(zeaxanthin)、海胆酮(echinenone)、角黄素(canthaxanthin)、奥克酮(okenone)、UV 等,它们的总和构成了总类胡萝卜素(total carotenoid,TC)。此外还有叶绿素及其衍生物总量(chlorophyll derivative,CD)、脱镁叶绿素 a 环类(a-phorbin)及其亚类。不同的色素对应于相应的藻类,如异黄素对应隐藻色素,硅藻黄素对应硅藻色素,玉米黄素对应蓝藻色素,奥克酮对应紫色硫细菌色素等。依据不同色素的丰度变化,可以指示湖泊藻类种群结构组成特征、生物量变化、营养状态乃至紫外线辐射变化(UV compound)等信息。借助于某些色素的比值变化,还可以指示沉积物中叶绿素的分解程度(如叶绿素 a 与脱镁叶绿素 a 环类的比值)、湖泊初级生产力的状况与内外源有机质的贡献率(如总类胡萝卜素/叶绿素及其衍生物比值)。

多环芳烃(PHAs)是指一类由两个或多个苯环组成的有机化合物,主要来源于人类活动有关的化石燃料,是在高温不完全燃烧下的有机质合成产物。多环芳烃与有机农药、抗生素、微塑料类物质一样,是人类世时期特有的指标,指示了人类对大气环境污染的影响。多环芳烃有多达 16 种类型,属于持久性有机污染物。因此,湖泊沉积物作为多环芳烃的积蓄库,可以通过湖泊现状调查和沉积记录分析,揭示多环芳烃的污染变化过程及原因,并对可能产生的生态风险进行评估。

3) 生物指标

保存在湖泊沉积物中的生物指标很多,这里主要指微体生物指标,从几微米到几厘米大小不等。除表层几厘米深度的沉积物中存在一些活体底栖生物外,大多以壳体、骨骼、器官、果实外壳等残体形状保存,这些残体通常难以降解和溶蚀,以几丁质、硅质、文石、方解石、木质纤维等成分为主。常见的微体生物指标包括孢粉、炭屑、气孔器、硅藻、植物大化石、摇蚊类、枝角类、介形类等,大体可分为陆生和水生生物指标。由于生物具有明确的个体生态学特征以及对环境响应的敏感性特点,其化石指标是古生态和古环境重建的基础,蕴含了气候、大气、人类活动、湖泊-流域相互作用的信息,在全球变化研究中扮演着重要角色。生物化石指标的解释一个重要假设前提是,影响现代生物丰度和分布的环境因子可以作为推导影响过去生物变化的环境因子。因此,古生态的解释离不开对现代生态学知识的掌握和了解。可喜的是,最近数十年来,古生态研究者一直没有停止对现代生物过程的关注,即使是一些新发展的生物指标,如枝角类、有壳变形虫等。下面对沉积物中的微体生物化石指标及环境指示作用进行简要介绍。

(1) 孢粉与其他植物遗存指标

孢粉是孢子和花粉的统称,它们都是植物繁殖器官的一个重要组分部分。孢粉被广泛应用主要基于以下几个特征:第一,植物能产生大量的孢子和花粉,成为化石孢粉的概率很高。第二,孢粉的体积小,易于传播。孢粉的直径一般为 10~15 μm。由于比重偏轻,容易被风或者水搬运到较远的地方,因此在较大的空间范围内,不同的孢粉成分混合在一起,使孢粉组合具有综合特征,这为地层对比提供了条件。第三,几丁质的孢粉壁易于保存,极难氧化,且在高温和浓酸环境都难以破坏其特性。第四,不同孢子和花粉具有特定的外壁结构和萌发器官等特征,由此,可以鉴定它们的科、属甚至种级水平。孢粉能够较好地反映它们在沉积时期的自然植被状况,为了解过去气候环境的推导提供可靠信息。在湖泊沉积物中,孢粉在重建流域古植被演替、揭示区域古气候变化及人类活动影响方面作用显著。

在孢粉研究中,相当一部分的工作是围绕表土孢粉展开的,其目的主要是考察地理空间上现代孢粉群落组成是否与研究区的植被类型分布一致,是否对应了一定的气候和环境梯度。例如,Xiao 等(2011)通过我国西南山地不同海拔 42 个湖泊的表层沉积孢粉的分析,揭示了孢粉组合分布具有垂直地带性,发现云杉属、冷杉属花粉向更高海拔传播的能力相对较强,森林部位的主要孢粉组合与相应的植被类型对应,林线以上孢粉组合与灌丛草甸植被类型存在一定差异(图 3.43)。气象数据的分析研究得出,在湖泊表层沉积孢粉组合与海拔、温度、降水均存在显著的关系。现代孢粉过程的研究无疑推动了孢粉古环境研究的学科发展进程。然而,对现代孢粉雨的研究,至今仍有一些基础性问题没有得到圆满解决,如植物孢粉产量、孢粉代表性、传播距离与途径、湖泊大小及距离林地远近程度、人为干扰等,都会影响到孢粉数据解释的精度。

陆生植被的发育受气候变化的直接影响,因此沉积孢粉指标一直是古气候重建的一个主要指标,可以重建不同时间范围包括构造尺度到轨道和亚轨道尺度的古气候演化历史。近年来,孢粉指标在环境考古研究中也得到越来越多的重视,通过考古点及附近沉积地层的孢粉记录,并结合植硅体等多指标分析结果,可以提供更新世-全新世期间早期人类活动的信息,为进一步探讨早期人类对气候环境的适应、古代文明的兴衰、不同文化起源的传播与交融提供了重要证据。利用湖泊沉积孢粉记录开展近现代人类活动对湖泊流域生态环境的影响研究也是近期发展的一个方向。沉积孢粉指标可以提供农作物花粉、田间杂草伴人花粉、人工经济林和景观栽培植物花粉等土地利用的信息,以此揭示人类活动方式和强度的变化。水生植物花粉还可以为湖泊水生植被反演提供有用的信息。

植物大化石来源于流域陆生植物和湖泊内部的水生植物,包括果实、种子、根、茎、叶、芽、花、鳞苞等植物器官组织,通常在肉眼或体视镜下观测到,钻孔沉积物中遇到的个体大小多在 0.1~50 mm。绝大多数的植物大化石都能够鉴定到种级水平,其种类数据一般用相对丰度和浓度(单位体积沉积物中某种植物大化石的数量)表示。在有精确年代数据的情况下,浓度还可以转换为通量数据。由于该指标实验分析要求样量大,而化石数量通常很少,加之植物本身的繁殖策略等原因,对植物大化石的解释存在一些先天不足,需要结合孢粉数据,才能更加有效地进行古植被和气候环境变化的重建。当然,植物大化石的数据也可为孢粉古植被的研究提供补充信息。

尽管植物大化石研究相对滞后,但对水生植被发育的湖泊尤其是浅水湖泊来说,该指标为开展湖泊生态系统演变研究提供了极佳的帮助。在浅水湖泊,水生植被可以遍

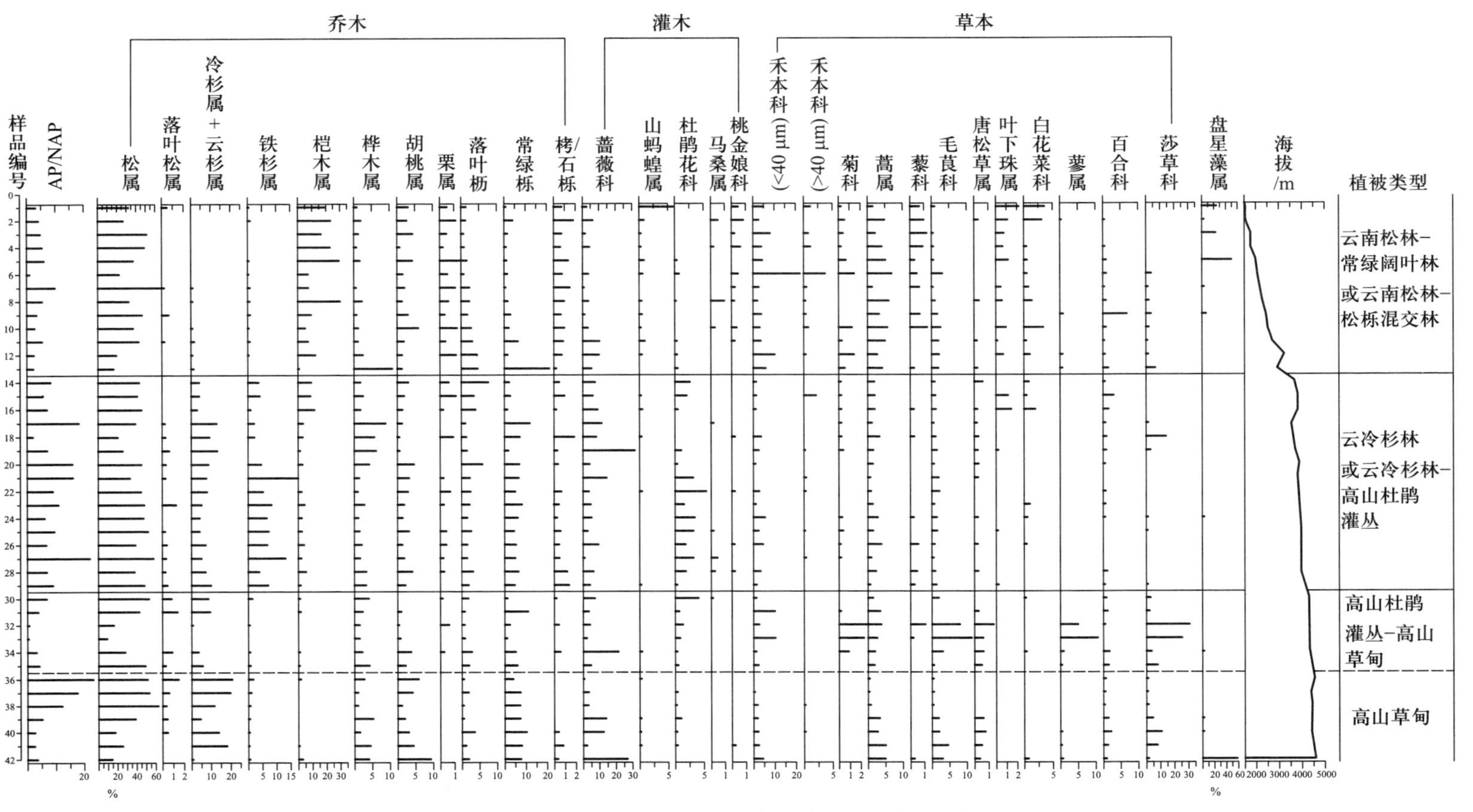

图 3.43 我国西南部不同海拔湖泊表层沉积孢粉组合与植被类型比较(Xiao et al.,2011)

布全湖，沉积物中保存了丰富的沉水、漂浮/浮叶、挺水植物残体，可以通过水生植物大化石的指标记录，重建水生植物群落演替历史，回答草/藻稳态转换的生态学问题，并可为湖泊生态环境治理提供水生植被修复的参考标准。例如，Zhang 等(2019)通过我国长江中游一浅水湖泊梁子湖钻孔沉积物水生植物大化石记录，结合水生植物花粉分析数据，揭示了该湖在 1960 年代前后水生植被经历了从清水的、植株矮小的沉水植物群落组合向耐污的、植株较高的大型沉水和浮叶植物群落组合转变的过程。至 21 世纪，水生植被的覆盖率开始降低(图 3.44)。进一步的多指标数据的数值分析表明，1960 年代以来，人类活动引起的湖泊水文变化和营养物质输入的增加以及近期气候变暖是影响水生植被演替的主要原因。

炭屑、植硅体和气孔器指标均来源于陆生植物。炭屑是植物不完全燃烧的产物，呈黑色，大多保留原有植被的某些结构特征，但有时以无结构的黑色团块和球形体出现。保存在沉积物中的炭屑可以作为自然或者人为火发生的直接证据。炭屑有大小之分，即大炭屑(>125 μm)和小炭屑(≤125 μm)。实验室目前主要用筛选法提取和统计大炭屑，用孢粉流程法统计小炭屑。炭屑的传播主要靠空气和水流搬运，研究认为，大炭屑颗粒传播距离较短，通常沉降在距离火源几公里以内的范围，而小炭屑可以来自从流域到区域甚至更远距离的地方。因此，时间序列的炭屑记录可以同时反映湖泊流域和区域火的信息。一般在古生态解释时，将其与孢粉结合进行植被火生态变化的研究，进而探讨其与气候、人类活动的关系。

植硅体(phytolith)是植物生长过程中沉淀在植物细胞腔内或细胞间的非晶质二氧化硅矿物，植物体的各个部位均可产生植硅体，并以叶片产生的数量最多。植硅体个体大小通常在 2~2000 μm 范围。由于其耐腐蚀，可以很好地保存在湖泊沉积物中。植硅体的鉴定依据形态特征，通常可以鉴定到属和种级水平。植硅体搬运距离较短，在一定程度上更能代表当地的植被。利用植硅体记录重建古植被、古气候，一般也需要与孢粉记录结合，两者在进行植被古生态研究中有很好的互补性。然而，影响植硅体形态的因素错综复杂，同一植物体的不同器官和部位所产生的植硅体形态各不相同，不同的植物种属也可能产生相似的植硅体形态，同一植物体上的同一器官和部位的不同生长阶段所产生的植硅体类型也不尽一致。可喜的是，近年来我国学者已经对现代植物植硅体进行了大量研究，尤其是禾本科植物植硅体的形态分类学方面取得重要进展，并在重建古植被方面获得了一些规律性的认识，而且在环境考古、气候变化和人类适应研究方面具有一定的潜力。

气孔器(stomata)来自木质化的松、云杉、冷杉、落叶松、柏等的针叶。大多数气孔器大小在 20~80 μm，实验室提取同于孢粉分析流程，鉴定统计参照现代样本和少量发表文献。气孔器搬运距离较短，一般来自湖泊周边暗针叶林，通常在高山地带或者亚北极森林至苔原附近的小型湖泊沉积物中出现。正因为如此，气孔器可以提供针叶林植被和树线或林线变化的信息。沉积物中的气孔器数量一般不多，但只要被检出，就可以反映当时该针叶树的存在。在时间序列上，高山森林湖泊沉积记录中的气孔器变化可以为孢粉古植被解释提供非常有用的信息。如 Xiao 等(2014)对我国云南一高山湖泊(天才湖)的沉积记录孢粉和气孔器进行研究发现，整个末次冰消期期间，气孔器都有缺失，直到新仙女木降温事件(YD 事件)结束以后进入全新世，气孔器开始频繁出现。然而孢粉组合中记录了末次冰消期期间云冷杉花粉仍有相当含量。由此，气孔器的记录矫正了孢粉古植被的解释，即末次冰消期期间，钻孔点周边并没有云冷杉林植被生长，湖泊位于树线以上；全新世以来，林线上升，湖周针叶林发育。

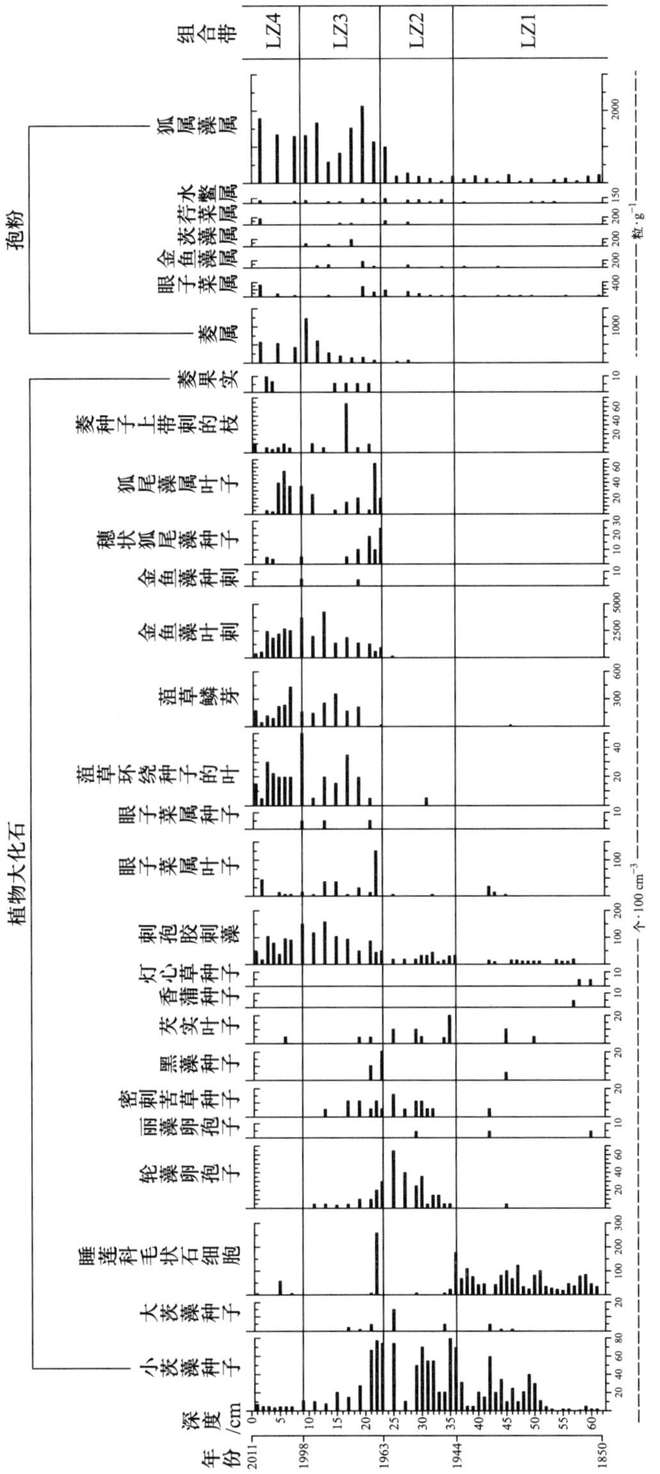

图 3.44 长江中游梁子湖近百年来的水生植物群落演替（Zhang et al., 2019）

(2) 水生生物指标

湖泊中的水生生物很多,但它们死亡后只有极少数能够以壳体或残体方式保存在沉积物中。除水生植物大化石外,沉积物中常见有硅藻、金藻、摇蚊类、枝角类、介形类、有壳变形虫等微体水生生物遗存,还有少数大型生物残体如软体动物等。这些微体生物残体之所以能够保存在沉积物中,与其难降解和抗溶蚀的壳体(如二氧化硅、几丁质、碳酸盐等矿物成分)有关。这些生物通常生命周期很短、种类丰富、对生境变化非常敏感,被认为是指示环境变化的有效指标,并已经被大量的现代观测数据所证实。在湖泊沉积记录中,这些微体生物指标不仅经常用于重建过去湖泊环境的变化、气候变化,还被用于揭示湖泊与流域相互作用关系。最近的研究还显示,沉积生物指标记录在生态学研究和生态环境治理中也起着积极的作用。

硅藻是湖泊水体中重要的初级生产者,是一种单细胞藻类生物,大小 2.5 μm~2 mm。硅藻壳体由硅质壳壁(非晶质氧化硅)组成,其壳体特征(形状、纹饰、突起等)是主要的分类依据。沉积物中硅藻壳体保存完整,其化石种属的鉴定依据现代硅藻的分类系统。化石硅藻是目前湖泊古生态研究中使用最广泛的一个水生生物指标,可以利用地层序列中的硅藻群落组合的变化,重建湖泊古水位、古盐度和古营养等环境,进而探讨这些环境与气候和人类活动的关系。硅藻的分布受诸多因素决定(如酸碱度、盐度、营养、水温等),其个体生态学的信息由大量的现代湖泊的调查和监测数据的分析所提供。例如,Gasse 等(1995)通过非洲湖泊沉积硅藻和水环境数据库的采样分析得出,在盐度梯度上主要硅藻种的盐度最佳适宜值和范围(图 3.45)。Yang 等(2008)通过我国长江中下游地区 49 个浅水湖泊的表层沉积硅藻数据的分析发现,硅藻组合的空间分布主要受营养梯度的控制。现代过程的研究,不仅为地层硅藻古生态的解释,也为硅藻与现代环境的定量关系研究奠定了很好的基础。

金藻属于单细胞浮游藻类,个体通常只有几微米,壳体成分与硅藻相同。金藻通常在酸性水体、低温或贫营养的淡水水体中更为发育。沉积物中的金藻的实验室提取与硅藻分析流程一样,属种分类鉴定主要依据盾片和包囊等特征。对地层金藻记录的研究,目前相对薄弱,在我国尚未开展,主要是金藻盾片和包囊极小,鉴定和统计需要在扫描电镜中完成。在一些研究中,经常将沉积物金藻与硅藻丰度的比值用于指示温带和亚热带淡水湖泊营养、干旱-半干旱地区湖水盐度、极地和高山湖泊温度的变化。近年来,一些学者通过特定区域湖泊表层沉积金藻数据的分析发现,金藻在定量古温度、古营养、古 pH 值等方面也有一定的应用潜力。

摇蚊属于双翅目昆虫,其生命周期较短,大部分时间以幼虫的形式在水体中度过,在底栖生活。处于第三和第四蜕期的摇蚊幼虫发育了几丁质的头囊,可以较好地在水体中保存,易于提取和鉴定。对摇蚊幼虫生态习性的了解,主要根据现代调查数据的分析获得,这是化石摇蚊古生态和环境重建的基础。大量的研究已经揭示出摇蚊与水体理化性质的关系,其中一个突出的认识就是温度对摇蚊生理机能的显著影响,并推进了利用摇蚊化石记录进行古温度的定量研究。与硅藻研究类似,不同区域湖泊摇蚊的分布同样受到区域环境的影响。在干旱区,封闭湖泊的沉积摇蚊记录可以反映湖泊古水位和古盐度的变化;人类活动干扰强烈地区,摇蚊记录指示了湖泊营养状态的变化。深水湖泊的摇蚊记录还可以提供底层滞水层溶氧环境的变化。一些研究还显示摇蚊对水体酸化和重金属污染也有一定指示作用。

枝角类又称溞类、水溞,属无脊椎动物。枝角类身体通常短小,体长一般不超过

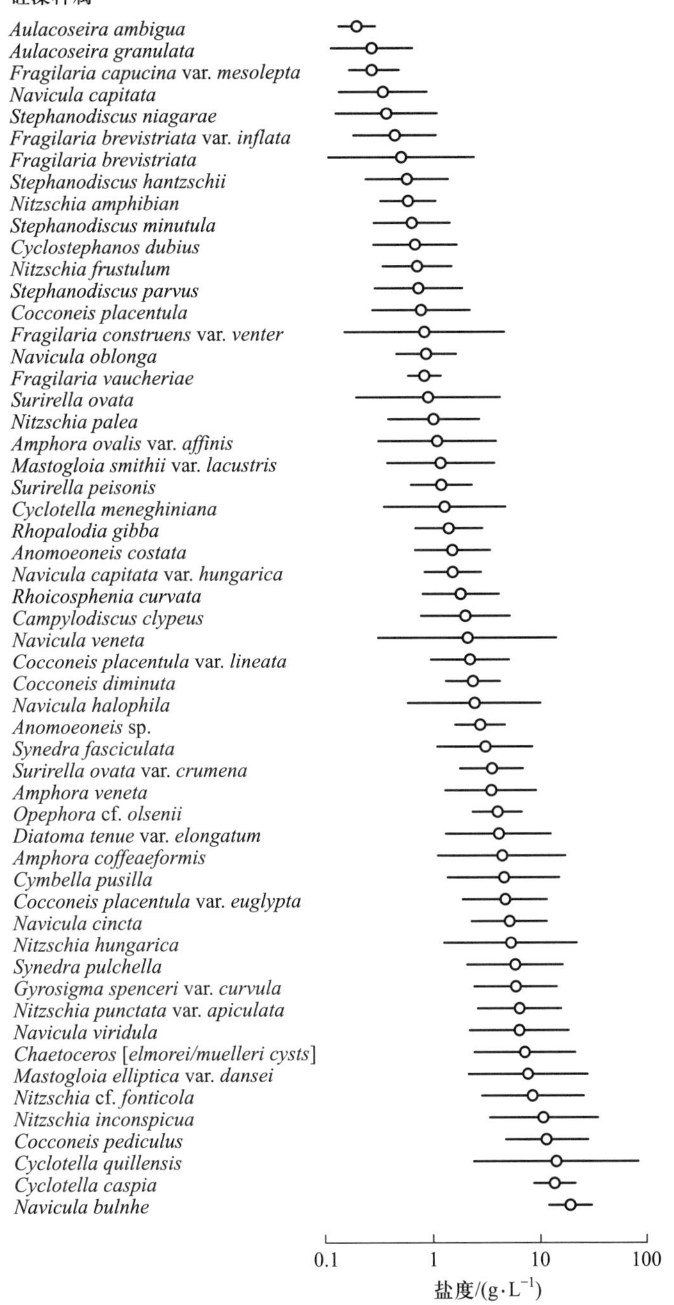

图 3.45 硅藻种的盐度适宜值与耐受范围(Gasse et al.,1995)

1 mm。枝角类在生长过程中要经历数次脱壳,这些脱落的壳瓣以及个体死亡后,其几丁质外壳以壳瓣、头甲、后腹部、尾爪、下颚等分离的残体形式,很好地保存在沉积物中。除了外壳,枝角类的休眠卵和卵鞍也能得到很好的保存(如溞科、象鼻溞科、粗毛溞科和盘肠溞科的种类)。与其他生物指标一样,沉积物枝角类记录的古生态解释,多借助于现生枝角类与环境因子的观测与分析结果,并基于沉积记录的枝角类群落组成和数量等信息推断相应历史时期的环境条件(温度、营养、盐度等)。然而,作为食物网的重要组成部分，枝角类不仅以藻类和有机质作为食物来源，同时也为鱼类所捕食，因此沉积物中枝角类化石指标还可以反映湖泊食物网间营养传递以及不同营养级之间的互动关系。一些研究显示，该生物指标还可以提供时间序列上鱼类捕食、沉水植物覆盖度以及外来种入侵的信息。例如，利用溞属（*Daphnia*）占溞属和象鼻溞属（*Bosmina*）总量的比例来反演鱼类丰度变化。水生植被能够为枝角类提供很好的食物来源和避难场所，非浮游枝角类丰度的变化还可以间接地反映水生植物的覆盖度。

介形类属于小型双壳甲壳类，成年个体在 0.5~3 mm，壳体成分为低镁方解石。在湖泊沉积物中，介形类主要依据其壳体构造和形态特征进行属种分类。沉积地层中介形类组合记录常用于古水位、古盐度和古温度变化的推导。在我国，化石介形类的研究主要集中在青藏高原和西北干旱区湖泊，其个体生态学特征的信息也由现代湖泊的观测数据提供。然而，目前对利用介形类分析进行古环境的重建工作尚不普及，远远不及对其壳体碳氧同位素和元素地球化学的研究深入。

有壳变形虫属于原生动物，主要生活在湖泊和沼泽湿地中。其几丁质外壳在沉积物中易于保存。目前化石有壳变形虫的分类体系逐渐被建立起来，对其现代过程观测和个体生态学的知识也有一定的积累。研究表明，有壳变形虫对水文变化极为敏感，其化石记录可以用于湿地古水位的推导；在湖泊沉积中，有壳变形虫组合变化多用于水位、营养等环境的重建。近年来，沉积物有壳变形虫在环境定量重建方面也取得了较好的效果。

3.3.2.4 转换函数

将数值分析技术引入古湖泊学研究，是挪威卑尔根大学 John Birks 教授以及他的合作者的贡献，为古湖泊数据尤其是生物与环境关系的解译提供了有力的工具，推动了古湖泊学从定性向定量研究的飞跃。

20 世纪 70 年代前，古湖泊学和古生态学领域的环境重建主要是定性的，常用"酸性的""碱性的""凉爽的""温和的""潮湿的""干燥的"等表达。Imbrie 和 Kipp 于 1971 年首次提出了利用生物地层化石组合定量重建过去环境变化的方法，即转换函数，推动了第四纪古生态学研究的重大改革。转换函数的研究始于海洋沉积有孔虫，用于海表温度和盐度的重建，随后推广到第四纪地质学、古湖泊学等多个领域，并应用到几乎所有的沉积生物指标中。

转换函数研究涉及多种统计分析和回归分析手段，包括主成分分析法、对应分析、降维对应分析法、多元线性和非线性回归分析法、趋势面分析等。转换函数的建立基于古今结合的研究思路，其原理是依据现代生物个体生态学特征，结合历史地层化石生物数据进行历史环境要素的计算（图 3.46）。因此，定量研究首先取决于对现代表层沉积物生物指标（如孢粉、摇蚊、硅藻、枝角类等）数据的收集和分析。生物个体生态学特征（最佳适宜值和生长幅度）可通过对一定区域内沿某一环境梯度分布的湖泊进行现代表层沉积生物与气象和环境数据的统计分析获得。在此基础上，可以利用回归、趋势面等方法建立生物-气候环境因子的转换函数。最后，可以将转换函数应用于钻孔沉积记录的化石指标数据中，计算古气候环境参数值。

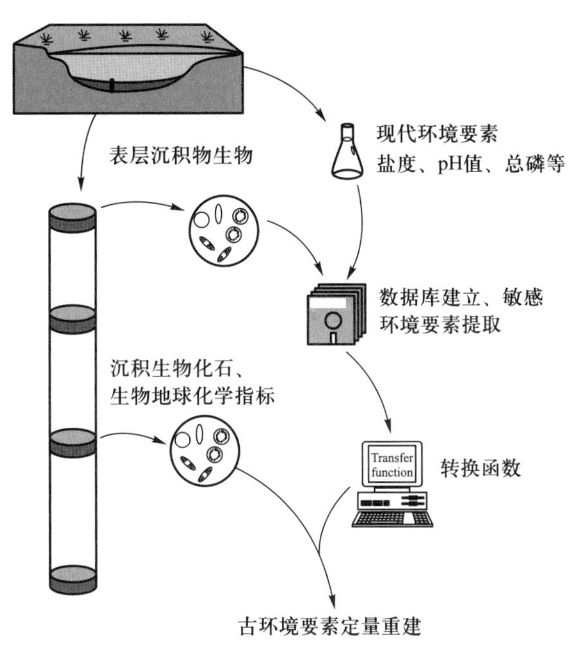

图 3.46 生物-环境要素转换函数框图

基于生物尤其是水生生物对环境的非线性响应(如单峰响应)模式,目前普遍使用加权回归的系列方法(如平均加权回归、平均加权-偏最小二乘法等)建立转换函数模型。重建的环境指标多种多样,包括湖泊 pH 值、盐度、营养盐、水温、气温、降水等。例如,Yang 等(2008)通过我国长江中下游 43 个湖泊硅藻和总磷间的转换函数模型,定量重建了一富营养湖泊(太白湖)过去 200 年来的湖泊营养状况,揭示了湖泊总磷浓度($80 \sim 110\ \mu g \cdot L^{-1}$)是草型-藻型湖泊转变的阈值(图 3.47)。Zhang 等(2017)基于我国西南地区 100 个湖泊摇蚊-环境数据库,通过加权平均回归模型方法建立了摇蚊-夏季温度转换函数模型,重建了云南一高山湖泊全新世以来的夏季 7 月温度变化,并利用器测数据,验证了重建结果的可靠性。

值得特别指出的是,较长时间以来转换函数多偏重于对湖泊气候环境因子的定量重建。近年来,越来越多的研究开始关注湖泊生态系统食物网结构功能的定量信息提取,如鱼类群落生物量、沉水植物丰度等变化。例如,Jeppesen 等(2001)通过建立丹麦湖泊食浮游生物鱼类数量与枝角类数量间的转换函数模型,定量重建了丹麦 Skanderborg 湖过去 200 年来鱼类群落的数量变化(图 3.48);Davidson 等(2010)根据英国 39 个浅水湖泊的枝角类、鱼类和水草覆盖度数据,分别建立了它们之间的转换函数模型,实现了过去鱼类数量和水草生长的定量反演。

转换函数的方法曾极大地推动了环境变化的定量重建,是古湖泊学发展史上的里程碑。然而,转换函数建立在一系列生态假设上,因此其定量推导的精确程度与表层或表土样品的数量存在着密切联系,且与样品分析结果的准确性直接相关。最近一些研究认为,该方法的使用仍有一定的局限性,例如:① 数据的统计分析结果常常会出现多个显著环境因子的协同影响,转换函数模型无法提取每个环境因子的独立影响份额;② 在一个特定的环境梯度上,一些主要关键种可能存在多个高丰度值区,而非单峰响应特征;③ 不同空间和区域的模型无法相互对比。Juggins 等(2013)利用加权平均回归方法同时重建了过去夏季温度、碱度和总磷变化,这些不同环境指标的重建结果高度

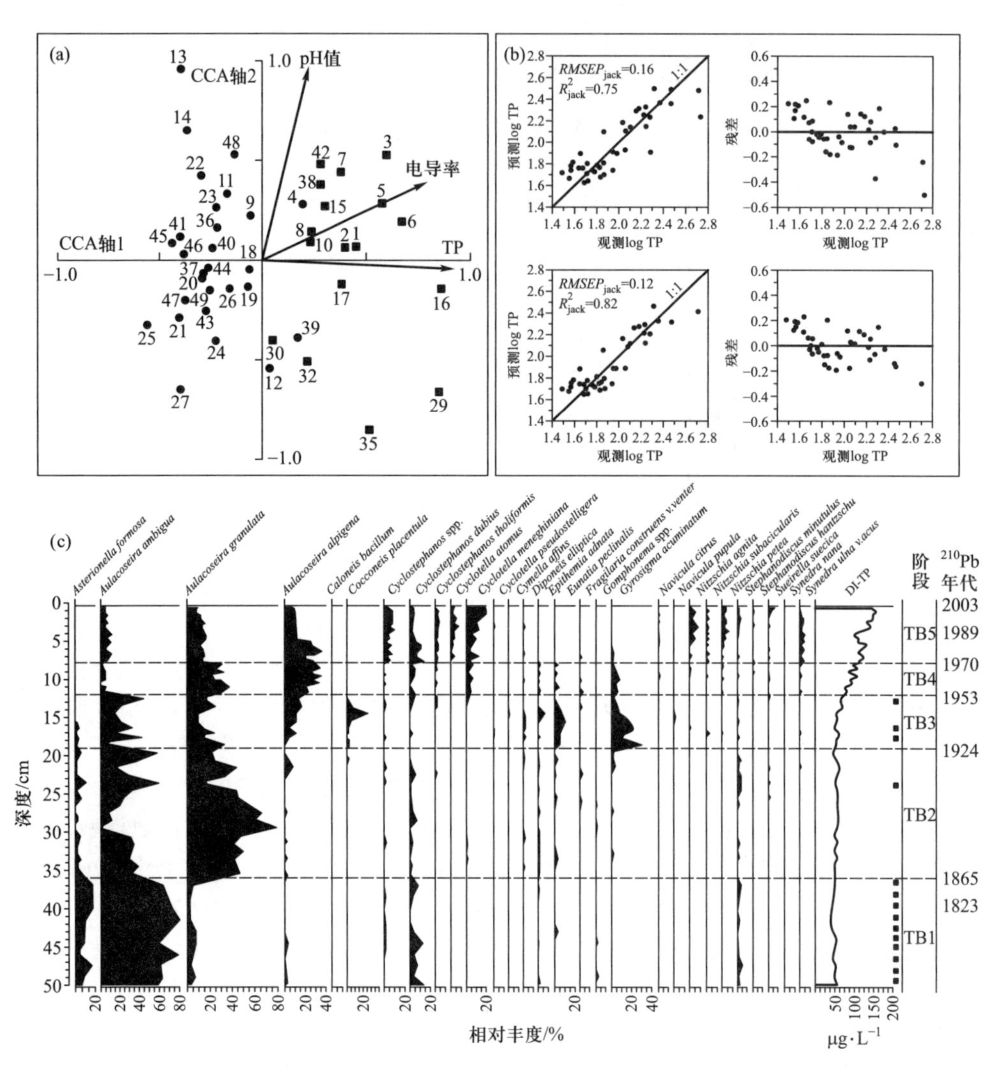

图 3.47 (a) 典型相关分析(CCA)显示影响长江中下游 43 个湖泊硅藻分布的主要环境因子;(b) 硅藻和总磷间的加权平均回归(WA)转换函数;(c) 定量重建的太白湖 200 年来湖水总磷变化

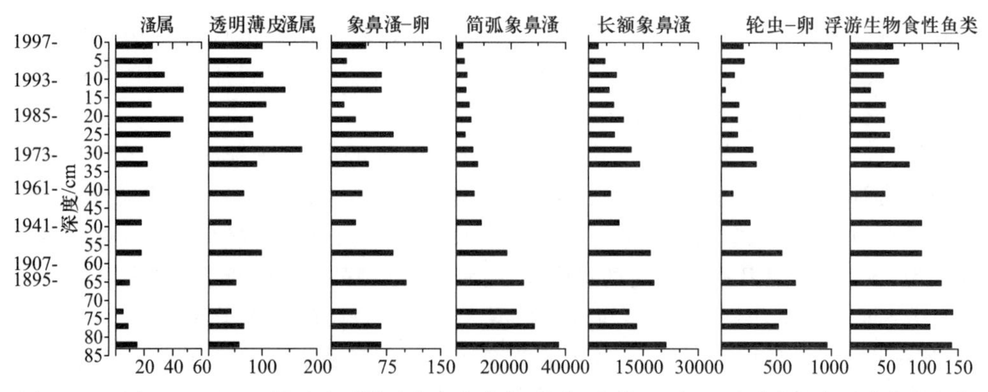

图 3.48 丹麦 Skanderborg 湖过去浮游动物丰度变化(单位:个数 · g^{-1})和重建的鱼类群落数量变化

相关,趋势都较为一致(图 3.49),这可能是因为夏季温度与营养、碱度等环境存在彼此相互作用,很难区分各个环境指标对生物的独立影响效应。为此,一些新的定量方法如回归树(regression tree,RT)方法、人工神经网络(artificial neural network,ANN)等被用于转换函数研究中,这些方法可以通过限制其他环境梯度,优化目标环境梯度。然而,这些方法在古环境重建中的应用仍然需要进一步的研究。

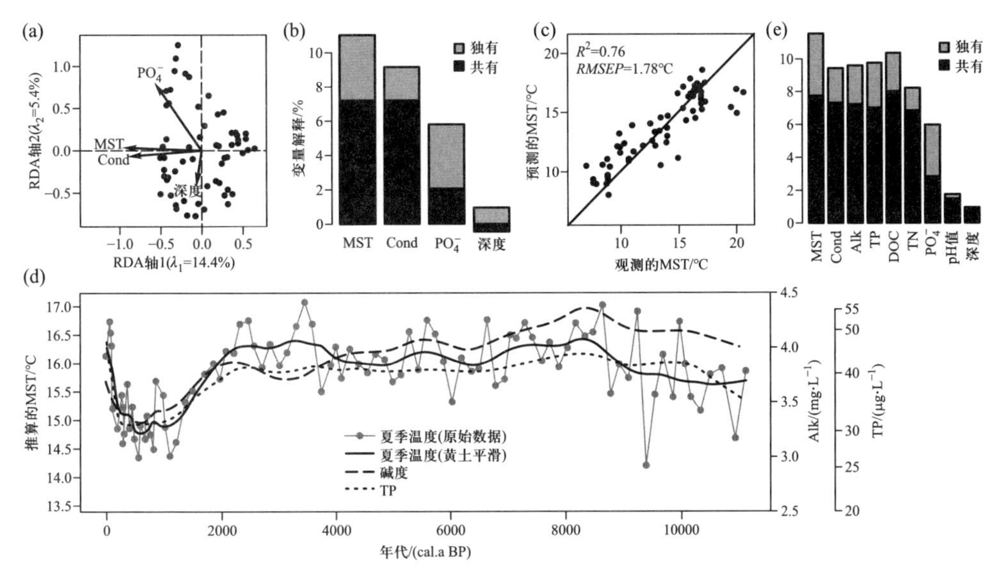

图 3.49 欧洲瑞士阿尔卑斯山脉硅藻数据库分析:(a) 冗余分析(RDA)揭示的显著环境变量;(b) 环境变量独立和共同解释的硅藻数据方差值;(c) 年均夏季温度(MST)观测值和实测值的关系;(d) 晚冰期和全新世期间 MST、碱度和总磷重建值(实线为温度平滑值);(e) 所有环境变量独立和共同解释的方差值

3.3.3 古环境重建

湖泊是各种圈层相互作用的连接点,其沉积物忠实记录了湖泊、流域、大气相互作用的信息,通过湖泊沉积高分辨率指标序列的分析,借助于统计分析和定量手段,可以对湖泊及其流域的关键环境和生物过程进行判识和定量重建,以此探讨这些关键过程与区域或全球气候变化以及流域或区域人类活动的动力学联系。湖泊古环境的研究最终还要服务于湖泊的管理和治理需求,这也是古湖泊学研究关注的一个重要内容。本小节着重介绍湖泊沉积记录在古气候变化、湖泊古水文、湖泊酸化历史、湖泊污染历史和富营养化重建、生态系统演变等研究中的应用。

3.3.3.1 古气候变化

湖泊沉积记录一直是第四纪气候变化重建的一个重要途径。许多古气候研究成果来自孢粉等陆生生物指标,主要是植被变化对区域气候的响应最直接和敏感,而且可以通过孢粉与植被的关系研究,建立与气候要素的定量关系,因而这种方法备受研究者青睐。利用孢粉指标,结合其他多环境替代指标,可为古气候变化提供更加合理的解释。近年来,利用系列生物标志化合物(见第 3.2.2.3 小节)开展古气候定量重建也越来越被研究者重视。然而,不是所有湖泊的沉积记录都适合进行古气候的推导,研究区域选择、湖盆特征、沉积序列是否完整和满足一定的研究分辨率、是否具有好的定年材料等,都需要谨慎考虑。选择一个能够放大沉积记录中的气候信号的湖泊系统,可能获得成功的古气候重建结果。位于气候边界或气候变幅明显区域的封闭湖盆能够满足这一要求。此外,在许多情况下,不同来源的指标记录还可能会产生相互矛盾的解释。在这种情况下,需要对产生矛盾的原因进行分析(如不同指标的信号差异、指标来源于不同系统等因素),获得可靠的古气候重建结果。

位于东亚季风边缘区的青海湖,是全球变化研究关注的重要湖泊,其沉积记录提供了重建过去2万年来古气候环境演变的理想材料。该湖为内陆封闭半咸水湖,处于我国东部湿润区、西北干旱区的过渡地带。Shen 等(2005)通过对湖盆东部无扰动沉积岩芯的提取,在精确定年的基础上,开展了沉积孢粉、粒度、碳酸盐含量和成分、总有机碳、总氮、氧同位素、有机碳同位素等多指标综合分析(图3.50)。其中,孢粉古植被序列指示了区域水热组合变化特征,碳酸盐及其组分含量、介形类壳体氧同位素序列反映了湖水温度和水化学环境的变化,有机碳含量、C/N值及有机碳同位素与不同植被来源的初级生产力变化有关,而粒度则与盆地水文环境变化有关。多指标序列的综合分析揭示了末次冰消期以来(18.0 cal. ka BP)区域气候变化历史以及湖泊环境响应的过程。研究显示,末次冰消期期间气候开始转暖,东亚季风加强,但气候具有不稳定的特征;全新世早中期,区域水热组合得到最佳配置,湖泊生产力急剧升高,8.2 ka BP前后出现一次冷事件。约6.8 ka BP以后的中晚全新世,气候呈现转凉变干的趋势,湖面萎缩,湖泊生产力大幅度下降。不同区域的古气候对比研究得出,轨道尺度上近2万年来青海湖地区气候变化受控于太阳辐射和东亚季风的影响,而千年-百年亚轨道尺度上降温事件反映的气候不稳定性受到北半球冰盖消融的影响。

利用孢粉数据进行古气候重建可分为间接法和直接法。间接法是先根据化石孢粉组合定性或定量重建古植被,再根据现代植被与气候之间的关系,推测古气候的变化。

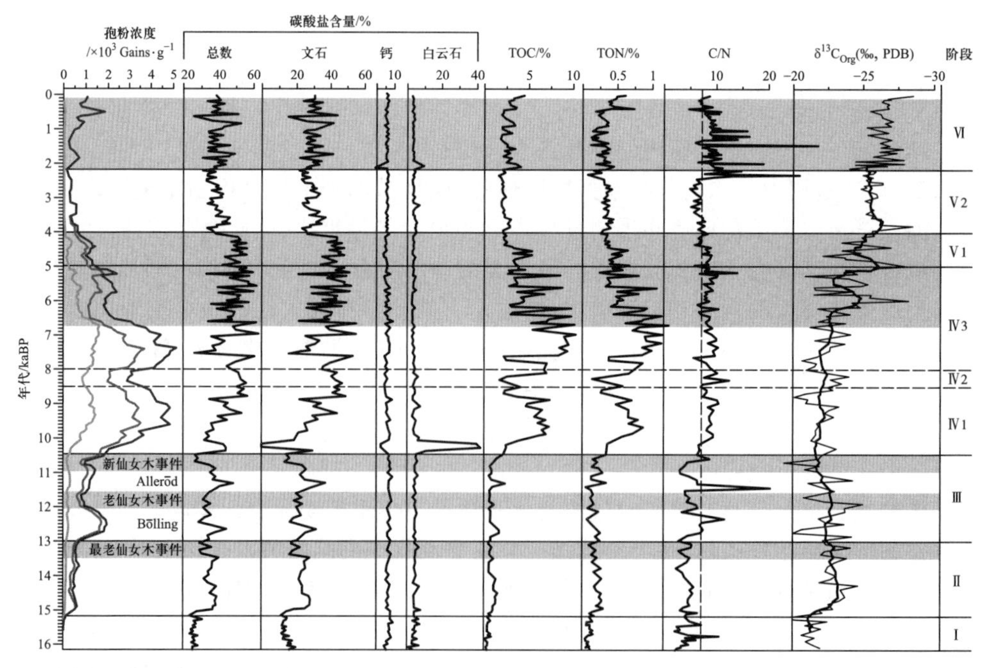

图3.50 青海湖沉积记录揭示的晚冰期以来环境演变及其对全球气候事件的响应(Shen et al.,2005)

直接法是直接建立花粉与气候因子之间的定量关系,再把这些定量关系应用于化石孢粉组合中。目前,常用的定量重建方法有转换函数法、花粉气候响应面法、最佳类比法和共存因子分析法等。例如,Guiot 等(1989)基于欧洲、北非和西伯利亚 227 个表土孢粉数据,采用最佳类比法,根据法国东部 La Grande Pile 和 Les Echets 两个晚更新世沉积孢粉记录,定量重建了过去 14 万年以来的年均温和年降水量变化(图 3.51)。两个研究点的温度和降水曲线具有很好的相似性。全新世和末次间冰期(Eemian,对应深海氧同位素 5 阶段)明显表现为两个暖湿期,并以温度和降水量显著上升为特点。末次间冰期期间 2 次冷干波动也非常明显。YD 事件没出现在 La Grande Pile 的记录中,在 Les Echets 的记录中也不明显。该重建结果揭示了欧洲的三个主要冰积期,导致全球冰量增加超过现代值的主要冰积期开始于 11 万年前,即 Eemian 间冰期结束,对应 60°N 夏季太阳辐射最低值。重建结果也清楚地揭示了氧同位素 5c 和 5a 阶段气候非常温和,类似于现今的气候,暗示了这些时期比现今具有更大的温度变幅。

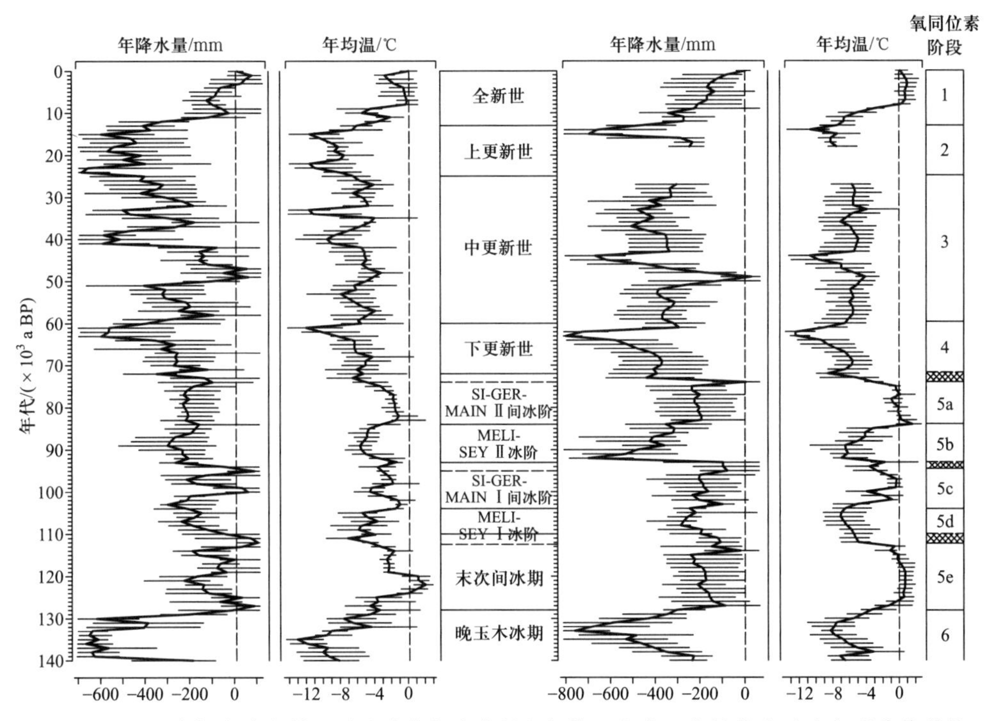

图 3.51 法国东部湖泊孢粉记录重建的年降水量和年均温变化。定量值表示为与现代值的偏差;La Grande Pile 现今的年降水量和年均温分别是 1 080 mm 和 9.5 ℃,Les Echets 现今的年降水量和年均温分别是 800 mm 和 11 ℃;误差通过模型计算获得

近年来,越来越多的指标已被开发用于温度和降水的定量重建,为古气候序列提供了相互验证的可能。事实上,用于定量研究的不同指标都有其优缺点,取决于其出现频率和丰富度、时间和空间分辨率、响应和恢复时间以及所反映的气候变量等特征。例如,Rosén 等(2003)通过硅藻、摇蚊和孢粉转换函数重建的瑞典北部 4 个高山湖泊全新世以来的 7 月气温变化显示,尽管基于不同指标的重建结果都显示了 6 000 cal a BP 以来的温度下降趋势,但在 7 000 cal a BP 前的温度变化存在时间差异。研究认为,局地流域积雪和土壤形成过程变化的差异,对早全新世的生物群落具有显著影响。随后 Rosén 等(2016)又对研究区一个湖泊沉积记录,分别利用硅藻、摇蚊、孢粉等指标重建

了过去 9300 年以来的夏季 7 月温度，不同指标的温度重建结果尽管在趋势上总体一致，但在变化幅度、绝对值方面仍然存在明显差异（图 3.52）。基于挪威最北端的 Jansvatnet 湖泊沉积多生物指标记录的分析，Birks 等（2012）依据孢粉和摇蚊转换函数，定量重建了晚冰期和新仙女木 YD 时期的 7 月温度变化，重建结果有很好的一致性，都揭示了 YD 时期以冷干气候组合为特征，但仍存在细微差异（图 3.53）。这些问题可能是不同代用指标对气候响应差异所造成的。因此，要得到正确的推导信息，必须依靠过去生物组合分布的建立，以及了解化石组合的古生态特征。此外，对代用指标的现代生态属性的了解，特别是对它们与环境控制因子关系的了解，对古环境重建也至关重要。

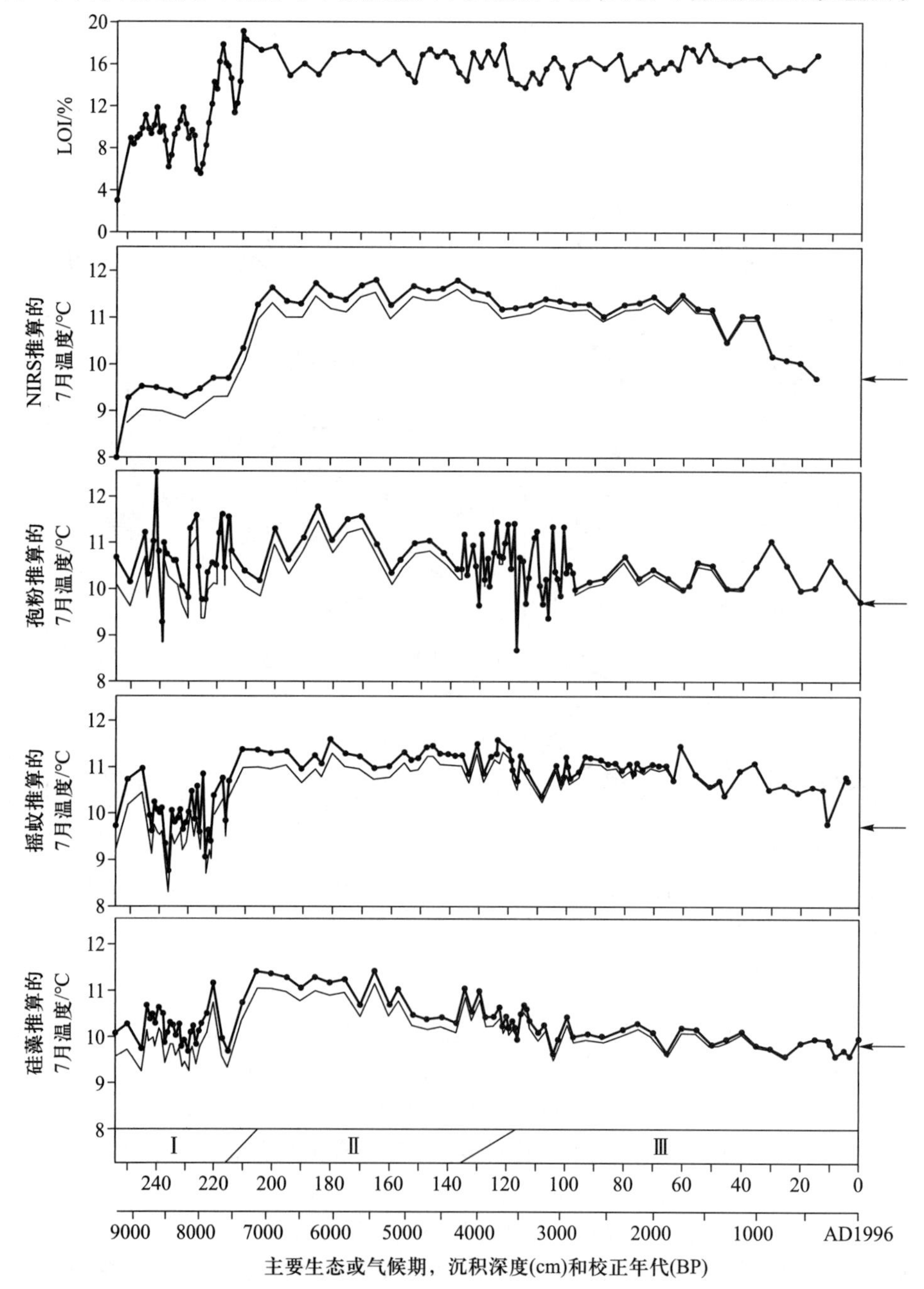

图 3.52　基于不同生物和近红外光谱指标重建的瑞典北部高山湖泊 7 月均温变化。虚线为根据陆地抬升修正后的 7 月气温，箭头为现代温度，Ⅰ—Ⅲ为气候时段（Rosén et al.，2016）

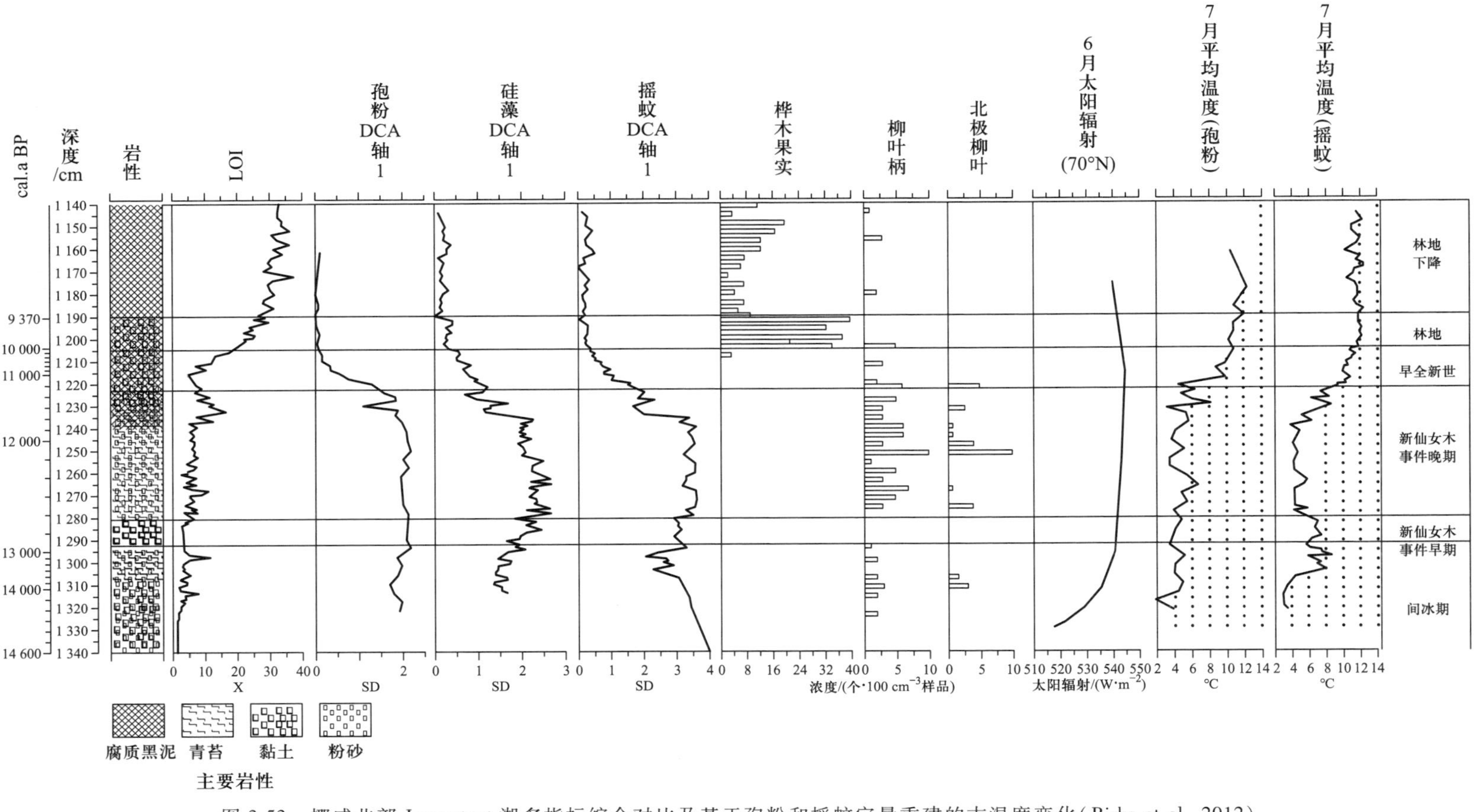

图 3.53 挪威北部 Jansvatnet 湖多指标综合对比及基于孢粉和摇蚊定量重建的古温度变化（Birks et al.,2012）

3.3.3.2 湖泊古水文

推断和重建湖泊古水文变化主要依据历史文献记载、沉积地貌观测、沉积指标分析、地质测年技术、定量研究等手段。湖面和水位波动、盐度变化、水量变化等都是水文变化的基本特征，地质时期这些变化通常与区域气候变化、构造运动、冰川活动、河流作用等自然过程有关。历史时期流域人类活动干扰也会对湖泊水文产生影响。

在内陆干旱半干旱地区，气候与湖泊水文有着直接的联系。湖泊尤其是封闭湖泊的水位和水量变化取决于流域降水、径流和蒸发的平衡关系，并影响到湖水盐度、离子组成的变化。对水化学和水位等指标的重建可以从不同的方面为流域范围内蒸发-降水的平衡提供相互独立的证据，可以更好地帮助理解湖泊水文变化的动力学过程，以及气候变化对湖泊水文的影响程度。湖岸阶地、湖泊沉积物的地球化学性质和古生态特征变化，已经广泛地应用于湖泊古盐度和古水文的重建。例如，位于热带东非裂谷地区的 Abhé 湖（埃塞俄比亚），Gasse 等（1995）通过对该湖阶地和钻孔沉积的年代学、硅藻等分析，结合硅藻与盐度、pH 值等转换函数，重建了该湖近 4 万年来的湖泊古水位、古盐度、pH 值和阴离子浓度比值的变化历史（图 3.54）。研究表明，约 37 cal. ka BP 后，电导率呈下降趋势，与水位快速上升对应。末次盛冰期（LGM）期间，湖泊一度消亡，古土

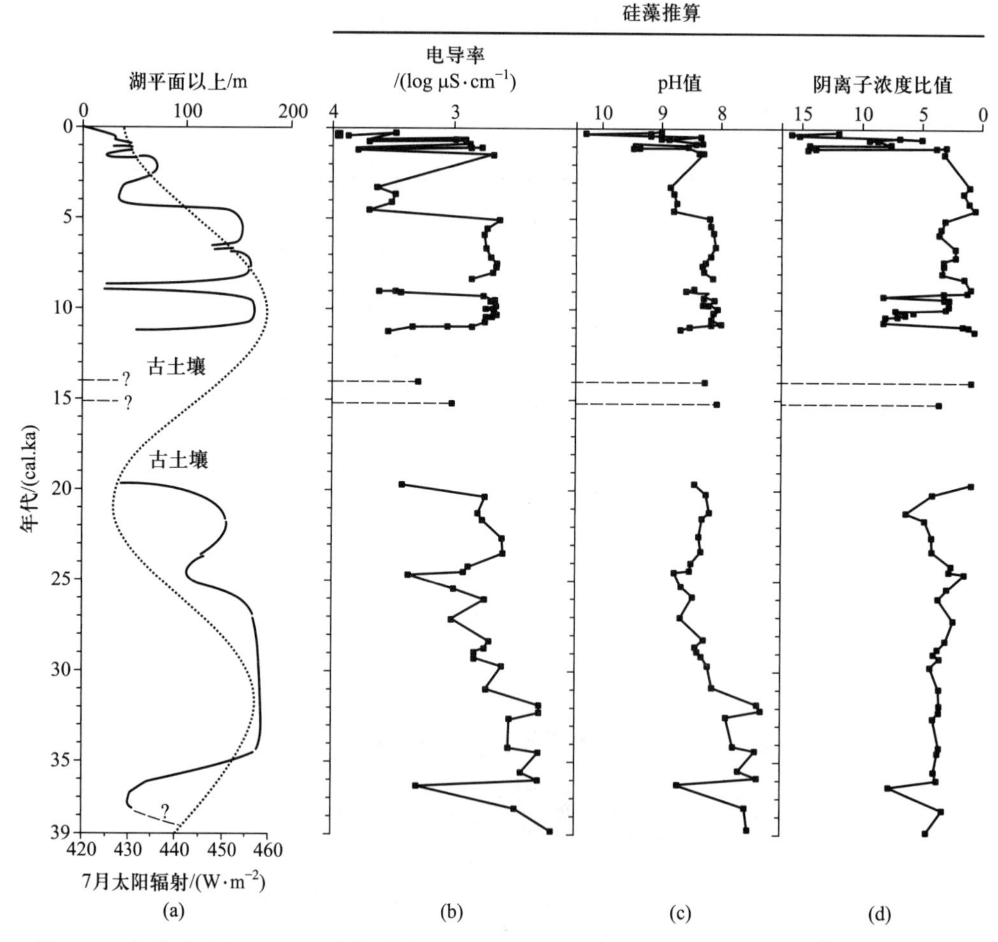

图 3.54 东非裂谷地区 Abhé 湖湖泊古水位波动、古盐度（电导率）、pH 值和阴离子浓度比值（$[CO_3^{2-}+HCO_3^-]/[Cl^-+SO_4^{2-}]$）的定量重建及其与夏季（7 月）太阳辐射的对比

壤发育,并一直延续到 11.5 cal. ka BP。全新世早中期湖面再次上升,全新世晚期有几次振荡,其中最大的一次在 2 cal. ka BP 前后,湖水中离子组分转变为富含碳酸盐的碱性水。为此,研究者认为,热带夏季太阳辐射影响了湖面波动和盐度变化的过程。

干旱地区封闭盆地湖泊是重要的水文信息储存器,高分辨率的沉积记录可以揭示干旱的强度、持续时间和频率的长期模式。由于干旱是气候自然反复出现的特征,对历史时期环境、经济、社会和古代文明产生了重大影响,因此,在缺乏长期仪器观测的情况下,利用高分辨率沉积记录,并结合生物-盐度转换函数模型研究,对了解自然水文的变率很重要。例如,在数十年的分辨率上,维多利亚湖钻孔沉积硅藻记录揭示了距今8000 年前后,硅藻组合和盐度的突然变化与极地冰芯钻孔记录的变化趋势一致,反映湖泊水文对全球大气环流快速变化的响应(Smol,2002)。位于北美农业区北达科他州的月亮湖,分析其过去 2300 年的湖泊沉积物硅藻化石恢复的古盐度(图 3.55),清楚地显示该区曾经历过数次干旱时期,无论从持续时间还是频率上,都超过欧洲移民到来之后(Laird et al.,1998)。肯尼亚 Naivasha 湖的沉积硅藻化石记录和古盐度重建结果揭示了过去 1100 年来湖水位的连续变化模式,反映百年分辨率的尺度上,气候的变率也非常明显。同时,该研究还发现,湖泊水文的变化与人类文明息息相关,如高水位时期对应于人类繁荣时期,低水位时期对应了人类出现生存压力时期(Verschuren et al.,2000)。

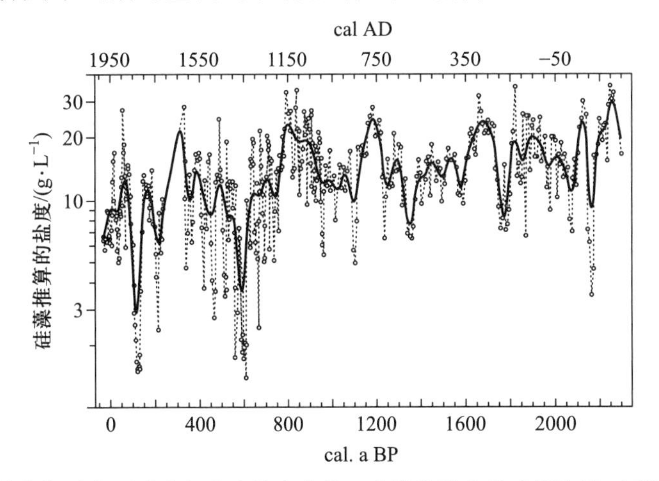

图 3.55 北美月亮湖过去两千多年来古盐度变化。虚线为样点重建值连线,实线为 10 点平滑值

在干旱半干旱地区,古湖岸堤或湖相沉积遗存是湖面波动过程留下的最好的地貌学证据。因此,可以通过古湖岸堤的精确定年重建湖面波动历史,进而恢复区域古水文和古环境历史。例如,Long 等(2012)对东亚季风边缘区白碱湖地区古湖岸堤进行野外调查,共识别出 11 级湖岸堤和 2 级湖相阶地(对应两个地层剖面 BJ-S1 和 BJ-S2),其中 OSL 定年结果表明,BJ-S1 形成于 100~70 ka BP。与其他 10 级沙质湖岸堤不同,湖岸堤 BJ-0 主要由粗粒砾石组成,缺乏适用于 OSL 和^{14}C 定年的材料,因而无法对该级岸堤定年。在湖岸堤 BJ-1 到 BJ-10 中,共采集了 18 个 OSL 样品,对剖面 BJ-S2 采集 7 个 OSL 样品。预热坪、剂量恢复实验和粗、中粒径石英释光年代的比较均验证了 OSL 定年结果的可靠性,所有年代如图 3.56 所示。湖岸堤 BJ1 至 BJ10 的海拔高度可以分别代表湖岸堤形成时湖面的高度。BJ-S2 剖面下部沉积单元(海拔 1306 m)主要由砂或者沙砾组成,说明该沉积单元沉积时靠近湖岸。以湖相沉积或湖岸堤的 OSL 年代为横坐标、它们所指示的湖面高度为纵坐标重建的白碱湖 15 ka BP 以来湖泊演化历史表明,15~8 ka BP 湖面相对较低,

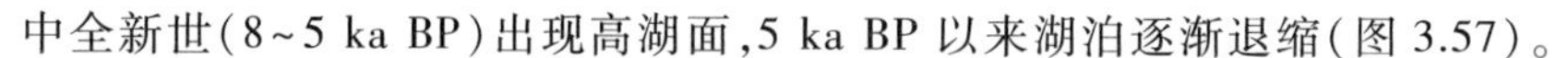
中全新世(8~5 ka BP)出现高湖面,5 ka BP 以来湖泊逐渐退缩(图 3.57)。

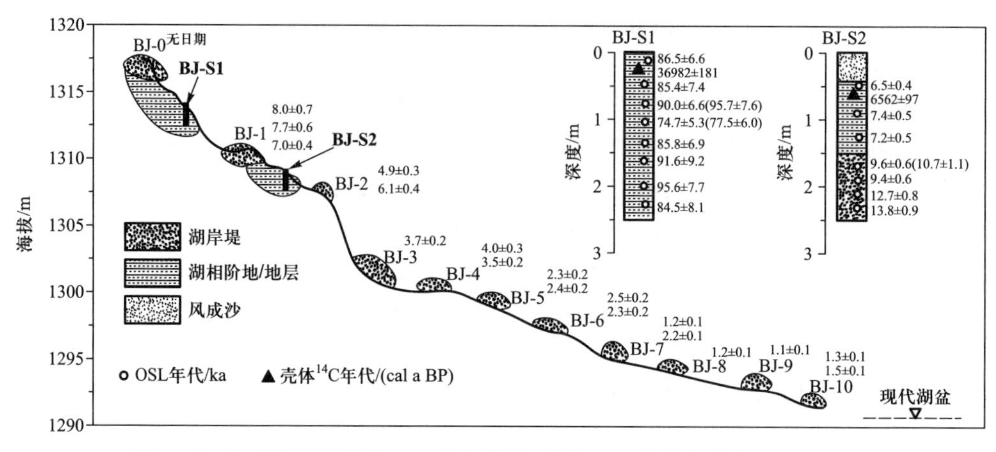

图 3.56 白碱湖古湖岸堤 OSL 定年结果、海拔和两个高水位湖相沉积剖面

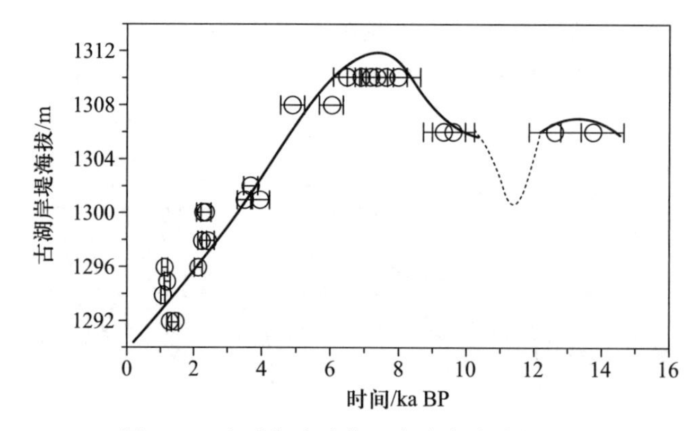

图 3.57 白碱湖晚冰期以来古湖泊演化历史

许多研究通过湖泊地貌学的证据,发现了地质时期古大湖的存在,为区域古水文和气候变化的研究提供了重要线索。例如,在我国季风-西风过渡区的腾格里沙漠、巴丹吉林沙漠、内蒙古高原以及青藏高原和内陆腹地新疆等地,一些学者利用遥感技术、出露的古湖岸堤和湖相沉积的高程测量、沉积特征分析和年代学测定,发现晚更新世以来的高湖面证据,认为古大湖普遍存在,这些大湖的形成与季风环流、西风环流和新构造运动等重要气候环境系统紧密相连。然而目前对于这些区域高湖面和大湖的出现时间存在明显分歧,尚需更加精细的年代学的研究(如光释光定年技术的应用)来探明晚更新世高湖面事件出现时空差异的原因,进而揭示其与气候变化的关系。

我国西南高山地区一些湖泊的形成和演化常常与构造活动有关。可以通过其沉积记录的多指标分析重建水位变化的历史,并揭示湖泊个体发育和水文变化对构造活动响应的机理。一个有趣的研究案例来自我国西南高山地区木格错(Hu et al.,2016)。该湖海拔 3 780 m,最大水深 31.4 m,湖面积 3 km^2,为淡水寡营养型湖泊。地貌调查证据表明,该湖是由于地质时期多次地震滑坡引起高山峡谷堵塞而形成的淡水湖泊。沉积记录的全新世地层岩性、年代学、粒度、有机碳、$\delta^{13}C$、硅藻等指标分析显示,约 9.0 cal. ka BP 以前,沉积物中高有机碳含量、明显偏正的碳同位素和底栖硅藻组合特征表明木格错尚属于积水沼泽湿地,但此后浮游种丰度呈现快速增加趋势,有机碳同位素从原来的-18‰转变为-27‰左右,沉积物中夹多薄层白色黏土层,指示了湖泊水位快速上涨的过程(图 3.58)。

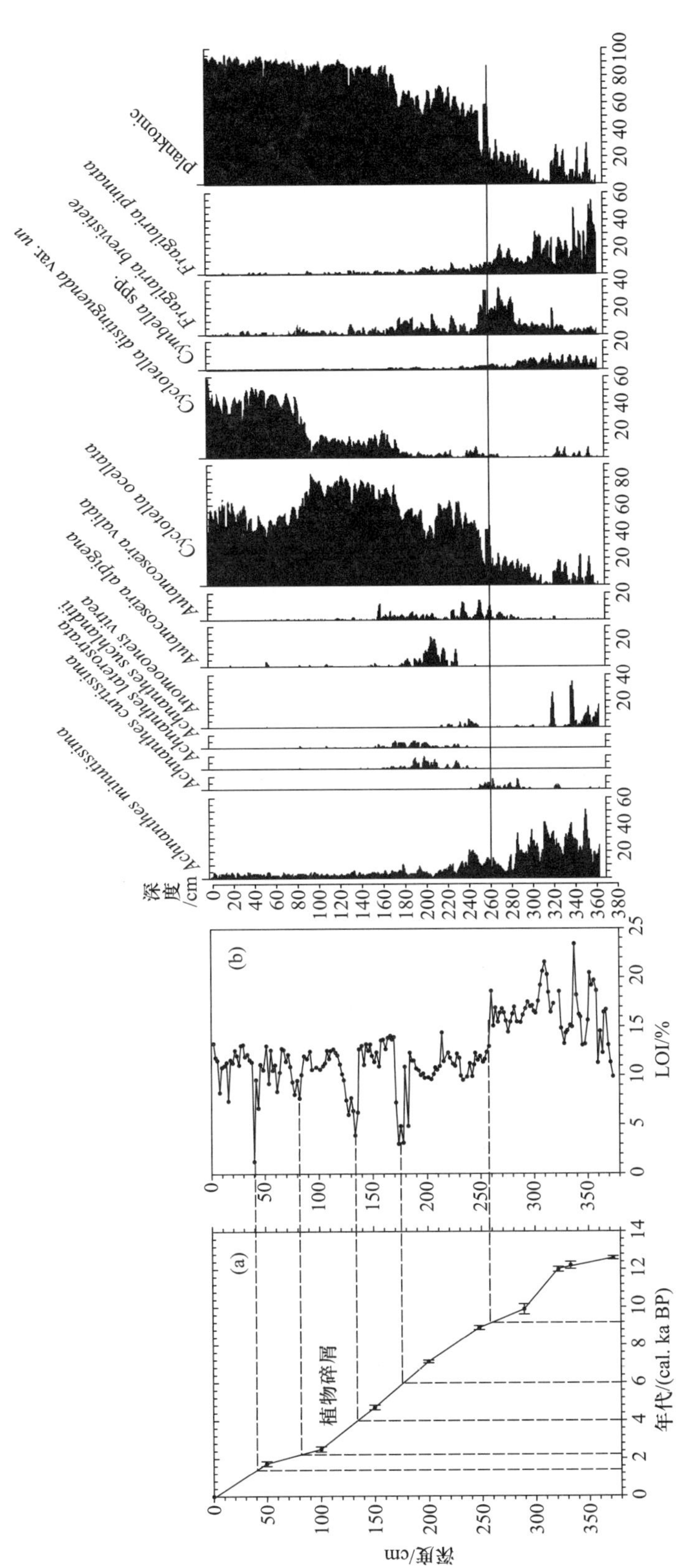

图 3.58 川西高山湖泊（木格错）沉积钻孔深度-年代关系、烧失量与硅藻组合变化

硅藻数据主成分揭示的主要生态变化与转换函数重建的湖水深度呈现明显的相关关系。利用钻孔化石硅藻序列与西南高山湖泊现代生物和环境数据的统计分析结果还显示,硅藻古生态的变化响应于全新世水位的快速变化(图 3.59)。该研究揭示了自 9.0 cal. ka BP 后,地震活动引起的山体滑坡导致了木格错堰塞成湖。此后频繁的滑坡对湖泊水文和生态变化产生了深刻影响,沉积记录很好地揭示了湖泊个体发育的历史。研究结果为高山地区堰塞湖生态环境效应评价、灾后重建和管理提供了重要借鉴。

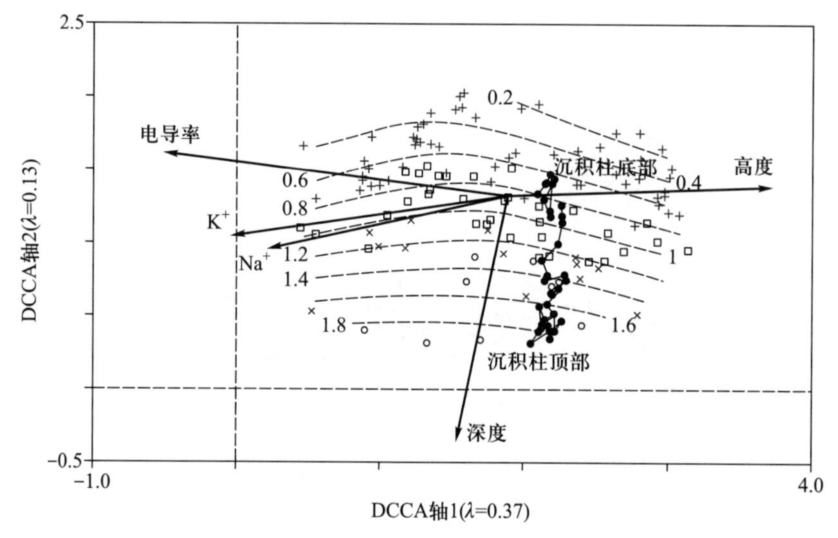

图 3.59 木格错钻孔硅藻生态变化与环境关系分析。DCCA 表示降趋势典型相关分析,实心圆点连线表示钻孔层位样点,背景和矢量代表高山地区近 100 个湖泊硅藻样点和相应的水质环境指标

与干旱半干旱地区的封闭咸水湖和半咸水湖相比,平原地区的湖泊通常为开口型浅水淡水湖泊。尽管自然演化过程中这些湖泊的水位变化并不突出,但利用沉积记录特定指标的分析,仍可以提供水文变化有价值的信息。如第 3.3.2 节中提及的浅水湖泊沉积粒度与水量交换的关系。在我国长江中下游地区,许多古湖泊研究利用湖泊沉积记录的粒度和生物等多指标综合,成功地提取了浅水湖泊古水文事件的证据。例如,Chen 等(2011)通过一大型浅水湖泊——巢湖的古生态研究得出,20 世纪 60 年代初期,沉积物粒度变细,细颗粒含量显著增加;硅藻组合中,颗粒直链藻(*Melosira granulata*)丰度开始下降,而沉积物 N、P 和重金属元素含量开始增高(图 3.60)。这种转变显然与湖泊水文条件的改变有关。由此 Chen 等(2011)认为,1962 年前后,巢湖出口的建闸导致江湖水力联系隔断,改变了湖泊水文和生态状况,江湖水量交换能力和水动力条件减弱,细颗粒悬浮物质无法输移出去,也促进了营养和重金属物质的沉降。颗粒直链藻为浮游种,具有相对较厚的硅质壳体,动荡的水环境有利于支撑直链藻在水体中的发育,而相对静水环境不能满足该种的生长条件。此外,利用硅藻浮游种/附生种值也可以指示洪水事件的发生,其中的逻辑推理是洪水事件通过水位抬升引起水体浑浊增加和光透度下降,对沉水植物生长产生限制,并对附生硅藻产生影响。

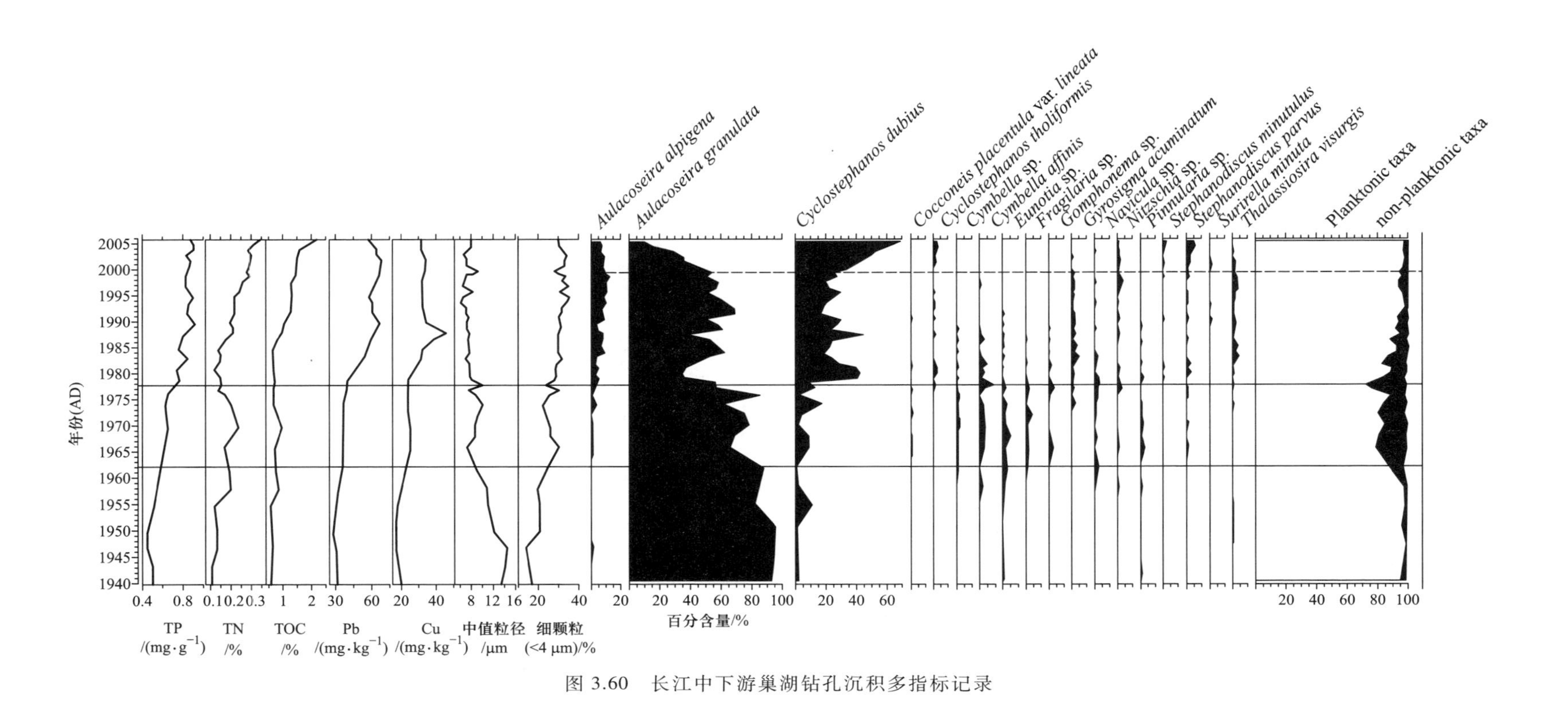

图 3.60 长江中下游巢湖钻孔沉积多指标记录

地质时期河口海岸带地貌的演变通常与海陆水文变化过程有关,这些变化的信息也被记录在湖泊沉积档案中。许多地貌学证据显示,长江三角洲地区全新世早中期可能受到海侵的影响。沈吉等(1997)通过太湖流域固城湖一全新世沉积记录的多指标分析发现,早全新世沉积地层中γ-蜡烷指数偏高,大量半咸水种硅藻化石出现,由此推测固城湖在早全新世(9.6 ka BP 前后)水文环境发生了重大改变,与海侵影响有关,并得到太湖沉积硅藻分析结果的验证。

3.3.3.3 湖泊酸化历史

"酸雨"这一术语最早由英国化学家 R.A.Smith 在 19 世纪 70 年代提出,目前普遍由"酸沉降"取代。酸雨或酸沉降已经对许多欧美国家的湖泊和河流生态环境产生了深刻的影响。直到 20 世纪 40 年代,欧洲酸化问题给湖泊鱼类带来毁灭性的危害后,湖泊酸化现象才引起古湖泊学家的普遍关注。尽管我国湖泊酸化现象并不严重,但近 20 年来社会经济获得快速发展,导致全国许多区域大气污染日趋严重,酸雨对湖泊生态系统的影响和危害存在潜在风险。鉴于国内湖泊酸化研究还比较薄弱,本小节有必要对国际上相关的古湖泊研究进行介绍。

水体的酸化是一个渐进的缓慢动态过程,一般需要几年到几十年的时间。许多与湖泊酸化有关的环境问题都有一定的时间性,因此要对其进行有效的管理,就需要对时间尺度的变化趋势进行分析,包括对酸化前自然环境变化的评估。衡量酸化的直接指标就是 pH 值。然而,由于缺少对湖泊系统长期连续的水体 pH 值监测,利用湖泊沉积记录重建过去湖泊水体 pH 值变化趋势至关重要。

Renberg(1990)提供了利用沉积记录多指标重建湖泊酸化历史的一个研究案例。该研究选择了斯堪的纳维亚半岛两个湖泊(瑞典西海岸 Lilla Öresjön 湖和挪威中部海岸 Röyrtjörna 湖)进行了钻孔沉积的提取。其中 Lilla Öresjön 湖位于高酸性沉积地区,Röyrtjörna 湖几乎没有酸化现象。多指标的分析结果显示(图 3.61),在 19 世纪两个湖泊各个指标均没有出现明显的变化。但从 20 世纪初开始,Lilla Öresjön 湖嗜酸硅藻的相对丰度开始增加,推测湖水 pH 值略有下降。该湖酸化趋势在 1960 年之后显著增加,酸化的硅藻丰度出现峰值,推导 pH 值下降到约 4.6,而 19 世纪的背景 pH 值约为 6.2。与硅藻变化同步,Lilla Öresjön 湖沉积钻孔中其他生物(如金藻和枝角类组合)以及反映大气污染的理化指标也发生了相应的变化。重金属浓度(Pb 和 Zn)在 20 世纪后增加,并且在最近几十年间达到最高浓度;球状碳质颗粒、多环芳烃和"硬"等温剩磁等指标也在顶部层位达到峰值,显示了湖泊污染不断加重的趋势。然而,与 Lilla Öresjön 湖相比,Röyrtjörna 湖的环境历史呈现了一个完全不同的轨迹,各种古湖泊学指标的变化相对较小,硅藻推导的 pH 值在 5.6~5.9。对比分析表明,位于高大气硫酸盐沉积区域的 Lilla Öresjön 湖酸化程度明显高于 Röyrtjörna 湖,硫酸盐沉降是湖泊酸化的根本原因。

藻类尤其是硅藻分析在湖泊酸化研究中发挥了关键作用,并被认为是追踪湖泊 pH 值和酸化历史最好的指标,这也进一步推动了用于重建湖水 pH 值和相关水化学变量的转换函数定量方法的发展。Hustedt 对利用硅藻开展湖泊酸化研究做了很多开拓性的工作。他很早就得出氢离子浓度对物种分布影响最大的结论,并将硅藻种类按 pH 值变化分为 5 类,开发了利用硅藻计算 pH 值的指数,以此可以通过化石硅藻记录对 pH 值进行半定量重建。自 80 年代中期以来,欧洲和北美古生态学家开始通过不同区域现

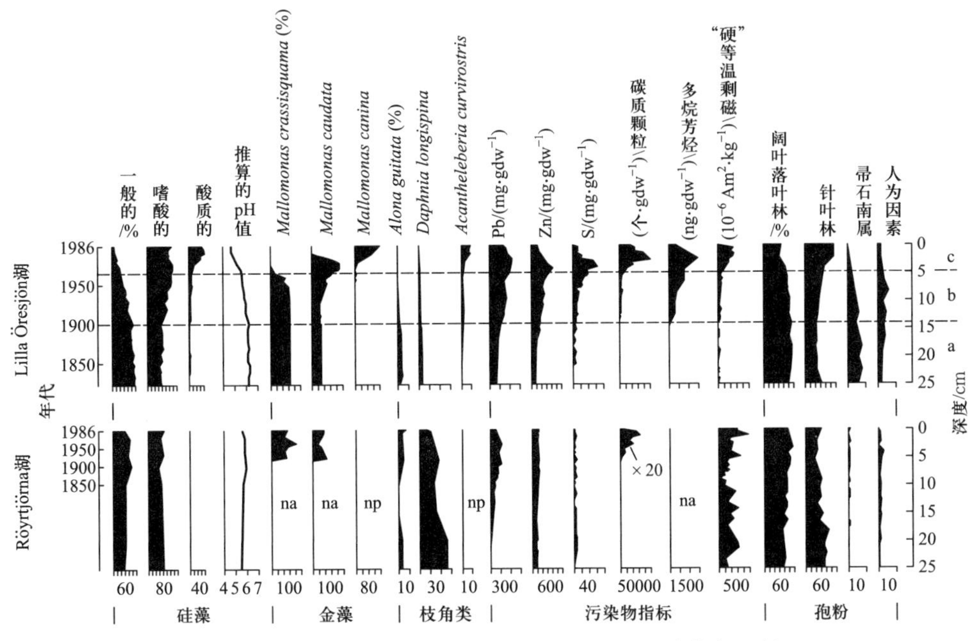

图 3.61　斯堪的纳维亚半岛两个湖泊的沉积环境指标比较

代硅藻和金藻数据库研究，建立硅藻-湖水 pH 值的转换函数，定量重建湖水 pH 值的变化。随后，定量的环境指标也扩展到与酸化有关的湖泊学变量，如碱度、金属铝(通常与鱼类损失有关)和溶解有机碳(DOC)等。大量重建结果显示，欧洲和北美湖泊的酸化发生在 19 世纪工业革命以来(图 3.62)。不同区域湖泊酸化在时间上的一致性进一步证明了大气酸沉降的影响。此外，一些研究还从机理上分析了酸化与流域植被、油砂开采活动的关系，酸化对光透度和紫外辐射等水体物理性质的影响，以及这些变化对生态系统食物网结构的影响。

古湖泊的酸化研究成果已经在控制酸化中得到广泛应用。湖泊管理者基于湖水 pH 值变化的历史重建认识到，要想减轻“酸雨”或其他污染源造成的地表水酸化的影响，需要增加对水体的基本状态的干预(如投放石灰)或减少酸输入(如控制化石燃料发电站酸化硫和氮化合物的排放)。虽然投放石灰可以治理酸性湖泊，而且被许多欧美国家所采纳，然而长期的酸化管理需要从源头上减少酸排放。为此，古湖泊研究不仅为酸化的时间和原因提供重要证据，确定酸度的临界负荷，评估酸化模型，还可以提供酸化湖泊恢复的技术和策略，即可以通过建立湖泊酸化前的参考环境来确定未来的管理目标。酸化湖泊恢复的参考环境可以用酸化发生前的生物群落结构特征和 pH 值等水化学状况进行参比，并可以以此衡量恢复目标的进展情况和恢复程度。

由于硅藻分析在“酸雨”研究中所起的主导作用，硅藻现在被公认为地表水酸度的首要生物指标，并被欧洲和北美用于水质监测。虽然酸性湖泊沉积硅藻分析主要用于重建较长时期的酸化趋势，但沉积物也可以替代水质监测，以评估湖泊对近几十年来硫排放大幅度减少的响应，包括评估投放石灰对酸化湖泊的恢复效果。

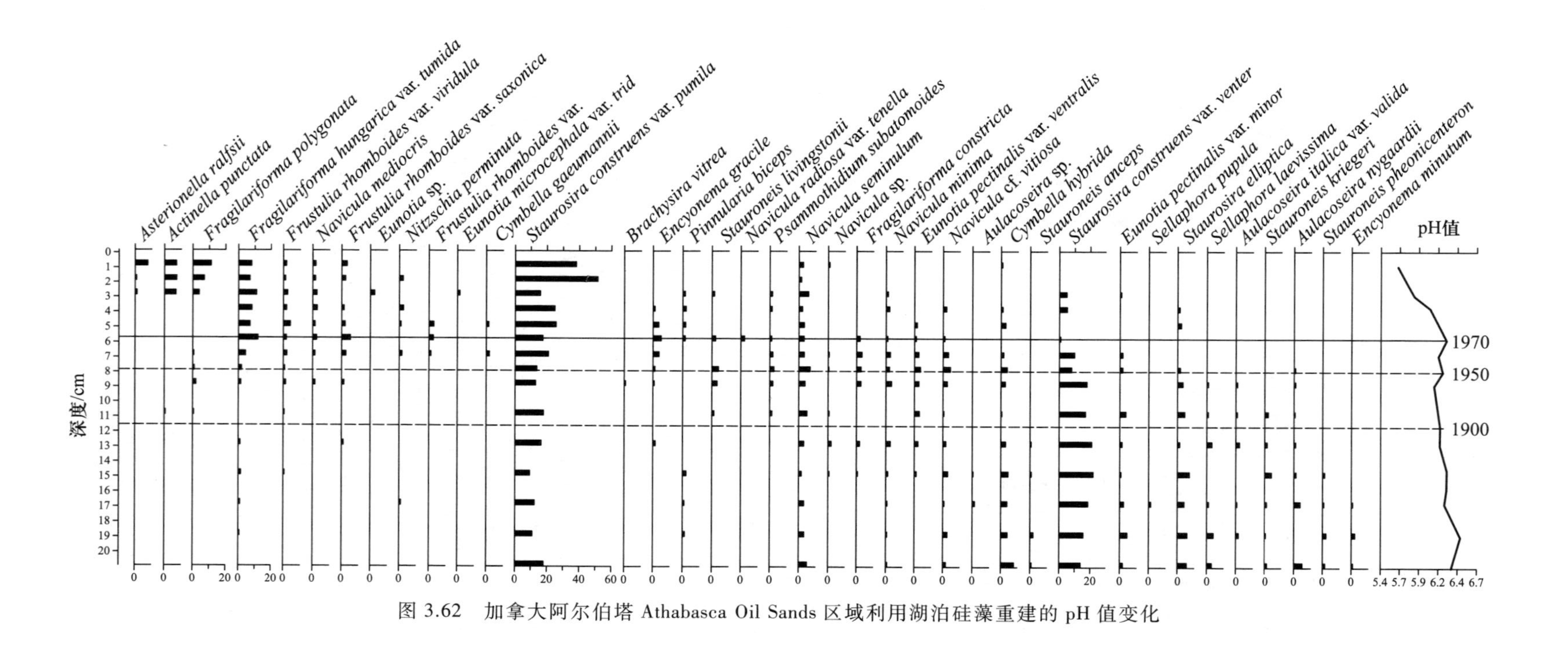

图 3.62　加拿大阿尔伯塔 Athabasca Oil Sands 区域利用湖泊硅藻重建的 pH 值变化

3.3.3.4 湖泊污染历史与富营养化重建

自 20 世纪 50 年代开始,地球表层系统的演化进入一个崭新的人类世时期,标志着全球环境变化已经从全新世自然因素主导发展到以人类活动影响为主的时期。人口数量急剧增加和现代工农业高速发展导致各种污染物质的大量排放,包括 N、P 等营养盐、重金属和持久性有机污染物等。这些污染物质通过河流及大气搬运作用,能够迁移到湖泊中,引起湖泊富营养化和重金属与有机污染物的环境污染问题,对自然生态系统和人类公共健康造成巨大危害。湖泊富营养化和污染问题已经受到了各国政府和广大科研人员的普遍关注,科学评估气候和人类活动对湖泊生态系统的影响已成为当前水科学优先考虑的议题。通过对湖泊沉积记录中生物、元素地化、有机地化指标分析以及同位素指纹识别,结合沉积物年代学的研究,可以科学评价湖泊水体污染负荷和人为污染程度,定量区分污染物来源,为区域湖泊生态系统保护和治理提供科学依据。

1) 湖泊营养盐积蓄量

N、C、P 是湖泊的主要生源要素。沉积物的营养来源根据输入途径可分为内源和外源。前者包括湖体内水生生物死亡残体、排泄物以及生物地球化学作用的沉淀物,后者主要来自流域的城镇生活污水、工业污染排放、农田径流、畜禽养殖、水产养殖以及大气干湿沉降等。沉积物中所积累的营养物质可以被微生物直接摄入利用,进入食物链;同时随着水温、溶解氧等条件变化,这些蓄积的营养物质还可以释放到水体中。沉积记录中营养物质浓度的测试可以反映时间尺度上湖泊生源要素的变化趋势与历史本底值,揭示其对湖泊生产力和富营养化的影响过程,区分人类活动对营养物质积蓄量的贡献。

Wu 等(2010)通过对我国长江中下游一浅水湖泊龙感湖钻孔沉积物的^{210}Pb 和^{137}Cs 定年和粒度、元素地球化学、有机碳、总氮(TN)和总磷(TP)指标分析,建立了该湖近 200 年来的沉积生源要素 TP、总有机碳(TOC)和 TN 含量及各自的沉积通量变化序列。同时,还对该湖北部一流域内的系列岩石、土壤样品的元素地球化学进行分析,并对比了沉积钻孔地球化学数据,利用统计学和地球化学方法,建立参比元素(Al、Fe、Ti)与营养元素和重金属元素的比值关系。然后,根据湖泊沉积物中不同元素与参考元素浓度的相关关系,评估了营养元素的历史本底值,区分了近几十年来人类活动导致的营养元素和重金属元素的增加量。研究得出,20 世纪 20 年代开始,流域营养元素生源要素的输入量开始增加,TP、TOC 以及 TN 的变化受到人类活动干扰的影响,其人为导致的输入通量分别在 150~880 $mg \cdot m^{-2} \cdot a^{-1}$、4.0~149 $g \cdot m^{-2} \cdot a^{-1}$和 0.5~18 $g \cdot m^{-2} \cdot a^{-1}$变化,营养元素输入量的快速增加发生在 1950 年后,与大量人口的迁入和强烈农业活动有关。改革开放以来,营养元素输入量进一步增多(图 3.63)。上述这些营养元素在近百年来的持续上升趋势,也暗示了龙感湖营养状态的变化,对照硅藻及转换函数的重建结果认为,龙感湖已经由贫营养状态变化为目前的中营养状态(羊向东等,2001)。

巢湖是我国受富营养化影响最早的大型湖泊之一。为阐述沉积物 P 的积蓄历史及其与人类活动的关系,Liu 等(2012)通过巢湖西部湖心钻孔的^{14}C、^{210}Pb 和^{137}Cs 定年,重建了过去 500 年来沉积物 P 及其各组分的变化序列(图 3.64)。研究显示,TP 的含量变幅在 218~930 $mg \cdot kg^{-1}$,明显存在 3 个阶段的变化。16 世纪 50 年代之前,P 含量稳定(218~264 $mg \cdot kg^{-1}$);16 世纪 50 年代—20 世纪 50 年代,P 含量有较大幅度增加;20 世纪 50 年代后,P 含量有一次增高,并在 80 年代后达到峰值阶段。P 的组分分析结果

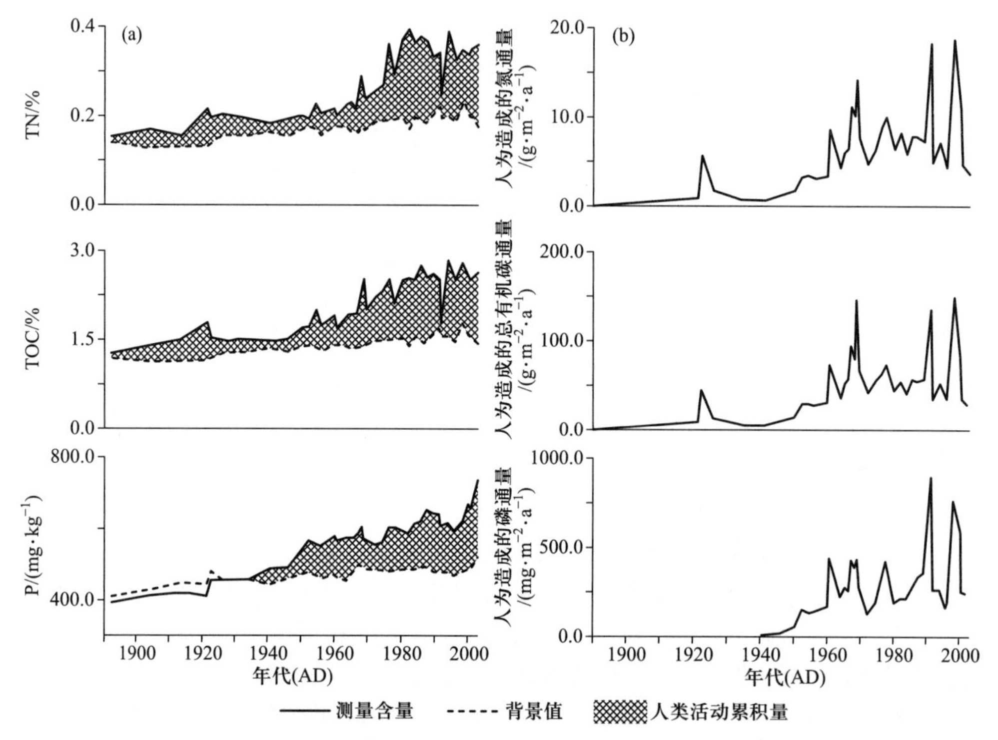

图 3.63 龙感湖近百年来人为因素导致的营养元素输入的变化:(a) 实测的营养元素累积量和本底值变化;(b) 获得的人为影响的营养元素累积量

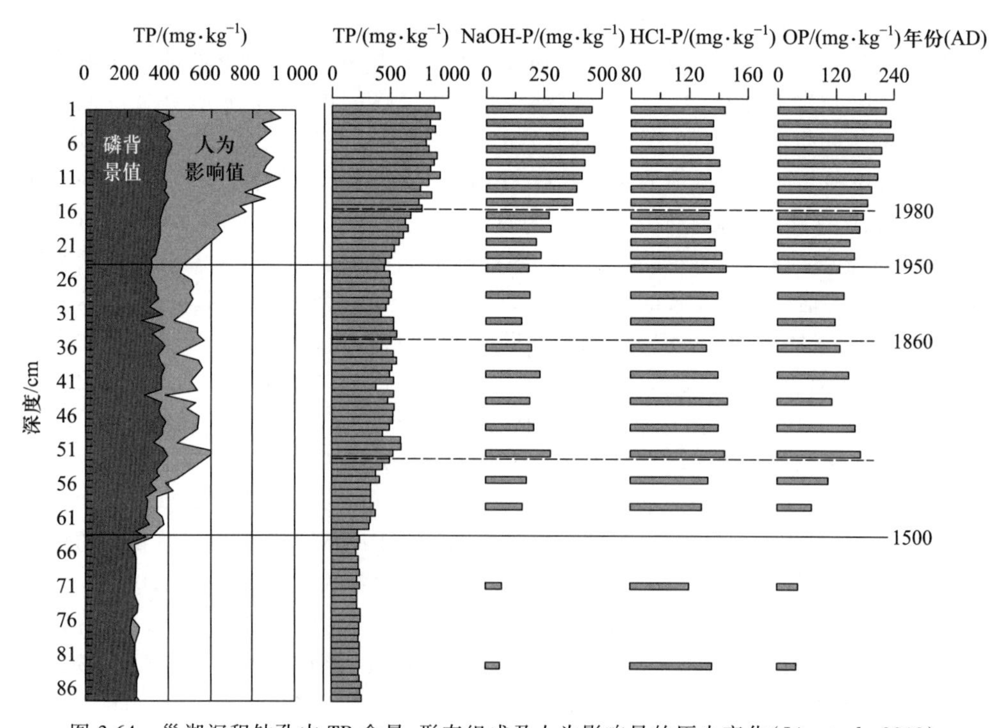

图 3.64 巢湖沉积钻孔中 TP 含量、形态组成及人为影响量的历史变化(Liu et al.,2012)

表明,16 世纪 50 年代之前,沉积物 P 以 HCl-P 为主;此后有机磷(OP)含量上升;至 20 世纪 50 年代后,NaOH-P 和 OP 进一步上升并成为优势。与磁化率和金属元素的对比得出,16 世纪 50 年代之前流域人类活动干扰较小,反映了 P 的自然本底特征。16 世纪 50 年代—20 世纪 50 年代 P 的输入量增加到之前的 2 倍,与巢湖流域人口的增多和农田耕作业的发展有关。而 20 世纪 50 年代后,P 的含量增至 16 世纪 50 年代之前的 3.2 倍,显然现代农业、工业、城镇化发展是入湖 P 来源增加的主要原因,其中生活污水和工业废水的排放与 NaOH-P 含量增加有关,OP 的增加受到湖泊初级生产力和流域人类活动的双重影响。同样利用常量惰性元素(Al、Fe、V)作为参比元素,Liu 等(2012)区分了自然和人为来源 P 的贡献(图 3.64)。这个区分结果证实了 16 世纪 50 年代之前磷的自然来源和本底特征。16 世纪 50 年代—20 世纪 50 年代 P 的人为贡献量增加 150~200 $mg \cdot kg^{-1}$;20 世纪 50 年代后,P 的人为贡献量快速上升,至 80 年代后增至 400 $mg \cdot kg^{-1}$。研究认为近几十年来,巢湖富营养化加重的主要原因可能是外源性 P 的输入及内源污染负荷升高共同作用。

2) 重金属污染程度

湖泊重金属污染是世界许多地区普遍出现的环境问题。不同来源的重金属,通过流域径流、地下水或大气沉降进入湖泊系统。当水体重金属浓度超过某一临界值时,就会变得有毒和致命。重金属可与悬浮物和沉积物以附着、包裹或晶格原子形式结合,通过悬浮颗粒物的稳定沉降,在沉积物中逐渐累积。沉积物中重金属含量通常比水体高几个数量级,其重金属蓄积量往往反映了水体重金属污染现状和历史。通过分析重金属形态和分布规律,借助于各种分析手段,可以判别人为污染强度及其来源,确定自然本底负荷,判识人类影响分量,这些研究对重金属污染的防治和修复具有现实意义。

来自加拿大安大略省麦克法兰湖的古湖泊研究提供了点源重金属通过大气沉降对湖泊造成污染的证据(Smol,2008)。沉积柱中 As、Cu、Ni 和硫酸盐浓度的快速增高,记录了 19 世纪后期苏德伯里金属冶炼厂建成以来大气重金属污染的过程。一些重金属浓度一度增加到原先的十几倍之多。分析结果还显示,沉积柱顶部重金属浓度的下降与成功实施污染处理后的排放量显著下降相吻合。研究表明,大气重金属的污染还导致了湖泊的酸化,并影响到水体 pH 值和硅藻群落的演替。

我国东北地区湖泊湿地分布密集,重工业和农业活动强烈,沉积记录为重金属面源污染历史的重建提供了可能。Pratte 等(2019)通过松嫩平原 11 个湖泊沉积记录的提取,在年代学和地球化学分析的基础上,对近 200 年来的环境变化历史进行了重建。研究揭示,自新中国成立以来,重金属镉(Cd)的累积速率逐年增加,与区域人类活动对环境影响强度加重有关,而且农业活动中的化学肥料大量使用是该区域的一个重要 Cd 污染来源(图 3.65)。

汞(Hg)是一种特殊的重金属,其毒性可以通过食物链输出,影响其他生物体。近百年来,人类活动极大加快了 Hg 在地球各地的传播,主要来源包括碱金属加工业、煤炭和其他化石燃料的燃烧以及黄金和 Hg 的开采等,释放的 Hg 几乎比风化释放的量大一个数量级。从全球环境的角度来看,最大的危害是 Hg 的挥发和大气扩散。在 Hg 的化合物类型中,由细菌作用形成的有机或甲基汞毒性更强,且很容易被生物体吸收,在食物链中有效地被生物放大,就像持久性有机污染物一样。古湖泊技术提供了追踪这些污染物轨迹的有力工具。一些研究利用湖泊沉积记录中的 Hg 含量和通量分析,对 Hg 的点源进行了示踪。例如,来自加拿大不同地区多个湖泊沉积岩芯 Hg 污染历史研

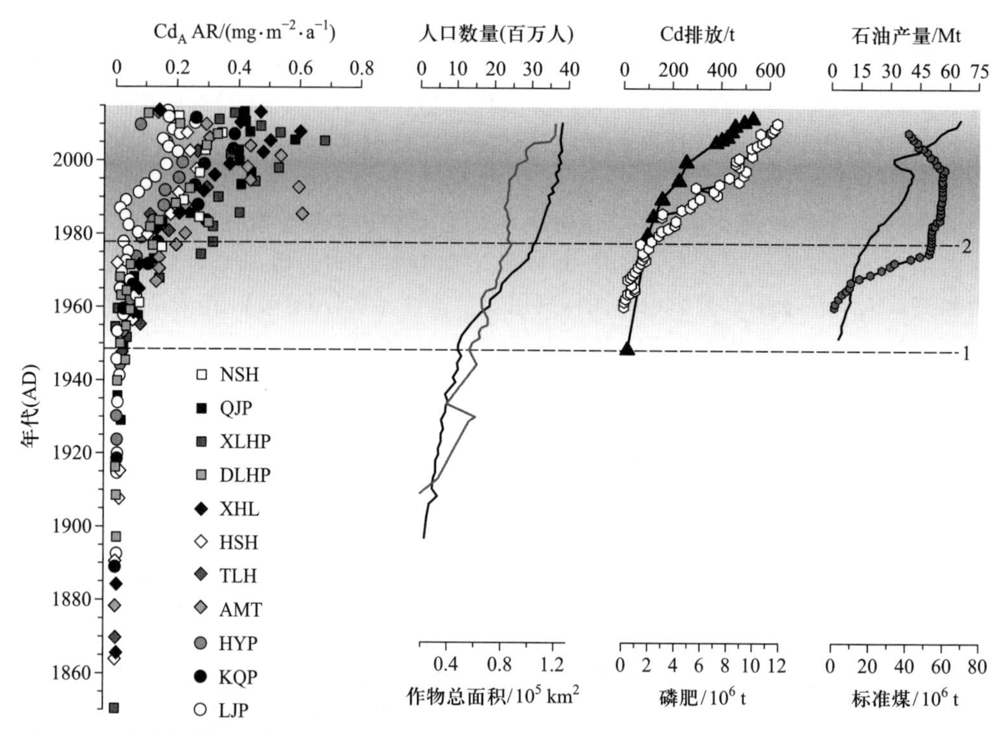

图 3.65 东北松嫩平原湖泊沉积记录的 Cd 通量变化及与区域经济发展数据比较(见书末彩插)

究证实,高沉积速率的沉积物中,Hg 变化数据忠实地记录了点源污染的发生时间和过程,以及此后控制污染的功效。

除了直接分析沉积剖面中各种重金属浓度外,稳定同位素技术也可为示踪历史时期重金属污染来源提供重要信息。例如,基于不同来源 Pb 具有不同同位素比值的特征(如未污染沉积物中^{206}Pb/^{207}Pb 值的自然、背景特征较高),Brännvall 等(1999)对瑞典多个湖泊沉积钻孔进行 Pb 浓度及其同位素分析,这些研究结果提供了研究区 4000 年来的大气 Pb 污染历史的清单(图 3.66)。该研究纠正了人们对大气污染的传统认知,即“大规模的大气污染始于 19 世纪工业革命时期,而且偏远地区没有受到影响”的观念。研究显示,在古希腊和古罗马文明时期,沉积物已经记录了明确的大气污染信号,开始于距今 3500 年至 3000 年前。随后,在公元 400—900 年污染程度降低;此后,大气 Pb 沉降量持续增加,并分别在 13 世纪初期和 16 世纪 30 年代前后出现峰值,与目前的浓度接近。从历史上看,Pb 的沉降反映了欧洲经济发展的趋势。此外,古湖泊数据显示出时间尺度上 Pb 污染的地理分布格局,位于瑞典南部湖泊的大气 Pb 沉降明显更高,工业革命前大气 Pb 污染主要来源于欧洲大陆,18 世纪以来出现不一致的趋势,这可能反映了更多的本地 Pb 来源。

沉积钻孔的重金属分析不仅可用于确定过去的污染方式、程度和来源,还可以采用大量湖泊或特定湖泊多钻孔的顶部-底部沉积物分析,从时间上估计自然背景下的重金属空间分布的本底特征。该方法在湖泊富营养本底、生态本底研究中也得到广泛应用。例如,Rognerud 等(2001)通过挪威 210 个湖泊的重力沉积岩芯提取,将表层 0.5 cm(代表当今的环境)和岩芯下部 30~50 cm 的深度(代表自然背景或参考环境)的沉积物进行了地球化学分析。结果显示,顶部的沉积物中重金属元素显著富集,包括 Sb、Pb、

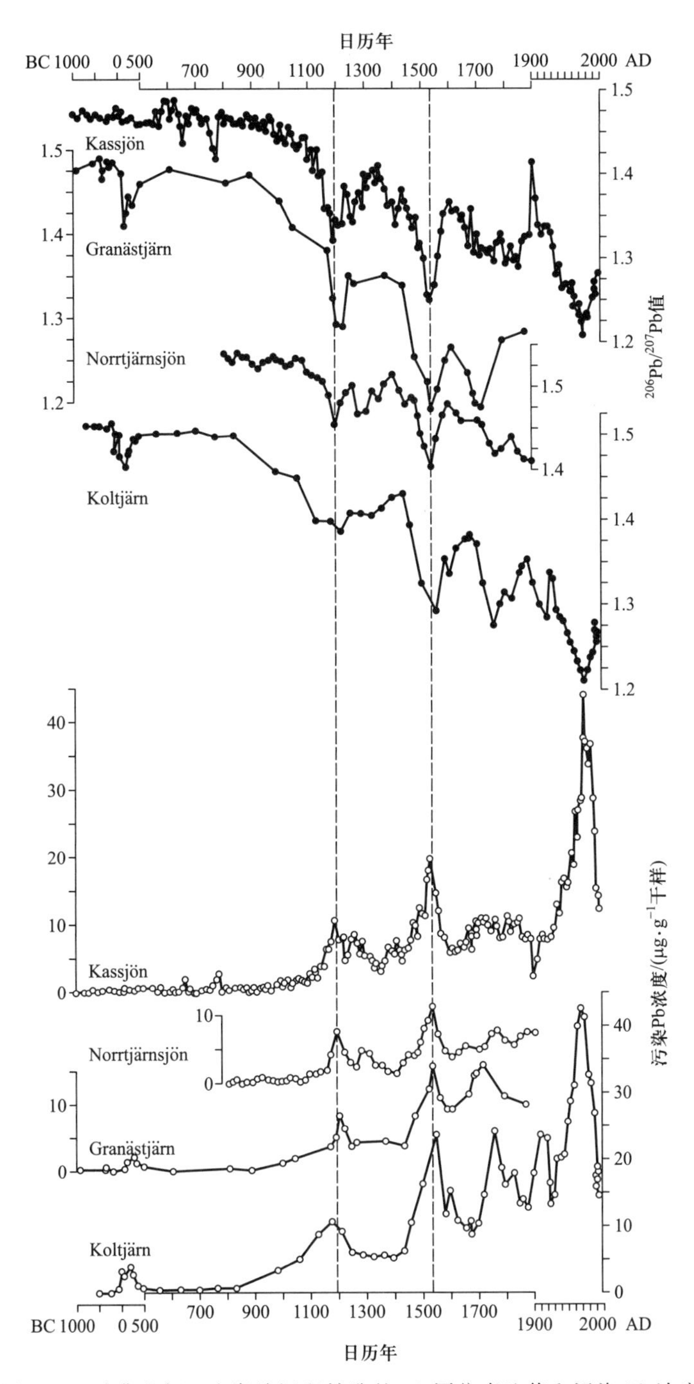

图 3.66 瑞典北部 4 个湖泊沉积钻孔的 Pb 同位素比值和污染 Pb 浓度

Bi、As、Hg 和 Cd，其浓度是下部沉积物重金属浓度的 2~7 倍，表明许多挪威湖泊表层沉积物中重金属浓度普遍较高。利用主成分分析法（PCA），揭示了这些重金属元素在分布上的协变性，其中 Hg、Pb、Si、As 和 Bi 形成了一组，说明这些元素在表层沉积物中的密切共变异。最高的富集发生在挪威南部的低地地区，与有机质含量有显著相关性；在挪威东南部的湖泊中，Cd 和 Zn 的含量最高，说明来自东欧的大气沉降影响更大。

借助于富集因子系数法等手段,结合沉积通量的计算,不仅可以评估重金属通量的本底值,还可定量判别人类活动影响的分量。这些判别方法需要首先确定自然背景值和选定参比元素。区域背景值的确定并不容易,区域土壤或地壳中金属元素含量均值常被用来作为背景估算,对于湖泊等较小水体单元沉积物重金属污染评价,工业活动发生之前的历史沉积物更为合适。有时需要通过表层面上取样与沉积长柱芯分析相结合、湖泊沉积柱芯与其他大气沉降档案(如高山雨养泥炭)相比较,依据年代标尺(年代早于工业革命期,约 1830 年)和稳定同位素比值($^{206}Pb/^{207}Pb$ 值接近或大于 1.9)双重标准确定沉积物中关键元素区域背景(Bao et al.,2015)。例如,Zeng 等(2014)对我国西部新疆赛里木湖沉积物地球化学指标进行分析,选择 Al 作为参比元素,结合 Pb 同位素确定元素背景,分别对 As、Cd、Pb、Hg 等污染元素进行自然背景和人类活动影响的定量区分(图 3.67)。

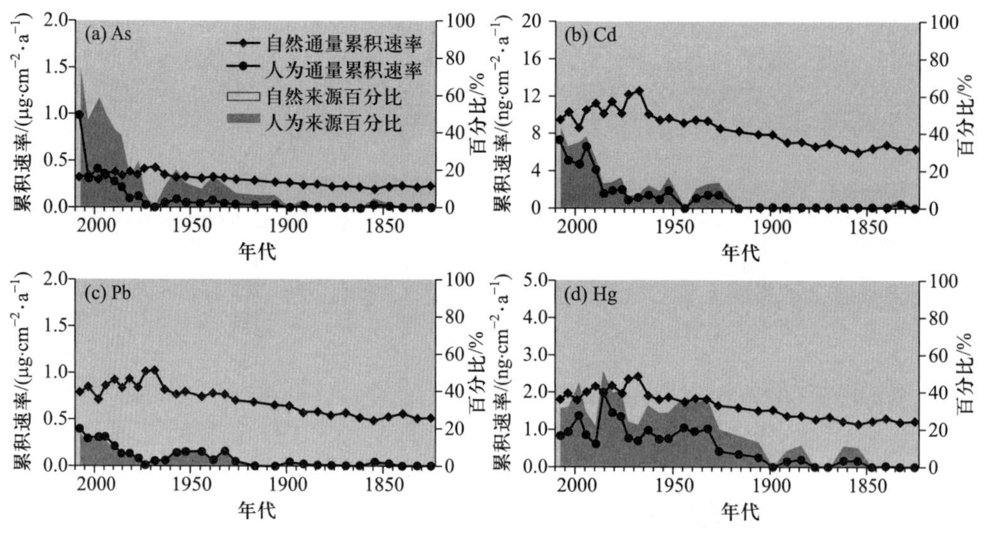

图 3.67 赛里木湖沉积记录的自然和人为输入的重金属通量变化

3) 有机污染过程

持久性有机污染物(POP)是指人工合成或人类活动产生的,能在环境中持久存在的,可被生物富集并通过食物链(网)累积对生态系统及人体健康造成危害的化学物质。它们种类繁多,主要包括多环芳烃(polycyclic aromatic hydrocarbon,PAH)、二噁英(dioxin)、多氯联苯(polychlorinated biphenyl,PCB)、毒杀芬(toxaphene)、农药(pesticide)和一些其他相关化合物。这些有机污染物化学结构非常稳定,具有长距离迁移性、半挥发性、长期残留性、生物富集性和潜在毒性。尤其是美国国家环境保护署提出了 16 种优先控制的源 PAH(the 16 PAHs-USEPA),是自然界中分布较广的有机污染物,主要通过煤、石油等化石燃料以及木材等有机物不完全燃烧或高温裂解产生。沉积物中的 PAH 信息经常被用作环境污染历史重建和污染来源判定分析的有效指纹。例如,长江中下游地区湖泊沉积物中 PAH 的浓度总体处于中等污染水平,PAH 通量在 20 世纪 60 年代间出现显著且持续的增长趋势,并在 20 世纪 90 年代达到峰值,反映了区域内在过去几十年里持续加剧的人类活动和经济发展过程。特征单体比值和统计分析揭示了城市湖泊中 PAH 主要源自煤炭燃烧过程,与我国的能源消费结构相关(图

3.68)(Li et al.,2016)。此外,Tao 等(2018)通过对研究区太湖、玄武湖、金牛湖及百家湖等富营养化浅水湖泊多年连续高频次监测发现,湖泊水体 PAH 年均浓度随湖泊年均营养状态指数及年均藻类生物量的增加而增大,富营养化间接产生的高 pH 值及藻类生命循环对 PAH 在水体各介质中的分配及赋存有重要影响,PAH 从藻类向浮游动物的传递因子随湖泊的营养状态指数减小而降低。

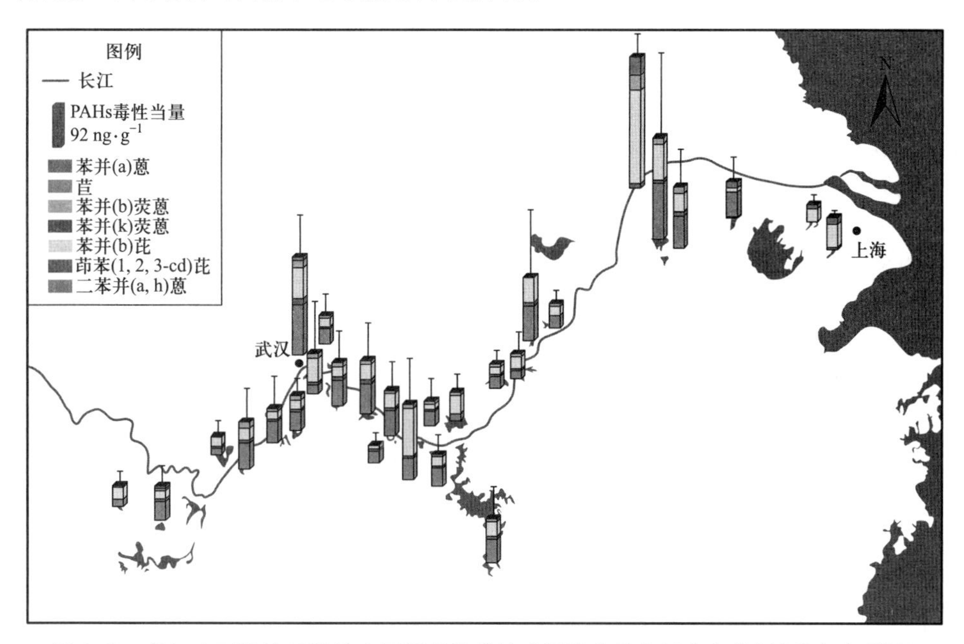

图 3.68 长江中下游地区湖泊表层沉积物毒性当量浓度的空间分布特征(见书末彩插)

4) 湖泊富营养化

富营养化一词较早出现在湖泊学研究中,是 1947 年威斯康星大学动物系 Arthur D. Hasler 发表在 *Ecology* 上的一篇题为 Eutrophication of lakes by domestic drainage 的文章。该文以瑞士苏黎世湖等为例,提出了沿湖城市污水排放引发湖泊生产力激增、景观功能下降的过程(Hasler,1947)。1956 年,华盛顿大学动物系的 Edmondson 等以西雅图市华盛顿湖 1933—1955 年的变化过程为例,系统分析了华盛顿湖出现的 *Oscillatoria rubescens* 蓝藻水华及初级生产力增加与城市污水排放量增加、湖泊磷浓度升高、溶解氧下降等之间的内在联系,表明磷是表征湖泊富营养化成因及历程中极其重要的因子。此后随着欧美地区城市的快速发展,湖泊的富营养化问题不断得到重视,学界针对富营养化的成因与表征开展了系列的研究。1967 年 6 月 11—16 日,欧美科学家在威斯康星州麦迪逊召开了国际富营养化研讨会,Lund(1967)就会议成果在 *Nature* 和 *Science* 上发表文章,使得富营养化问题得到社会的广泛关注。Lund 在文中指出:"富营养化是指溶解性养分变得充分的过程",将富营养化问题的解决指向营养盐控制。

湖泊富营养化是全球范围内最普遍的水环境问题。严重的富营养化对水生生态系统会产生诸多危害,包括初级生产力的增加、藻类暴发、水体缺氧、大量鱼类死亡、生物多样性下降,并引起食物网组成结构的显著变化。此外,藻类(如蓝藻)生物量达到很高程度时还会产生藻毒素,对水源地供水安全形成威胁。因此,利用古湖泊手段开展富营养化历史重建研究,一个重要目的就是查明湖泊富营养发生的时间、速率和趋势,从历史记录中了解富营养化发生的原因。基于能够指示流域过程变化信息的各种沉积指标（植被、侵蚀、营养盐输入等）、湖泊生态变化的指标（硅藻、摇蚊、金藻、枝角类、色素等）、生物标志物和碳氮同位素等指标，古湖泊研究揭示出在欧洲和亚洲一些地区，早期历史时期由于人类活动的干扰（如森林砍伐和农业耕作），湖泊可能在很长一段时间内受到干扰。一个长期富营养化研究的例子来自 Fritz（1989）和 Birks（1995）等人。通过对英格兰 Diss Mere 湖沉积钻孔的硅藻和花粉等多指标分析研究表明，该湖第一次明显的富营养化发生在青铜器时代（3500—2500 a BP），与早期人类森林砍伐和农业耕作影响有关，富营养化也引起鱼类丰度显著增加。基于转换函数定量重建的水体总磷浓度结果也显示，湖泊从原来的中营养状态转变为富营养化状态，此后湖泊再也没有恢复到早期人类干扰前的总磷浓度。15 世纪和 16 世纪期间，湖泊富营养化程度再次加重，推导的湖水总磷浓度从中世纪期间的 100 $\mu g \cdot L^{-1}$ 上升到约 340 $\mu g \cdot L^{-1}$，伴随了水生植物丰度的大量减少。

全球许多地区湖泊富营养化的发生普遍出现在工业革命以来。大量的欧美地区古湖泊研究显示，19 世纪中期以来人类干扰出现早期富营养化，至 20 世纪中期富营养化加重，最近一段时期以来富营养化逐步得到控制和水质改善。这些研究还详细讨论了流域土地利用、养殖业、城市化和生活污水、水利设施和道路建设等对湖泊营养状况的影响，以及湖泊生物群落的响应。北爱尔兰 Lough 地区的 Augher 湖多沉积钻孔的硅藻古生态研究详细阐述了过去 150 多年来湖泊富营养化发生的过程和原因（Anderson, 1989）。该湖泊不同水深部位（3～14 m）提取的六个沉积岩芯硅藻及其生物量的分析显示，整个湖泊硅藻群落组合演替、硅藻累积量变化和转换函数推导的水体总磷浓度变化在 1950 年前均具有同步性，响应于流域营养输入的增加（图 3.69）。然而，50 年代后的严重富营养时期，水体总磷与硅藻累积量的变化不再耦合。作者用 Si/P 值的变化解释了流域施肥量的增加与硅藻产量降低的关系。比值的下降使得磷限制转为硅限制，导致硅藻竞争处于劣势，其结果是水体中以轻硅质的富营养硅藻种类为主。20 世纪 70 年代末污水处理后，Augher 湖水体总磷浓度有所下降，说明了硅藻对减少营养负荷的响应，湖泊水质有所改善。

在我国，湖泊富营养化的开始时间通常晚于欧美国家。长江中下游一些典型湖泊的沉积钻孔中不同生物和环境指标的分析发现，这些湖泊富营养化发生的初始时间普遍出现在 20 世纪 50 年代后，80 年代以来富营养化程度陆续加重。随着入湖营养物质的不断积蓄，水生植被、浮游植物（硅藻）、底栖和浮游动物群落也相应发生演替，一些湖泊如巢湖、太湖和太白湖等在过去几十年已经从原来的草型生态转变为藻型生态类型。Chen 等（2011）依据巢湖古生态数据、流域人类活动和气候变化数据的多变量冗余分析结果，探讨了湖泊富营养化和生态退化的原因，认为最近 60 年来，人类围垦、建坝和建水库等，通过改变湖泊水文环境，促进了湖泊中营养物质的不断富集；随后的改革开放时期，城镇化、养殖业和现代农业的发展最终导致湖泊向重富营养状态转变。统计分析结果还提供了近期增温促进生态系统退化的证据（图 3.70）。Liu 等（2012）通过对太白湖沉积钻孔的硅藻、粒度、磁化率、元素地化等指标的综合分析，同样得出了相似的结论。Yang 等（2008）通过转换函数，利用太白湖钻孔硅藻，重建了过去 200 年来的湖水总磷浓度的变化，发现湖泊草藻转换的总磷阈值发生在 100 $\mu g \cdot L^{-1}$ 左右，这与空间上生物群落组合发生显著变化的总磷阈值对应。

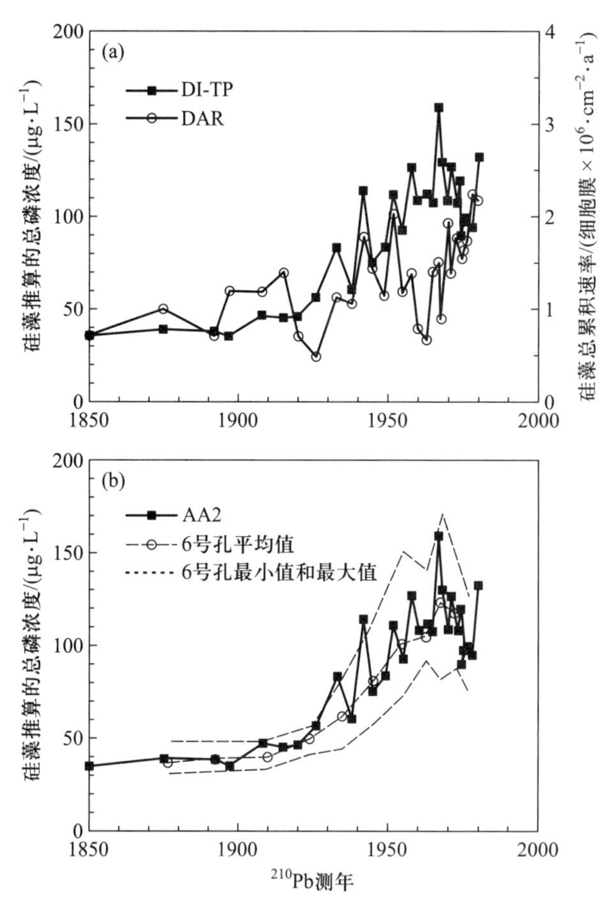

图 3.69 北爱尔兰 Lough 地区 Augher 湖多钻孔沉积记录揭示的湖泊富营养化和硅藻累积速率变化过程:(a) 湖中心区钻孔的总磷重建值与硅藻累积速率的比较;(b) 基于六个钻孔重建的总磷浓度平均值与变化范围。DI-TP,硅藻转换函数推导的水体总磷值;DAR,硅藻累积速率;AA2,湖中心区钻孔

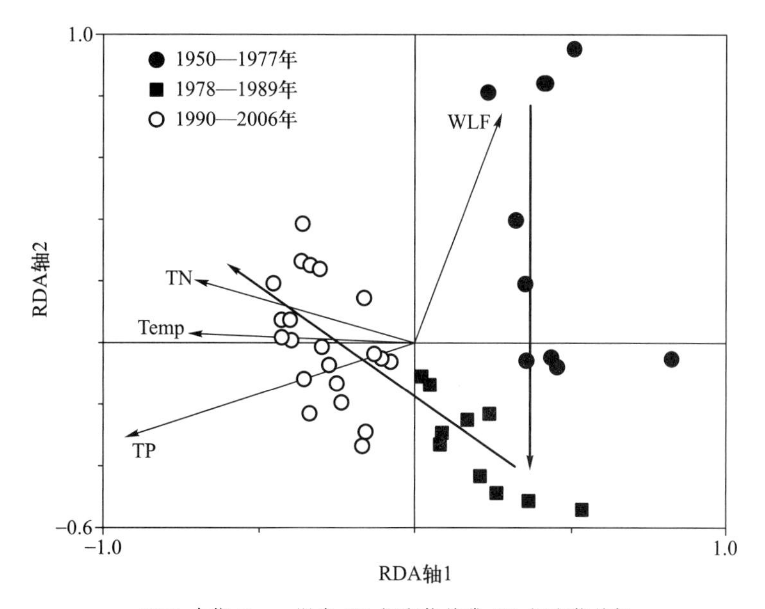

WLF,水位;Temp,温度;TP,沉积物总磷;TN,沉积物总氮

图 3.70 巢湖沉积钻孔古生态数据与环境关系的冗余分析结果(见书末彩插)

湖泊富营养化治理的代价是昂贵的。成功的恢复和管理措施需要制定详细的指导方案,说明富营养化过程中湖泊生态和水质是如何改变的,良好水质的目标是什么,以及评估和预测改善效果和程度的依据是什么。湖泊沉积记录的多指标分析可为湖泊生态和环境本底评估、时间序列的监测技术和生态质量判识提供依据。例如,董旭辉等(2012)采用顶底法(top-bottom approach),在巢湖钻孔沉积物柱年代学测定的基础上,分别以沉积柱顶部(代表现今的强烈人类干扰阶段)和底部(19 世纪后期,代表较弱的人类干扰时段)数个沉积层位样品(每个位置通常 3~5 个样品)进行了硅藻、摇蚊、枝角类生物指标的分析,并结合转换函数,确定了该湖的本底生物群落组成和多样性特征,以及当时的湖水总磷浓度本底值。20 世纪前,巢湖群落组成主要以周丛和底栖生物类型为主,硅藻组合中颗粒直链藻很丰富,指示了流动的水体环境;定量的湖水总磷浓度在 50 μg·L^{-1}左右。然而现今的生物多以耐营养的类型为主,物种多样性也明显低于本底环境(图 3.71)。

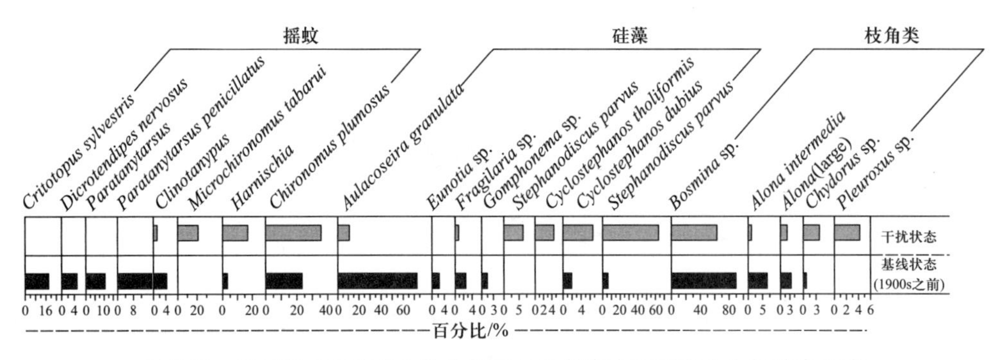

图 3.71　基于顶底法和多生物指标揭示的巢湖本底和现今生物种类组成

利用多个湖泊沉积记录开展区域范围内生态本底的评估,而不是仅局限于单个湖泊,往往更有指导意义。Bennion 等(2004)提供了利用硅藻古生态进行区域湖泊参考环境评估的研究案例。通过对苏格兰 26 个湖泊沉积记录的顶底法分析,利用生态弦距的统计分析技术,评估了区域湖泊工业革命与现今生态变化的幅度,提出 1850 年前后的沉积物硅藻组合可以作为湖泊修复和管理的参考目标。依据该方法,作者还评估了每个湖泊生态变化的方向和大小。在我国长江中下游地区,Dong 等(2016)对 10 个湖泊过去 200 年来的硅藻古生态进行了重建,同样依据顶底法,并结合空间硅藻数据库以及区域硅藻-总磷转换函数,对研究区浅水湖泊的参考生态和环境进行了评估(图3.72,图 3.73)。研究得出,长江中下游地区湖泊基准生态环境下的硅藻群落主要由颗粒直链藻、底栖脆杆藻和附生种组成,湖水总磷本底值维持在 50 μg·L^{-1}左右(图 3.72),有较强的水动力条件和适度的水生植被生长。生态距离(弦距)的分析很好地揭示了现今生态偏离本底生态的程度,并确定了基准生态环境的现今相似体(图 3.73)。

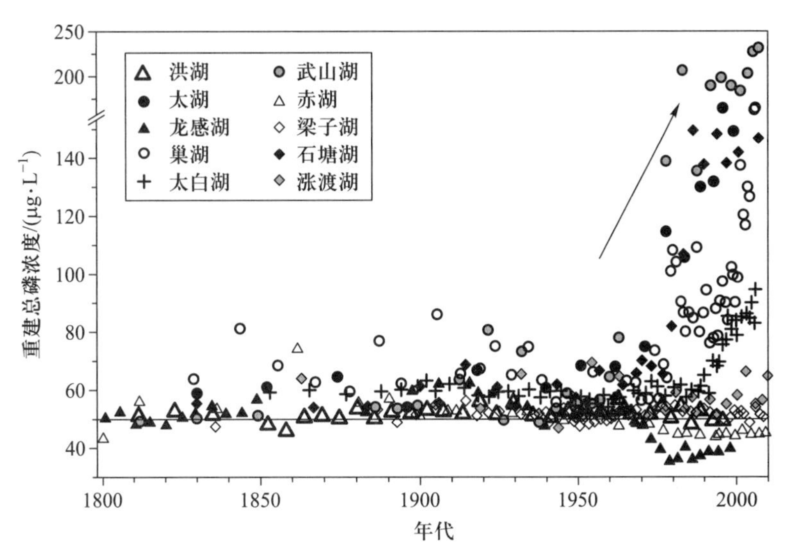

图 3.72 长江中下游湖泊过去湖水总磷浓度的定量重建结果。湖水总磷浓度的重建基于区域转换函数;箭头方向指示一些湖泊近几十年发生了严重富营养化;基线表示总磷本底水平(见书末彩插)

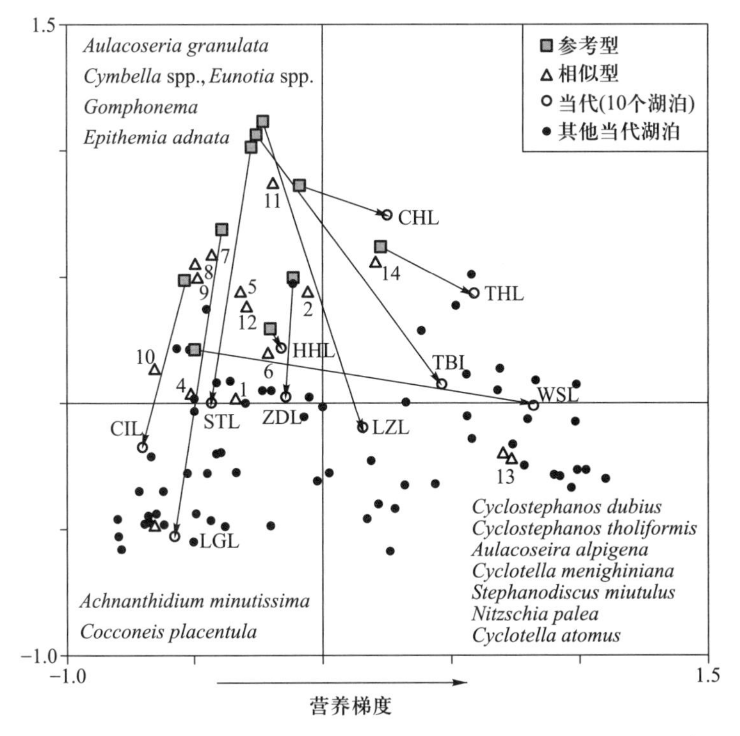

■,参考环境或本底状态;△,具有现代相似生态的湖泊;○,用于钻孔古生态重建的湖泊现今状态;●,现代数据库中的湖泊样点

图 3.73 长江中下游湖泊古-今生态环境偏移度、硅藻组合和现代相似型

参考文献

陈建强,2004. 沉积学及古地理学教程. 北京:地质出版社.

陈文芳,1984. 非牛顿流体力学. 北京:科学出版社.

董旭辉,羊向东,2012. 湖泊生态修复基准环境的制定:古生态学面临的机遇. 湖泊科学,24:974-984.

冯增昭,王英华,刘焕杰,等,1994. 中国沉积学. 北京:石油工业出版社.

何镜宇,孟祥化,1987. 大气-海洋动力学. 张立政,译. 北京:地质出版社.

霍坎松,杨松,1992. 湖泊沉积学原理. 郑光,译. 北京:科学出版社.

贾振远,李之琪,1989. 碳酸盐岩沉积相和沉积环境. 武汉:中国地质大学出版社.

姜在兴,2003. 沉积学. 北京:石油工业出版社.

金振奎,李燕,高白水,等,2014. 现代缓坡三角洲沉积模式——以鄱阳湖赣江三角洲为例. 沉积学报,32(4):710-723.

莱尔曼,1989. 湖泊的化学、地质学和物理学. 王苏民,等译. 北京:地质出版社.

李炜,徐孝平,2001. 水力学. 武汉:武汉水利电力大学出版社.

斉文,姜在兴,向树安,等,2008. 鄂尔多斯盆地大牛地气田下二叠统下石盒子组盒 2 及盒 3 段风暴岩研究. 古地理学报,10(2):167-174.

刘宝珺,1980. 沉积岩石学. 北京:地质出版社.

刘恩峰,杜臣昌,羊向东,等,2012. 巢湖沉积物中磷蓄积时空变化及人为污染定量评价. 环境科学,33(9):3024-3030.

刘恩峰,薛滨,羊向东,等,2009. 基于^{210}Pb 与^{137}Cs 分布的近代沉积物定年方法——以巢湖、太白湖为例. 海洋地质与第四纪地质,29(6):89-94.

刘强,游海涛,刘嘉麒,2004. 湖泊沉积物年纹层的研究方法及其意义. 第四纪研究,24(6):683-694.

楼章华,蔡希源,1999. 地形、气候与湖面波动对浅水三角洲沉积环境的控制作用. 地质学报,73(1):83-92.

普斯托瓦洛夫,1954. 关于沉积岩石学的现状问题. 刘迺隆,译. 北京:科学出版社.

强明瑞,陈发虎,周爱锋,等,2006. 苏干湖沉积物粒度组成记录尘暴事件的初步研究. 第四纪研究,26(6):915-922.

乔树梁,杜金曼,1996. 湖泊风浪特性及风浪要素的计算. 水利水运科学研究,(3):189-197.

任明达,王乃梁,1981. 现代沉积环境概论. 北京:科学出版社.

沈吉,刘松玉,1997. 固城湖 9.6 ka B.P.发生的一次海侵记录. 科学通报,042(013):1412-1414.

沈吉,王苏民,Matsumoto R,等,2000. 内蒙古岱海古盐度定量复原初探. 科学通报,45(17):1885-1889.

沈吉,薛滨,吴敬禄,等,2010. 湖泊沉积与环境演化. 北京:科学出版社.

沈照理,1993. 水文地球化学基础. 北京:地质出版社.

王冠民,钟建华,2004. 湖泊纹层的沉积机理研究评述与展望. 岩石矿物学杂志,23(1):43-48.

羊向东,王苏民,沈吉,等. 2001. 近 0.3 ka 来龙感湖流人类活动的湖泊环境响应. 中国科学 D 辑:地球科学,31(12):1031-1038.

于兴河,王德发,孙志华,1995. 湖泊辫状河三角洲岩相、层序特征及储层地质模型——内蒙古贷岱海湖现代三角洲沉积考察. 沉积学报,(1):48-58.

曾允孚,1986. 沉积岩石学. 北京:地质出版社.

赵澄林,2001. 沉积学原理. 北京:石油工业出版社.

中国科学院南京地理与湖泊研究所,1990. 抚仙湖. 北京:海洋出版社.

周启星,黄国宏,2001. 环境生物地球化学及全球环境变化. 北京:科学出版社.

Aitken M J,1998. An Introduction to Optical Dating:The Dating of Quaternary Sediments by the Use of Photon-Stimulated Luminescence. New York:Oxford University Press.

Anderson N J,1989. A whole-basin diatom accumulation rate for a small eutrophic lake in northern Ireland and its palaeoecological implications. Journal of Ecology,77(4):926-946.

Anderson R Y,Dean W E,1988. Lacustrine varve formation through time. Palaeogeography,Palaeoclimatology,Palaeoecology,62:215-235.

Axelsson V,1967. The Laiture Delta:A study of deltaic morphology and processes. Geografiska Annaler (Series A),49:1-127.

Axelsson V,Håkanson L,1971. Sambandet mellan kvicksilverförekomst och sedimentologisk miljö i Ekoln. Del 1. Målsättning och analysmetodik. In:UNGI Rapport 11. Uppsala:Univ Uppsala,35.

Axelsson V,Håkanson L,1972. Sambandet mellan kvicksilverförekomst och sedimentologisk miljö i Ekoln. Del 2. Sedimentens egenskaper och kvicksilverinnehåll. In: UNGI Rapport 14. Uppsala: Univ Uppsala,89.

Bao K,Shen J,Wang G,et al.,2015. Atmospheric deposition history of trace metals and metalloids for the last 200 years recorded by three peat cores in Great Hinggan Mountain,Northeast China. Atmosphere,6(3):380-409.

Barko J W,Smart R M,1979. Mobilization of sediment phosphorus by submersed freshwater macrophytes. Freshwater Biol.,10:229-238.

Bennion H,Carvalho L,Sayer C D,et al.,2012. Identifying from recent sediment records the effects of nutrients and climate on diatom dynamics in Loch Leven. Freshwater Biology,57:2015-2029.

Bennion H,Fluin J,Simpson G L,2004. Assessing eutrophication and reference conditions for Scottish freshwater lochs using subfossil diatoms. Journal of Applied Ecology,41(1):124-138.

Berner R A,1980. Early diagenesis:A theoretical approach. In:*Princeton Series in Geochemstry*. New Jersey:Princeton University Press,241.

Birks H H,Jones V J,Brooks S J,et al.,2012. From cold to cool in northernmost Norway:Lateglacial and early Holocene multi-proxy environmental and climate reconstructions from Jansvatnet,Hammerfest. Quaternary Science Review,33:100-120.

Birks H J B,1995. Quantitative palaeoenvironmental reconstructions. In:Maddy D,Brew J(eds). Statistical Modelling of Quaternary Science Data Technical Guide 5. Cambridge:Quaternary Research Association,161-254.

Boström B,Petterson K,1982. Different patterns of phosphorus release from lake sediments in laboratory experiments. Hydrobiologia,92:415-429.

Bowen H J M,1966. *Trace Elements in Biochemistry*. New York:Academic Press,241.

Brauer A,2004. Annually laminated lake sediments and their palaeoclimatic relevance. In:Fischer H,Kumke T,Lohmann G,et al.(eds). *The Climate in Historical Times:Towards a Synthesis of Holocene Proxy Data and Climate Models*. Berlin:Springer-Verlag,109-127.

Briggs D,1977. *Sources and Methods in Geography-sediments*. London:Butterworths,192.

Brinkhurst R O,1974. *The Benthos of Lakes*. London:Macmillan,190.

Brinkhurst R O,Chua K E,Kaushik N K,1972. Interspecific interactions and selective feeding by tubificid oligochaetes. Limnology and Oceanography,17:122-123.

Brännvall M L,Bindler R,Renberg I,et al.,1999. The medieval metal industry was the cradle of modern large-scale atmospheric lead pollution in northern Europe. Environmental Science and Technology,33:4391-4395.

Bálint M,Pfenninger M,Grossart H P,et al.,2018. Environmental DNA time series in ecology. Trends in Ecology and Evolution,33(12):945-957.

Cahill R A,1981. Geochemistry of recent Lake Michigan sediments. Illinois State Geological Survey Circular,517:94.

Carter L,1973. Surficial sediments of Barkley Sound and the adjacent continental shelf,West Coast Vancouver Island. Canadian Journal of Earth Sciences,10:441-459.

Cato I,1977. Recent sedimentological and geochemical conditions and pollution problems in two marine areas in south western Sweden. Uppsala:STRIAE,6:1-158.

Chen X,Yang X D,Dong X H,et al.,2011. Nutrient dynamics linked to hydrological condition and anthropogenic nutrient loading in Chaohu Lake(Southeast China). Hydrobiologia,661(1):223-234.

Chivas A R,De Deckker P,Shelley J M G,1985. Strontium content of ostracods indicates lacustrine palaeosalinity. Nature,316(6025):251-253.

Clancy L J,1975. *Aerodynamics*. London:Pitman Publishing.

Cohen A S,2003. *Paleolimnology. History and Evolution of Lake Systems*. New York:Oxford University Press.

Correns C W,1950. Zur geochemire der diagenese. Geochimica et Cosmochimica Acta,1(1):49-54.

Damiani V,Thomas R L,1974. The surficial sediments of the Big Bay Section of the Bay of Quinte,Lake Ontario. Canadian Journal of Earth Sciences,11:1562-1576.

Davidson T A, Amsinck S L,Bennike O,et al.,2011. Inferring a single variable from an assemblage with multiple controls:Getting into deep water with cladoceran lake-depth transfer functions. Hydrobiologia, 676:129-142.

Davidson T A,Sayer C D,Perrow M,et al.,2010. The simultaneous inference of zooplanktivorous fish and macrophyte density from sub-fossil cladoceran assemblages: a multivariate regression tree approach. Freshwater Biology,55(3):546-564.

Dean W E,1981. Carbonte minerals and organic matter in sediments of modern north temperate hard-water lakes. In:Ethridge F G,Flores R M(eds). *Recent and Ancient Non-marine Depositional Environments: Models for Exlporation*. Tulsa:SEPM Special Publication,31:213-231.

Dong X H,Yang X D,Chen X,et al.,2016. Using sedimentary diatoms to identify reference conditions and historical variability in shallow lake ecosystems in the Yangtze floodplain. Marine and Freshwater Research,67(6):803-815.

Ericsson B,1973. The cation content of Swedish post-glacial sedments as a criterion of paleosalinity. Geol. Fören. Stockholm. Förh.,94:5-21.

Friedman G M,Sanders J E,1978. *Principles of Sedimentology*. New York:John Wiley & Sons.

Fritz S C,1989. Lake development and limnological response to prehistoric and historic land-use in Diss, Norfolk,U.K. Journal of Ecology,77(1):182-202.

Förstner U,Wittmann G T W,1979. *Metal Pollution in the Aquatic Enviroment*. Berlin,Heidelberg,New York:Springer-Verlag,486.

Gasse F,Juggins S,Khelifa B L,1995. Diatom-based transfer functions for inferring past hydrochemical characteristics of African lake. Palaeogeography Palaeoclimatology Palaeoecology,117(1-2):31-54.

Gjessing E T,1976. Physical and chemical characteristics of aquatic humus. Journal of Environmental Quality,5(4):120.

Guiot J,Pons A,Beaulieu J L,et al.,1989. A 140 000 years climatic reconstruction from two European records. Nature,338:309-313.

Hjulström F,1939. Transportation of detritus by moving water. In:Trash P D(ed). *Recent Marine Sedi-*

ments, A Symposium. Tulsa: American Association of Petroleum Geologists, 5–31.

Hu Z, Anderson N J, Yang X, et al., 2016. Climate and tectonic effects on Holocene development of an alpine lake (Muge Co, SE margin of Tibet). Holocene, 26(5): 801–813.

Huang Y, Shuman B, Wang Y, et al., 2002. Hydrogen isotope ratios of palmitic acid in lacustrine sediments record late Quaternary climate variations. Geology, 30: 1103–1106.

Hutchinson G E, 1975. *A Treatise on Limnology*. Ⅲ. *Limnological Botany*. New York: Wiley, 660.

Håkanson L, 1981. Determination of characteristic values for physical and chemical lake sediment parameters. Water Resour. Res., 17: 1625–1640.

Imbrie J, Kipp N G, 1971. *A New Micropaleontological Method for Quantitative Paleoclimatology: Application to A Late Pleistocene Caribbean Core*. Connecticut: Yale University Press, 71–181.

Jansson M, 1978. Experimental lake fertilization in the Kuokkel area, northern Sweden: Budget calculations and fate of nutrients. Verh. Int. Ver. Limnol., 20: 857–862.

Jeppesen E, Jensen J P, Skovgaard H, et al., 2001. Changes in the abundance of planktivorous fish in Lake Skanderborg during the past two centuries—a palaeoecological approach. Palaeogeography, Palaeoclimatology, Palaeoecology, 172: 143–152.

Johnson M A, 1964. Turbidity current. Oceanography and Marine Biology: An Annual Review, 2: 31–43.

Jopling A V, 1963. Hydraulic studies on the origin of bedding. Sedimentology, 2: 115–121.

Juggins S, 2013. Quantitative reconstructions in palaeolimnology: New paradigm or sick science? Quaternary Science Review, 64: 20–32.

Keller G H, Bennett R H, 1970. Variations in the mass physical properties of selected submarine sediments. Mar. Geol., 9: 215–223.

Kelts K, Hsü K J, 1978. Freshwater carbonate sedimentation. In: Lerman A (ed). *Geology, Lakes: Chemistry, Physics*. New York: Springer-Verlag, 295–323.

Kemp A E S, 1996. Laminated sediments as palaeo-indicators. In: Kemp A E S (ed). *Palaeoclimatology and Palaeoceanography from Laminated Sediments*. London: Geological Society Special Publication, 7–12.

Kemp A L W, Thomas R L, Dell C I, et al., 1976. Cultural impact on the geochemistry of sediments in Lake Erie. J. Fish. Res. Board. Can. Spec. Issue, 33: 440–462.

Kohnke H, 1968. *Soil Physics*. New York: McGraw-Hill, 224.

Krenkel P A, 1975. *Heavy Metals in the Aquatic Enviroment*. Oxford: Pergamon Press, 352.

Krumbein W C, Pettijohn F J, 1938. *Manual of Sedimentary Petrography*. New York: Appelton-Century, 549.

Laird K R, Fritz S C, Cumming B F, et al., 1998. A diatom-based reconstruction of draught intensity, duration, and frequency from Moon Lake, North Dakota: A sub-decadal record of the last 2300 years. Journal of Paleolimnology, 19(2): 161–179.

Leavitt P R, Fritz S C, Anderson N, et al., 2009. Paleolimnological evidence of the effects on lakes of energy and mass transfer from climate and humans. Limnology and Oceanography, 54: 2330–2348.

Lgelman K R, Hamilton E L, 1963. Bulk densities of mineral grains from Mohole samples (Guadalupe Side). J. Sediment Petrol., 33: 474–478.

Li S, Tao Y, Yao S, et al., 2016. Distribution, sources, and risks of polycyclic aromatic hydrocarbons in the surface sediments from 28 lakes in the middle and lower reaches of the Yangtze River region, China. Environmental Science and Pollution Research, 23: 4812–4825.

Liu E, Shen J, Birch G F, et al., 2012. Human-induced change in sedimentary trace metals and phosphorus in Chaohu Lake, China, over the past half-millennium. Journal of Paleolimnology, 47(4): 677–691.

Liu Q,Yang X,Anderson N J,et al.,2012. Diatom ecological response to altered hydrological forcing of a shallow lake on the Yangtze floodplain,SE China. Ecohydrology,5(3):316-325.

Long H,Lai Z P,Fuchs M,et al.,2012. Timing of Late Quaternary palaeolake evolution in Tengger Desert of Northern China and its possible forcing mechanisms. Global and Planetary Change,92-93:119-129.

Middleton G V,Hampton M A,1973. Sediment gravity flows:Mechanics of flow deposition. In:Middleton G V,Bouma A H(eds). *Turbidites and Deep-water Sedimentation*. Tulsa:SEPM Pacific Section Short Couse,1-38.

Middleton G V,Hampton M A,1976. Subaqueous sediment transport and deposition by sediment gravity flows. In:Stanley D J,Swift D J P(eds). *Marine Sediment Transport and Environmental Management*. New York:John Wiley & Sons.

Mudroch A,Macknight S D,1994. *Handout of Technique for Aquatic Sediments Sampling*. Boca Raton: CRC Press,29-84.

Murray A S,Wintle A G,2000. Luminescence dating of quartz using an improved single-aliquot regenerative-dose protocol. Radiation Measurements,32:57-73.

Müller G,Förstner U,1968a. Sedimenttransport im Mündungsgebiet des Alpenrheins. Geol Rundsch,58: 229-259.

Müller G,Förstner U,1968b. General relationship between suspended sediments concentration and water discharge in the Alpenrhein and some other rivers. Nature,217:244-245.

O' Sullivan P E, 1983. Annually-laminated lake sediments and the study of Quaternary environmental changes—a review. Quaternary Sciences Reviews,1:245-313.

Persson G,Holmgren S K,Jansson M,et al.,1977. Phosphorus and nitrogen and the regulation of lake ecosystems:Experimental approaches in subarctic Sweden. In:Proc. Circump. Conf. North. Ecol(ed). Ⅲ. Ottawa:Natl. Res. Counc. Can.,1-19.

Pettijohn F J,1975. *Sedimentary Rocks*. 3rd ed. New York:Harper and Row Publishers.

Pharo C H,Carmark E C,1979. Sedimentary processes in a short residence-time intermontane lake,Kamploops Lake,British Columbia. Sedimentology,26:523-541.

Povoledo D,1972. Some model experiments on detritus formation and on some possible functions of suspended and deposited lake organic matter. In:Tonolli L(ed). *Detritus and Its Role in Aquatic Systems*. Mem. Ist. Ital. Idrobiol. Suppl.,33:485-524.

Pratte S,Bao K S,Shen J,et al.,2019. Centennial records of cadmium and lead in NE China lake sediments. Science of the Total Environment,657:548-557.

Renberg I A,1990. Palaeolimnology and lake acidification:A 12 600 year perspective of the acidification of Lilla Oresjon, Southwest Sweden. Philosophical Transactions of the Royal Society of London, 327 (1240):357-361.

Richards A F, Hirst T J, Parks J M, 1974. Bulk density-water content relationship in marine silts and clays. Journal of Sedimentary Petrology,44:1004-1009.

Rognerud S,Fjeld E,2001. Trace element contamination of Norwegian lake sediments. Ambio,30(1): 11-19.

Rosén P,Segerström U,Eriksson L,et al.,2003. Do diatom,chironomid,and pollen records Consistently infer Holocene July air temperature? A comparison using sediment cores from four Alpine Lakes in Northern Sweden. Arctic,Antarctic,and Alpine Research,35:279-290.

Rosén P,Segerström U,Eriksson L,et al.,2016. Holocene climatic change reconstructed from diatoms, chironomids, pollen and near-infrared spectroscopy at an Alpine lake (Sjuodjijaure) in Northern Sweden. The Holocene,11:551-562.

Round F E, 1957. Studies on bottom-living algae in some lakes of the English Lake District. Part Ⅰ. Some chemical features of the sediments related to algal productivities. J. Ecol., 45: 133-148.

Round F E, 1960. Studies on bottom-living algae in some lakes of the English Lake District. Part Ⅳ. The seasonal cycles of the Bacillariophyceae. J. Ecol., 48: 529-547.

Round F E, 1961. Studies on bottom-living algae in some lakes of the English Lake District. Part Ⅵ. The effect of depth on the epipelic algal community. J. Ecol., 49: 245-254.

Round F E, Eaton J W, 1966. Persistent, vertical migration rhythms in benthic microflora. Ⅲ. The rhythm of epipelic algae in a freshwater pond. J. Ecol., 54: 609-615.

Round F E, Happey C M, 1965. Persistent, vertical-migration rhythms in benthic microflora. Ⅳ. A diurnal rhythm of the epipelic diatom association on non-tidal flowing water. Br. phycol. Bull., 2: 463-471.

Rubey W W, 1933. Setting velocitics of gravel, sand and silt particles. American Journal of Science, 25: 325-338.

Rubey W W, 1938. The forces required to move particles on a stream bed. United States Geological Survey, Professional Paper 189E: 121-141.

Saarnisto M, 1986. Annually laminated lake sediments. In: Berglund B E (ed). *Handbook of Holocene Palaeoecology and Palaeohydrology*. New York: John Wiley & Sons, 343-370.

Sauer P E, Eglinton T I, Hayes J M, et al., 2001. Compound-specific D/H ratios of lipid biomarkers from sediments as a proxy for environmental and climatic conditions. Geochimica et Cosmochimica Acta, 65: 213-222.

Shen J, Liu X Q, Wang S M, et al., 2005. Palaeoclimatic changes in the Qinghai Lake area during the last 18 000 years. Quaternary International, 136: 131-140.

Shepard F P, 1954. Nomenclature based on sand-silt-clay ratios. Journal of Sedimentary Petrology, 24: 151-158.

Sly P G, 1977. Sedimentary enviroments in the Great Lakes. In: Golterman H L (ed). *Interactions between Sediments and Freshwater*. Junk: The Hague, 76-82.

Sly P G, 1978. Sedimentary processes in lakes. In: Golerman H L (ed). *Interactions between Sediments and Freshwater*. Hague: Dr. W. Junk b. v. Publishers, 76-82.

Smol J P, 2002. *Pollution of Lakes and Rivers: A Paleoenvironmental Perspective*. New York: Oxford University Press.

Smol J P, 2008. *Pollution of Lakes and Rivers: A Paleoenvironmental Perspective*, 2nd ed. Oxford: Wiley-Blackwell Publishing.

Smol J P, 2012. Climate change: A planet in flux. Nature, 483 (7387): S12-S15.

Stokes G G, 1850. On the effect of the internal friction of fluids on the motion of pendulums. Trans. Camb. Philos. Soc., 9: 8-106.

Sundborg Å, 1956. The river Klaralvern: A study of fluvial processes. Geogr. Ann., 38A: 127-316.

Tao Y, Yu J, Liu X, et al., 2018. Factors affecting annual occurrence, bioaccumulation, and biomagnification of polycyclic aromatic hydrocarbons in plankton food webs of subtropical eutrophic lakes. Water Research, 132: 1-11.

Thomas R L, Kemp A L W, Lewis C F M, 1972. Distribution, composition and characteristics of the surficial sediments of Lake Ontario. Journal of Sedimentary Petrology, 42: 66-84.

Verschuren D, Laird K R, Cumming B F, et al., 2000. Rainfall and drought in equatorial East Africa during the past 1 100 years. Nature, 403 (6768): 410-414.

Welch E B, Perkins M A, Lynch D, et al., 1979. Internal phosphorus related to rooted macrophytes in a shallow lake. In: Breck J E, Prentki R T, Loucks O L (eds). *Aquatic Plants, Lake Management and Eco-*

system Consequences of Lake Harvesting. Madison:Conf. Proc.,81–89.

Wright H E,1967. A square-rod piston sampler for lake sediments. Journal of Sedimentary Research,37(3):975–976.

Wu Y H,Liu E F,Bing H J,et al.,2010. Geochronology of recent lake sediments from Longgan Lake,middle reach of the Yangtze River,influenced by disturbance of human activities. Science China–Earth Sciences,53(8):1188–1194.

Xiao X Y,Haberle S G,Shen J,et al.,2014. Latest Pleistocene and Holocene vegetation and climate history inferred from an alpine lacustrine record,northwestern Yunnan Province,southwestern China. Quaternary Science Reviews,86:35–48.

Xiao X Y, Shen J, Wang S, 2011. Spatial variation of modern pollen from surface lake sediments in Yunnan and southwestern Sichuan Province, China. Review of Palaeobotany and Palynology, 165: 224–234.

Yang X D,Anderson N J,Dong X H,et al.,2008. Surface sediment diatom assemblages and epilimnetic total phosphorus in large,shallow lakes of the Yangtze floodplain:Their relationships and implications for assessing long-term eutrophication. Freshwater Biology,53:1273–1290.

Zeng H A,Wu J L,Liu W,2014. Two-century sedimentary record of heavy metal pollution from Lake Sayram:A deep mountain lake in central Tianshan,China. Quaternary International,321:5–131.

Zhang E L,Chang J,Cao Y M,et al.,2017. Holocene high-resolution quantitative summer temperature reconstruction based on subfossil chironomids from the southeast margin of the Qinghai-Tibetan Plateau. Quaternary Science Reviews,165:1–12.

Zhang Q H,Dong X H,Yang X D,et al.,2019. Hydrologic and anthropogenic influences on aquatic macrophyte development in a large,shallow lake in China. Freshwater Biology,64(4):799–812.

Zhang Y D,Su Y L,Liu Z W,et al.,2018. Sedimentary lipid biomarker record of human-induced environmental change during the past century in Lake Changdang,Lake Taihu basin,Eastern China. Science of the Total Environment,613:907–918.

第4章 湖泊物理

4.1 湖泊水量

湖泊水体覆盖了约2%的地球表面,总面积约为2.51×10^{6} km^2。全球湖泊总蓄水量达到2.3×10^{5} km^3(Wetzel,2000),约占地球全部水量的0.017%,储存的淡水总量约为1.26×10^{5} km^3。虽然与地下水及冰川等其他淡水储存介质相比,湖泊的淡水储量较小(表4.1),但湖泊换水周期短,且易于开发利用,因此具有巨大的社会经济价值。我国湖泊总蓄水量达到7.077×10^{11} m^3。这些湖泊主要分布在东部平原、青藏高原、蒙新高原、云贵高原和东北平原与山地。其中淡水湖泊总蓄水量达到2.25×10^{11} m^3(Jin et al.,2005)。

表4.1 水在地球上不同介质的分布

	储水量/10^3 km^3			占比/%		
	Wetzel(2000)	Kalff(2002)	Ji(2007)	Wetzel(2000)	Kalff(2002)	Ji(2007)
海洋	1 370 000	1 350 000	1 350 000	97.621 512	97.403 321	94.120 797
冰川与冰盖	29 000	27 500	24 000	2.066 441	1.984 142	1.673 259
地下水	4 067[a]	8 200	60 000	0.289 801	0.591 635	4.183 147
淡水湖泊	126	100	230[b]	0.008 978	0.007 215	0.016 035
咸水湖泊	104	105		0.007 411	0.007 576	0
土壤水	67	70	82	0.004 774	0.005 051	0.005 717
大气	14	13	14	0.000 998	0.000 938	0.000 976
河流	1.2	1.7	1	0.000 086	0.000 123	0.000 070

注:a,此处只包含可与地表水相互补给的地下水量;b,此数字为淡水湖泊和咸水湖泊总储水量。

湖泊作为陆地上重要的水体,为人类带来了大量的水资源,对人类的生活和生产活动具有重大影响。反之,人类活动导致的全球气候变化和区域下垫面条件变化也会对湖泊水量产生重要影响。研究湖泊水量的目的在于认识湖泊水量要素的基本规律,揭示其内在联系,这对于合理开发和利用湖泊水资源、抗御洪涝灾害、保护生态环境都有十分重要的意义。

4.1.1 湖泊水量的特征要素与水量平衡

4.1.1.1 湖泊水量的特征要素

1) 水位

水位是指湖泊自由水面相对于某一基面的高程,以米(m)计。计算水位所用基准面时可以某处特征海平面高程作为零点水准基面,我国常用的是黄海基面;也可以用特定点高程作为参证计算水位的零点,称测站基面。湖泊水位的变化主要是由湖泊水量的增减变化引起的,因此水位是反映湖泊水量最直观的因素。水位过程线是湖泊某处水位随时间变化的曲线,横坐标为时间,纵坐标为水位(图 4.1)。由于湖面在河水进出湖或湖面风场作用下会出现不同程度的倾斜,因此湖泊水位在同一时刻也会有所差异。

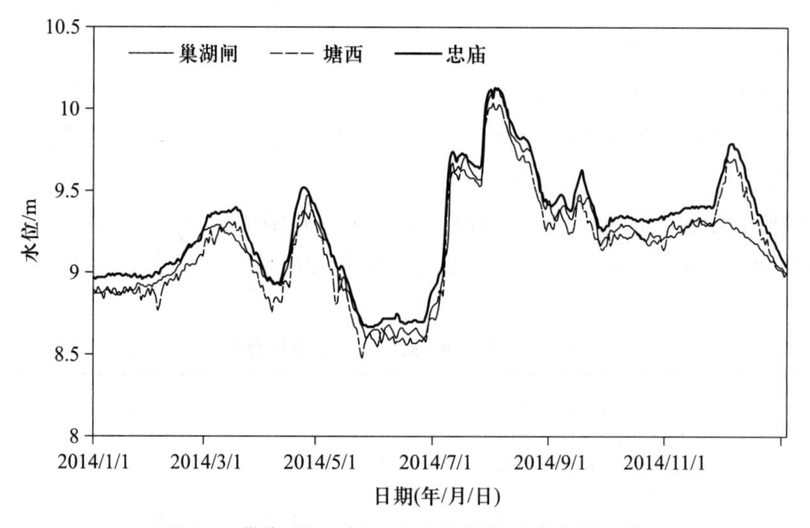

图 4.1 巢湖 2014 年三个水位站逐日水位过程线

2) 水深

湖泊某处水位与湖底高程之差为水深,即湖泊该处水面与湖底之间的垂直距离,以米(m)计。某一时刻湖泊水深的最大值为最大水深;湖泊水深值相等的各点连成的曲线称为水深等值线(图 4.2)。由于湖泊水位随时间、空间的变化和湖底地形的空间变化,湖泊水深在不同时间和地点也存在变化。

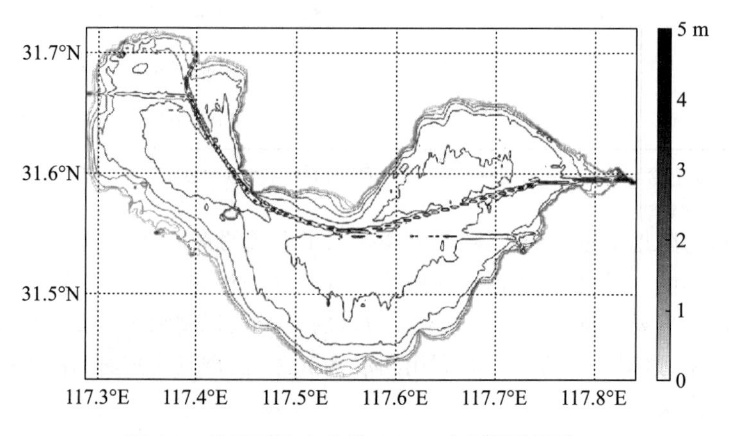

图 4.2 巢湖平均水位为 8.3 m 时水深等值线

3）湖面面积

湖泊与陆地交界线所包围的闭合区域平面投影面积称为湖面面积，以平方千米（km^2）计。对于特定湖泊，湖面面积变化主要受水位影响，水位越高往往湖面面积越大，蓄水量也越大。根据湖面面积，湖泊可分为特大型湖泊、大型湖泊、中等湖泊、小型湖泊和水塘。全球共有 19 个特大型湖泊，总面积达到 9.97×10^5 km^2，其中里海为全球最大的咸水湖，美国和加拿大五大湖之首的苏必利尔湖为全球最大淡水湖。湖泊根据面积的分类方式见表 4.2。

表 4.2　基于面积的湖泊分类

湖泊类型	面积/km^2	湖泊数量/个	总面积/10^4 km^2
特大型湖泊	>10 000	19	99.7
大型湖泊	100～10 000	1 504	68.6
中等湖泊	1～100	13 900	64.2
小型湖泊	0.1～1	约 1 110 000	约 28.8
大水塘	0.01～0.1	约 7 200 000	约 19.0
小水塘	<0.01	—	—

4）蓄水量

湖泊蓄水量是湖泊水面与水面之下的湖盆包围形成区域所容纳水的体积，以立方米（m^3）或立方千米（km^3）计。可通过将湖泊从湖底最深处至自由水面处划分若干水层，计算每个水层之间的体积，最后相加得到全湖蓄水量。由于湖盆地形的复杂性，理论上水层划分得越精细，湖泊蓄水量计算得越准确。

全球蓄水量最大的湖泊为里海，占全球咸水湖泊总蓄水量高达 75%。全球蓄水量最大的淡水湖泊为位于俄罗斯东西伯利亚的贝加尔湖，占全球淡水湖泊总储量的 20%，相当于北美五大湖蓄水量的总和。我国蓄水量前 10 名湖泊如表 4.3 所示。

表 4.3　我国蓄水量前 10 名湖泊

湖泊名称	省、自治区	蓄水量/km^3
青海湖	青海	92.4
纳木错	西藏	76.8
鄱阳湖	江西	27.6
抚仙湖	云南	20.6
洞庭湖	湖南	17.8
鄂陵湖	西藏	10.7
扎陵湖	西藏	4.67
太湖	江苏、浙江	4.5
洪泽湖	江苏	2.6
巢湖	安徽	2.1

5）水位(面积)-容积(库容)关系曲线

水位-容积关系曲线或面积-库容关系曲线是表示湖泊水位或湖面面积与其相应容积之间关系的曲线。它是以水位或湖面面积为纵坐标，以湖泊容积为横坐标，将各点连接起来绘成的曲线。从此曲线上可查阅湖泊任一水位或面积值对应的容积，是表征湖泊储水量的重要特征曲线(图 4.3)。

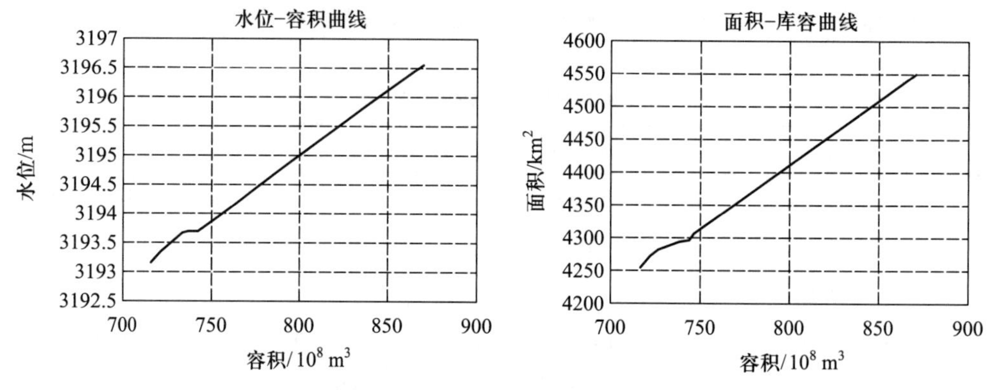

图 4.3　青海湖水位-容积关系曲线与面积-库容关系曲线

4.1.1.2　湖泊水量平衡

在水文循环中，任一区域、任一时段内进入水量与输出水量之差必等于其蓄水量的变化量，这就是水量平衡原理。水量平衡原理是湖泊水文学的基本原理，水量平衡法是分析研究湖泊水量和物质变化规律，建立水文水环境要素之间的定性或定量关系，了解其时空变化规律等的主要方法之一。

根据水量平衡原理，可列出水量平衡方程。对任一区域，有：

$$\Delta S = I - O \tag{4.1}$$

式中，I、O 分别为给定时段内输入、输出该区域的总水量；ΔS 为时段内区域蓄水量的变化量，可为正值或负值。

对于湖泊而言，其水量主要输入要素包括河流入湖水量、湖面直接降水量和地下水补给量；水量主要输出要素包括河流出湖水量、湖面蒸散发量以及湖水下渗补给地下水量，部分湖泊还包括人类生产、生活取用水量等。受湖泊及其流域气候、地理及人类活动共同影响，所有湖泊水量收支要素都存在不同强度的时间、空间变化。

对于任一湖泊，在某一时段内水量平衡方程为

$$\Delta S = IF - OF + P - E + U - W \tag{4.2}$$

式中，ΔS 为湖泊在某时段内蓄水量变化量；IF 为河流入湖水量；OF 为河流出湖水量；P 为湖面降水量；E 为湖面蒸散发量；U 为湖水与地下水补给量，可正可负；W 为取水量。

根据式(4.2)可计算任一湖泊在日、月、年、多年或场次降水等不同时间尺度下的蓄水量变化量。在湖泊时段内蓄水量变化量和其他水量收支项为已知的前提下，也可利用式(4.2)计算任一未知项，如估算湖水与地下水相互补给量等。

从图 4.4 中可以看出，世界上主要湖泊的水量输入和输出总量构成情况存在较大的空间差异。总体而言，河流入湖水量在欧洲的湖泊输入水量中占比最高，平均达到 84%；亚洲次之，平均为 80%；非洲最低，平均只有 34%。位于我国长江下游流域的太湖总输入水量中，78%为河流入湖水量。在输出水量中，位于南美洲、非洲的湖泊主要途

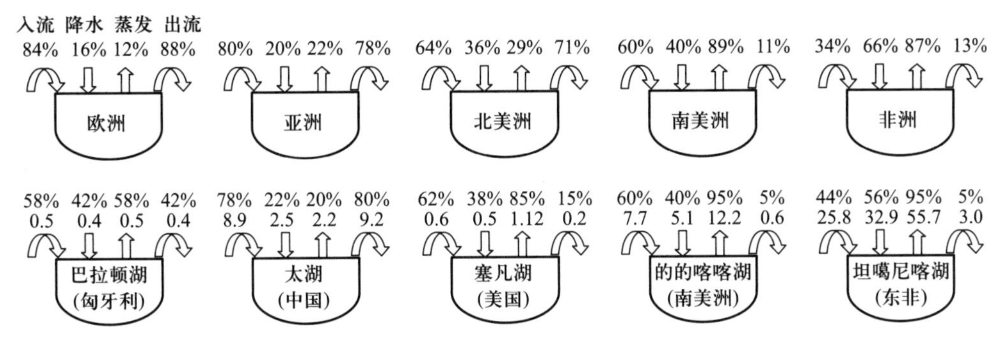

图 4.4 各大洲主要湖泊水量输入与输出要素百分比对比情况(改自 Kalff,2002)。百分比下的数字代表各要素多年均值($km^3 \cdot a^{-1}$)。太湖各水量收支各要素值利用 2001—2008 年实测数据计算得到(申金玉等,2011),其中出湖水量中包含生产、生活取用水量

径为蒸发,其他 3 个大洲为河流出湖水量。

4.1.2 输入水量

湖泊水量的维持主要来源于湖面降水和地表径流,部分湖泊主要来源于地下水补给。湖面降水占据湖泊总输入水量的比例具有高度的时间、空间差异。如位于非洲赤道附近的维多利亚湖,湖泊直接降水占据全部收入水量的比例高达 84%;而位于西亚地区的死海几乎没有湖面直接降水。总体而言,湖泊直接降水量占总输入水量的比例随湖泊面积的增大而增大。对于全球大部分湖泊,湖面直接降水量占据总收入水量的比例相对较小,尤其是外流型区域中的湖泊。

4.1.2.1 湖面降水量

相对于陆地,湖区人类生产、生活强度较低,雨量站布设经济性相对较差,布设的难度也往往较大,因此湖区雨量站布设密度远远小于陆地,许多湖泊在湖面上甚至没有雨量站分布。在这种情况下,可用近岸带降水量监测数据估算湖面直接降水量。

1) 基本原理

从理论上来说,对于任一湖泊,湖面降水量的空间分布可表达为

$$p = f(x, y) \tag{4.3}$$

式中,p 为时段或次降水量;x、y 分别为湖面一点的横、纵坐标。

根据式(4.3),可利用下式来计算湖面平均降水量:

$$\bar{p} = \frac{\int_A f(x, y)\,\mathrm{d}x\mathrm{d}y}{A} \tag{4.4}$$

式中,$\bar{p}$ 为湖面平均降水量(mm);A 为湖面面积(km^2)。

在具体计算过程中,式(4.3)的具体的数学表达难以得到。在这种情况下,可设法通过湖区及湖泊近岸带内雨量站网测得的降水量来近似计算湖面平均降水量。具体方法一是将湖面离散化,也就是用一定的方法将湖面划分成若干个不嵌套的计算单元,使每个单元的雨量站空间分布近似均匀;二是根据已有的雨量站网测得的雨量来确定每个计算单元的降水量。这两个问题解决后,就可以按下式计算湖面平均降水量:

$$\bar{p} = \frac{1}{A} \sum_{i=1}^{n} A_i p_i \tag{4.5}$$

式中,n 为湖面的计算单元数目;A_i 为第 i 个计算单元的面积,$i=1,2,\cdots,n$;p_i 为第 i 个计算单元降水量,$i=1,2,\cdots,n$;其余符号的意义同前述。

式(4.5)是式(4.4)的离散形式,是建立实用的、可操作的计算湖面平均降水量的理论依据。

2) 等雨量线法

等雨量线又称雨量等值线,是某一给定时段内的雨量相等各点的连线。等雨量线是式(4.3)的图示之一,可根据湖区(若存在雨量监测数据)及湖泊近岸带某时段各雨量监测站实测雨量绘制(图4.5)。如果采用等雨量线离散化计算湖面直接降水量,则相邻两条等雨量线之间的湖面面积即可作为一个计算单元。如果假设相邻两条等雨量线之间的降水量随空间距离呈线性变化,则相邻两条等雨量线代表的降水量的算术平均值可作为该计算单元的降水量。因此,根据式(4.5)可得利用等雨量线计算湖面平均降水量的公式:

$$p=\frac{1}{A}\sum_{i=1}^{n}\frac{p_{i-1}+p_i}{2}A_i \tag{4.6}$$

式中,p_{i-1}、p_i 分别为第 $i-1$ 和第 i 条等雨量线代表的降水量,$i=1,2,\cdots,n$;A_i 为第 $i-1$ 和第 i 条等雨量线之间的湖面面积,$i=1,2,\cdots,n$;n 为等雨量线条数;其余符号的意义同前述。

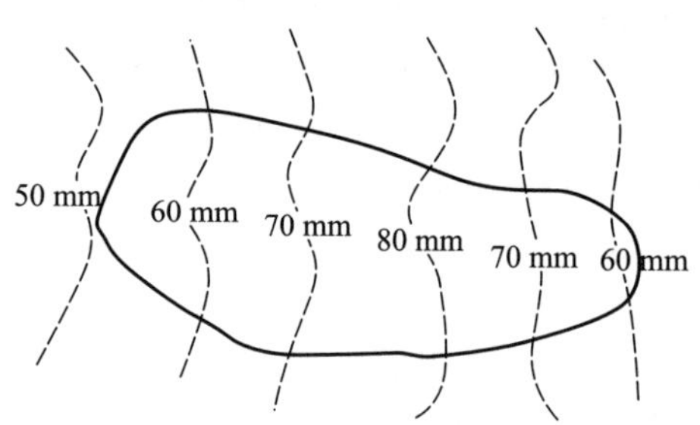

图 4.5　湖面等雨量线示意图

等雨量线法在理论上比较完善,适用于面积较大、湖区及近岸带雨量站网密度较大的湖泊。此方法要求每个计算时段都必须绘制等雨量线图,计算工作量较大。

3) 泰森多边形法

泰森(Thiessen)于1911年提出用垂直平分法来划分计算单元,在计算河流型流域平均降水量上应用较为广泛。对于确定湖面降水量,可根据湖区及近岸带内的雨量站网,以雨量站为顶点连接成若干个不嵌套的三角形,并尽可能使构成的三角形为锐角三角形。然后对每个三角形求其重心(三角形三边垂直平分线之交点)。利用这些三角形的重心,就可以将计算湖面划分成若干个计算单元,这样就能够保证在每个计算单元的中心附近有一个雨量站(图4.6)。如果假设这样得到的计算单元的降水量分布是均匀的,并可用其中雨量站的实测降水量来代表,则根据式(4.5)可导得用泰森多边形法计

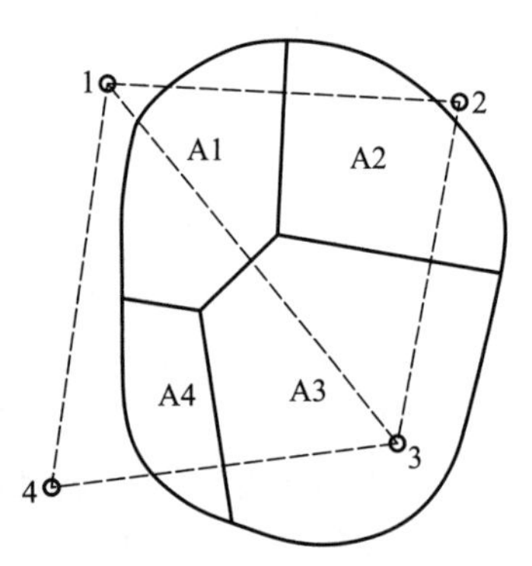

图 4.6　泰森多边形法计算湖面降水量示意图。数字代表雨量站编号

算湖面平均降水量的公式:

$$\overline{p}=\frac{1}{A}\sum_{i=1}^{n}p_iA_i \tag{4.7}$$

式中,A_i 为第 i 个泰森多边形即第 i 个计算单元的湖面面积,$i=1,2,\cdots,n$;p_i 为第 i 个泰森多边形即第 i 个计算单元的降水量,$i=1,2,\cdots,n$;n 为湖面内泰森多边形数目;其余符号的意义同前述。

泰森多边形法也比较简单,精度一般也较好,但该法将各雨量站权重视为定值,不适应降雨空间分布复杂多变的特点。此外,不论雨量站之间的距离有多远,中间是否有地形阻碍,该方法一律假定降水量在站与站之间呈线性变化,也不一定符合实际情况。

4) 算术平均法

如果湖面及近岸带内的雨量站网由 n 个雨量站组成,假设每个雨量站代表的面积相同,均为湖面(近岸带)面积的 $1/n$,则式(4.7)变为

$$\overline{p}=\frac{1}{A}\sum_{i=1}^{n}p_i\frac{A}{n}=\frac{1}{n}\sum_{i=1}^{n}p_i \tag{4.8}$$

式中,p_i 为第 i 个雨量站的降水量,$i=1,2,\cdots,n$;其余符号的意义同前述。

式(4.8)就是计算湖面平均降水量的算术平均法公式,它实际上是泰森多边形法在 $a_1=a_2=\cdots=a_n$ 时的特例。

算术平均法使用较为简便。在湖泊面积不大、湖区或近岸带雨量站数量较多且分布比较均匀的情况下,采用该法精度是可以得到保证的。

5) 反距离加权平均法

反距离加权平均法是一个 20 世纪 60 年代末提出的计算区域平均降水量的方法,近些年来在美国国家气象局得到了广泛的应用。该法将计算区域划分成许多网格,每个网格均为一个长宽分别为 Δx 和 Δy 的矩形。网格的格点处的降水量用其周围邻近的雨量站按距离平方的倒数插值求得:

$$x_j=\frac{\sum_{i=1}^{m}(p_i/d_{ji}^2)}{\sum_{i=1}^{m}(1/d_{ji}^2)} \tag{4.9}$$

式中,x_j 为第 j 个格点的降水量;p_i 为第 j 个格点周围邻近的第 i 个雨量站的降水量;d_{ji} 为第 j 个格点到其周围邻近的第 i 个雨量站的距离;m 为第 j 个格点周围邻近的雨量站数目。

由于格点的数目足够多,而且分布均匀,因此,在使用式(4.9)求得每个格点的降水量后,就可按算术平均法计算湖面平均降水量:

$$\overline{p}=\frac{1}{n}\sum_{j=1}^{n}x_j=\frac{1}{n}\sum_{j=1}^{n}\left[\sum_{i=1}^{m}(p_i/d_{ji}^2)/\sum_{i=1}^{m}(1/d_{ji}^2)\right] \tag{4.10}$$

式中,n 为湖面内格点的数目;其余符号的意义同前述。

不难看出,在反距离加权平均法中,计算单元为一个网格,而每个网格的降水量则由式(4.7)求得。

反距离加权平均法改进了站与站之间的降水量呈线性变化的假设。整个计算过程虽较其他方法复杂,但十分便于用计算机处理。更值得指出的是,该法可以根据实际雨量站网的降水量插补出每个网格格点上的降水量。此外,如果发现降水量不与距离平

方呈反比关系,也容易改成其他幂次,这也是该法的一个特点。

实践证明,对长历时降水,例如年降水量,上述各种计算湖面平均降水量的方法都能得到相近的结果。随着降水历时的减小,各法计算结果的差异就会越来越明显。

4.1.2.2 河流出入湖水量

降落到地面的雨水,除下渗、蒸发等损失外,在重力的作用下沿着一定的方向和路径流动,这种水流称为地面径流。地面径流长期侵蚀地面,冲成沟壑,最后汇集成河流。注入海洋的河流称为外流河,如长江、黄河等;流入内陆湖泊或消失于沙漠中的河流称为内流河或内陆河,如流入太湖的望虞河和新疆的塔里木河等。脉络相通的大小河流所构成的系统称为水系、河系或河网。汇集地面水和地下水的区域称为流域,也就是分水线包围的区域。湖泊流域自然地理特征决定了流入湖泊的河流数量和水量,包括流域面积的大小、地理位置、气候特征和下垫面条件等。

流域面积:流域分水线包围区域的平面投影面积,以 km^2 计。

流域地理位置:以流域所处的经纬度表示,可以反映流域所处的气候带,以及距离海洋的远近,反映水文循环的强弱。

流域气候特征:包括降水、蒸发、湿度、气温、气压、风场等要素。它们是河流形成和发展的主要影响因素,也是决定流域水文特征的重要因素。

流域下垫面条件:下垫面指流域的地形、地质构造、土壤和岩石性质、土地利用类型、植被覆盖等要素情况。下垫面条件对于流域的产流、汇流过程具有重要影响。

1) *有径流数据河流出入湖水量计算*

在所有入湖、出湖河流都存在径流量观测数据的情况下,某时段内入湖、出湖总水量等于所有河流流量的总和,即

$$I=\sum_{i=1}^{n} I_i \tag{4.11}$$

式中,I 为某时段河流入湖、出湖水量(m^3);I_i 为某时段第 i 条河流出入湖水量(m^3);入湖为正,出湖为负;n 为入湖、出湖河流数量。

2) *无径流数据河流入湖水量计算*

流量的连续监测需在河流的合适地点修建水文站,但水文站的修建和维护需消耗较多的人力和财力。此外,许多位于湿润地区的大型湖泊出入湖河流众多,例如,位于我国长江下游流域的太湖,出入湖河流数量超过 200 条,在每一条河流上修建水文站并不现实,因此很多湖泊出入湖河流连续的流量数据缺失,给湖泊水量平衡计算带来阻碍。在部分河流流量数据缺失的情况下,可采用流域面积比值法、模型参数区域化移植等方法估算。

(1) 流域面积比值法

流域面积比值法是水文学最为古老和经典的估算无径流数据河流流量的方法之一(Farmer and Vogel,2013)。首先选取与无(或缺)径流数据流域水文、气象条件相似的有数据参证流域,假设参证流域与无(或缺)径流数据流域单位面积产流量一致,则后者时段内入湖水量可利用下式计算:

$$I_u=\frac{S_u}{S_g}\cdot I_g \tag{4.12}$$

式中，I_u 为某时段内无（或缺）径流数据河流入湖水量（m^3）；S_u 为无（或缺）径流数据河流流域面积（km^2）；S_g 为参证流域面积（km^2）；I_g 为时段内参证河流入湖水量（m^3）。

流域面积比值法的优点是计算简单，使用方便，对数据的要求不高，应用在与参证流域水文相似性较高的流域一般可以满足计算要求，因此在水文领域取得了广泛的应用。这种方法的缺点是没有考虑参证流域与流量或水量估算的目标流域之间降水时空分布以及流域下垫面条件的差异性，因此应用在与参证流域水文相似性较差的目标流域时计算误差往往较大。

（2）模型参数区域化移植方法

模型参数区域化移植方法应用概念性、分布式或半分布式水文模型，在水文、气象资料比较充足的参证流域开展模型参数的率定和模型验证，之后利用水文相似性原理，将率定后的模型参数移植到径流数据缺失或部分缺失流域，通过模型模拟获得无（或缺）径流数据流域的河流流量（Swain and Patra，2017；Samaniego et al.，2010）。径流系数法被认为是一种最简单的模型参数区域化移植方法，这种方法利用参证流域的降水、径流资料计算月、年等不同时间尺度的径流系数，然后将径流系数直接移植到具有水文相似性的无径流数据流域，通过无径流数据流域的降水数据计算径流量或入湖水量。

4.1.3 输出水量

湖泊水量输出的主要途径包括湖泊水面蒸发、河流出湖水量、湖水下渗补给地下水以及生产、生活取用水等。对于许多位于干旱、半干旱区域的湖泊，湖泊水面蒸发占据输出水量的比例往往很高，而河流出湖水量很小或者几乎没有出湖河流，如我国的青海湖。许多淡水湖泊承担着城乡供水的任务，如我国五大淡水湖中的太湖和巢湖。

4.1.3.1 影响湖泊水面蒸发的因素

湖泊水面蒸发既是湖泊热量平衡的组成部分，又是水分平衡的组成部分。相比于降水，目前对于大部分湖泊而言，湖泊水面蒸发量观测数据较少，甚至没有。在水面蒸发数据缺失的情况下，可利用影响水面蒸发的气象要素观测数据，通过公式进行估算。

影响湖泊水面蒸发的因素可归纳为气象因素和水体因素两类。气象因素主要包括太阳辐射、温度、湿度、风速、气压等，水体因素主要包括湖面大小及形状、水深、水质等。

太阳辐射：蒸发所需之能量主要来自太阳辐射，因此太阳辐射强度对于蒸发具有重要影响。

温度：水温增加，水分子运动速度加快，因而易于逸出水面而跃入空气中。因此，水面蒸发量随水温的增加而增加。气温是影响水温的主要因子，但不像水温影响水面蒸发那样直接。如图 4.7 所示，虽然巢湖 2014 年 4 月和 9 月水面蒸发量大体相同，但 9 月平均气温却高于 4 月。

湿度：在同样温度下，空气湿度小时的水面蒸发量要比空气湿度大时的水面蒸发量大。空气湿度常用饱和差表示。饱和差越大，空气湿度越小，反之则湿度越大。也可用相对湿度和比湿等来表示空气的湿度。

气压：空气密度增大，气压就增高。气压增高将压制水分子逸出水面，因此，水面蒸发量随气压的增高而减小。但气压高，空气湿度就降低，这又有利于水面蒸发。

风速：风吹过水面时，携带走水面上空的水汽，这有利于增加水面水分子的逸出量。所以，一般来说，水面蒸发量随风速的增加而增加。但当风速达到某一临界值时，水面

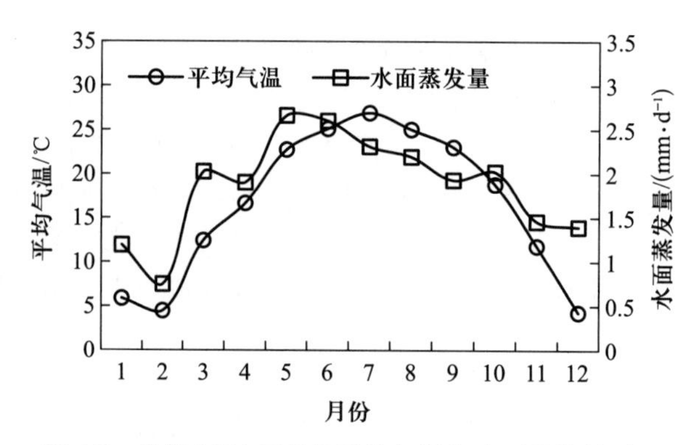

图 4.7 巢湖 2014 年各月平均气温与水面蒸发量对比

蒸发将不再增加。

湖面大小及形状：湖面面积大，其上空大量的水汽不易被风立即吹散，因而水汽含量多，不利于蒸发。反之，则有利于水面蒸发。湖面形状是通过风向来影响水面蒸发的，如果风向与湖泊的长轴方向垂直，则湖面蒸发量较大；反之，如果风向与湖泊长轴方向一致，则湖面蒸发量就较小。

水深：湖泊水深小，水体的上、下部分交换容易，混合充分，以致上、下部分的水温几乎相同，并与气温变化十分相应。夏季气温高，水温亦高，湖面蒸发量大，冬季则相反。对于水深较大的湖泊，因水的密度在 4 ℃为最大，当水温由 0 ℃逐渐增至 4 ℃时，将会产生对流作用；水温超过 4 ℃对流作用则停止。加之水深大，水体蕴藏的热量也大，这对水温起到一定调节作用，使得水面蒸发量随时间的变化显得比较稳定。总体来说，春、夏两季浅水湖泊比深水湖泊水面蒸发量大，秋、冬两季则相反。

水质：当水体中化学物质含量高时，水面蒸发量一般会减小。例如，青海湖平均盐度约为 1.25%，所以青海湖的蒸发量要比太湖等淡水湖泊小 1%左右。这是因为含有盐类的水溶液常在水面形成一层薄膜，起着抑制蒸发的作用。水的混浊度虽然与水面蒸发无直接关系，但由于会影响水对热量的吸收和水温的变化，因而对水面蒸发有间接的影响。

4.1.3.2 湖泊水面蒸发量的计算

基于热量平衡、空气动力学和水量平衡等原理导出的确定水面蒸发量的方法，因为有较强的物理基础，故称为理论方法。

1）热量平衡法

对任一水体，例如湖泊、水库、河川等，热量平衡方程式可写为

$$Q_n - Q_h - Q_e = Q_\theta - Q_v \tag{4.13}$$

式中，Q_n 为时段内水体吸收的净太阳辐射值；Q_h 为时段内水体的传导感热损失；Q_e 为时段内蒸发耗热；Q_θ 为时段内湖体储热变化量；Q_v 为时段内水体出入流的净热量。

引进鲍文比 $R = Q_h / Q_e$，式(4.13)又可写为

$$Q_n - (1+R) Q_e = Q_\theta - Q_v \tag{4.14}$$

由式(4.14)，得：

$$E = \frac{Q_e}{\rho_w L} = \frac{Q_n + Q_v - Q_\theta}{\rho_w L(1+R)} \tag{4.15}$$

式中，E 为水面蒸发率；L 为蒸发潜热；ρ_w 为水的密度；其余符号的意义同前述。

式(4.15)就是基于热量平衡原理的水面蒸发计算公式。

由气象知识可知,式(4.15)中的鲍文比可用下式确定:

$$R=\gamma\frac{t_0-t_a}{e_0-e_a}\frac{p}{1\ 000} \tag{4.16}$$

式中,γ 为温度计常数,当温度以℃计、水汽压以 mbar(毫巴)计时,$\gamma=0.66$;p 为大气压(mbar);t_a 为气温(℃);e_a 为水汽压(mbar);t_0 为水面温度(℃);e_0 为相应于 t_0 时的饱和水汽压(mbar);e_0-e_a 为饱和差(mbar)。

由于 Q_n 与日照 S(太阳实际照射时间与大气层顶太阳照射时间之比值)有关,Q_n 和 R 主要与 t_a 有关,故上述基于热量平衡原理计算的水面蒸发公式,主要考虑了 S 和 t_a 的影响,即

$$E=f(S,t_a) \tag{4.17}$$

应当指出,当 $R=-1$ 或 $(e_0-e_a)\to 0$ 时,式(4.13)是不能使用的。

2) 空气动力学法

根据扩散理论,对于水面蒸发,显然有:

$$E=-\rho K_w\frac{\mathrm{d}q}{\mathrm{d}z} \tag{4.18}$$

式中,ρ 为湿空气密度;q 为比湿;K_w 为大气紊动扩散系数;z 为从水面垂直向上的距离;其余符号的意义同前述。

但是,q 与水汽压 e_a 有如下关系:

$$q\approx 0.622\frac{e_a}{p} \tag{4.19}$$

式中,p 为大气压;其余符号的意义同前述。

将式(4.19)代入式(4.18),得:

$$E=-0.622K_w\frac{\rho}{p}\frac{\mathrm{d}e}{\mathrm{d}z} \tag{4.20}$$

利用空气紊动力学中一系列关系式,可将式(4.20)演化为下列形式:

$$E=\left(\frac{K_w\rho\,\overline{u}_2}{K_m p}\right)f\left[\ln(z_2/k_s)\right](e_0-e_2) \tag{4.21}$$

式中,K_m 为紊动黏滞系数;$\overline{u}_2$ 为水面以上 z_2 高度处的平均风速;k_s 为表面糙度的线量度;e_2 为水面以上 z_2 高度处的水汽压;$f(\cdot)$为函数关系;其余符号的意义同前述。

式(4.21)就是基于扩散理论导得的水面蒸发计算公式,又称为空气动力学公式,它还可以表达成更简洁的形式:

$$E=A(e_0-e_2) \tag{4.22}$$

式中,

$$A=\left(\frac{K_w\rho\,\overline{u}_2}{K_m p}\right)f\left[\ln(z_2/k_s)\right] \tag{4.23}$$

式(4.22)表明,水面蒸发与饱和差 $d=e_0-e_2$ 呈正比。这与道尔顿(Dalton)在 19 世纪提出的定律(即道尔顿定律)是一致的。由式(4.23)可知,式(4.22)中 A 是风速函数与表面糙度函数之乘积。对一具体水体而言,A 可视为只与风速函数有关。

道尔顿定律的常用形式还有:

$$E_0=f(u)(e_0-e_a) \tag{4.24}$$

或

$$E_a = f'(u)(e_s - e_a) \tag{4.25}$$

式中,E_0 为由水面温度求得的水面蒸发;E_a 为由气温求得的水面蒸发;e_s 为相应于气温的饱和水汽压;$f(u)$ 和 $f'(u)$ 均为风速函数;其余符号的意义同前述。

由道尔顿定律[式(4.22)]可知,确定水面蒸发的空气动力学方法主要考虑了饱和差 d 和风速 u 对水面蒸发的影响,即

$$E = f(d,u) \tag{4.26}$$

3) 混合法

上述热量平衡法的优点是考虑了影响水面蒸发的热量条件,但在影响水面蒸发的动力条件中只考虑了水汽扩散的作用,尚嫌不足。空气动力学法的优点是抓住了影响水面蒸发的主要动力条件——风速和水汽扩散,但对太阳辐射这一热量条件未予考虑,显然是一个欠缺。因此,如果能够将这两种方法结合起来,取长补短,就可以得到一个较好的计算水面蒸发的公式。1948 年,彭曼(Penman)首先进行了这方面的研究,并提出了确定水面蒸发的混合法——彭曼公式。

在式(4.14)中,若认为 Q_θ 和 Q_v 大体相等,则由热量平衡原理导得的水面蒸发计算公式可简化为

$$E = \frac{Q'_n}{(1+R)} \tag{4.27}$$

式中,

$$Q'_n = \frac{Q_n}{L\rho_w} \tag{4.28}$$

将式(4.26)代入式(4.27),并考虑到式(4.26)和 $p = 1\ 000$ mbar,则有:

$$E_0 = \frac{Q'_n}{\left(1+\gamma\dfrac{t_0-t_a}{e_0-e_a}\right)} \tag{4.29}$$

这里将 E 改为 E_0,是因为式(4.29)是按水面温度来求水面蒸发的。

但知:

$$t_0 - t_a = (e_0 - e_s)/\Delta \tag{4.30}$$

式中,Δ 为气温为 t_a 时饱和水汽压曲线之坡度。

将式(4.30)代入式(4.29),得:

$$E_0 = \frac{Q'_n}{\left(1+\dfrac{\gamma e_0 - e_s}{\Delta e_0 - e_a}\right)} \tag{4.31}$$

不难看出,在式(4.22)和式(4.25)中,如果假设 $f(u) = f'(u)$,则有:

$$\frac{E_a}{E_0} = \frac{e_s - e_a}{e_0 - e_a} \tag{4.32}$$

此外,有:

$$e_0 - e_s = (e_0 - e_a) - (e_s - e_a) \tag{4.33}$$

因此,将式(4.32)和式(4.33)代入式(4.31),经简化整理后,最终得:

$$E_0 = \frac{\Delta}{(\Delta+\gamma)}Q'_n + \frac{\gamma}{(\Delta+\gamma)}E_a \tag{4.34}$$

式(4.34)就是确定水面蒸发的混合法的基本公式——彭曼公式。不难看出,彭曼公式由两部分加权平均而得,其中第一部分为水体吸收净辐射热量引起的蒸发,第二项为风速和饱和差引起的蒸发。

当用式(4.34)推求水面蒸发时,必须先建立所在地区的净辐射 Q'_n 的计算公式和 E_a 的计算公式。

4) 经验方法

上述确定湖泊水面蒸发的方法需要输入大量气象数据,部分气象数据往往难以获得,故在实际应用中受到限制。在一定的理论指导下,很多学者通过在具有代表性的水面长期同步观测与分析水面蒸发、气温、风速、太阳辐射等,建立计算湖泊等水体水面蒸发的经验公式,此类经验公式由于使用简单,且往往能获得较好的效果,取得了大量的实际应用。

中国科学院南京地理与湖泊研究所通过分析太湖沿岸的常州站大型蒸发池的逐日水面蒸发特征,结合常州站气温、降水、总云量及风速的观测数据,建立了计算太湖水面蒸发的多元线形回归公式:

$$E_t = 1.56 + 0.122T_t - 0.354P_t + 0.001\ 94C_t + 0.069\ 4V_t \tag{4.35}$$

式中,E_t 为太湖日水面蒸发量(mm);T_t 为太湖日均气温(℃);P_t 为太湖日湖面降水量(mm);C_t 为太湖地区日均总云量(%);V_t 为太湖湖面风速($m \cdot s^{-1}$)。

该经验公式的复相关系数达到 0.764,样本数为 365。

4.1.4 湖水与地下水交换量

地表水、土壤水和地下水是陆地上水体存在的三种形式。在水文循环中,地表土层对降水起着再分配的作用。降水落到地表之后,一部分渗入到土壤中,另一部分形成地表水。渗入土壤的水量,一部分被土壤吸收形成土壤水,而后通过直接蒸发或植物散发返回大气;另一部分则渗入地下补给地下水,再以地下径流的形式进入河流或湖泊等地表水体。

地下水与湖水之间的作用形式表现为相互补给。在湿润地区和基岩山区,由于大部分的湖泊沉积物的水力传导率较低,湖水的下渗作用很微弱。在这些地区河水的汇入通常是湖水的最主要来源,地下水的补给同样可以忽略不计。但在干旱、半干旱地区,很多湖泊水量的维持依靠地下水的补给,这种湖泊称为地下水补给型湖泊。

地下水对湖泊的补给作用发生在湖滨带,因此只有当地下水位高于湖泊水位的情况下才能发生,并且补给作用随着水头压力的变化具有较高的时空异质性。目前地下水与湖泊之间相互作用的机理尚不清晰,定量计算地下水对湖泊的补给量十分困难。因此,许多湖泊水量平衡计算过程将地表水与地下水合并处理。

4.1.5 湖泊水量平衡计算实例

4.1.5.1 巢湖年水量平衡计算

1) 巢湖概况

巢湖位于安徽省中部,是我国第五大淡水湖,同时发挥供水、航运、渔业、旅游业等多种功能。巢湖多年平均水位 8.5 m(吴淞高程),平均水面面积 769.6 km^2,平均水深约 2.7 m,容积 20.7×10^8 m^3。巢湖流域面积 13 486 km^2,巢湖闸上流域面积 9 153 km^2,属长江下游左岸水系。流域地势西高东低,中间低洼平坦。巢湖流域支流众多,干支流多为树型,水力联系清晰。主要入湖河流有:杭埠河-丰乐河、派河、南淝河-店埠河、白石天河、兆河、柘皋河、十五里河、炯炀河等(表 4.4),其中杭埠河-丰乐河是入湖水量最大河流,其次为南淝河和白石天河,湖泊东部的裕溪河是巢湖唯一出湖入江通道。巢湖流域地形、水文、气象站点分布及子流域划分如图 4.8 所示。

表 4.4　巢湖主要河流情况

河流名称	集水面积/km²	河流长度/km
杭埠河-丰乐河	4 249	263
南淝河-店埠河	1 142	70
派河	586	60
白石天河	590	34.5
柘皋河	517	35.2
兆河	504	34
十五里河	96.3	27
塘西河	50	12.7
双桥河	188	4.5
炯炀河	87	
鸡裕河	81.8	
蒋口河	73	
花塘河	44	
其他区间	945	
合　计	9 153.1	

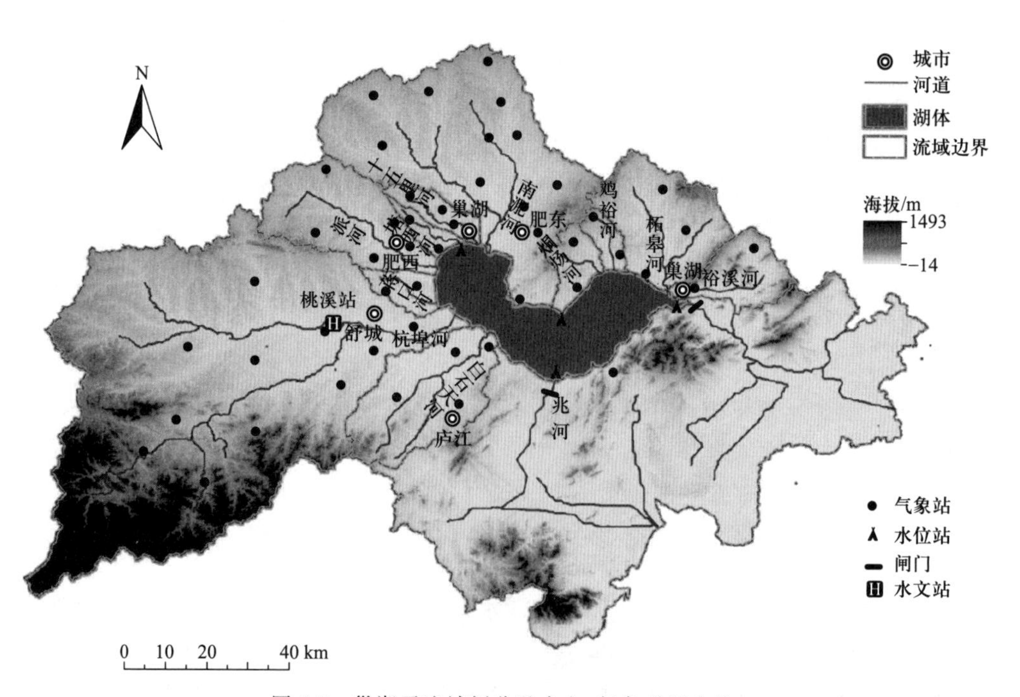

图 4.8　巢湖子流域划分及水文、气象观测点位

2）巢湖年水量平衡计算数据需求

搜集获取了巢湖 2014—2017 年较为完整的水文、气象资料，主要包括以下几个方面。

流量数据：丰乐河桃溪水文站日平均流量数据、巢湖闸、兆河闸流量数据；

气象数据：巢湖流域合肥、桃溪、白山等 51 个气象站日降水量数据；湖区中庙、西湖心、东湖心日降水量数据；巢湖闸、董铺站日水面蒸发量数据。

流域特征数据：包括桃溪集水区面积及杭埠河、派河等其他 12 条主要入湖河道集水区面积，河道长度、平均坡降等流域特征数据；

取水及尾水排放数据：包括巢湖水厂日取水量、合肥市下属县级市污水处理厂日处理量、尾水排放相关数据。

3）年水量平衡计算

（1）湖区降水与蒸发计算

利用湖区中湖心、西湖心、东湖心气象站以及周边塘西、长临河、巢湖闸、槐林镇、忠庙、三河共 9 个雨量监测站点数据，采用算术平均方法计算巢湖湖面降水量。利用巢湖闸、董铺站实测水面蒸发量数据，采用算术平均方法计算湖面蒸发量。计算结果如表 4.5 所示。

表 4.5　巢湖湖面降水量与蒸发量计算成果

项目	2014 年	2015 年	2016 年	2017 年
湖面降水量/mm	1 229	1 237	1 704	997
湖面蒸发量/mm	687	698	1 122	742

（2）河流入湖水量计算

由于除兆河流量由兆河闸控制和观测、出湖河道裕溪河由巢湖闸控制和观测外，巢湖其他入湖河道都没有水量观测数据。因此可利用杭埠河分支丰乐河上的桃溪水文站，利用流域面积比值法推算其他主要入湖河流逐日入湖水量，即根据各河流集水区面积与桃溪站集水面积比例关系，乘以桃溪逐日入湖水量得到无数据河流逐日入湖水量，加和得到年总入湖水量。计算结果如表 4.6 所示。

（3）河流出湖水量计算

裕溪河是巢湖唯一出湖河流，其水量受巢湖闸控制。利用巢湖闸实测逐日水量，汇总得到年度总出湖水量。计算结果如表 4.7 所示。

（4）污水处理厂尾水排放入湖与巢湖水厂取水量计算

合肥市及辖区污水处理厂日平均尾水排放量为 $1.197\times10^{6}\ m^{3}$，分别排放到流经合肥市的南淝河、十五里河、派河及塘西河 4 条主要河流。巢湖船厂、中埠水源地每日取水量约为 $2\times10^{5}\ m^{3}$。据此计算年度尾水排放入湖水量和水厂取水总量，结果如表 4.8 所示。

（5）年水量平衡计算

根据所有收入项和支出项，计算各年度巢湖蓄水量变化量，结果如表 4.9 所示。

表4.6 巢湖主要河流年入湖水量计算结果

单位：10^8 m^3

河流	2014年	2015年	2016年	2017年
双桥河	0.86	1.02	1.62	0.65
柘皋河	2.21	2.03	4.77	1.78
鸡裕河	0.35	0.41	0.76	0.27
炯炀河	0.38	0.43	0.69	0.29
南淝河	6.24	6.84	14.83	5.28
十五里河	0.39	0.42	1.09	0.37
塘西河	0.18	0.21	0.46	0.20
派河	2.47	2.78	5.29	1.84
蒋口河	0.27	0.32	0.56	0.27
杭埠河	18.69	19.29	31.11	16.16
白石天河	3.03	2.82	5.68	2.06
兆河	2.30	2.50	1.94	2.31
总流量	37.37	39.07	68.80	31.48

表4.7 巢湖河流年出湖水量计算结果

单位：10^8 m^3

河流	2014年	2015年	2016年	2017年
裕溪河	45.78	41.86	67.91	40.61

表4.8 巢湖污水处理厂尾水排放入湖与巢湖水厂取水量计算结果

单位：10^8 m^3

项目	2014年	2015年	2016年	2017年
尾水排放	4.37	4.37	4.37	4.37
水厂取水	0.73	0.73	0.73	0.73

4.1.5.2 青海湖年水量平衡计算

1）青海湖概况

青海湖位于我国青海省东部，青藏高原东北隅，是我国最大的内陆湖。青海湖东西长约105 km，南北宽约63 km，总体呈椭圆形。多年平均水位为3 194 m（吴淞高

表 4.9 巢湖年水量平衡计算

单位:10^8 m^3

项目	2014 年	2015 年	2016 年	2017 年
入流	37.37	39.07	68.80	31.48
湖面降水	9.59	9.65	13.29	7.78
尾水排放	4.37	4.37	4.37	4.37
收入合计	51.33	53.09	86.46	43.63
出流	45.78	41.86	67.91	40.61
湖面蒸发	5.36	5.44	8.75	5.79
取水	0.73	0.73	0.73	0.73
支出合计	51.87	48.03	77.39	47.13
蓄水量变化量	-0.54	5.06	9.07	-3.50

程),多年平均水面面积为 4 400 km^2,平均水深为 21 m,容积达 9.24×10^{10} m^3。青海湖流域面积为 29 661 km^2,地势从流域西北向东南逐渐降低,山区占据流域总面积的 68.6%,平原和河谷占 17.4%。青海湖流域为高原大陆性气候,多年平均气温为 -1.2 ℃;年降水总量为 357 mm,降水年内分配很不均匀,5—9 月降水量占全年降水总量的 80%以上。青海湖入湖河流主要集中在流域北部和西北部,入湖河流总数超过 50 条,其中流域面积达到 300 km^2 的河流数量为 16 条,没有出湖河流。青海湖最大的入湖河流为布哈河,多年平均入湖水量约为 8.09×10^8 m^3,约占河流入湖总水量的 50%;其他主要入湖河流包括沙柳河、哈尔盖河、泉吉河和黑马河,上述 5 条河流多年平均入湖水量占据河流入湖总水量的 83%以上(表 4.10)(金章东等,2013)。青海湖流域水系如图 4.9 所示。

表 4.10 青海湖主要河流情况

河流名称	集水面积/km^2	河道长度/km	多年平均入湖水量/10^8 m^3
布哈河	14 932	286	8.09
沙柳河	1 645	106	3.12
哈尔盖河	1 572	110	2.42
泉吉河	599	63	0.54
黑马河	123	17.2	0.11

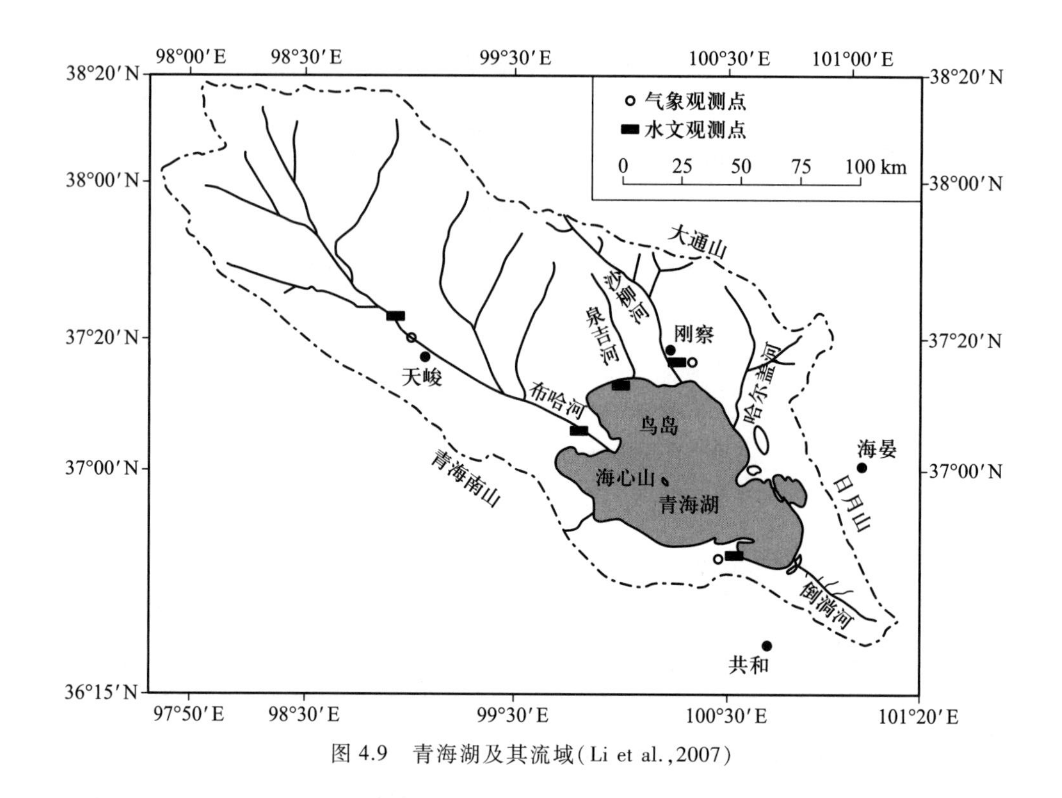

图 4.9　青海湖及其流域(Li et al.,2007)

2）青海湖水量平衡方程

青海湖主要水量输入要素为布哈河等河流入湖水量、湖面直接降水量和地下水补给量;由于没有出湖河流,其水量输出要素只有湖面蒸发。因此,青海湖在某一时段内水量平衡方程为

$$\Delta S_t = I_t + P_t + U_t - E_t \tag{4.36}$$

式中,ΔS_t 为青海湖在时段 t 内蓄水量变化量;I_t 为河流入湖水量;P_t 为湖面直接降水量;U_t 为地下水补给量;E_t 为湖面蒸发量。

3）输入水量计算

(1) 河流入湖水量

1959—2000 年,青海湖环湖河流年入湖总水量为$(6.02 \sim 34.29) \times 10^8$ m^3,多年平均为 15.33×10^8 m^3(表 4.11)。

(2) 湖面直接降水量

青海湖湖区降水量总体呈现由湖心向沿岸递增的趋势。相比河流入湖水量,湖区降水总量年际变化小很多。1959—2000 年,湖区年最小降水总量发生在 1973 年,折合水量为 11.09×10^8 m^3;最大降水总量发生在 1967 年,总量为 23.75×10^8 m^3;多年均值为15.61×10^8 m^3(表 4.12)。

(3) 地下水补给量

地下水入湖补给湖水水量通常很难通过观测途径得到,因此可利用湖面降水、河流入湖水量、湖面蒸发量以及水位和湖面面积,根据式(4.36)计算得到。水量平衡计算结果表明,青海湖地下水多年平均补给量为 6.03×10^8 m^3(表 4.13)。

表 4.11 青海湖 1959—2000 年河流入湖水量

年份	入湖水量/10^8 m^3	年份	入湖水量/10^8 m^3	年份	入湖水量/10^8 m^3
1959	13.85	1973	6.02	1987	15.65
1960	8.40	1974	17.45	1988	17.88
1961	11.43	1975	19.72	1989	34.29
1962	18.68	1976	13.92	1990	10.22
1963	18.10	1977	14.20	1991	10.99
1964	26.35	1978	7.96	1992	15.50
1965	14.85	1979	6.11	1993	15.40
1966	15.22	1980	7.90	1994	12.19
1967	27.78	1981	18.26	1995	7.32
1968	17.17	1982	15.69	1996	11.91
1969	11.41	1983	21.43	1997	13.05
1970	13.11	1984	12.04	1998	16.09
1971	18.61	1985	15.52	1999	22.67
1972	23.02	1986	15.22	2000	11.37

表 4.12 青海湖 1959—2000 年湖面降水量

年份	降水量/10^8 m^3	年份	降水量/10^8 m^3	年份	降水量/10^8 m^3
1959	16.14	1973	11.09	1987	16.24
1960	12.83	1974	15.19	1988	18.20
1961	15.24	1975	15.90	1989	22.94
1962	11.14	1976	16.22	1990	12.82
1963	13.34	1977	12.68	1991	13.27
1964	15.35	1978	14.52	1992	14.80
1965	17.10	1979	12.71	1993	19.02
1966	16.70	1980	12.01	1994	17.05
1967	23.75	1981	17.82	1995	16.45
1968	12.28	1982	15.07	1996	17.02
1969	13.94	1983	16.17	1997	16.33
1970	13.46	1984	13.49	1998	18.44
1971	16.35	1985	18.01	1999	18.83
1972	13.81	1986	16.04	2000	15.83

表 4.13 青海湖 1959—2000 年地下水补给量

年份	补给量/10^8 m^3	年份	补给量/10^8 m^3	年份	补给量/10^8 m^3
1959	7.45	1973	12.14	1987	1.55
1960	6.78	1974	5.88	1988	2.68
1961	8.92	1975	7.27	1989	1.23
1962	4.38	1976	8.00	1990	6.30
1963	6.89	1977	1.78	1991	5.94
1964	2.43	1978	8.28	1992	5.67
1965	4.34	1979	8.15	1993	8.36
1966	6.41	1980	9.63	1994	6.52
1967	7.94	1981	6.43	1995	8.08
1968	9.26	1982	6.82	1996	6.85
1969	6.70	1983	5.30	1997	4.52
1970	10.42	1984	3.07	1998	4.06
1971	10.40	1985	0.33	1999	4.25
1972	2.86	1986	6.52	2000	3.76

4）输出水量

青海湖没有出湖河流，湖面蒸发为唯一的水量输出途径。青海湖地处半干旱的区域，常年风力较大，降水量较少，空气湿度小，因此蒸发量较大，年蒸发总量为 800～1 100 mm。1959—2000 年，湖面年蒸发总量最小值发生在 1989 年，为 32.24×10^8 m^3；最大值发生在 1969 年，为 47.41×10^8 m^3；多年均值为 40.51×10^8 m^3（表 4.14）。

表 4.14 青海湖 1959—2000 年湖面蒸发量

年份	蒸发量/10^8 m^3	年份	蒸发量/10^8 m^3	年份	蒸发量/10^8 m^3
1959	43.31	1973	45.01	1987	37.93
1960	42.47	1974	40.71	1988	38.36
1961	41.91	1975	39.38	1989	32.24
1962	42.33	1976	40.77	1990	39.40
1963	44.66	1977	34.35	1991	43.80
1964	39.61	1978	39.52	1992	39.64
1965	41.26	1979	44.92	1993	38.28
1966	43.30	1980	43.98	1994	41.99
1967	37.33	1981	41.61	1995	40.43
1968	40.52	1982	38.01	1996	39.86
1969	47.41	1983	34.95	1997	37.98
1970	44.60	1984	39.10	1998	39.82
1971	44.92	1985	36.25	1999	37.58
1972	44.07	1986	37.78	2000	39.94

5）储水量变化量

青海湖 1959—2000 年平均湖面降水量为 357 mm，湖面直接蒸发量为 1 057 mm，布哈河等河流多年平均入湖水量为 15.33×10^8 m^3，地下水补给量为 6.06×10^8 m^3。通过水量平衡计算，青海湖 1959—2000 年平均每年水位下降 0.08 m；湖面面积减少 7.03 km^2；蓄水量变化量为平均每年减少 3.57×10^8 m^3（图 4.10 和表 4.15）。

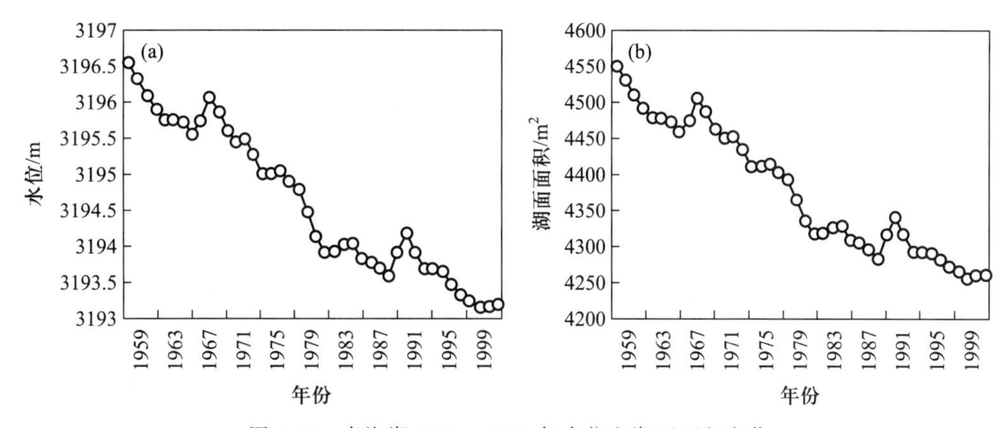

图 4.10　青海湖 1959—2000 年水位和湖面面积变化

表 4.15　青海湖 1959—2000 年蓄水量变化量

年份	水量变化/10^8 m^3	年份	水量变化/10^8 m^3	年份	水量变化/10^8 m^3
1959	-5.87	1973	-15.76	1987	-4.49
1960	-14.46	1974	-2.19	1988	0.40
1961	-6.32	1975	3.51	1989	26.22
1962	-8.13	1976	-2.63	1990	-10.06
1963	-6.33	1977	-5.69	1991	-13.60
1964	4.52	1978	-8.76	1992	-3.67
1965	-4.97	1979	-17.95	1993	4.50
1966	-4.97	1980	-14.44	1994	-6.13
1967	22.14	1981	0.87	1995	-8.58
1968	-1.81	1982	-0.43	1996	-4.08
1969	-15.36	1983	8.31	1997	-4.08
1970	-7.61	1984	-10.50	1998	-1.23
1971	0.44	1985	-5.39	1999	8.17
1972	-4.38	1986	0.00	2000	-8.98

4.2 湖泊光学

太阳辐射是地球表面最主要的能量来源，也是驱动湖泊生态系统演化的源动力。太阳光不仅驱动光合作用，而且决定不同纬度地区接受的不同年辐射通量，进而在地球上形成各热力梯度。这个热力梯度最终决定了不同纬度地区的降雨和风速,进而影响到湖泊出入湖流量、波浪和湖流等水文水动力过程。风能加上辐射驱动的湖泊热力收支状况决定了该地区湖泊是否存在热力分层以及分层的深度、厚度和强度等。

从太阳往地球传输能量的波长范围为100~3 000 nm,实际上绝大部分能量都集中在300~2 000 nm。到达地球表面的能量3%集中在紫外区(100~400 nm),剩余的能量一半在可见光或者光合有效辐射部分(400~700 nm),一半在红外部分(700~3 000 nm)。

湖泊光学是研究湖泊水体光学性质、光在湖泊水体的传输分布规律及运用光学技术探测湖泊的科学,是湖泊学与光学的交叉学科,属于物理湖泊学范畴。湖泊光学的基本理论就是光的吸收、散射、衰减、水体辐射传输方程,其最直观的表现就是水体能见度,最易获取的测量参数是水体透明度。湖泊光学与湖泊物理过程、湖泊化学过程及湖泊生物生态过程是密切相关的。测定湖水的光学性质、浑浊度,为研究湖泊热力分层、波浪和湖流等水动力的环境效益提供了一种有效监测指标。随机湖面的光学研究为遥测波浪方向谱建立了物理模型,并为现场测定波浪要素提供了快速而又有效的手段。水下辐照的强度和光谱分布与湖泊中一些光化学过程,湖泊浮游植物和沉水植物分布、生物量及初级生产力的估算密切相关,例如辐照度、真光层深度是浮游植物初级生产力方程的主要参数。探测湖泊等内陆水体的光学遥感传感器的波段、视场角和动态范围等参数,都要根据湖泊光谱辐射的数据来确定,而湖泊中辐射传递理论更是水色光学遥感方法的基础(张运林,2011)。我国湖泊光学的研究主要起步于20世纪90年代,近30年来得到迅速发展,特别是湖泊光学的水色遥感应用突飞猛进。

4.2.1 湖泊光学基本概念

湖泊光学研究的基本理论就是光的吸收、散射、衰减、水体辐射传输。从水体光学角度分类,影响太阳辐射在水体内传输分布的成分主要有4种,即纯水、有色可溶性有机物(chromophoric dissolved organic matter,CDOM)、浮游植物和非色素颗粒物。其中,浮游植物和非色素颗粒物又统称颗粒物,而CDOM和非色素颗粒物由于其光谱吸收形状比较一致,在湖泊和海洋光学研究中有时一起被称为有色碎屑物(Kirk,2011;Siegel,2002)。图4.11给出了太阳辐射在水体里传输分布时发生的吸收、散射、衰减和反射过程。

4.2.1.1 辐射参数

1) 辐照度

单位面积接收到的辐射通量,称为该处的辐照度(通常用英文字母E代表)。在湖泊光学中,有以下辐照度参数:大气层外太阳辐照度、湖面入射辐照度(或湖面下行辐照度)、刚好处于水表面以下的辐照度、水体剖面向下/向上辐照度、天空漫射辐照度、太阳直射辐照度等。

辐照度是水体中光能分布的关键参数。通过光谱仪可以测定不同波长的直射太阳光辐照度和漫射天空光辐照度等。由于湖面波动的影响,刚好处于水表面以下($0^- m$)深度的值是难以直接测量的,而通常用某一深度处的值,或更一般地用某一层水体的剖面分布推导出$0^- m$深度的值;或者通过测量水面上的值,利用辐射传递模型推算出$0^- m$深度的值。

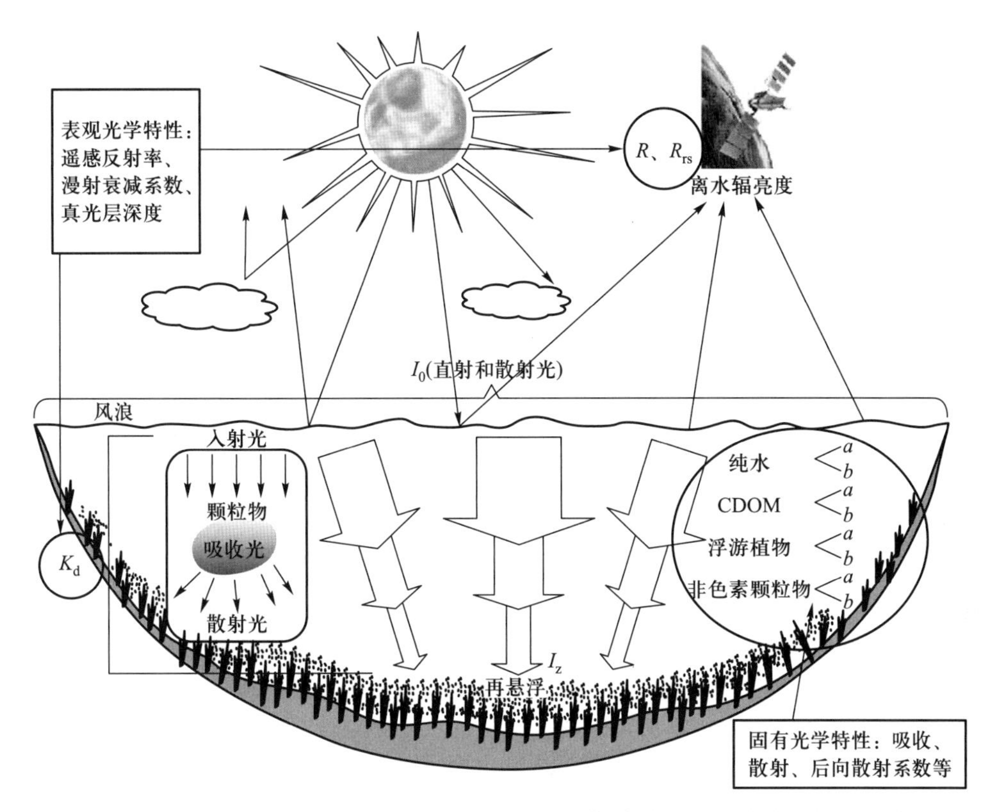

a,吸收系数;b,散射系数;K_d,漫射衰减系数;R,辐照度比;R_{rs},遥感反射率;I_0、I_z,刚好水面下及 z 深度处辐照度

图 4.11　水下太阳辐射传输分布示意图

2）辐亮度(辐射率)

单位投影面积、单位立体角上的辐射通量称为辐亮度(通常用英文字母 L 代表)。湖泊光学中,有以下辐亮度参数:水体中(包括刚好在水表面下)向下/向上在某一方向的辐亮度、离水辐亮度、归一化离水辐亮度等。利用便携式瞬态光谱仪,通过对辐亮度的测定可以进一步导出离水辐亮度和归一化离水辐亮度等参数,进而用于遥感反射率的计算。

4.2.1.2　水体光学特性

1）吸收系数

吸收系数表征某一物质对光的吸收能力,可以通过分光光度计在实验室测定或者通过吸收系数测量仪在现场测定。总吸收系数可线性分解为纯水、CDOM、浮游植物和非色素颗粒物的吸收系数,其中纯水的吸收系数近似为常数(图 4.12)(Kirk,2011)。CDOM 的吸收光谱从紫外到可见光随波长的增加大致呈指数下降,而浮游植物吸收光谱则主要表现在有两个吸收峰,分布在 440 nm 和 675 nm。非色素颗粒物吸收光谱与 CDOM 类似,从紫外到可见光随波长的增加大致呈指数下降。吸收系数是浮游植物光合作用的核心参数,同时也是生物光学遥感建模的关键参数。在分析和半分析生物光学模型中,通过解析不同光学物质的吸收及光谱特性可以推导其浓度及组成变化(Lee et al.,1999;Morel and Maritorena,2001;Morel and Prieur,1977)。

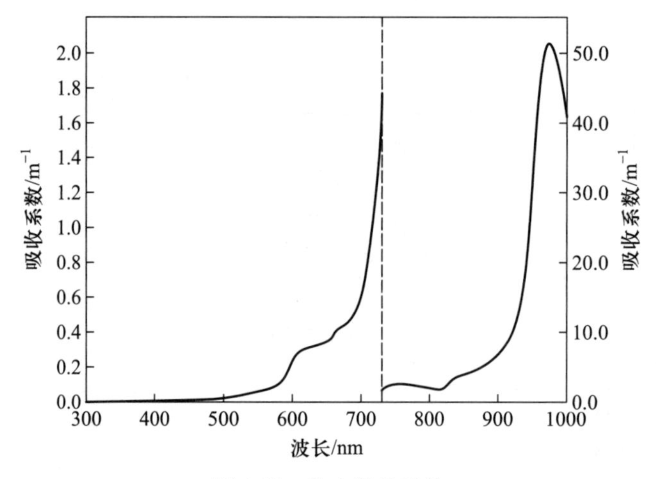

图 4.12 纯水吸收系数

2）散射系数

散射系数用来描述某一介质对辐射通量总的散射作用的强弱，包括前向散射系数和后向散射系数。在湖泊光学，后向散射系数与离水辐亮度或遥感反射比关系更为紧密，是水色遥感生物光学模型的关键参数(Lee et al.,2002)。目前，获取水体后向散射系数的方法主要有两种：① 通过 Rayleigh 或者 Mie 散射理论进行计算；② 使用光学仪器对样品进行测量。目前后向散射系数测量仪器不断涌现，测量波长也在不断增加。

3）漫射衰减系数

由于自然水体中不存在单一的光束，因此自然光在水柱中随深度的衰减由漫射衰减系数来表征，反映水下光辐射透射和衰减能力。该参数不仅与水体物质组成有关，还会随太阳高度以及太阳直射光和天空光的组成比例变化而变化。理论推导表明，漫射衰减系数主要由吸收系数和后向散射系数构成(Lee et al.,2005)。

4）遥感反射率

离水辐亮度与水面上(0^+m)下行辐照度的比值称为遥感反射率。遥感反射率既是水色学中核心光学参数，也是水色遥感算法的一个基础物理量。由其定义可知，遥感反射率无法直接测量得到，但离水辐亮度和辐照度可以由仪器测量得到，进而计算推导得到遥感反射率。

5）真光层深度

真光层深度在湖泊学上定义为水柱中某一位置其日净初级生产力为零值的深度；但在辐射传递上则常常粗略考虑为在此深度的可见光辐照度是表层值的 1%。可见，两者并不完全吻合，且一直存在争论。但总体上，在海洋、湖泊、河流等水生生态系统中浮游植物和水生植物基本上都分布在这一层。真光层深度一方面取决于水体中各类物质对光的衰减，另一方面还与营养盐的分布和浮游植物的光合作用过程有关，在湖泊光学中既是重要的生态学参数又是重要的遥感反演参数(Lee et al.,2007)。

6）透明度

透明度盘(又称塞克盘，Secchi disc)是最早用于测定水体光学状况的仪器，已有 150 余年历史，是以 Secchi 教授及其同事 Cialdi 的名字命名的。透明度则是当透明度盘于水中垂直下放时刚刚在视野中消失时的深度。透明度是一个简单而实用的水色和水质参数,广泛应用于水体富营养化和生态系统健康评价,也是遥感监测的重要环境参数。已有大量基于 Landsat、MODIS、MERIS 等卫星遥感对大洋、海湾、近岸和湖库水体在不同时空尺度下的透明度开展研究和监测(Odermatt et al.,2012;Olmanson et al.,2008)。

7) 固有光学特性和表观光学特性

固有光学特性(inherent optical property,IOP)指只与水体光学组分有关而不随光照条件变化而变化的光学特性,表征水体固有光学特性的参数有纯水、CDOM、浮游植物和非色素颗粒物光束衰减系数、吸收系数、散射系数、后向散射系数、比吸收、比散射系数以及体散射函数等(Kirk,2011)。根据 Lambert Beer 定律,水体的总光束衰减系数、吸收系数、散射系数、后向散射系数可表示为各种光学成分相应系数的线性加和。

表观光学特性(apparent optical property,AOP)是指不但与水体光学组分有关,而且会随光场条件(如太阳高度角、直射光漫射光比例等)变化而变化的光学特性,表征表观光学特性的参数有向上向下辐照度、向上向下辐亮度、离水辐射率、漫射衰减系数、真光层深度、辐照度比、遥感反射率等。

固有光学特性参数与水体物质组成和浓度直接相关,但遥感或者现场测量易于获得表观光学特性参数,如遥感反射比和漫射衰减系数。通过推导辐射传递函数,表观光学特性参数与固有光学特性参数之间存在一些基本的关系,例如,向下辐照度的漫射衰减系数(K_d)可表示为(Lee et al.,2005)

$$K_d = m_0 a + v b_b \tag{4.37}$$

而遥感反射率(R_{rs})可表示为

$$R_{rs} = G \frac{b_b}{a + b_b} \tag{4.38}$$

式中,a 为水体的吸收系数;b_b 为水体的后向散射系数;m_0、v、G 则为模式参数。

4.2.1.3 水体光学组分及关联参数

1) 悬浮物、非色素颗粒物和浊度

悬浮物(SPM)指悬浮在水中的超过一定大小的物质,包括不溶于水的无机物、有机物及泥砂、黏土、微生物等,而水中悬浮物含量是衡量水体清澈程度和水污染程度的重要指标。悬浮物通过对光的吸收和散射影响光衰减,是水体中重要的光学组分,具有非常显著的光谱信号。同时,悬浮物上常常吸附着许多污染物和重金属,因此悬浮物既是重要的水环境参数,又是关键的水色遥感参数,通过悬浮物监测和遥感反演还可以外推颗粒磷和重金属等许多水环境参数(Hu et al.,2004;Odermatt et al.,2012)。

悬浮物中去除浮游植物之外那部分颗粒物即为非色素颗粒物。

浊度是指溶液对光线通过时所产生的阻碍程度,它包括水体内各类物质对光的吸收、散射和衰减的程度。浊度与悬浮物浓度往往表示相同或者相近的意义,两者之间一般存在显著的正相关。通过构建悬浮物浓度、浊度与特征波长遥感反射率的函数关系并应用于卫星遥感数据,可以实现对各类水体不同时空尺度悬浮物浓度、浊度的遥感反演和监测。

2) 浮游植物色素、粒径与种群结构及初级生产力

浮游植物吸收系数光谱的变化反映了水体藻类色素组成、浓度、粒径和种群结构

的差异。将现场的生物光学测量与水色遥感相联系，从而可利用卫星遥感估测水体色素浓度、浮游植物粒径和种群结构。当前水色遥感能够较为准确地反演和提取的有叶绿素和藻蓝素(phycocyanobilin)浓度、浮游植物粒径等级参数，如微微型浮游植物(<2 μm)、微型浮游植物(2~20 μm)和小型浮游植物(>20 μm)占比等。浮游植物色素的遥感反演是湖泊光学与水色遥感应用过去40年持之以恒关注的主题(Morel and Prieur, 1977; O'Reilly et al., 1998)，而浮游植物粒径和种群结构的遥感分类与提取是近20年该领域研究的热点和难点领域。

初级生产力是衡量绿色植物利用太阳光进行光合作用，把无机碳固定为有机碳这一过程的指标。浮游植物是水生生态系统中主要的初级生产者，其初级生产力是水体生物生产力的基础，是食物链(网)的第一个环节。同时，浮游植物初级生产过程影响着全球碳的收支平衡，对于研究碳在水生生态系统中的转移和归宿乃至全球气候变化具有重要意义。

3) 有色可溶性有机物和溶解性有机碳

有色可溶性有机物(CDOM)是水体内一类带发色团的溶解性有机物。由于其在蓝光波段的强烈吸收而表现出显著的光谱信号，也是水体中的重要光学组分，与悬浮物和浮游植物并称为水色遥感的三个主要遥感反演参数。此外，随着全球碳循环研究的深入，迫切需要知道水生生态系统中溶解性有机碳的储量，而有色可溶性有机物的遥感反演也为水生生态系统溶解有机碳的估算提供方法和途径(Del Castillo and Miller, 2008)。

4.2.1.4 水体光学分类

一百多年前，由于缺乏精密的现场仪器，早期的海洋光学研究关注在自然水体的分类上，其中最著名的是水色指数。其基于肉眼对水体颜色的感知，将自然水体由清泽到浑浊分为21类(第1类最清，第21类最混)。由于该方法容易操作，现场测量中很多时候依然保持了对水色指数的观测。后来的研究发现，水色指数与水体的营养程度相关(Wang et al., 2018)。

鉴于水色指数主要代表水体的定性描述，同时基于20世纪中叶以来现场光学仪器的发展，Jerlov(1976)根据下行光的漫射衰减系数为标准对水体分类，并进一步将大洋水体分为五种类型、近岸水体分为九种类型。这些水体，特别是大洋水，则通常与一定的叶绿素浓度有关；而九种类型的近岸水体则分别代表有色可溶性有机物或陆生颗粒物占主导的水体。本质上，Jerlov水体类型提供一种水体对光的穿透能力的量化方案。在近40年里，为了方便水色遥感算法的建立和应用，则将自然水体分为一类水体和二类水体。

1) 一类水体和二类水体

一类水体指除了纯(海)水外，水体固有光学参数的变化基本随浮游植物的变化决定；其他成分的贡献，比如降解后的碎屑和有色可溶性有机物，则基本与浮游植物的贡献协变。由此，Morel 和 Maritorena(2001)建立了一整套一类水体的固有/表观光学特性与叶绿素浓度的经验关系。与一类水体相反，二类水体指水体的固有光学特性在除了纯(海)水的贡献外，其变化不再主要由浮游植物的贡献决定。特别是，其他悬浮物(如泥沙)和有色可溶性有机物的贡献不再与浮游植物的贡献协变。一类水体主要存在于大洋开阔水体，典型的二类水体则存在于海湾、海岸带、湖库、河口和河流等水体。本质上一类水体与二类水体的区分不是基于地域或者叶绿素的浓度，虽然它们有一定的地域特性。

2）光学深水与光学浅水

光学深水是指水体的底部对遥感反射率的影响基本可以忽略的水体，而光学浅水则正好相反。由于受水体透明度的影响，光学深水和浅水不能以水底的物理深浅来度量和区分；即便水底只是 1 m 深但只要水体足够浑浊也会成为光学深水；反之，即便水底为数十米深（但自然环境下通常不超过 40 m），但只要足够清澈也会成为光学浅水。

4.2.2 湖泊生物光学特性

4.2.2.1 固有光学特性

1）颗粒物吸收系数

悬浮颗粒物的吸收系数采用定量滤膜技术（QFT）测定：用直径 GF/F 滤膜过滤体积不等的水样（根据水体悬浮物浓度决定过滤的体积），在分光光度计（最好是带积分球的分光光度计）下测定滤膜上颗粒物的吸光度，用同样湿润程度的空白滤膜作参比，在 350~800 nm 每隔 1 nm 测定一个吸光度，用各波段的吸光度减去 750 nm 波长的吸光度，然后进行放大因子校正。

滤膜上悬浮颗粒物的光谱吸收系数按下式进行计算得到：

$$a_{p}(\lambda)=2.303\cdot\frac{S}{V}OD_{s}(\lambda) \tag{4.39}$$

式中，V 为被过滤水样的体积；S 为沉积在滤膜上的颗粒物的有效面积；OD_s 为放大因子校正后的滤膜上悬浮颗粒物吸光度。

用热甲醇浸泡或者次氯酸钠漂白法将滤膜上的浮游植物色素萃取掉，只剩下非藻类色素颗粒物，使用同样浸泡过的空白滤膜作参比，按与总颗粒物吸收系数同样的方法测定得到非藻类色素颗粒物吸收系数。由于悬浮颗粒物的吸收是非藻类色素颗粒物和浮游植物吸收的简单线性叠加，因而由总悬浮颗粒物的光谱吸收系数 $a_p(\lambda)$ 减去非藻类色素颗粒物的光谱吸收系数 $a_d(\lambda)$ 就得到浮游植物的光谱吸收系数 $a_{ph}(\lambda)$：

$$a_{ph}(\lambda)=a_{p}(\lambda)-a_{d}(\lambda) \tag{4.40}$$

图 4.13 展示了我国一些典型贫、中、富营养型以及清澈和浑浊湖泊总颗粒物、浮游植物和非藻类色素颗粒物光谱吸收系数，不同水体间颗粒物吸收系数差异显著，有时相差 1~2 个数量级。

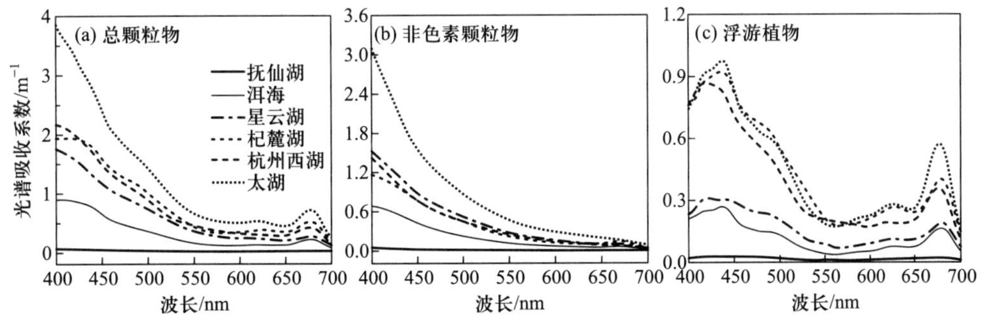

图 4.13 我国典型湖泊总颗粒物、浮游植物和非藻类色素颗粒物吸收系数

2）颗粒物散射和后向散射系数

目前，颗粒物散射和后向散射系数现场测量对仪器和现场操作要求较为严格，特别是在浑浊的内陆水体，测量误差较大，因此开展的测量相对比较少，测量的波谱通道也非常有限，使用的仪器包括 HydroScat-6、AC-S 和 Eco-BB9 等。

AC-S 在可见光波段范围共有 80~90 个光谱通道（光谱通道不固定，随着厂家校准的变化而变化）进行散射系数测定，光谱分辨率约为 4 nm，测量精度为 0.01 m^{-1}。测定之前，对仪器进行空气和纯水校准，校准时每次获得的数值偏差在仪器出厂的要求范围 ±0.005 m^{-1}之内。由 AC-S 直接获得的是水体吸收系数和光束衰减系数，为了得到更为精确的吸收系数数据，需做温度和盐度校正（对于淡水湖泊，盐度纠正可忽略）。

经校正后的吸收系数和光束衰减系数是水体中总悬浮颗粒物和有色可溶性有机物共同作用的结果，由于有色可溶性有机物一般被认为只有吸收而散射较微弱，通常可以忽略，因此可以通过仪器测定的光束衰减系数和吸收系数之差得到颗粒物散射系数。

Wetlabs 公司生产的后向散射仪 Eco-BB9 共有 9 个光谱通道，分别是 412 nm、440 nm、488 nm、510 nm、532 nm、595 nm、660 nm、676 nm 和 715 nm，测量精度为 0.005 m^{-1}。由于 Eco-BB9 利用的是微球散射体，由散射引起的衰减部分，使用 Scale factor（由 Wetlabs 公司提供）校正成为水体总体散射函数；接着要对总体散射函数进行吸收校正。由校正后得到的总体散射函数减掉纯水的体散射函数，就可获得颗粒物的体散射函数。

图 4.14 给出太湖散射系数的空间分布和后向散射系数的光谱分布（孙德勇等，2007）。空间上颗粒物散射和后向散射系数差异显著，光谱上后向散射最大值出现在 440 nm。由于颗粒物后向散射主要由无机颗粒物主动，所以后向散射系数与无机颗粒物浓度存在极显著正相关。

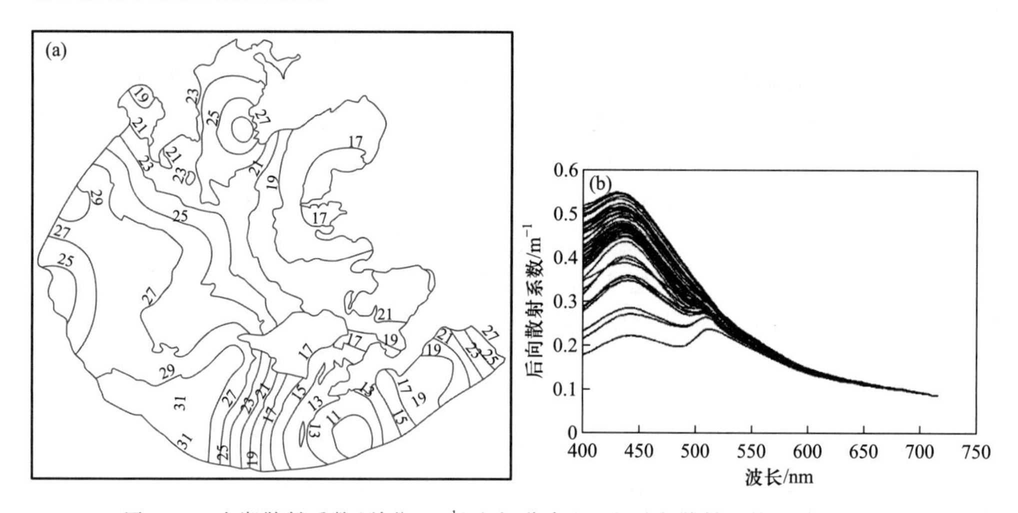

图 4.14　太湖散射系数（单位：m^{-1}）空间分布（a）和后向散射系数光谱分布（b）

3）有色可溶性有机物吸收系数

有色可溶性有机物（CDOM）的光谱吸收系数测定采用以下方法：通过 0.22 μm 孔径的 Milliore 滤膜过滤的水样在分光光度计下测定其吸光度，然后根据式（4.37）进行计算得到各波长的吸收系数：

$$a_{\mathrm{CDOM}}(\lambda') = 2.303D(\lambda)/r \tag{4.41}$$

式中，$a_{CDOM}(\lambda)$为未校正的吸收系数(m^{-1})；$D(\lambda)$为吸光度；r为光程路径(m)。由于CDOM的浓度无法测定，最常用方法是用254 nm、280 nm、350 nm或440 nm等波长处的吸收系数来表示CDOM丰度或者浓度。

基于250 nm和365 nm波长CDOM吸收系数的比值(M)来估算CDOM分子大小，M值越小分子量则越大。CDOM分子量的大小大致能反映腐殖酸、富里酸在CDOM中的比例，因为腐殖酸的分子量一般较大，而富里酸则较小，因而CDOM分子量越大，腐殖酸的比例就越高。

CDOM光谱吸收系数基本上呈现指数衰减的规律，指数函数斜率往往也用来反映CDOM来源和组成差异，拟合的波段范围不同，研究差异也非常大，目前275~295 nm波段拟合使用比较广泛：

$$a_{CDOM}(\lambda)=a_{CDOM}(\lambda_0)\exp[S(\lambda_0-\lambda)] \tag{4.42}$$

式中，$a_{CDOM}(\lambda)$为CDOM的吸收系数(m^{-1})；λ为波长(nm)；λ_0为参照波长(nm)；S为指数函数曲线斜率参数。

图4.15给出我国不同区域20个典型湖库CDOM光谱吸收系数，由图可知，CDOM吸收系数差异显著，350 nm处吸收系数在2.37~20.01 m^{-1}；另外，CDOM光谱形状上也存在一定的差异，表征CDOM来源和组成不一样。通过对全国不同营养水平的22个湖泊821个站点进行研究发现，有色可溶性有机物在254 nm处吸收系数随营养水平增加而增加，且与湖泊综合营养状态指数存在极显著正相关($R^2=0.92, p<0.001, n=821$)；同时随着湖泊营养水平增加，表征有色可溶性有机物组成和来源的参数光谱斜率和分子量值也发生明显变化，与湖泊综合营养状态指数则存在极显著负相关(图4.16)。采用有色可溶性有机物在254 nm处吸收系数还可对湖泊营养状态进行划

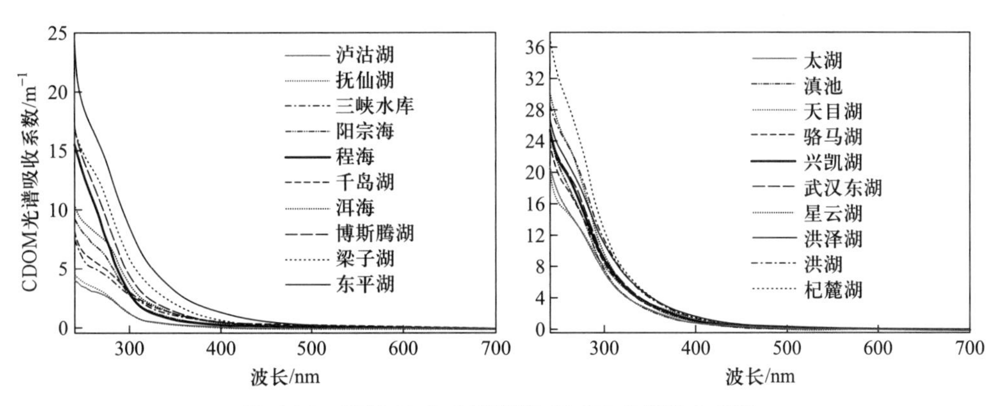

图4.15 我国20个典型湖库CDOM光谱吸收系数

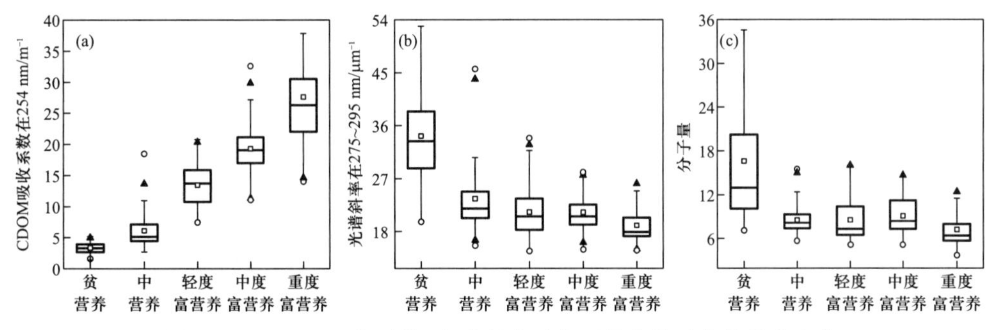

图4.16 CDOM吸收系数、光谱斜率及分子量参数随营养状态变化

分，即 $a_{CDOM}(254)<4$ 为贫营养，$4 \leqslant a_{CDOM}(254) \leqslant 10$ 为中营养，$a_{CDOM}(254)>10$ 为富营养；其中 $9<a_{CDOM}(254) \leqslant 15$ 为轻度富营养，$15<a_{CDOM}(254) \leqslant 23$ 为中度富营养，$a_{CDOM}(254)>23$ 为重度富营养（Zhang et al.,2018）。

4.2.2.2 表观光学特性

1）漫射衰减系数

漫射衰减系数通过不同水层水下光辐射剖面测定计算得到，可以分为向上漫射衰减系数和向下漫射衰减系数，通常剖面测定向下辐照度计算向下漫射衰减系数。目前应用比较广泛的水下光辐射测定仪器有德国 TriOS 公司的水下光谱辐射仪、美国 Biospherical 公司的水下紫外和可见光水下光辐射仪，以及美国 Li-Cor 公司的水下光合有效辐射仪。

水下辐照度在光学性质均一的水柱中遵从指数规律衰减（Kirk,1994）：

$$K_d(\lambda)=-\frac{1}{z}\ln\frac{I(\lambda,z)}{I(\lambda,0)} \tag{4.43}$$

式中，$K_d(\lambda)$ 为 λ 波长漫射衰减系数；z 为从湖面到测量处的深度；$I(\lambda,z)$ 为深度 z 处的 λ 波长辐照度强度；$I(\lambda,0)$ 为水表面下（0^-）λ 波长辐照度强度。$K_d(\lambda)$ 值通过对不同深度水下 λ 波长辐照度强度进行指数函数回归得到。一般来说，只有当 $R^2 \geqslant 0.95$、剖面测量深度数（N）$\geqslant 3$ 时拟合得到的 $K_d(\lambda)$ 值才被接受，否则可能会引入较大的测量和计算误差，被视为无效值。图 4.17 和图 4.18 分别给出不同湖泊紫外辐射和光合有效辐射（PAR）水下剖面分布及漫射衰减系数拟合结果。

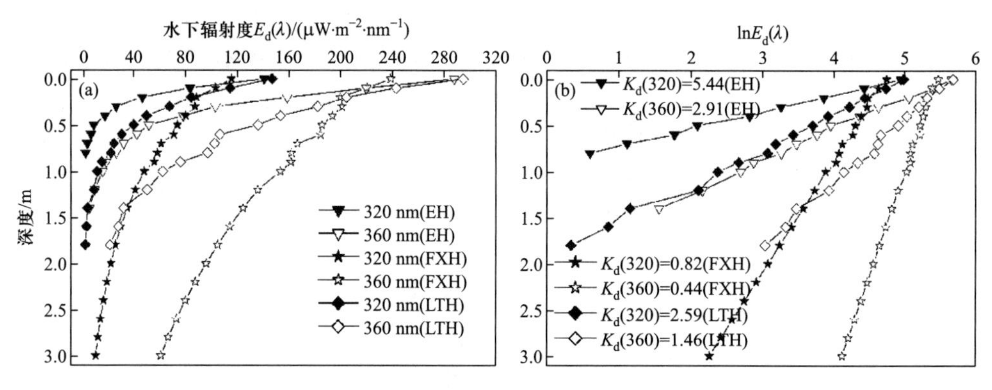

图 4.17 云南高原典型湖泊水下紫外辐射剖面及漫射衰减系数。EH，洱海；FXH，抚仙湖；LTH，理塘湖

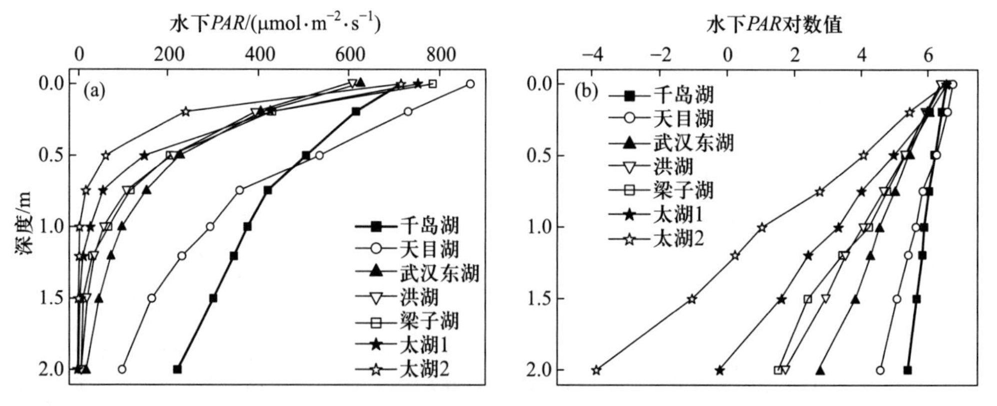

图 4.18 全国不同类型湖泊水下光合有效辐射分布

2）透明度

在没有水下光辐射仪之前，水体漫射衰减系数经常用透明度来估计。透明度与漫射衰减系数大致呈现反比关系，但不同水体反比关系的系数存在一定差异，在0.5～3.8，一般用 1.7 代表，如太湖的大量观测结果显示其值为 1.37（图 4.19）。除了用反比关系表达透明度与漫射衰减系数的关系外，幂函数也能用于反映两者之间的反相关关系，并且拟合精度要更高（图 4.20）。

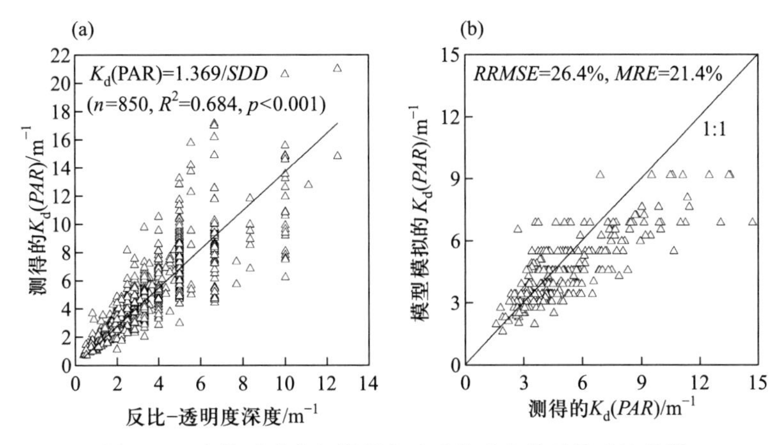

图 4.19　太湖透明度与漫射衰减系数反比关系模型及校样

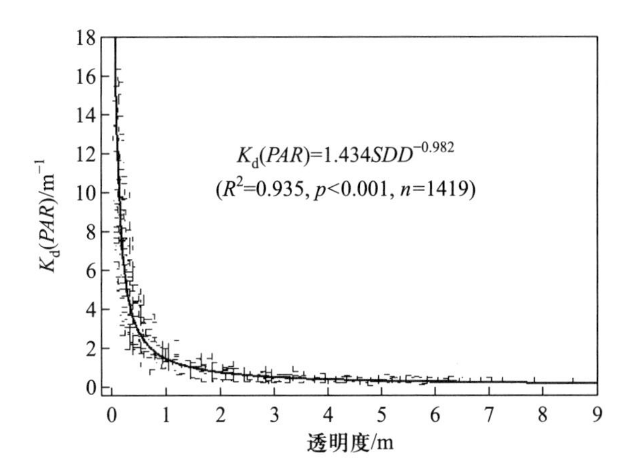

图 4.20　全国 25 个不同类型湖泊 PAR 漫射衰减系数与透明度关系

3）遥感反射率

遥感反射率测定一般分水面以上和水下两种方法，其中水面以上法测量易于操作，较为常用，被 NASA SeaWiFS 测量规范所推荐。一般采用美国 ASD 公司生产的 Field Spec Pro FR 分光辐射光谱仪。仪器观测平面与太阳入射平面的夹角 $90° \leqslant \Phi_v \leqslant 135°$（背向太阳方向），仪器与法线方向的夹角 $30° \leqslant \theta_v \leqslant 45°$，以避免太阳直射反射的影响。在仪器面向水体进行测量后，将仪器在观测平面内向上旋转一个角度，使得天空光辐亮度（L_{sky}）的观测方向的天顶角等于测量时的观测角 Φ_v。使用 ASD 公司仪器进行测定时，每次保存一条光谱，避免太阳耀斑平均到光谱测量数据中。每个样本测量 15 条光谱，去掉异常值后余下的光谱求平均值后得到水体的遥感反射率。

测定表面以上总辐射(L_t),L_t 测定相反方向的天空光辐亮度(L_{sky}),标准灰板的辐射(L_g)。R_{rs}的计算公式为

$$R_{rs}(\lambda)=\frac{\rho}{\pi}\frac{L_t(\lambda)-FL_{sky}(\lambda)}{L_g(\lambda)}-\Delta \tag{4.44}$$

式中,ρ 为标准灰板的反射率;F 为水-气界面的菲涅尔反射率,静风状态下取为 2.2%,风速为 5 m·s^{-1}时取 2.5%,风速接近 10 m·s^{-1}时取 2.6%~2.8%。本研究中对 R_{rs}进行了二次校正。式中的 Δ 表示由于粗糙湖面反射导致的从其他角度进入探头的天空光,这部分光的数值不随波长的变化而变化,但与不同批次的测量有关。图 4.21 是太湖春、夏、秋、冬四季遥感反射率光谱变化示例。

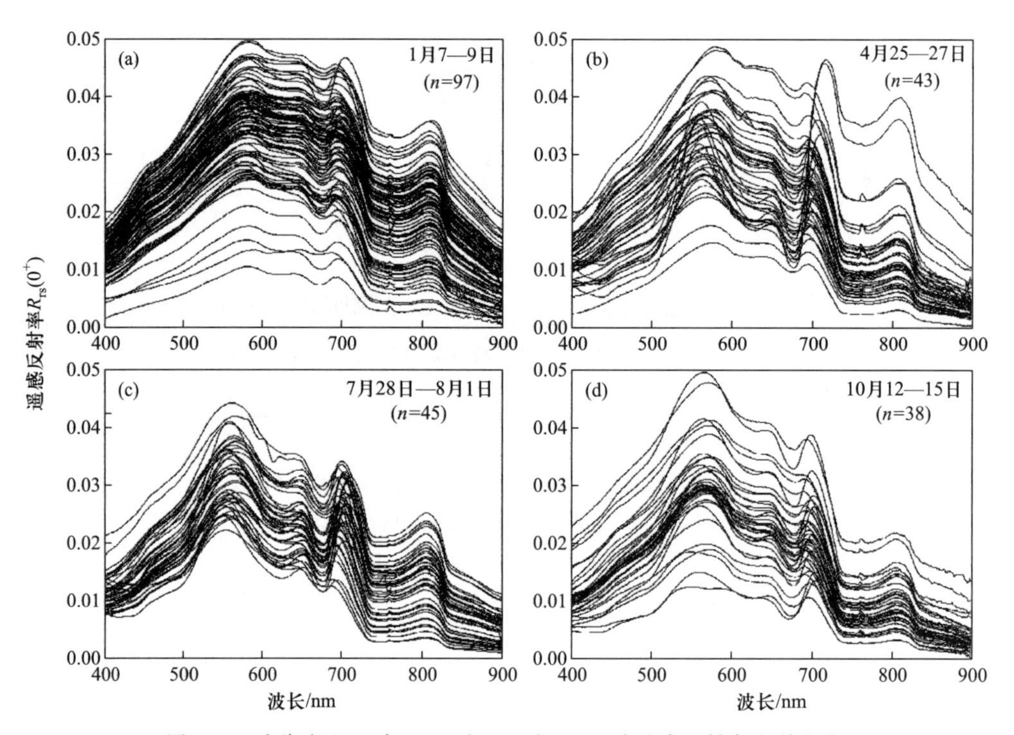

图 4.21 太湖冬(a)、春(b)、夏(c)、秋(d)四季遥感反射率光谱变化

4.2.3 水下光辐射传输过程

4.2.3.1 固有和表观光学特性相互关系

表观光学特性是入射太阳光与水体固有光学特性相互作用的结果和产物。对于特定的太阳辐射场,即特定的太阳高度角、漫射太阳光的角分布,表观光学特性可以由固有光学特性计算得到。

向下辐照度的漫射衰减系数 $K_d(\lambda)$ 可以用下式来描述(Kirk,2011):

$$K_d(\lambda)=\frac{1}{\mu_0}[a(\lambda)^2+G(\mu_0)a(\lambda)b(\lambda)]^{\frac{1}{2}} \tag{4.45}$$

式中,$a(\lambda)$、$b(\lambda)$分别为总吸收、总散射系数(m^{-1});μ_0 为刚好水面下入射太阳光的折射角余弦值;$G(\mu_0)$表示散射对垂直衰减的相对贡献,可以表示为(Kirk,2011)

$$G(\mu_0)=g_1\mu_0-g_2 \tag{4.46}$$

对整个真光层深度计算 $K_d(\lambda)$ 时 g_1、g_2 值分别为 0.425、0.190，对二分之一真光层深度计算 $K_d(\lambda)$ 时 g_1、g_2 值分别为 0.473、0.218(Spinrad et al.,1994)。

向上辐照度与向下辐照度比值(即辐照度比)$R(\lambda,0)$可以用后向散射和吸收系数来表示：

$$R(\lambda,0)=f\frac{b_b(\lambda)}{a(\lambda)+b_b(\lambda)} \tag{4.47}$$

式中，$b_b(\lambda)$为总后向散射系数(m^{-1})；$a(\lambda)$为总吸收系数(m^{-1})；f 为系数，Spinrad 等用蒙特卡罗模型得出 f 为 μ_0 的函数：

$$f(\mu_0)=-0.629\mu_0+0.975 \tag{4.48}$$

水面下和水面上遥感反射率可以分别用下式表示：

$$\begin{aligned}R_{rs}(\lambda,0^-)&=L_u(\lambda,0^-)/E_d(\lambda,0^-)=\frac{E_u(\lambda,0^-)}{Q\cdot E_d(\lambda,0^-)}\\&=\frac{R(\lambda,0^-)}{Q}=\frac{(0.975-0.629\mu_0)}{Q}\cdot\frac{b_b(\lambda)}{a(\lambda)+b_b(\lambda)}\\R_{rs}(\lambda,0^+)=0.544R_{rs}(\lambda,0^-)&=\frac{0.544\cdot(0.975-0.629\mu_0)}{Q}\cdot\frac{b_b(\lambda)}{a(\lambda)+b_b(\lambda)}\end{aligned} \tag{4.49}$$

式中，$R_{rs}(\lambda,0^-)$、$R_{rs}(\lambda,0^+)$分别为水面下、水面上遥感反射率；$L_u(\lambda,0^-)$、$E_u(\lambda,0^-)$、$E_d(\lambda,0^-)$分别为水面处向上辐亮度、向上辐照度、向下辐照度；Q 为几何因子，可以由 μ_0 计算得到。

4.2.3.2 生物关系模型——QAA 模型

QAA 模型基于辐射传输模型的理论推导和数值模拟，建立了 R_{rs}和固有光学特性之间的半分析模型(Lee et al.,2013)。由 R_{rs}反演到总吸收系数主要分为 7 步：3 个半分析步骤、2 个分析步骤和 2 个经验步骤(表 4.16)。由于经验模型的限制，两个经验步骤受到水体特性的影响。

4.2.4 水下光辐射衰减影响因素

4.2.4.1 非色素颗粒物

非色素颗粒物通过对光的吸收和散射进而影响其衰减。对长江中下游和云贵高原湖泊水下光能辐射漫射衰减与非色素颗粒物关系进行相关分析发现，不同水体非色素颗粒物对紫外辐射和 PAR 衰减的贡献不一样。在长江中下游浅水湖泊，由于水体悬浮物浓度比较高，非色素颗粒物是控制紫外辐射和 PAR 衰减的最主要水色组分浓度(图 4.22，图 4.23)。相反，在云贵高原一些清澈湖泊，水体悬浮物浓度相对比较低，非色素颗粒物对紫外辐射衰减的贡献有限，但仍然是 PAR 的主要控制因素(图4.23)。

表 4.16　QAAv6 模型反演总吸收系数的步骤

步骤	参数	公式		类别
步骤 0	r_{rs}	$r_{rs}(\lambda)=\dfrac{R_{rs}(\lambda)}{0.52+1.7\,R_{rs}(\lambda)}$		半分析
步骤 1	$u(\lambda)$	$u(\lambda)=\dfrac{-g_0+\sqrt{(g_0)^2+4\times g_1\times r_{rs}(\lambda)}}{2g_1}$		半分析
步骤 2	$a(\lambda_0)$	IF $R_{rs}(670)<0.0015\ \mathrm{sr}^{-1}$ $\chi=\log\left(\dfrac{r_{rs}(443)+r_{rs}(490)}{r_{rs}(550)+5\dfrac{r_{rs}(670)}{r_{rs}(490)}r_{rs}(670)}\right)$ $a(\lambda_0)=a(550)=0.056+10^{-1.146-1.366\chi-0.469\chi^2}$	(else) $a(\lambda_0)=a(670)=0.43+0.39\left(\dfrac{R_{rs}(670)}{R_{rs}(443)+R_{rs}(490)}\right)^{1.14}$	经验
步骤 3	$b_{bp}(\lambda_0)$	$b_{bp}(\lambda_0)=b_{bp}(550)=\dfrac{u(\lambda_0)\times a(\lambda_0)}{1-u(\lambda_0)}-b_{bw}(550)$	$b_{bp}(\lambda_0)=b_{bp}(670)=\dfrac{u(\lambda_0)\times a(\lambda_0)}{1-u(\lambda_0)}-b_{bw}(670)$	分析
步骤 4	η	$\eta=2.0\left[1-1.2\exp\left(-0.9\dfrac{r_{rs}(443)}{r_{rs}(550)}\right)\right]$		经验
步骤 5	$b_{bp}(\lambda)$	$b_{bp}(\lambda)=b_{bp}(\lambda_0)\left(\dfrac{\lambda_0}{\lambda}\right)^{\eta}$		半分析
步骤 6	$a(\lambda)$	$a(\lambda)=\dfrac{[1-u(\lambda)][b_{bw}(\lambda)+b_{bp}(\lambda)]}{u(\lambda)}$		分析

注：步骤 1 中，Lee 等（2002）建议在散射较高的近岸水体中 g_0 取 0.084，g_1 取 0.17。

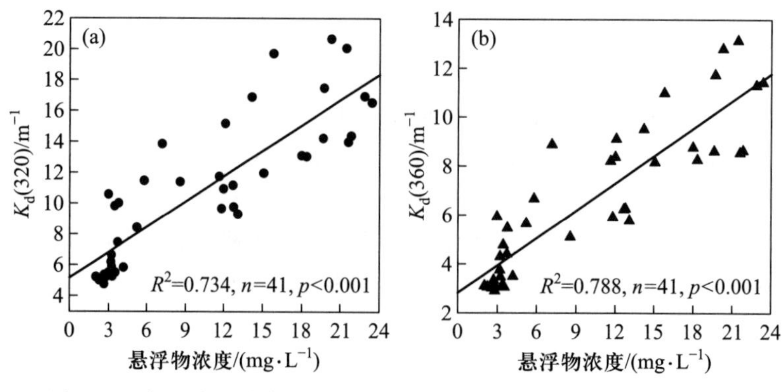

图 4.22　长江中下游湖泊悬浮物与紫外辐射漫射衰减系数线性关系

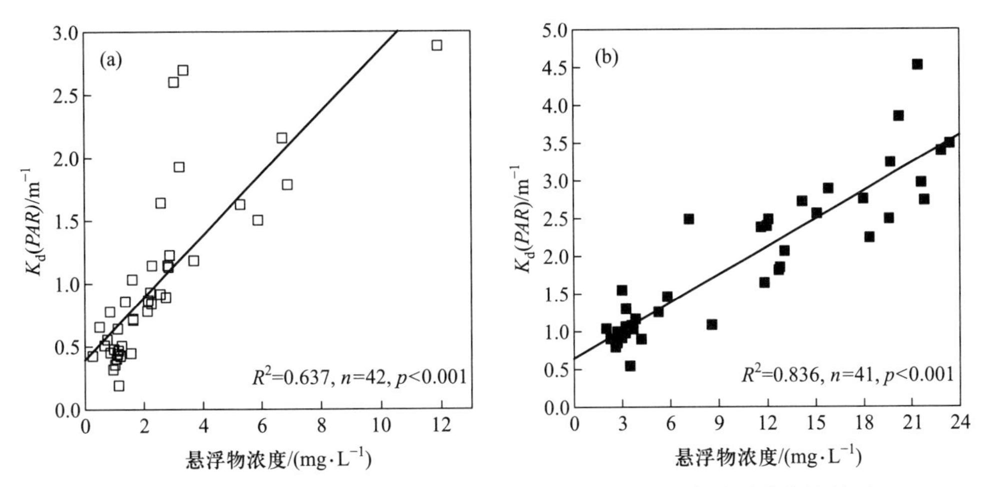

图 4.23　云南高原和长江中下游湖泊悬浮物与 PAR 漫射衰减系数线性关系

4.2.4.2　浮游植物

除了浮游植物生物量和色素浓度对吸收、散射和衰减产生影响外，浮游植物群落结构往往存在明显的季节演替，由于不同浮游植物色素组成和光能利用效率不一样，其变化会影响水下光吸收、利用和衰减。例如太湖春夏季浮游植物群落存在明显的季节演替，春季以较大细胞的绿藻（纯栅列藻）为主，而夏季则以较小细胞的蓝藻（微囊藻）占绝对优势（图 4.24）。野外观测发现，随浮游植物群落由绿藻向蓝藻演替，浮游植物比吸收系数显著增加。室内培养实验也显示，绿藻细胞粒径显著大于蓝藻，但其比吸收系数则显著低于蓝藻（图 4.24）。分析浮游植物比吸收系数影响因素发现，由于色素包括效应，比吸收系数随色素增加而降低，同时随细胞粒径增大而下降。蓝藻由于含有藻蓝素，其比吸收系数在 625 nm 存在一个吸收峰。野外原位观测和室内培养实验同时验证，浮游植物群落结构演替通过改变色素浓度和组成以及细胞粒径进而改变其比吸收系数，而比吸收系数的差异反过来可以影响浮游植物色素浓度、组成以及群落结构遥感反演结果。

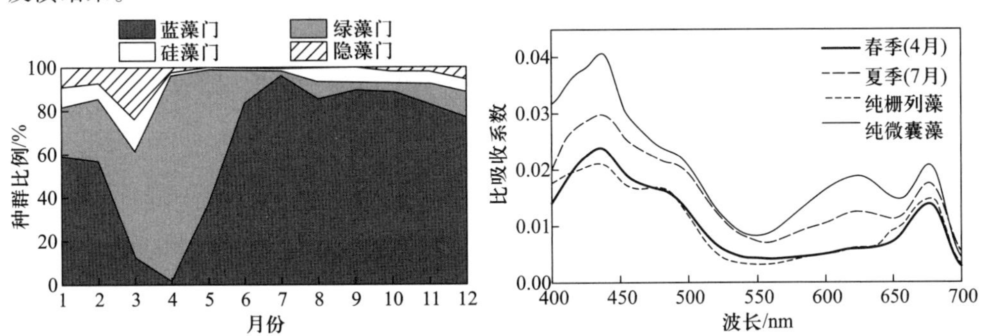

图 4.24　太湖浮游植物群落组成月变化及对比吸收系数的影响

4.2.4.3　CDOM

CDOM 对水下光辐射的吸收和衰减主要集中短波的紫外和蓝光波段，国内外大量研究表明，CDOM 吸收系数、DOC 浓度与紫外辐射衰减系数存在很好的正相关（图 4.25 和表

4.17)，由表 4.17 可知，DOC 浓度、CDOM 吸收系数与衰减系数幂函数回归结果要好于线性回归，用 CDOM 吸收系数来预测紫外辐射的衰减要高于 DOC 浓度，这不仅反映了 DOC 浓度，而且也反映了 DOC 类型和组成在决定紫外辐射在水体中穿透深度的重要性。

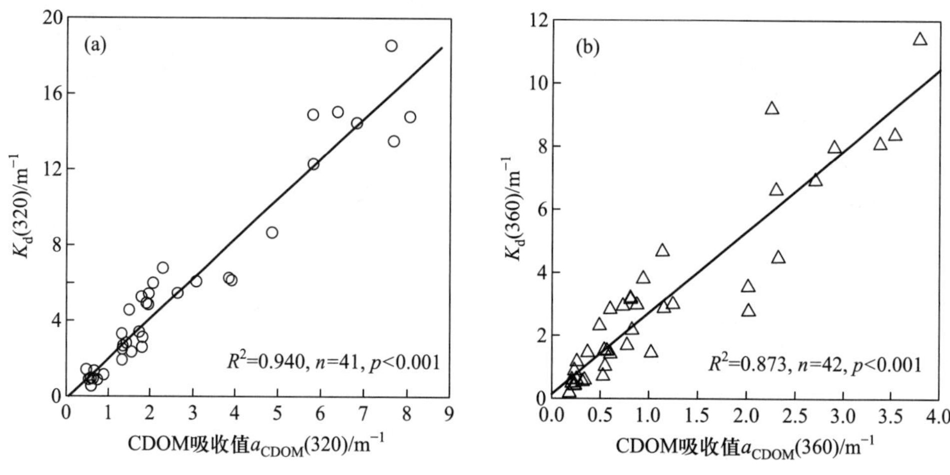

图 4.25　云贵高原 CDOM 吸收与紫外辐射衰减系数线性关系

表 4.17　CDOM 吸收系数、溶解性有机碳(DOC)浓度与紫外辐射衰减关系(Gareis et al.，2010)

波段	模型方程	R^2	$K_d/m^{-1\,a}$	研究区
UVB(310~320 nm)	$K_d(UVB)=0.73(a_{330})+0.24[TSS]+9.42$	0.80	21.58	Mackenzie Delta，加拿大
UVA(320~400 nm)	$K_d(UVA)=0.44(a_{330})+0.21[TSS]+3.93$	0.81	11.80	Mackenzie Delta，加拿大
	K_d(UVB)和 DOC			
UVB(320 nm)	$K_d(320)=2.09[DOC]^{1.12}$	0.87	7.30	美国和阿根廷
UVB(310~320 nm)	$K_d(UVB)=0.10[DOC]^{2.77}$	0.95	—	芬兰中部
UVB(305~320 nm)	$K_d(UVB)=18.13[DOC]-43.38$	0.77	6.53	伊利湖
UVB(300~320 nm)	$K_d(UVB)=0.42[DOC]^{1.86}$	0.97	11.40	北美温带地区
UVB(290~320 nm)	$K_d(UVB)=2.63[DOC]+3.81$	0.54	5.6~136.0	美国北部湿地
UVB(290~320 nm)	$K_d(UVB)=5.07[DOC]+10.8$	0.67	10.3~225.0	美国北部河流
UVB(280~320 nm)	$K_d(UVB)=4.14[DOC]-17.70$	0.98	6.73	瑞典南部
UVB(280~320 nm)	$K_d(UVB)=0.60[DOC]^{1.29}$	0.76	5.92	Saskatchewan，加拿大
	K_d(UVA)和 DOC			
UVA(320~400 nm)	$K_d(UVA)=0.30[DOC]^{1.53}$	0.95	0.89	北美温带地区
UVA(320~400 nm)	$K_d(UVA)=18.24[DOC]-45.04$	0.78	4.97	伊利湖
UVA(320~400 nm)	$K_d(UVA)=2.30[DOC]-0.64$	0.88	4.44~77.6	美国北部河流
UVA(340 nm)	$K_d(340)=1.64[DOC]^{1.13}$	0.89	4.95	美国和阿根廷

续表

波段	模型方程	R^2	K_d/m^{-1} [a]	研究区
	K_d(UVB)和 a_λ			
UVB(320 nm)	$K_d(320)=16.0(a_{440})-0.15$	0.83	7.30	美国和阿根廷
UVB(320 nm)	$K_d(320)=1.22(a_{320})-0.06$	0.94	1.39	欧洲高原
UVB(313 nm)	$K_d(313)=2.22(a_{320})+0.21[TSS]-0.58$	0.74	2.36[b]	Biwa 湖,日本
UVB(310~320 nm)	$K_d(UVB)=10.95(a_{440})^{0.80}$	0.97	—	芬兰中部
	K_d(UVA)和 a_λ			
UVA(340~380 nm)	$K_d(UVA)=4.84(a_{440})+1.07$	0.83	—	芬兰中部
UVA(340 nm)	$K_d(340)=12.7(a_{440})-0.07$	0.83	4.95	美国和阿根廷

注:a, 平均值和范围;b,Biwa 湖浅水区利用 320 nm 的下行漫衰减系数和波长通过指数回归得到。

4.2.4.4 其他因素

凡是能影响悬浮物、浮游植物和 CDOM 时间和空间变化的直接和间接影响因子,都会对水下光辐射衰减产生影响,如水生植被的生长和发育抑制沉积物再悬浮和控制浮游植物生长,往往使得水体清澈;而浅水湖泊水生植被退化区由于沉积物再悬浮和蓝藻水华暴发,往往水体浑浊。此外,入湖河流浑浊和污染水体输入、船行搅动等都会影响光辐射衰减和水下光场结构。

4.2.5 水色遥感应用

湖泊水色遥感主要是利用各种星载(或者机载等)传感器探测与反演湖泊等内陆水体光学、水色要素及其衍生参数时空格局,包括卫星影像数据接收处理、大气校正、遥感反演算法等。归纳起来,水色遥感能实现水体光学特性、光学物质浓度和部分生物及生态学参数的遥感反演(表 4.18),但不同参数遥感反演的精度存在较大差异。

表 4.18 湖泊光学水色遥感反演参数一览表

	光学特性参数	光学物质浓度关联参数	生物和生态学参数
一级参数	吸收系数、后向散射系数、反射率	悬浮物、叶绿素、藻蓝素、颗粒有机碳、溶解性有机碳、有色可溶性有机物	藻华、水生植被、初级生产力等
二级参数	漫射衰减系数、真光层深度、透明度等	悬浮物组成、浊度、化学需氧量、营养状态指数等	细胞粒径、浮游植物优势种、群落结构等
三级参数	光学浅水、光学深水、底部反射、湖泊底质等	总氮、总磷、溶解氧、藻毒素、重金属等	浮游植物和水生植物物候等

4.2.5.1 光学特性参数遥感反演

1) CDOM 吸收系数

以往国内外 CDOM 遥感反演模型研究大部分针对大洋水体,主要是由于大洋水体中 CDOM 来源和组成相对单一,主要来源于浮游植物降解,遥感反演相对容易,精度也比较高。对于湖泊等内陆水体,由于 CDOM 来源和组成复杂,并且在遥感反射率中光谱信号非常有限,其遥感反演仍面临许多挑战。近年来,逐步发展的 CDOM 吸收系数遥感反演模型大多是经验模型,主要基于实测的高光谱遥感反射率与 CDOM 特征波长吸收系数构建区域性经验关系。

2) 漫射衰减系数与真光层深度

基于 PAR 漫射衰减系数遥感估算模型和 2003—2013 年 MODIS 大气校正产品,获得太湖 PAR 漫射衰减系数分布的时空格局发现,太湖 PAR 漫射衰减系数存在高度时空异质性(图 4.26)。

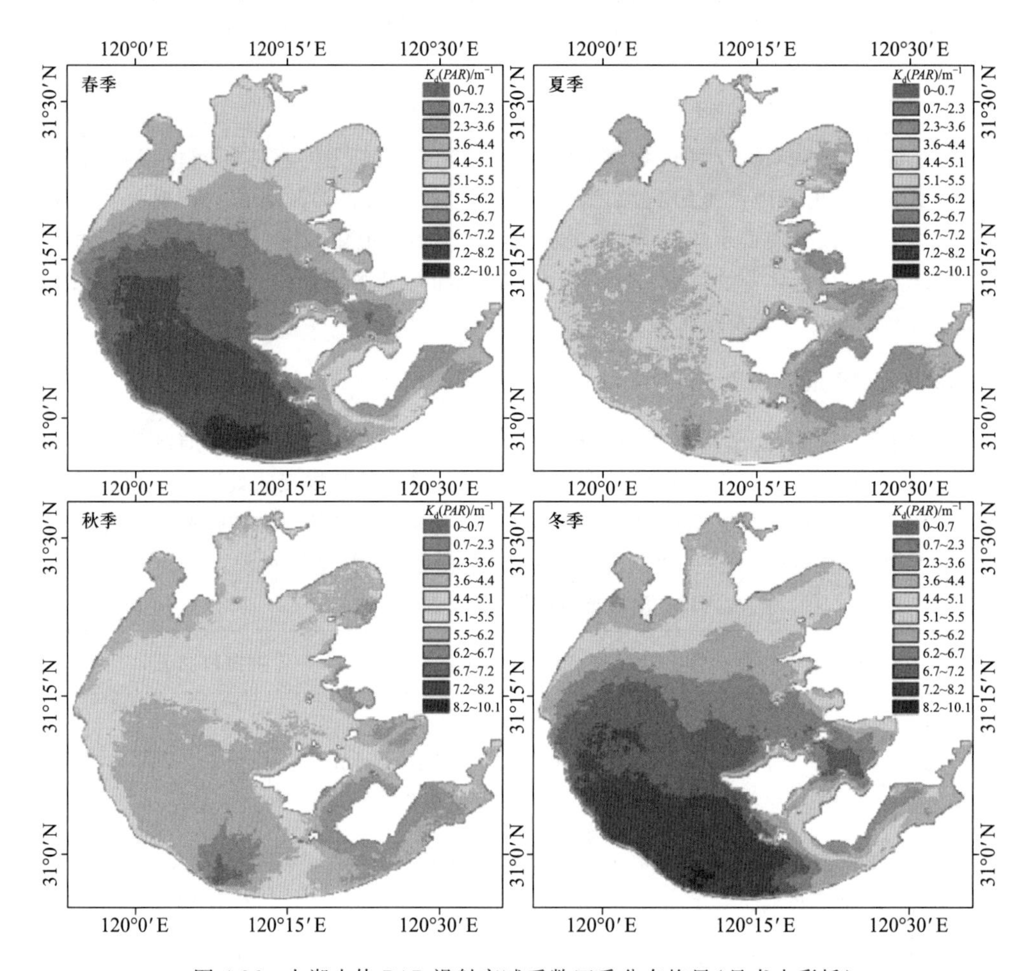

图 4.26 太湖水体 PAR 漫射衰减系数四季分布格局(见书末彩插)

3）透明度

利用卫星遥感数据对湖泊水体透明度进行研究始于 20 世纪 70 年代，基本理论是在红光波段和近红外波段，由于颗粒物的后向散射，水体表面遥感反射率随着水体中颗粒物浓度增加而增加，颗粒物的增加将阻碍太阳光进入水体，进而导致湖泊透明度下降，因此基于可见光红外和近红外波段遥感反射率和水体光学组分之间的关系，可以反演得到水体透明度和相关参数信息。到目前为止，透明度的估算方法有经验方法、半分析方法和分析方法。如基于 2003—2015 年共计 13 年（1233 景影像）MODIS 反射率产品，建立太湖透明度时空变化特征，太湖透明度呈现出显著的空间和年际变化特征。整体而言呈现降低趋势，但不同湖区变化趋势不尽一致（图 4.27）。

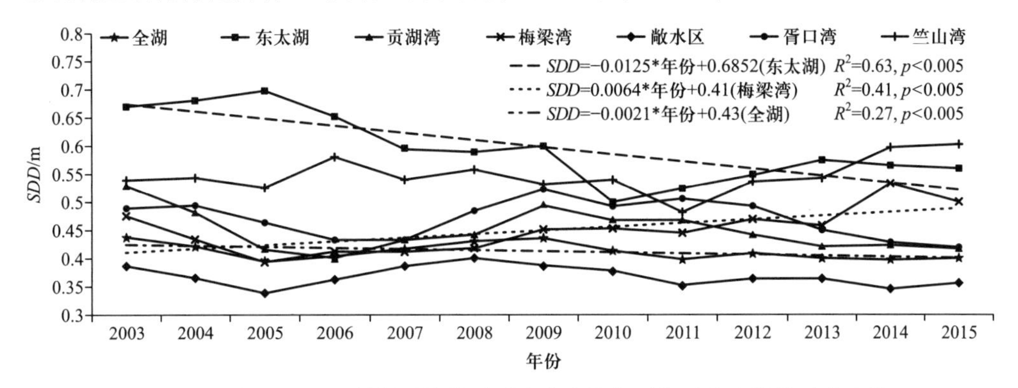

图 4.27 基于 MODIS 数据反演的透明度在太湖各子湖区及全湖的时序变化

4.2.5.2 水体光学组分及关联参数遥感反演

1）悬浮物

悬浮物是湖泊水体最常见的遥感反演参数，由于其光谱信号比较强，反演精度也相对比较高。当前，国内已有大量卫星传感器用于湖泊水体悬浮物遥感监测，也发展了诸如单波段、波段比值、多波段组合应用于 Landsat、MODIS 和 MERIS 等遥感数据的经验估算模型。与此同时，GSM 算法、QAA 多波段分析算法和 LMI 三波段线性方程组反演模型等生物光学模型也广泛应用于湖泊水体悬浮物浓度遥感反演。

2）叶绿素

叶绿素 a 浓度是湖泊水色遥感最传统、最经典的遥感反演参数。其基本原理是，叶绿素 a 在蓝光 440 nm 和红光 675 nm 处存在明显吸收峰，利用特征波长遥感反射率解析叶绿素 a 的吸收即可遥感反演叶绿素 a。目前，叶绿素 a 遥感反演比较成熟的算法有单波段、波段比值、三波段、四波段、荧光高度等，涉及的遥感数据有 Landsat、MODIS、MERIS 等（图 4.28）。

3）溶解性有机碳（DOC）

溶解性有机碳是水体中最大的有机碳库，因此开展大范围长时间尺度溶解性有机碳的遥感估算对于深入理解全球碳循环起到至关重要的作用。尽管溶解性有机碳是有色可溶性有机物的重要组成部分，但由于其光谱信号较弱，精确遥感反演仍面临不少挑战。湖泊中溶解性有机碳浓度的遥感反演算法大致有两种：一是利用遥感反射率的经验波段组合方法直接反演其浓度，另一种是基于溶解性有机碳与 CDOM 吸收系数经验

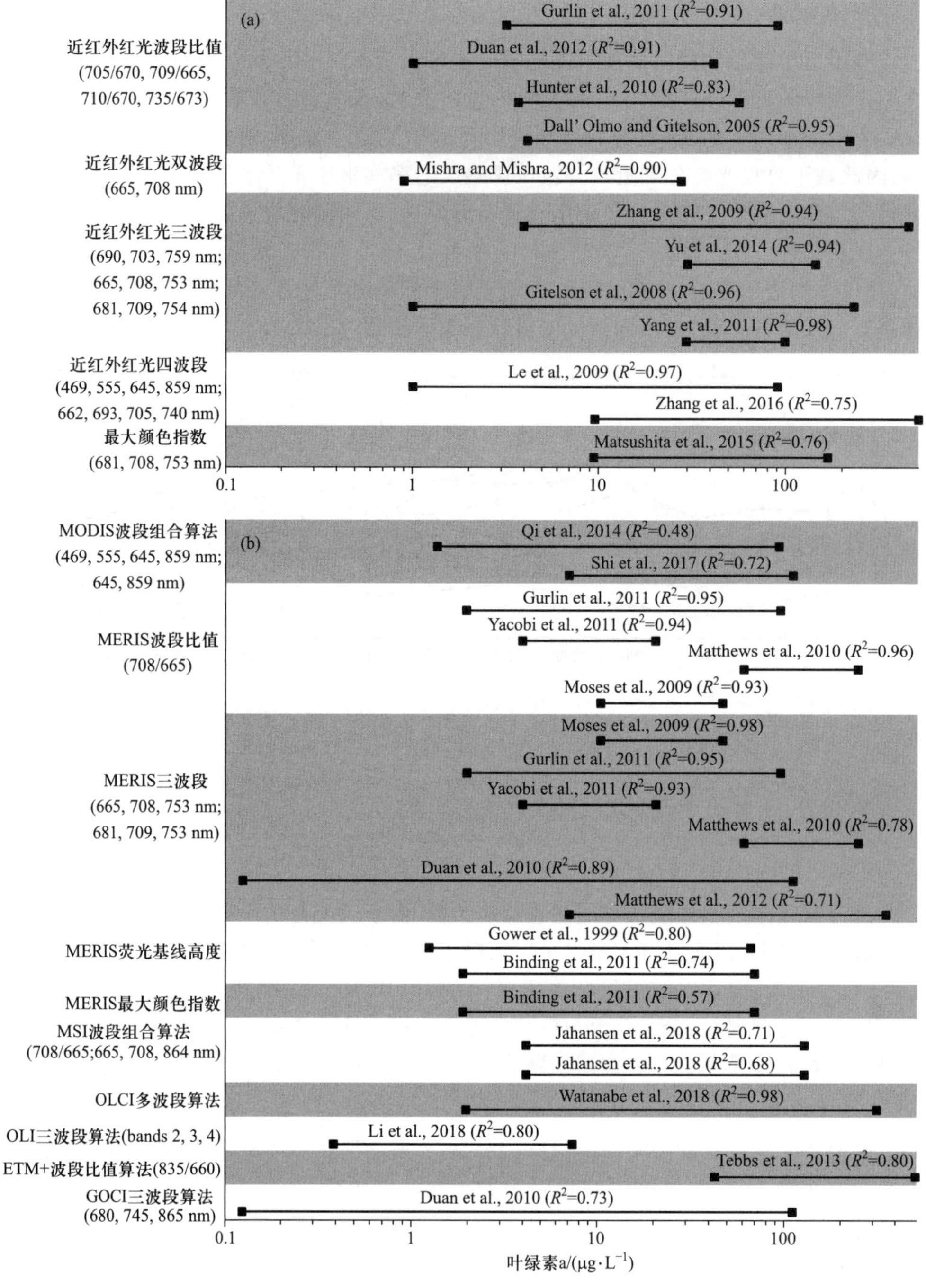

图 4.28　叶绿素 a 遥感反演算法汇总图

关系进行反演。

4）湖泊富营养化

湖泊富营养化本质是氮磷营养盐增加引起的藻类生物量累积，传统的富营养化评价指标中的透明度和叶绿素 a 在遥感卫星上具有光谱信号，尽管氮磷营养盐没有明显的光谱信号，但其与透明度和叶绿素 a 浓度密切相关，因此湖泊富营养化监测也是水色遥感应用的一项重要内容。目前,国内外先后发展了基于水体吸收系数和水色指数的湖泊富营养化评价模型和方法,利用 MODIS 红波段对湖库营养状态进行了评价,实现了全球范围的大型湖库营养状态遥感监测。

5)藻毒素

近年来,受人类活动和气候变化的影响,越来越多的湖泊水体富营养化程度加剧。蓝藻被广泛认为是富营养化水体中的优势藻种,富营养化水体也常常会出现蓝藻暴发的情况。众所周知,蓝藻会产生藻毒素,藻毒素对水生动植物会产生危害,严重影响水体生态安全。此外,藻毒素对人体健康也有威胁,会造成人体中毒。因此,藻毒素是水体环境质量与安全监测的重要指标。然而,藻毒素的常规实验室监测耗时耗力,成本昂贵,需要专业人员的参与。目前有研究报道,在蓝藻暴发期叶绿素 a 含量与藻毒素具有很好的关联性。因此,这为遥感估算藻毒素含量提供了可能性。在太湖的研究表明,以叶绿素 a 为媒介开展藻毒素的遥感反演是完全可行的。

4.2.5.3 生物生态参数遥感反演

1)藻类水华

藻类水华(藻华)是湖泊富营养化后引发的藻类大量繁殖的一种自然生态现象。随着湖泊富营养化和全球气候变暖,藻华发生的频率越来越高,有害藻华往往引发一系列生态灾害。藻华暴发时大量繁殖的藻类漂浮在水面或者混合于表层水体,形成强烈的浮游植物吸收和反射光谱信息,很容易被遥感卫星捕获。因此水华遥感在藻华的监测应用中能发挥重要作用,可以实现对藻华的实时监控和长期回顾性分析。当前,湖泊水体蓝藻水华遥感监测比较有效的方法是胡传民提出的漂浮藻类指数(floating algae index,FAI)。图 4.29 是基于 FAI 提取的 2003—2013 年逐日蓝藻水华面积和年平均面积长期变化趋势。对于蓝藻水华面积,可以看到清晰的季节周期性变化特征:在夏季和秋季,蓝藻水华发生频率较高;在春季和冬季较少发生。2003—2013 年(不包括 2006 年和 2007 年),年平均蓝藻水华面积呈扩大趋势($R^2=0.78$, $p<0.005$)。

2)水生植被

目前国内外已发展了一系列水生植被盖度、面积和生物量的遥感估算方法,通过阈值判别进而实现水生植被的识别。如归一化植被指数(NDVI),主要基于红光波段与近红外波段之差与两者之和的比值。另外,由 NDVI 直接或者间接发展而来的一系列植被指数用于水生植被的遥感反演,如增强植被指数、归一化差异水生植被指数。除此之外,一些应用于漂浮藻类监测的指数如最大叶绿素指数、蓝藻指数和漂浮藻类指数等也广泛应用于水生植被遥感。在水生植被分类和生物量遥感监测方面,还发展了诸如决策树模型、生物量检索模型、基于物候的植被分类模型等方法。

基于 MODIS 遥感数据对 2000—2014 年长江中下游的鄱阳湖、洞庭湖、太湖等 25 个面积在 50 km^2 以上的大型湖泊植被覆盖度遥感提取显示,水生植被覆盖度在 16.8%~58.9%,超过一半的湖泊湿地植被覆盖度在过去的 15 年呈现出减小的趋势,其中有 7 个湖泊的湿地植被覆盖度呈现出统计上显著减小的趋势,且大部分位于长江下游。植被覆盖度呈增加趋势的湖泊很少,只有 4 个湖泊(洞庭湖、鄱阳湖、青草湖、黄盖湖)的湿地植被覆盖度呈现出显著增加趋势,且主要分布于长江中游。

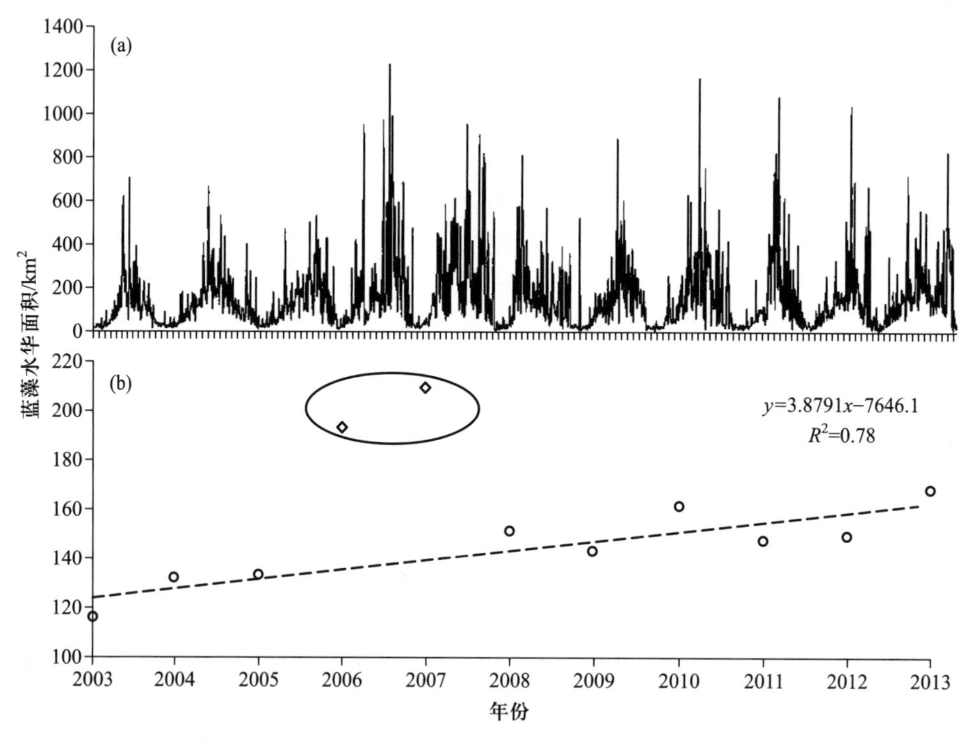

图 4.29　太湖蓝藻水华面积月际-年际变化特征(2003—2013 年)。椭圆标记的是 2006 年和 2007 年数据,在线性回归中已经剔除了这两年的数据

3) 浮游植物粒径和群落结构

不同浮游植物种类通常呈现出差异明显的粒径大小分布和色素组成,如绿藻细胞粒径一般要大于蓝藻;蓝藻由于富含藻蓝素,其吸收系数往往在 620 nm 附近呈现一个明显峰值。因此基于细胞粒径和特征色素的遥感反演可以粗略实现浮游植物群落结构的遥感提取。

浮游植物粒径结构的遥感估算主要有叶绿素浓度法和光学特性法两大类。叶绿素浓度法往往依赖于小型、微型和超微型浮游植物与总叶绿素浓度间统计关系,进而发展出浮游植物粒径结构的遥感模型。光学特性法主要是利用浮游植物和水体光学特性来估测各个粒径等级的结构,其中浮游植物吸收系数是最常用于构建估测模型和算法的变量,如吸收光谱分解模型等。通过对遥感提取和实测不同浮游植物群落结构的藻蓝素与叶绿素比值进行比对,可以判断蓝藻的丰度(图 4.30)。

4) 浮游植物物候

浮游植物物候过程和变化是生态系统对气候变化的最直接响应,随着全球气候变暖物,候学研究受到越来越多的关注。同时,由于浮游植物历史物候观测数据的限制,越来越多的研究借助于叶绿素 a 浓度的长期遥感监测来提取浮游植物物候信息。如基于 2003—2017 年 MODIS 卫星数据遥感反演的叶绿素 a 日观测数据,通过物候参数计算发现,太湖蓝藻生物量和水华面积明显增加,蓝藻水华暴发频率显著上升,暴发时间明显提前(图 4.31),而物候提前主要是由于春季气温上升所致,即温度越高蓝藻水华暴发越剧烈,暴发开始时间越早。温度的升高不仅促进蓝藻生长,还提高了其与其他藻的竞争优势。

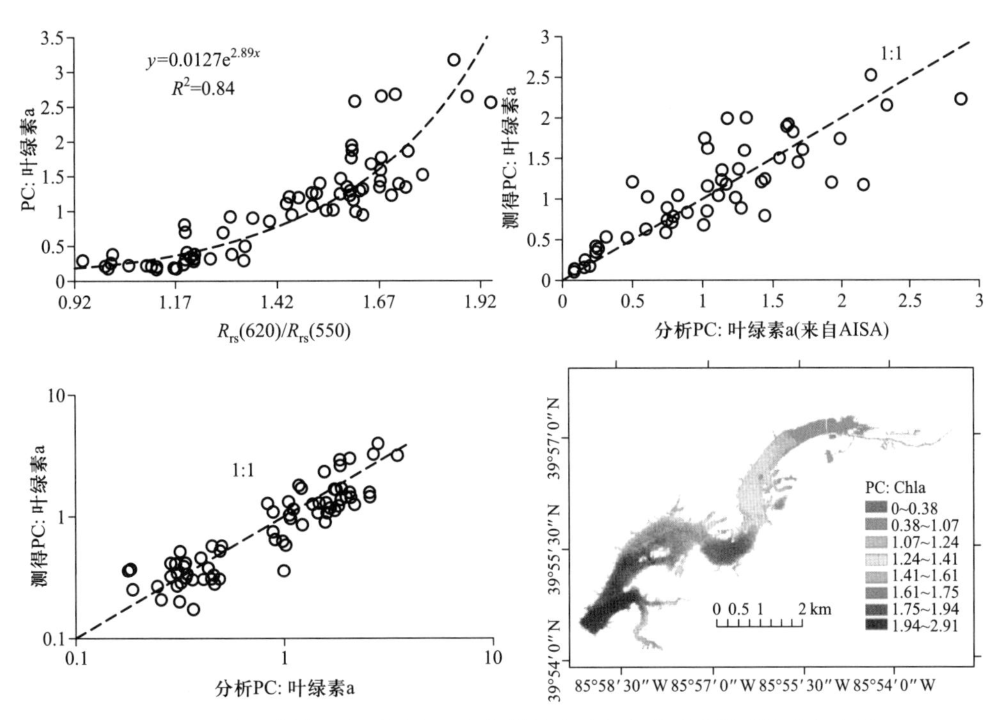

图 4.30　基于藻蓝素与叶绿素 a 比值判断蓝藻丰度的遥感模型构建与应用

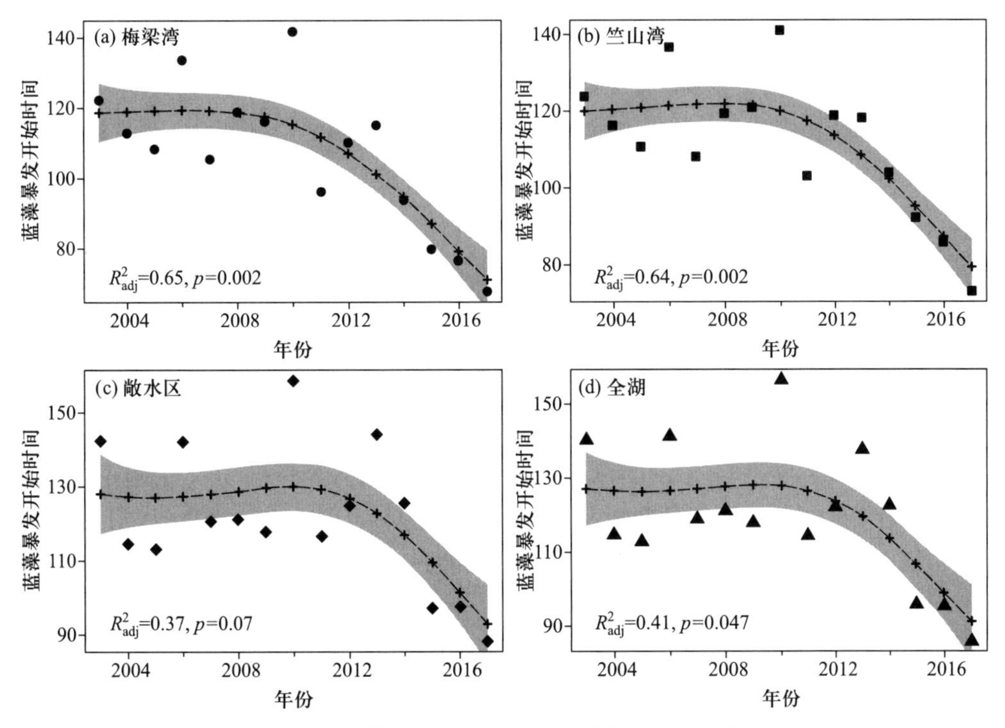

图 4.31　太湖不同湖区蓝藻水华暴发时间长期变化

4.2.5.4 其他参数遥感反演

除了前面提到的这些水色相关参数外，湖泊光学水色遥感应用日益拓展，基于水体光学特性、水色遥感组分与水体中许多其他物质间机制和经验上的定量关系，水色遥感还可以实现颗粒有机碳、二氧化碳分压、氮磷营养盐、重金属、光学深水湖泊地形等参数的遥感反演。

4.3 湖泊水温与热力分层

水温是湖泊水体的一项基本物理性质和湖泊生物界最重要的环境条件，是引起湖水各种理化过程和动力现象的主要驱动因素，也是影响生物新陈代谢和物质分解、决定湖泊生物生产量的重要指标。水温的空间分布与季节变化决定湖泊水体生物群落的结构以及生产力。湖泊热力分层（thermal stratification）是湖泊水体温度垂向差异的一种最基本最常见的物理现象，它是制约湖泊各种理化过程（如溶解氧分布、底泥营养盐释放）、上下层水流混合和对流等动力现象的重要因素，同时对生物的新陈代谢和物质分解具有重要的作用，也是影响湖泊生物生产量和生态系统演化的重要指标，在国内外受到广泛关注和大量研究。

4.3.1 湖泊水温基本概念

4.3.1.1 水温、储热量和热量平衡

水温：反映水体热状况的物理量，它受到太阳辐射（主要是长波有效辐射）、水面与大气的热量交换、水面蒸发、水体的水力因素、水体地质地貌特征及补给水源等因素综合影响。

湖水储热量：湖泊水体中所含的总热量。在 t 时刻的湖水储热量（Q_t，单位：J）可用下式表示：

$$Q_t = C\int_{H_0}^{H_D} T(z,t)\rho(z,t)A(z)\,\mathrm{d}z \tag{4.50}$$

式中，C 为湖水热容量，对于淡水湖泊可近似为 1；H_0 为湖面高程（m）；H_D 为湖面积等于零时的湖底高程；$T(z,t)$ 为 t 时刻的水温垂直分布曲线；$\rho(z,t)$ 为 $T(z,t)$ 对应的湖水密度分布；$A(z)$ 为湖泊水位面积曲线。在水量不变的情况下，湖泊储热量的变化基本上与全湖水温变化相应，即水温高，储热量大；水温低，储热量小。

湖泊热量平衡：湖面通过吸收太阳能等方式获得能量，而通过水面蒸发、水面有效辐射和水面与大气的对流热交换等失去热量。在一定时段内，湖水收入的热量与支出热量之差，即湖泊热量平衡，也等于湖水储热量的变化量。湖泊热量的输送和交换可以用湖泊热量平衡方程来表达和计算。

在湖泊学中，与水温相关的重要概念还有潜热（latent heat）和感热（sensible heat）。潜热一般指水在等温等压情况下，从一个相变化到另一个相吸收或放出的热量。感热亦称显热，指水温升高或降低而不改变其原有相态所需吸收或放出的热量。

4.3.1.2 水的密度和湖泊热力分层参数

近代 X 射线的研究证明了冰具有四面体晶体结构，这个四面体是通过氢键形成的，是一个敞开式的松弛结构，因为五个水分子不能把全部四面体的体积占完，在冰中

氢键把这些四面体联系起来,成为一个整体。这种通过氢键形成的定向有序排列,空间利用率较小,约占34%。因此冰的密度较小,约为4 ℃液态水的9/10。

冰溶解时拆散了大量的氢键,使整体化为四面体集团和零星的较小的"水分子集团"(即由氢键缔合形成的一些缔合分子),故液态水已经不像冰那样完全是有序排列了,而是一定程度的无序排列,即水分子间的距离不像在冰中那样固定,H_2O 分子可以由一个四面体的微晶进入另一微晶中去。这样分子间的空隙减少,密度相对冰就增大了。温度继续升高时,水分子的四面体集团不断被破坏,分子无序排列增多,密度增大。但同时,分子间的热运动也增加了分子间的距离,降低了密度,这两个矛盾的因素在水温约为4 ℃时达到平衡。因此,在4 ℃时水的密度最大,超过4 ℃时,分子的热运动导致分子间的距离增大成为主要因素,水的密度随水温增加逐渐减小。

湖泊热力分层是由于水的热膨胀性质引起的(图4.32),即在4 ℃左右时水的密度最大,4 ℃以下时水体密度随着温度降低而降低,而4 ℃以上时水体密度随着温度升高而降低,且温度越高密度下降越快。水温大于4 ℃时,可能会出现自表层向底部水温降低的情况,称为正分层;水温小于4 ℃时,可能会出现自表层向底部水温升高的情况,称为逆分层。

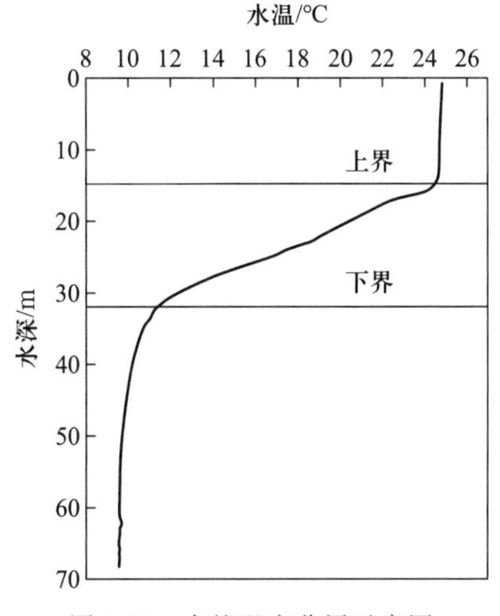

图4.32 水柱温度分层示意图

湖泊热力分层的量化研究可以追溯到近一个世纪之前,Schmidt(1928)发表了热力分层稳定度等的定义及计算方法,首次利用水动力学对湖泊热力分层状态进行了描述。随着全球湖泊监测网的逐步建立,关于全球湖泊的大量数据已被迅速累积起来(Klug et al.,2012)。浮标仪器的使用使得湖泊长时期的高精度监测成为可能。根据这些高精度数据计算得到的物理指标,可以用于更细致地研究热力分层,进而解释外界驱动因子(比如风、气温等)变化所引起的湖泊热力分层机制及其生态效应。

1) 水体分层结构

当分层作用占优势时,水体上层由于受到风力扰动,对流冷却效应强,垂直方向上没有温度及密度梯度,称为湖上层或混合层(epilimnion),混合层上界为空气-水界面,而下界则被定义为水体紊流由强向弱转换的临界面。

水体中部由于混合作用减弱至不足以克服静力稳定度而存在较大的垂直温度梯度,称为温跃层(thermochine)或变温层(metalimnion)(Blanton,1973)。随着季节、纬度以及大风引起的湍流混合的变化,温跃层在水体中可能是半永久性的现象,也可能是暂时性地对昼夜间水体表面的辐射热/冷现象做出的反应。温跃层深度、厚度及强度是表征温跃层特征的主要参数,其影响因素包括季节性气候变化、纬度、地区环境状况(如潮汐及海流等)以及湖泊地形地貌特征(如水深、面积、风区长度等)等。

但是关于温跃层深度的精确定义,有多个存在一定差别的版本,例如,可按照紊流度、温度梯度、密度梯度、化学梯度等阈值来定义。如果自水面到水底将水体分成 K 层,各层的深度和水温分别标号为 $Z_1,Z_2,\cdots,Z_K$ 和 $T_1,T_2,\cdots,T_K$。温度梯度的数学表达可以用式(4.51)加以表示:

$$\frac{\partial T}{\partial Z}=\frac{T_{K-1}-T_K}{Z_K-Z_{K-1}} \tag{4.51}$$

温跃层的划分标准,根据所处位置水深不同而取值不同。根据以往抚仙湖、千岛湖、天目湖等湖库实测的温度剖面曲线,参照文献的研究结果,将水温梯度超过0.2 ℃ · m^{-1}的水层定义为温跃层。温跃层深度是指温跃层上界的深度,在温度垂直分布曲线上一般存在上、下两个极大曲率点,即最浅一个极大曲率点所在的深度(图4.32)。温跃层厚度即上、下两个极大曲率点的垂直距离。温跃层范围内上下界$\frac{\partial T}{\partial Z}$的平均值即为温跃层强度。

水体下部受外界影响较小,相对静止,温度、密度梯度较小,称为湖下层或滞水层(hypollimnion)。

2) 湖泊热稳定性

湖泊热稳定性又称为施密特稳定性(thermal stability, S),表示湖泊分层状态被完全瓦解的瞬间所需要的能量,无须考虑分层期内加热或者散热所需的热量。热稳定性代表着整个水柱响应风力混合的灵敏度,根据它可以预测湖下层的水和营养物质进入湖上层的潜力。施密特稳定性指数由连续的温度剖面变化计算得出:

$$S=\frac{g}{A_0}\int_{Z_0}^{Z_m}(P_Z-P_m)(Z-Z_g)A_Z\partial_Z \tag{4.52}$$

式中,S为热稳定性(J · m^{-2});g为重力加速度;A_0为湖泊表面积(m^2);A_Z指深度Z时湖泊面积(m^2);P_m为完全混合时的密度(kg · cm^{-3});P_Z为深度Z处密度(kg · cm^{-3});Z_g为完全混合状态下重力中心处的深度(m)。湖泊稳定性反映了水体分层时整体的动力状况,稳定性越高,水体的紊流混合就越被抑制,同时导致沉淀速率的升高。

3) 浮力频率

在稳定的热力分层结构中,流体质点受到扰动后在垂直方向移动,重力和浮力的共同作用总使其回到平衡位置,并由于惯性而产生振荡,其振荡的频率即称为浮力频率(N^2)。浮力频率代表水体的局部稳定性,也即温跃层内的动力状况。当浮力频率较大时,温跃层内的物质扩散方式主要以分子扩散为主,因而扩散速率十分缓慢。浮力频率根据密度梯度∂_ρ/∂_Z求得:

$$N^2=\frac{g}{\rho}\,\frac{\partial_\rho}{\partial_Z} \tag{4.53}$$

4.3.1.3 基于热力循环的湖泊分类

根据湖泊在一个自然年内出现长时间热力分层的次数,可将湖泊分为单混合型湖泊(monomictic lake)、双混合型湖泊(dimictic lake)、多混合型湖泊(polymictic lake)以及不完全混合型湖泊(Lewis Jr, 1983)。

单混合型湖泊:暖温带湖泊水体温度常年高于4 ℃,因此多为单混合型湖泊。单混合型湖泊一年中只在夏季发生一次分层。冬季气温低,水体呈等温分布或者微弱的正温分布;春季太阳辐射迅速增加,气温回升,热力分层开始形成;夏季太阳辐射及气温进一步上升至最高,热力分层最强烈;秋季,随着太阳辐射的减弱,气温开始降低,温跃层开始逐渐瓦解;只有在冬季,当表层水温降低至和底层水温同温时,水体进行从上至下的完全混合循环并开始新一轮循环。亚热带分层湖泊大部分属于单混合型湖泊,如抚仙湖。

双混合型湖泊:温度较低的温带地区大部分湖泊属于双混合型。双混合型湖泊一年内具有两次典型的热分层现象。一次在夏季,湖上层的温度要比湖下层高;另一次在冬季,湖上层的温度要比湖下层低。例如美国威斯康星州的 Mendota 湖。

多混合型湖泊:大多数浅水湖泊都要经历频繁地混合,但是在两次风浪扰动中间都有可能形成分层。许多热带湖泊(如危地马拉的 Amatitlán 湖和墨西哥的 Chapala 湖)是大型浅水湖泊,它们通常进行为期几天至几周的不连续分层,分层时长取决于白天风力和时间以及夜晚冷却的时间。佛罗里达州的 Thonotosassa 湖是一个亚热带浅水湖泊,偶尔会在最热的几天里分层,但是很容易被微风混合。

不完全混合型湖泊:主要发生在水密度受盐度影响大于水温影响的湖泊,表现为溶解在湖下层的粒子和有机质足够多而导致湖水密度形成梯度抑制湖水混合。在不完全混合型湖泊中,含有一个不混合的深水层,最深的一层叫滞水层,在滞水层和上层水之间水的密度变化最大的层叫密度跃层。密度跃层通常与化跃层相关,即溶质浓度变化最大的层。

4.3.2 湖泊水温的变化特征及生态环境效应

4.3.2.1 水温与气温关系

湖泊水温与外界气温观测记录表明,湖泊水温与大气温度走向基本一致,尤其是湖泊的表层水温(图 4.33),水温日振幅略微小于气温。当天气晴好时,水温与气温呈明显的日变化,且浅层水温较深层水温变化大,与气温的变化趋势一致,深层水温虽有变化但变幅略小;阴雨天气,湖泊水温和气温变化较稳定,其中浅层水温较深层水温变化明显。这是由于湖泊水体的热量主要来自太阳辐射,晴好天气太阳辐射强,湖泊水面水-气热交换频繁,浅层水温随气温的变化较为明显;而阴雨天气太阳辐射弱,气温变化不大,水-气热交换效果差,因此水温变化也较平稳。湖泊水体容积热容量大,再加上水面蒸发,致使水体表层温度的变化滞后于气温变化幅度。由于湖泊水体白天受热期间吸收并储存了大量热量,产生"热汇"效应,夜间气温下降冷却期间,水体又将储存的热量释放出来,发挥"热源"作用。正是这种热特性和热量传播特点使得湖泊水体温度的变化趋于缓和。

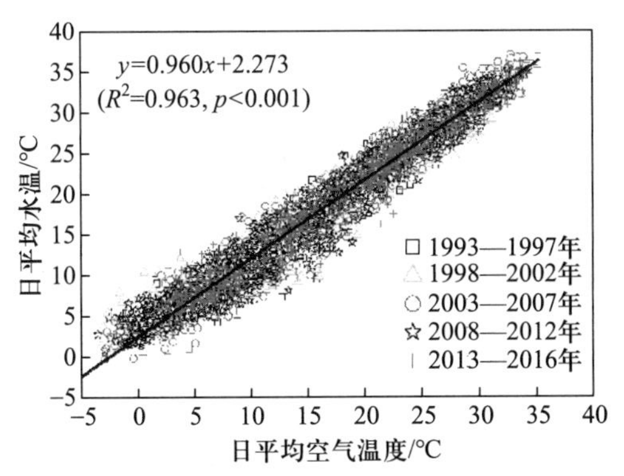

图 4.33　基于长期观测的太湖气温与表层水温的关系

气温对水温的影响主要作用于水柱表层，在深水湖泊中，表层水体接收到的太阳辐射热量很难传递到中层以及下层水体，同时由于水体内搅动下降，会形成热力分层，从而使下层水体水温很难受水面气温的影响，全年维持在恒温状态。

4.3.2.2 水温日变化与年变化

水温的变化主要取决于日内或者年内热量收支各要素的平衡。水温的日变化和年变化以表层最为明显，随深度向下，变化幅度衰减，同时产生相移，最高及最低水温出现时间相对滞后。

1）水温日变化

湖泊表层的最高水温出现在 14：00—20：00 时，最低水温出现在 5：00—8：00 时；夏季由于日出早、日落晚，因此最高水温出现的时间稍迟，一般为18：00—20：00 时，冬季提前为 14：00—16：00 时；最低水温夏季出现在 5：00—7：00 时，冬季为 6：00—8：00 时。湖岸区的水温日变化比开敞区明显，而且变幅也大。

天气状况对水温的日变幅也有较大的影响，浅水湖泊每遇大风或阴雨天气，水温日变幅减小，有时还呈同温分布；在晴朗无风的天气，白天湖面剧烈增温，夜间又急剧冷却，因而水温的日变幅较大。阴天最高水温出现的时间也有提前的现象。深水湖泊储热量大，大风及阴雨天气对其表层水温日变幅的影响不及浅水湖泊显著。

此外，不同季节的水温日变幅是不同的。一般说夏季的日变幅比冬季大，春、秋为气候的过渡季节，水温的日变幅介于夏、冬之间。

2）水温的年变化

由于湖水在年内各个季节受太阳辐射热不同，因而湖水温度相应地发生年内变化。小而浅的湖泊，由于长期受气候的影响，因而水温与气温有着较为相似的变化过程。最高水温出现在每年的 7—8 月，最低水温出现在每年的 1—2 月。水温和气温的年内变化过程大致是：1—3 月气温是全年较低的时期，而湖泊由于热容量大，散热不及空气，所以这一时期水温常高于气温；3 月以后，气温上升，而水体由于热容量大，水温升高不及气温显著，再加之雨量少，空气湿度低，湖水蒸发量大，也使得水温有所下降，因而 4—6 月气温常高于水温；6、7 月以后，由于雨季的影响，热辐射也开始减弱，月平均气温开始下降，而水体散热较慢，此段时期水温又常常高于气温。

当水温持续低于冰点时，高纬度、高海拔地区的大部分湖泊会出现湖面结冰的现象。湖冰一般在每年秋冬季冻结，翌年春夏季消融。根据湖泊所处的纬度、湖泊形态、水体盐度等特征，冰冻期的时间从若干天至若干月不等，冰冻面积和冰层厚度也存在地区差异。近年来，越来越多的证据表明，即使湖泊处于封冻状态，冰下生物活动依然活跃；同时，冬季是气候变暖最显著的季节，湖泊冰情将受到显著影响，因此关于湖泊冰情及其生态效应的研究逐渐成为一个研究热点（Sanders-DeMott and Templer，2017）。

4.3.2.3 水温长期变化及其生态环境效应

1）水温长期变化趋势

当前全球气候变化最直接的反映是温度升高。观测资料显示，1880—2012 年平均地表温度上升了 0.85 ℃，预估 21 世纪末平均温度在 1986—2005 年基础上再升高 0.3~4.8 ℃（IPCC，2013）。基于全球 235 个湖泊的监测和卫星数据显示，1985—2009 年全球大部分湖泊急剧变暖(O'Reilly et al.,2015),例如意大利的 Garda 湖(图 4.34),且增温速率超过同期海洋和地表增温速率。

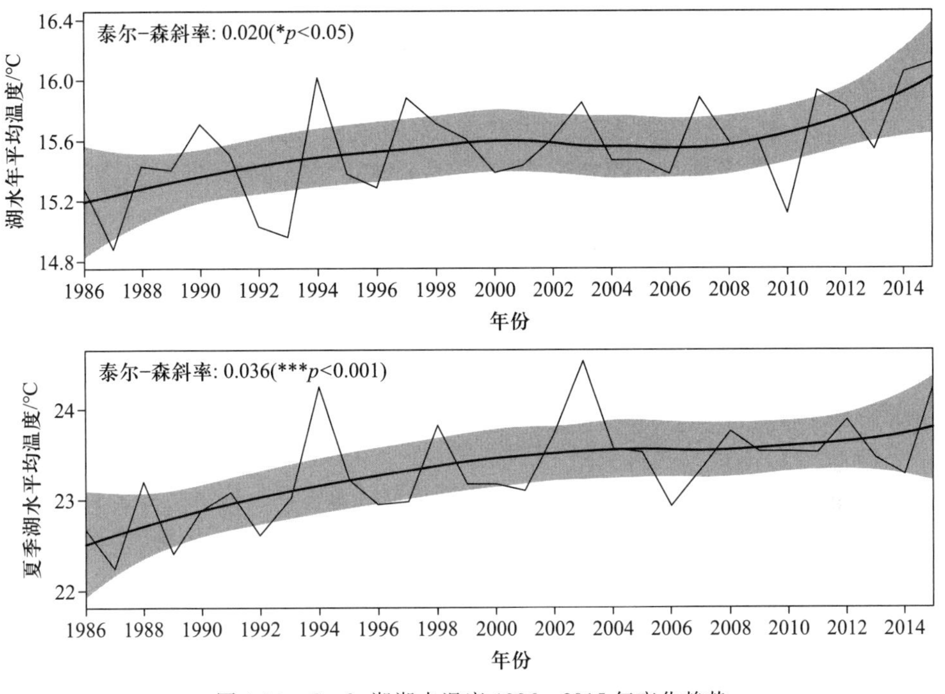

图 4.34 Garda 湖湖水温度 1986—2015 年变化趋势

2) 水温长期变化的生态效应

(1) 物候提前

无论陆地生态系统还是水生生态系统,世界范围内都有春季物候提前的记录。在淡水湖泊 Müggelsee 湖,1979—1998 年也有浮游植物物候提前的记录(Gerten et al.,2000)。温度升高能直接提升浮游植物光合作用和呼吸作用,从而提高生长率及繁殖速率,缩短浮游植物生物量达到峰值的时间而使得物候提前。冬、春季节的优势种一般是对营养盐要求较高的硅藻,因为它生长速率快,同时对光强和温度的要求相比其他藻类要低,因此硅藻能以累积生物量的方式快速响应水温升高。

全球变暖对浮游植物物候的影响还可能体现在累积效应——积温的增加。积温概念在昆虫和高等植物上运用比较广泛,在浮游植物上的运用还很少报道。但藻类能快速增殖,这种增殖可以看作浮游植物对积温的一种响应,并且在水温、营养盐和光照等条件适宜时浮游植物生物量将呈指数增长。例如,在太湖地区开展的实验说明,积温能更好地解释蓝藻复苏过程。在不同积温情境条件下,水柱中微囊藻生物量有差异但可能不显著,常规采样误差甚至可能掩盖这种差异;但是进入夏季(水温超过 20 ℃),微囊藻开始指数增长,上述微小的差异就能被放大,从而使得夏季水华能提前发生并且程度加剧。

(2) 改变浮游植物群落结构

浮游植物群落结构对全球变暖的响应因季节、区域不同而有所差异。同时,不同物种对气候变化的响应也不相同,这是因为特定藻类对温度升高的响应取决于该藻类的耐受范围与温度变化范围之间的关系。从 20 世纪 60 年代初开始的对位于芬兰的

Pyhäjärvi 湖的监测结果表明,平板藻、薄甲藻、锥囊藻以及浮游蓝丝藻是该湖夏季主要的优势种。Pyhäjärvi 湖夏季平均气温在 17.97±1.28 ℃,薄甲藻最适生长温度在 24 ℃附近,锥囊藻最适生长温度范围为 5~18 ℃,浮游蓝丝藻最适生长温度范围为 15~25 ℃。因为不同物种最适生长温度的差异以及该湖夏季温度平均值,随着夏季温度的升高,平板藻生物量呈增加趋势,但趋势并不显著($p>0.05$);而薄甲藻以及锥囊藻的生物量正在逐渐下降;浮游蓝丝藻生物量从 1990 年以来呈逐渐增加趋势,2005 年以后成为绝对优势种。也就是说,Pyhäjärvi 湖地区的变暖趋势促进了浮游蓝丝藻的优势,抑制了薄甲藻以及锥囊藻的优势,而平板藻对全球变暖的响应似乎并不显著(Deng et al.,2016)。Domis 等(2007)在 Tjeukemeer 湖(位于荷兰北部)开展的控制实验结果也表明,在磷缺乏的情况下,不同功能组的浮游植物对气候变暖的响应是不一样的。Tahoe 湖是位于美国加利福尼亚州的一个深水湖泊,1982—2006 年的监测数据分析结果显示,全球变暖引起的水柱热力分层变化使得水柱中硅藻朝着小型硅藻演化,因为相比于大型硅藻,在稳定的热力分层情况下,小型硅藻更具有竞争优势(大型硅藻容易沉降)(Winder et al.,2009)。

总体来说,全球变暖的大背景下,淡水湖泊中浮游植物群落结构正朝着蓝藻占优的方向发展(Paerl and Huisman,2008)。首先相对于其他硅藻和绿藻,蓝藻喜高温(一般>25 ℃);其次,全球变暖使得春季提前,秋季变冷推迟,延长了生长季节;而且一般认为,混合均匀的水体有利于硅藻、绿藻等易于沉降的种类,而水体产生热力分层则有利于能自我调节浮力的蓝藻;同时,全球变暖还将影响降水格局,使得流域内输入到水体中的营养盐增加,短时间内可能因为冲刷稀释作用使水华消失,但是随着营养盐和水力停留时间增加,最终将促进蓝藻生长;最后,温度升高加上营养盐浓度增加使得藻类大量生长,也将降低湖水透明度,使得某些耐低光的蓝藻(主要是颤藻目)在光照较弱环境下能获得竞争优势。基于模型的研究结果也表明,水温增加对蓝藻优势的促进效果是明显的,它使得水华发生提前(温度上升 1 ℃时间提前 2 天)并且蓝藻所占比例也将增加(温度上升 1 ℃蓝藻所占比例增加 7.6%),但是年平均生物量可能会下降,这是因为当春季生长受到促进时会大量吸收营养盐,从而使营养盐成为限制性因子(Elliott et al.,2006)。

4.3.2.4 水温水平与垂直变化

水温的水平分布规律在区域上表现为随湖泊纬度变化而变化(图 4.35)。而对于具体湖泊而言,尤其是面积相对较小的湖泊中,水温水平方向上的差异往往较小。但当补给水(如入流、地下水等)的温度与湖泊水体温度不一致时,水温分布会产生明显的水平差异;此外,由于受到岸线和湖底的影响,近岸水温一般略高于湖心区,浅水区水温一般略高于深水区;当表层水体透明度存在明显空间差异时,例如湖泊表面部分区域有藻类堆积,在天气晴朗情况下,由于悬浮物对辐射的吸收强烈,会使得表层水温水平分布产生空间差异。

相比水温的水平分布,湖泊水体水温的垂直分布特征研究较为充分。湖泊水温的垂直分布主要取决于外部气候条件(如太阳辐射、气温、季风等)及湖泊本身物理特征(深度、吹程等)等多种因素。太阳辐射首先被表层水体吸收,辐射通量随着深度增加呈指数衰减,衰减系数与湖水透明度呈反比,从而使得水体趋向于产生从表层至底部呈指数衰减的垂直水温及密度梯度,进而拥有一定的静力稳定度,即热力分层作用。风力

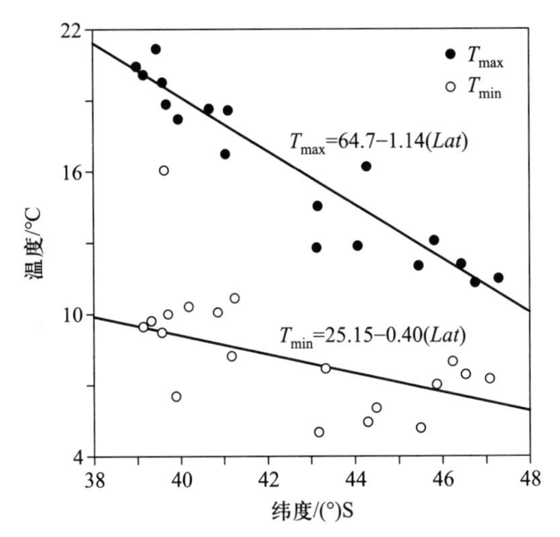

图 4.35 智利深水湖泊(最大水深>90 m)表层水温(T_{max})和深层水温(T_{min})与纬度的关系(Geller,1992)

驱动的混合作用则可以克服静力稳定度,使湖水水温趋向于均匀化,其作用大小亦随深度递减;当湖水温度在垂直方向上一致时,称为等温分布。另外,由于表层水与大气、水体内部存在一定温差,从而产生表层水与大气及水体内部的热交换过程:表层水对大气热量的吸收,使水体趋向分层,而水体内部的热交换过程则促使水体产生上下热对流,有利于水体垂直混合。由于水的热传导性较差,水深越大越容易产生热力分层。

在热带和亚热带地区,由于湖泊水温基本常年维持在 4 ℃以上,因此垂直水温分布的季节变化过程相对简单。例如在抚仙湖(图 4.36),1、2 月湖水温度基本保持上下混合状态;3 月表层水温缓慢升高,月增幅可达 1 ℃以上;4 月水温变化比较明显,表层水温月增幅可达 4 ℃,下旬开始出现明显的温跃层;5、6 月水温升高变慢,每月水温升高 2~3 ℃,温跃层厚度增大;7、8 月表层水温最高,温跃层达到稳定状态。从 4 月到 8 月,抚仙湖温跃层厚度逐月增加,由 5 m 增至 20 m。9 月表层水温开始下降,但降幅小于 1.5 ℃;10 月至 12 月表层水温月下降幅度均在 3 ℃左右。在这几个月,温跃层继续下移,在 20~45 m,且表层与底层温度梯度逐渐减小,到 12 月几近消失。

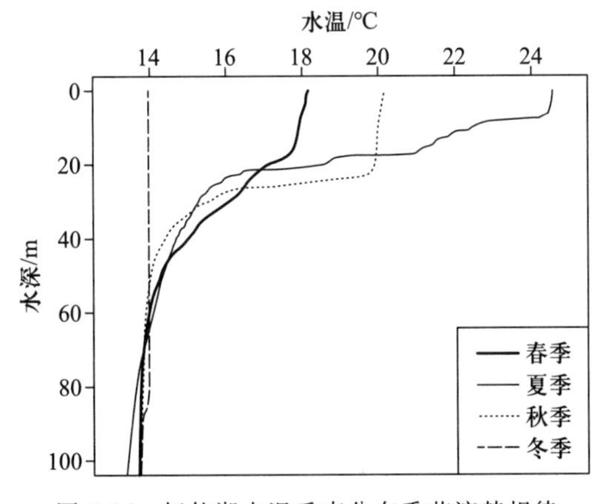

图 4.36 抚仙湖水温垂直分布季节演替规律

4.3.3 湖泊热力分层及生态环境效应

4.3.3.1 湖泊热力分层季节变化

外界气象因子（如太阳辐射、风、气温）的季节性周期变化，引起湖泊热力分层在不同季节呈现出不同的特征（图 4.37），表现为湖泊稳定度、温跃层深度、混合层深度等热力分层动态指标的变化。

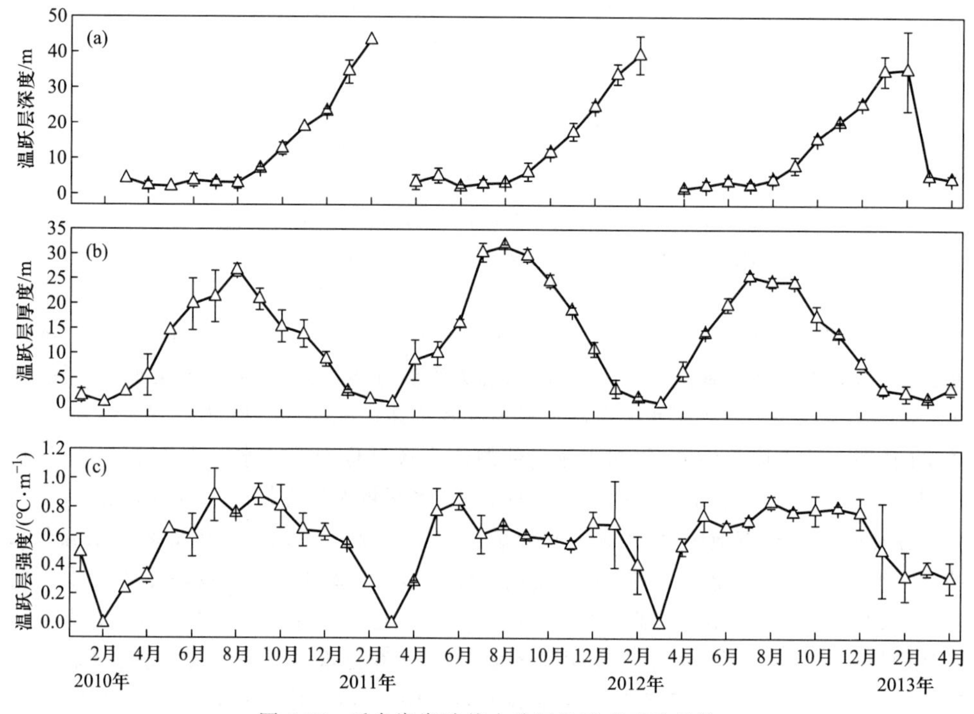

图 4.37 千岛湖湖泊热力分层的季节变化规律

在深水湖泊中，当监测到大量营养物质从湖下层进入湖上层时，就预示着温跃层发生了变化。对于冰湖，一旦湖泊的冰层融化形成无冰期，春季逆转（或称另一轮循环）就开始了。浅水区受到温暖水体的补给迅速升温，湖泊就形成热障（thermal bar），在大型湖泊或多流域湖泊中尤其明显。当岸边温暖（>4 ℃）而轻的湖水遇到远岸较冷（<4 ℃）的湖水，就会混合成 4 ℃的湖水，这是密度最大的水，因此下沉。湖水下沉可能会出现以下 4 种结果：① 岸边和远岸的两股水团被分开，外源输入的营养物和污染物滞留在沿岸带，直到热障消失；② 在温暖且光照充足的近岸浅水区湖泊分层稳定，来自陆地的营养物丰富，容易暴发春季水华；③ 热障形成复杂的混合模式；④ 随着春季逐渐升温，热障逐渐向远岸推移。当近岸和远岸的水温差异增加，岸边温暖（相对较轻）的水团能够向仍然静止的寒冷的敞水区移动时，整个湖泊的水运动就开始了。

热障在大型湖泊里可能存在一个多月，而在小型湖泊里却只存在几天时间；但在亚北极一些湖泊中热障会持续整个夏季。当双季节对流混合湖泊处于无冰期时，其水温接近最大密度时的温度，此时水温均衡。在接下来的数天或者数周，温度会很快升高，因为吸收的热量不必再用于融化冰雪。超过一半的太阳能是通过湖泊上层水域吸收的,如果没有风力的扰动,温度剖面应该随着水深的增加而呈指数下降;风力扰动能使湖泊吸收的太阳能在整个水体中混合均匀,使水柱由上到下维持相同的温度。具体来说,在寒冷的春夜,表面的湖水被冷却,高密度湖水就会下沉,由此产生的对流或者密度流有利于混合并维持较长时间的混合期,这种状态在浅水湖泊尤其明显。但是当水温持续升高,白天表层水域和深层水域之间的密度差异越来越大,即使夜晚温度下降,表层湖水也不会被冷却到下沉的地步,湖泊抵抗风力和密度流扰动的能力越来越强;在少风的日子,只需要短短几个晴天,上下层水柱的温差就会增加到足以有效地阻止水体混合,湖泊的混合状态就会终止。随着春季的升温,湖泊水温升高,风混合暖水深入温跃层的顶层,温跃层开始扩张。

在热力分层建立以后,湖上层会在风力扰动的作用下不断混合,尤其在夜晚、多云和寒冷的日子里,混合作用因为对流的形成而显著增强。温跃层是湖上层和湖下层过渡的区域,不但会有温度梯度,而且在分层作用明显的湖泊还会有很大的密度梯度,并由此产生足以抵制混合作用的扰动力。

在夏季,湖水混合的深度随着湖泊面积的大小、水的透明度和平均温度的增加而增加。一旦湖泊处于稳定分层状态,湖下层的深度很少发生变化,直到分层状态结束。但是,即使在稳定分层的大型湖泊中,由于夏季一系列的风暴和温暖平静期的交替,温跃层的热结构变得很复杂,湖上层的深度也会发生变化。湖泊的温跃层厚度随季节发生变化,而风暴会加速其变化。在分层不稳定的湖泊,湖上层和湖下层的温度(或湖水密度)差异很小,夏季风暴的影响就会更明显。例如,瑞典的埃尔肯湖是一个分层不明显的湖泊,在分层期,湖下层的温度会升高好几度,而且年际变化相当大。在温度剖面上,不规则陡然升高的趋势表明湖水混合程度大,缓慢上升的趋势表明湖水混合程度小。

进入秋季,气温下降,白昼时间变短,湖面的水开始变冷。随着湖面冷水的下沉,湖上层的水变冷,直到湖上层与湖下层的温度相同(通常在 4 ℃以上)。当湖水等温时,湖水开始完全混合。湖泊混合成同温并降温,直到整个湖泊水温达到 4 ℃或者更冷。如果湖泊水温继续下降,将形成一个冷的变温层。与空气接触的湖水是最冷的。当夏末日平均气温低于湖上层温度时,温带的湖泊就开始丧失热量,去分层作用(逆转)开始,冷却的湖上层和温跃层之间的密度差异开始减小,抗拒风力的能力下降,温跃层的厚度就会发生变化。一旦湖泊表面温度降低,湖上层很快就会加厚,因为此时表层冷却后的温度与一部分温跃层的温度相同,这部分温跃层就转变成了湖上层。

温跃层转变为湖上层主要是由于风生流的扰动引起的,密度流也起到了辅助作用;而在无风或者少风区域的湖泊中,密度流则发挥主要作用。随着湖上层水温的下降,湖上层和湖下层之间的密度流差异也开始减小,抵抗被混合的力量同样开始下降,直到最后被暴风所带来的强大扰动力破坏。此时,秋季逆转(fall turnover)彻底形成,湖泊水体重新变为等温。在下一次分层之前,以及冰盖形成之前,湖泊会一直维持等温的混合状态。

夏季湖下层的温度决定了北温带湖泊在秋季形成等温的大概日期,因为其是湖上层和湖下层之间密度差异的主要决定因素。温差越大,秋季逆转就越晚出现。第二个重要的变量是平均深度,它代表了湖泊中需要冷却的湖水体积和水团混合惯性。

淡水湖泊冷却至 4 ℃后不会出现逆温跃层,因为即使是轻风都能很容易地克服混合阻力。因此,多风地区的湖泊会比冰冻湖泊更早冷却到 4 ℃以下,而且根据吹程可以预测出结冰时水体的温度。小型湖泊的结冰时间会比大型湖泊更早一点,而且有着更高的冰下水温，这是因为大型湖泊受风面积更大。封冻的淡水湖泊呈现出温度梯度，但并不会形成热力分层，当冰盖形成后温度从冰-水分界面的 0 ℃至水柱最大温度。

在冬季阳光充足的日子里，会有部分太阳辐射穿透冰雪在冰下层形成小的密度流；更重要的是，湖底沉积物会释放在夏天受热时存储的热量，形成大量密度流；而且地下水和河流也会带来热量，形成一些密度流。即使是在冰层覆盖的湖泊中，这些密度流也能够使得水体缓慢地混合。

当大量的太阳辐射能透过冰层使冰下水温升高，同时伴随着表层温暖水体从冰孔中流入，相对稳定的冬季湖水层就会受到扰动。越来越多的冰融化，形成更多的密度流，使得越来越多的水体混合，其密度就会增加，从而使水体混合进一步加剧。这些扰动与在雪层消失时透过水体的光合有效辐射结合，可以促使冰块融化之前春季藻类繁殖期的形成。若湖泊混合层深度没有超过湖泊透光层的厚度，那么藻类就可能在冰层下面形成水华。

4.3.3.2 湖泊热力分层长期变化及对气候变化的响应

由于湖泊热力分层与表层水温和气温密切相关，因此气候变暖引起水温上升会直接改变水体的热结构，影响温跃层深度、热力分层和热力循环，进而影响湖泊的其他理化和生物过程。

由于全球变暖区域响应不均衡，不同区域深水湖泊热力分层对气候变暖的响应程度也存在明显的差异。全球尺度上，北半球中高纬度区湖泊增温比热带地区更为明显。随着全球变暖引起不同区域湖泊水温增加，气候变暖强化了热带和温带深水湖泊的夏季热力分层，降低了冬季垂直混合，使得一些之前不分层的湖泊出现季节性分层，而一些季节性分层湖泊成为常年分层湖泊。目前气候变暖对湖泊热力分层的影响主要包括湖泊热力分层起始和结束时间、湖泊混合层和温跃层深度以及湖泊的热稳定性等。

气候变暖将造成春季湖泊热力分层提前和秋季热力分层结束推迟，进而延长湖泊的热力分层时间。研究发现，奥地利贫-中营养型深水湖泊 Mondsee 湖自 1982 年以来，湖泊热力分层平均提前 20 天，热力分层时间平均增加 26 天（Dokulil et al.，2010）；瑞典埃尔肯湖自 1962 年以来，夏秋季节热力分层平均提前 28 天（Arvola et al.，2010），夏季热力分层结束时间随年份变化显著推迟；而过去 100 年内 Superior 湖热力分层时间已由 145 天增加到 170 天，热力分层时间延长 25 天（Austin and Colman，2007）。气候变暖对湖泊热力分层影响在具有稳定的热力分层的深水湖泊表现比较突出，而水深在 5～10 m不具有稳定热力分层的湖泊主要表现在增加其热力分层事件的频率，使得之前不出现热力分层的湖泊呈现出短暂的热力分层，但对热力分层起始和结束时间的影响并不明显。

气候变暖一般会造成混合层深度和温跃层深度的显著下降，从而强化湖泊热力分层现象。基于 1970—2002 年在深水湖泊 Tahoe 湖（最大水深 500 m）进行的每周一次水温剖面观测显示，在 30 年内温跃层平均深度降低超过 10 m。在深水水库千岛湖（最大水深 90 m），基于 2010—2013 年水温剖面的月观测，建立了热力分层消退阶段（7—12月）水温与温跃层深度的经验关系，并结合过去 62 年千岛湖地区气温的长期变化及气温与水温的关系发现，过去 62 年随着气温的上升，千岛湖温跃层深度降低了 1.4 m，温跃层强度增加 0.22 $℃ \cdot m^{-1}$（Zhang et al.，2014）。在亚洲季风区湖泊以及密歇根湖利用水温模型进行模拟发现，气候变暖造成夏季温跃层深度明显下降。

此外,随着全球变暖,湖泊热稳定性大多存在不同程度的上升,且与湖泊表层水温显著相关。

尽管大部分研究表明,气候变暖会强化湖泊的热力分层,但由于气温增加的年内变化不同,混合层深度和温跃层深度除了受表层水温影响外,还往往与风速、水下光辐射衰减(如透明度、漫射衰减系数等参数)密切相关,加之气候变暖还会造成流域降水发生变化,因此在有些地区,气候变暖不一定强化湖泊热力分层、增加湖泊的热稳定性,甚至可能降低湖泊的热稳定性;如果气温上升伴随着风速明显增加,风力扰动可能会抵消气温上升引起的混合层厚度减小,造成混合层深度和温跃层深度增加。例如,在非洲的维多利亚湖和 Kariba 湖,气候变暖引起湖泊底层水温增幅高于表层水温,弱化了湖泊的热力分层,降低湖泊热稳定性(Marshall et al.,2013;Mahere et al.,2014)。位于阿尔卑斯山区的 Caldonazzo 湖在长时间序列(1973—2014 年)同时经历了气温、水温的增加和水体的透明度增加(由 2.2 m 增加至 6.2 m,速率 0.12 m · a^{-1}),然而混合层深度增加了 3.9 m,贫营养化进程削减并扭转了气候变化造成的湖泊热力分层加剧的局面(图 4.38)。Schindler 等(1997)认为,气候变暖会造成湖泊流域干旱,输入湖泊的溶解性有机碳下降,光辐射穿透深度增加,进而增加湖泊混合层深度。

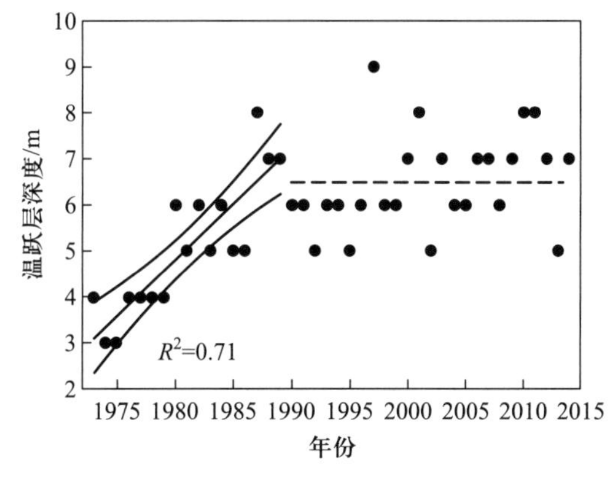

图 4.38 贫营养化抵消气候变化对热力分层的影响

4.3.3.3 湖泊热力分层的影响因素

湖泊热分层现象依赖多种因素,主要包括:湖泊所处的背景气候特征(太阳辐射、气温和风速等)、湖泊形态(水深、长度、宽度和面积等)、湖泊出入流、异重流、太阳辐射、气温、透明度、风浪扰动及某一特殊年份的气候等(表 4.19)。对于特定的湖泊,湖泊长度、宽度和面积变化不大,水深是影响热力分层空间差的主要因素(Einem and Granéli,2010),气温和透明度则对湖泊热力分层的季节变化和空间分布均有重要影响(Houser,2006;Saros et al.,2016)。

1) 湖泊地形

湖泊的地理位置和深度直接决定了湖体温度分布的格局。对于大部分地处温带的深水湖来说,较大的储热量有利于维持湖体稳定度。因此尽管有风力扰动、生物扰动和盐度等因素的影响,深水湖热力分层主要响应太阳辐射季节变化,体现为双季节对流混合型/暖单次混合型。而浅水湖由于储热较小,难以维持长时间的热力分层,一般认为,深度超过 7 m 的湖泊就可能产生稳定的温跃层,而且水深越大,湖泊分层稳定度越高。

表 4.19 计算温跃层深度(Z_t)和混合层(Z_{mix})深度与影响因子的关系的模型

地区	模型	决定系数	样本量
全球	$Z_t=\ln\left(\frac{A^{0.5}}{0.043}\right)^{2.35}$	0.66	150
北美	$Z_t=0.298\ln(MEL)+1.82$	0.66	73
喀麦隆	$Z_t=9.94(F)^{0.300}$	0.83	52
阿根廷	$Z_t=23.68+1.60(A)^{0.5}$	0.81	26
日本	$Z_{mix}=6.22(A)^{0.152}$	0.53	36
新西兰	$Z_{mix}=7.00(MEL)^{0.42}$	0.79	33
波兰和加拿大	$Z_{mix}=4.6\left(\frac{MEL+MEW}{2}\right)^{0.41}$	0.85	88
瑞典	$Z_{mix}=0.19(D)+0.85$	0.48	19
北极地区格陵兰岛	$Z_{mix}=0.32(P)-0.47(EP)+8.59$	0.79	22
	$Z_{mix}=0.0074(F)+12.79$	0.35	22
美国阿拉斯加	$Z_t=-4.36(K)+7.49$	0.57	27
美国威斯康星州	$Z_{mix}=-0.47\ln(WC)$	0.91	6

注:*MEL*,最大有效长度(km);*MEW*,最大有效宽度(km);*F*,风区长度;*A*,面积(km^2);*D*,最大水深(m);*WC*,水色(m^{-1});*P*,1%PAR(m);*K*,光衰减系数(m^{-1});*EP*,表层水温(℃)。

在日变化的基础上,热力分层还受气象条件、湖表热通量、藻华堆积、沉水植物高度等因子的影响,具有独特性。

2) 风场

不同的湖泊,其温跃层的平均深度随风力的增强而增加,但是吹程的增加可导致温跃层深度增加的速率下降。浅水湖泊很容易受风扰动,一个风暴能轻松打破分层,与深水湖泊相比,浅水湖泊处于等温状态的时间更长。在同一区域内如果浅水湖泊的温跃层深度小于深水湖泊,浅水湖泊将会与深水湖泊的湖上层相似。

通过对水温相似但面积不同的湖泊进行比较,Kling(1988)发现,温跃层的深度主要是由吹程决定的。吹程是风在湖面上不间断吹过的距离,这个距离越长,风使湖泊混合的可能性越大。另外,还要考虑湖泊面积与平均深度之比,这个比值可以代表风力影响的程度以及湖泊的热交换能力。此外还受区域性风力强度的影响,例如在新西兰、英国北部和南美南部临海且多风的湖泊,其温跃层比内陆湖泊深。不过,处于相同气候带或流域且表面积相同的湖泊,吹程对其温跃层深度的影响就不太重要了。而在更小的空间尺度上,其他因素(如流域特征对湖泊水色、无机物浑浊度、营养输出以及湖泊形态)对混合层深度等的影响就开始显现。

3) 气温

由于太阳辐射和热传递穿透能力有限,表层水体受外界影响要大于底层水体,因此温跃层的深度、厚度和强度同样受到水-气界面温度的影响。

4）湖泊出入流及异重流

对于温跃层较浅的湖泊，其分层状况还直接受到出入流的影响。当入流与湖水密度差异较大时，补给水进入湖体后因密度差异而产生异重流，从而影响热力分层状况。

5）透明度

透明度越高，太阳辐射穿入水体的深度越深，太阳辐射能的变化和在垂向上水体的增温和冷却的变化幅度不一，致使水体呈现不同分层现象，从而影响温跃层的深度（图4.39）。

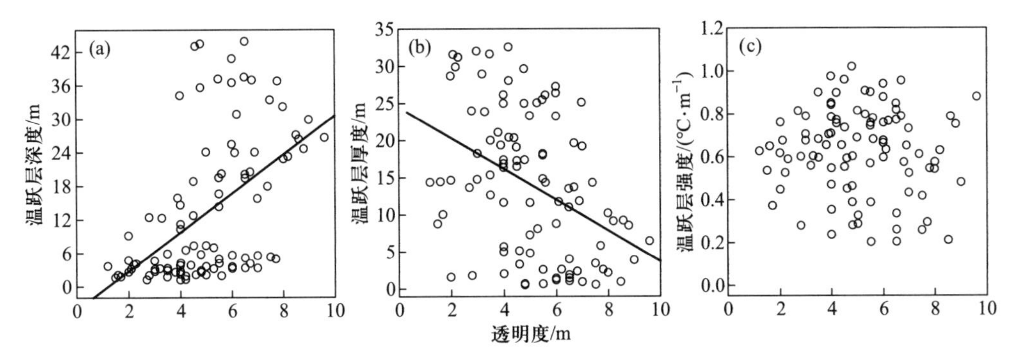

图4.39 透明度对温跃层深度和厚度的影响

4.3.3.4 湖泊热力分层的生态环境效应

温跃层体现了从一个相对稳定的深层区域到上层的混合区域的温度急剧变化。温跃层犹如阻塞层，在温跃层内，湖水理化特性（密度、温度、含氧量）的垂直梯度很大；温跃层以上由于强烈的混合作用，在此层内湖水的理化特性比较均一；温跃层以下，由于混合作用受到阻碍，湖水理化特性亦比较一致。湖泊热力分层的季节变化是湖泊尤其是深水湖泊的重要特征，可以解释湖泊内多种物理与生物过程，如营养盐的时空分布、浮游植物的生长、种群结构变化及群落演替等。

1）对氧跃层和化跃层的影响

湖泊热力分层形成后，将在很大程度上抑制水体内溶解性物质及颗粒物的垂向流动，影响水体中溶解氧、pH值、叶绿素a以及氮、磷、硅等重要营养要素的垂直分布。Quay等（1980）对安大略湖夏季温跃层及湖下层的垂直扩散速率进行比较研究时发现，温跃层内物质垂直扩散率（Kz）约为湖下层的3%～5%，且水体局部稳定性（N^2）越高（即分层强度越高），物质扩散速率越低。温跃层形成后容易在水柱中产生氧跃层和化跃层。

由于温跃层对溶解性物质交换的抑制，湖下层水体的溶解氧将得不到足够补充更新（Antonopoulos and Gianniou，2003），加上水体中生物不断消耗以及沉积物有机质分解耗氧，可能致使夏季湖泊底层水体出现厌氧状况，并形成氧跃层（图4.40）。氧跃层将氧气充足的混合层和底层的低氧区分开。氧跃层有上界面和下界面，上界面为混合层底部，从此处开始氧气浓度逐渐降低，变化率达到最小值。相比之下，下界面延伸到氧跃层的底部或低氧区的上界面。一般定义的氧跃层为溶解氧变化梯度大于0.2 mg·L^{-1}·m^{-1}的水体（Bertrand et al.，2010）。

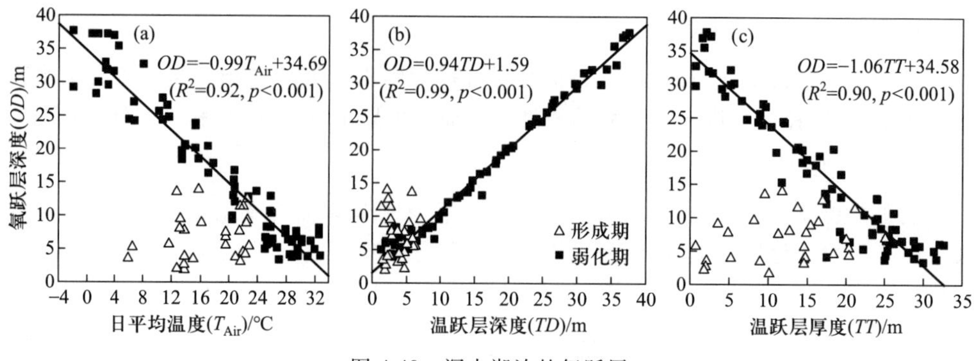

图 4.40 深水湖泊的氧跃层

对深水湖库而言,溶解氧的剖面分布和分层主要依赖于湖泊的热力分层模式。划分低氧区的氧跃层下界面为不耐低氧的生物体形成了一道显著的屏障,同时氧跃层也是颗粒物矿化最强烈的场所。缺氧状态下,上覆水中 Fe^{3+} 被还原为 Fe^{2+}。由于 Fe^{3+} 会形成沉淀,并具有结合沉积物中的 P 形成 Fe-P 的能力,而 Fe^{2+} 则易溶于水。因此,Fe^{3+} 被还原成 Fe^{2+} 后,将直接促进沉积物中以 Fe-P 形式存在的 P 向上覆水中释放,造成湖泊底层水体中 P 的浓度升高。监测氧跃层和低氧区的垂直空间分布对于评估气候变化对湖泊生态系统的物理、化学和生物机制的影响至关重要。气候变暖可能会影响湖泊热力分层和溶解氧分层,极有可能造成分层持续时间延长,这将导致溶氧耗竭,底层缺氧加剧。

化跃层是指湖泊中垂向化学物质浓度快速变化的水体。化跃层与温跃层类似,是湖泊中较暖和较冷的水汇合的边界,一般具有较高的热稳定性。在某些情况下,化跃层和温跃层重合。化跃层最常出现在缺氧的深水区域。通常为半对流湖,如黑海。好氧生物仅能生存于化跃层的上方区域,化跃层下方区域存活的是厌氧生物。厌氧光合细菌(如紫色硫细菌等)聚集在化跃层,利用来自上方的阳光和由下方厌氧细菌产生的硫化氢(H_2S)进行光合作用,同时还伴有某些异养细菌。

2)对叶绿素最大值的影响

水体分层时,表层受风力径流等外界扰动垂直混合程度较为强烈,温跃层水体密度梯度较大,垂直混合作用减弱。表层光照条件良好,可利用的营养盐被浮游植物逐渐消耗,温跃层这一屏障造成的阻隔作用减少了由底层向上输送的营养盐,浮游植物在营养浓度较高的次表层继续生长,从而出现深水分层湖泊中常见的次表层或深层叶绿素最大值现象(Mellard et al.,2011)。叶绿素最大值的垂直分布范围在数米至数十米不等,一般称为次表层叶绿素最大值(subsurface chlorophyll maximum layer,SCML)或深层叶绿素最大值(deep chlorophyll maximum layer,DCML)。深水湖泊的 SCML(DCML)内的生物量占全湖绝大部分,因此在生态系统的生物地球化学中占有重要的地位。

深水湖泊的浮游植物生长往往面临着上层水体营养盐缺乏和下层水体光照缺乏的双重限制,因此当水体透明度一定时,上层营养盐的变化成为影响叶绿素最大值及其深度的主要因子。温跃层中的垂向分层范围则决定着底层营养盐向上传输的能力(Simmonds et al.,2015),对叶绿素最大值的特征因子影响较大(图 4.41)。当分层程度减弱、湍流扩散强度加强时,下层水体向上层输送的营养盐增多,上层营养盐缺乏的水层将变浅,导致最大值位置抬升,浮游植物可利用的光照条件更加充足,浮游植物得以在更大

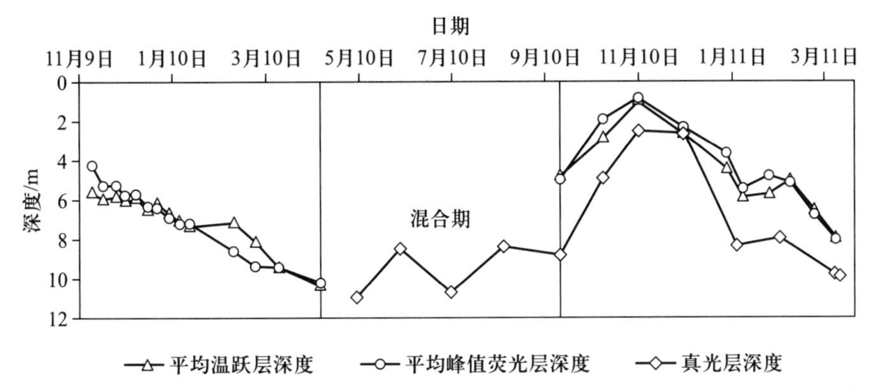

图 4.41 新西兰 Okaro 湖叶绿素 a 最大值深度与温跃层深度、真光层深度的位置分布

的范围内生长。

随着全球变暖导致的湖泊热力分层加强，混合层深度和分层强度的变化将对叶绿素最大值的特征因子产生重要影响。

3）对浮游植物和浮游动物的影响

湖泊热力分层通过抑制水体的垂直混合，改变水体混合深度及强度，改变浮游植物与营养盐、光照条件的相对位置（Salmaso，2005），从而支配浮游植物个体行为，控制浮游植物群落结构的季节演替。

在温带深水湖泊中，春季湖泊稳定度提高后，水体紊流扩散作用的减缓是决定春季藻类水华暴发时间的主要因素（Huisman et al.，1999），这是由于当水体紊流扩散作用较强时，藻类由于运动能力有限，容易被紊流带至深处，很难长时间停留在温暖、光照条件好的表层水体。

夏季混合层深度变浅，湖上层静力稳定度升高，使得某些藻类由于运动能力相对较强（如蓝藻细胞可能具有调节自身密度功能的气囊）而具有竞争优势，而对于无运动能力的浮游藻类来说，分层加剧将增大细胞的沉降速率，由于这种增加效应与细胞体积呈非线性增长关系，紊流不再使得所有浮游植物细胞无区别地重新悬浮，使得小个体细胞更具有竞争优势。另外，对于贫营养湖泊来说，热力分层对营养盐垂直流动的抑制，容易造成湖上层由于藻类不断消耗及死亡沉降作用，逐渐处于营养盐匮乏的状态，反过来限制藻类生长。

秋季混合层深度增加，紊流扩散作用增强，细胞沉降速率降低，加之湖上层营养盐得到湖下层的一定补充，可能会造成属于低光种的硅藻更具有竞争优势。

而冬季，湖泊处于强混合状态，使得藻类可接受的光照条件很差，导致生物量很低。

4.4 湖泊波浪

当风吹行于水体表面，风能经过水气相互作用的传递产生风浪，湖泊中，风浪是表征湖泊水动力过程最为重要的因子，是影响湖泊防波堤安全、防洪以及水上安全作业的关键因素。国内外研究结果显示，浅水湖泊风浪作用是沉积物再悬浮最重要的驱动因素（Sheng and Lick，1979；Bailey and Hamilton，1997；Havens and Schelske，2001；Fan et al.，2001；秦伯强和范成新，2002；秦伯强等，2003；罗潋葱和秦伯强，2003；罗潋葱等，2004a），湖泊底泥再悬浮是影响和控制内源释放的关键物理过程（Mihelčić et al.，1996；

Pejrup et al., 1996; Loeff and Boudreau, 1997; Matthai et al., 2001; Luettich and Harleman, 1990a; Søndergaard et al., 2003; Brzáková et al., 2003), 也是影响生长层内部结构和生物数量变化、光学的吸收衰减等化学、生物过程的重要因素 (Hawley and Chang, 1999; Hamilton and Mitchell, 1996; Luettich and Harleman, 1990b)。因此, 风浪研究对于湖泊防洪、建筑物设计、水上安全作业和湖泊生态系统研究都具有重要的意义。

关于波浪的基本理论及运动方程的推导已有专门的《水波理论及其应用》(邹志利, 2005) 等书进行详细介绍, 本节重点是从湖泊的角度来介绍波浪, 主要从波浪的概念及对湖泊环境效应的影响角度来阐述湖泊波浪情况。

4.4.1 波浪基本概念和特点

波浪是指水质点在外力作用下围绕其平衡位置做周期性振动并沿一定方向传播的现象。风直接作用于湖面, 引起湖面的运动产生风浪; 当风停止、转向或者风浪传播至无风区域时形成的波浪为涌浪; 涌浪传播到近岸浅水区域时, 由于受到水深和地形变化的影响, 发生变形, 出现波浪的折射、绕射和波浪破碎, 此时形成的波浪为近岸波浪。

4.4.1.1 波浪要素的定义

波浪要素是表征波浪运动特征和物理形态的物理量。实际的波浪是随机的, 且在空间上是三维的, 人们对波浪的认识也是沿着单向规则波—斜向规则波—单向不规则波—多向不规则波这一过程逐渐深入的。实际的波浪过程可以看作一平稳的随机过程, 可以看作由多个(理论上为无数个)不同的简谐波叠加而成, 因此我们从简单的简谐波入手来认识波浪的各种要素, 一方面简单波动可以近似地说明复杂波动的一些特征, 另外通过简单的波动研究可以为研究复杂的波动提供基础。

我们以余弦波为对象来说明波浪各特征要素的定义, 图 4.42 为波浪要素示意图。波浪要素反映波浪外形的几何特征, 常用的有波高、波长、波陡、波浪周期、波速及波向等, 根据图 4.42 我们定义波浪各要素:

- 波峰: 波浪剖面高出静水面的最高点。
- 波谷: 波浪剖面低于静水面的最低点。
- 波高: 相邻的波峰与波谷的高度差, 常用 H 表示, 单位以米计。
- 波长: 相邻的两个上跨零点(指从波谷到波峰的波形线与静水面的交点)或下跨零点(指从波峰到波谷的波形线与静水面的交点)之间的水平距离。对于规则波而言, 就是相邻两个波峰(或波谷)之间的水平距离, 常用 L 表示, 单位以米计。
- 波陡: 波高与波长之比, $\delta = H/L$。
- 波浪周期: 波形传播一个波长的距离所需要的时间, 常用 T 表示, 单位以 s 计。实际波浪观测中, 常用相邻两个波峰先后通过同一个地点的时间间隔作为波浪周期, 在湖泊中波浪周期一般都较小, 介于 1.5~3.0 s; 而海洋里的波浪周期通常为 4~8 s。
- 波速: 单位时间内波形传播的距离, 常用 C 表示。波速(C)、波长(L)和波浪周期(T)之间的关系为 $C = L/T$。

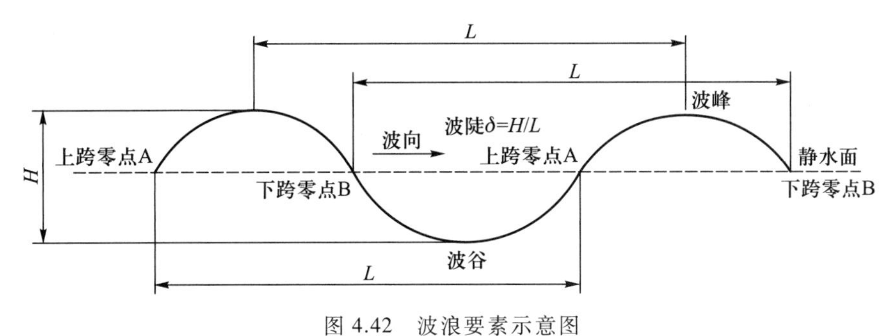

图 4.42 波浪要素示意图

4.4.1.2 波浪的分类与特点

1）强制波、自由波和混合浪

强制波是指引起波浪的作用力持续作用于水面，波动的性质受作用力性质影响的波动。风浪就是典型的强制波，是风持续作用于水面产生的波动，其外形相对于垂直轴是不对称的，波浪的背风面较迎风面陡。自由波是作用力消失后由于水质点重力作用继续传播的波浪，其性质已不完全受作用力性质影响。如风停止后水面上继续存在的波浪，离开风区传播至无风水域的涌浪就是一种自由波，涌浪的外形比较规则，波面光滑；船舶在水面上运行时，船体推挤水体而形成的船行波也是自由波。水面上经常出现风浪与风区外传播来的涌浪相叠加而形成的波浪，称为混合浪。

2）毛细波和重力波

根据水质点在运动过程中恢复到平衡位置的复原力的性质可对波浪进行分类。复原力以表面张力为主时称为毛细波或表面张力波，如风作用于湖面后，湖面出现的较小涟漪，波长与周期都较小。当波浪尺度较大时，水质点恢复平衡位置的力主要是重力，称为重力波，如随着风力的增强和持续作用，涟漪逐渐增大，波高迅速变大，湖面产生明显的波动，波长和周期较大，此时表面的毛细作用可忽略，主要受水体重力作用，其他如涌浪、地震波以及船行波等也是重力波。

3）不规则波和规则波

水面上的波浪要素是不断变化的，它是一种不规则的随机现象，这样的波浪称为不规则波。为了便于研究波浪运动，人们将实际的不规则波系列用一个理想的、各个波的波浪要素均相等的波浪系列来代替，这种理想的波浪称为规则波，如实验室用人工方法产生的规则波，涌浪也属于规则波。

4）长峰波和短峰波

具有清晰的一个个接踵而来的波峰和波谷，波峰线是一些长的、几乎互相平行的直线的波称为长峰波或二维波，如涌浪就是典型的长峰波。大风作用下，波峰线难以判断，波峰和波谷如棋盘格般交替出现，这种波浪称为短峰波或三维波，风浪通常为短峰波。

5）深水波和浅水波

波长小于二倍水深的波浪称为深水波。深水波通常不受底部影响，水质点运动轨迹接近于圆形，且波动主要在水面以下一定深度内，又称为短波。当深水波传播至水深小于半波长水域时,称为浅水波。浅水波受水底地形影响,水质点运动轨迹接近于椭圆,又称为长波。

6) 震荡波和推移波

在一个波周期内,水质点运动的轨迹是封闭的或接近于封闭,即水质点仅在原地做振荡运动,这种波动称为震荡波。而在一个波周期内,水质点有明显位移,称为推移波。浅水波传向近岸,发生变形,波陡增大,直至破碎,而破碎后继续向岸推进,形成击岸波,并多次破碎,这些属于推移波。

4.4.1.3 波浪要素的统计特征

根据规则波(简谐波)给出了波浪要素的定义,但实际波浪并不是规则的,具有很大的随机性,因此按照简谐波的方式来定义实际湖泊中的波浪要素是比较困难的,湖面上杂乱无章、高低不齐的波浪现象似乎无规律。

图 4.43 为某一时间段内采集的波面变化情况,如何来描述该波浪的大小呢?波浪的尺度常用波高和周期表示。对于不规则波,采用上跨(或下跨)零点法来定义。取平均水位为静水线,上跨零点指把波面上升与静水面相交的点作为一个起点;不规则波波形上下振动,当振动下降到静水面以下后,接着又振动上升到与静水面再次相交,把此刻的交点定义为该波的终点,同时也是下一个波的起点。若横坐标是时间,则两个连续上跨零点的间距便是这个波的周期;若横坐标是距离,则该间距为波长。两个相邻上跨零点间的波峰最高点到波谷最低点的垂直距离为波高。统计过程中,中间存在的小的波动,只要不与静水面相交可不予考虑。下跨零点法与上跨零点法相似,但是按照波面下降与静水面相交的点来划分波浪的。目前两种方法除了破碎带内波浪外,在统计其他各种波浪波高和周期参数时得出的平均值是相同的,因此两种方法都可用。

按上跨零点法在图 4.43 中可以读出 38 个波浪记录,每一个波浪都有一个波高、周期值,可以看出波高值相差会很大,但作为一种随机现象有服从统计学的规律,因此通常把波浪看作平稳的各态历经的随机过程,应用统计学的概念和方法,分析湖泊波浪的波高、周期等波浪要素。对于特征波的定义,部分西方国家多采用部分大波的平均值,苏联采用超值累积频率法,目前我国是两者都用。在进行统计时,通常采用大约连续 100 个波作为一个样本数进行统计分析。

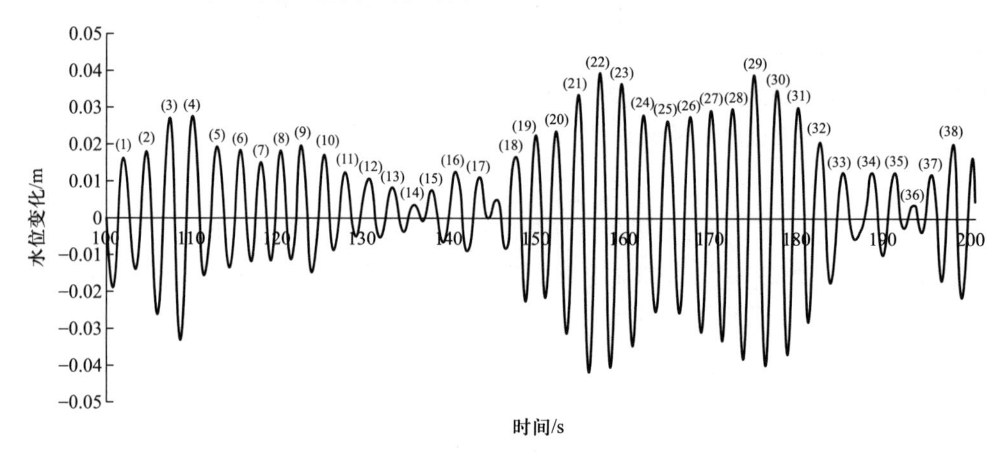

图 4.43 波面变化实测记录

1）按部分大波平均值定义的特征波

表 4.20 以含有 22 个波的波系列为例，给出各不同特征波的定义。

表 4.20　波列记录实例

波序号	波高 H/m	周期 T/s	波高顺序	波序号	波高 H/m	周期 T/s	波高顺序
①	0.21	1.01	17	⑫	0.52	1.45	6
②	0.38	1.12	10	⑬	0.15	0.87	19
③	0.45	1.26	8	⑭	0.12	0.91	20
④	0.71	1.37	4	⑮	0.18	1.02	18
⑤	0.76	1.46	3	⑯	0.27	1.06	12
⑥	0.86	1.85	1	⑰	0.37	1.23	11
⑦	0.23	0.98	15	⑱	0.46	1.34	7
⑧	0.24	1.05	13	⑲	0.56	1.65	5
⑨	0.79	1.78	2	⑳	0.41	1.21	9
⑩	0.02	0.88	21	㉑	0.22	1.01	16
⑪	0.24	0.99	14	㉒	0.01	0.68	22

① 最大波 H_{max}，T_{max}：统计的一系列波列中最大的波浪。如表 4.20 中第⑥个波，$H_{max}=0.86$ m，$T_{max}=1.85$ s。

② 十分之一大波 $H_{1/10}$，$T_{H1/10}$：将统计的一系列波浪按波高大小从大到小排列，取前面 1/10 个波的平均波高和平均周期。对于表 4.20，即为第⑥和第⑨个波的平均值，则 $H_{1/10}=0.825$ m，$T_{H1/10}=1.815$ s。即假设一个波高为 $H_{1/10}$、周期为 $T_{H1/10}$ 的波浪作为特征波，称为十分之一大波。

③ 有效波（三分之一大波）$H_{1/3}$，$T_{H1/3}$：将统计的一系列波浪按波高大小从大到小排列，取前面 1/3 个波的平均波高和平均周期。对于表 4.20，为第⑥、⑨、⑤、④、⑲、⑫和⑱个波的平均值，则 $H_{1/3}=0.666$ m，$T_{H1/3}=1.557$ s。此处即为假设一个波高为 $H_{1/3}$、周期为 $T_{H1/3}$ 的波浪作为特征波，称为三分之一大波。

④ 平均波 $H_{均}(\overline{H})$，$T_{均}(\overline{T})$：统计的一系列波浪的波高平均值和周期平均值。对于表 4.20，为 $H_{均}=0.371$ m，$T_{均}=1.19$ s。此处即为假设一个波高为 $H_{均}$、周期为 $T_{均}$ 的波浪作为特征波，称为平均波。

这些特征波中最常用的是有效波的概念，一些文献中提到的波浪波高、周期通常是指有效波高 $H_{1/3}$ 和有效波周期 $T_{H1/3}$。

2）按超值累积频率法定义的特征波

不同累积频率的特征波需要首先给出波高、周期的经验累积频率图，根据图最终得到按超值累积频率定义的特征波。下面以取得的 100 个波高序列为例进行计算（表 4.21）。

表 4.21 波高频率统计计算表

波高模比系数 $H_i/\overline{H}$	波高分组 H_i	出现次数 n_i	区间频率 f_i	累积次数 $\sum n_i$	累积频率 $F/\%$
2.4~2.2	$0.888 \geqslant H > 0.814$	2	0.02	2	2
2.2~2.0	$0.814 \geqslant H > 0.740$	1	0.01	3	3
2.0~1.8	$0.740 \geqslant H > 0.666$	3	0.03	6	6
1.8~1.6	$0.666 \geqslant H > 0.592$	5	0.05	11	11
1.6~1.4	$0.592 \geqslant H > 0.518$	9	0.09	20	20
1.4~1.2	$0.518 \geqslant H > 0.444$	10	0.10	30	30
1.2~1.0	$0.444 \geqslant H > 0.370$	9	0.09	39	39
1.0~0.8	$0.370 \geqslant H > 0.296$	18	0.18	57	57
0.8~0.6	$0.296 \geqslant H > 0.222$	23	0.23	80	80
0.6~0.4	$0.222 \geqslant H > 0.148$	14	0.14	94	94
0.4~0.2	$0.148 \geqslant H > 0.074$	4	0.04	98	98
0.2~0.0	$0.074 \geqslant H > 0$	2	0.02	100	100
总和		100	1		

① 对选取的 100 个波的波序列样本进行平均值求解：

$$\overline{H}=\sum_{i=1}^{N} H_i \Big/ N, \qquad \overline{T}=\sum_{i=1}^{N} T_i \Big/ N \tag{4.54}$$

式中，N 为所取样本总数，即 100；此处平均波高 $\overline{H}=0.37$ m。

② 计算各波高与平均波高的比值 $H_i/\overline{H}$，定义为波高模比系数，以适当的间距（$\Delta H/\overline{H}$）将波列分成若干组，计算出各间距区间的上、下边界对应的波高值，此处取 $\Delta H/\overline{H}=0.2$。

③ 根据波高分组，统计出相应区间波高出现的次数 n_i，将 n_i 除以总次数 N（此处为 100）得到各区间波高出现的区间频率 f_i。由此可以看出，不同波高区间出现的频率不同，接近平均波高附近出现的波高频率高，而两端出现的频率相对较低。

④ 根据不同区间波高出现次数进一步求出相应的累积次数 $\sum n_i$，表示大于该波高区间下边界的波高累积出现的次数，除以总次数 N（此处为 100）得到各区间波高出现的累积频率 F（%）。

⑤ 根据第 6 列和第 1 列可以画出波高的经验累积频率图（图 4.44），通过查图可以得到不同累积频率下的波高值。用相似的方法可得周期、波长的累计频率值。

经验计算表明，统计 100~150 个波组成的波序列能充分准确地反映波浪的统计性质，时长为 10~20 min。如果取的波数太少，则不能保证样本的代表性，使统计结果不够稳定；反之，若包含的波数太多，又不能保证波浪处于稳定的定场状态，即不能保证采样的一致性，从而影响结果的可靠性。

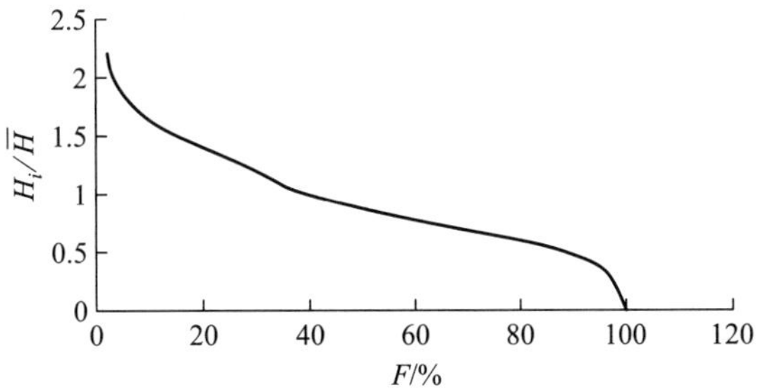

图 4.44　累积频率图

按照超值累积频率定义的特征波常用的有 $H_{1\%}$、$H_{5\%}$ 和 $H_{13\%}$，分别表示在统计的波系列中超过该波高的累积频率为 1%、5%和 13%。这些特征值可以通过实测资料进行统计分析予以确定，在海洋中的经验计算表明，$H_{13\%}$ 约相当于 $H_{1/3}$，$H_{4\%}$ 约相当于 $H_{1/10}$。湖泊中两种定义下的特征波高的关系需要进一步根据实测的统计资料进行确定。

4.4.1.4　波谱与波浪要素

实际波浪是一种十分复杂的流体运动，前述的统计方法只能反映它外在的表现特征，而不能说明其内部规律。波浪可描述为多个（无限个）振幅和频率不等、初始相位随机的简谐波的叠加。湖面某一固定点的波面方程根据朗盖脱-赫金斯（Longuet-Higgins）模型可表示为

$$\eta(t)=\sum_{n=1}^{\infty}a_n\cos(\omega_n t+\varepsilon_n) \tag{4.55}$$

式中，a_n、ω_n 分别为组成波的振幅和圆频率；ε_n 为随机分布的初始相位，介于 $0\sim2\pi$。

公式（4.55）中每个组成波具有不同的能量，我们根据微幅波理论可知，第 n 个组成波的能量为

$$E_n=\rho g a_n^2/2 \tag{4.56}$$

式中，ρ 为水体密度；g 为重力加速度。

如果取频率介于 $\omega\sim(\omega+\Delta\omega)$ 的各组成波，则能量和为

$$\rho g\sum_{\omega}^{\omega+\Delta\omega}a_n^2/2 \tag{4.57}$$

定义一频率相关的能量函数 $S(\omega)$，则$\Delta\omega$ 范围内各组成波的能量可表示为

$$\rho g S(\omega)\Delta\omega=\rho g\sum_{\omega}^{\omega+\Delta\omega}a_n^2/2 \tag{4.58}$$

进一步可得：

$$S(\omega)=\frac{1}{\Delta\omega}\sum_{\omega}^{\omega+\Delta\omega}\frac{1}{2}a_n^2 \tag{4.59}$$

故 $S(\omega)$ 表示$\Delta\omega$ 频率间隔内的平均能量。波浪的总能量由各组成波提供，$S(\omega)$ 乘以 ρg 即为不同频率间隔内（$\omega\sim\omega+\Delta\omega$）的组成波提供的能量，故 $S(\omega)$ 代表波浪能量相对于组成频率的分布。令$\Delta\omega=1$，式（4.59）代表单位频率间隔内的能量，即能量密度，故 $S(\omega)$ 称为能量谱。因它给出能量相对于频率的分布，又称频谱。

以上公式中频率都是用圆频率 ω（单位：$\mathrm{rad\cdot s^{-1}}$）表示，但在许多情况下，会用频率 f（单位：$\mathrm{s^{-1}}$ 或 Hz）表示。因此需要将频谱 $S(\omega)$ 转换为以频率 f 表示的谱 $S(f)$。设圆频率间隔$\Delta\omega$ 对应的频率间隔为Δf，两间隔内的能量是相同的，因此 $S(f)\Delta f=S(\omega)\Delta\omega$，进

一步得到 $S(f)=S(\omega)\Delta\omega/\Delta f$,因为 $\omega=2\pi/T=2\pi f$,故可得:

$$S(f)=2\pi S(2\pi f) \tag{4.60}$$

式(4.60)表明,将 $S(\omega)$ 中的 ω 换为 $2\pi f$,再把所得的谱乘以 2π,即得到以 f 表示的谱 $S(f)$,此概念极为重要,在使用中要注意辨别频谱类型。

将波谱在整个频率范围内进行积分,可得到波浪总能量,即

$$E=\rho g\int_0^{\infty} S(f)\,\mathrm{d}f \tag{4.61}$$

如果以频率 f 为横坐标、$S(f)$ 为纵坐标,则得到波能量相对于频率的分布图,图4.45为巢湖某位置实测的不同风速下的波谱密度分布图。可以看出,频率 $f=0$ 附近的波谱值很小,接近于0;随着频率 f 加大,谱密度快速增大到最大值 $S_{\max}$,此时对应的频率称为谱峰频率 f_p;频率 f 继续增大,谱密度快速减小,最后趋于0。理论上 $S(f)$ 分布于 $f=0\sim\infty$ 范围内,但实际中可发现,其显著部分集中于较窄频带内。这表明,在构成波浪的不同频率组成波中,频率很大和很小的组成波提供的能量都很小,可以忽略,能量主要集中在某一频率范围内。这种波谱内部的组成特点在实际湖面观测中也能体现:实际湖面的波浪忽高忽低,波浪高低长短不一,但其中周期很大(频率很小)和周期很小(频率很大)的波都很少,大多数波浪频率介于一个较狭窄的频率范围内。根据总能量定义,图4.45中波谱曲线与横坐标包围的面积与波浪总能量 E 呈正比。随着风速的增大,波谱曲线与横坐标包围的总面积也增大,相应的总能量也增大,而此时谱的显著频率范围也有所扩大;且随着风速增大,谱的显著部分向低频方向推移,因此风浪中显著部分的波周期也随着增大。

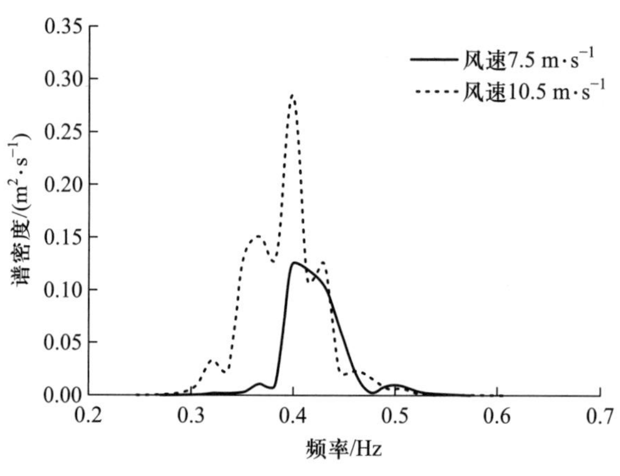

图 4.45　波谱示意图

目前,获得波谱的主要方法有两种。一种是直接观测波面振动,利用波面记录,以快速傅里叶变换(FFT)等方法估计波谱。另一种是假定谱具有某种形式,然后根据观测结果(风要素、波浪要素)确定指数与参数。国内外已提出很多波谱形式,常用的有Pierson-Moscowitz谱(P-M谱)、布氏谱(Breschneider)、JONSWAP谱、文圣常谱等,这些谱型主要是应用在海洋与海岸工程中。湖泊风浪因风距小、水深小、风时小,其谱型规律势必与海洋中常用的谱型有所不同,因此需要通过补充大量的湖泊风浪观测资料,来验证常用谱型在湖泊风浪中的适用性,进一步提出湖泊风浪谱的一般表示形式。有关各种谱型的详细定义与知识可参考专业书籍,这里不再详细叙述。

以谱来描述波浪和以波浪要素描述波浪,是从两个不同角度来观测同一系列波浪,

因此两种表示方法之间可以建立起相互关系。一方面,可以将波浪的有效波高、有效波周期或平均波高、平均波周期带入不同谱型公式得到该波系列的波浪谱;另一方面,可以根据谱来推算不同波浪要素,即不同特征波的值。

由波面方程式(4.55)可知,波面由一系列的余弦波组成,因此波面的平均值等于0,即为静水面。根据统计方法中方差的概念,波面的方差 σ^2 为

$$\begin{aligned}\sigma^2 &= \sum_{n=1}^{\infty}\sigma_n^2 = \sum_{n=1}^{\infty}\overline{(\eta_n - \overline{\eta_n})^2} \\ &= \sum_{n=1}^{\infty}\frac{1}{2\pi}\int_0^{2\pi}a_n^2\cos^2(\omega_n t + \varepsilon_n)\mathrm{d}\varepsilon = \sum_{n=1}^{\infty}\frac{1}{2}a_n^2\end{aligned} \tag{4.62}$$

可以看出来,波面的方差与波浪总能量(乘以 ρg)呈一定比例关系,另外根据谱的各阶距的定义可得0阶距:

$$m_0 = \int_0^{\infty}\omega^0 S(\omega)\mathrm{d}\omega = \int_0^{\infty}S(\omega)\mathrm{d}\omega \tag{4.63}$$

由式(4.59)可知 $\sigma^2 = m_0$。根据波高分布函数(参考《随机波浪及其工程应用》),可得出平均波高与谱的关系:

$$\overline{H} = \sqrt{2\pi m_0} = 2.507 m_0 \tag{4.64}$$

进一步根据波高分布函数及各特征波之间的关系式可得:

$$H_{1/3} = 4\sqrt{m_0}, H_{1/10} = 5.09\sqrt{m_0}, H_{1\%} = 6.08\sqrt{m_0} \tag{4.65}$$

根据波谱曲线可计算平均频率:

$$\overline{\omega} = \frac{\int_0^{\infty}\omega S(\omega)\mathrm{d}\omega}{\int_0^{\infty}S(\omega)\mathrm{d}\omega} = \frac{m_1}{m_0} \tag{4.66}$$

由此可根据波谱计算平均周期:

$$\overline{T} = \frac{2\pi}{\overline{\omega}} = 2\pi\frac{m_0}{m_1} = T_{0,1} \tag{4.67}$$

该周期通过波谱的零阶距和一阶距求得,故又称 $T_{0,1}$ 周期,该值与有实测波面记录、按上跨零点求得的平均周期大致相当。

此外,文献中常用的另一种周期为 $T_{0,2}$ 周期,它是由波谱的零阶距和二阶距求得,比平均周期 $\overline{T}$ 略小:

$$T_{0,2} = 2\pi\left(\frac{m_0}{m_2}\right)^{\frac{1}{2}} \tag{4.68}$$

根据谱峰 ω_p 或 f_p 可获得谱峰周期 T_p,它比平均周期 $\overline{T}$ 大。各种周期的关系为

$$T_{0,2} < T_{0,1} \approx \overline{T} < T_p \tag{4.69}$$

需要指出,前面讨论的都是波面随时间的变化,即波浪谱是频谱,是一维的(频率维度)。实际的波面是三维的,其能量不仅分布在一定的频率范围内,而且在不同的方向范围内能量也不同,即波谱是二维的(频率与方向)。通过推导,可得方向谱密度函数:

$$\sum_{\Delta\omega}\sum_{\Delta\theta}\frac{1}{2}a_n^2 = S(\omega,\theta)\mathrm{d}\omega\mathrm{d}\theta; 0\leqslant\omega<\infty, -\pi\leqslant\theta\leqslant\pi \tag{4.70}$$

方向谱 $S(\omega,\theta)$ 表示不同方向上各组成波的能量相对于频率的分布;或者为给定

频率下,组成波能量相对于方向的分布。同一地点的波浪方向谱与频谱满足以下关系:

$$S(\omega)=\int_{-\pi}^{\pi} S(\omega,\theta)\mathrm{d}\theta \tag{4.71}$$

波面方差为

$$\sigma^2=\int_{-\pi}^{\pi}\int_{0}^{\infty} S(\omega,\theta)\mathrm{d}\omega\mathrm{d}\theta \tag{4.72}$$

需要指出,以上各特征波要素与波谱的关系都是根据大量实测海洋资料和深水波高、周期的理论分布得出来的,在湖泊波浪分析与计算中,可以参考使用,但需要在长期的实践中根据实测的大量湖泊波浪资料对相关结果进行修正与完善,逐渐得到适用于浅水湖泊的各种波高、周期计算公式。

4.4.1.5 波浪的传播与变形

波浪在浅水中传播时,受水深、地形、结构物(岛屿和建筑物)等的影响,将会发生浅水效应、折射、底摩擦、绕射、反射和破碎等变形,导致波高、波长、波向以及波谱发生明显变化。实际环境中,这些影响因素可能同时存在,想要同时全面考虑所有影响是十分困难的,通常单独针对某一影响因素进行处理,将其影响效应用某一系数来表示,如浅水系数、折射系数、绕射系数、摩擦耗散系数等,然后假定将这些系数相乘即可表达出所有影响因素的综合效果。分析与计算浅水效应时,常用的是选取某种特征波(相应的波高和周期)来代替实际的波浪,作为规则波,用能量分析法来分析相关因素的影响。此外,更加符合实际但难度较大的方法是利用波谱的概念,通过分析相关因素影响下的波谱结构情况,计算其统计特征。此处简单介绍特征波代表的方法,波谱分析的方法可以参考专业书籍进行了解。

1) 波浪浅水效应

波浪正向传入浅水区域($d/L<0.5$)时,由于水深减小,波浪能量(波能)的大小与分布发生变化,相应的波长、波速发生变化,波高也因波能的传播速度变化而变化,这种由于水深的减小而导致的波高变化称为波浪的浅水效应(wave shoaling)。

采用有效波作为代表波,按规则波进行分析计算,根据线性波浪理论可得:

$$\frac{L}{L_0}=\frac{C}{C_0}=\tanh\frac{2\pi d}{L}$$

$$\frac{H}{H_0}=K_s=\sqrt{\frac{C_0}{2nC}}=\sqrt{\frac{L_0}{2nL}},n=\frac{1}{2}\left[1+\frac{4\pi d/L}{\sinh(4\pi d/L)}\right] \tag{4.73}$$

式中,L、H、C 分别为水深 d 处的波长、波高和波速;L_0、H_0、C_0 分别为深水条件下的波长、波高和波速;K_s为浅水系数,一般可根据 d/L_0 查询规范获得。

2) 波浪折射

波浪在浅水区域传播时,波速和波长随水深变浅而减小。当波浪与水下等深线成斜向传播时,水深较大处波浪传播较快,而水深较浅处则传播较慢,因而波浪传播方向逐渐发生变化,最终趋于与岸线垂直,这种现象为波浪折射(wave refraction)。

波浪在浅水区域的折射效应与光波折射相似,也服从斯内尔(Snell)光波折射定律。光波从一种介质传入另一种介质时,其入射角正弦与折射角正弦之比等于光波在两种介质中传播速度之比,即

$$\frac{\sin\ \alpha_1}{\sin\ \alpha_2}=\frac{C_1}{C_2} \tag{4.74}$$

式中,α_1、α_2分别为折射前后波浪波向线与平均水深线的法线之间的夹角;C_1、C_2分别为与水深 d_1、d_2对应的波速。

基于上述定律,假定波向线之间的波浪能量保持不变,则可得:

$$\frac{H}{H_0}=\sqrt{\frac{1}{2n}\ \frac{C}{C_0}}\sqrt{\frac{b_0}{b}}=K_s\ \cdot\ K_r \tag{4.75}$$

式中,K_s、K_r分别为浅水系数和折射系数,其中 $K_r=\sqrt{b_0/b}$;b_0、b 分别为两波向线在深水处和浅水处的距离。

以上为规则波计算方法,由于实际湖面波浪为不规则波,可采用叠加法计算折射系数。

3）波浪底摩擦耗散

波浪在浅水传播时,由于水深较小,若此时湖底比较粗糙,则湖底摩擦将对波浪能量产生影响,进而对波浪要素产生影响。

基于底摩擦效应关系可得:

$$H=H_0K_sK_rK_f \tag{4.76}$$

式中,K_f为底摩擦系数,可通过查表得到;H、H_0 分别为深水和浅水处波高。

4）波浪绕射

波浪传播过程中遇到建筑物或岛屿等障碍物会发生绕射,虽然这些障碍物阻碍波浪的传播,但波浪还是能传播到障碍物掩护的区域内,波能将沿波峰线从能量高的区域向能量低的区域进行传递,不过掩护区域内的波浪强度比起非掩护区域将小得多,这种现象即为波浪绕射。

波浪绕射的计算有两种方法,一种是参考折射的计算方法,将折射系数改为绕射系数 K_d,通过查询规范和图表求解;另一种是由缓坡方程或 Boussisnesp 型方程等计算多向不规则的绕射。

5）波浪反射

波浪传播中遇到天然的或人工的障碍物时,将发生部分的或全部的反射,反射程度以反射系数 K_R来表示,对于规则波:

$$K_R=\frac{H_R}{H_I} \tag{4.77}$$

式中,H_I为入射波高;H_R为反射波高。反射系数的值取决于反射面的坡度、粗糙度、透水性、几何形状以及相对水深 d/L_0,与入射波的波陡和入射角度也息息相关。该系数在简单规则几何形状下可通过理论推导得到,更多的是通过大量工程模型试验来获取。对于不规则波,由于反射系数是随组成波的频率变化的,可采用综合反射系数 K_{Rb}来进行计算,详细的分析和计算可参考《随机波浪及其工程应用》(俞聿修,1999)。

6）波浪破碎

波浪在浅水区域传播时,波长减小,波陡增大;另外因波谷处的水深比波峰小,波谷受湖底摩擦的影响较大,因此波谷传播的速度比波峰小,导致波峰逐渐接近波谷,进而使得波形扭曲前倾,前波变陡。当水深足够浅,不足以支撑波陡的稳定时,波浪发生破碎。该水深称为波浪破碎的破碎水深(临界水深)(d_b),此时的波高为破碎波高(H_b)。除了浅水影响外,在水深足够大的区域,风浪也会发生破碎,出现白浪。波浪破碎会消耗大量波能,势必引起波浪的变形。

波浪破碎的形态是多种多样的,主要由波浪的波陡和水底的坡度决定,有三种类型。一是崩破(spilling breaker),破碎在波峰顶发生,出现浪花,并逐渐向波浪前面扩大,波峰部分崩倒破碎,整个波形仍大致保持不变。二是卷破(plunging breaker),破碎是由于波峰前坡陡直、前倾而迅速卷倒产生,波峰水体向前飞溅并伴随着空气的卷入。三是涌破(surging breaker),浪花首先出现在波峰变陡后的前峰,并扩大到整个前峰面,前峰面呈激散破碎,由波峰推带前进,最后与波峰一起逐渐散失在岸滩上。此外在卷破与涌破之间有一种过渡形式的破碎叫滚破(colloping breaker)。而我们见到的深水情况下的白浪破碎为崩破。

浅水环境中波浪破碎的破碎水深(d_b)和破碎波高(H_b)是很重要的参数,理论上主要通过能量法和根据倾斜水底边界条件解有关的控制方程来确定,但不论何种方法,都很难准确地计算破碎波高和破碎水深,目前主要通过实验室模拟和实际现场观测方法来确定。破碎水深 d_b 与波高、波陡(H/L)、底坡、海底糙率和渗透性都有密切关系。实际使用中可定义破碎波高为浅水破碎系数 γ 与水深的乘积:

$$H_b=\gamma d \tag{4.78}$$

根据试验数据和现场监测数据可知,破碎系数 γ 变化很大,由实验确定,通常取为0.8。

4.4.2 湖泊风浪的计算

湖泊中的波浪主要以风浪为主,对于有通航功能的湖泊存在一定的船行波。本节主要聚焦于湖泊中的风浪进行讨论。受仪器设备和观测环境的限制,湖泊风浪的长期、大范围实时监测是比较困难的,而气象资料的获取相对较方便,因此实际湖泊的风浪强度可以根据气象要素来推算。当风场确定后,可根据风场要素与风浪要素之间的关系,确定风浪要素随时间或位置的变化。目前计算湖泊风浪主要通过两种手段,一种是半理论半经验公式法,另一种是数学模型的方法,下面将详细进行介绍。

4.4.2.1 风浪的成长机理

风浪的成长机理早在 20 世纪 20 年代就开始研究,但早期的理论和实际观测结果存在较大的差异,没有得到发展和运用。直到 20 世纪 50 年代,在 Phillips 和 Miles 提出风浪成长的共振理论和剪流不稳定理论的基础上,逐渐形成了现代风浪形成理论的基础。湖面作用的风应力可分解为切应力(τ)和法向正压力(图 4.46)。风与水面的 τ 与风速(U)呈正比,由于风浪运动主要是水质点的原地振荡运动,波速是位相速度,故 τ 与波速(C)

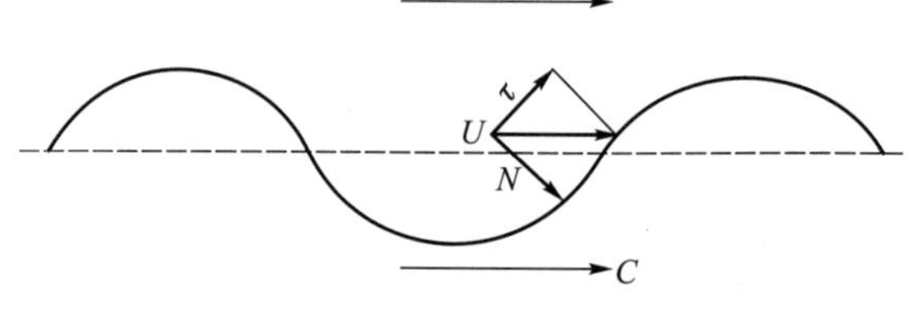

图 4.46 风对水面的作用力

无关。风作用于湖面水体的 N 使风浪的迎风面与背风面形成压力差(无风时两侧均为大气压力),故其大小与 U 和 C 之差($U-C$)呈正比。这表明,风通过与水质点的摩擦力和风浪迎风面和背风面的压力差对水质点做功,将风的能量传递给水体产生风浪。

起风初期,湖面风浪很小,U 大于 C,由于 τ 和 N 同时作用,风将能量不断地传递给水体,风浪不断地生长,波高和波长不断增大;随着风浪尺度的增大,C 也相应变大,水体内部由于摩擦耗散的能量也逐渐增大;当 C 接近 U 时,N 不再起作用,风仅仅通过 τ 继续作用于水体;当 C 大于 U 时,此时空气将阻碍波形的前进,风开始消耗风浪的能量。因此总的输入能量是随着波速的逐步加大而逐渐减小的。当输入的能量与耗散的能量一致时,风浪将不再增长而趋于稳定,形成该风速条件下的稳定风浪。风停止后,没有输入能量,而风浪的运动受水体内部黏滞性、空气阻力、水底摩擦、破碎等的影响继续耗散能量,导致风浪逐渐衰减,直至最后消亡。

需要指出,τ 与 U 的关系在风浪成长开始阶段(水面平静时)和风浪产生后(水面波动时)并不相同,N 与($U-C$)的关系在不同风浪尺度时也是不同的,此外风浪运动中还会对气流形成反作用等。总之,风浪的生成、发展和衰减取决于水体中能量的摄取和耗散之间的平衡关系,当输入能量大于耗散能量时,风浪成长和发展;反之,风浪将衰减和消亡。

在一定的风速条件下,风浪产生后,其波高与波长随着风时或风距增长而增长,称为风浪的成长。风时指风作用于水面的持续时间,风距指风作用于水面的范围。一般来说,风浪通常只受制于风时或风距,两者不同时起控制作用,从而在成长与发展过程中出现不同的风浪状态。这里根据风时和风距给出风浪的三种状态。① 风浪的过渡状态。风速很大,作用于宽阔的水域,如果持续时间较短,不能形成较大的风浪。此时,水域内风浪要素基本相同,并随着风的作用时间增长而增大,即风浪的大小取决于风时的长短,这种风浪属于过渡状态。② 风浪的定场状态。在一定水域范围内,随着风速持续作用,经过一段时间后,水域范围内的风浪要素趋于定场,不再随时间发生变化。但水域不同位置的风浪要素并不相同,受限于个点的位置或风距,风距越大,风浪就越大,这种风浪属于定场状态。③ 风浪的充分成长状态。在一定的风速条件下,如果风时和风距都足够大,风浪也不能无限地增长。最终会出现输入水体的能量与耗散的能量平衡,即使风时和风距继续无限制增大,风浪也不再增大,而达到该风速条件下的极限状态,称为风浪的充分成长状态。对于浅水区域,风浪通常是受制于水深而达到极限状态。

4.4.2.2 风要素的确定与计算

风浪成长的主要因素是风场状况,包括风速(U,单位:$m \cdot s^{-1}$)、风时(t,单位:h)、风距或风区长度(F,单位:m 或 km),称为风场三要素。此外风浪的成长和发展还与地形、水深、水生植被状况等有关,但关键是风场状况。

U 的大小对风浪的成长影响最为显著,根据风浪的成长机理,一般风速越大,产生的风浪也越大。一般来说,U 不变的条件下,t 越大,水体获得的能量越多,风浪也就越大。由于风浪的发展需要一定的水域,所以一般来说,在 U 不变的条件下,F 越大,风浪也越大。

U 是风浪成长的关键因素之一,由于 U 在空间和时间上存在着较大的差异,为能在不同场合使用风速要素,U 的取值在高度和时距上应统一标准。通常采用水面上

10 m高度处 2 min 的 U 的平均值作为标准值。如果我们收集的资料不符合这些标准，需要对 U 进行高度和时距换算。

1）风速高度的换算

由于地面或湖面摩擦的影响，摩擦层内近水面的空气运动比较复杂，U 在垂向上是变化的，随高度降低 U 逐渐减小。一般认为近地（湖）面小于 100 m 的 U 在垂向的分布规律接近乘幂规律，用对数表示为

$$\frac{U_z}{U_{10}}=\frac{\lg z-\lg z_0}{\lg 10-\lg z_0} \tag{4.79}$$

式中，U_z为高度 z 处的风速；U_{10}为 10 m 高度处的风速；z_0 为地（湖）面粗糙度，参考海面取值在湖面可取 $z_0=0.003$。

地（湖）面高于 100 m 风速垂向分布变化符合指数变化规律，可表示为

$$\frac{U_z}{U_{10}}=\left(\frac{z}{10}\right)^p \tag{4.80}$$

式中，p 为与气温沿垂向变化有关的指数，取值范围为 0～1。对于平坦地面或湖面可参考开敞海面取值 $p=0.13 \sim 0.15$。

2）风速的时距转换

风速大小随时间是不稳定的，具有很大的脉动性，因此风速的取值常用在一定时距间隔内的平均值来代表。常用的时距有 10 min 和 2 min 两种，相应的风速分别为 10 min的平均风速 $U_{10\ \mathrm{min}}$和 2 min 的平均风速 $U_{2\ \mathrm{min}}$，风浪要素计算中通常采用 2 min 的平均风速。

同一风况条件下，时距取值不同，风速也不同，时距越小，相应风速越大，因此，在收集风速资料时，必须明确该风速值所采用的时距。不同时距风速的换算可通过平行观测的定时和自已的风速记录进行相关性分析求得，若无实测资料时，可按下式计算：

$$U_{2\ \mathrm{min}}/U_{10\ \mathrm{min}}=1.103 \tag{4.81}$$

综上，在收集风况资料时，应特别注意气象站的地理位置、所采用的气象观测仪器、气象站的高度、风速的时距等情况，保证资料统计的一致性。

4.4.2.3 半理论半经验公式法

半理论半经验公式法就是根据实测的风浪资料、气象资料，找到风浪与影响因素之间的某些经验关系，再进行相应的理论概括。常见的有研究风浪形成过程中能量传递和耗散过程的能量法、研究风浪能量分布的波谱法，或两者相结合的方法等。目前这些方法在海洋工程中风浪要素的计算应用较多，已有大量不同的计算方法，也形成了适用于不同工程条件的规范。关于湖泊风浪的半理论半经验计算方法较少，一些学者在太湖开展了海洋工程中形成的计算公式在湖泊中的适用性研究，得到了一些成果，也有学者根据太湖实测的风浪资料得到了适用于特定区域的计算公式。本节介绍几种适用于浅水区域的半理论半经验计算公式，可供在湖泊风浪要素计算中参考使用。

1）威尔逊（Wilson）风浪预报法

根据能量法，以有效波为代表性特征波，建立波能平衡方程，分析风浪随时间和位置的成长与变化，求解风浪要素尺度。根据大量实测资料，威尔逊几经修正，1965 年提出了无因次量表示的风场要素与风浪要素的关系式：

$$\frac{gH_{1/3}}{U^2}=0.30\left\{1-\left[1+0.004\left(\frac{gF}{U^2}\right)^{\frac{1}{2}}\right]^{-2}\right\} \tag{4.82}$$

$$\frac{gT_{1/3}}{2\pi U}=1.37\left\{1-\left[1+0.008\left(\frac{gF}{U^2}\right)^{\frac{1}{3}}\right]^{-5}\right\} \tag{4.83}$$

最小风时(t_{min})通过以下积分求得：

$$\frac{gt}{U}=\int_0^{\frac{gF}{U^2}}\frac{d(gx/U^2)}{gT^{1/3}/4\pi U} \tag{4.84}$$

威尔逊风浪预报法是世界上应用较广泛的计算方法之一,在海洋风浪的大量计算中表明,该公式计算精度较高,接近实际情况,但在湖泊中的使用需要进一步的验证与完善。

2) Breschneider 风浪预报方法

该方法也是基于能量法,在 S-M 法的基础上,通过积累资料,经多次修改完善发展而来,也称 S-M-B 风浪预报方法,计算公式如下：

$$\frac{gH_{1/3}}{U^2}=0.283\tanh\left[0.0125\left(\frac{gF}{U^2}\right)^{0.42}\right] \tag{4.85}$$

$$\frac{gT_{1/3}}{2\pi U}=1.20\tanh\left[0.077\left(\frac{gF}{U^2}\right)^{0.25}\right] \tag{4.86}$$

$$\frac{gt}{U}=k\exp\left\{\left[A\left(\ln\left(\frac{gF}{U^2}\right)\right)^2-B\ln\left(\frac{gF}{U^2}\right)+C\right]^{\frac{1}{2}}+D\ln\left(\frac{gF}{U^2}\right)\right\} \tag{4.87}$$

式中,常数为 $k=6.5882$,$A=0.0161$,$B=0.3692$,$C=2.2024$,$D=0.8798$。

Breschneider 风浪预报方法在我国大部分海域应用时表明,计算的波高和周期略有偏大,对于湖泊风浪计算,仍需要根据实测资料来验证公式的可靠性。

3) 我国"会战法"风浪预报模式

"会战法"是将能量法与波谱法结合起来,利用风浪要素概率密度分布函数,建立平均能量平衡微分方程,并与风浪谱相结合,研究风浪在深、浅水中的成长与传播。目前该方法已经应用到了《海港水文标准》中,计算公式为

当 $d/U^2>0.2$ 的深水条件时,

$$\frac{gH_{1/3}}{U^2}=5.5\times10^{-3}\left(\frac{gF}{U^2}\right)^{0.35} \tag{4.88}$$

$$\frac{gT_{1/3}}{U^2}=0.55\left(\frac{gF}{U^2}\right)^{0.233} \tag{4.89}$$

$$\frac{gF_{min}}{U^2}=0.012\left(\frac{gt}{U}\right)^{1.3} \tag{4.90}$$

当 $d/U^2\leqslant0.2$ 的浅水条件时,

$$\frac{gH_{1/3}}{U^2}=5.5\times10^{-3}\left(\frac{gF}{U^2}\right)^{0.35}\tanh\left[30\frac{\left(\frac{gd}{U^2}\right)^{0.8}}{\left(\frac{gF}{U^2}\right)^{0.35}}\right] \tag{4.91}$$

$$\frac{gT_{1/3}}{U^2}=0.55\left(\frac{gF}{U^2}\right)^{0.233}\tanh^{2/3}\left[30\frac{\left(\frac{gd}{U^2}\right)^{0.8}}{\left(\frac{gF}{U^2}\right)^{0.35}}\right] \tag{4.92}$$

$$\frac{gF_{\min}}{U^2}=0.012\left(\frac{gt}{U}\right)^{1.3}\tanh^{1.3}(1.4kd), k=2\pi/L \tag{4.93}$$

“会战法”预报风浪时，选取的风浪谱是根据我国海域实测资料建立的规范谱，该谱在湖泊风浪中的适用性有待进一步验证，因此该公式在对湖泊风浪进行计算时，需要根据实测资料进行验证与进一步完善。

4）其他湖泊中得到的经验公式

乔树梁等（1996）根据 1992 年和 1993 年的 8—11 月在太湖的无锡马山附近湖面监测站所获取的风浪资料，得到了风浪的统计特征和风浪谱，并基于此提出了风浪要素的计算公式，此处以平均波高$\overline{H}$和平均波周期$\overline{T}$作为特征波进行计算：

$$\frac{g\overline{H}}{U^2}=0.22\tanh\left[0.45\left(\frac{gd}{U^2}\right)^{0.72}\right]\times\tanh\left\{\frac{0.0016\left(\frac{gF}{U^2}\right)^{0.46}}{0.22\tanh\left[0.45\left(\frac{gd}{U^2}\right)^{0.72}\right]}\right\} \tag{4.94}$$

$$\frac{g\overline{T}}{U}=12.5\left(\frac{g\overline{H}}{U^2}\right)0.5 \tag{4.95}$$

$$\frac{gt_{\min}}{U}=31.85\left(\frac{gF}{U^2}\right)0.77 \tag{4.96}$$

该公式是根据太湖中实测的风浪资料所得，考虑了浅水中水深（d）对风浪的影响，可供湖泊、水库风浪要素的计算参考，但因仅仅是某一单测点的短期资料，在实际湖泊风浪计算中，仍要根据实测资料对该公式进行不断的完善。

罗潋葱等（2004b）利用太湖实测风浪资料通过对比分析，对 S-M-B 方法进行了参数校正，得到了如下计算公式：

$$\frac{gH_{1/3}}{U^2}=0.189\tanh\left[0.530\left(\frac{gd}{U^2}\right)^{0.75}\right]\times\tanh\frac{0.0125\left(\frac{gF}{U^2}\right)^{0.42}}{\tanh\left[0.530\left(\frac{gd}{U^2}\right)^{0.75}\right]} \tag{4.97}$$

$$\frac{g\overline{T}}{2\pi U}=1.20\tanh\left[0.833\left(\frac{gd}{U^2}\right)^{0.375}\right]\times\tanh\frac{0.077\left(\frac{gF}{U^2}\right)^{0.25}}{\tanh\left[0.833\left(\frac{gd}{U^2}\right)^{0.375}\right]} \tag{4.98}$$

胡维平等（2005）通过无量纲分析和线性回归方法对 2002—2003 年太湖梅梁湖中部测点、乌龟山附近测点、太湖站西测点和东测点 4 个测点的 1000 多组风浪资料进行分析，得到了太湖北部不同区域风浪平均波高的计算公式：

$$\frac{g\overline{H}}{U^2}=a_1\left\{a_2\tanh\left[a_3\left(\frac{gd}{U^2}\right)^{a_4}\right]\times\tanh\left[\frac{a_5\left(\frac{gF}{U^2}\right)^{a_6}}{a_2\tanh\left[a_3\left(\frac{gd}{U^2}\right)^{a_4}\right]}\right]\right\}^{a_7}+a_8 \tag{4.99}$$

式中，a_1—a_8为与地形和水生植被覆盖度有关的参数。其中，在离岸距离大于 1 km 区域，a_1—a_8的取值分别为 0.217 456、1.0、0.15、0.6、0.09、0.6、1.0、0.005 2；在近岸区域，a_7 大于 1，a_8 取值为 0，a_4 介于 0.6～0.72，a_5 介于 0.001 31～0.001 68。该公式在计算近岸区域波高时误差较大，需要进一步开展监测与完善，尤其应开展水草覆盖度及密度对风浪的影响。

4.4.2.4 数学模型方法

前述经验公式使用中，一般都需要根据湖泊实测点位资料进行验证和完善后，再进行风浪要素计算。因为受实测时间和空间的限制，这些资料都是局部短时间观测资料，因此在应用于全湖风浪要素计算时受到限制，其结果的准确性也需要进一步的验证。近年来随着风浪模型的成熟和完善，数值模拟方法逐渐成为研究风浪发展和传播的主要手段。

根据实际需要，有不同形式的波浪数值模式。根据控制方程的不同，常用的波浪模型有 Navier-Stokes 方程波浪模型、Boussinesq 方程波浪模型、缓坡方程波浪模型以及动谱平衡方程波浪模型。不同波浪模型各有优势，针对不同的需求，可以选择合适的波浪模型。

1）Navier-Stokes 方程波浪模型

基于流动运动的 Navier-Stokes 方程和连续性方程，附加以边界条件和湍混模式，可以建立模拟波浪传播的 Navier-Stokes 方程波浪模型。

Navier-Stokes 方程波浪模型分为二维和三维模型。利用垂向二维模型和连续方程可以开展二维数值波浪水槽模拟，可以模拟波浪在斜坡上的传播、破碎以及对物体的作用。三维模型可以精细地描述波浪的传播变形过程和垂向的速度分布，但不易处理波浪破碎过程和湍混系数。

Navier-Stokes 方程波浪模型是基于最严谨的理论而建立的，充分考虑了流体的真实运动，可以精确描述流体的细微运动结构，但由于计算复杂，不适合进行大范围的波浪场数值模拟。

2）Boussinesq 方程波浪模型

基于 Boussinesq 方程，给定合适的边界条件，可建立模拟波浪传播的 Boussinesq 方程波浪模型。浅水条件下，假定垂向速度沿水深分布为线性，Peregrine 以质量守恒和动量守恒推导出了二维的经典 Boussinesq 方程：

$$\frac{\partial \eta}{\partial t}+\nabla \cdot [(h+\eta)u]=0 \tag{4.100}$$

$$\frac{\partial u}{\partial t}+(u \cdot \nabla)u+g\nabla\eta=\frac{h}{2}\frac{\partial}{\partial t}\nabla[\nabla \cdot (hu)]-\frac{h^2}{6}\frac{\partial}{\partial t}\nabla[\nabla \cdot u] \tag{4.101}$$

式中，h 为水深；η 为波面高程；u 为断面沿水深积分的平均流速。

Boussinesq 方程波浪模型通常用于模拟有限水深的波浪变形及破碎问题，在计算非线性较强的浅水区域和反射比较强的区域是比较可靠的。但由于计算精度的需求，计算时间步长和空间步长分别受到波周期和波长的限制，因此在计算较大范围的区域时就需要比较多的网格点，所以一般不适合计算大区域的范围，适用于中等、小范围的波浪模拟。

3）缓坡方程波浪模型

缓坡方程又称联合折射绕射方程，是一种用线性波浪理论研究近岸波浪传播变形的波浪数学模型,可综合考虑波浪传播过程中的反射、折射和绕射等效应,被广泛应用于近岸波浪的数值计算。Berkhoff从势流理论出发,基于小参数展开和缓坡假定($\nabla h/kh \ll 1$),不考虑底摩擦和破碎,提出了原始缓坡方程:

$$\nabla \cdot (CC_g \nabla \phi) + k^2 CC_g \phi = 0 \tag{4.102}$$

式中,∇为梯度算子;ϕ为平面速度势;$C=\omega/g$为波速;C_g为波群速度;k为波数;g为重力加速度。

原始缓坡方程为椭圆形偏微分方程,本身具有不可分离的性质,数值离散过程中系数矩阵为满秩矩阵,数值求解的工作量大,计算效率低,不适用于模拟大范围波浪传播。Radder对方程进行抛物化处理,在假定波浪沿某一主方向传播,并忽略波浪沿主传播方向反射的条件下,提出了抛物形缓坡方程,克服了椭圆形缓坡方程中数值求解的困难,可用于模拟较大区域的波浪传播与变形。Copeland基于算子分列技巧推导出了双曲形缓坡方程,该方程直接从椭圆形的形式而来,变量的物理意义与椭圆形方程中是一致的,可考虑波浪传播过程中的发射、折射和绕射,是描述波面瞬变运动过程的方程,其偏微分形式为一阶双曲形,故其数值离散格式经济、高效,可以用于较大区域的波浪计算。

缓坡方程形式简单、功能多样,同时引入内部造波法和边界层阻尼消波等数值处理技术,使得缓坡方程波浪模型更具实际应用价值。基于缓坡方程开发了大量的波浪计算软件,如CGWAVE、MIKE-EMSW、MIKE-PMSW等,表明缓坡方程波浪模型有较为广泛的适用性。

缓坡方程波浪模型本身可以考虑水流的影响,同时抛物线形缓坡方程波浪模型也有较高的计算效率,但计算中需要注意椭圆形和双曲形在描述波面过程时计算网格尺度受制于波长,抛物线形在计算复杂地形及流场下的波浪传播时,对波浪入射方向要求较高,大角度波浪入射时数值计算比较复杂。

4) 动谱平衡方程风浪模型

风浪的传播,实质是能量的传播。风浪逐渐成长的能量主要源于风能的输入,底部摩阻、风浪破碎、白浪耗散等则是风浪耗散的主要原因。风浪场中水体间的能量传递决定了风浪谱结构。基于此,Whitham(1974)提出能量平衡方程来预测深水风浪的传播:

$$\frac{\partial E}{\partial t} + \nabla \cdot (\overline{c_g} E) = S_{tot} \tag{4.103}$$

式中,E为波能;c_g为群速;S_{tot}为源项。

无水流存在时波能守恒,当有水流存在时,波能不守恒,而波作用量$N=E/\sigma$谱守恒,则可得:

$$\frac{\partial N}{\partial t} + \nabla \cdot [(\vec{C}_g + \vec{V})N] + \frac{\partial C_\sigma N}{\partial \sigma} + \frac{\partial C_\theta N}{\partial \theta} = \frac{S_{tot}}{\sigma} \tag{4.104}$$

式中,N为波作用量密度谱,$N=S/\sigma$,S为能量密度;t为时间;σ、θ分别为相对波频和波向;C_σ和C_θ分别为风浪在谱空间(σ,θ)的传播速度;$\vec{C}_g = \partial\sigma/\partial\vec{k}$为群速,$\vec{k}$为波数矢量;$\vec{V}$为外部流速矢量;$\nabla \cdot ()$为地理坐标水平梯度。方程左边第一项代表波作用量密度在时间上的局地变化;第二项代表在空间的传播;第三项表示由于水深和流的变化引起的频移;第四项表示水深和流引起的折射;方程右边是源项,表示波能的产生、耗散和能量再分布等物理过程。

对于源项,通常包含以下几项:

$$S_{tot}=S_{in}+S_{nl3}+S_{nl4}+S_{ds,w}+S_{ds,b}+S_{ds,br} \tag{4.105}$$

式中，S_{in}为风能输入项；S_{nl3}为三波相互作用；S_{nl4}为四波相互作用，$S_{ds,w}$为白浪耗散项；$S_{ds,b}$为底部摩阻引起的耗散；$S_{ds,br}$为水深变浅引起的破碎导致的耗散项。

目前比较常用的大范围风浪模型是基于动谱平衡方程开发的第三代风浪模型，模型很好地考虑了风能输入、浅水风浪破碎、白浪耗散、底部摩阻等各种物理过程，可以很好地对大范围的不同区域风浪成长进行模拟和预测。第三代风浪模型中的风浪谱是通过积分动谱平衡方程进行计算，不需要给定谱型进行限制。通过近三十年的发展，涌现出了一系列比较先进的第三代风浪模型，其中比较有代表的有 WAM 模型、WAVE-WATCH Ⅲ模型、TOMAWAC 模型以及 SWAN 模型。WAM 模型和 WAVE-WATCH Ⅲ模型主要用于计算大尺度深海海域海浪的生成及发展，对于近岸小尺度有限水深及浅水计算时效果比较差。SWAN 模型由 WAM 模型改进而来，除了包含 WAM 模型中关于深水风浪的生成、耗散和四波相互作用外，增加了浅水风浪由于水深变浅导致的风浪破碎项、底部摩阻影响以及三波相互作用，提高了浅水区域风浪的模拟精度。

目前，湖泊风浪的计算重点关注的是不同时间的风浪强度，即风浪特征波要素的变化情况，对于具体的波面波动情况并不是特别关心，因此关于湖泊风浪的计算中前三种计算方法（Navier-Stokes 方程波浪模型、Boussinesq 方程波浪模型、缓坡方程波浪模型）应用很少，而基于动谱平衡方程开展的湖泊风浪要素计算已有一些应用。李一平等（2008）在太湖实际风浪观测的基础上，利用 SWAN 模型对太湖风浪进行数值模拟，研究了太湖风浪的主要影响因素。陶蓉茵（2012）利用 SWAN 模型开展了太湖风浪模拟，分析了太湖风浪谱的时空分布特征。许遐祯等（2013）以空间均匀的实际风场为驱动，利用 SWAN 模型开展了太湖风浪场模拟，分析了太湖风浪频率分布特征以及不同区域风浪谱对风时、风区、水深等因素的敏感性。王震等（2016）利用 SWAN 模型开展了太湖自然风条件下不同湖区风浪季节变化特征研究。以上研究仅仅局限于太湖风浪模拟，且模拟中各影响因素的考虑也比较简单，关于风浪模型在湖泊中的适用性还需要开展不同湖泊、不同区域等大量应用性研究。

4.4.3 湖泊风浪效应

湖泊风浪效应是指由于湖泊风浪作用导致湖泊堤坝工程护坡的损坏和淘刷，湖体水环境、水质发生变化，从而导致湖体环境系统的结构和功能发生变化的过程。湖泊，尤其是浅水湖泊因其水深较小，湖底极易受到风浪扰动的影响，导致水-土界面底泥再悬浮和水体污染内源的释放。底泥再悬浮把沉积物中营养盐带入水体，增加了水和沉积物间物质与能量的交换，极大地促进了营养盐的循环。根据以往经验来看，湖底底泥再悬浮引起的内源释放是湖泊富营养化的主要来源，这种动态释放严重影响了湖泊的水质。风浪作用会导致水体垂向混合增加，进一步对藻类的垂向迁移产生影响，风浪的强度、范围和时间决定了蓝藻水华的时空分布。因此湖泊风浪作为重要的水动力因素，对湖泊环境的影响不可忽略。

4.4.3.1 风浪对泥沙输移及再悬浮的影响

波浪运动呈现振荡运动特征，在波浪振荡作用下，水底特别是近湖底底床将受到垂向或斜向水压力等，从而对沉积物表层形成垂向切应力和水平切应力。湖泊水-土界面上由于波浪扰动而产生的切应力可以按下式计算：

$$T_{\mathrm{w}}^{b}=\rho f_{\mathrm{w}} u_{\mathrm{m}}^{2} \cos^{2}(2\pi t/T_{\mathrm{s}}), u_{\mathrm{m}}=\frac{\pi H_{\mathrm{s}}}{T_{\mathrm{s}}} \frac{1}{\sinh kh} \tag{4.106}$$

式中,ρ 为水体密度;f_{w}为波浪摩擦系数;u_{m}为波浪产生的底部最大水平流速;H_{s}为有效波高;T_{s}为有效波周期;$k=2\pi/L$ 为波数;h 为水深。其中 f_{w}可按下式计算:

$$\begin{cases} f_{\mathrm{w}}=\exp\left[5.213\left(\dfrac{a_{\mathrm{m}}}{k_{\mathrm{s}}}\right)^{-0.194}-5.977\right], \dfrac{a_{\mathrm{m}}}{k_{\mathrm{s}}}>1.57 \\ f_{\mathrm{w}}=0.30, \dfrac{a_{\mathrm{m}}}{k_{\mathrm{s}}}<1.57 \end{cases} \tag{4.107}$$

式中,$a_{\mathrm{m}}=H_{\mathrm{s}}/[2\sinh(kh)]$;$k_{\mathrm{s}}$为床面粗糙度,取 $k_{\mathrm{s}}=2.5d_{50}$。

通常,当切应力大于湖床发生侵蚀的临界切应力,湖床将发生侵蚀。实际情况中,临界切应力与组成湖床的颗粒大小、密度、形状、密实度和黏聚力等相关。由非黏性泥沙组成的湖床的临界切应力可采用临界希尔兹数表示。由黏性泥沙组成的湖床的临界切应力较复杂。不过,对于浅水湖泊而言,采用风浪的波长(L)和水深(H)之比判定湖床侵蚀是一个更为简单有效的指标。据 Wu 等(2016)对太湖的观测结果(图 4.47),当 L/H 介于 2~3 时,湖床以表面侵蚀为主;当 $L/H>3$ 时,湖床以侵蚀为主。

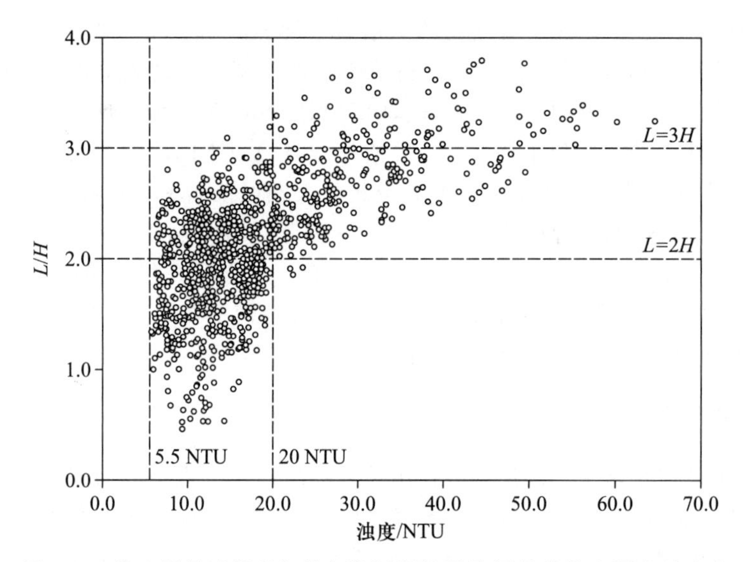

图 4.47 单次强风过程引起的太湖沉积物再悬浮导致的上覆水浊度变化与风浪波长和水深之比(L/H)的关系

对太湖悬浮物的野外调查中发现,底泥再悬浮的临近风速在 5~6.5 m·s^{-1}(罗潋葱等,2004c)。秦伯强等(2003)对太湖中心附近沉积物进行观测发现,风速>4.0 m·s^{-1}时才开始出现再悬浮现象。逄勇等(2008)对太湖 3 号观测站 1997—2002 年的风速和悬浮物浓度进行分析得到,沉积物起悬的临界风速约为 3.7 m·s^{-1}。可以看出,观测位置、时间、底泥粒径情况不同,相应的临近起动风速(可通过转换为风浪,进一步得到起动切应力)是不一致的。如美国切萨皮克湾研究认为临界切应力为 0.1 N·m^{-2},澳大利亚克利夫兰湾相似水域实测并分析获得的临界切应力为 2.0 N·m^{-2},相差近 20 倍。

太湖梅梁湾现场观测以及悬浮物含量分析发现,对于水深>1 m 的湖区,当平均波高<8 cm 时，基本不能扰动沉积物，湖面水色与无风浪状态完全相同，称为无风条件；当平均波高>12 cm 时，观测点风浪破碎，出现浪花，大量的沉积物被扰动，湖面水色与无风浪状态时呈完全不同的状态，为混黄色，称为大风浪情况。调查发现，沉积物再悬浮悬浮物（SS）含量浮变率最大层主要发生在近界面的 40 cm 内。对梅梁湾而言，大风浪情况下沉积物界面处 SS 含量约为无风条件下的 30 倍；而在距离界面以上的 40 cm 以上的水柱中，大风浪条件下的 SS 含量仅是无风浪条件的 4 倍。根据测算，在太湖梅梁湾区域风速 8 $m \cdot s^{-1}$、平均波高 15.2 cm 时，风浪切应力掀起的沉积物厚度约为 3.83 mm。根据 2005 年 9 月卡努台风经过太湖上空时的监测结果发现，太湖主要 5 个湖区梅梁湾、马山南、大浦口、胥口湾和湖心在卡努台风最大风力作用影响下，最大可扰动的沉积物厚度分别为 4.5 mm、12.6 mm、20.3 mm、5.0 mm 和 10.7 mm，表明在极端风浪条件下，梅梁湾的扰动深度也不大于 0.5 cm。由此可知，位置、时间以及底泥类型不同，风浪作用导致沉积物再悬浮的厚度也各有不同。

由此可知，风浪扰动对于湖底沉积物再悬浮的影响是不可忽略的，风浪的强烈扰动将导致湖底表层沉积物迅速再悬浮进入水体，使得水体 SS 剧增；风浪消失后，水体中的悬浮物会受本身重力作用沉降至湖底，使水体中的 SS 含量降低。

4.4.3.2 风浪对内源释放的影响

风浪扰动下，湖底发生再悬浮，伴随着沉积物进入水体，储存在沉积物中的各类物质也随之进入水体，势必对水质、营养盐含量产生影响；风浪作用可以促进水-气界面的物质交换，增加湖泊复氧能力，提高水体溶解氧含量，加上风浪作用导致的垂向混合增强，可引起湖泊底层水体溶解氧的含量增加，进而对湖泊底泥中磷的释放造成影响。太湖的实际观测结果表明，单次强风浪过程引起的沉积物悬浮，最大可以导致上覆水中氮和磷浓度分别增加 3%～6%和 5%～50%，远大于通过浓度梯度释放的营养盐。这些营养盐可以有效缓解上覆水营养盐限制，刺激蓝藻增殖。

通过水槽试验可以分析风浪作用下由于沉积物再悬浮对内源释放的影响。随着波高增加，悬浮物浓度、总氮和总磷都是同步增加的，但是溶解性总氮和总磷虽然有所增加，却不及总氮和总磷显著，而且显示出其释放有滞后的现象。由此可看出，风浪作用会大幅增加上覆水中总氮和总磷的浓度，但溶解性的营养盐增加有限。

4.4.3.3 风浪对蓝藻水华的影响

风浪可为蓝藻生长创造良好的生境条件。在蓝藻复苏的春季，栖息在水-土界面上呈现休眠状态的越冬蓝藻随着气温的升高而逐渐复苏，而此时频繁的动力扰动有助于休眠蓝藻上浮至真光层，加速其复苏进程。此后，蓝藻快速增殖，并在动力辐合区聚集形成高强度蓝藻水华。夏秋季节，水华区高浓度的蓝藻将会遭遇营养盐限制。此时，风浪主导的垂向动力扰动既可以引起内源营养盐的释放，以缓解上覆水营养盐限制，也可以弥补蓝藻群体附近的微空间内由于蓝藻对营养盐的过度吸收导致的营养盐亏缺，刺激蓝藻分裂增殖。

风浪的强度、范围和时间决定了蓝藻的时空分布。在弱风浪条件下，蓝藻主要随湖流进行水平迁移；而随着风浪强度的增加，蓝藻由水平迁移转变为以垂直迁移为主。湖体底部的风浪扰动会导致底泥再悬浮以及营养盐的释放，并引起湖底藻种的上浮。水体中营养盐的增加，加上合适的温度和气象条件，导致蓝藻水华的大面积暴发。另外，短期内的强风浪过程产生剧烈的水体混合，可在短期内改变水体中藻类的分布，使得表层的藻类向水体内部混合，从而阻止藻类水华的发生。太湖研究结果表明，当风浪波高<6.2 cm时，蓝藻主要以水平迁移为主，并在主要风向的下风向处堆积，有利于蓝藻的积聚和蓝藻水华的形成；当波高>6.2 cm时，蓝藻主要以垂直迁移为主，不利于蓝藻水华的形成和暴发。太湖台风过程的观测发现，台风促进了底泥营养盐的释放和底栖浮游植物的悬浮，同时改变了水体的温度和分层，促进了有害微囊藻的生长，最终在台风过后小风浪时段蓝藻不断浮出水面，导致蓝藻水华的大面积暴发。

风浪扰动对藻类的生长和群落结构具有重要影响。风浪扰动可加速水体中营养盐的释放和扩散，有利于藻类的吸收和生长。但同时，风浪的剧烈扰动可以将藻类输移至水底以及底泥悬浮，限制藻类对光的利用率，最终引起藻类的初级生产力和生物量的下降。风浪的剧烈动力作用还会造成细胞的机械损伤或抑制藻细胞的分裂增殖，不利于藻类生物量的保持。

风浪条件改变水体的物理环境（如温度、光照和溶解氧等），也会间接对藻类的生长和群落结构产生重要影响。蓝藻（微囊藻）细胞具有伪空泡，可以通过调节自身浮力实现在水柱中的垂直迁移。在较弱的风浪条件下，蓝藻漂浮在水体表面，遮挡其他藻类并获得更多的光照，并抑制其他竞争藻类的生长。在强风浪条件下，扰动形成的湍流导致蓝藻发生垂向迁移，改变了不同藻类对光照的利用效率和竞争优势。研究表明，风浪扰动可导致在波动光照条件下具有更强适应能力的硅藻逐渐取代蓝藻成为优势藻类。此外，风浪扰动还降低了不具有运动能力和浮力调节能力的藻类（如硅藻和绿藻）的沉降损失，维持了其在水柱中的生物量和种群优势。

由于不同藻类在不同条件下的适应能力和竞争优势不同，风浪通过改变水体物理、化学环境及竞争优势，最终影响浮游植物的群落结构。大量研究表明，在湖泊中，较强动力条件能诱导硅藻或绿藻取代蓝藻成为浮游植物的主要优势藻类。

4.4.3.4 风浪对水生植被的影响

水生植被是湖泊生态系统的重要组成部分，在维持生态系统平衡、改善水环境方面具有重要作用。大型富营养化湖泊的水生植被恢复试验或工程实践显示，水动力是植被恢复限制性因素之一，人工恢复植被在一次或数次大风浪作用后，常出现一些物种生物量减少甚至消失的现象。非人工修复的湖泊自然生态系统也常发生水生植被受水动力损害现象：美国佛罗里达州Apopka湖覆盖整个湖面的浮叶植物和沉水植物，在1947年一场飓风后几乎全部消失。通过密苏里州的圣路易斯河口地区湖湾和集水域植被与风浪的关系研究发现，水生植被出现频率和覆盖度与风浪扰动强度显著负相关。

风浪扰动会引起水体颗粒物、营养盐增加，进而对水生植被的生长产生影响。水动力过程（风浪、湖流）导致营养盐的再分配是清水型草型湖向浊水型藻型湖转换的关键驱动过程。风浪引起的无机颗粒物浓度升高，一方面导致水体颗粒物对光吸收和散射的增加，加大了水下光强的衰减，抑制了水生植被（沉水植物）的光合作用。另一方面使得附着水生植被（沉水植物）叶面物质增加，导致水生植被（沉水植物）光合作用效率受到遏制。因此，风浪势必会影响到水生植被的生长和繁殖，进而影响水生植被生物量以及群落组成。

风浪作用会在水下不同深度产生切应力，很大程度上会对湖泊中水生植被产生物理损伤。不同的波高条件下，植被受力与植物所处的深度负相关，即风浪在水面附近产生最大的破坏力,随着深度增加,植被受到风浪力的作用逐渐减小。

风浪作用对水生植被的分布产生影响。研究发现,匈牙利巴拉顿湖中的水生植被在盛行风向风区长度较大的湖区分布受到限制,与风浪扰动弱的湖区植被存在显著差异;密苏里州圣路易斯河口地区湖湾和集水域植被与风浪关系统计结果显示,水生植被出现频率和覆盖度与风浪扰动强度显著负相关。洱海 3 种不同风浪强度水域中的苦草生长率、叶片强度及韧性均存在显著的差异。由此可见,湖泊风浪的存在限制了水生植被的分布区域,也通过不同植被物种对水动力胁迫响应的差异影响着植被群落的空间分布。

4.4.3.5 风浪的其他物理效应

湖泊风浪具有一定的能量,会冲击和侵蚀堤岸、危害通航等。风浪在沿岸带发生破碎时,变形的风浪对于湖底、堤岸和沿岸建筑物产生强烈的冲击作用;湖泊风浪在近岸爬高过程中,水会顺坡沿砌缝或薄弱部位浸入土体,增加水面以上堤身的饱和范围,使堤坝土体的抗剪强度降低,影响堤岸的防护及水工建筑物的安全运行。例如,太湖沙墩港一带,由于湖浪常年侵蚀破坏,湖岸多年平均崩岸速率为 3 m 左右。洪泽湖在一次大的风浪过程中,曾将周桥迎湖大堤上铺砌的重约 300 kg 的护堤条石掀起抛出相当一段距离。

风浪是塑造湖盆和岸线的主要作用力。湖盆未充水以前的湖岸在外力作用下,具有相对稳定的坡度。当作用的外力不发生变化时,岸坡基本上是稳定的。湖盆蓄水以后,岸边土壤浸水,土壤含水量增加,破坏了土壤的原有结构。同时,作用于原来相对稳定的岸坡上的外力相应发生变化,破坏了原来相对稳定的平衡条件,引起了湖岸的演变。通常,这种演变过程可以分成岸的崩塌、浅滩的形成和岸的稳定三个阶段。

湖盆蓄水后,一方面由于湖岸浸水,破坏了土壤的内部结构;另一方面,由于水面宽广,发生强烈的风浪作用。风浪冲击着岸边,形成洞穴,使岸边水上部分失去支持,以致发生崩塌和滑坡等现象(图 4.48)。堆积在岸脚处崩塌下来和滑下来的泥沙,如能保留在原处,构成岸的扶壁,则可增加岸的稳定性,使岸的崩塌逐渐减少,以至侵蚀作用停止。

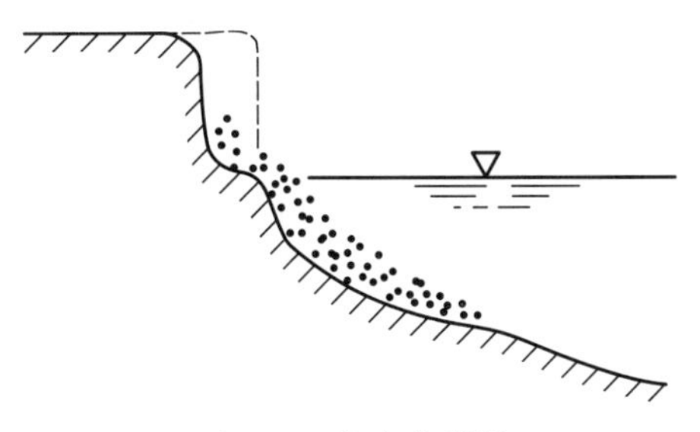

图 4.48 湖岸的崩塌

湖岸被侵蚀后,堆积在岸脚处的泥沙,在演变过程中,实际上并非留在原处不动,而是不断地被风浪等运走。颗粒粗的泥沙淤积在岸脚附近;而颗粒细的泥沙则沉积在离岸较远的地方。由于风浪运走了岸坡塌落下来的泥沙,因此湖岸仍处在不稳定的状态中。岸的崩塌和滑动将继续发展,岸线将继续后退。由于风浪作用,在水面以下有其一定的影响范围,因而岸线不断后退,结果在原来岸线的位置形成了侵蚀浅滩;同时风浪搬运的泥沙淤积在岸脚附近;并继续向外发展,形成淤积浅滩。

随着浅滩的逐渐发育,风浪经过浅滩因摩擦而消失的能量逐渐增加,而冲击岸的力量及挟移泥沙的能力则逐渐减弱。最后,浅滩的长度足以消耗传至岸边风浪的全部能量时,风浪已经不能再破坏湖岸和搬运泥沙了,湖岸重新达到了稳定阶段。

强风浪作用时还会在局部产生明显的壅水效应,导致局部水位升高,进而可能导致堤坝决口、农田淹没、近岸房屋与公路被摧毁,对局部岸堤安全、防洪安全和人身安全产生影响。较大的风浪也会影响湖上渔船作业、施工作业安全,需要格外注意。

4.5 湖流

湖水运动是湖泊的重要水文现象之一。它可对湖水的理化性质、泥沙运动和物质输移、湖盆演化及水生生物的活动产生重大影响,是航运、养殖、水资源开发利用需要关注的重要的物理要素。

4.5.1 湖流的概念

4.5.1.1 定义

湖流(lake flow)是指湖泊中大致沿某一方向运动的水流。根据这一定义,湖流实质是湖水在较大空间范围内相对稳定的流动。既有水平流动,又有垂直流动,是湖水运动的普遍形式之一,通常采用流向和速度定量表征湖流。前者用流动所指向的方位角表示,后者则用单位时间通过的长度表示,如每秒若干厘米或若干米。湖流是表征湖水运动形态的物理量之一,反映湖水运动快慢和方向。

4.5.1.2 分类

湖流有多种分类方法,按湖水运动形态分类,可以分成层流、紊流。当流速较小时,湖水质点在界面处以显著的有序状态运动,全部质点以平行而不混杂的方式分层流动,这种形态的湖流称为层流(或稳流、片流)。当流速增加,超过层流的临界流速时,湖水质点互相混杂,呈无序流动,这种的流动形态称为紊流(或湍流、非稳态流)。按湖水运动方向分类,可以划分为水平流和垂直流。水平流指湖水质点沿水平面运动的流动形态,垂直流指湖水质点沿垂向流动的形态。流向向上垂直流可称为上升流,流向向下垂直流可称为下降流。

按湖水大规模运动在湖泊中的位置分类,可以划分为表层流、底层流、沿岸流。当上层湖水密度较小时,上层湖水在表层流动,称为表层流,也指湖水质点主要在表层流动的形态。底层流则是指湖水质点在湖泊底层流动的形态。沿岸流指湖水质点在湖泊近岸沿湖泊岸线流动的形态。

按湖水运动原因分类,可以划分为密度流、吞吐流、风生流。湖泊中不同位置的湖水因水温和盐度的不同,形成密度的差异,从而使湖面产生倾斜,造成湖水的流动。这种流动称为密度流。湖面的结冰、融冰、降水和蒸发等热效应,均会造成大尺度的湖水密度不均匀分布,一方面,使得密度高的区域湖水从表层下沉到底层,另一方面,在水平压强梯度力的作用下,湖水做水平方向的流动,并可通过中层水、底部水再向上流到表层,这就是大型湖泊中的热盐环流。吞吐流为河水进出湖泊造成的湖面倾斜而形成的湖水运动。风生流为湖面风场驱动的水体流动,其实质是湖面大气与湖泊水体之间相对运动,因水体的黏性而产生拖曳力,驱动湖泊水体的运动。

按湖水运动效应分类,还可以把湖流分为补偿流。当某一湖区的湖水减少时,相邻湖区的湖水过来补充,这样形成的湖流称为补偿流。补偿流既可以是湖水水平运动的湖流(图 4.49),也可以是垂直运动的湖流(图 4.50)。

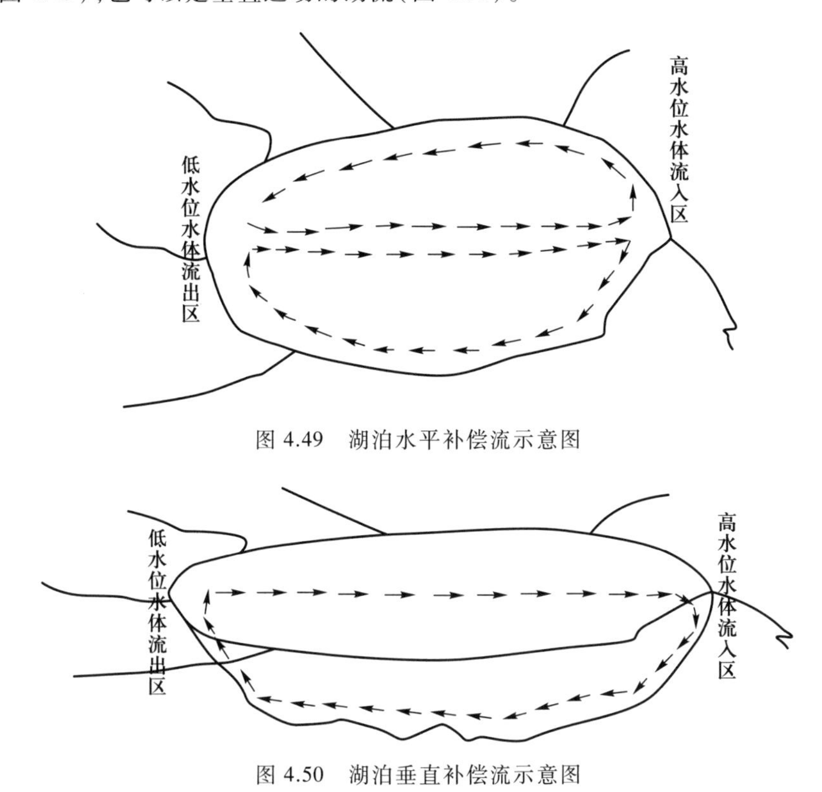

图 4.49　湖泊水平补偿流示意图

图 4.50　湖泊垂直补偿流示意图

4.5.2　湖流动力学

湖流动力学为研究湖流变化规律与成因的科学,描述湖流的时空变化特征以及决定湖流变化的动力要素对湖流变化的作用。湖流是湖泊内物质和能量迁移的重要驱动因素,对湖泊内各类物质分布和变化,以及植物新陈代谢、动物活动具有重要的影响,一直为湖泊物理学研究的重要对象。

4.5.2.1　湖水运动表征

描述湖水运动的方法有两种:一是拉格朗日方法,一是欧拉方法。拉格朗日方法通过跟踪水质点运动位置,描述运动湖水的时空变化。这种方法实施比较困难,近代主要用漂流瓶以及中性浮子等追踪流迹,可近似地了解流的变化规律。现代,随着全球定位系统及通信技术发展,该方法有望获得突破性进展。欧拉方法为较常用的描述湖水运动特征的方法。该方法通过在湖泊中多个站点同时对湖流进行观测,依据测量结果在各个测点绘制表示湖流速度大小和方向的速度矢量,形成湖水运动的流场图,展现湖流时空分布特征。绘制湖流图时,常用箭矢符号,矢长度表示流速大小,箭头方向表示流向。

基于欧拉方法表示的流场方法,还可在湖泊中画出一条带箭头的曲线,曲线任一点切线方向和流向相同,曲线箭头方向表示流向。这条曲线称为流线。如果湖泊流场不随时间而变化,那么流线也就代表了水质点的运动轨迹。

湖流流速的单位按 SI 单位制是米每秒,记为 $m \cdot s^{-1}$;流向以地理方位角表示,指湖水质点运动的方向,也即流去的方向。湖水向东流去,则流向记为 0°(北),向北流动则为 90°,向西流动为 180°,向南流动为 270°。

4.5.2.2 控制湖水运动动力要素

根据牛顿第二定律,单位质量湖水运动加速度与其所受的合力相等,也即湖水运动的加速度和湖水质量的乘积等于湖水所受的合力:

$$F = ma \tag{4.108}$$

式中,F 为湖水所受的合力(N);m 为湖水的质量(kg);a 为湖水运动的加速度($m \cdot s^{-2}$)。湖泊内某一单元水体受到的力包括重力、压强梯度力、地转偏向力和相邻单元水体的黏滞力。

湖泊单元水体受到的重力(G)为单位质量水体所受的地心引力和惯性离心力(湖水随地球自转)的合力,跟其质量呈正比,为单元水体的质量(m)和重力加速度(g)的积,即 $G=mg$,反映地球引力对湖水的作用。重力的方向总是竖直向下。g 为单位质量的重力,大小约为 $9.8\ N \cdot kg^{-1}$,重力随着纬度大小改变而改变。m 为单元水体体积(V)和单元水体的密度(ρ)的乘积,即 $m=\rho V$。不论什么物质,也不管它处于什么状态,随着温度、压力的变化,体积或密度会发生相应的变化。密度(或体积)与温度(T)、压力(P)以及盐度的关系式称为状态方程。压力为某一单元湖水表面所受的压力,水体中某一面所受的压力和其所处的位置有关。在水体静止的条件下,水深为 h 处的面所受的压力为该面上的水柱的重量($hS\rho g$),水深为 h 的面所受的压强为 ρgh。

压强梯度力为由于湖水压强分布不均匀而作用于单位质量湖水上的力,其方向由高压指向低压。

科氏力(Coriolis force)是指在旋转体系中进行直线运动的质点由于其惯性作用,产生的相对于旋转体系直线运动的偏移。科氏力来自物体运动所具有的惯性,其大小和旋转体系的角速度相关。

湖水运动黏滞力是由于不同单元水体间水体运动速度不一,相互之间存在相对运动,在它们之间产生的切向(与相对运动方向相反)摩擦力。相邻两层流体各以不同的定向速度运动时,运动快的流体层给运动慢的流层施以加速力,运动慢的流体层给运动快的流体层施以减速力。水体的黏滞力和水体黏性大小及不同水体单元运动速度的差异相关。黏滞性(viscosity)是湖水在运动状态下抵抗剪切变形速率能力的性质,简称黏性。黏性是湖水的固有属性,是运动湖水产生机械能损失的根源。当一部分湖水受力的作用产生运动时,因水体黏性作用,必然在一定程度上带动邻近湖水运动。因此可把黏性看成湖水分子间的内摩擦,这种内摩擦抵抗着湖水内部速度差的扩大。湖水黏性大小一般用黏度/黏滞系数(viscosity coefficient)/动力黏度表示,单位为泊(poise,记为 P)。

当湖水做层状流动时,流体层之间的内摩擦力的大小由下列因素决定:① 两层湖水的接触面积(S);② 两层湖水的速度梯度(du/dy);③ 流体的物理性质。当流体的流动为层流时,则在层与层之间所作用的黏性力(F)分别与液体中定向运动的速度梯度(du/dz)及流动方向切向面积(S)呈正比,其比例系数(μ)称为动力黏度或黏滞系数,即

$$F = -\mu du/dzS \tag{4.109}$$

式中,μ 的单位为 $N \cdot s \cdot m^{-2}$,即 $Pa \cdot s$(帕秒)。

单位面积上的摩擦力(切应力)为 $F/S=\mu(du/dz)$。把 μ 与流体密度(ρ)的比值称为运动黏度或运动黏性系数(ν)($m^2 \cdot s^{-1}$)。在流体力学中,不考虑黏性的流体称为理想流体,否则称为实际流体。水黏性 μ 和湖水的热运动状态有关,温度升高,黏度减小,水温 0 ℃时运动黏性系数为 $1.787\times10^{-6}\ m^2 \cdot s^{-1}$(表 4.22)。

表 4.22　水在不同温度下的黏性

温度/℃	$\rho/(kg \cdot m^{-3})$	$\mu/(Pa \cdot s)$	$\nu/(m^2 \cdot s^{-1})$
0	0.999×10^3	1.787×10^{-3}	1.787×10^{-6}
10	0.999×10^3	1.304×10^{-3}	1.304×10^{-6}
20	0.998×10^3	1.002×10^{-3}	1.004×10^{-6}

在水表面上的气体和湖水一样也为流体,因此,气体和水体一样也具有一定黏性。在水面大气产生运动时,水面上侧气体和下侧湖水间存在相对运动,水面上侧气体就产生对水面的拖曳作用,迫使湖水运动状态发生改变。湖水表面受到的因水面气体运动产生拖曳作用的力称为风应力。湖面所受风应力大小随湖面两侧的水体及气体相对运动速度的增加而增加,气体方向相对水体运动方向相同。湖水表面所受的风应力可表示为

$$F=(F_x,F_y)=\rho_{气}\ C_D(u,v)\sqrt{u^2+v^2} \tag{4.110}$$

式中,F_x、F_y 分别为湖面所受风应力在 x、y 方向分量;u、v 分别为气体相对表面湖水运动速度的 x、y 方向分量;$\rho_{气}$ 为湖面气体的密度;C_D 为气体的拖曳系数。在计算湖面风应力时,风速一般采用湖面 10 m 高处的风速,其他高度风速均需转换至水面 10 m 高处风速。

湖面风的拖曳系数与海洋类似,但是不同于陆地。在湖面存在气体运动时,随着风应力向湖水传递能量,湖面会产生波浪;随着风应力的消失,湖面的波浪会消亡。湖面波浪成长和衰亡,会导致湖面出现不同程度的高低起伏。一般认为开阔水域湖面的风的拖曳系数为风速的线性函数,随着风速的增大,湖面拖曳系数逐渐增大,但是也有认为拖曳系数不随风速(v)变化($0.001\ 3 \sim 0.002\ 6\ cm^2 \cdot s^{-1}$),或者以其他非线性函数随风速变化:

$$C_D=C_0 f(V) \tag{4.111}$$

除水体黏性引起的水-气界面应力外,湖水与湖底间也存在着相对运动。因此,湖底与上覆水之间也存在着阻碍湖水运动应力。这种应力消耗湖水运动的能量,又称作底摩擦应力。和风作用于湖面的风应力类似,底摩擦应力可表示为

$$F_b=(F_{bx},F_{by})=-\rho_{水}\ C_D^b(u_b,v_b)\sqrt{u_b^2+v_b^2} \tag{4.112}$$

式中,F_b为湖底摩擦力;F_{bx}、F_{by}分别为底摩擦应力在 x、y 方向的分量;$\rho_{水}$为湖水的密度;u_b,v_b 分别为湖底水流在 x、y 方向的速度分量;C_D^b为湖底拖曳系数,和湖底粗糙率密切相关。

湖底拖曳系数可取如下表达式:

$$C_D^b=\{k_0/\ln[(z+z_0)/z_0]\}^2 \tag{4.113}$$

式中,k_0 为卡门常数 0.4,Z_0 为湖底粗糙率。

4.5.2.3 湖水运动控制方程

根据牛顿第二定律,在假设湖泊为不可压缩流体时,即流体的密度为常值、水体在垂直方向服从静压力分布,在笛卡儿直角坐标系(x 轴向东,y 轴向北,z 轴垂直向上,图 4.51)中湖水运动控制方程可表示为

$$\frac{\partial u}{\partial x}+\frac{\partial v}{\partial y}+\frac{\partial w}{\partial z}=0 \tag{4.114}$$

$$\frac{\partial u}{\partial t}+u\frac{\partial u}{\partial x}+v\frac{\partial u}{\partial y}+w\frac{\partial u}{\partial z}-fv=-g\frac{\partial \zeta}{\partial x}+A_v\left(\frac{\partial^2 u}{\partial x^2}+\frac{\partial^2 u}{\partial y^2}\right)+\frac{\partial}{\partial z}\left(A_z\frac{\partial u}{\partial z}\right) \tag{4.115}$$

$$\frac{\partial v}{\partial t}+u\frac{\partial v}{\partial x}+v\frac{\partial v}{\partial y}+w\frac{\partial v}{\partial z}+fu=-g\frac{\partial \zeta}{\partial y}+A_v\left(\frac{\partial^2 v}{\partial x^2}+\frac{\partial^2 v}{\partial y^2}\right)+\frac{\partial}{\partial z}\left(A_z\frac{\partial v}{\partial z}\right) \tag{4.116}$$

式中,u、v、w 分别为流速在 x、y、z 轴方向的分量;ζ 为湖面偏离平衡水平面的位移;A_v、A_z 分别为水平和垂直方向湍黏系数。

控制方程的上边界条件为:$z=\zeta$

$$w(\zeta)=u\frac{\partial \zeta}{\partial x}+v\frac{\partial \zeta}{\partial y}+\frac{\partial \zeta}{\partial t} \tag{4.117}$$

$$\rho A_z\left(\frac{\partial u}{\partial z},\frac{\partial v}{\partial z}\right)=(\tau_x^{s},\tau_y^{s})=C_D^{s}\rho_a\sqrt{u_a^2+v_a^2}\,(u_a,v_a) \tag{4.118}$$

下边界条件为:$z=-h$

$$w(-h)=-u\frac{\partial h}{\partial x}-v\frac{\partial h}{\partial y} \tag{4.119}$$

$$A_z\left(\frac{\partial u}{\partial z},\frac{\partial v}{\partial z}\right)=(\tau_x^{b},\tau_y^{b})=C_D^{b}\sqrt{u_b^2+v_b^2}\,(u_b,v_b) \tag{4.120}$$

式中,ρ、ρ_a 分别为水和空气的密度;C_D^S、C_D^b 分别为表层和底层的拖曳系数;u_a、v_a、u_b、v_b 分别为风速和湖底流速在 x、y 方向的速度分量;h 为从平衡位置到湖底的水深。

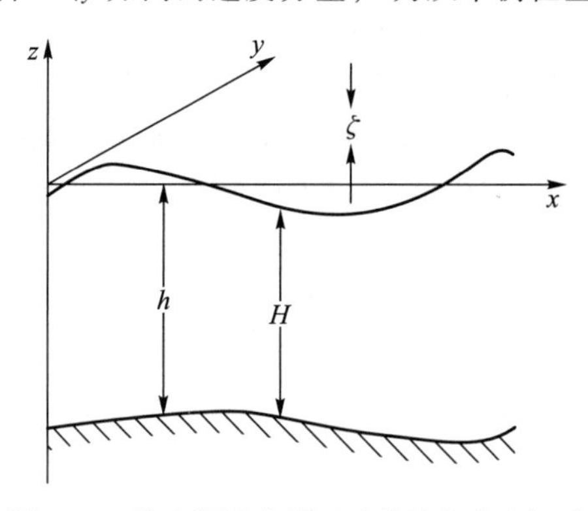

图 4.51 描述湖泊水体运动的笛卡儿坐标系

公式(4.114)通常又称为水体的连续性方程,说明水体不可压缩性。公式(4.115)、(4.116)为水体运动的动量方程。公式左端第一项为流场水平分量的局地变化量;第二、第三、第四项为湖水流动及流速非均匀变化导致的流速变化的对流项;第一至第四项之和为流速随水质点运动的流速变化项;第五项为科氏力项。在 x 方向的科氏力分量为科氏常数与流速在 y 方向乘积的负数,在 y 方向的科氏力分量为科氏常数与流速

在 x 方向的乘积。公式右端第一项为单位质量湖水所受的压强梯度力,为重力加速度和水面偏移在 x、y 方向的梯度积的负数;第二项为动量的水平扩散项,为速度在 x、y 方向的二阶导数和扩散系数的乘积,是水体黏性形成的水平黏滞力产生的作用;第三项为动量的垂直扩散项,也即水体黏滞力引起的水平方向动量的垂向扩散,一般称作水平黏滞力或内摩擦力。

4.5.3 湖泊流场的影响因素

4.5.3.1 湖泊形状

湖泊形态各异(图 4.52),有近似圆形(如滴水湖、太湖)、弯月形或近似长条形(如贝加尔湖、马拉维湖、坦噶尼喀湖)、哑铃形(如洞庭湖、滇池)、肾形(如巢湖)、喇叭形(如鄱阳湖)、葫芦形(如抚仙湖)、三角形(如青海湖)、纺锤形(如 TharThar 湖)等。无论湖泊形态如何,湖泊总可拆分为若干开敞湖体和若干相对封闭的小湖湾。有些湖泊只由一个开敞的主湖区组成(如巢湖),有些湖泊由一个开敞主湖区和若干小湖湾组成,有些湖泊由几个相接近的开敞湖体及若干个小湖湾组成。除出入湖河道河口区外,湖水只能在湖盆内运动。通常湖盆周壁不能被水体穿透,湖水接近湖盆壁面时只能沿和壁面平行的方向流动。因此,湖盆形状不一样,其壁面方向也不一样,湖流的方向也不一样(图 4.53)。无岛存在的碟形底圆形湖在东南风的作用下,在由西北至东南轴线将圆形湖分为西南和东北的两个部分,垂向平均流场各存在一个顺时针环流和一个逆

1.鄱阳湖;2.洞庭湖;3.长荡湖;4.滆湖;5.太湖;6.洪泽湖;7.巢湖;8.滴水湖;9.纳木错;10.色林错;11.凡湖;12.抚仙湖;13.滇池;14.马拉维湖;15.维多利亚湖;16.TharThar 湖;17.坦噶尼喀湖;18.青海湖;19.贝加尔湖

图 4.52 多样的湖泊形状

时针环流。当在碟形底圆形湖南、北、西存在 3 个小岛时，在同样的东南风作用下，圆形湖垂向平均流场大小和结构发生了显著改变：两个环流在西北部均受到压缩，面积缩减，西南部的环流演变为绕南部小岛的环流。湖泊内出现了多个空间规模较小的环流。前述北岛南移，在岛和湖岸之间形成一个水道，湖流也可发现显著的变化（张发兵等，2004）。太湖马圩地区的围垦使得太湖北部形状发生了变化，直接导致被围前太湖在西南风作用下垂向平均流场在西北部的形态和结构及大小发生改变。原可从竺山湖进入梅梁湖的水流受阻断，导致沿太湖西北沿岸的水流仅能延伸至竺山湖湾口以及梅梁湖湾口区（胡维平等，2000），难以伸入竺山湖及梅梁湖湾顶（图 4.54）。

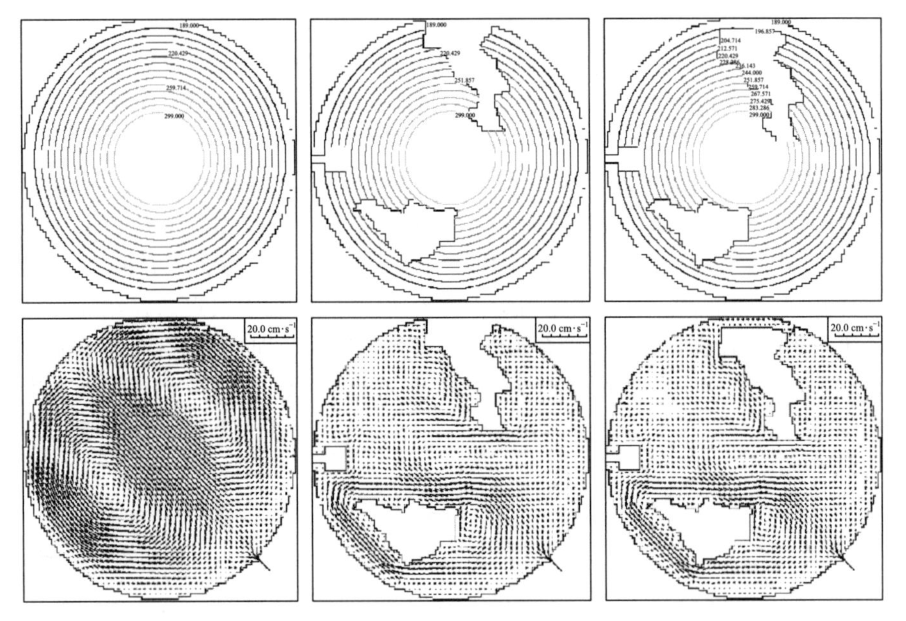

图 4.53　不同形状圆形湖垂向平均风生流（10 m · s^{-1}东南风场持续作用下稳定流场，入湖河道流量 2 m^3 · s^{-1}，出湖河道流量 12 m^3 · s^{-1}）（张发兵等，2004）

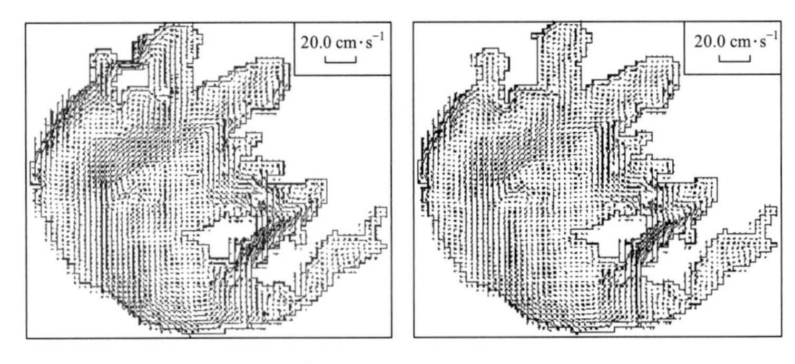

图 4.54　围垦前后太湖在 11.3 m · s^{-1}西南风作用下垂直方向平均稳定流场（胡维平等，2000）

4.5.3.2　湖底地形

湖底地形一般用湖底高程表征。在一定的水位下，它决定湖泊各点水深大小和单位面积水柱水体总质量，以及单位体积水体受到的与湖水运动方向相反的黏滞力。湖底地形的变化可导致流场结构、方向与速度大小的变化（张发兵等，2004）。图 4.55 为出入湖河道位置、吞吐流量、所受的风力等要素与图 4.53 相同,湖底倾斜、具深潭的圆形湖的垂向平均流场的大小和结构。对比图 4.53 和图 4.55 可以看出,在 10 m · s^{-1}恒定东南风作用下,不同湖底地形的圆形湖垂向平均流场存在显著差异:无岛的倾斜湖底湖泊存在 4 个环流,湖心区流速较小,显著不同于无岛的碟形底的全湖,后者被两个大型环流所覆盖;有岛的含深潭的圆形湖其流场和有岛的碟形湖也不一致,在存在两个深潭的有岛圆形湖内,其流场结构更为复杂,虽然部分环流相对碟形底湖泊面积缩减,但是环流强度均有所增加。湖底存在深潭的湖泊(无岛碟形湖和有岛碟形湖可视为湖中存在一个大的深潭)在定常风场作用下,潭中心所在位置为深水区,其垂向平均流场的流向一般和风向相反;而在和风向平行的深潭主轴两侧浅水区,流向和风向的相同(图 4.56)。这主要是由于在深水区水柱单位质量水体受风应力相对较小,而在浅水区所受的风应力较大。因此,垂向平均湖流在浅水区与风向相同,而在深水区与风向相反。这样在主湖体含有深潭的湖泊中,风场往往可在与风向平行的潭轴两侧各形成一个环流。根据此原理,由湖泊底部存在深潭的个数及位置判断风生环流位置,潭的规模越大,环流占据位置越大,潭地形梯度越大,环流的强度相对就越大。

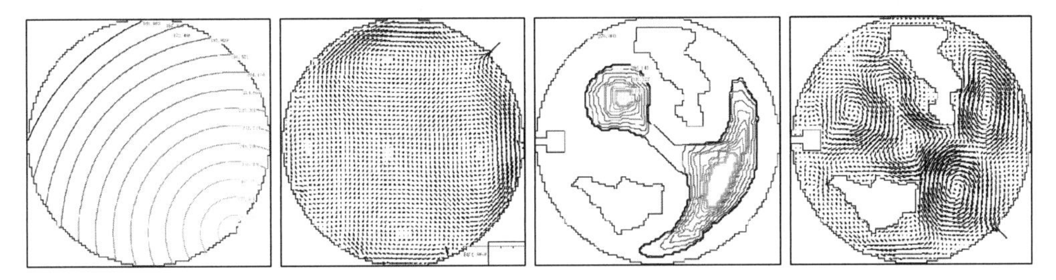

图 4.55 倾斜形、岛+深潭底湖泊地形及在 10 m · s^{-1}东南风持续作用下的垂向平均湖流(入湖河道流量 2 m^3 · s^{-1},出湖河道流量 12 m^3 · s^{-1})

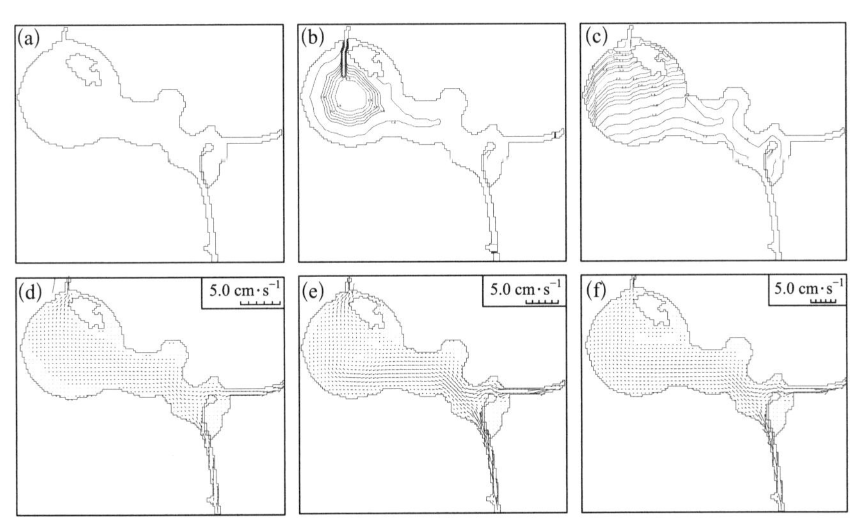

图 4.56 2.9 m · s^{-1}东风作用下,0.6 m^3 · s^{-1}吞吐流量钥匙形湖泊湖底地形对湖泊垂向平均流场的影响。(a)、(d),平底;(b)、(e),碟形底;(c)、(f),倾斜底

4.5.3.3 风场

湖面风场是湖水运行的重要驱动力,风向是决定湖泊流场的重要因素(王谦谦,1987;梁瑞驹和仲金华,1994;姜加虎和黄群,1996;黄平和毛荣生,1997;胡维平等,1998a、b;逄勇等,1998;韩红娟等,2008)。即使湖体形状、面积、湖底地形、水深、出入湖流位置等因素相同,然而,一方面,风向改变时,湖泊的流场尤其是垂向平均流场结构一般也发生变化;另一方面,湖面风速变化也会导致流场发生变化,湖面风场风速越大,湖泊表层水体受到风的拖曳力就越大,表层湖水越易向下风方向运动,并引起下风向的大规模涌水和对应上风向的减水,进而增加下风、上风向水面坡度,增加湖水的水平压强梯度力。

图4.57显示了一个形如钥匙的湖泊在东风、西风、南风、北风等风向不同风速条件下垂向平均流场流速空间分布(韩红娟等,2008)。湖泊在钥匙柄部为具深潭的圆形地形,钥匙舌部为带凸凹形的平底湖区。从图中可以看出,风向不但决定着湖泊中垂直平均流场的流向,还决定着流场的结构。在钥匙形湖泊的柄部区域,在东风作用下不同风速的风场均仅形成一个顺时针环流,但是在西风、南风、北风作用下却形成了两个环流;

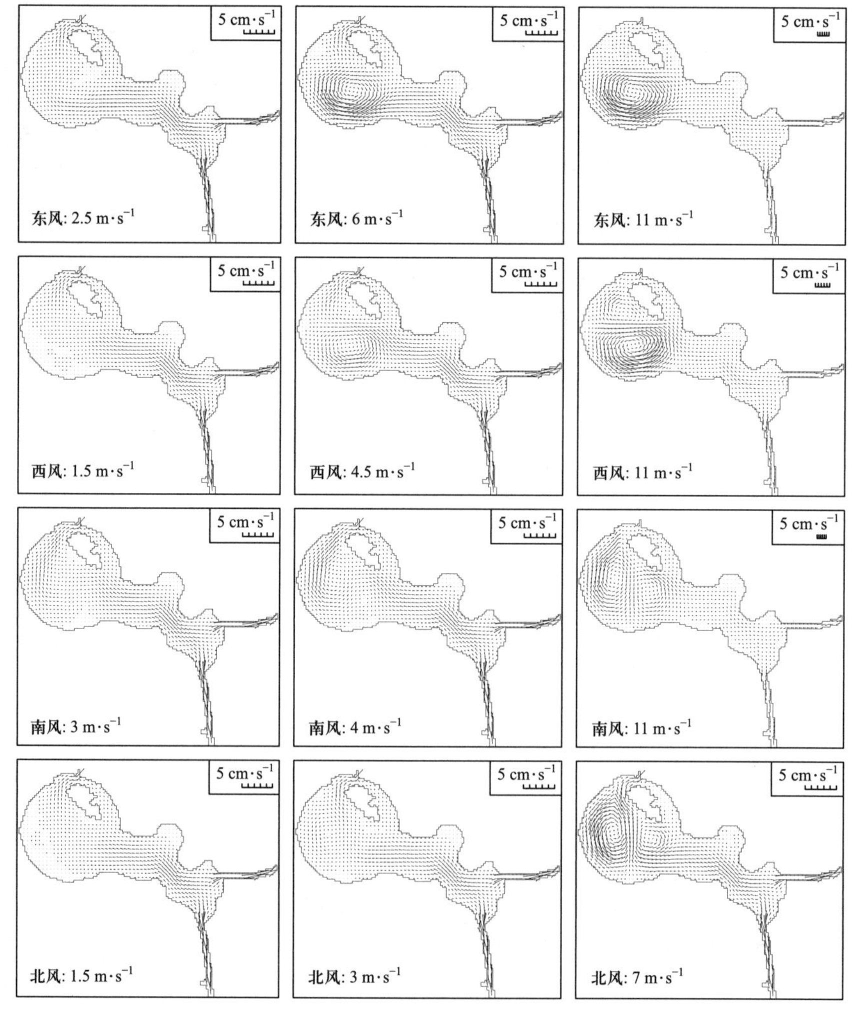

图4.57 湖流随风速风向的变化

南风和北风作用下环流方向接近反向，但是西风作用下的流场和东风作用下的并不接近反向，说明风向相反风场作用下，垂向平均湖流方向并不一定相反。

风速是描述风场特征另一个重要的要素，从图 4.57 中可以看出，不论东风、西风、南风、北风哪个方向，大部分区域垂向平均湖流流速均随风速的增加而增加。风生环流强度和范围随着风速增大而增加，特别是盘踞深潭处的环流。在湖底地形平坦区域风速的增加对湖流影响相对较小。

前述分析阐明了风场对垂向平均流场的影响，众多数值研究（梁瑞驹和仲金华，1994；黄平和毛荣生，1997；胡维平等，1998a、b；韩红娟等，2008）、现场观测（胡维平，2007）和理论分析（胡维平，1993）结果显示，湖泊风生流在垂向是非均匀分布的。从水面至湖底可把垂直水柱划分 4 个单元（图 4.58）：风应力控制区、风应力至水平压强梯度力控制过渡区、水平压强梯度力控制区、水平压强梯度力与底摩擦力联合控制区。风应力控制区位于水柱表层，水质点运动的方向和风应力方向基本相同，是湖水运动的能量和动量来源区；风应力至水平压强梯度力控制过渡区位于水柱次表层或中层，流向基本由水平压强梯度力和表层水层对该层的黏滞力的合力决定，水流方向多变；水平压强梯度力控制区位于水柱的中层和中下层，流向基本和水平压强梯度力方向相同，鉴于风场作用在下风向涌水、上风向减水，水平压强梯度力方向一般和表层水所受的风应力方向相反，因此该区水流动方向基本和风应力控制区流向相反；水平压强梯度力与底摩擦力联合控制区的流向由水平压强梯度力与底摩擦力合力决定，因底摩擦力仅起阻碍水体流动的作用，降低水体流动的速度，一般不会改变水体流动方向，因此该层的水体流动的方向理论上讲和水平压强梯度力控制区水流同向，区别仅在流速减小。图 4.59 为模拟计算得到的滴水湖西

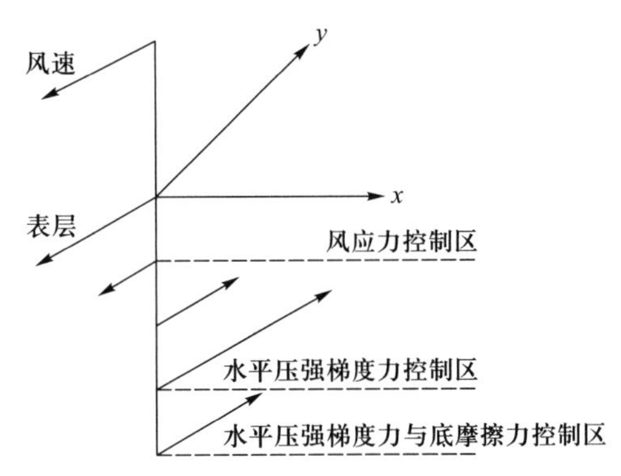

图 4.58 湖泊水柱风场重要作用分区

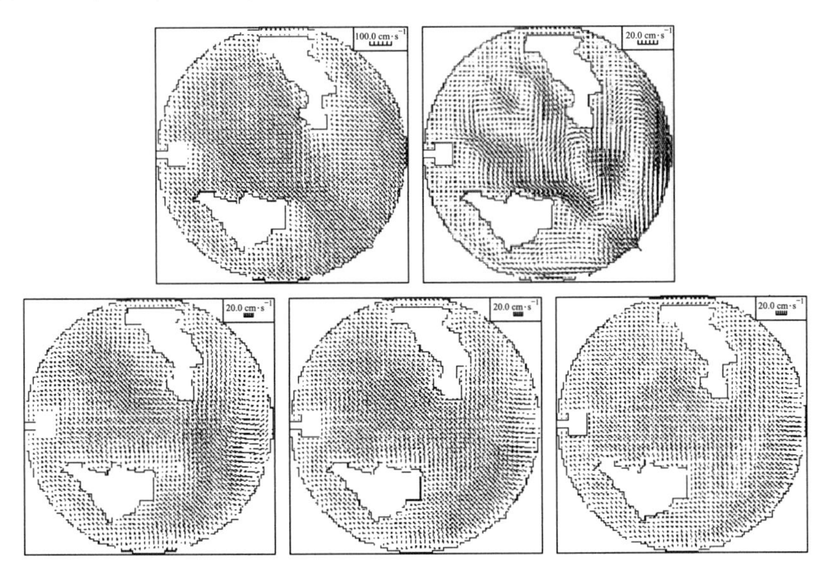

图 4.59 滴水湖在西北风作用下的稳定流场（从左到右：表层、次表层、中间层、次底层、底层）

北风作用下稳定的湖流，清晰地呈现了浅水湖泊风生流的前述特点，图中的表层为风应力控制区，次表层为风应力至水平压强梯度力控制过渡区，中间层和次底层为水平压强梯度力控制区，底层为水平压强梯度力与底摩擦力联合控制区。

4.5.3.4 河道出入湖流量

河水进入湖泊和离开湖泊一般会造成湖泊水面的涌高及下降，进而使湖泊水面倾斜，产生水平方向的压强梯度力，推动水体自水面涌高处流向水面下降处（姜加虎和黄群，1997）。图4.60为图4.53中具深潭具岛的碟形底圆形湖由河道出入湖流量驱动的湖流。从中可以看出，吞吐流流场分布明显不同于风生流流场的分布。由出入湖流量驱动的吞吐流流向在垂直方向差异较小，在空间和时间的分布较为均匀，流向也较为稳定（胡维平，1993，张发兵等，2004）。湖流基本从入湖区流向出湖区，表层流速大于底层流速。河道出入湖流量大的河口区流速相对较大，流量小的河口区域流速小。由于湖泊频繁受风场作用，纯粹的吞吐流在湖泊中是不存在的。湖泊中的湖流往往是吞吐流和风生流的混合流。图4.61为图4.56中钥匙形湖泊湖流，由吞吐流及风生流共同组成。从图中可以看出，当吞吐流量从0 $m^3 \cdot s^{-1}$逐渐加大时，垂向平均流场依次处于以下四个阶段（韩红娟等，2008）：① 风生流主导阶段，流场由1~2个规模较大的主环流和河道出、入湖河口附近水域的小规模的环流组成；② 受出入湖水形成水面倾斜的影响初始阶段，出、入湖河口非开敞水域小规模的环流消失；③ 受风生流和吞吐流联合控制阶段，开敞水域环流受到吞吐流量影响；④ 由吞吐流控制阶段，湖流空间分布特征类同纯吞吐流场。在吞吐流量增加的过程中，存在一临界吞吐流量，当入湖流量达到或超过该吞吐流量时，湖泊流场就会发生较明显的改变。不但背景风场的风向，其风速大小也对临界吞吐流量具有重要的影响。风向相同时，临界吞吐流量随风速增加而增加。当背景东风风速由3 $m \cdot s^{-1}$增加到7 $m \cdot s^{-1}$时，受风生流控制的临界吞吐流量相应地由0.12 $m^3 \cdot s^{-1}$增加至0.3 $m^3 \cdot s^{-1}$；西部水域一个环流消失时的临界吞吐流量则由

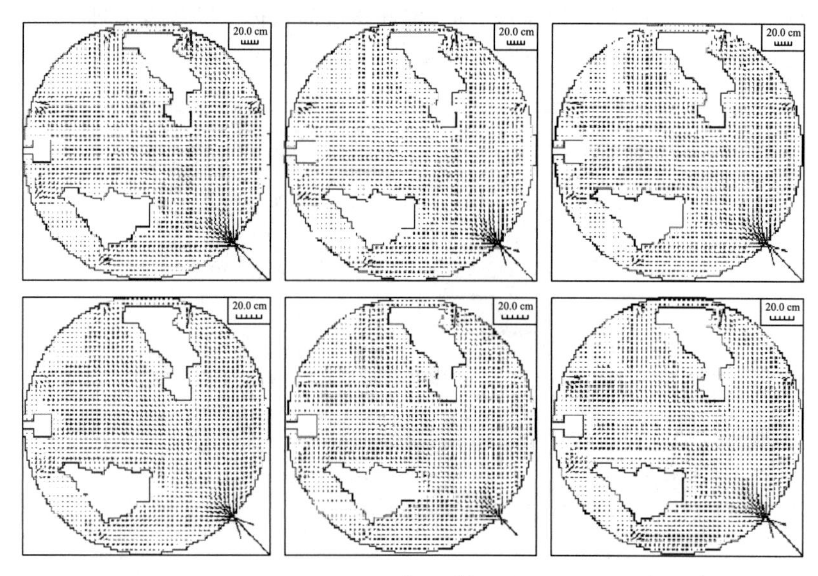

图4.60 水位为3.3 m、河道入湖流量10 $m^3 \cdot s^{-1}$、出湖流量为60 $m^3 \cdot s^{-1}$的滴水湖吞吐流流场（从左到右：表层、次表层、中间层、次底层、底层、垂向平均流场）

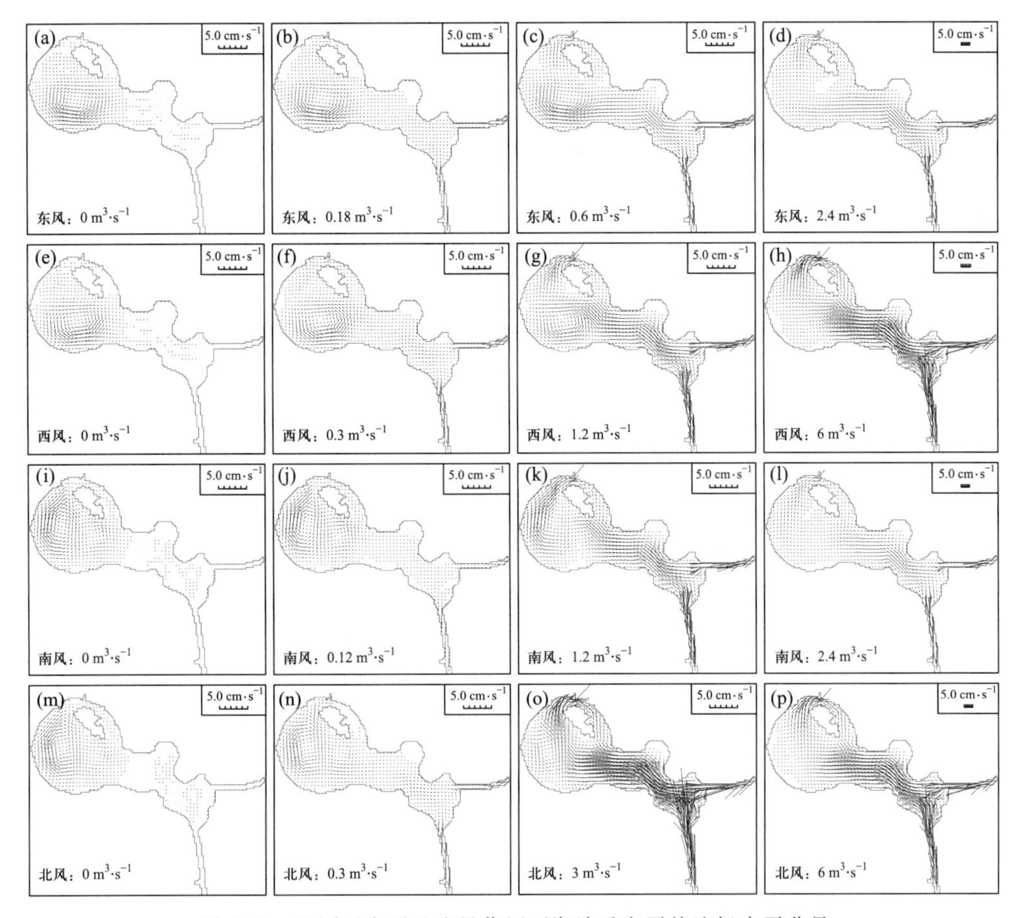

图 4.61　不同风向吞吐流量作用下湖泊垂向平均流场水平分量

0.24 $m^3 \cdot s^{-1}$增加至 0.9 $m^3 \cdot s^{-1}$；完全受吞吐流场控制的临界吞吐流量由 1.2 $m^3 \cdot s^{-1}$增加至 3.9 $m^3 \cdot s^{-1}$。背景风场方向为南风、北风、西风时结果也显示了同样规律。因此，在确定使湖泊流场结构发生显著变化的临界吞吐流量时必须考虑风速。

在含有大流量出入湖河流、水深存在水平空间变化的过水性湖泊中，在丰水期吞吐流为湖泊河流稳定的流场。当湖面风速增大时，垂向平均流场变化依次经历三个阶段（韩红娟等，2007）：① 吞吐流主导流场阶段；② 风生流逐渐取代吞吐流过渡阶段，这阶段风速的增加对流场水平空间分布结构的影响较大；③ 风生流占优势、主导流场阶段，此时风速增加能促使湖流速度和环流的强度增加，但是仅能使范围较小的湖泊区域流场结构发生变化。在这三个阶段过程中，存在临界风速值，当风速达到或超过临界值时，流场结构会发生明显改变。影响临界风速大小的因素主要为风向、吞吐流量。吞吐流量越大，湖流结构发生明显变化的临界风速越大。此外，在水深存在显著水平变化的湖区，垂向平均湖流易形成环流，湖流结构对风速的变化响应较为敏感；而在水深水平变化较小的水域，这种响应则较为迟钝。在水深水平变化较大的区域，当风速大于临界风速时，浅水区湖流流向和风向一致，且流速随风速增加单调增加；深水区湖流流向和风向相反，流速先随风速增加而减小，当流速大于临界风速后流速随风速增加而增加。

4.5.3.5 湖泊水温

湖泊水温是影响湖水密度的重要因素(Wetzel,2010)。大部分太阳辐射在水体表层就被吸收,转化为热量,湖泊水温往往在垂直方向处于正温分布(图 4.62),上层水温一般相对较高,水体密度较小。上层水体向下运动需要克服因下层湖水密度相对较大而受到的大于重力的浮力作用,向下运动受阻;而下层水体向上运动,会因下层密度大,水体浮力减小,小于其所受重力的作用,进而运动也受阻,在无其他外力作用下湖水相对稳定。

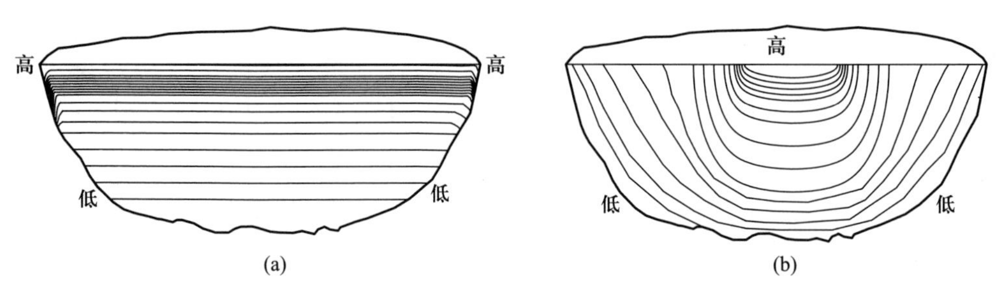

图 4.62 湖泊水温正温分布。(a) 近岸温度高于湖心区及底部;(b) 湖心区温度高于底层及近岸水域

湖泊水深等在水平空间上一般存在着差异,在大气温度变化和太阳辐射作用下,表层湖水水温会在水平方向上出现差异,在同一水平面上的水体所受的压强不一致。在低温区水体压强大于同一水平面上高温区的水体压强,进而产生水平空间上低温至高温区的压强梯度力,推动低温区水体流向高温区。随着低温水体向高温区流动,高温区下层水体流向低温区,补偿下层低温区。在秋冬季以及气温快速下降期间,上层湖水水温会因和大气的热量交换快速下降,上层水体密度增加,并大于底层水体的密度,上层水体所受的浮力小于重力,湖水将产生垂直对流(图 4.63)。由于近岸水深相对较小,水温下降相对较快,近岸区常出现下沉流,从而带动离岸区表层水体向近岸区运动;而在离岸区,出现上升流。此外,离岸区常会出现相对较大的风场,动力作用较强,水气热量交换作用强烈,在大气温度下降时也会出现离岸区温度下降快于近岸区,此时湖水运动和前述运动方向相反,近岸区湖水上升,离岸区湖水下降。

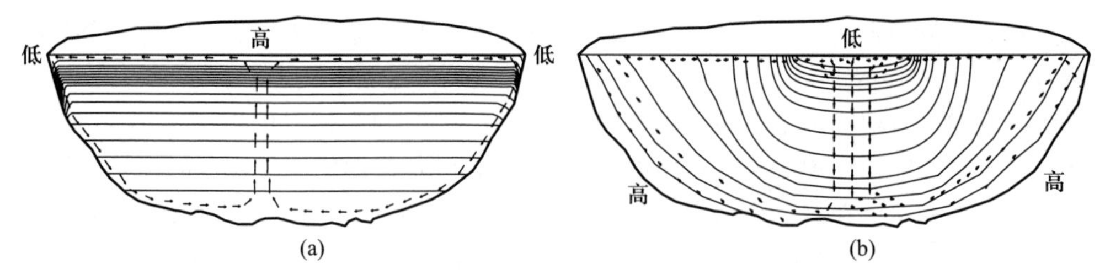

图 4.63 湖泊水温逆温分布与流场。(a) 近岸逆温分布;(b) 湖心区逆温分布

在春夏增温季节,因大气-水热量交换以及上层水体对太阳辐射的吸收,深水湖上层水温增温快于中、下及底层,上层水体温度高于中、下及底层。尽管上层常受到湖面风场的作用,但因湖水的上层密度小于中、下层,水体向下运动会受到浮力和重力的净合力作用,导致上层水体在风场作用下的向下混合范围受到限制。在风速不大的情况下,尽管在湖面风场作用下,可在上层形成水体卷夹和运动,但是这种运动会被限制在

上层水体。此时,在上层和中、下层水体间存在温度变化较快的水层(温跃层、变温层)。温跃层下的水体因温跃层的阻碍作用而处于滞留状态,进而在湖泊中形成三个水层:上均匀混合层、下均匀层和二者之间的变温层。在这一状况下,湖面风速增加一般仅会使温跃层所处水深增加,温跃层上的上均匀混合层厚度增加,底层和深层水体较少受到影响,处于滞流状态(图 4.64)。在湖泊水面存在超强风场作用时,深水湖温跃层也存在被破坏而消失的情形。在这过程中,表层水体在风场的作用下,湖面首先出现上均匀混合层水气卷夹和湍流扩散,湖水不断在下风方向堆积,上层水体出现垂直环流,上均匀混合层不断扩大,温跃层产生倾斜。随着强风历时的增加,最终温跃层消失,出现全湖均匀混合的情景,此时垂向对流可布满整个垂直剖面(图 4.65)。

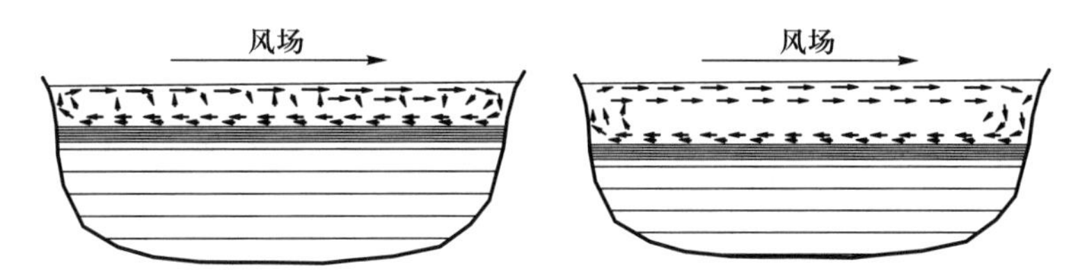

图 4.64　存在温跃层湖泊的湖泊上层的风生流

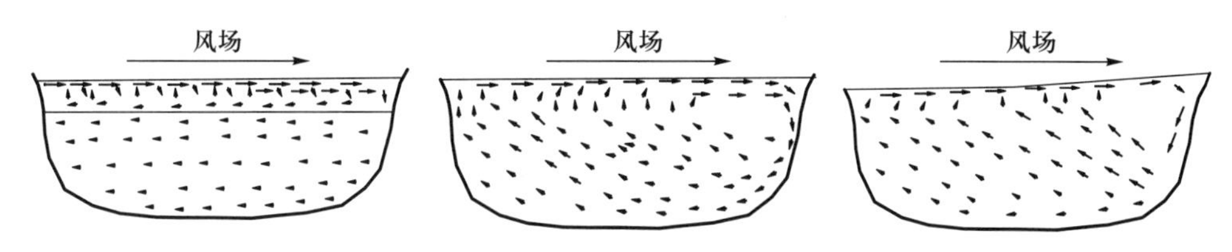

图 4.65　强风作用下湖泊风生流发展与温跃层消失(Mortimer,1961)

4.5.4　典型浅水湖泊的湖流特征

4.5.4.1　太湖

太湖是我国乃至世界上典型的浅水湖泊,处亚热带季风区,春末、夏、秋季盛行东南风,冬季及春初盛行西北风,风场作用频繁。湖泊水位 2.99 m 时,水面面积 2 338 km^2,平均水深 1.9 m。太湖位于平原水网区,周边河道密布,进出河流达 228 条之多,河水从西部及西北部进入,从东部和南部流出,河道出入湖流量均相对较小,20 世纪 80 年代湖泊换水周期约 300 天。太湖湖面风场变化大,特别是风向,在小时的时间尺度内可发生多次变化。即使是盛行风场,风速、风向变化也很快,具有较大的随机性。太湖湖水运动受河道出入湖流量影响的同时,还受风速、风向多变的风场影响。太湖湖流主要包含风生流和吞吐流两类。围绕太湖湖流目前为止进行了大量研究,主要研究方法为实况流场现场观测和数值模拟。

1) 实况湖流及特征

据太湖 2002 年 7 月 23—28 日敞水区乌龟山水域、2003 年 1 月 13 日湖州小梅口水域、2003 年 6 月 17—19 日梅梁湾口、7 月 12—17 日梅梁湾中、2004 年 7 月 25—28 日光福湾等现场观测结果(胡维平,2007),太湖不存在流向和流速稳定的湖流,各观测点的流速、流向不但均随时间变化,还随垂直空间位置变化(图 4.66)。观测到水平流速一般均小于40 $cm \cdot s^{-1}$,垂向流速小于 15 $cm \cdot s^{-1}$,垂向流速远小于水平流速,一般为水平流速的1/7~1/3。一般情况下,太湖湖流水平分量小于 10 $cm \cdot s^{-1}$,出现频率较高的流速大小为 2~3 $cm \cdot s^{-1}$,甚至更小,垂向流速为 $mm \cdot s^{-1}$级。观测期间,流场东西向分量变化范围为-27.2~25.6 $cm \cdot s^{-1}$,南北向为-35.6~22.4 $cm \cdot s^{-1}$,垂向为-6.2~11.3 $cm \cdot s^{-1}$。观测结果显示,表层湖流速度大于底层,在多点多个时刻出现底层湖流与表层湖流反向的现象。

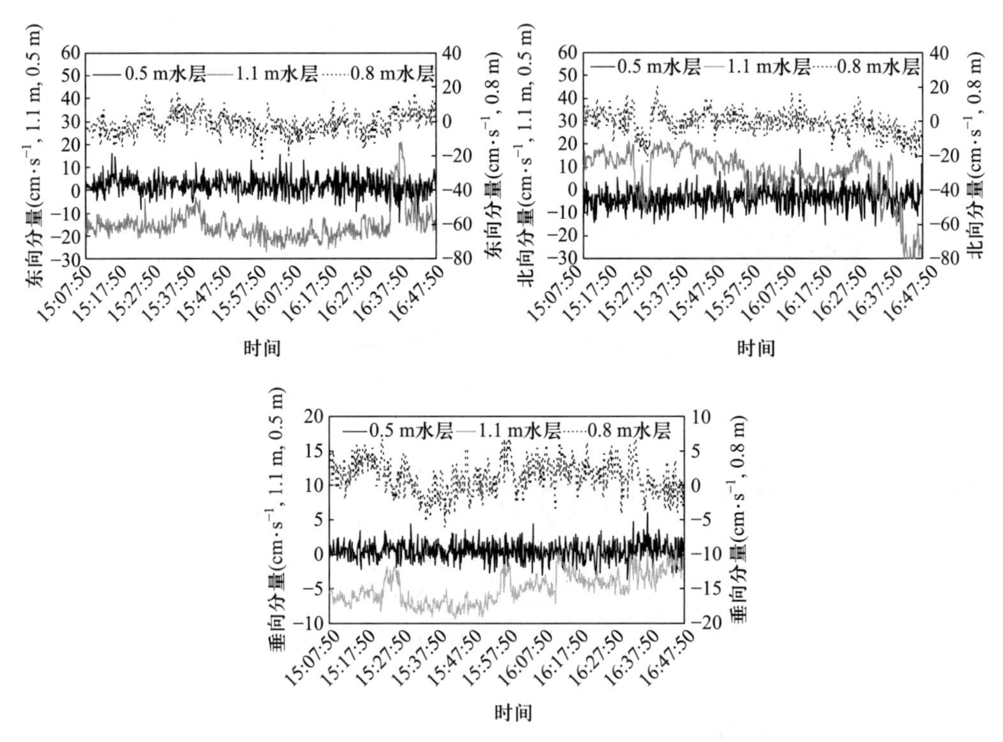

图 4.66 2003 年 1 月 13 日 15:07—16:49 长兜港水域上、中、底层湖流

2)吞吐流

太湖虽然出入河道众多,但是除个别河道(如太浦河、望虞河等)可超过 100 $m^3 \cdot s^{-1}$,大部分河道流量均较小,绝大多数河道流量仅为几十个流量,部分河道甚至小于 10 个流量。据胡维平等研究引江济太望虞河、太滆运河大流量引江及太浦河大流量排水对太湖湖流影响的成果,太湖吞吐流除在引江济太受水区贡湖湾顶、竺山湖及东茭嘴附近区域流速较大外,其他湖区流速均很小。图 4.67 和图 4.68 分别为望虞河各以 100 $m^3 \cdot s^{-1}$和 200 $m^3 \cdot s^{-1}$同时向太湖入水,太湖表层、次表层、中间层、次底层、底层吞吐流场分布。太滆运河增引 100 个流量、望虞河以 100 个流量调水贡湖湾顶和湾口、竺山湖湾中和湾口、湖心、东茭咀以西水域和东西山之间水域,表层吞吐流流速分别为 0.484 $cm \cdot s^{-1}$、0.242 $cm \cdot s^{-1}$、1.828 $cm \cdot s^{-1}$、1.237 $cm \cdot s^{-1}$、0.215 $cm \cdot s^{-1}$、0.750 $cm \cdot s^{-1}$和 0.296 $cm \cdot s^{-1}$,次表层分别为 0.657 $cm \cdot s^{-1}$、0.253 $cm \cdot s^{-1}$、1.616 $cm \cdot s^{-1}$、1.111 $cm \cdot s^{-1}$、0.177 $cm \cdot s^{-1}$、0.808 $cm \cdot s^{-1}$和 0.253 $cm \cdot s^{-1}$,中层分别为 0.567 $cm \cdot s^{-1}$、0.232 $cm \cdot s^{-1}$、1.495 $cm \cdot s^{-1}$、0.979 $cm \cdot s^{-1}$、0.129 $cm \cdot s^{-1}$、0.722 $cm \cdot s^{-1}$和 0.211 $cm \cdot s^{-1}$,次底层分别为 0.529 $cm \cdot s^{-1}$、0.192 $cm \cdot s^{-1}$、1.154 $cm \cdot s^{-1}$、0.769 $cm \cdot s^{-1}$、0.106 $cm \cdot s^{-1}$、0.505 $cm \cdot s^{-1}$和 0.168 $cm \cdot s^{-1}$,底层分别为 0.343 $cm \cdot s^{-1}$、0.143 $cm \cdot s^{-1}$、0.826 $cm \cdot s^{-1}$、0.533 $cm \cdot s^{-1}$、0.067 $cm \cdot s^{-1}$、0.333 $cm \cdot s^{-1}$和 0.129 $cm \cdot s^{-1}$。太滆运河增引 200 个流量、望虞河以 200 个流量调水

导致的贡湖湾顶和湾口、竺山湖湾中和湾口、湖心、东茭咀以西水域和东西山之间水域表层流场变化的幅度分别为 1.364 cm·s^{-1}、0.5 cm·s^{-1}、3.136 cm·s^{-1}、3.5 cm·s^{-1}、0.364 cm·s^{-1}、1.364 cm·s^{-1}和 0.455 cm·s^{-1}，显著大于 2 月 9 日表层湖流的变幅。整个调水期间平均湖流的变幅在表层分别为 1.062 5 cm·s^{-1}、0.729 cm·s^{-1}、2.08 cm·s^{-1}、2.667 cm·s^{-1}、0.458 cm·s^{-1}、0.625 cm·s^{-1}和 0.833 cm·s^{-1}。

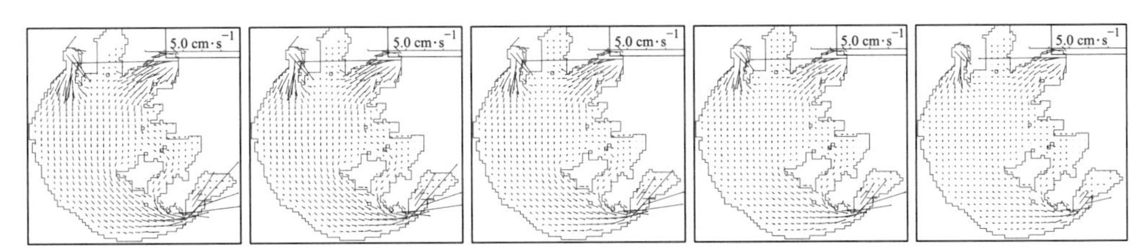

图 4.67　望虞河 100 个流量入流竺山湖调水方案，太湖全天平均流场（从左到右：表层、次表层、中间层、次底层、底层）

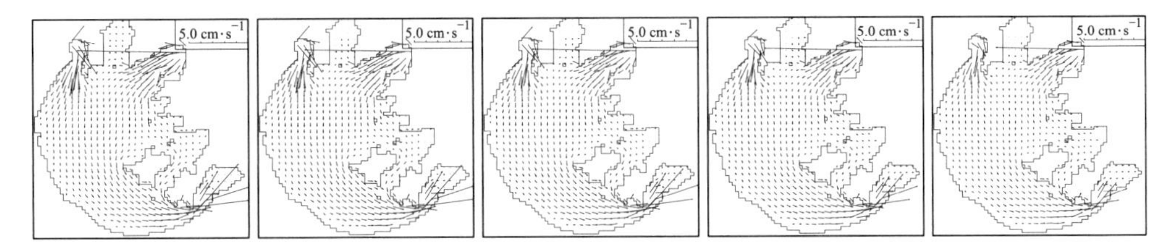

图 4.68　望虞河 200 个流量入流竺山湖调水方案，太湖全天平均流场（从左到右：表层、次表层、中间层、次底层、底层）

望虞河以 200 m^3·s^{-1}引江，贡湖湾吞吐流在表层、次表层、中间层、次底层和底层流速大小变化范围分别为 0.786~1.857 cm·s^{-1}、0.731~1.720 cm·s^{-1}、0.604~1.490 cm·s^{-1}、0.514~1.25 cm·s^{-1}和 0.342~0.925 cm·s^{-1}，大于望虞河以 100 m^3·s^{-1}引江时的 0.343~0.833 cm·s^{-1}、0.316~0.777 cm·s^{-1}、0.267~0.678 cm·s^{-1}、0.261~0.603 cm·s^{-1}和 0.156~0.438 cm·s^{-1}（图 4.69）。望虞河以 200 m^3·s^{-1}引江，湖心区表层、次表层、中间层、次底层和底层吞吐流流速分别为 0.17 cm·s^{-1}、0.145 cm·s^{-1}、0.121 cm·s^{-1}、0.119 cm·s^{-1}和 0.087 5 cm·s^{-1}；洞庭东山西南水域表层、次表层、中间层、次底层和底层吞吐流大小分别约为 0.732 cm·s^{-1}、0.676 cm·s^{-1}、0.631 cm·s^{-1}、0.505 cm·s^{-1}和 0.36 cm·s^{-1}。太湖吞吐流在入湖河道河口区总体流向湖心区，随水体离开河口距离的增加，流速减小；在出湖河道河口区，湖流流向一般指向出湖河道河口，随着位置接近河口，流速逐渐增加。河道入湖流量所处的位置对太湖吞吐流的空间分布也存在着重要影响。太湖吞吐流的研究结果显示，太湖吞吐流流速较大的水域主要集中在受水湖湾，以及水体集中

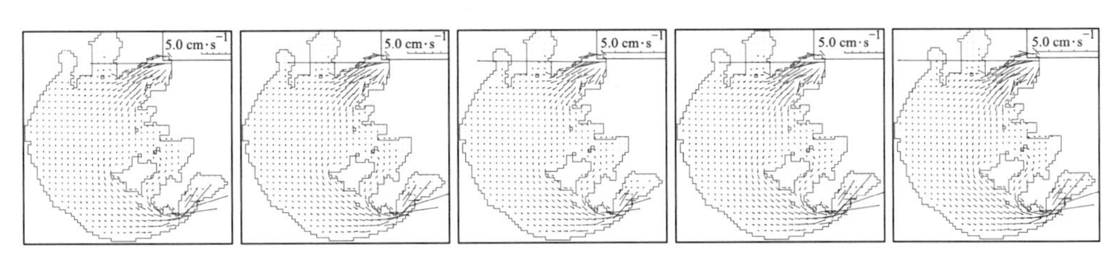

图 4.69　望虞河 200 个流量引江太湖，湖体吞吐流场（从左到右：表层、次表层、中间层、次底层、底层）

出湖的太浦附近水域(如东茭咀水域、洞庭西山以南水域)。无水量入湖、出湖的湖湾和远离水量入河和出湖的河口区吞吐流量很小。

前述不同水层的吞吐流场显示,太湖吞吐流在垂向不同水层的湖流流向基本一致。因湖底的摩擦应力的作用,流速具有自水面至湖底逐渐减小的特点。

3) 风生流

太湖湖面受风场作用频繁,风生流是太湖流场重要且不可忽视的部分。在典型风场作用下的湖流特征基本得到了较为充分的揭示。在风场的作用下,太湖垂向平均湖流存在着浅水区湖流流向与风向平行、深水区湖流流向与风速矢量方向相反、在近岸区流速大于深水区的特点(胡维平等,1998a、b;王谦谦,1987)。在典型风场作用下,太湖垂向平均流场存在数量和风向密切相关的水平环流(图 4.70~图 4.72)。

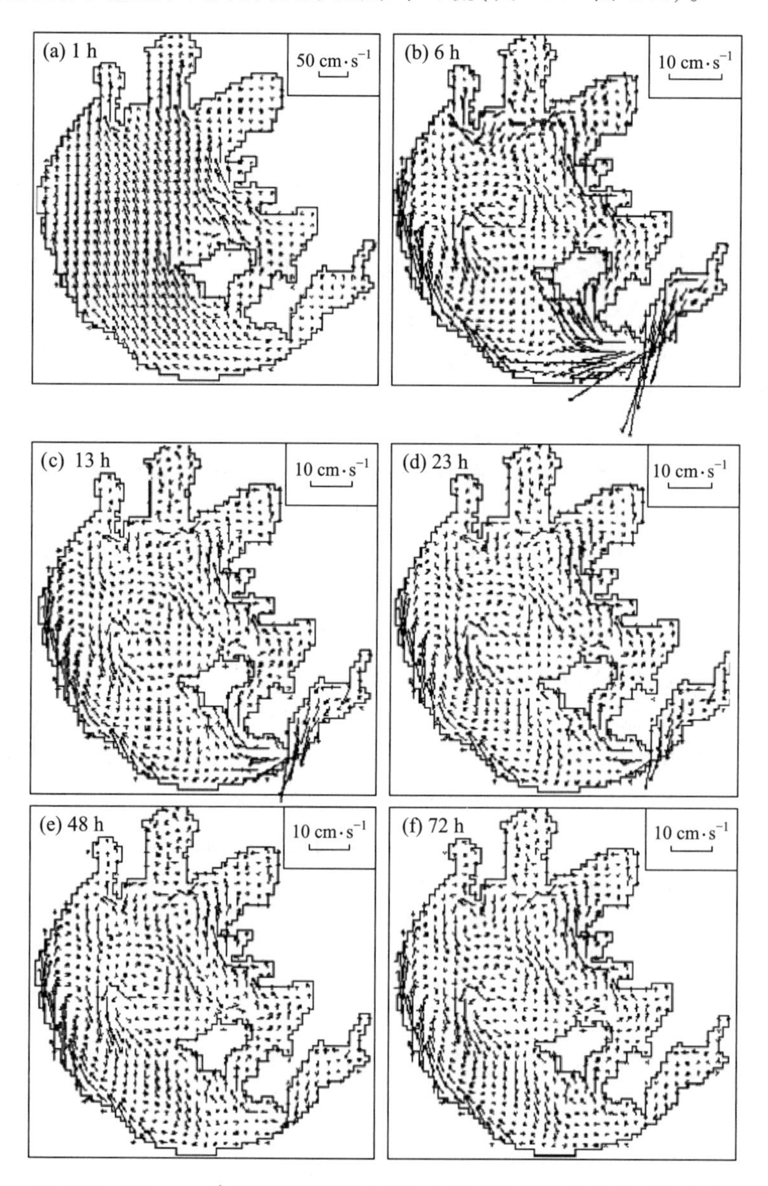

图 4.70 8.0 m · s^{-1}东南风持续作用下,太湖垂向平均流场随时间变化

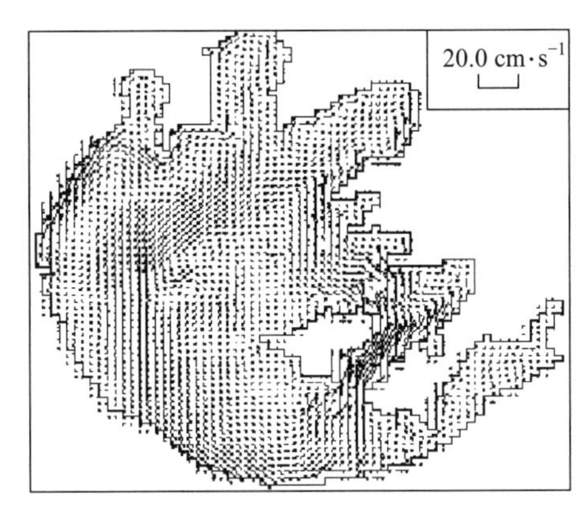

图 4.71　11.3 $m \cdot s^{-1}$西南风作用下,稳定状态下的垂向平均流场

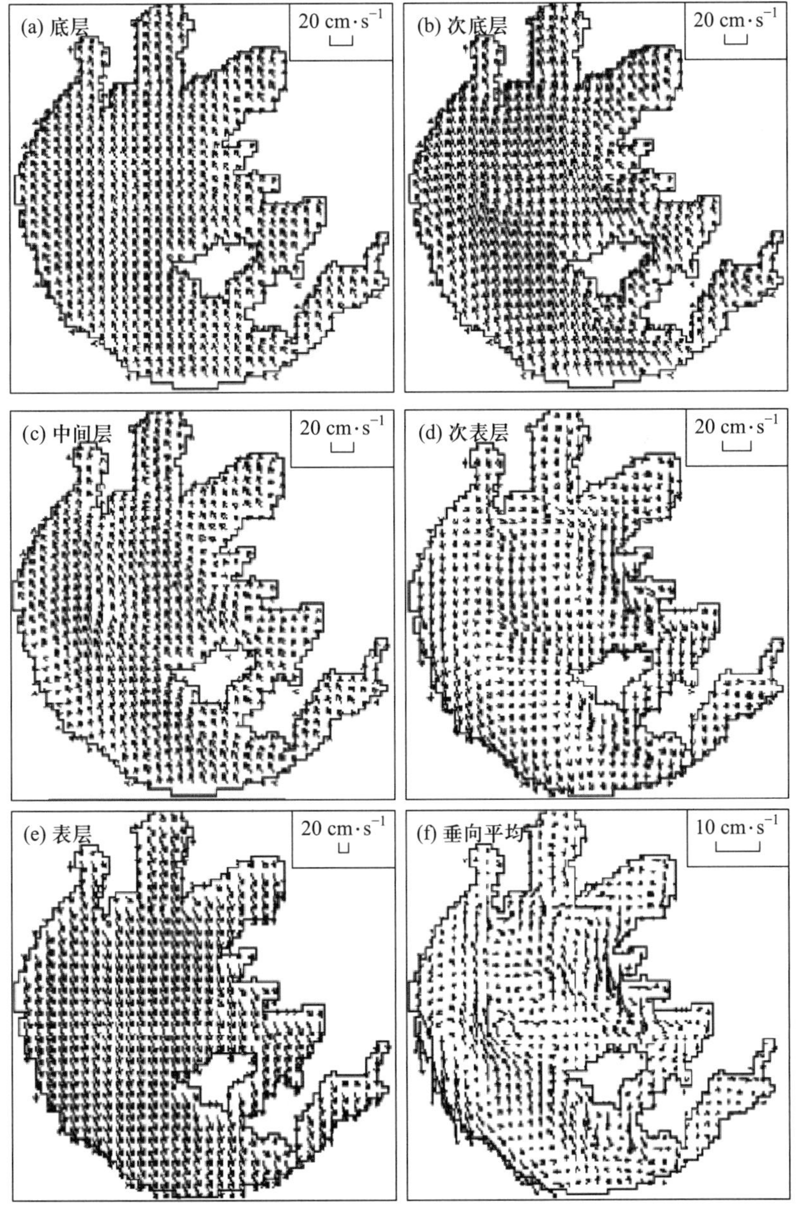

图 4.72　8.0 $m \cdot s^{-1}$西北风持续作用下,达到稳定状态的太湖流场

8.0 m·s^{-1}东南风持续作用 1 h,垂向平均湖流流向与风速矢量方向的偏角不大,流速呈湖心大、岸边小的特征,湖心流速可达 25 cm·s^{-1}。6 h 后,因湖水在迎岸堆积,压强梯度力加大,平均流场发生了巨大变化,湖心流速比沿岸带流速小,形成环流的雏形,流速较 1 h 时小得多。13 h 后,垂向平均湖流在湖心区形成稳定流场。随着风的作用时间进一步增加,沿岸带和湖湾的平均流场逐渐向稳定流场逼近,东太湖湾口的平均流速减小;东南风持续作用 48 h 可在全湖形成稳定的流场。在稳定状态下,浅水区流向和风应力方向一致,深水区流向和风应力方向相反,垂向平均湖流存在两大环流系统:① 占据太湖西南部的顺时针环流,所占面积接近整个太湖的五分之一。环流在沿岸带流速较大,可达 6~7 cm·s^{-1}。在该环流系统中,还含有太湖中心区的顺时针环流和东部沿岸的逆时针环流。② 围绕洞庭西山的逆时针环流,占据太湖约二分之一水面。该环流流经洞庭西山与东山之间水道,沿太湖东岸流动,至贡湖湾口转向拖山,在竺山湖湾口折向洞庭西山西南部,再回到洞庭西山与东山之间水道。此外,在梅梁湖湾的北部和贡湖的湾顶还各存在一规模较小的逆时针环流(王谦谦,1987;胡维平,1993)

在 11.3 m·s^{-1}西南风作用下,太湖湖流达到稳定状态时,太湖垂向平均流场存在两大环流系统:① 湖西北大浦水域的顺时针环流,② 绕过洞庭西山的逆时针环流。前一环流没有东南风作用形成的太湖西南部的顺时针环流强,且位置北抬。后一环流占据很大空间,控制着整个大太湖的水量交换,影响到太湖南部水域。在其内部含有两个小环流,一个分布在洞庭西山的西南面,一个分布在湖心,但它们的强度很弱,所占面积很小。洞庭西山与东山之间水道因狭管效应,流速较大,达 9 cm·s^{-1}。此外,梅梁湖湾的北半部存在一顺时针环流。梅梁湖湾口为西面进、东面出。

8.0 m·s^{-1}西北风持续作用形成的稳定垂向平均流场具有和东南风相似的环流结构。在西北风作用使湖流达到稳定的状态下,垂向平均流场在太湖敞水区也存在两大环流系统(胡维平等,1998b)。这两大环流系统所在位置和东南风作用下的相同,但是方向相反。在大的环流系统中也含有小的环流,方向和东南风作用下的大环流系统中的小环流相反。梅梁湖湾顶存在逆时针的环流。湾口中部水体往里流,两侧往外流。贡湖湾顶也存在一逆时针环流。在西北风作用下,各层流场呈现和东南风相似的平面特征和结构,但因风向相反,流向也几乎相反。

太湖风生流分层流场和垂向平均流场存在极大差异。在稳定风场作用下,太湖风生流表层流场除在竺山湖、梅梁湖、贡湖及胥口湾等湾顶区域外,流速和流向水平分布较为一致,西北风作用下流场方向为东南偏南方向,和风速矢量方向基本接近(图 4.72e);次表层流场流速和流向在水平空间存在较大的差异,近岸带浅水区流速较大,流向和风速矢量方向接近,在敞水区深水区流速较小;中间层湖流也存在较大的水平分布差异,与风向平行的近岸带流速相对较小,在敞水区次表层流速较小的区域在中间层流速相对较大,但是其方向和湖面风速矢量方向接近反向,流场在水平空间的差异小于次表层;次底层流场在水平空间的分布差异相对中间层进一步减小,流速、流向变得较为一致,流向和风速矢量方向进一步接近相反,与风向平行的近岸带流速相对较小;底层流场和次底层流场相似,流场流速和流向在水平空间的差异也较小,具有较好的一致性,近岸带浅水区流速相对较小。稳定风场作用下的稳定流场,中间层、次底层及底层湖流为表层湖流的补偿流。在持续稳定风场作用下,太湖垂向也可划分为 4 个控制区,分别为风应力控制区、风应力与水面倾斜压强梯度力控制过渡区、压强梯度力控制区、压强梯度力和湖底摩擦力联合控制区。

综上，太湖流场具有如下特点：① 太湖河道出入湖流量相对较小，多数河道入湖流量小于100 $m^3 \cdot s^{-1}$，太湖吞吐流除在河口区外，流速均较小，大部分区域流速小于1 $cm \cdot s^{-1}$，流向由流入河口向流出河口；② 太湖受风场作用频繁，太湖湖流主要以风生流为主。因太湖风场极不稳定，风生流也极不稳定，太湖不存在稳定流，在各湖区观测到流场多变；③ 太湖水平流速较少大于 40 $cm \cdot s^{-1}$，一般小于 10 $cm \cdot s^{-1}$；垂向流速小于水平流速，介于水平流速1/7～1/3；④ 太湖在稳定风场作用下，表层流向和风速矢量方向较为接近；次表层流场水平空间变化较大，近岸带浅水区流向和风速矢量方向接近，且流速较大，敞水区流速相对较小，流向和风速矢量方向差异较大；中间层及其以下水层为上层湖流的补偿流。湖流水平差异越向下越小，水平分布的一致性越大，但是流速在底层相对较小。

4.5.4.2 巢湖

巢湖是我国长江流域五大淡水湖之一，处于南北气流交汇带，属北亚热带湿润季风气候区，季风明显，四季分明，气候温和，光照充足，无霜期长，严寒期短，雨量适中。巢湖平均风速 4.1 $m \cdot s^{-1}$，盛行东风、东北风，频率 30.0%。冬季东北、西北风多，夏季多东偏南、东南风，平均每年 8 级以上大风日数 18.8 天，历史最大风速 34.0 $m \cdot s^{-1}$（1958 年 8 月 10 日）。湖底平坦，大部分湖底高程在 5.0～5.5 m，最低点 4.61 m；湖盆由西北向东南倾斜，底坡平均为 0.96%。巢湖湖面面积 783 km^2（蓄水位 12.00 m 时，占流域面积 8.6%），湖泊来水面积为 9 130 km^2，其中山丘区 7 735 km^2（占 84.7%），圩区 612 km^2（占 6.7%）。在多年平均水位（8.37 m）时，湖盆长 61.7 km，宽 12.47 km，水面 769.55 km^2，平均水深 2.89 m，最大水深 3.76 m，容积 2.07×10^9 m^3，湖岸长 155.7 km。入湖主要河流有：南淝河、派河、杭埠河（丰乐河）、白石天河、兆河、柘皋河等。河流都源于山丘区，集水面积较大，河道流程较短，比降陡，汇流快，穿过湖周圩区后，进入巢湖，经湖泊调节容蓄后，出巢湖闸经裕溪河，于裕溪闸下注入长江。巢湖闸以上多年平均水资源量为 3.767×10^9 m^3，水资源量年内分配不均，5—9 月占全年的 61.7%，10 月—翌年 4 月占 38.3%；年际变化较大，丰水年如 1991 年、1969 年分别为 9.74×10^9 m^3 和 7.19×10^9 m^3，而特枯水年如 1978 年仅有 1.35×10^9 m^3。巢湖水位在汛期具有陡涨缓落的特点，年变幅为 1.44～4.92 m。流入巢湖的年最大径流量为 1.088×10^{10} m^3（1991 年），折合入湖平均流量为342 $m^3 \cdot s^{-1}$。多年平均流入巢湖的径流量约为 4.25×10^9 m^3。在闸上水位 12.5 m、闸下 12.3 m 时，巢湖闸最大泄洪流量达 1 370 $m^3 \cdot s^{-1}$。

1） 实况湖流及特征

据 2003 年 7 月 21—23 日（水深为 6.2 m）巢湖湖流的观测结果，巢湖湖流和太湖类似，湖区流场极不稳定（图 4.73；胡维平，2007），湖流各分量随时间变化显著。21 日在北偏东风场作用下，10∶11—14∶45，离底高度 5.6 m 水层水平湖流流向介于 34°～110°（正东方向 0°，逆时针方向），平均为 70.25°，以东偏北方向为主，流速变化范围为 12.85～57.8 $cm \cdot s^{-1}$，平均为 34.8 $cm \cdot s^{-1}$；离底高度 1.85～3.35 m 水层流速较小，平均流速在3 $cm \cdot s^{-1}$左右；离底高度 0.35 m 水层湖流方向变化范围 167.75°～294.41°，平均 241°，为西南方向，和离底高度 5.6 m 水层湖流流向接近相反，流速介于 1.34～11.83 $cm \cdot s^{-1}$，平均为 6.68 $cm \cdot s^{-1}$，约为离底高度 5.6 m 水层流速的 1/5。离底高度 5.6 m 水层湖流垂直分量大部分为正，湖水向上运动；离底高度 1.85～3.35 m 水层垂直向上流速不断增大，向下流速也不断加大，至 0.5～0.65 m 流速达最大，7.2 cm · s^{-1}，再往下流速减小；0.35 m水层湖流垂直分量却大部分为负，湖水向下运动。22 日在西偏北风作用下，离底高度5.6 m 层湖流流向的变化范围为 261.35°～355.87°，平均为 296.25°，为南偏东方向，流速变化范围为 8.4～43.46 cm · s^{-1}，平均为 21.97 cm · s^{-1}；离底高度 0.35 m 水层湖流方向变化范围为 8.26°～357.17°，平均为 106.4°，同样与 5.6 m 水层湖流反向，流速的变化范围 0.22～12.07 cm · s^{-1}，平均为 5.04 cm · s^{-1}，小于上层水体流速。23 日，离底高度 5.6 m 水层湖流流向的变化范围为 71.29°～180.6°，平均为 123.03°，为北偏西方向，流速变化范围为 5.88～33.77 cm · s^{-1}，平均为 19.50 cm · s^{-1}；0.35 m 水层湖流方向变化范围为 0°～360°，湖流方向不及 5.6 m 水层稳定，变化范围较大，平均为 197.22°，主方向为西偏北方向，与 5.6 m 水层湖流的夹角较小，流速的变化范围为 0.1～9.84 cm · s^{-1}，平均为 3.56 cm · s^{-1}。

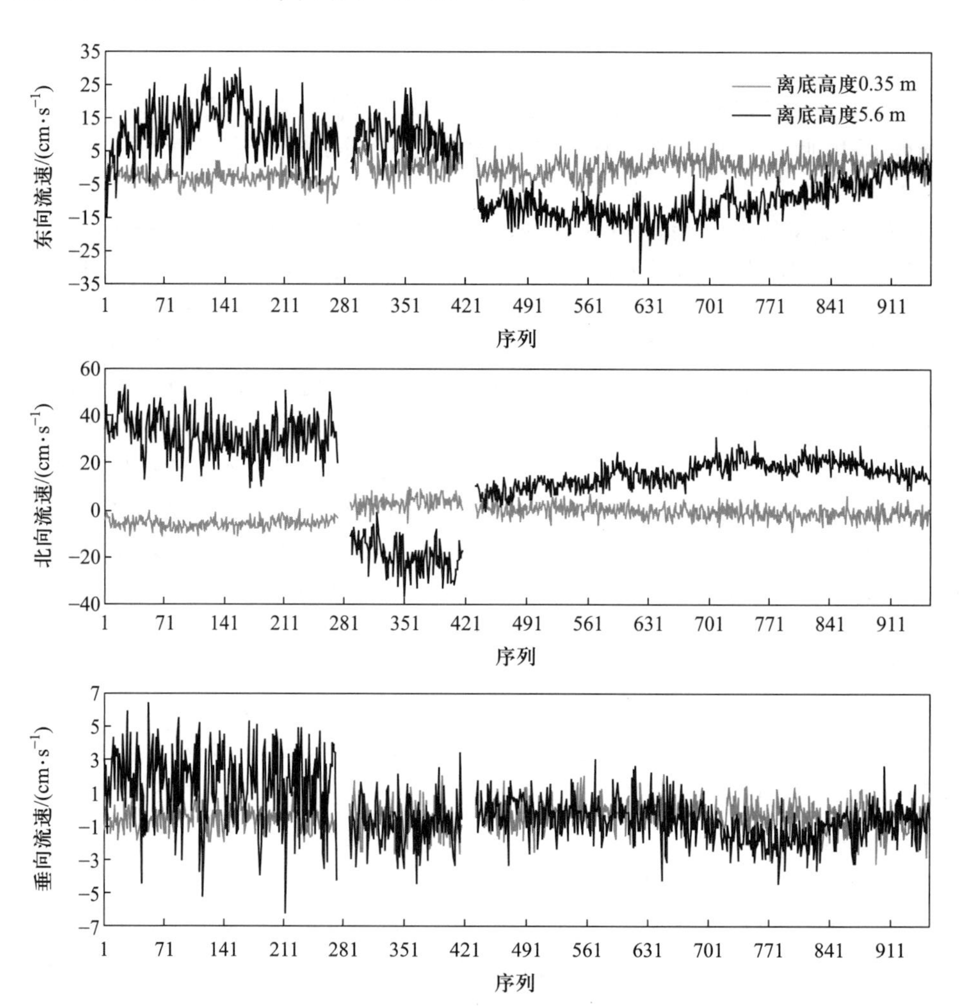

图 4.73　2003 年 7 月 21—23 日的巢湖湖流（21 日 10：11—14：45，22 日 9：38—12：56，23 日 9：15—18：22）

观测期间，离底高度 4.25~5.6 m 水层东西向流速分量变化范围较大，0.35~3.25 m 水层次之，3.4~4.1 m 水层变化范围较小(图 4.73)。0.35~1.55 m 和 4.55~5.6 m 水层观测期间平均值为负，湖水向西运动；1.7~4.4 m 水层观测期间平均值为正，湖水向东运动(图 4.74)。南北向流速在 4.7~5.6 m 水层变化范围较大，其他水层除 3.05 m 水层变幅相对较小外，变化的幅度较为接近(图 4.73)。南北向分量观测期间的平均值从离底高度 3.65 m水层向下均为负值，且绝对值不断增加，至 1.4 m 水层达最大，为 2.41 $cm \cdot s^{-1}$。再往下绝对值再次减小，南向流速减小(图 4.74)。3.65 m 向上平均值均为正，且不断增大，说明3.65 m 水层以上为北向流，越接近湖面流速越大。垂向流速相对水平流速而言，其变化均较小，变幅均小于 1.3 $cm \cdot s^{-1}$，变幅相对较大(大于 6 $cm \cdot s^{-1}$)水层主要为 4.4~5.6 m 和1.1~1.7 m 水层。观测期间均值除 5.1~5.45 m 水层为正外，其他均为负值，说明观测点大部分水层为下降流，流速在 0.4 $cm \cdot s^{-1}$左右，约为水平方向流速的 1/10(图 4.74)。

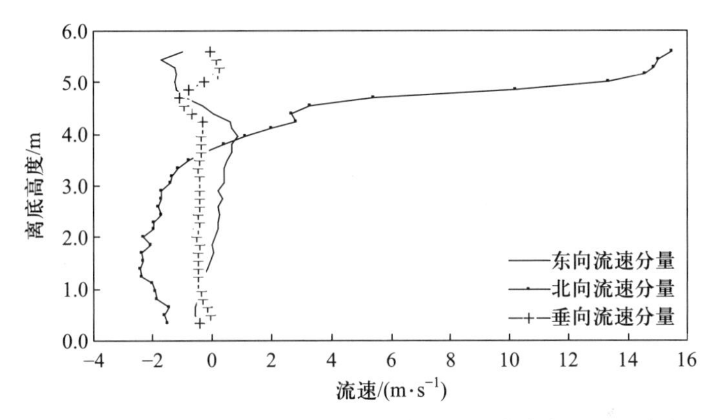

图 4.74　2003 年 7 月 21-23 日观测期间平均巢湖湖流流速分布

2）吞吐流

巢湖初始平静无流，在丰水期巢湖闸以 1 400 $m^3 \cdot s^{-1}$流量出流，兆河闸以 260 $m^3 \cdot s^{-1}$入流，其他入湖河道以其对入湖量的贡献率的多年平均值乘以 1 140 m^3 的流量入流，确保巢湖总出流量与总入流量相同。运行 5 天条件下，西巢湖及东巢湖南半侧湖区水位上升，但是升幅较小，小于 1 cm；东巢湖北半侧水位下降，除巢湖闸附近水域水位下降较大(1~21.7 cm)外，其他也小于 1 cm；各层流场及垂向平均流场流向一致，差别较小。派河、南淝河、杭埠河、白石天河、兆河等河道口附近水域水流流向指向离岸方向，且流速较大，随着离岸距离的增加，湖流逐步偏向西巢湖—东巢湖—巢湖闸的轴线方向。西巢湖湖流流向在河口区为向西湖心方向，离开河口区转向西巢湖和东巢湖交界断面方向，即姥山岛两侧；东巢湖因河道入湖流量小，离岸敞水区湖流流向基本和轴线平行，近岸则和岸线方向平行(图 4.75)，水体自西向东流动。随着运行时间增加，湖泊流场和水位变化的空间分布逐步稳定。在稳定状态下流场(图 4.76)和运行 5 天的基本相似，但是水位变化的空间分布发生明显的改变：西巢湖西半部和东巢湖的南半部水位相对升高，升高幅度也小于 1 cm，西巢湖的东半部和东巢湖北半部水位降低，降低的幅度也较小。出现上述变化的主要原因是地球自转产生的水流右偏导致右侧水位升高，相应的左侧水位出现下降。除在河口区流速较大外，巢湖吞吐流流速较小，西巢湖流速普遍在 0.40 $cm \cdot s^{-1}$左右，东巢湖中心区流速由底层至表层在 1.26~2.45 $cm \cdot s^{-1}$，巢湖闸湖

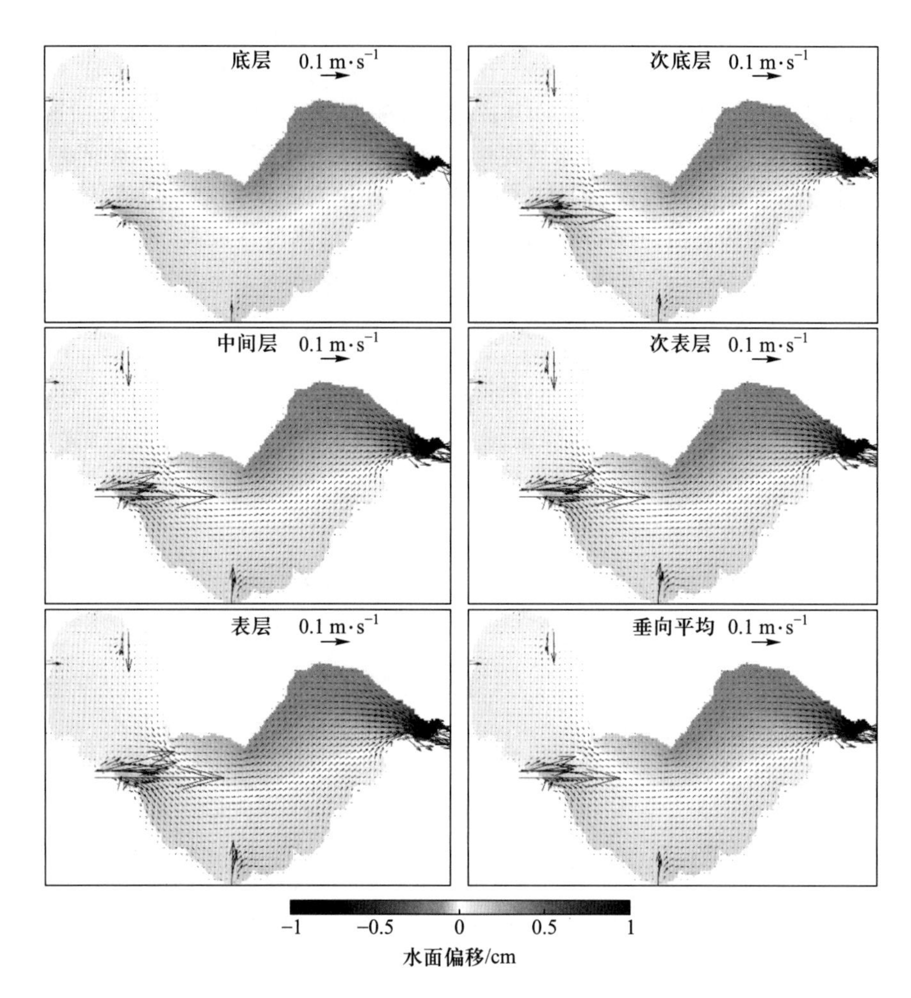

图 4.75　巢湖闸 1 400 $m^3 \cdot s^{-1}$ 出流、兆河 260 $m^3 \cdot s^{-1}$ 入流、全湖出入水量相同条件下运行 5 天的吞吐流场

区附近湖湾流速介于 6~40 $cm \cdot s^{-1}$，越接近闸口流速越大，最大流速在 1 $m \cdot s^{-1}$。巢湖吞吐流也呈表层流速大、底层流速小的特点。在流速小的湖区，表、底层流速差异较小；在流速大的湖区，表、底层流速差异较大。

3）风生流

在 10 $m \cdot s^{-1}$ 西北风和东南风作用下，巢湖表层流场流向均和风速矢量基本相同，而底层流场则基本相反，流速水平空间分布较均匀。西北风作用下，除中庙碧桂园南至下杨村水域以及西南部沿岸带外，次底层湖流流向也基本和风速矢量相反。巢湖南部兆河口—姥山岛东侧水域—西巢湖湾顶一线流速相对较大，流向为西北向。在巢湖西部沿岸带，流向为顺岸线向东南方向，流速也较大，而这一带以东的离岸区流速较小。巢湖中间层、次表层湖流存在显著的水平空间变化。中间层存在经姥山岛东侧、方向为东南至西北向、相对较大的流速带，罗大郢至兆河口沿岸带流速也较大，流向为东南向，而姥山岛西侧鞋山水域流速较小；在巢湖的西部存在一个逆时针环流，碧桂园南至下杨村存在一个顺时针环流；在柘皋河河口一带，湖流流向在接近岸线时逐步右偏，至近岸转成东向。次表层流速在不少区域和中间层相似。位于中间层的顺时针和逆时针环流

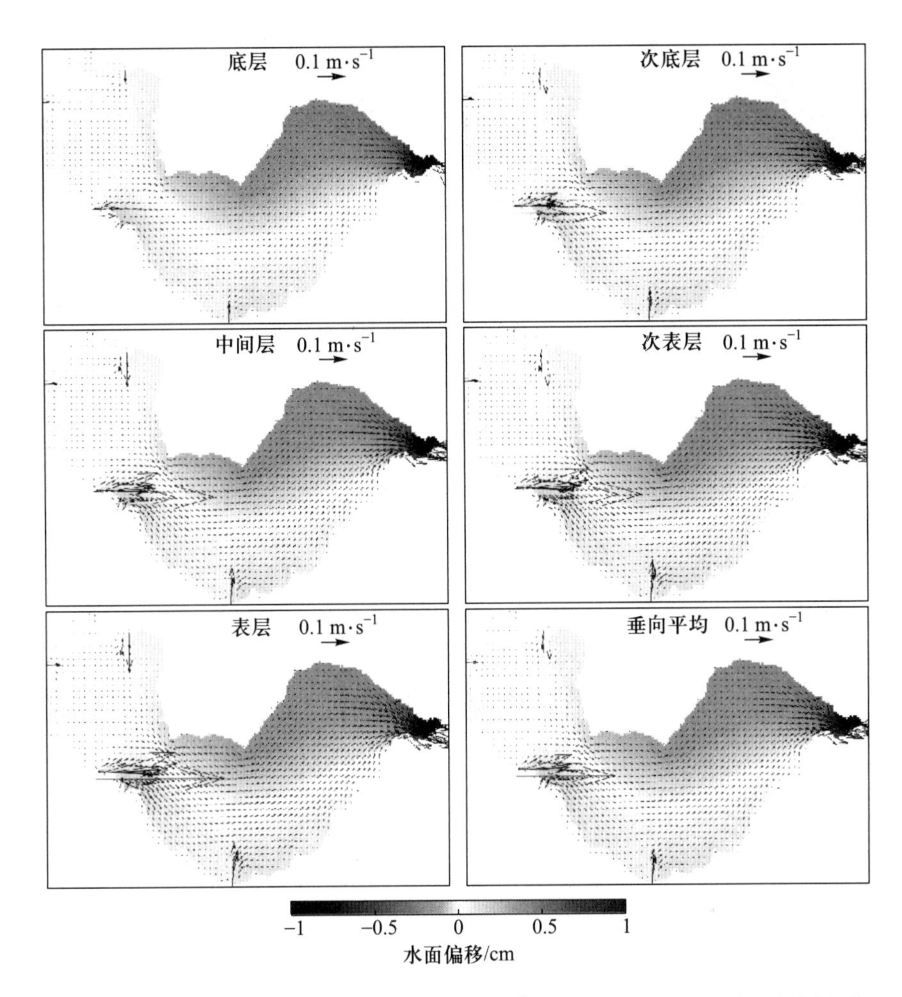

图 4.76 巢湖闸 1 400 $m^3 \cdot s^{-1}$出流、兆河 260 $m^3 \cdot s^{-1}$入流、全湖出入水量相同条件下稳定的吞吐流场

在次表层变得更加显著,顺时针环流明显加强,范围扩大,并南移;西部沿岸带流速增大,西巢湖及东巢湖西部小流速区面积扩大,东巢湖东部出现顺时针环流。西北风作用下,垂向平均湖流和次表层流场接近,在巢湖存在 4 个环流,包括跨西巢湖和东巢湖的西部逆时针环流、位于西巢湖长临河一带的顺时针环流、下杨村附近水域的顺时针环流以及位于东巢湖东部的顺时针环流(图 4.77)。

东南风作用下,底层、次底层、表层流向和西北风作用下的流向相反,流速空间分布特征和西北风作用下相似。在东南风作用下,次表层在下杨村至碧桂园南水域沿岸带存在自东向西沿岸流。该沿岸流在中庙汇入东南向的大流速带。姥山岛西侧鞋山水域小流速区域面积与西北风作用的湖流场相比有所增加。东南风作用下的中间层湖流和西北风作用下一样,流速、流向空间分异也较次底层和底层大,也存在一条自西巢湖西北部至南部檀门口的大流速带。在西巢湖中部该流速带带宽较大,但是流速相应较小。该流速带经姥山岛至中庙断面缩窄,相应地流速变大。进入东巢湖西部后不断变宽,随着流带接近南岸,流向右偏,至岸带附近沿巢湖西南部岸线,向西北延伸至罗大郢。在东巢湖西北部存在始于龟山公园的沿岸流。它在接近月亮湾湿地公园时转向南偏东方

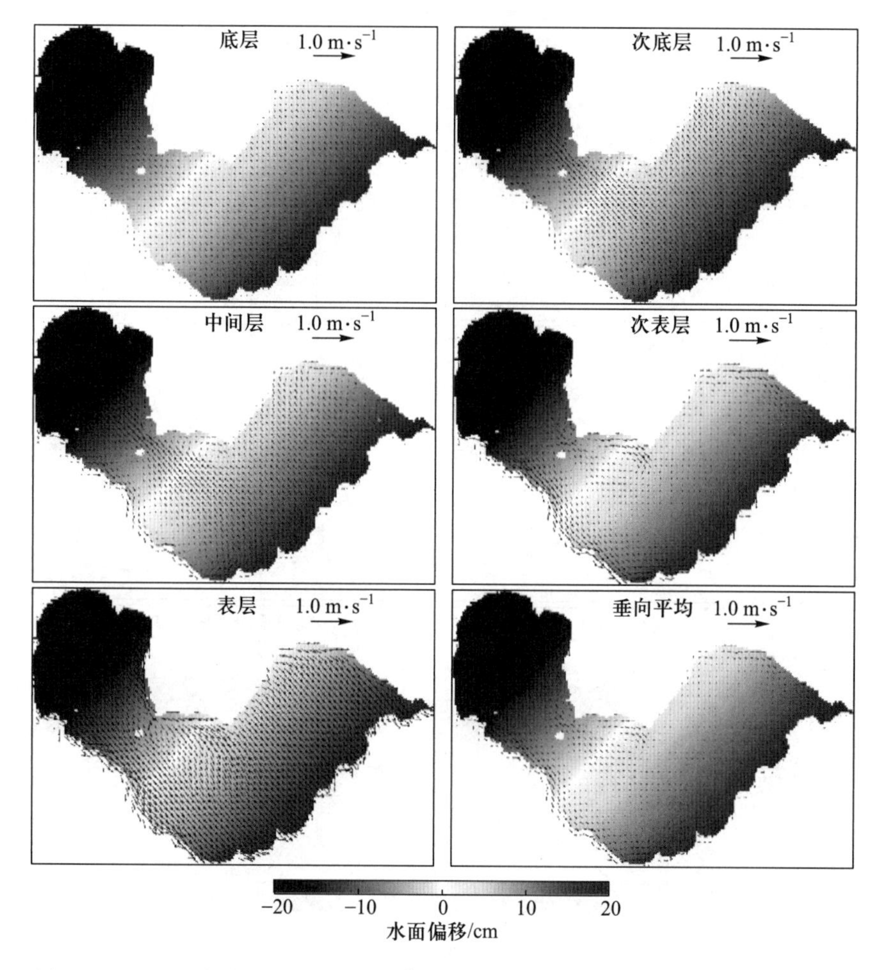

图 4.77　10.5 m 水位巢湖在 10 m · s^{-1}西北风定常均匀风场作用下稳定的风生流场

向。随着离岸距离增加,其流向偏为东南方向。在中庙至下杨村水域存在一个逆时针环流。在次表层,中间层跨西巢湖中部、东巢湖西部的大流速带消失,但巢湖西部沿岸带西北向大流速带带宽变大,中庙至下杨村水域的逆时针环流得到强化。在东巢湖东部东北沿岸带存在自巢湖闸口至月亮湾湿地公园的西北向沿岸流带,过月亮湾流向转西向。东巢湖及西巢湖中部水域流速变小。垂向平均流场和次表层流场及西北风作用下的反向流场结构相似,但是东南风作用下西部沿岸带的流速相对较大,中庙至下杨村水域的逆时针环流占据空间也相对较大(图 4.78)。

10 m · s^{-1}东风作用下,表层稳定流场方向和风场矢量方向接近,主要为西偏北方向,流速在空间分布较均匀,最大流速为 61.48 cm · s^{-1},平均流速为 35.76 cm · s^{-1}。底层、次底层和湖面风速矢量接近反向,为东偏南方向,底层最大流速为 13.85 cm · s^{-1},平均流速为 7.77 cm · s^{-1},次底层最大流速为 34.55 cm · s^{-1},平均流速为 17.38 cm · s^{-1}。中间层流场流向在东巢湖西北沿岸带为东南向,随离岸距离增加转为东向;在东巢湖西南岸带主要为西北向、北向,随离岸距离增加也逐渐转东向;在西巢湖中部及东巢湖中东部流向为东向,在东、西巢湖交界断面两侧区域流向为东南方向;该水层最大流速为 34.5 cm · s^{-1},平均流速为 14.36 cm · s^{-1}。次表层流场在东巢湖、西巢湖敞水区流速均较小,为 2~5 cm · s^{-1},在西南沿岸带及月亮湾湿地公园至中庙沿岸带流速相对较大,

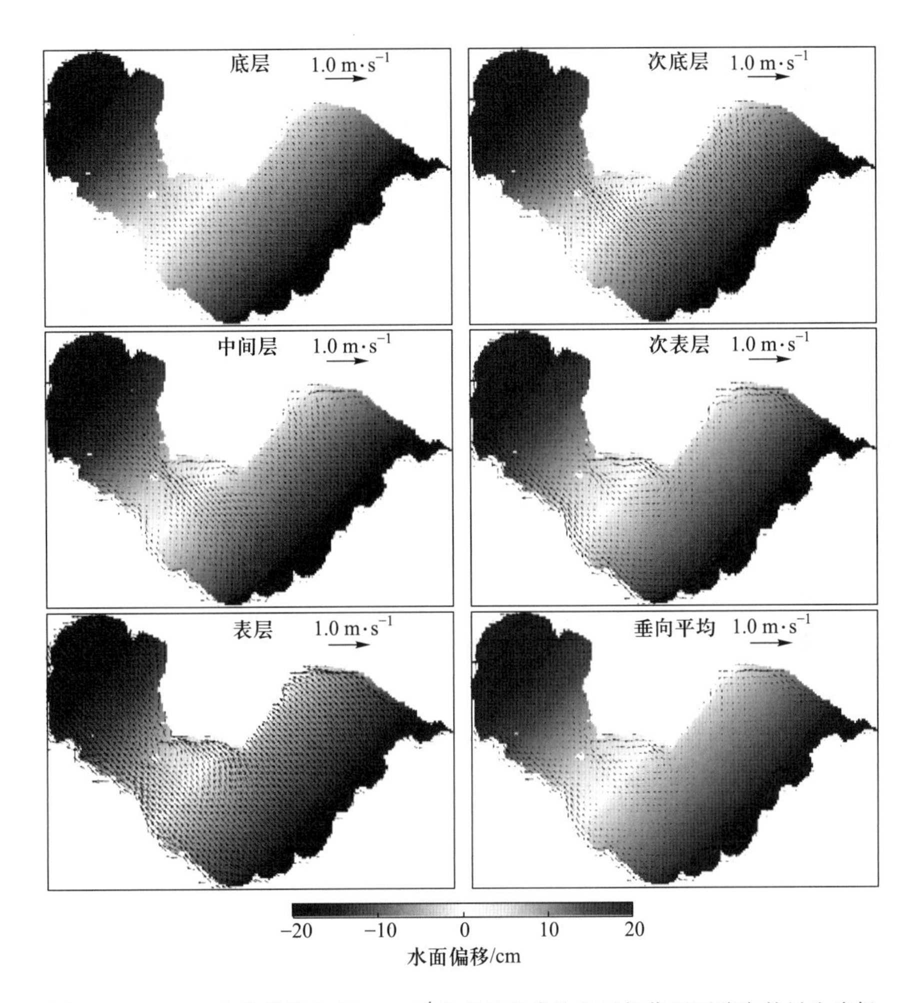

图 4.78 10.5 m 水位巢湖在 10 m · s^{-1}东南风定常均匀风场作用下稳定的风生流场

前者流向为西北向，后者流向为西南向；该层最大流速为 37.42 cm · s^{-1}，平均流速为 6.73 cm · s^{-1}，小于底层流速。该层流场在西巢湖北部存在一个逆时针环流，南部存在一个顺时针环流，后者从姥山岛东部进入东巢湖，从姥山岛西部回西巢湖；在碧桂园南部存在一个逆时针环流，该环流北部来自东巢湖的东部沿岸大流速带。垂向平均流场和次表层流场结构相似，在巢湖西半部存在一个包含西巢湖南部的规模相对较小的逆时针环流的大规模的顺时针环，在东巢湖存在一个占据东巢湖大部分区域的顺时针环流，在西巢湖北部存在顺时针环流（图 4.79）。

巢湖湖盆形态相对太湖简单，入湖河流集中在西北部，河道出入湖流量和太湖一样，流量较小，吞吐流在裕溪河口处，流速较小，湖流主要由风生流主导。因风场多变，湖泊中流场极不稳定。在稳定风场作用下，巢湖湖流在垂向也可划分为四个区域。表层流场和风速矢量方向接近，中层、次底层及底层流场和风速矢量方向接近反向，次表层为流场的转向层。流场结构虽较复杂，但是相较太湖而言，比较简单。巢湖的风生流大于太湖，垂向流速也小于水平方向流速。西巢湖吞吐流流速大部分小于 0.4 cm · s^{-1}，东巢湖吞吐流相对较大，但是通常小于 1 cm · s^{-1}；裕溪河口吞吐流相对较大，流速大于 1 cm · s^{-1}。

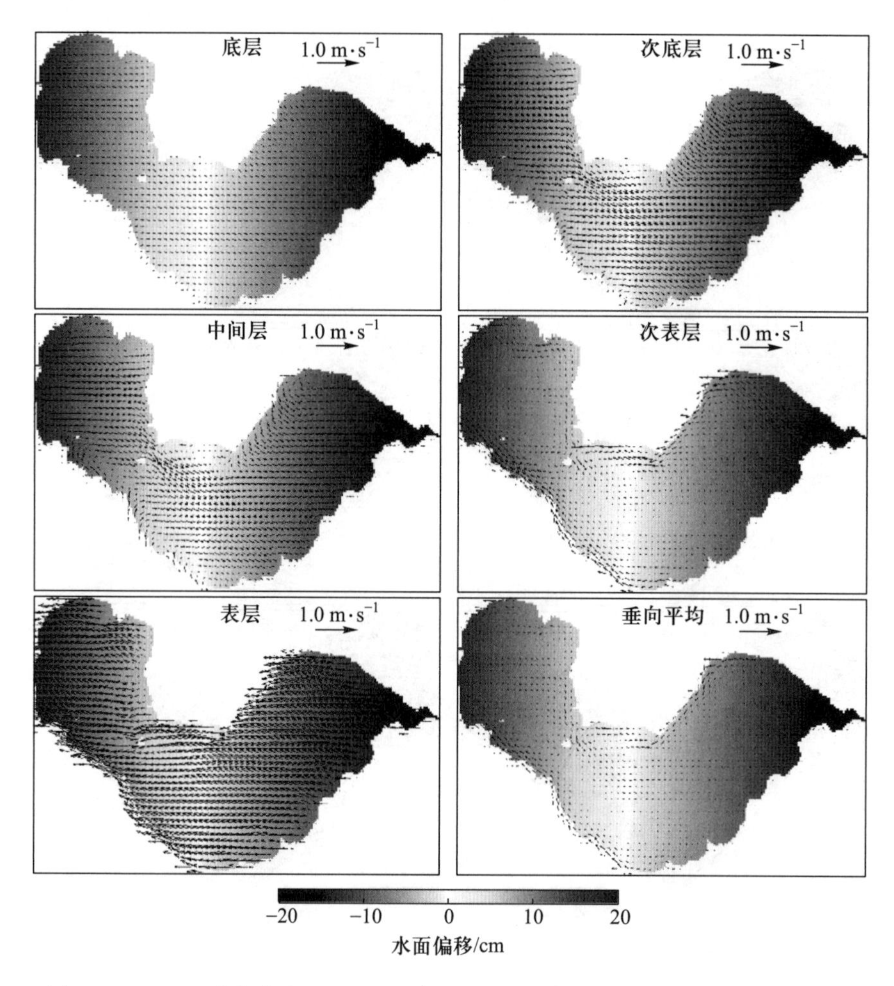

图 4.79　10.5 m 水位巢湖在 10 $m \cdot s^{-1}$东风定常均匀风场作用下稳定的风生流场

4.5.4.3　洪泽湖

洪泽湖(118°10′E—118°52′E、33°06′N—33°40′N)是我国第四大淡水湖,位于江苏省中西部和淮河中下游结合部。受季风影响显著,冬季风多为北风、东北风;夏季盛行风多为东、东南风;春、秋两季是冬季风与夏季风相互过渡的时期,洪泽湖风场较不稳定。

注入洪泽湖的主要河流有淮河、新汴河、怀洪新河、濉河、徐洪河等,多分布于洪泽湖的西岸。多年平均入湖径流量为 3.28×10^{10} m^3,夏季 6—9 月占全年的 66%。其中淮河是最大入湖河流,源于鄂、豫交界处的桐柏山,在老子山附近入湖,最大入湖流量为 26 500 $m^3 \cdot s^{-1}$,占入湖总流量的 70%以上。出湖河道主要是东岸的三河(入江水道工程)、淮沭新河和苏北灌溉总渠,其中三河是最大的排水河道,占洪泽湖总出湖量的 60%~70%,三河闸最大实测流量为 10 500 $m^3 \cdot s^{-1}$。洪泽湖多年平均出湖径流量为 3.42×10^{10} m^3,约为正常蓄水库容量的 11 倍,与太湖、巢湖比,换水率高,水位起伏大,是一典型的过水性湖泊。

洪泽湖的水位变化受多种因素制约,在汛期以防洪为主,控制水位为 12.5 m,最高行洪水位 14.5 m,汛后期蓄水位 13.5 m,供蒸发耗水和灌溉用水。1931 年和 1954 年的最高水位曾分别达到 16.25 m 和 15.23 m,而 1996 年最低水位曾下降到 9.68 m。三河建闸以来,湖体平均水位抬高了 1.7 m;近年来,冬季蓄水位一般为 13 m 左右。

1) 实况湖流及特征

据 2019 年 5 月 17 日、19 日洪泽湖西南敞水区 L3 点(118.732 5°E,33.236 561°N)、东咀头外和苏北干渠渠首连线中点 L4 点(118.747 32°E,33.357 282°N)的垂直剖面观测结果(图 4.80、图 4.81、图 4.82,5 月 17 日湖面风场风向为北偏东方向转东北方向,风速在 3.0 m·s^{-1}左右。5 月 19 日湖面风场为北偏西向转西、西偏南向,风速为 2.0 m·s^{-1}左右。洪泽湖流场极不稳定,和太湖、巢湖一样,也存在随时间和空间的显著变化。在 L3 点,表层流速变化频率显著大于中间层及以下水层。下层湖流虽存在随时间的变化,但是变化的频率及振幅明显小于表层。17 日表层流速大于中下层,最大流速接近 12 cm·s^{-1},离底 1.5 m 水层最大流速超过 10 cm·s^{-1},但底层流速小于 6 cm·s^{-1}。19 日 9:10—12:06,表层流速变幅和频率均较大,此后变幅和频率下降,流速减小,大小在 4 cm·s^{-1}左右。中下层流速变化的频率较小,观测期流速先增加,在 10:40 左右流速达最大,后减小,最大流速在 6.2 cm·s^{-1}左右。中上层、中下层流速在大部分时间中呈现大于底层流速特点。这一特点在流速变化频率较小时段更加突出。L3 点流向和流速一样,也存在显著时空变化,表层流向变化的幅度和频率大于中下层,不同水层流

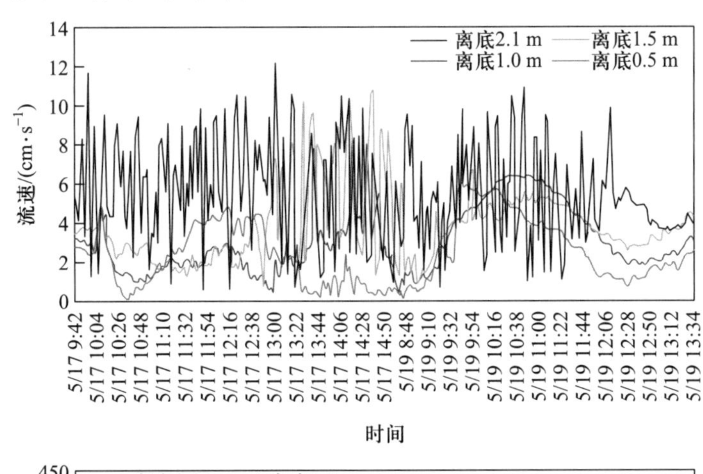

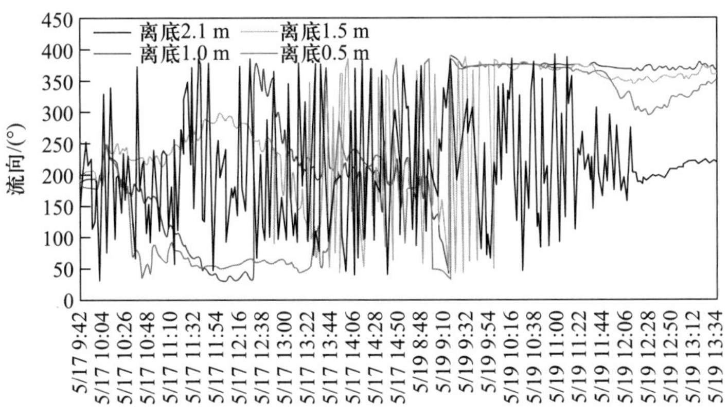

图 4.80　2019 年 5 月 17 日、19 日洪泽湖 L3 点湖流流速和流向随时间和水层的变化

向差异较大,离底 1.5 m 和离底 1.0 m 水层湖流流向差异可达 100°以上。在 17 日流向相对稳定时段,表层流向和离底 1.5 m、1.0 m 水层流向相差近 150°,次表层流向和风速矢量方向夹角较小,且存在着随时间自西南方向向西北方向的偏转。底层流向偏东北方向,和湖面风速矢量方向接近反向。19 日,表层和上层流向也不稳定,随着风向向西及向西偏南方向偏转,上层流向变化首先趋缓,此后表层流向随时间变化也趋缓,中间层、底层流向较稳定,为北偏东方向,也和风速矢量方向接近反向。

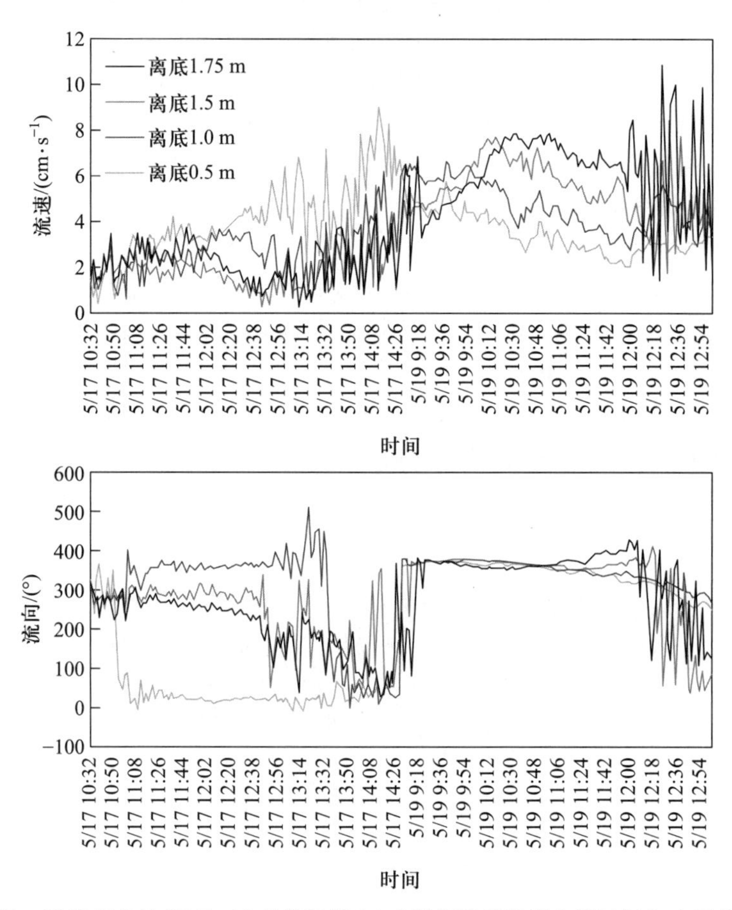

图 4.81　2019 年 5 月 17 日、19 日洪泽湖 L4 点湖流流速和流向随时间和水层的变化

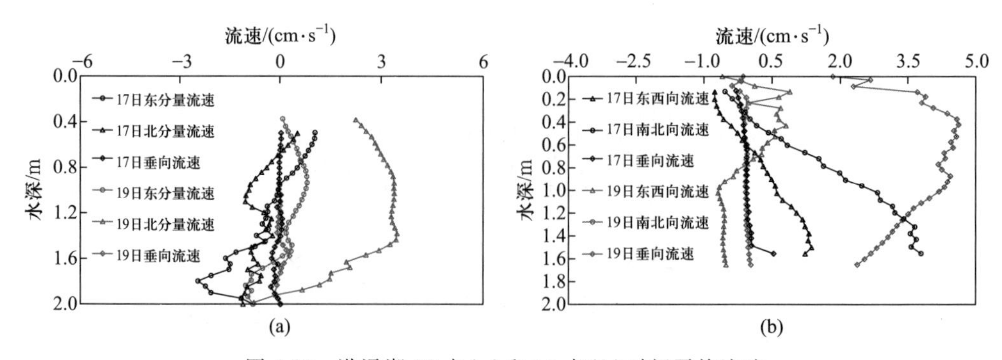

图 4.82　洪泽湖 L3 点(a)和 L4 点(b)时间平均流速

在 L4 点观测到流速随时间变化的变幅在 17 日 10：32—12：38 时段前小于 L3 点，流速相对稳定，各层流速小于 4 cm・s^{-1}。此后至观测结束，流速出现随时间的大频率、大变幅变化，流速大小也不断变大，值得关注的是底层流速大于中间、上、表层流速，但中、上、表层最大流速却较为接近。19 日观测前期的流速变化较为平稳，流速介于2~8 cm・s^{-1}，表层至底层流速逐渐减小，在 12：00—12：54 时段表层、中间层流速失稳，波动频率和幅度较大，底层和次底层流速变化相对平稳。L4 点在 17 日 10：32—11：08 时段，不同水层湖流方向差异相对较小，流向大多数为西北方向；表层（离底 1.75 m）和中间层（离底 1.5 m）流向差异在 12°左右，和次底层（离底 1.0 m）流向的时间平均差异达 38°，部分时刻接近反向，和底层流向时间平均差异在 82.2°左右。此后至 12：40，表层和次底层流向差异逐渐增加，表层流向逐步南偏，接近西南方向；次表层流向相对稳定，为西偏北方向；次底层流向接近北向；底层流向为北偏东方向。自表层至底层流向呈现不断右偏的特点，表层和底层流场夹角平均达 131°。流向在 19 日 9：24—11：06 时段较为稳定，表、底层流向差异较小，平均差异为 8.0°；流向基本为北向，自表层至底层湖流流向也逐渐右偏，但右偏角度较小。11：06 之后表层和次表层流向出现较大变化，并不断向西向偏转，次底层和底层随之也西偏但是角度较小。对 17 日和 19 日流场进行时间平均，获得的平均流速显著小于瞬时流速。L4 点最大流速 17 日仅为 3.98 cm・s^{-1}，19 日为 4.69 cm・s^{-1}；19 日平均流速廓线存在表层流速小、中间层流速大、底层流速小的特点，而 17 日则是表层流速小、向下流速逐渐增大。在 L3 点，19 日时间平均流速也存在从表层至底层先增加后减少的特征，最大流速仅为 3.46 cm・s^{-1}，17 日时间平均流速自上层向中下层的变化较为复杂，流速先减小、后增加、又减小、再增加、再减小，最大流速 2.53 cm・s^{-1}，位于中下层。在 L4 点，两日南北向流速分量均大于东西向流速分量，在 L3 点 19 日也如此。洪泽湖也存在垂向流速小于水平流速的特点，垂向速度仅为 0.1 cm・s^{-1}量级。

2）吞吐流

在丰水期，洪泽湖吞吐流主要受淮河入流以及三河闸和二河闸下泄流量的控制。在洪泽湖初始水位为 13.5 m，湖面风场 2 m・s^{-1}东风条件下，淮河、怀洪新河、徐洪河和新濉河分别以 10 000 m^3・s^{-1}、1 360 m^3・s^{-1}、608 m^3・s^{-1}和 560 m^3・s^{-1}入湖，三河闸、淮河入海水道和苏北灌溉总渠分别以 8 000 m^3・s^{-1}、1 400 m^3・s^{-1}和 170 m^3・s^{-1}出湖，其他河道以 20~100 m^3・s^{-1}不等流量入湖后 1 h，洪泽湖新濉河河口至怀洪新河河口南缘区域流速较大，并由湾顶流向湾口；淮河河口至溧河洼湖湾两侧交界向北近半圆形区域流速很大。在此半圆形区域，流场由圆心向外流速递减，在淮河入湖段内，吞吐流基本在东半部以大流速向北延续，老子山以东及过老子山北端的东西向纬线以南水域吞吐流流速较大，沿老子山东缘流向三河闸；此外，淮河入海水道渠首附近水域以及徐洪河河口区流速相对周边也较大，其他区域流速均较小；各层吞吐流的流向较为接近，流速由表层至底层逐层减小，但是每一层流场均存在显著的水平变化，各点流速差异较大。12 h 后洪泽湖吞吐流场明显和1h 的吞吐流场不一样：淮河和溧河洼交界处半圆形流速递减区消失，原半圆形区域西部原为西北、北偏西向的吞吐流方向发生了改变，变为东向和东北向；溧河洼湾顶、淮河入湖段、老子山外缘 3 km 外区域及三河河口流速较大；淮河入湖段至三河河口存在一个大流速带（图 4.83），呈倒 U 形现状，其头部偏北东方向。该大流速带在淮河入湖段偏向河段的右岸，河段左岸流速相对较小。该流速带湖流在接近三河河口区存在显著的向河口汇集的特点，越接近河口，流速越大。和 1 h

时的流场一样，12 h 流场也具有由表层至底层吞吐流流速显著减小和流向接近的特点；24 h 时的流场和 12 h 流场相似，次底层向上均在自淮河河口至三河河口的大流速带，另外除在溧河洼湾顶流速很大外，徐洪河、淮河入海水道河口区流速也较大。

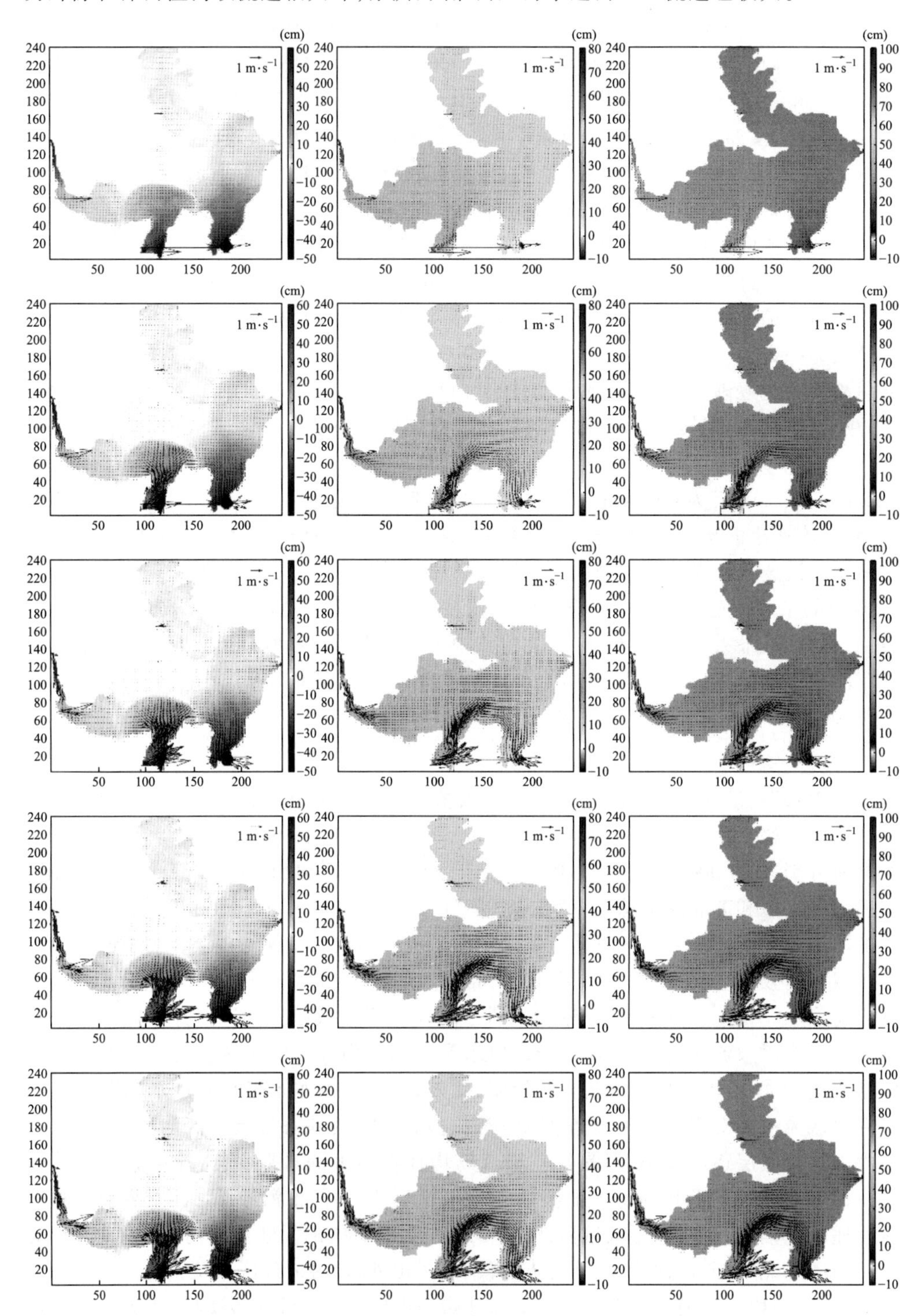

图 4.83　初始水位 13.5 m、淮河 10 000 $m^3 \cdot s^{-1}$入流、三河闸 8 000 $m^3 \cdot s^{-1}$出流、其他河道以 20～1 300 $m^3 \cdot s^{-1}$不等流量出入流的条件下，洪泽湖吞吐流场与水位增减场（左：运行 1 h，中：运行 12 h，右：运行 24 h）

3）风生流

尽管洪泽湖吞吐流在丰水期较大，但是在枯水期和平水期，淮河等入流和三河等出流流量远不及丰水期的流量大，风生流成为洪泽湖湖流的主要部分。在洪泽湖初始水位为 12.5 m、12 m · s^{-1}东北风作用 5 h 时，洪泽湖湖水涌向溧河洼、淮河入湖段，并使这些湖区增水，水位相对较高。表层湖流在成子湖报墩岛以北湖区的东部沿岸区域为离岸流，西部沿岸为向岸流，成子湖敞水区从湾顶向湾口湖流由西偏南方向逐步向南偏转，至湾口流向为东南方向。湖水流出成子湖后，在成子湖湾口外洪泽湖离岸大水面区域湖流流向为西南方向，水体流向洪泽湖的西南部，但是在近成河区域，流向转为西偏南方向；在成河以西洪泽湖区域湖流流向大部分为西南方向，北部沿岸区流向接近西偏南方向，流向较一致；在高良涧闸以西，近洪泽湖大堤水域受大堤走向影响，流向变化相对较大，自东向西湖流自南向右偏为西向及西偏北方向。表层流速大小空间分布较均匀，在成子湖湾口、洪泽湖大堤沿岸、高良涧闸以东大堤向西的延伸方向上带状区域湖流速度较大，东部沿岸区及洪泽湖近岸大流速带以外区域流速相对较小。次表层湖流和表层流速的差异较大：在成子湖湾顶自西向东，流向由西向转为沿成子湖西部岸线方向的南向，成子湖其他水域湖流则为沿成子湖轴线转向湾口的流向；除湾顶外，流速随离湾口的距离减小而变大，在湾口成河区域，湖流转向西南方向；在洪泽湖开敞主湖体，湖流方向主要为西南方向，在溧河洼北半部，湖流流向为北偏西方向。

在洪泽湖大堤中段附近水域存在扁形顺时针环流，大堤沿岸湖流方向为西南方向；在此环流与敞水区向西南的主流间存在一个逆时针环流，该环流一直延伸至老子山东北部岬角；在三河出流的湖湾存在顺时针、逆时针环流各一个，顺时针环流分布在沿大堤侧水域，逆时针环流分布在湾的北侧。由成子湖延伸出来，至洪泽湖敞水区的大流速带一直延伸至淮河与溧河洼湖湾交界北侧水域，其南半部伸入淮河入湖段中间，其北半部折向北向，并与宽度较大的西南向流汇合转向西南，整个次表层的东北部近岸区域流速相对较小。中间层湖流不但和表层不一样，和次表层也不一样，在临淮镇以南水域存在一个规模较大的逆时针环流，在此环流西部及溧河洼湾口存在一个规模较小的顺时针环流，在成子湖湾顶存在一个逆时针和一个顺时针环流，逆时针环流规模大于顺时针环流；在成子湖湾中至湾口区域湖水流向洪泽湖主体水域，其西侧流速大于东侧。在成子湖湾口的东侧水域存在逆时针环流，近岸的流速小于西侧。由成子湖流出的水体大部分流向西、西南、南向，小部分流向二河河口方向。在洪泽湖主体水域存在一个自老子山东岬角至高良涧闸的大流速带，该流带汇聚了北侧的水流。在此流带的南侧存在两个顺时针环流和一个小逆时针环流。与太湖、巢湖中间层风生流比，洪泽湖中间层流场水平结构极为复杂，这主要和洪泽湖地形较太湖、巢湖复杂有关。次底层流场和中间层流场的差异较大。在成子湖湾顶存在一个逆时针环流。在此环流的南部水域，流向为东偏北向。成子湖湾口水域流向为东偏南方向。在洪泽湖主湖区，流向基本为东北方向，中层的环流大部分消失，仅在穆墩岛水域存在一个小的逆时针环流，但存在两条流向东北的大流速带。北部大流速带始于溧河洼湾口，止于濉河闸外水域；南部大流速带始于淮河，止于高良涧闸。底层流场和次底层流场相似度较大。流速、流向在底层分布相对均匀。原存在于次底层区域的环流在底层范围缩减。大流速带流速和周边水域的流速差异减小，湖流方向基本为东北向，部分区域为东向及东偏南方向。

12 m · s^{-1}东北风作用 24 h 时，表层流流场和风场作用 5 h 相似。但是两者之间还是存在一定的差异：成子湖流场更偏向西向，尤其湾口流场流向为西南方向，而非南偏东方向，湾口东半部和西半部流速大小差异减小；溧河洼湾顶西北流向湖流变为西南流向；在洪泽湖主体西半部存在小流速区，流向偏离西南方向角度较大；在洪泽湖大坝沿岸区存在两个小规模小流速区，流向偏离西南方向较大，其中北部小流速区西面流向偏为西偏北方向。作用 24 h 次表层流场和 5 h 差异较大：总体而言，流速比 5 h 小；成子湖自湾顶至湾口的流向发生了显著改变，流速减小，湾顶、湾中、湾口存在三个自东向西的流带，它们之间的流速均较小；在洪泽湖主体的西北部水域存在两个方向相反的环流，北部逆时针环流规模较大，南部顺时针环流规模较小；在大堤附近水域存在两组共轭的顺时针-逆时针环区，东部的共轭环流区面积较大，西南部共轭环流区面积较小。作用 24 h 中间层湖流流速相对 5 h 减小，成子湖流速相对 5 h 变化较大，湾口西部流速不但减小，方向发生了变化，5 h 成河南附近水域大流速区消失，5 h 在洪泽湖主湖区的两个大流速带依然存在，并且变得更为显著，溧河洼湾顶北向流消失。作用 24 h 次底层流场除在溧河洼湾顶及成子湖外，其他区域流场与 5 h 相似，溧河洼北向流场消失，成子湖流向湾口的分量较小，流向以东向、东北向为主。作用 24 h 底层流场和 5 h 接近，主要差别在成子湖。其流场南向分量减小，以东北、东向为主。12 $m\cdot s^{-1}$东北风作用 56 h 时，各层流场均和 24 h 时的流场一样，说明 24 h 时已为 12 $m\cdot s^{-1}$东北风作用下的稳定流场（图 4.84）。

6.5 $m\cdot s^{-1}$东北风作用 24 h，各层流场显著小于 12 $m\cdot s^{-1}$东北风作用下的流场，但是其流向和流速相对大小空间分布和 12 $m\cdot s^{-1}$东北风作用下接近。在相对小风速的作用下，因底层湖流流速较小，底摩擦消耗的能量较少，减小量是流速二次方；底层流速相对次表层流速的减小量小于 12 $m\cdot s^{-1}$东北风作用下的流场。

东南风是洪泽湖重要的主导风向之一。8.2 $m\cdot s^{-1}$东南风和 4.6 $m\cdot s^{-1}$东南风作用 24 h 时，流场在表层虽然大小不一，但是流向和速度相对大小空间分布相似：敞水区湖流方向为西北方向，东部沿岸带及成子湖西部沿岸带水域湖流沿湖岸线方向向北流动，受地形的约束作用，表层湖流流向偏离风速矢量方向，尤其是在接近临淮镇至成河一线近岸区。洪泽湖大堤附近水域流向为离岸方向，从三河闸口门至二河闸淮河入海水道渠首，流向由西北向逐渐向北偏转，至高良涧闸北偏至正北向。在洪泽湖的西南湾，北部的近岸区湖流受地形约束，方向发生东偏。次表层流场与表层流场显著不同，流场结构十分复杂，流向多变，流速在空间上呈不均匀分布。东部存在一个从高良涧闸起、延伸至成子湖湾顶、达民便河河口的沿岸带大流速带。在洪泽湖主体的中部存在一个始于大堤向湖凸点，呈 S 形延展至东咀头北，沿成子湖西岸至民便河河口大流速带。在洪泽湖的西部存在起于三河河口沿北向至对岸、绕过老子山以东新滩头部、至东咀头南部、顺岸线延伸至濉河闸的呈 Z 形的大流速带。在主湖体的西北部还存在一个始于淮河和溧河洼交界北、沿西北向延伸并逐渐转北向、接近穆墩岛时转北偏西方向的大流速带。该大流速带靠近岸线分东向和西向两支。在次表层流场含有多个大小不一的环流，部分环流中还嵌套小环流。中间层流场相对次表层流场在成子湖发生了较大的改变，近岸水域流速较小，湾中轴线两侧流速较大。这个大流速带出成子湖湖湾后一直延伸至高良涧闸以南大堤向东南的凹水域，流向以东南向为主。层内也存在多个环流，其中规模较大环流包括：① 位于东部湖区的逆时针环流，该环流向北延伸至成子湖湾口东侧，向东延伸至洪泽湖东岸，向南至洪泽湖大堤近岸水域，西至前述主流带；② 成子湖湾顶的逆时针环流；③ 占据洪泽湖三河河口所在西南湾的顺时针环流；④ 位于临淮镇附近水域的逆时针环流。次底层流场大流速带的位置和中间层类似，流速大小在水

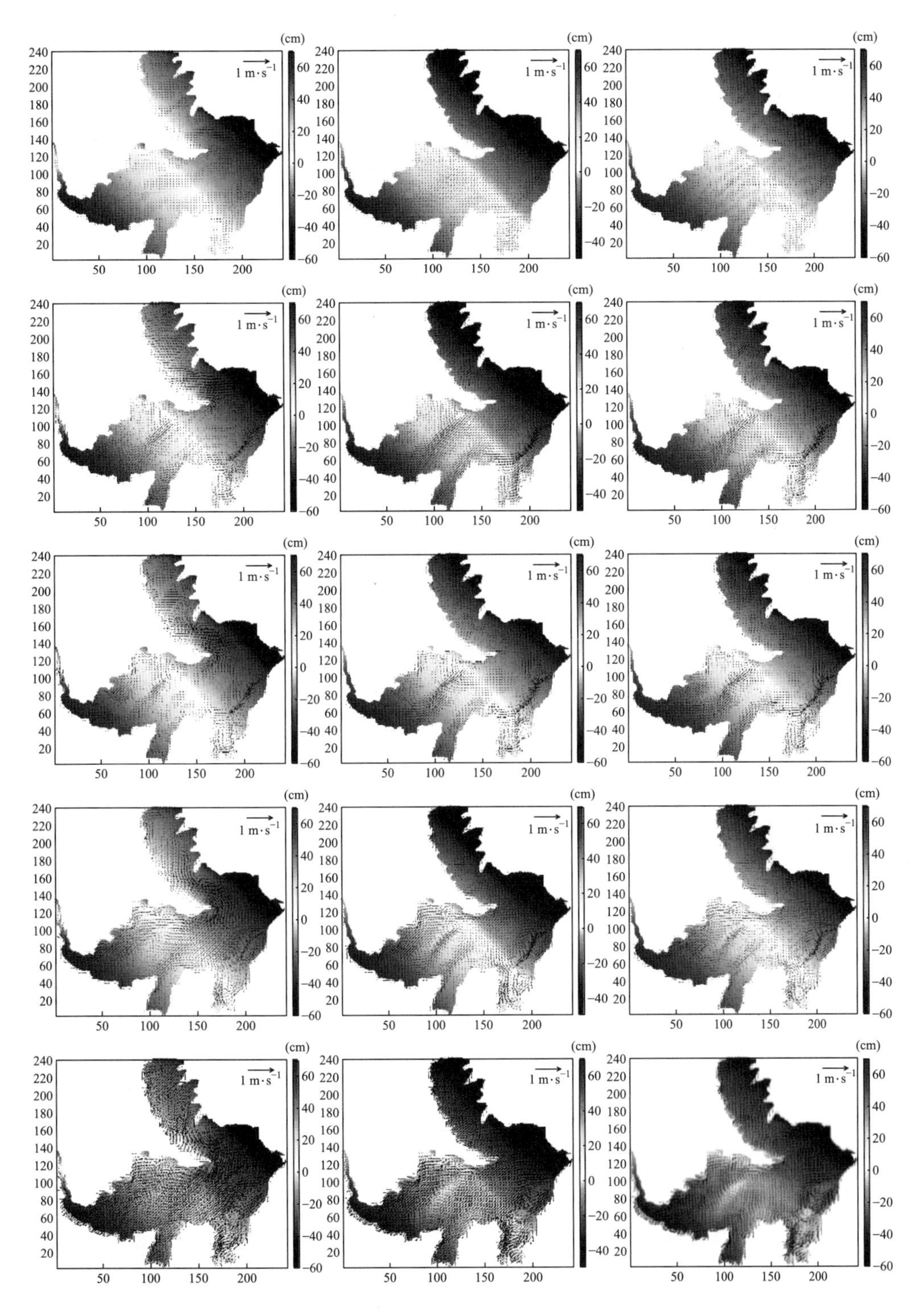

图 4.84 初始水位 12.5 m 的洪泽湖在 12 m · s^{-1}东北风作用下的风生流流场（左：5 h，中：24 h，右：56 h）

平空间分布的不均匀比中间层小，中间层的大部分环流在该层消失，仅位于临淮镇附近的逆时针环流还存在，规模缩小。次底层流向以南向以及东南向为主，小流速区面积较小，8.2 m · s^{-1}东南风作用下，流速大小在 10 cm · s^{-1}左右。底层流场和次底层接近，仅在临淮镇附近水域存在一个逆时针环流；流速在水平空间分布也较均匀，流向也以南向以及东南向为主，8.2 m · s^{-1}东南风作用下，流速为 4.2 cm · s^{-1}；4.6 m · s^{-1}东南风作用下，流速约为 2.4 cm · s^{-1}（图 4.85）。

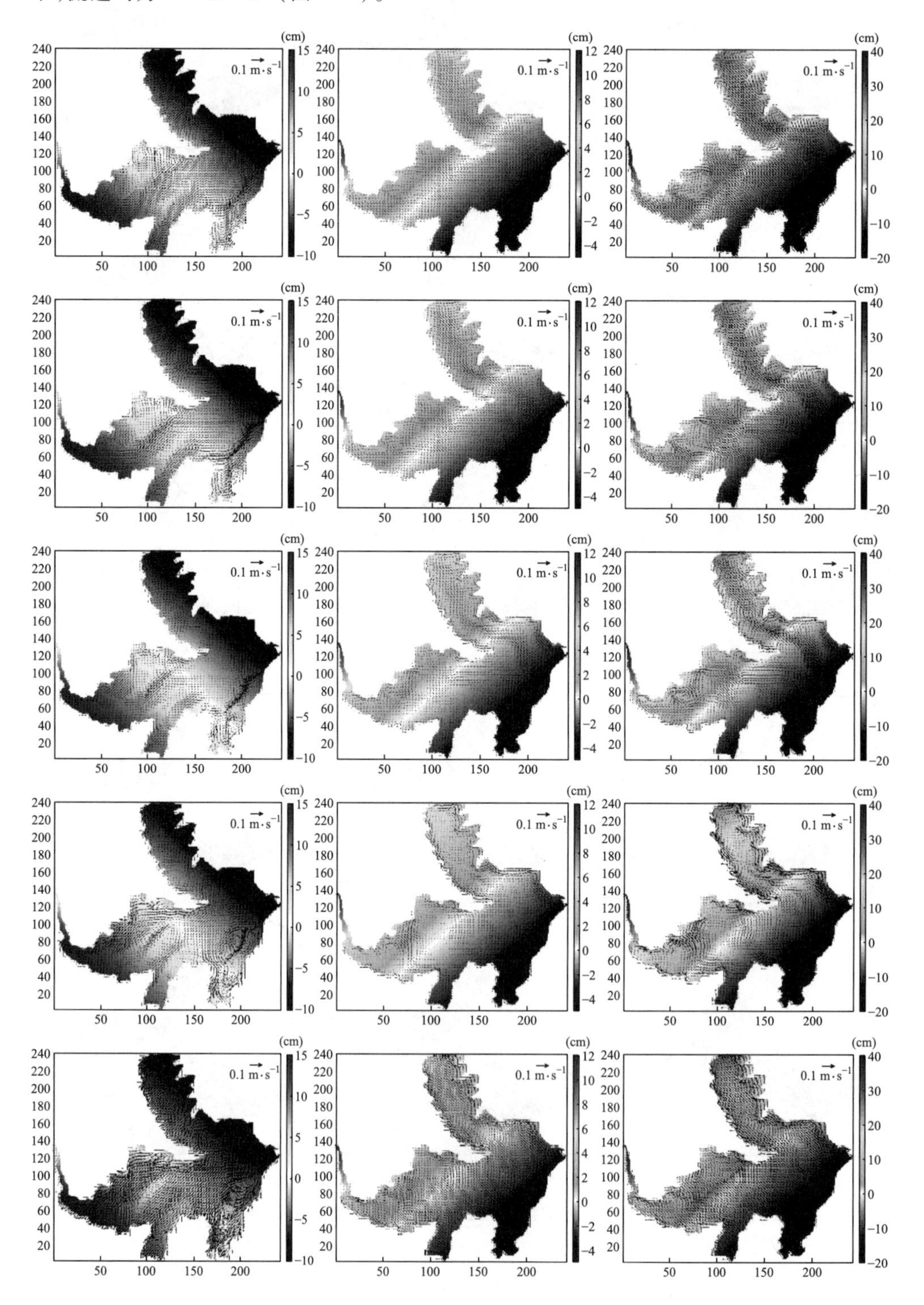

图 4.85　6.5 m · s^{-1}东北风（左）、4.6 m · s^{-1}东南风（中）和 8.2 m · s^{-1}东南风（右）作用下 24 h 洪泽湖风生流空间分布

综上,洪泽湖由于淮河流域面积大,入湖流量大,丰水期吞吐流在洪泽湖西南部较大,流速普遍超过 25 $cm \cdot s^{-1}$,接近 12.0 $m \cdot s^{-1}$东北风作用下表层的流速,湖体吞吐流最大可达 60 $cm \cdot s^{-1}$,大于东北风作用下的表层最大流速(33 $cm \cdot s^{-1}$);除淮河入海水道口门附近水域流速达 25 $cm \cdot s^{-1}$外,东部及成子湖流速较小,普遍小于 13.0 $cm \cdot s^{-1}$。在枯水期及淮河等河道入流流量和三河等出湖河道出湖流量较小期间,洪泽湖呈现与太湖、巢湖相似的特点,流速极不稳定。另外由于洪泽湖形状较为复杂,稳定风场作用下达到稳定状态流场空间分布从表层起便存在较大的非均匀特性,不同点的湖流差异较大,次表层、中间层流场为表层和次底层及底层流场的转换层。在这两层流场中存在较多尺度不等环流、大流速带和滞流区,表层流向偏离风场矢量方向的角度比太湖、巢湖大。洪泽湖流场上述特点给准确测量和描述其湖流特点增添了难度。

参考文献

韩红娟,胡维平,晋义泉,2007. 吞吐流量对湖泊流场结构影响的数值试验. 海洋湖沼通报增刊:37-46.

韩红娟,胡维平,晋义泉,2008. 风速变化对竹湖流场结构影响的数值试验. 海洋与湖沼,39(6):567-575.

胡维平,1993. 太湖湖流及湖流数值模拟. 见:孙顺才,黄漪平. 太湖. 北京:气象出版社,104-116.

胡维平,2007. 浅水湖泊湖流特征. 见:范成新,王春霞,周易勇,等. 长江中下游湖泊环境地球化学与富营养化. 北京:科学出版社,133-166.

胡维平,胡春华,张发兵,等,2005. 太湖北部风浪波高计算模式观测分析. 湖泊科学,17(1):41-46.

胡维平,秦伯强,濮培民,1998a. 太湖水动力学三维数值试验研究-1. 风生流和风涌增减水的三维数值模拟. 湖泊科学,10(4):18-25.

胡维平,秦伯强,濮培民,1998b. 太湖水动力学三维数值试验研究-2. 典型风场风生流的数值计算. 湖泊科学,10(4):26-34.

胡维平,秦伯强,濮培民,2000. 太湖水动力学三维数值试验研究-3. 马山围垦对太湖风生流的影响. 湖泊科学,12:335-342.

黄平,毛荣生,1997. 湖泊三维风生流隐式差分模型的研究. 湖泊科学,9(1):15-21.

姜加虎,黄群,1996. 洪泽湖风生流数值模拟. 海洋湖沼通报,3:7-12.

姜加虎,黄群,1997. 洪泽湖吞吐流二维数值模拟. 湖泊科学,9(1):9-14.

姜加虎,黄群,1998. 洪泽湖混合流数值模拟. 水动力学研究与进展,13(2):147-151.

金章东,张飞,王红丽,等,2013. 2005 年以来青海湖水位持续回升的原因分析. 地球环境学报,4(3):1355-1362.

李一平,逄勇,刘兴平,等,2008. 太湖波浪数值模拟. 湖泊科学,20(1):117-122.

梁瑞驹,仲金华,1994. 太湖风生流的三维数值模拟. 湖泊科学,6(4):289-297.

罗潋葱,秦伯强,2003. 太湖波浪与湖流对沉积物再悬浮不同影响的研究. 水文,23(3):1-4.

罗潋葱,秦伯强,胡维平,等,2004a. 不同水动力扰动下太湖沉积物的悬浮特征. 湖泊科学,16(3):273-276.

罗潋葱,秦伯强,胡维平,等,2004b. 太湖波动特征分析. 水动力学研究与进展,19(5):664-670.

罗潋葱,秦伯强,朱广伟,2004c. 太湖底泥蓄积量和可悬浮量的计算. 海洋与湖沼,(06):491-496.

罗松,高俊荣,2000. 抚仙湖各个月份的温度剖面. 声学与电子工程,1:35-39.

逄勇,颜润润,李一平,等,2008. 内外源共同作用对太湖营养盐贡献量研究. 水利学报,(09):1051-1059.

逄勇,姚琪,濮培民,1998. 太湖地区大气-水环境的综合数值研究. 北京:气象出版社.

乔树梁,杜金曼,陈国平,等,1996. 湖泊风浪特性及风浪要素的计算. 水利水运工程学报,(3):189-197.

秦伯强,范成新,2002. 大型浅水湖泊内源营养盐释放的概念性模式探讨. 中国环境科学,22(2):150-153.

秦伯强,胡维平,高光,等,2003. 太湖沉积物悬浮的动力机制及内源释放的概念性模式. 科学通报,48(17):1822-1831.

申金玉,石亚东,高怡,等,2011. 太湖水量平衡影响因素分析及误差控制措施研究. 水文,31(3):60-63.

孙德勇,李云梅,乐成峰,等,2007. 太湖水体散射特性及其与悬浮物浓度关系模型. 环境科学,2007(12):26-32.

陶蓉茵,2012. 不同风场条件下太湖波浪数值模拟的研究及其应用. 硕士学位论文. 南京:南京信息工程大学.

王谦谦,1987. 太湖风成流的数值模拟. 河海大学学报增刊,2:11-18.

王震,吴挺峰,邹华,等,2016. 太湖不同湖区风浪的季节变化特征. 湖泊科学,28(1):217-224.

许遐祯,陶蓉茵,赵巧华,等,2013. 大型浅水湖泊太湖波浪特征及其对风场的敏感性分析. 湖泊科学,25(1):55-64.

俞聿修,1999. 随机波浪及其工程应用. 大连:大连理工大学出版社.

张发兵,胡维平,秦伯强,2004. 湖底地形对风生流影响的数值研究. 水利学报,12:34-38.

张运林,2011. 湖泊光学研究进展及其展望. 湖泊科学,23(4):483-497.

邹志利,2005. 水波理论及其应用. 北京:科学出版社,565.

Antonopoulos V Z, Gianniou S K, 2003. Simulation of water temperature and dissolved oxygen distribution in Lake Vegoritis, Greece. Ecological Modelling, 160(1-2):39-53.

Arvola L, George G, Livingstone D M, et al., 2010. The impact of the changing climate on the thermal characteristics of lakes. In: George G(ed). *The Impact of Climate Change on European Lakes*. Berlin: Springer-Verlag, 85-101.

Austin J A, Colman S M, 2007. Lake superior summer water temperatures are increasing more rapidly than regional air temperatures: A positive ice-albedo feedback. Geophysical Research Letters, 34(6): L06604.

Bailey M C, Hamilton D P, 1997. Wind induced sediment resuspension: A lake-wide model. Ecological Modelling, 99(2-3):217-228.

Bertrand A, Ballón M, Chaigneau A, 2010. Acoustic observation of living organisms reveals the upper limit of the oxygen minimum zone. PloS One, 5(4):e10330.

Blanton J O, 1973. Vertical entrainment into the epilimnia of stratified lakes. Limnology and Oceanography, 18(5):697-704.

Brzáková M, Hejzlar J, Nedoma J, 2003. Phosphorus uptake by suspended and settling seston in a stratified reservoir. Hydrobiologia, 504(1):39-49.

Del Castillo C E, Miller R L, 2008. On the use of ocean color remote sensing to measure the transport of dissolved organic carbon by the Mississippi River Plume. Remote Sensing of Environment, 112(3):836-844.

Deng J M, Qin B Q, Sarvala J, et al., 2016. Phytoplankton assemblages respond differently to climate warming and eutrophication: A case study from Pyhäjärvi and Taihu. Journal of Great Lakes Research, 42(2):386-396.

Dokulil M T, Teubner K, Jagsch A, et al., 2010. *The Impact of Climate Change on Lakes in Central Europe*. Berlin: Springer-Verlag.

Domis L N D S, Mooij W M, Huisman J, 2007. Climate-induced shifts in an experimental phytoplankton community: A mechanistic approach. Hydrobiologia, 584(1): 403–413.

Einem J V, Granéli W, 2010. Effects of fetch and dissolved organic carbon on epilimnion depth and light climate in small forest lakes in southern Sweden. Limnology and Oceanography, 55(2): 920–930.

Elliott J A, Jones I D, Thackeray S J, 2006. Testing the sensitivity of phytoplankton communities to changes in water temperature and nutrient load, in a temperate lake. Hydrobiologia, 559(1): 401–411.

Famer W H, Vogel H M, 2013. Performance-weighted methods for estimating monthly streamflow at ungauged sites. J. Hydrol., 477: 240–250.

Fan C X, Zhang L, Qu W C, 2001. Lake sediment resuspension and caused phosphate release—a simulation study. Journal of Environmental Sciences, 13(4): 406–410.

Gareis J A L, Lesack L F W, Bothwell M L, 2010. Attenuation of in situ UV radiation in Mackenzie Delta lakes with varying dissolved organic matter compositions. Water Resources Research, 46(9): 2095–2170.

Geller W, 1992. The temperature stratification and related characteristics of Chilean lakes in midsummer. Aquatic Sciences, 54(1): 37–57.

Gerten D, Adrian R, 2000. Climate-driven changes in spring plankton dynamics and the sensitivity of shallow polymictic lakes to the North Atlantic Oscillation. Limnology and Oceanography, 45(5): 1058–1066.

Hamilton D P, Mitchell S F, 1996. An empirical model for sediment resuspension in shallow lakes. Hydrobiologia, 317(3): 209–220.

Havens K E, Schelske C L, 2001. The importance of considering biological processes when setting total maximum daily loads (TMDL) for phosphorus in shallow lakes and reservoirs. Environmental Pollution, 113(1): 1–9.

Hawley N, Chang H L, 1999. Sediment resuspension and transport in Lake Michigan during the unstratified period. Sedimentology, 46(5): 791–805.

Houser J N, 2006. Water color affects the stratification, surface temperature, heat content, and mean epilimnetic irradiance of small lakes. Canadian Journal of Fisheries and Aquatic Sciences, 63(63): 2447–2455.

Hu Ch M, Chen Zh Q, Clayton T D, et al., 2004. Assessment of estuarine water-quality indicators using MODIS medium-resolution bands: Initial results from Tampa Bay, FL. Remote Sensing of Environment, 93(3): 423–441.

Huisman J, Oostveen P V, Weissing F J, 1999. Critical depth and critical turbulence: Two different mechanisms for the development of phytoplankton blooms. Limnology and Oceanography, 44(7): 1781–1787.

Hwang K N, Mehta A J, 1989. Fine sediment erodibility in Lake Okeechobee, Florida. Department of Coastal and Oceanographic Engineering, University of Florida.

IPCC, 2013. Summary for policymakers. In: Stocker T F, Qin D, Plattner G K, et al. (eds). *Climate Change* 2013: *The Physical Science Basis*. Contribution of Working Group I to the Fifth Assessment Report of the Intergovernmental Panel on Climate Change. Cambridge: Cambridge University Press.

Jerlov N G, 1976. *Marine Optics*. London: Elsevier Academic Press.

Ji Z G, 2007. *Hydrodynamics and Water Quality-modelling Rivers, Lakes and Estuaries*. New Jersey: John & Sons Inc.

Jin X C, Xu Q J, Huang C Z, 2005. Current status and future tendency of lake eutrophication in China. Science in China Ser. C Life Sciences, 48: Special Issue 948–954.

Kalff J, 2002. *Limnology*. America: Pearson Education Inc.

Kirk J T,2011. *Light and Photosynthesis in Aquatic Ecosystems*. Cambridge:Cambridge University Press.

Kling G W, 1988. Comparative transparency, depth of mixing, and stability of stratification in lakes of Cameroon,West Africa. Limnology and Oceanography,33(1):27-40.

Klug J L,Richardson D C,Ewing H A,et al.,2012. Ecosystem effects of a tropical cyclone on a network of lakes in northeastern North America. Environmental Science and Technology,46(21):11693-11701.

Lee Z P,Du K P,Arnone R,2005. A model for the diffuse attenuation coefficient of downwelling irradiance. Journal of Geophysical Research Oceans,110(C2):93-106.

Lee Z P, Weidemann A, Kindle J, et al., 2007. Euphotic zone depth: Its derivation and implication to ocean-color remote sensing. Journal of Geophysical Research Oceans, 112 (C3), doi: 10. 1029/2006JC003802.

Lee Z,Carder K L,Arnone R A,2002. Deriving inherent optical properties from water color:A multiband quasi-analytical algorithm for optically deep waters. Applied Optics,41(27):5755-5772.

Lee Z,Carder K L,Mobley C D,et al.,1999. Hyperspectral remote sensing for shallow waters. 2. Deriving bottom depths and water properties by optimization. Applied Optics,38(18):3831-3843.

Lee Z,Hu C,Shang S,et al.,2013. Penetration of UV-visible solar radiation in the global oceans:Insights from ocean color remote sensing. Journal of Geophysical Research:Oceans,118(9):4241-4255.

Lewis Jr W M,1983. A Revised classification of lakes based on mixing. Canadian Journal of Fisheries and Aquatic Sciences,40(10):1779-1787.

Li X Y,Xu H Y,Sun Y L,et al.,2007. Lake-level change and water balance analysis at Lake Qinghai, West China during recent decades. Water Resour. Manage.,21:1505-1516.

Loeff M M R V,Boudreau B P,1997. The effect of resuspension on chemical exchanges at the sediment-water interface in the deep sea—a modelling and natural radiotracer approach. Journal of Marine Systems,11(3-4):305-342.

Luettich R A,Harleman D R F,1990. Dynamic behavior of suspended sediment concentrations in a shallow lake perturbed by episodic wind events. Limnology and Oceanography,35(5):1050-1067.

Mahere T,Mtsambiwa M,Chifamba P,et al.,2014. Climate change impact on the limnology of Lake Kariba,Zambia-Zimbabwe. African Journal of Aquatic Science,39(2):215-221.

Marshall B,Ezekiel C,Gichuki J,et al.,2013. Has climate change disrupted stratification patterns in Lake Victoria,East Africa? African Journal of Aquatic Science,38(3):249-253.

Matthai C,Birch G F,Jenkinson A,et al.,2001. Physical resuspension and vertical mixing of sediments on a high energy continental margin(Sydney,Australia). Journal of Environmental Radioactivity,52(1):67-89.

Mellard J P,Yoshiyama K,Litchman E,et al.,2011. The vertical distribution of phytoplankton in stratified water columns. Journal of Theoretical Biology,269(1):16-30.

Mihelčić G,Aurija B,Juračić M,et al.,1996. History of the accumulation of trace metals in sediments of the saline Rogoznica Lake(Croatia). Science of the Total Environment,182(1-3):105-115.

Morel A E,Maritorena S,2001. Bio-optical properties of oceanic waters: A reappraisal. Journal of Geophysical Research Oceans,106(C4):7163-7180.

Morel A,Prieur L,1977. Analysis of variations in ocean color. Limnology and Oceanography,22(4):709-722.

Mortimer C H,1961. Motion in thermoclines. Verh. Internat. Verein. Limnol.,14:79-83.

Odermatt D,Gitelson A,Brando V E,et al.,2012. Review of constituent retrieval in optically deep and complex waters from satellite imagery. Remote Sensing of Environment,118(2012):116-126.

Olmanson L G,Bauer M E,Brezonik P L,2008. A 20-year Landsat water clarity census of Minnesota's

10,000 lakes. Remote Sensing of Environment,112(11):4086-4097.

O'Reilly C M,Sharma S,Gray D K,et al.,2015. Rapid and highly variable warming of lake surface waters around the globe. Geophysical Research Letters,42(24):10773-10781.

O'Reilly J E,Maritorena S,Mitchell G B,et al.,1998. Ocean color chlorophyll algorithms for SeaWiFS. Journal of Geophysical Research Oceans,103(C11):24937-24953.

Paerl H W,Huisman J,2008. Blooms like it hot. Science,320(5872):57-58.

Pejrup M,Valeur J,Jensen A,1996. Vertical fluxes of particulate matter in Aarhus Bight,Denmark. Continental Shelf Research,16(8):1047-1064.

Quay P,Broecker W,Hesslein R,et al.,1980. Vertical diffusion rates determined by tritium tracer experiments in the thermocline and hypolimnion of two lakes. Limnology and Oceanography,25(2):201-218.

Robert G,and Wetzel,2011. *Limnology—Lake and River Ecosystem*. London Elsevier Academic Press,93-125.

Salmaso N,2005. Effects of climatic fluctuations and vertical mixing on the interannual trophic variability of Lake Garda,Italy. Limnology and Oceanography,50(2):553-565.

Samaniego L,Kumar R,Attinger S,2010. Multiscale parameter regionalization of a grid-based hydrologic model at the mesoscale. Water Resour. Res.,46:W05523.

Sanders-DeMott R,Templer P H,2017. What about winter? Integrating the missing season into climate change experiments in seasonally snow covered ecosystems. Methods in Ecology and Evolution,8(10):1183-1191.

Saros J E,Northington R M,Osburn C L,et al.,2016. Thermal stratification in small arctic lakes of southwest Greenland affected by water transparency and epilimnetic temperatures. Limnology and Oceanography,61(4):1530-1542.

Schindler D W,Curtis P J,Bayley S E,et al.,1997. Climate-induced changes in the dissolved organic carbon budgets of boreal lakes. Biogeochemistry,36(1):9-28.

Schmidt W,1928. Über Temperatur and Stabilitätsverhaltnisse von Seen. Geogr. Ann.,10:23.

Sheng Y P,Lick W,1979. The transport and resuspension of sediments in a shallow lake. Journal of Geophysical Research Atmospheres,84(C4):1809-1826.

Siegel D A,2002. Global distribution and dynamics of colored dissolved and detrital organic materials. Journal of Geophysical Research,107(C12):3228.

Simmonds B,Wood S A,Ozkundakci D,et al.,2015. Phytoplankton succession and the formation of a deep chlorophyll maximum in a hypertrophic volcanic lake. Hydrobiologia,745(1):297-312.

Spinard R W,Carder K L,Perry M J,1994. *Ocean Optics*. New York:Oxford University Press.

Stocker T F,Dahe Q,Plattner G-K,2013. *Climate Change:The Physical Science Basis*,2013. Working Group I Contribution to the Fifth Assessment Report of the Intergovernmental Panel on Climate Change. Summary for Policymakers (IPCC,2013).

Swain J B,Patra K C,2017. Streamflow estimation in ungauged catchments using regionalization techniques. J. Hydrol.,554:420-433.

Søndergaard M,Jensen J P,Jeppesen E,2003. Role of sediment and internal loading of phosphorus in shallow lakes. Hydrobiologia,506-509(1):135-145.

Wang S,Li J Sh,Zhang B,et al.,2018. Trophic state assessment of global inland waters using a MODIS-derived Forel-Ule index. Remote Sensing of Environment,217:444-460.

Wetzel R G,2000. *Limnology:Lake and River Ecosystems*,3rd ed. London:Elsevier Academic Press.

Whitham G B,1974. *Linear and Nonlinear Waves*. New York:Wiley.

Winder M,Reuter J E,Schladow S G,2009. Lake warming favours small-sized planktonic diatom species.

Proceedings of the Royal Society of London B: Biological Sciences, 276(1656): 427-435.

Wu T F, Huttula T H, Qin B Q, et al., 2016. In-situ erosion of cohesive sediment in a large shallow lake experiencing long-term decline in wind speed. Journal of Hydrology, 539: 254-264.

Zhang Y L, Wu Z X, Liu M L, et al., 2014. Thermal structure and response to long-term climatic changes in Lake Qiandaohu, a deep subtropical reservoir in China. Limnology and Oceanography, 59(4): 1193-1202.

Zhang Y, Zhou Y, Shi K, et al., 2018. Optical properties and composition changes in chromophoric dissolved organic matter along trophic gradients: Implications for monitoring and assessing lake eutrophication. Water Research, 131: 255-263.

第5章 湖泊化学

5.1 湖水的化学属性

5.1.1 湖泊中的主要化学平衡

5.1.1.1 酸碱平衡

水分子在自然条件下电离成氢离子(H^+)和氢氧根离子(OH^-),与非离子状态的水分子形成化学平衡。酸碱度(pH值)是水中H^+活度的度量指标。纯水自然电离出的H^+和OH^-浓度都是1×10^{-7} $mol \cdot L^{-1}$,即pH值为7,此时水体呈中性。天然水体中经常会有额外的阳离子和阴离子进入,使水体呈酸性或碱性,pH值通常在6~9。如浮游植物光合作用会向水中释放OH^-,从而使水的pH值上升。

碱度(alkalinity)指水体对H^+的中和能力,是水体中能与H^+发生中和作用的全部物质的总和,包括强碱、弱碱以及强碱弱酸盐。酸度(acidity)指水体中能与OH^-发生中和作用的全部物质,包括强酸、弱酸和强酸弱碱盐。水体具有较高的碱度或酸度意味着缓冲能力较强,此时,额外的阳离子和阴离子进入水体引起水体pH值的变化较小。

河流和湖泊水体可以涵盖的pH值范围很大。与活火山相关的酸性湖泊水体pH值可以低至0~2(如日本的汤釜湖),而沼泽湖含有高浓度的有机酸,水体pH值范围也较低,2~6。温带和热带地区大多数湖泊水体的pH值在7~9。沙漠湖泊则因含有饱和碳酸盐,pH值可达到10或者更高(古滨河等,2011)。富营养湖泊水体常常出现比较大的pH值变化,如太湖,白天具有较高的初级生产力,消耗大量的CO_2和HCO_3^-,使得局部水体pH值升高至10以上(赵林林等,2011)。极端pH值环境的水体中水生植物、水生动物以及微生物的丰度相对较低,大多数细菌和藻类的最适宜pH值为6.5~7.5(李长生,2016)。

5.1.1.2 氧化还原平衡

通过电子转移而发生的化学反应被称为氧化还原反应。在反应中失去电子的原子或离子称为被氧化,反之得到电子的原子或离子称为被还原。植物的光合作用和呼吸作用都属于氧化还原反应,本质上都是电子在元素间的转移,因此该类反应是生命能量的来源(李长生,2016)。湖泊中光合作用与呼吸作用之间的平衡随昼夜和季节变化,这种动态变化决定了湖泊水体与表面沉积物的氧化还原电位(E_h)。氧化还原电位表征了环境倾向于接受还是提供电子:正电位表示系统处于相对氧化态,负电位表示处于相对还原态。湖泊中氧化还原反应的类型、速率、平衡很大程度上决定了水体主要溶质的性质。

氧化还原反应对湖泊水体中的生物和元素(碳、氮、磷、硫、铁、锰等)的分布都具有重要影响。氧化还原反应的顺序按微生物类群的生态演替进行(图 5.1)。在富氧状态下,水生态系统具有高的氧化还原电位,当溶解氧几乎被耗尽时,其他一些氧化较弱的化学物质(Mn^{4+}、NO_3^-、Fe^{3+}和 SO_4^{2-})依次从氧化态有机物处获得电子而被还原(图5.1)。磷比较特殊,无机磷只有一种氧化态(PO_4^{3-}),因此磷不是一种氧化还原元素,但磷与铁、铝结合的过程受氧化还原反应的影响很大。实际情况中,很多氧化还原反应非常缓慢,很少达到平衡状态。当水中氧的含量为 4.0 mg · L^{-1}时,反硝化就会开始(Mortimer, 1941)。

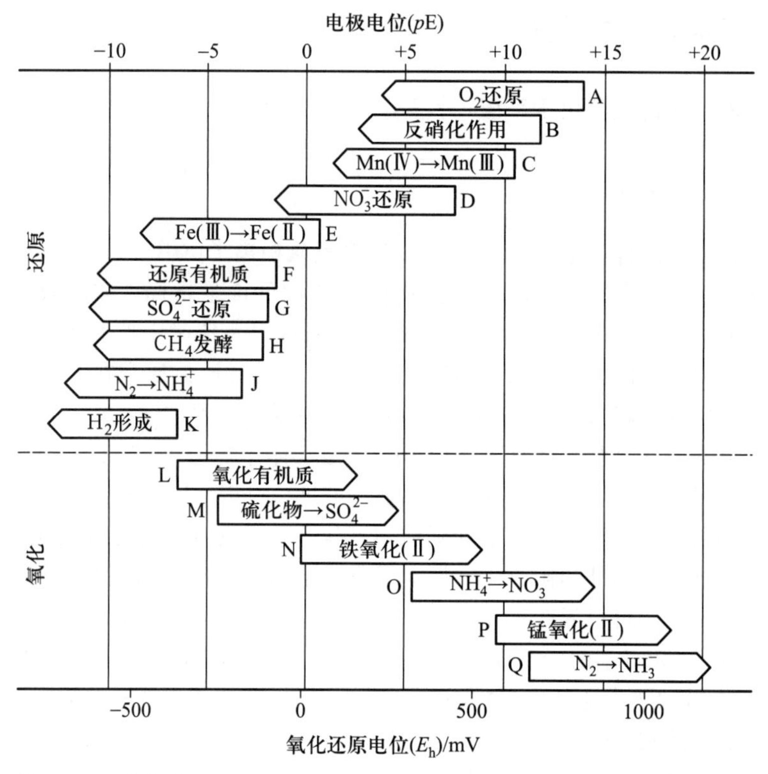

图 5.1 生物氧化还原过程(E_h和 pE 的重叠部分表明几个氧化还原系统同时运作)(改自古滨河等,2011)

湖泊水体和沉积物的成分复杂,大量不同的氧化还原反应在其中同时进行。受氧化还原元素浓度和可获得性的影响,不同湖泊的氧化还原反应有很大差异。与湖下层容积较小的浅水湖泊相比,湖下层容积大的湖泊在湖水开始分层时溶解氧的量更大,而硫和碳的还原在海洋和河口处所起的作用就比在淡水中的要大。另外在氧化态铁含量特别高的地方,铁可作为有机物厌氧氧化过程中主要的电子受体(Roden and Wetzei, 1996)。

5.1.1.3 气体溶解平衡

在一定条件下,气体在水中溶解达到平衡,此时一定量的水中溶解气体的量称为该气体在指定条件下的溶解度。气体在水中的溶解度服从英国化学家亨利1803年提出的亨利定律(Henry's law):任何气体在单位体积液体中的溶解度与其产生的气压是成比例的。但亨利定律并不包含气体在水中进一步的化学反应。因此溶于水中气体的量可以大大高于亨利定律平衡量。气体在水中的溶解度[X(aq)]有以下平衡关系:

$$[X(\mathrm{aq})]=K_{\mathrm{H}}\cdot P_{\mathrm{G}} \tag{5.1}$$

式中,K_{H}为气体在一定温度下的亨利系数常数;P_{G}为气体分压。

气体在水中的溶解度与气体本身的性质有关,如气体分子的极性、大小以及气体分子能否与水发生反应等。除本身性质外,气体在水中的溶解度主要取决于水温,温度越高,溶解的气体越少。气压或水压同样影响气体的饱和浓度,水压越大,溶解的气体越少。另外,盐度高的水体含氧量要少于纯水(APHA,1998)。

在一定温度、大气压和盐度条件下,当水体与大气中的气体交换处于平衡时,水体中的气体浓度称为饱和浓度或平衡浓度。如水温20 ℃时,水体氧的饱和浓度为9.09 $\mathrm{mg\cdot L^{-1}}$。此时若测得湖泊中的溶解氧为8.02 $\mathrm{mg\cdot L^{-1}}$,则此时湖泊中氧气为不完全饱和状态,可表示为氧饱和度88%;反之,若测定溶解氧为9.31 $\mathrm{mg\cdot L^{-1}}$,则溶解氧饱和度为102%,处于过饱和状态。

5.1.2 湖泊中的溶解氧

5.1.2.1 氧在水中的溶解

溶解在水中的分子态氧称为溶解氧(DO),生物体内很多化学反应都需要氧,因此溶解氧是维持水生生物生存的必备条件,在湖泊生态系统和水环境生物地球化学循环中具有重要意义。溶解氧浓度反映了大气溶解、植物光合作用放氧过程和生物呼吸作用耗氧过程之间的暂时平衡。较低的溶解氧水平不仅影响鱼类和无脊椎动物的分布与生长,而且还会通过影响氧化还原电位进而影响磷和其他无机营养盐、有毒痕量金属的迁移转化过程,因此溶解氧浓度是表征湖泊水质的重要指标。

湖泊中溶解氧的浓度与水体温度、盐度、压强和生物活动等有关,随着水体盐度和温度的上升而下降。全球变暖会降低溶解氧的浓度以及增加呼吸效率,从而导致湖泊的下层呈现厌氧状态。

湖泊水体中的溶解氧主要有两个来源:① 表面复氧过程,指的是当水体中溶解氧小于其溶解度,即不完全饱和时,大气中的氧溶入水中的过程。表面复氧过程中静态分子扩散对溶解氧的贡献较小,风浪或重力等作用引起水层间搅动,从而形成很强的扩散梯度,是溶解氧快速补充的主要机制。② 水中植物通过光合作用释放出氧,包括浮游藻类、底栖藻类和沉水植物等。溶解氧主要由水生生物的呼吸消耗和水中有机物的分解消耗(古滨河等,2011)。

5.1.2.2 溶解氧在湖泊中的垂向分层

溶解氧浓度随深度的变化模式主要有三种:直线模式、下降模式和变异模式。直线模式是指在所有深度上的溶解氧浓度一致,都处于饱和状态;下降模式是指表层溶解氧浓度高于下层;变异模式是指溶解氧浓度的峰值出现在温跃层。

湖泊中溶解氧的浓度依赖于温度分层和生物活动。直线模式常常在春季低生产力的湖泊中看到,这时湖泊刚刚完成分层,如江苏溧阳天目湖沙河水库中2月溶解氧浓度在垂向上呈现直线模式(图5.2)。生物活动会改变这种直线模式,夏季湖泊生产力升高,湖上层因为有光合生物提供氧气,溶解氧浓度常常接近或者超过饱和点,而湖下层因分解活动消耗而导致氧气减少,就形成了下降模式,如沙河水库6—7月溶解氧浓度在垂向上呈现下降模式(图5.2)。藻类生长导致生产力的增加,湖水变得浑浊,光穿透的深度小,更多的有机物落入湖下层,在夏季,细菌分解这些有机物能够使湖下层的溶解氧浓度减少到接近0。而溶解氧浓度的峰值也会出现在温跃层(古滨河等,2011),这在低生产力湖泊中会出现,在这种湖里藻类的群落稀少,阳光能够穿透到温跃层或者湖下层,藻类在此繁殖产生氧气,从而使溶解氧浓度达到峰值。

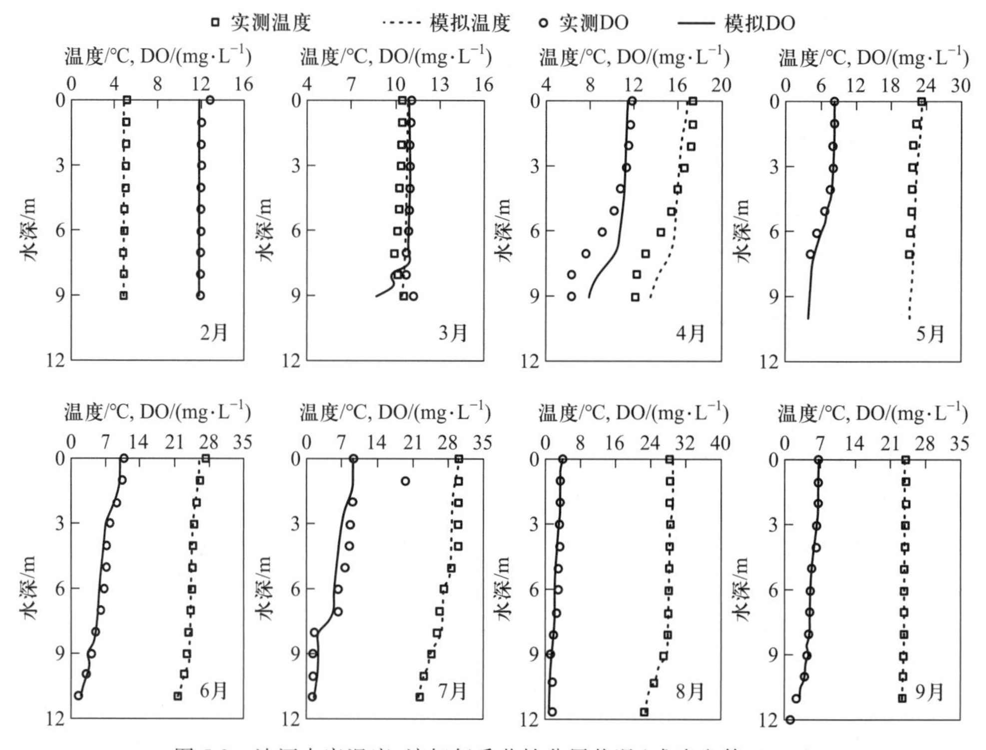

图5.2 沙河水库温度、溶解氧季节性分层状况(成晓奕等,2013)

5.1.2.3 溶解氧在湖泊中的昼夜变化和季节变化

植被丰富的湿地、富营养湖泊的湖上层、小型溪流和水流缓慢的富营养河流都表现出了显著的溶解氧的昼夜变化。受温度、生物活动、风速和水流等影响,湖泊中溶解氧饱和度昼夜差异可以达到90%(图5.3)。

在高生产力湖泊中,溶解氧浓度更依赖于生物活动,如随着浮游植物生长的变化,溶解氧会出现明显的昼夜差异。以太湖为例,湖泊上层水体白天藻类大量增殖,光合作用产氧大于呼吸作用耗氧,溶解氧能达到过饱和状态;而夜间因藻类光合作用停止,呼吸作用耗氧,水体溶解氧下降(图5.3)。同样,沿岸带和湿地沉水植物在晴朗天气里的光合作用强烈,也会使得水体溶解氧在白天达到过饱和。

中营养和富营养的单对流湖泊溶解氧不仅有明显的昼夜变化,还会随季节的改变而变化。尤其是深水湖泊,温跃层和藻类增殖的季节差异导致水体溶解氧在垂向分层上的季节变化(Liu et al.,2019)。以千岛湖为例,冬季表层温度较低,上层水体受温度影响,溶解氧的浓度更高;春季随着湖水表层温度升高,水柱上、下层水温差距增大,逐渐形成温跃层;夏季稳定的温跃层导致水体交换差,形成氧跃层。而冬季高温引起的温跃层出现时间延长会导致次年春季水体底层缺氧现象的发生(图 5.4)。

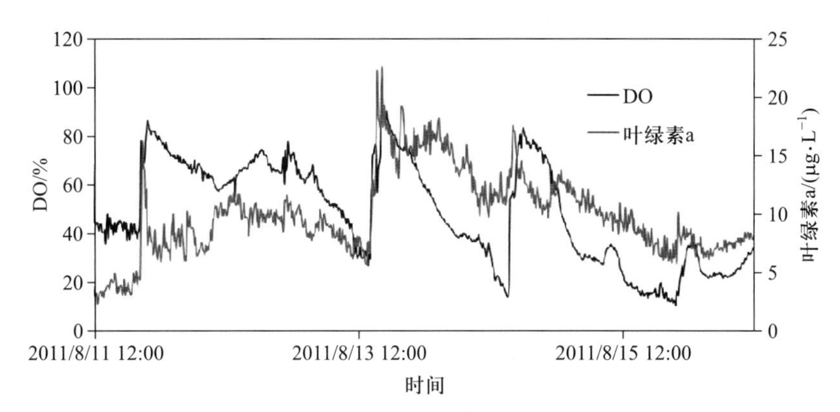

图 5.3 太湖溶解氧与叶绿素 a 浓度的昼夜变化

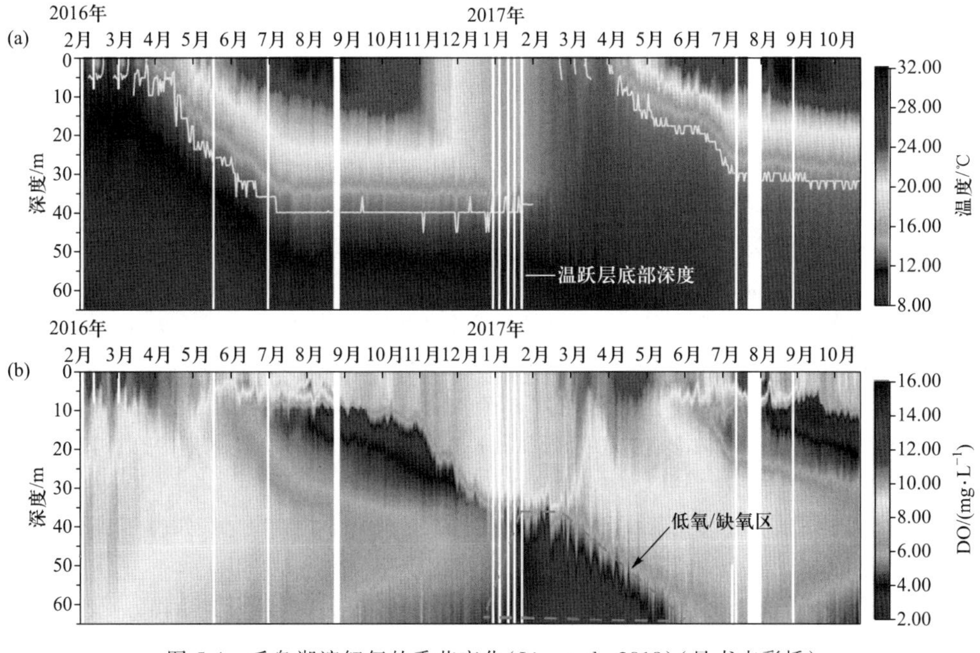

图 5.4 千岛湖溶解氧的季节变化(Liu et al.,2019)(见书末彩插)

5.1.2.4 溶解氧与湖泊生物的相互影响

溶解氧是水体中各种水生生物呼吸代谢的基础。水体中鱼类、浮游动植物等的代谢活动以及异氧细菌在分解、矿化有机质过程中,均需要消耗大量的氧。相关研究表明,低溶解氧有利于水体内有毒物质的形成以及沉积物氮、磷、铁等元素的释放(Zhu et al.,2013),导致水质恶化,包括水体发臭、发黑等。低氧/厌氧状态还会间接影响生物群落,如湖下层和沉积物表层的厌氧状态会使得这些区域不能再作为大型浮游动物躲避被捕食的场所,导致藏于沉积物中的鱼卵死亡,改变浮游与底栖食物网结构,破坏鱼类群落的健康等。

生物活动对湖泊溶解氧影响也很大,浮游藻类等光合作用能大大增加湖泊水体溶解氧。贫营养湖泊由于浮游藻类数量很少,光合作用不会使其溶解氧在白天出现过饱和;但在沉水植被及附着藻类占优的浅水湖泊和池塘中,溶解氧在白天能达到过饱和,使得这些水体中溶解氧的昼夜变化很明显(Wylie and Jones,1987)。在藻类生物量很高的富营养淡水湖泊和盐湖中,溶解氧在晴天能达到高度过饱和(图 5.3)。

5.1.3 湖泊中的离子

5.1.3.1 离子组成和来源

湖泊中常见的离子有 Ca^{2+}、Mg^{2+}、Na^{+}和 K^{+}等阳离子和 HCO_3^-、CO_3^{2-}、SO_4^{2-} 和 Cl^-等阴离子。在有些富营养的湖泊中 NO_3^- 和 SiO_2^{2-} 也是主要离子。淡水湖泊中最主要的阳离子和阴离子常常是 Ca^{2+}和 HCO_3^-,咸水湖泊中最主要的阳离子和阴离子常常是 Na^+和 Cl^-(Gibbs,1970)。湖泊中的离子组成与降水、流域的土壤或岩石组成、蒸发结晶过程有关,不同地理背景区域的水体中离子组成因降水、蒸发、岩石风化情况不同而异。在多雨和高径流量的坚硬岩石地区,降水是湖泊离子组成的主要影响因子;而在高蒸发和低径流量地区,蒸发则是主要影响因子。

我国湖泊因地理位置不同可分为东部平原地区湖泊、东北平原地区与山区湖泊、蒙新高原地区湖泊、云贵高原地区湖泊及青藏高原地区湖泊。不同地区湖泊中离子含量存在很大差异:

(1) 东部平原地区湖泊普遍为淡水湖,其离子浓度相应较低。以东平湖、鄱阳湖为例,部分湖泊受岩石淋溶影响,Ca^{2+}浓度相对较高,SO_4^{2-} 浓度则受人类活动影响也较高,而 Na^+、K^+与 Cl^-浓度较低(刘红彩,2012;翟大兴等,2012)。

(2) 青藏高原地区湖泊多为咸水湖,离子浓度相对其他湖区较高。以纳木错、青海湖为例,Na^+、K^+与 Cl^-等浓度均很高(侯昭华等,2009;郭军明等,2012)。

(3) 云贵高原地区湖泊也是以淡水湖为主,离子浓度较其他湖区低。以滇池、洱海和红枫湖为例,Ca^{2+}浓度较高,而 Na^+、K^+浓度较低(万国江等,1988;李甜甜,2007)。

(4) 东北平原地区与山区湖泊的离子浓度在淡水湖中相对较高,如位于火成岩地区的五大连池,Ca^{2+}浓度相当高,其 Na^+、K^+浓度也较高(滕刚,2008)。

(5) 蒙新高原地区湖泊水体的离子浓度高于其他湖区而低于青藏高原湖区,以呼伦湖为例,Na^+、Mg^{2+}和 Cl^-浓度较高,而 Ca^{2+}和 SO_4^{2-} 浓度相对较低(韩知明等,2018)。

岩石风化和大气沉降是湖泊中离子的主要来源。岩石风化分为物理风化、化学风化和生物风化,物理风化主要是指岩石的物理分裂,化学风化指土壤和岩石表面的溶解,生物风化则是指微生物等生物作用下形成的风化。碳酸盐岩的钙性基质可以溶解为 Ca^{2+}、Mg^{2+}、HCO_3^- 等,而原生矿物水解过程中,大量的硅和铝会被释放出来(古滨河等,2011)。

5.1.3.2 盐度和电导率

盐度是溶解于水的离子总和,湖泊中常见主要离子的总量可以粗略地作为水中的总含盐量(TDS):

$$TDS = [Ca^{2+} + Mg^{2+} + Na^{+} + K^{+}] + [HCO_3^{-} + SO_4^{2-} + Cl^{-}] \quad (5.2)$$

盐度最直接的测定方法是通过测定各主要离子的含量并相加,更常用的方法是通过测定水体电导率来推算盐度(戴树桂,2006)。水体离子浓度越大,电导率就越大。淡水水体中盐度与电导率基本呈线性关系。由于相同离子状况水体的电导率会随水温变化而变化,电导率需要换算成标准温度(25 ℃)下的值才有可比性。湖泊中水体电导率一般随径流的增加而下降,随流域面积增大而上升。

根据湖泊水体的盐度高低可将湖泊分为淡水湖、咸水湖和盐湖,Williams(1967)将水温 25 ℃时盐度超过 3 000 mg · L^{-1}的湖泊定义为盐湖,25 ℃时盐度低于 500 mg · L^{-1}的湖泊定义为淡水湖,介于两者之间的湖泊定义为略含盐分的咸水湖,而 Hammer(1986)进一步把盐湖分为低盐度(3 000~20 000 mg · L^{-1})、中盐度(20 000~50 000 mg · L^{-1})和高盐度(50 000 mg · L^{-1}以上)。

盐湖水体通常蒸发剧烈、水交换微弱、流动性差,可分为受海洋作用的海盐型盐湖和不受海洋作用的内陆盐湖。海盐型盐湖主要为因海水倒灌形成的潟湖,内陆盐湖通常分布在半干旱或干旱(平均年降水量分别为 200~500 mm 和 25~200 mm)地区,大部分位于内流区,长期净蒸发量等于或超过降水量。这样的水量变化趋势,加上农作物灌溉、旅游开发等人类活动影响,导致许多盐湖都面临着咸化或面积萎缩的问题,如世界海拔最低的湖泊死海、我国西北部干旱半干旱地区的艾比湖、艾丁湖、巴里坤湖及岱海等,都面临着湖泊面积减小、咸化等生态环境问题,且这种情况会由于全球变暖的影响而变得更为严重。

盐度对湖泊生物量及其分布有重要影响。大量研究表明,盐度是影响湖泊沉积物微生物群落多样性的主要因素,与水体浮游植物和浮游动物生物量也有显著关系,对水体底栖动物等都表现出重要影响(Tang et al.,2012;Gong et al.,2017;Gutierrez et al.,2018)。不过盐度对水体物种多样性的影响并不是线性的,在低盐度湖泊中平均盐度和动、植物种类丰度之间的关系很明显,但是在高盐度湖泊中物种丰度几乎不发生变化(Hammer,1986)。

5.1.3.3 人类活动对湖泊离子的影响

人类活动,如开矿、城市污水排放、无机肥料使用等,会对湖泊主要离子组成和盐度造成很大影响。从 1875 年至 20 世纪 70 年代初对莱茵河的监测表明,归因于法国的盐矿开发和沿岸的污水排放,硫的含量增加了 2 倍,Na^{+}增加了 15 倍,Cl^{-}增加了 18 倍。后来由于工业效率的显著提高与污水治理等原因,离子含量出现了下降(如 NH_4^{+} 和 NO_3^{-}),但仍远高于增加前的水平。北美安大略湖的离子含量在 19 世纪 80 年代也不断增加,主要是由于工业、农业、建筑活动和废水输入,废水来源于邻近的流域盆地和上游湖泊(Weiler,1981)。

从太湖 1998—2008 年 20 年间水体 K^{+}、Na^{+}、Ca^{2+}、Mg^{2+}和 F^{-}、Cl^{-}、SO_4^{2-}、SiO_2^{2-} 主要离子浓度的变化情况来看,太湖从 2007 年实施的大规模流域与湖泊污染治理,使许多离子浓度出现拐点(图 5.5)。2007 年以前,除 Ca^{2+}、Mg^{2+}浓度上升幅度略小外,其他离子浓度都出现明显上升的趋势(增加近 3 倍),这与同期太湖周边无锡、常州等发达城市快速发展并大量排污有很大关系。2007 年对太湖采取控源截污措施后,F^{-}、Cl^{-}、SO_4^{2-} 等离子浓度出现下降,体现出人类活动对湖泊离子含量产生的巨大影响。

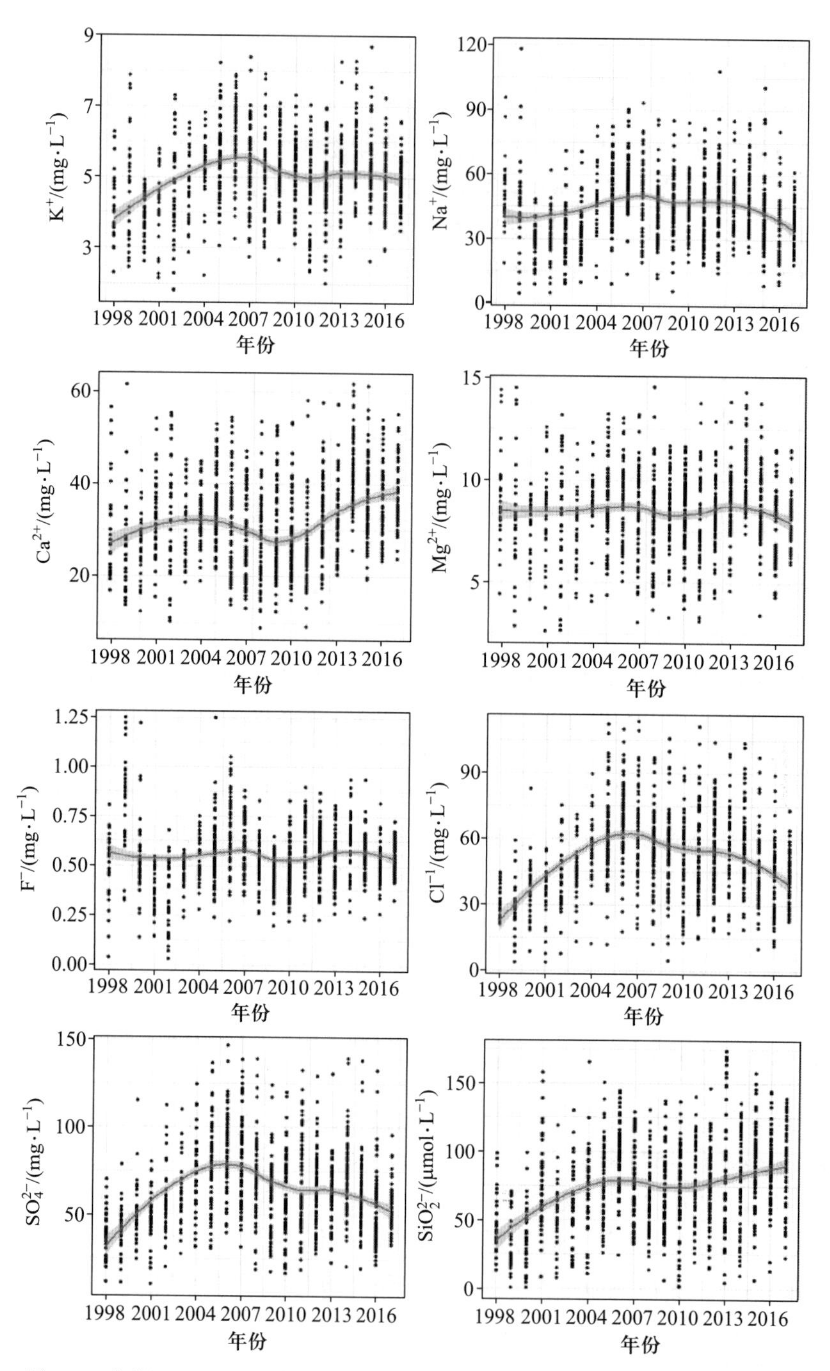

图 5.5 太湖 1998—2018 年水体主要离子浓度变化(数据来源:太湖湖泊生态系统国家野外科学观测研究站)

5.2 湖泊碳循环

碳是地球各个圈层中最主要的生源物质,亦为生物圈能量流通最为关键和活跃的元素,生物地球化学中最核心的过程均与之密切相关。碳的迁移转化过程与温室气体排放息息相关,因而地表碳循环是目前全球变化研究的核心问题。碳循环为碳在岩石圈、水圈、大气圈和生物圈之间，以碳酸盐（CO_3^{2-}）、碳酸氢盐（HCO_3^-）、二氧化碳（CO_2）、甲烷（CH_4）和有机碳[（CH_2O）$_n$]等形式相互转换和运移的过程，包括在物理、化学和生物过程及其相互作用驱动下，各形态碳在地球各子系统内部的迁移转化过程，以及发生在子系统间（如陆气界面、海气界面等）的通量交换过程（图 5.6）。

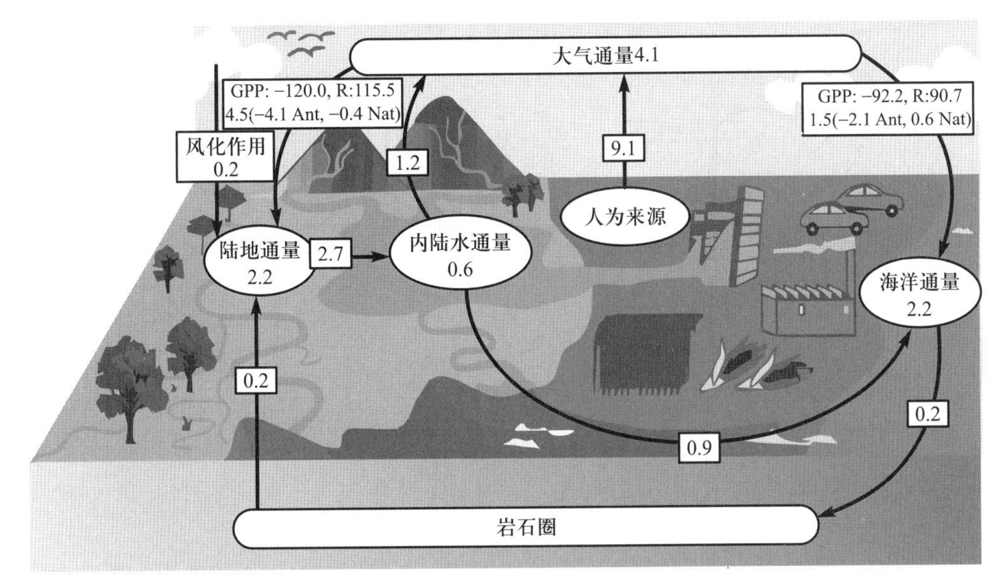

图 5.6 碳在岩石圈、水圈、大气圈和生物圈之间相互转换和运移（Battin et al.,2009）

与海洋相比，虽然内陆水体的面积经常小到被忽略，但对陆地碳循环产生重要影响，这是因为：① 内陆水体对人类活动排放的碳有着强烈的汇集；② 水体富营养化对碳生产和分解过程有着强力拉动；③ 碳在内陆水体迅速沉降，源汇功能十分活跃。湖泊生态系统中碳的生产、分解和沉积作用非常活跃，如微生物活动及光化学降解等过程不断消耗易于降解的有机碳，湖泊水生生物死亡降解过程中则不断释放碳，因而湖泊是地表碳循环的重要枢纽。

5.2.1 湖泊碳的存在形态

湖泊中的碳以溶解无机碳（dissolved inorganic carbon，DIC）、溶解有机碳（dissolved organic carbon，DOC）、颗粒无机碳（particulate inorganic carbon，PIC）和颗粒有机碳（particulate organic carbon，POC，包括死亡生物残体和活体生物）四种形态存在（图 5.7）。溶解无机碳（DIC）和颗粒无机碳（PIC）统称为总无机碳（TIC），溶解有机碳（DOC）和颗粒有机碳（POC）则称为总有机碳（TOC）。DIC 主要来源于流域内岩石的风化、土壤有机质的分解、植物呼吸、碳酸盐矿物的溶解和大气 CO_2 的溶解，主要以 CO_3^{2-}、HCO_3^-、H_2CO_3 和 CO_2 的形式存在。DOC 主要来自流域内土壤淋洗和污水排放以及生物活体降解及分泌。POC 和 PIC 亦来源于外源输入和内源降解两部分。

对于湖泊中有机碳而言，可以进一步细分为颗粒态、胶体态及溶解态。目前国际上通常以 Whatman GF/F 玻璃纤维滤膜（孔径为 0.7 μm）为标准，粒径在 0.7 μm 以上的通常为 POC，以下则通常归为 DOC。然而，在 DOC 的光谱学分析中，为避免细小颗粒可能造成的潜在散射，通常以经 0.45 μm 或 0.22 μm 滤膜的滤后液完成测定。而胶体态碳的定义范围较为模糊，通常指水样中能通过 1μm 滤膜且能被 1 000 道尔顿（Da）超滤

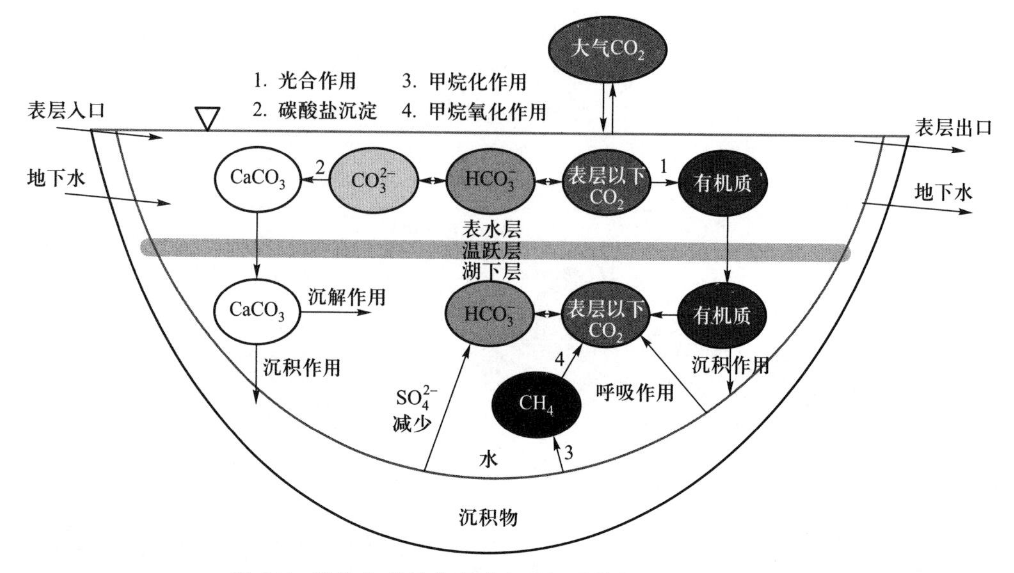

图 5.7 湖泊中碳的存在形态及迁移转化(Myrbo,2012)

膜截留的那部分胶体物质中的有机碳。当然实际操作中也有以粒径在 1 000 Da 至 0.45 μm之间作为胶体有机碳范围。

岩石圈碳库、海洋碳库、陆地生态系统碳库和大气碳库为地球系统的四大碳库。陆地生态系统碳库是内部组成和各种反馈机制最为复杂、具有不同下垫面和子系统的碳库,且受人类活动影响最大。湖泊生态系统碳库为陆地生态系统碳库的重要组成部分。湖泊生态系统碳库分为永久性碳库和活动性碳库。一般而言,沉积剖面以下的沉积物中所储存的碳称为永久性碳库,其碳含量不随时间变化而改变。永久性碳库的深度并无完全定论,有些湖泊沉积物 30~40 cm 及以下碳含量已相当稳定。沉积物碳库容量相当大,按百年沉积物平均碳含量为 2%和 0.3 cm 的年沉积速率计算,假定湖泊沉积物碳库的周转时间为百年,则面积为 1 km^2 的湖泊每年可沉积 15 t 碳。湖泊上覆水体和表层沉积物为活动性碳库,碳循环相当活跃。碳在水-气界面、水-陆界面和水-沉积物界面发生着强烈的交换作用,使上覆水体和表层沉积物中的碳被不断固定和释放。活动性碳库的主要组分有浮游植物或沉水植物等初级生产者、DOC 和 POC 等(图5.7)。初级生产力水平决定了湖泊碳循环的特点和碳收支强度,生物泵在湖泊碳循环中占主导地位。

5.2.2 湖泊中碳循环关键过程

湖泊中碳循环涉及湖泊中不同存在形态的气态碳、溶解碳(DC)及固态碳之间的相互转换和运移的过程,主要包括湖泊碳的输入与输出以及湖泊内部碳的转化。湖泊碳循环作为陆地生态系统碳循环的重要组成部分,一方面接收了来自湖泊所在流域产生的溶解碳、颗粒碳(PC),另一方面湖泊通过出湖径流向下游进行碳的输出。同时,湖泊还与大气进行 CO_2 等气体的交换。对于湖泊内部而言,由于其相对封闭和静水特征,生态系统内的光合作用、呼吸作用以及分解和沉积过程非常活跃,无论在好氧表层还是厌氧底泥中都包含生物作用或非生物作用的碳的转化(图 5.8)。湖泊中碳循环过程研究的重点主要包括水-气界面 CO_2、CH_4 等气体交换过程、生物固碳与生物泵过程、有机

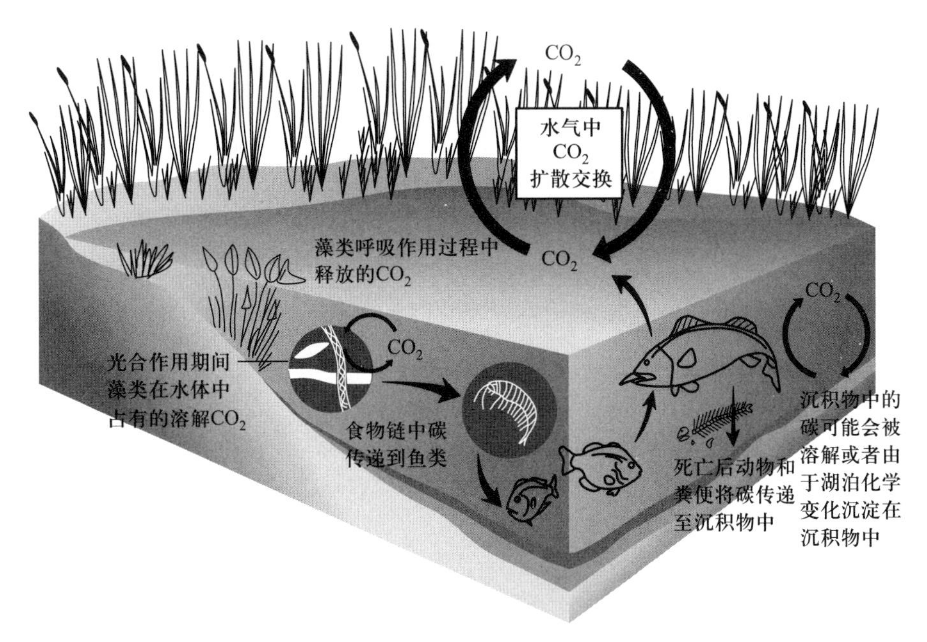

图 5.8　湖泊内碳的迁移转化(Botkin and Keller,1998)

碳的转化过程以及外源碳输入过程。

5.2.2.1　湖泊水-气界面 CO_2、CH_4 等气体交换过程

由于 CO_2、CH_4 是重要的温室气体,因此湖泊碳循环中,湖泊水-气界面气体交换是与全球气候变化直接相关的重要一环。目前湖泊 CO_2 和 CH_4 浓度和通量的变化已受到广泛关注。理论上讲,湖泊对 CO_2 和 CH_4 的溶解与大气是平衡的,即水-气相分压相同。有很多因素影响这种平衡,其中最为显著的包括温度、生物因素和营养水平等。温度升高,CO_2 和 CH_4 在水中的溶解度减小;反之,温度降低,CO_2 和 CH_4 在水中的溶解度增大。浮游植物和水生高等植物利用 CO_2 进行光合作用使水中 CO_2 分压显著下降。生物呼吸和微生物分解又生产 CO_2 和 CH_4。营养水平影响着浮游植物和高等水生植物的生物量,从而影响水-气界面 CO_2 和 CH_4 的交换通量。

5.2.2.2　湖泊生物固碳与生物泵过程

生物泵(biological pump,BP)最早是针对海洋碳沉降提出的,是指生物代谢引起元素与物质的分散与转移。传统理论认为,生物泵在碳循环中的作用主要是通过浮游植物的光合作用实现的。生活在上层海水中的浮游植物,通过光合作用,把 CO_2 转化成有机碳,通过食物链,这部分有机碳将以颗粒沉降的方式进入下层海水,从而改变了水-气界面 CO_2 通量和海水中有机碳的垂直通量(图 5.9)。后又提出微型生物碳泵(microbial carbon pump,MCP)理论加以补充和完善,其核心是依赖于微型生物的生物学过程把容易被利用的活性溶解有机碳(bioavailable DOC,BDOC)或可被缓慢降解的半活性 DOC 转化为难以被降解或利用的 DOC(refractory DOC,RDOC,图 5.9)。BP 和 MCP 理论同样也适用于湖泊生态系统,研究湖泊中生物泵及微型生物碳泵过程对充分认识湖泊碳库功能有重要意义。

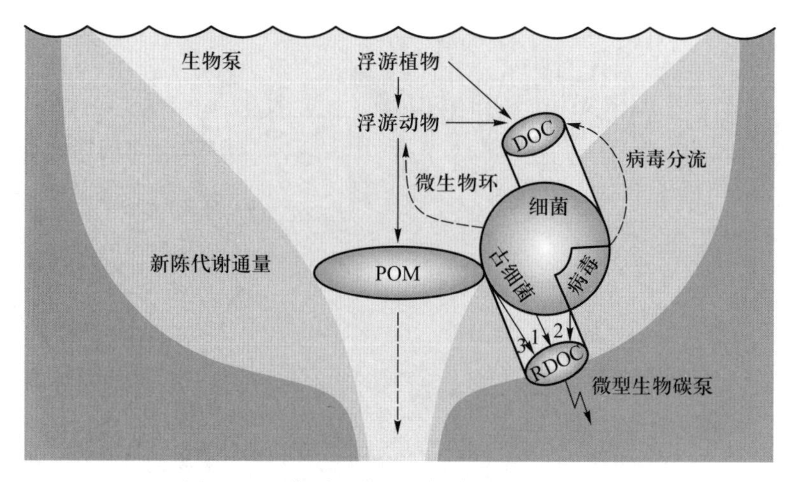

图 5.9 生物泵和微型生物碳泵(Jiao,2010)

5.2.2.3 湖泊有机碳的转化过程

DOC 是湖泊水体有机碳的主要存在形式,和湖泊中浮游植物的初级生产、生物的代谢和细菌的活动等息息相关,是表征湖水有机物含量和生物活动水平的重要参数。POC 是不溶解于水体的有机颗粒物质,可分为生命与非生命两部分。生命 POC 来自生物生产过程,包括微小型光合浮游植物、大型藻类、细菌、真菌、噬菌体、浮游动物、小鱼小虾和海洋哺乳动物;非生命 POC 也称为有机碎屑,包括海洋生物生命活动过程中产生的残骸、粪便等。湖泊有机碳受植物光合作用、微生物作用以及物理化学作用发生迁移转化(图 5.10),同时也对湖泊微量元素和营养盐的生物地球化学循环产生重要影响。湖泊中的绿色植物和藻类通过光合作用固定大气和湖泊中的 CO_2,进而转化为有机碳进入食物链中。这部分有机碳一方面通过生物呼吸作用(快速循环,rapid cycle)重新释放至湖水和大气中,另一面通过微生物环(microbial loop,图 5.9)进行微生物降解,同时伴随着光化学降解(缓慢循环,slow cycle)。随着生物的死亡降解,其中一部分有机碳以颗粒态有机物(POM)的形式沉积至湖底,在厌氧的环境下,产甲烷菌对湖底沉积物中的有机物厌氧发酵并释放 CH_4。一部分溶解的 CH_4 不断向水体扩散,一部分被甲烷氧化细菌氧化或者以气泡的形式通过湖水释放至大气(图 5.7)。

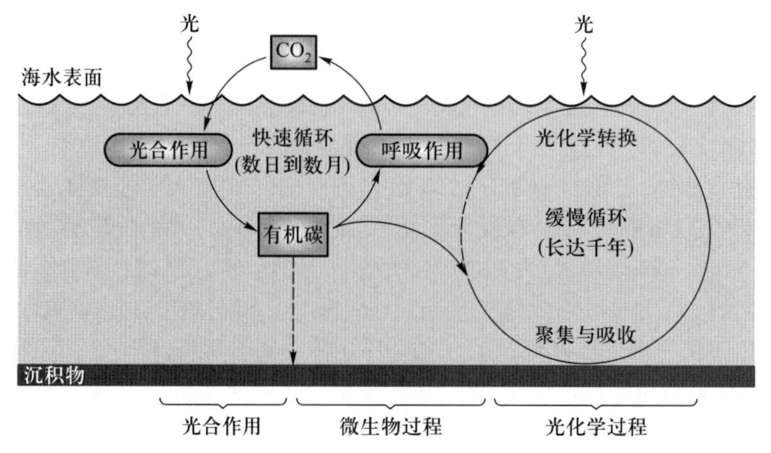

图 5.10 有机碳受植物光合作用、微生物作用以及物理化学作用发生迁移转化

5.2.2.4 湖泊外源碳输入过程

湖泊接收流域内径流输入的降水及冲刷物质、排放物质和悬浮物质，是流域产生的溶解碳、颗粒碳的最终汇集场所。同时，人类活动的日益加剧，如土地利用变化以及生活污水、农业污水和工业废水的排放和全球气候变化所造成的极端天气的增加都将对湖泊外源碳输入造成巨大影响。碳源可利用性不仅对微生物生命活动及其参与的湖泊生态系统碳循环关键过程有着极为重要的意义，而且也对生态系统氮、磷等养分元素循环有着重要的调节作用。外加碳源的可利用性必然影响着碳循环以及其他元素循环过程。

5.2.3 湖泊 DOC 的来源、迁移转化过程

湖泊溶解性有机碳（DOC）的组成十分复杂，在能分辨的组分中，包括氨基酸、肽类、核苷酸、碳水化合物、脂类、芳香类和非芳香烃类以及高分子腐殖质等。

一般而言，湖泊 DOC 按来源可以大致划分为外源输入及内源输入。外源输入可进一步细分为陆源土壤淋溶产生的类腐殖酸、地下水输入及大气干、湿沉降。随着平原区农业及城市化不断深入发展，河流及溪流等点源输入的工矿企业废水、居民生活污水及农业面源废水输入亦是湖泊等水体 DOC 的重要来源。内源输入则可包括微生物及藻类等浮游生物，以及沉水植物等大型水生植物死亡被降解，风浪扰动引起的间隙水 DOC 释放（图 5.11）。在 DOC 产生、运移过程中，通常会经历光解及微生物降解等生物地球化学过程，因而自然界所观测到的 DOC 通常处于新生与降解的动态平衡的瞬时态。

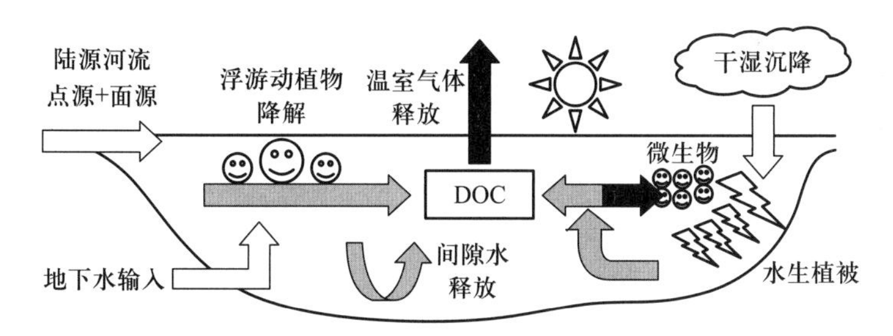

图 5.11 湖泊 DOC 来源与归趋示意图（白色箭头：外源输入；灰色箭头：内源输入；黑色箭头：输出路径）

水体中 DOC 的异质性是其复杂来源及 DOC 在迁移过程中一系列物理、化学及微生物降解过程综合作用的结果。由于 DOC 组成结构的异质性，运用传统的化学测定手法难以揭示各组分的变化情况。有色可溶性有机物（chromophoric dissolved organic matter，CDOM）是可溶性有机物（dissolved organic matter，DOM）中能强烈吸收紫外辐射及蓝光的部分，因而通常以其吸收系数等光学特性来表征其浓度，且其吸收系数与 DOC 浓度有很好的线性关系，因此可以利用 CDOM 的性质及组成变化表征湖泊中 DOC 来源及迁移转化过程。

CDOM 中还有一类物质在短波激发条件下能发出荧光，这类物质即为发荧光 DOM（fluorescent DOM，FDOM）。由于 FDOM 激发-发射三维荧光光谱（three-dimensional excitation-emission matrice，EEM）的测定方便快捷、灵敏且包含关于 CDOM 来源与组成

的大量信息,能区分在相同激发条件下能发出不同波长的多种有机物,因而近二十年来,EEM 手段用以解析 CDOM 来源与组成得到了广泛的应用与推广。

稳定性碳氮同位素 δ^{13}C-DOC 能有效示踪 DOM 来源及组成。一般而言,陆源 CDOM 通常具有贫化的 δ^{13}C-DOC,其变幅通常在-29‰~-26‰,与 C3 植物的 δ^{13}C-DOC 值较为接近;而内源生物降解产生的 CDOM 通常类蛋白类物质浓度较高,具有富化的 δ^{13}C-DOC,在-25‰~-20‰,亦受 C4 植物降解产生的 δ^{13}C-DOC 影响颇为深远。

傅里叶变换离子回旋高分辨率质谱(fourier transform ion cyclotron resonance mass spectrometry,FT-ICR MS)是目前最为先进的高分辨率质谱,能从分子层面上揭示 DOM 的来源及组成。与 EEM 相比,FT-ICR MS 不仅能识别发荧光物质,同时也能示踪非光敏物质,且质荷比分辨率可高达 10^{-6}量级。FT-ICR MS 经 van Krevelen 图谱转化为H/C 及 O/C 原子比,可有效分离不同生态环境条件下 DOM 不同组成物质的贡献率。

随着光谱吸收、三维荧光(包括 PARAFAC)及高分辨率质谱 FT-ICR MS 等技术的使用与推广,不同水生态系统 CDOM 来源与组成的相关研究取得了长足的发展。一般而言,湖泊生态系统 CDOM 来源组成及迁移转化主要受流域土地利用类型(尤其是城市及农业用地比重)、湖泊富营养水平及水生生物死亡降解(图 5.12)、周边城市居民生产活动、流域水文特征(图 5.13)、风浪扰动及湖泊水力滞留时间等因素制约(Zhou et al.,2016,2018b)。

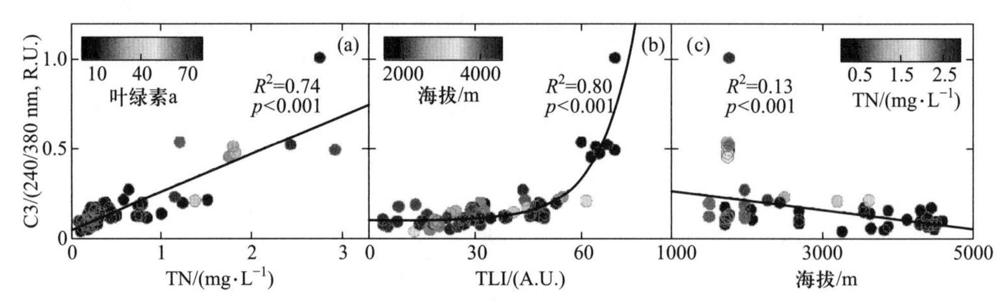

图 5.12 云贵高原湖泊微生物作用类腐殖酸荧光强度与总氮(TN)、综合富营养指数(TLI)及海拔之间的关系(Zhou et al.,2018a)(见书末彩插)

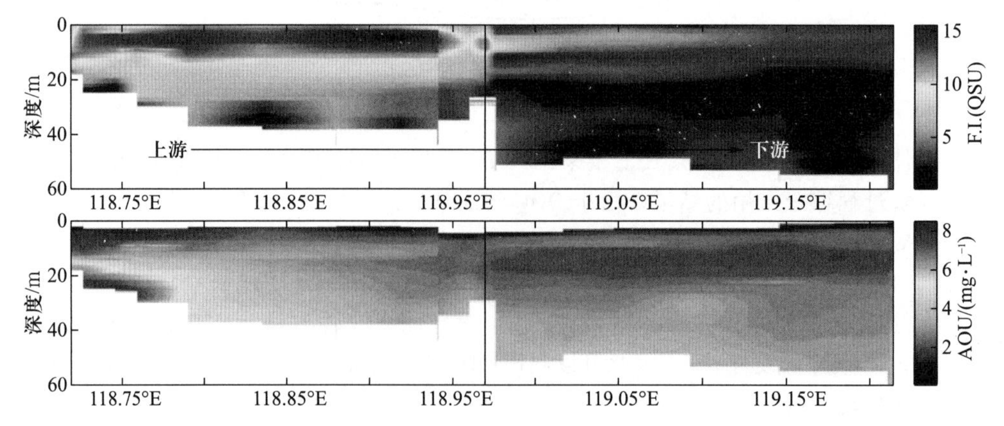

图 5.13 千岛湖采用原位荧光探头及水质探头所观测到的陆源类腐殖酸 370/460 nm 荧光信号及表观耗氧量(AOU)自上游新安江入湖河口向下游大坝方向的垂向分布图(Zhou et al.,2016)

在大多数河流、湖泊、河口海湾等近岸水体,陆源类腐殖酸通过河流形式输入为最主要的 CDOM 来源,且受水文过程,尤其是降水径流过程影响显著(图 5.14)(Zhou et al.,2016)。在城市化水平较高的区域,居民生活用水及工矿企业废水通常是河流及湖泊等水体 CDOM 的重要来源。而在水力滞留时间较长的富营养水体,藻类等水生生物死亡降解也是 CDOM 库的重要来源。在城市化发达的平原区及偏远的山区湖泊,大气干、湿沉降为 CDOM 重要潜在来源,且雨水 CDOM 光学特征受降水量及 pH 值影响较为显著。在受风浪影响显著的大型浅水湖泊,底泥间隙水释放亦为上覆水中 CDOM 的重要潜在来源,而对于地下水补给的水体,地下水 CDOM 输入则是承接水体 CDOM 库的重要来源。类似地,光降解过程亦能导致陆源类腐殖酸发生降解,客观造成类蛋白类荧光物质在 CDOM 库中比例升高。

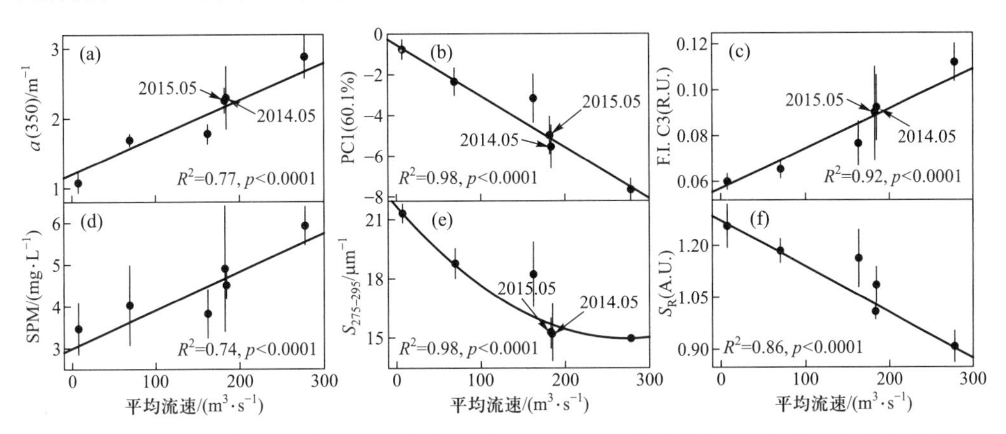

图 5.14 屯溪与渔梁两站所示上游新安江来水量与千岛湖上游街口处 CDOM 吸收系数 a(350)(a)、与陆源类腐殖酸输入信号相反的第一主成分 PC1(b)、陆源类腐殖酸 C3(c)、悬浮颗粒物(SPM)(d)、CDOM 吸收光谱斜率 $S_{275-295}$(e)和光谱斜率比值 S_R(f)之间的关系

5.2.4 湖泊中的 CO_2

5.2.4.1 湖泊中的 CO_2 体系

CO_2 是光合作用的物质基础,同时也是最重要的温室气体。CO_2 在水中溶解后形成溶解态 CO_2,它可以与水反应生成碳酸(H_2CO_3)。H_2CO_3 是一种弱酸,能够离解产生 HCO_3^-,HCO_3^- 在适宜条件下可以进一步离解产生 CO_3^{2-} 和 H^+。在 H_2CO_3 两级离解过程中,其离解常数可以分别表示为 K_1 和 K_2(式 5.3 和式 5.4):

$$K_1=[HCO_3^-][H^+]/[H_2CO_3] \tag{5.3}$$

$$K_2=[CO_3^{2-}][H^+]/[HCO_3^-] \tag{5.4}$$

25 ℃时 K_1 与 K_2 分别为 4.4×10^{-7} 与 4.7×10^{-11}。因此,湖泊中 CO_2 体系包括游离态 CO_2 与 H_2CO_3,以及离子形态的 HCO_3^-、CO_3^{2-},这些放在一起称为溶解性无机碳(DIC)。在平衡条件下,H_2CO_3 一般只有游离态 CO_2 的千分之一,通常将两者简称为溶解 CO_2。如果湖泊中含有大量碳酸盐时,CO_2 在水中增加可以使得碳酸和碳酸钙发生反应,造成碳酸盐的溶解;反过来,当水体中有高浓度 HCO_3^- 或者 pH 值升高产生大量 CO_3^{2-} 时,钙离子可以与 CO_3^{2-} 结合形成难溶的碳酸钙(Wetzel,2001;Bade,2009)。

CO_2 体系在水相中复杂多变，且与水体 H^+ 浓度密切相关，其各组分在不同环境条件下相差较大，并且主要受 pH 值控制。随着 pH 值的升高，溶解 CO_2 含量逐渐降低、CO_3^{2-} 含量逐渐升高、HCO_3^- 含量先升高后降低（图 5.15）。在 pH 值为 6.3 时，游离 CO_2 和 HCO_3^- 比例相等；pH 值为 10.3 时，CO_3^{2-} 和 HCO_3^- 比例相等。绝大部分湖泊的 pH 值在6~9，HCO_3^- 一般占据优势。

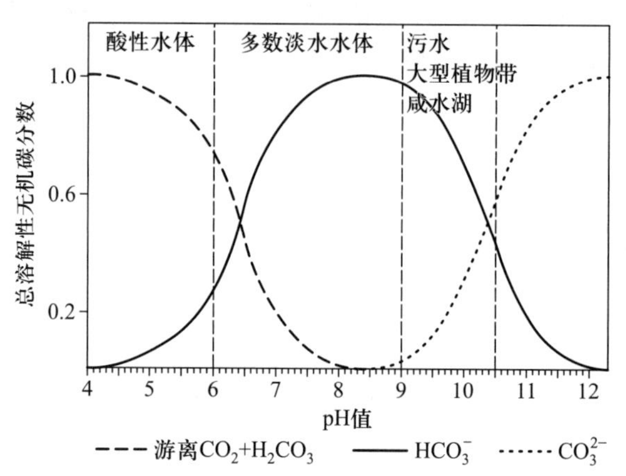

图 5.15　不同 pH 值条件下水体中游离 $CO_2+H_2CO_3$、HCO_3^-、CO_3^{2-} 的分布（古滨河等，2011）

另一方面，CO_2 在水体中的含量同时影响着水体 pH 值。在光合作用过程中，由于 CO_2 被消耗，水中 H^+ 浓度降低，水体 pH 值升高；当水中 CO_2 增加，水中 H^+ 浓度升高，水体 pH 值降低。在湖泊生态系统中，白天光合作用强烈，同时伴随水体温度不断升高，水中 CO_2 浓度降低、水体 pH 值升高；进入夜晚之后，光合作用基本停止，呼吸作用依然持续，并且水体温度降低，CO_2 浓度增大，水体 pH 值降低。CO_2 体系的存在对水体 pH 值变化产生了良好的缓冲作用，能够使得水体 pH 值在一个相对较小的范围内发生波动，从而保证水体酸碱性质的基本稳定，为湖泊生态系统的稳定提供了良好基础。

在高温、高营养水平和较高的藻类密度等适宜条件下，水体光合作用强烈，水体中 CO_3^{2-} 增多，与 Ca^{2+} 发生反应生成 $CaCO_3$ 沉淀，由于 $CaCO_3$ 在水中溶度积非常低，在湖中表现为白垩状的沉淀物，这种现象被称为“白化”或季节性湖泊混沌。在一些富含碳酸盐的湖泊中可以发生季节性“白化”，比如美国密歇根湖、金字塔湖和瑞士苏黎世湖的“白化”现象得到较多关注（古滨河等，2011）。

5.2.4.2　湖泊中 CO_2 的动态变化

湖泊中不断发生着 CO_2 的产生、消耗以及交换过程，使得湖泊中 CO_2 呈现出动态变化。由于湖泊水体中通常生活有大量的生物，包括作为初级生产者的植物、作为消费者的动物以及作为分解者的微生物，其呼吸作用为湖泊提供了源源不断的 CO_2，是 CO_2 的重要来源。在湖泊沉积物表面，大量有机质在此聚集，在微生物的作用下发生降解产生大量 CO_2。与此同时，底栖动物的呼吸及碳酸盐化学风化所产生的 CO_2，通过扩散迁移到湖泊水体中，与水体中浮游植物、水生植物、浮游动物、水生昆虫、鱼类等呼吸作用产生的 CO_2 混合到一起。湖泊水中 CO_2 与空气中 CO_2 通过水-气界面发生交换，是湖泊 CO_2 与外界交换的一个重要方式。另外，在有漂浮植物、浮叶植物、挺水植物的湖泊或湖区中,植物也可以通过身体内部传输机制直接与空气发生 CO_2 交换。

光合作用是湖泊生态系统消耗 CO_2 的主要途径。在生产力高的湖泊中,CO_2 可能被消耗殆尽,从而限制了浮游植物和大型沉水植物的光合作用。因此,湖泊中 CO_2 的积累浓度大多取决于上述 CO_2 产生与消耗过程的平衡。陆源有机质输入及其所发生的光降解也会为湖泊提供 CO_2。基于 pH 值和 CO_2 之间的密切关系,酸碱输入也会引起湖泊中 CO_2 发生变化。酸性物质输入,pH 值降低,水体中 CO_2 浓度升高;碱性物质输入,pH 值升高,则水体中 CO_2 浓度降低。

人们曾经认为,CO_2 在水与大气之间的交换使得湖泊中的 CO_2 含量不会处于过饱和或不完全饱和状态。Cole 等(1994)对全球 62°N 到 60°S 之间 1835 个湖泊表层水中 CO_2 数据进行分析发现,仅有 7%湖泊表层水中 CO_2 浓度与空气中 CO_2 基本(±20%)处于平衡状态;而 87%湖泊水中 CO_2 都处于过饱和状态,其 CO_2 平均分压为水面上方空气的三倍,表现为大气中 CO_2 的源;仅有少部分湖泊处于不饱和状态,表现为 CO_2 的汇(图 5.16)。

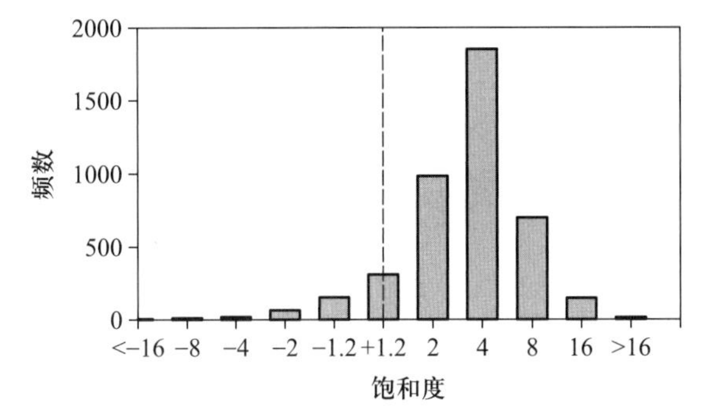

图 5.16 湖泊中 CO_2 相对饱和度及其分布频数(改自 Cole and Prairie,2009)。饱和度为湖泊水中 CO_2 浓度与对应水面空气 CO_2 平衡时的水相浓度之比,频数为此研究中出现的次数

湖泊水体中 CO_2 在白天随着光合作用的增强开始逐渐减少;晚上随着光合作用的停止,呼吸作用占优,水体中 CO_2 增多。早晨为一天中的峰值,傍晚为一天中的谷值。王仕禄(2010)在太湖监测到这种变化规律(图 5.17)。湖泊中 CO_2 的季节性变化因所处地理环境不同而异,受温度、降水、冰冻、外源输入、湖泊本身营养水平等因子影响。深水湖泊在季节分层时候,水体中的 CO_2 浓度也会发生阶梯式变化,水体底部的浓度可以比表层水高出数十倍。

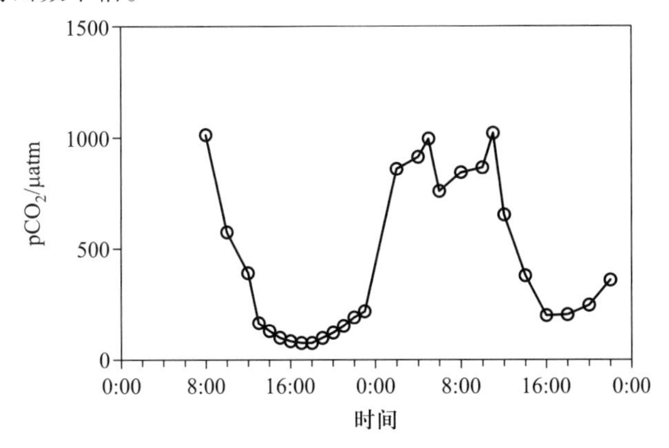

图 5.17 夏季太湖梅梁水体中 pCO_2 昼夜变化(改自王仕禄,2010)

湖泊中CO_2易受环境变化影响,最好的监测方法是原位直接测量。其中最常用的是通过气相色谱仪或红外气体分析仪直接测定水中CO_2的分压。在野外原位测量时,可以在湖水中放置一个膜平衡装置,让湖水和气流不断发生交换,最后达到气液平衡,直接测量平衡后气体中CO_2的浓度。而使用最广泛的是利用顶空瓶采集水样,加试剂灭活微生物后带回实验室,再通过气体顶空的方式在实验室内测定顶空气体中的CO_2浓度,通过亨利定律计算出原水样中CO_2浓度。由于CO_2在水中的亨利系数与温度有关,因此在样品顶空、平衡过程中要注意和采样时水样温度保持一致。另外,可以根据温度、DIC、pH值、碱度来计算溶解CO_2的浓度。与直接测量相比,计算可以利用已有的数据,并且所需指标在水质监测中更经常出现;计算亦可验证直接测定的结果(Cole and Prairie,2009)。

5.2.4.3 湖泊中CO_2释放通量

近年来,随着全球变暖与温室气体研究的深入,人们对湖泊中CO_2等温室气体排放愈加重视。Cole等(1994)与Raymond等(2013)估算的全球湖泊CO_2年释放量分别为0.14 Pg[①]与0.3 Pg。精确、高频监测湖泊水-气界面CO_2的释放通量是核算CO_2年释放量的基础。目前关于CO_2释放通量的研究方法可以分为三类。

一类根据水-气界面扩散理论与方法,对湖泊表层水中的CO_2含量进行监测,计算出水-气界面CO_2释放(吸收)通量。湖泊水-气界面的CO_2交换主要通过扩散作用完成,水-气界面扩散通量(F,$mol \cdot m^{-2} \cdot d^{-1}$)可以通过菲克第一定律进行量化:

$$F=-D(dc/dz) \tag{5.5}$$

式中,D为CO_2的分子扩散系数($m^2 \cdot d^{-1}$);dc/dz为水-气界面内CO_2的浓度变化梯度($mol \cdot m^{-4}$)。虽然D的数值容易获取,但是由于水-气界面厚度z很小、其内部浓度梯度难以测定,在实际应用中常采用下面的变形方法:

$$F=k(C_w-C_{eq}) \tag{5.6}$$

式中,k为CO_2的气体交换速率($m \cdot d^{-1}$);C_w为水中CO_2浓度($mol \cdot m^{-3}$);C_{eq}为与水面上方空气中CO_2浓度(C_a)平衡时的水中CO_2浓度($mol \cdot m^{-3}$),可以通过C_a与亨利系数计算得出。这一方法有较好的可操作性,湖泊水体与水面空气中CO_2浓度可以通过实验方法测定,CO_2亨利系数可根据研究环境下的温度及压力查询或计算得出。气体交换速率与CO_2分子扩散系数、水面紊流状态有关,可通过相关经验公式结合施密特数与风速计算得出。当水体中CO_2浓度处于过饱和状态时,F为正值,湖泊表现为CO_2的源;当水体中CO_2处于非饱和状态时,F为负值,湖泊则表现为CO_2的汇。

沉积物作为CO_2的一个重要来源,对水体通量的贡献亦可通过菲克第一定律进行计算。湖泊沉积物-水界面CO_2的扩散通量计算公式为

$$J=-\varphi D_s(dc/dz) \tag{5.7}$$

式中,J为沉积物-水界面扩散通量($mol \cdot m^{-2} \cdot d^{-1}$);$\varphi$为沉积物孔隙度(无量纲);$D_s$为$CO_2$在沉积物中的扩散系数($m^2 \cdot d^{-1}$);$dc/dz$为$CO_2$浓度随沉积物深度的变化梯度($mol \cdot m^{-4}$)。

---

① $1\ Pg=10^{15}\ g$。

第二类是测定 CO_2 在水-气界面的迁移通量。其通常做法是在水面布设通量箱，在短时间内监测水面上方密封空气中 CO_2 的动态变化。通量箱预留有取样孔，并通常配有风扇等气体混匀装置，以保证通量箱内的气体处于完全混合状态。通量箱放置完毕后，每隔一段时间（一般 15 min）取样一次，一般至少取样 5 次进行计算。现场或回实验室后测定各时间点通量箱内的 CO_2 浓度，根据其浓度随时间的变化斜率，结合通量箱体积与截面面积即可计算出 CO_2 释放通量。随着野外原位监测技术的发展，现在有些通量箱开始配备非色散红外光谱（NDIR）、傅里叶变换红外光谱（FTIR）等在线分析装置，通过管路与通量箱实现闭路循环，可以快速监测出 CO_2 的释放通量。

嵇晓燕等（2006）、林茂（2012）基于通量箱法分别观测了太湖梅梁湾、鄱阳湖星子湖区水-气界面 CO_2 释放通量的日变化过程。结果均表明，夜间湖泊水-气界面 CO_2 通量往往是正值，表现为 CO_2 的源；尤其是在 22：00—次日 8：00 CO_2 释放通量相对较大。而在白天光合作用强烈的时段，太湖与鄱阳湖均可从大气中吸收 CO_2，表现为 CO_2 的汇（图 5.18）。CO_2 通量的这一昼夜变化规律，与前述其水体中浓度的昼夜变化规律（图 5.17）表现出高度一致性。对比太湖梅梁湾与鄱阳湖星子湖区的结果，夏季梅梁湾从空气中吸收 CO_2 的时长与强度高于星子湖区，而后者释放 CO_2 的时长与强度高于前者。

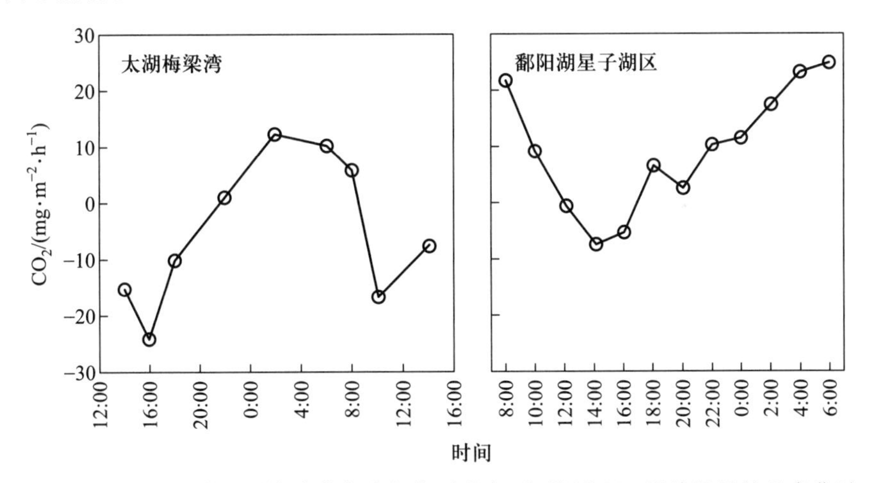

图 5.18 基于通量箱法测得太湖与鄱阳湖夏季水-气界面 CO_2 释放通量的日变化过程（改自嵇晓燕等，2006 和林茂，2012，其中鄱阳湖星子湖区为三个点位平均值）

不同湖泊 CO_2 释放通量之间会存在巨大差异，并且释放通量随季节变化而发生不同的变化（表 5.1）。在鄱阳湖，其四季均表现为 CO_2 的释放源，其中夏季释放强度最高、冬季最低。而在营养水平相对较高的太湖梅梁湾及武汉东湖，其春夏季由于生物光合作用强烈，均表现为 CO_2 的汇，二者在秋冬季节发生了分异：东湖整体表现为 CO_2 的源，梅梁湾依旧表现为 CO_2 的汇。而在水草丰盛的东太湖，其四季均表现为 CO_2 的源，并且夏季最高、春季最低。因此，不同湖泊的 CO_2 释放强度不同，释放通量可能方向相反。即使同一个湖泊，不同湖区的 CO_2 释放通量也存在相反的可能。

表5.1 基于通量箱法测得鄱阳湖、太湖、武汉东湖 CO_2 释放通量的季节变化

湖泊	$CO_2/(mg \cdot m^{-2} \cdot h^{-1})$				参考文献
	春	夏	秋	冬	
鄱阳湖	16.5	24.3	15.9	7.3	林茂,2012
武汉东湖	−2.5±10.0	−5.7±17.6	5.8±14.9	58.8±45.5	Xing et al.,2005
太湖(梅梁湾)	−0.81	−5.12	−5.29	−1.81	李香华,2005
太湖(东太湖)	5.0	134.3	37.8	24.7	嵇晓燕等,2006

第三类是直接监测所研究站点大气中 CO_2 的动态变化,常用的有涡度相关技术及红外激光技术等。这类方法需在研究点布设气象、CO_2 快速在线分析等相关设备,适合开展长周期、定点监测研究,在森林、农田、草地上应用较为广泛,在湖泊上的应用尚处在不断研究当中。

我国幅员辽阔、地理环境差异显著,湖泊生态系统组成差异程度大,湖泊周围的人类生产与生活强度更是分化严重,不同地区湖泊的 CO_2 释放通量存在着极大的差异。Li 等(2018)对我国报道的湖泊敞水区 CO_2 的释放通量进行整理后发现,蒙新高原湖区、东北平原与山地湖区 CO_2 的平均释放通量较高,青藏高原湖区、云贵高原湖区、东部平原湖区 CO_2 的平均释放通量较低,我国湖泊敞水区 CO_2 释放通量平均为 37.3±68.5 $mmol \cdot m^{-2} \cdot d^{-1}$。

5.2.5 湖泊中的 CH_4

CH_4 是最简单的碳氢化合物和大气中含量最高的有机物,同时也是一种重要的温室气体。在百年尺度范围内,其单分子增温效应是 CO_2 的 28~34 倍。与工业革命前相比,大气中 CH_4 浓度从 750 ppb 增至 1.7 ppm,且每年以 0.8%~1%的增幅继续上升。

近十年来,淡水生态系统(包括河流、湿地、湖泊和水库等)对大气 CH_4 的贡献引起了广泛关注。尽管海洋占据了全球近 70%的地表面积,但其 CH_4 释放的贡献低于自然源 CH_4 释放量的 3%;湖泊只占全球地表面积的 3.7%,却贡献了自然源 CH_4 释放量的 6%~16%。与海洋相比,湖泊是全球 CH_4 释放更为重要的贡献者(Bastviken et al., 2004,2011)。弄清湖泊中 CH_4 循环过程对于估算碳收支平衡和预测全球气候变化具有重要意义。

5.2.5.1 湖泊 CH_4 的产生

1) 湖泊产 CH_4 过程的空间分布

大多数情况下产 CH_4 过程仅在电子受体[如 O_2,NO_3^-,Fe(Ⅲ),Mn(Ⅳ),SO_4^{2-}]浓度较低的环境中发生,同时还需要足够多的有机质作为底物。湖泊沉积物通常可满足这样的形成条件。产 CH_4 过程是次表层或距离根系较远的沉积环境中有机质降解的最终步骤,在这些区域,其他电子受体浓度较低,对产 CH_4 过程的抑制作用减弱,因此 CH_4 浓度一般随着沉积物深度的增加而增大。当沉积物上覆水有氧,或者通过水生植物根系泌氧,通常会在沉积物表层几个毫米范围内形成 O_2 浓度梯度,有机质降解途径

通常遵循热力学经典理论中的顺序进行(表 5.2)。如果沉积物上覆水厌氧,或缺少水生植物根系,整个沉积物中的有机质降解途径可能以产 CH_4 为主要方式。

表 5.2 有机质降解过程中涉及的氧化还原反应

过程	底物		产物		$-\Delta G^0$
	电子受体	电子供体			(kJ·mol^{-1},pH=7)
好氧呼吸	有机物	O_2	CO_2	H_2O	125
反硝化	有机物	NO_3^-	CO_2	N_2	112
锰还原	有机物	Mn(Ⅳ)	CO_2	Mn(Ⅲ),Mn(Ⅱ)	95
铁还原	有机物	Fe(Ⅲ)	CO_2	Fe(Ⅱ)	24
硫还原	有机物	SO_4^{2-}	CO_2	S^{2-}	18
产 CH_4	小分子有机物,H_2	小分子有机物,CO_2	CO_2	CH_4	14~28

目前为止,在厌氧的湖泊水体中,仅有少数研究直接检测到了产 CH_4 过程。可能的原因是水体相对于沉积物有机质含量低并且难以形成完全厌氧的条件。此外,水动力引起的扰动使得产 CH_4 过程需要的微生物互营群组(syntrophic consortia)难以在水体中稳定形成,这些条件都不利于产 CH_4 过程的发生。浮游动物的消化系统、悬浮颗粒碎屑内部等微厌氧环境是 CH_4 产生的重要区域,对于海洋中 CH_4 的垂向分布具有重要贡献。目前针对湖泊水体生物和非生物颗粒物内部的产 CH_4 过程还未见相关报道。

近十年来,湖泊产 CH_4 过程有突破性的发现,以往"产 CH_4 只能发生在厌氧条件下"的定式在某些湖泊中并不成立。2011 年 Grossart 等报道了在 Stechlin 湖上层有氧水体中检测到明显的 CH_4 过饱和现象(图 5.19),且发现有氧水体中存在产 CH_4 古菌,暗示着"有氧水体"中可能也存在着产甲烷过程。

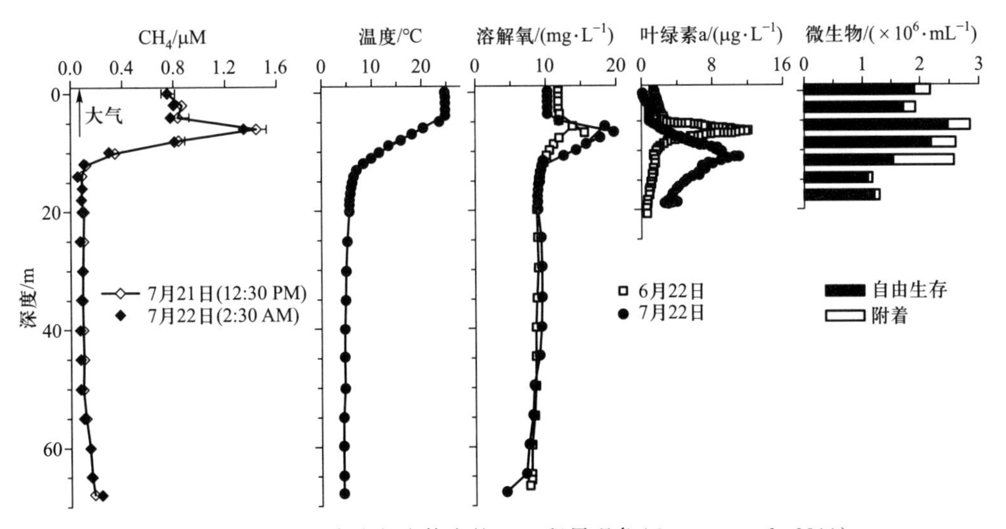

图 5.19 Stechlin 湖有氧水体中的 CH_4 积累现象(Grossart et al.,2011)

2）湖泊产 CH_4 过程及微生物学机制

CH_4 的产生是产 CH_4 微生物在厌氧环境下利用小分子底物的生化过程。湖泊生态系统中存在两种主要的产 CH_4 过程：乙酸还原型和 H_2/CO_2 还原型。对于前者，乙酸（CH_3COOH）裂解成 CH_4 和 CO_2。而对于后者，H_2 和 CO_2 反应生成 CH_4 和 H_2O。尽管含甲基的低分子有机物[如甲酸、甲醇、二甲基硫醚（DMS）、甲胺、二甲胺、三甲胺等]也能作为产 CH_4 底物，但是由于湖泊中甲基化合物含量低，乙酸、H_2 和 CO_2 依然是最重要的产 CH_4 底物。

目前，美国国立生物技术信息中心（National Center for Biotechnology Information, NCBI）收录了100多种产甲烷菌的基因信息，依据16S rRNA基因系统进化关系主要分为四个纲：甲烷微菌纲（Methanomicrobia）、甲烷杆菌纲（Methanobacteria）、甲烷球菌纲（Methanococci）和甲烷火菌纲（Methanopyri）。对于从环境中分离纯培养的产甲烷菌，其基本的描述特征包括培养特性、形态学特性、革兰氏染色特点、电镜形态、抗原特性、核酸的GC含量及序列特点和细胞脂类等。尽管属于同一目的不同产甲烷菌科，其形态上可能存在较大差异，但目前报道的产甲烷古菌仍存在一些共同的细胞特征，例如都含有胞内高浓度辅酶 F_{420}（在荧光显微镜的激发作用下会发出荧光）和甲基辅酶M还原酶，并且具备独特的磷脂酶组分。

3）影响湖泊 CH_4 产生的因素

湖泊环境对产 CH_4 过程存在重要影响，不同因子的作用方式总结在表5.3中。以往的观点认为，产甲烷菌只能在严格厌氧条件下生存，氧气浓度微量增加都将导致产甲烷菌无法生存。

表5.3 不同环境因子对产甲烷过程的影响

环境因子	对产甲烷的影响（+/-）	补充说明
O_2	-	
其他电子受体（NO_3^-、Fe^{3+}、Mn^{4+}、SO_4^{2-}）	-	
温度	+	$Q_{10}=4.1\pm0.4$（$n=1\ 046$）
pH值	尚无定论	依赖于微生物群落最适pH值
活性有机质	+	
水生植物根系	+（植物根系衰亡） -（植物根系泌氧）	促进作用一般占主导

然而，最近的研究发现，很多产甲烷菌也能在有氧条件下生存，尽管在这种环境下产 CH_4 活性会受到抑制。类似地，硝酸盐、铁锰氧化物、硫酸盐对产 CH_4 的作用也不是严格抑制，更多的只是反硝化过程、铁锰还原过程、硫酸盐还原过程和产 CH_4 过程竞争底物。产甲烷菌的最适温度通常高于环境温度，温度每上升10 ℃，产 CH_4 速率就会上升4倍。自然水体pH值范围的变化一般不会对产 CH_4 速率造成直接影响，但是pH值可通过影响底物的生物可利用性，对产 CH_4 速率造成间接影响。因此，低pH值条件下，乙酸营养型产甲烷菌更有优势；而高pH值条件下，氢还原型产甲烷菌更占优势。

5.2.5.2 湖泊 CH_4 的消耗过程

CH_4 的自然消耗过程只能依赖 CH_4 氧化微生物，因此微生物驱动的 CH_4 氧化过程是控制 CH_4 从水体向大气释放的“生物过滤器”（biological filter），对于调节湖泊温室气体释放和平衡全球碳收支具有重要的环境意义。

根据是否有 O_2 参与，CH_4 氧化可分为好氧 CH_4 氧化和厌氧 CH_4 氧化，好氧 CH_4 氧化由好氧甲烷氧化菌（methane oxidation bacteria，MOB）驱动。已知的 MOB 主要隶属于变形菌门和疣微菌门，前者广泛存在于海洋、湖泊、森林土壤和水稻田中，后者仅在极端嗜热嗜酸条件下被发现。厌氧 CH_4 氧化（amaerobic oxidation of methane，AOM）的研究近年来迅速发展，SO_4^{2-}（Scheller et al.，2016）、NO_3^-（Haroom et al.，2013）、NO_2^-（Ettwig et al.，2010）、Fe（Ⅲ）和 Mn（Ⅳ）（Beal et al.，2009）等作为电子受体介导的厌氧 CH_4 氧化及相关微生物相继被发现，极大地丰富了 CH_4 循环和其他元素耦合的理论认知。由于海洋中 SO_4^{2-} 浓度约为 28 mmol，远高于其他电子受体，因此 SO_4^{2-}-AOM 对于海洋 CH_4 释放的控制发挥了十分重要的作用，氧化了 90% 以上的 CH_4。而湖泊 SO_4^{2-} 浓度比海洋低 1～2 个数量级，因此好氧 CH_4 氧化和其他电子受体介导的厌氧 CH_4 氧化发挥了更为重要的作用。

1）湖泊中好氧 CH_4 氧化过程及其微生物学机制

CH_4 是还原程度最高的有机物，这意味着在 O_2 存在的条件下将 CH_4 氧化可获取能量。MOB 以 CH_4 为碳源和能源、以 O_2 为电子受体，在这一过程中获取能量，并将 CH_4 连续氧化为甲醇、甲醛、甲酸和 CO_2，而甲醛作为中间产物也可作为碳源供其生长。

通常，根据系统发育特征和生理生化及形态特征，可将 MOB 分为 Type Ⅰ型和 Type Ⅱ型，分别隶属于 γ-变形菌门和 α-变形菌门，进一步根据好氧 CH_4 氧化的功能基因——*pmoA*，可将 Type Ⅰ型 MOB 划分为 Type Ia 型（如甲基单胞菌属、甲基杆菌属、甲基八叠球菌属和甲基微菌属）和 Type Ib 型（如甲基球菌属、甲基暖菌属）。除了上述典型 MOB 之外，最近还有两个新的类群——疣微菌门（Verrucomicrobia）和 NC10 门被报道，疣微菌门 MOB 是一种嗜酸菌，甚至可在 pH<1 的条件下生存，在许多其他极端条件下也能大量生存（Pol et al.，2007）；而 NC10 门细菌的典型代表 *Methylomirabilis oxyfera*，在厌氧环境可能通过反硝化途径将 N_2O 裂解为 N_2 和 O_2，产生的 O_2 在细胞内被用于 CH_4 氧化（Ettwig et al.，2010）。上述三个门中，只有变形菌门的 MOB 被证实在自然和人工陆生环境中（如湖泊沉积物、水稻田、垃圾填埋场、泥炭地、北极湿地、河漫滩等）发挥了重要的功能，因此，通常所说的 MOB 一般是指变形菌门的 MOB。

好氧 CH_4 氧化的第一步由甲烷单加氧酶催化完成，将 CH_4 氧化为甲醇。目前发现的甲烷单加氧酶分为两种——颗粒态甲烷单加氧酶（particulate MMO，pMMO）和溶解态甲烷单加氧酶（soluble MMO，sMMO），前者存在于除 *Methylocella* 属以外的所有好氧甲烷氧化菌的细胞膜上，而后者却只存在于少数几种好氧甲烷氧化菌细胞质内，只有少数几种甲烷氧化菌同时含有 pMMO 和 sMMO（如 *M.capsulatus*）。CH_4 被氧化为甲醇后，在甲醇脱氢酶（MDH）的作用下将甲醇氧化为甲醛。Type Ⅰ型甲烷氧化菌通常具备扁平的细胞内膜，附着有 PMMO，能利用核酮糖单磷酸盐（RuMP）循环将甲醛的碳同化至胞内；Type Ⅱ型甲烷氧化菌同化甲醛的途径是 Serine 循环：先通过四氢甲烷蝶呤（H_4MPT）途径将甲醛转化为甲酸，然后通过四氢叶酸（H_4F）途径转化成亚甲基四氢叶酸（CH_2H_4F），再通过脱甲基转移酶进入 Serine 循环。Type Ⅱ型甲烷氧化菌细胞内膜结构与 Type Ⅰ型类似,但是 *Methylocella* 属不具备完整的细胞内膜,仅含有可溶性甲烷单加氧酶。对于疣微菌门甲烷氧化菌,通常先将 CH_4 转化为 CO_2,再利用卡尔文循环(CBB)将 CO_2 同化,这一类菌不形成细胞内膜,而是通过形成梭酶体进行代谢。

2) 湖泊中厌氧 CH_4 氧化及其微生物学机制

厌氧 CH_4 氧化研究最初源自海洋。对于占地球面积70%的海洋来说,每年产生的 CH_4 为85~300 Tg①,这部分 CH_4 约有90%在厌氧条件下被氧化掉,占全球 CH_4 产生量的7%~25%。厌氧 CH_4 氧化过程有效控制了海洋生态系统产生的 CH_4 向大气中释放的程度(海洋 CH_4 排放量仅占全球 CH_4 释放量的2%)。大部分 CH_4 在海底硫酸盐渗透深度层几乎全部被消耗。湖泊中的厌氧 CH_4 氧化在近十年得到关注。由于湖泊硫酸盐含量相对海洋明显偏低,硫酸盐介导的厌氧 CH_4 氧化(sulfate mediated anaeroic methane oxidation,SAMO)往往发生在盐湖中,淡水湖泊中SAMO过程相对较弱。SAMO由厌氧甲烷氧化古菌(anaerobic methano trophic archaea,ANME)和硫还原细菌共同完成,这些硫还原细菌形态各异,附着在ANME表面形成细胞聚集体。

硝酸盐介导厌氧 CH_4 氧化(denitrifying anaerobic methane oxidation,DAMO)同样可以。在湖泊中,DAMO甚至是 CH_4 的主要去除方式。Raghoebarsing等(2006)采用厌氧反应器成功得到了DAMO富集培养物。该富集培养物能在厌氧条件下以硝酸盐或亚硝酸盐为电子受体将 CH_4 氧化。对该富集培养物的功能微生物群落结构的分析结果表明,隶属于NC10门的细菌 *M. oxyfera* 在克隆文库中占据主导地位,而古菌克隆文库中传统的厌氧甲烷氧化古菌占据优势。因此,DAMO富集培养物中的功能微生物为ANME和NC10门细菌。Ettwig等(2010)获取了另外一种DAMO富集培养物,发现其中并没有古菌的存在,只发现 *M. oxyfera* 占据主导地位,该细菌的生长速率与反硝化速率正相关。因此他认为,DAMO过程可由NC10门细菌独立完成。值得注意的是,*M. oxyfera* 拥有完整的编码好氧 CH_4 氧化的酶的全部基因,而缺少 N_2O 还原酶基因。因此Ettwig等推测,*M.oxyfera* 可能存在胞内产氧机制,将 CH_4 在厌氧环境中完成好氧氧化。

近年来,铁、锰氧化物介导的厌氧 CH_4 氧化(Fe/Mn-AOM)也有多次报道(Sivan et al.,2011)。这两个过程不仅仅在生物反应器中存在,在海洋和湖泊的深层沉积物中也多次得到验证(图5.20)。遗憾的是,目前介导该过程的功能微生物没有确定,有待进一步研究。

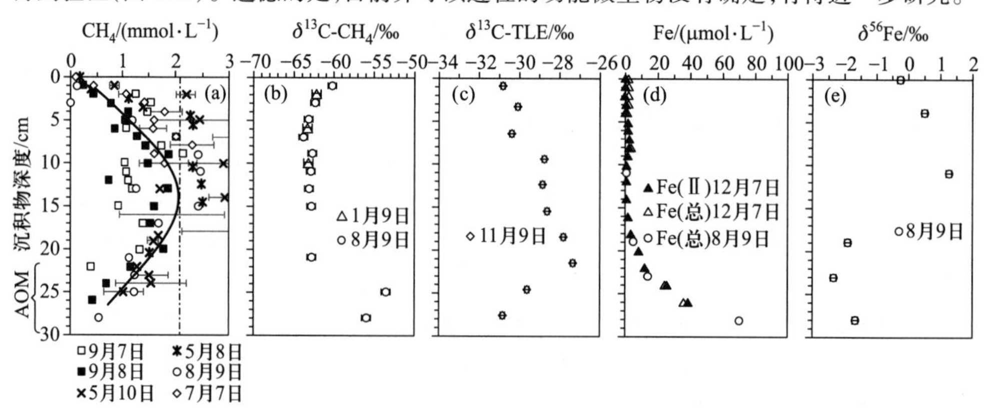

图5.20 Kinneret湖20~30 cm沉积物存在铁介导的 CH_4 氧化过程(Fe-AOM)(Sivan et al.,2011)

① 1 Tg = 10^{12} g。

3）影响湖泊 CH_4 氧化过程的因素

好氧 CH_4 氧化依赖于 CH_4 和 O_2 浓度。在 CH_4 和 O_2 浓度存在梯度的水柱中，Type Ⅱ型甲烷氧化菌在低 O_2、高 CH_4 浓度的条件下丰度更高，而 Type Ⅰ型甲烷氧化菌在高 O_2、低 CH_4 浓度的条件下丰度更高。CH_4 氧化速率对温度的敏感程度低于产 CH_4 速率，而 CH_4 氧化对 pH 值的响应也没有明显的变化规律，可能是甲烷氧化菌群对不同 pH 值有较强的适应能力。类似地，氨氮和硝态氮对 CH_4 氧化的效应相反，并且环境差异性较大。高盐度和高光强同样也会抑制 CH_4 氧化（表 5.4）。

表 5.4　不同环境因子对 CH_4 氧化的影响

环境因子	对 CH_4 氧化的影响（+/-）	补充说明
CH_4	+（电子受体充足时）	
O_2	+（CH_4 充足时）	
温度	+	$Q_{10}=1.9\pm0.4$（$n=328$）
pH 值		不同微生物群落最适 pH 值差异
盐度	-	
光	-（直接效应） +（间接效应）	间接效应是指光合作用造成的溶氧差异
氮素（氨氮或硝态氮）	存在争议	正效应和负效应均有报道
季节变化		沉积物中一般夏季最强

5.2.5.3　我国湖泊 CH_4 的释放通量研究

水-气界面的 CH_4 交换是所有水域生态系统中碳生物地球化学循环的重要一环，生物体（如：水生植物、藻类、细菌等）通过控制 CH_4 的浓度直接影响气体的释放通量。当水域生态系统通过自身生物化学反应净积累 CH_4，将成为 CH_4 的源。反之，当水域生态系统通过自身生物化学反应净消耗 CH_4，那么将成为 CH_4 的汇。研究 CH_4 在水-气界面的释放对于全球气候变化预测具有重要的环境意义。自然湖泊是内陆淡水生态系统中重要的 CH_4 排放源，以往对于温带地区湖泊 CH_4 排放估测值约为 23.7 $Tg\cdot a^{-1}$。其中，扩散排放达 3.6 $Tg\cdot a^{-1}$。由于 CH_4 释放还存在其他途径（如：鼓泡、通过植物组织释放等），真实值可能会更高。尽管存在很大的不确定性，湖泊释放的 CH_4 依然占全球陆地生态系统碳汇相当高的比例。

全球内陆水体 CH_4 排放估测缺少重点区域及发展中国家的数据。根据我国湖库地理分布格局分为五个重点湖区，包括：东部平原湖区（EPL）、青藏高原湖区（TPL）、蒙新高原湖区（IMXL）、东北平原与山地湖区（NPML）和云贵高原湖区（YGPL），通过整合 310 个湖泊和 153 个水库 CH_4 排放数据发现，我国的湖泊基本都处于甲烷释放源或收支平衡，空间上也存在着很强的异质性（图 5.21）。

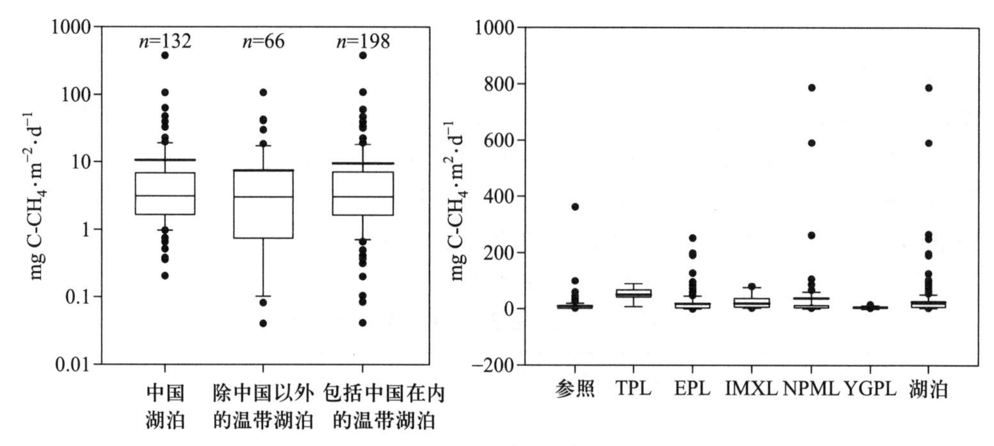

图 5.21 我国湖泊 CH_4 释放量及其与其他地区的对比(Li et al.,2018)

我国湖泊溶解态 CH_4 扩散通量约占温带地区的 39%,是我国湖泊与温带湖泊的面积占比的 6.3 倍(Li et al.,2018)。青藏高原湖区处于高海拔地区,富含丰富的溶解性有机碳(DOC),其 CH_4 释放量也是最高的,可达 676.91±310.86 Gg C-CH_4·a^{-1}。云贵高原湖区 CH_4 释放量最低,仅 1.74±1.69 Gg C-CH_4·a^{-1}。整体上,湖泊敞水区平均 CH_4 释放通量为24.42±69.55 mg C-CH_4·m^{-2}·d^{-1},显著低于河口区(约为湖心的 5 倍)。以湖心为基准,计算得到我国的湖泊的 CH_4 年释放量为 0.96 Tg C-CH_4。与世界上其他众多湖泊相比,我国湖泊普遍存在高营养负荷,同时高光合速率和高有机碳输入增加了产 CH_4 过程所需底物,因此有较高的释放通量。对比分析发现,我国湖泊敞水区的 CH_4 通量是北美及欧洲地区(7.42 mg C-CH_4·m^{-2}·d^{-1})的 3.3 倍,也显著高于全球湖泊的平均水平(4.6 倍)。

5.3 湖泊氮循环

氮是生命活动所需的基本元素。湖泊中氮的供给状况在很大程度上决定着水生生态系统的初级生产力水平。近年来,人类活动导致大量氮素进入湖泊,改变了湖泊营养水平,导致藻类大量生长,氮成为引发水体富营养化的关键元素之一。

氮在环境中存在多种氧化还原价态。因此,作为许多氧化还原反应中的电子供体和受体,氮在生物圈营养盐循环中起着重要作用。氮的生物地球化学循环是整个生物圈物质能量循环的重要组成部分,在湖泊营养循环中占有重要地位。氮在湖泊水环境中的迁移转化过程对于湖泊氮的收支及湖泊的富营养化进程也具有重要的意义。

5.3.1 湖泊中氮的存在形态

与碳、磷、硫、硅等其他生命元素相比,湖泊中氮的化学形态多,不同形态之间的转化过程独特,使得氮循环成为湖泊所有元素生物地球化学循环中最复杂的过程。同时,氮元素作为生物生产力的一个限制因子,在湖泊生物地球化学中占据核心地位,对许多其他元素,特别是碳和磷的循环产生重要影响。

湖泊中氮元素有五种相对稳定价态(图 5.22),能够以正五价的硝态氮(NO_3^-)、正三价的亚硝态氮(NO_2^-)、正一价的氧化亚氮(N_2O)、零价的分子态氮(N_2)和负三价的铵态氮氨基(NH_4^+)存在。在大量存在的含氮有机化合物中,氮元素通常以负三价的氨

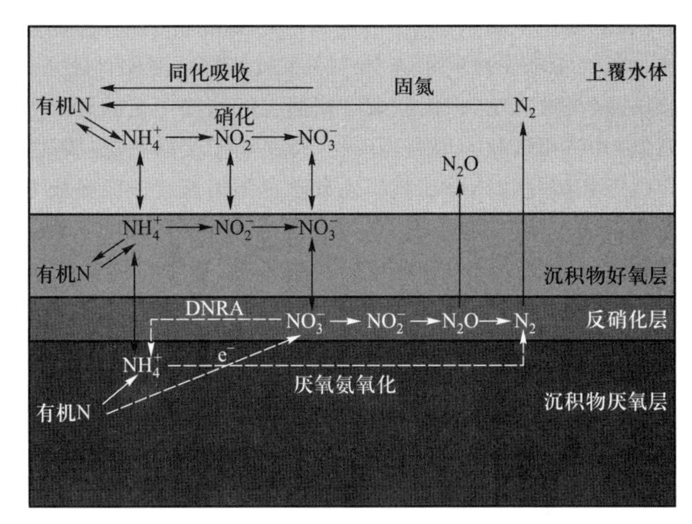

图 5.22 湖泊生态系统中氮的形态及其转化过程(DNRA:硝酸盐的异化还原)

基形式存在。

湖泊中氮元素各形态之间的相互转化,如固氮(nitrogen fixation)、硝化(nitrification)、反硝化(denitrification)、厌氧氨氧化(anammox)等(图 5.22),几乎都是由湖泊生物作为其新陈代谢的一部分进行的,要么为了获得氮素进而合成结构组分,要么为了获得生长的能量。虽然湖泊中大多数化学形态的氮是生物可利用的,但最丰富的化学形态,即溶解的氮气(N_2),通常不能够被湖泊生物直接利用。为了强调这一区别,通常称 N_2 之外的氮形态为固定的氮(fixed nitrogen)。

5.3.1.1 湖泊不同介质中氮的形态

1) 沉积物中氮的形态

湖泊沉积物是湖泊环境中氮的重要储存库,对湖泊氮循环具有重要的影响。湖泊沉积物中氮的赋存形态主要包括有机氮和无机氮,两者之和为沉积物总氮。

沉积物有机氮通常占总氮的90%以上,其赋存形态可借鉴土壤学的分类方法大致分为两类:一类是未分解或部分分解的生物体,如微生物活体或者死亡的生物残体等;另一类为腐殖质,为具有酸性、含氮量很高的胶体状高分子有机化合物,主要由蛋白质、氨基酸和环状有机物组成,并在沉积物总氮中占主导。有机氮的赋存形态也可以根据测定方法进行分类,如根据蛋白质、氨基酸的水解特性分为水解态氮和不可水解态氮,其中水解态氮又可按提取方法分为水解性铵氮、氨基酸态氮、己糖胺态氮、羟胺基酸态氮、氨基糖态氮等。根据沉积物有机氮的矿化性可分为潜在可矿化态氮和不可矿化态氮。沉积物有机氮的大部分形态不具有生物有效性,需要经过微生物的转化,变成无机氮或小分子有机氮后,才能进入沉积物间隙水,并向上覆水体迁移,形成内源,或发生同化、硝化、反硝化、厌氧氨氧化等氮转化过程。

沉积物无机氮主要包括可交换态氮和固定态铵。可交换态氮包括 NH_4^+、NO_3^- 和少量 NO_2^-,能够直接被初级生产者吸收,并且易发生迁移和转化,对水生态系统具有非常重要的生态意义。固定态铵,亦称非交换性铵,是指在地质环境中通过置换矿物中的 K^+、Na^+、Rb^+、Ca^+等而存在于矿物晶格中的铵,不具有生物有效性,也不能被水溶液或者盐溶液提取,一般需要用氢氟酸-硫酸溶液将矿物晶格破坏后,才能被释放。沉积物中固定态铵可达总氮的10%~96%,是水体生态系统氮的重要储存库。

此外,借鉴磷分级浸取方法,采用浸取分离法将沉积物中氮的赋存形态分为可转化态氮和非转化态氮,并将可转化态氮分为4种形态:离子交换态氮、碳酸盐结合态氮、铁锰氧化态氮及有机态和硫化物结合态氮。还有学者利用连续分级提取方法将沉积物氮形态分为:① 游离态氮,即动态释放的氮形态,是水-沉积物界面氮释放的主要形态;② 可交换态氮,即结合能力较弱和易被释放的氮形态,是沉积物氮营养盐比较活跃的一部分;③ 酸解态氮,在矿化作用可被转化而释放的氮形态,主要以有机氮形式存在;④ 残渣态氮,是最不容易释放的氮形态,也称不可转化态氮。

沉积物的总氮反映了沉积物氮含量的总体状况。在众多水体中,由于沉积物类型或者水体类型的差异,沉积物中的总氮含量差别巨大。富营养化湖泊的沉积物中总氮含量往往较高。因此,沉积物总氮的水平往往可以指示湖泊的氮负荷和营养程度。

2)间隙水中氮的形态

沉积物间隙水是沉积物的重要组成部分,是沉积物中可溶解态氮的主要载体。间隙水中的总氮包括总溶解态氮(TDN)和颗粒态氮(PN),其中TDN包括溶解态无机氮(DIN)和溶解态有机氮(DON),而DIN又包括了NH_4^+、NO_3^-和NO_2^-。间隙水中总溶解态氮与沉积物可交换态氮和沉积物固定态铵之间处于动态平衡状态。此外,间隙水中还包括微生物代谢产生的气态氮形态,如一氧化氮(NO)、一氧化二氮(N_2O)、N_2等。

在湖泊内源营养盐释放和吸附过程中,沉积物-间隙水-上覆水三者之间的关系极为密切。间隙水在浅水湖泊内源负荷发生机制中扮演着重要角色,是沉积物-水界面氮素迁移与转化的重要介质。间隙水中污染物分布特征已被证实与湖泊内源负荷有直接关系。而沉积物-间隙水体系中发生的一些氮迁移转化过程又对湖泊氮负荷的去除具有重要的贡献,特别是与N_2产生有关的反硝化和厌氧氨氧化过程。

沉积物-间隙水体系中涉及众多氮的转化过程,如矿化、反硝化、硝化、固氮、硝酸盐异化还原成氨(DNRA)等(图5.22),并与上覆水紧密联系。这些转化过程中的氮素主要通过微生物介导的氧化还原反应在高度氧化态氮(NO_3^-和NO_2^-)和还原态氮(NH_4^+、氨基酸或有机氮化合物)之间循环,氧化还原反应的气态产物可包括N_2、NO、N_2O等。这些转化过程的一个特征是需氧和厌氧过程之间的耦合,另一个特征是对于特定氮形态,例如NO_3^-,可能存在几种竞争途径和潜在的归趋。

沉积物间隙水中氮的形态测定,通常运用平衡式间隙水采样器[pore water equilibrator(Peeper)]向柱状沉积物中抽取间隙水,也可通过离心法、压榨法、渗析法、毛细管法等获得,进而测定所提取的间隙水中的各种氮形态的浓度。沉积物-间隙水体系向上覆水释放的气态氮通常采用箱式法、流动培养法等方法测定其浓度与通量。

3)湖泊水体氮的形态

湖泊水体中氮的形态与沉积物间隙水中大致相同。湖泊水体各形态氮与沉积物发生交换,并且水体中溶解的气态氮可在水-气界面与空气发生交换,交换的形态主要为N_2O和N_2。N_2O为温室气体,温室效应为CO_2的300倍。

水体中可被浮游生物吸收利用的氮形态包括PIN(NH_4^+、NO_3^-和NO_2^-)及DON库中的众多有机氮分子(如尿素、氨基酸等)。一些浮游藻类(如固氮蓝藻)还能够固定水体中溶解的部分N_2作为氮素营养合成自身结构物质。理论上,NH_4^+是湖泊浮游生物最容易吸收的氮形态,因为其被浮游生物吸收后不涉及价态变化并可以直接与其他有机化合物结合,以氨基基团形式合成浮游植物自身组成结构。

不同的浮游生物利用不同形态氮素的能力不同,因而水体氮形态会影响浮游生物群落的种群组成。湖泊中的蓝藻偏向于吸收 NH_4^+,而硅藻偏向于吸收 NO_3^-(Glibert et al.,2016)。在我国长江中下游湖泊富营养化进程中,浮游生物在利用不同形态氮时,NH_4^+ 通常首先被利用,但能被浮游植物直接利用的 NH_4^+ 仅占水体总氮的一小部分,DON 成为水体氨氮的重要补偿途径之一(吴丰昌等,2010)。DON 在组成上是多种化合物的非均匀混合物,至少由少量不稳定组分(数秒至数小时,几乎难以累积到可测定的浓度)、半不稳定组分(与季节有关)及大量难降解组分(数年)三个库组成,其中众多组分能被浮游植物直接或间接地吸收利用,尤其是一些小分子 DON,如尿素、水溶性游离氨基酸(DFAA)、核酸、甲胺、肌酸、嘌呤、嘧啶等(Sipler and Bronk,2015)。此外,浮游生物群落代谢再生的 NH_4^+ 和小分子 DON 等能够被浮游植物再次吸收利用,成为其生长的重要维持物质。

湖泊水体中各形态氮素间同样存在众多的转化过程,并涉及气态氮(如 N_2O 和 N_2)的产生与 N_2 固定,对湖泊氮素的平衡起到关键的作用。例如,反硝化不仅发生在沉积物表层,还发生在水体悬浮颗粒物的厌氧微界面(Liu et al.,2013),其最终产物是大气中含量最高且性质稳定的 N_2,并且大气不会因为氮素的不断输入而导致氮汇达到饱和。因而反硝化被认为是水生生态系统中去除氮素的最好途径。另外,湖泊水体某些浮游藻类的固氮过程能够将大气中的 N_2 转变为 NH_3,使得大气中的氮素直接进入生物圈。

4) 湖泊生物中的氮形态

湖泊生物中的氮素主要以有机结合态氮存在,包括浮游动植物、大型水生植物、鱼虾类、软体动物、细菌、病毒等生物体中的有机结合态氮。湖泊中的动物、植物、微生物等构成湖泊生态系统的食物链,各种生物通过同化吸收或选择性捕食,使得氮素在营养级中自下而上进行传递(图 5.23)。湖泊的营养状态影响其生态结构,食物链中的生态群落组成同样也会影响氮素的生物地球化学循环。

5) 湖泊有机碎屑中的氮形态

有机碎屑的概念包括三方面内容:① 来源于动植物尸体;② 是颗粒性的;③ 细菌等微生物生活于有机碎屑基质中,并消耗其高蛋白部分。碎屑并不是均一的物质,主要为死亡的浮游动物和藻类,而碎屑颗粒则是由一个有机质核心和附着的大量细菌组成。有机碎屑形成之后,在没有被牧食的情况下,慢慢沉降到水底,在水底累积形成一层疏松而富含有机质的水底有机碎屑层。

有机碎屑的含氮组分主要为腐殖质氮,其在降解过程中,具有反应活性的酚类和碳水化合物基团越来越丰富,可与氨基酸形成缩合产物,产生复杂的含氮腐殖质类的地质聚合物前体。在碎屑分解过程中积累的大部分氮是非活性腐殖质氮而不是微生物活性蛋白。在碎屑研究中经常观察到的富氮过程与腐殖化过程中氮的化学行为是一致的,这种腐殖质氮的生物有效性取决于蛋白质类亚基在腐殖质大分子结构中保留的程度。碎屑中含氮化合物的化学性质既反映了腐烂过程又影响了碎屑分解速率。湖泊有机碎屑在降解过程中对 O_2 的消耗量很高,在水体缺氧以及特定条件下会进行厌氧发酵,产生 H_2S、NH_3 及一些低级脂肪酸,导致水体发臭,与水体黑臭现象密切相关。

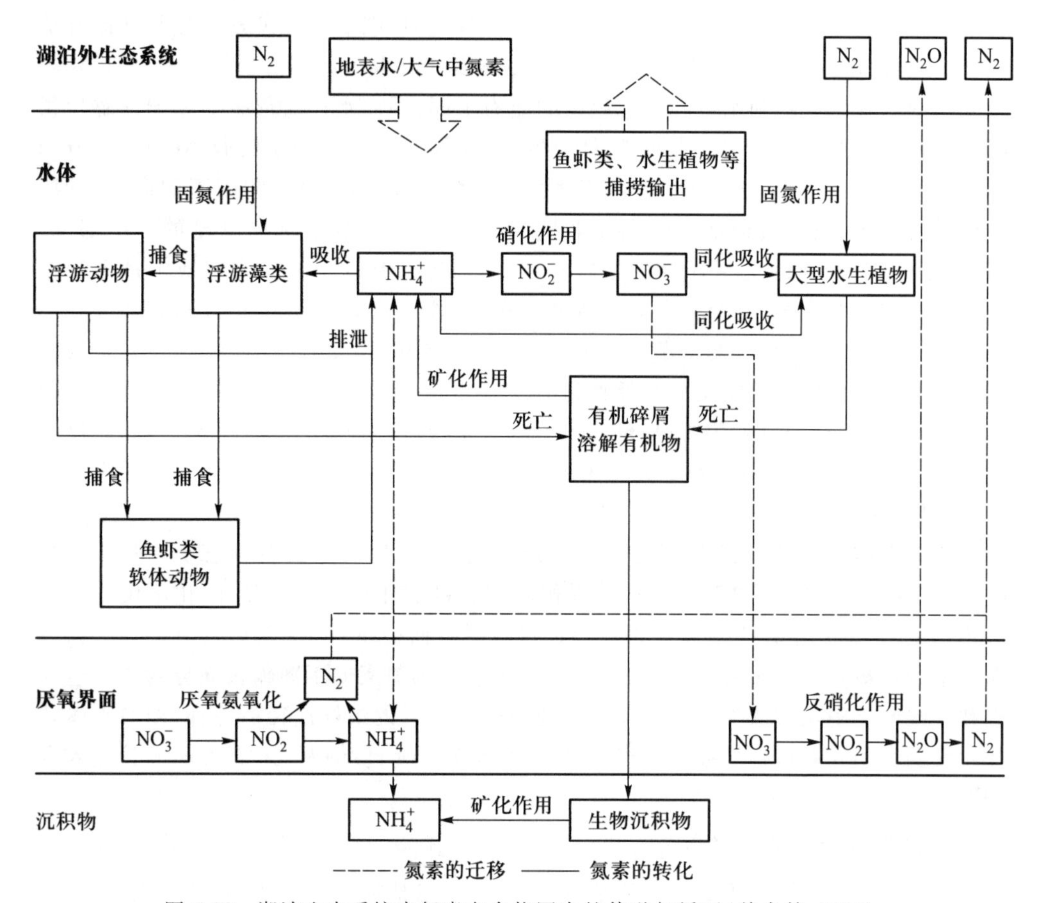

图 5.23　湖泊生态系统中氮素在食物网中的传递与循环(曾巾等,2007)

5.3.1.2　湖泊氮同位素

氮同位素主要有两种,^{14}N 和 ^{15}N。自然界大量存在的为较轻的 ^{14}N。湖泊氮同位素的分馏效应是指在生物地球化学循环过程中 ^{14}N 和 ^{15}N 以不同比例分配于不同物质之中的现象。由于同位素分馏效应的存在,稀有的 ^{15}N 稳定同位素的天然丰度可以提供不同尺度下氮素迁移转化过程的关键信息。

作为同位素系统,氮循环有许多途径,其中部分具有显著的同位素分馏效应。从过程角度来看,湖泊初级生产者同化无机氮并将其带入食物网,在最终被再矿化之前可以通过营养级交互作用从一个生物体传递到另一个生物体;而同位素观点略有不同,因为最强的分馏效应通常与不直接进入食物网的氮的异化过程有关,而不是从一个无机氮库到另一个无机氮库。例如,反硝化作用和 DNRA 过程将 NO_3^- 转化为 N_2,其净效应是消耗湖泊结合态氮(NO_3^-),过程中优先利用轻的 ^{14}N,产生贫化的气体 N_2,同时使剩余的 NO_3^- 库富集 ^{15}N,导致湖泊 NO_3^- 库的 $\delta^{15}N$ 增加。相反,固氮作用优先利用轻的 ^{14}N,降低了结合态氮的 $\delta^{15}N$,但生物固氮过程中的氮同位素分馏很小。

5.3.2 湖泊中氮循环关键过程

5.3.2.1 氮的迁移转化过程及其在水体中的发生位置

在水环境中,不同的氮循环过程所需的环境条件不同。固氮作用主要发生在耗氧水柱及厌氧沉积物中,该过程可以把气态游离的 N_2 转化为有机氮。氨化作用既能发生在耗氧水柱及耗氧沉积物中,同时也能发生于厌氧沉积物中。硝化作用由于需要氧的参与,所以主要发生在耗氧水柱及耗氧沉积物中。而反硝化作用由于需要严格的厌氧条件,所以主要发生在厌氧沉积物或厌氧水柱中。另外硝酸盐异化还原成氨(氨异化作用)也要求严格的厌氧条件,所以主要发生于厌氧沉积物或水柱中。

5.3.2.2 固氮过程

固氮过程是指由许多自由生活和共生的原核生物进行的酶催化过程,它将大气中的 N_2 还原为 NH_3,能够固氮的微生物包括一些光合自养蓝细菌(蓝绿藻),以及大量好氧和厌氧的异养或化能自养细菌。大部分能固氮的蓝细菌属于某些丝状属,它们具有形态特别、细胞壁厚的异形胞(heterocyst),这些异形胞可提供固氮所需的厌氧条件。淡水中具异形胞的藻类包括:鱼腥藻属(*Anabaena*)、水华束丝藻属(*Apbanizomenon*)、胶刺藻属(*Gloeotrichia*)、节球藻属(*Nodularia*)、筒孢藻属(*Cylindrospermum*)、鞭枝藻属(*Mastigocladus*)和念珠藻属(*Nostoc*)。前两种通常是浮游生活,其他种类则主要生长在物体表面(附着生物)。生物固氮作用能够不断地补充由于反硝化等脱氮过程对于环境中氮的消耗,所以对于环境中的氮收支有着非常重要的意义。

生物固氮过程可以用下式来表达:

$$N_2+8e+16MgATP+16H_2O \rightarrow 2NH_3+H_2+16MgADP+16Pi+8H^+ \tag{5.8}$$

水环境中的固氮作用受多种环境因素的影响,包括光照、气候(温度)、固氮细菌(植物)数量等。由于固氮细菌在将 N_2 还原为有机氮的过程中需要利用太阳能,因此固氮作用具有明显的昼夜变化特征,且在湖泊和湿地中会随深度变化显著下降。另外研究者也发现,氮固定速率与水柱中的溶解性有机氮呈显著的正相关。

Yao 等(2018)对太湖沉积物固氮作用进行了研究发现,最高固氮速率出现在冬季,而其他季节固氮速率维持较低的水平(图 5.24)。进行湖泊生态系统氮收支计算发现,

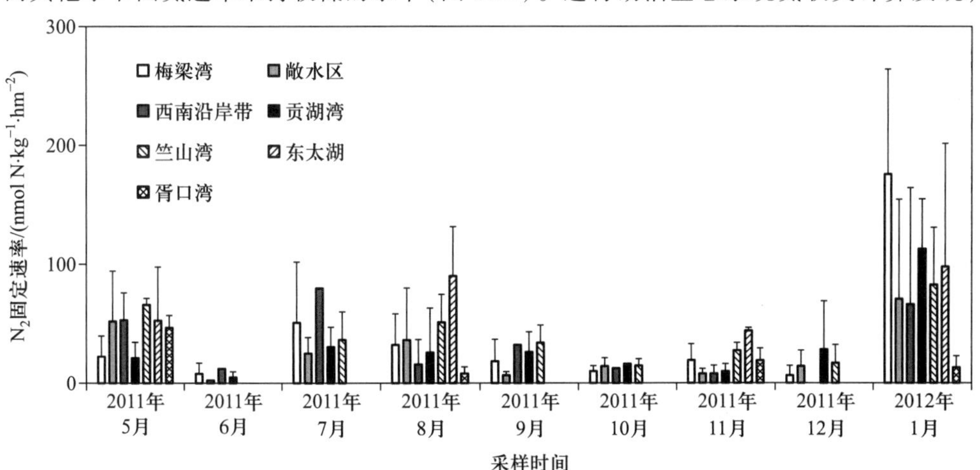

图 5.24 太湖不同湖区沉积物固氮速率(Yao et al.,2018)

通过生物固氮作用输入的氮只占氮收支非常小的部分,这个结果与沉积物性质密切相关。Hayes等(2019)研究了氮固定对于富磷湖泊中浮游植物生长的影响发现,生物固氮量只占浮游植物需求氮量的3.5%,总的固氮量仅占湖泊中总溶解态氮储量的3.0%。氮固定能帮助维持初级生产力,但是并不能消除富磷湖泊中浮游植物的氮限制。

5.3.2.3 矿化和氨化过程

矿化过程和氨化过程又称为脱氨作用,是微生物分解沉积物中的有机氮产生氨的过程。氨化细菌主要由假单胞菌属、芽孢杆菌属、梭菌属、沙雷氏菌属及微球菌属中的一些细菌组成。沉积物中的矿化或氨化过程直接关系到沉积物-水界面的无机氮的迁移通量,在沉积物-水界面,NH_4^+-N主要表现为向上的通量,而硝酸盐及亚硝酸盐通常表现为向下的通量。

沉积物释放的铵态氮主要来源于有机质的分解。其归宿主要有以下几个方面:① 在间隙水中积累和(或)被沉积物吸附;② 向水体扩散;③ 在扩散过程中被氧化;④ 被植物同化吸收。间隙水剖面分析是研究沉积物中氮动力学的一个重要的手段,其优势在于能够反映间隙水氮的真实赋存形态及特征,且沉积物-水界面的氮通量可以通过间隙水剖面来计算。总体来说,与利用原柱样及其他方法计算氮释放相比,间隙水剖面分析能够更好地反映沉积物氮的矿化特征。

沉积物中氮的氨化过程受多种环境因子影响,包括溶解氧、底物浓度、温度、氨化细菌数量等。图5.25是利用Peeper间隙水被动采样技术获取的太湖梅梁湾内湾和外湾间隙水中无机氮的赋存特征(Zhong et al.,2018)。间隙水中氨氮浓度随深度增加而增加。污染相对严重的内湾氨氮分布存在明显的季节性变化特征:温度高的月份氨氮浓度更高。这个现象表明,沉积物氮的氨化过程受温度影响大。而在垂向上随深度增加而增加说明氨化过程受氧及扩散过程的影响。在间隙水中,硝酸盐及亚硝酸盐的分布呈现出与氨氮截然不同的趋势,二者在间隙水含量非常小,而且主要分布在沉积物-水界面,随着深度加深,二者逐渐趋于零。

5.3.2.4 硝化过程

水环境中的硝化作用是指在微生物催化作用下NH_4^+被氧化转变为NO_3^-的过程。硝化作用是微生物主导的转化过程,而非化学氧化,微生物在这个过程中获取新陈代谢所需的能量。硝化作用在氮循环过程中具有重要的意义,因为其产生的氧化态氮(主要是NO_3^-和NO_2^-)能够参与反硝化作用,生成的氮气释放到大气中,从而去除水环境中的氮。

硝化作用由自养型细菌分阶段完成。第一阶段为亚硝化,即铵根(NH_4^+)氧化为亚硝酸根(NO_2^-)。第二阶段为硝化,即亚硝酸根(NO_2^-)氧化为硝酸根(NO_3^-)。硝化作用由两类细菌参与:氨氧化细菌[如亚硝化杆菌属(*Nitrosomonas*)]和硝酸盐氧化细菌[如硝化杆菌属(*Nitrobacter*)],前者能够较好地适应低溶解氧浓度。它们均是化学自养细菌,能够利用有机物氧化释放动能来固定CO_2,满足自身所需的碳。硝化作用反应式是:

$$NH_4^+ + 2O_2 \rightarrow NO_3^- + H_2O + 2H^+ \tag{5.9}$$

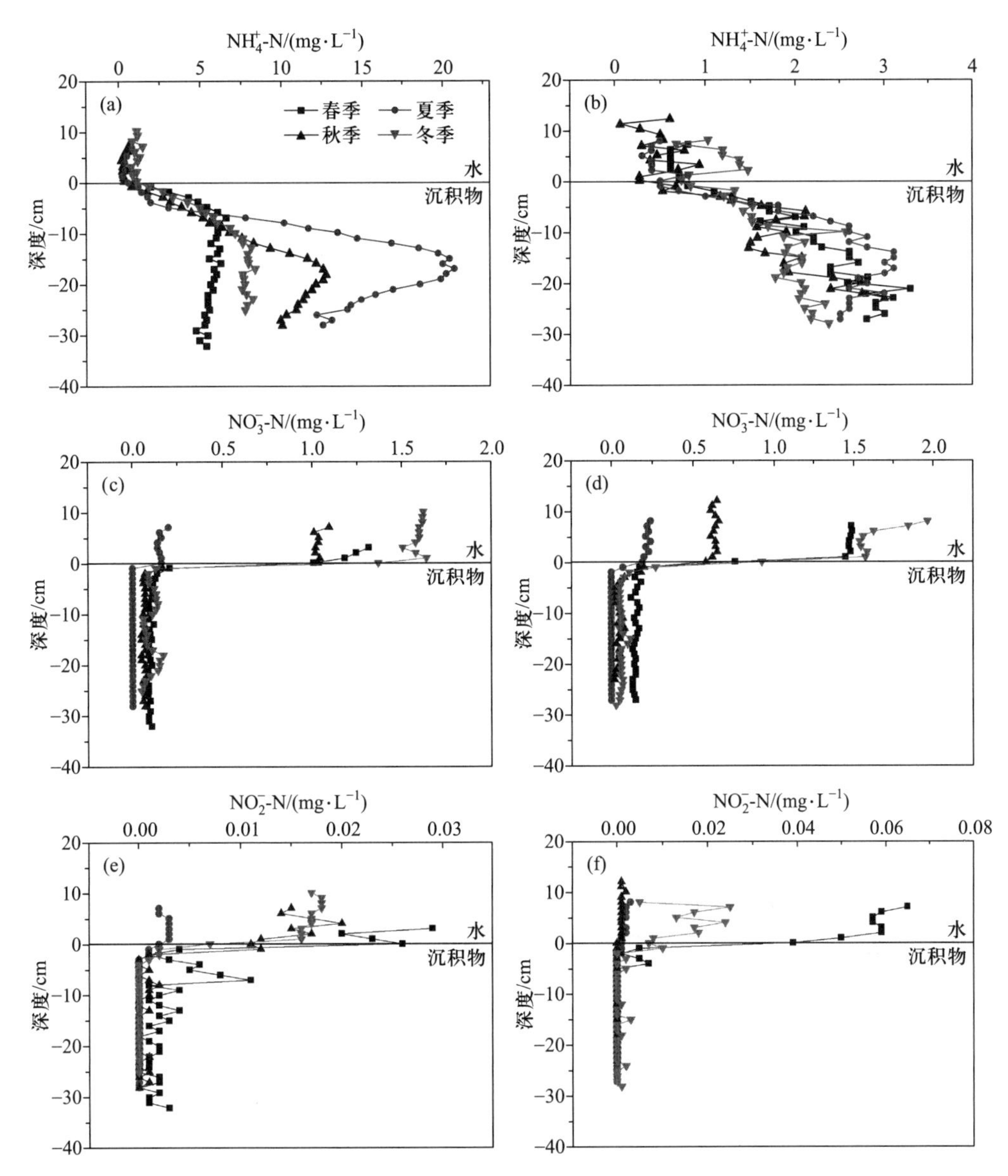

图 5.25　太湖梅梁湾沉积物间隙水中无机氮赋存特征(Zhong et al.,2018)。(a)、(c)、(e)代表内湾,(b)、(d)、(f)代表外湾

沉积物-水界面的硝化速率受多种环境因子的影响,包括溶解氧、温度、底物浓度(氨氮)、pH 值、硝化细菌数量等。Liu 等(2018)研究了太湖不同生态类型湖区沉积物-水界面硝化速率在一年中的变化过程发现,没有显著的季节性变化,且在多数月份中不同生态类型湖区没有显著性差异(图 5.26)。藻型湖区夏季硝化速率最大,说明沉积物-水界面硝化速率主要受温度的影响。

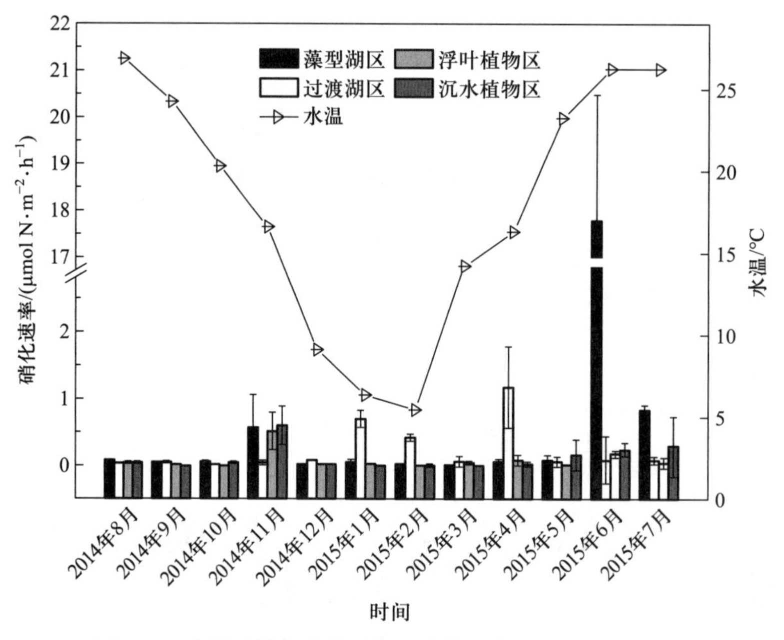

图 5.26　太湖不同生态类型湖区硝化速率(Liu et al.,2018)

5.3.2.5　反硝化过程

反硝化过程是水环境中直接的脱氮过程。由于该过程对于水环境中氮的收支非常重要,所以也是水环境中研究最多的氮循环过程。经典的反硝化过程是由微生物催化的氮氧化物(NO_3^- 和 NO_2^-)异化还原过程。湖泊、河流和湿地中的这一过程由许多异养兼性厌氧菌和真菌在有氧-厌氧界面完成。反硝化过程的转化过程为:

$$NO_3^- \rightarrow NO_2^- \rightarrow N_2O \rightarrow N_2$$

反硝化过程分为非耦合反硝化过程和耦合反硝化过程。硝化作用将 NH_4^+ 转化为 NO_3^-,为反硝化作用提供原料,从而使 NO_3^- 成为硝化作用与反硝化作用的纽带。然而硝化作用需要有氧环境,反硝化作用发生需要厌氧环境,很难使这两个条件同时具备。因此反硝化作用一般发生在有氧-厌氧界面,这个界面可以在空间上或时间上分开。根据硝酸盐向反硝化区传递的方式可以将系统分成几个组:① 硝酸盐按照稳定的氧梯度扩散到反硝化区;② 含硝酸盐的有氧水通过质流方式进入厌氧区;③ 厌氧条件周期性地发生,导致本地有氧条件时产生的硝酸盐被反硝化。当有氧与厌氧条件在空间(几米到上千米)或时间上(几周到几年)上显著分开发生,硝化与反硝化作用在空间或时间上都间隔很远时,这种反硝化过程称为非耦合反硝化过程;当有氧与厌氧的交互作用发生在很小空间上(几厘米范围内)或很短的时间内(1 天范围内),进而硝化与反硝化作用在空间或时间上紧密耦合时,这种反硝化过程称为耦合反硝化过程。对于永久分层的封闭水生态系统(包括湖泊、半封闭的海洋与大陆架),水体呈现有氧的表层和厌氧的下层,靠近有氧-厌氧界面的有氧层产生的硝酸盐扩散进入厌氧层发生反硝化作用,展现了很强的硝化/反硝化耦合作用,这需要强烈的分层和大量的有机物进入下层水体来消耗 O_2。这些系统中反硝化所需的有机物来自上覆水,反硝化层的深度在十几厘米到几米的范围。对于季节性分层的水体而言,原位产生的和外源输入的硝酸盐在混合期分布在整个水柱中,当分层期时下层形成厌氧区,发生反硝化作用。因此硝酸盐可以在原位或几千米外产生,通过流动进入反硝化区域。这些系统中,反硝化可以发生在下层的水体或与之相连的底泥中,在哪部分发生的程度高取决于水体中的有机物含量(Seitzinger et al.,2006)。

沉积物-水界面的反硝化过程受多种环境因素的影响及限制,在不同的季节决定反硝化速率的影响因子不尽相同,溶解氧、温度、底物浓度(硝酸盐)、pH 值、碳源、反硝化细菌数量等这些环境因子都会产生影响。太湖沉积物-水界面反硝化速率表现出明显的季节性特征(图 5.27a),最大值出现在春末夏初(Liu et al.,2018),这是因为春末夏初水柱有着较高的硝酸盐浓度,且水温也开始升高且达到 20 ℃以上。虽然冬季水柱中有着最高的硝酸盐浓度,但是受冬季低温的限制(10 ℃以下),反硝化速率相对比较低。而在夏末及秋季,尽管温度较高,但由于水柱中硝酸盐浓度很低,此时反硝化速率主要受硝酸盐浓度的限制,维持在比较低的水平(Zhong et al.,2020)。另外,营养盐添加实验表明,太湖梅梁湾反硝化速率在夏季及秋季受到水柱硝酸盐的限制,但不受有机碳的限制(图 5.27b)。湖泊生态系统与其他水生生态系统相比,反硝化速率表现出最大的时空差异,不同的湖泊由于受其所处的位置、湖泊自身环境等条件影响,反硝化速率会表现出不同的时空异质性(Piña-Ochoa and Álvarez-Cobelas, 2006)。

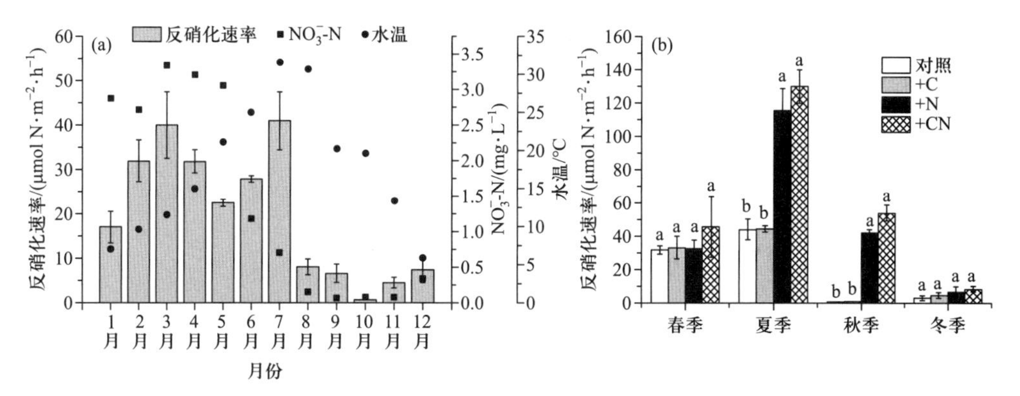

图 5.27 太湖梅梁湾反硝化速率及限制因子

5.3.2.6 厌氧氨氧化

厌氧氨氧化是近年来研究较多的又一种湖泊脱氮过程,是在厌氧条件下,氨及亚硝酸盐共同参与,由厌氧氨氧化细菌将其转化为 N_2 排放到大气中的过程(Kartal et al., 2011)(图 5.28)。厌氧氨氧化细菌,属于浮霉菌门。分子生物学的显著进步揭示了许多关于厌氧氨氧化细菌的生物多样性信息。这些细菌具有非同寻常的生理学特征,它们能够在没有 O_2 的情况下通过消耗氨来生存。

厌氧氨氧化过程可以粗略地表示为:

$$NH_4^+ + NO_2^- \rightarrow N_2 + 2H_2O, \Delta G = -357\ kJ \cdot mol^{-1} \tag{5.10}$$

Kartal 等(2011)揭示了厌氧氨氧化过程的分子机制,在这一过程中亚硝酸盐(含 NO_2^-)在相关微生物作用下还原为 NO,NO 进一步还原把体系中的氨氧化,两者共同生成联氨(N_2H_4),N_2H_4 在相关微生物的作用下进一步氧化生成 N_2 释放到大气中。

厌氧氨氧化过程是高度释能的过程,与相关生物的能量代谢有关系。厌氧氨氧化过程在水环境中发生的条件比较苛刻,且其脱氮效率通常没有经典的反硝化过程高效。

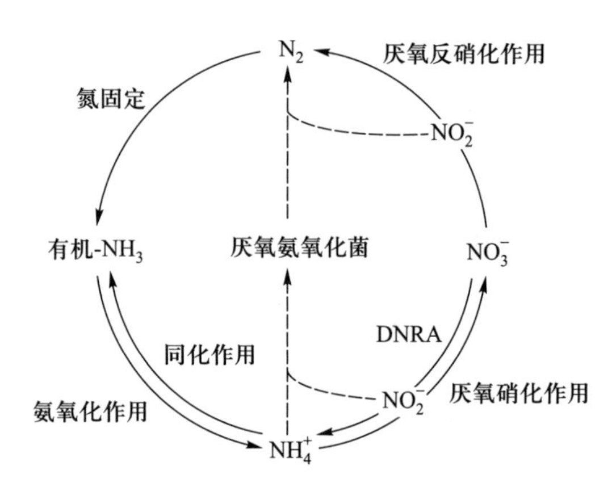

图 5.28　在氮循环中厌氧氨氧化过程的发生路径(虚线部分)

厌氧氨氧化过程的发生路径区别于耦合的硝化反硝化路径(图 5.28),厌氧氨氧化过程绕过经典的耦合的硝化反硝化路径,该过程所需要的 NO_2^- 来源于反硝化、硝化及硝酸盐异化还原为氨(DNRA)的中间产物。该过程生成的 N_2 最终排放到大气中,从而能够削减水环境中的氮,对于水环境中的氮收支具有重要的意义。

湖泊中厌氧氨氧化过程主要受溶解氧、底物浓度、温度、pH 值、厌氧氨氧化细菌数量等因子的影响。Schubert 等(2006)发现,湖泊中厌氧氨氧化过程可以贡献 9%~13% 的氮损失,温度是影响厌氧氨氧化过程的关键环境因子。而在另一个淡水湖泊中,厌氧氨氧化过程可以贡献高达 40% 的氮去除率,NO_3^- 浓度与厌氧氨氧化正相关(Yoshinaga et al.,2011),表明淡水生态系统中 NO_3^- 浓度是影响厌氧氨氧化微生物群落及行为的关键环境因子。

5.3.2.7　硝酸盐异化还原成氨

硝酸盐异化还原成氨(DNRA),或称为硝酸盐氨化作用,与反硝化过程存在较大差别(图 5.29)。在反硝化过程中,硝酸盐直接还原为 N_2 并释放到大气中,是水生生态系统中彻底的脱氮过程。而 DNRA 过程中生成的氨却仍然滞留在水环境中。此外,在能量方面也不相同,DNRA 需要更多的能量。在该过程中,对于氮形态的转化也容易引起误解,相关的微生物吸收了水环境中的硝酸盐,而在死亡或自分解过程中释放出氨。

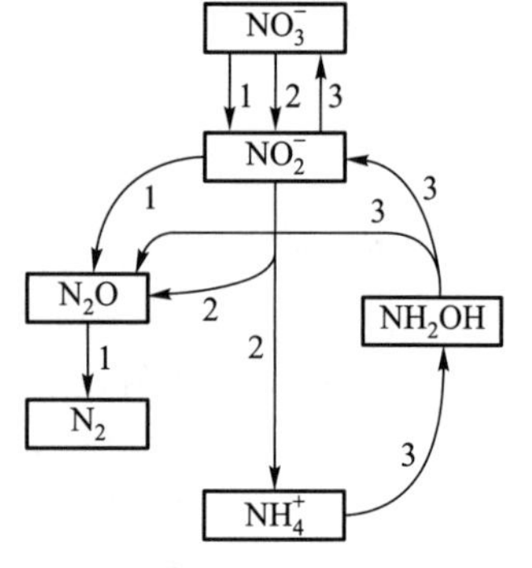

1.反硝化;2.DNRA;3.硝化

图 5.29　氮转化过程

在厌氧环境中,反硝化过程在硝酸盐去除过程中起着主要的作用。但是 DNRA 会发生直接的竞争,这时候电子供体(即碳源)与电子受体(即 NO_3^-)有效性及其比例尤为重要,决定着这两个过程哪个会发生,同时也决定着最终产物是什么。当电子受体(即 NO_3^-)有效性受到限制时,会发生 DNRA;而当电子供体(即碳源)供应受到限制时,则会发生反硝化过程。所以,DNRA 发生的生境为系统中含有丰富的碳源及有限的硝酸盐。

溶解氧、温度、pH 值、底物浓度、盐度、功能细菌数量等环境因素都会影响 DNRA 过程。DNRA 过程也受生态系统中硫化物的影响,当金属硫化物存在时会促进反硝化过程;但有 H_2S 存在时,硝酸盐会促进 DNRA 过程。Nizzoli 等(2010)研究发现,当水体中存在高的硝酸盐浓度时,反硝化过程生成 N_2 占主导;但到夏季温度分层时,耦合的硝化反硝化过程受到氧的限制,反硝化速率受到水柱硝酸盐的限制,在还原条件下有机质丰富的沉积物微生物过程由反硝化转变为 DNRA 过程。该过程增加无机氮在水体中的循环及滞留时间,导致水体中无机氮的积累,从而对生态系统过程及水质带来有害的影响。

5.3.3 湖泊中氮与富营养化

5.3.3.1 限制因子概念

营养限制的概念最早由德国有机化学家 Liebig 于 1840 年提出:植物的生长取决于系统中处在最小量状态的营养元素,这就是"利比希最小因子定律"。后人有关限制性营养盐的研究都以此为基础。Odum 于 1971 年提出"限制因子"这一概念,即对于生物来说,维持某一活动所需的物质处于其最小临界值,这种物质就是限制因子。随着研究的深入发展,不同的研究者提出了不同的限制对象,如浮游植物的生长速率、生物量或初级生产力等。根据 Liebig 原则,浮游植物的生长受介质中浓度最小的营养盐的限制。营养盐对浮游植物的限制作用经常是潜在性的,即常受到其他环境因素(如光照、温度)所制约。当其他因素发生改变时,营养盐的限制作用就显现出来。

湖泊中的浮游植物是一大类群,不同种属的浮游植物所需的最适营养比例差异很大。因此,对于浮游植物群落而言,存在多种元素共同限制的可能。通常情况下人们更关心的是湖泊中浮游植物群落总生物量,而不是个别种类的生物量。因此一种或多种营养盐的添加能否显著增加总生物量,以及哪一种营养盐具有最大作用,往往是问题的焦点。

5.3.3.2 湖泊富营养化管理中的控氮策略

浮游植物的营养盐限制是湖泊生态系统中面临的一个普遍现象。大气中的 CO_2 能溶于水中,与水中的碳源循环维持平衡状态。因而碳一般不成为水体中的浮游植物生长的限制因子,磷或氮的限制更为常见(Conley et al.,2009;Paerl et al.,2016)。

加拿大科学家 Schindler 和他的同事在安大略地区西北实验湖泊区(ELA)进行了长期碳、氮、磷添加实验。他们用参照系湖泊(邻近的相似湖泊)或用塑料隔开的另半个湖泊作为对照,分析了湖泊对人为操纵的响应。实验结果表明,单独的氮、碳或两者的结合都不能明显地增加贫营养湖中的藻类生物量,而磷的添加对产生高的藻类生物量是必需的。据此他们认为,磷是湖泊主要的限制因子(Schindler et al.,2008),这使得"削减磷负荷"成为北美和欧洲湖泊管理的主要策略。

尽管在许多湖泊中,仅控制磷被证明是一种有效的改善水质措施,但也有大量失败的例子。如仅控制磷的策略在美国的 Apopka 湖、George 湖和 Okeechobee 湖,我国的太湖和东湖及日本的霞浦湖都未获得成功(Conley et al.,2009;Paerl et al.,2016)。在这些湖泊中,底泥和水体中的磷交换快,浮游植物的类群是那些不具有固氮功能的蓝藻,它们可以在水体中垂向移动进而从底层水体获得大量磷,再上浮到水面上生长,形成水华。在热带和亚热带湖泊,高的硫酸盐也容易导致底泥磷释放。

目前,湖泊治理中的磷范式受到了越来越多的挑战。Lewis 和 Wurtsbaugh(2008)认为,湖泊的营养物限制可能有几种不同的模式。Conley 等(2009)表示,对于许多淡水湖泊和多数河口海岸生态系统来说,控制氮的输入和控制磷一样重要,单独控磷并不能实现水质目标。关于淡水湖泊富营养化是只控制磷还是氮磷同时控制,争论的焦点是固氮蓝藻的反应。Schindler 等(2008)根据加拿大实验湖区 227 号湖 37 年的大规模实验结果发现,当水中富磷而缺氮时,会出现具有固氮功能的蓝藻,固氮作用可以弥补浮游植物生长过程中缺少的氮。然而,有研究表明,由蓝藻固氮作用输入到水生态系统中的氮不足浮游植物氮需求的 50%(Lewis and Wurtsbaugh,2008)。而且,即使是固氮蓝藻占优势,也不能保证有效的固氮。Ferber 等(2004)也在一湖泊的研究发现,在固氮蓝藻占优势的情况下,通过固氮输入的氮不足浮游植物氮需求的 9%。Scott 等(2010)直接对 Schindler 的 37 年全湖实验数据重新进行分析后发现,该湖中固氮蓝藻所固定的氮量小于氮的削减量,当停止向湖泊中添加氮而只照常添加磷时,湖泊中的总氮含量开始下降,使得氮磷比也下降,湖泊越来越趋向于氮限制,并伴随叶绿素含量的下降。太湖的研究发现,固氮输入的氮仅占外源输入的 1%左右(Yao et al.,2018)。

很多研究显示,在一些淡水湖泊,氮也是浮游藻类生长的限制因子,而且氮的限制常常伴随着水体的富营养化。近年的研究表明,氮限制和氮磷的共同限制相当普遍。Elser 等(2007)对温带地区全湖和围隔施肥实验数据进行收集和分析,结果发现,80%的研究案例中,要使浮游植物的生产力和生物量显著增加,必须同时加入氮和磷;在一般的贫营养系统中单独加入磷或氮,只有 6%的案例发生了响应;在大多数贫营养湖泊中,如果要引起足够明显的藻类生物量增加,必须同时添加两种营养盐。因此,在控制富营养化问题时,多数情况下有必要采取氮磷两种营养盐同时控制的策略。

Xu 等(2010)在太湖通过多年的原位营养盐添加实验发现,春冬季只加氮不能促进浮游植物生长,而加磷后显著刺激了浮游植物生长(图 5.30),说明春冬季磷是浮游植物生长的限制因子。然而在夏秋季,氮磷同时添加最大限度地刺激了浮游植物的生长,单独添加磷对浮游植物生物量和生长速率均没有影响,单独添加氮显著刺激了浮游植物生长,说明此时浮游植物受到氮磷的共同限制,而且氮是第一限制因子,表明太湖存在春冬季磷限制向夏秋季氮限制的转变。因此,对于太湖这样的浅水湖泊,底泥和水体中的磷循环迅速,磷的控制短期内不能起到作用,要想有效地控制蓝藻水华,应该同时控制好氮和磷。事实上,这种氮磷营养物交替限制的现象在我国长江中下游地区的湖泊中相当普遍。当湖泊水体氮磷比低时藻类生长受氮限制;当氮磷比高时,藻类生长受磷限制。从理论上讲,这些湖泊系统可以是氮和磷共同限制,任何一种单一的控制策略都可能受到挑战。

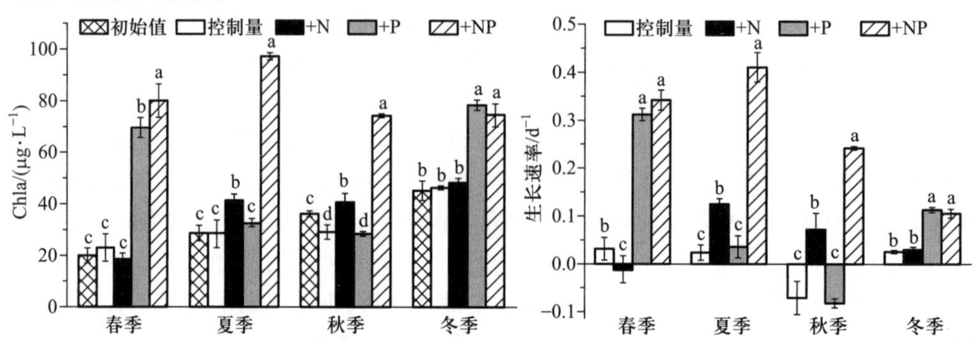

图 5.30　浮游植物叶绿素 a 和生长速率对氮磷添加的响应(Xu et al.,2010)

在水生态系统中,除了氮浓度外,还有很多因子控制这个耗能的固氮过程。由于固氮过程依赖于光照提供能量,固氮蓝藻常在中等磷水平的水体中形成优势。超富营养的水体中,光的利用性不断下降,导致非固氮蓝藻成为优势。对丹麦的湖泊研究发现,固氮蓝藻(鱼腥藻和束丝藻)经常在初夏氮浓度很高时形成优势;而在夏季中后期氮浓度很低时,反而是没有固氮能力的蓝藻(微囊藻)形成优势。其他湖泊中也观察到微囊藻在低无机氮浓度下形成优势的现象。因此,低浓度的无机氮并不是非固氮蓝藻或绿藻向固氮蓝藻演替的决定性因子。

水体氮磷浓度增加是湖泊富营养化发生的物质基础,因此控制蓝藻水华发生的根本措施是降低外源营养盐的输入。经济合作与发展组织(OECD)判断水体富营养化的一般标准是:氮含量大于 0.3 $mg \cdot L^{-1}$,磷含量大于 0.02 $mg \cdot L^{-1}$。美国国家环境保护署(EPA)介绍的佛罗里达湖泊和水库富营养化的氮阈值是 0.52 $mg \cdot L^{-1}$,河流水体富营养化的氮阈值是 0.9 $mg \cdot L^{-1}$。

通过藻类增长潜力试验,分析在一定温度、光照条件下营养物质对藻类生长、繁殖的作用,模拟一定条件下磷、氮浓度与浮游植物优势种的定量关系,是目前确定水体富营养化发生的浓度阈值的重要手段。太湖藻类营养加富原位培养湖沼学实验结果显示,氮浓度达到 0.8 $mg \cdot L^{-1}$时,蓝藻生长速率不再增加(Xu et al.,2015)。分析太湖氮磷营养盐浓度的历史数据可以发现,太湖在 1960 年总无机氮(TIN)浓度是 0.05 $mg \cdot L^{-1}$,反应磷(SRP)浓度是 0.02 $mg \cdot L^{-1}$,处于贫营养阶段。到 1981 年,TIN 为 1960 年的 18 倍,达0.89 $mg \cdot L^{-1}$,SRP 保持稳定,已经是中营养阶段。太湖在 1987 年左右进入富营养化阶段,1988 年 TIN 浓度为 1.12 $mg \cdot L^{-1}$,总磷(TP)浓度达 0.032 $mg \cdot L^{-1}$。1980—1981 年太湖沿岸区浮游植物主要以蓝藻和硅藻占优势,但这时蓝藻并未出现灾害性增长。1987 年 6 月太湖首次暴发了大面积的蓝藻水华,之后蓝藻水华每年夏季均会发生,面积逐步扩大。从 1960 年的贫营养水平到 1987 年蓝藻暴发,磷水平变化不大,在 0.012~0.02 $mg \cdot L^{-1}$,但无机氮浓度变化很大,从 0.05 $mg \cdot L^{-1}$增加到 1.11 $mg \cdot L^{-1}$,因此氮浓度的快速升高是太湖蓝藻生物量和水华大面积快速增加的成因之一。

5.4 湖泊磷循环

5.4.1 湖泊中磷的主要形态

磷在自然界中是以磷酸盐的形式存在的,如磷酸钙 $Ca_3(PO_4)_2$、磷灰石$Ca_5F(PO_4)_3$。湖泊中磷主要以颗粒态磷(particulate phosphorus,PP)、溶解态磷(dissolved phosphorus,DP)和磷化氢(PH_3)等形式存在。其中 PH_3 的含量极低,与其他形态赋存的磷库相比,基本可以忽略不计。颗粒态磷、溶解态磷的测定是通过过滤、磷浓度测定的操作步骤不同加以区分的。因此,湖泊中磷的形态含量及其比例很大程度上依赖于"操作定义"的形态划分。一般而言,颗粒态磷和溶解态磷是以 0.45 μm 滤膜过滤来区分的。而离子态磷、无机态磷及有机态磷的区分则往往利用水样是否进行氧化分解处理来区分。

5.4.1.1 磷化氢

PH_3 在水体中的含量极低,关注很少。我国有关湖泊 PH_3 生物地球化学过程研究始于南京大学王晓蓉教授及其团队。在王教授的带领下,耿金菊、牛晓君等人于 2002 年逐月采样调查了太湖梅梁湾至湖心区的 8 个点位水体 PH_3 及大气 PH_3 的浓度(表

5.5)(Geng et al.,2005)。耿金菊等人测定 PH_3 的仪器为安捷伦 4890 D 型气相色谱仪,检测器为氮磷检测器(NPD)。

表 5.5 太湖 PH_3 浓度

	PH_3		
	最大值	最小值	平均值
沉积物/($ng \cdot kg^{-1}$干重)	919±195	5.39±0.79	161±149
表层湖水/($ng \cdot m^{-3}$)	1.25±0.09	0.098±0.009	0.38±0.25
底层湖水/($ng \cdot m^{-3}$)	1.41±0.79	0.10±0.039	0.38±0.26
滤后湖水/($ng \cdot m^{-3}$)	0.04±0.00	0.005±0.00	0.02±0.01
湖面大气/($ng \cdot m^{-3}$)	2.85±0.08	0.13±0.01	0.70±0.54

在6—7月的蓝藻水华期间,太湖水体、沉积物及水体上空大气中 PH_3 的浓度分别可达 5.92 $pg \cdot L^{-1}$、826 $ng \cdot kg^{-1}$、1 580 $pg \cdot m^{-3}$,认为 PH_3 的形成与蓝藻水华过程之间可能有密切的联系。牛晓君等(2003)从南京特种气体厂购置了标准 PH_3 气体,采用室内锥形瓶培养的方法研究了 PH_3 对铜绿微囊藻生长的影响。结果发现,不同浓度的 PH_3 对铜绿微囊藻生长都有一定的促进作用,其中 0.04 $mg \cdot L^{-1}$(折算挥发后的浓度为 0.0216 $mg \cdot L^{-1}$)的 PH_3 对铜绿微囊藻生长的促进作用最明显。

影响水体 PH_3 浓度因素方面,通过测定太湖水面气体中 PH_3 浓度,利用气-液平衡的亨利系数,估算出太湖水体未过滤水样中 PH_3 的浓度为 0.16~1.11 $pg \cdot L^{-1}$,而经过 0.45 μm 滤膜过滤之后水样中 PH_3 的浓度为 0.01~0.04 $pg \cdot L^{-1}$,说明 90%以上的水体 PH_3 是吸附在水体颗粒物上的(Geng et al.,2010)。水体温度越高,总磷浓度越高,水体中 PH_3 的浓度就越高(Geng et al.,2010)。

韩超等人采用水面大气捕获桶的方式测定了四个季节太湖水-大气 PH_3 的交换通量,探讨了影响 PH_3 排放通量的环境因素(Han et al.,2011)。结果发现,太湖湖面向大气排放的 PH_3 通量介于(-69.9±29.7)~(21±42) $ng \cdot m^{-2} \cdot h^{-1}$,平均值为 14.4±22.5 $ng \cdot m^{-2} \cdot h^{-1}$。$PH_3$ 的大气排放通量与温度及水体溶解性磷浓度正相关,与水体氧化还原电位(Eh)负相关。一年四季的日间通量变化规律相似,早晨排放通量最大,下午最小。

5.4.1.2 颗粒态磷和溶解态磷

由于湖泊中悬浮颗粒物、有机物质、藻类、生物残体等颗粒物中往往含有较多的磷,而这些颗粒物中磷对藻类生长的影响效应与离子态磷的差别很大,因此,湖泊磷素研究中往往采用 0.45 μm 滤膜过滤的方法区分湖水中颗粒态磷(PP)及溶解态总磷(DTP),用于更加精细地了解湖水中磷的供给能力、地球化学行为、生物效应等。在具体的研究中,往往因条件限制采用不同的滤膜,滤膜的孔径是有差别的。比如,为了获得滤膜上颗粒物的灰分比例特征,会采用可以灼烧处理的玻璃纤维滤膜,如 Whatman 公司生产的 GF/F 玻璃纤维滤膜,其滤膜孔径在 0.7 μm 左右,并非严格意义上的 0.45 μm。此外,即使是采用孔径均匀的醋酸纤维滤膜等有机材质滤膜,在过滤的过程中,因孔径堵塞,也会对滤出液的具体颗粒直径大小有影响。因此,在长期观测中,尽量采用相同型号的滤膜,以使得数据具有更好的可比性。

对于滤后液中的溶解态总磷,研究中也往往进一步区分为反应性活性磷(soluble reactive phosphorus,SRP)及非反应性活性磷两部分。其区分的方法是,不经过氧化消解处理就直接显色测定,水体中能与钼酸铵发生反应的部分称为反应性活性磷,也有人直接称为磷酸根形式存在的磷。而采用碱性过硫酸钾加压高温消解,或者其他强酸(如硝酸-高氯酸、硝酸-硫酸)消解之后,再采用钼酸铵-酒石酸锑钾及抗坏血酸显示测定的磷称为溶解态总磷。溶解态总磷与反应性活性磷之差则称为非反应性活性磷。

此外,因研究目的及样品处理方法的差异,在具体形态称谓上略有不同。比如,Wetzel 编写的 *Limnology* 中,对不同形态磷的称谓分为溶解性无机磷(soluble inorganic P,SIP)、溶解性有机磷(soluble organic P,SOP)、悬浮态磷(sestonic P,SP)、总有机态磷(total organic P,TOP)及总磷(total P,TP)(表 5.6)(Wetzel,2001)。就总磷而言,不同的学科领域对样品的预处理要求不同,对总磷的测定结果也会有影响。如《水和废水监测分析方法》(第四版)在"地表水采样的注意事项"中指出:"如果水样中含有沉降性固体(如泥沙等),则应分离除去。分离方法为:将所采水样摇匀后倒入筒型玻璃容器(如 1~2 L 量筒),静置 30 min,将已不含沉降性固体但含有悬浮性固体的水样移入盛样容器并加入保存剂";"测定湖库水化学需氧量(COD)、高锰酸盐指数、叶绿素 a、总氮、总磷的水样,静置 30 min 后,用吸管一次或几次移取水样,吸管进水尖嘴应插至水样表层 50 mm 以下位置,再加保存剂保存"。但是在湖泊生态调查观测与分析等操作中,往往采用混匀后直接取样测定的方法(黄祥飞,1999)。

表 5.6 不同分离技术获得的湖泊磷形态特征(Wetzel,2001)

水体名称	SIP		SOP		SP		TOP		TP
	$\mu g \cdot L^{-1}$	%	$\mu g \cdot L^{-1}$	%	$\mu g \cdot L^{-1}$	%	$\mu g \cdot L^{-1}$	%	$\mu g \cdot L^{-1}$
威斯康星北部湖泊[a]	3	13.0	14	60.9	6	26.1	20	87.0	23
密歇根湖[b]	1.5	12.0	5.7	46.9	5.0	41.1	10.7	88.0	12.2
康涅狄格州 Linsley 塘[c]	2	9.5	6	28.6	13	61.9	19	90.5	21
安大略湖[d]	—	5.9	—	28.7	—	65.4	—	94.1	—

注:a,离心法;b,滤纸过滤(44 号 Whatman);c,膜过滤(0.5 μm 膜);d,膜过滤(0.5 μm 膜)。

不同类型的水体中,颗粒态、溶解态等各形态磷的比例变化很大,反映出不同生态系统的磷供给及初级生产力特征(表 5.7)。

5.4.1.3 胶体态磷

天然水体中磷往往与各类有机物质、无机物质结合,形成细微粒的"胶体"态,存在于水相中。这种"胶体"态存在的磷,相较于大颗粒物、生物体形态存在的磷而言,具有较高的化学活性,易于变化,易于被生物分解、吸收利用,而相较于离子态存在的磷而言,

表 5.7 我国部分湖库中磷的形态特征

水体名称	SRP		DTP		TP	备注
	$\mu g \cdot L^{-1}$	%	$\mu g \cdot L^{-1}$	%	$\mu g \cdot L^{-1}$	
太湖湖心[a]	17	10	33	20	165	2017 年 12 个月平均，$n=12$
巢湖[b]	31	12	83	33	251	2017—2018 年四季，$n=52$
东洞庭湖[b]	16	18	56	64	88	2018 年冬、春、夏，$n=33$
鄱阳湖主航道[b]	19	21	48	54	89	2017—2018 年四季，$n=33$
洪泽湖[b]	19	15	66	52	128	2017—2018 年四季，$n=33$
洪湖[b]	9	8	51	45	113	2018 年冬、春、夏，$n=28$
滆湖[b]	27	9	84	29	287	2018 年冬、春、夏，$n=4$
江西柘林水库[b]	1.0	4	11	39	28	2017—2018 年四季，$n=12$
溧阳沙河水库[b]	1.5	6	14	54	26	2018 年 12 个月平均，$n=12$

注：a，数据来自太湖湖泊生态系统国家野外科学观测研究站监测数据库；b，数据来自朱广伟课题组 2017—2018 年的野外调查数据。

具有较高的稳定性，能够长期存在于水体中，易于迁移和交换，是一种值得关注的水相磷存在形态。

由于胶体的特殊化学属性，在具体的天然水胶体物质研究中，通常用过滤截留的方法来获取胶体粒子。例如，有人把能透过 0.45 μm 滤膜但不能通过 1 000 Da 超滤膜的微粒部分称为胶体。目前普遍使用切向流超滤技术过滤获得水相的胶体物质，研究其地球化学行为。孙小静等(2006)采用切向流超滤技术分离研究了太湖梅梁湾和贡湖湾的胶体态磷含量特征(表 5.8)。

表 5.8 太湖梅梁湾、贡湖湾春季水体中不同形态磷含量

磷含量/($mg \cdot L^{-1}$)	梅梁湾			贡湖湾		
	4 月 15 日	4 月 16 日	4 月 17 日	4 月 15 日	4 月 16 日	4 月 17 日
胶体态磷(1 nm～1 μm)	0.023	0.029	0.027	0.019	0.022	0.017
真溶解态磷(≤1 nm)	0.032	0.020	0.024	0.001	0.009	0.009
溶解态总磷(DTP)	0.055	0.049	0.051	0.020	0.031	0.026
总磷(TP)	0.109	0.087	0.083	0.043	0.055	0.051
胶体态磷/TP	21.1%	33.3%	32.5%	44.2%	40.0%	33.3%
胶体态磷/DTP	41.8%	59.2%	52.9%	95.0%	71.0%	65.4%

调查结果表明，污染相对较重、夏季蓝藻水华频发的太湖梅梁湾水体胶体态磷含量范围为 0.023～0.029 $mg \cdot L^{-1}$，而水质相对较好、部分湖湾水草分布较多的贡湖湾水体胶体态磷含量为 0.017～0.022 $mg \cdot L^{-1}$。梅梁湾水体胶体态磷占总磷的比例为 20.77%～33.09%，平均为 28.58%；而贡湖湾胶体态磷占总磷的比例为 33.63%～44.82%，平均为 39.34%。随着水体总磷含量下降，胶体态磷的比例增高。也就是说，在水相磷相对缺

乏的水体,磷更多地以胶体态形式存在于水相当中。

对比澳大利亚西南部 Swan 滨海平原上的 17 个浅水永久性和季节性湖泊及沼泽胶体态磷含量调查结果表明,水体中胶体态磷含量介于 0.009~0.207 mg·L^{-1},胶体态磷占溶解态总磷(胶体磷与真溶解态磷的总和)的比例在 68%~92%,平均为 82%,表明与澳大利亚的 17 个湖沼相比,太湖属于胶体态磷含量偏低的湖泊。差别的原因与太湖水体中溶解性有机质含量偏低有关。

5.4.2 磷与湖泊富营养化

5.4.2.1 湖泊中磷的含量与藻类生物量

20 世纪 60 年代,关于湖泊富营养化的机制,在北美、北欧等地开展了激烈的讨论,碳、氮、磷、光等因子都曾经作为湖泊富营养化关键因子得以大量研究。在经历了广泛的争论之后,Weiss 等人提出,磷是湖泊富营养化的主要元凶。之后磷成为湖泊富营养化控制实践中的主要元素。2008 年加拿大湖沼学家 Schindler 和美国湖沼学家 Carpenter 先后在 *PNAS* 上发表文章,进一步强调了磷在湖泊富营养化控制中的作用。

当然,以藻类生物量为核心的富营养化过程中,除了磷以外,氮、光照、温度、碳等在特定的条件下都会对藻类生物量增长产生影响,甚至是决定性的影响。磷对湖泊富营养化的重要作用并不表明在治理中能够完全忽略其他相关因子。比如许海、Paerl 等人在对太湖梅梁湾藻类生长的营养盐条件实验中发现,氮、磷的共同添加对藻类生物量增殖的效果更好,这种水体的藻类生长既缺氮,又缺磷,所以在湖泊蓝藻水华的控制策略上,需要同时考虑氮、磷两种元素(Xu et al.,2010)。此外,磷对藻类生长的决定性作用的结论,也首先来自北美、北欧等温度相对较低的地区。这些地区藻类的生长季节较短,湖泊中的食物链相对简单,更加凸显了磷对藻类生长的重要性。而质疑的结论更多来自亚热带、热带地区。尽管有较多的例外,在大多数情况下,磷与湖泊藻类生物量的关系是比较好的,磷仍是最常见的影响藻类生物量的关键营养盐。

此外,由于藻类生物体本身就富含较高的磷,湖水中总磷含量与藻类生物量呈正相关关系的原因,既有磷浓度升高对藻类生长的刺激作用,也有藻类生物量高反过来使得水相中颗粒物维持较高水平的贡献。比如,在对太湖夏季蓝藻水华期间水体总磷及浮游植物叶绿素 a 的同步逐日监测中发现,水体浮游植物叶绿素 a 的变化规律与水体总磷含量的变化规律高度一致(图 5.31),也与水体悬浮颗粒物的含量变化一致。这种水体总磷浓度维持较高水平的前提下,藻类生长、生物量增加对水体磷的富集成为影响水体总磷含量变化的关键因素。同时,藻颗粒态形态的总磷的大幅度增加,也对水体溶解态磷含量产生影响。这与大量堆积蓝藻水华的部分有机磷分解过程有关。

进一步的统计分析表明,太湖水体中总磷含量受水体悬浮颗粒物、浮游植物叶绿素 a 及水体溶解性总磷的共同影响,总磷含量可以用下式表达(Zhu et al.,2008):

$$TP=1.10SS+1.38Chl+0.84DTP+46.2\ (R^2=0.917, n=31)$$

式中,总磷(TP)、溶解态总磷(DTP)及浮游植物叶绿素 a(Chl)的单位为 μg·L^{-1},悬浮颗粒物(SS)的单位为 mg·L^{-1}。

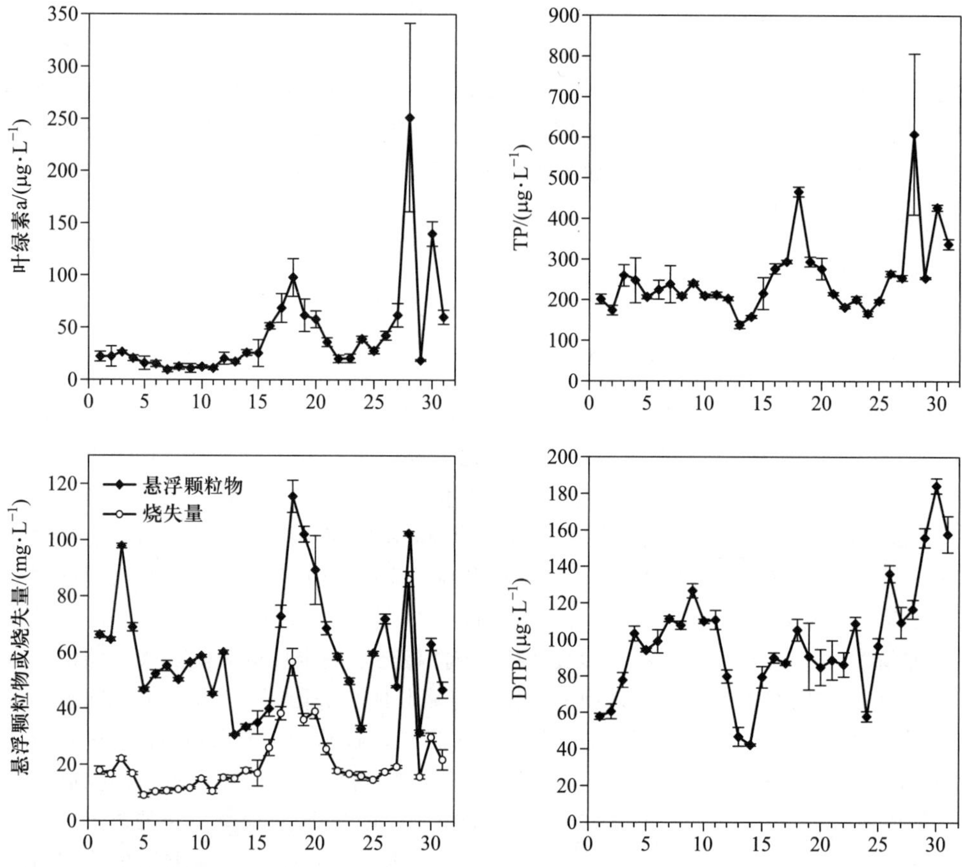

图 5.31　太湖梅梁湾观测点 2006 年 8 月逐日叶绿素 a、悬浮颗粒物(烧失量)及磷含量变化(改自 Zhu et al.,2008)

5.4.2.2　湖泊富营养化评价方法

明尼苏达大学湖沼中心的卡尔森在 1977 年根据水体浮游植物生物量与水体透明度(*SD*)、总磷(*TP*)及叶绿素 a(*Chl*)含量的关系,建立了定量表征湖泊富营养化的营养状态指数(trophic state index,*TSI*)计算公式(Carlson,1977)。该方法基于水体透明度对富营养化的指示,形成一个百分制的指数,从小到大代表富营养化状况越来越严重。当表层水体总磷翻一番,则相应的指数增加 10(表 5.9)。

根据该关系,卡尔森进一步提出了相应 *TSI* 的计算公式:

$$TSI(SD)=10\left(6-\frac{\ln SD}{\ln 2}\right) \tag{5.11}$$

$$TSI(Chl)=10\left(6-\frac{2.04-0.68\ln Chl}{\ln 2}\right) \tag{5.12}$$

$$TSI(TP)=10\left(6-\frac{\ln 48/TP}{\ln 2}\right) \tag{5.13}$$

在具体应用中,根据 *TSI*(*SD*)、*TSI*(*Chl*)、*TSI*(*TP*)的大小关系能够判别湖泊富营养化部分成因。比如 *TSI*(*SD*)大于 *TSI*(*Chl*),说明水体透明度可能受无机颗粒物的影

表 5.9 卡尔森营养状态指数与相关水质参数含量的关系

TSI 值	透明度/m	表层水体总磷/(μg · L⁻¹)	表层水体叶绿素 a/(μg · L⁻¹)
0	64	0.75	0.04
10	32	1.5	0.12
20	16	3	0.34
30	8	6	0.94
40	4	12	2.6
50	2	24	6.4
60	1	48	20
70	0.5	96	56
80	0.25	192	154
90	0.125	384	427
100	0.062 5	768	1 183

响大于藻类的影响;如果 *TSI*(*TP*)明显大于 *TSI*(*Chl*),则说明水体总磷的供给充足,藻类生长可能还受到其他因素(如光照、温度)的影响,或者是浮游动物的牧食作用控制了藻类的生物量等。此外,在湖泊的评估中,往往将三个指数进行平均,得到综合营养状态指数,以便于湖泊之间的比较。

由于卡尔森营养状态指数是以水体透明度为基准的,忽略了影响水体藻类生长的其他因素,如颗粒物对光照的影响等,具有一定的局限性。相崎守弘等人根据日本 24 个湖泊的调查,改用水体叶绿素 a 浓度为基础构建营养状态指数:以水体叶绿素 a 浓度为 0.1 时,定义营养状态指数为 0;水体叶绿素 a 浓度为 1000 时,对应的营养状态指数为 100,从而获得一套类似的指数,称之为修正的卡尔森营养状态指数 TSI_M。

修正的卡尔森营养状态指数的前提是湖泊中藻类生长主要受磷限制,在我国应用中仍有不足之处。我国幅员辽阔,湖泊类型众多,因此我国在开始湖泊营养状态调查评价时,提出了基于更多要素综合的营养状态评价方法,以湖泊叶绿素 a 浓度为基础,构建与之关系密切的透明度、总磷、总氮、高锰酸盐指数(COD_{Mn})等因子,形成相关加权综合营养状态指数[$TLI(\sum)$]。中国环境监测总站在 2001 年通过技术规定的形式对该评价指数进行了规范(《湖泊(水库)富营养化评价方法及分级技术规定》),计算公式为

$$TLI(\sum) = \sum W_j \cdot TLI(j) \tag{5.14}$$

式中,W_j 为第 j 种参数的营养状态指数的相对权重;$TLI(j)$ 为第 j 种参数的营养状态指数。

计算 W_j 时,则以叶绿素 a 含量(*Chl*)为基准参数,第 j 种参数的归一化相关权重计算公式为

$$W_j = \frac{r_{ij}^2}{\sum_1^m r_{ij}^2} \tag{5.15}$$

式中,r_{ij} 为第 j 种参数与叶绿素 a 的相关关系;m 为评价参数的个数。

单个参数的营养状态指数计算公式为

$$TLI(Chl)=10(2.5+1.086\ \ln Chl) \tag{5.16}$$

$$TLI(TP)=10(9.436+1.624\ \ln TP) \tag{5.17}$$

$$TLI(TN)=10(5.453+1.694\ \ln TN) \tag{5.18}$$

$$TLI(SD)=10(5.118-1.94\ \ln SD) \tag{5.19}$$

$$TLI(COD_{Mn})=10(0.109+2.661\ln COD_{Mn}) \tag{5.20}$$

式中，Chl 的单位为 $mg\cdot m^{-3}$，SD 的单位为 m，其余参数的单位为 $mg\cdot L^{-1}$。

在评价中，$TLI(\sum)<30$，为贫营养；$30\leqslant TLI(\sum)\leqslant 50$，为中营养；$TLI(\sum)<50$，为富营养。

5.4.3 湖泊中磷的内源补给

5.4.3.1 湖泊内源磷释放模式

内源富营养化(internal eutrophication)在20世纪80年代后期通过Roelofs一系列相关论文的发表逐渐被人们了解。内源富营养化是指在没有外源营养盐(氮、磷、钾等)输入的情况下，水体仍然呈现富营养化的状态。该概念是基于野外观察数据所提出，Roelofs等发现，有很多湖泊和水库在没有外源营养盐大量输入的情况下，水体水质仍然显著恶化(Roelofs and Cals，1989)。起初，这个观点遭到很大的质疑。但是，随着人们逐渐观察了解到，只减少外源营养盐的输入并不都能改善表层水体的富营养化状态，这个观点才逐渐被人们所接受。

内源磷释放是指在外界条件影响下，沉积物中的磷释放到上覆水体的过程，是内源富营养化的核心。经典的磷循环理论认为，在氧化条件下，磷酸根能紧密吸附在铁的氢氧化物中或生成难溶的 $FePO_4$ 沉淀。这些铁的氢氧化物在沉积物表层有效地吸附磷，是磷扩散到上覆水体的有效屏障，能有效地阻止厌氧沉积物中的磷酸根返回上覆水体。当沉积物表层处于缺氧状态时，$Fe(OOH)PO_4$ 复合物还原溶解，释放出来的 PO_4^{3-} 与 Fe^{2+} 会扩散到沉积物-水界面。由于沉积物间隙水中 PO_4^{3-} 含量是上覆水中的数倍，沉积物中 PO_4^{3-} 能够大量扩散到上覆水中。Mortimer(1941)以200 mV作为电势阈值划分沉积物的氧化态(Fe^{3+} 和吸附的 PO_4^{3-}；沉淀)和还原态(Fe^{2+} 和吸附的 PO_4^{3-}；溶解)。

在铁-磷酸盐循环模型形成的几年后，Hasler 和 Einsele(1948)提出了更为复杂的铁-磷酸盐模型。他们认为，除了铁离子之外，硫离子也能够影响缺氧沉积物中磷的释放。厌氧条件下，微生物能将 SO_4^{2-} 还原转化成 S^{2-}，S^{2-} 与铁离子形成难溶的 FeS 和 FeS_2。这将大大减少沉积物吸附磷的能力，因为 FeS 和 FeS_2 比 FeOOH 含有较少的磷吸附点位。当铁离子减少到一定程度时，磷就会解吸溶出。在铁的氧化水解和伴随的磷酸盐沉淀过程中，至少需要两个铁原子才能沉淀出一个磷分子(Fe : P 摩尔比 = 2)。当溶解态 Fe : P 摩尔比<2 时，即使是氧化条件下，由于溶解态 Fe 的短缺，仍然有部分磷处于溶解态，无法被 FeOOH 吸附沉淀，比如海洋水体；而当溶解态 Fe : P 摩尔比>2 时，在氧化条件下，几乎全部的溶解态磷能被去除掉，比如大多数的淡水湖泊(Blomqvist et al.，2004)。发展后的铁-磷酸盐循环机制如图5.32所示。

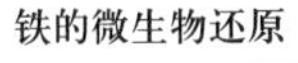

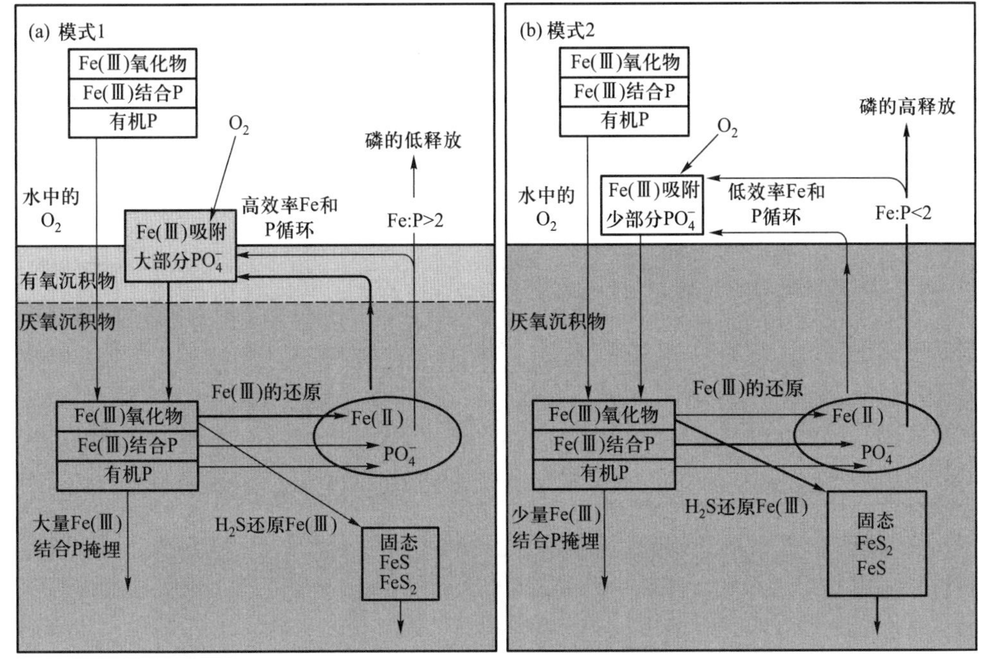

图 5.32 (a)当铁还原作用是主要的厌氧代谢途径时,沉积物中的铁、硫和磷循环;(b)当硫酸盐还原作用是主要的厌氧代谢途径时,沉积物中的铁、硫和磷循环

在 20 世纪的后 30 年中,通过对其他湖泊磷循环的研究,学者们认识到该经典模型的局限性,对该模型进行了重新评价和修正。近年来越来越多的研究表明,微生物分解有机物也显著影响磷的释放率,生物过程在磷释放中起重要作用,而不仅仅是 Mortimer 等人当初提出的化学过程(Pettersson,1998)。Gächter 和 Meyer(1993)发现,一些细菌能够在有氧条件下储存聚磷酸盐颗粒,而在厌氧条件下通过细胞分解或直接释放出溶解性活性磷。铁还原细菌利用 Fe(Ⅲ)作为电子受体,降解有机物,是 Fe(Ⅲ)降低的重要原因。根据经典模型理论,Fe(Ⅲ)化合物的减少应该会引起 Fe(Ⅱ)和磷酸根的同步释放。但 Gächter 等人 1988 年证明,这两种离子的释放不是同步发生的。他们还发现,经过抗生素灭菌后的沉积物不能有效地吸附溶解态磷。如果磷的吸附和释放完全是化学或物理过程,那么就不会发生上述现象。

5.4.3.2 湖泊沉积物中磷的分布特征

在外源输入得到有效控制的情况下,沉积物内源磷释放是导致水体持续富营养化的直接原因(Ding et al.,2018)。由于沉积物磷在采集过程中容易受到氧化还原影响,采用原位采样技术获取沉积物中磷浓度的分布信息,是评估沉积物内源释放的一种有效方法。

目前,间隙水扩散平衡(HR-Peeper)和薄膜扩散梯度(DGT)技术是一种有效的原位高分辨率(mm 至 μm 级)获取沉积物磷浓度的采样技术,被广泛地应用于湖泊内源磷释放研究中。HR-Peeper 基于扩散平衡原理,获取间隙水中的溶解态磷(SRP)浓度信息。DGT 技术基于 Fick 第一定律,通过定义扩散层的梯度扩散及其关联过程,获得磷酸根离子在沉积物中的有效态磷(DGT-labile P)含量与动力学变化信息。丁士明等人在2015年采用自行研制的Zr-oxide DGT采样技术原位、高分辨率获取太湖全湖30个采样点沉积物-水界面有效态磷的二维时空分布信息。结果表明,磷在沉积物中的分布具有较大的空间异质性,总体上自表层好氧-亚好氧区逐渐过渡到深层厌氧区,沉积物有效态磷浓度逐渐增加(Ding et al.,2015)(图5.33)。此外,在每个剖面均观察到很多磷浓度异常高的微小区域,称为"微生态点"。微生态点的出现可能是微生物降解有机质造成磷浓度局部增加所致(Stockdale et al.,2009)。

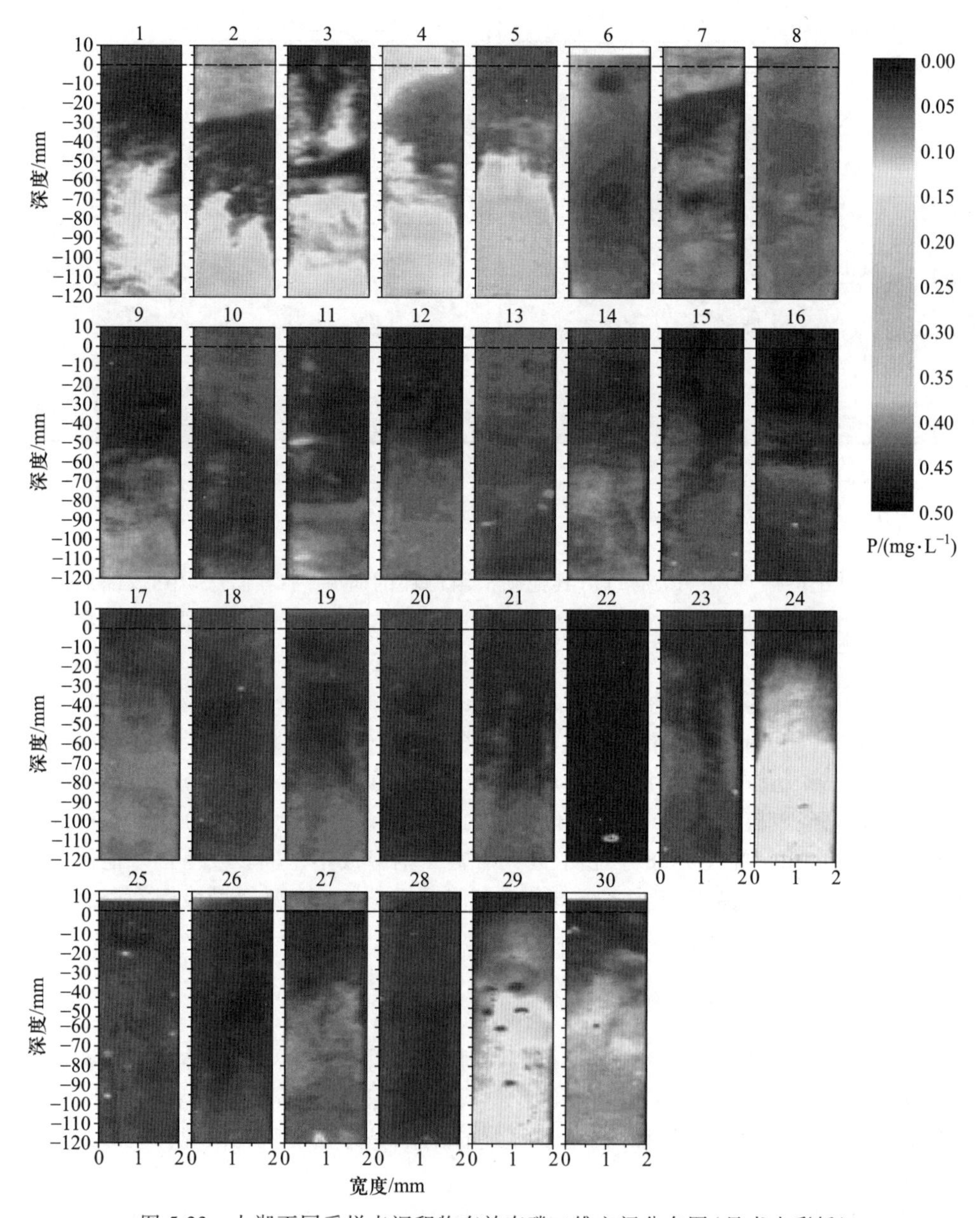

图5.33 太湖不同采样点沉积物有效态磷二维空间分布图(见书末彩插)

进一步分析太湖表层5 cm沉积物有效态磷浓度的空间分布信息发现,不同湖区有效态磷浓度存在较大差异。西北部湖区(梅梁湾、竺山湾)沉积物有效态磷浓度较高,在0.04~0.18 mg·L^{-1};湖心区、西南湖区和胥口湾表层沉积物中有效态磷浓度较低,约为 0.01 mg·L^{-1}；而东太湖个别采样点沉积物中有效态磷浓度较高，约为 0.17 mg·L^{-1}。西北部湖区外源输入量大且水体自净能力低，因此造成磷在沉积物中的累积，使得沉积物具有较大的磷释放潜力（朱广伟等，2009；邓建才等，2008）。西南湖区和胥口湾属于草型区，沉水植物茂盛，生物量较大，水体具有较强的自净能力，沉积物表层磷的累积量相对小。东太湖在采样时段还没有禁止养殖，因此每年投放的饵料使得沉积物积累大量有机质，造成表层沉积物中有效态磷含量明显增加。

5.4.3.3 湖泊内源磷的释放情况

富营养化湖区沉积物中磷的浓度一般非常高，并且能够释放进入上覆水体。丁士明等人于 2016 年 2 月至 2017 年 1 月使用 HR-Peeper 技术，原位获取太湖梅梁湾沉积物间隙水 SRP 浓度的月度变化。基于 SRP 浓度的剖面变化信息，使用 Fick 第一定律计算 SRP 的扩散通量（Ding et al.，2018）。结果表明，梅梁湾沉积物间隙水中 SRP 的分布呈现高度的季节性变化，表现为 12、1 月最低，6、7 月最高（图 5.34）。SRP 浓度的变化导致沉积物-水界面磷扩散通量发生相应的变化，从 12 月的-0.012 mg·m^{-2}·d^{-1}升高到 6 月的 6.76 mg·m^{-2}·d^{-1}。进一步观察发现，除了 12 月，梅梁湾沉积物内源磷常年向上覆水体中释放，其中 6—9 月释放量最大，从 3.0 mg·m^{-2}·d^{-1}至 6.8 mg·m^{-2}·d^{-1}。

5.4.3.4 生物作用对湖泊内源磷释放影响

生物是影响沉积物磷释放的重要因素。在厌氧条件下，微生物的铁还原和硫酸盐还原过程会将 Fe（Ⅲ）直接或间接转化成 Fe（Ⅱ），促进沉积物中的磷释放，进而经过扩散作用进入上覆水中。此外，微生物对有机磷的降解也是沉积物磷释放的重要来源。Gonsiorczyk 等（1998）认为，铁锰结合态磷的迁移是贫营养湖泊中磷释放的最重要机制，而近期沉积的活性有机磷组分却是富营养湖泊磷释放的主力。

夏季蓝藻水华的暴发能显著促进内源磷释放（Ding et al.，2018）。淡水植物也能影响根际沉积物的溶解氧含量和氧化还原电位，进而影响磷的有效性和释放（Xing et al.，2018）。许多大型底栖无脊椎动物在沉积物-水界面层挖洞、过滤、摄食和排泄，也能够影响沉积物磷的释放。有研究表明，河蚬的生物扰动能够增加沉积物磷的释放（Chen et al.，2016a），而摇蚊幼虫、水丝蚓等生物扰动抑制沉积物磷的释放（Chen et al.，2015，2016b）。

湖泊蓝藻水华暴发如何促进沉积物磷的释放是湖泊富营养研究中的热点问题，蓝藻的光合作用可改变水体的昼夜环境条件，造成沉积物的理化及生物性质变化，导致沉积物磷的释放。陈沐松等人通过室内模拟实验，使用 Rhizon 采样器获取蓝藻水华暴发不同阶段、表层 20 mm 沉积物间隙水中 SRP 和溶解态 Fe（Ⅱ）[soluble Fe（Ⅱ）]浓度的每 3 小时分辨率变化信息（Chen et al.，2018）。他们根据水体叶绿素 a 的浓度变化判断，培养 15 天是蓝藻增殖的鼎盛期，随后开始衰亡至第 70 天。蓝藻生长显著增加了沉积物间隙水中溶解态 Fe（Ⅱ）和 SRP 浓度，与第 1 天相比两者最高分别增加了 214%和 387%（图 5.35），其最大值分别出现在蓝藻的暴发期和降解期，同时界面溶解态 Fe（Ⅱ）和 SRP 的扩散通量也相应增加。

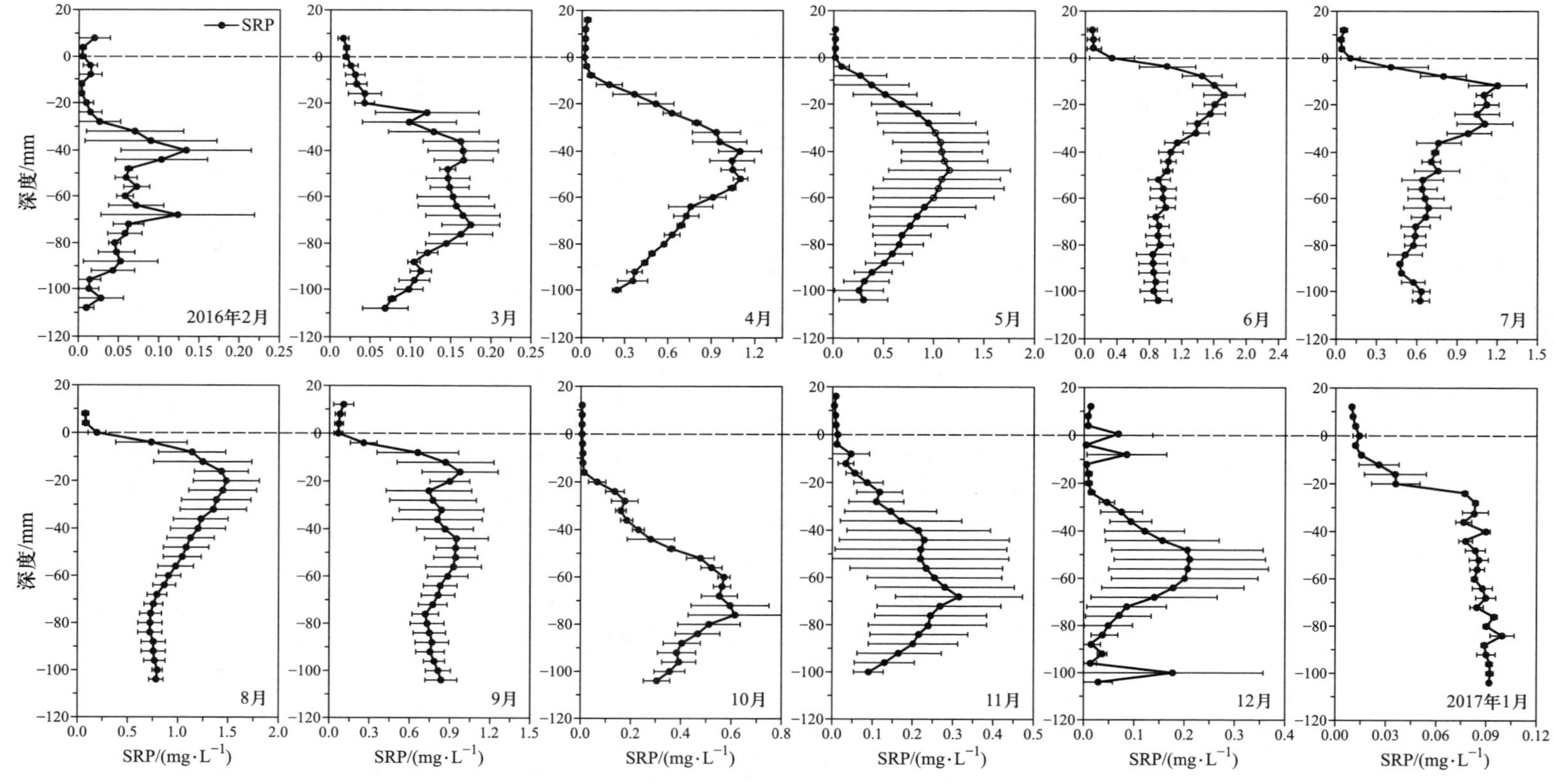

图 5.34　太湖梅梁湾沉积物间隙水 SRP 浓度剖面及其月度变化

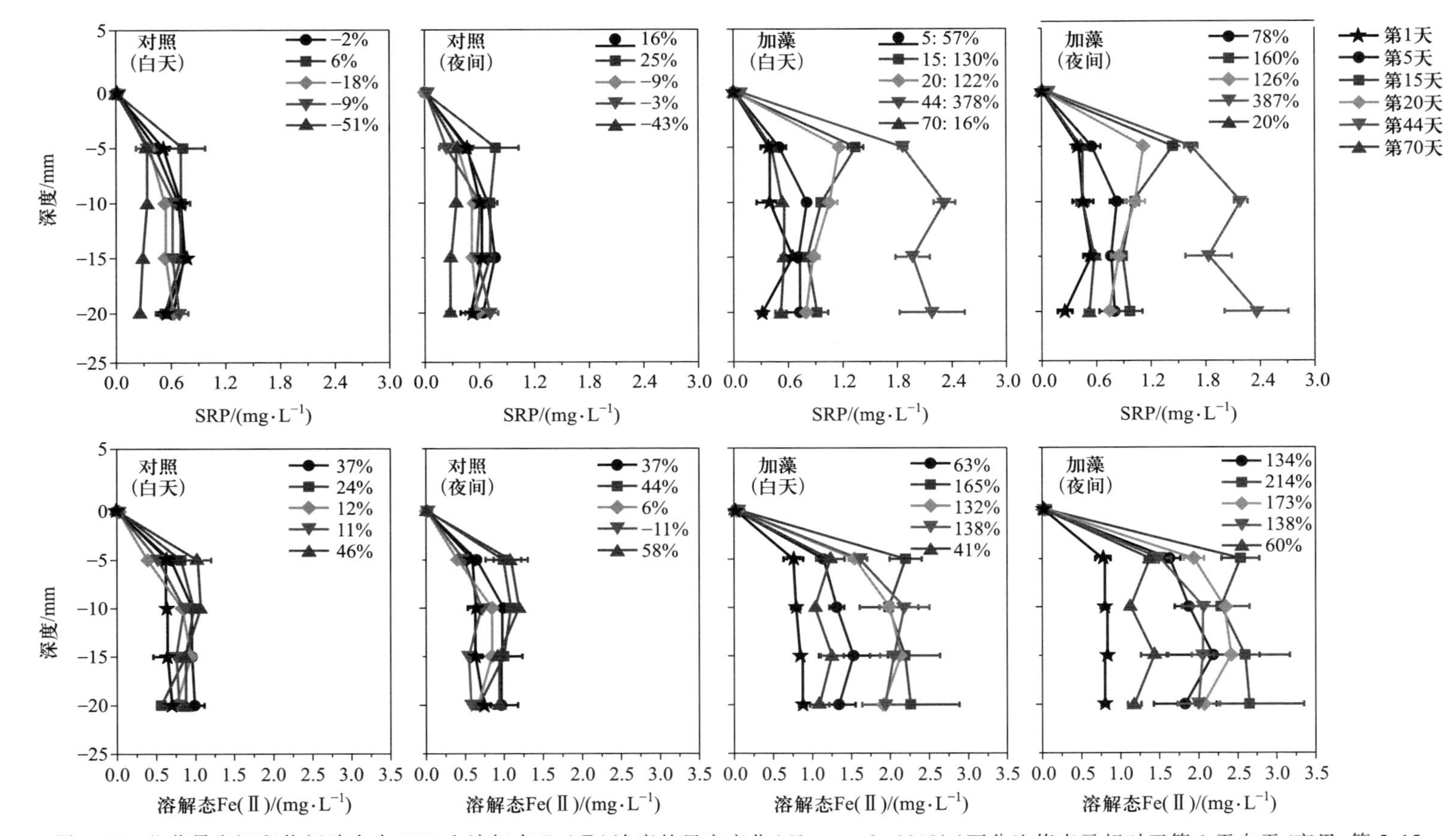

图 5.35 蓝藻暴发沉积物间隙水中 SRP 和溶解态 Fe(Ⅱ)浓度的昼夜变化(Chen et al.,2018)(百分比值表示相对于第 1 天白天/夜里,第 5、15、20、44 和 70 天白天/夜里间隙水中 SRP 和溶解态 Fe(Ⅱ)浓度的变化,正负值分别表示浓度增加和减小)

进一步分析发现，表层沉积物中溶解态Fe(Ⅱ)浓度随采样时间(每3小时)呈现有规律的波动，分别于夜间的21：00和早晨的06：00(或03：00)出现两个浓度峰值，SRP的变化在蓝藻生长期与溶解态Fe(Ⅱ)一致，说明磷的释放受到铁-磷耦合机制的控制。在蓝藻降解期，间隙水SRP与溶解态Fe(Ⅱ)出现脱耦合的现象，磷浓度变化平缓(<11%)，而铁保持双峰模式。在此期间，SRP的增加主要来自蓝藻残体的降解。研究结果有助于揭示蓝藻水华促进沉积物磷释放的过程与机制。

朱梦圆等人重点针对蓝藻水华的死亡分解，设计了室内模拟实验，发现蓝藻死亡分解过程通过影响水体溶解氧水平以及藻体本身营养盐的释放等机制，强烈影响水体磷的含量变化(Zhu et al.,2013)。培养实验揭示了大量蓝藻水华堆积衰亡可能引起"湖泛"，大幅增加上覆水溶解性营养盐的浓度，改变沉积物-水界面的营养盐循环的模式。藻华衰亡带来的上覆水营养盐增量在不同湖区因其沉积物属性差异而不同，河口区沉积物营养盐含量较高，在藻华衰亡时仍会向上覆水释放营养盐，加剧"湖泛"的发生；有些湖区沉积物则会在上覆水营养盐过量时吸收营养盐，削弱藻华衰亡带来的剧烈影响。

5.4.3.5 溶解氧和pH值对湖泊内源磷释放的影响

溶解氧和氧化还原电位是影响沉积物中磷释放的关键因素，厌氧和低氧化还原电位条件下，沉积物内源磷释放显著。上覆水的pH值也是控制表层沉积物磷释放的重要因素，湖泊下层水体的酸化也会导致磷酸盐的释放，而并不一定取决于氧化还原电位或溶解氧的损耗。近年来，随着大气酸沉降和农业用地中硫酸盐的滤出，淡水水体中硫酸盐浓度呈增加趋势，而硫酸盐还原能增加沉积物的碱度，使pH值升高，间接促进磷释放。硫酸根也可能直接和磷酸根竞争吸附点位，从而导致磷酸根的释放。更重要的是，硫酸根还原产生的还原态硫能将Fe(Ⅲ)转化为Fe(Ⅱ)，生成高度不溶的FeS或FeS_2，从而减少可结合磷酸根的铁含量，减小溶解态Fe:P摩尔比，增加了磷酸根的移动性(Lamers et al.,1998)。硝酸根含量的增高可以抑制沉积物内源磷释放，因为在厌氧沉积物中，与Fe和硫酸根相比，硝酸根是更受欢迎的电子受体，硝酸根的输入可以作为氧化电位缓冲剂，抑制Fe和硫酸根的还原。此外，一些硝酸根还原细菌可以将Fe(Ⅱ)氧化成Fe(Ⅲ)，从而增加厌氧沉积物吸附磷酸根的能力。

5.4.3.6 水动力扰动对浅水湖泊磷释放的促发作用

磷的释放与风和气泡引起的物理扰动相关。扰动增加了沉积物深层缺氧区的溶解态磷扩散至上覆水的输送量，所释放出来的磷能穿越由氧化态沉积物表面的铁氧化合物形成的扩散屏障。微生物呼吸，例如微生物产甲烷，产生的气泡引起沉积物的扰动，加速了溶解性活性磷的释放。

在浅水湖泊中，风浪引起的底泥再悬浮频繁发生，使得大量的表层底泥颗粒物直接悬浮到水体中，参与水体的磷循环过程。这种动力扰动产生的颗粒物及溶解性磷同步进入水相当中，释放的强度远超静态释放强度，成为浅水湖泊水相磷补给的一种重要途径。

朱广伟等人在2004年1月太湖水温最低的一周，野外观测了太湖大风浪过程和静风期间水体悬浮颗粒物(SS)、总磷(TP)、溶解态总磷(DTP)、反应性活性磷(SRP)的含量及悬浮颗粒物中有机质和藻类可利用磷(AAP)的含量变化。结果发现，在8 $m \cdot s^{-1}$的风速持续1 h以后，水体SS平均含量达258 $mg \cdot L^{-1}$，当风速进一步增加到12 $m \cdot s^{-1}$

时,水体 SS 含量也增至 507 mg · L^{-1}。随着底泥的大量悬浮,太湖水体 TP、DTP 和 SRP 含量分别达 0.299 mg · L^{-1}、0.054 mg · L^{-1}及 0.026 mg · L^{-1};而静风期一段时间后,其浓度则分别降为 0.076 mg · L^{-1}、0.045 mg · L^{-1}和 0.017 mg · L^{-1},说明风浪扰动引起的底泥悬浮也引起了内源磷的暴发性释放(Zhu et al.,2005)。

朱梦圆等人则采用沉积物捕获器开展了太湖草、藻型湖区为期一年的沉积物再悬浮通量观测。从 2012 年 8 月 5 日持续到 2013 年 9 月 2 日,通过在太湖湖心区、水草区等 6 个点位投放沉积物捕获器,每隔 15 天采集一次捕获物,共采集 26 次。研究显示,没有水草保护的藻型湖区年悬浮释放磷的通量达 0.142 g · m^{-2} · d^{-1},而沉水植被良好的湖区,底泥再悬浮释放的磷通量仅为 0.009 g · m^{-2} · d^{-1}(Zhu et al., 2015),凸显了浅水湖泊中植被状况对内源磷释放的巨大影响。

5.4.4 湖泊磷控制

5.4.4.1 入湖负荷削减

湖泊中磷是一种相对保守的元素,一旦进入湖体,就会在湖泊中不断积累,要么进入湖泊底泥中埋藏,要么在水相中不断循环。因此,控制湖泊水体中磷的浓度,根本之策是控制外源入湖负荷。

对于那些温度分层明显的深水湖泊,外源入湖负荷的削减对水体磷的控制效果比较明显。北美、北欧、日本等早期开展富营养化治理的湖泊,大都通过严格控制外源负荷,达到了水体磷浓度控制、藻类水华得到遏制的效果。比如早期在美国西雅图华盛顿湖实施的外源磷负荷削减,成功将湖泊总磷赋存量从约 200 t 削减到 50 t 以内,相应地,水生浮游植物叶绿素 a 含量从夏季峰值超过 50 μg · L^{-1}控制到 10 μg · L^{-1}以下(Edmondson and Lehman,1981)。类似的通过外源营养盐控制成功的案例很多,如意大利的 Maggiore 湖、德国的 Constance 湖、匈牙利的 Balaton 湖等。

然而,并不是所有的湖泊都能像华盛顿湖等通过外源磷控制迅速取得效果的,特别是在内源缓冲能力强的浅水湖泊。有些湖泊内源磷蓄积情况比较严重,可能数十年的时间内湖泊中磷的水平都难以控制到预期水平,湖泊沉积物会源源不断地向上覆水释放磷(Søndergärd et al.,2001)。如丹麦的 Søbygärd 湖,在 20 世纪 80 年代以前的几十年被严重污染,1982 年的时候用化学方法将外源磷削减了 80%~90%。1982 年以前,Søbygärd 湖对磷是正向的滞留,即磷进入沉积物;1984 年以后都表现为磷负向滞留,即沉积物向上覆水释放了磷,并且这种情况持续了 15 年以上(图 5.36)。丹麦的 Arreso 湖也是如此,当外源磷输入下降的时候,湖泊内的磷浓度反而上升,这时就是沉积物释放磷延迟了湖水磷的削减。

作为一个大型浅水湖泊,太湖的治理中也表现出强烈的磷缓冲特征。在 2007 年太湖发生因蓝藻水华导致的饮用水供水危机之后,当地政府投入了大量的财力实施从流域到湖泊的系列生态修复工程。治理 10 年之后,太湖水体中的总磷及溶解态总磷均表现出波动下降的趋势。但 2017 年暖冬、强降雨增加等环境因子变化刺激了藻类大规模生长,抵消了大规模环境治理后水体磷削减效应(图 5.37),给太湖的治理带来巨大的挑战(朱广伟等,2020)。

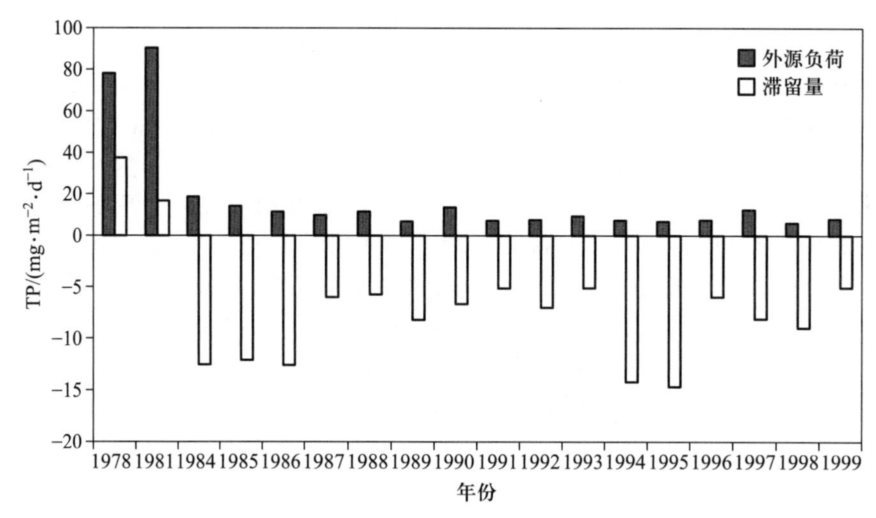

图 5.36　丹麦 Søbygärd 湖 1978—1999 年外源磷和湖泊磷滞留的变化(Søndergärd et al.,2001)

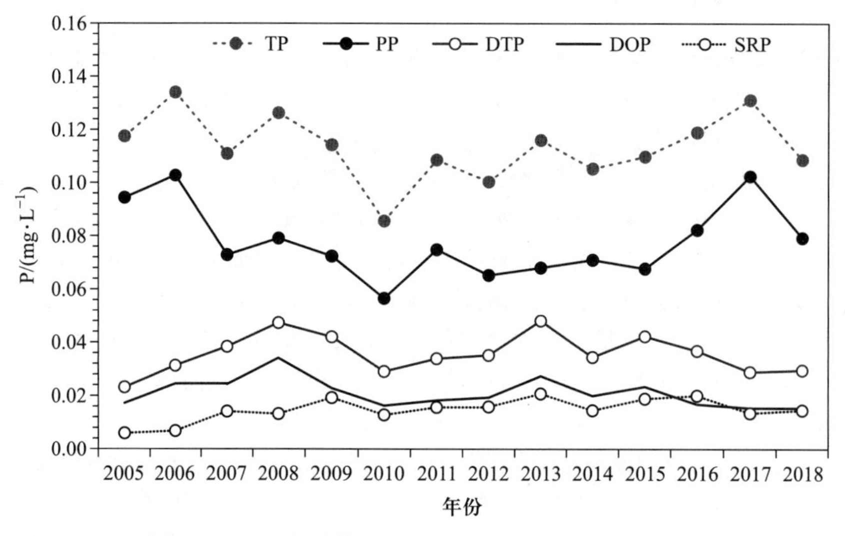

图 5.37　太湖 2005—2017 年水体总磷及溶解态总磷浓度变化(朱广伟等,2020)

5.4.4.2　湖体投加固磷剂

磷是一种容易沉积的元素,在小范围的湖泊修复中,投加含有硫酸铝、石灰、镧系矿物等与磷酸根形成难溶性矿物的化学试剂,能够有效降低水体中溶解性磷的浓度,进而达到控制藻类生长的目的。这对于小型水体,有许多成功的例子,但是在大型水体中,由于投资巨大,影响因素多,成功的例子较少。在这方面比较成功的例子是新西兰的 Rotorua 湖。

Rotorua 湖是一个面积 80 km^2、平均水深 10 m 的大型分层湖泊,位于新西兰北岛中部的火山湖群中,该湖泊自 20 世纪 90 年代开始出现富营养化问题,在 21 世纪初局部水体发生鱼腥藻水华。流域农业、牧业活动对湖体磷的负荷影响较大,外源负荷占比达到 45%,这使得外源负荷控制对湖体磷浓度的影响较为显著。自 2006 年起,通过在该湖泊 2 条主要入湖河道设置硫酸铝投放工厂,监测 Rotorua 湖体中磷的浓度,一旦湖体中总磷浓度超标,即在入湖河道河床处投放硫酸铝试剂(图 5.38),削减入湖河道中的磷浓度,有效控制了该湖水体总磷及响应的水体浮游植物叶绿素 a 的浓度(图 5.39),实现了富营养化湖泊的成功修复(Smith et al.,2016)。

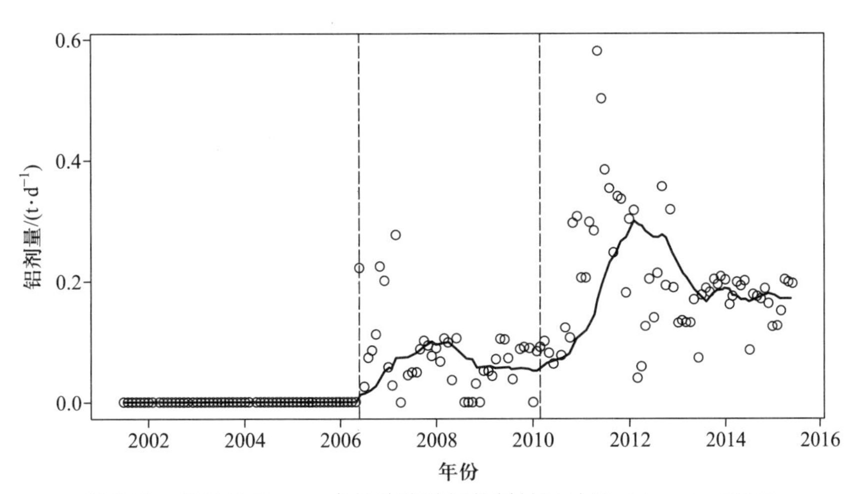

图 5.38 新西兰 Rotorua 湖投放硫酸铝的剂量记录(Smith et al.,2016)

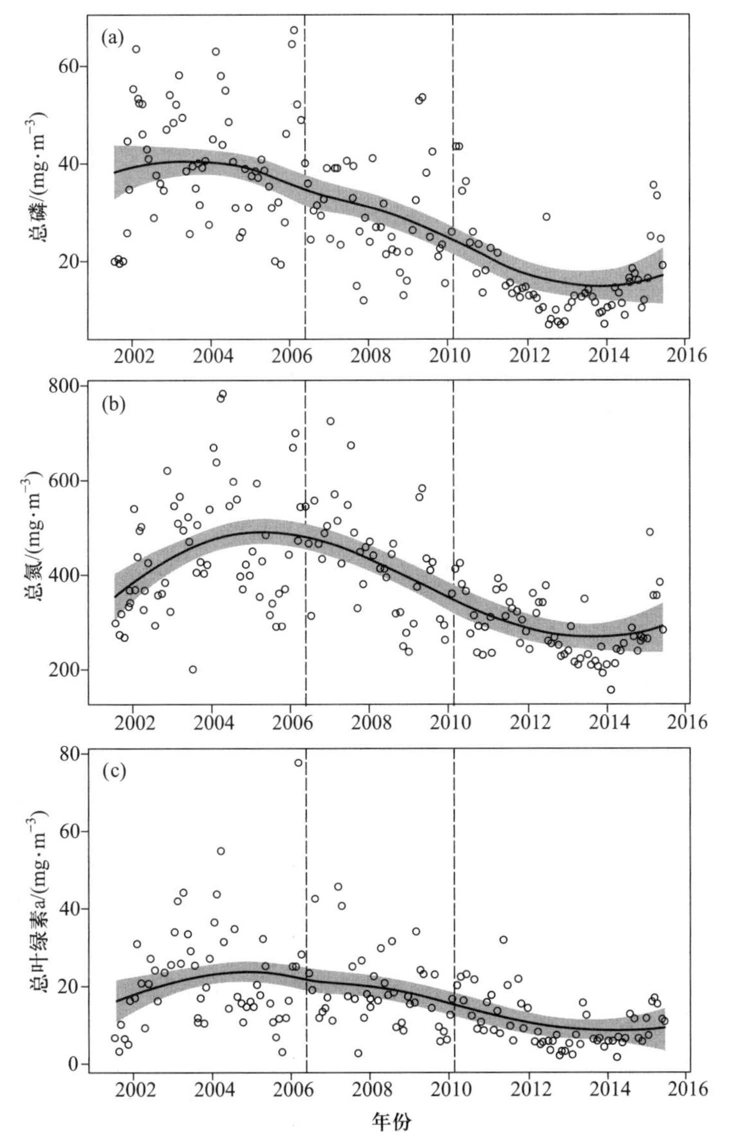

图 5.39 新西兰 Rotorua 湖 2001—2016 年水体总磷、总氮及叶绿素 a 含量变化(Smith et al.,2016)

5.4.4.3 湖泊曝气

对于深水分层湖泊和水库,夏季藻类生长季节,无论是水体氮、磷等营养盐,还是浮游植物、浮游动物等的生物量,以及水体溶解氧浓度,均会因水温分层的出现而发生分层。在营养盐、水温、光照、水文条件合适的情况下,蓝藻等喜热藻类容易在表层水体快速增长,引起表层水体磷浓度的增高。此时,采用水体垂向交换、底层曝气系统,能够增加湖库底层水体的溶解氧,抑制表层底泥中溶解态磷的释放,同时也在物理上打破藻类的垂向分层,抑制藻类的快速增殖,能够降低水体溶解态磷的浓度。这种技术,在一些夏季水温分层的小型水体得到一定的应用。

我国西安建筑科技大学的黄廷林等(2017)在多个水库开展了扬水曝气技术控制水体藻类异常增殖,在控制藻类生物量的同时,也对溶解态总磷的浓度有明显控制作用(图5.40)。从黄廷林在周村水库实验的效果看,扬水曝气技术在有效控制水体藻类生物量的同时,降低了水体溶解态总磷的含量,但是对水体总磷的含量没有降低作用。该技术的综合环境效果还有待进一步跟踪研究。

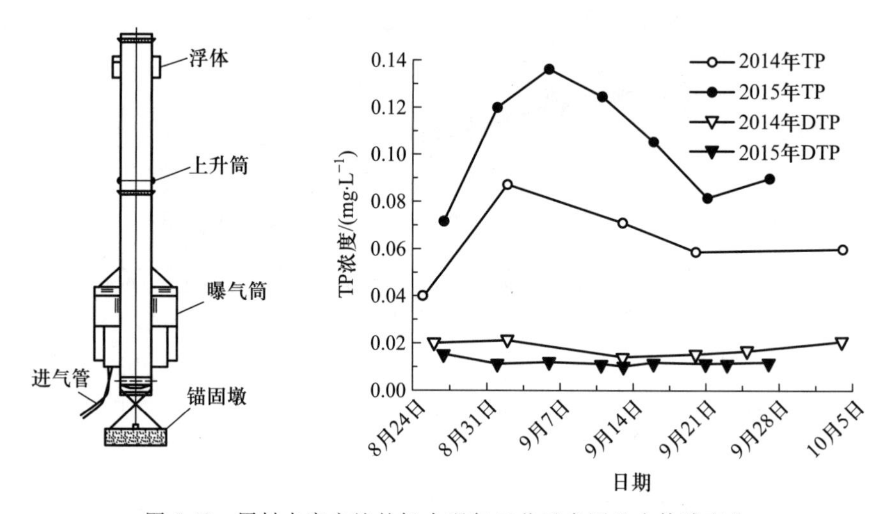

图5.40 周村水库实施的扬水曝气工艺示意图及水体磷变化

5.5 其他主要生源要素

5.5.1 湖泊中的硫

5.5.1.1 湖泊中硫的组成

硫具有从-2~+6不等的价态,故其在水体和沉积物中以不同的形态共存。硫酸根(SO_4^{2-})在参与沉积物有机质的矿化过程中,被还原为低价态的硫,也称为还原性硫(Holmer and Storkholm,2001)。湖泊水体中硫通常以高价态存在,即硫酸根形式存在,其浓度较海洋来说,要低数倍。如2005—2019年太湖水体硫酸根的平均浓度为69.7 mg·L^{-1}(图5.41)。在缺氧及厌氧条件下,湖泊水体中的SO_4^{2-}会被还原为负二价的硫(S^{2-}),S^{2-}又可以被氧化成SO_4^{2-}。在我国太湖、巢湖等大型浅水湖泊中,水动力扰动频繁,致使水体中氧含量充足,水体中硫主要以高价的硫酸盐形式存在。然而,在蓝藻暴发及衰亡期,局部水域可出现短期缺氧甚至厌氧的现象,造成水体可存在还原性的S^{2-}以及有机硫,如二甲基硫醚、硫醇等。

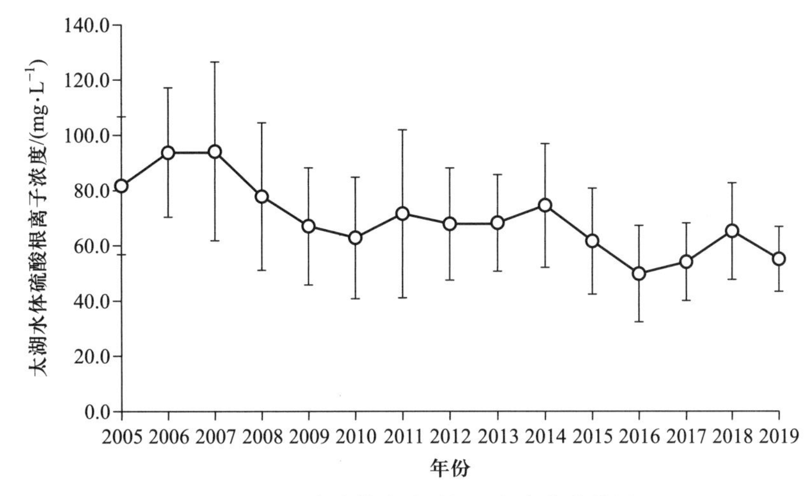

图 5.41 太湖水体中硫酸根逐年变化趋势图

沉积物中的硫主要以还原态存在。还原态硫包括无机态和有机态。无机还原态硫主要包括:酸挥发性硫化物(acid volatile sulfide,AVS)、二硫化铁(又称黄铁矿,Pyrite-S)以及单质硫(element sulfide,ES)(图 5.42)。有机还原态硫主要包括:硫醇(半胱氨酸)、有机一硫化物(蛋氨酸)、有机二硫化物(胱氨酸)以及多聚硫化物。沉积物中还原态无机硫主要是硫酸根还原的S^{2-}与Fe^{2+}的反应产物(单质硫为硫酸根还原的中间产物),而有机还原态硫则是S^{2-}与有机质反应或是其自身聚合,以及含硫有机残体直接沉降和输入所致。沉积物中硫除了可以还原态存在外,还可以氧化态存在,包括无机态的硫酸盐、有机态的硫酸酯及磺酸酯。各种形态硫可以同时存在于沉积物中,在适宜的环境条件下发生相互转化(Burton et al.,2006)。

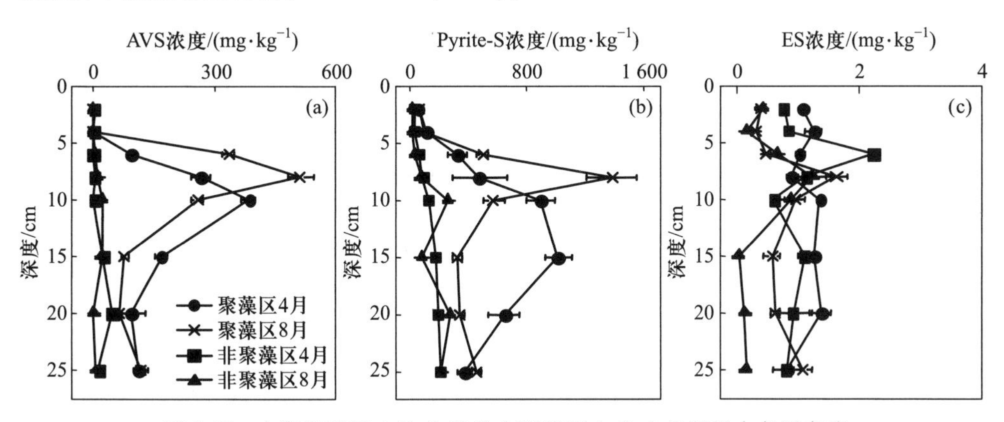

图 5.42 太湖聚藻区 4 月、8 月及非聚藻区 4 月、8 月沉积中各形态硫

5.5.1.2 湖泊中硫的循环

湖泊沉积物中蓄积着大量的有机质,在沉积物的早期成岩过程中逐渐被矿化。有机质的矿化方式如下反应式(Holmer and Storkholm,2001):

$$CH_2O+\frac{1}{2}SO_4^{2-}+H^+\rightarrow CO_2+\frac{1}{2}H_2S+H_2O \tag{5.21}$$

在有机质的降解过程中，O_2、NO_3^-、铁锰氧化物以及 SO_4^{2-} 都可以作为电子受体来氧化有机质，它们在氧化还原梯队中依次按照顺序来降解有机质。在沉积物中，由于大量 NO_3^-、锰氧化物、铁氧化物的存在，SO_4^{2-} 作为电子受体氧化有机质的比例相对较低。

由于 SO_4^{2-} 还原所生成的硫化氢被铁氧化物或氢氧化物所氧化，可以生成单质硫：

$$FeOOH+\frac{1}{2}H_2S+2H^+\rightarrow Fe^{2+}+\frac{1}{2}S+2H_2O \tag{5.22}$$

FeS 矿物质可以通过下面的途径生成：

$$Fe^{2+}+H_2S\rightarrow FeS+2H^+ \tag{5.23}$$

随着时间的推移，FeS 又可以通过与单质硫或硫化氢反应而生成更稳定的黄铁矿（FeS_2），具体反应如下：

$$FeS+S\rightarrow FeS_2 \tag{5.24}$$

$$FeS+H_2S\rightarrow FeS_2+H_2 \tag{5.25}$$

湖泊沉积物中硫的埋藏是 SO_4^{2-} 的还原以及硫的氧化两个对立过程的平衡值（Holmer and Storkholm，2001）。SO_4^{2-} 还原所产生的硫会通过以下几个途径又被氧化成高价的硫：与氧发生化学反应、耗氧状态下的细菌氧化、光氧化以及厌氧状态下的化学氧化（Holmer and Storkholm，2001）。与氧气发生反应是硫被氧化的一个重要途径，这通常发生在厌氧与有氧的过渡层，同样被细菌氧化的硫也发生在同一个区域。在淡水水体的有氧与厌氧界面经常会发现无色的硫还原菌（如 *Beggiatoa* sp. 和 *Achromatium* spp.）。一些硫还原菌能够利用硝酸根来产生氨根离子，同时其可以氧化硫的化合物。在浅水湖泊中，光有时可以直接照射到湖底，这可促使无色的硫还原细菌与光合作用的硫氧化细菌共同存在。光与硫化物的昼夜轮替出现促使这两种细菌共同存在，在白天，光合作用的硫氧化细菌在表层沉积物比较活跃，而在夜间无色的硫还原细菌则迁移到表层沉积中。

在厌氧沉积物中，包括有生命和无生命的还原过程。NO_3^- 以及铁锰氧化物是沉积物中重要的电子受体。由于生物的扰动作用，铁锰氧化物以及氢氧化物被扰动到深层厌氧沉积物中，随后又会在表层被氧气所氧化。在某些情况下，淡水沉积物中还原态无机硫的高氧化率把沉积物从“汇”变成“源”。贫营养湖泊中 23% 的氧气被沉积物中的物质氧化所消耗，所生成的硫近 90% 被氧化。贫营养型湖泊中硫氧化所发生的频率要远远高于富营养型的湖泊，这主要是由于贫营养型湖泊中氧化带存在于较深的沉积物中。此外，水生植物茂盛的湖泊区域也具有较高的硫氧化速率，是植物的根系不断泌氧所致（Holmer and Storkholm，2001）。

5.5.1.3 湖泊中硫的作用

1）湖泊中硫对重金属生物有效性的影响

在厌氧沉积物中，酸性可挥发性硫化物（acid volatile sulfide，AVS）是影响铜、锌、铅、镉等许多二价金属离子在厌氧环境中迁移能力的关键指标（Di Toro et al.，1990），其含量的高低对沉积物重金属的迁移与转化起到主要控制作用。AVS 被定义为沉积物中能被1 mol·L^{-1}或6 mol·L^{-1}盐酸所提取的硫化物，在提取 AVS 过程中释放出来的重金属(主要指 Cu、Pb、Zn、Ni 与 Cd)被称为同步可提取金属(simultaneously extracted metal,SEM)(Di Toro et al.,1990)。富硫沉积物在氧化曝气过程中,AVS 在短的时间内(<24 h)就被氧化,由此造成水体严重的酸化(pH<4);与此同时,沉积物中的 Mn、Al、Zn、Ni 被大量释放出来。此外,用 X 射线吸收光谱对湖泊沉积物中汞(Hg)的结合态进行研究发现,湖泊中 Hg 易与硫结合,并且在好氧状态下也与硫相结合。沉积物间隙水中重金属的浓度主要受控于沉积物中 AVS 的浓度。

20 世纪 90 年代,Di Toro 等(1990)率先报道了水体沉积物中 AVS 对镉(Cd)的生物有效性研究,结果发现,当 SEM_{Cd}/AVS<1,Cd 不会对底栖生物造成伤害;但当 SEM_{Cd}/AVS>1 时,会发生明显的致死作用,类似的结论在随后陆续被报道。继而,应用 AVS 与 SEM 的摩尔比作为评价沉积物的质量标准被世界各地多位学者所采用,该标准认为,当 SEM/AVS<1,则沉积物重金属无生物有效性,不会对底栖动物产生毒性;当 SEM/AVS>1,沉积物重金属具备生物有效性,对生物是否产生毒性则因不同生物个体及种类而异(Di Toro et al.,1990)。

应用 SEM/AVS<1 作为指标来判断沉积物中重金属不会对底栖生物产生毒性是比较可行的,但是应用 SEM/AVS>1 来判断沉积物中重金属对底栖生物的毒性是不确切的。应用 SEM/AVS>1 的指标来判断沉积物重金属的毒性是基于“沉积物中重金属只有硫化物的结合态,未被结合的重金属在孔隙水中处于游离状态”的假设,但是在沉积物中,重金属除了与硫为结合态,还有铁锰氧化物、有机质等结合态。考虑到 SEM/AVS>1这个指标体系的缺陷后,学者又提出了更为综合的判断指标体系。比如,判断沉积物中重金属毒性的时候,将有机碳(OC)考虑在内:当 $\sum$SEM-AVS/f_{OC}<150 μmol · g^{-1} OC,沉积物中重金属不会对底栖生物产生急性或慢性毒性作用;当 $\sum$ SEM-AVS/f_{OC}>3 400 μmol · g^{-1} OC,沉积物中重金属会对底栖生物产生急性的毒性作用。这些结论在野外 Zn 的毒性实验中已经取得了较好的证实。又比如,当 $\sum$ SEM/AVS 在 2~40、$\sum$SEM-AVS在 0~2 时,沉积物中重金属不会对底栖生物产生毒性。这些结论也得到了一些实验支持。

考虑到众多指标体系的不确定性,建议同时引入三个指标,即:$\sum$ SEM/AVS、$\sum$SEM-AVS 和 $\sum$ SEM-AVS/f_{OC}。当沉积物中同时满足 SEM/AVS>9、SEM-AVS>2、SEM-AVS/f_{OC}>150 μmol · g^{-1} OC,沉积物中重金属会对底栖生物产生毒性作用。

除此之外,由于不同底栖生物对同一沉积物表现出不同的毒性响应,上述标准的应用仍有不足。底栖生物的摄食方式差异也影响着其对沉积物中重金属的敏感性。有的生物具有避毒行为,SEM/AVS>1、IWTUs>1(间隙水毒性单元,interstitial water toxic unit,IWTU)的沉积物,不会对其造成毒害。不同重金属对同一种生物的致死浓度也不同。当 SEM>AVS,孔隙水中各种重金属浓度大小与其硫化物溶解度一致。因此,不考虑不同底栖生物对重金属的不同忍耐力、不同重金属对生物的致死浓度的差异及沉积物孔隙水中各重金属离子浓度的差异性,单独以孔隙水中各种重金属的总浓度来衡量对生物的毒性是不确切的。

底栖生物对重金属的吸收、累积是一个复杂的过程,它既可以从沉积物固相部分也可以从液相部分(孔隙水)中获得重金属,底栖无脊椎动物主要从孔隙水累积重金属,SEM/AVS 值在一定程度上可以帮助预测孔隙水中游离重金属离子的量,进而预测底栖生物对重金属的累积。但另一方面,不论比值如何,底栖生物对重金属的累积都随着重金属在沉积物中的浓度增加而增加。因此,必须对重金属在各固相间的分配及其在固液相间的分配进行充分研究,并对底栖生物对重金属的累积方式给予充分考虑。此外,AVS 与 SEM 在垂直深度的变化是不一致的,SEM 变化较小,AVS 变化相对较大,在不同深度条件下 SEM/AVS 的值差异较大,选择沉积物哪一层次的 SEM/AVS 值作为评价依据尚需深入探讨。

2) 湖泊中硫对磷循环的影响

湖泊中的硫,特别是水土界面的硫循环与磷循环关系密切。沉积物中铁、硫循环与 PO_4^{3-} 之间的地球化学关系如图 5.43 所示。厌氧沉积物有机质的降解过程中伴随着 SO_4^{2-} 的还原,所生成的硫与 Fe^{3+} 的还原产物 Fe^{2+} 生成铁硫沉淀,使 PO_4^{3-} 减少了潜在的结合物,从而间接促使了沉积物中 PO_4^{3-} 的释放。

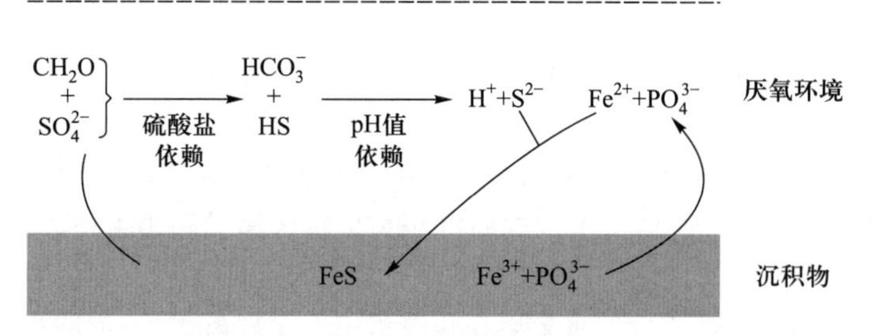

图 5.43 湖泊中硫对于磷循环的影响(改自 Rozan et al.,2002)

德国 Scharmützelsee 湖的研究表明,沉积物中的硫循环对沉积物的固磷能力产生显著影响(主要指弱吸附态磷)。铁结合态磷中铁的还原导致了间隙水中溶解性磷酸根浓度高达 10.8 mg · L^{-1},磷的释放速率达 2.64±0.56 mg · m^{-2} · d^{-1},致使在约 2 个月内上覆水中的磷酸根浓度增加了 4 倍之多。对北美 51 个湖泊调查发现,湖泊底部水中的 Fe∶P 值与表层水中的硫酸根(SO_4^{2-})浓度显著相关($p<0.001$)。在硫酸根浓度低的水体系统中,较高的 Fe∶P 值不仅源于厌氧底部水中较高的铁浓度,同时也归于较低的磷含量。人类活动引起的水体硫酸根升高会对湖泊磷的循环产生双重作用:高的硫酸根浓度能够增加沉积物中磷的释放强度,间隙水以及上覆水磷酸根的浓度也随之增加;温度的增加对沉积物中磷的释放具有促进作用。有学者野外实验模拟了不同硫酸根浓度对两种不同性质沉积物中磷释放的影响,发现两种沉积物磷释放对水体中的硫酸根表现出截然不同的能动性:两种沉积物中虽然都大量累积了还原性的硫化物,但两种实验区上覆水体磷的浓度分别表现为明显升高和无变化,这主要归咎于两种沉积物中相差悬殊的铁结合态磷(Fe-P)含量。Fairfield 湖研究发现,较高的硫酸根还原速率与水体中磷的浓度无相关性,且表层沉积物中无机还原态硫的含量与磷的相对释放也无相关性。由此看来,并不是每个湖泊中铁-硫-磷之间都存在互相关联,其关联过程受湖泊沉积物中磷的组成、硫酸根以及三价铁(Fe^{3+})的还原方式和途径影响。

5.5.1.4 湖泛中硫的化学行为

湖泛又称"黑水团",是由于蓝藻大量堆积,在较高的温度和一定水平的风浪扰动下,藻类聚集、腐烂、沉降,并在厌氧微生物和底泥相互作用下产生的水色发黑、水体缺氧、气味恶臭的湖泊生态灾害现象。近几年来,太湖、巢湖、滇池等富营养化湖泊均频繁地出现湖泛。湖泛发生过程中,水体变黑且伴随着刺激性异味,对城市环境造成严重的影响:不仅损害城市容貌,影响周边居民的生活环境,危害人体健康,还会破坏复杂的湖泊生态系统,污染水源,加剧水资源的危机。因此,湖泛受到广泛关注。

通过实时监测太湖近年来发生的湖泛事件发现,湖泛产生的条件包括湖体内藻类死亡、污染负荷增大、气象变化等因素。美国一发生黑臭的湖泊研究发现,还原态硫(S^{2-})和铁(Fe^{2+})生成的铁硫化物是造成湖水变黑的主要原因。湖泛发生时的主要致臭物质是挥发性硫化物(VSC),例如硫化氢(H_2S)、甲硫醇(MeSH)、二甲基三硫醚(DMTS)等。通过一系列监测结果表明,这些致臭物质中以有机硫化物为主。可见,硫作为沉积物-水界面的敏感性元素,当界面氧化还原条件改变时,不同形态的硫化物之间相互转化,与黑水团形成过程中的黑臭现象密切相关。一系列室内模拟实验表明,湖泛的发生是底泥与蓝藻共同作用的结果。湖泛发生所必需的铁、硫主要来源于底泥,底泥中有机碳和铁含量会影响无机还原态硫的形成,也是致黑物的主要组分(图 5.44)。蓝藻聚集死亡是湖泛发生的主要诱因,藻类暴发时沉积物内铁、硫等敏感元素会从原有高价态还原为低价态,并通过间隙水向上覆水体中释放。间隙水内二价硫浓度甚至可达未加藻处理的 56 倍。死亡藻体内的含硫化合物的分解以及藻源性有机质的甲基化会促使大量的挥发性硫化物产生,导致水体发臭。

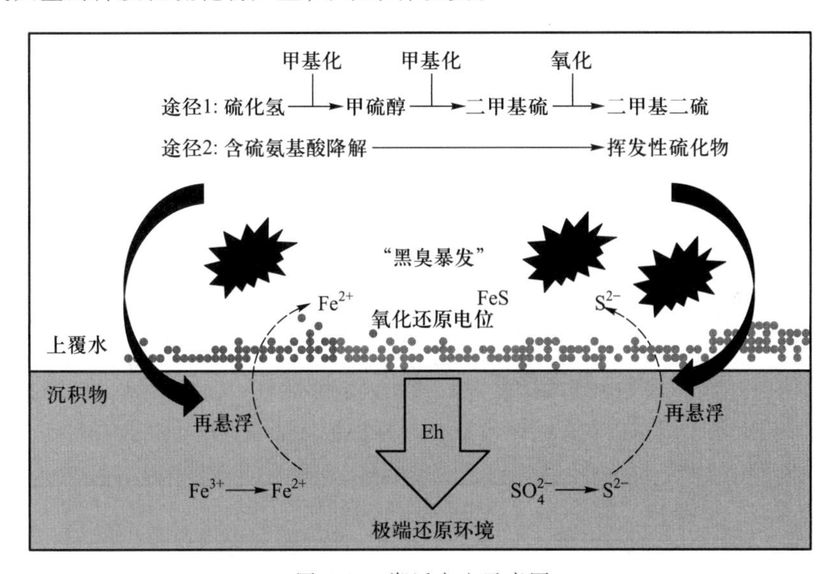

图 5.44 湖泛产生示意图

5.5.2 湖泊中的铁

铁是地壳元素中丰度第四的元素,广泛存在于天然水体、土壤和动植物体内。铁的两种主要价态为二价和三价[Fe(Ⅱ)和 Fe(Ⅲ)],易发生氧化还原反应,在生物地球化学循环中扮演着极其重要的角色。水体中铁离子与有机质的络合作用,以及由此引起的光催化活性变化,影响着铁的赋存形式和生物可利用性,也促进了有机质的光降解。沉积物中固体铁(无定型铁和结晶铁)和有机质、磷的相互作用(如吸附和共沉淀作用),对碳、磷元素循环影响甚大。

5.5.2.1 湖泊中铁的来源与赋存

湖泊中铁主要有三种来源:径流输入、大气沉降、沉积物再悬浮和释放。按物理属性分，可将铁分为真溶解态、胶体态和颗粒态三种形态；能通过 1 nm/1kDa 滤膜（滤包）的称为真溶解态铁，粒径在 1 nm 到 0.45 μm 之间的为胶体态铁，真溶解态铁和胶体态铁合称溶解态铁，而大于 0.45 μm 的则为颗粒态铁。从化学组成来看，真溶解态铁包括游离态铁离子（Fe^{2+} 和 Fe^{3+}）、水合 Fe（Ⅱ）及 Fe（Ⅲ）、小分子 Fe（Ⅱ）及Fe（Ⅲ）的无机或有机配合物。胶体态铁包括大分子的 Fe（Ⅱ）/Fe（Ⅲ）的配合物（如腐殖质–Fe 的配合物）、含铁细菌/病毒和有机碎屑。颗粒态铁包括铁矿物、活的或者死的浮游动植物及其碎屑中所含的铁（图 5.45）。表 5.10 显示了一些湖泊水中铁的浓度。湖泊中各形态铁的相对含量依赖于铁–配体络合作用、吸附/解吸作用、沉淀/溶解作用、离子交换和氧化还原作用的竞争结果（图 5.46）（Norman et al.，2014）。

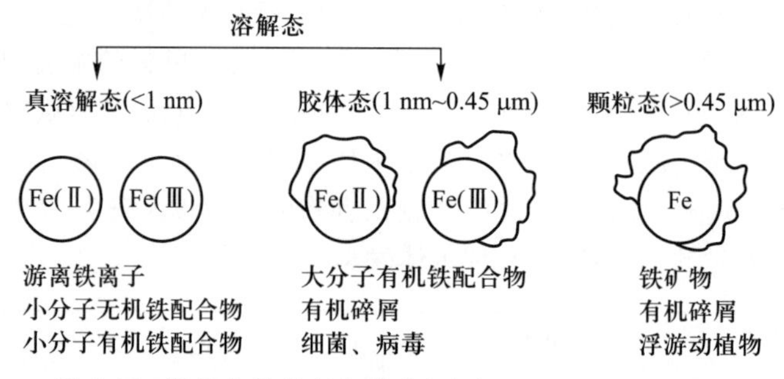

图 5.45　湖泊中铁的存在形式（改自 Norman et al.，2014）

表 5.10　一些湖泊中铁的浓度（Norman et al.，2014）

湖水	溶解态铁/nM	颗粒态铁/nM
伊利湖	1.2 ~ 312	45.5 ~ 3 643
安大略湖	0.5 ~ 26	—
苏必利尔湖	0.6 ~ 75.8	39.4 ~ 75.4
基尼烈湖	31 ~ 37	86 ~ 379
日内瓦湖	2 ~ 30	—

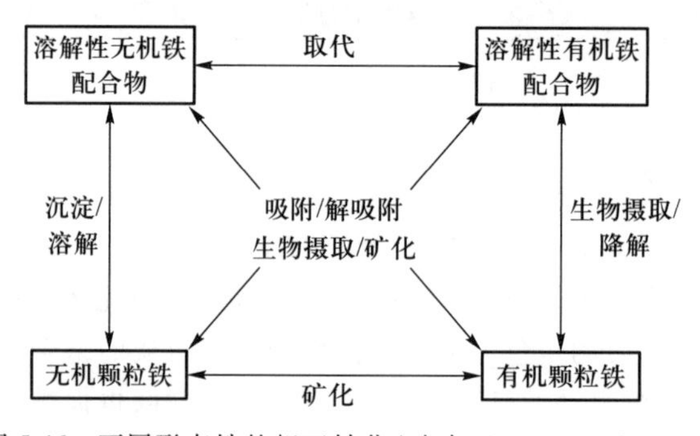

图 5.46　不同形态铁的相互转化（改自 Norman et al.，2014）

5.5.2.2　湖泊中的铁循环

Fe（Ⅱ）和 Fe（Ⅲ）是铁的两种价态。分子氧是环境中含量最高也是最重要的氧化剂,水相中 Fe(Ⅱ)物种与分子氧反应的基本步骤可由反应式(5.26—5.29)描述。在氧气充足的水体中,Fe(Ⅲ)是铁的稳定形态,易发生水解,pH = 7 时,$Fe(OH)_3$ 是主要形态。

$$Fe(Ⅱ)+O_2 \longrightarrow Fe(Ⅲ)+O_2^{\cdot -} \tag{5.26}$$

$$Fe(Ⅱ)+O_2^{\cdot -}+2H^+ \longrightarrow Fe(Ⅲ)+H_2O_2 \tag{5.27}$$

$$Fe(Ⅱ)+H_2O_2 \longrightarrow Fe(Ⅲ)+{}^{\cdot}OH+OH^- \tag{5.28}$$

$$Fe(Ⅱ)+{}^{\cdot}OH \longrightarrow Fe(Ⅲ)+OH^- \tag{5.29}$$

湖水中,水铁矿是 Fe 的主要存在形式,平均粒径在 0.05~0.5 μm。Fe^{2+} 自由离子能稳定存在于缺氧水体,即使在弱碱性条件下(pH<8),与羟基和硫酸根配合的 Fe(Ⅱ)通常也仅占<4%。但在碳酸根(CO_3^{2-})、硫离子(S^{2-})和磷酸根(PO_4^{3-})作用下,可能形成 $FeCO_3$、FeS 和 $Fe_3(PO_4)_2 \cdot 8H_2O$ 等沉淀。在淡水缺氧环境中,Fe^{2+} 的浓度能达到 0.1 mM。

对于不分层湖泊或分层湖泊混合时(冬季),其水柱中氧浓度是较高的,铁在这些富氧湖泊中的循环如图 5.47 所示。对湖泊来说,大气沉降来源的铁占比通常很小,但雾水中铁的浓度很高(200 μM),且由于光还原作用,主要是 Fe(Ⅱ)。河流输入的铁中绝大部分是无机形式,如铁的氢氧化物或铁矿物,少于 10%的 Fe 是和有机物结合的。虽然所有的颗粒态铁最终都会沉降到湖底,但以矿物形式存在或和矿物结合的氢氧化铁的沉降速度更快。如 Esthwaite 湖水中的铁几乎都是非晶态颗粒态铁,而沉积物中,50%的铁是矿物组分。非晶态的铁可被还原,当沉积物中还原电位合适时,活泼的 Fe(Ⅲ)氢氧化物被还原成 Fe(Ⅱ)而释放到水柱中,在水柱中重新被氧化沉降。沉积物中 Fe(Ⅱ)浓度随深度增加,当离子活度积超过 $FeCO_3$、FeS 和 $Fe_3(PO_4)_2 \cdot 8H_2O$ 的溶度积时,可能形成菱铁矿、蓝铁矿和磷灰石。

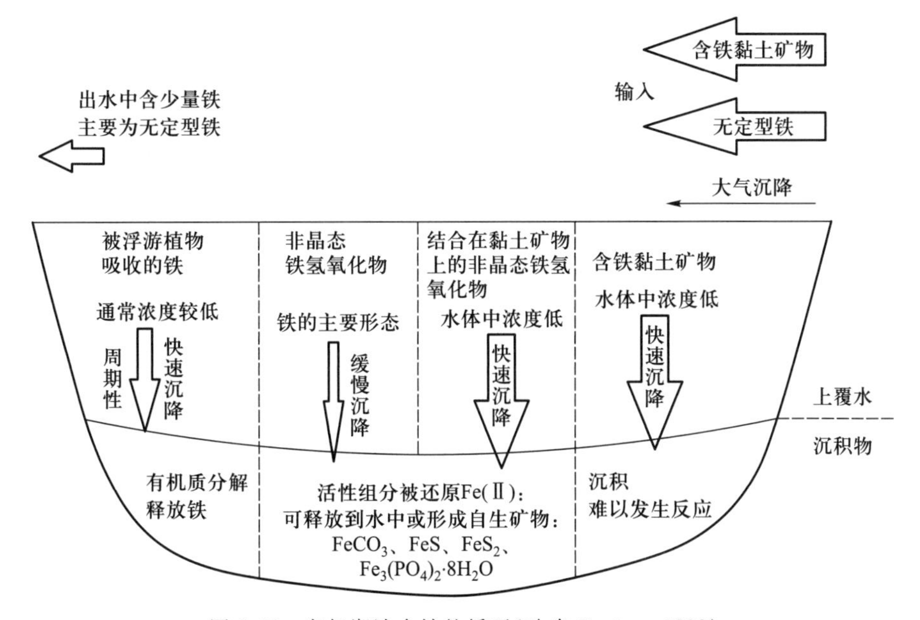

图 5.47 富氧湖泊中铁的循环(改自 Davison,1993)

对于分层的湖泊,湖下层是缺氧的,湖水中存在有氧-缺氧界面,这类湖泊中铁的循环见图 5.48。外源铁中包含 Fe(Ⅱ)和 Fe(Ⅲ),Fe(Ⅱ)存在于矿物中的晶格,

Fe(Ⅲ)为单独存在或和矿物颗粒结合的氢氧化铁。其中,部分活泼的颗粒态 Fe(Ⅲ)在缺氧的湖下层被还原为溶解性 Fe(Ⅱ),更多的还原反应发生在沉积物中。沉积物中产生的 Fe(Ⅱ)向上覆水中扩散,包括垂向和水平扩散,且水平扩散的速率更快。当 Fe(Ⅱ)达到有氧-缺氧界面时,被氧化为 Fe(Ⅲ)并重新沉降到湖下层,从而在有氧-缺氧界面附近形成一个 Fe(Ⅱ)/Fe(Ⅲ)循环。此循环使有氧-缺氧界面附近 Fe(Ⅱ)的浓度很高,有的湖泊高达 230 mg · L^{-1}。

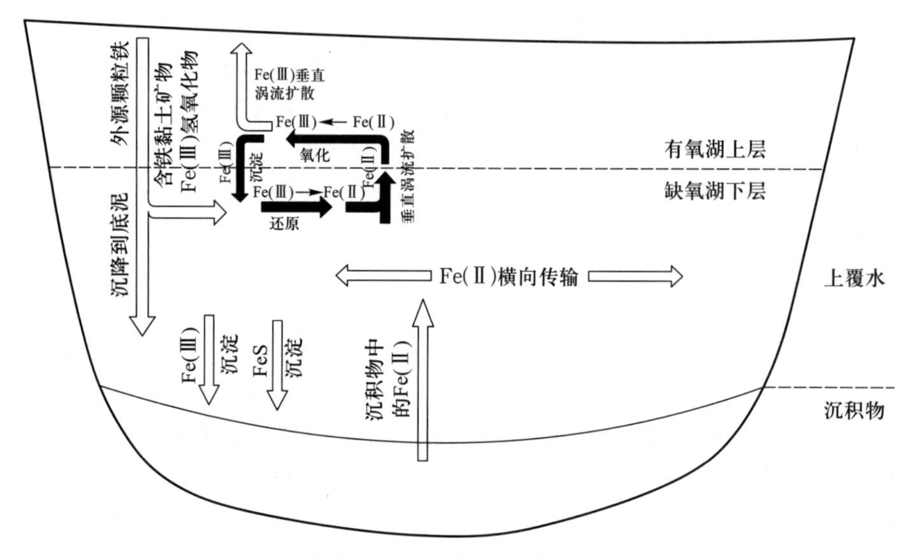

图 5.48 分层湖泊的铁循环(改自 Davison,1993)

5.5.2.3 湖泊中的铁化学

1) 铁和有机物的络合反应

有机络合反应对维持水体中溶解态铁极为重要,对铁的生物可利用性起关键作用。如果没有络合反应,好氧水体中 Fe(Ⅲ)快速水解,形成 Fe 的氢氧化物并沉降。络合反应使水体总保持一定浓度的溶解态铁,自然环境中,80%~90%的溶解态铁是与有机配位体络合的。有机配位体包括细菌产生的铁载体、胞外聚合物、卟啉、多糖和腐殖质。腐殖质是淡水中溶解性有机质(DOM)的重要组分,占 40%~80%,湖泊中主要的 Fe 配位体是富里酸(腐殖质的一类)。

2) 铁的光化学反应

湖泊表层中,Fe(Ⅱ)/Fe(Ⅲ)的值出现昼夜循环,夜晚 Fe(Ⅱ)浓度低于检测限,白天表层水中 Fe(Ⅱ)接近 1 nM(Norman et al.,2014)。驱动 Fe(Ⅲ)转化为 Fe(Ⅱ)的过程包括胶体态/铁配合物的光化学还原(图 5.49)。

Fe(Ⅲ)的光化学还原反应被认为是 Fe(Ⅲ)配合物吸收一个光子形成了络合物的 LMCT 态(配合物到金属的电子转移态),然后发生内层的光诱导电子转移,Fe(Ⅲ)还原为 Fe(Ⅱ),并产生羟基自由基($^{\cdot}OH$)或有机自由基中间体。有机自由基中间体可能与水体中的 O_2 反应,形成超氧自由基($HO_2^{\cdot}/O_2^{\cdot-}$)。$HO_2^{\cdot}/O_2^{\cdot-}$ 发生歧化反应后生成的 H_2O_2 在光照下或 Fe^{2+}催化下(Fenton 反应)能产生 $^{\cdot}OH$。$^{\cdot}OH$、$HO_2^{\cdot}/O_2^{\cdot-}$ 和 H_2O_2 被称为活性氧物质(ROS),具有氧化性,能够氧化 Fe(Ⅱ)为Fe(Ⅲ)(Faust and Zepp,

1993）。铁光化学反应过程是水体中活性氧物质的重要来源，其中羟基自由基是氧化性极高的物质，几乎可以无选择地与有机物反应，促进湖水中有机质的降解。

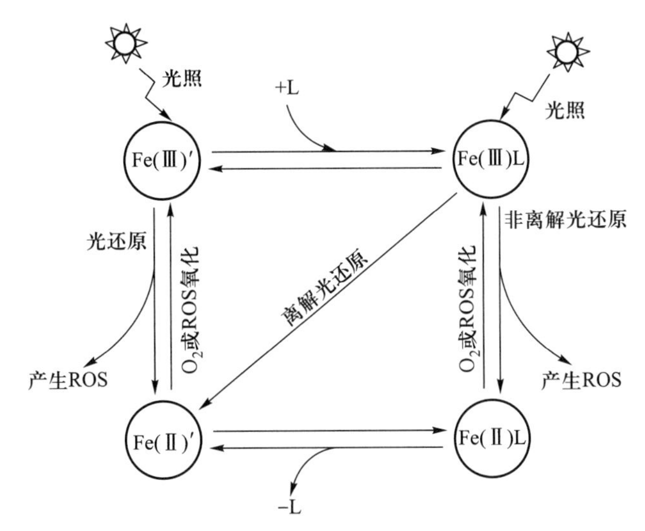

图 5.49　铁的光化学反应过程（改自 Norman et al.，2014）。Fe（Ⅲ）′/Fe（Ⅱ）′表示羟基络合物［如 $Fe(OH)^{2+}$ 等］。Fe（Ⅲ）L 表示 Fe 有机配合物，L 为有机配位体，通常是含有羧基官能团的物质（如腐殖类物质）

5.5.2.4　湖泊中铁对碳、磷地球化学行为的影响

湖泊的沉积物-水界面通常是一个氧化还原界面，而铁是氧化还原敏感元素，在此界面附近，会发生沉积物中 Fe（Ⅱ）的释放和向上扩散，在好氧水体中被氧化为 Fe（Ⅲ），Fe（Ⅲ）发生水解并与其他物质（碳、磷等）结合，向下沉降。Fe（Ⅱ）/Fe（Ⅲ）在沉积物-水界面的循环影响着其他元素的迁移。

1）对碳埋藏的影响

在沉积物-水界面，当由缺氧转化为富氧时，Fe（Ⅱ）转化为 Fe（Ⅲ），Fe（Ⅲ）会发生沉淀形成铁氢氧化物。此时具有某种结构的有机质会通过包藏和吸附的作用与 Fe 一起沉降，形成有机质-Fe 相结合的沉淀物质。与吸附作用相比，共沉淀作用是一种比 DOM 在铁矿物上的吸附更重要的有机质和 Fe 的结合方式，能将更多的有机分子和纳米形态的铁的氢氧化物胶着在一起，OC ∶ Fe 的值高达 6～10。各种水环境中，包括湖泊、河口、河流、海洋的沉积物中，与固态 Fe 结合的 OC 约占总有机碳的 20%（Lalonde et al.，2012）。

2）对磷结合/释放的影响

铁的氧化还原是控制沉积物中磷结合/释放的主要因素之一。铁结合态磷（Fe-P）被认为是沉积物中重要的潜在可移动磷源。湖泊沉积物中磷和铁呈现显著的相关性，沉积物表层磷浓度受外源磷负荷和铁浓度影响，且随着两者浓度增加而增加。湖泊沉积物磷释放受铁还原的控制，即好氧条件下 Fe（Ⅱ）被氧化为 Fe（Ⅲ），所产生的（氢）氧化铁吸附、固定磷，有效态铁和磷同步减少；厌氧条件下 Fe（Ⅲ）被还原为 Fe（Ⅱ），溶解释放 Fe^{2+} 和磷，有效态铁和磷同步增加。

5.5.2.5 铁对藻类生长的影响

通常认为,可溶的无机 Fe^{2+}、Fe^{3+}和部分的络合态 Fe(Ⅲ)是生物可利用的。不过,不同浮游植物群落对铁的吸收策略并不一致,例如,硅藻并不利用溶解态 Fe(Ⅱ),不是所有的有机络合态铁都能被浮游细菌和真核浮游植物利用。

铁限制会抑制藻类的生长。0.01 μM 浓度的 Fe 会限制铜绿微囊藻和惠氏微囊藻的生长、色素合成和光合作用;卷曲鱼腥藻的 Fe 生长阈值为 10^{-8}~10^{-7} M。由于各种藻类生长对铁的需求量不一致,当湖泊中铁浓度变化时,可能发生藻类群落的更替:从 0.1 mg · L^{-1}增加到 1.0 mg · L^{-1}时,藻类群落出现从绿藻向蓝藻的演替。

5.5.3 湖泊中的硅

硅(Si)是地球上第二丰度的元素,在地壳中的丰度高达 28.8%,其中大多数以硅酸盐的形式存在。硅是水生态系统中构成生物群落的重要生源要素,多数藻类和动物对硅元素的需要量不大,但对硅藻来说,硅的供给必不可少,硅藻坚硬的细胞壁主要由二氧化硅(SiO_2)构成,几乎占细胞干重的 50%。因此,硅在河流、湖泊和沿岸海域生态系统中扮演着非常重要的角色。

5.5.3.1 湖泊中硅的形态

水体中硅的形态可分为溶解态的溶解硅(dissolved silica, DSi)与颗粒态的生物硅(biogenic silica, BSi)、成岩硅(lithogenic silica, LSi)以及弱晶格结构的自生硅酸盐矿物。溶解硅即为活性硅酸盐,化学式为 $Si(OH)_4$,可直接被陆生高等植物和水体浮游植物吸收利用,并转化为自身组织中的生物硅。因此,溶解硅是硅循环中的重要组成形式。成岩硅是黏土矿物中所含有的硅,由于物理和化学风化作用,岩石中部分硅酸盐转变成了悬浮在天然水体中颗粒态的泥沙和黏土,一般不能被生物直接利用,在较短时间尺度内难以对硅循环产生影响。生物硅是化学方法测定的无定形硅的含量,称为生物蛋白石(简称蛋白石),主要由部分陆生高等植物、硅藻、海绵骨针、放射虫、硅鞭毛虫和细菌等硅质生物产生。植硅体(高等植物产生的一类生物硅)是指存在于某些植物组织内的微观硅质蛋白石结构,在植物死亡后植硅体可沉降并保存于土壤或沉积物中。总体而言,植硅体与硅藻是湖泊、河流和近海水体中生物硅的主要组成成分。

溶解硅通常以活性硅酸盐(H_2SiO_4)及其短链聚合体的形态来表征,自然水体中虽然也存在长链聚合物,但测定溶解硅时一般不包括这些长链聚合物。溶解硅通常采用硅钼蓝分光光度法进行测定。

5.5.3.2 湖泊中硅的循环

硅在湖泊环境中的赋存、迁移和转化等过程,对湖泊生态系统的初级生产力具有重要意义。自然条件下,硅可能是湖泊生态系统的限制性因子,控制湖泊的初级生产力水平。硅在湖泊流域的循环是从岩石风化、溶于水体、藻类利用到底泥沉积的单向循环(图 5.50),与植物和动物细胞摄取和分泌的氮、磷、铁等营养物的循环模式差别很大。湖泊水体中的硅主要有两个主要来源:一是自然界含硅岩石风化后,随陆地径流入湖,使近岸及河口区硅的含量较高,这是湖泊中硅的重要来源;二是源于湖泊透光层以下的区域,其中厌氧底泥释放的溶解硅是湖泊水体硅循环的重要环节,某些硅藻释放的溶解

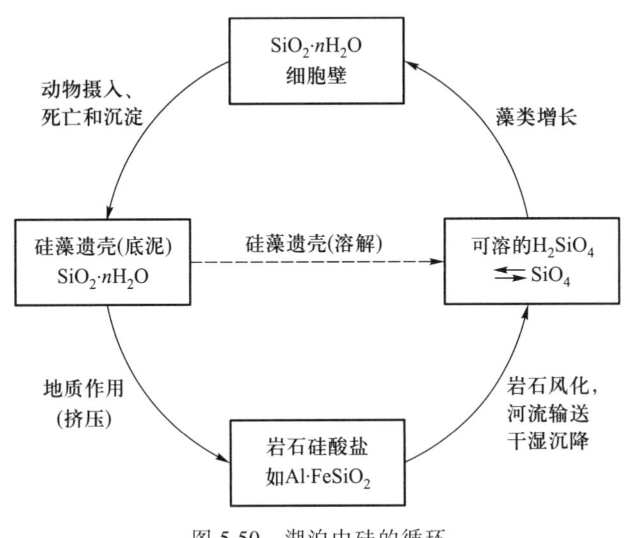

图 5.50 湖泊中硅的循环

硅约为其摄取量的 15%,而硅在动物体内的再循环一般不重要。

虽然 SiO_2 不能为任何捕食者消化,但是许多无脊椎动物和鱼类还是可以将硅藻细胞破坏或消化,排泄出没有化学变化的 SiO_2 碎片。这与氮、铁、磷和其他多数元素的循环模式完全不同。

地球上 70%的地壳岩石含有 SiO_2,因此 SiO_2 是与河流和地下水接触的主要矿物质。雨水、泉水及土壤沥出液中 CO_2 的浓度都很高,这进一步加剧了岩石的风化及溶解硅的释放。长石是含有大量硅的重要矿物质,花岗岩的主要成分是白色或粉色长石晶体。长石被弱酸性的碳酸风化成高岭石的反应如下:

$$2NaAlSi_3O_8+2CO_2+3H_2O \leftrightarrow 4SiO_2+Al_2Si_2O_5(OH)_4+2Na^++2HCO_3^- \tag{5.30}$$

这种风化过程也是钠离子的重要来源,自然水体缓冲系统中的重碳酸盐则是 SiO_2 释放过程产生的重要副产物。

在硅的循环过程中,硅藻扮演了非常重要的角色。硅藻等生物体从湖泊、海洋中吸收溶解硅酸盐,经同化作用形成硅质细胞壁,这个过程通常需要几个小时到几天的时间。它不断从外界吸收养分富集硅,成为水体表层生物硅的主要来源。硅藻在死亡后以植物碎屑沉降,近一半的硅溶解于真光层,重新进入硅循环,最终大约有 3.5%以蛋白石的形式埋藏在沉积物中。

5.5.3.3 硅和硅藻

硅是硅藻生长发育过程中的必要元素,主要参与硅藻细胞中光合色素、蛋白质及 DNA 的合成,同时也是硅藻细胞壁的重要成分。硅藻的硅质细胞壁由上下两部分组成,上面的盖称为上壳,下面的底称为下壳,上壳套住下壳。如果没有硅,硅藻不能形成外壳,而且也不能完成生长周期。硅藻具有很高的初级生产力,硅藻干重中 25%~60%为 SiO_2,因此硅可能由于其单向循环特点(无显著再循环)而成为硅藻生长的限制因子。当水体溶解硅浓度低于 5 $mg \cdot L^{-1}$时,硅藻的生长受到胁迫(处于竞争劣势);而浓度介于 0.1~0.5 $mg \cdot L^{-1}$时,硅藻生长停止。

湖泊中的硅具有很多形态,但只有以硅酸盐形式存在的溶解硅能被藻类生长所利用。大型河流中溶解硅的全球平均水平为 13 mg · L^{-1},而湖泊中溶解硅浓度一般为 0.5~60 mg · L^{-1}。对太湖流域不同污染类型水体溶解硅浓度进行调查的结果显示,农村生活区河道和城市生活区河道水体溶解硅浓度较高,年均浓度分别达到 3.01 mg · L^{-1} 和 2.90 mg · L^{-1};鱼塘水体浓度最低,年均浓度为 1.00 mg · L^{-1}。水体中溶解硅含量还存在明显的季节变化,除水库外,所有水体最高浓度均出现在夏季丰水期。中国科学院太湖湖泊生态系统研究站对太湖硅酸盐浓度进行了长期监测发现,1998—2017 年平均溶解硅浓度为 1.96 mg · L^{-1},变化范围为 0.16~4.46 mg · L^{-1};2000—2006 年有增加的趋势,2007 年以后处于稳定状态(图 5.51)。

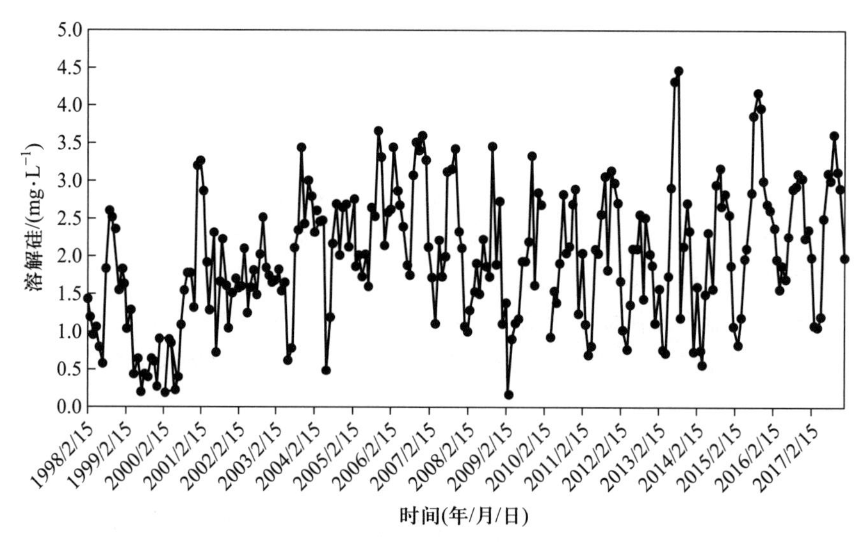

图 5.51 太湖溶解硅浓度长期变化过程

人类活动排放的废弃物中溶解硅含量微乎其微;与氮、磷等其他营养物相比,对富营养化湖泊来说,硅的短缺后果严重。过高的氮、磷负荷使不摄取硅的藻类成为湖泊优势种,湖泊可能从美观宜人的硅藻类水体转变为由蓝绿藻控制的水体。硅藻死亡以后,硅藻所含的有机物被细菌和真菌完全分解,只留下硅藻遗壳。遗壳上残余的有机物可以通过加热成红色或酸浸泡煮沸的方法完全去除。硅藻的遗壳均匀对称,四周有许多微孔和棘,构成皇冠结构。底泥中沉积的硅藻遗壳几千年都不会改变,因此硅藻遗壳的类型和数量可以帮助湖沼学家了解湖泊长期的营养物历史。

5.6 湖泊中持久性有毒污染物

5.6.1 持久性有毒污染物概述

持久性有毒污染物(persistent toxic substance,PTS)是一类具有生物累积、难降解、可远距离传输、致畸致癌致突变和内分泌干扰等特性的污染物。PTS 与臭氧层破坏和温室效应并称为 21 世纪影响人类生存与健康的三大环境问题。

联合国环境规划署(UNEP)制订的 PTS 研究清单中,目前包括 27 种污染物:艾氏剂(Aldrin)、氯丹(chlordane)、滴滴涕(DDT)、狄氏剂(Dieldrin)、异狄氏剂(Endrin)、七氯(heptachlor)、六氯代苯(hexachlorobenzene)、灭蚁灵(Mirex)、毒杀芬(Toxaphene)、多氯联苯(PCB)、二噁英(dioxin)、多氯代二苯并呋喃(polychlorinated dibenzofurans)、十氯

酮(chlordecone)、六溴代二苯(hexabromobiphenyl)、六六六(HCH)、多环芳烃(PAH)、多溴代二苯醚(PBDE)、氯化石蜡(chlorinated paraffin)、硫丹(endosulfan)、阿特拉津(Atrazine)、五氯酚(pentachlorophenol)、有机汞(organic mercury compound)、有机锡(organic tin compound)、有机铅(organic lead compound)、酞酸酯(PAE)、辛基酚(octylphenol)和壬基酚(nonylphenol)。无论是《斯德哥尔摩公约》中确定的 12 类持久性有机污染物(persistent organic pollutant,POP),还是美国国家环境保护署(EPA)确定的 12 类持久性生物积累性有毒化学品(persistent bioaccumulative and toxic chemical,PBT),以及环境内分泌干扰物(environmental endocrine disruptor,EED),都与 PTS 有关。这些化合物所引起的污染问题已经引起国际环境保护组织、各国政府和民众的高度关注。目前一些新型 PTS 也逐步引起各国科学家的注意,包括电子垃圾(e-waste)、阻燃剂多溴联苯醚(PBDE)、全氟辛酸铵(PFOS)、药品和个人护理用品(PPCP)及微塑料等。

5.6.2 我国湖泊的 PTS 污染

PTS 污染物来源广泛,可以通过直接排放、大气干湿沉降以及地表径流等方式进入水环境。由于水生生物层次的多样性以及水体的稳定性(相对于河流、海洋),湖泊是研究 PTS 等污染物归趋与水生态关系的最佳区域和重点领域。湖泊一般相对封闭,水体流动性小,交换周期长,对污染物的稀释能力弱,生态系统相对较脆弱,生态平衡容易遭到破坏且不容易恢复,因而较其他水环境更容易受到污染。

湖泊水体是 PTS 进入水环境的首要介质,水体 PTS 污染普遍存在。然而,PTS 的疏水亲脂性使得它们在水体中的含量相对较低。进入水环境后,此类污染物即被悬浮颗粒物所吸附,并随着重力沉降等作用进入水体沉积物中或由生物吸收富集于生物体中。水体沉积物是 PTS 的“源”和“汇”。沉积物中污染物的赋存含量往往是水体中相应污染物含量的几百甚至上千倍。中国五大湖区表层沉积物中典型 PTS 污染空间差异较大,大致呈现为:东部平原湖区>云贵高原湖区>东北平原与山地湖区>蒙新高原湖区>青藏高原湖区,与人类生产和生活活动强度有关(霍守亮和席北斗,2017)。

我国长江中下游湖泊调查分析结果同样显示(Zhao et al.,2016),不同湖泊沉积物中 PAH 和有机氯农药(OCP)空间分布差异主要与流域人类活动强度有关。五大湖区中 PFOS 污染同样以东部平原湖区最为严重,沉积物中检出含量(平均值 1.72 $ng \cdot g^{-1}$ 干重)为其他湖区的 3~6.3 倍。PPCP 因其被广泛生产和使用而导致污染日益严重化,太湖水体中抗生素类药物磺胺甲噁唑的浓度为 35.4 $ng \cdot L^{-1}$。

对微塑料的研究大多在沿海和近海区域,我国是世界上最大的塑料生产国,淡水湖泊微塑料污染调查数据却严重不足。武汉城市湖泊群、洞庭湖和洪湖等华中地区湖泊微塑料污染调查结果表明,城市湖泊群水体微塑料丰度在(1 660.0±639.1)~(8 925±1 591)个 $\cdot m^{-3}$;洞庭湖和洪湖水体微塑料浓度范围分别为 900~2 800 个 $\cdot m^{-3}$ 和 1 250~4 650 个 $\cdot m^{-3}$(霍守亮和席北斗,2017)。

水产品是人类饮食结构的重要组成部分。PTS 的疏水亲脂特性使其极易被水生生物积累,并通过食物链的作用进行生物富集和生物放大,最终对人类健康造成潜在危害。我国湖泊生物中 16 种优先控制 PAH 的总含量为 289.00~17 877.26 $ng \cdot g^{-1}$(n=45),主要研究集中在东部平原湖区,其中太湖的鱼体内 PAH 组成以 3 环化合物为主,如菲、芴、荧蒽和芘含量占比达 63%,且赋存含量随着生物营养级的增加而增加。我国湖泊水生生物中 DDT 含量范围为 11.98~4 826.00 $ng \cdot g^{-1}$(n=105),其中青藏高原湖区和东部平原湖区水生生物赋存含量相当,约为云贵高原湖区的2倍;在湖泊生物体内检出HCH含量范围为0.50~3 405.67 ng·g^{-1}($n=14$),空间分布上则表现为云贵高原湖区含量最高,其次为东部平原湖区,青藏高原湖区最低(刘东红等,2018)。

由此可见,我国湖泊生物受到了不同程度的PTS污染,研究区域主要集中于东部平原湖区,青藏高原湖区和云贵高原湖区也有少量研究,其余湖区生物富集研究较少开展。PTS在湖泊生物体内的富集与生物所处营养级、脂肪含量、年龄、食物链长度及结构、生物物种及生物量、生活习性和生存环境等诸多因素有关。

5.6.3 湖泊PTS的环境行为

5.6.3.1 来源解析

湖泊水环境中PTS来源广泛,污染物的溯源分析一直都是PTS环境行为研究的难点之一。源解析指运用定性或定量的分析手段识别环境中的污染贡献源,并计算相应污染源的贡献大小。环境中污染源分析模型主要包括扩散模型和受体模型,扩散模型是对污染源中各目标化合物的组成含量进行分析,然后基于污染源的排放特征对应地对环境中污染物来源进行推测。然而,扩散模型会因为物质进入环境后的迁移转化作用造成溯源的不确定性,并且该方法也无法给出各污染源对环境的影响程度。相对地,受体模型通过对实际样品中污染物的组成特征与污染源的特征相比对,从而识别出对环境具有明显影响的污染源,并且可以通过数学处理计算出各污染源对环境的影响程度(载荷)。受体模型已广泛应用于识别污染物的源成分谱和定量评估污染源的贡献率。

特征化合物法或聚类分析是最早应用的一类定性溯源分析方法。源解析定性方法主要有比值法、轮廓图法、特征化合物法和聚类分析法等。

与定性分析方法相比,应用化学质量平衡(CMB)模型、单体稳定碳同位素分析以及多元统计类方法可以在未知污染源特征的情况下根据受体污染点的污染特征进行反推,定量地从复杂的来源变量中辨析出各类污染源的贡献比例。

1) 特征化合物法

特征化合物法是依据污染源排放中含有某种特有的化合物来确定污染源的一类方法。这种方法也只能粗略地判断污染源的类型。PAH源解析常用的特征化合物包括晕苯、惹烯和苝等,分别用来指示木材燃烧、交通源和生物来源。芴和苯并(a)蒽为炼焦排放的特征污染物,蒽、菲、苯并(a)蒽是燃煤污染所致,苯并(g,h,i)苝是交通排放的特征污染物,茚并(1,2,3-c,d)芘是柴油燃烧排放的重要化合物。

2) 比值法

各种污染源生成污染物的机理和具体条件的不同,污染物的含量和组成也会有差别,计算特定污染物比值是对污染源进行定性确定的一种方法。自20世纪80年代以来,比值法在大量研究中被用来定性分析PAH来源。由于PAH的同分异构体类化合物具有相似的环境行为,其比值在环境过程中也相对保持稳定,同分异构体的分子比值可以判定和衡量PAH的来源。目前,PAH源解析已经有了较为成熟的比值法数据(表5.11)。其中,Phe/Ant和Flt/Pyr是最为常用的PAH污染来源判断比值,分别指示石油污染和高温燃烧(Yunker et al.,2002)。

表 5.11 PAH 不同来源化合物特征指数

来源特征	化合物特征指数							
	Flt/Pyr	Phe/Ant	BaA/Chr	Flt/(Flt+Pyr)	Ant/(Ant+Phe)	BaA/(BaA+Chr)	InP/(InP+BghiP)	LMW/HMW
石油污染	<1	>10		<0.4	<0.1	<0.2	<0.2	高
柴油泄漏				0.26±0.16	0.09±0.05	0.35±0.24	0.40±0.18	
原油泄漏				0.22±0.07	0.07	0.12±0.06	0.09	
燃料燃烧	>1	<10		>0.4	>0.1	>0.35	>0.2	
交通源		2.7	0.63		>0.1			
汽油燃烧		3.4~8	0.28~1.20	0.4~0.5	0.11	0.33~0.38	0.09~0.22	低
柴油燃烧		7.6~8.8	0.17~0.36	0.20~0.58	0.11±0.05	0.18~0.69	0.25~0.45	
煤燃烧	1.4	3	1.0~1.2	0.48~0.85	0.31~0.36	0.36~0.50	0.48~0.57	
焦炉燃烧		0.79	0.70	0.58	0.18	0.54	0.53	
木材燃烧	1	3	0.93	0.41~0.67	0.14~0.29	0.40~0.52	0.57~0.71	

注:Phe,菲;Ant,蒽;Flt,荧蒽;Pyr,芘;BaA,苯并(a)蒽;Chr,䓛;BghiP,苯并(g,h,i)苝;InP,茚并(1,2,3-c,d)芘;LMW,低分子量 PAH 化合物,即 2 环和 3 环化合物;HMW,高分子量 PAH 化合物组分,即 4,5,6 环化合物。

运用比值法对我国长江中下游湖泊表层沉积物中 PAH 来源解析(图 5.52)表明,表层沉积物中 PAH 呈现为原油、石油燃烧以及燃煤与木材燃烧的混合来源特征(Zhao et al.,2016)。与“我国 PAH 主要来自生物质和煤的燃烧”结论一致,分别占 PAH 环境总量来源的 60%和 20%。然而,不同化合物特征比值存在一定的局限性,单一 PAH 化合物的特征分子比值判定会导致结果的不确定和不稳定。

3) 单体稳定碳同位素分析

该方法的理论基础是目标污染物的稳定碳同位素在挥发、光照和生物作用下组成没有明显的分馏,并且不同污染源产生的单体化合物稳定碳同位素组成不同。近年来,有机单体化合物的稳定碳同位素分析技术(CSIA)已被广泛用于判别环境介质中污染物的来源。

单体稳定碳同位素分析适用于类型较简单、稳定同位素组成特点突出的污染源解析。该方法精度高,但所要求的实验仪器及限制条件较高。同时,由于自然界的污染源非常复杂,导致在实际源解析应用中存在较大难度。

4) 化学质量平衡模型

化学质量平衡(CMB)模型是一种在源解析中发展较为成熟的模型。该模型的理

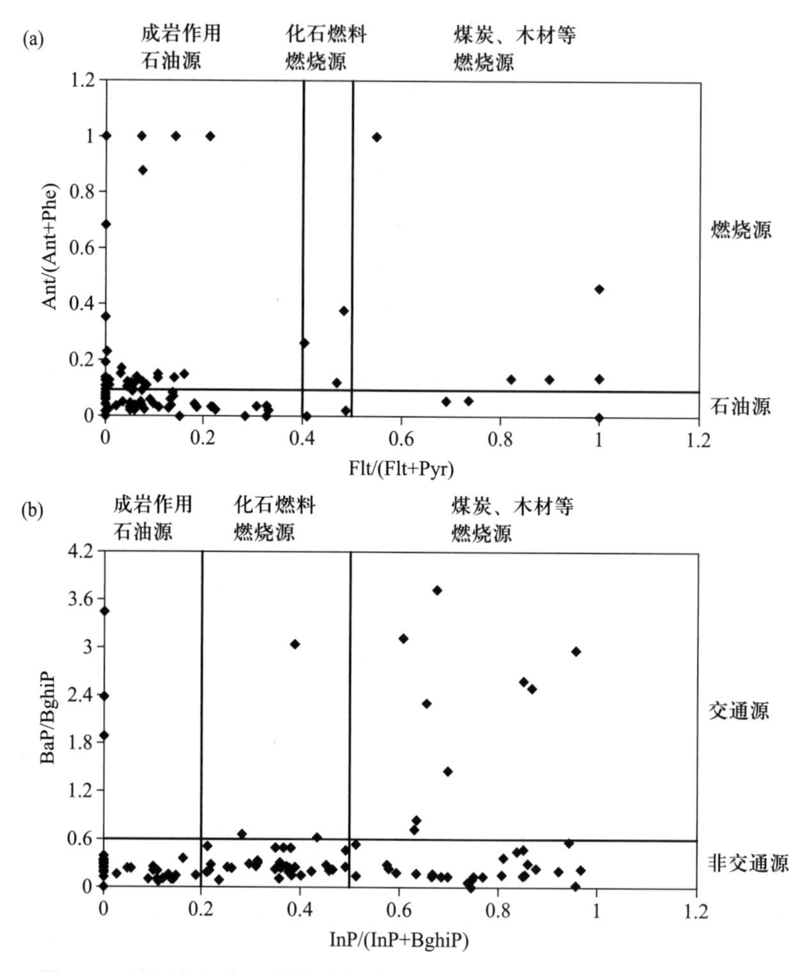

图 5.52 我国长江中下游湖泊表层沉积物 PAH 化合物特征比值来源解析

论依据是质量守恒定律,基本原理是由于各污染源的指纹谱有一定的差别,可以通过检测受体中的各种物质的组成及含量来确定各污染源的贡献率。CMB 模型适用于污染源数目较多、图谱明确的污染物源定量解析,多用于生化性质稳定的有机物或重金属的源解析。使用 CMB 模型开展源解析需要满足四个假设条件:① 存在对受体中污染物有贡献的若干污染源;② 各种污染源所排放的污染物的组成有明显的差别;③ 各种污染源所排放的污染物的组成相对稳定;④ 各种污染源排放的物质之间没有相互作用,在传输过程中的变化可以被忽略。在采样点受体中的污染物的浓度就是各个主要污染源污染物浓度的线性加和,即

$$C_i = \sum_j m_j x_{ij} + \alpha_i \tag{5.31}$$

式中,C_i 为 i 污染物在采样点受体中的浓度;m_j 为第 j 污染源对污染物的贡献率;x_{ij} 为第 j 污染源中 i 污染物的浓度;α_i 为不确定性误差。

所测的污染物的个数比假设的主要的污染源个数多,通过上式可以得到未知污染源的贡献率 m_j。CMB 模型还存在许多问题,比如某些污染物在介质中不稳定,缺少污染源较为完整的指纹谱,给源解析结果带来较大误差。

5）多元统计类方法

随着监测技术和采样技术的提高，多元统计类方法得到了很快的发展，利用观测信息中物质间的相互关系来产生源成分谱或产生暗示重要排放源类型的因子。多元统计类方法应用简单，且不需要预先知道各个污染源指纹谱，不需要事先对研究区域污染源进行监测，仅需要受体样品监测数据即可，在 PTS 的源解析中发挥了重要的作用。多元统计类方法主要包括主成分分析/因子分析-多元线性回归（PCA/FA-MLR）模型、非负约束因子（FA-NNC）模型、正定矩阵因子分解（PMF）模型和 Unmix 模型等。

根据 PCA-MLR 模型和 PMF 模型预测我国各大湖区湖泊沉积物中 PAH 来源贡献率发现，不同湖区内 PAH 的主要贡献源有所差别，其中东北平原与山地湖区、蒙新高原湖区以及青藏高原湖区的 PAH 主要来源于木材和煤的不完全燃烧，以及原油挥发的大气远距离传输；云贵高原湖区和东部平原湖区受工业化程度和城镇化程度较高的影响，PAH 主要来源于化石燃料的高温燃烧（霍守亮和席北斗，2017）。

5.6.3.2 迁移转化

有机污染物在水环境中的迁移转化主要取决于有机污染物本身的性质以及水体的环境条件。有机污染物一般通过吸附作用、挥发作用、水解作用、光解作用、生物富集和生物降解作用等过程进行迁移转化，研究这些过程，将有助于阐明污染物的归趋和可能产生的危害。以 POP 为例，湖泊水体不同环境介质中污染物的主要迁移转化过程如图 5.53。

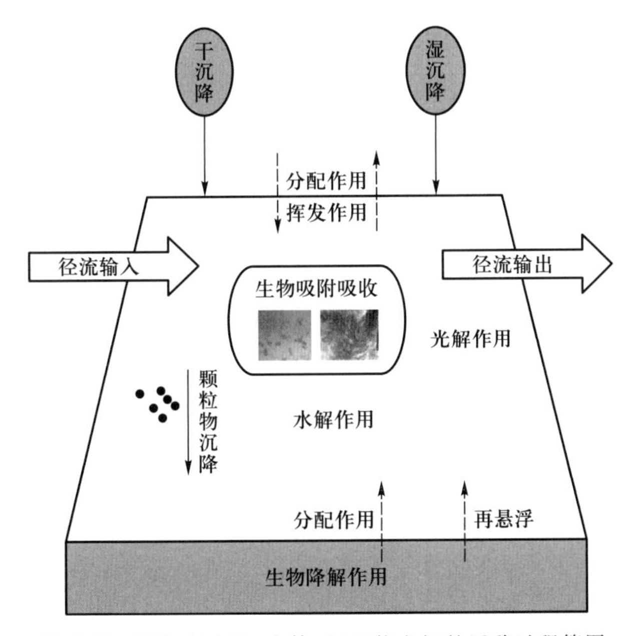

图 5.53 POP 在大气-水体-沉积物之间的迁移过程简图

1）分配作用

某物质在两种互不混溶的液体体系中达到平衡时，两相中溶解的量有一定分配的现象。湖泊水环境中 PTS 的分配作用主要指有机毒物在沉积物和水相之间的分配，往往可用分配系数 K_p 表示，由 PTS 在沉积物和水相的平衡质量浓度比值获得。

2）挥发作用

有机物从溶解态转入气相的一种重要的迁移过程，挥发速率依赖于有毒物质的性质和水体的特征。即使毒物的挥发性很小时，挥发作用对于 PTS 毒物环境归趋的影响效应也不能忽视。

3）水解作用

有机物与水之间最重要的反应，有机物通过水解反应改变原化合物的化学结构，产生较小的简单的有机产物。对于多数有机物来说，水解作用是其在环境中消失的重要途径。在环境条件下，可能发生水解的官能团类有烷基卤、酰胺、胺、氨基、甲酸酯、羧酸酯、环氧化物、腈、磷酸酯、磺酸酯、硫酸酯等。

4）光解作用

有机污染物真正的分解过程，因为它不可逆地改变了分子结构，强烈影响水环境中某些污染物的归趋。一个有毒化合物的光化学分解产物可能还是有毒的。例如，辐射 DDT 产生的 DDE，在环境中滞留时间比 DDT 还要长。光的吸收性质、化合物的反应、天然水的光迁移特征以及阳光辐射强度，均是影响光解作用的重要因素。

5）生物降解作用

引起有机污染物分解的最重要的环境过程之一，属于酶促反应。当微生物代谢时，一些有机污染物作为食物源为细胞生长提供能量和碳源，为生长代谢模式；另一些有机物不能作为微生物的唯一碳源或者能源，必须由另外的化合物提供而发生降解，属于共代谢模式。

5.6.3.3 生物积累

1）生物积累类型

所谓生物积累，就是生物从周围环境（水、土壤、大气）和食物链蓄积某种元素或难降解物质，使其在机体中的浓度超过周围环境的现象，亦指污染物的生物有效性。生物积累包括生物浓缩和生物放大。

生物浓缩是指生物机体或处于同一营养级上的许多种生物，通过非吞食的方式从周围环境（水、土壤、大气）中蓄积某种元素或难降解物质，使生物体内该物质的浓度超过环境的现象，生物浓缩又称生物富集。

生物放大是指在同一食物链上的高营养级生物，通过吞食低营养级生物蓄积某种元素或难降解物质，使其在机体内的浓度随营养级升高而增大的现象。例如，据 1966 年报道，美国图尔湖湖水 DDT 浓度是 0.006 $mg \cdot L^{-1}$，第一营养级的藻类的浓缩系数为 167~500，大型水生植物为 3 500，第二营养级的无脊椎动物的浓缩系数为 10 000，经鱼类到达第四营养级的水鸟浓缩系数高达 120 000。生物放大是针对食物链关系而言的。

2）生物积累系数

常用于衡量污染物在生物体内积累程度的评价参数主要有生物浓缩系数（BCF）、生物积累系数（BAF）、生物-沉积物积累系数（BSAF）、生物放大系数（BMF）。此外，营养级生物放大系数（TMF）或食物网生物放大系数（FWMF）则用来研究污染物在食物链上的传递特征，定量评估污染物在食物链（网）上的总体富集程度。计算公式为

$$BAF = C_b / C_e \tag{5.32}$$

$$BCF=\frac{(C_b/f_{lipid})}{C_w} \tag{5.33}$$

式中，C_b 为某种元素或难降解物质在生物机体中的浓度；C_e 为某种元素或难降解物质在生物机体周围环境中的浓度；f_{lipid}为生物机体脂肪含量。

BMF 有两种计算方式，一种是基于取食关系，即计算捕食者和被捕食者体内污染物浓度的比值；另一种是基于营养级（TL），即计算捕食者和被捕食者在单位营养级上的放大倍数。计算公式为

$$BMF=C_{predator}/C_{prey} \tag{5.34}$$

$$BMF=(C_{predator}/C_{prey})/(TL_{predator}-TL_{prey}) \tag{5.35}$$

式中，$C_{predator}$为某种元素或难降解物质在捕食者体内脂肪归一化浓度；C_{prey}为某种元素或难降解物质在被捕食者体内脂肪归一化浓度；$TL_{predator}$ 为基于稳定氮同位素组成计算得到的捕食者营养级；TL_{prey}为基于稳定氮同位素组成计算得到的被捕食者营养级。

TMF 或 FWMF 是通过污染物在组成食物链（网）的生物体内的含量及其营养级计算而得，计算公式为

$$\log C_b=A+B\times TL \tag{5.36}$$

$$TMF=10^B \tag{5.37}$$

式中，A 和 B 为常数。实际计算时，需要检验 B 值是否具有统计上的显著意义才能判断是否采纳计算得到的 *TMF* 值。

许多物理、化学和生物因素影响沉积物中有机污染物的生物有效性，因此沉积物中有机污染物的生物暴露和有效性很难预测（夏星辉等，2016）。使用 log *Kow*（*Kow* 为正辛醇-水分配系数）预测沉积物中污染物生物累积的不确定性明显高于预测水中污染物暴露的生物累积量，原因在于沉积物中有机物质与生物脂肪竞争污染物，取决于污染物的相对溶解度。为了克服预测的不确定性，可以使用 *BSAF* 预测沉积物中有机污染物的生物有效性。即

$$BSAF=(C_b/f_{lipid})/C_s \tag{5.38}$$

式中，C_b 为某种元素或难降解物质在生物机体的浓度；C_s 为某种元素或难降解物质在沉积物中总有机碳归一化浓度；f_{lipid}为生物机体脂肪含量。

以 OCP 总量计，鄱阳湖不同鱼类肌肉均呈现对水体中 OCP 的明显生物积累现象，鱼类-水体 *BAF* 为 3 103.83～59 333.76。其中，不同鱼种对 OCP 的生物积累能力表现为草鱼>黄颡鱼>鳡鱼>鳜鱼>鳊鱼>鲶鱼>赤眼鳟>短颌鲚>鲫鱼>翘嘴鲌>鲤鱼。鱼类中主要化合物 HCH 类各同分异构体生物积累系数存在差异，普遍以 β-HCH 的 BAF 最高，其次为 γ-HCH 或者 δ-HCH，α-HCH 在鱼类中的生物积累量最低，与水体或沉积物中 HCH 同分异构体含量及组成特征有关。

3）生物积累影响因素

水生生物对水中物质的积累是一个复杂的过程。但是对于有较高脂溶性和较低水溶性的、以被动扩散通过生物膜的难降解有机物质，这一过程的机理可简示为该类物质在水和生物组织脂肪两相间的分配作用。环境条件（温度、盐度、水硬度、pH 值、溶解氧以及光照状况等）及环境浓度、污染物的理化性质（*Kow*、分子体积和结构等）、生物的生物参数（生物种类、大小、性别、器官、生物发育阶段、吸收代谢能力以及脂肪含量等）以及食物链长度和组成等因素均可能影响污染物的生物积累特征。

生物体所处环境中的污染物的环境背景值不同,所富集的该污染物的量亦不同。当水域沉积物中污染物含量较高时,生物体直接从水体、沉积物中富集污染物,而不是通过食物链的作用一步步累积在生物体内。也就是说,当环境中污染物浓度很低时,生物放大占主导;当环境中污染物浓度很高时,生物浓缩占主导。

PTS 等有机污染物的 Kow 是影响生物积累的重要理化参数。研究发现,log Kow 与 log BCF 之间有良好的线性正相关关系。其通式为

$$\log BCF = a\log Kow + b \tag{5.39}$$

式中,回归系数 a 和 b 与有机污染物和水生生物的种类及水体条件等有关。

一般认为,当 log Kow 为 4~5 时,该化合物可能具有生物积累效应;当 log Kow 为 5~7 时,化合物具有最大的生物积累效应;而当 log Kow>7 时,化合物的生物积累能力随着疏水性的增加反而下降。理论上,降解性小、脂溶性高、水溶性低的物质,其生物积累能力高;反之则低。然而,Kow 越大的化合物其分子质量和分子体积通常也大,高分子质量的化合物可能由于空间位阻原因而影响了其生物积累。

从动力学的观点来看,水生生物对难降解物质的累积过程,是生物对其吸收速率、消除速率及由生物机体质量增长引起的物质稀释速率的代数和。因此,生物的代谢能力也是影响化合物生物积累的一个重要因素。如鲤科鱼类脱溴代谢程度较高,脱溴速度更快;鲶科鱼类没有观察到明显的脱溴代谢过程。此外,生物体的脂肪含量、个体大小、器官、性别等都可能影响污染物的生物积累。脂肪含量较高的生物通常具有较高的生物积累能力;同一生物体中,不同组织器官蓄积污染物含量与该组织器官脂肪含量有关。在生物的整个生活史中,个体体重的快速增加或降低均有可能会造成体内污染物的生长稀释或生物浓缩,主要与生物的体表面积比以及单位代谢和排泄速率等有关。

除上述原因外,食物链的长度和组成也会影响污染物的生物积累。例如,苏必利尔湖、安大略湖、休伦湖、伊利湖四个湖泊中 BMF 值依次降低,分别为 32.03、30.43、24.33 和 10.08,相应的湖泊水生食物链长度也依次降低,食物链长度与 BMF 值呈正比,显示随着食物链长度的增加,污染物浓度呈现不断累积的趋势。此外,生物放大并不是在所有的条件下都能发生。有些物质只能沿食物链传递,不能沿食物链放大;有些物质既不能沿食物链传递,也不能沿食物链放大,受多方面因素影响。食物链往往都十分复杂,相互交织成网状,同一种生物在发育的不同阶段或相同阶段,有可能隶属于不同的营养级且有多种食物来源,从而扰乱生物放大现象。稳定氮、碳、硫同位素作为确定食物链结构和营养级位次的有效手段,已经被广泛应用于研究污染物的食物链生物积累效应(Zhao et al.,2014)。

5.6.3.4 生物毒性

生物毒性一般指外源化学物质与生物机体接触或进入生物体后,能引起直接或间接损害作用的相对能力,即外源化学物质在一定条件下损伤机体的能力。

PTS 污染物多具有生物毒性作用。PAH 是目前发现数量最多的一类致癌物,已有研究表明,PAH 对鱼类、贝类、甲壳类等水生动物普遍具有毒性效应,且其毒性效应内在机制在于与生物分子的相互作用,进而对水生生态系统不同层次机体产生毒性效应,包括基因、细胞、个体、种群及群落等(秦宁等,2013)。

在实际水环境中往往同时存在多种污染物质,它们对生物体同时产生的毒性效应,有别于其中任一单个污染物质对机体引起的毒性。两种或两种以上的污染物质作用于

机体所产生的综合毒性称为污染物的联合作用,包括协同作用、相加作用、独立作用和拮抗作用。

1) 生物毒性监测

生物毒性是一个复杂的生物现象,生物毒性测试可以判断污染物的整体效应。生物评价基准就是利用敏感生物来测试化学污染物的毒性影响。早期采用的生物毒性测试手段主要是单指标生物毒性实验,即将一种生物暴露于两个或多个浓度梯度的有毒物质中,保持其他条件恒定,以观察机体的死亡或抑制、生理改变和行为改变等生物效应,较为准确地反映出某种化合物对某一特定生物产生的特定毒性作用(马梅,2002)。然而,水中生物种类繁多,对污染物的毒性敏感程度存在较大差异,很难从一种生物的毒性效应推测其对另一种生物的影响,即使对同一种系的生物,其对污染物的敏感性也存在明显的差别。多指标生物毒性实验是利用同一营养级的几种生物同时对某个环境样品或污染物进行实验,在一定的统计学规律上表征样品或污染物对这一营养级生物的平均毒性效应。针对不同营养级,发展了成组生物检验,即利用不同营养级的有代表性的生物进行生物毒性实验,部分反映污染物对生态系统的影响。

关于生物毒性评价的生物选择,USEPA 推荐至少使用 3 种生物(如鱼、无脊椎动物和一种植物),也有报道认为应选用至少 4 种不同营养级有代表性的生物,包括微生物、植物、无脊椎动物和鱼。在进行快速毒性评价时,有必要选择一些有显著代表性的毒性测试方法和生物作为早期急性毒性指标,常用的有鱼类和水生节肢类动物。在急性毒性分析方面,新的检测手段不断建立,其指示生物包括细菌、藻类、底栖软体动物和鱼等。近些年,随着科技的发展,涉及多种鱼类和多种有毒物质的鱼类急性毒性实验得到了更快的发展。鲢鱼、鳙鱼、草鱼、青鱼、金鱼、鲤鱼、食蚊鱼、非洲鲫鱼、尼罗罗非鱼、马苏大马哈鱼、泥鳅和斑马鱼等是国内通用的鱼,斑马鱼为国际上通用的鱼。

藻类因其具有个体微小、繁殖迅速、对毒物敏感、易于分离培养并且中毒症状易于观察等优点,成为生物毒性实验中一种较为理想的材料。PTS 污染物通过在水体中抑制藻类的光合作用、呼吸作用、酶活性和生长等对其产生毒性作用。研究显示,低浓度菲(Phe)($0.05 \sim 0.2\ mg \cdot L^{-1}$)对铜绿微囊藻细胞生长有不同程度的促进作用,通过增强铜绿微囊藻细胞中抗氧化酶系统超氧化物歧化酶和谷胱甘肽还原酶活性,降低细胞内丙二醛含量,提高藻细胞光合作用率,进而促进细胞增殖;高浓度 Phe($0.5 \sim 1.0\ mg \cdot L^{-1}$)显著抑制铜绿微囊藻生长($p<0.05$),呈现出毒物的“兴奋效应”(冯凡等,2018)。

2) 结构与毒性相关

应用统计模型方法或模式识别方法描述有机物的活性和结构关系,称为定量结构与活性关系或定量构效关系(QSAR)。结构和活性都系广义的概念。结构包括化合物的分子、官能团、分子碎片等特征,且以有关的结构参数或物理化学参数表示。活性是指化合物的生物活性,如毒性和生物有效性,还可指化合物的理化性质,如水溶性、挥发性、分配、吸附、水解、光解、生物降解等。

结构与毒性的关系研究是在分子水平上进行的,因此必须涉及毒性的分子机理,且必须在分子生物学的水平上进行。PAH 的结构与致癌性能的关系,不仅是一重大理论课题,而且也具有实际意义。关于 PAH 和致癌活动关系已提出 K 区理论和湾区理论,并发展了双区理论(王晓蓉,1993;戴树桂,2006)。

5.6.3.5 风险评价

风险评价是把环境污染与生态、人体健康关联起来，以风险指数作为评价尺度表征污染物对环境、人群健康的潜在危害，包括生态风险评价和健康风险评价。

1）生态风险评价

生态风险评价是在生态环境和生态系统受到各种灾害、事故和人类活动影响后，对生态环境和生态系统产生风险的概率的评估。

沉积物作为疏水性有机污染物的“源”和“汇”，污染物种类繁多，不同生物对污染物的敏感效应存在差异，针对沉积物污染生态风险评估的研究工作显得尤为重要。国外从20世纪80年代后期开始致力于水体沉积物环境质量基准（SQG）的建立，提出了10多种沉积物环境质量基准建立方法，其中影响较大的主要有：背景值法（background approach，BKGA）、相平衡分配法（equilibrium approach，EqPA）、生物效应数据库法（biological effects database for sediments，BEDS）、筛选水平浓度法（screening level concentration approach，SLCA）、表观效应阈值法（apparent effects threshold approach，AETA）、沉积物质量三元法（sediment quality triad approach，SQTA）等（陈云增等，2005）。这些方法大致上可以划分为两类：一类建立在经验基础上，即直接基于沉积物中污染物与生物效应的关系（如BEDS）；另一类建立在理论基础上，如基于污染物在沉积物中的平衡分配关系的EqPA。第一类方法以Long等人为代表，他们最早通过对北美等地的大量样品进行化学分析、毒理试验和现场生物检验建立了几类污染物的SQG值，确立了不同生物毒性水平下污染物的浓度体系，包括：生物效应低值（ERL）、生物效应中值（ERM）、阈值效应浓度（TEL）和可能效应浓度（PEL）。在此基础上，美国国家环境保护署以及美国国家海洋和大气管理局（NOAA）相继提出了各自的沉积物中有机污染物的暴露风险基准。第二类方法即EqPA，以热力学动态平衡分配理论和基于大量生物试验得出的水环境质量标准为基础，间接考虑了污染物的生物有效性，是目前研究较多的沉积物环境质量基准建立方法之一。

运用SQG对我国长江中下游湖泊表层沉积物生态风险进行评价显示，p,p'-DDD和林丹是主要的生态风险因子（表5.12）（Zhao et al.，2016）。

毒性当量法是开展水环境PAH污染生态风险评价研究较多的方法。PAH单体不同，其具有的毒性也不尽相同，不同环境介质中PAH总量通常不能准确地描述其毒性大小及可能产生的生态风险，因此，Nisbet等1992年提出了一套相对于致癌物苯并（a）芘（BaP）的毒性当量因子（TEF）值来计算16种优控PAH单体化合物的BaP毒性当量含量（TEQ）（表5.13）（Nisbet and LaGoy，1992），评估PAH生态风险。计算公式为

$$\sum BaP_{eq}=\sum_{i=1}^{n} TEQ_i=\sum_{i=1}^{n}(C_i \times TEF_i) \tag{5.40}$$

式中，C_i 为污染物 i 含量（$ng \cdot g^{-1}$）；TEQ_i 为污染物 i 的毒性当量含量（$ng \cdot g^{-1}$）；TEF_i 为污染物 i 的毒性当量因子；$\sum BaP_{eq}$ 为样品中总PAH的BaP毒性当量含量（$ng \cdot g^{-1}$）。

2）健康风险评价

健康风险评价兴起于20世纪80年代，虽然起步较晚，但是对于当今人们的生产生活却有着极其重要的意义。健康风险评价可以定义为有毒有害物质对人体健康安全产生影响的程度。通过估算有毒有害物质对人类造成不良影响的概率，从而评价出个体

表 5.12　我国长江中下游湖泊沉积物环境质量基准(SQG)风险评价结果

化合物	SQG(ng·g^{-1}干重)		生物效应发生百分比/%		
	TEL	PEL	<TEL	TEL-PEL	>PEL
氯丹类	4.5	8.9	86.5	9.9	3.6
p,*p*'-DDD	3.54	8.51	52.3	17.1	30.6
p,*p*'-DDE	1.42	6.75	54.1	39.6	6.3
滴滴涕类	6.98	4 450	55.0	45.0	0
狄氏剂	2.85	6.67	97.3	2.7	0
异狄氏剂	2.7	62.4	98.2	1.8	0
环氧七氯	0.6	2.74	19.8	9.9	70.3
林丹	0.94	1.38	64.0	9.0	27.0
苯并(a)芘	31.9	782	100	0	0
苯并(a)蒽	31.7	385	99.1	0.9	0
䓛	57.1	862	100	0	0
荧蒽	111	2 355	100	0	0
菲	41.9	515	93.7	6.3	0
芘	53	875	98.2	1.8	0

注:TEL,阈值水平;PEL,似然水平。

表 5.13　PAH 单体化合物相对于 BaP 的毒性当量因子

PAH	BaP 毒性当量因子	PAH	BaP 毒性当量因子
二苯并(a,h)	5	苊	0.001
苯并(a)芘	1	苊烯	0.001
茚并(1,2,3-cd)芘	0.1	芴	0.001
苯并(a)蒽	0.1	2-甲基萘	0.001
苯并(b)荧蒽	0.1	萘	0.001
苯并(k)荧蒽	0.1	菲	0.001
苯并(g,h,i)苝	0.01	芘	0.001
䓛	0.01	荧蒽	0.001
蒽	0.01		

在不同途径下接触该物质时所存在的危害水平。健康风险评价主要使用风险指数或风险度来作为环境质量的评价指标,把环境污染与人体健康联系起来,定量描述环境污染对人体产生健康危害的风险。PTS 等污染物通过各种途径进入湖泊环境介质后,会经过呼吸、饮水、直接摄入、皮肤吸收以及食物摄入等途径进入人体中,对人体健康造成危

害，其中食物链传递以及皮肤暴露吸收是PTS污染物损害人体健康的重要途径。1989年美国国家环境保护署将健康风险评价分为4个步骤：数据收集和评估、毒性评估、暴露评估和风险表征分析。

以水体污染物皮肤接触暴露和饮水途径暴露为例。皮肤接触日暴露剂量为

$$ADD=\frac{CW\times SA\times PC\times ET\times EF\times ED\times CF}{BW\times AT} \tag{5.41}$$

式中，ADD为皮肤接触渗透途径下人体日均暴露剂量[$mg\cdot(kg\cdot d)^{-1}$]；CW为水中化学物质浓度($mg\cdot L^{-1}$)；SA为皮肤接触表面积(cm^2)；PC为化学物质皮肤渗透常数($cm\cdot h^{-1}$)；CF为转换因子($10^{-3}mg\cdot \mu g^{-1}$)；$ET$为暴露时间($h\cdot d^{-1}$)；$ED$为暴露时段(a)；$BW$为身体重量(kg)；$AT$为平均暴露的阶段(d)。对于非致癌暴露，$AT=ED\times 365\ d\cdot a^{-1}$；对于致癌暴露，$AT=25\ 550\ d$，即70年预期寿命的终生暴露天数。

饮水途径日暴露为

$$ADD=\frac{CW\times IR\times EF\times ED}{BW\times AT} \tag{5.42}$$

式中，IR为平均水吸收速率；其余参数同式5.41。

针对有毒物质的不同作用方式，有致癌物与非致癌物风险评估模型两种。致癌物风险用于表征暴露于该物质下的人群终生癌症潜在发病率，使用终生致癌物风险值(ILCR)表示，即人体终生暴露于一定剂量的致癌物而引起的癌症发生概率。一般来说，ILCR低于10^{-6}表明致癌物风险可以忽略；ILCR高于10^{-4}表明对人体具有一定的健康威胁；可接受的致癌物风险范围为$10^{-6}\sim10^{-4}$。若某一污染物经过多种暴露途径对人体产生影响，致癌物风险为各种污染物的可能暴露途径所产生的致癌物风险之和：

$$ILCR=ADD\times SF \tag{5.43}$$

式中，$ILCR$为终生致癌风险值，无量纲；ADD为相应暴露途径下长期日均暴露剂量[$mg\cdot(kg\cdot d)^{-1}$]；SF为相应暴露途径下的化合物致癌斜率因子[$mg\cdot(kg\cdot d)^{-1}$]。致癌物风险评估的外推模型主要有威布尔模型、一次打击模型、多次打击模型和多阶段模型。其中多阶段模型基本可以拟合任何随剂量增加反应也增加的剂量-效应关系数据，适用范围广，也是美国国家环境保护署使用的外推模型。

非致癌物风险评估主要采用危险度评价方法，将暴露剂量与非致癌物参考剂量进行比较，也称危害指数法。若某一污染物经过多种暴露途径对人体产生影响，应考虑将其各种不同暴露途径的暴露剂量叠加，将所得到的某种吸收途径的暴露剂量与该污染物相应吸收途径的RfD相除。美国国家环境保护署推荐的非致癌物风险阈值为1，当某污染物的非致癌物风险低于1时，则认为不会对人体产生健康风险。计算公式为

$$HI=ADD/RfD \tag{5.44}$$

式中，HI为非致癌物风险指数，无量纲；RfD为相应暴露途径下的长期摄入参考剂量。

上述健康风险模型中所用的致癌斜率因子与长期摄入非致癌物参考剂量采用USEPA的综合风险信息系统资料。致癌强度评级来自国际癌症研究机构(IARC)的最新资料。

鄱阳湖经济鱼类中PAH通过摄食途径对人体健康产生的致癌风险高于OCP。不同化合物致癌风险对比显示，低环PAH化合物苊烯、萘、苊、芴、菲等通过鱼类食用暴露于人体所产生的致癌风险较高，普遍表现为潜在的致癌风险物(图5.54)。不同鱼类致癌物风险评价初步表明，鳡鱼、翘嘴鲌、鳜鱼、赤眼鳟等肉食性或杂食性鱼类对人体健康产生的致癌风险需重点关注(Zhao et al.,2014)。

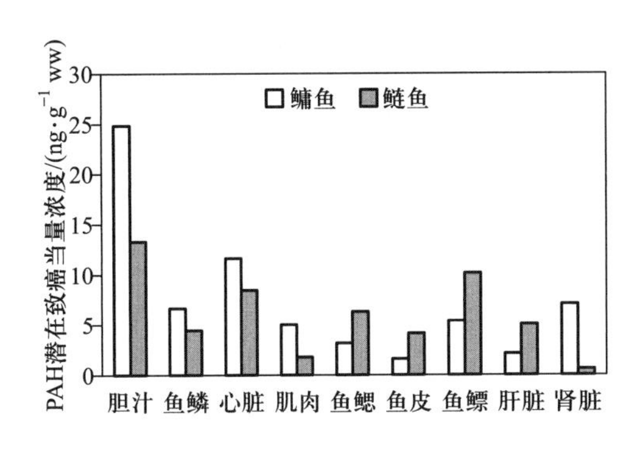

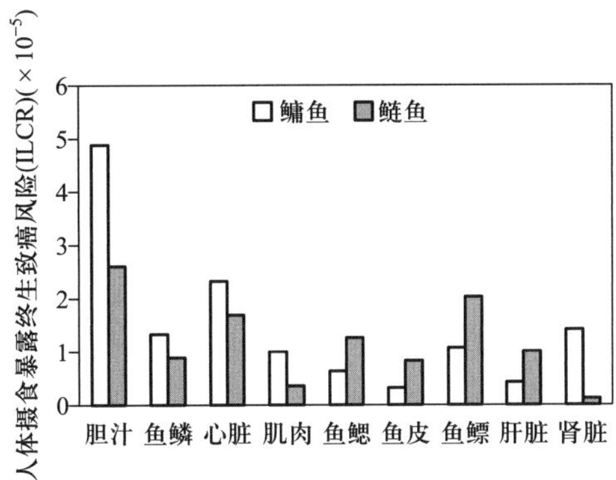

图 5.54　鄱阳湖鲢鱼和鳙鱼器官组织 PAH 人体摄食暴露致癌风险评价结果。ww,湿重

参考文献

陈云增,杨浩,张振克,等,2005. 淡水沉积物环境质量基准差异分析. 湖泊科学,17(3):193-201.

成晓奕,李慧赟,戴淑君,2013. 天目湖沙河水库溶解氧分层的季节变化及其对水环境影响的模拟. 湖泊科学,25(6):818-826.

戴树桂,2006. 环境化学. 北京:高等教育出版社.

邓建才,陈桥,翟水晶,等,2008. 太湖水体中氮磷空间分布特征及环境效应. 环境科学,29(12):3382-3386.

冯凡,赵中华,陈晨,等,2018. 铜绿微囊藻对有机毒物菲的生理生态响应研究. 长江流域资源与环境,27(9):2031-2041.

古滨河,刘正文,李宽意,等,2011. 湖沼学——内陆水生态系统. 北京:高等教育出版社.

郭军明,康世昌,张强弓,等,2012. 青藏高原纳木错湖水主要化学离子的时空变化特征. 环境科学,33(7):2295-2302.

韩知明,贾克力,孙标,等,2018. 呼伦湖流域地表水与地下水离子组成特征及来源分析. 生态环境学报,27(04):154-161.

侯昭华,徐海,安芷生,2009. 青海湖流域水化学主离子特征及控制因素初探. 地球与环境,37(1):11-19.

黄廷林,朱倩,邱晓鹏,等,2017. 扬水曝气技术对周村水库藻类的控制. 环境工程学报,11(4):2255-2260.

黄祥飞,1999. 湖泊生态调查观测与分析. 北京:中国标准出版社.

霍守亮,席北斗,2017. 中国湖泊沉积物污染. 北京:科学出版社.

嵇晓燕,崔广柏,杨龙元,等,2006. 太湖水-气界面 CO_2 交换通量观测研究. 环境科学,27:1479-1486.

李长生,2016. 生物地球化学:科学基础与模型方法. 北京:清华大学出版社.

李甜甜,2007. 赣江上游与红枫湖流域水化学特征及溶解碳的研究. 硕士学位论文. 北京:首都师范大学.

李香华,2005. 太湖水-气界面温室气体通量及时空变化特征研究. 硕士学位论文. 南京:河海大学.

林茂,2012. 鄱阳湖水-气界面温室气体通量研究. 硕士学位论文. 北京:北京林业大学.

刘东红,陶玉强,周文佐,2018. 持久性有机污染物在中国湖泊生物中分布与富集的研究进展.湖泊科学,30(3):581-596。

刘红彩,2012. 东平湖水环境状况与影响因素研究. 硕士学位论文. 济南:山东大学.

马梅,2002. 新的生物毒性测试方法及其在水生态毒理研究中的应用. 博士学位论文. 北京:中国科学院生态环境研究中心.

牛晓君,张景飞,史小丽,等,2003. 磷化氢及其氧化产物动态释放对铜绿微囊藻生长的影响. 湖泊科学,15(3):263-268.

秦宁,何伟,孔祥,等,2013. 中国水生生态系统中多环芳烃的生态毒性与生态风险研究进展. 中国科技论文,8(12):1209-1218.

孙小静,张战平,朱广伟,等,2006. 太湖水体中胶体磷含量初探. 湖泊科学,18(3):231-237.

滕刚,2008. 五大连池火山区区域水环境特征研究. 硕士学位论文. 北京:首都师范大学.

万国江,徐义芳,李荪蓉,等,1988. 云贵高原若干湖泊水库水化学组分研究. 环境工程学报,(3):39-53.

王仕禄,2010. 太湖梅梁湾温室气体(CO_2,CH_4 和 N_2O)浓度的昼夜变化及其控制因素. 第四纪研究,30:1186-1192.

王晓蓉,1993. 环境化学. 南京:南京大学出版社.

吴丰昌,金相灿,张润宇,等,2010. 论有机氮磷在湖泊水环境中的作用和重要性. 湖泊科学,22(1):1-7.

夏星辉,翟亚威,李雅媛,等,2016. 水体疏水性有机污染物的形态和生物有效性. 北京师范大学学报(自然科学版),52(6):754-764.

曾巾,杨柳燕,肖琳,等,2007. 湖泊氮素生物地球化学循环及微生物的作用. 湖泊科学,19:382-389.

翟大兴,杨忠芳,柳青青,等,2012. 鄱阳湖流域水化学特征及影响因素分析. 地学前缘,19(1):264-276.

赵林林,朱梦圆,冯龙庆,等,2011. 太湖水体理化指标在夏季短时间尺度上的分层及其控制因素. 湖泊科学,23(4):649-656.

朱广伟,2009. 太湖水质的时空分异特征及其与水华的关系. 长江流域资源与环境,18(5):439-445.

朱广伟,邹伟,国超旋,等,2020. 太湖水体磷浓度与赋存量长期变化(2005—2018 年)及其对未来磷控制目标管理的启示. 湖泊科学,32(1):21-35.

APHA,1998. *Standard Methods for the Examination of Water and Wastewater*,20th ed. Washington DC: American Publication Health Association.

Bade D L,2009. Gas exchange at the air-water interface. In:Likens G E(eds). *Biogeochemistry of Inland Waters*. London: Elsevier Academic Press, 28-36.

Bastviken D, Cole J, Pace M, et al.,2004.Methane emissions from lakes: Dependence of lake characteristics two regional assessments, and a global estimate. Global Biogeochemical Cycles,18: GB4009.

Bastviken D,Tranvik L J,Downing J A,et al.,2011. Enrichprast,freshwater methane emissions offset the continental carbon sink. Science,331:50.

Battin T J,Luyssaert S,Kaplan L A,et al.,2009. The boundless carbon cycle. Nature Geoscience,2(9):598-600.

Beal E J, House C H, Orpharn V J, 2009. Manganese and iron-dep endent marine methane oxidation. Science, 325:184-187.

Blomqvist S,Gunnars A,Elmgren R,2004. Why the limiting nutrient differs between temperate coastal seas and freshwater lakes:A matter of salt. Limnology and Oceanography,49(6):2236-2241.

Botkin D B,Keller E A,1998. Environmental science:Earth as a living planet. Ecology,77(1):332.

Burton E D,Bush R T,Sullivan L A,2006. Elemental sulfur in drain sediments associated with acid sulfate soils. Applied Geochemistry,21(7):1240-1247.

Carlson A E,1977. A trophic state index for lakes. Limnology and Oceanography,22(2):361-369.

Chen M, Ding S, Chen X, et al., 2018. Mechanisms driving phosphorus release during algal blooms based on hourly changes in iron and phosphorus concentrations in sediments. Water Research, 133:153-164.

Chen M, Ding S, Liu L, et al., 2015. Iron-coupled inactivation of phosphorus in sediments by macrozoobenthos (chironomid larvae) bioturbation: Evidences from high-resolution dynamic measurements. Environmental Pollution, 204:241-247.

Chen M, Ding S, Liu L, et al., 2016a. Kinetics of phosphorus release from sediments and its relationship with iron speciation influenced by the mussel (*Corbicula fluminea*) bioturbation. Science of the Total Environment, 542:833-840.

Chen M, Ding S, Liu L, et al., 2016b. Fine-scale bioturbation effects of tubificid worm (*Limnodrilus hoffmeisteri*) on the lability of phosphorus in sediments. Environmental Pollution, 219:604-611.

Cole J J, Caraco N F, Kling G W, et al., 1994. Carbon dioxide supersaturation in the surface waters of lakes. Science, 265:1568-1570.

Cole J J, Prairie Y T, 2009. Dissolved CO_2. In: Likens G E (ed). *Biogeochemistry of Inland Waters*. London: Elsevier Academic Press, 343-347.

Conley D J, Paerl H W, Howarth R W, et al., 2009. Controlling eutrophication: Nitrogen and phosphorus. Science, 323:1014-1015.

Davison W, 1993. Iron and manganese in lakes. Earth-Science Reviews, 34(2):119-163.

Di Toro D M, Mahony J D, Hansen D J, et al., 1990. Toxicity of cadmium in sediments: The role of acid volatile sulfide. Environmental Toxicology and Chemistry, 9(12):1487-1502.

Ding S M, Chen M, Gong M, et al., 2018. Internal phosphorus loading from sediments causes seasonal nitrogen limitation for harmful algal blooms. Science of the Total Environment, 625:872-884.

Ding S M, Han C, Wang Y, et al., 2015. In situ, high-resolution imaging of labile phosphorus in sediments of a large eutrophic lake. Water Research, 74:100-109.

Edmondson W T, Lehman J T, 1981. The effect of changes in the nutrient income on the condition of Lake Washington. Limnology and Oceanography, 26(1):1-29.

Elser J J, Bracken M E S, Cleland E E, 2007. Global analysis of nitrogen and phosphorus limitation of primary producers in freshwater, marine and terrestrial ecosystems. Ecology Letters, 10:1-8.

Ettwig K F, Butler M K, Paslier D Le, et al., 2010. Nitrite-driven anaerobic methane oxidation by oxygenic bacteria. Nature, 464: 543-548

Faust B C, Zepp R G, 1993. Photochemistry of aqueous iron(Ⅲ)-polycarboxylate complexes: Roles in the chemistry of atmospheric and surface waters. Environmental Science and Technology, 27(12): 2517-2522.

Ferber L R, Levine S N, Lini A, et al., 2004. Do cyanobacteria dominate in eutrophic lakes because they fix atmospheric nitrogen? Freshwater Biology, 49(6):690-708.

Gächter R, Meyer J S, 1993. The role of microorganisms in wobilization and fixation of pho sphorus in sediments. Hydrobiologia, 253:103-121.

Geng J, Niu X, Jin X, et al., 2005. Simultaneous monitoring of phosphine and of phosphorus species in Taihu Lake sediments and phosphine emission from lake sediments. Biogeochemistry, 76:283-298.

Geng J, Niu X, Wang X, et al., 2010. The presence of trace phosphine in Lake Taihu water. International Journal of Environmental Analytical Chemistry, 90(9):737-746.

Gibbs R J, 1970. Mechanisms controlling world water chemistry. Science, 170(3962):1088-1090.

Glibert P M, Wilkerson F P, Dugdale R C, et al., 2016. Pluses and minuses of ammonium and nitrate uptake and assimilation by phytoplankton and implications for productivity and community composition, with emphasis on nitrogen-enriched conditions. Limnology and Oceanography, 61:165-197.

Gong Z, Li Y, Gao G, et al., 2017. The responses of diatoms in Bosten Lake in Northwest China to human activities and climate change in recent history. Fresenius Environmental Bulletin, 26(3): 2104–2113.

Gonsiorczyk T, Casper P, Koschel R, 1998. Phosphorus-binding forms in the sediment of an oligotrophic and an eutrophic hardwater lake of the Baltic Lake District (Germany). Water Science and Technology, 37(3): 51–58.

Grossart H P, Frindte K, Dziallas C, et al., 2011. Microbial methane production in oxygenated water column of an oligotrophic lake. PNAS, 108: 19657–19661.

Gutierrez M F, Tavsanoglu U N, Vidal N, et al., 2018. Salinity shapes zooplankton communities and functional diversity and has complex effects on size structure in lakes. Hydrobiologia, 813(3): 237–255.

Hammer U T, 1986. *Saline Lake Ecosystems of the World. Monographiae Biologicae*. vol. 59. Dordrecht: W. Junk Publ.

Han C, Geng J, Zhang J, et al., 2011. Phosphine migration at the water-air interface in Lake Taihu, China. Chemosphere, 82: 935–939.

Haroon M F, Hu S, Shi Y, et al., 2013. Anaerobic oxidation of methane coupled to nitrate reduction in a novel archaeal lineage. Nature, 500(7464): 567–570.

Hasler A C, Einsele W G, 1948. Fertilization for increasing productivity of natural inland waters. Trans. North Am. Wildl. Conf., 13: 527–555.

Hayes N M, Patoine A, Haig H A, et al., 2019. Spatial and temporal variation in nitrogen fixation and its importance to phytoplankton in phosphorus-rich lakes. Freshw. Biol., 64: 269–283.

Holmer M, Storkholm P, 2001. Sulphate reduction and sulphur cycling in lake sediments: A review. Freshwater Biology, 46(4): 431–451.

Jiao N, Herndl G J, Hansell D A, et al., 2010. Microbial production of recalcitrant dissolved organic matter: Long-term carbon storage in the global ocean. Nature Reviews Microbiology, 8(8): 593.

Kartal B, Maalcke W J, Almeida N M D, et al., 2011. Molecular mechanism of anaerobic ammonium oxidation. Nature, 479: 127–130.

Lalonde K, Mucci A, Ouellet A, et al., 2012. Preservation of organic matter in sediments promoted by iron. Nature, 483(7388): 198–200.

Lamers L P, Tomassen H B, Roelofs J M, 1998. Sulfate-induced eutrophication and phytotoxicity in freshwater wetlands. Environmental Science and Technology, 32(2): 199–205.

Lewis W M Jr, Wurtsbaugh W A, 2008. Control of lacustrine phytoplankton by nutrients: Erosion of the phosphorus paradigm. Internat. Rev. Hydrobiol., 93: 446–465.

Li S, Bush R T, Santos I R, et al., 2018. Large greenhouse gases emissions from China's lakes and reservoirs. Water Research, 147: 13–24.

Liu D H, Zhong J C, Zheng X L, et al., 2018. N_2O fluxes and rates of nitrification and denitrification at the sediment-water interface in Taihu Lake, China. Water, 10: 911.

Liu M, Zhang Y, Shi K, et al., 2019. Thermal stratification dynamics in a large and deep subtropical reservoir revealed by high-frequency buoy data. Science of The Total Environment, 651: 614–624.

Liu T, Xia X, Liu S, et al., 2013. Acceleration of denitrification in turbid rivers due to denitrification occurring on suspended sediment in oxic waters. Environmental Science and Technology, 47: 4053–4061.

Mortimer C H, 1941. The exchange of dissolved substances between mud and water in lakes. Journal of Ecology, 29: 280–329.

Myrbo A, 2012. Carbon cycle in lakes. Encyclopedia of Lakes and Reservoirs, 121–125.

Nisbet C, LaGoy P, 1992. Toxic equivalency factors (TEFs) for polycyclic aromatic hydrocarbons (PAHs). Regulatory Toxicology and Pharmacology, 16: 290–300.

Nizzoli D, Carraro E, Nigro V, et al., 2010. Effect of organic enrichment and thermal regime on denitrification and dissimilatory nitrate reduction to ammonium(DNRA) in hypolimnetic sediments of two lowland lakes. Water Research, 44:2715-2724.

Norman L, Cabanesa D J, Blanco-Ameijeiras S, et al., 2014. Iron biogeochemistry in aquatic systems: From source to bioavailability. CHIMIA International Journal for Chemistry, 68(11):764-771.

Paerl H W, Otten T G, Joyner A R, 2016. Moving towards adaptive management of cyanotoxin-impaired water bodies. Microbial Biotechnology, 9(5):641-651.

Pettersson K, 1998. Mechanisms for internal loading of phosphorus in lakes. Hydrobiologia, 373-374: 21-25.

Piña-Ochoa E, Ẃwarez-Cobelas M, 2006. Denitrification in aquatic environments: A cross-system analysis. Biogeochemistry, 81:111-130.

Pol A, Heijmans K, Harhangi H R, et al., 2007. Methanotrophy below pH 1 by a new Verrucomicrobia species. Nature, 450:874-878.

Raghoebarsing A A, Pol A, van P S, et al., 2006. A microbial consortium couples anaerobic methane oxidation to denitrification. Nature, 440(7086):918.

Raymond P A, Hartmann J, Lauerwald R, et al., 2013. Global carbon dioxide emissions from inland waters. Nature, 503:355-359.

Roden E E, Wetzel R G, 1996. Organic carbon oxidation and suppression of methane production by microbial Fe(Ⅲ) oxide reduction in vegetated and unvegetated freshwater wetland sediments. Limnology and Oceanography, 41(8):1733-1748.

Roelofs J G M, Cals M J R, 1989. Effecten van inlaat van gebiedsvreemd water op de waterkwaliteit en vegetatieontwikkeling in laagen hoogveenplassen. In: Roelofs J G M (ed). *Proceedings Symposium Gebiedsvreemd water: Omvang en effecten op ecosystemen*. The Netherlands: Department of Aquatic Ecology and Biogeology, University of Nijmegen, 72-86.

Rozan T F, Taillefert M, Trouwborst R E, et al., 2002. Iron-sulfur-phosphorus cycling in The sediments of a shallow coastal bay: Implications for sediment nutrient release and benthic macroalgal blooms. Limnology and Oceanography, 47(5):1346-1354.

Scheller S, Yu H, Chadwick G L, et al., 2016. Artificial electron acceptors decouple archaeal methane oxidation from sulfate reduction. Science, 351:703-707.

Schindler D W, Hecky R E, Findlay D L, et al., 2008. Eutrophication of lakes cannot be controlled by reducing nitrogen input: Results of a 37-year whole ecosystem experiment. PNAS, 105:11254-11258.

Schubert C J, Durisch-kaiser E, Wehrli B, 2006. Anaerobic ammonium oxidation in a tropical freshwater system(Lake Tanganyika). Environmental Microbiology, 8(10):1857-1863.

Scott J T, McCarthy M J, 2010. Nitrogen fixation may not balcmce the nitrogen pool in lakes over time scales relevant to eutrophication management. Limnology and Oceanography, 55(12):65-70

Seitzinger J A, Harrison J K, Böhlke A F, et al., 2006. Denitrification across landscapes and waterscapes: A synthesis. Ecological Applications, 16(6):2064-2090.

Sipler R E, Bronk D A, 2015. Chapter 4. Dynamics of dissolved organic nitrogen. In: Hansell A, Dennis A, Carlson C A(eds). *Biogeochemistry of Marine Dissolved Organic Matter*, 2nd ed. Boston: Academic Press, 127-232.

Sivan O, Adler M, Pearson A, et al., 2011. Geochemical evidence for iron-mediated anaerobic oxidation of methane. Limnology and Oceanography, 56(4):1536-1544.

Smith V H, Wood S A, McBride C G, et al., 2016. Phosphorus and nitrogen loading restraints are essential for successful eutrophication control of Lake Rotorua, New Zealand. Inland Waters, 6(2):273-283.

Søndergärd M, Jensen P J, Jeppesen E, 2001. Retention and internal loading of phosphorus in shallow, eutrophic lakes. The Scientific World Journal, 1:427-442.

Stockdale A, Davison W, Zhang H, 2009. Micro-scale biogeochemical heterogeneity in sediments: A review of available technology and observed evidence. Earth-Science Reviews, 92(1-2):81-97.

Świąatecki A, Górniak D, Jankowska K, et al., 2010. Effects of climate change on microbial community structure and function in the Antarctic glacier lagoon. Papers on Global Change IGBP, 17(1):7-15.

Tang X, Xie G, Shao K, et al., 2012. Influence of salinity on the bacterial community composition in lake bosten, a large oligosaline lake in arid northwestern China. Applied and Environmental Microbiology, 78(13):4748-4751.

Weiler R R, 1981. Chemistry of the North American Great Lakes. Verh. Int. Ver. Limnpl., 21: 1681-1694.

Wetzel R G, 2001. *Limnology: Lake and River Ecosystems*, 3rd ed. Boston: Academic Press.

Williams W D, 1967. *The Chemical Characterististics of Lentic Suface Water in Australia: A Review*. pp: 17-18.

Wylie G D, Jones J R, 1987. Diel and seasonal changes of dissolved oxygen and pH in relation to community metabolism of a shallow reservoir in Southeast Missouri. Journal of Freshwater Ecology, 4(1): 115-125.

Xing X, Ding S, Liu L, et al., 2018. Direct evidence for the enhanced acquisition of phosphorus in the rhizosphere of aquatic plants: A case study on *Vallisneria natans*. Science of the Total Environment, 616-617:386-396.

Xing Y, Xie P, Yang H, et al., 2005. Methane and carbon dioxide fluxes from a shallow hypereutrophic subtropical lake in China. Atmospheric Environment, 39:5532-5540.

Xu H, Paerl H W, Qin B Q, et al., 2015. Determining critical nutrient thresholds needed to control harmful cyanobacterial blooms in hypertrophic Lake Taihu, China. Environmental Science and Technology, 49: 1051-1059.

Xu H, Paerl H, Qin B, et al., 2010. Nitrogen and phosphorus inputs control phytoplankton growth in eutrophic Lake Taihu, China. Limnology and Oceanography, 55(1):420-432.

Yao X, Zhang L, Zhang Y, et al., 2018. Nitrogen fixation occurring in sediments: Contribution to the nitrogen budget of Lake Taihu, China. Journal of Geophysical Research: Biogeosciences, 123.

Yoshinaga I, Amano T, Yamagishi T, et al., 2011. Distribution and diversity of anaerobic ammonium oxidation (anammox) bacteria in the sediment of a eutrophic freshwater lake, Lake Kitaura, Japan. Microbes Environ., 26: 189-197.

Yunker M B, Macdonald R W, Vingarzan R, et al., 2002. PAHs in the Fraser River basin: A critical appraisal of PAH ratios as indicators of PAH source and composition. Organic Geochemistry, 33: 489-515.

Zhao Z, Wang Y, Zhang L, et al., 2014. Bioaccumulation and tissue distribution of organochlorine pesticides (OCPs) in freshwater fishes: A case study performed in Poyang Lake, China's largest lake. Environmental Science and Pollution Research, 21(14):8740-8749.

Zhao Z, Zhang L, Wu J, 2016. Polycyclic aromatic hydrocarbons (PAHs) and organochlorine pesticides (OCPs) in sediments from lakes along the middle-lower reaches of the Yangtze River and the Huaihe River of China. Limnology and Oceanography, 61(1):47-60.

Zhong J C, Yu J H, Wang J J, et al., 2020. The coregulation of nitrate and temperature on denitrification at the sediment-water in terface. Journal of Soils and Sediments, 20:2277-2288.

Zhong J C, Yu J H, Zheng X L, et al., 2018. Effects of dredging season on sediment properties and nutrient fluxes across the sediment-water interface in meiliang bay of Lake Taihu, China. Water, 10:1606.

Zhou Y, Davidson T, Yao X, et al., 2018a. How autochthonous dissolved organic matter responds to eutrophication and climate warming: Evidence from a cross-continental data analysis and experiments. Earth-Science Reviews, 185:928-937.

Zhou Y, Ma J, Zhang Y, et al., 2017. Improving water quality in China: Environmental investment pays dividends. Water Research, 118:152-159.

Zhou Y, Xiao Q, Yao X, et al., 2018b. Accumulation of terrestrial dissolved organic matter potentially enhances dissolved methane levels in eutrophic lake Taihu, China. Environmental Science and Technology, 52(18):10297-10306.

Zhou Y, Zhang Y, Jeppesen E, et al., 2016. Inflow rate-driven changes in the composition and dynamics of chromophoric dissolved organic matter in a large drinking water lake. Water Research, 100:211-221.

Zhu G, Qin B, Gao G, 2005. Direct evidence of phosphorus outbreak release from sediment to overlying water in a large shallow lake caused by strong wind wave disturbance. Chinese Science Bulletin, 50(6):577-582.

Zhu G, Wang F, Gao G, et al., 2008. Variability of phosphorus concentration in large, shallow and eutrophic Lake Taihu, China. Water Environment Research, 80(9):832-839.

Zhu M, Zhu G, Nurminen L, et al., 2015. The influence of macrophytes on sediment resuspension and the effect of associated nutrients in a shallow and large lake (Lake Taihu, China). PLoS One, 10(6):e0127915.

Zhu M, Zhu G, Zhao L, et al., 2013. Influence of algal bloom degradation on nutrient release at the sediment-water interface in Lake Taihu, China. Environmental Science and Pollution Research, 20(3):1803-1811.

第6章 湖泊生物

湖泊生物是湖泊生态系统的主要组成部分，包括来自不同分类单元的不同类群生物，传统所认知的动物、植物和微生物等在湖泊生态系统中均有分布。湖泊生物生态学研究的基础是生物的基本分类。从系统分类角度出发，湖泊生物可分为真核生物、原核生物和病毒三大类别，其中真核生物主要包括原生动物、后生动物、植物和真菌；原核生物主要包括细菌和古菌；病毒是在现存分类系统形成以后才被发现的，因此独立成为一个类群。系统分类是一个动态过程，处于持续的变化之中。

除系统分类外，从生态学角度出发，通常也可以依据生物的生态习性或者个体大小来对湖泊生物进行分类，例如，湖泊中的动物分为滤食、捕食、浮游、底栖等主要类群。湖泊中的高等水生植物根据生活型可以分为挺水植物、沉水植物、浮叶植物和漂浮植物。

此外，也可以根据生物个体大小对湖泊生物进行分类，湖泊中浮游生物的个体大小可以从微米级到米级，例如浮游病毒和类病毒颗粒的大小在 0.02～0.2 μm，浮游细菌的大小总体上在 0.2～2 μm，浮游藻类的大小在 1～100 μm，浮游原生动物的大小在 1～200 μm，浮游后生动物的大小在 100 μm～50 cm，而自由生物的大小则在 1～100 cm。

湖泊生物间存在着极其复杂的相互关系，包括互利、共生、捕食与被捕食等，不仅同一物种内的不同个体间存在相互作用，而且不同物种间也存在相互作用，湖泊生物之间的相互作用最终导致了湖泊中食物网的构成，并在此基础上促进了生态系统功能的形成与发展，成为生态系统结构与功能的基础。

在本章中，主要结合分类系统和生态习性来介绍湖泊中的主要生物类群，包括微生物、浮游植物、浮游动物、大型水生植物、底栖动物和鱼类，此外，还将详细介绍生物间的相互关系和食物网等。微生物重点介绍细菌、古菌、真核微生物、病毒以及一些关键的功能；浮游植物则主要介绍超微型藻类、蓝藻以及真核藻类；浮游动物重点介绍鞭毛虫、纤毛虫、轮虫、枝角类和桡足类；大型水生植物介绍挺水植物、沉水植物、浮叶植物和漂浮植物；底栖动物重点介绍软体动物、寡毛类和多毛类；鱼类主要介绍滤食性、捕食性、底栖生物食性等生态类群；在生物间相互关系方面，重点介绍相互关系的形式、食物链、食物网以及结构稳定性等。期望通过上述介绍，读者对湖泊生物群落的组成、结构及其主要功能有基本了解。此外还介绍了生物与环境之间的相互关系，特别是那些影响主要生物类群组成、栖息、分布和演替的重要环境因子。在整合分析生物群落时空变化与环境因子关系基础上，简要介绍了湖泊生态系统的管理与调控。

6.1 湖泊微生物

湖泊微生物是存在于湖泊生态系统中的一切肉眼看不见或看不清楚的微小生物的总称。湖泊微生物学是地理学、生物学和生态学多学科交叉融合的研究领域,是开展湖泊中各类微小生物(细菌、放线菌、真菌、病毒、立克次氏体、支原体、衣原体、螺旋体原生动物以及单细胞藻类)的形态、生理、生物化学、分类和生态研究的科学。

湖泊微生物学在湖泊学发展中具有独特的地位和作用。首先,湖泊是由湖盆、湖水、水中所包含的各类物质所组成的自然综合体,是一个相对独立和完整的生态系统。湖泊在地球的各个区域均有分布,在地貌、水文物理、气候气象、化学组成、生物群落组成等多方面呈现丰富多彩的类型,孕育出高度多样化的地理单元。其次,从生态学的角度出发,湖泊生态系统主要包括环境和生物两个大的亚系统,生物与生物之间、生物与环境之间相互作用,紧密联系,不可分割。尽管微生物个体微小,但由于数量众多、种类丰富、功能多样,是湖泊生态系统中食物链和食物网的重要组成部分,驱动着湖泊生态系统中绝大多数生物活性元素的形态转化和地球化学循环。再次,从生物学角度来说,湖泊中的绝大多数微生物还未被人们所认知。由于对自然界中微生物生长所需营养物质认识的匮乏以及对微生物之间普遍存在的复杂共生关系认识有限,自然界中绝大部分微生物在实验室中难以被培养(Zinger et al.,2012),尤其是淡水中的浮游微生物,其可培养率仅为 0.25%。多学科交叉融合使得湖泊微生物研究蓬勃发展的同时,也面临极大挑战。一方面,湖泊微生物的认知极大地受制于微生物学和生态学研究;另一方面,湖泊微生物研究必须面向湖泊自身的生境特征,在解决湖泊生态系统面临的主要问题方面发挥其应有的作用,才有可能得以长期的可持续发展。

由于篇幅限制,本节将主要围绕湖泊常见微生物类群、微生物在湖泊生态系统中的作用、湖泊微生物多样性及其群落构建机制以及微生物多样性影响因素等内容展开介绍。

6.1.1 湖泊常见微生物

湖泊微生物大多为单细胞,少数为多细胞,还包括一些没有细胞结构的生物。随着化学分类学和核糖体 RNA 基因测序技术的发展,生物分类从过去的五界和六界系统过渡到了"三域"理论(包括细菌域、古菌域和真核域)(Woese and Fox,1977)。微生物学的研究对象涉及全部的细菌域和古菌域,此外还包括属于真核生物类的真菌、原生动物和显微藻类,以上这些微生物在光学显微镜下可见。而属于非细胞生物类的病毒、类病毒和朊病毒(又称朊粒)等则需借助电子显微镜才能看到。截至 2019 年 4 月 18 日,《国际原核生物名录》(*List of Prokaryotic Names with Standing in Nomenclature*,*LPSN*)中收录细菌域和古菌域共 39 门(细菌 34 个门和古菌 5 个门),89 纲和 1 个亚纲,197 目和 20 个亚目,446 个科和 2 857 个物种。

6.1.1.1 湖泊细菌类群

细菌在湖泊中分布极其广泛且种类丰富,是湖泊微生物学的主要研究对象。细菌的细胞结构在原核生物中十分具有代表性,目前的湖泊微生物研究中对细菌的研究最为深入。淡水生境的细菌组成与土壤及海洋生态系统中的细菌组成有着明显差异。Newton 等(2011)基于数据库中来自淡水生态系统序列的比对发现,有 21 个典型的淡水细菌门[基于核糖体数据库项目(RDP)的分类可靠系数≥75%]。其中5个门在淡水中分布最为广泛,分别是变形菌门(Proteobacteria,特别是Betaproteobacteria)、放线菌门(Actinobacteria)、拟杆菌门(Bacteroidetes)、蓝细菌门(Cyanobacteria)和疣微菌门(Verrucomicrobia);其余16个门的序列仅占全部序列总数的2.6%,包括酸杆菌门(Acidobacteria)、绿菌门(Chlorobi)、绿弯菌门(Chloroflexi)、纤维杆菌门(Fibrobacteres)、厚壁菌门(Firmicutes)、梭杆菌门(Fusobacteria)、芽单胞菌门(Gemmatimonadetes)、黏胶球形菌门(Lentisphaerae)、硝化螺菌门(Nitrospirae)、浮霉菌门(Planctomycetes)、螺旋体门(Spirochaetes)、BRC1、OD1、OP10、SR1和TM7。Newton等在现有系统发育分类体系的基础上,补充提出了另外一套微生物分类体系,包括门(phylum)、系(lineage)、分支(clade)和族(tribe)。下面简要介绍几类典型的湖泊细菌代表类群。

1) 放线菌门

放线菌是高G+C含量(通常在51%~70%)的革兰氏阳性菌,在各种类型的淡水湖泊中种类都十分丰富。其细胞中存在的视紫红质和紫外线抵抗性,使得放线菌能在高紫外线透度的条件下生长。放线菌还可以产生孢子,使得它们能够在长时间的干旱环境中存活下来。又由于其较小的细胞形态以及细胞壁组成,不容易被浮游动物"摄取"(Hahn et al.,2003)。这些特殊性质使得放线菌经常是湖泊中数量上占优势的细菌门类。放线菌门中典型的淡水细菌类群有acⅠ系和acⅣ系,特别是acⅠ系在浮游细菌中丰度更高。在某些分层湖泊的上层水体,放线菌门的丰度可以达到细菌丰度的50%以上(Glöckner et al.,2000)。放线菌的分布与湖泊物理化学性质、底物资源分布有着密切的关系。ACK-M1分支常见于高pH值的水体中,而有些分支恰恰相反,更常见于低pH值水体(如Sta2-30)。根据碳源组成的不同(内外碳源比率不同),有些分支表现出特有的分布特征。研究发现,藻类水华暴发前后放线菌门不同类群存在生长速度和生物量的变化。放线菌还可以分解多种有机物,包括芳香化合物、石蜡、橡胶、纤维素、木质素等复杂化合物和毒性强的含氰化合物等,在湖泊污染物分解中承担着一定作用。

2) 拟杆菌门

拟杆菌是革兰氏染色阴性、无芽孢杆菌。拟杆菌在湖泊上层水体颗粒附着细菌中占很大比例,在复杂的有机质分解过程中可能具有重要的作用。拟杆菌门中bacⅠ、bacⅡ(B88)和bacⅢ在淡水细菌群落中普遍存在(Newton et al.,2011)。很多研究都显示,拟杆菌门存在的时间和地点通常都有较高的外源溶解性有机碳(DOC)输入或者藻源性DOC释放。湖泊中拟杆菌门经常在蓝藻暴发后的一段时间内大量存在,例如拟杆菌门黄杆菌类似分支(bacteroidetes flavobacterium-like lineage)B88和B99(bacⅤ)与藻类生物量的瓦解同步(Eiler and Bertilsson,2007)。同时,拟杆菌门微生物的生长和繁殖也受到其他生物的影响,如食草动物的存在对其生长有着较强的抑制作用,拟杆菌门在整个湖泊生态系统食物链传递上发挥着十分重要的作用(Kirchman,2002)。拟杆菌门可以降解复杂生物聚合物,如腐殖质。

3) 蓝细菌门

蓝细菌是革兰氏染色阴性、无鞭毛、含叶绿素a但不含叶绿体(区别于真核生物的藻类)能进行产氧性光合作用的大型单细胞原核生物。蓝细菌又称蓝藻,被认为是地球上最古老的物种,也为湖泊中好氧生物的生存提供必要的氧气。许多种类细胞质中有气泡,使菌体漂浮,保持在光线最充足的地方,以利于光合作用。湖泊中常见的蓝细菌有微囊藻(*Microcystis* spp.)、鱼腥藻(*Anabeana* spp.)等。某些种属的蓝细菌大量繁殖引起“水华”,严重影响湖泊生态环境(Huisman et al.,2018)。蓝细菌的相关研究进展在“藻类生态学”部分有详细的介绍。

4) 变形菌门

变形菌是革兰氏阴性菌。由于该门细菌的形状极为多样,故命名为“变形菌”,是细菌中最大的一门,目前共分为 7 个纲,包括 α-变形菌(Alphaproteobacteria)、β-变形菌(Betaproteobacteria)、γ-变形菌(Gammaproteobacteria)、δ-变形菌(Deltaproteobacteria)、ε-变形菌(Epsilonproteobacteria)、ζ-变形菌(Zetaproteobacteria)和 Acidithiobacillia。α-变形菌中的 LD12 细菌是海洋 SAR11 细菌的淡水姐妹群系,同时也是 α-变形菌在淡水中分布最为广泛的类群(Logares et al.,2009)。β-变形菌包括很多好氧或兼性细菌,通常包含一些无机化能种类,如可氧化氨的亚硝化单胞菌属(*Nitrosomonas*)和光合种类,其中 bet Ⅰ 分支(Limnohabitans)和 bet Ⅱ 分支(Polynucleobacter)是至今为止发现的在全球尺度分布最为广泛且数量最为丰富的细菌类型。γ-变形菌是盐湖微生物的重要类群,对于中等盐度湖泊环境(NaCl 含量 8%~15% $w \cdot v^{-1}$)具有明显的适应优势(Wu et al.,2006)。δ-变形菌包括好养和厌氧种类,如硫酸盐还原菌以及具有其他生理特征的厌氧细菌,如还原三价铁的地杆菌属(*Geobacter*)和共生的暗杆菌属(*Pelobacter*)以及互营菌属(*Syntrophus*)。ε-变形菌只有少数几个属,多数是弯曲或螺旋形的细菌,如沃林氏菌属(*Wolinella*)、螺杆菌属(*Helicobacter*)和弯曲菌属(*Campylobacter*)。

6.1.1.2 湖泊古菌类群

古菌多在极端环境中被发现,常存在于厌氧、高盐、高温或极冷环境,广泛存在于湖泊沉积物中,同时也是厌氧原生动物的内共生体。古菌由于不具有核膜包被的细胞核,因此属于原核生物。它们与细菌有很多相似之处,即没有细胞核与任何其他膜结合细胞器;但同时另一些特征与真核生物相似,比如存在重复序列与核小体。古菌与细菌及真核生物的不同点主要有两大方面:① 形态结构上:古菌细胞壁存在由蛋白质或糖蛋白亚基组成的表层(缺少肽聚糖);其细胞膜酯键为醚酯键,支链脂肪酸;② 遗传特性上:其核糖体大小均为 70 s,DNA 单链闭环,很少有质粒,分子量比细菌小;许多抗生素、溶菌酶对古细菌不起作用。此外,来源于古菌细胞膜的多种生物标志物,如甘油二烷基甘油四醚类化合物(glycerol dialkyl glycerol tetraether,GDGT)是古环境重建的有力工具(Schouten et al.,2013)。

目前为止,古菌可被划分为 5 个门,研究开展的最早也最深入的是广古菌门(Euryarchaeota)和泉古菌门(Crenarchaeota),其余 3 个古菌门为初古菌门(Korarchaeota)、纳古菌门(Nanoarchaeota)和奇古菌门(Thaumarchaeota)。随着研究的进一步深入,将有更多的古菌门类被建立起来。本节主要就广古菌门和泉古菌门在湖泊生态系统中的分布特征进行介绍。

1) 广古菌门

典型成员包括嗜盐古菌(嗜盐古菌纲 Halobacteria)、产甲烷古菌(甲烷杆菌纲 Methanobacteria、甲烷球菌纲 Methanococci、甲烷微菌纲 Methanomicrobia、甲烷火菌纲 Methanopyri)、嗜热古菌(热原体纲 Thermoplasmata、热球菌纲 Thermococci)等,其中研究最为广泛的是产甲烷古菌。产甲烷古菌属于厌氧菌,广泛存在于缺氧沉积物和湖泊下层水体中,其代谢产生的甲烷(CH_4)是最重要的温室气体之一(Conrad,2007)。微生物产甲烷过程主要包括三种反应类型:以 H_2 作为电子供体、CO_2 作为电子受体的氢营养型,乙酸裂解型和甲基营养型。由于淡水湖泊中甲基化合物含量低,乙酸裂解型和氢营养型是湖泊生态系统主要的产甲烷反应类型,绝大多数可培养的产甲烷古菌属于氢营养型。在南北两极和青藏高原湖泊中发现了大量嗜冷产甲烷古菌,盐湖中分离的产甲烷古菌大多属于甲基营养型,因此盐度、碱度等环境因素能显著影响产甲烷古菌的生态分布(Liu et al.,2015)。嗜盐古菌广泛存在于高盐度的水体(如盐湖、碱湖和晒盐池)。

2) 泉古菌门

泉古菌门是古菌的一个大分支,包括很多超嗜热生物。然而,2005年,Könneke等(2005)报道了第一个可培养的"低温"泉古菌,命名为 *Nitrosopumilus maritimus*。该微生物不仅仅是一种可以在非极端环境中生长的泉古菌,更为重要的是,它是一种氨氧化生物。分离获得的菌株令人信服地证明了泉古菌具有自养无机化能生长的生理代谢特点,氨氧化古菌随即成为全球氮循环研究的一个前沿和热点领域。湖泊和河流沉积物中也存在大量的氨氧化古菌,甚至在部分样品中氨氧化古菌的丰度远远超过氨氧化细菌(Wu et al.,2010)。古菌和细菌对硝化过程的相对贡献率以及两者的相互作用是硝化反应生态学研究的最重要问题。不仅如此,氨氧化古菌还被发现在地球其他重要生态过程中发挥重要作用,如厌氧的甲烷氧化过程。对于环境中未知代谢途径和生物类群的探索,以及对于已知生物未知功能的探究都将是推动微生物生态学研究发展的重要动力。

6.1.1.3 湖泊真核微生物

湖泊真核微生物包括真菌、原生动物和显微藻类。原生动物和显微藻类的相关内容将分别在"藻类生态学"和"浮游动物"部分进行详细介绍。本节主要简要介绍湖泊中的真菌(fungi)。

湖泊中的真菌属于水生真菌,由于长期适应湖泊的生态环境,它们形成能在水中游动的游动孢子、游动配子、游动合子以及便于漂浮和栖息的丝状孢子、四枝孢子、星状孢子等。Grossart等(2019)对水体中真菌的研究进展做了目前为止最为全面详尽的综述。湖泊属于常年积水的静态水域,由于机械损害小,岸边富含氧气和有机物,有利于鞭毛菌(水生真菌的一种)的生长,淹没在湖水中的枝条有利于单毛菌属、节水霉属、芽枝菌属和类腐霉属等的生长;在水中香蒲的死杆、灯心草上,常有多种子囊菌和半知菌;具卷旋孢子的半知菌多在沉没湖底变黑的植物叶子上;在水底污泥中,常有壶菌和半知菌。水生真菌像细菌等微生物一样都是分解者,主要分解水中有机物、枯枝和树叶,也分解动物尸体的小部分(Zhao et al.,2017)。真菌在维持水生生态的平衡中也起重要作用,特别在降解一些难以分解的有机碳源时发挥重要作用,有助于碳循环顺利进行。水中的营养盐浓度、水层深浅、水体浑浊程度、光线、温度、氧、酸碱度和水域的海拔高度等因素,都对湖泊中真菌的分布存在影响。

6.1.1.4 病毒

浮游病毒是水体中含量最高的生物类群,具有丰富的生物多样性。随着研究的不断深入,病毒在包括海洋和湖泊在内的水生生态系统中发挥着重要作用(Cavicchioli and Erdmann,2015)。病毒对于宿主的裂解是水体物质循环和能量流动的重要过程;同时,浮游病毒对宿主的侵染过程还促进了水生生物物种间的遗传物质交换以及物种的协同进化。浮游病毒的分布与水体理化特性、营养状况和宿主特征有关,例如,研究显示,东湖浮游病毒宿主主要是浮游植物或藻类(张奇亚和桂建芳,2009)。开发利用浮游病毒这类生物资源,筛选杀藻病毒(噬藻体),可能成为控制甚至消灭有害湖泊藻华(赤潮)暴发的生物技术之一。

传统条件下可分离培养的微生物仅占环境中的少数,绝大多数微生物尚未在人工培养条件下检测到生长活性。虽然测序技术的变革带来生物信息学技术的飞速发展,获得的结果对于认识微生物群落组成和动态变化发挥了巨大作用,成为微生物生态学研究快速发展的基础(Knight et al.,2018),然而仅掌握生物学信息,仍旧无法实现对于未知微生物生理特征、代谢途径及其在环境中作用的深入研究。在分子生物学和测序技术高速发展的时代,仍有必要不断探索和发展新的微生物培养技术,对于理解微生物在湖泊中的生态功能、实现对微生物资源的合理利用,都具有重要意义。

6.1.2 微生物在湖泊生态系统中的作用

湖泊是地球系统物质迁移转化与能量流动的重要介质之一。元素的生物地球化学循环过程,在维持物质和能量流动平衡、确保营养元素向高营养级传递、维护生态系统生产力等方面具有重要意义。无论是物质迁移转化过程中的地质大循环还是湖泊微食物网内部的小循环,数量巨大、遗传与代谢方式多样的微生物都发挥着关键性作用。下面简要介绍微生物在湖泊碳、氮、硫和磷循环中的作用。

6.1.2.1 微生物在湖泊碳循环中的作用

湖泊是内陆水体的自然单元之一,也是陆地地表水碳元素汇集之地。微生物在水体碳循环中的作用,主要是通过对各种含碳化合物(包括动、植物残体)特别是含碳无氮有机物的分解过程而实现。主要包括无机碳的吸收转化、有机碳的矿化、甲烷的产生、甲烷氧化等过程(图 6.1)。

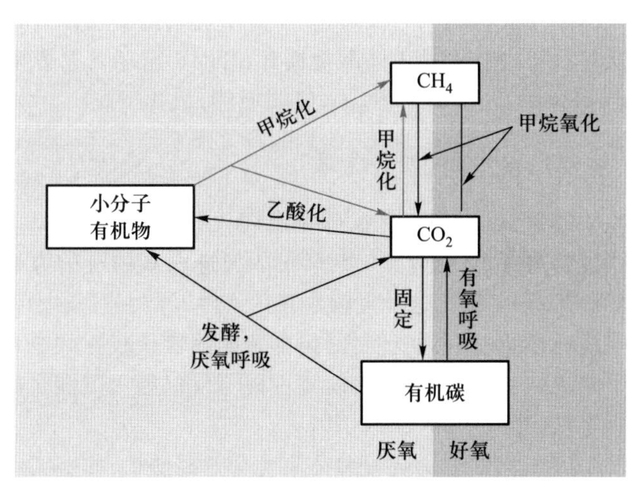

图 6.1 微生物参与的碳循环(黑色箭头表示细菌和古菌共同作用,灰色箭头表示只有古菌作用)(改自 Offre et al.,2013)

光合细菌和蓝细菌中的许多种属均能进行以 CO_2 为碳源的光合作用，同时许多可培养的泉古菌门、奇古菌门和广古菌门也可吸收无机化合物中的碳（CO_2、HCO_3^-），将其转化为小分子有机物。微生物对有机物质的分解，通常以 CO_2 作为主要的最终产物。然而，厌氧条件下由于缺乏外部电子受体（发酵条件）或与部分氧化物富集有关的呼吸能力限制，主要分解产物变为有机酸或醇，以及少部分 CO_2。许多好氧和厌氧古菌都能以有机营养的方式生长（下文有关有机营养型产甲烷与甲烷氧化过程的讨论中会有所提及）；某些光合细菌以有机酸、氨基酸、氨和糖类等有机物和硫化氢作为电子供体，通过光合磷酸化获得能量，使自身得以增殖，同时净化水体。

目前所知，甲烷的产生和厌氧氧化过程为古菌独有，产甲烷古菌是严格厌氧菌。自然环境中，三分之二的甲烷都是由乙酸裂解型产甲烷古菌产生的，还原 CO_2 产生的甲烷大约占三分之一，极少部分的甲烷是由歧化反应产生的。产甲烷古菌还与不同的生物体互利共生，广古菌门的互养共栖反应能够使复杂的有机分子完全降解为 CO_2 和甲烷。近年研究显示，贫营养型湖泊的含氧水柱中也有产甲烷过程存在，针对好氧环境的产甲烷过程和机制有待进一步研究（Gunthel et al.，2019）。

甲烷氧化过程的存在对于甲烷的释放起到特定的控制作用。厌氧甲烷氧化过程主要包括三类：① 硫酸盐型厌氧甲烷氧化（sulfate-dependent anaerobic methane oxidation，SAMO）。该过程由厌氧甲烷氧化古菌（anaerobic methanotrophic archaea，ANME）和硫酸盐还原细菌（sulfate-reducing bacteria，SRB）通过共生关系共同完成。根据 16S rRNA 基因序列，ANME 可以分为三个不同分支：ANME-1、ANME-2 和 ANME-3。近期有研究发现，ANME-2 可单独进行厌氧甲烷氧化过程同时还原硫酸盐，并不需要 SRB 的协同作用。② 硝酸盐型或亚硝酸盐型厌氧甲烷氧化（denitrifying anaerobic methane oxidation，DAMO）。ANME 和一种不可培养的 NC10 细菌门（*Candidatus Methylomirabilis oxyfera* 为代表）协同作用，以 CH_4 为电子供体、NO_3^-/NO_2^- 为电子受体进行氧化还原反应（Ettwig et al.，2010）。③ 铁锰依赖型甲烷氧化。该过程以甲烷为电子供体、分别以 Fe^{3+} 或 Mn^{4+} 为电子受体进行氧化还原反应。除厌氧甲烷氧化过程外，好氧甲烷氧化作用利用 O_2 为电子受体，主要包括两种反应菌：Ⅰ型甲烷氧化菌和Ⅱ型甲烷氧化菌，利用三种已知的碳同化途径——核酮糖单磷酸盐循环（RuMP 循环）、丝氨酸循环（serine 循环）和卡尔文循环（Calvin-Benson-Bassham，CBB 循环）氧化甲烷。

6.1.2.2 微生物在湖泊氮循环中的作用

氮循环包括生物固氮、氨化、硝化、反硝化及同化等作用（图 6.2）。湖泊水体中氮污染的自净主要由氮循环系统来实现。大气中的氮进入食物链的方式是通过固氮作用，这其中包括将 N_2 还原成 N_3。这个过程在自然条件下是由固氮细菌进行，此外产甲烷古菌和厌氧甲烷氧化菌也具有固氮能力，但古菌的固氮仅仅在缺少细菌可利用氮源情况下才能发生。培养实验表明，嗜甲烷固氮古菌不仅仅能固氮而且能与细菌在同一个氨氧化菌落中共享氮元素（Sohm et al.，2011）。

硝化作用通常涉及两步反应：首先是将氨氧化为亚硝酸根，如氨氧化细菌（ammonia-oxidaizing bacteria，AOB）以 CO_2 为碳源将氨氧化为亚硝酸盐，氨氧化古菌（ammonia-oxidaizing archaea，AOA）不仅可以利用氨，还能将尿素或 OCN^- 作为替代氮源进行转化。进而，氨氧化过程产生的亚硝酸通过亚硝酸氧化细菌（nitrite-oxidizing bacteria，NOB）氧化成硝酸根，供湖泊中的植物和其他生物吸收利用，作为细胞物质存储，其中氨氧化过

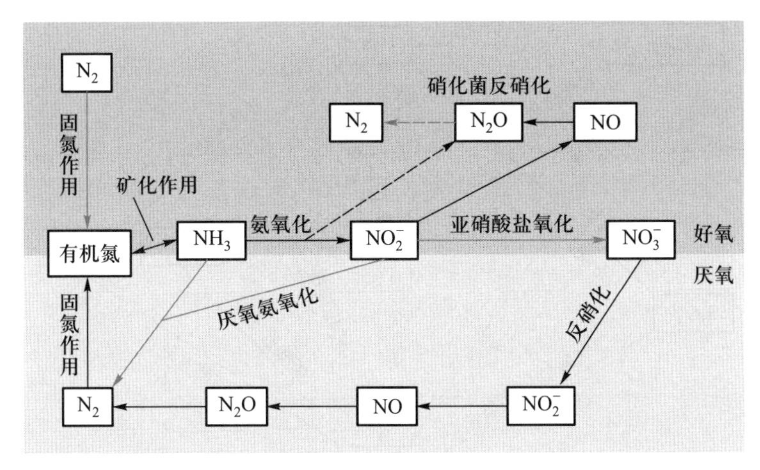

图 6.2 微生物参与的氮循环(黑色箭头表示细菌和古菌共同作用,灰色箭头表示只有细菌作用)(改自 Offre et al.,2013)

程是硝化作用的限速步骤。但 Daims 等(2015)研究揭示,环境中存在可以将氨一步氧化为硝酸根的细菌 *Nitrospira* 属,并将其命名为"comammox",湖泊中也发现这类微生物的存在(Pjevac et al.,2017)。

亚硝酸盐和硝酸盐可以通过反硝化作用和厌氧氨氧化作用(anaerobic ammonia oxidation,anammox)转化为 N_2,到目前为止两种反应过程在全球尺度的相对贡献还不清楚。厌氧氨氧化过程仅由细菌独自完成,以氨为电子供体、亚硝酸盐为电子受体,产生 N_2(Mulder et al.,1995)。反硝化作用通常由兼性厌氧细菌或者古菌在缺氧或者微量需氧环境下,以硝酸根作为电子受体,还原成气态的含氮化合物:NO、N_2O 和 N_2 等。反硝化古菌,如有机营养嗜盐菌或自养(兼性或专性)嗜热菌,通常都是以硝酸根作为电子受体,唯一的例外是 *Pyrobaculum aerophilum*,它可以同时利用硝酸根或亚硝酸根作为电子受体。此外反硝化古菌 *Pyrolobus fumarii* 在生化反应中释放出铵根离子,该过程称为"硝酸盐的氨化过程"(Blöchl et al.,1997)。

6.1.2.3 微生物在湖泊硫循环中的作用

水环境中硫循环过程大体分为硫还原作用和硫氧化作用,具体反应包括:含硫有机物还原为硫化氢(H_2S),H_2S、S^{2-} 和 S 被氧化为硫酸盐,硫酸盐被还原为 S^{2-},S^{2-} 进入有机物(图 6.3)。硫还原(sulfidogenesis)指的是还原含硫有机物产生 H_2S 的过程,H_2S 是各种兼性和专性厌氧菌(包括许多古细菌)代谢的副产物。尽管硫还原是自然界主要的生物地球化学反应,但产物 H_2S 通常不会在环境中积累,它能活跃地与金属离子反应生成金属硫化物,在空气中被氧化导致硫沉积,或者被多种微生物作为电子供体。元素 S 可以通过利用 H_2 或者有机物作为电子受体的呼吸作用转化为 H_2S,或者在发酵过程中作为电子供体被氧化。广泛存在于海洋和湖泊沉积物中的 δ-变形菌和 ε-变形菌就可以将元素 S 还原为 H_2S。硫还原细菌和硫还原古菌生存在相近的环境中,但古菌会在较高的温度、较低的 pH 值和较强的还原条件的湖泊中占有优势。目前尚不清楚元素 S 还原为 H_2S 的全球速率以及古菌和细菌对这一过程的相对贡献,特别是硫还原古菌在微生物群落中的功能很大程度上仍是未知的。

硫酸盐还原古菌是一个系统发育类型丰富的微生物功能群,广泛存在于各种缺氧

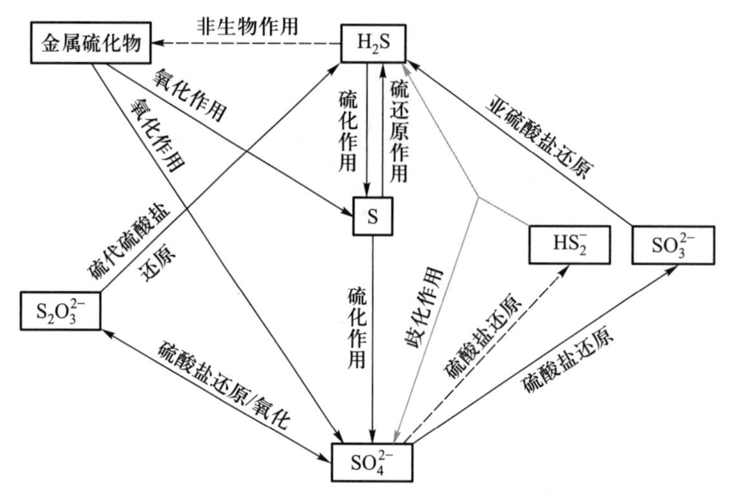

图 6.3 微生物参与的硫循环(黑色箭头表示细菌和古菌共同作用,点线箭头表示只有古菌作用;灰色箭头表示只有细菌作用)(改自 Offre et al.,2013)

环境中,是全球生物来源 H_2S 的主要贡献者。目前,已获得培养的硫酸盐还原古菌主要是超嗜热微生物,以 *Archaeoglobus* 属(广古菌门)、*Caldivirga* 属(泉古菌门)和 *Thermocladium* 属(泉古菌门)为代表,可以将硫酸盐异化还原为 H_2S。最新研究发现,ANME-2 利用硫酸盐作为电子受体,将其还原成 0 价硫的全新硫循环过程,中间产物很可能是以二硫化物(HS_2^-)形式存在(Milucka et al.,2012)。目前仅在古菌中发现将硫酸盐还原为 HS_2^- 的代谢通路。二甲硫醚(DMS)是水中一种不稳定的有机硫化物,是硫循环中另一种重要的中间产物。相当量的 DMS 从水生环境中产生并释放到大气层中,从而对气候产生潜在影响(Charlson et al.,1987)。古菌中具有代表性的嗜盐菌通过厌氧呼吸的一种形式——二甲基亚砜(DMSO)的歧化还原反应生成 DMS。DMSO 在水环境中含量丰富,是 DMS 生成的前驱体,但古菌在 DMSO 歧化还原反应中的重要性仍有待阐述。

含硫矿物质在潮湿曝气情况下可能进行生物氧化产生硫酸,从而导致环境污染。许多嗜酸古菌和细菌能够氧化含硫矿物,如黄铁矿(FeS_2)、白铁矿(FeS_2)和黄铜矿($CuFeS_2$)。嗜酸古菌多属于泉古菌门和广古菌门,泉古菌仅存在于高于 65°C 的环境下,可氧化单质硫;广古菌中的嗜中温菌可以耐受极低酸环境(pH = 0)。相较于细菌,古菌在黄铁矿的氧化中占据主导地位,且对可溶性含硫矿物的氧化反应更为有效(Edwards et al.,2000)。尽管 H_2S 经常与金属离子反应生成不溶解的硫化物,但其仍可在许多环境中集聚。对于大多数生物来说,H_2S 是有毒的,却可以通过提供电子和能量来维持许多细菌以及极少数极端嗜热的古菌生长。

6.1.2.4 微生物在湖泊磷循环中的作用

湖泊生态系统水体和沉积物之间磷的交换十分复杂,包括物理、化学和生物的作用。微生物尤其是细菌的活动对底泥中磷的释放有着相当重要的影响。细菌等微生物可直接吸收磷,因此湖泊沉积物中微生物体内的聚合磷酸盐最高,可占有机磷的 50% 左右,同时它们可以对环境中各种形态的磷进行直接和间接的转化。直接转化包括:① 对有机磷化合物进行分解;② 厌氧条件下降解聚合性磷;③ 参与厌氧环境中 Fe-P 化合物的溶解过程。细菌也会间接地对磷的释放起作用:① 消耗氧以降低水体中的氧化还原电势，以增加 Fe-P 中磷的释放；② 在 Fe-P 降解菌存在的情况下，Fe^{3+}被直接还原为 Fe^{2+}，原来被吸附在铁氧表面的磷被释放。

6.1.2.5 微生物在湖泊污染物分解中的作用

当污染物进入水体后，水体会经过一系列的物理、化学和生物作用，逐渐恢复其原有性状，这种能力称为水体自净。水体自净过程中微生物发挥着不可替代的作用。细菌、真菌、藻类可通过“吞食”将污水中一些复杂的有机物转化为简单的无机物分子，从而实现各种生命元素的自然循环，维持生态平衡。微生物还可以与水生植物协同作用，对有毒物质的降解、氮磷的去除、部分重金属的去除发挥重要的作用。某些典型的微生物还可以作为环境监测中的指示生物，为了解水体污染程度与类型、制定治理策略提供依据。

多环芳烃（PAH）是目前比较关注且环境中广泛存在的持久性有机污染物。微生物代谢 PAH 有两种方式：以 PAH 为唯一碳源代谢和 PAH 与其他有机质进行共代谢。对于低分子量的 3 环以下的 PAH，微生物一般采用第一种代谢方式；对于 4 环或多环的 PAH 一般采用共代谢的方式。PAH 最初的氧化，即苯环的加氧是控制 PAH 生物降解反应速度的关键步骤，此后降解进程加快，没有或很少有中间代谢产物的积累。但据报道，中间产物与其母体化合物（即 PAH）一样具有致癌性和致突变性。常见的降解 PAH 微生物有假单胞菌属、分枝杆菌、蓝细菌等；白腐真菌也具有降解 PAH 的能力。即便微生物经过自身驯化后种群数量和降解能力显著增强，面对日益增加的 PAH，仍多采用人工强化微生物降解条件，或使其与其他生物共同作用，提高 PAH 降解能力。研究发现水生植物根际微生物与水生植物的协同作用：植物根际形成具有电化学活性、好氧和厌氧共存的根际微生物，可以加快沉积物中毒性有机污染物的降解（Gersberg et al., 1986）。

除上述介绍的微生物降解污染物的作用外，由于微生物细胞对环境变化反应具有多样性和敏感性，其还是环境监测中重要的指示生物。已有研究利用微生物群落组成变化（如优势种变迁）、微生物数量（如总菌数、模式菌数等）变化、生理（酶活性、代谢活力）变化、遗传物质变化（基因突变、DNA 损伤等）等指标监测环境污染，例如，利用发光细菌检测水体重金属污染、微生物膜 BOD 快速测定法等。近年来，水环境污染的监测技术逐步从宏观转变为微观（Cordier et al., 2019），通过研究掌握致病微生物、有害物质和指标性微生物等的分子生物学特征，利用生物芯片、“多波长透射光谱解析模型”等技术快速识别、分析和检测水体中指示微生物群落的变化。

6.1.3 微生物多样性及其群落构建机制

湖泊微生物具有庞大的数量和丰富的种类，在生态系统物质循环、能量转换以及湖泊环境与人类健康中起着重要作用。因此，认识湖泊生态系统中微生物多样性、分布特征及其在生态系统中的功能和作用，对于未来更好地管理和维护湖泊生态环境具有深远的意义。当前，微生物生态学的研究主要集中在确定环境微生物的种类及生态功能；此外，微生物与微生物之间以及微生物与环境因子之间的相互作用也受到越来越多的关注。

6.1.3.1 湖泊微生物多样性

湖泊中细菌数量众多（10^5～10^8个·mL^{-1}），且种类丰富，采集每一种细菌做研究与分析几乎是不可能的。因此,研究者只有借助于采集有限的样本量,并通过科学统计外推的方法,估算出湖泊细菌的物种丰度和多样性。常用于描述物种多样性的3个不同水平的参数包括:① α 多样性(alpha diversity 或 α-diversity);② β 多样性(beta diversity 或 β-diversity);③ γ 多样性(gamma diversity 或 γ-diversity)。

6.1.3.2 湖泊微生物多样性维持机制

在微生物生态的研究领域,长期存在着这样一个观点,即微生物具有全球性的分布特征,但只有环境条件合适,微生物才能够在新生境中定居成功和大量繁衍。这个观点由 Beijerinck 提出,并且经过 Baas-Becking 简要概述为:"生物可以分布于任何生境中,但环境在其中起选择作用。"细菌具有区别于多细胞生物的三个典型的特征:更加丰富的物种多样性、具有远距离被动传播的能力和更快的繁殖速率。研究还发现,细菌具有极高的基因多样性、表型可塑性和潜在的快速进化能力。基于细菌的这些特性,研究者提出这样一个假设:细菌比多细胞生物更能跨越地理与环境的障碍,成功入侵并定植在不同的生境中。该假设支持了 Beijerinck 提出的细菌全球性分布的观点,即"生物可以分布于任何生境中"。最常被引用来支持细菌全球性分布观点的论据是细菌具有巨大的种群丰富度和多样性。一方面,细菌个体非常小,促进了细菌的全球性分布;另一方面,细菌通过休眠来最小化灭绝的可能性,这便使得细菌实现全球性分布的可能性更大,而灭绝的可能性更小。在赞成细菌生物地理学中全球性分布观点的同时,很多研究者发现,当地的环境特征也是调节细菌聚集和分布的关键因子。在湖泊水体中,细菌多样性会受多种环境资源的影响,包括生物(如捕食、寄生等)和非生物环境因子(如水体营养盐水平、温度、紫外辐射等)的影响。那么,我们面临着这样一个问题,即水体细菌的聚集和分布到底是否受生物地理条件的限制?如果存在水体细菌分布的生物地理学,它与大型有机体分布的生物地理格局是否表现出一致的特点?水体细菌的生物地理分布特征的生态意义又是什么?这些尚未解答的问题,给未来的研究者带来新的机遇和严峻的挑战。

与 Beijerinck 和 Baas-Becking 所提出的细菌全球性分布的观点相对的是 meta-群落假说。Hanski 和 Gilpin(1991)对 meta-群落的定义是:因扩散作用而联系在一起的一系列本地群落的集合。与先前的群落理论只强调群落受当地当时的环境条件的作用不同的是,meta-群落假说更强调不同时空尺度(本地、区域)上群落的结构和动态过程。且 meta-群落假说提出,在 meta-群落中,不同本地群落在时空尺度上的动态变化不仅可以改变本地群落结构,而且可以反过来,通过反馈作用改变区域尺度上生物群的组成和结构。任丽娟等(2013)梳理了 meta-群落假说的四个观点,认为它们都在一定程度上解释了细菌群落的生物地理学分布及动态规律(图6.4)。

1) 物种筛选观点(species-sorting perspective)

该观点假设,环境由不同的斑块组成,且斑块与斑块之间存在着环境异质性。不同的斑块类型将导致斑块中物种组成的差异,这种差异和不同斑块间物种的交流没有关系,因为物种的扩散作用是全球性的。物种筛选观点与 Beijerinck 和 Baas-Becking 所提出的观点相同,均强调细菌具有全球性的分布特征,同时本土环境特征也是调节细菌组成与分布的主要因素。物种筛选观点也可以这样理解,在地球上,任何两个环境特征完全相同斑块将包含有相同的细菌组成类群。

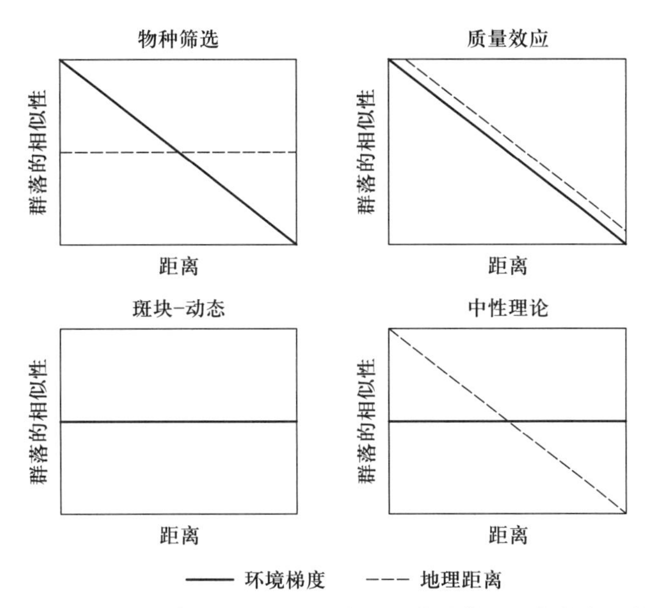

图 6.4 meta-群落假说的四种观点对细菌群落的相似性与环境梯度和地理距离之间的相互关系的解释(改自 Logue et al.,2008)

2) 质量效应观点(mass effects perspective)

该观点支持环境异质性对细菌群落分布的选择作用的同时,更着重于强调细菌的迁入和迁出对本土细菌群落动态的影响。细菌因在斑块与斑块之间的群落组成上不对称而发生交流,影响着细菌的迁入和迁出。这种“源-库”间交流的动态影响着本土细菌种群结构和空间分布特征。质量效应观点认为,细菌群落的动态变化受环境和空间距离的共同作用。例如,Lindström 等(2006)研究发现,湖泊水体本土细菌的多样性受连续的入湖溪流中细菌组成的显著影响。

3) 斑块-动态观点(patch-dynamics perspective)

该观点认为,多个相同的斑块是存在的,且每一个斑块均有能力包含一定的细菌种群。这些斑块可能是已经被占领的,也可能是未被占领的。斑块中细菌种类的多样性受细菌扩散作用的影响,扩散作用通过向斑块输送源细菌,从而补偿在斑块中的随机性或确定性消失了的细菌。斑块-动态观点认为,斑块中细菌群落结构不受环境因子的影响。而是否受斑块间地理距离的影响,至今还没有一个确定理论来支持,所以不在这里加以阐述。与 Beijerinck 和 Baas-Becking 所提出的观点形成鲜明的对比,斑块-动态观点认为,群落组成的空间变化主要受历史原因的影响。

4) 中性理论观点(neutral perspective)

该理论假定,所有细菌种类具有相似的竞争能力、扩散能力和适应性。细菌种群间的相互作用由细菌随机的扩散作用组成。因此,物种的减少(灭绝和迁出)和获得(迁入和物种的形成)的随机概率决定了物种的多样性。中性理论认为,细菌群落组成动态变化受地理距离远近的驱动,而不受环境条件的影响。

从 meta-群落假说和其他相关观点出发可以推测出,淡水细菌在全球、区域和本土不同尺度环境中的物种分布特征和群落多样性更可能是由“随机分布”和“环境决定”两种过程共同作用的结果。与 Forbes(1887)提出的“湖泊正如一个微宇宙”的观点不同,现在研究者更多将湖泊看作一个流动系统,认为它是更大尺度空间中的一个组成单元。湖泊不是一个与外界环境隔离的生态系统,它与外界环境之间存在着频繁的物质、能量及基因交流。对于水力停留时间很长的湖泊,它的细菌群落组成主要受湖泊内部环境因子的影响,即适用 Beijerinck 与 Baas-Becking 提出的“生物可以分布于任何生境中,但环境在其中起选择作用”的观点。但对于水力停留时间较短的湖泊,它与外界环境之间存在着频繁交流,湖泊中细菌群落结构和多样性受湖泊内部环境特征的影响外,同时受细菌在不同生境(或斑块)间随机分布作用的影响,即更多地适用 meta-群落假说。

6.1.4 湖泊微生物多样性的影响因素

如果以湖岸线为界限,将湖泊看作一个整体,我们可以把影响湖泊微生物多样性的环境因子分为湖泊生态系统特有的内部环境因子和区域尺度上的外在环境因子。外在环境因子,如温度和主要离子浓度,在区域尺度上的不同湖泊间表现出年际变化同步性,而湖泊特有的内部环境因子,如食物网中生物间相互作用及物种的随机动态,却往往抑制并减弱了区域尺度上的外在因子对微生物多样性的作用。

6.1.4.1 区域尺度上的外在环境因子

湖泊在区域尺度上的外来补水改变着湖泊营养盐、理化因子状态的同时,也改变着湖泊内部食物网的组成,并不断将区域尺度上的微生物群落输送至湖泊内部,改变着湖泊系统内部微生物群落的组成和多样性。Lindström 等(2006)研究了位于瑞典的 12 个不同水力停留时间(从 1 天到 10 年)的湖泊后发现,区域尺度上的外在环境因子(如细菌的扩散速率)很大程度上是湖泊生态系统中细菌群落组成的决定因子。当水力停留时间小于 200 天时,区域尺度上细菌的输入显著改变了湖泊水体细菌群落的组成和多样性。

6.1.4.2 湖泊特有的内部环境因子

影响微生物多样性的湖泊内部环境因子主要包括:湖泊的形态特征(如湖泊的大小和深度)、物理化学特征(如温度、pH 值、盐度等)、营养盐水平、有机质的浓度和类型、食物网结构和物种间的相互作用(如鞭毛虫的捕食作用和病毒的溶菌作用)。

1) *湖泊的大小和深度*

生物多样性与生境大小之间的关系一直是生态学关注的热点之一。MacArthur 和 Wilson(1967)针对生物多样性与生境大小之间的关系提出“生物地理学的岛屿效应”,它主要包括两个方面:① 岛屿上物种数目会随着岛屿面积的增加而增加;② 岛屿上物种数目会随着岛屿与大陆间的距离增加而下降。如果把陆地看作“海洋”,湖泊就是陆地上的“岛屿”。那么,湖泊中的细菌是否也正如大型生物一样,呈现出“岛屿效应”?Reche 等(2005)通过研究位于西班牙内华达山脉上的 11 个高原湖泊中细菌群落结构和多样性,来检验细菌的“岛屿效应”,结果发现,细菌物种数目和湖泊的面积之间呈现出显著的正相关关系,即细菌多样性随着湖泊面积的增加而增加。但湖泊的偏僻程度并不影响细菌物种数目,这在一定程度上表明,细菌分布并不存在“地理隔离”。

微生物群落组成和多样性沿着湖泊深度梯度的差异,与湖泊随着深度变化而呈现出的环境异质性(例如,光照、溶解氧和温度随着水深增加而下降;水体初级生产力、营养盐浓度等也随着水深增加而发生相应的变化)密切相关。有研究发现,细菌多样性在湖泊好氧层和厌氧层呈现显著差异。细菌多样性在表层水体中较低,且细菌主要组成为高 G+C 含量的革兰氏阳性菌——放线菌;而在湖泊底层细菌多样性较高,且细菌的组成以 G+C 含量较低的革兰氏阴性菌(如芽孢杆菌和梭菌属)为主。

2) 湖泊的物理化学特征

温度是反映湖泊在纬度、海拔及季节梯度上差异的主要环境因子。在全球变暖背景下,增温所引起的一系列湖泊生态效应也是当前和未来科学界关注的焦点之一。越来越多的研究表明,温度是影响湖泊微生物群落组成和动态的关键因子之一。Wu 和 Hahn(2006)通过比较研究温带月亮湖和亚热带太湖中的模式细菌 *Polynucleobacte* 属发现,湖泊间温度的差异促使了 *Polynucleobacte* 属细菌的生态多样化。在细菌群落中,不同的细菌种类有着不同的生态最适温度,在最适温度下,细菌表现出最大的适合度。Adams 等(2010)通过野外研究 24 个湖泊和溪流样品和室内培养试验发现,在温度因子的驱动下,细菌群落的组成发生了显著的改变。因细菌的生物过程包括繁殖、扩散、物种间的相互作用、基因突变、适应进化及物种形成,均受到温度的调控,且温度升高细菌的生物过程加剧,因此 Fuhrman 等(2008)认为,细菌的多样性受温度的影响,温度增加细菌多样性升高。他们把这一现象称为“红皇后(Red Queen)假设”,即“红皇后为保持其在环境中的原位,在环境变化越快时跑得越快”。细菌个体的大小分布特征同样受温度的影响,在模拟研究全球变化(温度分别增加 2 ℃、4 ℃和 6 ℃)对水体生物影响的实验中发现,水体浮游细菌群落的平均细胞大小随着温度增加而降低。

湖泊的 pH 值被认为是决定湖泊微生物群落结构另一关键因子。野外原位试验研究表明,湖泊水体细菌群落结构和多样性随着水体 pH 值变化而发生显著变化(Ren et al.,2015)。pH 值可能通过对湖泊水体细菌群落组成的直接作用,影响着细菌的多样性,例如直接影响不同种类细菌的生长状况(包括绝灭、繁衍、种的形成等);或者通过影响湖泊生态系统中的其他环境因子(如有机物质的分子结构)来间接影响水体细菌群落的结构和多样性。

盐度是内陆水体另一重要环境因子,目前相关研究仍较少。因水体蒸发与淡水补给间的不平衡,45%的陆地水体由盐湖组成,盐湖的盐度变化范围从 1‰到 400‰,且大部分盐湖的盐度比海水(~35‰)高出很多倍。Wu 等(2006)通过研究位于青藏高原青海—西藏段上 16 个高山湖泊(从盐度 0.02%的淡水到盐度 22.3%的超盐水)发现,只有很少一部分细菌组成在淡水系统和超盐水系统中发生重叠,且盐度是影响湖泊水体细菌群落组成和多样性的最显著的环境因子。先前的研究表明,内陆水体中大型植物和动物物种丰富度随着水体盐度的增加呈现显著下降的趋势。但 Wang 等(2011)通过变性梯度凝胶电泳(DGGE)和 16S rRNA 基因克隆文库的方法研究位于青藏高原上的 32 个不同盐度的湖泊水体细菌群落结构和多样性发现,细菌多样性随着水体盐度增加并未呈现减少趋势。细菌在高盐度水体中的高度分化可能是促使细菌在高盐度环境中多样性丰富的重要机制。

3) 营养盐水平

水体无机营养盐和有机营养盐均通过“上行效应”直接影响水体细菌群落的组成和分布;同时也通过影响水体细菌的捕食者——异养鞭毛虫和纤毛虫的组成和丰度,间接影响水体细菌群落结构和多样性。

4）湖泊食物网结构

湖泊生态系统,特别是浅水湖泊生态系统,一般分成两种类型:一种是当营养负荷较低时,以大型沉水植物为主的草型清水湖泊;另一种是当营养负荷较高时,以浮游植物(藻类)为主的藻型浊水湖泊。湖泊从清水草型湖泊向浊水藻型湖泊转变时(湖泊富营养化),将引起湖泊水体结构多样性的消失,从而导致在高营养藻型湖泊中,生物多样性下降。Hanson 和 Butler(1994)认为,湖泊从清水状态演变为浊水状态后,并没有改变湖泊生态系统中的经典食物链的传递(藻类→浮游动物→鱼类),但是却显著改变了湖泊生态系统中微生物食物网的组成。与清水状态的湖泊相比,在浊水状态的湖泊中,组成微生物食物网的所有生物的生物量均显著增加。Villaescusa 等(2010)通过野外试验研究发现,不同营养状态的湖泊中细菌群落的组成差异显著,且富营养化湖泊中水体细菌的多样性显著低于寡营养型湖泊。对太湖水体细菌群落结构和多样性的研究均发现,湖泊中大型沉水植物生物量和组成类型是影响太湖中水体细菌结构和多样性的关键因子(Zeng et al.,2012),同时也是调控太湖水体细菌群落组成季节动态的主要驱动因子。湖泊水体蓝藻暴发显著引起了水体细菌群落组成的动态变化(Xing and Kong,2007),有助于对蓝细菌具有溶菌作用的噬细胞菌属(*Cytophaga*)细菌的生长。

原生动物与细菌间的捕食和被捕食关系构成了湖泊微生物网的基础内容(Hahn and Hofle,2001)。在捕食细菌的原生动物中,异样鞭毛虫(HNF)被认为是影响细菌群落结构和组成的最主要的因子之一。研究表明,HNF 对细菌的捕食作用同样显著改变了细菌群落的形态分布特征,在高强度的捕食压力下,中等大小的细菌更容易被捕食,这便使得细菌群落形态呈极小或丝状分布。除大小特征外,极小或丝状细菌难以被 HNF 消化也是导致其不被捕食的重要原因。尽管研究者认识到,水体病毒对细菌群落结构的形成存在重要影响,但目前,对病毒如何引起细菌的死亡及影响细菌种群间的竞争的研究仍非常之少。

6.2 浮游植物

浮游植物(phytoplankton)的概念最早可以追溯到 19 世纪 40 年代,Müller 使用"auftrieb"一词描述用筛网捞出来的水生生物。Haeckel 对浮游植物的形态、个体发育、系统发育有了进一步的认知,Hensen 对浮游植物的生态功能进行了研究。浮游植物是一个生态学概念,泛指生活在水域中,因无游泳能力或游泳能力弱而只能随着水流而流动的微小植物(Reynolds,2006)。

浮游植物又称浮游藻类(planktonic algae),是光合自养的低等生物,分为原核浮游植物(prokaryotic phytoplankton)和真核浮游植物(eukaryotic phytoplankton)。原核浮游植物即蓝藻,又称蓝细菌。真核浮游植物的分类和进化是非常复杂的,但其进化地位对于理解生命的起源与进化至关重要。目前,国际上有关藻类进化与分类最具有影响力的是 Cavalier-Smith 于 1999 年提出的囊泡藻界假说(Chromalveolate hypothesis)。该假说认为,蓝藻通过初级内共生后,演化出三大门类藻,分别是红藻、绿藻和灰藻。绿藻进一步进化发展出适应陆地生活的高等植物,而红藻通过一系列次级内共生成为隐藻、定鞭藻、甲藻、不等鞭毛藻等众多藻类。

浮游植物作为水域生态系统的初级生产者,它们含有的光合色素类型比植物更多,往往利用光合作用把无机物合成有机物,同时产生 O_2。浮游植物数量和种类上的变化是用于评估水体生态系统健康状态的生物指标。同时它们还是原油的来源,为人类提供食品、医药和工业产品。

浮游植物可以通过粒径大小、分类单元和功能群分为不同类群。浮游植物的生产力、群落结构及其与环境因子和其他生物之间的相互关系受到广泛关注。浮游植物在室内或自然湖泊中的生理生态与种群的演替也是湖沼学中的研究热点之一。随着水体富营养化程度的增加,蓝藻水华也成为一个国内外重大的湖泊水环境问题。

6.2.1 浮游植物的基本特征

6.2.1.1 浮游植物的大小

由于浮游植物在地球上生存时间较久,分布广泛,而且大小不一,小的需要借助显微镜才能观察清楚,有的不到 1 μm(如原绿球藻的直径就只有 0.54 μm),或只有几微米(如小球藻),也有可长达 500 m 的海洋巨藻(Graham and Wilocox,2000)。根据细胞粒径可将浮游植物分为:超微型浮游植物(picophytoplankton,<2 μm)、微型浮游植物(nanophytoplankton,2~20 μm)、小型浮游植物(microphytoplankton,20~200 μm)和大型浮游植物(macrophytoplankton,>200 μm)(Reynolds,2006)。

6.2.1.2 浮游植物的形态

浮游植物一般为单细胞结构,形态结构具有多样性。浮游植物的形态具有较强的可塑性,即使同一种类的浮游植物,受环境条件的影响,其形态也会发生变化。主要包括以下几个大类。① 根足型:不具有细胞壁,有原生质体伸出的伪足,可借此进行运动。金藻、黄藻、甲藻以及绿藻中的极少数种类具有这种形态。② 鞭毛型:藻类中较为常见的种类,细胞有多种形状,都有鞭毛作为运动器官,可以分为单细胞鞭毛型和群体鞭毛型。金藻、隐藻、裸藻、甲藻以及绿藻中绝大多数种类都具有这种形态。③ 胶群型:不运动,进行营养繁殖,细胞分裂后埋在共同的胶被内。细胞数目不定,群体可不断增大。微囊藻群体是该形态的代表。④ 球胞型:营养细胞不具有鞭毛,不通过营养繁殖,多以动孢子或不动孢子繁殖。可以单细胞或一定数目的细胞联结成各种形状的群体,这种形态在很多门中普遍存在。⑤ 丝状型:细胞不断在横截面上分裂且互相衔接而形成多细胞的植物体,除了裸藻门外,各门藻类中都有这种形态类型(刘建康,1999)。

6.2.1.3 浮游植物的细胞结构

浮游植物的细胞结构都可以分化为细胞壁和原生质体两部分,原生质体又包括细胞质和细胞核,原生质内还有色素或色素体、蛋白核、同化和贮藏产物等(赵文,2005)。

1) 细胞壁

浮游植物大多都具有细胞壁,细胞壁一般分为内外两层,内层较坚硬,外层较柔软。主要成分为纤维素、果胶、二氧化硅和碳酸等。浮游植物的细胞壁大多比较光滑,有的也具有各种花纹、刺、棘或突起等。少数没有细胞壁的浮游植物,有的全部暴露在外界环境中,不特化为周质体(也叫表质),细胞可以变形;有的浮游植物(如隐藻)的细胞质表层则特化为一层坚韧有弹性的周质体,细胞较稳定,不易变形。有细胞壁的浮游植物也因为种类不同,在结构上存在差异。大部分浮游植物细胞壁的主要成分是内层纤维素和外层的果胶,如绿藻、红藻等;蓝藻门的细胞壁主要由两层组成,内层为肽聚糖层,外层为脂蛋白层，两层之间为周质空间，含有脂多糖和降解酶，细胞壁外往往包有多糖构成的黏质胶鞘或胶被；硅藻门的细胞壁内层为果胶，外层为硅质，其中硅质的主要成分是二氧化硅；金藻门有的种类无细胞壁，而有细胞壁的种类和黄藻门的浮游植物一样，主要成分是果胶；褐藻细胞壁的主要成分是藻胶，即褐藻胶（赵文，2005）。

2）细胞核

大多数浮游植物细胞中只有一个核，有的种类的藻细胞还是多核的，细胞核包含了大部分的遗传物质 DNA。在大多数浮游植物中，DNA 分子以线状链的形式存在，只有在核分裂（有丝分裂）时才被浓缩成明显的染色体。然而，有些浮游植物（如丁藻）的核 DNA 总是被浓缩成染色体。在所有浮游植物中，核周围的两层膜被称为核膜，核膜通常有特殊的核孔来调节分子在核内和核外的运动。细胞核具有核膜、核仁和染色质，这类细胞为真核细胞。而蓝藻细胞没有典型的细胞核，但细胞中央含有核物质，通常呈颗粒状或网状，核物质中没有核膜和核仁，只有染色质均匀地分布在核物质中，故称为原核（拟核）（赵文，2005）。蓝藻内部还有一种环状 DNA——质粒，一般作为运载体。

3）色素或色素体

浮游植物色素组成成分极为复杂，主要可分为四大类：叶绿素、叶黄素、胡萝卜素和藻胆素。不同的色素呈现出不同的颜色，各类别的浮游植物由于含有不同类别不同程度的色素，所表现出来的颜色也各不相同。如绿藻门为鲜绿色，金藻门为黄色，蓝藻门多为蓝绿色等。叶绿素有叶绿素 a、叶绿素 b、叶绿素 c 和叶绿素 d 四种，基本上所有类别的浮游植物都含有叶绿素 a，叶绿素 b 则主要存在于绿藻和裸藻中；黄藻、硅藻、甲藻、隐藻和褐藻中含有叶绿素 c，而叶绿素 d 则只存在于红藻中。胡萝卜素中最常见的是 β-胡萝卜素，和叶绿素 a 一样存在于各类浮游植物中。色素体是细菌中所含的一种囊泡，除了蓝藻和原绿藻之外，其他浮游植物的色素均位于色素体中，而色素体又是浮游植物进行光合作用的场所（刘建康，1999）。

4）鞭毛

除了蓝藻和红藻，其他类别的浮游植物均具有鞭毛，或者在生活史的某一阶段具有鞭毛。鞭毛是浮游植物的一种运动器官，鞭毛的种类、数量、长短以及着生部位也因种类的不同而不同。

5）同化和贮藏产物

由于浮游植物的色素组成存在差异，因此通过光合作用所形成的同化产物以及转化而形成的贮藏产物也不尽相同。如蓝藻的同化产物为蓝藻淀粉和藻蓝蛋白，黄藻门和硅藻门以脂肪和油滴为主。绿藻和隐藻的贮藏产物都在色素体内，其他浮游植物的贮藏产物都在色素体外（刘建康，1999）。

6.2.1.4 浮游植物的分类

浮游植物是一类比较原始、古老的低等植物，主要分布在河流、湖泊、海洋甚至湿地等水域中，包括蓝藻门、金藻门、黄藻门、硅藻门、甲藻门、隐藻门、裸藻门、绿藻门、轮藻门、褐藻门以及红藻门 11 个类别（胡鸿钧和魏印心，2006）。

1）蓝藻门（Cyanophyta）

蓝藻也称为蓝绿藻（blue-green algae），由于蓝藻与细菌很接近，因此又称为蓝细菌

(cyanobacteria)。蓝藻通常为群体和丝状体,以单细胞单独生活的种类比较少。不管是丝状体还是群体,植物体外常具有一定厚度的胶质,这是蓝藻的一个特点。群体外的胶质称为胶被,丝状体外的胶质被称为胶鞘。细胞壁常由外层的果胶和内层的纤维素组成,以果胶为主。细胞壁上含有黏质缩氨肽,这也是与其他藻类的一个区别。蓝藻的原生质体内没有色素体和细胞核等细胞器,原生质体分化为外部色素区和中央区。中央区内没有典型的细胞核,含有相当于细胞核的物质,称为中央体。光合作用色素均匀地分布在色素区内,使细胞呈现一定的颜色,主要含有叶绿素 a、胡萝卜素、叶黄素及大量的藻胆素,藻胆素是蓝藻的特征性色素,包括藻蓝素和藻红素等。贮藏产物主要是蓝藻淀粉和藻蓝蛋白。除此之外,假空泡(又称为伪空泡)是某些蓝藻细胞内特有的气泡(赵文,2005)。

蓝藻繁殖方式在藻类中是最简单的,一般为细胞分裂,丝状体种类还常常产生段殖体,由段殖体再长成新的植物体。

蓝藻在自然界的分布很广,淡水、海水、湿地、沙漠、岩石、树干以及在工业循环用冷却水管内都可见到。蓝藻是淡水湖泊中重要的浮游藻类,在春夏季节大量繁殖形成水华。蓝藻根据形态分为四大目,包括色球藻目(Chroococcales)、颤藻目(Osillatoriales)、念珠藻目(Nostocales)和真枝藻目(Stigonematales)。我国已知的蓝藻有 1 000 多种(胡鸿钧和魏印心,2006)。

2) 金藻门(Chrysophyta)

金藻门的藻类多数为单细胞和群体,剩下的小部分为分支丝体。大多数能运动的细胞有两条鞭毛,少数有一条或三条,鞭毛长度有的相同有的则不同。细胞裸露或在表质上具有硅质化鳞片、小刺或囊壳,有的有细胞壁,有的则没有,不能运动的细胞有细胞壁。细胞壁是由原生质体分泌的纤维素和果胶组成,有细胞壁的仅有金球藻目和金枝藻目。色素除了叶绿素 a、叶绿素 c、β-胡萝卜素和叶黄素,还有副色素,这些副色素统称为金藻素,由于它的大量存在使藻体呈金黄色或棕色。色素体主要有金褐色、黄褐色和黄绿色三种,贮藏产物为白糖素和脂肪,白糖素呈光亮而不透明的球体称为白糖体,常位于细胞后端。繁殖方式有细胞分裂和群体断裂,有的还会产生动孢子和静孢子(赵文,2005)。

金藻类多生存在透明度高、温度较低、有机质含量少以及含钙质较少的软水中,一般在较寒冷的冬季、晚秋和早春等季节生长旺盛。金藻门分为两个纲:金藻纲(Chrysophyceae)和黄群藻纲(Synurophyceae)。湖泊中常见的金藻有鱼鳞藻属(*Mallomonas*)、黄群藻属(*Synura*)、锥囊藻属(*Dinobryon*)和单鞭金藻属(*Chromulina*)。

3) 黄藻门(Xanthophyta)

藻体为单细胞、群体、多核管状或多细胞的丝状体。细胞大多数具有细胞壁,主要成分是果胶,有些种的细胞壁内还有二氧化硅。单细胞或群体的细胞壁多数由 U 形的两节片套合而成,丝状体或管状的细胞壁是由 H 形的两节片套合而成,个别种类细胞壁无节片构造。鞭毛细胞具有两条从前部插入的不等长的鞭毛,较长的向前为茸鞭型,较短的向后为尾鞭型。光合色素由叶绿素 a、叶绿素 c、胡萝卜素和叶黄素组成,其中,β-胡萝卜素通常以相当高的浓度存在;色素体有一个到多个,盘状或片状,少数为带状或杯状,为黄褐色或黄绿色。贮藏产物为油滴和脂肪。多数黄藻的繁殖方式为无性生殖,产生动孢子、不动孢子或似亲孢子,丝状种类的黄藻通常由丝体断裂而进行繁殖,少数种类有有性生殖，为同配生殖或卵配生殖（赵文，2005）。

黄藻门植物多数生活于淡水中，少数生活于海水中。在淡水中生活的黄藻，有的喜欢生活在钙质多的水中，有的生活在少钙的软水中，还有不少生于酸性水中，大多数藻在贫营养、温度较低的水中生长旺盛。黄藻门包括黄藻纲（Xanthophyceae）和针胞藻纲（Raphidophyceae），我国常见的淡水黄藻有黄丝藻属（*Tribonema*）和黄管藻属（*Ophiocytium*）（胡鸿钧和魏印心，2006）。

4）硅藻门（Bacillariophyta）

硅藻多数为单细胞和群体，细胞壁外层富含硅质，硅质壁上有排列规则的花纹，内层为果胶。壳体由上下两个半壳套合而成，套在上面的称为上壳，相当于盒盖；下面的为下壳，相当于盒底。上壳和下壳都不是整块的，都是由壳面和相连带两部分组成。壳面平或略呈凹凸状，壳面边缘略有倾斜的部分叫壳套，与壳套相连且与壳面垂直的部分叫相连带。色素主要有叶绿素 a、叶绿素 c、β-胡萝卜素、岩藻黄素和硅藻黄素等，色素体为黄褐色。贮藏产物是油滴，油点常呈小球状，光亮透明。硅藻细胞的繁殖方式是细胞分裂，色素体等原生质体也一分为二，母细胞的上下壳分开，多次分裂后产生复大孢子、小孢子和休眠孢子。硅藻种类繁多，分布极广，存在于温度低的极地、寒带、高山和高原湖泊，以及水温高达 40 ℃的温泉中（赵文，2005）。硅藻被视为重要的生物指示类群，监测水质和评价水环境。由于硅藻细胞壁在地层中能够保存，在石油勘探、地层划分和对比、对古湖沼学的重建和古气候的反演方面均有一定的科学意义和应用价值。随着水体富营养化，硅藻可在湖泊、河流和海洋中大量繁殖，形成水华。硅藻门可分为中心纲（Centricae）和羽纹纲（Pennatae）。湖泊中常见的硅藻包括直链藻属（*Melosira*）、小环藻属（*Cyclotella*）、针杆藻属（*Synedra*）、卵形藻属（*Cocconeis*）、曲壳藻属（*Achnanthes*）等 30 多个属。

5）甲藻门（Dinophta）

甲藻多数为单细胞，少数为丝状或球状，单细胞具有鞭毛。纵列甲藻类细胞壁由左右两片组成，无纵沟和横沟。横列甲藻类细胞裸露或具有含纤维素的细胞壁，细胞壁由许多小板片组成。大多数具有一条横沟和一条纵沟。横沟又称腰带，位于细胞中部或偏于一端围绕整个细胞或仅围绕细胞的一半，呈环状或螺旋形。纵沟又称腹区，位于下锥部腹面。光合色素有叶绿素 a、叶绿素 c、β-胡萝卜素、叶黄素以及甲藻所特有的多甲藻素，有色素体的藻类根据种类的不同而不同，一般有黄绿色、黄褐色，罕见的有蓝色。贮藏产物为淀粉和油滴。甲藻的繁殖方式以细胞分裂为主，有些种类能产生动孢子或不动孢子；有的是有性生殖中的同配生殖，不过仅在少数种中发现（赵文，2005）。

甲藻分布十分广泛，海水、淡水、半咸水中均有分布。多数种类生活在海洋中，在海洋生态系统中占据重要地位。当生长的水域营养物质过高时，会导致甲藻大量繁殖，形成赤潮。近年在我国淡水湖泊和水库中，也会发生甲藻水华。甲藻门包括一个纲，甲藻纲（Dinophyceae）。湖泊中常见的甲藻包括裸甲藻属（*Gymnodimium*）、多甲藻属（*Peridinium*）和角甲藻属（*Ceratium*）（胡鸿钧和魏印心，2006）。

6）隐藻门（Cryptophyta）

隐藻为单细胞，多数种类具有鞭毛，能运动。鞭毛两条，长度略微相同，从腹侧前端伸出或生于侧面。大部分种类的细胞不具有纤维素细胞壁，细胞外有一层周质体，柔软或坚固。有背腹之分，侧面观其背部隆起，腹部平直或凹入。前端偏于一侧具有向后延伸的纵沟,有的种类具有一条口沟,自前端向后延伸,纵沟或口沟两侧常具有多个棒状的刺丝泡(赵文,2005)。光合色素有叶绿素 a、叶绿素 c、β-胡萝卜素以及藻胆素,色素体多为黄绿色、黄褐色,也有蓝绿色、绿色或红色。有的种类无色素体,故藻类呈现出无色(刘建康,1999)。贮藏产物为油滴和淀粉。隐藻的繁殖方式为细胞分裂,不具有鞭毛的种类产生动孢子,有些种类会产生厚壁的休眠孢子。

隐藻门的植物分布很广,淡水、海水皆有分布,隐藻对温度和光照的适应性极强,无论在夏季还是在冬季均可形成优势种。隐藻门包括一个纲,隐藻纲(Cryptophyceae)。湖泊常见的隐藻包括蓝隐藻属(*Chroomonas*)和隐藻属(*Cryptomonas*)(胡鸿钧和魏印心,2006)。

7) 裸藻门(Euglenophyta)

多数以单细胞的形式出现,大多数种类的藻类有一条鞭毛,极少数有两条或三条,还有的没有鞭毛。没有细胞壁,最外层为原生质膜,质膜特化为表质,表质较硬的种类,细胞可以保持一定的形态;表质较柔软的种类,细胞能变形。表质表面常具有纵行、螺旋行的线纹、肋纹、点纹,或光滑。部分种类的细胞外还具有囊壳。大多数裸藻有一条鞭毛,只有极少数有两条或三条,也有无鞭毛的。光合色素有叶绿素 a、叶绿素 b、β-胡萝卜素和一种未定名的叶黄素,色素体大多呈绿色,少数种类的藻类具有特殊的"裸藻红素",使细胞呈红色。色素体多数,一般呈盘状,也有片状、星状。有色素的藻类细胞的前端一侧有红色的眼点,具有感光性,使藻类具有趋光性。贮藏产物为副淀粉,又叫裸藻淀粉,有的种类还有脂肪。不同类别裸藻的副淀粉数目、形状以及排列方式也不一样(赵文,2005)。

裸藻的繁殖方式主要是细胞分裂,细胞分裂很快,在外界环境适宜、营养物质充足的情况下还会形成水华。环境不良时则会形成休眠孢囊,待环境变好后再进行分裂繁殖。

裸藻分布较广,多数生于淡水,少数产于咸水和半咸水中,极少数生活在海水和冰雪中。多喜欢生活在有机质丰富的静水水体中,在阳光充足的温暖季节,常大量繁殖成为优势种,形成绿色膜状、血红色膜状水华或褐色云彩状水华。裸藻分为一个纲,裸藻纲(Euglenophyceae)。湖泊中常见的裸藻包括裸藻属(*Euglena*)、扁裸藻属(*Phacus*)、囊裸藻属(*Trachelomonas*)和卡克藻属(*Khawkinea*)等(胡鸿钧和魏印心,2006)。

8) 绿藻门(Chlorophyta)

有单细胞和多细胞等形式,绝大多数种类有细胞壁,细胞壁内层为纤维素,外层为果胶,或具有颗粒、孔纹、瘤、刺毛等结构。少数种类在果胶外还有一层不溶解的几丁质、胼胝质或石灰质等。可运动的细胞有两条等长的鞭毛,少数种类鞭毛有 4 条,极少数有 1、6 或 8 条。色素和裸藻的成分相似,有叶绿素 a、叶绿素 b、叶黄素和 β-胡萝卜素。色素体是绿藻细胞中最显著的细胞器,周生或轴生,其形态多样,有盘状、杯状、星状、带状和板状等,且常具有一至多个蛋白核。贮藏产物为淀粉(赵文,2005)。

绿藻有三种繁殖方式:① 营养生殖中的细胞分裂,绝大多数单细胞以细胞分裂的方式进行繁殖,群体、丝状体的藻体断裂分离;② 通过无性生殖形成动孢子、不动孢子、似亲孢子以及厚壁孢子;③ 有性生殖中的同配生殖、异配生殖以及卵配生殖,接合纲藻还有特殊的接合生殖(刘建康,1999)。

绿藻是浮游藻类中最庞大的一个门,大部分生于淡水中,少数产于海水中。淡水中的绿藻不仅种类多，而且分布范围广，在潮湿和阳光所触及的地方都有生长，少数种类与其他生物行共生生活。绿藻门包括以下几个纲：四爿藻纲（Chlorodendrophyceae）、绿藻纲（Chlorophyceae）、绿尘藻纲（Chloropicophyceae）、小豆藻纲（Mamiellophyceae）、肾爿藻纲（Nephroselmidophyceae）、掌叶藻纲（Palmophyllophyceae）、平藻纲（Pedinophyceae）、塔胞藻纲（Pyramimonadales）、共球藻纲（Trebouxiophyceae）和石莼纲（Ulvophyceae）。湖泊中常见的绿藻包括衣藻属（*Chlamydomonas*）、盘藻属（*Gonium*）、栅藻属（*Scenedesmus*）、转板藻属（*Mougeotia*）等40多个属（胡鸿钧和魏印心，2006）。

6.2.1.5 浮游植物功能群

浮游植物的生长和季节演替都会受到各种外部或内部环境因子的影响，不同种类从形态和生理上发展出了不同的适应策略以在相应的环境条件下生存。浮游植物功能群主要有三个分类系统：功能类群（functional group，FG）、形态功能类群（morpho-functional group，MFG）和基于形态的功能类群（morphology-based functional group，MBFG），都是将一个生态系统内具有相似结构特征或行为上表现出相似特征的种类归为同一个类群，从而尽可能多地捕捉到浮游植物群落的变化情况，在反映浮游植物群落应对环境变化发生的组成变化的同时，也反映了浮游植物所处水体生态环境的状况。

FG是最早提出的功能群系统，也是使用时间最长的浮游植物功能群分类方法。主要分为40个功能群，将符合某一特定生境类型、具有相似敏感性的浮游植物物种归为同一功能类群。该功能群分类方法的建立具有最重要的两个生态学假设：其一，适应能力强的物种比适应能力弱的物种更能耐受环境中的限制因素；其二，包含多种环境因子的复杂环境总会被一系列适应性相似的物种占据。因而这一分类方法认为，通过判断占据优势的功能群所适应的生境类型，就能说明该研究水体的状况。FG在实际划分中，需要浮游植物的定性及定量数据与水环境相关数据的结合，这就意味着研究工作者不仅要对浮游植物种类和生理生态习性有一定的洞悉能力，而且要熟悉水体的环境状况。除了常规水化指标的测定，流速、水体深度、混合层深度、气温等都需要测量，分类过程中还需要根据水体洁净程度、水体深度、富营养程度、混合状况、水层位置、流速快慢、气候状况、周边环境，甚至相关浮游植物种类是否同时出现等，来判断其所属的功能群。

MFG是基于形态和功能特征来解释浮游植物群落季节变化的功能群分类方法。浮游植物的形态和功能特征在很大程度上影响着不同浮游植物所采取的生存策略，造成了浮游植物间不同的沉降特征、生长速率、营养光照获得率、捕食压力的适应性等。因此，该分类方法将重点放到了浮游植物形态和功能特征的区分上。MFG划分功能群的标准包括了运动能力、获得碳和营养物质的混合营养能力、特殊的营养需求、大小和形状以及胶被的有无等。首先，按照鞭毛的有无，将浮游植物划分为主动运动、适合生长在分层水体的具鞭毛浮游植物和被动漂浮的不具鞭毛浮游植物两大类。其中具鞭毛浮游植物又按照营养类型划分为混合营养型和光合自养型，光合自养型的种类主要是具鞭毛的绿藻，混合营养型则主要是具鞭毛的金藻、甲藻、裸藻；而不具鞭毛浮游植物则分为蓝藻、硅藻和其他藻类，再根据具体的大小、单细胞或群体、有无伪空胞、是否为细丝状、有无胶被进一步细分。

MBFG方法利用浮游植物对所处环境变化的不同形态特征响应，反映某一特定生境模块的状况。只要根据浮游植物的大小、比表面积、特殊附带结构的有无、鞭毛的有无、硅质甲壳的有无、硅质鞭毛的有无以及群体胶被的有无这几个简单的形态特征，就可以清晰、不重叠地将复杂的浮游植物划分7个简单易懂的功能群。在生态方面，MBFG方法主要考虑的是功能群的资源（光、氮、磷、硅、碳等）获取能力、被捕食的压力和沉降损失三个方面的差异（胡韧等，2015）。

6.2.2 浮游植物的生理生态学特征

6.2.2.1 浮游植物的光合作用

在全球范围内，浮游植物光合作用约占地球总体碳固定的45%，初级生产者先从光反应获取能量作为化学能贮存，再将贮存的化学能经过暗反应，还原二氧化碳并合成细胞物质。浮游植物通过光合色素进行光合作用，产生溶解氧供水域内的其他动植物进行呼吸作用。藻类的光合作用受到内部色素和外界环境的共同影响，产生氧气的量也各不相同。浮游植物初级生产力的测定方法包括黑白瓶法、放射性同位素标记法和遥感地理信息系统技术。黑白瓶法是通过控制光照条件来测定初级生产力，放射性同位素标记是通过比较光合作用前后含同位素标记的碳的多少来计算光合作用的净生产力，遥感地理信息系统技术是通过可见光和近红外光直接推算群落的叶面积和净初级生产量。

6.2.2.2 浮游植物的生殖方式

浮游植物以多种方式进行繁殖，包括有性生殖、无性生殖和营养生殖。

1）有性生殖

进行有性生殖的细胞称为配子，一般一个雌配子和雄配子结合为一个合子，合子形成并经过休眠生长成新个体的过程就称为有性生殖。配子形成合子一般有四种类型：① 同配生殖：形状和大小基本相同的雌配子和雄配子运动融合为合子；② 异配生殖：融合的雌配子和雄配子在形状、大小和结构上有差别；③ 卵配生殖：雌配子和雄配子大小、形状都不相同，卵（雌配子）较大并且不能运动，精子（雄配子）较小，通过鞭毛运动与卵进行融合；④ 接合生殖：是静配子的接合，即静配同配生殖。两个细胞互相靠拢形成接合部位，并发生细胞壁融合而生成接合子，由接合子发育形成新个体。

在异配生殖和卵配生殖中，如果两个配子由同一个个体产生，这种情况下称为雌雄同株；如果由单独的个体产生，则称为雌雄异株。当来自同一个个体的配子能够融合并产生有活力的后代时，这种有机体被称为同源体；如果这种配子不相容，那么成功交配需要两个不同基因构成的个体，该生物体被称为异型体。

2）无性生殖

无性生殖指通过产生孢子进行生殖，又称为孢子生殖。孢子是无性的不需要结合，单独的孢子即可形成一个新的个体。藻类中含有多种孢子，如不动孢子、动孢子、似亲孢子、厚壁孢子等。动孢子是鞭毛生殖细胞，可在营养细胞内或在特殊细胞内产生，视生物而定。动孢子细胞裸露，而且可以通过鞭毛进行运动。不动孢子在被释放之前就开始发育，有细胞壁，但是没有鞭毛因此无法运动，与父母孢子的形态结构相似的不动孢子称为似亲孢子。厚壁孢子通常是一种具有大量食物储备的抗逆性结构，使藻类能够在恶劣的环境条件中生存下来，当环境得到改善时就会发芽。

3）营养生殖

营养生殖是一种不通过任何专门的生殖细胞进行繁殖的方式。在许多单细胞藻类中，通过细胞分裂，将母细胞连同细胞壁分为两个子细胞并长成新个体；而在群体或多细胞的藻类中，主要是通过细胞断裂，分为几个较小的部分或断裂出一部分长成新的个体。

6.2.2.3 浮游植物的养分吸收和同化作用

浮游植物细胞的构成需要各种不同种类和数量的营养元素，其中 H、O、S 在自然界中的供给充足；Ca、Mg、Na、K、Cl 这几种元素相对于需求，供给也十分充足；有一些元素如 Mn、Zn、Cu、Mo、Ba，只需要微量；而 P、N、Fe、Si 这四种元素在自然界中相对浓度较低，会限制浮游植物的生长，具有重要的生态意义。P 通常占健康活性细胞无灰干质量的 1%～1.2%，0.13 μmol 的 P 通常使生长速率达到饱和，在溶解反应性 P 浓度大于 0.1 μmol的情况下，浮游植物几乎不受 P 限制。N 占细胞无灰干质量的 7%～8.5%。浮游植物对硝态氮的半饱和浓度为 0.1～0.7 μmol，铵态氮的半饱和浓度为 0.1～0.5 μmol。在低 N 浓度下，一些浮游植物具有固氮的能力。

经过饥饿培养的浮游植物细胞对营养物质吸收符合 Michaelis-Menten 酶动力学模型。主要的参数包括摄取营养的最大容量（$V_{U_{max}}$）和最大吸收率半饱和浓度（K_U）。如果浮游植物的生长是细胞内营养盐浓度决定，要用 Droop 方程来计算：

$$r' = r'_{max}(q-q_0)/(K_r+q-q_0) \tag{6.1}$$

式中，r'为增长率；K_r 为半饱和增长常数；q_0 为最小单元配额；q 为实际单元配额。

6.2.2.4 浮游植物的生长

浮游植物的生长与水体环境条件有十分密切的关系，主要受到光照、温度、流速、营养盐几个方面的影响（Reynolds，2006）。

1）光照

光照是影响浮游植物的色素形成以及光合效率的直接作用因子。在一定范围内，光照强度与浮游植物光合作用速率呈正比，但是在超过一定范围之后光合作用速率将不再提高，这种现象称为光饱和现象。浮游植物进行光合作用的有效辐射在可见光谱范围之内，在弱光条件下，虽然浮游植物进行光合作用，但是当光合作用积累的能量不能满足呼吸消耗的能量，浮游植物无法完成净生产力的积累时，生物量不会实现增长。当光照强度大于光合作用的光饱和点，浮游植物光合作用系统受到损伤，光合作用速率将下降。自然界中的光照强度会随着水体深度的增加而递减，其主要原因是受水体中悬浮态固体包括浮游植物的影响。当浮游植物的光合作用正好与呼吸消耗平衡时，对应的深度为补偿深度，补偿深度以上浮游植物的光合作用大于呼吸消耗，是浮游植物生物量积累的主要场所。

2）温度

温度是影响浮游植物在时间和空间上分布特征的主要环境因子之一。浮游植物进行光合作用及营养物质运输和转换的酶系统活性直接与温度相关，因此温度对光合作用能力、呼吸速率和生长率都有重要作用。一个较普遍的规律是：生活在较暖水域或在夏季出现的浮游植物比生活在较冷水域或在冬季出现的浮游植物对高温具有更强的耐受性。

3）流速

流速是水动力条件中最基本、最直观的参数，对浮游植物的生长和繁殖具有十分重要的影响，不仅影响水体中能量和营养盐的分配、溶解氧水平、沉积物特性等，而且能够对水生生物的生理活动产生直接影响。

4）营养盐

浮游植物细胞由各种元素组成，任何浮游植物生命组成元素都有可能成为其存量的限制因子。但是在自然湖泊中，浮游植物的生长往往受到大量元素的限制，主要为N和P，尤其是P。浮游植物的生长在很大程度上随着营养盐浓度的变化而有所差异。水体中浮游植物的现存量与营养盐浓度有显著的线性关系，现存量的增加是水体营养盐增加的重要表征。因此控制营养盐已经成为控制水体富营养化和藻华发生的主要手段。

6.2.2.5 浮游植物的死亡过程

浮游植物的死亡与许多过程有关，包括稀释、下沉，浮游动物捕食，寄生和病毒感染以及全细胞的生理性死亡。首先，水力冲刷会影响浮游植物的群落结构和绝对浓度，但生长速度较快的物种能更好地适应流速较快的水体，例如，生长速度较慢的浮游植物往往不会出现在河流中。由于尺寸或密度差异，最容易从湍流层中剥离并且同时无法游泳或调节其密度的物种，在混合程度较小的水体中容易受到沉降损失的影响，如浮游硅藻的沉降损失可能大大超过繁殖产生的新个体。其次，捕食会对浮游植物的生物量有很大的影响。原生生物，包括异养鞭毛虫和微纤毛虫，可捕食超微型浮游植物，这是微食物环的重要组成部分。浮游动物，包括浮游甲壳类动物和轮虫，会通过滤食和捕食的方式食用微型浮游植物。此外真菌和病毒会通过特异性的寄生和感染方式造成某种浮游植物的快速死亡和分解。

6.2.3 浮游植物种群与群落

6.2.3.1 浮游植物种群

种群指的是在同一地区同一物种的集合体，或者其他能交换遗传信息的个体集合体，具有许多特征，包括密度、空间分布型态以及种群的增长等（李博，2000）。

1）种群密度

种群密度是指单位面积或单位体积内某一种浮游植物的量，它可以用个体数、生物量、能量表示。同一种浮游植物的种群密度用不同的指标得出的结果也可能大不相同。如果按照个体数，浮游植物的数量通常很大，而按生物量则相对较低，自然水体中浮游植物的生物量通常高于细菌。种群密度是一个很重要的参数，种群中个体的呼吸、营养、繁殖和其他功能都有赖于密度。浮游植物的数量测定方法包括显微镜观察法和色素法。显微镜观察法就是将沉淀浓缩后的水样用刻度吸管注入计数框内，置于显微镜下进行计数；色素法是用丙酮溶液提取色素，通常是叶绿素a，并进行相关的测定从而确定浮游植物数量。

不同类群浮游植物种群密度具有明显的季节性变化规律，而且这种变化规律在热带、亚热带和温带地区各不相同。通常来讲,水温较低的冬季和秋末春初适于甲藻和硅藻大量生长,夏季以及春末秋初水温高的季节有利于绿藻和蓝藻繁殖。在我国长江中下游地区,受富营养化影响,水体中的蓝藻在夏季通常达到种群密度的最大值;而在春季偶尔会出现硅藻种群的峰值;但是在华南地区的湖泊和水库中,虽然夏季富营养水体中依然以蓝藻为主要优势类群,但是出现硅藻和甲藻种群优势的情况更为普遍。

2) *种群的空间分布型态*

既然种群都占据着一定的空间,它在空间上的分布特征已经成为种群生态学的一项重要内容。种群一般有三种分布型态:① 随机型,个体概率相等,分布是随机的,平均数=方差;② 均匀型,个体是独立的,分布是均匀的,平均数>方差;③ 成群型,个体概率不相等,分布是成群的,平均数<方差。

在淡水湖泊中,浮游植物的随机型和均匀型分布较少出现,并具有一定的时间和空间尺度制约,在较小的空间和时间范围内特定种群可能会出现随机型或均匀型分布特征,但是在多数环境条件下,浮游植物的分布受栖息地环境和气候等因素的影响,多呈现成群型分布。由于湖泊水库的相对隔离特性,种群的空间分布严重受各个水体特性的影响。同时,即使是相同水体,由于空间差异的存在也会导致种群空间分布的显著差异。受水体连通性控制的扩散作用通常被认为会增加浮游植物种群分布的均匀性,但是这种扩散作用的影响相对有限,即使在水利联通性较好的长江中下游地区,这种扩散的影响范围也仅在 100~150 km,更远距离的种群空间分布则更多受环境变化的影响。

3) *种群的增长*

在外界环境条件适宜时,浮游植物以自己的繁殖方式进行增长。浮游植物种群增长的方式主要符合逻辑斯谛增长模型,即种群的增长存在一定的上限,这个上限被称为环境容纳量,影响这一上限因素通常为密度制约因素,具体主要影响因素为资源限制和种间竞争。

资源限制主要表现为:当外界资源丰富时,如水体出现富营养化,甲藻等浮游植物的大幅度增长会形成赤潮,蓝藻也会暴发式增长形成蓝藻水华。而当这些浮游植物的种群密度达到一定范围后,其开始对环境产生负反馈效应,如降低水下可利用光的强度,从而使得这些种群自身的生长受到光资源的限制,进而抑制种群的生长。

种间竞争是平衡各浮游植物种群增长的主要理论,不同浮游植物通过竞争资源或者分泌他感物质(allelopathic compound)影响其他种群生长,从而达到种群相对平衡增长的目的。另外,外界环境的扰动作用也促进了种群增长的相对平衡。在浮游植物种群竞争的研究过程中,也产生了一系列理论模型,如高斯利用 Lotka-Volterra 方程最早提出了竞争排斥理论,但是由于该方程的数学性较强、没有与生物生长的动力学特点紧密结合、不能对竞争结果做出提前预测的缺陷,而遭到质疑。针对这些缺陷,Tilman 等人在恒化器基础上,采用 Monod 模型创立了稳态条件下以资源消费为基础的浮游植物种间竞争假说,即 R^* 法则和资源比假说。R^* 法则是指在某一非生物资源 i 限制下,具有最低需求值 R_i^* 的浮游植物将在竞争中排斥其他物种成为优势浮游植物。资源比假说是指在两种非生物资源限制下,许多物种能够分享不同梯度的资源比,在资源 1 的竞争中占优势物种的排序与在资源 2 竞争中占优势物种的排序相反,能够共存的物种的数量不超过资源限制的数量,即不存在某种浮游植物在所有营养限制条件下均取胜;该假说得到大量实验室稳态竞争实验的验证。但是这一理论主要是在稳态环境下的结果,针对 Monod 模型在非稳态竞争预测过程中的缺陷,Grover(1991)提出了以 Droop 方程为基础的集营养吸收、储存和生长为一体的拾遗主义者-社会主义者交替竞争(Gleaner-Opportunist Trade-Off)理论。理论认为,具有较低的资源利用速率、中等或最大增长速率的浮游植物称为拾遗主义者,而机会主义者的特征与其相反,在资源匮乏的条件下生长缓慢,一旦资源富足便快速增长。

6.2.3.2 浮游植物群落

浮游植物群落(phytoplankton community)指在一个特定的水体中由多个种群共同组成的、具有一定秩序的浮游植物集合体。

1) 浮游植物群落多样性

浮游植物多样性是浮游植物群落结构的测度,在不同尺度上可以分为 α 多样性、β 多样性和 γ 多样性。其中 α 多样性主要关注局域均匀生境下的物种数目,因此也被称为生境内的多样性,指的是群落中包含的浮游植物物种数目和个体在种间的分布特征,实际上群落多样性研究的是物种水平上的生物多样性。

(1) α 多样性

浮游植物 α 多样性常见指标包括以下几种。

① Margalef 指数(Margalef,1958)

$$d=(S-1)/\ln N \tag{6.2}$$

式中,S 为群落中的总种数;N 为观察到的个体总数。

② Simpson 多样性指数(Simpson,1949)

假设某一群落中有 S 个物种,共有 N 个个体,第 i 个个体。抽取 2 个个体为同一种的概率为

$$\lambda=\sum\frac{N_i(N_i-1)}{N(N-1)} \tag{6.3}$$

如果此概率大,说明群落的集中性高、多样性低。由于对一个很大的群落来说,N_i 和 N 是不可知的量,只能根据调查样本对 S、N_i、N 做有偏估计:

$$P_i=N_i/N \tag{6.4}$$

因此,对于随机抽取 2 个个体为同种的概率的联合分布为

$$\lambda=\sum\frac{N_i(N_i-1)}{N(N-1)}=\sum P_i^2 \tag{6.5}$$

所以,$D=1-\sum P_i^2$,是对 Simpson 多样性指数的有偏估计量。根据实际应用,该指数对于稀有种作用较小,而对普通种作用较大。

③ Shannon-Weiner 多样性指数(Shannon,1949)

对于群落多样性,首先可以把总个体数分成 S 类,即 $A_1,A_2,A_3,\cdots\cdots$,每个个体仅属于其中的一类。随机抽取 1 个个体属于 A_i 类的概率为 P_i,因此 $\sum P_i=1$。得出一个全函数 $H'(P_1,P_2,\cdots,P_s)$ 作为总体多样性的一个量度为

$$H'=-\sum_{i=1}^{S}P_i\ln P_i \tag{6.6}$$

式中,H' 为 Shannon-Weiner 多样性指数;S 为物种类数;P_i 为第 i 种个体占总个体数的比例。

(2) β 多样性

β 多样性指沿环境梯度不同生境群落之间物种组成的相异性或物种沿环境梯度的更替速率,也被称为生境间的多样性,具体又可以分为空间 β 多样性和时间 β 多样性。β 多样性越大,表明两个样点或时间序列样品间的非相似性越大。浮游植物 β 多样性指标主要包括以下几种。

① Whittaker 指数(βw)(Whittaker,1972)

$$\beta w = S/m\alpha - 1 \tag{6.7}$$

式中,S 为所研究系统中记录的物种总数;$m\alpha$ 为各样方或样本的平均物种数。

② Cody 指数(βc)(Cody,1975)

$$\beta c = [g(H) + l(H)]/2 \tag{6.8}$$

式中,$g(H)$ 为沿生境梯度 H 增加的物种数目;$l(H)$ 为沿生境梯度 H 失去的物种数目,即在上一个梯度中存在而在下一个梯度中没有的物种数目。

③ Wilson Shmida 指数(βT)(Wilson and Shmida,1984)

$$\beta T = [g(H) + l(H)]/2\alpha \tag{6.9}$$

该式是将 Cody 指数与 Whittaker 指数结合形成的。式中,变量含义与上述两式相同。

β 多样性指标数量数据测度方法包括:

① Bray-Curtis 指数(Bray and Curtis,1957)

$$Cn = 2jn/(aN + bN) \tag{6.10}$$

② Morisita-Horn 指数(Morisita,1959;Horn,1966)

$$Cmh = 2 \times \sum ani \times bni/(da + db)aNbN \tag{6.11}$$

③ 群落相似性系数及其变形

Jaccard 指数(Jaccard,1900)

$$Cj = j/(aN + bN - j) \quad \beta cj = 1 - Cj \tag{6.12}$$

Sørenson 指数(Sørensen,1948)

$$Cs = 2j/(aN + bN) \quad \beta cs = 1 - Cs \tag{6.13}$$

式中,s 为研究系统中的物种数;n 为研究系统中同一生境梯度的样地数;aN 为样地 a 的物种数;bN 为样地 b 的物种数;jn 为样地 a 和样地 b 共有种中个体数目较小者之和,即 $jn = \sum \min(jna + jnb)$;$ani$ 和 bni 分别为样地 a、b 中第 i 种多度指标,$da = \sum ani \times ani/(aN \times aN)$,$db = \sum bni \times bni/(bN \times bN)$。

(3) γ 多样性

γ 多样性主要描述区域或大陆尺度的多样性,是指区域或大陆尺度的物种数量,也被称为区域多样性(regional diversity)。控制 γ 多样性的生态过程主要为水热动态、气候和物种形成及演化的历史。主要指标为物种数(S)(戈峰,2002)。

2) *浮游植物群落结构及其影响因素*

浮游植物群落结构和分布模式是湖泊学的重点研究方向之一,受到多种环境因子的调控,其中主要包括物理因子、化学因子、生物因子和水文因子,综合影响最终体现在浮游植物群落结构的空间差异和时间演替(Jochimsen et al.,2012)。

浮游植物的空间差异首先是垂直分层。垂直高度上的分化状况称为垂直结构,又称为垂直分层现象。分层现象的生态学意义在于利用资源,减少对日光、水分、矿质营养的竞争,从而扩大群落对资源的利用范围。因此,分层越复杂,对环境的利用就越充分,群落的分层性是评估生态环境质量的一种指标。浮游植物的垂直分层主要取决于光的穿透情况、水温以及溶解氧的含量。此外浮游植物的空间差异还受到冲刷和生境差异的影响。水文因子主要是水体冲刷率和水体滞留时间,水体冲刷率较大会降低浮游植物种群的增长率。不同营养状态湖泊有着不同的浮游植物种类组成,当浮游植物生长所必需的主要营养盐是足量或过量时,光照被普遍认为是限制浮游植物群落结构的主要因子,例如蓝藻因为能调节自身浮力,在浑浊的富营养化水体容易形成优势种。

浮游植物群落结构随时间的变化而有明显的特征变化,表现在昼夜节律和季节性演替。昼夜节律指群落在一天中的周期性活动,最突出的表现就是昼夜垂直迁移;季节性演替主要指的是群落随着温度和光照的变化而有明显特征变化的现象。季节性演替最主要影响因子是温度。温带湖泊所观察到的浮游植物演替基本上都遵循着硅藻(冬季、春季)—绿藻(春末)—蓝藻(夏季)的规律(Sommer et al.,2012)。

3) 浮游植物丰富度及其影响因素

浮游植物丰富度(richness)是其群落组成的最基本参数,表征了浮游植物群落中物种的多少,符合物种-面积关系。针对浮游植物而言,换成物种-体积关系更为恰当。一般来说,浮游植物群落占据的水体体积越大,它所包含的物种数越多;但是在实际群落中,物种数目与体积并不是直线的关系,通常达到一定值后,物种数的增加开始变得平稳。另外,浮游植物丰富度与调查的时间尺度也具有一定正相关关系,调查的时间尺度越长,浮游植物丰富度越高。而影响物种-体积或时间曲线的因素在不同尺度上存在着明显的差异,在较小尺度上,主要受采样努力的影响;而在中间尺度上,主要受生态效应的影响;而在更大尺度上,主要受进化因素的影响。目前研究较多的是在生态效应的影响,在这个尺度上一个热点的问题是浮游植物丰富度和初级生产力的关系。目前的研究发现,浮游植物丰富度与初级生产力的关系比较多样,如线性正相关、线性负相关、单峰模式或无显著相关。而最多的模式是单峰模式或线性正相关。导致单峰模式的机制有很多,如中度干扰假说(intermediate disturbance hypothesis)、物种-能量假说(species-energy theory)、关键捕食假说(keystone-predation hypothesis)和资源供应比例假说(resource-supply ratio hypothesis)等(Vallina et al.,2014)。具体到我国长江流域湖泊,浮游植物丰富度与初级生产力的关系呈现明显的单峰模式,这种单峰模式主要受温度和光照两个因素的影响,随着长江流域海拔的降低,温度升高,浮游植物丰富度增加,而当浮游植物初级生产力超过一定范围后,导致水下可利用光的降低,从而导致丰富度开始下降(Zhang et al.,2018)。另外,浮游植物的丰富度也受栖息地环境、富营养化等要素的影响。

4) 浮游植物群落的构建与稳定维持

群落的构建与稳定维持机制是生态学领域内广受关注的问题,而浮游植物群落由于易于操控、试验周期短等特点,被广泛用于测试这一机制。中性理论和生态位理论是两个主要的关于群落构建的理论,中性理论认为,随机性过程决定了群落的构建;而生态位理论则认为,决定性过程是群落构建的基础。大量的研究发现,浮游植物群落的构建主要受决定性过程影响,这是由于湖泊间连通性较弱,随机扩散过程的影响有限;并且在决定性过程中,上行效应对浮游植物群落的构建和稳定维持的作用要高于下行效应。下行效应仅仅会影响部分浮游植物种群的丰度(Zhang et al.,2016)。

浮游植物群落对环境变化的响应具有弹性,主要包括浮游植物群落结构稳定性和功能(生物量)稳定性两个层次。结构稳定性主要用物种组成的变化来表征,其中物种转换速率(turnover rate),即时间尺度上的β多样性,是应用广泛的表征指标:转换速率高,稳定性低;转换速率低,稳定性高。同时物种转换速率也是相对敏感的指标,通常在丰富度、物种演替顺序等指标对环境变化尚无明显响应的情况下,就已经表现出显著的变化趋势。功能稳定性则利用物质与养分循环、生物量和生产力等的变化率来表征。生物群落响应环境变化的补偿动力学广泛存在于自然环境中,浮游植物生物量对营养盐变化的弹性响应主要通过群落间物种的补偿效应实现,但是补偿效应的强度受营养水平、气候条件、扰动等多因素的影响。

浮游植物群落的弹性变化依赖于年内和年际两个时间尺度上的结构稳定性。在年内尺度上,浮游植物受季节性环境条件的变化呈现出特定的群落演替模式;在年际尺度上,通常表现为年际间物种组成的周期性重现。浮游植物群落结构稳定性在这两个尺度上表现出对环境变化的响应,从而决定其生物量的稳定性。在系统状态维持阶段,随着环境的改变,物种的年内转换速率增加以提升补偿效应,来维持功能的稳定性;而在系统的转换阶段,物种的年际间转换速率以及生物量的稳定性均呈现剧烈的变化,年内物种转换的补偿效应失去作用。

在湖泊富营养化过程中,当营养盐浓度超过特定阈值后,生态系统无法维持功能的稳定,浮游植物群落结构快速变化,由清水状态系统转变为浊水状态系统。但是当进行生态修复时,富营养化湖泊的寡营养化过程中群落结构转变所需要的条件则更为苛刻。在这两个状态转换过程中,浮游植物群落的结构和功能显著变化,营养盐的变化通过种间演替或改变不同门类浮游植物的生物量占比,从而改变浮游植物组成。较低营养水平时,浮游植物通过种间演替的方式响应营养盐的增加,维持生物量的相对稳定;当超过一定阈值后,富营养化过程中,大部分门类的浮游植物生物量均随着总磷浓度的变化而变化,只是蓝藻变化的速率明显高于其他藻类,所以最终导致蓝藻生物量在富营养湖泊中的比例最高,湖泊进入藻型状态。在藻型湖泊恢复寡营养化过程中,浮游植物生物量转变的阈值往往要低于富营养化过程的阈值,表明富营养化湖泊中浮游植物生物量对营养盐降低的弹性更高,维持高生物量的能力更强。湖泊长序列数据研究已经发现,浮游植物年际间的组成相似性随着富营养化的加剧而增加,而当营养盐浓度降低后,浮游植物组成开始向最初的群落结构转变,只是这一转变过程需要更长的时间(Jochimsen et al.,2012)。浮游植物的补偿效应强度在高生物量和低生物量情况下也呈现明显的差异,高生物量时的补偿效应明显比低生物量时小,甚至呈现同步效应(Zhang et al.,2018)。

6.2.4 超微型浮游植物

超微型浮游植物(picophytoplankton)通常也称为超微型浮游藻类,简称超微藻,是指粒径小于2 μm的微型浮游植物,根据细胞结构,可分为原核超微藻(prokaryotic picophytoplankton)和真核超微藻(eukaryotic picophytoplankton)。由于超微藻细胞个体小,形态特征不明显。水体中超微藻多样性十分复杂,迄今只有不到1%能够被培养,绝大多数都仍为不可培养状态。因此,对超微藻尤其是其多样性的研究一直受到限制,进展缓慢。目前,国际上有关超微藻多样性的研究主要集中在海洋中,近几年才有一些关于湖泊超微藻的研究报道(Callieri and Stockner,2002)。

超微藻的研究方法主要包括以下几个:① 荧光显微镜观察法:根据各种超微藻所含色素种类不同而发出不同颜色的荧光进行辨别和计数;② 流式细胞术法:主要根据

细胞的大小及色素差异对一些特定种群进行识别、计数与分选;③ 分子生物学技术法:目前应用于超微藻多样性研究的靶基因序列主要包括原核 16S rDNA、真核 18S rDNA 及叶绿体 16S rDNA,还有一些功能基因 *rbcL*、*psbA*,核糖体基因间隔区 *ITS1* 及 *ITS2* 也常作为靶基因。目前,超微藻多样性研究常用的分析方法主要包括:指纹图谱技术(T-RFLP、D/TGGE、SSCP)、克隆文库的构建、高通量测序及核酸杂交技术(FISH、基因芯片)。近十年来,随着技术的发展,尤其是分子生物学技术的运用,大大提高了对超微藻的认知(李胜男等,2015)。

6.2.4.1 超微型浮游植物的主要类群

1) 原核超微藻

原核超微藻主要包括原绿球藻属(*Prochlorococcus*)和聚球藻属(*Synechococcus*)。原绿球藻主要分布在海洋生态系统中,淡水中分布较少,只有少量种类在富营养水体中被发现。目前,在淡水生态系统中原核超微藻主要优势类型为聚球藻属和蓝菌属(*Cyanobium*),也称超微蓝藻(Callieri and Stockner,2002)。超微蓝藻对低温不敏感,可以利用多种营养盐,在高纬度水深较浅的海域和河口中分布广泛,丰度可达到 10^3 ~ 10^5 个细胞 · mL^{-1},是超微型浮游生物中的优势组分,在微食物网中生物量循环迅速,能量转换效率高,对全球初级生产力和碳循环都有重要贡献。

聚球藻最初于英格兰一个富营养化的淡水湖泊中被发现,并且是湖泊中的主要初级生产者。它的细胞为球状或短杆状,体积小于 3 μm^3,其细胞色素组成与真核藻类和高等植物类似,含叶绿素 a 和光合系统Ⅱ(PSⅡ),但其光捕获色素却不同于真核细胞,主要是水溶性的藻胆蛋白。根据所含藻胆蛋白的不同可分为富含藻蓝素的聚球藻细胞(phycocyanin cell,PC-cell)和富含藻红素的聚球藻细胞(phycoerythrin cell,PE-cell)。依据 16S rDNA 序列系统发育分析,结合生长条件、光合色素类型等生理特性,海洋中聚球藻主要分为 MC-A(marine cluster A)、MC-B 和 MC-C 三个分支。利用流式细胞技术在我国太湖中发现的聚球藻主要以 PC-cell 为主。

2) 真核超微藻

真核超微藻并不指系统进化阶元上的某一分类类群,它的物种组成非常复杂,多样性极高,可能是地球上最多的真核生物,丰度通常为 10^2 ~ 10^4 个细胞 · mL^{-1},最高可达 10^5 个细胞 · mL^{-1},因而具有非常重要的生态地位。真核超微藻作为超微藻的重要组成成分,虽然数量上相对于原核类较少,但是由于其具有较大的比生长速率,因而也是重要的初级生产者。

由于真核超微藻的种类组成十分复杂,且很多种类的细胞大小都在 2 ~ 5 μm,因此目前关于它的粒径范围颇有争议。通常对其进行分析时,粒径并不严格限定在 2 μm 以下,许多研究,尤其是在对淡水生境中的真核超微藻进行研究时,都将其粒径上限扩大到 5 μm。近十年来,随着分子生物学技术的应用,人们对真核超微藻的多样性才有了进一步的认识。分子系统学结果显示,真核超微藻多样性极高,几乎在所有门类都有分布,主要分布在绿藻门、硅藻门、金藻门和隐藻门等(Shi et al.,2018)。关于真核超微藻遗传多样性的调查主要集中在海洋中,而淡水中的真核超微藻直到近几年才受到广泛关注,而且相关的遗传多样性研究都是建立在十分有限的已分离菌株基础之上,具有很大的偏差。基于 18S rDNA 的系统进化分析表明,淡水生态系统中最常见的真核超微藻为单细胞和群体。一些单细胞形式的超微藻也被发现以群体存在,表明这些类型的藻类具有发展成微群落的潜力。太湖真核超微藻遗传多样性的研究表明,太湖真核超微藻主要为绿藻、隐藻、硅藻和金藻等(Li et al.,2017)。

6.2.4.2 超微型浮游植物的生态学

1) 主要生态功能

超微型浮游植物对水体初级生产力贡献量巨大。在超贫营养水体中50%~70%的碳固定是由能通过1~2 μm孔径滤网的微生物所完成的(Bell and kaff,2001)。20世纪70年代,超微型浮游植物的发现导致了对水域生态系统群落结构认识上的一场革命,成为此后十几年水域生态学家和生物学家的研究热点之一。食物网中不同粒级的生产者其能量流动方向和沉降特性均不同,因此对初级生产过程的分粒级研究就显得尤为重要。超微型浮游植物由于个体微小、沉降速率低,是水体微食物网的重要组成部分。通过原生生物与超微型浮游植物的捕食链,连接了营养盐、超微型浮游植物和传统食物网,在推动水体生态系统的物质循环和能量流动、维持系统平衡等方面起着非常重要的作用。

2) 主要影响因子

影响超微型浮游植物的环境因子十分复杂,常常是多个环境因子同时产生影响,目前这方面研究比较多的主要有以下几个方面。

(1) 营养盐

已有许多研究都表明,湖泊中超微型浮游植物的群落组成与水体的营养水平密切相关。总体上,水体中超微型浮游植物的生物量与营养条件呈正相关,但其在总的浮游植物中所占的比例及初级生产力水平则随营养条件的升高而降低,湖泊营养条件越低时,相对于其他浮游植物,超微型浮游植物的重要性越显著。不同营养状态湖泊中,超微型浮游植物的多样性水平也有明显差异,其中贫、中营养水平的湖泊中超微型浮游植物的多样性水平最高,而且某些类群只存在于富营养或寡营养湖中,因此真核超微型浮游植物的群落组成可作为水体营养状态的判断依据。超微蓝藻在大型深水贫营养或中营养的湖泊中较多,而真核超微型浮游植物在营养水平较高的湖泊中优势度更大。由于超微型浮游植物非常小,比表面积大,因此具有非常快的营养吸收速率,但也有研究证明,这种高吸收速率维持的时间非常短暂。如果超微型浮游植物"能够长时间维持较高吸收速率"这一特性在淡水和海洋中都普遍存在的话,那么在瞬间营养盐浓度升高的波动环境中,它们就具有竞争优势。

(2) 温度

超微型浮游植物对富营养化水体初级生产力的贡献量在冬季或春季能达到50%左右,而在夏季则有所下降,冬季真核超微型浮游植物比超微蓝藻更占优势。聚球藻的最适生长温度一般为20~26 ℃,少数分离的菌株较低,在11~18 ℃。尽管其对温度的适应性较强,但大多数聚球藻属于比较喜温的类群。Callieri 和 Stockner(2002)对 Maggiore 湖中超微型浮游植物的研究表明,当温度在18~20 ℃时,水体中超微型浮游植物的浓度达到峰值。

(3) 光照

超微蓝藻对高光照强度和紫外辐射非常敏感,适合在低光环境中生长。真核超微型浮游植物的叶绿素组成（叶绿素 a+b 或叶绿素 a+c）决定了它们在 0.5% 的光入射水平的生长优势，并且使它们在透光层底部的暗蓝紫色光下具有更高的生长及光合效率，1% 光入射水平的绿光则更有利于超微蓝藻生长。在透明度较高的浅型寡营养湖中，超微蓝藻的数量极少，可忽略不计，主要以真核超微型浮游植物为主；而在浊度较高、光限制的浅型富营养化湖泊中，超微蓝藻可达到很高的浓度，但在冬季仍以真核超微型浮游植物为主。另外，无论是在海洋还是在淡水环境中，聚球藻达到丰度峰值的深度都比其他种类深。在培养中发现，一些主要的超微型浮游植物在长时间的黑暗培养以后仍能存活并重新开始生长。这种能力可使它们经历季节性的冬季黑暗及沉入不透光带后仍能存活。东部热带太平洋1 000 m水深下发现了仍具有光合活性的超微型浮游植物就证实了这一观点。对河口区真核超微型浮游植物的研究表明，真核超微型浮游植物的丰度峰值不是出现在营养盐最丰富的河口外，而是出现在透明度较高、营养盐相对丰富的区域，同时水体表层的真核超微型浮游植物丰度明显高于中层，说明光照强度对真核超微型浮游植物的分布确有重要影响。

（4）生物因子

目前的研究发现，限制超微型浮游植物种群数量的主要因素就是捕食。无论是在淡水还是海洋中，异养（包括混合营养）微型鞭毛虫（heterotrophic nanoflagellate）都是超微型浮游植物的主要捕食者之一。纤毛虫也是其重要捕食者，但关于纤毛虫捕食超微型浮游植物的报道主要来自海洋。在淡水中一些轮虫能捕食超微型浮游植物，并且由于轮虫存在的普遍性及其迅速的捕食速率，其很可能是超微型浮游植物的主要捕食者之一，尤其是在寡营养湖泊中。此外，轮虫不仅能够直接捕食超微型浮游植物，还可以通过捕食异养微型鞭毛虫间接影响超微型浮游植物的分布。而在枝角类和桡足类的内脏中都有发现超微型浮游植物的踪迹，但都未被消化。溞能影响从纤毛虫到细菌和超微型浮游植物在内的整个微食物网。在超微型浮游植物丰度最大区域如河口沿岸水域等，一些后生无脊椎动物也可能捕食超微型浮游植物。在深水寡营养湖中，超微型浮游植物全年固定的碳的 80% 都被原生动物所吸收，再流入中型浮游动物；而异养微型鞭毛虫捕食的量占所有原生动物捕食量的 90%，纤毛虫只占 10%，这个比例受更高一级消费者种群及其捕食偏好的影响，变化明显。除捕食之外，共生及病毒性感染也会对超微型浮游植物产生重要影响，但是目前关于这方面的研究还比较少。此外，水体中广泛存在着可感染聚球藻的病毒，其丰度可达到 10^6 个细胞 · mL^{-1}。

6.2.4.3 超微型浮游植物的时空分布特征

结合流式细胞仪分选和高通量测序方法对不同营养水平的湖泊（包括抚仙湖、鄱阳湖和巢湖）的真核超微型浮游植物群落结构进行了调查，结果表明，真核超微型浮游植物的群落结构在不同营养水平湖泊中存在显著差异。抚仙湖、鄱阳湖和巢湖的水体平均总磷浓度分别为 0.015 mg · L^{-1}、0.10 mg · L^{-1} 和 0.16 mg · L^{-1}。真核超微型浮游植物的丰度随着营养水平的升高而增加，巢湖的平均丰度最高，达到 2×10^5 个细胞 · mL^{-1}。巢湖真核超微型浮游植物的主要优势类群是绿藻纲、金藻纲和圆筛硅藻纲（Coscinodiscophyceae），其中有三个分类单元的优势度最高，包括 *Monoraphidium* sp. *Ankyra lanceolata* 和 *Stephanodiscus suzuk*。鄱阳湖真核超微型浮游植物的主要优势类群是绿藻纲，其中 *Mychonaste* sp.的优势度达到了 66% 以上。抚仙湖真核超微型浮游植物的优势类群种类多，包括金藻纲、甲藻纲、绿藻纲、裸藻纲和土栖藻纲（Prymnesiophyceae)(Shi et al.,2019)。

在同一个湖泊中,真核超微型浮游植物的空间差异不大,但在时间尺度上存在明显的演替。巢湖研究结果表明,真核超微型浮游植物多样性在 12 月和 6 月存在两个峰值。温度对真核超微型浮游植物群落结构的影响最重要。真核超微型浮游植物可以被分为三大类:适应高温类型(>21.8 ℃)、中等温度类型(9.8~21.8 ℃)和低温类型(<9.8 ℃)。低温类型包括硅藻门、甲藻门、定鞭藻门和绿藻门中平藻目(Pedinomonadales)、绿球藻目(Chlorosarcinales)和小球藻目(Chlorellale);中等温度类型包括隐藻门、绿藻门中四胞藻科(Trebouxiophyceae)和环藻目(Sphaeropleales);高温类型主要是绿藻门的环藻目和衣藻目(Chlamydomonadales)。

6.3 浮游动物

在湖泊中无游泳能力或游泳能力很弱,不能做远距离移动的微小动物称为浮游动物(zooplankton)。浮游动物是生态学定义而非分类学定义。zooplankton 是由希腊语"zoon"(动物)和"planktos"(漂流者)组成。浮游生物(plankton)一词由德国生物学家 Viktor Hensen 于 1887 年首先提出,意为在敞水区自由悬浮但不能自主游动的所有有机体。Reynolds 于 1984 年将浮游生物定义为在水体中能够适应悬浮生活的动植物群落,易于在风和水流的作用下做被动运动。

浮游动物种类组成复杂,包括无脊椎动物的大部分类群。湖泊浮游动物一般包括原生动物、轮虫、枝角类和桡足类,其中轮虫、枝角类和桡足类属于后生浮游动物,枝角类和桡足类又合称为浮游甲壳动物。除了这几个类群外,浮游动物还包括介形虫、水螨、丰年虫、淡水水母以及部分淡水贝类的幼虫等。

浮游动物是湖泊中重要的初级消费者。影响湖泊浮游动物生长的因子包括水温、溶解氧、悬浮物、食物、捕食、竞争和寄生等。浮游动物取食浮游植物、细菌和碎屑等,其本身是鱼类的重要食物。在湖泊生态修复中,利用浮游动物抑制浮游植物数量是重要的修复手段之一。浮游动物在水环境监测中可作为水污染状况、湖泊鱼类和水生高等植物群落结构的重要指示物种。

6.3.1 浮游动物分类及生物学

6.3.1.1 原生动物

原生动物为单细胞微型动物,小的 2~3 μm,最大可达 5 mm,一般在 30~300 μm。有些种类形成群体,群体中的个体在形态和功能上相同。原生动物细胞在功能上出现分化,称为"胞器"或"类器官"。胞器的形状和机能不同,如用以运动的胞器有鞭毛、伪足、纤毛,用以营养的胞器有胞口、胞咽和食物泡,用以排泄废物或调节渗透压的胞器有伸缩泡。

原生动物目前部分提升到原生动物界(Protozoa),其组成复杂(图 6.5),在淡水水体中,研究比较多的类群包括鞭毛虫、肉足虫和纤毛虫,这些类群除了部分植鞭虫属于色混界(Chromista),其余属于原生动物界。原生动物具体分类可参考 Lee 等(2000)和 Ruggiero 等(2015),本章介绍不涉及分类阶元。

鞭毛虫包括植鞭虫和动鞭虫。植鞭虫主要是浮游植物中具鞭毛的种类,又称鞭毛藻,包括金藻门、隐藻门、甲藻门、裸藻门、绿藻门和绿胞藻纲的种类。沈韫芬等在《微

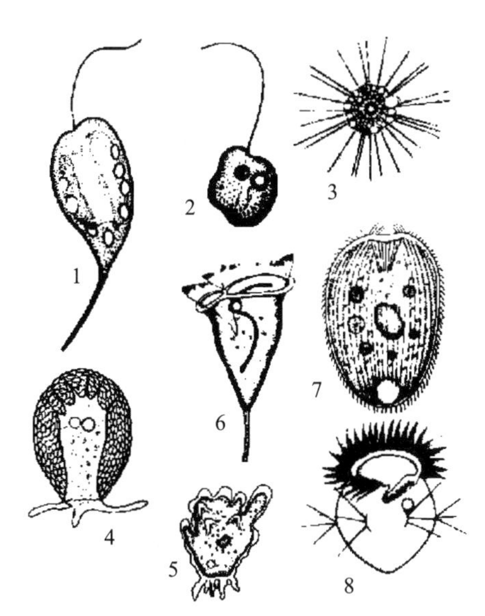

1.伪暗色单鞭金藻(*Chromulina pseudonebulose*);2.气球屋滴虫(*Oikomonas termo*);3.放射太阳虫(*Actinophrys sol*);4.齿口梨壳虫(*Nebela dentistoma*);5.某种变形虫(*Polychaos* sp.);6.似钟虫(*Vorticella similis*);7.变色前管虫(*Prorodon discolor*);8.大弹跳虫(*Halteria grandinella*)

图 6.5 原生动物代表种类(沈韫芬等, 1990)

型生物监测新技术》一书中描述了221种植鞭虫。鞭毛藻大多为单细胞,少数为群体。它们大多数具1~2根鞭毛,少数3根或更多,有的鞭毛退化或仅在生活史中的某一阶段出现。鞭毛分两种类型:一是尾鞭型,鞭毛表面光滑,不具微细绒毛;二是绒鞭型,表面具微细绒毛。鞭毛长短、着生部位和类型因种类而异。鞭毛藻类含有色素体,所含色素复杂,主要包括叶绿素、叶黄素、胡萝卜素和藻胆素。鞭毛藻在淡水中分布广泛,不同营养水平的水体中种类不同,部分种类可形成水华。

动鞭虫即异养鞭毛虫,包括Livine分类系统中动鞭亚纲的全部种类和植鞭亚纲中无色素体的种类。沈韫芬等在《微型生物监测新技术》一书中描述了157种异养鞭毛虫,赵玉凤(2000)和赵玉娟(2012)分别描述了武汉东湖和白洋淀异养鞭毛虫46种和50种。异养鞭毛虫形态复杂,有卵圆形、椭圆形或杯形,单生或群体生活。鞭毛的数量一般1~4根,多的6~8根或更多。主要的鉴别特征包括伪足、鞭毛、身体形状、壳、领、细胞核和伸缩泡的位置、群体类型以及运动方式等。淡水中常见自由生活的异养鞭毛虫类群有波豆虫属(*Bodo*)、金滴虫属(*Chrysomonads*)、屋滴虫属(*Oikomonas*)、鼻吻滴虫属(*Rhynchomonas*)、领鞭毛虫纲(Choanoflagellate)、无色的眼虫类(colorless euglenoids)和鞭变形虫属(*Mastigamoeba*)等。异养鞭毛虫生殖方式包括无性生殖和有性生殖。异养鞭毛虫摄食方式具有种的特异性,其食性包括菌食性、植食性、食碎屑和渗透营养等,有些种类为混合营养。所摄食的食物包括大分子物质、病毒、细菌、超微型浮游植物等。异养鞭毛虫在淡水中分布广泛,其中有机质丰富的水体中丰度较高。除了水柱中,湖泊沉积物中也生活有种类繁多、数量丰富的异养鞭毛虫。

肉足虫包括变形虫、有壳根足虫和太阳虫。变形虫体型多变,分类特征包括活体行动方式、孢囊形状、生活史和细胞核分裂类型等。有壳根足虫是具有叶足、丝足或网足的变形虫,外面包裹由蛋白质、凝胶、硅质或钙质成分组成的壳。有壳根足虫的分类特征包括伪足类型、壳的形状和结构、壳口的位置等。多数有壳根足虫是广布性的,且多数生活于淡水中，尤其是静水环境中种类丰富。杨军（2006）记载了国内有壳根足虫300余种。太阳虫主要特征是从球形身体伸出许多辐射状的、挺直的轴足，如果辐射的是丝足，也比较坚硬；在原生质外盖有一层外衣，叫围质。大小10～500 μm。太阳虫大多数是动物性营养，以小的纤毛虫和鞭毛虫为食，有些种类有共生的绿藻。喜用轴足固定在硬的底部或水草上。世界性分布，在各种水体中均有发现。

纤毛虫是一类单细胞生物，其虫体由细胞核和细胞质等构成。细胞核一般分大核和小核两种类型，各自数目不定，但一般情况下大核只有一枚；细胞质为胶体，也分为两层，内层为大量液化的内质，外层为细胞质的表膜，有维持细胞形状的功能。细胞质表层即皮层，着生有纤毛，一个虫体常有成百上千根纤毛，在游泳时，每一根纤毛有节律地来回波动。纤毛在虫体上有各种排列方式，如斜列、螺旋和分区排列等，但大多数种类是子午向纵列的。纤毛虫营无性生殖和接合生殖方式，无性生殖包括分裂生殖和出芽生殖，接合生殖是在环境条件不良和种群衰老时进行细胞核交换更新。纤毛虫分布于淡水、海洋和土壤中，淡水中大部分营底栖或固着生活，真性浮游种类占比较少。

6.3.1.2 轮虫

轮虫属于轮虫动物门，体长一般为100～500 μm（图6.6）。主要特征包括三个：① 身体的前端或靠近前端存在着一个有纤毛的特殊区域，叫作头冠。头冠上的纤毛经常摆动，作为个体在水内游泳及吸引食物入口之用。② 在口腔或口管下面的咽喉部分，膨大形成咀嚼囊。囊内有一套比较复杂的口器，由若干砧板和槌板所组成。③ 排泄系统为一堆盘曲直长的原肾管，分列于假体腔的两旁。原肾管上具有一定数目的焰茎球。轮虫用于鉴定的分类特征包括口器类型、头冠类型、背甲有无及形状、前后棘刺、足有无等。

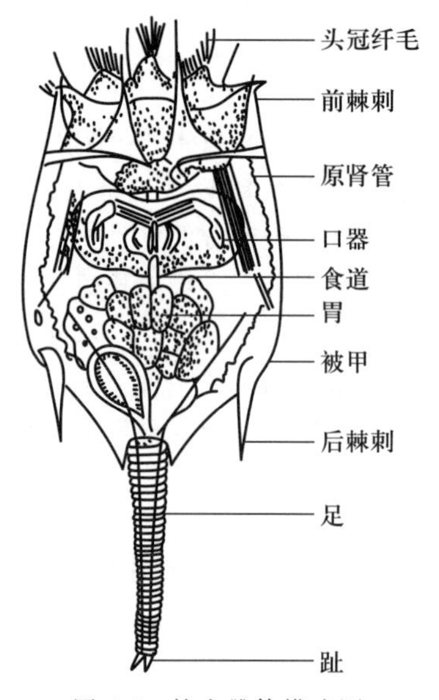

图 6.6　轮虫雌体模式图

目前，世界上描述的轮虫种类达2 000种以上（图6.7），我国已报道的轮虫种类超过600种，大部分属于游泳目、簇轮目和胶鞘轮目。轮虫主要分布在淡水中，海洋中分布很少（如尾盘目）。在湖泊中，大部分种类营附着、着生或底栖型，分布于沿岸带；营浮游型生活的轮虫包括臂尾轮科、须足轮科、水轮科、晶囊轮科、疣毛轮科、腹尾轮科、异尾轮科、三肢轮科、聚花轮科和六腕轮科等。

早期研究认为，轮虫是广布性的，随着调查和研究的深入，目前认为轮虫是存在区域分布的。由于世界范围内轮虫区系研究的不均衡性，导致缺乏对轮虫全球分布的认识，只对个别属的种类全球分布有较好认识，如臂尾轮属、腔轮属和异尾轮属。诸葛燕（1997）通过对国内5个区域轮虫的调查聚类发现，不同区域的轮虫分布可分为三组：一是海南，由于气候条件和水体特性（如pH值、水温）适合轮虫生存，记录有轮虫227种，其中64个特有种；二是长江流域的武汉及湖南洞庭湖，分别记录轮虫195种和147种，特有种54种；三是高纬度和高海拔地区，包括云南、北京、青海和长白山，由于温度较低，轮虫种类数低于低纬度地区。

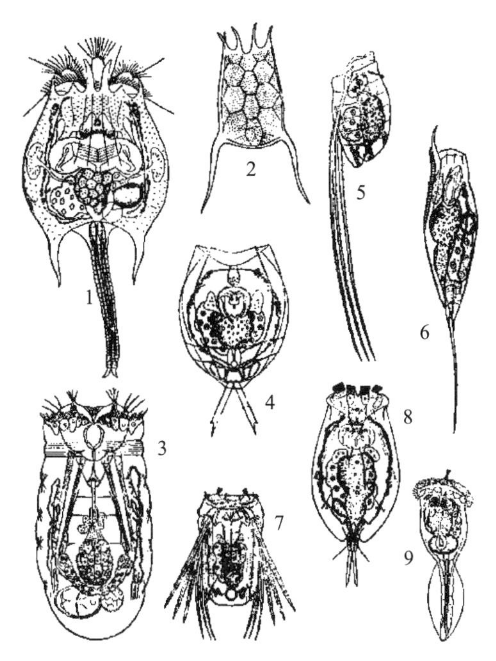

1.萼花臂尾轮虫(*Brachionus calyciflorus*);2.矩形龟甲轮虫(*Keratella quadrata*);3.盖氏晶囊轮虫(*Asplanchna girodi*);4.月形腔轮虫(*Lecane luna*);5.长三肢轮虫(*Filinia longiseta*);6.长刺异尾轮虫(*Trichocerca longiseta*);7.某种多肢轮虫(*Polyarthra* sp.);8.大肚须足轮虫(*Euchlanus dilatata*);9.独角聚花轮虫(*Conochilus unicornis*)

图 6.7 轮虫代表种类(王家楫,1961)

轮虫的食性包括滤食和捕食,以藻类、细菌、原生动物、有机碎屑和小型轮虫为主。滤食性轮虫借助于头冠纤毛运动,沉淀悬浮物到口腔中,食物大小取决于头冠的形式和口器的结构。尽管滤食性轮虫的食物组成多样,但不同种类对食物具有选择性,如长三肢轮虫以有机碎屑为主,多肢轮虫以鞭毛藻类(如衣藻)为主等。捕食性轮虫晶囊轮虫可捕食臂尾轮虫、龟甲轮虫、多肢轮虫和疣毛轮虫等。轮虫还可作为原生动物、桡足类、水生昆虫、淡水水母和鱼类的食物。

6.3.1.3 枝角类

枝角类属于节肢动物门、甲壳亚门、鳃足纲、叶足亚纲、双甲目、枝角亚目。其主要特征包括(图 6.8):① 体短,左右侧扁,分节不明显;② 有两瓣透明(或有色素)的介壳包在外面;③ 头部有明显的黑色复眼,单眼有或无;④ 第二触角枝角状,双肢型,有羽状刚毛,是游泳和滤食的主要器官;⑤直接发育,无变态(薄皮溞除外)。枝角类雌雄主要根据第一触角区分,雄性第一触角长于雌性。枝角类鉴定常用的特征包括:头盔和壳刺的有无及长短、第一和第二触角形态、后腹部形态及附属结构(肛刺等)、胸肢等,对于特定属具有不同的鉴定特征,如秀体溞属壳瓣腹缘的褶片和棘刺是区分种类的主要特征之一。

目前世界上描述的枝角类种类达 1 000 种以上(图 6.9),我国已报道的枝角类近 200 种,但部分种类需要修订。枝角类主要分布在淡水中,海洋中分布很少。在湖泊中,大部分种类尤其是小型种类营附着或底栖型,分布于沿岸带;营浮游型生活的枝角

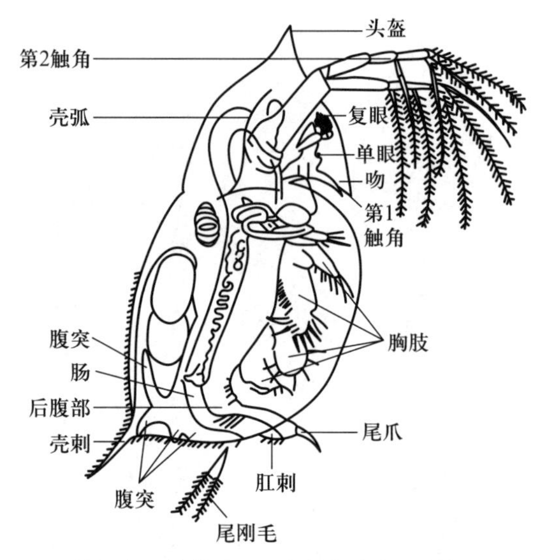

图 6.8 枝角类雌体模式图(改自蒋燮治和堵南山,1979)

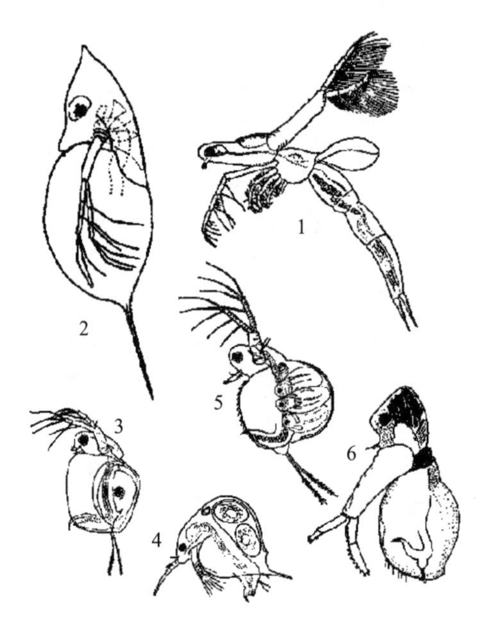

1.透明薄皮溞(*Leptodora kindti*);2.盔形溞(*Daphnia galeata*);3.角突网纹溞(*Ceriodaphnia cornuta*);4.脆弱象鼻溞(*Bosmina fatalis*);5.微型裸腹溞(*Moina micrura*);6.模糊秀体溞(*Diaphanosoma dubium*)

图 6.9 枝角类代表种类(Glagolev,1986;蒋燮治和堵南山,1979;陈花等,2011)

类主要包括薄皮溞属、秀体溞属、溞属、网纹溞属、裸腹溞属、象鼻溞属、基合溞属、盘肠溞属等。

枝角类食性包括滤食和捕食,捕食性枝角类(如薄皮溞)主要捕食小型甲壳类动物,滤食性枝角类摄食细菌、单细胞藻类、原生动物和有机碎屑,摄食的食物大小一般小于 20 μm,对于大型枝角类溞,食物大小可达 100 μm。尽管细菌可以作为枝角类的食物,但主要是附着在有机碎屑上的细菌而非浮游细菌。例如,蓝藻水华暴发期间,蓝藻死亡分解后的有机碎屑可被枝角类利用。

枝角类生殖方式与轮虫类似,包括孤雌生殖和有性生殖。一般情况下,枝角类营孤雌生殖,以卵胎生方式进行,即卵在母体内发育为幼体后排出体外。当外界条件不利于枝角类生存时,孤雌生殖个体产生雄体,与雌体交配后产生休眠卵,休眠卵外有卵鞍,内有 1~2 个休眠卵(图 6.10)。

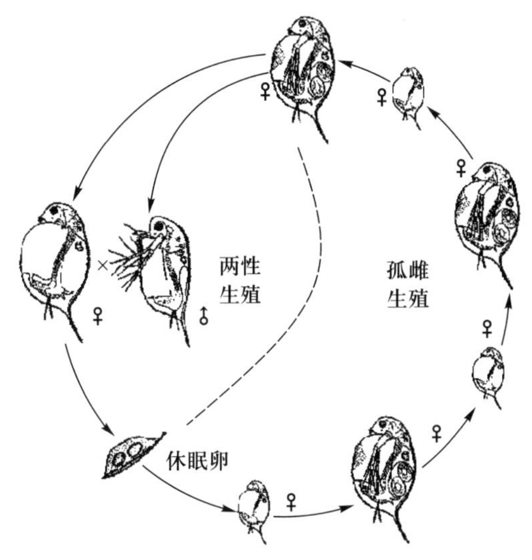

图 6.10 枝角类生活史模式图

枝角类对温度的适应性包括三种类型,即广温性种类、嗜寒性种类和嗜暖性种类,如短尾秀体溞(*Diaphanosoma brachyurum*)在国内原先记载是广温性种类,但实际上此种类是嗜寒性种类,只分布在中国的北方。

6.3.1.4 桡足类

桡足类属于节肢动物门、甲壳动物亚门、颚足纲、桡足亚纲。其主要特征包括(图 6.11):① 身体窄长,体节分明,一般由 16 或 17 节组成,但体节有愈合现象,因此绝对数目不超过 11 个;② 躯体分为较宽的头胸部和较窄的腹部;③ 头部有 1 个眼点、2 对触角及 3 对口器,胸部具 5 对胸足,腹部无附肢,身体末端有 1 对尾叉;雌性腹部两侧或腹面常带 1 个或 1 对卵囊。

桡足类主要分布在海洋中,淡水中只分布有哲水蚤、剑水蚤和猛水蚤(图 6.12)。国内记载淡水桡足类 200 多种。淡水生态学研究中重要的是哲水蚤和剑水蚤。哲水蚤鉴定的主要特征包括雌性和雄性第五胸肢结构、雄性第一触角执握肢倒数第三节特征等;常见的属包括华哲水蚤属、伪镖水蚤属、荡镖水蚤属、北镖水蚤属、新镖水蚤属和叶镖水蚤属。剑水蚤鉴定的主要特征包括第一和第二触角特征、雌性胸足特征、生殖节和尾叉等;常见属包括中剑水蚤属、温剑水蚤属、剑水蚤属、窄腹剑水蚤属、真剑水蚤属、刺剑水蚤属和小剑水蚤属。猛水蚤多数营底栖生活,鉴定的主要特征包括颚足、第一和第二触角特征、胸足特征等,国内对猛水蚤分布及其生态特征研究很少。

桡足类食性不同。哲水蚤主要是滤食性,食物包括细菌、藻、原生动物、轮虫和有机碎屑。剑水蚤食性包括捕食和混合取食,食物包括藻、细菌、原生动物、轮虫、枝角类、桡足类、鱼卵、鱼苗、有机碎屑、动物尸体等;剑水蚤幼体食物以细菌和藻类为主,成体为捕食性。猛水蚤食性包括掠食、刮食和混合取食,食物包括原生动物、轮虫、有机碎屑和动物尸体等。

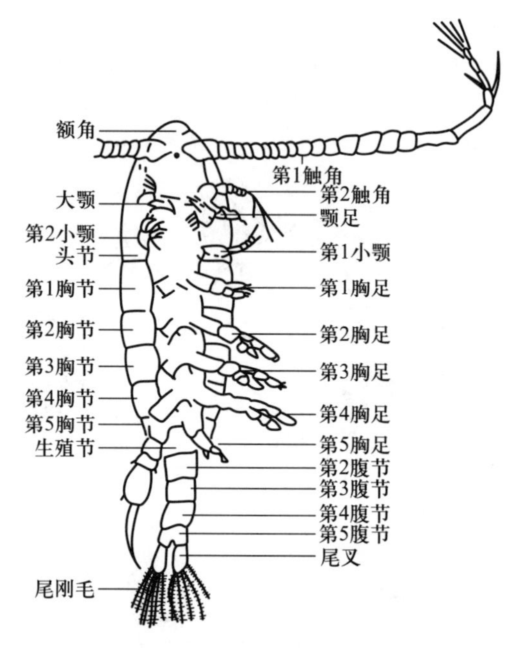

图 6.11 桡足类雄体模式图(沈嘉瑞,1979)

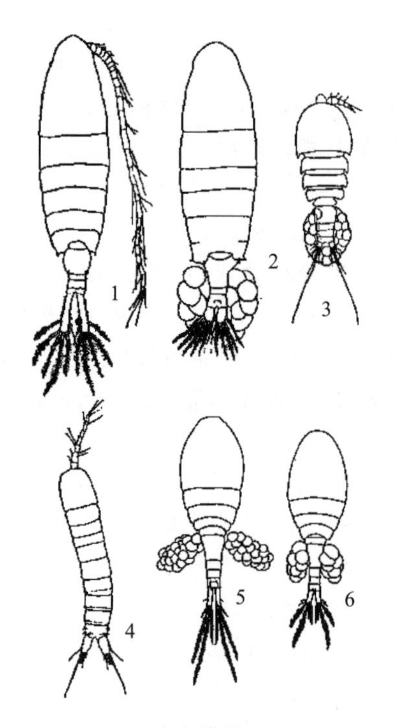

1.汤匙华哲水蚤(*Sinocalanus dorrii*);2.右突新镖水蚤(*Neodiaptomus schmackeri*);3.同形拟猛水蚤(*Harpacticella paradoxa*);4.单刺拟美丽猛水蚤(*Nitocrella unispinosus*);5.北碚中剑水蚤(*Mesocyclops pehpeiensis*);6.台湾温剑水蚤(*Thermocyclops taihokuensis*)

图 6.12 桡足类代表种类(沈嘉瑞,1979)

桡足类一般营两性生殖,在猛水蚤中,部分种类营孤雌生殖。桡足类个体发育经过卵、无节幼体、幼体和成体四个阶段(图 6.13)。两性生殖的个体受精卵挂在雌体体外,卵孵化后经历 6 个无节幼体期和 5~6 个桡足幼体期。桡足类部分种类能产生休眠卵,另外幼体和成体在环境条件不适合的条件下也可进入休眠态,待环境条件适合再进入活动状态,如当水温升高(进入夏季)时,近邻剑水蚤(*Cyclops vicinus*)在沉积物表面进行夏眠。

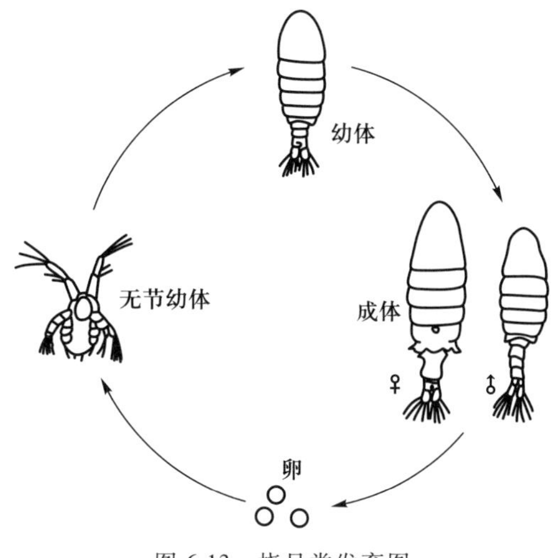

图 6.13 桡足类发育图

桡足类根据对温度的适应性可分为广温性种类、嗜寒性种类和嗜暖性种类,如国内原先记载的广布中剑水蚤(*Mesocyclops leuckarti*,现改名为刘氏中剑水蚤)在国内广泛分布,但此种只分布在中国的北方;近邻剑水蚤只在冬春季出现。

6.3.2 浮游动物群落特征及影响因素

由于浮游动物大部分种类生活于沿岸带或是底栖性,因此浮游种类较少,而浮游动物群落的研究也主要涉及浮游种类。浮游动物以孢囊、休眠卵或休眠态个体进行休眠。湖泊中浮游动物群落结构除了常年生存的种类以外,阶段性出现的种类依赖于水柱条件,即休眠卵或休眠态个体能否孵化或进入水柱。影响浮游动物群落结构的因素包括非生物因素和生物因素。非生物因素包括温度、光照、沉积物再悬浮、营养盐、溶解氧、pH 值、盐度等,生物因素包括食物、竞争、捕食和寄生。

6.3.2.1 浮游动物群落特征

浮游动物群落演替主要是由食物资源和捕食的变化驱动的。温度和光照的季节变化驱动浮游植物组成和丰度变化,也会驱动鱼类捕食压力的变化,进而导致浮游动物的群落发生季节演替。然而浮游动物的季节演替在不同营养水平的湖泊存在差异。在贫营养型湖泊,冬季受食物限制的影响,浮游动物的生物量处于较低的水平。随着温度和光照的增加,食物限制减弱,大型植食性浮游动物逐渐增加,尤其是大型枝角类溞属种类。由于大型植食性浮游动物在食物不足时对食物的摄食效率更高,因此迅速占据优势。随着温度的进一步升高,鱼类对浮游动物的捕食作用逐渐加剧,由于鱼类对大型植食性浮游动物的选择性摄食,后者迅速减少,小型植食性原生动物和轮虫的生物量出现短暂的峰值。夏季温度进一步上升,小型植食性浮游甲壳动物的优势度增加,并在夏季末期达到最高生物量。秋季由于食物限制持续加剧,且受低温的限制,浮游动物的生物量出现大幅降低。且随着温度的逐渐降低,鱼类的捕食压力逐渐减少,大型植食性浮游动物逐渐取代小型浮游动物。在富营养型湖泊,浮游动物的季节演替较为复杂:冬季浮游动物生物量处于较低水平;春季随着食物资源的增加,小型植食性浮游动物逐渐增加,尤其是原生动物和轮虫,在春季初期达到峰值;随后出现短暂的食物限制,小型植食性浮游动物减少,大型植食性浮游动物(如溞类)增加,仅在春季末期较短的时间内占据优势,会使湖泊出现一段短暂的"清水期"。随着温度的进一步上升,藻类生物量增加,导致部分水体出现蓝藻水华,对大型植食性浮游动物产生不利影响,且此时鱼类的捕食压力加强,导致大型植食性浮游动物大大减少。与此同时,一些小型种类如网纹溞和象鼻溞等,以小型藻类、细菌和有机碎屑为食,其受蓝藻水华的影响较小,在缺乏大型浮游动物竞争的环境中大量繁殖,成为浮游动物的优势种。随后轮虫的生物量也出现短暂增加,浮游动物的总生物量在夏末秋初达到第二个峰值。秋季温度逐渐降低,成为制约浮游动物群落的主要因素,浮游动物的生物量逐渐降低,且由于鱼类捕食压力也有所降低,大型植食性浮游动物的优势度略有增加(Sommer et al.,2012)。

浮游动物群落在地理上存在规律性的空间分布特征,最显著的变化是浮游动物个体大小和温度耐受性的变化。空间地理上的差异对浮游动物的影响主要来源于温度的差异,温度的变化影响浮游动物的生存、生长和繁殖。枝角类在不同纬度区域的变化,最显著的是平均个体大小的变化。枝角类的平均体长在热带地区最小,在北温带区域达到最大值。枝角类平均体长最大的分布区域发生在年均湖泊表层温度 6~8 ℃的区域,在更冷或更暖的区域其平均体长均较小,这种现象不管是南半球还是北半球均一致。从北温带到北极,枝角类的平均体长逐渐减小,不过其减小的幅度小于从北温带到热带的减小幅度。对于个体最小的枝角类而言,其在所有纬度的分布是一致的,大小均为 0.3~0.5 mm,因为大部分的区域都有 *Bosmina*、*Eubosmina*、*Bosminopsis* 和 *Chydorus* 的分布。对于大型枝角类种类而言,它们在北温带最常见。

Daphnia、*Ceriodaphnia* 和 *Diaphanosoma* 不管是个体平均大小还是物种丰富度均在北温带达到最大值,并逐渐向赤道和两极递减。比如 *Daphnia laevis* 和 *D.lumholtzi* 在热带的最大体长为 1.3 mm,然而在温带的北美区域最大体长达到 1.8~2.6 mm。在热带地区,大型枝角类缺乏的原因是因为它们对高温的耐受性较低;而在极地地区,冷水环境的限制以及短暂的种群增长季节淘汰了个体较大的浮游动物,因为个体大的浮游动物生活史更长。对于桡足类而言,不同种类存在区域分布差异,总体而言,分别从亚北极和亚热带区域到温带区域,桡足类的大小逐渐增大。随着纬度的降低,哲水蚤的出现率逐渐增大。但是桡足类不同的种类在空间上的分布与其对温度的耐受性紧密相关,随着纬度的降低,桡足类由冷水种向暖水种发生演替。

昼夜垂直迁移(diel vertical migration,DVM)行为是浮游甲壳动物的重要行为之一,具体表现在白天生活在湖泊的下层,而夜晚则迁移到湖泊的上层。引起 DVM 行为的因素有很多,在不同类型的湖泊中影响的因素也会有差异,目前认为捕食、食物、光照等是造成浮游甲壳动物 DVM 行为的主要因子。浮游动物为了避开食浮游动物鱼类捕食,白天迁移到暗的深水层而避开湖泊上层的捕食者,夜晚湖泊上层捕食者的威胁减少,它们又迁移到湖泊上层进行牧食,这是因为湖泊上层具有较高的温度和浮游植物生物量,能促进浮游动物的生长和繁殖。Liu 和 Hu(2001)调查发现,徐家河水库近太湖新银鱼的捕食是造成大型枝角类透明薄皮溞(*Leptodora kindti*)和盔形溞(*Daphnia galeata*)DVM行为的主要原因。当鱼类的捕食压力较小时,浮游动物主要分布在湖泊上层,出现DVM行为的很少。躲避光照(主要是紫外辐射)是引起浮游甲壳动物DVM行为的另一个重要因素,虽然一些学者认为,紫外辐射和鱼类捕食会共同引起浮游甲壳动物的DVM行为;但也有研究认为,相比较鱼类捕食而言,紫外辐射引起浮游甲壳动物DVM行为的作用更强。

6.3.2.2 非生物影响因素

1)温度

温度是影响浮游动物胚胎发育、胚后发育、幼体和成体阶段历时及繁殖力的主要环境因子,而这些影响与浮游动物种群动态密切相关,因此温度是浮游动物群落组成和丰度季节变化的重要生态因子。根据轮虫、枝角类和桡足类对温度的适应性,均可分为广温性、冷水性和暖水性种类,这一特征决定了不同温度下浮游动物群落组成的差异。

随着水温的升高,浮游动物的新陈代谢速率加快,摄食率增加且生命周期缩短,从而增加繁殖率。由于不同种类的摄食速率和繁殖周期存在差异,因而随着温度的变化便出现了群落的演替。太湖浮游动物季节变化表明,大型枝角类盔形溞和短钝溞(*D.obtusa*)丰度一般在春季形成高峰,而夏季则由小型枝角类占优势,如长额象鼻溞(*B.longirostris*)、角突网纹溞(*Ceriodaphnia cornuta*)、秀体溞(*Diaphanosoma* sp.)和微型裸腹溞(*Moina micrura*),其中后三者的出现与温度有关,当水温接近20 ℃,它们在水柱中出现;而当水温小于20 ℃时,以休眠卵的形式存在于沉积物中。

温度除了直接影响浮游动物的个体发育,还会通过影响食物丰度和组成、竞争和捕食等因素间接影响其丰度和群落组成。温度的增加会促使浮游植物的丰度增加,丰富的食物资源有利于浮游动物群落的发展,但夏季蓝藻比例的增加又会影响浮游动物的群落结构,使得大型种类减少。随着水温的升高,食浮游动物鱼类对浮游动物的捕食增强,促进了浮游动物向小型化发展。

2)光照

光照对浮游动物的影响主要是紫外线辐射的作用。紫外线辐射对浮游动物的影响主要发生在高纬度和高海拔地区。紫外线辐射根据波长分为UV-A、UV-B和UV-C,其中UV-C被臭氧层吸收,到达水面的为UV-A和UV-B,其中UV-B对水生生物产生重要的影响。UV-B会对浮游动物的代谢、生长和繁殖产生负面效应,浮游动物则通过积累抗紫外线辐射物质和DVM行为来适应高强度的紫外线辐射。此外,浮游动物被紫外线辐射影响后,能通过自身的修复机制削弱其影响。浮游动物体内的抗紫外线辐射物质主要包括三类,分别是类菌胞素氨基酸(mycosporine-like amino acid)、类胡萝卜素(carotenoid)和黑色素(melanin)。由于浮游动物本身不能合成这些物质。因此必须从食物中获取。类菌胞素氨基酸主要存在于桡足类体内;类胡萝卜素存在于桡足类和枝角类体内,其中在桡足类哲水蚤中广泛存在,并能有效抵御紫外线辐射。浮游动物体内的类菌胞素氨基酸和类胡萝卜素往往以互补的形式存在,即类菌胞素氨基酸含量多,类胡萝卜素含量就会少,反之就多(Sommaruga,2010)。黑色素一般只在枝角类溞属和船卵溞属的种类中出现,具有黑色素的溞属种类比没有黑色素的种类更能够抵御紫外线辐射(Rhode et al.,2001)。在青藏高原和云贵高原高海拔地区,哲水蚤体内因含有类胡萝卜素而呈红色，西藏溞(*Daphnia tibetana*)因含有黑色素而呈现黑色。

3）沉积物再悬浮

沉积物再悬浮是浅水湖泊的重要特征之一，会影响浮游动物的种群数量和群落结构，不同种类的浮游动物对悬浮物的响应不同。在悬浮物浓度很高的情况下，大型浮游动物一般会被小型种类所代替。这种影响包括直接作用和间接作用，直接作用主要是悬浮物干扰浮游动物的摄食，从而影响其生长和繁殖；间接作用包括悬浮物影响浮游植物的组成和生物量、影响食浮游动物鱼类的行为和浮游动物种间竞争等。除悬浮物浓度外，特定浓度悬浮物持续的时间和悬浮物粒径组成也会影响浮游动物的群落结构。

在沉积物再悬浮条件下，浮游植物的组成会发生变化，生物量会提高。浮游植物种类组成变化对浮游动物会产生不同影响，从而改变浮游动物群落结构，而过高的生物量也会抑制浮游动物的摄食。除悬浮物直接影响浮游动物种间竞争外，由浮游植物引起的浮游动物种间竞争的变化也会影响到浮游动物的群落结构。

悬浮物对鱼类捕食的影响与鱼的种类和功能有关。悬浮物对鱼类捕食的负面影响包括破坏鳃结构、干扰捕食等。悬浮物浓度升高会降低靠视觉捕食的食浮游动物鱼类——餐条(*Hemiculter leucisculus*)对浮游动物的捕食，但不影响滤食性鱼类(鲢、鳙鱼等)对浮游动物的捕食。因此在沉积物再悬浮条件下，不同的鱼类组成会影响浮游动物的群落结构。

4）营养盐

营养盐对浮游动物群落结构的影响主要涉及湖泊的营养水平。由于一般湖泊营养盐未能达到对浮游动物有毒性的浓度，如铵态氮浓度过高等，因此营养水平对浮游动物的影响往往伴随其他因素的影响，如食物数量和质量、鱼类捕食等。Jeppesen 等(2000)归纳了温带湖泊浮游动物群落结构随总磷浓度增加的变化。随着湖泊总磷浓度的增加(从小于 0.05 mg · L^{-1} 到大于 0.4 mg · L^{-1})，浮游动物生物量升高，其中大型枝角类溞和哲水蚤生物量减少，而小型枝角类和剑水蚤生物量增加，轮虫生物量变化不明显。这主要是由于随着总磷浓度的升高，滤食性鱼类数量增加而肉食性鱼类数量减少，造成大型浮游动物数量减少，并使浮游动物和浮游植物的生物量比例降低。对武汉东湖浮游动物的长期生态学研究表明，随着富营养化和滤食性鱼类(鲢、鳙鱼)的增加，大型浮游动物(溞和哲水蚤)的数量显著下降，而小型枝角类、剑水蚤和轮虫的数量显著增加(Shao et al.,2001；Lu and Xie,2001)。富营养化湖泊经过生态修复后，浮游动物群落结构朝着与富营养化相反的方向发展。江苏无锡五里湖经过生态修复后，营养水平尤其是总氮浓度大幅度降低，轮虫生物量降低，而大型种类(溞和哲水蚤)的生物量增加(Chen et al.,2013)。

5）溶解氧

溶解氧，尤其是低氧或缺氧对浮游动物群落季节变化和空间分布有重要的影响。在湖泊中，低氧或缺氧环境发生在深水湖泊较深水层、沉积物表面和蓝藻水华产生的黑水团中。当湖泊溶解氧上升后，浮游动物会很快恢复。浮游动物可适应的溶解氧范围较广，大部分轮虫所需的溶解氧浓度需高于 1 mg · L^{-1}，但仍有许多种类可以在短期内耐受低氧环境(Wallace et al.,2006)。Bērziņšet 和 Pejler(1989)详细分析了浮游、附着和底栖轮虫与溶解氧之间的关系，并未发现严格厌氧的轮虫种类，但有些种类能在较低溶解氧的环境中达到较高的丰度。一般冷水性种类如螺形龟甲轮虫、长肢多肢轮虫、顶生三肢轮虫等则喜生活在较高溶解氧的环境中,而暖水性种类未见此类特征。

6) pH 值

在湖泊中,pH 值对浮游动物的群落组成也有很大的影响,一般湖泊中 pH>7 而呈偏碱性,但也有部分湖泊呈现酸性,低 pH 值由自然因素(如火山活动和风化等)或人为因素(如开矿等)造成。酸性湖泊主要分布在欧洲和北美,国内记录的酸性湖泊仅为云南腾冲青海,是由酸性地下水补给造成的,pH 值在 5~7。浮游动物的物种丰度随着 pH 值的降低而减少。Deneke(2000)列举了 pH≤3 水体中浮游动物的组成,以轮虫种类居多,包括转轮虫(*Rotaria rotatoria*)、巨头轮虫(*Cephalodella* spp.)、*Elosa worallii*、刻纹臂尾轮虫(*Brachionus sericus*)、腔轮虫(*Lecane* spp.)、狭甲轮虫(*Colurella* sp.)、鞍甲轮虫(*Lepadella* sp.)、棘管轮虫(*Mytilina crassipes*)、旋轮虫(*Philodina* spp.)和等棘异尾轮虫(*Trichocerca similis*)。枝角类包括圆形盘肠溞(*Chydorus sphaericus*)、长额象鼻溞和老年低额溞(*Simocephalus vetulus*),桡足类包括剑水蚤(*Cyclops* spp.)、棕色大剑水蚤(*Macrocyclops fuscus*)和毛饰拟剑水蚤(*Paracyclops fimbriatus*)。随着 pH 值的升高,浮游动物的种类相应增加。在腾冲青海,轮虫、枝角类和桡足类的密度分别为 2 100 个 · L^{-1}、3.4 个 · L^{-1}和 1.4 个 · L^{-1},轮虫优势种类为长圆腔轮虫(*Lecane ploenensis*)、叉角拟聚花轮虫(*Conochiloides dossuarius*);枝角类以长额象鼻溞为主,其次有尖额溞(*Alona* sp.)、长刺溞(*Daphnia longispina*)和近缘大尾溞(*Leydigia propingua*);桡足类以如愿真剑水蚤(*Eucylops speratus*)为主,尚包括少数哲水蚤(王云飞等,2002)。

7) 盐度

在湖泊中,盐度的增加会降低浮游动物的多样性并改变其群落结构,在低盐度下,大型枝角类占优势,而高盐度条件下以桡足类和小型枝角类占优势(Jeppesen et al., 2007)。Gutierrez 等(2018)研究了盐度梯度对新疆湖泊浮游动物群落和功能多样性的影响发现,浮游动物的物种丰度、物种多样性和功能多样性随着盐度的增加而减少,而浮游动物的大小和生物量却非如此。随着盐度的增加,轮虫由选择性捕食的种类转变为牧食性种类,如臂尾轮虫、聚花轮虫、须足轮虫、三肢轮虫、龟甲轮虫和腔轮虫;枝角类由选择性牧食种类转变为非选择性牧食种类,如大型溞、微型裸腹溞(*Moina micrura*);桡足类由捕食性种类转变为牧食性种类,如哲水蚤、咸水北镖水蚤(*Arctodiaptomus salinus*)和细巧华哲水蚤(*Sinocalanus tenellus*)。在西藏,盐度大于 20 g · L^{-1}的湖泊中,浮游动物种类包括轮虫[热带龟甲轮虫(*Keratella tropica*)、螺形龟甲轮虫(*K.cochlearis*)、多齿六腕轮虫(*Hexarthra polyodonta*)和褶皱臂尾轮虫(*Brachionus plicatilis*)]、枝角类[西藏溞(*D.tibetana*)]和桡足类[亚洲后镖水蚤(*Metadiaptomus asiaticus*)和咸水北镖水蚤(*A.salinus*)](Lin et al.,2017)。

6.3.2.3 生物影响因素

影响浮游动物群落结构的生物因素单独或联合作用影响浮游动物群落结构,同时湖泊非生物因素也与生物因素一起影响浮游动物,因此,对湖泊浮游动物群落结构的影响往往是多因素联合作用的结果。

1) 食物

浮游动物的食性复杂,主要包括植食性、捕食性和混合食性,有些种类对食物有选择性,而有些是没有选择性的。食性复杂性决定了浮游动物群落结构的差异。对浮游动物而言，食物对其影响包括食物的数量和质量，食物质量包括食物大小、元素比（如C∶P）、不饱和脂肪酸含量以及毒素含量等。

（1）食物数量

湖泊中，随着营养水平升高，食物资源（细菌和藻类等）的增加会增加浮游动物的数量，在一定营养范围内，浮游动物的丰度和生物量与叶绿素a浓度呈显著正相关。但随着营养水平的提高，捕食和竞争等因素的压力会影响浮游动物不同类群的数量。另一方面，湖泊富营养化会造成不可食的藻类（如丝状和群体蓝藻）生物量的增加，抑制滤食性浮游动物的生物量。

（2）食物大小

除了捕食性种类外，滤食性浮游动物（大多数枝角类）取食的食物与其大小有关。对于比较规则的食物，小型枝角类能摄取的食物大小一般小于30 μm，而大型溞类能取食的食物大小一般小于60 μm，但也有高达100 μm的，这与其个体大小有关。对于丝状藻类，宽度比长度的影响往往更大，而且取食能力也与枝角类的个体大小有关。另外，枝角类对丝状藻类具有一定的选择能力，如透明溞（*Daphnia hyalina*）能有效取食个体较短的丝状蓝藻而不能取食较长个体，这可能与蓝藻毒素有关。对太湖溞摄食丝状绿藻（丝藻 *Ulothrix* sp.）的研究表明，溞所能摄取的丝藻长度与水柱中丝藻的长度频次分布有关（Chen et al.，2011）。尽管溞能够摄食丝状藻类，但不能控制它们的丰度。

（3）元素比

生态化学计量学作为研究元素比例对生态过程影响的方法，提供了很好的手段来认识食物质量（如C∶N∶P摩尔比）对牧食动物（如大型溞类）的影响。生态化学计量学的前提是，由于不同种类的牧食浮游动物具有相对稳定的C∶N∶P值（Sterner and Elser，2002），因此，食物中C、N、P含量和比例的变化，即食物质量的变化，会直接影响牧食浮游动物的个体生长和繁殖、种群数量和群落结构。Redfield等（1963）认为，水体颗粒物C∶N∶P值为106∶16∶1，这一比例在海洋中较为普遍，而湖泊中颗粒物比值差异较大（Sterner and Elser，2002），另外，全球变化造成的湖泊中光照强度的增强、CO_2的增加和氮沉降等因素也会改变水体中藻类或颗粒物的C∶P或N∶P值。在浅水湖泊中，夏季会出现不同颗粒物C∶N∶P值的失衡或错配（mismatch），如碎屑含量高和/或大量不可取食的藻类（如群体蓝藻）可能会造成颗粒物中高的C∶P值。

与藻类或颗粒物相比，浮游动物体内元素含量比较稳定。但是，不同种类的浮游动物体内的元素比例是有差异的，这种差异主要与种类和发育阶段有关。例如，溞属种类和其他一些枝角类（如网纹溞等）体内C∶P值较低，而一般桡足类成体和一些枝角类（如象鼻溞、秀体溞）体内C∶P值较高。对溞属而言，不同种类也有差异，如*D.pulicaria*的N∶P和C∶P值是大型溞的2倍（Sterner and Elser，2002）。正是由于溞属种类和其他浮游动物体内元素含量的差异，食物中的C、N、P化学计量学特征可能就会影响溞属种群及浮游动物群落的组成。目前相关的研究多集中在溞属种类个体水平上，对于自然种群和群落的研究较少。

（4）不饱和脂肪酸含量

不饱和脂肪酸如亚油酸（18:2ω6）、亚麻酸（18:3ω3）和十二碳五烯酸（EPA，20:5ω3）等是枝角类生长发育所必需的物质，主要存在于藻体中，而且枝角类所必需的不饱和脂肪酸有98%直接来自藻细胞中，只有<2%来自自身的生物合成。藻细胞中不饱和脂肪酸的含量与水体中营养盐（尤其是磷）的含量密切相关。实验证实，在一定范围

内,两者呈正相关。就不同藻类而言,微囊藻比绿藻的不饱和脂肪酸含量要低得多,绿藻中的不饱和脂肪酸含量受外界磷浓度的影响,而微囊藻受磷的影响很小。在枝角类中,溞和裸腹溞对不饱和脂肪酸的需求比较高,而其他种类(如象鼻溞、秀体溞和网纹溞)则较低。在食物浓度相同的条件下,不饱和脂肪酸含量不同的绿藻对象鼻溞和秀体溞的种群增长率没有显著的影响,而溞的种群增长率则随着藻体内不饱和脂肪酸含量的升高而显著提高(Sterner and Schulz,1998)。水体中磷的含量会直接影响到绿藻等藻类的不饱和脂肪酸含量,进而影响到枝角类的数量和组成。

(5) 毒素含量

食物中的毒性研究比较多的是蓝藻毒素,主要是微囊藻毒素,其主要存在于藻细胞内,这些有毒物质会降低浮游动物的存活率、繁殖量及种群大小,且不同种类对藻毒素的反应有差异。但事实上,所有的藻毒素对枝角类的毒害作用都是在实验室用有毒的单细胞微囊藻表现出来的,在自然水体中依然没有直接的证据表明微囊藻毒素对浮游动物的毒害作用。Chen 等(2013)通过藻毒素添加模拟实验分析了藻毒素对浮游动物自然群落的影响发现,藻毒素添加对浮游动物自然群落无显著影响,这主要是由于藻毒素在自然条件下,紫外降解和微生物降解作用使其浓度快速降低,使得自然水体中藻毒素很难达到对浮游动物产生毒害的浓度。

2) 竞争

竞争是影响水生生物种群和群落的重要因素(见第 6.7 节)。浮游动物很多种类食性相似,因此对食物资源存在竞争现象,造成这一现象的原因与浮游动物个体大小、食物数量、资源利用方式、生态位分化、生活史特征等因素有关。

早期的竞争实验大多涉及大型枝角类溞类与其他枝角类的竞争,多数情况下,溞类在竞争中占优势,用于解释竞争结果的假说包括大小效率假说(size efficiency hypothesis)、最大内禀增长率假说(r_m hypothesis)、低食物效率假说(low food efficiency hypothesis)等,此外其他环境因素(如温度、捕食等)也会影响竞争的结果(DeMott,1989)。从资源来看,低食物浓度条件下,小型枝角类占优势;而高浓度条件下,溞类往往占优势。但在自然湖泊中,当两者竞争胜出一方,就会存在种内竞争,此时枝角类就会产生休眠卵,因为此时食物浓度已不足以维持较大的种群。另外,自然水体中食物浓度和类型也是不断变化的,即便物种相同,其结果也会随着食物性质的变化而变化。溞类在较低温度下(如春季)更占优势,而夏季则由一些小型枝角类占优势,这一方面是由于鱼类捕食引起的,另一方面是由于部分小型种类对温度的适应性。

尽管不同物种在实验中表现出明显的资源利用竞争和干扰竞争,但由于牧食者本身的摄食特性和种群特性,以及食物特性的差异,竞争在湖泊中的表现形式很复杂。很多研究也表明其他因素对竞争的干扰,尤其是捕食干扰。在湖泊中,鱼类、无脊椎动物捕食者(如幽蚊)和捕食性浮游动物(如剑水蚤、晶囊轮虫)都会干扰竞争结果。当然,也有部分湖泊中没有鱼类等捕食者的存在,这种情况下竞争对浮游动物有很大的影响,如在无鱼的自然湖泊中,一般以大型枝角类溞类或哲水蚤占据优势。此外,浮游动物的生物入侵也会造成入侵种与土著种的资源竞争。

3) 捕食

捕食与牧食不同,表现在动物之间的相互作用。在湖泊中,捕食(尤其是鱼类捕食)是影响浮游动物群落结构的重要因素。除了其他无脊椎动物捕食者(如水生昆虫)

外,浮游动物内部也存在很多捕食者。捕食者对浮游动物的影响与捕食者的类型和数量有关。当捕食者的密度很高时,才会有效控制被捕食者的数量。

(1) 无脊椎动物捕食

湖泊中无脊椎动物捕食者包括枝角类、轮虫、桡足类、水生昆虫、淡水水母、丰年虫、水螅等。枝角类捕食者包括薄皮溞、大眼溞、尾突溞等,轮虫包括晶囊轮虫、疣毛轮虫、胶鞘轮虫等,桡足类包括剑水蚤成体,如中剑水蚤、温剑水蚤等,水生昆虫包括幽蚊幼虫、蜻蜓幼虫、半翅目昆虫等。一般情况下,无脊椎动物捕食者不能导致被捕食者种群的消失,而只是改变被捕食者的丰度。

除了上述无脊椎捕食者对轮虫和浮游甲壳动物的捕食,后生浮游动物对纤毛虫和鞭毛虫的捕食也是影响微食物网的重要因素。大型枝角类溞类能有效地降低纤毛虫的数量,与溞类不同的是,其他小型枝角类(盘肠溞、象鼻溞)对纤毛虫总数量没有明显的抑制作用。桡足类对纤毛虫数量有绝对的控制作用,这种控制作用与桡足类的种类有关。多数轮虫可以捕食异养鞭毛虫和小的纤毛虫,而肉食性的轮虫(如晶囊轮虫)可以捕食不同大小的纤毛虫。

(2) 鱼类捕食

食浮游生物鱼类对浮游动物影响的研究可追溯到20世纪60年代,Brooks 和 Dodson(1965)的研究表明,食浮游生物鱼类的存在促使浮游动物向小型化种类转变,并对浮游植物产生影响。食浮游生物鱼类对浮游动物的影响与鱼类的年龄、类型和密度以及浮游动物的组成、大小及密度有关。一般情况下,食浮游生物鱼类达到较高密度时,才会对特定的浮游动物种群产生抑制作用,而在较低密度时,会改变浮游动物的大小及生活史特征。仔鱼由于口径较小,所摄食的都是小型浮游动物,如轮虫等;随着仔鱼的发育,所摄食的浮游动物个体也逐渐增大。不同食性的鱼类在仔鱼期食性并未分化,随着发育其食性逐渐出现分化。因此,仔鱼对浮游动物群落组成也有很大影响。颗粒型摄食鱼类(particulate feeder)优先捕食个体较大的浮游动物,拖网式滤食性鱼类(tow-net filter feeder)能有效地捕食个体较大且逃避能力较强的浮游动物,而泵吸式滤食性鱼类(pump filter feeder)对浮游动物的捕食与浮游动物的种类和逃避能力有关。国内研究比较多的是泵吸式滤食性鱼类(鲢、鳙鱼等)对浮游动物的影响。武汉东湖浮游动物长期生态学研究表明,随着鲢、鳙鱼的大规模放养,东湖浮游动物中枝角类从大型枝角类溞类为主转变为小型种类(微型裸腹溞和秀体溞)占优势,其中秀体溞逃避能力强而不易被鲢、鳙鱼所捕食;桡足类中大型种类哲水蚤的比例也有所下降。在热带,由于鱼类捕食的压力较大,湖泊中溞类的密度很低或缺乏,而一旦去除食浮游生物鱼类,溞类的种群会很快恢复(Zhao et al.,2016)。

4) 寄生

浮游动物的寄生包括内寄生和体表寄生,体表寄生包括细菌、藻类、真菌、纤毛虫、轮虫等,内寄生包括细菌(*Pasteuria ramosa*、*Spirobacillus cienkowskii*)、真菌(*Aphanomyuces daphniae*、*Metschnikowia bicuspidata*)、小孢子虫(*Flabellifor mamagnivora*、*Octosporea bayeri* 等)、变形虫(*Pansporella perplexa*)、线虫(*Echinuria uncinata*)和绦虫(*Cysticercus mirabilis*)等。尽管寄生对浮游动物有影响,目前研究较多的还是对单个种群的影响,尚没有从群落角度关注寄生的影响,但对单个种群的影响势必会作用到群落水平。

寄生对浮游动物的影响主要包括:① 降低浮游动物的繁殖力和存活率。② 影响浮游动物成体的体长。感染寄生虫会使浮游动物的体型异常增大或干扰成体的成长。③ 影响浮游动物的有性生殖。寄生可能会降低宿主找到配偶的可能性，也可能会增加或减少雌性产生卵鞍和雄性产生后代的频率。此外，寄生可能会影响宿主休眠卵的存活率。④ 降低浮游动物逃避捕食者的能力。受感染的宿主游泳和反应速度可能比健康宿主更慢。寄生会改变浮游动物的颜色，会直接增加宿主对视觉捕食者的吸引力。

寄生对浮游动物的影响与环境因素有关，如环境温度、浮游动物的食物条件和宿主暴露的寄生虫数量等。在温度较低时，细菌 *P.ramosa* 对大型溞的负面影响较小。食物的浓度或质量会影响感染宿主的繁殖力，受感染的大型溞在食物质量良好时能产生更多的卵；较好的食物质量对浮游动物和寄生虫均是有益的。高剂量与较高传染可能性会导致宿主受到伤害更大，甚至导致宿主死亡之前无法完成发育。

6.4 大型水生植物

大型水生植物（macrophyte）来源于希腊语“大的”（makro）和“植物”（phyton），是一个生态学定义而非分类学定义，是指一些在生活史的一个阶段或者全部时期生长在水下的植物种类，通过长期适应水环境而形成的趋同类群。大型水生植物包含的种类以苔藓、蕨类和种子植物等高等植物为主，也包括一部分大型藻类。根据生活型，大型水生植物可粗分为挺水植物、浮叶植物、漂浮植物和沉水植物。

大型水生植物作为湖泊沿岸带的重要初级生产者，为水生动物提供觅食、栖息、避敌和繁殖场所，是维持湖泊生物多样性的基础。大型水生植物能影响湖泊的物理、化学和生物学特征：减缓水流，促进悬浮污染物沉降；吸收水体中的营养盐；通过根部释氧作用，改变沉积物性质，提高沉积物对营养盐的滞留能力，抑制沉积物释放营养盐；通过遮光和竞争营养盐以及释放他感物质等作用，抑制藻类生长。在湖泊生态恢复中，大型水生植物尤其是沉水植物的恢复是提高湖泊透明度和维持湖泊清水态的关键措施。但在一些特殊服务功能的湖泊中，过量生长的沉水植物又需要进行适当清除和管理。

6.4.1 大型水生植物分类

全球湖泊大型水生植物约有 5 000 种，包含轮藻植物、苔藓植物、蕨类植物、裸子植物和被子植物。由于湖泊与湿地常常连为一体，因此，大型水生植物的种类有时会包括大量湿生植物，从而扩大物种数量。我国常见的湖泊大型水生植物约 500 种，分属五大门类，50 多个科。

6.4.1.1 轮藻门

大部分藻类属于单细胞的低等植物，仅轮藻门轮藻科的藻类有类似高等植物的“根”“茎”“叶”的分化，而且形体较大，外观与一些高等水生植物相像，因此在湖泊研究中常常纳入大型水生植物的研究范畴。轮藻植物底部通过白色或透明的假根固定在基质中，中轴上生有丝状小枝或侧枝，小枝上生有藏精器和藏卵器，主要行卵式生殖。轮藻门仅一科即轮藻科，分为 7 属，全球 300 多种，我国有 150 多种。轮藻植物生长在清澈的水体中，茎节的可塑性很强，因此，有时形成一团矮于 10 cm 的藻团，有时则形成高达 30 cm 的柔弱植株。我国常见的轮藻科植物包括丽藻属和轮藻属，其主要区别是丽藻属有分枝而轮藻属不分枝，藏精器和藏卵器的形状和位置也不同。轮藻植物在一些硬水湖泊中生长时，体表会覆盖一层钙质，导致营养体硬且易断（García，1994）。我国研究者对大型水生植物的研究主要集中在高等植物,轮藻门植物常常仅区分到属。因此对湖泊大型水生植物调查时,物种数经常是被低估的。

6.4.1.2 苔藓植物门

苔藓植物属于小型的高等植物,虽然是多细胞植物,但也没有真正的根、茎、叶的分化,通过拟根固定在基质上,拟茎和拟叶形成叶状体。苔藓植物的配子体发达,孢子体寄生在配子体上。苔藓植物门包括苔纲、角苔纲和藓纲。苔纲和藓纲植物在全世界均超过 9 000 种,而角苔纲仅 300 种左右。苔藓植物大部分为湿生,漂浮或沉水生活的种类不多,主要有叉钱苔、浮苔、水藓和柳叶藓科的植物。苔藓植物多生长于阴暗潮湿且寒冷的环境,在寒冷清亮的湖泊中,苔藓植物铺垫出一层绿茸茸的草毯,能够延伸到 50 m 左右的水深处,是很多恶劣条件中的先锋物种(Smith,2012)。

6.4.1.3 蕨类植物门

蕨类植物属于进化水平高于苔藓植物的高等植物,有根、茎、叶的分化,绿色自养或与真菌共生。蕨类植物孢子体发达,有较原始的维管组织,配子体微小。有性生殖器官为精子器和颈卵管。现存约 12 000 种,多喜阴湿温暖的环境,湿生或水生的种类并不多,仅包括水韭科、水蕨科、苹科、槐叶苹科和满江红科的一些植物。水韭科和水蕨科植物分布于较浅的水体中,可挺水或沉水生活,苹科、槐叶苹科和满江红科的植物则为漂浮植物,在静水环境中平铺于水面生活(Kramer and Green,2013)。

6.4.1.4 裸子植物门

裸子植物多为高大乔木,没有完全生活于水中的物种,仅有部分物种(如池杉)耐湿性较强,能够长期生长在根部淹水的环境中。一般在研究水生植物时并不把这部分裸子植物作为研究对象。

6.4.1.5 被子植物门

被子植物是目前地球上进化最高级、种类最多、分布最广的植物类群,具有完整的根、茎、叶、花和果等器官的分化,通过有性生殖形成种子,也可以通过营养体进行无性繁殖。目前已知的被子植物超过 25 万种,我国约有 2.5 万种。其中水生植物 300~500 种,常见的如莲科、睡莲科、菱科、金鱼藻科、杉叶藻科、狸藻科、眼子菜科、茨藻科、泽泻科、水鳖科、浮萍科和雨久花科等,几乎均为全科植物营水生生活(颜素珠,1983)。

6.4.2 大型水生植物生态型

由于大型水生植物是生态学定义而非分类学定义,因此根据研究目的的不同,大型水生植物有多种分类方法。最广泛使用的方法是按照生活型分类,大致分为挺水植物、漂浮植物、浮叶植物和沉水植物 4 个类群。其中,挺水植物种类最多,漂浮植物和浮叶植物种类相对较少。

6.4.2.1 挺水植物

挺水植物扎根在基质中,茎和叶等营养体直立,光合作用组织大部分暴露在空气中,如莲、芦苇、菰等。挺水植物一般都比较高大,有粗壮而中空的茎或地下茎,就连根中也具有通气组织,具有较发达的根系统。一些挺水植物具有肥大变态的茎,用于气体进出和储存营养,也常成为人类的美食,如茭白、慈姑、藕等。挺水植物主要分布在湖泊沿岸带坡度缓和的地方,这些地方的水浪冲刷作用弱,能保证植物顺利扎根。如果湖泊的沿岸带比较宽阔且水浅,或者与大片湿地相连的话,会有很多种类的挺水植物出现,或者建成大片的单优群落,形成壮阔的挺水植物景观。

6.4.2.2 漂浮植物

漂浮植物有根(假根)或无根,根部不扎入基质中而是悬垂在水中,如苹科、槐叶苹科、满江红科、浮萍科和雨久花科的植物。苹科、槐叶苹科、满江红科和浮萍科的漂浮植物体型通常较小,叶片或叶状体平铺于水面。雨久花科植物较大,叶柄膨大成球形,储满空气,有助于漂浮于水面,如凤眼莲。漂浮植物生活在温暖背风的静水水域,在一些富营养化湖泊、水库或小池塘中将水面遮蔽,导致水下缺少氧气和光照,多种生物无法生存,影响水体的生态功能,因此常常成为被管控和清除的对象。

6.4.2.3 浮叶植物

浮叶植物为叶片铺展于水面、根固着或自由漂浮的植物生活型,如菱科和睡莲科的一些植物。浮叶植物通常具有柔韧细长的茎,能够将叶片托举到水面上,同时也能随水流摆动而不易折断。叶片在水面呈几何形状排列和铺展,最先长出的叶片具有最长的叶柄,以避免叶片叠加影响光合效率。叶柄基部也通常具有储气组织,保证叶片浮于水面。自然状态下,浮叶植物在一些水深低于 1.5 m 的水域形成与叶片类似的大片几何形状景观,如菱科植物形成菱形景观,荇菜、睡莲和王莲等形成圆形大片景观。在富营养化的水体中,浮叶植物的叶片会变得肥厚挺阔,挤满水面,影响水体生态功能,也特别容易招致虫害。浮叶植物也为人类提供很多美食,如芡实的果实鸡头米和菱的果实菱角等。

6.4.2.4 沉水植物

沉水植物指在全部或绝大部分生活史周期中整株沉没水中的植物生活型,如金鱼藻科、狸藻科、茨藻科、眼子菜科和水鳖科的一些植物。沉水植物根较少,茎不发达,叶片较多,有发达的通气组织,以适应湖泊底部光照和氧气不足的环境。全球有记载的沉水植物一共有 1 000 种左右。我国常见的沉水植物是水鳖科苦草属和黑藻属、眼子菜科和小二仙草科的狐尾藻属等植物。在贫营养的湖泊中,沉水植物主要通过根部从基质中吸收营养,随着水体营养盐浓度的增加,也能够通过叶片从水中吸收营养(Carignan and Kalff,1980)。在生长过程中,沉水植物也会将体内过量的可溶性营养盐向水体中少量释放,因此被称为“营养泵”。不同种类的沉水植物形态差异较大,低矮的沉水植物为了获得足够的光照,在垂直方向上分布较少的生物量,大部分生物量以分枝或长长的叶片向周围平行铺散,在水底形成一层草甸型的植被层,被称为“莲座”植物或者“草甸型”沉水植物;高大的植物通过向水面附近生长,将大部分冠层托举到水面附近,从而接收更多的阳光,被称为“冠层型”沉水植物。当水体富营养化程度加剧,浮游植物的增加导致透明度下降后,“冠层型”沉水植物会逐渐增加,“草甸型”沉水植物会逐渐减少(Best,1981; Blindow et al.,2017)。

6.4.3 大型水生植物的分布及其影响因素

大型水生植物占据的湖泊水域称为“沿岸带”(littoral zone),是光照能够穿透到湖泊底部、足够让底栖初级生产者进行光合作用的较浅水域。一般来讲,浅水湖泊的沿岸带较宽,深水湖泊的沿岸带较窄甚至没有。通常,挺水植物分布在沿岸带的浅水区,其次是浮叶植物,较深的水体中分布沉水植物,一些漂浮植物会夹杂分布在挺水植物和浮叶植物之间(图 6.14)。

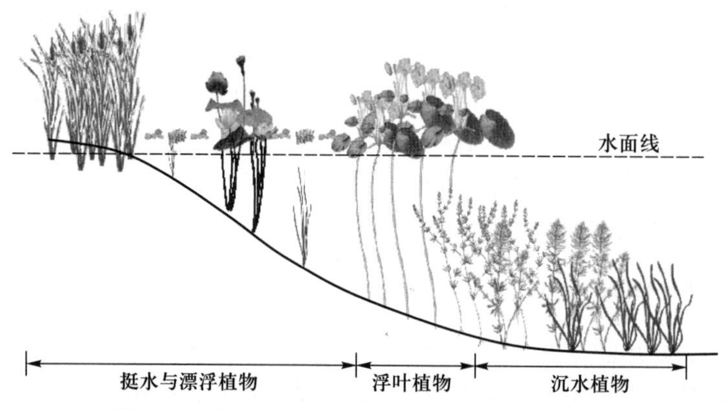

图 6.14 大型水生植物在湖泊沿岸带分布模式图

湖泊沿岸带的大型水生植物分布不一定都呈现上述模式,这是因为影响大型水生植物分布的因素非常多,如纬度、海拔、湖盆形态、面积、水深、水位变化、水下坡度、基质类型、水下光照、透明度、营养盐、浊度、风浪、温度、pH 值、碱度以及浮游植物、附植植物和牧食动物组成等因素,都会影响大型水生植物的分布和群落建成(Carpenter and Lodge,1986; Kalff,2002; Jeppesen et al.,2012)。

6.4.3.1 纬度、海拔和温度

从全球范围来看,大型水生植物的分布随纬度和海拔的增加呈现下降趋势,植物的体形也变小,生活型也从多样化到仅剩沉水植物。低纬度地区的湖泊能够接收更多的太阳辐射,水温高,植物全年都可以生长,挺水植物和浮叶植物会占据较大的沿岸带面积,沉水植物也能够分布到很深的水域。因此,低纬度地区湖泊中的大型水生植物生物量总是高于其他地区,所以低纬度地区湖泊常作为沉水植物群落研究的热点地区。在高纬度和高海拔地区的湖泊中,体形大的水生植物无法生长,仅有低矮的苔藓植物分布。原因有很多,最重要的因素是全年太阳辐射少,气温低,导致植物生长季节短,形体大的植物的营养体和根系容易被冻坏。积雪和结冰,甚至冰层的厚度和亮度都会影响水下光照,从而影响水生植物的光合作用。融雪季节,冰川融水会带入大量无机物颗粒,引起水体浑浊,影响水生植物生长;冰块融化过程中发生漂移,产生很大的机械推力,会破坏水生植物植物体。低温还会影响植物的代谢和生长速率,只有那些缓慢生长的矮小苔藓类植物才能适应低温条件(Jones et al.,2003)。

6.4.3.2 湖盆形态、水下坡度和风浪

湖盆有很多类型,水成湖盆和风成湖盆一般具有柔缓的岸线和坡度,适宜于大型水

生植物扎根和生长，其他类型的湖盆常形成陡峭的深湖盆，较少有大型水生植物生长。湖盆形态对大型水生植物分布的影响主要是通过坡度来实现，当岸边坡度太陡时，植物无法扎根和垂直向上生长，就难以成功建群。大型水生植物在水下坡度小于5%时具有最大的群落生物量，在坡度大于20%的地方，即使其他条件都合适，根生型植物也无法生长。风浪也会影响大型植物生长和建群，水流的强力冲击会破坏沉积物，导致植物扎根条件恶劣，同时也引起沉积物再悬浮，导致水体浑浊，影响水生植物生长。水浪的冲刷力度和频度决定着沉水植物的物种组成及其在水中的拓殖深度。但缺乏风浪扰动时，沉水植物体表的营养盐和溶解性气体的扩散速率也会受到影响，从而阻碍植物生长并影响群落的物种组成。因此，在大型湖泊中，大型植物的分布呈现出随扰动强度变化的分布趋势：在风浪扰动作用较强的水域，小而紧凑的沉水植物占优势，这些植物呈莲座状，基生，有坚硬的叶片和强壮的根系；茎干长且细弱柔韧的浮叶和沉水植物，通常在扰动较小的地方占优势，这样既能正常扎根又避免柔弱的茎被风浪摧断；挺水植物、兼具浮叶和沉水两种叶形态的植物以及冠层型沉水植物，有部分营养体暴露在空气中，不太依赖风浪扰动来进行气体交换，因此在相对避风的水域（弱扰动）占优势。

6.4.3.3 面积、水位变化和基质类型

大型水生植物的生物量、覆盖面积和丰度往往随湖泊面积的增加而增加，可能是由于大的湖泊一般都具有大面积的沿岸带，从而拥有更多生境类型，如不同的深度、光照、沉积物类型以及水下坡度等。尽管如此，浅水湖泊和深水湖泊仍会有很大的区别，一些浅水湖泊可能会全湖布满大型水生植物，而一些大型深水湖泊虽然有很大面积的大型水生植物，但占全湖的面积比例却很小。大型水生植物覆盖面积占湖泊面积30%以上的湖泊，常被定义为“草型湖泊”。在温带自然形成的“草型湖泊”中，挺水植物的生物量和覆盖面积随湖泊面积的增加而增加，一般会占据全湖面积的7%左右；而沉水植物的覆盖面积和全湖生物量都会随湖泊面积的增加而下降，这导致面积特别大的湖泊很难拥有占全湖面积30%以上的大型水生植物，因此不能称为“草型湖泊”（Vestergaard and Sand-Jensen，2000；Kosten et al.，2009）。一些通江湖泊、干湿季交替明显的湖泊或者受冰川融水补给的湖泊，一年中水位的变化非常大，会导致沿岸带面积发生很大的变化。水位升高时，沿岸带面积一般会下降。

基质类型对大型水生植物的影响也很大，即使其他环境条件都适宜，在缺少基质的岩石湖盆中，大型水生植物也无法扎根生长。在具有细砂、粗砂、黏土或沉积物的基质上，大型水生植物均能成功建群。富含有机质且松软的沉积物适合大部分大型水生植物扎根生长。如果温度合适、水体透明度高且坡度缓和，沉积物的营养状况决定着植物的生长模式。沉积物贫瘠时（高透明度、贫营养），低矮的物种在群落中占优势；沉积物肥沃时，高大的物种占优势。在富营养化严重的湖泊中，藻类生长引起光照不足，沉水植物难以生长。

6.4.3.4 水下光照、透明度、浊度和水深

大型水生植物跟陆生植物一样，都是光合自养生物，光合作用离不开光照。因此，能够到达水下的光辐射是决定大型植物最大拓殖深度和最大生物量形成深度的主要因素。不同类群的水生植物受光照的影响不同，沉水植物受光照的影响尤其大，挺水植物和浮叶植物在春季的萌发阶段也深受光照的影响。被子植物的光补偿点高于大型藻类

(如轮藻),当生长季节的光强低于 1 800 J·cm^{-2}或低于 21%光合有效辐射(PAR)时,被子植物就无法生存,而大型藻类(轮藻)却可以在 1 200 J·cm^{-2}(10%入射 PAR)以上的任何光照条件下生长。真苔类植物甚至可以分布到仅有 2%PAR 的水域。

水体透明度会影响水下光强,而沉水植物只能分布在透明度高的湖泊沿岸带。即使在阳光充足的赤道地区,浑浊的水体中,沉水植物也难以分布到水深 1 m 以下的水体中;但在透明度较高的水体中,沉水植物能够分布到水深 18 m 处;而在透明度更高的海洋水体中,沉水植物甚至可以分布到水深 50 m 处。轮藻和苔藓因为能够耐受弱光,可以分布到更深的水域。例如,在 20 世纪 60 年代,当塔霍湖(美国加利福尼亚州)透明度达到 30 m 左右时,大型藻类能够分布到水深 60 m 处,而苔藓类更是分布到水深 153 m 处。一些水生植物进化出沉水和浮叶两种叶型来适应较浑浊的水体,如异叶眼子菜(*Potamogeton heterophyllus*)。

水体浊度通过影响水体透明度来影响大型植物的分布。在冰川融水补给、风浪扰动厉害或腐殖质含量高的湖泊中,水体透明度往往都很低,大型水生植物较少或者缺失。

水深并不直接影响大型水生植物的分布,同样是通过透明度来影响的。一般的湖泊仅距沿岸带 1~10 m 的水体中有足够的光照适宜沉水植物生长,更深的水域则难以接收到足够的光照。在透明度足够高的水体中,沉水植物也可以分布到很深的水域。此外,不同水深处的温度、碳氮磷等营养盐状况、静水压力以及复杂的流体条件(湖泊分层导致)等因素均不同,也会对沉水植物的分布产生影响。

6.4.3.5 营养盐、pH 值、盐度和碱度

与陆生植物一样,大型水生植物的生长也需要大量的碳、氮、磷(C∶N∶P 值约为 500∶24∶1)等营养盐以及各种微量元素。虽然大型水生植物主要营养盐来源于沉积物,但上覆水营养盐浓度增加也会促进大型沉水植物的生长。从 20 世纪 70 年代开始,由于人类活动的影响,输入湖泊的外源营养盐越来越多,人们发现,大型水生植物在很多水体呈现快速增长的趋势,而磷(有时是氮)是引起沉水植物快速增长的决定性因素。沉水植物的过量生长会影响湖泊的垂钓、娱乐、行船、水运、泄洪和灌溉等功能,大量快速增殖的挺水植物也会促进浅水湖泊的沼泽化。当时对水生植物尤其是沉水植物生态学功能的研究不足,针对快速增长的沉水植物,国际上多次召开会议商讨控制方法。但随着水体进一步迅速富营养化,沉水植物首先由低矮的草甸型转变成高大的冠层型,然后在一些湖泊逐渐减少直至大量消失。例如,在丹麦的浅水湖泊中,当磷含量大于 150 μg·L^{-1}时,水体透明度通常会小于 1 m,苔藓、轮藻和苦草等近地面生长的沉水植物很难生存;冠层型沉水植物则能很好地应付这种状况,如穗花狐尾藻(*Myriophyllum Spicatum*)和篦齿眼子菜(*Potamogeton pectinatus*),这些植物具有大量储存淀粉的变态根,能够为其提供充足的营养,在附着藻类暴发和浊度增大之前能将枝叶快速延伸到水面,从而较好地应对光照的减弱。但随着营养盐水平的进一步提高,冠层型沉水植物会逐渐被藻类完全取代或者与藻类共存。目前,全球范围内沉水植物分布面积已经呈现严重下降趋势。虽然有一些实验室的研究证明,过高浓度的氨氮会抑制沉水植物的生理活动(Cao et al.,2007),但这不太可能成为沉水植物快速消失的原因。因为即使在重度富营养化的湖泊中,达到毒害标准的高氨氮浓度也很少见。无机盐浓度提高导致沉水植物消失的原因,更多的可能是浮游植物快速生长导致了遮光作用。

相较于大型水生植物,形体小、生长快的浮游植物(C∶N∶P 值为 110∶16∶1)能轻易从富营养化水体中获取足够多的氮、磷营养用于快速生长,占据水柱的中上层,从而遮蔽光照,影响大型水生植物的萌发和生长。

在沉水植被稠密的湖泊,限制因素不再是氮、磷,而是溶解性无机碳(DIC)。大型水生植物 DIC 的来源包括:① 通过根部吸收沉积物中的 CO_2,这部分吸收极少,一般不足整个植物体吸收量的 1.5%,只有极少数小型莲座状的植物茎中含有大量从根部直达枝叶部位的腔隙,这些腔隙使得植物在进行光合作用时,CO_2 能够从根部向上扩散,而 O_2 则朝相反的方向扩散,因此能够较好地利用沉积物中的 CO_2;② 漂浮的叶片或冠幅从空气中吸收的 CO_2,这部分是挺水植物、浮叶植物和部分高大的冠层型沉水植物才能利用的部分,底层低矮的草甸型沉水植物只能利用扩散进入水中的 CO_2;③ 植物呼吸释放的 CO_2 在体内的重新利用;④ 植物表面的 HCO_3^- 分解产生的 CO_2(这种化学反应常常形成大量难溶的 $CaCO_3$ 结晶,沉淀在植物叶片的表面),这部分在沉水植物中所占的比例较大;⑤ 通过主动吸收直接利用的 HCO_3^-。HCO_3^- 是水中最大的 DIC 来源,许多大型植物能够产生转运蛋白,包括向胞外释放的碳酸酐酶,使植物能够利用 HCO_3^-。这一点对沉水植物非常重要,因为在植被稠密时,水中重碳酸盐的浓度常常是 CO_2 的 4~140 倍,有效利用 HCO_3^- 将会大大提高沉水植物的光合效率。

水的扩散系数低于空气,因此,与暴露在空气中的挺水植物和浮叶植物相比,沉水植物面临 CO_2 制约的风险更大。但是,即使有时候水中有足够多的 DIC,当湖泊中植被过于稠密时,沉水植物周围水流速度变慢,动态黏滞度高,会形成厚厚的扩散界面层(diffuse boundary layer,DBL),有时可达几百微米,如果周围有底栖藻类或较厚的沉积物的话,甚至可达几毫米厚。植物体上如果覆盖一层厚厚的附着植物,扩散界面层的厚度会进一步增加。

水体中过高或过低的 pH 值都不利于大型水生植物生长,沉水植物更敏感一些,一般仅出现在 pH 值中偏高的水体中。沉水植物的光合速率在 pH>7 时达到最大。但如果 pH 值超过 11,HCO_3^- 难以解离释放 CO_2 供植物吸收,就会导致 CO_2 对沉水植物生长的制约,从而抑制沉水植物生长(Yan et al.,2006)。

无论是挺水还是沉水植物,其生物量都随水体盐度的升高而降低。实验表明,将淡水中生长的挺水和沉水植物种植在咸水中,当盐度升高到 16‰时(<25 000 $\mu S \cdot cm^{-1}$),种子萌发率和幼苗存活率都会下降。若在此基础上再提高盐度,植物的离子调节和渗透调节都会越来越困难,那些耐盐性低的物种将逐渐被耐盐性高的物种所取代,如内陆咸水湖和湿地中生长的盐土植物(halophyte)就有可能取代淡水植物。但是轮藻类和某些被子植物(如篦齿眼子菜),虽然主要生长在淡水中,但在盐度远高于 50‰的咸水中也能生长。湖泊水体中碱度适当增加有可能会提高 HCO_3^- 的浓度,在一定范围内会促进大型水生植物的生长。同时,水的硬度也会影响沉水植物根部从沉积物间隙水中吸收 CO_2,水的硬度越高,吸收得越少。

6.4.3.6 浮游植物、附植植物和牧食动物

大型水生植物中的沉水植物与浮游植物之间存在营养盐和光照的竞争关系。大型水生植物主要从基质中获取营养盐,而基质中的营养盐含量一般是水体中含量的 10^3~10^5 倍甚至更高,大型水生植物营养体也同时可以从上覆水中获取营养盐,因此能够在营养盐竞争中占据优势;浮游植物悬浮于水柱的中上层,比沉水植物更接近于水面,能

更有效地获取光照，因此在光竞争中占据优势。大型水生植物跟浮游植物之间也会互相释放他感物质来抑制对方的生长，两者在营养和光照合适时可以达到某种平衡。当外源负荷增加时，上覆水营养盐浓度增加，浮游植物能够轻易获取足够多的氮、磷等营养盐，因此会呈现快速生长，占据更多的上层水柱，对光照的遮挡作用更强，抑制根生型大型水生植物的萌发和生长。沉水植物有非常大的表型可塑性，为了适应被浮游植物遮挡的低光条件，会通过增加比叶面积（叶面积/叶干重）、高度、分枝长、叶柄长或者叶片长等方式来进行响应（Guan et al.，2018）。具有克隆生长的植物如芦苇和苦草等，会通过向远方伸展克隆茎，大量增加无性系分株等方式逃避低光照，竹叶眼子菜等冠层型沉水植物则倾向于增大体型，形成接近于水面且分枝更多更长的大体型个体。因此，在一些富营养化水体中，可以观察到大型水生植物与高密度浮游植物共存的现象。自由漂浮植物、冠层型沉水植物以及无根悬浮于水柱上层的沉水植物（如金鱼藻等）跟浮游植物共存的现象较多。但是在富营养化严重的湖泊，浮游植物暴发形成水华，大片的浮渣完全遮蔽光照，会导致大型水生植物从湖泊中消失。

大型水生植物和附植植物（附着在大型植物体表的附着藻类）之间也存在光照和营养盐的竞争，但两者在应对水生动物牧食时具有协同作用。大型水生植物为附植植物提供附着基，同时也可能通过改变周围的营养动力学、调节水的物理化学变化，从而影响附植植物的多样性和功能。大型水生植物还可能会分泌可溶解性营养盐，为附植植物提供营养支持。附植植物是否直接从大型水生植物体内吸收营养盐则还没有定论。过多的附植植物会遮挡光照并影响营养物质和气体的交换，从而抑制大型水生植物的光合作用。一些大型植物会采取快速生长的策略来应对附植植物的遮光效应，也会释放化感物质抑制附植植物的生长。当牧食性水生动物存在时，附植植物可以成为大型植物的防护，能缓解牧食动物尤其是刮食性水生动物（如萝卜螺等）对大型植物的过量破坏。

湖泊中许多动物仅把大型水生植物群落作为栖息地和繁殖场所，但一些软体动物有助于大型水生植物生长，因为它们会取食附植植物和衰老的大型水生植物组织碎屑，不仅可以减少遮光，还能移除可能侵入植物健康组织的致病真菌和细菌。但也有一些动物会直接取食或破坏大型水生植物，如草鱼、团头鲂、螃蟹、福寿螺和水生昆虫等。还有一些水禽，不仅会取食大型水生植物的果实或者越冬休眠芽（或块茎），同时在潜入水底翻找食物的时候，还会破坏大型水生植物的根部，对植物造成很大的伤害。过量繁殖的水生动物或者水禽也会引起大型水生植物衰退甚至消失。反之，当大型水生植物过量生长时，也可以适当投放合适的牧食动物进行控制。大型水生植物和水生动物都会通过不断调整生理、生态、繁殖和行为特征来适应对方的变化。

此外，一些鱼类虽然不会直接取食或者破坏大型水生植物，但生活在水柱的下层，会搅动沉积物引起再悬浮，增加水体浊度，或者通过强力活动破坏植物根部，从而抑制水生植物生长。在温带湖泊中，生活在中上层的一些鱼类以浮游动物为食，致使浮游动物对浮游植物的控制减弱，而浮游植物增加，进而抑制沉水植物生长。在一些浑浊的湖泊中实施生物操纵，将底层鱼类和取食浮游动物的鱼类去除，就会使浮游动物数量增加，有效降低藻类生物量，使水体透明度提高，促进大型水生植物生长。

即使是大型水生植物之间，也存在对光照、营养盐和空间的竞争作用。在深度低于0.5 m的浅水区，挺水植物能够轻易地战胜浮叶植物、漂浮植物和沉水植物。0.5～2 m深度的水域，浮叶植物也能轻易在竞争光中获胜。像轮藻、水韭和苦草等扎根于水中的草甸型沉水植物无法与冠层型沉水植物(如金鱼藻和轮叶狐尾藻)或浮叶植物争夺光照和空间,但由于根相对较多,在营养盐竞争中会更具有优势。在草甸型沉水植物内部,可能会面临高密度的平行空间竞争,而冠层型沉水植物在平行空间竞争之前可能会先进行垂直空间的竞争。

虽然不同的环境因素有各自的特点,但湖泊大型水生植物呈现出的分布和群落特征不是单独某个因素作用的结果,而是多种因素综合作用的结果。例如,在坡度变化不大的湖泊中,植物的建群深度和生物量达到最大时的水深都能根据透明度粗略地预测出来,但如果坡度变化大,就很难通过光照的强弱来预测植物的分布和生长情况。植物的最大拓殖深度随湖泊浊度的增加而下降,而浊度的增加一般是由营养盐含量的升高和浮游植物的增加造成的。基于湖泊环境条件变量来预测大型水生植物生物量的模型也越来越多,但都有其适用范围。例如,在温带湖泊得到的水下坡度与植物最大生物量之间关系的模型,只能够用来预测其他环境条件与模型条件一致的温带湖泊的植物最大生物量,不能适用于太浑浊或腐殖质含量更高的湖泊,因为这些湖泊中大型水生植物的实际生物量总是低于预测值;同样也不能用于低纬度地区的湖泊中,因为这些湖泊中的实际植物生物量总是高于预测值。近几年,荷兰科学家开发出一套 PCLake 模型,能够较好地模拟入水和出水清楚的小型湖泊中水生植被的发展情况(Janse et al.,2010)。

6.4.4 大型水生植物的群落特征及调查方法

稠密的大型水生植物群落主要分布在温带和热带的浅水湖泊中,在沿岸带的初级生产者中占绝对优势,但在温带湖泊、热带和亚热带的深水湖泊和大型湖泊中,大型水生植物在全湖初级生产者中所占的比例往往较小,调查过程也比藻类、浮游动物、底栖动物等费时耗力。因此,在 20 世纪 80 年代之前,大型水生植物很少作为研究对象。随着全球湖泊富营养化加剧,大型水生植物群落结构发生显著变化,甚至在许多湖泊中快速消失,这才引起足够重视,对大型水生植物的调查研究逐渐增加。要清晰了解一个湖泊的大型水生植物群落状态,需要了解其分布面积、覆盖度、生物量、密度、物种丰富度和多度等信息。细致的研究还会调查群落中各物种的比叶面积(specific leaf area; 单位为 $cm^2 \cdot mg^{-1}$ DW)、叶绿素含量、光合速率以及 CO_2 补偿点(compensation point)等。分布面积、覆盖度和总生物量能够反映大型水生植物对水生生态系统的不同影响。其中,大型水生植物的总生物量会影响整个系统的初级生产力、营养动态和氧平衡,而分布面积和覆盖度主要影响附着生物和无脊椎动物的分布,以及鱼类的数量、分布和种类组成。在全湖尺度上,大型水生植物的总生物量和分布面积能够共同决定整个系统的消浪能力(注意,不是影响水体浊度,浊度主要受风浪影响),而消浪能力又会影响颗粒物的沉降速率以及气体、营养、污染物和有机物质进出沿岸带的通量水平(Kalff,2002)。

由于大型水生植物克隆茎、无性系小株或分枝发达,在水下常常纠缠在一起,很少有物种能够精确分辨出单株数目,因此也难以计算密度,所以水生植物多用单位面积上生产量(鲜重或干重)的数据,即生物量密度来表示生产力。一般来讲,挺水植物的生物量密度高于浮叶植物和沉水植物,草甸型沉水植物生物量密度高于冠层型沉水植物。在较深的水域中,大型水生植物倾向于长得更高,群落结构也更复杂,生物量密度很高;而浅水水域限制了植物的高度生长,为了方便对两者进行比较,一些研究者采用单位体积水柱中生物量(percentage volume infested, PVI)的多少来衡量群落的生产力(Jeppesen et al.,2012)。

可以通过小样方获得单位面积（m^2）内物种组成、群落结构、生物量密度和相对多度等数据，并由此评估全湖群落状况。小样方通常设定在浅水植被区，或者从湖泊深处到沿岸带的断面上连续取样。在沿岸带设置多个小样方，不仅获得单位面积内群落状况的数据，还能够反演和推导出大型水生植物从湖心到沿岸带的分布面积和分布模式。

但是小样方也有局限性，如果水下植物呈现斑块化分布，获得的数据在推导到整个系统时就会有很大偏差。此外，小样方获得的总生物量数据偏低，大多数文献中记载的大型水生植物的生物量都只包括地上部分（above ground component），而不包括根和根茎，因此，通常得到的数据低估了15%～25%甚至更多的生物量。低估量的差异主要是由不同种类和生活型植物的根冠比差异引起的，低位生长的草甸型沉水植物的根冠比最高，挺水和浮叶植物的根冠比较低。生活在贫营养环境中的根生型大型水生植物会形成较发达的根系用于吸收基质中的营养，导致其根冠比更高。但轮藻、苔藓类和漂浮沉水植物（如金鱼藻）仅具有很少的根（或假根），无论是在贫营养还是富营养的环境中，根冠比都很低。小样方采集的生物量数据很难精准描述不同生长模式植物的差异。

此外，小样方数据仅考虑植物在某个时间点的活体生物量，无法评估生长过程中损失的生物量，想要精确地了解大型水生植物的生物量，需要进行控制实验，将整个植物或者一部分枝叶置于实验装置中观测一段时间，测定原位光合速率，从而获得直接的生产力数据。但这种方法一旦推广到植物的全部生活史，也会产生很大的偏差，因为植物在不同的生活史阶段，光合能力不是一成不变的。除此之外，还有一些基于大数据、遥感反演或无人机拍照等的研究方法，可以在生态系统的尺度上（全湖总生产量或者单位面积年生产量）开展对大型水生植物分布面积和生物量的研究，也可以粗略分辨出大型水生植物的生活型。相对于小样方和控制研究，这些方法能够快速获得大尺度的数据，但对分布面积和生物量的预估跟真实情况之间的差异可能会更大。如何结合大尺度和小样方进行有效的调查，尽量精确评估大型水生植物的生物量和生产力，是目前面临的一个技术问题。

6.4.5 大型水生植物对湖泊生态系统的影响

大型水生植物的分布和群落状态受环境因素的影响显著，同时大型水生植物的存在也对湖泊生态系统的物理、化学环境和生物组成均具有重要影响（图6.15）（Carpenter and Lodge，1986；Sayer et al.，2010；Jeppesen et al.，2012）。

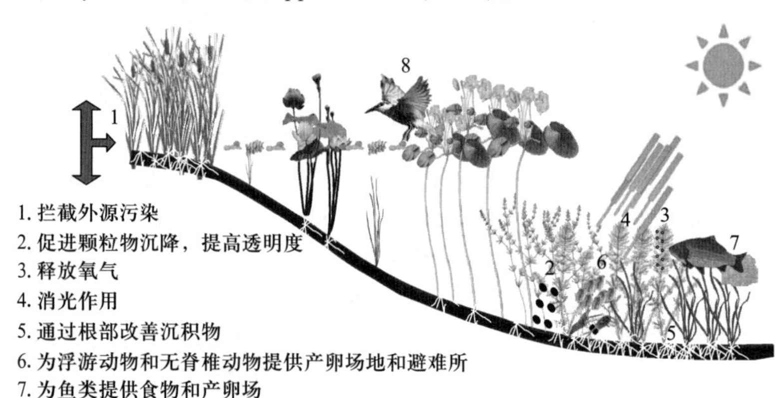

图6.15 大型水生植物对湖泊生态系统的影响

6.4.5.1 大型水生植物对湖泊物理环境的影响

大型水生植物对水体物理环境的影响主要体现在对光辐射、水温、水流和基质状态的改变。大型水生植物的冠层或多或少都会削减到达水底的光辐射,生长过程中的一些沥出物也会改变水色,提高水体的消光率。不同生活型、生长模式和生物量密度的大型水生植物的消光率不同,稠密的挺水植物群落会严重削减到达水面的光辐射,导致其他类型水生植物无法生长,稀疏的挺水植物群落则允许部分光照到达水面,为一部分漂浮植物的生长提供条件。浮叶植物和漂浮植物的叶片平铺于水面,对水下光照的消光效应明显,稀疏时能够允许部分耐低光的沉水植物存在,密度高时则完全遮挡水下光照,导致其他物种无法生存。冠层型沉水植物类似于浮叶植物,在垂直高度上消光效应明显,也是在密度较低时才会与低矮的草甸型沉水植物共存。草甸型沉水植物的生物量紧贴于基质附近,对水柱的消光作用最低。从另一方面来说,大型水生植物虽然具有消光效应,但能抑制藻类生长并促进无机颗粒物沉降,从而降低水体总悬浮物浓度,保持水体清澈状态,因此水下透明度远远高于藻类占优势的富营养化水体(Kosten et al., 2009)。在较深的湖泊沿岸带,有稠密沉水植物群落存在的地方,水温会沿水柱垂直方向显著下降,有时可以下降 10 ℃ · m^{-1},而相邻的无植被区则仅有 0.2 ℃ · m^{-1}。大型水生植物的存在也能够显著减缓入湖河流的流速,缓解风浪引起的湖流对岸带的冲击。目前,有很多模型可以模拟湖流遇到水生植被时的状态改变,但这显然不仅取决于水生植被的宽度、密度和物种组成,还受沿岸带的坡度和基质状态等多种因素的影响,因此不同环境条件下会展现出不同的结果。除此之外,大型水生植物的存在还会对湖泊基质产生影响。大型水生植物通过生理活动释放氧气和分泌物,能够逐步改变基质的物理和化学状态;对水流的减缓作用又能够导致大量有机和无机颗粒物的沉降,逐渐形成越来越厚的沉积物。

6.4.5.2 大型水生植物对湖泊化学环境的影响

大型水生植物对湖泊水体化学环境方面的影响主要体现在显著改变水体的溶解氧、溶解性碳和无机盐浓度等方面。在温度和光照适宜的季节,稠密的大型水生植物群落通过光合作用,向水体中释放大量的氧气,能迅速提升湖泊的溶解氧水平。同时,植物的根部也会释放氧气,提高基质中的溶解氧水平。大型水生植物在生长过程中会消耗大量的 DIC,转化为植物体内的有机碳,可以降低水体和沉积物间隙水中 DIC 浓度。但在生长过程中,大型水生植物脱落的植物组织以及植株死亡后的残体,会有 30%~80%的干物质(不同种类的植物在不同条件下分解率不同)在短期内迅速分解释放可溶性有机碳(DOC),导致水体 DOC 浓度增加,但与高密度的藻类相比要低得多。在整个生活史中,大型水生植物固定的碳远远超过释放的 DOC,且大部分以难以短期分解的纤维形式存在,因此延长了碳的循环周期。

大型水生植物最显著的功能是降低上覆水的营养盐浓度,特别是磷元素的浓度。在寡营养湖泊中,先锋生长的沉水植物会释放分泌物,促进矿石中的磷分解,但这个过程非常缓慢,在数十年甚至上百年后磷浓度才会有明显提高。大型水生植物在生长过程中,也会释放一部分溶解态的磷,很可能以有机磷为主,但很难检测,一方面是因为磷的释放量非常少,另一方面是因为释放的磷会被初级生产者迅速吸收利用。植物凋落或死亡后,组织分解释放的磷量比较大,也非常迅速,一般在七天内就释放掉绝大部分可分解的磷,比碳和氮都释放得快。但水体中磷浓度的增加并不特别显著,这是因为植物干物质在短期内仅分解很少一部分,分解释放的可溶性磷特别容易被其他初级生产者同化利用。除此之外,在沉积物较厚的湖泊中,大型水生植物能够降低水-泥界面的磷通量,从而保持上覆水较低的磷浓度。

大型水生植物改变湖泊水体氮含量的机理和过程都更复杂一些,因为氮在空气、水体、生物和沉积物等各种界相中循环。同样,大型水生植物在生长过程能够释放一部分溶解态氮,凋落物和死亡组织也会释放一部分氮,从而提高上覆水氮浓度。但在沉积物丰富的水体中,大型水生植物能够维持上覆水较低的氮水平。

在富含沉积物的湖泊中,大型水生植物维持上覆水低营养盐浓度的机理可以归纳为以下几个方面:① 大型水生植物通过促进水体中悬浮颗粒物的沉降并抑制藻类生长,提高水体透明度。② 大型水生植物通过营养体直接吸收利用营养物质,从而减少上覆水中的营养盐浓度。③ 根生型大型水生植物,尤其是草甸型沉水植物,根系和近地面的营养体会覆盖沉积物,能够减少沉积物的再悬浮,从而降低沉积物营养盐向上覆水中释放。④ 大型水生植物尤其是沉水植物根系可以通过释放氧气,降低沉积物中的pH值,并提高沉积物的氧化还原电位,改变沉积物中一些离子(如Fe^{2+}、Mn^{2+}等)的价态,与磷元素络合形成难溶于水的络合物,降低磷元素的活性,从而提高沉积物对磷的滞留能力(Rehman et al.,2017)。⑤ 沉水植物作为介于水-泥界面之间的一个生物界面,通过其自身和附着在其上的生物,形成一个高效率的硝化和反硝化场所,可以促进氮元素的吸收利用,从而降低上覆水中的氮水平。

6.4.5.3 大型水生植物对湖泊生物的影响

大型水生植物的存在会显著改变湖泊的生物群落结构,是湖泊沿岸带生物多样性的物质基础。大型水生植物不仅可以为附着植物和细菌提供附着基,还可以为浮游动物和杂食性鱼类提供躲避天敌的避难所,并为底栖动物、植食性鱼类和水禽提供食物,同时也是许多动物的天然繁殖场所和栖息地。因此,沿岸带大型水生植物区中各类群水生生物的多样性和密度都高于敞水区。具体表现为:沿岸带大型水生植物区营造的生境比敞水区更加多样化,附着藻类和细菌的物种多样性高于敞水区,因此可以为多样化的浮游动物和无脊椎动物提供更丰富的食物。许多无脊椎动物包括昆虫(双翅目、鞘翅目、半翅目、蜉蝣目)的幼虫期,主要依靠摄食大型水生植物组织或碎屑生活,同时,植物释放的溶解有机物也是无脊椎动物的重要营养来源。沉水植物在白天提供氧气,并清除对浮游动物和无脊椎动物有毒的物质如氨和二氧化碳等,为其提供安全的产卵基质和栖息场所。虽然大型水生植物制约浮游植物的生长,导致浮游植物密度下降,但藻类的多样性是高于敞水区的。大型水生植物也为鱼类提供了丰富的食物来源和适宜产卵的场所,杂食性鱼类、植食性鱼类和肉食性鱼类等在沿岸带大型水生植物区中均适宜生存,因此可以提高湖泊鱼类多样性。一些大型水禽也会在大型水生植物区产卵和觅食。多样化的动植物在群落中不仅相互依存,同时也相互制约。例如,一些沉水植物会释放出化学物质,不但抑制藻类的生长,也会抑制一些浮游动物和无脊椎动物幼虫的生长和发育;而一些草食型水生动物通过选择性牧食,会控制一些大型水生植物的过量生长;适量的附着藻类代替大型水生植物成为一些水生动物的食物,过量的附着藻类则遮挡光照;鱼类可以在大型水生植物中躲避天敌,但其运动能力也受到了限制。正是通过各类生物之间的相互制约,才能维持植被区群落的稳定。

6.4.6 富营养化湖泊中的沉水植物恢复与管理

从 20 世纪 70 年代开始,全球许多湖泊出现富营养化的现象。目前,我国的湖泊富营养化现象也很严重,超过 80%的淡水湖泊出现了不同程度的富营养化。富营养化导致湖泊中的沉水植物衰退。一般情况下,当湖泊水体中 P 浓度在 0.01~0.05 mg·L^{-1}、N 浓度低于 0.15 mg·L^{-1}时,沉水植物分布面积、物种数和群落生物量都呈现爆发性增长趋势,并以低矮的草甸型沉水植物为主;当 P 浓度超过 0.05 mg·L^{-1}、N 浓度超过 0.5 mg·L^{-1}时,湖泊中沉水植物生物量开始下降,优势种以高大壮硕的冠层型沉水植物为主;当 P 浓度超过 0.1 mg·L^{-1}时、N 浓度超过 1 mg·L^{-1}时,沉水植物急剧下降;当 P 浓度超过 1 mg·L^{-1}、N 浓度超过 10 mg·L^{-1}时,沉水植物彻底消失(Körner,2002; Kosten et al.,2009)。存在强烈人为干扰且又处于温暖区域的湖泊,沉水植物衰退的营养盐阈值会降低。目前,我国的蒙古高原和青藏高原湖泊沉水植物呈现增加趋势,云贵高原湖泊沉水植物呈现暴发中或暴发后的衰退趋势,而长江中下游的草型湖泊已经非常稀少(李伟,2020)。

沉水植物丧失会引起连锁反应,如浮游植物沉降速率增加,导致沉积物呼吸作用增强,进而引起沉积物和下层滞水区氧气含量下降,促使更多的营养盐释放入水柱,而水柱营养负荷的增加使藻类生物量不断提高,反过来更加速了沉水植物的丧失。连锁反应最终会导致初级生产者从大型水生植物转变为浮游藻类,生态系统发生稳态转换(regime shift)(Duarte,1995; Scheffer et al.,2001)。但沉水植物的生态功能在最近的三四十年才逐渐被认识到,并应用到湖泊的富营养化治理。在此之前人们认为,富营养化湖泊中食浮游动物鱼类的增加,使得浮游动物密度下降,导致浮游动物对浮游植物的摄食能力不足,因此浮游藻类密度增加,水体浑浊。在此基础上,为了控制浮游藻类密度,人们通常会对食浮游动物鱼类进行清除,使浮游动物的数量增加,从而对浮游植物的牧食作用增强。但这种生物操纵只在上覆水总磷浓度低于 0.1 mg·L^{-1}的温带湖泊中有过成功案例,在热带和亚热带湖泊中难以成功。一方面,可能是因为浮游动物对浮游植物的牧食作用被高估了。围隔实验表明,只有当食浮游动物鱼类密度足够小(<3 条·m^{-2}),而且为浮游动物提供避难所的大型植物足够稠密(PVI≥20%)时,浮游动物对浮游植物的高牧食率才有可能实现。即便如此,浮游动物的牧食率也会随时间和空间尺度的改变而发生变化。因此,即使在欧洲西部富营养化水平较低的浅水湖泊中实施这种生物操纵后,湖泊迅速从高密度浮游植物的浊水态转向大型植物为主的清水态,但转变过程难免会发生波动。另一方面,亚热带和热带湖泊的水温和光照条件更适合浮游植物生长,导致即使去除了食浮游动物鱼类、浮游动物密度大幅度提升后,依然无法控制浮游藻类。因为在合适的温度条件下,只要水柱中有少量的营养盐,藻类就会迅速生长,不适宜浮游动物取食的种类和聚集体也越来越多。在这种湖泊中,当外源输入的营养盐得到有效控制后,控制内源沉积物释放的营养盐才是解决问题的关键。由于沉水植物在控制沉积物营养盐释放方面效果显著,因此在生态修复中引入沉水植物成为湖泊生态修复能够成功维持的关键措施,受到越来越多的科学家和管理者的重视(Hilt et al.,2006; Kolada et al.,2014)。

沉水植物一旦消失,恢复起来是相当困难的,因为湖泊水环境的改善尤其是营养盐的下降会滞后很多年。以丹麦的富尔湖为例。富尔湖是一个大型深水湖泊,从 1920 年开始,持续有外源营养盐输入湖泊,储存于沉积物中;20 世纪 60 年代,沉积物中的磷开始释放,水体磷浓度突然上升,到 1970 年,水体磷浓度增加了 40 倍。从 70 年代开始控制外源污染,5 年后磷浓度才出现下降的迹象,40 多年后的 2014 年,水体磷浓度仍明显高于 1931 年。50 年的富营养化导致水生植物丰富度从 36 种减少到 12 种。水体富营养化后,苔藓、轮藻和低矮的被子植物逐渐消失,冠层型的高被子植物存活,并出现丝状藻。经过 45 年的返贫营养化,一部分苔藓、轮藻和低矮的被子植物依然没有恢复,丝状藻也依然存在(Sand-Jensen et al., 2017)。欧洲的第二大湖康斯坦斯湖(Lake Constance)和日本的琵琶湖也都表现出类似的趋势(Ishikawa and Haga,2015; Murphy et al.,2018)。

水体营养盐水平并不能直接制约沉水植物的生长,而是通过引起浮游植物的生长,使得水体变浑浊、透明度降低,从而间接制约沉水植物的生长。因此,提升水体透明度是成功恢复沉水植物的关键措施(刘正文,2006)。降低水体营养盐含量能够抑制浮游植物生长,有利于透明度的提升。这不但需要拦截外源污染,更需要控制沉积物的释放。当沉积物营养盐释放得到有效控制后,浮游植物生物量就会下降,水体透明度提升,沉水植物的恢复就具有了基础条件(Moss,1990)。如果湖泊中还幸存一部分沉水植物,或者丧失不久,沉积物中还保留有丰富的种子库(种子、越冬芽和块茎等繁殖体),沉水植物的恢复就比较容易。一旦沉水植物快速建群,水体透明度就会大幅提高,湖泊恢复的效果也会比较好。然而,最早建群的植物不一定是贫营养条件下最先出现在湖泊中的物种,极有可能是水生植物群落消失前的富营养化物种(Bakker et al., 2013; Hilt et al.,2018)。富尔湖(Lake Fure)和康斯坦斯湖就是例证:经过 50 年的富营养化,沉水植物群落衰退,幸运的是,沉积物中储存有充足的可萌发的种子库(沉水植物的繁殖体可以存活很多年)。然而,贫营养化物种的繁殖体埋藏在沉积物的下层,富营养化物种的繁殖体埋藏在沉积物上层。经过 45 年的返贫营养化(re-oligotrophication),水体透明度提高,沉水植物逐渐萌发,但首先萌发的是沉积物上层的富营养化物种,这些物种多为高大的冠层型沉水植物,生长迅速,对水下光照的遮挡作用强烈,导致埋藏在沉积物下层的贫营养化物种难以萌发或萌发后不能生长。

热带和亚热带的浅水湖泊有更充足的光照和更合适的水温条件,浮游植物更容易生长,因此,沉水植物的恢复会比在温带深水湖泊中的恢复更困难。此外,这些湖泊遭受的人为干扰往往也更严重,种子库常常遭到破坏,没有足够的可供萌发的繁殖体。因此,沉水植物在热带和亚热带的浅水湖泊中一旦消失,仅凭截断外源污染和“下行效应”的生物操纵几乎不可能恢复,恢复沉水植物的“上行效应”的生物操纵手段则比较有效(Jeppesen et al.,2005; Gulati et al.,2008)。通常在这类湖泊中,沉水植物的恢复主要依靠移植成苗,春季透明度高的水域也可以通过撒播种子、越冬芽和块茎等繁殖体恢复。成苗的移植方式主要有利用植株或断枝进行扦插、包根抛植和编织草毯铺种等。目前,国内应用较多的沉水植物种类主要有苦草属、眼子菜属、黑藻属、金鱼藻属和狐尾藻属等。实践中发现,须根相对较多、生物量集中分布在沉积物附近的草甸型沉水植物种类对水质的提升效果最好。我国的研究者在近 20 年间开展局部湖泊、小型湖泊或人工湖泊的生态修复,尝试撒播繁殖体和移植沉水植物的措施,取得了一定的成绩。比较早的生态修复出现在广东省的惠州西湖,移植重建沉水植物后,短期内(2~3 个月)就实现了清水状态,总磷从修复前的 200 $\mu g \cdot L^{-1}$下降到 50 $\mu g \cdot L^{-1}$,结合适当的管理,维持了稳定的清水态系统,惠州西湖示范区已经维持了 15 年(Liu et al.,2018)。

对管理者来说,水体中的大型水生植物有利也有弊。有利的一面是大型水生植物可以保持水体清澈状态,不利的一面是过度稠密的大型水生植物会影响水体功能。在热带和亚热带的富营养湖泊中,大型水生植物的生长季节长,会积累大量生物量。稠密的大型水生植物会阻塞航道,影响泄洪、垂钓和游泳等功能,给人们的生活造成诸多不便,管理者不得不对其进行控制。控制水草的基本方法有三种:机械收割(割草船)、使用除草剂及生物控制(通过水生昆虫、植食性螺、植食性鱼类、水鸟等的牧食),这些方法在管理过程中既可单独使用也可综合运用。对于四壁陡峭的鱼塘,还有一种常用的方法,即通过添加充足的肥料,促使浮游植物暴发,从而有效消减入射光照,阻止大型水生植物建群(Caffrey and Wade,1996; O'Hare et al.,2018)。

6.5 底栖动物

底栖动物(zoobenthos)是一个生态学概念,是指生活史的全部或大部分时间生活于沉积物-水界面或其他基质(如大型水生植物)上的水生无脊椎动物,一般又称为底栖无脊椎动物(benthic invertebrate),是湖泊生态系统的重要组成部分。

在实际研究中,常根据个体大小将底栖动物划分为三类:不能通过 500 μm(或 1 000 μm)孔径筛网的动物称为大型底栖动物(macrozoobenthos),主要由环节动物门(Annelida)、软体动物门(Mollusca)、昆虫纲(Insecta)、甲壳动物亚门(Crustacea)等组成;能通过 500 μm(或 1 000 μm)孔径筛网但不能通过 42 μm(或 50 μm)孔径筛网的称为小型底栖动物(meiozoobenthos);能通过 42 μm(或 50 μm)孔径筛网的称为微型底栖动物(microzoobenthos)(刘建康,1999)。需注意的是,这种分类方法只是为了研究的方便,与分类阶元和生态习性无关,且该划分方法本身就具有较大的武断性,一些种类的幼体可能属于小型底栖动物,而成体则可能是大型底栖动物。国内在湖泊大型底栖动物方面研究历史较长,积累了丰富的资料,而对小型和微型底栖动物的研究则较少。

底栖动物是湖泊生态系统重要的消费者,其组成和现存量与水深、底质类型、营养水平、水生植物、捕食等因素有关。底栖动物在湖泊生态系统的物质循环和能量流动中起重要作用,可促进水底有机质分解、提高水体自净能力、改变底质理化性质、调节泥-水界面物质交换。底栖动物主要摄食有机碎屑和藻类,同时又是其他水生动物的食物,如青鱼、鲶鱼、中华绒螯蟹等喜以底栖动物为主要摄食对象。众多底栖动物具有重要经济价值,如虾、蟹,大型蚌类则用于生产淡水珍珠。在湖泊生态修复中,通过双壳类滤食水体中藻类和有机颗粒物、螺类牧食沉水植物表面的附着生物,可促进沉水植物恢复,达到改善水质的目的。底栖动物生命周期较长,迁移能力弱,活动场所相对固定,且不同物种对环境胁迫的敏感度和耐受性不同,可作为监测污染、评价湖泊生态系统健康的理想指示生物。

6.5.1 底栖动物分类

湖泊中底栖动物种类繁多,从原生动物门到节肢动物门,几乎涉及所有的无脊椎动物门类。底栖动物不同种类间个体大小差异很大,包括从体型很小、难以辨认的原生动物至体型较大的蚌类,湖泊中一般主要包括环节动物门、软体动物门和节肢动物门。

6.5.1.1 环节动物门

环节动物门(Annelida)动物身体最先出现分节现象的三胚层,两侧对称,具有真体腔,淡水中常见的环节动物有水蛭、水丝蚓等。环节动物在身体分节的同时,体表也出现了原始的附肢,称为疣足(parapodium),它是体壁向外伸出的片状突起,每节一对,其中有刚毛及足刺以支持,形成有效的运动器官。中胚层在发育过程中形成真体腔,并且按体节排列,其周围肌肉收缩所产生的力只作用于相近的体腔室,局部体节甚至单个体节都可独立运动。环节动物由于身体的分节、体腔的分室,不仅提高了运动的机能,也全面提高了代谢水平。环节动物的无性生殖可行分裂、出芽及碎裂等;有性生殖为雌雄异体,生殖腺来源于体腔上皮,也按节排列。生殖细胞成熟后贮存在体腔内,由后肾排出体外,水中受精。经螺旋卵裂,发育成幼虫,然后变态成成虫。淡水中的环节动物可分为 3 个纲:多毛纲(Polychaeta)、寡毛纲(Oligochaeta)和蛭纲(Hirudinea)。

1) 多毛纲

多毛纲是环节动物中种类最多的一个纲,包括 10 000 多个已描述的种,是在形态、机能及生活方式上最具多样性的一类。但多毛纲绝大多数为海洋性种类,仅有少数种类生活在盐度较低的河口或淡水中,也有陆栖或寄生者(任淑仙,2007)。多毛纲种类身体纵长,背腹略扁平,由很多界限明显的体节组成,一般体长在 10 cm 左右,但最小的个体仅 1 mm,最大的矶沙蚕体长达 3 m。前端有明显的头部,其腹面中央有口,由口内伸出吻,吻上有齿或无齿,或具大颚。每个体节的两侧生对疣足,疣足由背肢、腹肢组成。背、腹肢又分上下两小叶,由此伸出刚毛束。在背、腹肢的上、下方又具背、腹触须等构造。多毛纲的头部、疣足、刚毛等及其他形态均因种类而有所不同(图 6.16)。

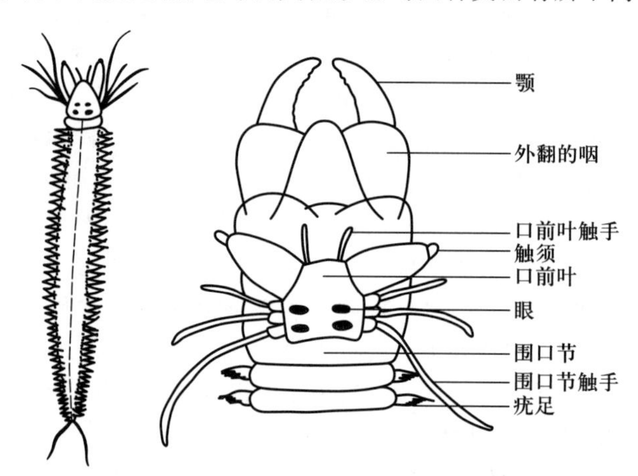

图 6.16　多毛纲沙蚕模式图(改自 Grasse,1949)

多毛纲大多数穴居,有的水底表面爬行,有的游泳,有的钻穴,有的永久性管居。我国淡水和半咸水多毛类有 18 种左右,主要包括寡鳃齿吻沙蚕、日本刺沙蚕等。一般沿河口进入淡水,栖息在淡水江河、湖泊内。

2) 寡毛纲

水栖寡毛纲体形较小,1 ~ 150 mm,多数种类小于 50 mm。身体同律分节,具口前叶,无疣足。除第一和后部少数几个体节外,每一体节皆具有四束刚毛:腹刚毛简单,多为钩状;背刚毛较多样,可分为发状、钩状和针状几种。成熟的种类常在身体一定位置形成环带,其分泌物可形成卵茧,为容纳受精卵及胚胎成长之用(图 6.17)。与陆栖种类相似,水栖寡毛纲雌雄同体,异体受精。水栖寡毛纲多数种类行有性生殖,也有一些种类行无性生殖,如仙女虫的一些种类常行出芽生殖。水栖寡毛纲具有很强的再生能力，身体断裂后各部分能重新形成完整的个体。此外，寡毛纲本身或其卵茧可随着流水或附着在水草和飞禽上，被带到其他地区生存繁殖。这些对于扩大分布区有很大的意义。但因不同的寡毛纲种类所需的栖息条件存在差异，因此其在不同地区分布也有一定差异。水栖寡毛纲偏好栖息于有机质丰富的浅水中，多在水域中的植物表面爬行，取食沉渣，也有的种类在水底软泥或沉积物中穴居，还有少数种类在河口处生活。寡毛纲的运动方式为蠕动收缩，类似于钻穴的多毛类。几个体节成为一组，一组内纵肌收缩，环肌舒张，体节则缩短，同时体腔压力增高，刚毛伸出以附着。常见的水栖寡毛纲有仙女虫科（Naididae）、颤蚓科（Tubificidae）、线蚓科（Enchytraeidae）和带丝蚓科（Lumbriculidae）（王洪铸，2002）。

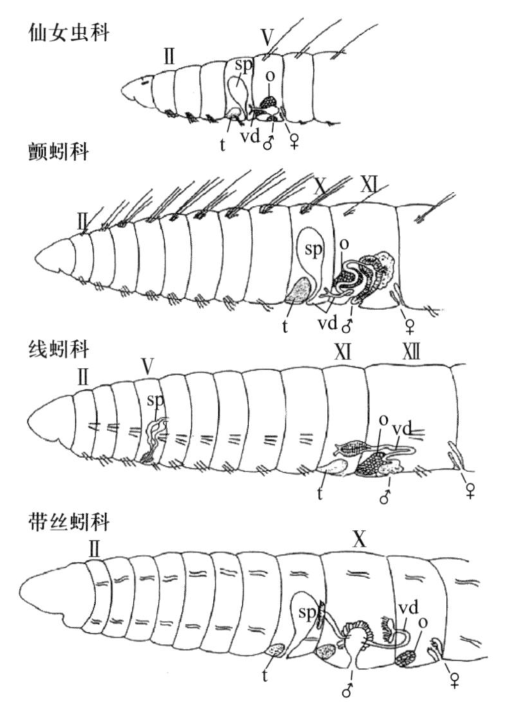

sp，受精囊，t，精巢，vd，输精管，o，卵巢，♂，雄孔，♀，雌孔

图 6.17　寡毛纲典型类群模式图（改自 Kathman and Brinkhurst，1998）

水栖寡毛纲是底栖食物链的重要组成部分，它们是鱼类等经济动物的重要食物，为某些动物的幼体所必需；同时水栖寡毛纲一般吞食底泥，可以加速有机质分解和翻匀底质，并且对于沉积物中颗粒物的迁移及营养元素矿化过程具有重要作用。水栖寡毛纲种类一般利用皮肤下的微血管交换气体进行呼吸（如颤蚓科），部分有鳃的种类则是由皮肤形成特殊的鳃进行呼吸（如尾盘虫和尾鳃蚓）。在有机污染严重的水体中，溶解氧保持较低水平，这对于多数底栖动物是致命的，而具有高适应性的颤蚓可大量出现。在缺氧的条件下，它们从泥中伸出大部分身体，不断摆动造成水流，以获得尽量多的 O_2。O_2 含量越低，摆动越快；在 O_2 充足的水体中，摆动则较慢。但其对氧的耐受能力也是有一定限度的，颤蚓比尾鳃蚓耐低氧的能力更强。当然如果有机污染过甚，颤蚓的数量也可能下降甚至消失，但只要水体中的溶解氧没有被完全耗尽或间歇性得到补偿，且由于厌氧条件产生的有毒物质没有被大量积累起来，颤蚓将会因丰富的食物供应以及缺

少竞争压力而不断生长繁殖,在局部地区其密度甚至可达每平方米上万条。在环境监测中,寡毛纲的数量常用作指示水质污染的程度。

3）蛭纲

蛭纲种类体型较小,体长在 1~30 cm,多数种体长 3~6 cm,体表有条纹或斑点,完全缺乏刚毛,且次生地出现了体环。身体呈柱形或卵圆形,因种而异,但背腹略扁平。头部没有触手、触须等感官,没有疣足。雌雄同体,具明确的生殖腺及生殖导管,并限制在少数几个体节内,体型也常随收缩及体内食物贮存的多少而有所改变。体节数目固定,共 34 节,其中最前端 5 个体节加口前叶形成前吸盘(anteriro sucker)围绕口,最后 7 个体节加肛节形成后吸盘(posterior sucker),后吸盘大于前吸盘。性成熟时出现环带,由环带形成卵茧,在茧中完成发育(图 6.18)。

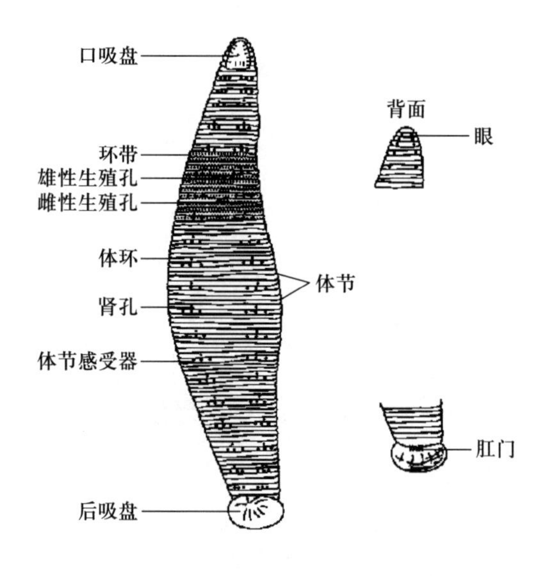

图 6.18　蛭纲模式图

蛭纲包括约 500 个种类,绝大多数生活在淡水,极少数种类生活在海水,个别种类生活在陆地(杨潼,1996)。淡水蛭多数种类生活在温暖而隐蔽的浅水区,特别是有机质丰富的池塘或水流缓慢的小溪等处,在酸性水域或水流较急的江河很少发现,但也有少数的水蛭可以在酸性水体中生活。总体来讲,大多数的蛭纲种类都是好钙性的种类,因此水体中钙的含量对其分布具有重要意义。

蛭纲可分为 4 个目,分别为棘蛭目(Acanthobdellida)、吻蛭目(Rhynchobdellida)、颚蛭目(Gnathobdellida)和咽蛭目(Pharyngobdellida)。其中,棘蛭目为原始的一类,体表具刚毛,无前吸盘,前端体节具体腔。吻蛭目有吻,循环系统与血窦系统相互独立,寄生于鱼类等冷血脊椎动物中,绝大部分海产蛭类均属此目。颚蛭目口腔内具 3 个颚板,水生或陆生,如医蛭,在我国池塘、稻田中分布很普遍的金线蛭以及栖息在山林中的山蛭等。咽蛭目无吻无颚板,缺乏细齿,有的种具肉质伪颚,水生或半陆生,如石蛭。

6.5.1.2　软体动物门

软体动物门(Mollusca)是无脊椎动物的一个大类,有十万余种,仅次于节肢动物门,为动物界中第二大门。软体动物栖息的范围很广,在海洋、淡水及陆地上均有分布。

就数量说，绝大多数种类生活于海洋中，淡水种类较少。软体动物在形态上变化很大，身体柔软，不分节，通常可以分为头、足、内脏团及外套膜四部分：头部有口、附属器和感觉器官；足位于身体腹面，具强健的肌肉组织，为运动器官；内脏团中包含内部各种器官，位于身体背面；体腔通常退缩为围心腔，整个身体外由外套膜及贝壳包裹，其中外套膜是由身体背部的体壁延伸下垂形成的一个或一对膜。淡水软体动物包括腹足纲（Gastropoda）和双壳纲（Bivalvia）（刘月英等，1979）。

1）腹足纲

腹足纲是软体动物门中最大的一个纲，分布于陆地、海洋和淡水中，遍及世界各地。这类动物具有一个发达的足，位于身体的腹面，所以称为腹足纲。腹足纲的足部非常发达，一般跖面广平，适于爬行，或者附着于其他物体上，有些种类可利用足及其分泌物在水面下悬体而行。腹足纲的头部明显，具一对能伸缩的触角和口，口腔内具发达的几丁质齿舌，用于刮取食物。

大多数腹足纲皆有一个螺旋形的贝壳，且大部分淡水腹足纲种类的贝壳为右旋，外形呈陀螺形、圆锥形、塔形或耳形，但有少数种类是左旋[例如膀胱螺科（Physidae）的种类]，或者贝壳在一个平面上旋转呈圆盘状[例如扁蜷螺科（Planorbidae）的种类]，或者贝壳不旋转而呈帽状[例如椭螺科（Ancylidae）的种类]。腹足纲的贝壳可分为两部分，即螺旋部（spire）和体螺层（body whorl）。螺旋部是动物内脏盘存之所，一般可分为几个螺层（spiral whorl）；体螺层是贝壳的最后一层，一般较大，容纳动物的头部和足部。螺的测量，从壳顶至壳底垂直线为壳高，左右间最大距离为壳宽，从壳顶至壳口以上为螺旋部高度，从壳口外缘至内缘是壳口宽度，从壳口上部至底部为壳口高度。贝壳表面常生有各种花纹和突起物，如螺旋纹、螺棱和螺肋等（图 6.19）。

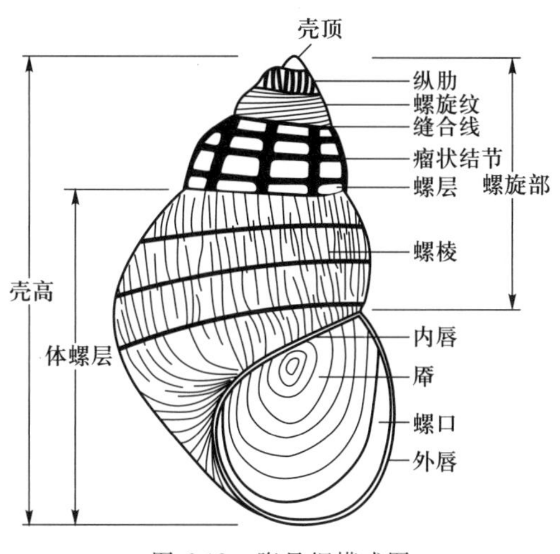

图 6.19　腹足纲模式图

淡水腹足纲根据呼吸方式不同又可分为前鳃亚纲和肺螺亚纲。前鳃亚纲的种类具有厣和鳃，呼吸时水由前端流入，经过外套腔、鳃，在此进行气体交换，并将代谢产物随水流带出体外。肺螺亚纲的许多种类在胚胎期有厣而成年期无厣，且鳃已消失，代之以外套膜壁高度充血而形成血管网的“肺”，事实上是靠外套膜底部的扇动以造成气体在外套膜腔中流动，从而实现气体交换。前鳃亚纲除了盘螺科（Valvatidae）的种类之外，都是雌雄异体，但是从它们的外形上很难区别，只有田螺科的种类雄性右触角变粗形成交接器官,尚可从外形上区别。肺螺亚纲的种类都是雌雄同体。大多数的腹足纲为卵生,受精卵被储存在卵袋内;少数的种类为卵胎生,受精卵在体内发育成能自由生活的幼螺再产出体外。

2) 双壳纲

双壳纲种类身体左右扁平,两侧对称,具有从两侧合抱身体的两个外套膜和两个贝壳,贝壳外形呈椭圆形、卵圆形、三角形、圆柱形及矛形等不同形状,具有保护作用。身体由躯干、足和外套膜三部分组成,没有明显的头部,因而也没有触角、眼、颚片和齿舌等头部器官。外套膜的后缘留有出水管和进水管,携带新鲜气体和食物颗粒的水就从进水管进入体内,代谢废物则从出水管排出体外。在体躯与外套膜之间,左右两侧均有外套腔。足位于身体腹面,两侧扁,通常呈斧状。

贝壳外面以壳顶为中心,与腹缘平行,有呈同心圆排列的生长线。由于动物在繁殖期间停止生长,或不同季节因温度和食物等因素会影响到贝壳的生长速率,从而使贝壳上形成强弱和深浅颜色相间的生长线,一深一浅代表一龄。壳面除具有生长线外,有的种类具有瘤状突起或是同心圆或射线状的色带。贝壳的测量,由壳顶至腹缘距离为壳高;由贝壳的前端至后端的距离为壳长;左、右两壳间最大的距离为壳宽(图 6.20)。

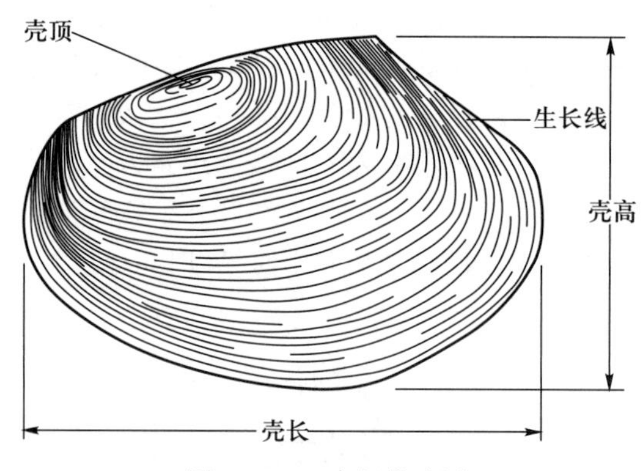

图 6.20　双壳纲模式图

双壳纲种类一般雌雄异体,没有交接器官。它们的繁殖习性主要有三种:① 幼体营自由生活,成熟的卵子和精子释放于体外,在水中受精发育;② 雄体把精子排至水中,当雌体呼吸时,随水流由入水孔引入,在雌体的鳃腔或输卵管中受精,而在内、外鳃叶或鳃腔中孵化;③ 幼体有一个寄生阶段,雄性精子排入水中随水流入雌体内,在外鳃叶腔内卵子与精子相遇而受精,受精卵在外鳃叶腔中孵化并在此发育成钩介幼虫,成熟的钩介幼虫脱离母体后,用钩状物附着在鱼体的鳃和鳍上,吸收鱼体营养而发育成幼蚌,幼蚌破囊从鱼体上脱落,沉入水底营底栖生活。

双壳纲除少数[如淡水壳菜(*Limnoperna fortunei*)]营固着生活外,大多数种类栖息于水底,借助斧足做缓慢运动,同时挖掘泥沙使身体的部分或全部隐藏于泥沙中。双壳纲主要用鳃呼吸,同时也用鳃过滤食物(浮游藻类、细菌、碎屑及小型浮游动物),并将代谢废物和过滤后的水一同排出。

6.5.1.3　节肢动物门

节肢动物门(Arthropoda)是动物界种类最多、数量最大、分布最广的一门动物。身体异律分节，一般分化成头、胸、腹三部，但随着种类的不同，有些种类头部与胸部的部分或全部体节愈合成头胸部。随着体节的愈合，各部分的机能也进一步分化。通常头部司感觉和摄食，胸部司运动和支持，腹部是营养和繁殖的中心。体具成对并分节的附肢，体表被几丁质的外骨酪包围，可防止水分外散，保证了它们具有过渡到陆地和空间环境中生活的可能性。在外骨骼的内面附着肌肉，能做强有力的收缩，使动物行动敏捷。具有混合体腔，并与循环系统直接相连，因腔内充满血液，特称血腔。淡水中的节肢动物主要有软甲纲（Malacostraca）和昆虫纲（Insecta）。

1）软甲纲

软甲纲种类是比较原始的节肢动物，由于体表都包被着一层比较坚硬的甲壳，故也称为甲壳动物（戴爱云，1999）。软甲纲种类绝大多数营水生，用鳃呼吸。常见的各种虾、蟹等均为软甲纲物种，多数软甲纲种类可供人类食用或作鱼类食饵。

软甲纲动物高等的种类体节数固定，分区明显；低等的种类体节数不固定，形态相似。但至少可区分成头部与躯干部。头部是由原头节（相当于环节动物的口前叶）及身体最前端的5个体节愈合成一不分节的整体。头部之后的体节为躯干部，这种身体区分为头部与躯干部仅在原始种中存在，绝大多数现存种类躯干部又分为胸部与腹部，各部分的体节数因种而异。许多种类前端的胸部体节和头部愈合形成头胸部，例如，对虾（*Penaeus orientalis*）胸部有8节，前3个体节与头部愈合形成头胸部，其附肢也特化成3对颚足（maxilliped），呈双肢型，用以辅助取食、感觉及具鳃的功能，未愈合的5节称胸节（pereon），其5对足形成单肢型的步足（pereiopod），用以步行、取食、防卫等。腹部在高等的种类一般为6节，还有1节尾节，共6对附肢，称腹足（pleopod），一般为双肢型，用以游泳。也有的种类腹足退化（图6.21）。

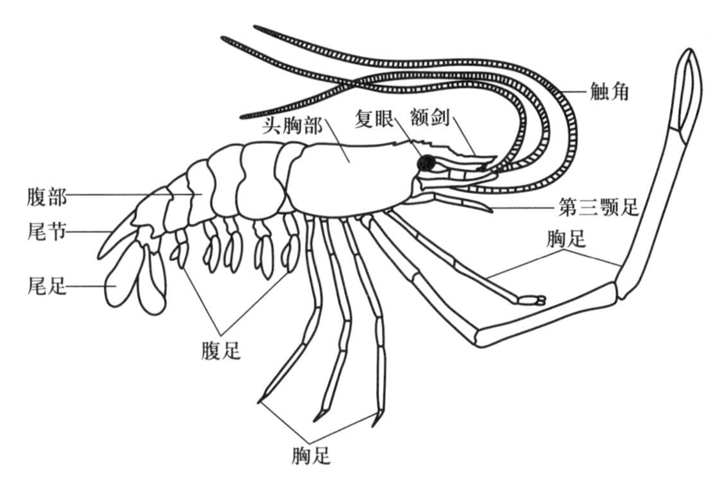

图6.21 软甲纲十足目模式图（改自 Schmitt，1965）

软甲纲常在头部最后一节形成褶皱，在发育中它向后及两侧延伸，分泌外骨骼硬化形成背甲或头胸甲，如延伸到两侧盖住附肢及下面的鳃，也称为鳃盖，它与身体之间的空隙称鳃腔。淡水中常见的软甲纲有十足目的长臂虾科、匙指虾科等，端足目的钩虾及等足目等。

2）昆虫纲

水生昆虫是底栖动物的重要类群，一般至少有一个生活史阶段在水里度过，尽管它只占昆虫纲种类的 3%左右,但由于昆虫纲种类繁多,它在淡水生态系统中仍是一个非常庞大的生态类群。水生昆虫的种类分布到昆虫纲的两个亚纲约 13 个目,其中有无翅亚纲(Aptergota)中的弹尾目(Collembola),有翅亚纲中的蜉蝣目(Ephemeroptera)、蜻蜓目(Odonata)、直翅目(Othoptera)、襀翅目(Plecoptera)、半翅目(Hemiptera)、脉翅目(Neuroptera)、广翅目(Megaloptera)、毛翅目(Trichoptera)、鳞翅目(Lepidoptera)、鞘翅目(Coleoptera)、双翅目(Diptera)和膜翅目(Hymenoptera)(Morse et al.,1994)。本书简要介绍湖泊中几个常见目的生活史特征。

蜉蝣目昆虫的大部分时间在水中度过,成虫羽化后一般只有几天的陆上存活时间,其使命只是交配和产卵,期间不进食。卵产在水里,孵化时间一般为几天到几个星期。幼虫发育较快,不完全变态,生活周期一般一年一代,少数种类 2~3 年。刚孵出的幼虫借助皮肤渗透呼吸,第一次蜕皮后以气管鳃呼吸。幼虫一般分布于溶解氧丰富、有机物输入水平中等的小溪流和湖泊沿岸带(周长发等,2015)。

蜻蜓目雌雄成虫在空中交尾后产卵于水中或水草等基质上,卵的发育受温度影响,一般需要 2~5 周。幼虫的发育属不完全变态,其发育时间受温度和食物制约,且各个种类差别较大,从 5 周到 5 年不等,期间的蜕皮次数达 10~20 次不等,幼虫几乎完全水生,用气管鳃呼吸,完全成长后用气管直接从大气中取得氧(Morse et al.,1994)。

襀翅目昆虫成虫陆生,幼虫严格水生,大部分种类只分布于溶解氧丰富的流水环境中,湖泊中分布很少。多数种类的卵需要 2~3 周的孵化时间,一些大型种类则需要几个月。幼虫发育时间为 1~3 年,不完全变态,期间蜕皮 10~30 次(Morse et al.,1994)。

半翅目的少部分种类为水栖,其中仅极少部分为真性水生。大部分水生半翅目昆虫的氧供应依赖于空气,水面生活的种类可直接从空气中获得氧,适应水里生活的种类在翅与腹部之间具有储存空气的结构,而极少数的真性水生种类能通过皮肤呼吸。卵可在 1~4 周内快速孵化,幼虫的发育时间也较短,约为 1~2 月,期间一般经过 5 个龄期,多数种类一年一代(Morse et al.,1994)。

双翅目成虫陆生,幼虫生活于河流、湖泊、沼泽以及其他潮湿的环境中,因此从广泛意义上来说,双翅目昆虫的幼虫大多数属于水生,但对于水生态系统物质循环和能量流动有较大意义的仅有摇蚊科(Chironomidae)、幽蚊科(Chaoboridae)、蠓科(Ceratopoginidae)和蚊科(Culicidae)等有限几个科的幼虫。双翅目水生昆虫为水生昆虫中最重要的类群,在许多水体中经常作为底栖动物的优势类群,其中以摇蚊科幼虫为主。双翅目水生昆虫的幼虫一般具 4 个龄期,完全变态。不同种类的生活周期各异,从几个星期到几年的皆有,多数种类表现为一年 1~2 代,一般以幼虫越冬(图 6.22)。氧的获取方式有直接从空气中获得,也有从水中通过渗透作用获得,其中比较特殊的是摇蚊科部分种类幼虫的血液中含有一种特殊的血红蛋白,这使得它们能适应在低氧环境的生活。摇蚊科幼虫身体一般为圆柱形,长 2~30 mm 不等(图 6.23)。摇蚊繁殖能力和适应性较强,扩散能力也很强,因此分布广泛。摇蚊科幼虫的种类较多,不同种类的摇蚊幼虫生活习性差异较大,有些种类以植物为食,有些以甲壳纲、寡毛纲及其他摇蚊幼虫为食,而有些则以小型动物、细菌、藻类及有机碎屑为食。不同种类的耐污能力差异较大,富营养化水体中常见的摇蚊幼虫种类有黄色羽摇蚊、红裸须摇蚊及中国长足摇蚊等,这些种类可以在富营养化水体中生存并大量繁殖,可以有效指示水体污染状况及富营养化程度。此外,古湖沼研究中,常利用沉积物中保存的摇蚊幼虫头壳反演湖泊环境演变过程,如营养状态、气温等(张恩楼等,2019)。

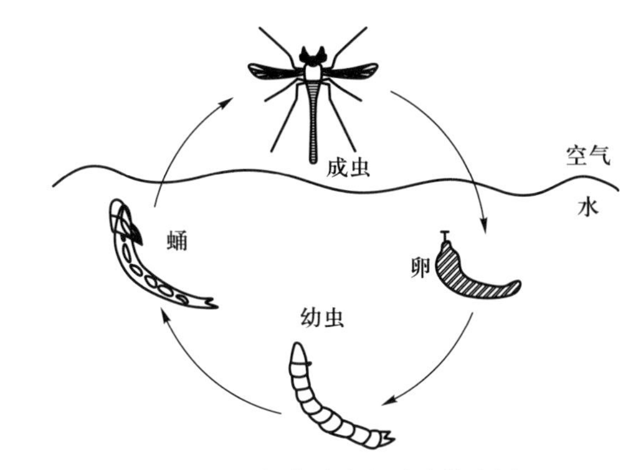

图 6.22 摇蚊幼虫生活史模式图

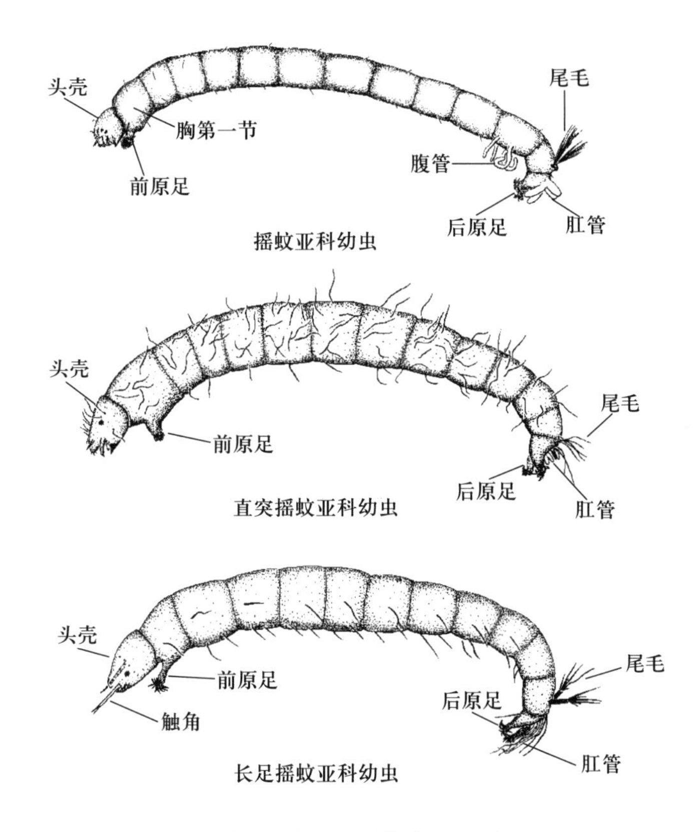

图 6.23 摇蚊科幼虫典型类群模式图(改自 Epler,2001)

毛翅目一般一年一代,少数两年一代或一年两代。成虫在温暖的季节羽化,卵产在沉水植物或其他水中基质上,在 1~3 周孵化。多数幼虫能利用细沙、小石块或植物碎片建筑巢筒,一些种类还能织出小网,用于滤取微小的有机颗粒和生物。幼虫发育完全变态,一般经过 5 个龄期,之后化蛹,几个星期后羽化。

鳞翅目昆虫的绝大多数种类生活史在陆地完成,只有很小部分的幼虫是水生,生活史与毛翅目类似。与本目中其他陆生幼虫相比,水生幼虫在形态上除了具有气管鳃以外,其他各部分基本相似。水生幼虫多数生活在沉水植物上,利用植物叶子做巢,并以植物的鲜嫩部分为食;少数种类生活在水中的石头之间,以硅藻或其他藻类为食。

鞘翅目水生种类的成虫和幼虫阶段都生活在水中,许多种类的生活周期为一年一代,龄期因种而异,3~8个不等。其卵被产于水生植物上或水底,1~3周孵化;幼虫的发育时间差别较大,1~8个月不等,蛹在岸边或其他暴露于空气中的基质里发育,经过10~40天羽化。绝大部分水生鞘翅目成虫直接在空气中呼吸,幼虫早期阶段一般用鳃呼吸,到最后龄期时往往具气管,可以直接在陆上呼吸。

6.5.2 功能摄食类群

根据摄食方式和食物对象的差异,底栖动物的功能摄食类群大致可分为:① 以新鲜或死亡维管束植物为食的撕食者(shredder);② 利用细小或超微颗粒(一般<1 mm)的收集者,包括滤食悬浮藻类和有机颗粒的过滤收集者(filtering collector)和吞食沉积有机颗粒的直接收集者(gathering collector);③ 以着生生物为食的刮食者(scraper);④ 捕食者(predator),包括直接吞食其他小型动物的常规捕食者和以动植物的细胞或组织液为食的刺吸者(piercer)。功能摄食类群的概念最初由Cummins在研究水生昆虫时提出(Cummins 1973,1974)。湖泊生态系统的习见类群中,软体动物中的双壳纲一般属于过滤收集者,而腹足纲多为刮食者。环节动物寡毛纲中的颤蚓科为直接收集者,蛭纲多为捕食者。水生昆虫中,蜻蜓目幼虫多为捕食者,摇蚊科幼虫种类繁多,多数为直接收集者(如摇蚊属、多足摇蚊属、裸须摇蚊属)和过滤收集者(如长跗摇蚊属、雕翅摇蚊属),也有部分种类为捕食者(如隐摇蚊属)。

对底栖动物进行功能摄食类群的划分具有很大的主观性,事实上在不同的环境中,由于食物条件的差异,底栖动物可灵活地改变其摄食模式,而且被选择的食物种类非常多样。此外,在生活史的不同阶段,底栖动物的食物来源和生活方式也会随之变化。因此,从这个意义上讲,底栖动物,尤其是水生昆虫其实应该被称为"机会杂食者"(opportunistic omnivore)更合适。例如,在一个试验林地池塘中的不同处理条件下,羽摇蚊(*Chironomus plumosus*)摄食方式表现出较大的弹性:在极少有树叶沉积的地方,其表现出过滤收集者的特点;而在有较多树叶沉积的地方,其摄食方式则转变为收集沉积碎屑,表现出直接收集者的特点。

四种功能摄食类群中,撕食者、刮食者和收集者的食物营养价值一般都较低(C∶N、C∶P值高),为满足生长的需要,它们一般采取以下两种对策:连续摄取大量低营养水平的食物以弥补有效营养成分的不足;优先选择那些表面具较多微小生物群居的有机颗粒和碎屑(Persson et al.,2012)。附生的微小生物(包括细菌、真菌和原生动物等)在底栖动物的食物来源方面起了非常重要作用:一方面它们可直接作为食物来源;另一方面,它们可分解有机颗粒或碎屑,利于底栖动物摄食、消化和吸收(Cebrian and Lartigue,2004)。与上述三种功能摄食类群相比,捕食者食物的营养水平高得多,但也更容易受到食物条件的限制,如一种广翅目水生昆虫*Sialis* sp.在食物很充分的条件下,其生命周期从2年缩短到1年,表明生长发育和繁殖潜能极大地受到食物的制约。为适应食物条件变化的要求,一些底栖动物中的捕食者,如非穴居的蜻蜓目幼虫、多数襀翅目幼虫和广翅目幼虫往往采取灵活的摄食对策以节约能量:当食物(猎物)充足时,它们的活动减缓;而当食物减少时,这些动物的觅食活动将加强,但只会到一定程度,而后活动又将停止。这种摄食对策对于这些水生昆虫是非常有益的,使它们以最少的能量获取最多的食物。

在深水湖泊生态系统中,功能摄食类群的分布呈现明显的特点。在沿岸带和亚沿岸带,底栖动物的食性非常多样,各种功能摄食类群均有分布;而在深水带,直接收集者占到绝大多数,另外可能还有少量的捕食者,如幽蚊(*Chaoborus* sp.)和前突摇蚊(*Procladius* sp.)。在草藻型湖泊的比较研究中,四种功能摄食类群的相对丰度受到水生高等植物的影响较大,草型湖泊中,各功能摄食类群的丰度相对较为均一,其中以刮食者和收集者略占优势;而在藻型湖泊中,四种功能摄食类群之间的相对丰度变化极大,收集者和捕食者成了最主要的功能摄食类群,而刮食者和撕食者占了极小的比例(Gong et al.,2000),表明水生植物的存在与否较大地影响到浅水湖泊中食物条件的差异,进而对功能摄食类群的结构起了决定作用。

6.5.3 底栖动物在湖泊中的分布

湖泊中底栖动物的生境类型可分为三种:沿岸带(littoral zone)、亚沿岸带(sublittoral zone)和深水带(profundal zone),这三种生境差异较大,如水生植物、底质、溶解氧、食物类型等方面,从而导致底栖动物在三种生境间差异显著(图 6.24)。

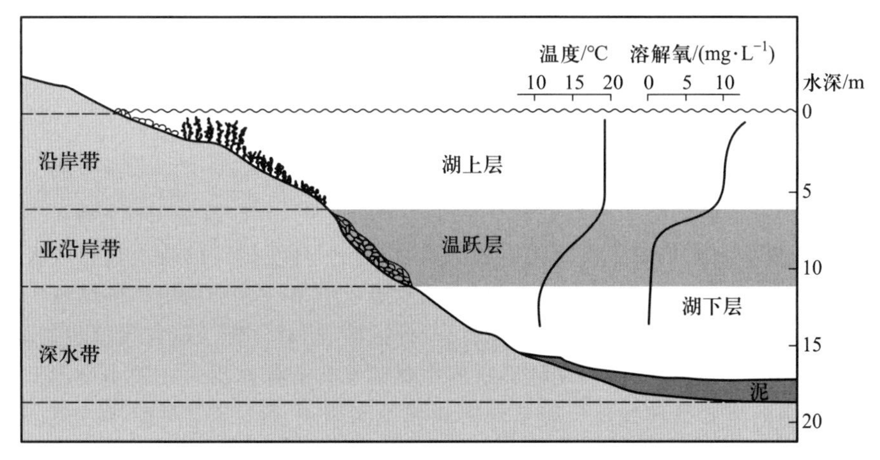

图 6.24 湖泊生态系统底栖动物生境示意图。以丹麦双季对流混合型富营养湖泊(Esrom 湖)为例,显示夏末温度和溶解氧垂向变化和分层(改自 O'Sullivan and Reynolds,2003)

沿岸带通常支撑着较深水带更高的底栖动物多样性、丰度和生产力。自然形态的沿岸带往往具有丰富的水生植被,从而大大提高了生境的异质性。研究发现,水生高等植物为动物提供的表面积可达裸露底质面积的 10 倍。高度的空间异质性不仅为底栖动物提供了大量的生活、摄食和繁殖的栖息地,同时也为它们避免被鱼类捕食提供良好的躲避场所。食物来源丰富也是沿岸带底栖动物繁盛的重要原因,水生高等植物本身一般只被少量底栖动物直接利用,但覆盖在水生植物以及沿岸带其他基质上大量的着生生物(周丛生物)对于底栖动物来说是非常重要的食物来源,而大量直接来自陆地的有机颗粒也使得沿岸带底栖动物的食物来源更加多样。如此多样的食物使沿岸带底栖动物食性非常多样,各种功能摄食类群均有分布。另一方面,沿岸带由于水深较浅,容易受到风浪的扰动,底质生境稳定性较低,众多研究也表明,沿岸带底栖动物群落结构与受风浪扰动程度有着直接的关系(Scheifhacken et al.,2007)。因此,沿岸带底栖动物具有较大的变异性,且与影响生境异质性和稳定性的因素显著相关。

深水带处于温跃层以下，除了在一些中营养型和富营养型湖泊中，溶解氧在夏季有一定程度的下降外，其他理化因子一般全年保持相对稳定。深水带底质一般由较细的颗粒组成，在这个生境中营穴居(burrowing)和管居(tube-dwelling)的种类较为普遍，多样性较沿岸带明显减少，其食物来源主要为从真光层沉降下来的藻类和有机颗粒，食性以过滤收集者和直接收集者占绝大多数，常见类群有摇蚊幼虫、水栖寡毛类和双壳类(蚌类和蚬类)等。深水带底栖动物现存量很大程度上依赖于沉降下来的食物的质和量，当食物自真光层沉降到湖底时，分解作用同时进行着，湖泊越深，沉降时间越长，食物被微生物矿化越甚，底栖动物可利用的部分越少，因此，深水带底栖动物现存量与水深之间一般呈负相关。如在俄罗斯贝加尔湖，底栖动物的生物量在沿岸带约有 25 g·m^{-2}，随着水深的增大，生物量逐渐降低，到大于 500 m 的深水带生物量只有 1~2 g·m^{-2}。底栖动物现存量随着水深的增加而不断递减这个现象也不是普遍的。如对丹麦 Esrom 湖的研究发现，底栖动物生物量在亚沿岸带最高，密度则在深水带最高(O'Sullivan and Reynolds，2003)；又如在我国新疆的喀纳斯湖，170 m 以下仍有不少水丝蚓和豆蚬存在，其密度可达 433 个·m^{-2}。可见，底栖动物现存量与水深的关系因湖泊而异，现存量受多种环境因子影响，不同类型的湖泊现存量分布规律各不相同。

亚沿岸带位置介于沿岸带和深水带之间，其中的底栖动物分布特点也介于两个带之间。在湖泊底栖动物的研究中，这个区域往往被合到沿岸带中，较少被作为单独一个区域来研究。

6.5.4 底栖动物与环境因子的关系

环境因子对底栖动物的影响是一个十分复杂的问题，一方面是由于影响底栖动物的因子众多，另一方面是由于不同类群底栖动物对同一环境因子的响应差异较大，加之在不同条件下环境因子的影响也随之变化，从而难以给出一个全面统一的结论。此外，在进行区域比较湖沼学研究时，所研究湖泊所处区域、相对位置及研究尺度也需要考虑在内，这些因素都会对影响底栖动物群落的主导因子有干扰作用。在较小尺度上，影响底栖动物的主要因素是那些与生境条件密切相关的因子，如水位、温度、溶解氧、pH 值底质、风浪扰动、富营养化、食物、污染物、生物因素(如竞争和捕食)等。

6.5.4.1 水位

我国东部地区湖泊水深较浅，属于典型的浅水湖泊，因而水深与底栖动物群落结构和现存量的关系并不十分明显。该地区湖泊为雨源型湖泊，其水位的年内变化明显受降水的控制，因此部分湖泊水位变幅较大，如洞庭湖、鄱阳湖水位变幅可超过 10 m 以上，高变幅的水位造就了鄱阳湖“丰水一片、枯水一线”的独特自然地理景观。水位的大幅变化也使得该地区许多湖泊的湖水面积变化较大，这必将对沿岸带底栖动物群落产生显著影响，然而目前国内关于这方面研究较少。芬兰 23 个湖泊的对比研究发现，沿岸带底栖动物在高水位变幅湖泊(1.19~6.75 m)和低水位变幅湖泊(0.11~0.55 m)之间具有显著差异，且物种丰富度随变幅的增大而降低(Aroviita and Hämäläinen，2008)。长期监测数据研究发现，底栖动物物种丰富度与年平均水位呈单峰关系，符合中度干扰假说(White et al.，2008)。水位对底栖动物的影响与湖泊形态(如沿岸带坡度)有关，不同的湖泊具有不同的水位-面积关系，如江苏太湖水位变幅可达 3 m，但湖水面积变化较小，水位变化对沿岸带底栖动物影响相对较小。因此对于不同湖泊而言，水位变化对沿岸带生物群落的影响是不同的。

6.5.4.2 温度和气候变暖

温度对底栖动物的影响较早为研究人员所关注，较为普遍的认识是，在食物和其他环境条件适宜的情况下，在一定的温度范围内（一般在 0~25 ℃），温度升高可加快底栖动物的生长发育速度，缩短底栖动物生活史，进而提高其生产力。近年来，在全球变暖的大背景下，越来越多的学者开始关注气候变暖对底栖动物种群动态和群落特征的影响。变暖可能会显著改变底栖动物的生活史，对低纬度螺 *Patella depressa* 长期观测（1946—2007 年）结果显示，变暖导致其初始繁殖时间提前 10.2 天/10 年，并延长繁殖持续时间；但高纬度螺 *Patella vulgata* 则相反，初始繁殖时间延迟 3.3 天/10 年，繁殖能力降低，原因是该螺在长期进化中适宜于冬季产卵，低温是触发繁殖的信号，故变暖延迟繁殖时间（Moore et al.，2011）。因此，变暖对消费者生活史的影响与具体物种的生长繁殖特性有关。

变暖引起消费者生活史改变会使得其密度和生物量发生变化。根据生态学代谢理论（metabolic theory of ecology），温度升高将增加消费者能量支出，其对食物资源的需求将随之增加；然而在可获得资源有限时，难以满足所有个体的需求，故预测变暖将会导致消费者种群及群落的密度和生物量降低（Meerhoff et al.，2012）。该预测在多个生物类群得到验证，如温带和亚热带多个浅水湖泊的对比发现，前者底栖动物密度可达后者的 5 倍（Meerhoff et al.，2007）。

变暖可能会导致消费者个体大小趋于小型化。个体大小是决定消费者在生态系统中地位和功能的重要因素，伯格曼法则（Bergmann's rule）和温度-大小法则（temperature-size rule）认为，同一物种的成体大小随温度升高而变小（Gibert and DeLong，2014）。基于这一原理，预测气候变暖将导致个体小型化，得到大量水域和陆地生态系统研究的支持（Gardner et al.，2011）。对湖泊鱼类和浮游动物的大量研究也发现，随温度升高其平均大小减小，小型种类优势度增加（Brucet et al.，2010；Emmrich et al.，2011）。相比之下对湖泊底栖动物鲜有研究，溪流底栖动物则发现有类似结果。

6.5.4.3 溶解氧

溶解氧对于底栖动物的生长发育意义重大，相关研究较多，研究的内容主要集中在氧不足对底栖动物群落结构和生理的影响，较为普遍的认识是，溶解氧对其有负面的影响。不同种类对溶解氧水平的耐受能力差异较大。一般而言，水栖寡毛类和摇蚊幼虫耐低氧能力较强，而软体动物对氧含量比较敏感。如氧饱和度从 80%降低到 10%的过程中，一种颤蚓 *Tubificoides benedii* 的耗氧速率并不降低，在低于 10%后迅速降低，但在 2%水平下仍可进行有氧呼吸。类似地，正颤蚓（*Tubifex tubifex*）和霍甫水丝蚓（*Limnodrilus hoffmeisteri*）在 0.5 $mg \cdot L^{-1}$的溶解氧水平下仍可进行排粪，直到溶氧降至 0.3 $mg \cdot L^{-1}$才停止排粪。在污染严重或湖泊深水带中，颤蚓类往往占绝对优势。尽管颤蚓类可以在低氧环境下生存，但在长时间极低的溶解氧水平下（$<1.0\ mg \cdot L^{-1}$），其密度也呈现降低的趋势。软体动物对缺氧较为敏感，较低的溶解氧会对其生理活动产生胁迫作用，例如低氧（$<3.0\ mg \cdot L^{-1}$）会显著降低河蚬的反捕食行为特征，即闭壳时间和穴居深度（Saloom and Duncan，2005），低含氧量会显著降低其半致死时间，且温度越高半致死时间越短。研究发现，周期性的缺氧事件（oxygen depletion event）控制着淡水壳菜（*Lim-*

noperna fortunei)的分布和种群密度(Oliveira et al.,2010)。

6.5.4.4 pH 值

pH 值对底栖动物的影响研究较多,一般而言,酸性水体不利于底栖动物的生存,多数底栖动物喜栖息于偏碱性的环境条件。与寡毛纲和水生昆虫相比,软体动物对 pH 值的变化更加敏感,对加拿大湖泊的研究发现,pH<5.3 时,湖泊软体动物完全消失(Scheuhammer et al.,1997)。钙对底栖动物尤其是软体动物的生长发育至关重要。贝壳的主要成分为 95%的碳酸钙、少量的壳质素及其他有机物,研究发现,缺钙将减缓软体动物幼体壳的形成和发育,在繁殖季节软体动物常常聚集在高钙水体区域,主要摄食富含钙的食物。

6.5.4.5 底质

底质是底栖动物赖以生存的环境,为其提供了摄食、栖息、繁殖及躲避捕食的场所,因此底质在很大程度上决定了底栖动物群落组成和多样性。一般而言,底栖动物多样性随底质的稳定性和异质性增加而增加。底质根据粒径大小一般可分为巨砾、圆石、砾、沙、淤泥和黏土(表 6.1)。不同类群底栖动物对底质的喜好差异较大。一般而言,颤蚓类和摇蚊幼虫喜好栖居于淤泥底质中,如颤蚓类喜生活于粒径小于 63 μm 的底质中。在岩石和砾石的底质中,多见一些适应附着或紧贴石表生活的种类,如螺类、蛭类。双壳类喜好沙质淤泥中。湖泊生态系统中,细颗粒沉积物的增加往往会对大型软体动物多样性产生负面影响。如研究发现,细颗粒沉积物增加显著降低了螺 *Reymondia horei* 的存活率,其主要原因是影响螺的摄食行为(Donohue and Molino,2009)。一般认为,细颗粒沉积物的输入较粗颗粒沉积物对底栖动物危害更大,主要表现在影响底栖动物摄食率、生长率,并通过影响沉积物孔隙度进而降低溶解氧含量和侵蚀深度,改变表层沉积物的生物地球化学过程,并对底栖动物的生物扰动过程产生不利影响。

表 6.1 按粒径大小对沉积物的分类

类别	颗粒大小/mm	类别	颗粒大小/mm
巨砾	>256	极细砾	2~4
圆石		砂	
大型	128~256	极粗砂	1~2
小型	64~128	粗砂	0.5~1
砾		中粗砂	0.25~0.5
极粗砾	32~64	细砂	0.125~0.25
粗砾	16~32	极细砂	0.063~0.125
中砾	8~16	淤泥	0.003 9~0.063
细砾	4~8	黏土	<0.003 9

6.5.4.6 富营养化

富营养化是全球也是我国浅水湖泊面临的主要环境问题之一。富营养化往往导致湖泊生态系统结构和功能发生显著变化,底栖动物作为一个重要组成部分也受到了严重影响。富营养化及其引起的蓝藻水华对底栖动物的影响多是由于其引起环境条件和食物质量发生了显著变化(图 6.25)。国内外学者就此开展了大量研究,一般多从群落或种群层次开展研究。

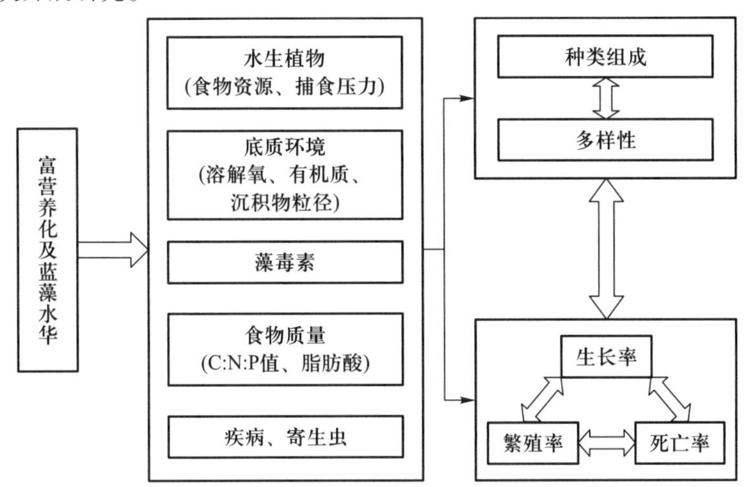

图 6.25 富营养化及蓝藻水华对大型底栖动物群落结构和种群特征的影响概念图

1) 对群落结构和多样性的影响

伴随着富营养化的进程,一方面,浮游藻类在水体初级生产力中所占比重逐渐加大,而水生植物逐渐消失。这直接降低了生境的异质性,也限制了许多与水生植物密切相关的种类的生存。另一方面,富营养化可显著改变底栖动物生境的理化环境,如溶解氧、有机质、沉积物粒径。富营养化导致的大量藻类由于食物质量较低,很难被高营养级所利用,从而滞留在水体中,其中很大一部分会转移到沉积物表层。藻类的分解降低了水体底层的溶解氧含量,这直接限制了那些耐低氧能力较差种类的生存,即使是短时间的缺氧也可能对某些种类产生影响。另外,厌氧环境会增加沉积物中硫化物的含量,这也增加了其对底栖动物的潜在毒性。

富营养化往往伴随着底栖动物优势种从大个体的种类(如腹足纲、双壳纲)转变为小个体的种类(如摇蚊幼虫、寡毛类),底栖动物多样性也随之降低。这一现象可用生态学 *r*/*K* 选择理论来解释:小个体的种类多为机会种,其具有较短的生活年限,因此对环境的适应能力较强,属于 *r* 对策者,在湖泊生态系统中主要为环节动物。相对而言,大个体种类生活史较长,多属于 *K* 对策者,一旦在某一生境中消失,其重建过程所需时间较长,若环境条件没有得到改善,种群恢复必将受到抑制。

2) 对种群特征的影响

目前,关于富营养化及蓝藻水华对底栖动物种群特征的研究还不是很多。氮和磷是有机体必需常量元素,其浓度增加会显著影响物种的生长、繁殖、死亡等生活史特性,进而引起种群密度和生物量发生变化。不同物种对氮、磷最佳需求是不同的,需求更高的物种更易受到营养元素限制。水体氮、磷升高可能使这种限制得到缓解甚至消失,从而使得它们在竞争中获得优势,而较低氮、磷需求者则转为劣势(Andersen et al.,2004)。如磷升高导致螺 *Potamopyrgus antipodarum* 生长速率更快、个体更大、成熟时间更早、卵个体更大(Tibbets et al.,2010),而磷过高抑制螺 *Mexithauma quadripaludium* 生长且死亡率增加(Elser et al.,2005)。因此,富营养化对密度和生物量的影响取决于水体中氮、磷浓度及消费者的需求,当氮、磷浓度的升高适宜需求时,其密度和生物量将增加,反之将抑制其种群增长,甚至导致种群严重衰退(Frost et al.,2005)。一般而言,蓝藻水华会显著降低双壳类和螺类生长速度和繁殖能力,进而影响到下一代的生长速率。造成该结果的主要原因是蓝藻较低的食物质量(必需脂肪酸含量、藻毒素、元素比例)及其导致的生境退化。某些底栖动物能采取一定的措施以应对不良的生存环境,如斑马贻贝(*Dreissena polymorpha*)能选择滤食质量较高的食物组分,而将质量较低的蓝藻以假粪的形式排出体外。

6.5.4.7 生物因素

湖泊中生物因素对底栖动物的影响较为复杂,有竞争、捕食、寄生、共生等。我国东部平原地区多为浅水湖泊,无明显的深水带,水生高等植物对底栖动物分布格局起重要作用,其作用在第6.5.3小节略有叙述。水生植物-附植动物间的关系研究较多,尤以沉水植物-螺关系研究最为透彻,Thomas(1990)总结相关研究提出了螺-草互利理论(mutualistic theory),认为共同进化的作用使得在"螺类-附着生物-水生植物"之间形成了一个互利的子系统,螺类的牧食活动有效地去除了水生植物表面的附着生物,降低了植物的光抑制及其与附着藻类的营养盐竞争,从而促进了水生植物的生长;相应地,水生植物也为螺类提供了牧食、产卵及躲避捕食的生境。之后,许多研究证实了这一互利关系。近期研究发现,"螺-草"互利关系的存在是有条件的,对植食性螺类而言,只有在附着生物数量充足或螺类密度较低的条件下才存在这种互利关系,反之螺类对植物活体的牧食损害则会限制水生植物的生长。对非植食性螺类而言,螺-草之间则存在明显的互利关系(李宽意等,2007)。

竞争在种内或种间均可发生,其结果往往是造成低质量的摄食条件和生存空间、低下的生长发育速率,最终对现存量造成负面作用。如蜉蝣目、毛翅目和摇蚊等水生昆虫和颤蚓等底栖动物在不同密度下的培养实验表明,高密度(意味着竞争激烈)造成同种或异种个体变小,死亡率增加,世代数减少。在捕食作用方面,研究结果往往不一致。一些研究认为,捕食作用减少底栖动物的生物量,对生产力有不同程度的限制作用;而另外一些实验结果显示,鱼类或其他无脊椎动物等捕食者对底栖动物的生物量或生产力影响非常小甚至没有影响。一般认为,捕食作用减小了初级消费者对食物和空间的竞争,由此可能提高底栖动物生长率,进而刺激生产力增长,然而这种作用很难在野外研究中予以定量。捕食作用可能的确降低了底栖动物的现存量,但由此导致的底栖动物生长率加快却可促使生产力的提高。

6.6 鱼类

鱼类是脊椎动物亚门中最原始、最低级而在种属数量上又最占优势的一个类群。在总数约38 000种脊椎动物中,现生鱼类有21 000余种,比两栖纲、爬行纲、鸟纲和哺乳纲种数之和还多。鱼类可以粗略地(也有少数例外)定义为有脊椎、生活在水中、有鳃的冷血动物。鳃能够使鱼类在水下"呼吸",而不需要从大气中吸取 O_2,这也是鱼类和所有其他脊椎动物的主要区别。

在鱼类学中，鱼类的科学定义是指一群终生生活于水中的变温脊椎动物，它们通常用鳃在水中进行气体交换，用鳍协助运动与维持身体的平衡，大多数鱼类体被鳞片包裹，鳔大都存在。一旦掌握了这些明显的形态特征，就能准确无误地辨别鱼类和其他水生动物。

湖泊是陆地表层系统各要素相互作用的节点，是地球上重要的淡水资源库和物种基因库，而鱼类作为湖泊生态系统最重要的组成部分之一，其对湖泊功能的稳定发挥与水生食物网的能量传递有着举足轻重的作用。鱼类种类及其群落结构的变化不仅是湖泊生态系统灾变的主要驱动因子之一，也是湖泊管理与生态系统恢复的关键。我国湖泊多数位于温带或亚热带，气候温和，有利于各类水生生物的生长繁殖，鱼类资源也十分丰富。但近几十年来，随着区域气候环境变化和人类活动干扰加剧，不仅鱼类的栖息地、产卵场和洄游通道受到严重破坏，而且高强度的渔业捕捞也造成鱼类群落结构失衡，生物多样性急剧下降。此外，湖泊富营养化程度不断加深，营养物质循环与湖泊初级生产力的改变也促使鱼类的生物饵料基础与食物网关系发生重大变化。基于本章内容及湖泊研究范畴的需要，本节除简略描述鱼类的形态与分类外，主要围绕鱼类生态学方面的内容进行介绍，即鱼类的生活习性、与其他水生生物的关系以及其对外界环境的适应性等。

6.6.1 鱼类形态与分类

6.6.1.1 形态

鱼所栖居的环境——水的密度是空气的 800 倍，因此它们的外部形态就是为了完全适应各自所栖息的环境而演变成的。鱼类形态会受其生活习性和栖息地的影响，并形成各种不同的形状。绝大多数鱼类的体型大致可归入四种基本类型：纺锤形、侧扁形、平扁形和圆筒形，均能在水中游动自若。鱼类整个身体表面比较光滑，没有任何突起或棱角发生阻力；其尖细的吻部、完全可以闭合的口和紧密无缝的鳃盖，均适应于鱼挺水前进；细小致密的鳞片和润滑的黏液，亦能促使鱼体和水的摩擦阻力递减至最小限度；占体重 40%~65%的肌肉和坚强有力的尾柄，足以保证鱼类完成最迅速的行动。但是，水中的环境复杂多样，而各种鱼类对于适应环境的能力亦有所差异，因而就呈现了形形色色的体征形态。

鱼类的身体可以清晰地区分成头部、躯干部和尾部三个部分。头部和躯干部的分界在具有鳃盖的硬骨鱼类中为鳃盖骨的后缘。躯干部和尾部的分界通常为肛门或尿殖孔的后缘，少数肛门移往身体较前方的鱼类，则以体腔末端或最前一枚具脉弓的椎骨为界（图 6.26）。

鱼类的身体与其他脊椎动物一样，呈左右对称，具备 3 个体轴：由头部到尾部的一轴为纵贯鱼体中央的头尾轴（又称主轴或第一轴）；与头尾轴垂直而通过身体的中心点、横贯背腹的为背腹轴（又称矢轴或第二轴）；贯穿身体中心而与头尾轴和背腹轴成垂直的为左右轴（又称侧轴或第三轴）。

此外，鱼类形态研究的范畴通常还包括诸多方面，如皮肤及其衍生物、骨骼系统、肌肉系统、消化系统、呼吸系统、循环系统、尿殖系统、神经系统、感觉器官和内分泌系统（图 6.26）。限于本书篇幅，这些部分不做具体阐述。

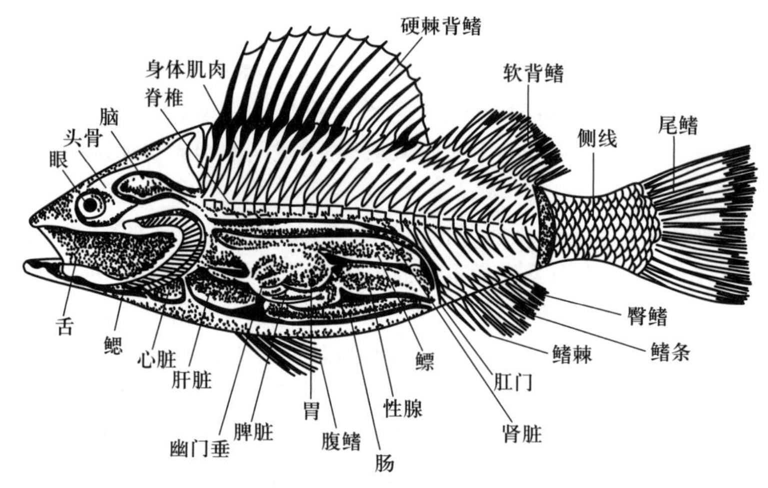

图 6.26　鲈的解剖图(改自 Schultz,2003)

6.6.1.2　分类

鱼类整体上可以分为 3 类,其中圆口类 73 种,软骨鱼类约 800 种,硬骨鱼类约 20 850 种。我国海、淡水鱼类总共约 3 000 种,其中淡水鱼类约 800 种。

目前进行分类鉴定的主要依据仍以鱼的形态结构为主,分为可数性状与可量性状。前者如第一鳃弓上附的外鳃耙数、背鳍和臀鳍鳍条数、侧线鳞等;后者是依据体长、体高、头长、吻长等长度测定及其比值计算,以此反映该鱼的体形特征(孟庆闻,1989)。

鱼类科学分类发展中,不少鱼类学家提出了许多不同特点的分类系统。其中 Müller 提出的分类系统是最早的科学分类体系,他将鱼类列为脊椎动物中的一个纲,其下分 6 个亚纲和 14 个目。加拿大著名鱼类学家 Nelson(1994)撰写了《世界鱼类》一书,其提出的分类系统甚得现代各国鱼类学家的好评,并成为被世界范围内大多数学者所采用的鱼类分类系统。

6.6.2　鱼类年龄与生长

了解鱼类的年龄,掌握它们的生长规律,是研究鱼类生活习性的重要组成部分,并且也是预测水体中鱼类种群数量与资源量变动的基础。

6.6.2.1　年龄

年龄鉴定是研究鱼类生物学和生态学特性的基础,也是分析和评价鱼类种群数量变动趋势的基本依据。例如,在研究鱼类的生长、摄食、繁殖、洄游等行为时,不与年龄相联系,就无法去了解它们在整个生活史的不同阶段与外界环境的联系特点和变化规律。

1) 生活史

生活史(life history)是指精卵结合直至衰老死亡的整个生命过程,亦称生命周期。鱼类生活史可以划分为若干不同的发育期,其中各发育期在形态构造、生态习性以及与环境的联系方面各具特点。现以占鱼类绝大多数的卵生硬骨鱼类——虹鳟(*Oncorhynchus mykiss*)为例进行说明(图 6.27)。

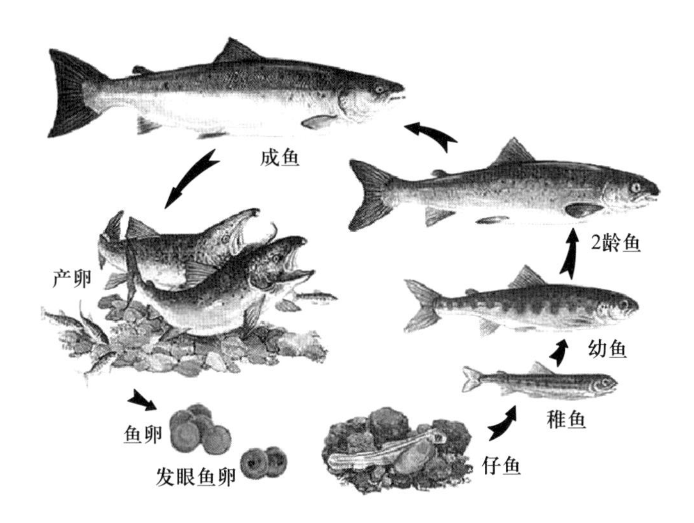

图 6.27 虹鳟的生活史

(1) 胚胎(embryo)期

当精子进入卵膜孔,精卵完成结合过程,即标志着胚胎期的开始。此期特点为仔胚发育仅限于卵膜内,因此亦称卵(egg)发育期。仔胚发育所需营养完全依靠卵黄,与环境联系方式主要和呼吸及外敌掠食相关。

(2) 仔鱼(larva)期

仔胚孵化出膜,即进入仔鱼期。初孵仔鱼体透明,口和消化道发育不完全,卵黄囊为其营养来源。此期与环境联系方式仍以呼吸和防御敌害掠食为主。与胚胎期不同的是,卵黄囊期仔鱼开始具有避敌能力和行为特性。此后,随着仔鱼的进一步发育,眼、鳍、口和消化道功能逐步形成,鳃发育开始,仔鱼开始转向外界摄食。此期仔鱼一般为营浮游生活方式,与浮游生物生活在同一水层,与环境联系方式逐步转向以营养和御敌为主。

(3) 稚鱼(juvenile)期

当仔鱼期的特征逐步消失,鳍条初步形成,特别是鳞片形成过程开始,便是进入稚鱼期的标志。早期稚鱼仍为营浮游生活方式,到后期才转向各类群自己固有的生活方式。此期与环境联系方式以营养和御敌为主。胚胎、仔鱼和稚鱼这三个发育期统称为鱼类早期生活史(early life history of fish)阶段。

(4) 幼鱼(young)期

鱼体鳞片全部形成,鳍条、侧线等发育完全,体色、斑纹、身体各部比例等外形特点以及栖息习性等均和成鱼一致,便进入幼鱼期。幼鱼期性腺尚未发育成熟,无第二性征或不明显。此期通常是鱼类快速生长期,防御敌害的适应关系逐步减弱,自然死亡率逐渐下降,营养关系日益重要。

(5) 成鱼(adult)期

自性腺初次成熟开始,便进入成鱼期。成熟个体会在适宜季节发生生殖行为,繁衍后代。此期与环境的联系除营养外,另一重要联系是繁殖。个体摄取的营养物质大部分用于生殖腺发育,同时积累脂肪等贮备物质,以供洄游、越冬和繁殖时期代谢需要。

(6) 衰老(aged)期

性机能衰退,体长接近渐近值,长度生长停滞或极为缓慢,鱼体摄取的营养物质只需保证维持生命活动的新陈代谢需要。

2）寿命

寿命是指鱼类整个生活史所经历的时间，它取决于鱼类的遗传特性和所处的外界环境。在自然界，鱼类成体所产生的后代，只有极少数能正常完成整个生活史，活到它们的生理寿命（physiological longevity）；绝大多数由于遭遇到不合适外界环境条件，而无法完成整个生活史，它们所活的寿命称为生态寿命（ecological longevity）。

各种鱼类的寿命长短不一，其个体大小亦差异明显。通常来说寿命长的鱼类，其个体也大；寿命短的，个体较小。绝大部分鱼类寿命介于2~30龄，其中约60%的鱼类寿命在5~20龄，能活到30龄以上鱼类不超过10%，同时约5%的鱼活不到2龄。我国淡水鱼类中，银鱼科（Salangidae）鱼类和青鳉（*Oryzias latipes*）等是小型鱼类，一年内就可生长到最大长度并性成熟，产卵后死亡，寿命仅一周年。寿命2~4龄的种类也不少，如䱗（*Hemiculter leucisculus*）、黄颡鱼（*Pelteobagrus fulvidraco*）等。大中型淡水鱼类寿命超过10龄的很少，一般7~8龄，如青鱼（*Mylopharyngodon piceus*）、鳙（*Aristichthys nobilis*）和鳜（*Siniperca chuatsi*）等，但个别也可活到15~20龄。鲟科（Acipenseridae）鱼类的寿命较长，一般均达20~30龄，10龄以上才性成熟。

3）年龄鉴定

鱼类的年龄主要依据生长时在鳞片、耳石以及各种骨骼组织上留下的轮纹标志来鉴定。鳞片和这些硬组织随着鱼类的生长而生长，并且随着生长快慢的差异，表现出组织结构上的不同，形成年度的标志即年轮。根据年轮的数目，就可推测鱼类的年龄。目前，经常用作鱼类年龄鉴定的材料有鳞片、耳石、鳍条、鳍棘和支鳍骨、鳃盖骨、匙骨和脊椎骨等。不同鱼类年龄鉴定的理想材料是存在差别的，应在深入研究后进行对比和分析确定。最常用的是鳞片，因为取材方便，观察简便，不需特殊加工。但对于无鳞鱼，如鲇形目鱼类；或是因为生殖行为而鳞片受损，不能正确鉴定年龄，如一些鲑、鳟鱼类，可以采用耳石或其他骨组织来鉴定年龄，或将鳞片作为鉴定时的参照。

鱼类的生长速度及年龄大小，除从某些组织构造上反映出来外，也可以从鱼类种群的生长状况反映出来。目前利用生长特征来鉴定年龄的常用方法有两种：① 长度频率法。该方法基本原理是：鱼类个体在其生活史中不断生长，每隔一年，其平均长度和体重相差一级。其主要实现方法是：在大批渔获物中，不加选择地测定同一种鱼不同大小个体的长度；然后将结果画成坐标图形，从中可以看出某些长度组的鱼特别多，而某些长度组的鱼特别少，最后整个图形显示为一个系列的高峰与低谷，各个高峰代表着一个年龄组，每个高峰的长度组即代表该年龄组的体长范围。② 长度换算法。长度换算法是应用比较广泛的年龄鉴定手段，具体方法是：在一个大的鱼类样本中进行二次取样，利用耳石鉴定等方法判别其年龄，记录每条鱼的体长数据，并进行分组汇总。之后，可由以上的年龄-体长换算表来计算得到所有长度组的年龄频率分布。

6.6.2.2 生长

鱼类的生长通常是指鱼体长度和重量的增加，这是鱼在不断代谢过程中合成新组织的结果。鱼类的生长有两个特点：一是各种鱼类的体型不同，大、中、小型的遗传性使它们的绝对大小相差很大；二是除小型鱼类外，只要有适当的食物供应，鱼类生长便具有相对不限定性。所以，同种同龄的个体大小有时有些差异，而且多数鱼类在达到性成熟后仍不停止生长,这与鸟类和哺乳动物颇为不同。

1）生长式型

每一种鱼都具有特定的生长式型(growth pattern),其为遗传所决定的生长潜力与鱼在生长过程中遇到的复杂环境条件之间相互作用的结果。虽然每一种鱼都具有特定的生长式型,但就整个鱼类讨论,可以归纳出若干共有的生长式型(殷名称,1993)。

(1) 不确定性

鱼类的生长弹性明显要比大多数其他脊椎动物大,也就是鱼类的生长率在种内差异很大,一定年龄组的成鱼大小常常是不确定的。不确定性生长主要表现在:如果给予合适的环境条件,大多数鱼类在它们的一生中几乎可以连续不断地生长,尽管生长率随年龄增长倾向于下降;其次,许多鱼类性成熟个体的年龄和大小不确定。

(2) 可变性

这是鱼类生长的第二个主要特点,即在不同的环境条件下,同种鱼不仅生长率不同,而且抵达性成熟的年龄和大小也不同。可变性生长的表现主要有两种:一种是不同地理种群生长式型不同,这种生长速度的差异主要和不同水系温度、饵料等环境因子相关;另一种是,同一种群的不同世代,其生长式型也不同。这是因为同一地区的自然环境条件不可能是恒定不变的,随着环境条件发生变化,鱼类会表现出适应性反应,它的内在作用过程就是可变性生长。

(3) 阶段性

根据鱼类生长速度的变化,其生活史生长式型可以划分成若干阶段。这种阶段划分通常和鱼在生活史过程中的形态、生态和生理状况剧烈变化相关。最常见的一种划分方法是把鱼类的生长分成性成熟前、性成熟后和衰老期三个阶段,其中的每一个生长阶段都有各自特定的生长特征。

(4) 季节性

一种短周期生长式型,揭示鱼类一年内生长速率的变化。通常见于生活在有季节变化环境里的鱼类,其生长式型通常呈季节性改变:快速和慢速生长相互交替。这种季节性生长主要是由各季节水温、饵料丰度和鱼类自身生理状况、代谢强度和摄食强度的差异引起。

(5) 雌雄相异性

许多鱼类雌性和雄性个体的生长式型不一,表现在体型、大小和生长率等方面存在明显差别。一般雌性个体长得比雄性大,而雄性个体比雌性早成熟,其生长速度也提前下降。

2）生长速度

生长速度指一年或某一单位时间内,鱼体所增加的长度和重量,用百分比表示即为生长率。鱼类生长速度通常可通过以下三种方法获得。

(1) 实测法

将同时期和同地点所取得的鳞片等材料进行年龄鉴定,然后实测各年龄组的体长或体重。用此法得到的数值亦称为经验数值。

(2) 长度频率法

此法既可以从长度变异曲线上的峰值来确定不同长度鱼群的年龄,又可获得各年龄组的生长速度。如果样本来自同时同地且数量又多,以此推算出的生长速度基本接近实际情况。

(3) 生长退算法

通过退算法计算鱼类不同年龄的生长情况，是以鱼体长度的生长与鳞片上相应年带的宽度生长呈正相关为依据的。根据这一原则，从鳞片上测出由中心至各年轮的年带的长度，可退算出以往各年鱼类的长度，从而得出各年的生长速度数据。

6.6.2.3 繁殖与发育

繁殖和发育是鱼类整个生活史中的一个重要环节，包括亲鱼性腺发育、成熟、产卵或排精到精卵结合孵出仔鱼的全过程，它和鱼类生长等其他环节紧密联系，以保证种群的生存与繁衍。鱼类是生活在水中的脊椎动物，并广泛分布于世界各种类型的水体中，它们的繁殖发育不但具有一些共同的特点，每个种类也有其自身对环境的独特适应性，以达到不断补充和增殖种群数量的目的。因此，研究鱼类繁殖和发育不仅是种群动力学研究的基础，而且直接服务于渔业生产实践，对于自然水域鱼类资源的保护以及开展鱼类人工繁殖与增殖都有重要意义。

鱼类的每一个体都有各自的繁殖特性，它由该个体的基因型决定，并通过该个体所属基因库的进化历史所加强，属于同一基因库的个体所特有的繁殖特性的结合，就可以看作这些个体共有的繁殖策略。简单来说，繁殖策略就是指每一个物种的繁殖特性，包括该物种的两性系统、繁殖方式、繁殖时间和地点以及亲体护幼等在繁殖过程中所表现的一系列特性。

鱼类的性腺发育过程就是鱼类把摄食所获得的物质和能量资源分配给性腺的过程，这部分资源往往占鱼类分配给整个繁殖过程资源的大部分，后者还包括亲鱼发育第二性征和繁殖行为所消耗的能量。性腺发育过程包括精卵从形成到产出以及伴随的性器官机能化的全过程。对性腺发育过程的研究一般以卵巢为主，因为卵巢较精巢更具代表性。目前常用的用于性腺发育分期的方法有目测法、组织学法、成熟系数法和卵径测定法，这些方法基本上都是以卵在形成过程中所产生的形态、色泽、体积、重量和活动度等方面的变化特征为依据。

6.6.3 鱼类摄食

摄食是包括鱼类在内的所有动物的基本生命特征之一。鱼类通过摄食行为获得能量和营养，为个体的存活、生长、发育和繁殖以及种群的增长提供物质基础。由于鱼类种类繁多，又广泛分布于地球上不同类型的水体中，因此鱼类食物的多样性在脊椎动物中是首屈一指的。凡是水中生长的动、植物以及在各种情况下由空中和陆上进入水中的动、植物，几乎都可以成为鱼类的食物。因此，研究鱼类摄食的同时，还必须掌握鱼类的生物学特征、其他饵料生物的状况以及水体环境条件变化等。

6.6.3.1 食性类型

按鱼类摄取的食物组成来划分食性类型，通常的对象是指鱼类的成鱼，或已脱离幼年时期的大鱼。这是由于鱼类在幼小时期，其消化器官尚未特化，不能摄取大于本身的动、植物食物。幼小鱼类的食物一般都是水中的细小生物，因而幼小鱼类常具有相同的食性。按照鱼类成鱼阶段所摄取的主要食物组成，大体上可以将现存鱼类归纳为以下几种食性类型（易伯鲁，1982）。

1）草食性鱼类（herbivore）

摄食植物性的食物，即水生维管束植物或藻类。草食性鱼类在淡水鱼类中比较多，如草鱼（*Ctenopharyngodon idelus*）、团头鲂（*Megalobrama amblycephala*）等；属于这一类型的还有浮游藻类食性鱼类（phytoplanktivore），如四大家鱼中的鲢鱼（*Hypophthalmichthys molitrix*），这些鱼类的鳃耙一般比较细密，用以滤食细小的浮游植物等食物。

2）肉食性鱼类（carnivore）

以无脊椎或脊椎动物为食物，其中根据摄食对象不同，又可分为三个类型：① 凶猛肉食性：这些鱼类通常以较大的活脊椎动物为食，主要为鱼类，甚至包括本种。凶猛肉食性鱼类以口裂大、善于追捕猎物为特点，有些种类的上、下颌上还具有利齿，便于捕获或撕裂食物。我国淡水中，鳜鱼、黑斑狗鱼（*Esox reicherti*）等都是典型的凶猛性肉食鱼类。② 温和肉食性：这一类肉食性鱼类主要以水中的无脊椎动物为食，如青鱼以软体动物为食，黄颡鱼则摄食大量虾类。③ 浮游动物食性：这一类主要以浮游甲壳类如桡足类、枝角类主食，它们的鳃耙也比较细密。常见的鱼类包括银鱼科和鲚属（*Coilia*）鱼类等。

3）杂食性鱼类（omnivore）

兼有动物性和植物性食性，典型的例子有鲤鱼、鳘鱼、泥鳅（*Misgurnus anguillicaudatus*）等。例如，鲤鱼既可吃大量水草，又可摄食螺类、贝类，并且摇蚊等其他底栖动物也经常在它的食物中出现。

4）碎屑食性鱼类（detritivore）

这类鱼类以吸取或舔刮底层碎屑或周丛生物为食，实际上也是一种杂食性鱼类。它们的口常为下位，下颌具角质边缘。由于经常摄取大量腐殖质，肠道中常出现大量泥沙、碎屑中的动植物尸体和碎片以及生活在腐殖质里面的小型底栖动植物。常见的有黄尾鲴（*Xenocypris davidi*）、鲮鱼（*Cirrhinus molitorella*）等鱼类。

除上述划分法外，也有按饵料生物的生态类群划分的，如浮游生物、底栖生物、游泳动物、周丛生物、植物和碎屑食性等。还有根据所吃食物种类多少把鱼类分为广食性和狭食性两大类。总体来说，鱼类的食性是在种的演化过程中对环境适应而产生的一种特性。在水体中饵料基础比较稳定的条件下，狭食性鱼类较为适应；在饵料基础经常发生变化的条件下，广食性鱼类就比较有利。各种食性类型划分法虽然提供了对鱼类食性范围认识的概貌，但并不是绝对的。介于两种甚至三种类型之间的中间类型极为普遍，许多鱼类在摄食生态学方面表现出巨大的可变性。

6.6.3.2 食物组成

1）形态适应

鱼类在长期演化过程中，形成了一系列适应各自食性类型和摄食方式的形态学特征。一般来说，每一种鱼对喜好的饵料生物都有特定的形态学适应，鱼的口部结构、触须、齿、咽喉齿和鳃耙等都是摄食器官的重要组成部分。下面以鱼类口部和齿的结构举例说明。

鱼类口的大小、形状和位置与食性密切相关。凶猛肉食性鱼类一般口裂和口咽腔较大，便于吞下食物；相反，温和肉食性鱼类的口裂一般较小。此外，口裂上位的鱼大都摄取栖息在水面和水层中间的食物;而口裂下位的鱼,有的上下颌具肉质厚唇,用以吮吸底栖动物和水底碎屑,如蛇鮈(*Saurogobio dabryi*)等。有很多肉食性鱼类,上下颌和口腔内具有锐利的齿,如乌鳢(*Channa argus*)和狗鱼的上下颌、口盖骨上都有这种利齿,这种齿通常只用作攫获猎物后,使它不易逃脱。鲤科鱼类则具有较发达的咽齿,例如草鱼的咽齿梳状,适于切割水草;青鱼臼状,借以压碎螺壳,而后吞食其肉。

2) 定性定量

虽然形态学特征能够用来初步判断鱼类的食性类型,但最终还需根据对鱼类消化道食物组成的具体分析才能予以确定。每一种鱼的食物组成都可以通过解剖一定数量的消化道,并对其中所含的动、植物种类予以定性定量检查来获得。定量描述最简单的方法是统计每一食物种类在鱼类消化道中的出现频率,即一种食物在被解剖的消化道中出现的次数占全部被解剖的消化道的百分比(空消化道一般不计在内)。出现频率提供了鱼类消化道中是否含有某种食物类别的信息,但没有提供它们的数量和体积。因此,出现频率有时并不能真正反映每一种食物对鱼类营养的贡献以及鱼类对该种食物的喜好程度。计数法是一种与出现频率法有着相似缺点的方法,它统计每一种食物在被解剖消化道中出现的个数占全部食物种类总个数的百分比,而不管这种生物的个体大小和营养价值。

根据鱼类食物组成中各种类别的饵料生物的个体大小、所占实际比重以及营养价值,通常可将鱼类的食物分成主要食物、次要食物和偶然性食物。主要食物在鱼类食物组成中所占实际比重最高,对鱼类的营养起主要作用;次要食物是经常被鱼类所利用,但所占实际比重不大;偶然性食物是偶然附带摄入、所占实际比重极小的饵料生物。确定某种食物是否为鱼类的主要食物,一般主要采用体积法和重量法。体积法是先在量筒中放入一定容量的水,然后逐一将食物组成中各种饵料生物放入量筒,记载水面升高的刻度,求得各种饵料生物的体积和所占全部饵料生物总体积的百分比。重量法是逐一称重各种饵料生物,最后求得每一种饵料生物占全部饵料生物重量的百分比。由于鱼食性鱼类的饵料生物个体大,因此比较适宜采用这两种方法。还有一种更正重量法,是先将消化道中已被消化过的或将计数法所获得的各种饵料生物,按水域环境中相同的饵料生物的重量予以还原、更正,然后再按重量法求得每一种饵料生物的实际百分比。这种方法估计每一种饵料生物对鱼类营养所起作用最接近实际,特别适用于一些初级肉食性鱼类。

3) 组成变动

鱼类的食物组成一般会随着发育期、年龄、季节、昼夜和栖息地环境的不同而发生变化。下面简单介绍下各因子究竟如何影响鱼类的食物组成。

(1) 年龄

食物组成随年龄的变化主要反映了鱼类个体发育不同阶段的摄食形态学适应(如口裂大小、游泳速度、捕食能力等)和生理要求,部分是栖息生境的扩大和转换造成的。例如,草食性的草鱼仔鱼,尚未形成切割水草的咽齿,其摄食一般都是依靠视觉吞吸与其口裂大小相符合的微小饵料生物,特别是浮游动物。之后随着仔鱼的口裂增大,适于各自食性类型的咽齿开始发育,摄食能力增强,能主动吞食大型枝角类、摇蚊幼虫和其他底栖动物,并开始摄取幼嫩细小的水生植物。待幼鱼长至30~100 mm时,其食性基本和成鱼相同,转变为主要以水生植物为食。

(2) 季节

食物组成的季节变化实际上反映了鱼体代谢强度、摄食行为以及水域环境饵料生物的季节变化。这种变化极为常见,通常广食性的鱼类主要表现在食物的种类组成上,而狭食性的鱼类主要表现在各种饵料所占比例的变化。

(3) 栖息地环境

鱼类食物组成随栖息水域而变化也是极为常见的现象,主要由不同水体中饵料生物群落组成不同所致。一般来说,在适合该种鱼的食性范围内,总是以栖息水域中数量最多、出现时间最长的饵料生物为主要食物。

6.6.3.3 食物选择

鱼类和饵料生物的基本关系表现为对饵料生物所具有的选择能力。这种选择性应理解为鱼类对其周围环境中原来有一定比例关系的各种饵料生物,具有选取另一种食物比例的能力。除了从鱼类食物组成的实际比例来划分主要食物、次要食物和偶然性食物外,还可以根据鱼类对饵料生物的选择偏好程度,把鱼类的食物划分为喜好食物、替代食物和强制性食物。喜好食物是最优先选取的食物,它在鱼类的食物中往往是主要食物;替代食物是指喜好食物存在时鱼类通常很少选取,而当喜好食物缺少时鱼类大量选取的食物。当喜好和替代食物都不存在时,鱼类维持生存而被迫选取的食物,称强制性食物。

查明鱼类的喜好食物、替代食物和强制性食物,揭示鱼类对食物的选择性,目前广泛应用选择指数(selectivity index)方法。选择指数是一种数量指标,是鱼类消化道中某一食物的百分数与饵料基础中这一食物的百分数比值。可以用简单的公式来表示:

$$E=r_i/p_i \tag{6.14}$$

式中,E 为选择指数;r_i 为饵料食物中某一成分的百分比;p_i 为饵料基础中同一成分的百分比。因此,在查明鱼类对饵料食物的选择指数时,不仅需要掌握鱼类肠胃中各种食物的比重,还需对这种鱼类栖息区域中的各种饵料基础进行分析。

此外,另一种公式也被学者用来表示鱼类的食物选择指数,即摄食食物成分在鱼类食谱中和在饵料基础中的百分数的差值与其和值的百分数之比:

$$E=(r_i-p_i)/(r_i+p_i) \tag{6.15}$$

该指标的值在+1 和-1 之间,根据正负数值大小,便可估计鱼类对某种饵料食物的正(负)选择性程度。负值表示对该饵料食物避食,或该饵料食物不易获得;而正值表示有积极选择性,或易得;0 表示无选择性,随机摄食。

6.6.3.4 摄食节律

1) 摄食节律

鱼类摄食的方式和方法各式各样,但都有一定的节律,经过全天定时、全年定期采样观察,就可以了解鱼类摄食强度的日节律、季节节律和间歇性变化。

(1) 日节律

这是一种鱼类摄食节律的常见现象,产生日节律的主要原因有:① 鱼类对饵料生物的定位方法。一般依靠视觉摄食的鱼类,白昼摄食强度大于夜晚;而借助于嗅觉或触觉摄食的鱼类,则往往相反。② 光照度的昼夜变化可能作为一种信号刺激,影响鱼的神经内分泌系统,从而导致食欲产生,建立日摄食节律。③ 水温、溶解氧的日变化可能直接或间接通过影响饵料食物数量、密度、聚散而影响鱼类的摄食强度。④ 饵料食物的昼夜移栖行为。例如浮游生物食性的中上层鱼类,随着其饵料对象的昼夜垂直移栖行为,不仅食物组成,摄食强度也有昼夜变化。

(2) 季节节律

产生季节节律的原因有:① 水温等外界水文条件的变化。鱼类都在生长的适温季节大量摄食,而高于或低于适温条件,鱼类停止或很少摄食。② 饵料生物供应量的年变化。鱼类的最高摄食强度一般发生于食物组成中某一喜好食物种类大量出现的时候,并且这种食物也成为该种群的主要食物。

(3) 周期性间歇

这种变化在鱼食性鱼类中特别明显,许多鱼食性鱼类饱食一顿,可以停食数天,待胃排空后再次摄食。但多数温和鱼类的停食间歇比较短,特别是浮游生物食性的鱼类,几乎不间断地摄食。

2) 饵料系数

饵料系数(feed coefficient)又称营养系数,是衡量鱼类对食物吸收利用的基本指标,是鱼所吃食物重量与鱼体的增重之比。饵料系数越小,饵料的营养价值越高。对于吃同样食物的不同鱼类,由于营养生物学上的差别,饵料系数可能有很大的差别。吃鱼的凶猛肉食性鱼类中,那些生活在底层、活动较少的种类,饵料系数一般要比生活在水上层、积极活动的种类要小,这与能量在生命活动中消耗方式的差异有关。

饵料系数对于渔业养殖或渔业资源管理具有重要意义,是进行水体渔产潜力评估的关键指标系数。渔产潜力评估的实质是研究水体中不同营养级生物通过能量转化和利用后最终可形成渔产品的最大量,对于合理开发利用湖泊等水体的天然饵料资源具有十分重要的意义。水域饵料的渔产潜力取决于饵料的周年生物量、*P/B* 系数、饵料系数等,因而,对不同饵料的生物资源及鱼类的饵料系数分别进行评估,所有估算结果的总和为该水域的渔产潜力。然后,基于不同食性类型鱼类的渔产潜力评估结果,对水体中的鱼类资源结构进行优化调整,不仅可以促进饵料生物的合理充分利用,也可提高渔业产量和产值,实现营养物质以渔产品的形式的输出,这是湖泊等水体环境改善中非常重要的步骤和措施。

6.6.4 鱼类种群

鱼类种群生态学主要包括两方面内容:一是种群的自然生活史,在前文已做了相关介绍;二是种群的数量变动规律。两者相辅相成,前者是后者研究的基础,而后者是前者研究的目的。

6.6.4.1 种群特征

一般认为,鱼类的自然种群具有:① 空间特征。种群占有一定的分布区域,有自己的分布界限,与其他种群基本上是隔离的。② 数量特征。种群具有时间上的一致性,因而有一定的数量变动规律。③ 遗传特征。种群是种内繁殖单元,它们同属于一个在时间上连续的基因库。

在研究某水域某种鱼类种群时,这是一个具体的种群。当从具体意义上应用种群这个概念时,种群可以理解为特定时间内生活在限定区域内全部同种鱼类的组合群。这时,种群在时间和空间上的界限或多或少是随研究者的需要和方便划分的,诸如一个湖泊、一条河流、一个海域或一个海流系统等。

6.6.4.2 种群数量评估

鱼类种群的数量变动是鱼类种群生态学中具有理论意义的重要问题，也是解决合理利用鱼类资源的实际问题。研究和分析鱼类种群动态，首先必须对种群数量或丰度进行评估。正确估计种群丰度并非易事，它受到很多因子的牵制，特别是采样的随机性、假设条件的可能性以及针对不同情况、不同种类所选择的方法的可靠性。现将常用的几种评估方法简介如下。

1）计数法

在少数情况下，一个鱼类群体的全部或某一成分可以直接计数。例如，池塘或小型湖泊有时可以在排干后，计数其中所有的鱼。但较为常用的是通过部分计数来推知整个种群。例如，在洄游通道上所设计的鱼陷阱或计数装置可以随机地在某些时刻使用，然后推及全天或一段时间里的数量。一些生活在大型水体的鱼类种群丰度，往往也可以通过部分计数法来估测。例如，估计某河流中鱼类种群的绝对数量，可以先把整个河段划分成若干个面积相等的小区，然后随机选取其中几个小区，捕捞其中的鱼做全部计数，再推知整个河流的种群数量估计数。

2）标志回捕法

标志放流技术是一种研究鱼类资源和鱼类洄游的常用方法，先在鱼体做上物理、化学或生物标志，然后通过重新捕获标志鱼，推测鱼类种群数量的变动。

3）卵丰度调查法

这是一种传统方法，通常用于评估种群亲鱼的数量。此法要求事先调查产卵群体的年龄和性比结构、产卵雌鱼的平均绝对繁殖力、亲鱼产卵场水域以及浮性卵的漂流路线等。一般总是先划定调查区域，随机选定采样点，然后从局部推及全体。

4）水声学法

基于回声探测技术原理的水声学，作为一种水下探测鱼类的方法，在评估鱼类资源量、监测鱼群行为等方面具有重要作用，并且在鱼类和渔业研究中的应用越来越广泛。与传统评估方法相比，水声学方法具有快速有效、调查区域广、不损坏生物资源、可提供可持续的数据等优点，近年来在湖泊水库的渔业资源研究中也得到快速发展（孙明波等，2013）。同时，水声学评估也可以与 GIS 技术进行结合应用，可以更直观地反映鱼类种群资源的变化与分布特征。

6.6.4.3 种群数量变动

非生物环境条件的局部影响，有时虽对种群数量的变化起很大作用，但种群数量变动的决定因素在群体本身。种群数量变动的特点是物种在繁殖、摄食、生长等生态学规律中表现出来的特点的归纳，由物种对环境条件的适应性来决定。

种群大小由密度制约因素来控制，当种群数量达到一定的密度并占据了显著的空间后，周围的环境力量即对这一数量产生较大的抑制作用，迫使密度降低到一定水平。而当某一种群的数量变得稀少时，环境的抑制作用放松，种群的密度又得以增加，从而占据较多的空间。因此，水体中的鱼类，即使不进行捕捞，种群也只能维持在一定数量水平。在自然界，鱼类在不超过本种的适应性范围之外，营养条件、生长速度和繁殖是鱼类种群数量进行调节的关键因素。

1）营养条件与数量变动

鱼类具有调整种群数量、使其适合于饵料基础的适应性。饵料营养的保证程度，不仅指外界饵料基础的绝对值，还指饵料基础被摄食利用的情况及其代谢过程。饵料的保证对于种群数量的变动是通过一系列调节补充和调节死亡的适应性达到的。其中，饵料营养条件得到改善，会加速群体中的个体生长速度，提高亲本的繁殖力，幼鱼的数量和成活率也明显增加；而当营养条件恶化时，不仅以上情况难以发生，且会出现同种大鱼吃小鱼的现象，最终导致种群数量减少。

2）生长速度与数量变动

鱼类的生长在群体数量变动中也起重要作用，其常表现为对环境条件的一种适应性。鱼类最快的生长时期是初次性成熟之前。鱼群如在前几年生长加速，就可缩短这个世代的生长成熟期，较早地达到性成熟。在一定时期内，这种加速生长的个体越多，则补充群体的数量也越多。鱼类的生长速度也受环境中生物因素（饵料数量）和非生物因素（季节变化与水温高低）的影响而发生变化。其中鱼类常用生长缓慢来适应饵料的不足，而生长缓慢会引起繁殖力的降低和性成熟的延缓，从而引起鱼类数量的下降，即鱼类可以通过调节生长快慢来维持种群数量的相对稳定，这是一种重要的适应机制。

3）繁殖与数量变动

鱼类繁殖力大小的变化、卵与精子的质量、不同年龄鱼类的产卵顺序以及幼鱼生活条件的差别等，都可能导致种群数量的变动。但繁殖力的改变并不总是引起种群数量的变化。例如，当个体的怀卵量降低、而产卵亲鱼的数量较多时，产卵总数甚至比怀卵量大而亲鱼数量少的情况下还多。

6.6.5 鱼类群落

鱼类群落是指生活在特定时间、特定水域中具有相互联系的鱼类集合体，鱼类群落结构的变化不仅可能导致渔业功能的退化，其相关过程的变化更是湖泊生态系统灾变的主要驱动因子之一，也是湖泊管理与生态系统恢复的关键。合理的鱼类群落结构和正常的群落功能发挥是鱼类种群得以生存和发展的基础，因此对于湖泊鱼类生物多样性保护与渔业资源的科学管理而言，群落水平上的研究工作具有重要意义。近几十年来，随着过度捕捞和环境污染等人为干扰因素的不断加剧，许多水域中鱼类资源衰退，鱼类群落的结构和多样性状况发生了显著变化。这些趋势引起了学者的高度关注，成为当前国际生态学研究的热点问题之一。

6.6.5.1 鱼类群落结构与多样性

鱼类群落结构研究主要基于鱼类分类学和生态学，其特征可以从多方面加以表达，主要包含物种组成结构、生物量结构、营养结构、繁殖力结构和个体生物学结构等。由于生态系统中鱼类种类的多样性和食物关系的复杂性，一些研究根据鱼类的食物资源和生态类型，采用划分“功能群”的方法来研究鱼类群落结构，从而便于对大尺度区域的鱼类群落及食物网进行定量和定性研究（Miyazono et al.，2010）。也有学者通过建立各种模型来分析鱼类群落结构及其动态变化，简化鱼类群落结构研究的复杂性和工作量(Tsehaye et al.,2014)。鱼类群落也被用来指示生态系统破坏的程度,通过对鱼类群落的长期监测,可以有效地分析环境和人类活动对湖泊等水生生态系统的影响(Marzina et al.,2012)。

但目前,国内外的鱼类群落研究主要集中在时空格局分布特征及其驱动因子的解析。其中时间格局主要研究群落在昼夜、季节、年际以及较长时间尺度范围内的结构特征及其变化规律,主要表现为种类组成和多样性的变化。而鱼类群落的空间格局主要是环境因子在空间尺度上的异质性引起的,主要包括波浪、水深、温度、盐度、浑浊度、底质类型以及水生植被等因子(Trigal and Degerman,2015),这些因子影响了不同鱼类种群的资源量、分布及洄游。此外,鱼类种间或鱼类与其他种类之间的关系以及人类因素也对鱼类群落结构产生重要影响。限于篇幅,本节将主要讨论驱动鱼类群落结构及多样性变化的几个关键环境或生物因素,而捕捞、水利工程建设、人工增殖放流及水体富营养化等人类活动对鱼类群落资源造成的影响,本节暂不做讨论。

1) 湖岸距离

湖泊根据不同水域理化条件之间的差异,可以划分为沿岸带、敞水带与深水带三个区域。随着距湖岸距离及水深的变化,湖泊各区域的鱼类群落分布也开始变化,沿岸带的鱼类种类数、丰度和物种多样性明显高于敞水带和深水带,而敞水带和深水带主要分布一些表层浮游生物食性鱼类。沿岸带饵料资源的多样性和生境结构的异质性是鱼类群落多样性较高的主要原因(Winfield,2004)。

2) 水生植被

植被生境是深水湖泊沿岸带及浅水湖泊的主要生境类型,也是鱼类重要的摄食与庇护场所。一方面,鱼类通常会通过集群或寻找合适的生境来减少被捕食的机会,而水生植被能够成为鱼类有效躲避敌害的场所;另一方面,水生植被也为鱼类提供了良好的摄食环境,因此水生植被生境中的鱼类密度和多样性均较高。

生境中水生植被的类型和密度也是影响鱼类群落分布的重要因素。沉水植物生境中的鱼类密度和多样性一般被认为较挺水植物、漂浮植物等其他植被类型高。沉水植物能有效增加空间生态位,提供庇护所,改善水下光照和溶解氧条件,并为形成复杂的食物网提供食物、空间和其他必要条件。但也有研究表明,温带鱼类在漂浮植物中密度较高,而亚热带鱼类在沉水植物中密度较高(Teixeira-De Mello et al.,2009)。鱼类分布还随植被密度不同而异,在一定范围内,鱼类会随植被密度的增高而增多,但植被密度过高反而会降低鱼类运动和搜寻食物的效率,同时也导致生境异质性降低,最终引起鱼类密度下降,群落结构组成趋于简单。

3) 温度

由于鱼类只适应在一定范围的水温内生活,因此鱼类的分布随地域而异,也随着季节更迭而变动。鱼类对温度的变化具有适应性,不同种类有不同的适温幅度,因此随着近年来全球气温的上升,湖泊内的鱼类群落组成也开始发生变化(Jeppesen et al.,2010)。例如,狭温性鱼类的分布范围将会缩小或在局部水域中灭绝,而广温性鱼类的地理分布将向极地扩展,许多内陆湖泊的鱼类物种丰富度可能会增加。此外,高纬度地区的冷水性鱼类种群也会受到影响,浅水湖泊中冷水层的消失或深水湖泊中冷水层下移引起的缺氧环境,均会造成冷水性鱼类种群的衰退与功能群地理分布的变化。温度的变化还会影响鱼类生活史特征,例如温度升高会造成鱼类个体更小、性成熟更早及寿命更短等。鱼类摄食习性也可能随着温度变化而改变，气候暖化背景下的湖泊鱼类群落，杂食性鱼类物种比例和丰富度将逐步增加。

4）鱼类外来种入侵

随着全球贸易交流的深化与航运的快速发展，水产养殖、观赏鱼类、休闲垂钓、人工增殖放流等原因导致的跨国家或者跨水系的引种愈加频繁，其中部分外来种逃逸至野外并形成自然种群，导致全球范围内的淡水鱼类入侵问题日益严重（郦珊等，2016）。鱼类外来种的入侵可能会对鱼类群落的结构和功能产生负面的生态效应。入侵种可以改变群落或生态系统基本的生态学特征，如群落中的优势种、食物网的营养循环，并导致区域性的生物多样性减少等。

入侵鱼类一般通过捕食、种间竞争、杂交等方式对本地生态系统和鱼类群落结构产生影响。入侵的肉食性鱼类因其强攻击性，会在本地大量捕食小型鱼类及幼鱼，使其种群遭受威胁。最典型的例子是非洲维多利亚湖在引进尼罗河尖吻鲈（*Lates niloticus*）后，造成湖中200余种珍贵的土著丽鱼灭绝，生物基因库严重受损（Kitchell et al.，1997）。鱼类入侵活动还会导致生态位接近的物种间的竞争，部分土著种鱼类的栖息地和食物不断被侵占，其种群数量迅速下降。此外，入侵种与本地种的杂交作为环境压力的一种，也会导致土著种鱼类种群遗传多样性的下降。

国内太湖、洪泽湖（毛志刚等，2011）等湖泊近年来也陆续发现一些外来种鱼类，如匙吻鲟（*Polyodon spathula*）、露斯塔野鲮（*Labeo rohita*）、胡鲇（*Clarias batrachus*）等。如果这些“新种”入湖后能够在湖区内繁殖、扩散并逐步形成稳定的种群，往往会给土著种或本地种鱼类群落结构造成严重影响。因此，在全球范围内均受到入侵种影响的背景下，国内也需要密切关注湖泊生态系统可能面临的生物入侵的潜在危害。

6.6.5.2 鱼类营养级与食物网

鱼类食物网是水生生态学基础理论研究的主要内容之一，对多种鱼类食性类型进行综合分析，对于了解鱼类的种间关系、探讨水生生态系统的能量流动和物质循环、提高水域生产力具有重要的理论和实践意义。其中，鱼类种间的食物关系不仅能够影响鱼类种群以及群落的结构与动态，也是各种生物数量变动的重要调节因素。对关键鱼类资源种群开展摄食生态与营养关系研究，是了解鱼类群落甚至整个生态系统结构和功能的关键所在。

食物网营养级的研究长期以来采用的都是传统的肠胃含物分析，但近年来，稳定同位素与脂肪酸标志物等分析技术也开始大量应用于水生态系统的食物网和营养级研究，这些方法各有优、缺点，在应用中相互弥补。

1）肠胃含物分析法

肠胃含物分析法是通过分析生物消化道内未被消化食物的组成和数量，来确定食物网的基本结构和摄食关系。肠胃含物分析法是生物摄食生态学研究中长期、广泛使用的传统方法，其优点是直观、成本低，但这一方法具有一定的局限性。消化道中通常存在的是难以消化的食物，并且分析结果只反映了生物被捕捞前所摄食物，很难准确地反映水生生态系统中的能量流动（Paine，1998）。尽管传统的肠胃含物分析法存在诸多不足，但它仍是研究摄食生态和食物关系的一种必不可少的手段，是其他新方法的基础。

2）稳定同位素分析法

稳定同位素分析法是基于稳定同位素反映了生物体对食物的吸收并且是生物体长时期代谢的结果这一事实，既表达了生物体摄取的食物种类信息，也表达了一段时间内生物体对食物的吸收信息。稳定同位素分析的优点是可以定量研究，如生物食性、外源物质输入、物种入侵、人类活动导致的污染物排放等问题对食物网结构与功能的影响；同时，将稳定同位素技术和肠胃内含物分析法相结合，可以得到关于生物营养关系和摄食、栖息地等方面重要的信息（Layman et al.，2012）。然而运用碳、氮等同位素准确解释食物网的营养关系须考虑诸多因素（Gannes et al.，1997）。例如，不同生物或不同组织对同位素的分馏程度存在差异，以及细菌等一些生物往往不能直接被测定。同时，稳定同位素分析也不能像肠胃含物分析法一样提供食物种类和大小组成的信息，这也就限制了该技术在水生态系统中的应用。

3）脂肪酸标志物分析法

鱼类的某些特定脂肪酸化合物在生物的摄食活动过程中，结构基本保持不变，能用于辨别生物饵料的来源，使其成为标志生态系统不同营养级之间营养关系的良好标志物。通过对比生物之间脂肪酸的组成，不仅可用于研究它们的摄食情况，追踪物质在食物网中的传递过程，而且有助于确定生物之间营养关系，观测食物网的结构变化（Hebert et al.，2006）。尽管如此，但此方法还是存在一些局限。首先，脂肪酸的前处理过程较长，测定操作要求较高；其次，脂肪酸的定量计算、建模及多元统计等也需要较多的经验。鉴于脂肪酸在指示水生生物之间营养关系方面的诸多优点，选择脂肪酸这一化合物作为指示剂，并结合特定化合物同位素等分析技术，在探讨生态系统的物质和能量传输规律以及分析生物营养关系和食物结构等方面具有广泛的应用前景（Bec et al.，2011）。

6.6.6 湖泊渔业

渔业作为湖泊最重要的功能之一，其资源变动是湖泊生态系统演变的重要影响因子，湖泊渔业资源的变动和退化也是对环境变化最直接的响应。作为一种传统产业，渔业在我国经济社会发展中具有不可缺失的重要地位。中国作为世界渔业大国，水产品产量约占世界水产品总量的 1/3，其中淡水产品产量占世界淡水产品总量 1/2 以上。随着淡水渔业的大力开发，尤其是淡水养殖渔业的快速发展，湖泊和水库等大水面资源也被高强度利用。目前我国湖泊可养面积 $1.87\times10^4\ km^2$，水库可养面积 $2.0\times10^4\ km^2$，占全国内陆可养水面的 70%以上，其中 2015 年湖泊和水库的淡水养殖产量占我国淡水养殖总量的 18%。

近 30 年来，工业和农业现代化进程加快，水体环境污染加剧，加之酷渔滥捕以及渔具渔法的改进提高，湖泊渔业资源逐年衰退，鱼产量不断下降，湖泊渔业潜力及资源可持续利用受到较大影响。鱼类在湖泊生态系统中处于顶级调控地位，它与其他生物之间通过食物网密切相关，鱼类群落结构的变化及其种群衰退，往往导致湖泊生态功能的退化；与此同时，湖泊集约化养殖模式带来大量外源性营养物质，加速了水体的富营养化进程。现阶段我国内陆水体利用的基本要求是“保护水质，兼顾渔业，适度开发，持续利用”。因此，如何控制湖泊渔业资源的衰退趋势，总结、推广和完善湖泊渔业的增养殖与保护措施，并恢复良好的湖泊生态环境，是目前面临和迫切需要解决的问题（谷孝鸿等,2018)。

我国湖泊渔业主要有传统捕捞、人工增殖放流和综合养殖三种方式。湖泊渔业发展聚焦点从原始低效率自然捕捞、追求捕捞产量逐渐转至保持储存量增长、通过"三网"养殖等方式提高养殖产量,再到保护湖泊生态、保证渔业可持续发展,以生态保护为核心的养护型湖泊渔业成为当今湖泊渔业发展的迫切需求。近几年,为改善湖泊水环境,学者提出的"保水渔业""净水渔业""以渔改水"的渔业思路,目前在太湖、东湖、千岛湖等得到实施。以生态保护为前提的湖泊渔业最终出路需要新的思考和探索实践,新时期湖泊渔业发展的现实需求与途径主要有以下三个方面。

1) *增殖放流*

增殖放流被认为是现有条件下增加鱼类种群数量和优化渔业资源群落结构最直接、最重要的恢复措施之一(Welcomme,1992)。我国渔业资源增殖研究和放流活动始于20世纪50年代,即"四大家鱼"的人工繁殖取得成功。但目前增殖放流效果评价体系不完善、试验性增殖放流重视不够以及后续配套管理措施不足等,使得放流种苗成活率低、增殖放流效果不明显,并且还引发了外来鱼类入侵、生态系统失衡等诸多负面效应(姜亚洲等,2014)。基于国内外增殖放流的经验研究,我们建议今后的工作可以从几个方面入手,以提高放流的成效与生态安全:科学制定增殖水域的增殖放流规划,强化苗种遗传资源和健康状况管理,构建增殖放流生态风险的适应性管理体系,加强对生物资源养护与增值的效应评估,实施增殖放流的科学机制与体系化建设。

2) *湖泊渔业监测与管理新技术的应用*

随着科学技术的高速发展,地理信息系统(GIS)、水声学探测、鱼类标志等诸多技术逐步应用到湖泊渔业的生产、加工、管理、服务等领域。GIS作为一种高效的时空分析工具,未来有望在湖泊渔业模型建立、渔业资源监测管理与渔情预报、鱼类栖息地评价等方面得到进一步应用(Lucas and Baras,2000)。水声学作为一种水下探测鱼类的方法,在评估鱼类资源量、监测鱼群行为、鉴别鱼类种类等方面具有重要作用,也将在我国湖泊水库的渔业资源研究中得到快速发展(Draštík et al.,2017)。鱼类标志技术也是一种进行渔业资源评估的重要方法,在鱼类种群数量、死亡率、个体增长、运动模式等研究中被广泛运用。我国鱼类标志技术研究起步较晚,但目前国内鱼类标志物研究也逐步开展起来,除体外挂牌、荧光色素标记等传统方法外,基因标记、稳定同位素、被动式整合雷达标志和生物遥测标志等技术也开始运用到湖泊渔业的研究与管理中(Roussel et al.,2000)。

3) *湖泊生态渔业规划与区域协调管理*

湖泊渔业功能区域设置实质是对湖泊水域的渔业功能进行界定和分区,其设置往往结合遥感图像解译技术,并根据湖泊生物资源分布和水动力格局,规划不同湖区功能的边界(谷孝鸿等,2006)。通过湖泊渔业功能区域的设置,可以保护和修复湖泊生态系统结构和功能,合理有序地发展湖泊渔业,促进旅游业和休闲渔业的健康发展,实现湖泊综合资源的可持续利用。同时,如能将湖泊渔业纳入流域范围内统一规划和管理,与流域水生态功能分区等研究工作互为基础和补充,将有利于流域水生态系统结构与功能的保护,提升我国湖泊渔业规划与管理的水平。

6.7 湖泊生物间相互作用

生活在湖泊生态系统中的各种病毒、微生物、植物(包括浮游植物、水生植物)、动物(包括浮游动物、底栖动物和鱼类)不是孤立存在的,不仅同一物种内的不同个体间存在相互作用,而且不同物种间也存在相互作用。生物间的相互作用(如竞争和捕食)对湖泊群落结构组成和物种多样性是否存在影响,以及有何影响?与诸如气候等非生物因子相比,生物因子对自然界中生物群落结构组成的影响是否微乎其微?或者自然界中生物群落结构组成完全由非生物因子的作用决定?这些现在看起来很容易回答的问题,在生态学的发展史上曾经引发过长期、激烈的讨论。在过去的很长一段时期内,人们普遍认为群落结构的组成主要由非生物因子所决定,但是 19 世纪 60—70 年代理论生态学特别是陆地生态学的迅速发展使得人们对这一问题的认识不断进步:起初人们认为,竞争作用是决定生物群落结构组成的关键因素;随后人们进一步发现,生物群落结构组成是生物因子和非生物因子共同作用的结果,而且这两类因子存在时间和空间上的差异。虽然有关淡水生态系统中生物间相互作用的重要性的研究起步更晚,但是今天研究者一致认为,生物间相互作用对淡水生物群落结构的组成及多样性变化具有重要作用。

湖泊生态系统中不同物种间及同一物种不同个体间存在各种相互作用,有些作用是对某一物种或个体是有利的,而对其他物种或个体是不利或没有明显的影响,这些正负反馈作用通过影响湖泊生态系统中各个物种的生物量或数量,进而影响整个系统的物种多样性及群落结构组成。湖泊生态系统中生物间的相互作用表现为以食物营养关系为基础形成的食物链和食物网关系,彼此直接或间接影响。在一个稳定的湖泊生态系统中,生物间的正负反馈作用虽然会引起生物个体不断发生更替,但是它既不会引起某种生物的无限制增长,也不会引起另一种生物的灭绝,而是使生态系统中生物种类的组成和数量比例维持总体上的相对稳定。但是,当环境因子的变化或人为干扰强度超过一定阈值,湖泊生态系统将会由一种稳定态转变成另一种稳定态(即发生稳态转换)。为应对全球范围内湖泊生态系统中日益严重的系统性、结构性的破坏以及资源危机,亟须科学家利用多学科理论及知识对湖泊进行生态管理。

6.7.1 湖泊生物间相互作用类型

湖泊生物间的相互作用类型包括竞争、捕食、牧食、寄生和共生(可分为偏害共生、偏利共生和互利共生)。根据相互作用的生物体对彼此适应性的影响,生物间的相互作用概括起来可以分为三类:无影响(0)、负面的影响(-)和正面的影响(+)。据此,竞争作用可以简单地理解为是一种对双方均有负面影响的关系,可表示为(--);消费者与其资源间的作用(例如,捕食者-猎物,牧食者-植物)是资源对消费者正面影响而后者对前者负面影响,可表示为(+-);同样,寄生关系也表示为(+-);偏害共生中,寄生者对寄主有负面影响而后者对前者无影响,可表示为(-0);偏利共生关系是甲物种对乙物种有正面影响,而后者对前者没有影响,故表示为(+0);互利共生是彼此对对方均有正面的影响,表示为(++)。接下来将重点讨论竞争作用、牧食和捕食作用,简要讨论寄生关系、共生关系和协同作用。在讨论这些物种间相互作用之前,先简单了解一下“生态位”的概念。

生态位(ecological niche)是指一个有机体可以生存、生长和繁殖的所有环境因子的总和(Grinnell,1928),可分为基础生态位和实际生态位(Hutchinson,1978;Colwell and Rangel,2009)。基础生态位(fundamental niche)是指一个物种在无其他生物间影响下所占据的环境条件。显然,一个物种不可能孤立存在,总是或多或少地受到其他生物的影响(如竞争、捕食和共生),此时,该物种所占据的环境条件即是其实际生态位(realized niche)。生物间的相互作用将限制物种所占据的实际生态位范围,故一个物种的实际生态位范围往往小于其基础生态位,实际生态位是基础生态位的子集。一个物种的实际生态位不是固定不变的,其因所处环境中的物种种群结构不同而异。例如,生存在同一环境中的不同物种的生态位往往有一定程度的重叠,假如重叠生态位供应充足的资源(例如猎物、养分或者筑巢地),那么物种间的相互影响相对较小,物种的实际生态位将与其基础生态位差别不大;但是,当这些物种数量迅速增长以后,共享资源将变得有限,物种间的相互影响非常强烈,在这种环境下物种的实际生态位将与其基础生态位存在显著差别,物种间存在对共享资源的竞争。

6.7.1.1 竞争

竞争(competition)是生态学的一个基本概念。许多科学家对"竞争"进行了定义,本书将沿用 Tilman(1982)的定义:竞争是一种生物因消费或限制其他生物获得有限资源而对另一种生物产生负面影响的生物间相互关系。可见,有关竞争的核心概念就是"资源"。资源包括多种生物与非生物环境因子,主要有食物、配偶、养分、光照、孵卵地和空间等。竞争只存在于所需资源相同的生物间,并且只有在环境中的资源有限的条件下竞争才显得重要。如果资源足够多,足以满足所有消费者的需求,那么生物间的竞争作用可以忽略不计。这一情况在现实的生态系统中是可能存在的,例如,受其他环境因子(如捕食或非生物因子的干扰等)的影响,消费者的种群密度一直处于非常低的水平时,竞争就微乎其微了。

概括地说,竞争可表现为两种形式:凭借具有比竞争对手更强的利用资源的能力而占据优势,称为利用性竞争(exploitation competition);通过直接干扰竞争对手(如攻击行为)从而获得更多资源,称为干涉性竞争(interference competition)。利用性竞争经常发生在植物间,例如,不同藻类间的竞争就是一种利用性竞争,不同藻类均具有利用诸如氮、磷等有限的营养盐的能力,但利用效率却存在差异,利用效率高的将占优势。干涉性竞争往往存在于动物间,例如,大型雄性鳟鱼采用攻击的方式将小型雄性鳟鱼赶出繁殖条件最佳的孵卵地。一般情况下,同种鱼类的不同个体间的竞争主要表现为对资源的占有,但是在环境中食物等资源缺乏时,许多凶猛性肉食鱼类常以本种为食,即大个体吞食同种小个体。虽然鱼类这种同种为食的现象不是普遍存在的,但是这可以看作鱼类对自然环境的一种适应性。

生物间的竞争强度因其竞争资源重叠度的增加而增大,所以同一物种内不同个体间的竞争(种内竞争,intraspecific competition)相对来说强于不同物种个体间的竞争(种间竞争,interspecific competition)。而且与亲缘关系较远的物种间的竞争相比,亲缘关系较近的物种间的竞争更激烈。例如,浮游植物与初级生产者(如沉水植物)间在利用养分和光照等资源方面存在激烈的竞争关系,但是前者与鱼类间几乎不存在竞争。依据竞争排斥原理(competition exclusion principle),如果两种生物的生态位完全重叠,那么它们将不可能共存。然而,若生物体间存在足够大的生态位差异,即生物间存在资源分区(resource partitioning),即使生态位存在部分重叠,它们也可以共存,即有限的资源在不同种群间存在明显的种间分区。例如,隶属于松藻虫属(*Notonecta*)的 2 种昆虫在小池塘中存在空间分布差异:其中一种昆虫 *N.undulata* 主要生活在沿岸区域,而另一种昆虫 *N.insulata* 大量分布在深水区(Streams,1987)。这种空间分布差异表明,2 种昆虫具有不同的基础生态位。此外,种间竞争也可以引发生物利用资源方式的转变,这种转变可以是各自发生的(异域的,allopatric),也可以是共存时发生的(同域的,sympatric)。例如,在斯堪的纳维亚的湖泊中,棕色鳟鱼(*Salmo trutta*)和北极嘉鱼(*Salvelinus alpinus*)的进食习性因它们生活区域是否相同而存在较大差异:当这两种鱼类异域生长时,它们具有非常相似的进食习性——包括捕食底栖无脊椎动物,如端足目(Amphipod)、腹足类(gastropod)、蜉蝣(mayfly)以及陆生无脊椎动物(Nisson,1965),当它们生活在同一区域时,北极嘉鱼主要以浮游动物为食,而棕色鳟鱼则主要以底栖无脊椎动物为食。有趣的是,研究者们在对两者的栖息地的比较研究发现,具有优势地位的棕色鳟鱼在夏季将北极嘉鱼赶出沿岸带(Langeland et al.,1991)。

竞争力的衡量标注包括两个方面的内容:生物利用有限资源或成功干涉竞争者的能力,以及对有限资源减少的忍受能力。影响生物竞争力的因素主要包括生物个体的大小和其过量摄取资源的能力。一般来说,小型生物具有更低的食物浓度阈值,即相对于大型生物而言,小型生物可以在更低的食物浓度下生存。但是,随着体形增大,生物收集食物的能力和同化作用的增强速率大于呼吸作用,使得在食物充足的环境中,大型生物将比小型生物可以利用更多的资源,进而成为优势物种。Romannovsky 和 Feniva(1985)用 2 种不同体型的浮游动物(大型——*Daphnia pulex* 和小型——*Ceriodaphnia reticulata*)的室内竞争实验充分说明了这一现象:当单独培养时,在低浓度和高浓度的食物水平下,这两种体型的浮游动物均可以生存;但是二者一起培养的竞争实验表明,在低浓度食物条件下,由于食物供给不能满足大型种的生存需求,小型种具有竞争优势且最终成为优势种;而在高浓度食物条件下,结果恰恰相反,大型种具有竞争优势且成为优势种。

由于资源供给水平可能会随着时间的不同而异(如湖泊水体营养盐的季节性差异),所以,如果有一种生物具有能够在资源供给水平高的时候大量吸收、储存食物以在资源匮乏时利用的能力,那么它将在此类资源的竞争中具有明显优势。不仅诸如细菌、真菌、藻类等低等生物普遍具有这种“过度摄食”能力,而且高等的植物和动物中也具有这种能力。在湖泊生态系统中,磷是一种限制初级生产者生长、繁殖的最普遍的营养盐。因此,那些具有“过度摄食磷”能力的生物在环境中磷浓度较高的时候会大量吸收磷并将其以特殊的多磷酸盐分子的形式储存起来。当环境中磷匮乏时,这些生物将分解储存的多磷酸盐用于细胞代谢。这样,这些生物就可以在因磷严重匮乏导致的不利环境中存活;否则它们将无法成功度过这一环境恶劣的时期。许多大型水生植物都具有利用根和根茎等器官大量储存多种营养盐的能力。除多磷酸盐外,大型水生植物在环境适宜的时期大量进行光合作用的时候也会过量合成、储存碳水化合物(糖和淀粉)以备用。此外,氮也可以以蛋白质和氨基酸或硝酸盐的形式储存。与人类类似,许多水生动物可以以脂肪的形式储存能量。例如,鱼类在产卵和越冬前会大量进食、储存脂肪,以便有足够的能量满足生殖腺发育、产卵行为和度过严酷的冬季的需求。

6.7.1.2 捕食和牧食

陆地生态系统与湖泊生态系统中的捕食和牧食是有差异的。在陆地生态系统中,捕食和牧食的定义往往不一样,捕食被严格地定义为捕食者取食且杀死某一生物;而牧食某一植物,仅仅是以植物的某一部分作为食物,但并不杀死该植物,是在对植物不产生致命伤害的情况下取食该植物体的一部分,例如斑马取食树木枝叶。然而,与此明显不同的是,湖泊生态系统中的牧食者往往将植物整株吞下,例如,溞属食用浮游藻类。除了取食大型水生植物的牧食外,牧食与捕食在湖泊生态系统中的差异相对来说小于其在陆地生态系统中的差异。接下来将把牧食与捕食视为功能相似的过程,唯一不同的是捕食者吃动物,而牧食者吃植物。为了简便,常用"消费"指代这两种过程。

1) 捕食的原则

捕食和牧食是导致许多湖泊生物死亡的主要因素,也是影响湖泊生态系统、调控群落结构组成及多样性的重要因素(Kerfoot and Sih,1987;Carpenter and Kitchell,1993)。捕食者不仅可以通过直接的致死作用来控制猎物的种群密度,甚至可以引起局部区域内猎物的灭绝,进而影响猎物群落的多样性及其在生态系统中的分布。捕食者还可以通过促使猎物改变生活习性(包括栖息地、行为方式以及觅食)的方式间接影响猎物的生长率和繁殖率。显然,捕食作用是一种强而有效的自然选择作用,经过一定时间的演化,被捕食者(猎物)将进化出许多对捕食的适应性,例如分泌毒物、长出保护性盔甲以及改变生活习性等。自然选择作用促进了被捕食者的反捕食的适应性进化,增强了被捕食者逃避捕食的能力;同样地,更强的自然选择压力将促进捕食者进一步提高捕食效率,如提高发现和(或)捕获猎物的能力。因此,在自然进化过程中,捕食者与其猎物间将永远存在着适应与反适应的竞赛。

那么,为什么捕食者没有使其捕食效率增强到足以导致其猎物灭绝的强度呢?一种解释是,与捕食者相比,猎物面临的选择压力往往较强,这使得猎物种群总是处在适应与反适应竞赛的领先地位,即所谓的"生存-进餐原理"(life-dinner principle)(Dawkins and Kerbs,1979)。该原理最初是用于来解释狐狸和兔子之间的关系。类似地,我们可以用湖泊生态系统中捕食者与猎物间的关系对该原理进行意译:梭子鱼以斜齿鳊为食。斜齿鳊比梭子鱼游得快,这是因为斜齿鳊尽可能快地游泳是为了躲避被捕食以生存,而梭子鱼尽可能快地游泳是为了进餐。梭子鱼捉不到猎物仍然有机会进行繁殖,而斜齿鳊如果被梭子鱼捕食了,那么它将再也无法进行生长、繁殖了。因此,因猎物逃避能力和捕食者捕食能力的增强而引起的不对称的适应性进化势必导致捕食者和猎物不对等的选择压力,这种不对等性使得猎物种群总是处于装备竞赛的领先地位。此外,与捕食者相比,猎物的个体较小、世代时间较短,因此具有较快的进化速率。

完整的捕食的过程——捕食循环可分为不同阶段,这些阶段包括:相遇及发现猎物、攻击、捕获和消化。在各个阶段均发生着捕食者有效的捕食能力的适应以及猎物的共进化。成功的捕食者的适应将使其具有尽可能更快、更有效地完成捕食循环以到达最后一个阶段的能力,而猎物必须进化出尽可能更早地阻止捕食循环完成的能力。不同的捕食者在捕食循环的不同阶段可能各具优势,类似地,不同的猎物在各个阶段的反捕食的能力可能也存在差异。

2) 捕食者和牧食者的取食模式

伏击或"坐等"和主动攻击是湖泊生态系统中水生捕食者两种基本的捕食策略。生活在环境复杂生境中的捕食者一般采用伏击或"坐等"策略,它们一直静静地待在某个地方不动,直到猎物出现。而主动攻击型捕食者往往四处游动寻找猎物,一旦发现猎物立即发起攻击。显然,坐等猎物消费的能量相对较低,而四处游动寻找猎物需要消耗更多能量。然而,一旦发现猎物,“坐等”型捕食者则需要立即从静止状态启动并发起攻击,这将消费更多的能量。“坐等”型捕食者的捕食成功率一般高于主动攻击型捕食者。相对而言,“坐等”型捕食者的攻击效率高、攻击持续时间短,这种捕食策略在猎物容易逃脱的复杂环境以及猎物较少的环境中有优势;而主动攻击捕食策略适合在猎物不易逃脱的简单环境以及猎物较多的环境中进行。捕食者一般只采用一种捕食策略进行觅食,但是一些水生捕食者的捕食策略因环境条件(如猎物的相对密度、栖息地的复杂性)的不同而异。研究者发现,当栖息地的复杂性增强时,习惯于主动攻击捕食方式的食鱼性鱼类(如大口河鲈鱼和鲈鱼)将采用“坐等”的捕食策略进行捕食(Sanvino and Stein,1989;Eklöv and Diehl,1994)(图 6.28a)。猎物密度或活跃度的增高而引起的捕食者与猎物相遇概率的增加也可能促使捕食者改变策略。例如,猎物的添加可以引起一种蜻蜓目昆虫的捕食策略由“坐等”型转变为主动攻击型,而另一种蜻蜓目昆虫的捕食策略却没有变化(Johasson,1992)(图 6.28b)。

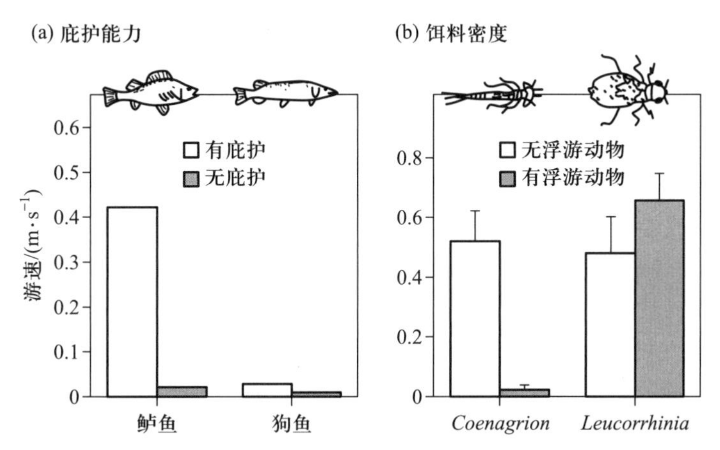

图 6.28 猎物及其庇护所对两种捕食者捕食策略的影响。(a) 在猎物具有庇护所的环境中,鲈鱼的游泳速度将增高,它们的捕食策略由主动攻击型转变为“坐等”型;(b) 在浮游动物存在时,豆娘属(*Coenagrion*)的捕食策略由“坐等”型转变为主动攻击型,而 *Leucorrhinia* 属主动攻击型的捕食策略在添加浮游动物的前后没有显著改变

湖泊生态系统中的牧食者可以营浮游或底栖生活,它们的进食方式包括滤食、表面取食和掠食。许多牧食者采取滤食的方式进行进食,如枝角类、桡足类、轮虫、纤毛虫和异养鞭毛虫滤食浮游藻类或细菌。底栖牧食者不仅包括许多原生动物,如纤毛虫、异养鞭毛虫和阿米巴虫,而且包括一些大型生物,如昆虫幼体、贝类。大多数底栖牧食者都是附生生物,生活在其他物体表面,如吸附于大型水生植物的叶面、沉积物表面、石头表面和水中塑料的表面等。它们主要以固着藻类的微表层、细菌和岩屑为食。然而,并不是所有以浮游藻类为食的动物的进食方式都是滤食或表面取食。例如,许多剑水蚤采取掠食的进食方式,它们主动掠取生活环境中食物颗粒、藻类和动物。这种取食方式截然不同于与其亲缘关系较近的哲水蚤的取食方式。因此,剑水蚤经常被分类为肉食性动物或纯粹的捕食者。

此外,湖泊生态系统中还存在一种以大型水生植物为取食对象的牧食。与大型陆生植物不同,水生植物不会受到多种动物的严重牧食。虽然青鱼(*Scardinius erythrop-*

thalamus)有时以大型沉水植物为食,但它们均不以大型水生植物为主要食物。草鱼(*Ctenopharyngodon idella*)也吃大型水生植物,这种鱼产自我国,是"四大家鱼"之一,经常被出口到其他温带国家用以除去池塘中的水草。大量的大型水生植物经草鱼的吞食、消化后,其植物体所携带营养盐又被重新排放至水中,进而加速了水体营养盐循环,甚至引起藻类水华的暴发。一些大型挺水植物[如芦苇(*Phragmites australis*)]的植株尤其是嫩枝容易被大量迁徙的水生鸟类(如大雁)所取食。目前尚不清楚这种取食作用是否会严重影响挺水植物的生长。还有一些水鸟[如野鸭(*Fulica atra*)、天鹅(*Cygnus* sp.)]牧食沉水植物和浮叶植物。此外,高密度的小龙虾几乎可以导致水生生态系统中的所有沉水植物灭亡。这是因为,虽然小龙虾是以藻类、碎屑和无脊椎动物为食的高度杂食性动物,但是植物占它们食物中的很大一部分,而且小龙虾取食时动作粗暴,有时将水生植物从沉积物表面切断。适量引入小龙虾可以有效地降低湖泊和池塘中大型水生植物的生物量。

"选择性觅食"指捕食者取食环境中相对密度较高的食物,但这种食物不一定是其所偏爱的食物。这种觅食的选择性可以导致猎物群落结构的改变——优势种由偏爱种群转变成非偏爱种群,这也是群落演替的主要推动力之一,如浮游藻类的群落演替。大型浮游动物觅食的藻类个体大于轮虫食用的藻类个体,由于大型浮游动物和轮虫的密度会随着时间的变化而变化,所以可以预见,当大型浮游动物的密度显著高于轮虫时,个体较小的浮游藻类的含量相对较高;反正亦然。在瑞典的 Ringsjön 湖中长达 4 年的观察数据证实了这种假设,大型藻类与小型藻类的比例和大型浮游动物与轮虫的比例存在负相关关系(图 6.29)。可见,占优势地位的消费者种群的选择性觅食可以有效控制猎物群落结构组成。

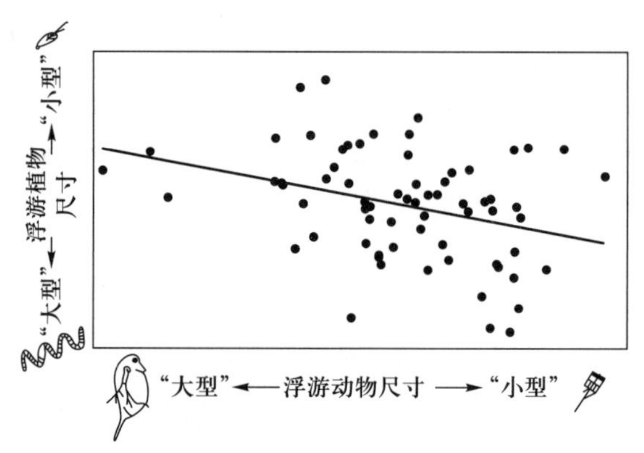

图 6.29 浮游植物和浮游动物群落之间个体大小的关系(数据来源:Hansson et al.,1998)

3) 最佳捕食理论

最佳捕食理论认为,在捕食者以获得最大净能量而达到最大的繁殖成功为取食猎物的目的的假设前提下,人们可以预测捕食者食性。猎物或食物颗粒的净能量获取量等于食物所含的能量减去捕食者获取该食物所消耗的能量。猎物的利益率是捕食者取食该猎物所获得的能量除以所消耗的能量的比值,假设捕食猎物所消耗的能量与处理该猎物花费的时间呈正比,因此,利益率是每处理时间单位内能量的获得量。由于猎物处理时间随猎物体积的增大而增加的速率低于能量获取量的增加速率,所以,猎物的利益率一般随着猎物体积的增大而增加。但是,猎物体积增大到一定临界值后,猎物处理时间将随着猎物体积的增大而急剧增加,利益率反而减小。因此,对于一种捕食者来说,每一种猎物均存在一个与其体积有关的利益率,最佳的捕食选择是取食利益率最大的猎物。在一系列不同类型的猎物存在下,经典的最佳捕食理论认为,捕食者更偏爱取食利益率最大的猎物;当利益率最大的猎物密度较低,被捕食者发现的机会降低时,捕食者将捕食利益率次大的猎物;以此类推。由此可见,利益率最大的猎物的密度决定捕食者的最佳食谱;即使增加低利益率猎物的密度,捕食者也不一定以这种猎物为食。这种理论已在许多研究中被证实,其中多数与淡水生物的研究有关:蓝鳃太阳鱼捕食枝角类的实验是有关最佳捕食理论的最经典的研究之一(Werner and Hall,1974)。

4)猎物的权衡——觅食还是躲避捕食者

虽然高效地寻找、获取食物的能力是动物适应性进化的重要特征,但是其他因素,例如,成功躲避捕食者和有效寻找繁殖配偶的能力,对于维持动物生存的重要性也不容忽视。动物在四处游动寻找食物时注意力往往集中在猎物上,警惕性相对较低,易被其捕食者发现。对于一种生物而言,搬到一个捕食者较少的地方生活或减少外出活动的频次是一把双刃剑,一方面这可以降低该生物被捕食的危险,另一方面这也可能使得它们丧失许多绝佳的觅食机会。已有的研究表明,仰泳蝽、小龙虾以及蓝鳃太阳鱼的生长和捕食速率均因捕食者存在导致的更换栖息地或减少活动而有所降低(Stein and Magnuson,1976;Sih,1980;Werner et al.,1983)。觅食和躲避捕食者的相对有利性由多种因素决定,包括猎物的脆弱性(以猎物与捕食者的相对大小和捕食者密度来衡量)、食物浓度、竞争以及猎物的饥饿程度。有研究表明,动物能够在不同环境下依据因觅食所得到的利益和因躲避捕食者所要付出的代价的大小做出折中的生存策略——权衡觅食所得与被捕食的风险。Milinski(1985)的研究发现,以水丝蚓为食的棘鱼的觅食行为因其捕食者的胁迫而发生改变:在食鱼性的慈鲷(可捕食棘鱼)存在时,棘鱼的平均觅食率显著降低且更偏爱捕食离慈鲷较远的水丝蚓(图 6.30)。同类相食的仰泳蝽能够依据同类其他个体的大小和密度调节自身的捕食行为(如 Sih,1980)。动物的饥饿水平升高(即食物的需求度增强)也可以影响其觅食和躲避捕食者的权衡。饥饿感较强的动物更倾向于冒险四处游走寻找食物,而吃饱了的动物更喜欢待在隐蔽处原地不动。有实验研究表明,淡水生物采取更大的冒险行为的可能性将随着饥饿程度的增加而增大(Milinski and Heller,1978)。

5)防御

猎物为了生存,在长期的适应性进化过程中获得了各种避免被捕食(防御)的能力。依据防御行为发生在猎物与捕食者相遇之前还是之后,猎物的防御性可分为两大类:初级防御和次级防御(Edmunds,1974)。初级防御指猎物在被捕食者发现之前采取的躲避行为以及其他可以减少与捕食者相遇概率的行为,包括避免相遇(避开有捕食者存在的环境)、空间庇护(猎物选择一个捕食者密度较低或捕食效率较低的栖息地)、时间庇护(当捕食者活动时减少活动)、保护色(具有一种可以很好地融入环境的体色)以及休眠(猎物采取形成休眠卵的方式短暂中断生长或发育以减少被捕食)。次级防御指猎物在与捕食者相遇之后采取的躲避行为,包括逃跑、长出体刺和其他形态结构以增加捕食者的处理时间进而使捕食者丢弃或不捕食该类型猎物以及产生次级化学物质抵御被捕食。

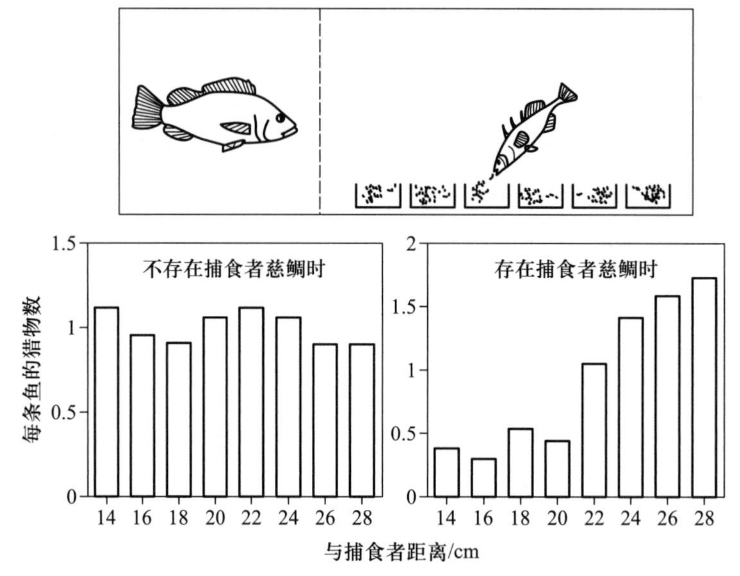

图 6.30 捕食者(慈鲷)对棘鱼觅食策略的影响。当慈鲷存在时,三棘鱼偏爱在离慈鲷较远的容器捕食猎物

6.7.1.3 寄生

寄生指两种生物在一起生活,一种生物从另一种生物获得营养物质或居住场所而不杀死它(至少不是立即杀死)的现象。依据体型的大小,寄生生物可以分为微型寄生生物(包括病毒、细菌、线虫和原生动物)和大型寄生生物(如寄生性蠕虫、线虫和软体动物)。与大型寄生生物相比,微型寄生生物体形小、世代时间短,在宿主中生长、繁殖。与此不同的是,大型宿生生物的生活史相对复杂,存在一种中间宿主,这一类型的寄生物在宿主体内生长,但在中间宿主中繁殖。微型与大型寄生生物通常要转换宿主,前者往往在同一物种宿主的不同个体间转换,而后者在不同物种的宿主间转换,即宿主只是一种阶段性载体。

虽然寄生生物不立即杀死宿主,但是前者(如致病细菌和病毒)的大量繁殖可以导致宿主在短时间内大量死亡。Craig(1987)的研究表明,气单胞菌的大量繁殖可导致其宿主——鲈鱼种群98%的死亡率。许多研究发现,寄生生物是决定浮游生物(包括浮游植物和浮游动物)种群大小的重要因素之一。例如,处于暴发后期的水华藻类容易被寄生性真菌感染。然而,两者的因果关系——是寄生性真菌感染了死亡的水华藻类还是寄生性真菌导致了水华藻类大量死亡,目前仍不得而知。在康士坦茨湖中进行的原位实验发现,高达50%的枝角类被外寄生性原生动物(*Caullerya mesnili*)感染;室内实验的研究进一步发现,被寄生生物感染的 *Daphnia galeata* 不仅死亡率显著增高,而且其繁殖率也大大降低(Bittner et al.,2002)。微宇宙实验的研究表明,被寄生生物感染的溞属在10~12周全部死亡。此外,被寄生生物感染的溞属更容易被依据视觉觅食的捕食者所捕获。

然而,大多数寄生生物对于宿主的影响极其缓慢且症状不易被察觉。这类寄生生物感染宿主以后,仅仅获取宿主大部分而不是全部能量,这样宿主仍然有较少的能量用于自身的生长和繁殖。因此,宿主被感染后对能量需求将急剧升高,这将导致其行为方式的改变。例如,相对于没有被感染的棘鱼,被绦虫(*Schistocephalis solidus*)感染的棘鱼饥饿感显著增高,这使得后者敢于前往捕食者压力很高的环境中觅食(Milinski,1985)。不仅如此,宿主部分内部器官的退化也与寄生生物有直接的影响,例如,蜗牛种群内大部分个体无法进行繁殖,这与寄生生物可以完全消耗掉蜗牛的繁殖器官密不可分。

需要在不同种类的宿主中度过并完成复杂生活史的寄生生物进化出可以在这些宿主间进行有效转移的适应性和生存策略。许多这样的寄生生物具有改变中间宿主行为、增加其被终宿主捕食可能性的本领:使中间宿主的逃跑能力降低,使其活动性减弱,或者使其到捕食压力较大的栖息地中觅食。例如,被绦虫(*Ligula intestionalis*)感染的拟鲤偏爱在沿岸浅水区活动,这将导致其很容易被其终宿主——鸟类所捕食(Loot et al.,2002)。另外,对于宿主而言,它们具有避免接触寄生生物的适应性进化,包括避免捕食被感染的猎物、不在寄生生物遍布的环境中活动。例如,棘鱼不吃被寄生生物感染的桡足类(Wedekind and Milinski,1996);雌蛙不在含有被吸虫感染的螺的池塘中产卵(Kiesecker and Skelly,2000),这是因为蝌蚪是吸虫的终宿主,被感染的蝌蚪生长率和存活率均较低。

1)体表寄生生物

大多数寄生生物都是在宿主体内生长(内寄生),少数寄生生物在宿主体表生活(体表寄生)。体表寄生生物种类繁多,包括吸附于宿主(常为小型浮游甲壳类)体表的细菌、藻类、原生动物甚至小型后生动物。寄生生物吸附于运动的宿主体表生活将使其获得一些好处:如果寄生生物是藻类,那么它们会获得更多的养分;类似地,异养体表寄生生物将因宿主的游动而获得更多不同的食物颗粒。体表寄生生物对宿主的影响后果主要由寄生生物的数量决定:如果寄生生物数量较少,那么它们对被感染的宿主影响较小;如果寄生生物数量非常多,厚厚的寄生生物将导致宿主的游动速度降低,进而减弱宿主的捕食、呼吸以及逃避捕食的能力。

2)淡水寄生生物对人类的影响

淡水生态系统中,寄生生物的盛行最终可能会影响人类的生活、生产。鱼类疾病和寄生虫可以导致自然水体鱼类大量死亡甚至某些种群的灭绝,这不仅严重影响渔业生产,而且可通过生物链的级联效应对整个生态系统的种群结构和多样性产生严重影响。此外,疾病暴发和寄生虫感染也是影响水产养殖的重要因素。一些以鱼类为中间宿主的寄生生物也可能对人类的经济发展和健康生活造成严重影响。例如,吸虫是一群对人类生活和健康有害的扁体形寄生虫,包括可引起羊肝腐烂的肝吸虫和可引起人类患血吸虫病的血吸虫。这些寄生生物的生活周期复杂,有1个或多个淡水中间宿主,如钉螺或鱼类。下面以引发热带疾病——血吸虫病(以德国病理学家 Theodor Bilharz 的名字命名)的血吸虫 *Schistozoma mansoni* 为例说明寄生虫复杂的生活史。

成年血吸虫生活在宿主(人)的血液系统中,尤其以肠系膜静脉血管最为常见。血吸虫的卵穿过肠壁,随粪便或尿液被宿主排出体外。到达水体后,虫卵在适宜条件下孵化成有纤毛的幼体(毛蚴)。毛蚴孵出后必须在几小时内钻入其中间宿主——钉螺体内生活。在钉螺体内毛蚴发育成孢囊,经过大约一个月的生长后孢囊发育成尾蚴。尾蚴自螺体逸出后在水里自由游动,但是它们在水中存活的时间很短,必须快速进入终宿主(人)的体内。尾蚴侵入人类皮肤并发育成童虫。童虫经小静脉进入终宿主体内发育成熟,成年血吸虫移行至心脏、肺、肝脏并最终到达肠血管。血吸虫卵可阻塞血管,进而引起人肠道壁、肝脏和肺部等血管疾病。这种疾病经常发生在热带非洲国家，尤其是人工淡水系统（如鱼塘、水库、灌溉渠）附近。只要在血吸虫生活史中的任一阶段采取干扰措施、阻断其完成生活史循环就能控制血吸虫病。目前，在血吸虫不同生活史阶段对其进行干扰的多种措施已经被综合使用于防治血吸虫病的流行。这些措施包括加强教育、提高卫生条件、控制被感染人群的淡水资源来源以及大规模的消除中间宿主——钉螺。消灭钉螺的措施最为常见，包括化学剂灭螺、降低大型水生植物的密度、引进钉螺捕食者（如鱼类和甲壳类）或不是血吸虫中间宿主的螺类竞争者等。

6.7.1.4 共生

广义上说，共生指两种不同的生物紧密生活在一起而互不伤害对方的关系。按照双方是否获利，共生可分为互利共生、偏害共生和偏利共生。互利共生指对彼此都是有利的共生关系，即相对于各自单独生活，它们共同生活时均具有更高的生长率、更低的死亡率或更高的繁殖率。互利共生可能是必需的，即两种生物均需要对方的帮助以维持生命，二者单独生活均不能存活；也可能是偶然的，即一种或两种生物虽然可以从共生关系中获利但它们离开对方时均能生存且繁殖。偏利共生是指其中一种生物获利而另一种生物不获利的共生关系。与有关竞争、捕食的研究相比，关于湖泊生态系统中共生关系及其重要性的研究较少。然而，目前在淡水生态系统的研究中已发现一些生物间存在互利共生关系，例如藻类与植物、无脊椎动物以及微生物等生物间的关系。

Azolla sp.是生长在水面的一种淡水蕨类，其叶面上有非常特殊的空腔，这些空腔中生活着固氮蓝藻（*Anabaena* sp.），这两种生物间是互利共生关系：固氮蓝藻具有固氮功能，可以为蕨类提供生长所需的全部或大部分氮，而蕨类为固氮蓝藻提供有机物质。这种共生关系使得蕨类可以获得更多的氮，同时固氮蓝藻可以得到更多的有机物。

一些淡水无脊椎动物和小球藻属（*Chlorella*）藻类间存在紧密的共生关系：小球藻以内共生的方式生活于宿主（可能是原始动物、海绵或水螅）细胞内，它们从这些无脊椎动物获得氮磷养分、CO_2 和庇护场所，同时它们为后者提供光合作用产物。这种共生关系使得宿主对外界食物的依赖性降低，它们在环境中食物匮乏时的竞争优势将大大增强（Stabell et al.，2002）。

在淡水生态系统中，许多细菌也与浮游藻类间存在共生关系，这两类生物共同构成藻-菌共生系统（朱丽萍等，2009）。有关藻-菌共生关系研究开始得相对较晚，其主要原因在于，以往的微生物研究主要依据分离培养的方法，而环境中的微生物可被分离培养的比例非常少（不到 1%），加之共生微生物与其藻类宿主之间存在特殊的相互依赖关系，共生细菌的分离培养更是难上加难。近年来，随着分子生物学技术的发展及其在微生物生态学研究中的应用，越来越多的细菌（尤其是附着异样细菌）与浮游藻的共生关系被发现。作为初级生产者，浮游藻类在生长过程中不断向细胞外分泌多种有机物，使藻细胞周围形成一个独特的微环境——藻际环境（phycosphere）（Bell and Mitchell，1972）。多种异养细菌生活在藻际环境中，并且与藻类形成共生关系（Lewis et al.，2001）。一方面，异养细菌可以从藻类分泌的胞外有机物中获得生长繁殖所需的营养，且其代谢活性高于周围水体中的浮游细菌（朱丽萍等，2009）；另一方面，异养细菌也可以通过分解作用为藻类的生长提供 CO_2 以及其他营养，进而促进藻类生长（Simon et al.，2002；Penn et al.，2014）。目前，关于淡水生态系统中藻-菌共生关系的研究主要集中在蓝藻（尤其是可以引起水华的微囊藻）与藻际细菌的研究（如 Stevenson and Waterbury,2006;Grossart et al.,2011)。目前,已报道的藻际细菌主要包括变形菌门的 α-变形菌和 γ-变形菌亚纲、拟杆菌门(Shi et al.,2012;Parveen et al.,2013;Woodhouse et al.,2013;翟春梅等,2014)。野外监测研究表明,藻际细菌的群落结构组成与其周围水体的浮游细菌存在显著性差异(Shi et al.,2012;Parveen et al.,2013;Woodhouse et al.,2013)。在室内的培养体系的研究表明,藻际细菌的群落结构组成和功能均因藻类的不同而存在明显差异(Zhu et al.,2016),这可能是由于不同浮游藻类释放的胞外特殊有机物的组成存在差异,引起细菌的特异性(Dziallas and Grossart,2011;Li et al.,2017)。

6.7.1.5 协同作用

协同作用(cooperation)可理解为广义上的互利共生,指两种生物生活在一起,对双方都有一定程度的利益,但它们不像互利共生的生物那样联系得非常紧密(是一种比较松懈的生物间的合作关系),协同作用的生物彼此分开后,各自又都能够独立生活。淡水生态系统中的协同作用在微生物间比较常见。尽管存在功能冗余,但是一种微生物并不能合成、分泌能够完全分解复杂有机物所需的各种酶,不同的微生物间需要相互协作完成对环境中复杂有机物的分解。在这种协作过程中,一种微生物分解的产物(中间体)将成为下一分解阶段微生物分解的底物,而后一个分解过程的进行或其产物有利于促进前一分解过程的进行(减少产物的抑制作用或为前一分解阶段微生物提供养料),因此,这两类细菌都可以在相互协作中获利,且促进了整个分解过程的进行。例如,纤维素是自然环境一类难降解的有机物,多种微生物的协同作用可有效对其进行降解:*Paludibacter* 属和梭菌属(*Clostridium*)可分泌胞外纤维素内切酶,将大分子纤维素分解为分子量相对较小的纤维寡糖(纤维糊精),作为分解产物,纤维寡糖浓度升高将抑制这一分解过程的继续进行(产物抑制作用);然而,*Cloacibacterium* 属、微小杆菌属(*Exiguobacterium*)、醋弧菌属(*Acetivibrio*)和甲苯单胞菌属(*Tolumonas*)细菌可以吸收且利用 β-葡糖苷酶或 6-磷酸-β-葡糖苷酶分解环境中的纤维寡糖,这两种代谢类型细菌的协同作用可促进纤维素的降解(Cui et al.,2019)。类似地,在有氧环境中,*Methylotenera* 属细菌(具有甲烷氧化能力)与 *Methylophilaceae* 属细菌(无甲烷氧化能力)的协同作用可以显著增强沉积物的甲烷氧化能力,且二者的种群数量同时增高(Beck et al.,2013);利用光合细菌(*Rhodopseudomonas* sp.DT)与产气肠杆菌(*Enterobacter aerogenes*)混合培养的方式进行产氢,不仅可以提高对底物的利用率,而且可以拓展对多种产氢碳源的利用(张晓蓉等,2009)。此外,鱼类的集群可以视为一种协同作用:许多鱼类在幼小时结成群体,这样可以减少被捕食的概率、提高群体存活率;它们成长后往往就分散活动。

6.7.2 食物链

6.7.2.1 食物链概念

食物链(food chain)由英国动物生态学家埃尔顿(C.S.Eiton)于 1927 年首次提出。湖泊生态系统中各种生物为维持其本身的生命活动,必须摄食其他生物。这种生物之间以食物营养关系而形成的一种联系,就像一条链子一样,一环扣一环,在生态学上被称为食物链,亦称“营养链”。这种摄食关系实际上是太阳能从一种生物转到另一种生物的关系,即物质和能量以食物链的方式流动、转换。一个食物链一般包括 3~5 个环节:一种植物,一种以植物为食料的动物和一种或更多的肉食动物。食物链不同环节生物的数量是相对恒定的,以保持自然平衡。

6.7.2.2 食物链组成

湖泊生态系统中的生物种类繁多,并且在生态系统分别发挥着不同的作用,根据它们在物种循环和能量流动中所起的作用,可以归纳为生产者、消费者和分解者三类。

生产者主要是水生植物和藻类,是能够通过光合作用将环境中的无机物制造成营养物质的自养生物;生产者也包括一些化能自养细菌(如硝化细菌),它们同样也能够以无机物合成有机物。生产者在生态系统中的作用是进行初级生产或称为第一性生产,因此它们就是初级生产者或第一性生产者,其产生的生物量称为初级生产量或第一性生产量。生产者的活动是从环境中获得 CO_2 和水,在太阳光能或化学能的作用下合成有机物。因此太阳辐射能只有通过生产者才能不断地输入生态系统中,转化为化学能即生物能,成为消费者和分解者生命活动中唯一的能源。

消费者属于异养生物,指那些以其他生物或有机物为食的生物。根据食性不同,可以区分为食草动物和食肉动物两大类。食草动物称为第一级消费者,它们吞食植物而得到自己需要的食物和能量,如一些轮虫、浮游动物和草食性鱼类。浮游动物和草食性鱼类又可被肉食性鱼类所捕食,这些肉食性鱼类称为第二级消费者。由于动物不只是从一个营养级的生物中得到食物,如第三级食肉动物不仅捕食第二级食肉动物,同样也捕食第一级食肉动物和食草动物,所以它属于几个营养级。所以,各个营养级之间的界限是不明显的。

分解者也是异养生物,主要是各种异养细菌和真菌。它们把复杂的动植物残体分解为简单的化合物,最后分解成无机物归还到环境中去,被生产者再利用。所以分解者又可称为还原者。

6.7.2.3 食物链长度

一个群落的食物链长度(food chain length,FCL)指该群落中营养级位置最高的物种的营养级位置。食物链长度是表征生态系统特点的一个非常重要的参数,反映了生态系统中各条食物链从初级生产者到顶级捕食者之间的营养级数(Post,2002a;Post and Takimoto,2007)。它既可以表征从初级生产者到顶级捕食者的能量流动,又可以体现顶级捕食者对低营养级生物的影响强度。

$$T_i = \sum_{j=1}^{L} W_{ij} T_j + 1 \tag{6.16}$$

$$FCL = \max\{T_i \mid i \in T\} \tag{6.17}$$

式中,W_{ij}指 i 物种的第 j 种食物来源所占的比例($0 \leqslant W_{ij} \leqslant 1$, $\sum_{j=1}^{L} W_{ij} = 1$),$L$ 指群落中所有物种的集合。

淡水生态系统的食物链一般较短,平均为 1.5~3.0。

食物链长度的度量方法一般分为三种:① 基于链接度食物网的链接度食物链长度(CFCL),该方法是用食物网底部初级生产者与顶级消费者间平均链接点数量来度量食物链长度;② 基于功能食物网的功能食物链长度(FFCL),以对一个或多个低营养级有显著控制效应的消费者作为顶级捕食者,根据它对低营养级影响路径与强度来度量食物链长度;③ 基于能量食物网的加权食物链长度(EFCL),以食物网底部初级生产者与顶级消费者间平均能量传递路径加权来度量食物链长度(详见 Sabo et al.,2009)。

有关食物链长度决定因素的假设主要分为三种:资源可利用性假说、生态系统大小假说和动态稳定假说(Pimm,1982;Post,2002b)。在这三种假说中,资源可利用性假说是最早提出的,由 Hutchinson(1959)提出,随后演变出能量假说、能量流动假说和生产力空间假说等不同假说(Pimm,1982;Yodzis,1984;Briand and Cohen,1987;Schoener,1989;Kaunzinger and Morin,1998;Post et al.,2000;Post,2002b)。依据热力学第二定律,资源可利用性假说认为,生态系统中的能量在沿着食物链由低营养级生物向高营养级生物传递的过程中不断减少,食物链长度由营养传递效率和食物链底部中可利用资源总量决定。与此相反,依据对 Lotka-Volterra 模型可行性与稳定性的理论观测所提出的动态稳定假说认为,食物链一般都是比较短的,而且食物链长度将随着生态系统中干扰强度的增强、发生频率的增加而变短,因为长食物链受到干扰后的恢复力和理论上的可行性都相对较低(Pimm and Lawton,1977)。生态系统大小假说是最新提出的假说,它部分源自 Cohen 和 Newman(1992)以及 Holt(1996)的理论研究。该假说认为,食物链长度随着生态系统的增大(面积、容量变大)而变长(Schoener,1989;Post et al.,2000b),这是因为大的生态系统能够增加物种多样性、栖息地可利用性与异质性、最大捕食者的体型大小和食物网复杂性,降低消费者杂食性,进而增加食物链长度(Post et al.,2000;Post and Takimoto,2007)。

6.7.3 食物网

在湖泊生态系统中,每种生物并不是只吃一种食物,因此,不同的食物链间就存在交叉,进而形成一个复杂的食物网。湖泊生态系统中的食物网存在两种类型:传统食物网和微食物网(图 6.31)。传统食物网也称经典食物网,主要是指水生生态系统中异养和自养的大型生物,所构成的以营养关系为基础的复杂的网状结构。有关传统食物网的研究起步较早且较多,而有关微食物网的研究相对较少,下面将重点讨论微生物网。

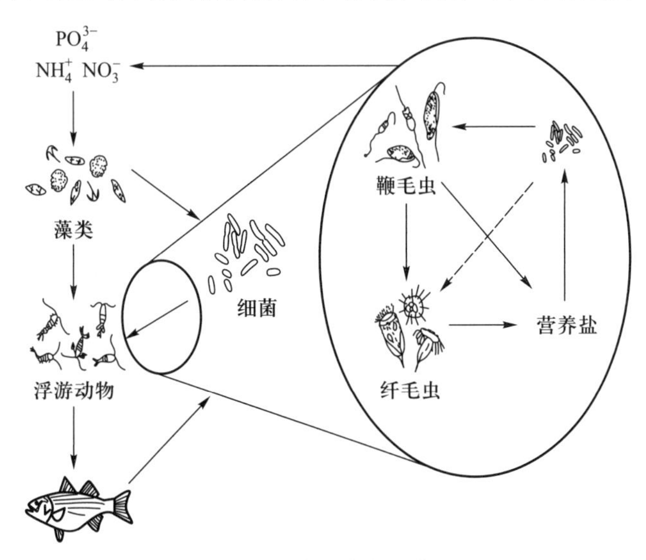

图 6.31 湖泊食物网简图

微食物网(microbial food loop)的概念由 Azam 等(1983)首次提出,主要是指水生生态系统中异养的或自养的超微型及微型浮游生物,包括细菌、微型藻类、原生动物(异养鞭毛虫、纤毛虫)以及微型浮游动物等所构成的、以营养关系为基础的复杂的网状结构。浮游生物分泌的可溶性有机物能被异养细菌摄取,转变成颗粒有机物(自身生物量);异养细菌又被微型食草动物(主要是原生动物中的鞭毛虫和纤毛虫)所摄取;再通过桡足类等浮游动物进入传统食物网。微食物网模型描述了水生生态系统中营养盐及能量在微生物群落中的流动途径以及各种微生物之间的代谢耦联关系,揭示了水生生态系统中有机物质迁移、矿化的过程和途径,以及生物地球化学循环的重要环节,是 20 世纪水生生态学领域的重大发现之一,目前仍然是水域生态学研究的热点(Havens, 2001;Pomeroy, 2001)。

微食物网是通过小型浮游动物与传统食物网发生联系的,但联结程度在不同研究中有不同见解。Goldman 和 Dennet(1992)曾假设微食物网是内循环的,物质和能量很少传递到传统食物网,即与传统食物网基本上是分离的。而大部分研究者都认为两者是紧密联系的。Sterner 等(1995)则持中间态度,认为两者间的联结是有条件的:当摄食压力很大、藻类生长很少受到磷循环控制时,一系列的反馈机制使两食物网趋于分离,反之则趋于联结。但无论如何,微食物网的存在意义、微食物网和传统食物网间的联结已经得到共识。通过微食物网的作用,一方面,浮游植物在代谢过程中所产生的大部分溶解性有机碳可被个体较大的消费者(浮游动物)所利用,从而保留在浮游层中进行再循环;另一方面,由于细菌等微型浮游生物具有较大的比表面积,可以利用水体中浓度极低的溶解性氮、磷等营养物质,从而使得这些限制性营养盐紧密地结合到细菌的生物量中,而保持在水体的上层,减少其流失到底层水体及沉积物中去,并通过鞭毛虫、纤毛虫、小型浮游动物等的捕食,使得营养盐及溶解性有机物重新返回到传统食物网中(图 6.31)。

一个复杂的食物网是使生态系统保持稳定的重要条件。一般认为,食物网越复杂,生态系统抵抗外力干扰的能力就越强;食物网越简单,生态系统就越容易发生波动和毁灭。在湖泊生态系统中,某些生物的食物来源在两种或两种以上,而且同一生物的食物来源可能存在季节性差异,这都将增加食物网营养关系的复杂性。作为一个新兴的研究方法,稳定同位素分析法正被越来越多的应用于湖泊生态系统中食物网营养级的分析。目前在湖泊生态系统中使用最多的是碳、氮同位素。在湖泊生态系统中,生物组织中同位素特征值与其食物中相应的稳定同位素特征值很接近,符合"你吃什么,就是什么"(You are what you eat)原理(Deniro and Epstein,1978),因此,通过测定消费者及其可能食物来源的碳、氮稳定同位素特征值,就可以确定消费者可能的食物来源、不同食物贡献比例和食物季节性变化等,从而对食物网内不同生物种群间的相互关系及整个生态系统的能量流动进行准确定位(朱国平和朱小艳,2014)。

参考文献

陈花,林秋奇,徐磊,等,2011. 中国秀体溞属常见种类记述. 生态科学,30(3):223-228.

戴爱云,1999. 中国动物志:节肢动物门甲壳动物亚门软甲纲. 北京:科学出版社.

戈峰,2002. 现代生态学. 北京:科学出版社.

谷孝鸿,白秀玲,江南,等,2006. 太湖渔业发展及区域设置与功能定位. 生态学报,26(7):2247-2254.

谷孝鸿,毛志刚,丁慧萍,等,2018. 湖泊渔业研究:进展与展望. 湖泊科学,30(1):1-14.
国家环保局《水生生物监测手册》编委会, 1992. 水生生物监测手册. 南京:东南大学出版社,690.
胡鸿钧,魏印心,2006. 中国淡水藻类——系统、分类及生态. 北京:科学出版社.
胡韧,蓝于倩,肖利娟,等,2015. 淡水浮游植物功能群的概念、划分方法和应用. 湖泊科学,27(1):11-23.
姜亚洲,林楠,杨林林,等,2014. 渔业资源增殖放流的生态风险及其防控措施. 中国水产科学,21(2):413-422.
蒋燮治,堵南山,1979. 中国动物志・节肢动物门・甲壳纲・淡水枝角类. 北京:科学出版社.
金小伟,王业耀,王备新,等,2017. 我国流域水生态完整性评价方法构建. 中国环境监测,33:75-81.
李博,2000. 生态学. 北京:高等教育出版社.
李飞鹏,高雅,张海平,等,2015. 流速对浮游藻类生长和种群变化影响的模拟试验. 湖泊科学,(1):44-49.
李宽意,文明章,杨宏伟,等,2007. "螺-草"的互利关系. 生态学报,27:5427-5432.
李胜男,周建,魏利军,等,2015. 淡水超微型浮游植物多样性及其研究方法. 生态学杂志,(34):1174-1182.
李伟,2020. 我国水生植物多样性保护的研究与实践. 人民长江,51(01):104-112.
郦珊,陈家宽,王小明,2016. 淡水鱼类入侵种的分布、入侵途径、机制与后果. 生物多样性,24(6):672-685.
刘建康,1999. 高级水生生物学. 北京:科学出版社.
刘月英,张文珍,王跃先,等,1979. 中国经济动物志・淡水软体动物. 北京: 科学出版社.
刘正文,2006. 湖泊生态系统恢复与水质改善. 中国水利,17:30-33.
毛志刚,谷孝鸿,曾庆飞,等,2011. 太湖鱼类群落结构及多样性研究. 生态学杂志,30(12):2836-2842.
孟庆闻,1989. 鱼类学形态・分类. 上海:上海科学技术出版社,8-180.
饶钦止,章宗涉,1980. 武汉东湖浮游植物的演变(1956—1975 年)和富营养化问题. 水生生物学报,1:1-17.
任丽娟,何聃,邢鹏,等,2013. 湖泊水体细菌多样性及其生态功能研究进展. 生物多样性,21:421-432.
任淑仙,2007. 无脊椎动物学(第 2 版). 北京:北京大学出版社.
沈嘉瑞,1979. 中国动物志・节肢动物门・甲壳纲・淡水桡足类. 北京: 科学出版社.
沈韫芬,1999. 原生动物学. 北京:科学出版社.
沈韫芬,龚循矩,顾曼如,1985. 用 PFU 原生动物群落进行生物监测的研究. 水生生物学报,9:299-308.
沈韫芬,章宗涉,龚循矩,等,1990. 微型生物监测新技术. 北京:中国建筑工业出版社.
孙明波,谷孝鸿,曾庆飞,等,2013. 基于水声学方法的天目湖鱼类资源捕捞与放流的生态监测. 生态学报,33(23):7553-7562.
王洪铸,2002. 中国小蚓类研究——附中国南极长城站附近地区两新种. 北京:高等教育出版社.
王家楫,1961. 中国淡水轮虫志. 北京: 科学出版社.
王云飞,朱育新,潘红玺,等,2002. 云南腾冲青海——酸性湖泊的环境特征. 湖泊科学,14(2):117-124.
颜素珠,1983. 中国水生高等植物图说. 北京:科学出版社.
杨军,2006. 中国淡水有壳肉足虫分类与生态学研究. 博士学位论文. 北京:中国科学院水生生物研究所.

杨潼,1996. 中国动物志:环节动物门蛭纲. 北京:科学出版社.

易伯鲁,1982. 鱼类生态学. 武汉:华中农学院,2-134.

阴琨,吕怡兵,滕恩江,2012. 美国水环境生物监测体系及对我国生物监测的建议. 环境监测管理与技术,24:8-12.

阴琨,王业耀,2018. 水生态环境质量评价体系研究. 中国环境监测,1:1-8.

殷名称,1993. 鱼类生态学. 北京:中国农业出版社,11-129.

翟春梅,刘常宏,吕路,2014. 铜绿微囊藻与藻际细菌 Ma-B1 菌株的相互作用. 环境科学研究,27(7):704-710.

张恩楼,唐红渠,张楚明,等,2019. 中国湖泊摇蚊幼虫亚化石. 北京:科学出版社.

张奇亚,桂建芳,2009. 一类不可忽视的战略生物资源——淡水与海水中的病毒及其在生态系统中的作用. 中国科学院院刊,24(4):414-420.

张晓蓉,龚双娇,廖惠敏,等,2009. 光合细菌与产气肠杆菌协同产氢特性分析. 微生物学通报,36(10):1471-1475.

赵文,2005. 水生生物学. 北京:中国农业出版社.

赵玉凤,2000. 自由生活异养鞭毛虫的生物学研究. 硕士学位论文. 北京:中国科学院水生生物研究所.

赵玉娟,2012. 白洋淀异养鞭毛虫多样性及群落结构特征. 硕士学位论文. 保定:河北大学.

中华人民共和国国家标准 GBT12990—1991 水质微型生物群落监测 PFU 法. 1991. 北京:中国标准出版社.

周长发,苏翠荣,归鸿,2015. 中国蜉蝣概述. 北京:科学出版社.

朱国平,朱小艳,2014. 南极磷虾种群生物学研究进展. Ⅲ 虾摄食. 水生生物学报,38(6):1152-1160.

朱丽萍,高光,汤祥明,等,2009. 微囊藻水华期间水体及藻体上细菌的动态. 湖泊科学,21(3):395-400.

诸葛燕,1997. 中国典型地带轮虫的研究. 博士学位论文. 北京: 中国科学院水生生物研究所.

Adams H E, Crump B C, Kling G W, 2010. Temperature controls on aquatic bacterial production and community dynamics in arctic lakes and streams. Environmental Microbiology, 12(5):1319-1333.

Andersen T, Elser J, Hessen D, 2004. Stoichiometry and population dynamics. Ecology Letters, 7:884-900.

Aroviita J, Hämäläinen H, 2008. The impact of water-level regulation on littoral macroinvertebrate assemblages in boreal lakes. Hydrobiologia, 613:45-56.

Azam F, Fenchel T, Field J G, et al., 1983. The ecological role of water-column microbes in the Sea. Marine Ecology Progress Series, 10:257-263.

Bachand P M, Home A J, 2000. Denitrification in constructed free-water surface wetlands: Effects of vegetation and temperature. Ecological Engineering, 14(1-2):17-32.

Bakker E S, Sarneel J M, Gulati D, et al., 2013. Restoring macrophyte diversity in shallow temperate lakes: Biotic versus abiotic constraints. Hydrobiologia, 710:23-37.

Bakker E S, van Donk E, Declerck S A J, et al., 2010. Effect of macrophyte community composition and nutrient enrichment on plant biomass and algal blooms. Basic and Applied Ecology, 11(5):432-439.

Bec A, Perga M E, Koussoroplis A, et al., 2011. Assessing the reliability of fatty acid-specific stable isotope analysis for trophic studies. Methods in Ecology and Evolution, 2:651-659.

Beck D A C, Kalyuzhnaya M G, Malfatti S, et al., 2013. A metagenomic insight into freshwater methane-utilizing communities and evidence for cooperation between the Methylococcaceae and the Methylophilaceae. Peerj, 1:e23.

Bell T, Kaff J, 2001. The contribution of picophytoplankton in marine and fresh systems of different status and depths. Limnol. Oceanogr., 46(5): 1243-1248.

Bell W, Mitchell R, 1972. Chemotactic and growth responses of marine bacteria to algal extra cellular products. Bio. Bull., 143: 265-277.

Best E P H, 1981. The submerged aquatic macrophytes in Lake Maarsseveen I: Species composition, spatial distribution and productivity. Aquatic Ecology, 15(1): 72-81.

Birk S, Bonne W, Borja A, et al., 2012. Three hundred ways to assess Europe's surface waters: An almost complete overview of biological methods to implement the Water Framework Directive. Ecological Indicators, 18: 31-41.

Bittner K, Rothhaupt K O, Ebert D, 2002. Ecological interactions of the microparasite *Caullerya mesnili* and its host *Daphnia galeata*. Limnology and Oceanography, 47: 300-305.

Blindow I, Hargeby A, Hilt S, 2017. Facilitation of clear-water conditions in shallow lakes by macrophytes: Differences between charophyte and angiosperm dominance. Hydrobiologia, 737(1): 99-110.

Blöchl E, R. Rachel S, Burggraf D, et al., 1997. *Pyrolobus fumarii*, gen. and sp. nov., represents a novel group of archaea, extending the upper temperature limit for life to 113℃. Extremophiles, 1: 14-21.

Brack W, Ait-Aissa S, Burgess R M, et al., 2016. Effect-directed analysis supporting monitoring of aquatic environments—an in-depth overview. Science of the Total Environment, 544: 1073-1118.

Bray J R, Curtis J T, 1957. An ordination of the upland forest communities of southern Wisconsin. Ecol. Monogr., 27: 325-349.

Briand F, Cohen J E, 1987. Environmental correlates of food chain length. Science, 238(4829): 956-960.

Brooker R W, 2006. Plant-plant interactions and environmental change. New Phytologist, 171: 271-284.

Brooks J L, Dodson S I, 1965. Predation, body size, and composition of plankton. Science, 150: 28-35.

Brucet S, Boix D, Quintana X D, et al., 2010. Factors influencing zooplankton size structure at contrasting temperatures in coastal shallow lakes: Implications for effects of climate change. Limnology and Oceanography, 55: 1697-1711.

Bērziņš B, Pejler B, 1987. Rotifer occurrence in relation to pH. Hydrobiologia, 147: 107-116.

Caffrey J M, Wade R M, 1996. The European Weed Research Society and the management and ecology of fresh water plants. Hydrobiologia, 340: ix-xiii.

Callieri C, Stockner J G, 2002. Freshwater autotrophic picoplankton: A review. J. Limnol., 61: 1-14.

Cao T, Xie P, Ni L Y, et al., 2007. The role of NH_4^+ toxicity in the decline of the submersed macrophyte *Vallisneria natans* in lakes of the Yangtze River basin, China. Marine and Freshwater Research, 58(6): 581-587.

Carignan R, Kalff J, 1980. Phosphorus sources for aquatic weeds: Water or sediments? Science, 1207(4434): 987-989.

Caroni R, Bund W, Clarke R T, et al., 2012. Combination of multiple biological quality elements into waterbody assessment of surface waters. Hydrobiologia, 704: 437-451.

Carpenter S R, Kitchell J F, 1993. *The Trophic Cascade in Lakes*. Cambridge: Cambridge University Press.

Carpenter S R, Kitchell J F, Hodgson J R, 1985. Cascading trophic interactions and lake productivity. Bioscience, 35(10): 634-639.

Carpenter S R, Lodge D M, 1986. Effects of submersed macrophytes on ecosystem processes. Aquatic Botany, 26: 341-370.

Carvalho L, Mackay E B, Cardoso A C, et al., 2019. Protecting and restoring Europe's waters: An analysis of the future development needs of the Water Framework Directive. Science of the Total Environment,

658:1228-1238.

Cavalier-Smith T,1999. Principles of protein and lipid targeting in secondary symbiogenesis: Euglenoid, dinoflagellate, and sporozoan plastid origins and the eukaryote family tree. Journal of Eukaryotic Microbiology,46(4):347-366.

Cavicchioli R, Erdmann S,2015. The discovery of Antarctic RNA viruses: A new game changer. Mol. Ecol.,24:4809-4811.

Cebrian J,Lartigue J,2004. Patterns of herbivory and decomposition in aquatic and terrestrial ecosystems. Ecological Monographs,74:237-259.

Charlson R J,Lovelock J E,Andreae M O,et al.,1987. Oceanic phytoplankton, atmospheric sulphur, cloud albedo and climate. Nature,326:655-661.

Chen F Z,Dai X,Shu T T,et al.,2013. Microcystins derived from lysing *Microcystis* cells do not cause negative effects on crustacean zooplankton in Lake Taihu,China. Aquatic Ecology,47:379-387.

Chen F Z,Gulati R D,Li J,et al.,2011. A comparison of the size distribution of the filamentous green alga *Ulothrix* in *Daphnia* guts and lake water from Lake Taihu, China. Journal of Plankton Research,33: 1274-1283.

Chen F Z,Shu T T,Jeppesen E,et al.,2013. Restoration of a subtropical eutrophic shallow lake in China: Effects on nutrient concentrations and biological communities. Hydrobiologia,718:59-71.

Cody M L,1975. Towards a theory of continental species diversities: Bird distributions over editerranean habitat gradients. In: Cody M L, Diamond J M(eds). *Ecology and Evolution of Communities*. Cambridge, Massachusetts, USA: Harvard University Press,214-257.

Cohen J E,Newman C M,1992. Community area and food-chain length: Theoretical predictions. American Naturalist,138(6):1542-1554.

Colwell R K,Rangel T F,2009. Hutchinson's duality: The once and future niche. PNAS,106:19651-19658.

Conrad R,2007. Microbial ecology of methanogens and methanotrophs. In: Sparks D L(ed). *Advances in Agronomy*, Vol. 96. San Diego: Elsevier Academic Press Inc,1-63.

Cordier T, Lanzen A, Apotheloz-Perret-Gentil L, et al., 2019. Embracing environmental genomics and machine learning for routine biomonitoring. Trends Microbiol.,27:387-397.

Craig J F,1987. *The Biology of Perch and Related Fish*. Beckenham: Croom Helm.

Cui J, Mai G, Wang Z, et al., 2019. Metagenomic insights into a cellulose-rich niche reveal microbial cooperation in cellulose degradation. Front. Microbiol.,10:618.

Cummins K W,1973. Tropic relation of aquatic insects. Annual Review of Entomology,18:183-206.

Cummins K W,1974. Structure and function of stream ecosystems. Bioscience,24:631-641.

Daims H,Lebedeva E V,Pjevac P,et al.,2015. Complete nitrification by *Nitrospira* bacteria. Nature,528: 504.

Dawkins R,Kerbs J R,1979. Arms races between and within species. Proceedings of the Royal Society Series B—Biological Sciences,205(1161):489-511.

DeMott W R,1989. The role of competition in zooplankton succession. In: Sommer U(ed). *Plankton Ecology*. Berlin: Springer-Verlag.

Deneke R,2000. Review of rotifers and crustaceans in highly acidic environments of pH values $\leqslant 3$. Hydrobiologia,433:167-172.

Deniro M J,Epstein S,1978. Influence of diet on the distribution of carbon isotopes in animals. Geochimica Et Cosmochimica Acta,42(5):495-506.

Donohue I,Molinos J G,2009. Impacts of increased sediment loads on the ecology of lakes. Biological

Reviews,84:517-531.

Draštík V,Godlewska M,Balk H,et al.,2017. Fish hydroacoustic survey standardization:A step forward based on comparisons of methods and systems from vertical surveys of a large deep lake. Limnology and Oceanography:Methods,15(10):836-846.

Duarte C M,1995. Submerged aquatic vegetation in relation to different nutrient regimes. Ophelia,41(1): 87-112.

Dudgeon D,Arthington A H,Gessner M O,et al.,2006. Freshwater biodiversity:Importance,threats,status and conservation challenges. Biological Reviews,81:163-182.

Dziallas C, Grossart H P,2011. Temperature and biotic factors influence bacterial communities associated with the cyanobacterium *Microcystis* sp. Environmental Microbiology, 13:1632-1641.

Ebert D,2005. *Ecology,Epidemiology,and Evolution of Parasitism in* Daphnia. Bethesda(MD):National Center for Biotechnology Information(US).

Edmunds M,1974. *Defence in Animals*. Essex:Longman.

Edwards K J,Bond P L,Gihring T M,et al.,2000. An archaeal iron-oxidizing extreme acidophile important in acid mine drainage. Science,287:1796-1799.

Eiler A,Bertilsson S,2007. Flavobacteria blooms in four eutrophic lakes:Linking population dynamics of freshwater bacterioplankton to resource availability. Applied and Environmental Microbiology,73:3511-3518.

Eklöv P,Diehl S,1994. Piscivore efficiency and refuging prey:The importance of predator search mode. Oecologia,98:344-353.

Elser J J,Schampel J H,Kyle M,et al.,2005. Response of grazing snails to phosphorus enrichment of modern stromatolitic microbial communities. Freshwater Biology,50:1826-1835.

Emmrich M,Brucet S,Ritterbusch D,et al.,2011. Size spectra of lake fish assemblages:Responses along gradients of general environmental factors and intensity of lake-use. Freshwater Biology,56:2316-2333.

Engelhardt K A M,Ritchie M E,2011. Effect of macrophyte species richness on wetland ecosystem functioning and services. Nature,411(6838):687-689.

Epler J H,2001. Idenitfication manual for the larval Chironomidae(Diptera)of North and South Carolina. North Carolina Department of Environment and Natural Resources,81(2). https://doi. org/10. 1016/0014-5793(77)80570-X.

Ettwig K F,Butler M K,Le Paslier D,et al.,2010. Nitrite-driven anaerobic methane oxidation by oxygenic bacteria. Nature,464:543-548.

European Commission,2000. *Directive* 2000/60/*EC of the European Parliament and of the Council,Establishing A Framework for the Community Action in the Field of Water Policy*. Brusseis:European Commission,72.

Fee E J,1979. A relation between lake morphometry and primary productivity and its use in interpreting whole-lake eutrophication experiments. Limnology and Oceanography,24(3):401-416.

Forbes S A,1887. The lake as a microcosm. Bulletin Science Association of Peoria,1887:77-87.

Frost P C,Evans-White M A,Finkel Z V,et al.,2005. Are you what you eat? Physiological constraints on organismal stoichiometry in an elementally imbalanced world. Oikos,109:18-28.

Fuhrman J A,Steele J A,Hewson I,et al.,2008. A latitudinal diversity gradient in planktonic marine bacteria. PNAS,105(22):7774-7778.

Gannes L Z,O' Brien D M,Drio C M,1997. Stable isotopes in animal ecology:Assumptions,caveats,a call for more laboratory experiments. Ecology,78:1271-1276.

García A,1994. Charophyta:Their use in paleolimnology. Journal of Paleolimnology,10(1):43-52.

Gardner J L, Peters A, Kearney M R, et al., 2011. Declining body size: A third universal response to warming? Trends in Ecology and Evolution, 26: 285-291.

Gersberg R M, Elkins B V, Lyon S R, et al., 1986. Role of aquatic plants in waste-water treatment by artificial wetlands. Water Res., 20: 363-368.

Gibert J P, Delong J P, 2014. Temperature alters food web body-size structure. Biology Letters, 10: 20140473.

Glagolev S M, 1986. Species composition of *Daphnia* in Lake Glubokoe with notes on the taxonomy and geographical distribution of some species. Hydrobiologia, 141: 55-82.

Gliwicz Z M, Pijanowska J, 1989. The role of predation in zooplakton succession. In: Sommer U (ed). *Plankton Ecology*. Berlin: Springer-Verlag.

Glöckner F O, Zaichikov E, Belkova N, et al., 2000. Comparative 16S rRNA analysis of lake bacterioplankton reveals globally distributed phylogenetic clusters including an abundant group of actinobacteria. Applied and Environmental Microbiology, 66: 50-53.

Goldman J C, Dennet M R, 1992. Phagotrophy and NH regeneration in a three member microbial food loop. J. Plankton Res., 14: 649-663.

Gong Z J, Xie P, Wang S D, 2000. Macrozoobenthos in 2 shallow, mesotrophic Chinese lakes with contrasting sources of primary production. Journal of the North American Benthological Society, 19: 709-724.

Graham L E, Wilcox L W, 2000. *Algae*. New Jersey: Prentice Hall.

Grasse P P, 1949. *Traite de zoologie*. Vol IX. Paris: Masson.

Grinnell J, 1928. *Presence and Absence of Animals*. Berkeley: University of California Chronicle Press.

Grossart H P, Frindte K, Dziallas C, et al., 2011. Microbial methane production in oxygenated water column of an oligotrophiclake. PNAS, 108: 19657-19661.

Grossart H P, van den Wyngaert S, Kagami M, et al., 2019. Fungi in aquatic ecosystems. Nature Reviews Microbiology, 17: 339-354.

Grover J P, 1991. Resource competition in a variable environment: Phytoplankton growing according to the variable-internal-stores model. Am. Nat., 138: 811-835.

Guan B H, Wang X, Yin C Y, et al., 2018. Comparison of the morphological traits of the submerged macrophyte *Potamogeton malaianus* from turbid and clear waters in Lake Taihu. Hydrobiologia, 813(5): 1-12.

Gulati D, Pires L M D, van Donk E, 2008. Lake restoration studies: Failures, bottlenecks and prospects of new ecotechnological measures. Limnologica, 38: 233-247.

Gunthel M, Donis D, Kirillin G, et al., 2019. Contribution of oxic methane production to surface methane emission in lakes and its global importance. Nat. Commun., 10: 5497.

Gutierrez M F, Tavşanoğlu Ü N, Vidal N, et al., 2018. Salinity shapes zooplankton communities and functional diversity and has complex effects on size structure in lakes. Hydrobiologia, 813: 237-255.

Hahn M W, Hofle M G, 2001. Grazing of protozoa and its effect on populations of aquatic bacteria. FEMS Microbiology Ecology, 35: 113-121.

Hahn M W, Lunsdorf H, Wu Q, et al., 2003. Isolation of novel ultramicrobacteria classified as actinobacteria from five freshwater habitats in Europe and Asia. Appl.Environ.Microbiol., 69: 1442-1451.

Hanski I, Gilpin M, 1991. Metapopulation dynamics-brief history and conceptual domain. Biological Journal of the Linnean Society, 42: 3-16.

Hanson M A, Butler M G, 1994. Responses of plankton, turbidity, and macrophytes to biomanipulation in a shallow prairie lake. Canadian Journal of Fisheries and Aquatic Sciences, 51(5): 1180-1188.

Hansson L A, Bergman E, Cronberg G, 1998. Size structure and succession in phytoplankton communities:

The impact of interactions between herbivory and predation. Oikos,81(2):337-345.

Havens K E,2001. Complex analyses of plankton structure and function. Scientific World,1:119-132.

Hebert C E, Arts M T, Weseloh D V C, 2006. Ecological tracers can quantify food web structure and change. Environmental Science and Technology,18:5618-5623.

Hering D,Borja A,Carstensen J,et al.,2010. The European Water Framework Directive at the age of 10: A critical review of the achievements with recommendations for the future. Science of the Total Environment,408:4007-4019.

Hilt S,Alirangues Nuñez M M,Bakker E S,et al.,2018. Response of submerged macrophyte communities to external and internal restoration measures in north temperate shallow lakes. Frontiers in Plant Science,9:194.

Hilt S, Gross E M, Hupfer M, et al., 2006. Restoration of submerged vegetation in shallow eutrophic lakes—a guideline and state of the art in Germany. Limnologica,36:155-171.

Holt R D,1996. Food webs in space:An island biogeographic perspective. Food Webs:313-323.

Horn H S,1966. Measurement of "overlap" in comparative ecological studies. The American Naturalist, 100 (914):419-424.

Hough R A,Fornwall M D,Negele B J,et al.,1989. Plant community dynamics in a chain of lakes:Principal factors in the decline of rooted macrophytes with eutrophication. Hydrobiologia,173(3):199-217.

Huisman J,Codd G A,Paerl H W,et al.,2018. Cyanobacterial blooms. Nature Reviews Microbiology,8: 471-483.

Hutchinson G E,1959. Homage to Santa Rosalia or why are there so many kinds of animals? The American Naturalist,93(870):145-159.

Hutchinson G E,1978. *An Introduction to Population Ecology*. New Haven:Yale University Press.

Ishikawa K,Haga H,2015. Ecological regime shift in the south basin of Lake Biwa:Focus on algal blooms and submerged macrophyte overgrowth. In:Proceedings of the UNESCO International Symposium on Scientific. *Technological and Policy Innovations for Improved Water Quality Monitoring in the Post-2015 SDGs Framework*. Kyoto,15-18.

Jaccard P,1900. Contribution au problème de l'immigration post-glaciaire de la flore alpine. Bull. Soc. Vaudoise Sci. Nat.,36:87-130.

Janse J H,Scheffer M,Lijklema L,et al.,2010. Estimating the critical phosphorus loading of shallow lakes with the ecosystem model PCLake:Sensitivity,calibration and uncertainty. Ecological Modelling,221: 654-665.

Jeppesen E,Jensen J P,Søndergaard M,et al.,2000. Trophic structure,species richness and biodiversity in Danish lakes:Changes along a phosphorus gradient. Freshwater Biology,45:201-218.

Jeppesen E,Meerhoff M,Holmgren K,et al.,2010. Impacts of climate warming on lake fish community structure and potential effects on ecosystem function. Hydrobiologia,646:73-90.

Jeppesen E,Søndergaard M,Christofferson K,1998. *The Structuring Role of Submerged Macrophytes in Lakes*. New York:Springer-Verlag.

Jeppesen E,Søndergaard M,Christofferson K,2012. *The Structuring Role of Submerged Macrophytes in Lakes*(Vol. 131). Berlin:Springer Science & Business Media.

Jeppesen E,Søndergaard M,Mazzeo N,et al.,2005. Lake restoration and biomanipulation in temperate lakes:Relevance for subtropical and tropical lakes. In:Reddy M V(ed). *Restoration and Management of Tropical Eutrophic Lakes*.New Delhi:Oxford & IBH Publishing,341-359.

Jeppesen E,Søndergaard M,Pedersen A R,et al.,2007. Salinity induced regime shift in shallow brackish lagoons. Ecosystems,10:47-57.

Jochimsen M C, Kümmerlin R, Straile D, 2012. Compensatory dynamics and the stability of phytoplankton biomass during four decades of eutrophication and oligotrophication. Ecol. Lett., 16:81-89.

Johasson F, 1992. Effects of zooplankton availability and foraging mode on cannibalism in 3 dragonfly larvae. Oecologia, 91(2):179-183.

Jones J I, Li W, Maberly S C, 2003. Area, altitude and aquatic plant diversity. Ecography, 26(4):411-420.

Kalff J, 2002. *Limnology: Inland Water Ecosystems*. America: Pearson Education Inc.

Karr J R, 1991. Biological integrity: A long-neglected aspect of water resource management. Ecological Applications, 1:66-84.

Kathman R D, Brinkhurst R O, 1998. *Guide to the Freshwater Oligochaetes of North America*. Tennessee: Aquatic Resources Center, College Grove.

Kaunzinger C M K, Morin P, 1998. Productivity controls food-chain properties in microbial communities. Nature, 395(6701):495-497.

Kerfoot W C, Sih A, 1987. *Predation. Direct and Indirect Impacts on Aquatic Communities*. Hanover: University of New England.

Kiesecker J M, Skelly D K, 2000. Choice of oviposition site by gray treefrogs: The role of potential parasitic infection. Ecology, 81(10):2939-2943.

Kirchman D L, 2002. The ecology of *Cytophaga-Flavobacteria* in aquatic environments. FEMS Microbiol. Ecol., 39:91-100.

Kitchell J F, Schindler D E, Ogutu-Ohwayo R, et al., 1997. The Nile perch in Lake Victoria: Interactions between predation and fisheries. Ecological Applications, 7:653-664.

Knight R, Vrbanac A, Taylor B C, et al., 2018. Best practices for analysing microbiomes. Nature Reviews Microbiology, 16:410-422.

Kolada A, Willby N, Dudley B, et al., 2014. The applicability of macrophyte compositional metrics for assessing eutrophication in European lakes. Ecological Indicators, 45:407-415.

Koste W, 1978. *Rotatoria. Die Radertiere Mittel-europas*, 2nd ed. Berlin and Stuttgart: Gebruder Borntraeger.

Kosten S, Kamarainen A, Jeppesen E, et al., 2009. Climate-related differences in the dominance of submerged macrophytes in shallow lakes. Global Change Biology, 15(10):2503-2517.

Kosten S, Lacerot G, Jeppesen E, et al., 2009. Effects of submerged vegetation on water clarity across climates. Ecosystems, 12:1117-1129.

Kramer K U, Green P S, 2013. *Pteridophytes and Gymnosperms* (Vol.1). Berlin: Springer Science & Business Media.

Könneke M, Bernhard A E, de la Torre J R, et al., 2005. Isolation of an autotrophic ammonia-oxidizing marine archaeon. Nature, 437:543-546.

Körner S, 2002. Loss of submerged macrophytes in shallow lakes in northeastern Germany. International Review of Hydrobiology, 87:375-384.

Langeland A, L'Abée-Lund J H, Jonsson B, et al., 1991. Resource partitioning and niche shift in Arctic charr *Salvelinus alpinus* and brown trout *Salmo trutta*. The Journal of Animal Ecology, 60(3):895-912.

Layman C A, Araujo M S, Boucek R, et al., 2012. Applying stable isotopes to examine food-web structure: An overview of analytical tools. Biological Reviews, 87(3):545-562.

Lazzro X, 1987. A review of planktivorous fishes: Their evolution, feeding behaviours, selectivities, and impacts. Hydrobiology, 146:97-146.

Lee J J, Leedale G F, Bradbury P, 2000. *An Illustrated Guide to the Protozoa*. London: Allen Press.

Lewis J, Kennaway G, Franca S, et al., 2001. Bacterium-dinoflagellate interactions: Investigative microscopy of *Alexandrium* spp. (Gonyaulacales, Dinophyceae). Phycologia, 40(3): 280–285.

Li S, Bronner G, Lepère C, et al., 2017. Temporal and spatial variations in the composition of freshwater photosynthetic picoeukaryotes revealed by MiSeq sequencing from flow cytometry sorted samples. Environ. Microbiol., 19: 2286–2300.

Lindström E S, Forslund M, Algesten G, et al., 2006. External control of bacterial community structure in lakes. Limnology and Oceanography, 51(1): 339–342.

Liu Y, Conrad R, Yao T, et al., 2015. Change of methane production pathway with sediment depth in a lake on the Tibetan Plateau. Palaeogeography, Palaeoclimatology, Palaeoecology, 474: 279–286.

Liu Z W, Hu Y H, 2001. Vertical distribution of the dominant planktonic crustaceans in a mesotrophic reservoir, Xujiahe Reservoir (central China). Limnologica, 31: 171–178.

Liu Z, Hu J, Zhong P, et al., 2018. Successful restoration of a tropical shallow eutrophic lake: Strong bottom-up but weak top-down effects recorded. Water Research, 146: 88–97.

Logares R, Brate J, Bertilsson S, et al., 2009. Infrequent marine-freshwater transitions in the microbial world. Trends Microbiol., 17: 414–422.

Logue J B, Bürgmann H, Robinson C T, 2008. Progress in the ecological genetics and biodiversity of freshwater bacteria. BioScience, 58(2): 103–113.

Loot G, Aulagnier S, Lek S, et al., 2002. Experimental demonstration of a behavioural modification in a cyprinid fish, *Rutilus rutilus* (L.), induced by a parasite, *Ligula intestinalis* (L.). Canadian Journal of Zoology, 80(4): 738–744.

Lu M, Xie P, 2001. Impacts of filter-feeding fishes on the long-term changes of crustacean zooplankton in a eutrophic subtropical Chinese lake. Journal of Freshwater Ecology, 16: 219–228.

Lucas M C, Baras E, 2000. Methods for studying spatial behaviour of freshwater fishes in the natural environment. Fish and Fisheries, 1(4): 283–316.

MacArthur R H, Wilson E O, 1967. *The Theory of Island Biogeography*. Princeton: Princenton University Press.

Mann K H. 1962. *Leeches*. Elmsford: Pergamon Press.

Margalef R, 1958. Information theory in ecology. General Systems, 3: 36–71.

Marzina A, Archaimbaulta V, Belliarda J, et al., 2012. Ecological assessment of running waters: Do macrophytes, macroinvertebrates, diatoms and fish show similar responses to human pressures? Ecological Indicators, 23: 56–65.

McGill B J, 2010. Towards a unification of unified theories of biodiversity. Ecol. Lett., 13(5): 627–642.

McQueen D J, Post J R, Mills E L, 1986. Trophic relationships in fresh water pelagic ecosystems. Can. J. Fish Aquat. Sci., 35: 1571–1581.

Meerhoff M, Clemente J M, Mello F T D, et al., 2007. Can warm climate-related structure of littoral predator assemblies weaken clear water state in shallow lakes? Global Change Biology, 13: 1888–1897.

Meerhoff M, Mello T D, Kruk C, et al., 2012. Environmental warming in shallow lakes: A review of potential changes in community structure as evidenced from space-for-time substitution approaches. Advances in Ecological Research, 46: 259–349.

Michelan T S, Thomaz S M, Mormul R P, et al., 2010. Effects of an exotic invasive macrophyte (tropical signalgrass) on native plant community composition, species richness and functional diversity. Freshwater Biology, 55(6): 1315–1326.

Milinski M, 1985. Risk of predation of parasitized sticklebacks (*Gasterosteus aculeatus* L.) under competition for food. Behaviour, 93: 203–216.

Milinski M, Heller R, 1978. Influence of a predator on the optimal foraging behaviour of sticklebacks (*Gasterosteus aculeatus* L.). Nature, 275: 642–644.

Milucka J, Ferdelman T G, Polerecky L, et al., 2012. Zero-valent sulphur is a key intermediate in marine methane oxidation. Nature, 491: 541.

Miyazono S, Aycock J N, Miranda L E, et al., 2010. Assemblage patterns of fish functional groups relative to habitat connectivity and conditions in floodplain lakes. Ecology of Freshwater Fish, 19: 578–585.

Moore P J, Thompson R C, Hawkins S J, 2011. Phenological changes in intertidal con-specific gastropods in response to climate warming. Global Change Biology, 17: 709–719.

Morse J C, Yang L F, Tian L X, 1994. *Aquatic Insects of China Useful for Monitoring Water Quality*. Nanjing: Hohai University Press.

Mosrisita M, 1959. Measuring of interspecific association and similarity between communities. Memoirs of the Faculty of Science, Kyushu Univ., Series E (Biology), 3: 65–80.

Moss B, 1990. Engineering and biological approaches to the restoration from eutrophication of shallow lakes in which aquatic plant communities are important components. Hydrobiologia, 201: 367–377.

Mulder A, Vandegraaf A A, Robertson L A, et al., 1995. Anaerobic ammonia oxidation discovered in a denitrifying fluidized-bed reactor. FEMS Microbiology Ecology, 16: 177–183.

Murphy F, Schmieder K, Baastrup-Spohr L, et al., 2018. Five decades of dramatic changes in submerged vegetation in Lake Constance. Aquatic Botany, 144: 31–37.

Nelson J S, 1994. *Fishes of the World*. New Jersey: John Wiley & Sons, 600.

Newton R J, Jones S E, Eiler A, et al., 2011. A guide to the natural history of freshwater lake bacteria. Microbiology and Molecular Biology Reviews, 75: 14–49.

Nilsson N A, 1965. Food segregation between salmonid species in North Sweden. Reports from the Institute of Freshwater Research, 46: 58–78.

Offre P, Spang A, Schleper C, 2013. Archaea in biogeochemical cycles. Annual Review of Microbiology, 67: 437–457.

Oliveira M D, Hamilton S K, Calheiros D F, et al., 2010. Oxygen depletion events control the invasive golden mussel (*Limnoperna fortunei*) in a tropical floodplain. Wetlands, 30: 705–716.

O'hare M T, Aguiar F C, Asaeda T, et al., 2018. Plants in aquatic ecosystems: Current trends and future directions. Hydrobiologia, 812: 1–11.

O'Sullivan P E, Reynolds C S, 2003. *The Lakes Handbook*. Vol. 1: *Limnology and Limnetic Ecology*. Oxford: Blackwell Publishing.

Pace M L, Cole J J, Carpenter S R, et al., 1999. Trophic cascades revealed in diverse ecosystems. Trends in Ecology and Evolution, 14(12): 483–488.

Paine R T, 1998. Food webs: Road maps of interactions or grist for theoretical development. Ecology, 69: 1648–1654.

Parveen B, Ravet V, Djediat C, et al., 2013. Bacterial communities associated with *Microcystis* colonies differ from free-living communities living in the same ecosystem. Environ. Microbiol. Rep., 5: 716–724.

Penn K, Wang J, Fernando S C, et al., 2014. Secondary metabolite gene expression and interplay of bacterial functions in a tropical freshwater cyanobacterial bloom. ISME J., 8: 1866–1878.

Persson J, Fink P, Goto A, et al., 2012. To be or not to be what you eat: Regulation of stoichiometric homeostasis among autotrophs and heterotrophs. Oikos, 119: 741–751.

Phillips G, Willby N, Moss B, 2016. Submerged macrophyte decline in shallow lakes: What have we learnt in the last forty years? Aquatic Botany, 135: 37–45.

Pierre L, Laura A S, Daniel S S, et al., 2013. Plant response to climate change varies with topography, interactions with neighbors, and ecotype. Ecology, 94(2): 444-453.

Pimm S L, 1982. *Food Webs*. Chicago: University of Chicago Press.

Pimm S L, Lawton J H, 1977. Number of trophic levels in ecological communities. Nature, 268(5618): 329-331.

Pjevac P, Schauberger C, Poghosyan L, et al., 2017. AmoA-targeted polymerase chain reaction primers for the specific detection and quantification of comammox nitrospira in the environment. Front Microbiol., 8: 1508.

Pomeroy L R, 2001. Caught in the food web: Complexity made simple? Sci. Mar., 65(Suppl. 2): 31-40.

Post D M, 2002a. The long and short of food-chain length. Trends in Ecology and Evolution, 17(6): 269-277.

Post D M, 2002b. Using stable isotopes to estimate trophic position: Models, methods, and assumptions. Ecology, 83(3): 703-718.

Post D M, Pace M L, Hairston N G, 2000. Ecosystem size determines food-chain length in lakes. Nature, 405(6790): 1047-1049.

Post D M, Takimoto G, 2007. Proximate structural mechanisms for variation in food-chain length. Oikos, 116(5): 775-782.

Reche I, Pulido-Villena E, Morales-Baquero R, et al., 2005. Does ecosystem size determine aquatic bacterial richness? Ecology, 86(7): 1715-1722.

Redfield A C, Ketchum B H, Richards F A, 1963. The influence of organisms on the composition of seawater. In: Hill M N(ed). *Comparative and Descriptive Oceanography*. New Jersey: John Wiley & Sons, 26-77.

Rehman F, Pervez A, Khattak B N, et al., 2017. Constructed wetlands: Perspectives of the oxygen released in the rhizosphere of macrophytes. Clean-Soil Air Water, 45(1): 1600054.

Ren L, Jeppesen E, He D, et al., 2015. pH influences the importance of niche-related and neutral processes in lacustrine bacterioplankton assembly. Appl.Environ.Microbiol., 81: 3104-3114.

Reynolds C S, 2006. *The Ecology of Phytoplankton*. Cambridge: Cambridge University Press.

Romannovsky Y E, Feniva I Y, 1985. Competion among cladocera: Effect of different levels of food supply. Oikos, 44: 243-252.

Rossberg A G, Uusitalo L, Berg T, et al., 2017. Quantitative criteria for choosing targets and indicators for sustainable use of ecosystems. Ecological Indicators, 72: 215-224.

Roussel J M, Haro A, Cunjak R A, 2000. Field test of a new method for tracking small fishes in shallow rivers using passive integrated transponder(PIT) technology. Canadian Journal of Fisheries and Aquatic Sciences, 57: 1326-1329.

Ruggiero M A, Gordon D P, Orrell T M, et al., 2015. A higher level classification of all living organisms. PLoS One, 10(4): e0119248.

Ryther J H, Dunstan W M, 1971. Nitrogen, phosphorus, and eutrophication in the coastal marine environment. Science, 171(3975): 1008-1013.

Sabo J L, Finlay J C, Post D M, 2009. Food chains in freshwaters. Annals of the New York Academy of Sciences, 1162(1): 187-220.

Saloom M E, Duncan R S, 2005. Low dissolved oxygen levels reduce anti-predation behaviours of the freshwater clam *Corbicula fluminea*. Freshwater Biology, 50: 1233-1238.

Sand-Jensen K, Bruun H H, Baastrup-Spohr L, 2017. Decade-long time delays in nutrient and plant species dynamics during eutrophication and re-oligotrophication of Lake Fure 1900—2015. Journal of Ecology, 105(3): 690-700.

Sanvino J F, Stein R A, 1989. Behavioral interactions between fish predators and their prey: Effects of plant density. Animal Behaviour, 37:311-321.

Sayer C D, Burgess A, Kari K, et al., 2010. Long-term dynamics of submerged macrophytes and algae in a small and shallow, eutrophic lake: Implications for the stability of macrophyte-dominance. Freshwater Biology, 55:565-583.

Scheffer M, 1993. Alternative equilibria in shallow lakes. Trends in Ecology and Evolution, 8(8):275-279.

Scheffer M, Carpenter S, Foley J, et al., 2001. Catastrophic shifts in ecosystems. Nature, 413(6856):591-596.

Scheffer M, Jeppesen E, 2007. Regime shifts in shallow lakes. Ecosystems, 10(1):1-3.

Scheffer M, van Nes E H, 2007. Shallow lakes theory revisited: Various alternative regimes driven by climate, nutrients, depth and lake size. Hydrobiologia, 584:455-466.

Scheifhacken N, Fiek C, Rothhaupt K O, 2007. Complex spatial and temporal patterns of littoral benthic communities interacting with water level fluctuations and wind exposure in the littoral zone of a large lake. Fundamental and Applied Limnology, 169:115-129.

Scheuhammer A M, Mcnicol D K, Mallory M L, et al., 1997. Relationships between lake chemistry and calcium and trace metal concentrations of aquatic invertebrates eaten by breeding insectivorous waterfowl. Environmental Pollution, 96:235-247.

Schmitt W L. 1965. *Crustaceans*. Ann Arbor: University of Michigan Press, 204.

Schoener T W, 1989. Food webs from the small to the large. Ecology, 70(6):1559-1589.

Schouten S, Hopmans E C, Damste J S S, 2013. The organic geochemistry of glycerol dialkyl glycerol tetraether lipids: A review. Organic Geochemistry, 54:19-61.

Schultz K, 2003. *Ken Schultz's Field Guide to Saltwater Fish*. New Jersey: John Wiley & Sons, 3-27.

Shannon C E, 1948. A mathematical theory of communications. Bell System Technical Journal, 27:379-423.

Shao Z J, Xie P, Zhuge Y, 2001. Long-term changes of planktonic rotifers in a subtropical Chinese lake dominated by filter-feeding fishes. Freshwater Biology, 46(7):973-986.

Shapiro J, Lamarra V, Lynch M, 1975. Biomanipulation: Anecosystem approach to lake restoration. In: Brezonik P L, Fox J L(eds). *Proceedings of a Symposium on Water Quality Management through Biological Control*. Gainesville: University of Florida, 85-96.

Shi L, Cai Y, Kong F, et al., 2012. Specific association between bacteria and buoyant *Microcystis* colonies compared with other bulk bacterial communities in the eutrophic Lake Taihu, China. Enviorn. Microbiol. Rep., 4:669-678.

Shi X, Li S, Fan F, et al., 2019. *Mychonastes* dominates the photosynthetic picoeukaryotes in Lake Poyang, a river-connected lake. FEMS Microbiol. Ecol., 95:fiy211.

Shi X, Li S, Liu C, et al., 2018. Community structure of photosynthetic picoeukaryotes differs in lakes with different trophic statuses along the middle-lower reaches of the Yangtze River. FEMS Microbiol. Ecol., 94(4):29360960.

Sih A, 1980. Optimal behavior: Can foragers balance two conflicting demands? Science, 210(4473):1041-1043.

Simon M, Grossart H P, Schweitzer B, et al., 2002. Microbial ecology of organic aggregates in aquatic ecosystems. Aquat. Microb. Ecol., 28:175-211.

Simpson E H, 1949. Measurement of diversity. Nature, 163:688.

Smith A, 2012. *Bryophyte Ecology*. Berlin: Springer Science & Business Media.

Sohm J A, Webb E A, Capone D G, 2011. Emerging patterns of marine nitrogen fixation. Nat. Rev. Microbiol., 9:498-508.

Sommaruga R, 2010. Preferential accumulation of carotenoids rather than of mycosporine-like amino acids in copepods from high altitude Himalayan lakes. Hydrobiologia, 648:143-156.

Sommer U, Adrian R, Domis L D S, et al., 2012. Beyond the Plankton Ecology Group (PEG) model: Mechanisms driving plankton succession. Annual Review of Ecology, Evolution, and Systematics, 43:429-448.

Stabell T, Andersen T, Klaveness D, 2002. Ecological significance of endosymbionts in a mixotrophic ciliate—an experimental test of a simple model of growth coordination between host and symbiont. Journal of Plankton Research, 24:889-899.

Stein R A, Magnuson J J, 1976. Behavioral response of crayfish to a fish predator. Ecology, 57(4):751-761.

Sterner R W, Chrzanowski T H, Elser J I, 1995. Sources of nitrogen and phosphorus supporting the growth of bacterio- and phyto-plankton in an oligotrophic Canadian Shield Lake. Limnol. Oceanogr., 40:242-249.

Sterner R W, Elser J J, 2002. *Ecological Stoichiometry: The Biology of Elements from Molecules to the Biosphere*. Princeton: Princeton University Press.

Sterner R W, Schulz K L, 1998. Zooplankton nutrition: Recent progress and a reality check. Aquatic Ecology, 32:261-279.

Stevenson B S, Waterbury J B, 2006. Isolation and identification of an epibiotic bacterium associated with heterocystous *Anabaena* cells. Biol. Bull., 210:73-77.

Streams F A, 1987. Within-habitat spatial separation of 2 notonecta species—interactive vs noninteractive resource partitioning. Ecology, 68(4):935-945.

Sørensen T. 1948. A method of establishing groups of equal amplitude in plant sociology based on similarity of species content and its application to analysis of the vegetation on Danish commons. Biol. Skr, 5:1-34.

Teixeira-de Mello F, Meerhoff M, Pekcan-Hekim Z, et al., 2009. Substantial differences in littoral fish community structure and dynamics in subtropical and temperate shallow lakes. Freshwater Biology, 54:1202-1215.

Thomas J D, 1990. Mutualistic interactions in freshwater modular systems with molluscan components. Advances in Ecological Research, 20:125-178.

Tibbets T, Krist A, Hall R, et al., 2010. Phosphorus-mediated changes in life history traits of the invasive New Zealand mudsnail (*Potamopyrgus antipodarum*). Oecologia, 163:549-559.

Tilman D, 1982. *Resource Competition and Community Structure*. Princeton: Princeton University Press.

Trigal C, Degerman E, 2015. Multiple factors and thresholds explaining fish species distributions in lowland streams. Global Ecology and Conservation, 4:589-601.

Tsakiris G, 2015. The Status of the European Waters in 2015: A review. Environmental Processes, 2:543-557.

Tsehaye I, Jones M L, Bence J R, 2014. A multispecies statistical age-structured model to assess predator-prey balance: Application to an intensively managed Lake Michigan pelagic fish community. Canadian Journal of Fisheries and Aquatic Sciences, 71(4):627-644.

USEPA, 2016. *A Practitioner's Guide to the Biological Condition Gradient: A Framework to Describe Incremental Change in Aquatic Ecosystems*. Washington: U.S. Environmental Protection Agency, 227.

Vallina S M, Follows M, Dutkiewicz S, et al., 2014. Global relationship between phytoplankton diversity and productivity in the ocean. Nature Communications,5:4229.

Vestergaard O,Sand-Jensen K,2000. Aquatic macrophyte richness in Danish lakes in relation to alkalinity,transparency,and lake area. Canadian Journal of Fisheries and Aquatic Sciences,57(10):2022-2031.

Villaescusa J A,Casamayor E O,Rochera C,et al.,2010. A close link between bacterial community composition and environmental heterogeneity in maritime Antarctic lakes. International Microbiology,13(2):67-77.

Wallace R L,Snell T W,Ricci C,et al.,2006. *Rotifer:Biology,Ecology and Systematics*. Leiden:Backhuys Publishers.

Wang J,Yang D,Zhang Y,et al.,2011. Do patterns of bacterial diversity along salinity gradients differ from those observed for macroorganisms? PloS One,6(11):e27597.

Wang R,Dearing J A,Langdon P G,et al.,2012. Flickering gives early warning signals of a critical transition to a eutrophic lake state. Nature,492:419.

Wedekind C,Milinski M,1996. Do three-spined sticklebacks avoid consuming copepods,the first intermediate host of *Schistocephalus solidus*? An experimental analysis of behavioural resistance. Parasitology,112:371-383.

Welcomme R L,1992. A history of international introductions of inland aquatic species. FAO Fisheries Technical Paper No. 294. FAO,Rome,318.

Werner E E,Gilliam J F,Hall D J,et al.,1983. An experimental test of the effects of predation risk on habitat use in fish. Ecology,64(6):1540-1548.

Werner E E,Hall D J,1974. Optimal foraging and size selection of prey by bluegill sunfish(*Lepomis macrochirus*). Ecology,55(5):1042-1052.

Wetzel R G,2001. *Limnology:Lake and River Ecosystems*. Boston:Academic Press.

White M,Xenopoulos M,Hogsden K,et al.,2008. Natural lake level fluctuation and associated concordance with water quality and aquatic communities within small lakes of the Laurentian Great Lakes region. Hydrobiologia,613:21-31.

Whittaker R H,1972. Evolution and measurement of species diversity. Taxon,21(2/3):213-251.

Wilson M V,Shmida A,1984. Measuring beta diversity with presence-absence data. *Journal of Ecology*,72:1055-1064.

Winfield I J,2004. Fish in the littoral zone:Ecology,threats and management. Limnologica,34(1-2):124-131.

Woese C R,Fox G E,1977. Phylogenetic structure of the prokaryotic domain:The primary kingdoms. PNAS,74:5088-5090.

Woodhouse J N,Ongley S E,Brown M V,et al.,2013. Microbial diversity and diazotrophy associated with the freshwater non-heterocyst forming cyanobacterium *Lyngbya robusta*. J. Appl. Phycol.,25:1039-1045.

Wu Q L,Hahn M W,2006. Differences in structure and dynamics of *Polynucleobacter* communities in a temperate and a subtropical lake,revealed at three phylogenetic levels. FEMS Microbiology Ecology,57(1):67-79.

Wu Q L,Zwart G,Schauer M,et al.,2006. Bacterioplankton community composition along a salinity gradient of sixteen high-mountain lakes located on the Tibetan Plateau,China. Applied and Environmental Microbiology,72(8):5478-5485.

Wu Y,Xiang Y,Wang J,et al.,2010. Heterogeneity of archaeal and bacterial ammonia-oxidizing communities in Lake Taihu,China. Environ. Microbiol. Rep.,2:569-576.

Xing P, Kong F, 2007. Intra-habitat heterogeneity of environmental factors regulating bacterioplankton community composition in Lake Taihu. Aquatic Microbial Ecology,48:113-122.

Yan X,Yu D,Li Y K,2006. The effects of elevated CO_2 on clonal growth and nutrient content of submerge plant *Vallisneria spinulosa*. Chemosphere,62(4):595-601.

Yodzis P,1984. Energy flow and the vertical structure of real ecosystems. Oecologia,65(1):86-88.

Zeng J,Bian Y,Xing P,et al.,2012. Macrophyte species drive the variation of bacterioplankton community composition in a shallow freshwater lake. Appl. Environ. Microbiol.,78:177-184.

Zhang M,Straile D,Chen F,et al.,2018. Dynamics and drivers of phytoplankton richness and composition along productivity gradient. Sci. Total Environ.,625:275-284.

Zhang M,Yu Y,Yang Z,et al.,2016. Deterministic diversity changes in freshwater phytoplankton in the Yunnan-Guizhou Plateau lakes in China. Ecol. Indicators.,63:273-281.

Zhao B,Xing P,Wu Q L,2017. Microbes participated in macrophyte leaf litters decomposition in freshwater habitat. FEMS Microbiology Ecology,93:fix108.

Zhao S Y,Sun Y P,Han B P,2016. Top-down effects of bighead carp(*Aristichthys nobilis*) and *Leptodora richardi*(Haplopoda, Leptodoridae) in a subtropical reservoir during the winter-spring transition: A mesocosm experiment. Hydrobiology,765:43-54.

Zhu L,Zancarini A,Louati I,et al.,2016. Bacterial communities associated with four cyanobacterial genera display structural and functional differences:Evidence from an experimental approach. Front. Microbiol.,7:1-11.

Zinger L,Gobet A,Pommier T,2012. Two decades of describing the unseen majority of aquatic microbial diversity. Mol. Ecol.,21:1878-1896.

第7章　湖泊环境

7.1　湖泊环境问题与诊断

7.1.1　湖泊主要环境问题

7.1.1.1　湖泊环境现状

随着工业化进程的高速发展及对湖泊资源的过度开发利用,我国的湖泊环境出现了明显恶化的趋势:湖泊周边区域设计规划不合理导致的围垦现象使我国湖泊面积大规模缩小,破坏了湖泊防洪蓄水的能力;污染治理与监管方式落后,工业污水及生活废水违规排放,造成湖泊水体营养盐的输入量剧增,我国长江中下游地区、云贵高原地区湖泊及大多数城市湖泊都面临着水体富营养化的问题(马荣华等,2011)。污染物的排放使湖泊生态系统结构和功能持续退化,影响了湖泊区域周边群众正常的生产生活以及农林牧渔业的可持续发展,同时也威胁了中下游城镇居民的饮用水安全。

我国湖泊环境问题主要表现为湖泊水质恶化,富营养化问题严重,重金属、持久性有机污染物复合污染,这些环境问题影响着水体正常的生态系统功能,也影响着区域的可持续发展。例如,随着工农业发展和人们生活方式改变,污染物如有机物、重金属、营养盐、抗生素等流入湖泊水体,使湖泊水质下降甚至恶化。2017年,112个重要湖泊(水库)中,Ⅰ类水质的湖泊(水库)6个,占5.4%;Ⅱ类27个,占24.1%;Ⅲ类37个,占33.0%;Ⅳ类22个,占19.6%;Ⅴ类8个,占7.1%;劣Ⅴ类12个,占10.7%(据2017年《中国生态环境状况公报》)。湖泊水质恶化导致其水环境承载力下降,生态系统稳定性遭到破坏,湖泊资源属性逐渐降低甚至消失,严重威胁人民群众正常的生产生活,造成巨大的经济损失和生态灾难。

水体富营养化及水体污染不仅是我国面临的水体环境问题,而且也是世界范围内其他国家所面临的一个重要的水环境问题(Conley et al.,2009;Carpenter,2005;Jin,2003)。位于东非高原的维多利亚湖是世界第二大淡水湖,为沿岸的数百万人提供生产生活用水、电力以及淡水鱼类,是周边国家重要的战略生态资源。随着近半个世纪非洲地区的逐渐发展,人类活动对湖泊生态系统的影响愈加明显,周边城镇生活污水不经处理便大量排入水体,同时工农业激增产生的污水也给湖泊的环境承载力带来巨大压力。湖泊面临着水质恶化、富营养化、外来物种入侵等一系列严重的生态问题,这些问题威胁着湖泊生态系统的健康。就入侵物种来说,尼罗河鲈和水葫芦是维多利亚湖最为泛滥且破坏性最严重的入侵物种(Goldschmidet et al.,1993;Ongore et al.,2018)。位于亚洲与欧洲交界的里海,面积有 37.7×10^4 km^2(不包括卡腊博加兹哥耳湾),是世界上最大的湖泊。石油开采等重污染行为导致湖泊水质不断恶化、生态系统逐步退化等一系列严重的生态问题。苏必利尔湖是世界上面积最大的淡水湖,被加拿大的安大略省与美国的明尼苏达州、威斯康星州和密歇根州所环绕,就蓄水量而言,是世界上第四大的湖泊,储存了世界上10%的淡水。由于美国和加拿大在环境管理、污染治理技术以及法律法规方面较为成熟,因此,苏必利尔湖近半个世纪以来受人类活动的直接影响并不大,污染问题与其他地区湖泊相比较轻。但 19 世纪末和 20 世纪初期排入的重金属以及有机毒素,虽然在近四十年浓度持续降低,但仍然能对湖泊生态系统以及人类健康造成危害。

7.1.1.2 湖泊中的污染物及其危害

1) 过量的氮、磷

湖泊水体中的氮、磷是重要的营养限制因子,水体中一定浓度的氮、磷能够维持水体初级生产力,从而维持湖泊正常的生态系统功能(Seitzinger,1988;Paerl et al.,2011)。但是,由于湖泊流域社会经济的持续发展,人类活动会导致流域氮、磷等营养盐不断地向湖泊输入,逐渐超过水体自身的自净能力,造成水体氮、磷等营养盐过剩,是导致富营养化和黑臭水体等湖泊污染问题的根本原因。这些营养物质按其来源可分为外源和内源两类,其中外源污染指的是水体以外的氮、磷营养盐污染,内源污染主要指的是湖泊沉积物经厌氧分解扩散进入水体的营养盐。氮和磷是淡水生态系统藻类、细菌、原生动物和其他水生生物生存所需的关键元素,氮、磷的过量输入对于湖泊生态系统的物质循环以及生态系统稳定性有着强大的破坏性。由水体富营养化诱发的藻类暴发、黑臭水体、鱼类死亡及生态系统崩溃等环境问题正影响和威胁着我国水资源的可利用性与可持续性(Zhang et al.,2007;Yang et al.,2008;Lu et al.,2011)。

首先,氨氮类化合物自身就会对水生生物以及人体健康造成危害。氨态氮中的非离子氨(NH_3)会对水产动物产生严重危害,腐蚀鱼虾的鳃组织,破坏鳃的呼吸功能。硝酸盐是普遍存在于地表水中的一种污染物,在饮用水中需要加以控制的主要原因是过高浓度的硝酸盐会引起高铁血红蛋白血症,或"蓝婴儿"病,虽然会对婴儿造成影响的硝酸盐污染物的浓度不一定直接威胁较大的儿童或成年人,但硝酸盐还能指示其他可能存在的生活或农业的杂质影响,如细菌或者杀虫剂的影响(应亮,2000)。不仅是氨态氮和硝态氮,近来亚硝态氮危害也已引起社会上的广泛关注。亚硝酸盐不但是致癌物质,导致细胞及组织癌变,而且使血红细胞变性,降低水生动物血液的载氧能力,使鱼虾患"褐血病",鳃丝及血液呈褐红色或黑红色。因组织缺氧,免疫力下降,可继发肠炎、烂鳃、细菌性败血症等,甚至引起暴发性死亡(刘堂水等,2012)。

更为严重的是,氨氮等营养盐过量排入湖泊,会导致湖泊水体的富营养化。目前,全球大量湖泊面临着棘手的富营养化问题,进而衍生出如黑臭水体等次生灾害(Smith et al.,2009)。湖泊水体的富营养化会产生一系列环境问题:

(1) 湖泊中鱼类等水生生物大量死亡

氮、磷等营养物质的排入直接影响水质,湖水的透明度因此降低,穿透水层的光照因此大幅减少,从而影响水中植物的光合作用,降低氧气的合成。同时,藻类等浮游生物由于水体营养盐过剩,快速繁殖,消耗了大量氧气,使水中溶解氧严重不足,因此造成鱼类等水生生物的大量死亡,干扰水中植物和动物的生长。同时,湖泊中腐烂的动植物残体又会加重湖泊水体的污染,扩展水体污染范围以及进一步污染底泥,放大对鱼类等水生生物的毒害作用。

（2）引起水华、湖泛等水体灾害

正常水体中，藻类的种类多但数量不大，主要是硅藻和甲藻，蓝藻占的比例小。而富营养化的水体中，藻类的数量可达每毫升数万个，并且蓝藻占绝对优势，当其大量繁殖时，水变成深绿色，水面有很多绿色或红色的漂浮物，有时形成一层薄膜，被称为"水华"（又叫"湖靛"）。藻类大量繁殖，不仅与湖泊水生生物争夺氧气，造成鱼类等水生生物大量死亡，而且蓝藻等藻类在生长和死亡分解过程中会分泌有毒物质（如微囊藻毒素）污染水体，藻毒素会随着食物链不断蓄积，对人类身体健康造成严重威胁（Song et al.，2007）。水华的影响还会波及沉积物，使沉积物中的总氮、总磷和总有机碳含量都明显增加。水华的发生还会使沉积物的氧化还原电位降低（李冰冰，2018）。

2007年5月底发生在太湖梅梁湾和贡湖湾交界区的水体黑臭事件，造成无锡市数日无饮用水供应的社会群体性恐慌，让人们意识到了水体富营养化的危害程度（Guo，2007；孔繁翔等，2007；Stone，2011）。该起事件主要由藻类引发，事发水域湖水泛黑发臭，鱼类死亡，与鱼池"泛塘"极为相似，最先被媒体称为"湖泛"。由于在色度上与周围水体相比具有明确可辨的轮廓，湖泛也被称为"污水团"和"黑水团"（谢平，2008；孔繁翔等，2007）；湖泛主要表现为视觉上的黑及嗅觉上的臭（Shen et al.，2014）。研究表明，湖泛发生时水体中致臭物质主要是二甲基硫醚类物质为主的挥发性有机硫化物（VOSCs）（Yang et al.，2008）；蓝藻等生源性物质的大规模死亡降解是臭味物质产生的主要途径（Yang et al.，2008；Lu et al.，2012）。关于湖泛发生过程中的致黑物质，研究者认为以藻类残体和悬浮沉积物颗粒为主，在成分上具有更高的Fe、S含量，在价态上Fe主要以Fe^{2+}的形式存在、S则以还原态S^{2-}的形式赋存，并推断湖泛水体的显黑物质成分是FeS，其吸附于悬浮颗粒物而使水柱呈现黑色（Duval et al.，2001；Rixen et al.，2008）。自2007年5月无锡饮用水危机事件后，湖泛是近年来太湖及其他重度富营养湖泊及水库重点防范的生态灾害事件（陆桂华等，2010）。

黑臭水体是水体极度富营养化的直观体现。该类水体已基本丧失生态功能，尤其是在夏季，严重影响湖泊周边群众的日常生活，造成大气污染，损害居民的身体健康。由于我国城市地区湖泊长期处于富营养化，即使湖泊外源污染输入大量减少，但是底泥中积累大量的氮、磷等营养盐，仅是内源负荷仍然会造成部分湖泊水质恶化，黑臭水体目前已经是我国城市环境治理的一大顽疾。另外据一项研究表明，我国约86%的河流及14%的湖库存在水体黑臭现象。根据我国住房和城乡建设部的统计数据，我国约37%的黑臭水体分布在中南部，约34%的黑臭水体分布在东部（Cao et al.，2020），我国黑臭水体的治理面临着很大的挑战。

（3）周边居民饮用水安全受到威胁

水面中的藻类漂浮物易阻塞输水管道以及滤池，破坏水处理设备的正常运行。同时，藻类以及营养盐的大量增加，要求水厂使用更多的消毒药剂，提高饮用水处理成本。富营养化水体成分的复杂性也导致水厂传统的净水工艺无法有效去除水中的有毒有害物质，威胁饮用水安全。

2）重金属

在环境污染方面所说的重金属主要是指汞（Hg）、镉（Cd）、铅（Pb）、铬（Cr）以及类金属砷（As）等生物毒性显著的元素。近年来，由于湖泊周边地区轻重工业的持续发展和违法违规的废水排放，湖泊重金属污染问题日益突出。重金属毒性大、难降解、易富集，往往会通过食物链被不断放大，对整个生态系统的稳定以及人体健康造成严重的威胁。有研究结果表明，过去13年中，我国湖库水质有显著改善，尤其是富营养化有所缓解，但重金属污染问题突出。主要表现在铬、镉与砷等重金属污染日趋严重，2017年的138个监测湖库中，38个湖库出现过重金属污染（浓度高于劣V类水标准），我国湖库重金属污染的问题不容忽视（Huang et al.，2019）。

重金属相较于其他湖泊污染物，治理难度更大，危害的持续时间更久。这是因为重金属元素基本不能被环境降解。当外来的重金属污染源排入水体，大部分会经过一系列物理化学反应沉降在湖泊沉积物中。由于沉积物与湖泊水界面之间存在着扩散作用，因此，沉积物中的重金属会伴随着水流扰动等持续不断地释放在湖泊中，污染湖泊环境，并威胁整个湖泊生态系统健康。

（1）对湖泊藻类的影响

藻类是湖泊生态系统中的初级生产者，是湖泊食物链中最基础的一环，为其他水生生物以及植物提供食物和氧气。重金属对藻类正常生长是必要的，参与藻类蛋白质的合成以及基因表达，然而高浓度的重金属元素对藻类的生存是有害的。研究发现，当浓度过高时，Cu^{2+}可以取代Mg^{2+}与叶绿素分子结合，产生不稳定的激发单重态物质，这种物质激发出来的能量会随机转移到细胞内生成活性氧化物质，进而引起细胞的过氧化损伤，破坏细胞结构，抑制藻类等浮游植物生长（Küpper et al.，2006；Pinto et al.，2003）。Zn^{2+}是DNA合成过程中相关酶的重要组成，但高浓度的Zn^{2+}会严重破坏微藻的各项生理代谢过程与指标，例如细胞分裂、移动、总叶绿素含量、ATP以及ATPase活性等。高浓度Zn^{2+}抑制细胞生长可以归因于大量的Zn^{2+}与细胞中的巯基基团结合，进而改变细胞内部蛋白质的次级结构和氧化还原状态，并影响微藻对其他营养物质的吸收，最终抑制细胞的有丝分裂等代谢活动（Novák et al.，2014）。

（2）对湖泊鱼类的影响

生活在湖泊水体中的鱼类通过鳃不断吸收溶解于水中的重金属离子，然后通过血液循环到达身体各个部位，同时食物中的重金属离子也会通过消化道进入体内。过量的重金属将直接影响鱼类生长发育以及细胞代谢过程，其呼吸作用、生长以及器官功能对重金属浓度的反应敏锐。研究者对斑马鱼胚胎经不同浓度Pb^{2+}处理后的胚胎死亡率和致畸率进行了研究，发现Pb^{2+}对于部分鱼类的胚胎具有致畸作用，同时可造成鱼类的死亡率大幅提高。另外生物体内积累的重金属也会导致鱼类心脏水肿以及腹部积水（宋思祺等，2017）。

（3）对人体的影响

由于人类在食物链中处于高营养级，重金属会通过食物链的富集作用进入人体。如果人类饮用或食用了重金属超标的水和食品，它们往往会对人体构成严重威胁。重金属过量对于人体具有严重的危害，孕妇体内铅、汞等重金属超标，会直接影响妊娠过程，导致流产、死胎、畸形等后果。重金属会直接影响幼儿中枢神经发育，对幼儿智力产生较大影响，小孩往往表现为好动、注意力不集中、运动不协调、具有暴力倾向等。重金属直接影响人体体内蛋白质的合成以及酶的作用，破坏细胞结构，影响神经组织，损害人体肝脏、肾脏等重要解毒器官。例如，历史上著名的八大公害事件之一的日本水俣病就是典型的汞中毒，受害者轻者口齿不清、步履蹒跚、面部痴呆、手足麻痹、感觉障碍、视觉丧失、震颤、手足变形，重者精神失常，或酣睡，或兴奋，直至死亡。

3）有机污染物

有机污染物是指以碳水化合物、蛋白质、氨基酸以及脂肪等形式存在的天然有机物及某些可生物降解的人工合成有机物组成的污染物。在种类上可分为有机化学毒物和需氧有机物两类。在有机化学毒物中，持久性有机污染物（POP）与挥发性有机污染物（VOC）由于其挥发性、高毒性、生物积累性和长期残留性，目前已成为有机污染物研究的热点。

有机污染物的危害主要在以下几个方面：① 需氧有机物进入湖泊水体后，被好养微生物分解，过程中消耗大量氧气，使得水体溶解氧下降，危害鱼类等生物生存。同时由于缺氧，有机物开始厌氧分解，产生甲烷、氨和硫化氢等恶臭物质，污染水体。② 持久性有机污染物（POP）如多环芳烃、多氯联苯等挥发性高、难以降解，毒性强、部分致癌，能残留在湖泊浮游动物和其他水生生物体内，通过食物链的放大作用，危害整个湖泊生态系统。③ 挥发性有机污染物（VOC）如酚类化合物能使蛋白变性，对皮肤、黏膜有强烈的腐蚀作用，也可抑制中枢神经系统或损害肝、肾功能。④ 一些有机污染物如微塑料，在自然界中几乎不可能降解，会随着食物链的放大作用进入人体，由于其直径小，能进入血液、淋巴系统甚至肝脏，肠道中的微塑料也可能影响消化系统的免疫反应。

4）抗生素

抗生素指由细菌、霉菌或其他微生物在生活过程中所产生，具有抗病原体或其他活性的一类次级代谢产物，能干扰或抑制致病微生物的生存（胡譞予，2015）。根据其主要用途大致可分为两类：医用抗生素和农用抗生素。我国是抗生素使用大国，同时也普遍存在着抗生素滥用的问题。水产养殖中投放抗生素，可用于防治鱼类、虾类等多种水生生物的疾病，如赤皮、体表溃疡、烂尾、烂鳃等，因为其效果好、成本低，经常会被过量添加于饲料中。渔场中使用的抗生素则有 70%～80%最终会进入水环境（叶必雄等，2015），造成抗生素污染。再加上部分医疗废水的违规排放，抗生素直接威胁着湖泊的生态系统安全。

抗生素的危害有以下几个方面：

（1）对藻类及微生物的危害

抗生素进入水体后，由于抗生素的抗菌性，对藻类有着一定的杀伤作用。有实验表明，当氧氟沙星浓度≥ 5 $\mu g \cdot mL^{-1}$时，对绿藻的生长起抑制作用，浓度越大，抑制作用越显著（张晓晗等，2018）。由于藻类是重要的初级生产者，因此易扰乱整个生态系统的稳定。虽然湖泊水体中的抗生素浓度在大多数情况下并不高（李侃竹等，2014），但水体中长期的抗生素残留会筛选出水体中的耐药性菌株，使其成为所在湖泊生态系统中的优势种，这些菌株难以被抗生素类药物杀灭，同时由于细菌基因的遗传变异性，部分耐药基因会传播到其他细菌中，如果与致病菌之间发生基因交流，对人类以及动植物的生存都将会极具威胁。

（2）对水生生物的危害

与重金属进入鱼类等水生生物体内的方式类似，生活在湖泊水体中的鱼类可以直接通过鳃吸收溶解于水中的抗生素物质，同时，藻类和浮游生物等鱼类食物中的抗生素也会通过消化道进入体内。高浓度的抗生素会破坏鱼类的肝肾功能，有实验表明，暴露在阿莫西林中的斑马鱼内脏团超氧化物歧化酶（SOD）活性显著增加（闻洋等，2018），说明在抗生素的作用下，斑马鱼体内自由基含量增加，鱼体内分泌出 SOD 等抗氧化剂用于消除自由基过量的影响。同时,长期暴露在抗生素环境中,鱼类自身的免疫力降低,环境细菌产生耐药性后,养殖过程中抗生素施药的效用也因此大幅降低,造成水生生物发病及死亡。

(3) 对人体的危害

我国大量湖泊为饮用水源地,虽然目前湖泊中的抗生素含量较低,加上经过水厂净化处理,一般来说不会出现急性毒副作用。但是长期饮用含有低浓度抗生素的水源会影响人体的免疫系统、降低人体免疫力。同时,由于食物链的富集效应,处于较高营养级的人类,在食用食物的同时,抗生素在体内不断富集,造成急性或慢性中毒,部分人群可能会出现严重的过敏反应,一部分抗生素还有致癌、致畸、致突变作用,严重影响人体系统的正常生理过程(陈秋颖等,2008)。

7.1.2 湖泊污染成因

7.1.2.1 外源污染产生途径与输入特征

湖泊的外源污染可大致分为两类:点源污染和面源污染。

1) *点源污染*

指的是有固定排放点的污染源产生的污染,其产生途径主要是湖泊周围工业废水和居民生活污水直接排放或经过处理后排放入湖泊水体。据统计,目前我国每年大约要排放 204.5×10^{8} m^{3},处理率只有 34%,农村生活污水的处理率更低(张民和孔繁翔,2015)。同时,由于我国污水处理大多只使用二级处理,对氮和磷等溶解盐的去除率分别仅为 20%~50%和 40%,对其他有毒有害物质的去除率也不高。排放出的污水仍然远远高于造成湖泊污染的临界值,是湖泊外源污染的重要组成部分。

2) *面源污染*

又称非点源污染,主要由土壤泥沙颗粒、氮磷等营养物质、农药、各种大气颗粒物等组成,通过地表径流、土壤侵蚀、农田排水等方式进入湖泊水体。相较于点源污染,其排放地点随机、影响范围广泛、作用效应滞后、产生途径复杂多样,治理难度更大。面源污染产生途径包括以下几个方面。

(1) 农业化肥及农药的过量使用

化学肥料的大量使用是造成湖泊面源污染的一大关键原因。随着我国农业的发展,化肥使用量逐年增加。据统计,近年来我国施用化肥量高达 1.4×10^{7} $t\cdot a^{-1}$,年耕地平均使用化肥量达到了 300 $kg\cdot hm^{-2}$,是世界上施用氮肥最多的国家之一(宋运学和王波,2003)。化肥和农药的过量使用导致氮磷等营养盐、有机物、抗生素等污染物在土壤中不断富集,通过地表径流、融雪以及降水冲刷流入水体中,污染湖泊生态系统。

(2) 大气沉降输入

大气中氮、磷等元素通过一定的途径沉降至陆地或水体,成为其生物地球化学循环的重要方式(Migon and Sandroni,1999),自从进入工业化快速发展阶段以来,大量化石燃料消耗和肥料施用等人类活动导致大气氮、磷等元素的沉降迅速增加(Galloway et al.,2008)。目前,由于我国湖泊水体污染严重,水环境质量相对较差,越来越多的研究开始关注大气沉降对湖泊污染负荷的贡献及对湖泊生态系统的影响。据研究者对武汉东湖的研究表明,武汉东湖大气氮、磷年沉降通量分别占东湖年入湖污染物的 7.3%和

4.4%,从时间格局看,总氮和总磷都表现出春季较高的趋势(彭秋桐等,2019)。太湖湿沉降的研究表明,湿沉降中总氮年均值为 3.16 mg · L^{-1},其中溶解性总氮占 70%以上,以氨氮为主;湿沉降中总磷年均值为 0.08 mg · L^{-1},相对较低;大气湿沉降中总氮和总磷的年沉降总量分别为 10 868 t 和 247 t,分别为同期河流入湖负荷的 18.6%和11.9%,湿沉降对太湖富营养化的贡献及可能带来的水生态系统的影响不容忽视(余辉等,2011)。另据太湖大气沉降最新的研究表明,随着我国环境保护措施的逐步实施,与2003 年相比,2018 年太湖氮、磷沉降都呈现出降低的趋势(许志波等,2019)。降雨不仅直接导致湖泊输入氮、磷等污染物,且会引起流域污染物的大量输入。研究表明,湖泊周围地区土壤和湿地中的污染物在暴雨的冲刷下,也会流入湖泊水体,造成严重污染。以滇池为例,滇池流域的大清河,暴雨期悬浮物浓度比平时均值高 22 倍,亚硝酸盐也高达 1.6 倍(王箫璇等,2017)。

(3) 水产养殖过程的输入

从 20 世纪 90 年代开始,鱼类网箱养殖在世界各沿海地区以及内陆淡水水域快速发展,随着湖泊开发进程的推进,许多湖泊有着大规模的水产养殖。网箱养鱼对水质的污染主要来自投放的饵料、肥料、药剂以及鱼类的排泄物及底质释放等几个方面,这些饵料、肥料、药剂以及鱼类的排泄物中有着大量的氮、磷和其他有机及无机污染物,其在污染物来源的总占比不断加大(王立明和刘德文,2008)。国内外有关研究表明,投喂的饵料只有 25%~35%用于增加鱼类体重,65%~75%残留于养殖水域环境中而造成水质污染(崔奕波,1991)。据报道,有些水体中水产养殖带来的氮、磷污染物负荷能占到总的外源负荷的 70%左右。现阶段我国全国范围内都在积极取缔湖库水产养殖以降低湖库水体外源污染物负荷(王佰梅等,2017)。

(4) 地下水污染物的输入

我国地下水污染严重,农田施肥以及垃圾填埋等方式使得营养盐、重金属、微塑料等污染物渗透土壤,污染地下水水源。由于地下水与众多湖泊之间的连通关系,污染物因此被排入水体。据相关调查,地下水污染物的排入正呈现逐年递增的趋势。

7.1.2.2 内源污染产生途径与循环特征

内源污染主要指蓄积在沉积物中的氮磷营养盐、重金属、有机物等污染物释放进入上覆水的现象。内源污染主要是底泥沉积物造成的。沉积物是水体中污染物的“汇”与“源”,是湖泊生态系统中物质和能量循环的重要环节。外源污染滞留在湖泊中、湖泊水生生物遗体的堆积,导致底泥中淤积了大量的氮磷营养盐、重金属污染物、有机污染物等(秦伯强等,2006)。在一定的条件影响下,沉积底泥再悬浮,向水体中释放颗粒物。内源污染的发展过程分为几个阶段:第一个阶段是沉积物接受并蓄积从上覆水沉降下来的污染物;第二个阶段是沉积物中的微生物降解和矿化污染物,使得氮、磷等物质转化为无机态或是生物可以利用的营养盐形态;第三个阶段是营养盐析出进入沉积物孔隙水中;第四个阶段是营养盐从孔隙水进入上覆水中(秦伯强等,2011)。

氮、磷营养盐和有机污染物主要来自长期的外源输入和水生生物残体的累积。当含量过高时,氮、磷营养盐会大量释放到水体中,使湖泊处于富营养化状态,造成水生生态系统退化(刘臣炜和汪德爟,2006)。不同的营养盐形态对湖泊营养状况和水生生态系统的影响不尽相同(杨赵,2017)。例如,在氮营养盐中,氨氮、亚硝氮对湖泊富营养化的贡献较大;而在磷营养盐中,铁磷、铝磷和有机磷对湖泊富营养化的贡献较大。在沉积物中长期存在的有机污染物主要是持久性有机污染物,其大多数具有较强的疏水性,易被颗粒物吸附,进而随颗粒物沉积下来。有机污染物的吸附与解吸作用受水流、水温、pH 值、盐度等条件影响,在水流较湍急、水质变化较大、水生生物活动较旺盛的条件下,有机污染物可以进行长距离迁移(刘臣炜等,2006)。

重金属污染物是一种生物难降解的重要污染物,包括铁、锌、铜、铅、铬、镉、铝、锰、砷、镍、钴等(龚春生,2007),它们可以通过水体悬浮物或沉积物的吸附、络合或共沉淀作用在沉积物中进行累积,从而对环境产生危害,还可以在生物体内进行累积,对水生生物产生毒害作用。湖泊沉积物中的重金属污染程度根据湖泊流域人类活动方式的不同而具有差异(邴海健等,2010),以农业活动为主的流域内,湖泊沉积物中的重金属污染程度相对较低;而以工业生产为主的、靠近城市区的流域内,湖泊沉积物中的重金属污染程度相对较高(Wang et al.,2015a)。

湖泊沉积物中的污染物进入上覆水的途径主要有分子扩散、动力扰动和生物扰动等(邱海源,2005)。其中,分子扩散主要依靠沉积物孔隙水中污染物浓度与上覆水中污染物浓度的梯度差;动力扰动主要指风力和波浪的扰动,尤其是对于浅水湖泊,由于湖泊较浅,沉积物更容易发生再悬浮,沉积物中污染物的赋存、降解和释放等环节就更容易受到风浪的影响;生物扰动主要与底栖生物的生理活动有关。

影响沉积物内源释放的因素主要有温度、溶解氧和氧化还原电位、pH 值等(龚梦丹等,2017)。其中,温度主要通过影响分子扩散以及微生物的活性来影响沉积物的释放(Wang et al.,2015b)。溶解氧和氧化还原电位密切相关,溶解氧浓度降低形成缺氧环境时,沉积物-水界面上的氧化还原电位降低,会促进氮、磷营养盐和有机物的释放。pH 值通过影响沉积物的物质形态影响内源释放。pH 值对内源释放影响的研究以磷的释放为主,在中性条件下,磷的释放最小;当 pH 值过低或过高时,磷的释放都会明显增加(龚梦丹等,2017)。

7.1.2.3 其他成因

城市水体中会有大量温度较高的工业冷却水、污水处理厂出水以及居民日常生活污水等排入,导致水体局部甚至整体水温升高。气候变暖也会造成湖泊温度升高。水体温度的变化会影响水体中各种物理化学过程,如改变溶解氧的分布、影响沉积物营养盐的释放、影响上下层水流混合和对流等动力现象等(张运林,2015)。水体温度的升高还会促进水体中微生物的生命活动,加速水体中有机物的分解过程,导致溶解氧的消耗,使水体的氧化还原电位降低,形成还原性环境,造成营养盐的释放和高价离子的还原等。另外,湖泊热力分层是湖泊中基本的物理现象,它与表层水温和气温密切相关。水体温度的升高会直接改变水体的热结构,影响热力分层和热力循环,进而影响其他物理、化学和生物过程(白杨,2017)。

除热污染外,湖泊的污染成因还包括色度污染、浊度污染和放射性污染。色度分为表色色度和真色色度,前者是指由悬浮物质(如泥沙等)形成的色度,后者是指由胶体物质和溶解性物质形成的色度。色度污染会吸收光线,使光线的透射性减弱,进而影响水生植物的光合作用,不利于水生生物的生存(余娅丽等,2015)。浊度污染是由水体中含有的不溶性悬浮物质造成的,这些悬浮物质包括有机污染物、无机污染物、浮游生物及微生物等。浊度污染不仅影响水体外观,还会阻碍光线的透过,影响水中植物的光合作用(梅玫和黄勇,2012)。放射性矿物的开采、核电站的建立以及同位素的应用等人类活动排放出的放射性废水、废物进入湖泊，也会造成一定的放射性污染（刘娟等，2012）。

7.1.3 湖泊污染评价方法

建立湖泊环境污染评价方法是湖泊环境污染评价的核心，是做好湖泊环境污染评价的关键。受地域、时间、空间的影响，湖泊环境污染往往不是单一因素引起，而是多因素综合作用的结果。不同的湖泊环境污染问题、污染特性各异，评价方法的选择没有统一的标准，因此对于不同的湖泊环境污染情况，要根据具体情况，制定一种客观、合理的能较好反映湖泊环境污染情况的评价方法。

湖泊环境包括水环境和沉积物环境。本节从湖泊污染监测方法、水体富营养化指数、湖泊水质标准和沉积物污染评价四个方面着重介绍湖泊环境污染评价方法。湖泊污染监测方法用于识别湖泊中的污染物质，掌握其分布与扩散规律，监视湖泊污染源的排放和控制情况。水体富营养化指数对于评价水体富营养化程度和指导水体污染治理有重要意义。湖泊水质标准为衡量和治理湖水水质提供依据与基准。沉积物污染是指进入湖泊的污染物在水底沉积物中的积累，直接或间接对湖泊水环境产生不良的影响。目前，湖泊污染评价的方法很多，每种方法各有其优缺点，国内外研究者对湖泊污染评价方法的研究取得了大量的成果，为今后的进一步研究奠定了科学基础。

7.1.3.1 湖泊污染监测方法

采用合适的湖泊监测方法来及时准确地掌握湖泊的变化情况对控制湖泊污染具有重要意义。湖泊污染监测方法主要包括人工监测法、电子仪器监测法和建立监测站。

人工监测法是目前我国使用最广泛的湖泊污染监测方法。该方法按照一定的采样频次和时间，通过采集湖泊水体和沉积物样品，带回实验室进行分析，从而得到各项指标数据。由于实验室设备完善，人工监测法具有检出率高、重复性好以及精度高等主要优点，但人工监测法的缺点是实时性差，无法在第一时间获取污染信息，并且劳动强度大、采样频率低，不能连续反映湖泊环境参数的动态变化。

电子仪器监测法就是将手持式污染监测设备置于水中，获取湖泊环境参数。该方法仍然需要耗费大量人力物力，并且无法获取全天候的水质数据，监测范围有限。因此，为了自动、连续地获取污染信息，需要发展污染在线监测系统。

建立监测站主要以有线通信的方式传输数据，各监测站得到的大量数据，通过输送线路送到测量中心，进行数据处理。几个监测站和一个测量中心可组成一个水质监测网。除了设立固定的水质监测站外，还可设流动监测站——水质污染监测车或船来监测污染情况。

传统的湖泊污染监测方法受人力、物力和气候、水文条件的限制，监测数据少且无法长时间跟踪监测。随着计算机科学技术的不断发展，越来越多的国家已将无线传感器网络、移动通信网络、卫星通信网络、数据库技术、信息处理系统相结合，应用于湖泊污染监测，实现了监测的自动化、实时化和数据的无线远程传输。

7.1.3.2 水体富营养化指数

湖泊水体富营养化是目前我国湖泊面临的主要环境问题（袁志宇和赵斐然，2008）。我国主要通过评价湖泊水体富营养化状态来确定富营养化程度，富营养化状态可以看作一个多变量的状态函数，为了方便评估富营养化的程度，一些基于基本指标变量的状态函数评价方法逐步发展起来。目前国内外有关富营养化评价的方法主要有：营养状态指数法，营养度指数法、评分法和神经网络法等。

1）营养状态指数法

营养状态指数法是以影响富营养化的某一关键指标变量为参量而建立的可进行连续分级的状态函数指数（齐孟文和刘凤娟，2004），主要包括卡尔森营养状态指数（TSI）、修正的营养状态指数（TSI_M）和综合营养状态指数（TLI）。

（1）卡尔森营养状态指数

卡尔森营养状态指数是美国数学家卡尔森在 1997 年提出的，该方法是以湖水透明度（SD）为基准的营养状态评价指数，其表达式为

$$TSI(SD)=10\left(6-\frac{\ln SD}{\ln 2}\right) \tag{7.1}$$

$$TSI(chla)=10\left(6-\frac{2.04-0.68\cdot\ln chla}{\ln 2}\right) \tag{7.2}$$

$$TSI(TP)=10\left(6-\frac{\ln 48/TP}{\ln 2}\right) \tag{7.3}$$

式中，TSI 为卡尔森营养状态指数；SD 为湖水透明度值（m）；$chla$ 为湖水中叶绿素 a 的含量（$\mu g\cdot m^{-3}$）；TP 为湖水中总磷含量（$mg\cdot L^{-1}$）。

（2）修正的营养状态指数

为了弥补 TSI 的缺陷，相崎守弘等修正了这一指数（杨梅玲等，2013），将以 SD 为基准的 TSI 修正为以 $chla$ 为基准的营养状态指数，称为修正的营养状态指数（TSI_M），并以 0～100 的一系列连续的数字对湖泊营养状态进行分级，其表达式为

$$TSI_M(chla)=10\left(2.46+\frac{\ln chla}{\ln 2.5}\right) \tag{7.4}$$

$$TSI_M(SD)=10\left(2.46+\frac{3.69-1.53\ln SD}{\ln 2.5}\right) \tag{7.5}$$

$$TSI_M(TP)=10\left(2.46+\frac{6.71+1.15\ln TP}{\ln 2.5}\right) \tag{7.6}$$

（3）综合营养状态指数

综合营养状态指数是评价湖泊富营养化最常用的一种方法。该方法是从富营养化的机理出发，以 $chla$ 为基本指标，建立各营养状态指标与叶绿素 a 的相关关系，进而确定各营养状态指标的权重，再根据权重加和计算得到待评价的水体的营养状态指数和营养状态的分级（沈晓飞等，2013）。该方法最大的特点是各评价指标对总体的贡献率存在一定的差异，$chla$ 的权重最大，其次是总磷（TP）、总氮（TN）、高锰酸盐指数（COD_{Mn}）与湖水透明度值（SD）。其表达式为

$$TLI(\sum)=\sum_{j=1}^{n} W_j\cdot TLI(j) \tag{7.7}$$

式中，$TLI(\sum)$ 为综合营养状态指数；$TLI(j)$ 为第 j 种指标的营养状态指数；W_j 为第 j 种指标的营养状态指数的相关权重；n 为评价指标的数量。

第 j 种指标的归一化相对权重是以 $chla$ 作为基准指标，其计算公式为

$$W_j = \frac{r_{ij}^2}{\sum_{j=1}^{n} r_{ij}^2} \tag{7.8}$$

式中，r_{ij}^2为指标 j 与基准指标 $chla$ 的相关系数。

以 $chla$ 为基准，根据五个指标之间的相互关系，可以得到 $chla$、TP、TN、SD 和 COD_{Mn}的营养状态指数的表达式为

$$TLI(chla) = 10(2.5+1.086\ln chla) \tag{7.9}$$

$$TLI(TP) = 10(9.436+1.624\ln TP) \tag{7.10}$$

$$TLI(TN) = 10(5.453+1.694\ln TN) \tag{7.11}$$

$$TLI(SD) = 10(5.118-1.94\ln SD) \tag{7.12}$$

$$TLI(COD_{Mn}) = 10(0.109+2.66\ln COD_{Mn}) \tag{7.13}$$

式中，TN 为湖水中总氮含量($mg \cdot L^{-1}$)；COD_{Mn}为湖水中高锰酸盐指数($mg \cdot L^{-1}$)。

2）营养度指数法

营养度指数法又称 AHP－PCA 法，是结合层次分析法（AHP）和主成分分析法（PCA）得到的富营养化评价模式（王明翠，2002），其表达式为

$$TLI_c = \sum_{j=1}^{n} W_j \cdot TLI_j = W_j \cdot (a_j+b_j\ln C_{jx}) \tag{7.14}$$

$$a_j = \frac{\ln c_{j\min}}{\ln c_{j\max} - \ln c_{j\min}} \times 100 \tag{7.15}$$

$$b_j = \frac{1}{\ln c_{j\max} - \ln c_{j\min}} \times 100 \tag{7.16}$$

式中，TLI_c 为湖泊富营养状态的综合营养度；TLI_j 为第 j 个因子的分营养度；W_j 为第 j 个因子的“综合权重”；C_{jx}为第 j 个因子的监测值（平均值、丰季均值或最大值）；$c_{j\max}$和$c_{j\min}$分别为第 j 个因子相应于营养度为 100 和 0 时的浓度值。

3）评分法

评分法是利用湖泊中藻类生长旺季（藻类生长最旺盛前后三个月）的 $chla$ 的均值与 TN、TP、SD 与COD_{Mn}的关系，确定评分值，从而确定湖泊的富营养化程度，其表达式为

$$M = \frac{1}{n} \sum_{i=1}^{m} M_i \tag{7.17}$$

式中，M 为湖泊营养状态评分值；M_i为每个评价指标的评分值；n 为评价指标的个数。

4）神经网络法

该方法的基本思想是：以富营养化相关参数作为学习样本，把富营养化状态指数设为相应的期望输出值进行训练，然后以水体实测值作为输入单元，根据训练的网络进行仿真，得到相应的输出指数，并根据这些指数确定营养状态（鲍广强等，2018）。

该方法的量化模型如下：

$$\text{输入层(input)} \quad \sum_{i=1}^{m} \text{input}(C_i) \tag{7.18}$$

$$\text{隐含层(hide)} \quad n_1 = \sqrt{m+n}+a \tag{7.19}$$

$$\text{输出层(output)} \quad \sum_{j=1}^{m} \text{output}(D_i) \tag{7.20}$$

式中，$C_i \in C, C \in \{C_1, C_2, \cdots, C_m\}$；$n_1$ 为隐含层神经元个数；m 为输入层神经元个数；C 为输出层神经元个数；n 为 1~10 的常数；$a, D_i \in D; D = \{D\}$。

模型中的输入层对应的是相关评价参数，输出层为营养状态指数，隐含层神经元的个数一般通过试错法获得。

7.1.3.3 湖泊水质标准

不同湖泊的利用功能在不同的地方是有差异的，有的是作为城市集中饮用水源地，有的以旅游观光为主要功能，有的湖泊兼有多种功能，如水源、观光、灌溉、水上体育运动等。因此不同功能的湖泊其水质要求不同，在水质标准的制定上是以水质基准为依据，在考虑特定自然环境差异的基础上，又兼顾了技术上的可行性和经济上的合理性。

我国现行的湖泊水质标准是原国家环境保护总局与原国家质量监督检验检疫总局在 2002 年联合发布的《地表水环境质量标准》(GB 3838—2002)。该水质标准依据地表水水域环境功能和保护目标，按功能高低依次划分为五类(表 7.1)。不同功能类别的湖泊分别执行相应类别的标准值。水域功能类别高的标准值严于水域功能类别低的标准值。同一湖泊兼有多类使用功能的，执行最高功能类别对应的标准值。

表 7.1 地表水水质类别功能划分

水质类别	适用范围
Ⅰ类	主要适用于源头水、国家自然保护区
Ⅱ类	主要适用于集中式生活饮用水地表水源地一级保护区等
Ⅲ类	主要适用于集中式生活饮用水地表水源地二级保护区、渔业水域及游泳区
Ⅳ类	主要适用于一般工业用水区及人体非直接接触的娱乐用水区
Ⅴ类	主要适用于农业用水区及一般景观要求水域

湖泊水质标准分为三大类：物理指标(如水温)、化学指标(如 pH 值、溶解氧、化学需氧量、生物需氧量、重金属污染物和有毒有机物等)和生物指标(如大肠菌群)。

水温：湖泊水体的物理特性、水中进行的许多物理化学过程都与温度有关。

pH 值：一般湖泊水体的 pH 值为 6.0~9.0，测定推荐使用玻璃电极法。

溶解氧(DO)：水中溶解氧的多少是衡量水体自净能力的一个指标。水里的溶解氧被消耗后要恢复到初始状态所用的时间短，说明该水体的自净能力强；否则说明水体污染严重，自净能力弱。

有机和无机可氧化物质：常使用高锰酸盐指数(COD_{Mn})、化学需氧量(COD)和生物需氧量(BOD)来测量。高锰酸盐指数是在一定条件下用高锰酸钾氧化水样中的某些有机物及无机还原性物质，由消耗的高锰酸钾量计算相当的好氧量。化学需氧量是以化学方法测量水样中需要被氧化的还原性物质的量，所用的氧化剂一般为重铬酸钾。生物需氧量是指在一定条件下，微生物分解存在于水中的可生化降解有机物所进行的生物化学反应过程中所消耗的溶解氧的数量。它是反映水中有机污染物含量的一个综合指标。如果进行生物氧化的时间为五天，就称为五日生物需氧量(BOD_5)。

营养盐：主要是指氮、磷营养元素。由于湖泊是一种相对封闭的水体，当水体中氮、磷营养物质的含量超过一定限度，会造成水体富营养化。水体富营养化不仅恶化水质，而且导致水生态系统物种分布失衡，因此氮、磷营养盐是湖泊水质重点关注指标。

重金属污染物：包括汞、镉、铬、铅等。这一类物质不能在自然界降解，而且具有生物积累的特性。湖泊重金属污染主要来源是人为生产活动，在局部地区可能出现高浓度污染，存在很大的潜在危害。

其他指标：包括氟化物、硫化物、氰化物、有毒有机物以及粪大肠菌群等。

对于作为集中式生活饮用水地表水源地的湖泊，水质指标还包括集中式生活饮用水地表水源地补充项目 5 项（表 7.2）和集中式生活饮用水地表水源地特定项目 80 项（主要是一些有毒有机物、微量元素等）。特定项目是由县级以上人民政府环境保护行政主管部门根据当地情况从表中选择确定。

表 7.2　集中式生活饮用水地表水源地补充项目标准限值

单位：$mg \cdot L^{-1}$

项目	标准值
硫酸盐（以 SO_4^{2-} 计）	250
氯化物（以 Cl^- 计）	250
硝酸盐（以 N 计）	10
铁	0.3
锰	0.1

7.1.3.4　沉积物污染评价

湖泊沉积物是湖泊水质、水量及其他理化性质变化的忠实记录者，汇集了流域内人类工农业生产活动和区域气候变化的重要信息。因此，研究湖泊沉积物中污染物的含量及其潜在生态风险，对正确评估湖泊生态环境质量及区域自然环境安全具有重要意义。本节介绍了几种国内外常用的沉积物污染评价方法，同时对被动采样技术及其在沉积物污染评价中的应用前景进行了展望。

1）单因子指数法与内梅罗综合指数法

单因子指数法是将评价指标的实测值与其对应的标准值进行比较（朱建刚等，2009），计算公式如下：

$$P_i = \frac{C_i}{K_i} \tag{7.21}$$

式中，P_i 为指标 i 的单因子指数；C_i 为指标 i 的实测值；K_i 为指标 i 的标准值。将单因子指数 P_i 值分成 5 个等级，具体的分级标准见表 7.3。

表 7.3　单因子指数的分级标准

	$P_i \leqslant 0.70$	$0.70 < P_i \leqslant 1.00$	$1.00 < P_i \leqslant 1.50$	$1.50 < P_i \leqslant 2.00$	$P_i > 2.00$
污染等级	Ⅰ 良好	Ⅱ 未污染	Ⅲ 轻污染	Ⅳ 中污染	Ⅴ 重污染

内梅罗综合指数法同时兼顾了单因子指数平均值和最高值，可以突出污染较重的污染物的作用，给较严重的污染物以较大的权值，较全面地反映沉积物环境的总体质量，从而更客观地对沉积物环境质量进行评价，表示的是沉积物的综合污染程度（袁雯

等,2007;陆书玉等,2001)。计算公式如下:

$$P=\sqrt{\frac{\left(\frac{1}{n}\sum_{i=1}^{n}P_i\right)^2+[\max(P_i)]^2}{2}} \tag{7.22}$$

式中,P_i 为指标 i 的单因子指数;P 为内梅罗综合指数;n 为指标 i 的个数。具体的分级标准见表 7.4。

表 7.4 内梅罗综合指数污染等级划分标准

	$P<1.00$	$1.00\leqslant P<2.50$	$2.50\leqslant P<7.00$	$P\geqslant 7.00$
污染等级	Ⅰ 无污染	Ⅱ 轻度污染	Ⅲ 中度污染	Ⅳ 重度污染

2) 地积累指数法

地积累指数法是德国海德堡大学沉积物研究室 Muller(1969)提出的,是基于重金属总量与背景值的关系评价沉积物中重金属污染程度。公式如下:

$$I_{geo}=\log_2\left(\frac{C}{k\cdot B}\right) \tag{7.23}$$

式中,I_{geo} 为重金属的地积累指数;C 为重金属在沉积物中的实测浓度($mg\cdot kg^{-1}$);B 为沉积岩中所测该重金属的地球化学背景值,采用中国土壤重金属背景值;k 为考虑到成岩作用可能会引起的背景值的变动而设定的常数,一般 $k=1.5$。I_{geo} 大小与污染等级见表 7.5。

表 7.5 重金属污染程度与 I_{geo} 的关系

I_{geo} 范围	污染级数	污染程度
≤0	0	无污染
0~1	1	轻度污染
1~2	2	偏中度污染
2~3	3	中度污染
3~4	4	偏重度污染
4~5	5	重度污染
≥5	6	严重污染

3) 潜在生态风险指数法

潜在生态风险指数法考虑了人为污染、土壤元素背景值、重金属元素的生物毒性等众多因素,对重金属进行了单种元素污染评价和多种金属元素的综合污染评价(Hakanson,1980)。该方法被广泛用于水体沉积物重金属污染风险分析。公式如下:

$$F_i=C_i/B_i \tag{7.24}$$

$$E_i=T_i\cdot F_i \tag{7.25}$$

$$RI=\sum_{i=1}^{n}E_i \tag{7.26}$$

式中,RI为多种重金属综合潜在生态风险指数,等于所有重金属潜在生态指数的总和;F_i为第i种重金属的污染系数;C_i为沉积物中第i种重金属的实测含量($mg \cdot kg^{-1}$);B_i为重金属i的评价参比值;E_i为单个重金属的潜在生态指数;T_i为单个污染物的生物毒性响应参数。重金属污染程度及潜在生态风险等级划分标准见表7.6。

表7.6 重金属污染程度及潜在生态危害等级划分标准

E_i范围	单种元素生态风险程度	RI范围	综合潜在生态风险程度
$E_i<40$	轻微	$RI<150$	轻微
$40 \leqslant E_i<80$	中等	$150 \leqslant RI<300$	中等
$80 \leqslant E_i<160$	强	$300 \leqslant RI<600$	强
$160 \leqslant E_i<320$	很强	$RI \geqslant 600$	很强
$E_i \geqslant 320$	极强	—	—

4) *次生相与原生相比值法*

次生相与原生相比值法是基于形态学研究的一种方法,是用存在于次生相中的重金属含量与存在于原生相中的重金属含量的比值来反映沉积物中重金属的潜在生态风险水平(陈春霄等,2013)。公式如下:

$$RSP = M_{sec}/M_{prim} \tag{7.27}$$

式中,RSP为污染程度;M_{sec}为沉积物次生相中的重金属含量,即形态F1、F2和F3含量的总和;M_{prim}表示原生相中的重金属含量,即残渣态F4的含量。$RSP \leqslant 1$,表示无污染;$1< RSP \leqslant 2$,表示轻度污染;$2<RSP \leqslant 3$,表示中度污染;$RSP>3$表示重度污染。

7.2 湖泊污染治理及修复概述

7.2.1 总体治理思路概述

由于遭受长期的污染,湖泊生态系统出现退化,具体表现为水质恶化、生物多样性降低以及水生态功能下降等一系列环境问题。湖泊生态系统修复是指利用人工或者自然措施降低环境要素的胁迫,通过"环境变化-驱动力-压力(阈值)-状态-响应"的原理来传导,使湖泊生态系统的功能得到提升或者恢复,达到满足人类生产、生活和发展的需求(王志强等,2017)。湖泊是多要素构成的复杂生态系统,具体包括湖盆、湖水、沉积物以及各种生物。由于地理位置、气候特征、地质背景、水文水动力、生物组成等自然因素差异以及人为干扰的不同,湖泊生态系统呈现多种类型,进而湖泊污染的成因和生态退化特征也呈现出多样性,因此湖泊修复是一个十分复杂的人工干扰工程(周怀东和彭文启,2005)。湖泊污染治理要在充分诊断湖泊污染成因及问题的基础上做出决策,不同的湖泊修复技术与方法均可不同,这与我国环境管理部门提出的"一湖一策"的理念相符合。

湖泊修复首先要建立修复目标,依据修复目标建立修复的方案。欧美等发达国家在水环境治理方面也建立了水质目标,如美国的《清洁水法》与最大日负荷总量(TMDL)管理是按照水体功能确定环境容量,并依据环境容量确定流域输入污染负荷;

欧洲的《欧盟水框架指令》是以水生态目标和与其关联的流域污染联合控制为核心(李恒鹏,2004)。目前,我国巢湖、太湖和滇池均分别建立了近期和远期的水质目标。除了制定水质目标外,也可以制定其他生态指标,如生物多样性指数的恢复目标、湖泊稀有物种等恢复目标。湖泊修复目标制定的科学性与合理性影响湖泊修复的成败。

湖泊修复的思路要遵循相关原则执行,具体为:① 整体性原则。即湖泊的修复要从流域治理的角度考虑,弄清湖泊的主要污染源(外源和内源),确定污染源对湖泊污染的比例和贡献,从而为制定湖泊修复的方案提供科学的依据。② 遵循自然规律的原则。由于湖泊是一个复杂的生态系统,由生物、水和沉积物等要素构成。湖泊的修复是努力使各个要素之间形成正反馈效应,在长尺度期间内使湖泊生态系统恢复污染物自净能力。因此,湖泊的修复要遵守自然生态发展规律,任何违背自然规律的修复终将失败。③ 差异性原则。湖泊的污染成因不同就决定着湖泊的修复方案和方法具有差异性。因此,湖泊的修复不能采用千篇一律的方法,必须在彻底诊断出湖泊污染原因的基础上,提出切实可行的方法。用于湖泊的生物、物理以及化学的修复方法要结合湖泊污染的成因和地质、水文、气象等条件进行修复可行性的预评估,从而遴选合理的修复方案。④ 全局性原则。湖泊的修复不外乎是利用人工工程的手段对湖泊的沉积物、水体以及生物进行恢复或修复,而湖泊修复过程中不应仅仅考虑单一污染介质或者要素,而是要从湖泊整体的生态系统修复的角度通盘考虑各个要素。比如,在修复湖泊沉积物污染的同时,必须考虑对周围生态系统的影响。在构建湖泊滨岸带湿地或生物多样性时,要考虑引入的物种对本土物种的影响。兼顾到水体、沉积物以及生物的整体恢复,使各个要素达到和谐的有机整体。

7.2.2 湖泊修复的类型与方式

湖泊的污染主要可分为外源污染、内源污染以及两者兼有。因此,湖泊的修复主要是针对上述污染源进行控制(范成新等,2004a),而从空间尺度上依次可实施外源污染拦截、湖滨带修复,再逐渐延伸至湖泊内源污染修复。目前,我国主要是针对富营养化问题实行修复或者控制,针对的污染物质主要是营养盐。但在湖湾、河口等重污染区域,污染物呈现多元、叠加的复合污染状态,即不仅存在氮、磷营养盐污染,同时也有重金属或有机物等持久性污染物的污染。一般来说,痕量污染如重金属以及有机物的污染主要呈点状、带状分布,且主要存在于沉积物中。

实际上,湖泊污染修复主要就是外源和内源控制,而外源污染主要包括点源和面源污染,内源污染主要指的是来自于湖底沉积物的污染释放以及湖内的水体或生物体内储存的污染物。对于点源污染这些具有固定污染源的控制,主要是采取污水处理厂的技术与工艺进行污染控制,以达到降低湖泊外源输入的目的(周怀东和彭文启,2005)。由于面源污染的产生具有随机性、污染源头众多等问题,因此对面源污染的控制非常复杂。通常而言,对于面源污染的控制主要采用生态修复的方法,如增强下垫面的污染物储存和截留能力、调整农业种植结构以及利用生态沟渠或沟-塘系统对污染物进行拦截或者削减。此外,对于外源输入较大的湖泊,可采用人工湿地工程、旁路净化工程、圩区生态系统对外源营养盐等污染物进行削减。湖底沉积物是生物的主要栖息地,具有重要的生态功能,是水环境生态系统的重要组成部分。外源输入的污染物经过絮凝沉降、氧化还原等复杂的物理与化学过程最终蓄积于沉积物中。有研究报告表明,沉积物中蓄积的污染物占湖泊总量的90%以上,是湖泊修复的重点(范成新等,2004a)。对于富营养化湖泊而言,即使外源输入得到有效控制后,湖泊富营养化的问题仍可以持续几十年。这主要是由于沉积物中的营养盐在特定的条件下(风浪扰动、溶氧以及氧化还原电位降低)会持续释放到上覆水体中,从而对湖水中的营养盐进行有效的补给,维持或促使藻华的频繁发生(Søndergaard et al.,2003)。

在进行具体湖泊修复之前,对于湖泊污染进行系统的研究是非常必要的(图 7.1)(Zamparas and Zacharias,2014)。识别湖泊污染的主因是下一步采取合适修复方式的前提。而湖泊修复所采取的具体手段和方式往往由多种原因构成。对于单一污染问题所造成的湖泊污染所采用的修复方式也具有单一性,如对于外源污染造成的湖泊污染问题,通常采取以拦截污染源入湖为主的控源截污、入湖湿地构建等措施。对于内源污染造成的湖泊污染问题,如蓝藻暴发、内源释放等污染,则采取针对性较强的控藻、底泥疏浚及底泥钝化等措施。在实际的湖泊污染治理中,湖泊的污染往往来自多方面,则湖泊的治理方式也是多种措施同时并举,分别针对不同的污染源进行治理。例如,我国的太湖、巢湖等大型湖泊污染的问题来自多方面,既包括内源污染的问题(蓝藻暴发频繁、底泥污染负荷高),也包括外源污染的问题(入湖河流污染负荷输入、农业面源污染)。因此,对于复杂污染源所产生的湖泊污染问题,修复方式也是多方面。我国的太湖、巢湖以及滇池等湖泊采取了底泥疏浚、蓝藻打捞导流以及环湖与河口湿地建设等多种修复方式。

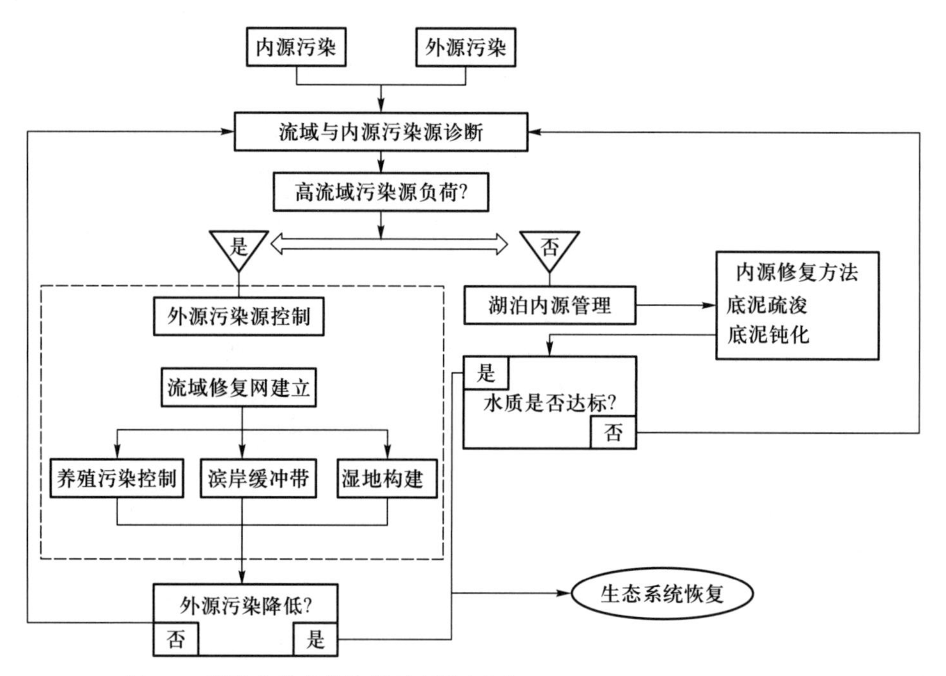

图 7.1 湖泊富营养化修复示意图(改自 Zamparas and Zacharias,2014)

7.2.3 湖泊修复的基本方法

总体来说,湖泊修复主要有物理、化学、生物和生态修复方法。

7.2.3.1 物理修复方法

物理修复方法主要是利用物理的技术或手段,通过移除或阻隔等方式减少湖泊污染总量和负荷,进而达到湖泊修复的目的。物理修复的工程技术主要有底泥疏浚、生态调水、曝气、稀释冲刷、调节湖水氮磷比、物理覆盖底部沉积物等一系列措施,其中底泥疏浚和生态调水是最常见的方法,在我国湖泊修复中实施较多(周怀东和彭文启,2005)。物理修复最大的优点是见效快,然而修复效果的长期性还有待加强研究。对湖泊流域污染的控制是防控湖泊富营养化的前提,在湖泊流域外源污染物控制方面,主要集中在湖泊流域的生态系统工程治理(范成新等,2004a)。

7.2.3.2 化学修复方法

化学修复方法主要是利用化学的技术或手段,分解转化或固定污染物,降低湖泊污染总量和负荷或使其无害化,进而达到湖泊修复的目的。化学修复的工程技术主要有絮凝、钝化、化学氧化、电化学、光催化等一系列措施,其中絮凝和钝化技术在小型湖泊修复中实施较多。絮凝和钝化技术就是向受污染水体中加入修复材料(絮凝剂或钝化剂),通过沉淀、吸附等理化作用降低水体中污染物或颗粒物的浓度,同时使污染物的易活化形态惰性化,且原位修复材料能在底泥表面形成一个“活性隔离层”,增加底泥中污染物的固定作用,以减少污染沉积物向上覆水释放(Jacobs and Förstner,1999)。化学修复见效较快,但投加化学氧化剂方法副作用较大,其毒性效应不甚明确。近些年来,先进光、电催化技术及催化材料发展较快,其如何应用于湖泊污染修复还有待科学论证。

7.2.3.3 生物修复方法

广义的生物修复是指通过湖泊生态系统中的各种生物(包括植物、动物及微生物单独作用或联合作用)代谢活动进行吸收、降解和转化湖泊中的污染物,使污染物含量降低或将有毒有害物质转化为无害物质的过程。作为湖泊生态系统的一个重要组成部分,微生物是碳、氮循环的主要参与者,又是污染物质的分解者和转化者,而且其转换效率也高(Zbikowski et al.,2019),因而湖泊生物修复主要是以微生物修复为主。微生物修复能够通过分解转化进行有机及氮素污染治理,也可以通过转变金属离子价态来降低金属污染风险。

湖泊生态系统中微生物修复方法主要分为自然生物修复、生物刺激、生物强化以及与植物修复技术组合应用的“根际微生物修复”。自然生物修复是指在无人为干扰下,在湖泊生态系统中发生的生物降解等作用降低污染物浓度、毒性和移动性的自然过程,其工程费用要远远低于其他修复技术,但需要大量的长期监测(Weatherill et al.,2018)。自然生物修复的特点是不采用任何人为去除污染的措施。生物刺激是通过向受污染的环境中添加电子受体或者电子供体,促进土著微生物的生长与繁殖,增加土著微生物的活性以增强微生物对污染物降解能力的一种技术(Zhang et al.,2010)。生物强化是指向受污染的湖泊生态系统引入具有特定功能的微生物,提高有效微生物的浓度,增强微生物对污染物的降解能力,提高其降解速率,并改善湖泊生态系统对污染物的去除效能(Ellis et al.,2000;Thompson et al.,2005)。除了修复成本较低,微生物修复技术具有环境友好特点,能处理物理或化学方法不能清除的更低浓度的污染物,但其需要时间较长(Perelo,2010)。

目前,用于生物修复的高效降解菌大多数是由多种微生物混合而成的复合菌群,其中不少已被制成商业化的微生物制剂,这些微生物制剂主要针对难降解有机物和氮素的转化与去除。微生物制剂的类型主要为单一的微生物制剂和复合微生物制剂。市场上主要的微生物活菌制剂从微生物物种上划分,有光合细菌、芽孢杆菌、硝化细菌、反硝化细菌、酵母菌、乳酸菌、蛭弧菌等单一菌种。由于单一的微生物修复效果有限,因此在实际应用中常调整乳酸菌、光合细菌、芽孢杆菌等各菌的浓度比例,制成复合微生物制剂来改善水质,使各种菌充分发挥功能,提高对水体的综合治理能力。复合微生物制剂主要为 EM 菌(effective microorganisms)、液可清制剂以及“科利尔”活菌净水剂。这些微生物制剂已被用于高有机质含量和氮素污染河道和湖湾的生物修复(Dondajewska et al.,2019)。

7.2.3.4 生态修复方法

生态修复方法是在生态学原理指导下,以生物修复为基础,结合物理、化学修复以及工程技术措施,通过优化组合形成的一种综合修复污染环境的方法。生态修复的顺利施行,需要生态学、物理学、化学、植物学、微生物学和环境工程等多学科的参与。近50年来,随着人类活动加剧、全球气候变化与湖泊生态系统退化,湖泊生态修复引起广泛重视,得到迅速发展和实际应用。

生态修复主要是通过微生物和植物等的生命活动来完成的,植物修复是生态修复的基本形式。在植物修复过程中,往往是植物、根系分泌物、根际圈微生物、根际圈土壤物理和化学因素等在共同起作用。湖泊生态系统内水生植物根际作用对微生物群落和元素循环产生重要影响。水生植物根际泌氧不仅缓解一些还原性物质对根系的毒害作用,同时改善根际微生物的有氧环境,这些根际效应有利于微生物的繁殖,促进了水体污染物的去除。另外,植物根的生长发育及根系分泌的有机和无机化合物是刺激根际微生物繁殖的重要能源和养分源,其成分和数量影响着根际微生物的种类和繁殖。在根际泌氧及分泌物的作用下,每种植物根际都会产生具有一定特异性的微生物群落,进而对根际环境中微生物介导的物质转化和元素循环过程产生影响(Philippot et al.,2013)。此外植物根系分泌物所包含的氨基酸及其他小分子有机酸也可以作为微生物分解污染物的共代谢基质。同时,水生植物根系分泌物所包含的氨基酸及其他小分子有机酸可以作为微生物降解污染物的共代谢基质(Yan et al.,2015)。因此,通过水生植物根系-根际微生物的协同作用将水体中有机污染物和氮素进行转化与去除从而实现水体生物生态修复的目的。

7.3 入湖污染治理

7.3.1 入湖污染(外源污染)来源

入湖污染指由于人为和自然的原因,污染物进入湖泊,使湖水和湖底沉积物的物理、化学性质或湖泊水体生物群落组成与质量发生恶化,湖泊中的水生生态系统向不利于人类利用的方向改变,使湖泊原有的功能减低和损失(Zhang et al.,2017)。目前入湖污染主要来源是人类向湖水中直接排放废物,如向湖中排放工业废水、固体废物、生活污水、农田退水等。其次是由于施放在农田里的大量化肥被雨水冲刷而携带入湖中,常促进湖泊的富营养化,甚至导致由“草型湖泊”转化为“藻型湖泊”(Park et al.,2015)。由于湖泊是水交换缓慢的水体,污染物进入湖中多长期停滞其中,产生积累现象(Wang et al.,2005;Pettersson,2001;陈飘雪等,2016),且不易恢复,所以要重视入湖污染物的削减(杨林章等,2018;马双丽等,2014)。目前,世界很多湖泊向富营养化方向发展,这是当前环境中一个比较突出的问题(秦伯强,2007)。

湖泊是在宽阔洼地中存在的水体,其水量交换相对缓慢,既可以成为河流的源头(即河源),也可以成为河流的终点(即河口)。因此,湖泊能够成为连接不同河流水体的"接头"(或"连接器")。湖泊可以与河流保持相对独立或者季节性独立。湖泊与湖泊之间可通过河流连接或直接连接。有效的连通性可保证引排顺畅、蓄滞得当、丰枯调剂、多源互补、可调可控。以太湖为例,流域水域面积 5 551 km^2,水面率为 15%;河道总长约 12 万 km,河道密度达 3.3 $km \cdot km^{-2}$(图 7.2)。

图 7.2　太湖流域骨干河网结构概化

河流是入湖污染输入的主要途径,流域内的污染物主要通过地表径流的方式进入湖泊,上游水体中携带的酸、碱、盐等无机无毒污染物、需氧有机物、有毒物质、营养盐、病原微生物、石油污染物、放射性污染物、悬浮物和泥沙以及异色、异味、浑浊、泡沫、恶臭等感官性污染进入下游湖泊中产生污染(刘恩峰等,2007)。一条江水横跨多省,各地水质保护和污染监管力度不尽相同,水质交接也需要多方协调。但上游汛情危急必须开闸泄洪,这种情况下,上游的污染流入下游,下游湖泊产生连带污染。现在,很多省、市建立了辖区内的生态补偿制度,通过公共财政或行政手段等直接对生态建设进行补偿。但面对跨地区污染问题时,难免产生省际纠纷,而且各地环保力度有差异,水域用途不同,生态补偿办法千差万别,容易造成责任认定困难、赔偿之路漫长的局面。经河流输移,流域内营养物质、重金属、悬浮颗粒物、有机污染物和细菌等污染物进入湖泊生态系统,形成入湖河流污染(Shen et al.,2013)。研究表明,通过入湖河流进入巢湖的总氮、总磷分别占总氮、总磷输入量的 76.9%和 68.5%,而太湖 25 条主要入湖河流 2002 年 3 月—2003 年 2 月共向湖体输入化学需氧量 19.28×10^4 t、总磷 1 769.7 t、总氮 3.03×10^4 t(韩梅等,2014)。

污染物除经河流进入湖泊外,区间径流也是一个重要途径。区间径流发生在临湖无河流汇集的区域,其产生的污染物以面源散流的方式直接入湖。包括农牧区地表径流、矿区地表径流和林区地表径流等。

7.3.1.1　农牧区地表径流

降雨径流过程不仅会造成土壤中营养元素的流失,降低土壤的肥力,而且是流域内水体富营养化的主要污染来源。磷是造成湖泊富营养化的主要污染物之一,径流中磷的含量多少决定着流域湖泊及水体污染程度的严重与否,而降雨产流过程和径流对磷的承载能力是决定径流中磷含量多少的关键因素。不同放牧制度通过改变下垫面条件对降雨产流过程产生影响。在农业区,污水源具有面广、量大、分散、间歇的峰值和高无机沉淀物负荷的特点,而且由于历史原因,目前农业径流(主要包括农田排水、灌溉余水、村落污水、畜禽养殖污水和部分雨水径流)的收集系统多数不完善(宋大平等,2018)。

7.3.1.2 矿区地表径流

矿石开采、冶炼等一系列矿石采集加工过程,以及废弃矿渣的风化和淋洗等产生的大量锰及伴生的重金属(如镍、铜、锌、镉、铅等),在降雨径流作用下,通过不同途径进入雨水径流,形成矿区雨水径流的重金属污染,造成当地水环境重金属污染问题严重且日益突出。

7.3.1.3 林区地表径流

国际上大多数国家的研究者在不同地理区域得出的结论多是森林的存在会使径流量减少。除此之外,其他许多地区的集水区研究也得到了相似的结果。Hibbert 在 1967 年总结了世界上 39 个集水区的研究结果(Hibbert,1967),得出如下结论:① 森林覆被的减少可以增加水的产量;② 在原无植被覆盖的地区种植森林将会减少水的产量;③ 植被对处理方式的反应是多方面的,并且往往是难以预测的。而地表径流经林地后部分污染物会被截留,可以起到减少入湖污染负荷的效果。

相对于河流、区间径流而言,临湖村落污水排放的隐蔽性更高,污水处理的程度更低,对湖泊的危害性更大。随着经济的发展和城市化进程的加快,中国农村生态环境有恶化的趋势。对全国 26 个省 150 个村的农村环境污染调查结果显示,76%的调查村庄环境受到污染。在农村地区,大多数村庄分散分布,水冲厕所普遍,污水处理设施的普及率与利用率不高,除少部分位于城乡结合处的村庄纳入污水收集管网以外,大多数村庄的生活污水经化粪池简单处理后,直接就近排放到自然水体,所以太湖流域农村生活污水排放量大,难以集中处理(倪中华和王新发,2008;苏东辉等,2005)。

通常滨湖村落产生的污水有如下几个特点:① 有机物含量高。主要的污染物为氮磷、病菌及悬浮物等,氨态氮、总氮、总磷等污染物指标的浓度总体比较高。② 总量大并且不断增加。近些年,我国加快了新农村建设,与之相对应,农村地区生产、生活污水的排放量也越来越多,污水不经处理就排放,加剧了农村地区地下水及河网水质的恶化,对环境产生极大的不利影响。③ 水质水量的波动加大。农村污水的排放主要表现为间歇排放,并且一天内排放的变化系数比较大;同时,农村还有农作物,并受到当地的天气、地理环境等影响,地区和季节不同,排放的水质水量都存在差异。此外,农村污水排放为粗放型,既分散,量又小(李新艳等,2016)。

7.3.2 入湖污染治理原理、方法与治理思路

入湖污染控制技术目前主要有两大类:现代污水处理技术和生态处理技术。

7.3.2.1 现代污水处理技术

按处理程度划分,可分为一级、二级和三级处理,一般根据水质状况和处理后的水

的去向来确定污水处理程度。一级处理主要去除污水中呈悬浮状态的固体污染物质，物理处理法大部分只能完成一级处理的要求（王又蓉，2007）。经过一级处理的污水，生化需氧量（BOD）一般可去除30%左右，达不到排放标准。一级处理属于二级处理的预处理，二级处理主要去除污水中呈胶体和溶解状态的有机污染物质（BOD、COD），去除率可达90%以上，使有机污染物达到排放标准，悬浮物去除率达95%，出水效果好。三级处理进一步处理难降解的有机物、氮和磷等能够导致水体富营养化的可溶性无机物等。

整个过程为：通过粗格栅的原污水经过污水提升泵提升后，经过格栅或者筛滤器，之后进入沉砂池，经过砂水分离的污水进入初次沉淀池（简称"初沉池"），以上为一级处理（即物理处理）。初沉池的出水进入生物处理设备，有活性污泥法和生物膜法（其中活性污泥法的反应器有曝气池、氧化沟等，生物膜法包括生物滤池、生物转盘、生物接触氧化法和生物流化床），生物处理设备的出水进入二次沉淀池（简称"二沉池"），二沉池的出水经过消毒排放或者进入三级处理。一级处理结束到此为二级处理。三级处理包括生物脱氮除磷法、混凝沉淀法、砂滤法、活性炭吸附法、离子交换法和电渗析法。二沉池的污泥一部分回流至初沉池或者生物处理设备，一部分进入污泥浓缩池，之后进入污泥消化池，经过脱水和干燥设备后，污泥被最后利用（柏景方，2006）。

此外，还有一些新型的污水深度处理技术（如超导磁分离技术）能有效地提高废水的可生化性，具有投资少、反应时间短、效率高、能耗低等优点（钟木喜，2012）。尽管该法分离效果很好，但是需加入有机絮凝剂，没有完全摆脱因有机絮凝剂的加入带来的二次污染。此外，超导磁体冷却采用的是液氦浸泡冷却。我国氦资源贫乏，限制了超导磁分离技术的大规模应用。另外，高压脉冲放电技术、超声波、生物酶、生物制剂增效法、三维电极、光敏化半导体作为催化剂处理有机废水等技术也逐渐应用于污水研究中。许多组合技术更是应用广泛，如混凝沉淀/过滤/氨解析/炭柱组合工艺、双介质过滤/反渗透组合工艺、超滤/紫外光/反渗透生产"新生水"组合工艺（雷晓东等，2002）、混凝沉淀/精密过滤/臭氧氧化/石英砂过滤/活性炭过滤/中空超滤组合工艺等对城市污水的深度处理都有较好的效果（郭洪波，2015）。

7.3.2.2 生态处理技术

生态处理是指有效地利用自然界生物链来处理污染物或者污染源。人工湿地生态处理是70年代末得到快速发展的一种污水生态处理技术（王又蓉，2007）。它具有处理效果好、氮磷去除能力强、运转维护管理方便、工程基建和运转费用低以及对负荷变化适应能力强等主要特点，比较适合于技术管理水平不高、规模较小的城镇或乡村的污水处理（倪中华和王新发，2008）。人工湿地对废水的处理综合了物理、化学和生物的三种作用。湿地系统成熟后，填料表面和植物根系将由于大量微生物的生长而形成生物膜（周志峰，2013）。废水流经生物膜时，大量的固体悬浮物被填料和植物根系阻挡拦截，有机污染物通过生物膜的吸收、同化及异化作用而被去除，湿地床系统植物根系对氧的传递释放使其周围的环境中依次呈现出好氧、缺氧和厌氧状态，保证了废水中的氮、磷不仅能被植物和微生物作为营养成分直接吸收，还可以通过硝化、反硝化作用及微生物对磷的过量积累作用将其从废水中去除（许双双等，2009），湿地床填料的定期更换或栽种植物的收割最终将污染物从系统中去除（尹军和崔玉波，2006）。人工湿地中各种传递及转化过程，因湿地床中不同部位氧含量的差异而有所不同（李艳波等，

2010)。

稳定塘旧称氧化塘或生物塘,是一种利用天然净化能力对污水进行处理的构筑物的总称。其净化过程与自然水体的自净过程相似。通常是将土地进行适当的人工修整,建成池塘,并设置围堤和防渗层,依靠塘内生长的微生物来处理污水。主要利用菌藻的共同作用处理废水中的有机污染物。稳定塘污水处理系统具有基建投资和运转费用低、维护和维修简单、便于操作、能有效去除污水中的有机物和病原体、无须污泥处理等优点(杨展里,2001),具体包括以下几点:① 能充分利用地形,结构简单,建设费用低。采用污水处理稳定塘系统,可以利用荒废的河道、沼泽地、峡谷、废弃的水库等地段,建设结构简单,大都以土石结构为主,在建设土地具有施工周期短、易于施工和基建费低等优点。污水处理与利用生态工程的基建投资约为相同规模常规污水处理厂的1/3~1/2。② 可实现污水资源化和污水回收及再利用,实现水循环,既节省水资源,又可获得经济收益。稳定塘处理后的污水可用于农业灌溉,也可进行水生植物和水产的养殖。将污水中的有机物转化为水生作物、鱼、水禽等物质,提供给人们食用或其他用途。如果考虑综合利用的收入,可能到达收支平衡,甚至有所盈余。③ 处理能耗低,运行维护方便,成本低。风能是稳定塘的重要辅助能源之一,经过适当的设计,可在稳定塘中实现风能的自然曝气充氧,从而达到节省电能、降低处理能耗的目的。此外,在稳定塘中无须复杂的机械设备和装置,这使稳定塘的运行更能稳定并保持良好的处理效果,而且其运行费用仅为常规污水处理厂的1/5~1/3。④ 美化环境,形成生态景观。将净化后的污水引入人工湖中,用作景观和游览的水源。由此形成的生态系统不仅将成为有效的污水处理设施,而且将成为现代化生态农业基地和游览的胜地。⑤ 污泥产量少。稳定塘污水处理技术的另一个优点就是产生污泥量小,仅为活性污泥法所产生污泥量的1/10。前端处理系统中产生的污泥可以送至该生态系统中的藕塘或芦苇塘或附近的农田,作为有机肥加以使用和消耗。前端带有厌氧塘或碱性塘的塘系统,通过厌氧塘或碱性塘底部的污泥发酵坑使污泥发生酸化、水解和甲烷发酵,从而使有机固体颗粒转化为液体或气体,可以实现污泥等零排放。⑥ 能承受污水水量大范围的波动,适应能力和抗冲击能力强。我国许多城市污水BOD浓度很低,低于100 $mg \cdot L^{-1}$,活性污泥法尤其是生物氧化沟无法正常运行,而稳定塘不仅能够有效地处理高浓度有机污水,也可以处理低浓度污水。

前置库就是在大型河湖、水库等水域的入水口处设置规模相对较小的水域(子库),将来水先蓄在子库内,在子库内实施一系列水的净化措施,同时沉淀污水携带的泥沙、悬浮物,再排入河湖、水库等水域(主库)。前置库的设立能够有效减少外源有机污染负荷,并且占地少、成本低。一般配置沉水植物群落、挺水植物群落、浮叶植物群落、底栖动物群落、浮游动物群落,有时为了强化净水效果,还会采用一些生态工艺,如污水原位净化技术、生态浮床技术、微生态活水直接净化工艺等(周广涛等,2011)。在污水进入湖泊前通过前置库,延长水力停留时间,促进水中泥沙及营养盐的沉降,同时利用前置库中藻类或大型水生植物进一步吸收、吸附、拦截营养盐,使营养盐成为有机物或沉降于库底(吴莹等,2011)。该技术的关键除了需要足够的场地外,还要控制80%左右的入流水和可达到一定去除率的水力停留时间。其优点是费用较低,适合多种条件;缺点是在运行期间,前置库区经常出现水生植物的季节交替问题,因此,前置库技术的主要困境是植物的选种及如何保证寒冷季节冬季的净化效率(陈志笃和王立志,2013)。此外,前置库的净化功能与河流的行洪功能往往矛盾,所以还要寻求一种将两者有效协调的方法。

根据上述入湖污染的特征及分类，为了更好地实现入湖污染的全面控制，研究人员提出了环湖污染控制湿地系统，通过在环湖区域内构建上游连带污染控制湿地、入湖河流污染控制湿地、区间径流污染控制湿地和滨湖村落污染控制湿地，对具有不同空间特征的污染物来源进行控制，有效削减污染负荷。

7.3.3 环湖污染控制湿地系统工程案例与分析（以抚仙湖为例）

抚仙湖位于云南省东部滇中盆地中心，地处长江流域和珠江流域的分水岭，跨玉溪市的澄江、江川、华宁三地，属珠江流域西江水系，为半封闭湖泊。地理位置为102°39′E—103°00′E，24°13′N—24°46′N，是我国第二大深水湖泊，总容量为 2.06×10^{10} m^3。抚仙湖流域属中亚热带低纬高原季风气候。流域植被以草丛、灌丛、针叶林等次生植被为主，流域内现阶段分布最广的是云南松和华南松针叶林，其次是乔木灌草丛及石灰岩灌丛。另外，流域森林植被的垂直分布规律也比较明显，有温暖性植被、温凉性植被、冷凉性植被三个类型。抚仙湖流域人口16.03万人，农村经济以种植业为主，主要粮食作物为水稻、玉米、小麦等，经济作物为烤烟、油菜。工业以磷化工、建材、食品加工、水产品为主，其中磷化工是该地区的支柱产业。流域内2004年国内生产总值10.84亿元，占澄江、江川和华宁三地总产值的25.55%。

抚仙湖环湖污染控制湿地系统构建如图7.3所示。自2000年窑泥沟湿地工程开工建设以来，抚仙湖流域已建成人工湿地水质净化工程及湖滨带生态修复工程14项（表7.7），总规模700余亩①，建设投资近3 000万元，对北岸的东大河、兜底寺沟、新河、洋潦营沟、窑泥沟、马料河、小白祥沟、广南营沟、沙盆河、镇海营东沟等主要污染河流实施了拦截净化，对东岸的塘子村—居乐片区、西岸的火焰山—牛摩大营片区、南岸的路居片区入湖水流实施了拦截净化和沿岸带生态修复。

表7.7 抚仙湖环湖污染控制湿地系统信息表

湿地工程名称	工程地点	工程性质	处理/净化对象
隔河泄水蓝藻去除应急工程	星云湖	上游连带污染控制湿地	上游连带污染
东大河湿地	东大河口东侧湖滩	入湖河流污染控制湿地	东大河、兜底寺沟水
洋潦营沟湿地	路北洋潦营沟畔农田	入湖河流污染控制湿地	新河、洋潦营沟水
窑泥沟湿地	窑泥沟口湖滩	滨湖村落污染控制湿地	窑泥沟污水
马料河湿地	路北马料河畔农田	入湖河流污染控制湿地	马料河水
镇海营东沟湿地	路北镇海营东沟畔农田	入湖河流污染控制湿地	镇海营东沟水
沙盆河湿地	广南营沟-沙盆河口湖滩	入湖河流污染控制湿地	广南营沟-沙盆河水
火焰山湖滩湿地	西岸火焰山岸段湖滩	区间径流污染控制湿地	农田沟渠径流
牛摩湿地	牛摩大河口湖滩	区间径流污染控制湿地	牛摩大河水
大马沟湖滩湿地	大马沟口湖滩	区间径流污染控制湿地	大马沟水
路居河畔湿地	路居大鲫鱼沟东侧湖滩	滨湖村落污染控制湿地	大鲫鱼沟水
居乐村落湿地	居乐村下方湖滩	滨湖村落污染控制湿地	居乐村落排水
塘子村落湿地	村中空地，下方湖滩	滨湖村落污染控制湿地	塘子村落排水
居乐小学湿地	村中空地	滨湖村落污染控制湿地	居乐村落排水

① 1亩≈0.067 hm^2。

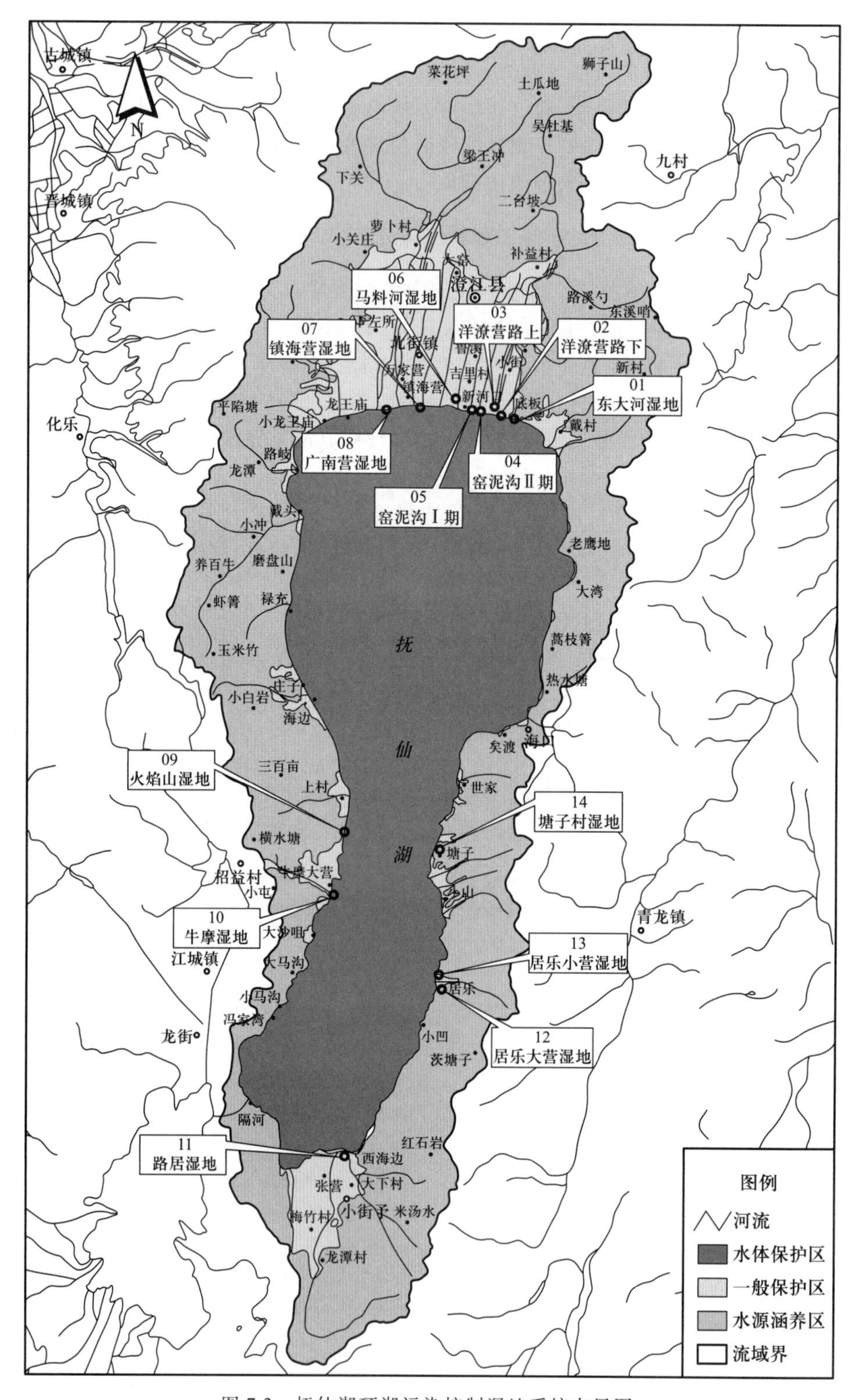

图 7.3 抚仙湖环湖污染控制湿地系统布局图

7.3.3.1 案例一：上游连带污染控制湿地

上游连带污染控制湿地的主要作用是减轻上游湖泊出水中的各类高浓度污染物质对下游湖泊造成的污染，如云南洱源县污水厂建成的 2.2 hm^2 尾水深度净化湿地，对污水厂高氮、磷浓度出水进一步处理；该类型湿地具有高效生态脱氮除磷的特点，有效降低了其出水对下游流域抚仙湖所带来的污染，但这类型湿地需要较大的建设面积来保证正常运转。

另一个例子是隔河泄水蓝藻去除应急工程（图 7.4）。工程位于星云湖出口湖湾，用湖面积 300 亩，占星云湖水面积的 0.58%。隔河长 2 200 m，宽 6~8 m，水深 2.5~3 m。工程区水容积 13×10^5 m^3，设计处理能力 $\times10^5$ $m^3\cdot d^{-1}$，流量 1.16 $m\cdot s^{-1}$，水力负荷为 0.5 $m^3\cdot m^{-2}\cdot d^{-1}$，滞留时间为 13 天，水葫芦覆盖率达 80%以上。湖水经飘浮植物除藻带、曝气氧化带、沉水植物净化带、隔河生物净化沟处理后流入抚仙湖，全程自流，流量由隔河机闸控制。工程依湖湾自然形状呈扇形布局，半径 400 m。飘浮植物除藻带宽 300 m，面积 18.6 hm^2，围隔 1 弧线长度 1 040 m，围隔 2 弧线长度 310 m；飘浮植物围养单元（10 m×10 m），排列组成阵列，阵列间留有 3 m 打捞通道。曝气氧化带长 310 m，风机功率 2×11 kVA，曝气流量 22 $m^3\cdot m^{-1}$。沉水植物净化带宽 100 m，面积 1.4 hm^2，水深 2~4.5 m。河口滤水网长 60 m。河道经清污后恢复沉水植物。

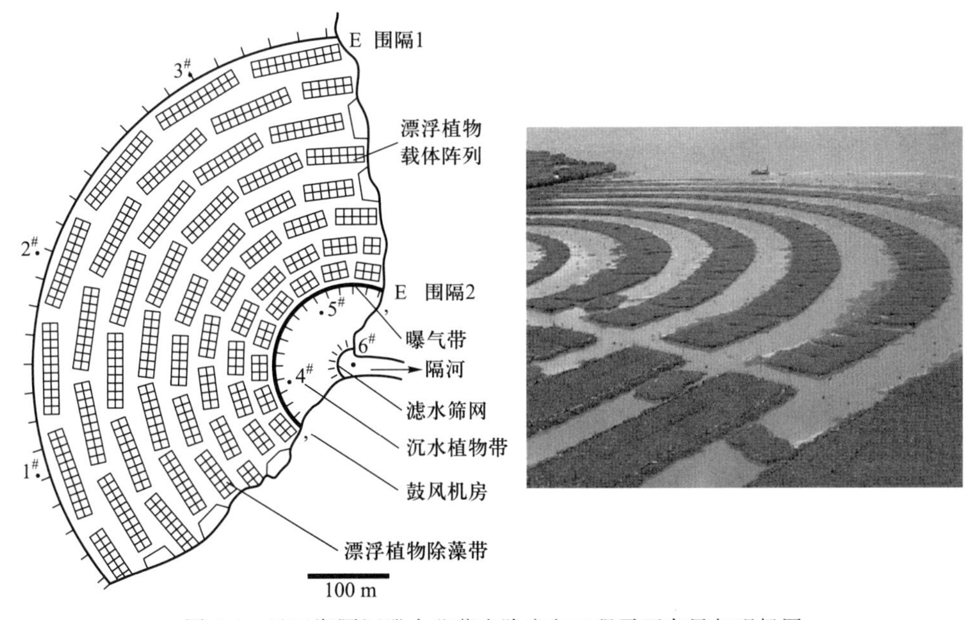

图 7.4 星云湖隔河泄水蓝藻去除应急工程平面布局与现场图

隔河经清除堆积发臭的藻体、沉积多年的污泥，铺垫沙土，恢复沉水植物及底栖动物，整个河道景观得到改善，形成健康的生物氧化沟，对工程区出水进行深度净化。河水的流动及沉水植物更进一步地净化水质及控制藻类的繁殖，到隔河出口，各项指标已达Ⅲ-Ⅳ类标准（GB 3838—2002）。应急工程利用大面积飘浮植物遮光、拮抗与竞争、吞食三重除藻技术获得成功，曝气增氧，修复河道，恢复沉水植物，增强了河水自净能力，去除蓝藻 89%、叶绿素 a 84%、悬浮物 84%，降低 TN 42%、TP 46%、COD_{Mn} 41%、透明度提高到 1.5~2 m，出口水质达到Ⅲ—Ⅳ类标准（GB 3838—2002）。工程运行有效减轻隔河泄水对抚仙湖的污染，避免了星云湖水位上升将沿岸淹没，造成重大经济损失。

7.3.3.2 案例二：入湖河流污染控制湿地

入湖河流污染控制湿地是针对入湖河流污染的不同类型、数量、种类以及污染入湖的位置所开发出来的适应各个情况的河畔湿地、河口湿地、湖滩湿地，是一种由不同类型湿地相互联系贯通的稳定高效复合自流式湿地。入湖河流污染控制湿地技术在抚仙湖环湖湿地首次运用，如河畔人工湿地——马料河湿地（图 7.5），目前在全国范围内得到推广。马料河为直接入湖河流，马料河流域面积为 8.01 km^2，由东侧流入马料河湿地。马料河湿地位于马料河下游，水质净化工艺包括拦河闸、拦污格栅、生物强化沉淀池、碎石床和表流湿地。规模为 29.8 亩，处理水量 14 500~60 000 $m^3\cdot d^{-1}$。

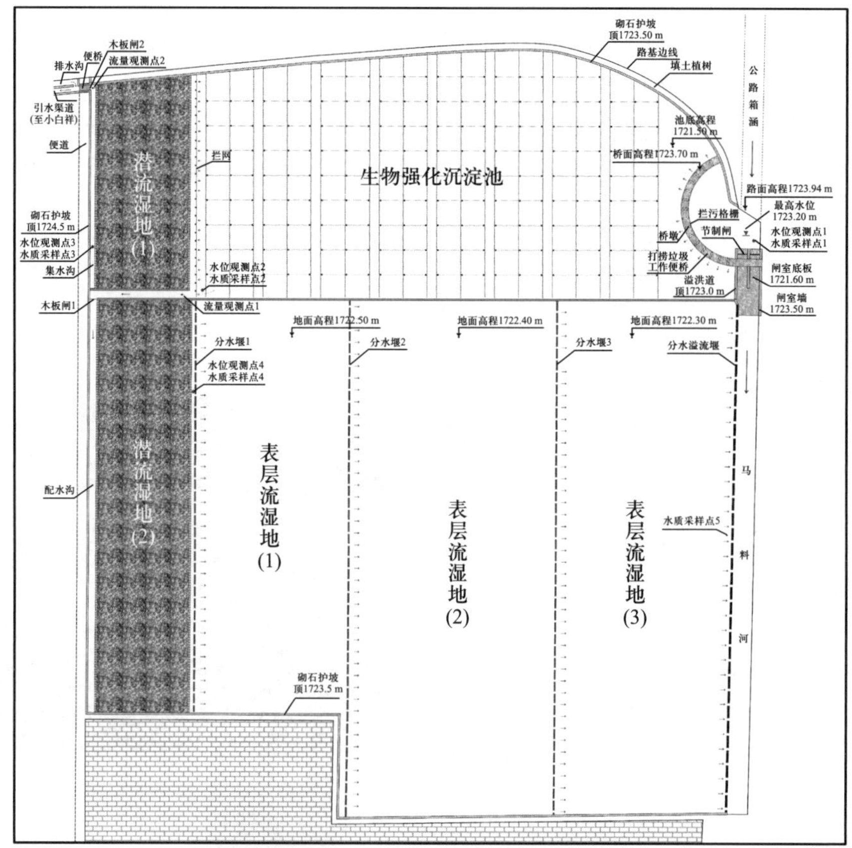

图 7.5 马料河湿地平面布局及现场图

马料河湿地是以人工湿地净化微污染河水的典型工程,2002 年建成后出水达到地表Ⅱ—Ⅲ类,随着面源污染加剧,出水仍可达到Ⅳ类。

马料河湿地进水 BOD、COD 浓度均不高,出水浓度大部分均小于进水,有一定的净化效果。部分进水氨氮值较高,对应出水氨氮浓度较低,处理效果较好。相对于其他湿地来说,进出水的硝态氮、氨氮、TN 等各项氮指标及 TP、磷酸盐指标浓度均较高。在暴雨条件下,马料河湿地对氨氮、硝态氮、TN、TP 的净化效果较好,出水浓度明显低于进水。并且氨氮的浓度随着时间的推进变化不大,而亚硝态氮的浓度却随着暴雨时间的增加,进水浓度呈增加的趋势,但由于亚硝态氮本身进水浓度较低,故其进出水变化值并不大。硝态氮的去除较明显,且随着时间的增加,湿地硝态氮出水浓度均较小,没有明显的变化。TN 进水浓度随时间的增加,基本没有什么变化,但是出水浓度随时间的变化较为明显,随时间的推进,出水 TN 的浓度在逐渐减小。而 TP 的进出水浓度随时间的变化规律正好与 TN 相反,进水浓度随时间的增加而迅速减小,出水的 TN 浓度较低,随时间的变化较小。

7.3.3.3 案例三:区间径流污染控制湿地

区间径流污染控制湿地是指减少由降水或融雪冲刷入湖的溶解性或固体污染物质对水体所带来的危害的一种功能型湿地。主要是通过在湿地中种植大量挺水植物拦截污染物质,再通过一种全封闭式柔性深水围隔,将地表径流污染物质尽量阻隔在水体之外的湿地里,通过高效易操作的沿岸带修复系统将大部分的污染物质消除。

区间径流污染控制湿地技术在抚仙湖火焰山湿地得到应用实践,并取得良好效果(图 7.6)。火焰山湿地位于湖滨带,利用湖滨水生植物进行区间径流污染控制,规模为 280.4 亩,处理 2 km 岸线区间径流携带的入湖污染。

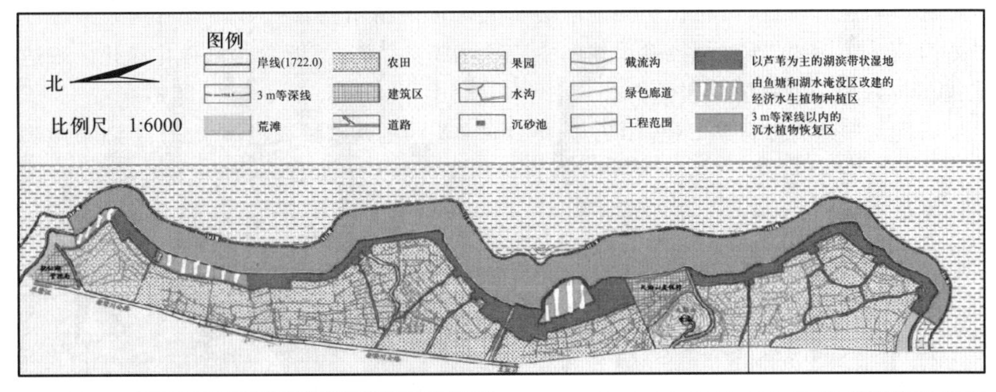

图 7.6 火焰山湿地平面布局及现场图

湖滨带位于水陆交错带，是湖泊生态系统的重要组成部分，沿岸带生态修复是整个湖泊生态修复的重要部分，其意义不仅在于恢复良性生态，更重要的是其显著的环境效应，其工程建设基于以下工艺思路进行：① 对修复区实施退垦还湖，消除湖滨带自身污染；② 因地制宜实施土地平整，形成自流的地形条件；③ 建设绿色廊道，界定湖滨带边界；④ 布置拦污沉砂和截污集配水前处理系统，拦截、沉淀面源泥沙和垃圾杂物，并达到向下一级净化单元均匀布水的要求；⑤ 遵照湖滨湿地的一般分布规律，从陆地至湖面依次恢复陆生植物、湿生植物、挺水植物、浮叶植物、沉水植物的带状结构，建设接近天然的、能自然延续、自然生长、四季常绿的湖滩湿地生态系统，对农田径流进行物理性沉降、生物吸附、生物吸收及生物降解，达到削减入湖污染负荷、提高湖滨带生物多样性、改善湖滨生态景观的目的。

多年实践证明，湖滨带生态修复后，通过在人工协助下的种群建设为大量土著野生种群的进入和定居创造了条件，使得人工生态向自然生态迅速演化，植物群落的垂直结构和水平结构得到丰富和发展，沿岸原有的荒滩景象被充满生机的湖滨带生态景观所取代，不仅根除了沿岸围垦区的污染，而且极大改善了修复区的生态景观。

火焰山湿地工程设计年去除 SS 501.5 t，TN 2.31 t，TP 1.12 t，验收监测 TN 去除率为 38.1%，TP 为 54.5%，BOD 为 22.9%，COD 为 23.1%，SS 为 44.4%。

7.3.3.4 案例四：滨湖村落污染控制湿地

滨湖村落污染控制湿地是一种可以处理高浓度 COD、氨氮、TP、固体悬浮物的功能性湿地。由于滨湖村落污染具有分布零散、总量大的特点，滨湖村落污染控制湿地需要较大面积来维持正常运转，且由于污水中含有大量固体悬浮物，滨湖村落污染控制湿地一般通过阻逆套管设计，将控制湿地前端建成防止杂物堵塞气孔并伴有适量人工曝气的垂直流人工湿地，通过将控制湿地的中后段建成富氧区、富营养水域强化净化区来达到进一步处理污染物质的目的。

窑泥沟湿地为复合型湿地（图 7.7），拦截农灌沟中的污水进入拦污池，通过沉砂、生物强化沉淀池进入潜流湿地与表层流湿地，最终处理后进入抚仙湖。一期工程规模 22.5 亩，处理水量 5 700 $m^3 \cdot d^{-1}$；二期工程扩建 10.5 亩，总处理水量为 10 000~50 000 $m^3 \cdot d^{-1}$。多年的实践证明，上述工艺具备以下特点。

1）比较完备的复合型湿地净化工艺

抚仙湖入湖河水虽然属微污染水质，但河水汇集了整个流域所有的污染物，不仅污染物种类多样，而且污染物浓度波动较大。采用复合型湿地净化工艺，包含初级沉淀、拦污、生物强化沉淀、潜流湿地净化、表层流湿地净化等，在沉淀去除泥沙、拦截打捞垃圾杂物、生物协助沉淀去除细小固体和非固体污染物、分解转化有机污染物、除磷脱氮等方面均具有较强的功能，能够适应入湖河水的处理。

2）自流运行

各个湿地净化系统利用原有湖滩地的自然高差，实现了水质净化过程中的自流运行，无须消耗能源，并且能够适应入湖河水的流量变化。

3）强大的抗冲击能力

入湖河水一般在旱季水量较小，污染比较严重；雨季水量较大，污染较轻；暴雨季节水量很大，泥沙、垃圾杂物较多。复合型湿地净化工艺不仅过水能力较大，而且在初级

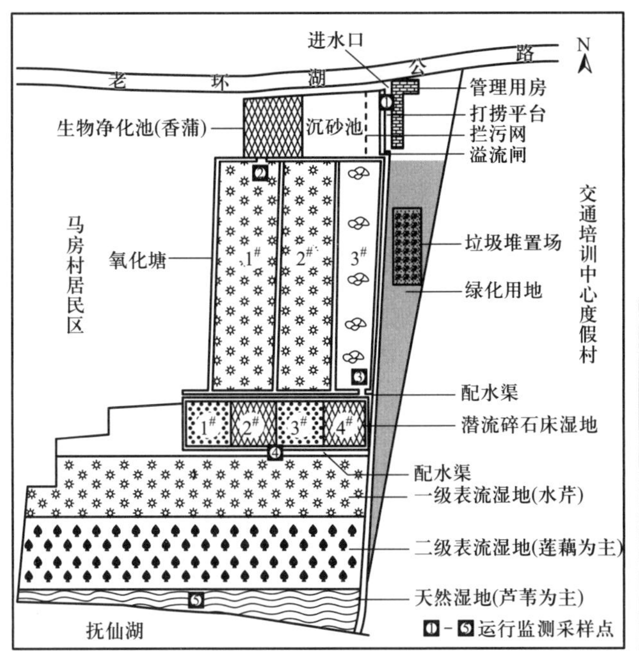

图 7.7 抚仙湖窑泥沟复合型湿地平面布局及现场图

沉淀、拦污工段之后设溢洪道,形成初级处理支流。在适当设置沉砂池、拦污格栅、溢洪道规模的情况下,可以对所有河水(包括暴雨径流)实施初级净化处理,有效控制垃圾杂物污染和泥沙污染。

4) 抗老化连续运行

在运行管理方面,对拦污格栅前的垃圾杂物和污泥随时打捞清除(每天至少 1 次),对生物强化沉淀池里的沉积物定期清除(每年 1~2 次),对潜流湿地定期疏通(每年 1 次),对所有湿地植物严格按照季节进行栽种和收割,可以保证整个湿地净化系统不堵塞、不老化,实现永续利用。

5) 确保水利安全、环境安全、生态安全

从排污渠道中截取污水,还给下游河道以清泉,全程采用物理净化和生物净化工艺,不引入外来物种,不使用任何药剂,并且有完备的泄洪设施,可以确保河流及其下游水体的水利安全、环境安全和生态安全。

6) 管理简便

湿地工程日常管理工作主要包括拦污格栅前垃圾杂物和污泥的打捞清运,湿地植物的管理,水流的观测调控等,均比较简单,一般具有高中文化的农民经过 1 年的培训就可以担任管理工作。

7) 经济实用

复合型湿地净化工艺吨水投资和年运行费用低,与一般污水处理技术(包括普通的人工湿地技术)相比,具有经济实用的优势。

8) 常绿型湿地植被技术

根据当地气候条件和湿生植物资源,将耐寒种类和喜热种类套种,组建常绿型湿地植被,形成周年稳定的净化能力。

复合型湿地净化工艺的主要缺点:① 占地面积大,在尚没有污水收集系统或者没有条件建设污水收集系统的小城镇,如果土地资源比较丰富,可以采用本工艺。② 受水力负荷的限制,遇到特大暴雨时,湿地仍然无法对所有雨污混流污水进行深度净化。③ 来水出现连续断水时间超过三天的情况,对湿地运行产生明显影响。

窑泥沟东沟上游承接澄江县污水处理厂的尾水,流经农田区后也成为一条小农灌沟,垃圾量较小,2009 年 5 月的漂浮垃圾打捞量约为 750 $kg \cdot d^{-1}$,其余月份漂浮垃圾打捞量都较少,低于 300 $kg \cdot d^{-1}$,其中 2010 年 2 月和 3 月的漂浮垃圾打捞量为 0。窑泥沟西沟也叫农灌中沟,是一条主要的农灌沟,是 6 个湿地所涉及的河流中携带漂浮垃圾最多的一条,除 2010 年 2 月和 3 月外,其余月份漂浮垃圾打捞量均超过 4 000 $kg \cdot d^{-1}$,2010 年 2 月和 3 月也在 2 500 $kg \cdot d^{-1}$以上,漂浮垃圾打捞量最高的月份为 2009 年 11 月,接近 5 500 $kg \cdot d^{-1}$。年清淤量为 2 072.68 m^3,换算质量为 1.09×10^9 kg,SS 去除负荷量为 6.90×10^7 kg,泥沙去除量为 1.02×10^9 kg,其中泥沙去除部分含有机质 6.90×10^4 kg, TN 3.17×10^6 kg,TP 1.64×10^6 kg。

窑泥沟东支湿地进出水 BOD、COD 值相差不大,由于进水浓度本身不高,因此去除率不高,但出水浓度远远小于《城镇污水处理厂污染物排放标准》一级 A 标准。各氮指标和 TP、磷酸盐浓度值规律类似,进水浓度不高,有一定的净化效果。在暴雨条件下,对氨氮、硝态氮、TN、TP 的净化效果较好,出水浓度明显低于进水。亚硝态氮由于自身进水浓度较低,因此净化效果不明显。进出水各氮指标浓度随时间的变化规律不明显。窑泥沟西支湿地 BOD、COD 值相对于东支湿地来说略高,出水浓度均有一定的降低,有一定的净化效果。各项氮指标,尤其是 TN 和氨氮,进出水浓度变化规律基本与东支湿地一致,硝态氮、亚硝态氮的净化效果要略好于东支湿地。湿地对 TP、磷酸盐有一定的去除效果,但由于进水浓度不高,因此去除率不高。在暴雨条件下,对各氮指标的净化效果较好,出水浓度明显低于进水。对磷的净化效果不理想,甚至出水浓度高于进水,并且随着时间的增加,TP 的出水浓度呈增加的趋势,由此可见在暴雨条件下,湿地存在着磷释放。

7.3.3.5 小结

自 2001 年以来,抚仙湖环湖污染控制湿地系统的建设和运行取得了显著的水质保护效果。环抚仙湖建成运行湿地工程 14 处,投资约 4 000 万元,控制污染较重的入湖河、沟 14 条,控制临湖村落排水 3 处,年清除固体污染物近万吨,削减河流入湖污染总负荷 20%左右。消除了抚仙湖南部的蓝藻污染问题,水质和水体透明度得以恢复,2010 年最高实测透明度达到 8.5 m。北岸水质和水体生态环境显著改善,基本消除了脏乱差现象,恢复了清洁的水体和整洁的湖岸环境,2010 年实测透明度达到 9.0 m 。抚仙湖环湖污染控制湿地系统还有待进一步改进和完善,有关计划正在逐步实施,完成后估计可削减河流入湖污染总负荷 40%左右(表 7.8)。

针对目前常规市政污水处理技术难以解决的污水处理厂尾水、农村分散污水、农业面源散流、多种污染河流等入湖污染的重点和难点,综合利用多种类型的人工、半人工和自然湿地系统,构建由上游连带污染控制湿地、入湖河流污染控制湿地、区间径流污染控制湿地、滨湖村落污染控制湿地等组成的环湖污染控制湿地系统,在提升区域自然、生态、景观功能的同时,对入湖污染实现高效低耗、持续稳定、健康安全的全面治理。

表 7.8 抚仙湖环湖污染控制湿地系统对入湖污染负荷的削减量预测

污染控制工程类型	人工湿地	半人工湿地	自然湿地	前置库	水库-灌溉	合计
控制河流数	45	35	13	5	1	99
控制入湖水量/10^4 m^3	7 559	2 787	700	1 593	480	13 119
TN 负荷总量/$(t \cdot a^{-1})$	352 542	102 326	32 774	56 846	17 664	562 152
TN 负荷削减率/%	50%	30%	20%	15%	95%	—
TN 负荷削减量/$(t \cdot a^{-1})$	176 271	30 698	6 555	8 527	16 781	238 832
TP 负荷总量/$(t \cdot a^{-1})$	30 105	8 018	2 803	9 081	52 272	102 279
TP 负荷削减率/%	60%	40%	30%	20%	95%	—
TP 负荷削减量/$(t \cdot a^{-1})$	18 063	3 207	841	1 816	49 658	73 585

7.4 内源污染及其控制治理

1938 年,英国 Clifford H. Mortimer(1911—2010)提出湖泊沉积物的采样和研究(Jenkin and Mortimer,1938),并在 1941 年首次提出了湖泊内源污染的概念(Mortimer,1941)。由于沉积物是湖泊中一切沉降物的载体,不断接纳来自流域及大气沉降入湖的无机和有机污染物,以及湖体内水生生物的死亡残体和排泄物沉积于湖底,在湖体水动力作用的影响下,于一些河口、湖湾及湖底洼地等处产生堆积,并持续影响上覆水体。因此,内源污染在很多情况下也被称为沉积物污染。

沉积物是许多危险化学品的潜在汇。自从工业革命以来,各类人造化学品通过各种途径排放进入地表水域,这些化学物质通过吸附在沉积物表面,或者埋藏在沉积物晶格中,可以在一定时间内保留在沉积物中,因此,沉积物可以作为流域污染的记录器,记录并反演出流域及湖泊在很长一段历史时期内的污染及演变过程。

湖泊内源污染是湖泊修复治理和水质改善的一个重要影响因素。有别于外源污染,内源污染是业已形成并将持续发生的类型,难以通过控制外源污染输入或水力冲刷等物理条件的改变而在短时间内得到控制或缓解。由于持续时间长,内源污染往往在流域外部污染源输入得到控制或改善的很长一段时间后,仍然持续发生作用,并成为影响一个湖泊水环境或水生态改善的决定性因素。

7.4.1 内源污染成因及影响

7.4.1.1 成因

沉积物中氮、磷、重金属、有机污染以及其他污染物累积至一定程度时,可在风浪扰动、底栖扰动、氧化还原环境改变等条件下,通过扩散、对流、再悬浮等形式不断向上覆水体释放,成为湖泊的内源污染。实际上,这种内源污染的成因包括两个方面:一是浓度梯度造成的分子扩散,称为静态污染;二是各种扰动导致的污染物从沉积物中向水体迁移的过程,称为动态污染。我们通常认为的内源污染,或者是静态污染,或者是动态污染,或者两者的共同作用,而这种共同作用往往是内源污染真正的含义。还有针对保守型的一些污染物,它们本身并不容易迁移,因而对湖泊水体影响甚微;但是由于其本身的污染性,比如存在毒性和生物富集作用,可以被底栖生物摄食后进入食物链,因而同样存在内源污染的问题。

尽管内源污染的发生在大多情况下和沉积物污染有直接关联,但是,并不是说内源污染仅仅指沉积物污染。水体中悬浮颗粒物(包括有机颗粒物和无机颗粒物)或因温度分层形成的滞水层中富含的污染物迁移、释放、溶解、解吸或分解等,造成水体溶解性污染物浓度的升高,也可以称为内源污染。

7.4.1.2 影响因素

沉积物内源污染过程受物理、化学和生物过程的影响和控制,具体表现在以下几个方面。

首先,沉积物对湖泊内源负荷的贡献受沉积物本身以及湖泊环境的物理因素控制,如上层沉积物的孔隙度、含水率、密度、粒度分布、岩性;温度、光照以及风浪湖流扰动过程产生的切应力等物理因素,对沉积物污染物的释放和吸附也有重要的影响。如孔隙度的升高有助于降低物质(溶解态离子)在沉积物中迁移的阻力;温度的升高有助于污染物扩散系数的增加;水动力扰动强度的增强有助于污染物在水体中的垂直及水平迁移扩散等。

其次,沉积物、间隙水和上覆水的化学热力学条件和平衡对湖泊内源负荷的发生及强度有重要影响。湖泊内源负荷的发生受沉积物-间隙水-上覆水复合体系中沉淀溶解平衡、氧化还原平衡、吸附解吸平衡、电离平衡、络合平衡等热力学平衡的控制和影响。各热力学平衡对不同环境条件下的湖泊影响的主要形式可能不同。如间隙水-上覆水处于酸性条件下的湖泊,内源负荷的方式和大小与沉淀溶解平衡关系较密切;风浪等动力扰动作用显著的浅水湖泊,氧化还原平衡对内源负荷的发生机制和强度影响较强;离解平衡能够改变间隙水和上覆水体离子强度,从而改变沉积物的吸附位,并进而改变污染物的吸附解吸平衡。有机质的蓄积与降解对湖泊内源负荷的影响不容忽视。研究表明,太湖沉积物中有机质含量(以烧失量计)占沉积物干重的千分之几到百分之几,其中有机磷的比例又占沉积物 TP 的百分之五十左右。由于有机质降解是沉积物早期成岩的驱动力,有机质降解提供了碳、氮、磷、硫等沉积物和间隙水中生物繁殖和生长的重要常量元素,还提供了诸如铜、锌、铁、锰等生物必需的微量元素,因而与生源要素的湖内生物地球化学循环关系密切。

再次,沉积物是底栖生物、底栖微生物、水生植物以及酶等存在、转化和发生作用的重要介质。沉积物的生物扰动和生物灌溉作用对提高表层沉积物的孔隙度、降低表层沉积物的形态阻碍因子、提高元素静态扩散通量起重要作用;底栖微生物以及相应的生物酶对有机质的生物转化和降解有重要影响;水生植物能够稳定沉积物的悬浮性,减小风浪作用对沉积物的扰动作用,改变水土界面氧化还原特性,进而影响湖泊内源负荷特性。

最后,沉积物的物理、化学和生物作用对于湖泊内源负荷的影响不是一个孤立的过程而是一个综合的过程,各种作用在沉积物-间隙水-上覆水复合体系中相互交织,对于营养要素在水-土界面的释放,既有相互促进的过程,也有相互拮抗的过程。如风浪作用促进了污染物的水平和垂直扩散,改变了间隙水的释放能力,有利于污染物水-土界面通量的提高;但同时风浪作用提高了上覆水和水-土界面的氧化水平,使有些污染物转变为非溶解性的氧化态,从而不利于污染物的溶出和释放,这是相互拮抗的过程。

底栖生物的活性升高，既有利于增加表层沉积物的孔隙度，从而增加静态扩散通量，又有利于有机物的矿化分解，提高孔隙水中氮、磷等含量，属于相互促进的过程。

正是由于沉积物在湖泊内源负荷形成机制中的重要地位以及沉积物与间隙水和上覆水之间复杂的物理、化学和生物过程的关系，对湖泊沉积物的物理、化学特性以及沉积物在湖泊内源负荷中的界面过程及其机制进行研究是十分必要的，能够为湖泊健康水生生态系统的恢复奠定理论基础，同时也为湖泊富营养化治理提供依据。

7.4.2 内源污染诊断

内源污染的诊断大都依赖于污染物含量、扩散迁移或污染的间接效应的大小来确定，也有依据污染物对底栖生物的生态效应来评估确定。

7.4.2.1 内源赋存法

根据沉积物中各类污染物的表观含量及其形态来诊断湖泊内源污染程度是最简单直接的方法之一。例如，太湖竺山湖沉积物 TN 含量约 3 000 $mg \cdot kg^{-1}$，比湖心区（1 000 $mg \cdot kg^{-1}$）高，可以直观判断竺山湖的内源氮负荷比湖心区高。同样地，污染含量也可作为重金属内源污染程度的判断依据之一。

7.4.2.2 扩散模型估算法

根据 Fick 扩散定律，由上层沉积物间隙水与上覆水间的浓度梯度进行估算（James et al.，1995，1996；Zhang et al.，1998；Ortega et al.，2002）。这种方法仅使用水-土界面的营养盐浓度梯度进行模型计算，考虑的物化参数为：水温、上层沉积物的孔隙度。这个模型在计算内源静态污染负荷时较为简便通用，但存在以下四个问题：① 模型忽略了沉积物及上覆水体的生物扰动和营养盐在水体中的水平扩散因素，使得运用该模型得到的内源负荷结果偏低。② 模型的运用受浓度梯度计算的误差限制。一般利用上层沉积物间隙水营养盐的含量与界面上覆水的浓度差计算得到水-土界面营养盐浓度梯度。如果不能准确地测定这个浓度差，就不能得到相对准确的内源负荷。③ 模型的运用忽略了表层沉积物上直接发生的有机物降解、营养盐再生的因素，因此，对于生物活性较高、有机物分解较明显的表层沉积物，计算其内源负荷往往偏低。④ 沉积物往往存在生物灌溉作用，相对稳定的沉积物-间隙水平衡往往被打破，这时运用扩散模型计算内源负荷，计算结果与真实情况会发生偏离。综上，扩散模型能否成功运用，主要取决于底栖生物活性、表层沉积物的物理稳定性以及间隙水浓度梯度的精度。

污染物在沉积物-水界面的静态释放，常用的计算方式为 Fick 第一定律：

$$F=\varphi_0 D_s \left.\frac{\partial C}{\partial x}\right|_{x=0} \tag{7.28}$$

式中，F 为通过沉积物-上覆水界面的扩散通量，从沉积物到上覆水为正值；φ_0 为表层沉积物的孔隙度；$\left.\frac{\partial C}{\partial x}\right|_{x=0}$ 为沉积物-上覆水界面的营养盐浓度梯度，一般可以近似地采用界面附近营养盐的浓度差 $\frac{\Delta C}{\Delta x}$ 代替；D_s 为考虑了沉积物颗粒不规则排列的弯曲效应的实际分子扩散系数。D_s 与孔隙度 φ 之间的经验关系由 Ullman（1987）给出：

$$D_s = \varphi D_0 \quad \varphi<0.7 \tag{7.29}$$

$$D_s = \varphi^2 D_0 \quad \varphi>0.7 \tag{7.30}$$

扩散模型估算法的关键是如何获得沉积物间隙水与上覆水间的浓度梯度,简单的可以用离心、压榨、间隙水抽取装置等方法获取表层沉积物的间隙水,测定间隙水和上覆水中污染物浓度,利用差减法获得浓度梯度。较为精确的方法是利用平衡膜式间隙水采样器(图7.8)获取从上覆水到间隙水的完整梯度,从而拟合计算沉积物表面的污染物浓度梯度。

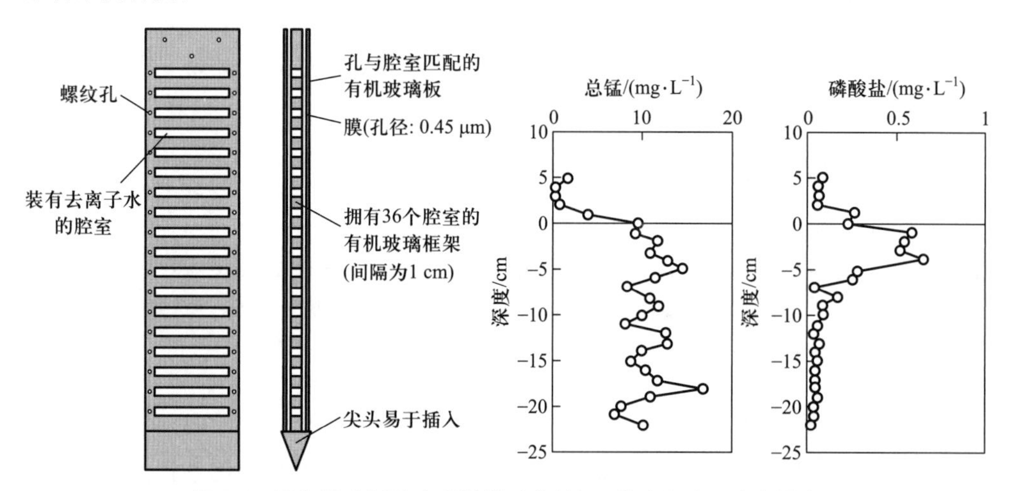

图7.8　平衡膜式间隙水采样器及其总锰、磷酸盐界面浓度梯度

7.4.2.3　沉积物柱样培养法

沉积物柱样培养法是研究内源负荷通量最普遍的做法(Andersen and Ring,1999;Auer et al.,1993;Moore et al.,1998)。采用沉积物柱样,可以尽可能不破坏沉积物原有理化特性以及相应环境条件,还原沉积物的现场真实状况,并在实验室受控条件下培养,测定上覆水中物质浓度随时间的变化,获得内源污染物释放速率。该方法可以控制不同的环境条件,如温度、溶解氧水平等。但是,柱样培养只能"模拟"野外条件,本质上仍属于室内模拟,无法根本消除实验室和湖泊现场的差异,而且实验培养过程中的边壁效应也不容忽视。

沉积物柱样培养法可大致分为静态培养法、流动培养法和动态悬浮释放法。

静态培养法:是测定界面通量的最简单的实验模拟方法,内源污染通量按水体污染物浓度随培养时间的变化计算得到。一般方法为:原柱样垂直放入已恒定在采样时水体温度下的循环水浴恒温器中,蔽光敞口培养(图7.9)。逐次取样,取样时间按照0 h、3 h、6 h、12 h、24 h、36 h、48 h……间隔进行,培养时间一般不宜过长,否则培养体系的条件尤其是水体污染物浓度变化和环境条件发生偏离,导致内源污染估算失准。释放速率F_i按下式计算:

$$F_i = \left[V(C_n - C_0) + \sum_{j=1}^{n} V_{j-1}(C_{j-1} - C_a) \right] \Big/ (S \times t) \tag{7.31}$$

式中,F_i为释放速率($mg \cdot m^{-2} \cdot d^{-1}$);$V$为柱中上覆水体积(L);$C_n$、$C_0$、$C_{j-1}$分别为第$n$次、第0次(即初始)和第$j-1$次采样时某物质含量($mg \cdot L^{-1}$);$C_a$为添加水样中的物质

含量（mg·L^{-1}）；V_{j-1}为第 $j-1$ 次采样体积（L）；S 为柱样中水－沉积物接触面积（m^2）；t 为释放时间（d）。所计算获得的释放速率为平均表观释放速率。释放速率也可以采用浓度和取样时间拟合得到。

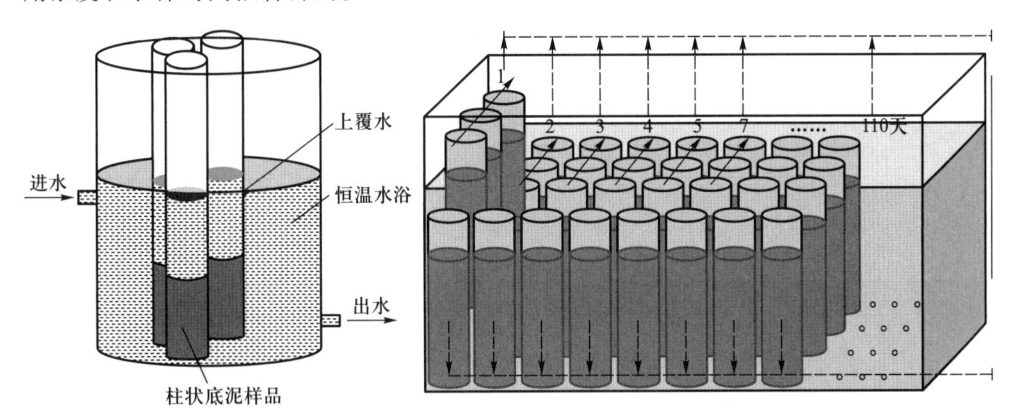

图 7.9 静态培养法模式图

流动培养法：流动培养过程与静态培养原理类似，但是流动培养的最大优点是通过恒定的进水流速，可以在整个实验阶段内，保持沉积物及上覆水的营养盐含量、溶解氧含量、氧化还原条件、酸碱度、温度等水平始终恒定，且在取样时也不会破坏培养体系的环境条件（Rydin，2000），同时可以控制底泥的悬浮状态或处于静止状态，并保持上覆水的充分混合。流动培养体系的环境条件与实际条件更为接近，并且保持恒定，因此，作为一种稳态培养法，流动培养法测定得到的内源污染通量更加可靠（图 7.10）。

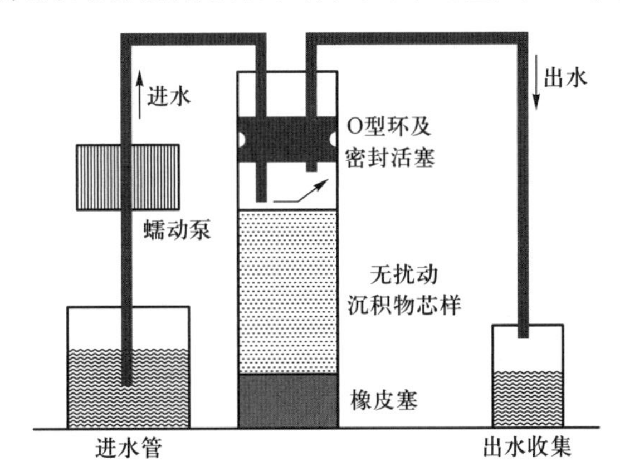

图 7.10 流动培养法示意图

流动培养法测定内源污染的计算公式为

$$F_n=(C_n-C_{n,o})\times V/(S\times60\times24) \tag{7.32}$$

式中，F_n 为第 n 次取样测定的迁移速率（mg·m^{-2}·d^{-1}）；C_n、$C_{n,o}$分别为第 n 次取样时出水及进水中的污染物含量（mg·L^{-1}）；V 为蠕动泵流速（mL·min^{-1}）；S 为柱样中沉积物－水界面面积（m^2）。60 和 24 为时间换算因子。

动态悬浮释放法：由于内源污染的形成与沉积物的扰动强度有很大关系，当波浪和湖流对表层沉积物剪应力大到一定阈值时，沉积物就会发生悬浮作用。这种效应在浅水湖泊中尤其显著。其发生的结果就是表层沉积物向水体释放，形成动态负荷。采用模拟扰动装置(图 7.11),可以在人为扰动条件下,使沉积物发生再悬浮,并且通过建立风速、水深、沉积物性质等与再悬浮强度之间的关系,进行不同扰动强度和再悬浮深度的模拟实验,研究其内源污染动态释放过程和污染强度。

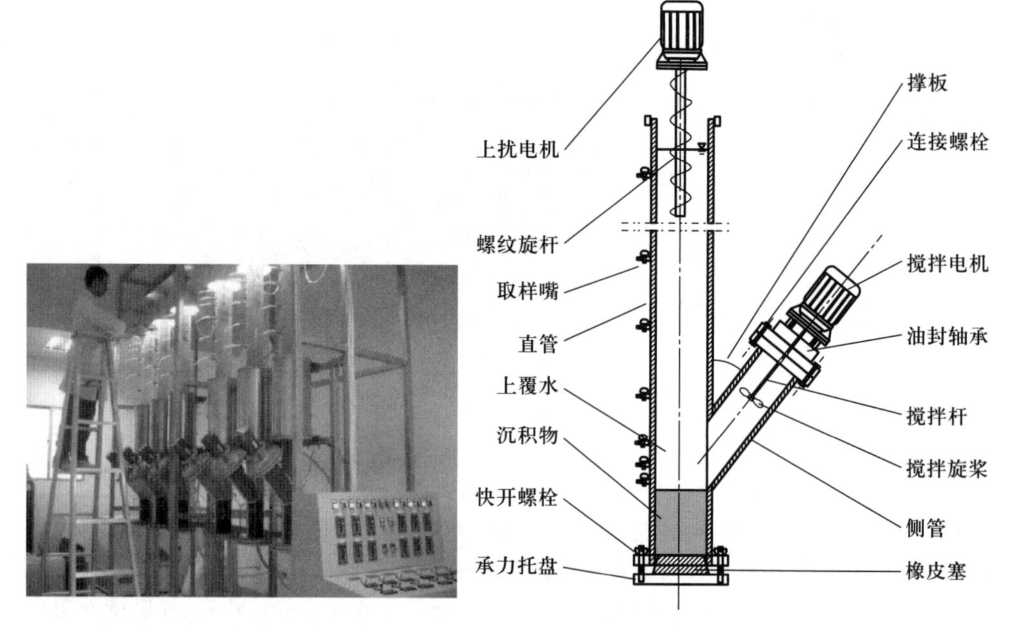

图 7.11 动态悬浮发生装置

7.4.2.4 原位箱培养法

应用原位箱培养法开展内源污染的研究最早可回溯到 1975 年 Rowe 等(1975)在海洋研究中的应用,后来该方法广泛应用于各类水体的界面通量研究中(图 7.12)。Devol(1987)在阿拉斯加的 Skan 湾的研究中,利用原位箱装置可以直接向沉积物-水界面中添加示踪元素并能获取连续时间尺度样品,通过原位装置获取的碱度、铵态氮、磷酸盐等的通量与运用间隙水浓度梯度估算法获得的数据较为吻合。通过对原位箱培养法、沉积物柱样培养法和扩散模型估算法获得数据加以比较,Seiki 等(1989)发现,原位箱培养法获得的沉积物内源释放通量中,氮释放通量低于扩散计算值,但磷释放通量比这一计算值要高。Berelson 等(1998)利用原位箱培养法比较了两处大陆架沉积物-水界面的生物质成岩作用,近岸和远洋沉积物表现出来相似的界面物质通量特征。Friedrich 等(2002)采用原位箱培养法研究界面污染物内源负荷发现,春季上覆水较高的氧气含量导致界面氨氮、铁锰离子的释放通量要低于夏季,沉积物内源释放是上覆水氨氮的重要来源。

原位箱培养法与静态培养法的差异在于,培养体系在原位进行,一般培养体系更大,在消除沉积物空间异质性上具有一定优势;但由于原位静态箱往往是密闭的,体系内会发生一定的环境条件变化,比如溶解氧随着时间逐渐降低、体系内污染物浓度逐渐升高等,从而使模拟培养体系与实际的界面通量有所偏离。如有研究发现,上覆水氧气消耗高于 20%~25%时,沉积物-水界面氮浓度不随时间线性变化,影响了结果的准确性(Nielsen and Glud,1996;Risgaard-Petersen et al.,1994)。但也有研究表明,深水富营养化湖泊中沉积物原位培养 60 h,上覆水溶解氧消耗高达 75%时,界面处氨氮、硝酸盐

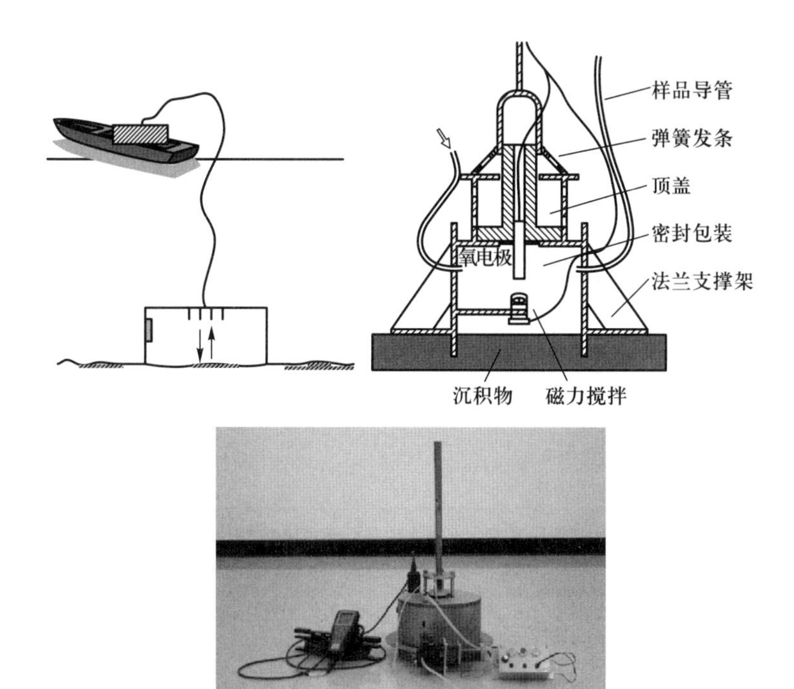

图 7.12　原位箱培养法开展内源污染研究

和氮气浓度仍随时间线性变化(Mengis et al.,1997)。总的来说,在应用原位箱进行内源污染诊断时,采用短时间测定为好。

以上内源污染诊断的方法建立在计算、培养或模拟的基础上,各具特点,有不同的适用性(表 7.9)。

表 7.9　内源污染诊断各方法的优缺点

方法	优点	缺点
沉积物柱样培养法	对沉积物性状破坏较小; 在异位培养中最接近现场环境,可控性强	操作难度略大; 单次培养的柱样数量受限
沉积物间隙水浓度梯度估算法	采样工作量小; 比较完整的物质交换空间分布特征	沉积物-水界面的浓度梯度难以准确测定; 非扩散过程引起的物质交换难以定量
上覆水营养盐质量平衡估算法	封闭或半封闭的湖泊较为适用,多运用于模型	准确度较低
原位箱培养法	对沉积物界面无扰动; 环境条件无改变; 实时测定各项理化指标	价格相对昂贵; 技术要求高

7.4.2.5　效应评估法

与扩散模型估算法和沉积物柱样培养法不同,效应评估法是以藻类、底栖生物、鱼类或其他模式生物为受体,以沉积物中赋存的污染物对上述生物产生的环境效应或者生态效应为评估指标,从而衡量沉积物受污染程度的一种间接评估方法。

内源重金属和毒性有机污染物常常具有急性毒性或"三致性",并可能对浮游生物和底栖生物构成威胁,因此效应评估法常用于重金属和毒性有机污染物的内源污染水平的诊断。例如,使用牡蛎(*Crassostrea Gigas*)的胚胎和幼虫,暴露于沉积物和沉积物浸出液,可以研究异常幼虫的百分比、污染物积累和(在金属污染的情况下)幼虫中金属硫蛋白的诱导。许多研究建议选择牡蛎胚胎作为评估内源污染程度的敏感工具(Geffard et al.,2003),并建议使用沉积物柱样,更容易确定沉积物的毒性评估和污染物的生物利用度。目前,内源污染研究多采用被动采样技术(图7.13),如薄膜梯度扩散技术(diffusive gradien in thin-film,DGT)和半渗透膜生物采样装置(semi-permeable membrane device,SPMD)等。

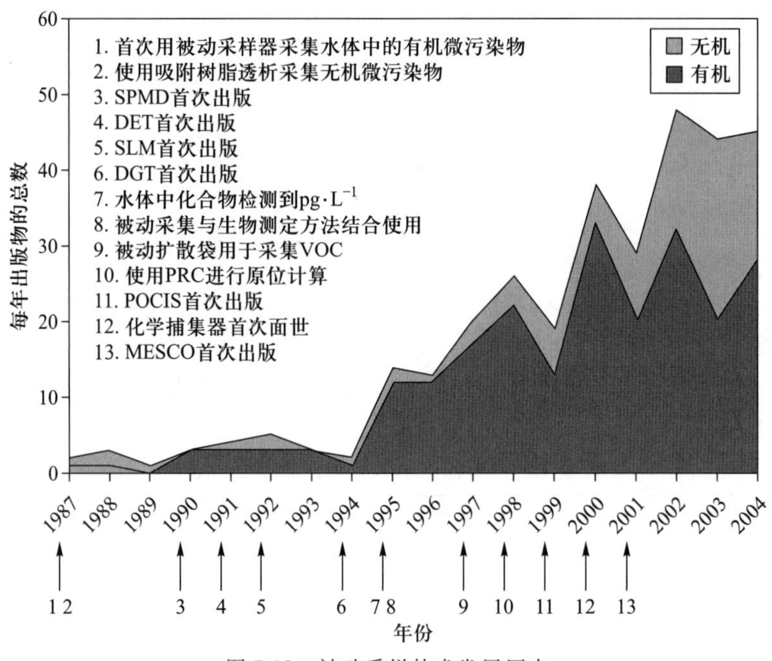

图7.13 被动采样技术发展历史

1) 毒性评价

毒性评价是沉积物内源污染程度的一种间接表示。早期采用的生物毒性测试手段主要是单指标生物毒性实验,即将一种生物暴露于两个或更多浓度梯度的有毒物质中,保持其他条件恒定,以观察生物效应(死亡或抑制、生理改变、行为改变等)。这种实验能够较准确地反映出某种化合物对某一特定生物产生的特定毒性作用,从而得到内源污染的程度。然而,水环境中有成千上万种生物,对毒物的敏感程度存在极大的差异,因此很难从一种生物的毒性效应推测对另一种生物的影响。即使是同一种系的生物,其对某种污染物的敏感性也存在着明显的差别。因此,仅以一种生物来评价某一污染物的生物毒性是远远不能说明问题的。由此至20世纪70年代后,发展了多指标生物测试(multispecies bioassay)。多指标生物测试是利用同一营养级的几种生物同时对某个环境样品或污染物进行生物毒性实验,在一定的统计学规律上其结果能够说明该样品或污染物对这一营养层次生物的平均毒性效应。针对不同营养层次,发展了成组生物测试(battery bioassay),即利用不同营养级的有代表性的生物进行生物毒性测试。在统计学意义上,测试结果能够部分反映污染物对生态系统的影响。

近年来,对生物毒性的研究更加趋向于微观。越来越多的科学家致力于研究反映重金属和毒性有机污染物的作用本质并能对污染物早期影响进行检测的指标,试图从分子水平基因调控的深度上去阐明毒物毒理,并在此基础上提供相应的防范措施。由此而发展形成了分子毒理学、遗传毒理学等新的学科,以对污染物的生物毒性进行快速、早期的预测。根据遗传终点的不同,遗传毒性短期测试方法一般包括:① 基因突变测定法:这类试验是测定 DNA 水平的基因突变,目前多利用各种微生物、哺乳动物细胞、植物等实验材料,以鼠伤寒沙门氏菌/微粒体酶法(Ames 试验)和哺乳动物细胞致突变试验较为常用。② 染色体畸变检测法:这类试验方法是运用细胞遗传学技术测定致突变物引起的细胞染色体畸变,包括染色体数目和结构改变等。另外也可以分析与染色体畸变密切相关的微核率的改变。这类试验有代表性的是微核试验。③ 初级(原发性)DNA 损伤检测法:这类试验主要观察 DNA 损伤的现象,主要包括测定姐妹染色单体交换和 DNA 修复试验等。近年来也发展应用分子生物学技术[如 Southern 印记杂交、变性梯度凝胶电泳、聚合酶链反应(PCR)技术等]检测 DNA 的缺失、插入、重排、扩增等。

2) *薄膜梯度扩散技术(DGT)*

DGT 是一种被动采样技术,是用来模拟水生动物的生物积累/反应的化学有效性评估技术,可用来评估营养盐、重金属或有毒有机污染物的污染水平,已广泛用于水、土壤和沉积物中污染物生物利用度研究。当 DGT 用于沉积物污染研究时,可表征为内源污染的潜力和可利用性。

DGT 是 1994 年由 Davison 和张昊发明的,可以有效地测定各种介质中重金属的生物有效态(罗军等,2011)。与其他传统的形态分析技术相比,能更好地反映生物体所吸收的重金属。由于引入了动态概念,因此 DGT 可以通过模拟植物、底栖生物或者其他生物对重金属的吸收过程来进行重金属生物有效性的研究。DGT 装置由过滤膜、扩散膜和吸附膜以及固定这 3 层膜的塑料外套组成(图 7.14)。其中过滤膜主要用来避免待测环境中的颗粒物进入 DGT 装置,扩散膜能够让溶液态的离子自由扩散,吸附膜可以根据实验目的选择不同吸附材料(李财等,2018)。常见的 DGT 装置如图 7.15 所示。

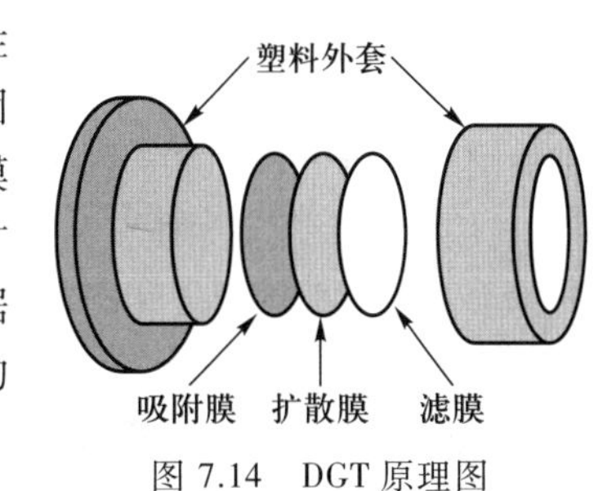

图 7.14 DGT 原理图

3) *半渗透膜生物采样装置(SPMD)*

利用沉积物中污染物的底栖生物可利用性可以评价沉积物内源污染程度。这种评价主要涉及重金属、毒性有机污染物等类型,可定义为孔隙水中或沉积颗粒上的能够被底栖生物通过呼吸作用、摄食以及表层吸附扩散等方式吸收利用的部分。通常考察污染物的生物可利用性都是选用生物活体在室内受控条件下进行污染物暴露培养实验(陈珊等,2011),但是由于底栖生物本身存在一定的代谢活化能力,以及在室内培养条件下生物体很容易发生死亡现象而对实验过程和实验结果产生不可预见的影响,因此,目前研究多采用替代生物采样装置来模拟生物体,评价沉积物中污染物的生物可利用性(Simpson et al.,2006)。

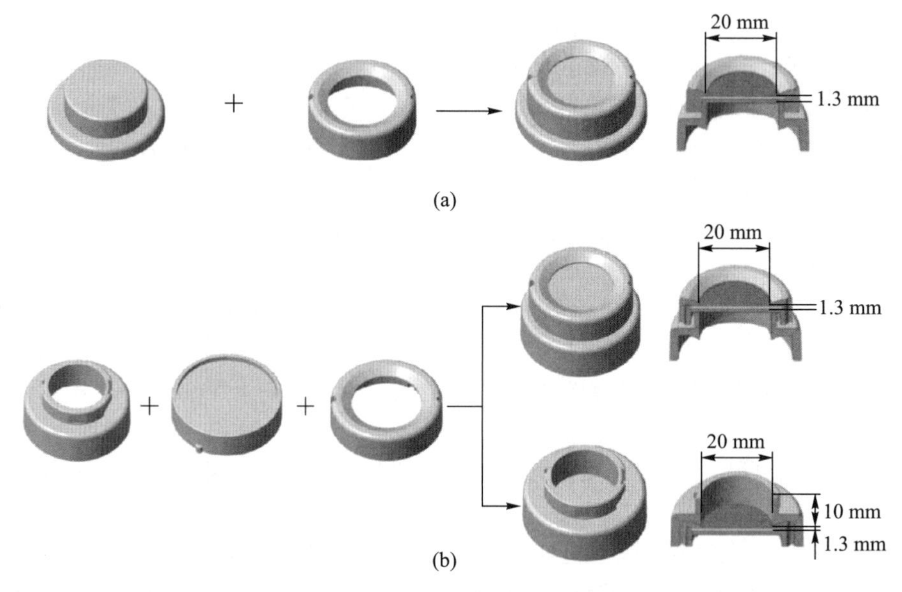

图 7.15　活塞式 DGT 装置(a)和双模式 DGT 装置(b)。(a)从左到右依次是 DGT 底座、盖帽、组合装置以及装置剖面图;(b)从左到右依次是 DGT 底座、核心、盖帽、组合装置以及装置剖面图

SPMD 是使用较为广泛的一种测定污染物生物可利用性的被动式生物采样装置。该装置利用化学膜扩散原理,将高纯度的类脂物(三油酸甘油酯,triolein)密封于半透膜袋(低密度聚乙烯膜;low-density polythene membrane,LDPE)中制成。1980 年,英国的 Bryne 和 Ayloff 申请了一项发明专利,装置内含非极性溶剂,仅允许水中的非极性分子以被动扩散方式跨膜进入采样器。1987 年,Södergren(1987)将正己烷置于纤维素透析袋中,用于环境中疏水性污染物的分离和富集,这被认为是 SPMD 装置在环境研究中的最早应用。随后,由 Huckins 等(1990)发展了这项技术,他们使用聚乙烯或其他聚合物制成薄层膜套筒,向筒内装入三油酸甘油酯来监测水中疏水性有机污染物的含量。两种材料构成的 SPMD 各有特点(图 7.16)。SPMD 在模拟生物体富集有机污染物的过程中,其膜上的瞬时孔隙体积与生物膜上估计的穿透孔隙体积相当,当非电解质通过扩散传输穿过生物膜或聚乙烯膜时,两者的扩散传输机理相似。进入 SPMD 中的有机污染

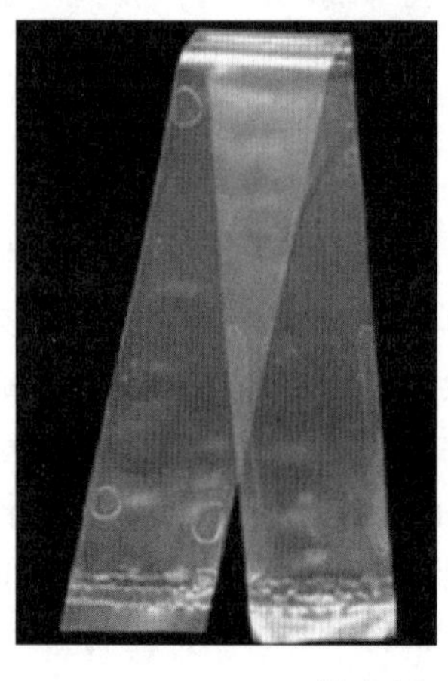

图 7.16　SPMD 示意图(两种材料的膜套筒特点)

物已被证明可定量地用有机溶剂从 SPMD 中透析出来,而只有少量的类脂物被带出,因此,SPMD 可以对环境中的有机污染物进行时间累加性的采集和定量分析。与传统方法相比,SPMD 并不富集那些与腐殖酸相结合或附着在沉积物上的有机污染物,只富集溶解态的污染物,即那些具有生物效能的污染物,故 SPMD 可以用来有效地评价污染物的生物有效性。

7.4.3 治理方法及技术

西方国家随着经济发展,大量湖泊都出现了内源污染问题。20 世纪 70 年代,内源污染的概念被阐明后(Mortimer,1941),紧接着,修复湖泊内源污染的问题一度成为研究热点。为了修复这些湖泊,许多内源污染修复和控制技术被发明和采用。如采用硝酸盐钝化沉积物,磷酸盐与碳酸盐共沉淀去活化,曝气钝化沉积物磷酸盐;Cooke(1980) 撰写的综述中,则对粉煤灰、塑料布、沙、黏土等材料覆盖控制内源污染进行了初步的总结。

就内源污染控制技术的种类而言,大体上可以分为三种:一是将污染底泥作为污染源直接切除掉,采用的典型技术是底泥环保疏浚;二是采用生物技术将底泥中的污染物提取出来或固定,以降低污染物对水环境的影响,如利用水生植物吸收和固定底泥中的氮、磷;三是通过物理、化学方法切断底泥中污染物的迁移途径,将污染物原位"固定"或"封存"在底泥中,抑制其向上覆水体释放,采用的主要手段是降低扰动和再悬浮、污染物原位钝化/掩蔽技术。

内源性氮、磷是湖泊水体氮、磷的重要来源,已有研究表明,内源磷污染的主要影响因素包括底泥磷固有的可利用性水平、各种易释放易迁移磷的含量和组成等。此外,底泥的氧化还原水平、酸碱度、微生物活性、底栖生物扰动等也对内源磷污染有重要的影响。与此对应的污染控制技术,除了异位修复(即疏浚)外,还包括许多原位控制手段,这些控制手段要么是通过改变底泥磷的可利用性,要么是改变其迁移能力,达到内源磷污染控制的目的。

7.4.3.1 物理修复方法

1) *底泥疏浚*

疏浚是最被广泛使用的内源污染控制手段之一,是将上层污染最严重的底泥直接去除的一种方式,无论是环保绞吸式的疏浚,还是干挖,冲淤、链斗或铲斗式疏浚,其目的均如此。国内外有很多应用底泥疏浚控制湖泊内源污染的工程实例,但效果却存在好坏之分。如荷兰 Kelemeer 湖,在疏浚后水体水质得到了改善;瑞典 Teummen 湖,疏浚后其上覆水的磷负荷降低了 90%,同时水体中的微生物量也大大降低,并且维持了较长时间(钟继承等,2009)。我国最早采用底泥疏浚的湖泊是杭州西湖,之后又在滇池、洱海、巢湖及太湖进行了底泥疏浚工程,疏浚后内源污染状况均得到了改善。然而,并不是所有的疏浚工程都取得成功,如南京玄武湖、宁波月湖等。

范成新等(2004b)在国内率先提出生态清淤的概念,分清了工程疏浚与生态清淤的本质差别,在科学上客观地回答了清淤的必要性、重要性、适度性和风险性,发现用于环保目的的湖泊疏浚同样存在环境风险,同时也给出减低和规避疏浚风险的方法和对策。针对内源污染问题提出"新生表层"概念,拓展界面污染研究领域,对湖泊疏浚后新生表层的界面过程进行了探索,揭示了疏浚后新生表层的界面活化与营养盐再释放是疏浚后内源污染恢复的主要机制。

出于内源污染控制目的的疏浚,不仅要考虑从湖体去除污染性底泥中的氮、磷、有机毒性物质和重金属等,同时还要考虑保留下来的底泥不再污染或处于较低污染状态。因此从生态角度确定的疏浚深度,除重点考虑去除表层污染含量高的泥层外,还需考虑在允许时段内底泥释放要受到较显著或一定程度抑制的要求,即减缓或者抑制底泥中的污染物向湖泊水体释放。在早期的研究中,拐点法或者背景值法被较多地应用到底泥疏浚深度的确定上。然而,这两种方法存在较大的武断性。前者主要是由于底泥中的污染物在垂向分布上未必一定存在拐点,而后者则主要是由于选择判断底泥污染的标准不一,可能造成对底泥疏浚深度的误判。在我国,主要采用生态疏浚的理念来确定底泥疏浚深度,该方法主要是根据实际待疏浚的底泥污染状况,如底泥污染物垂向分布特征、生态风险值以及不同层位的释放潜力来综合判断底泥疏浚深度(范成新等,2004b)。然而随着研究的深入,研究者发现,底泥疏浚深度要充分结合具体的疏浚器械(方式)来确定,要将疏浚器械所造成的污染充分考虑在内,疏浚的深度可以在一定范围内波动。

2) *底泥物理覆盖*

底泥物理覆盖是将自然或人工合成的材料覆盖在污染沉积物表面,用来阻断沉积物中的污染物通过沉积物-水界面释放到上覆水中的一种措施。物理覆盖主要是通过增加覆盖材料的物理阻控厚度,达到对污染底泥修复的目的。底泥物理覆盖的功能和作用主要有:① 物理性地隔绝污染底泥与上层水体的交换;② 物理覆盖压实污染底泥,稳固表层底泥,避免再悬浮的发生;③ 覆盖材料具有一定吸附作用(通常较弱),可有效抑制底泥中污染物扩散到上覆水中。研究表明,覆盖能有效防止底泥中营养物、多氯联苯(PCB)、多环芳烃(PAH)及重金属进入上覆水,能有效改善水体水质。

要想达到理想的覆盖效果,覆盖材料的选择至关重要,主要考虑材料以下几方面特性:① 覆盖材料的粒径,粒径越小,阻隔能力越强,污染物的穿透能力越低;② 覆盖材料中有机质含量、比表面积和孔隙率,这些特性与其对污染物的吸附能力有关;③ 覆盖材料的比重或密度,该特性与其抗水流扰动、稳固污染底泥的功能相关。目前常用的材料有沙子、无污染的沉积物、土壤、砂砾等。

底泥覆盖与其他内源控制技术相比,具有工程实施成本较低、操作简单、对底泥环境扰动小、适用于多种类型污染底泥等优点。但是覆盖法也存在一些不足:覆盖后沉积物厚度会增加,一定程度上会降低湖泊或水库容量,同时长期的覆盖效果及环境效应还有待评估;覆盖材料在水流较快的水域中易被淘蚀,影响覆盖效果;另外,大量清洁价廉的覆盖材料较难获得。

3) *湖底曝气*

湖底(水下)曝气是在接近底泥表层处对水体进行充氧,以保持水体处于一定的富氧状态,从而达到抑制底泥中污染物向上覆水体释放的方法,该种修复方式通常针对生源要素(如氮、磷以及硫等)的控制。污染物由沉积物释放到上覆水的过程会受到沉积物-水界面处的氧化还原状态的影响,如在缺氧条件下,沉积物中的铁结合态磷(Fe-P)会溶解而增大上覆水中溶解性活性磷的释放量(Yin et al.,2019)。通过持续的湖底曝气,可使湖底处于好氧状态,氧化还原电位得到大幅提高,尤其利于高价态氮以及铁结合态磷的存在,从而降低底部沉积物中营养盐的释放。此外,湖底曝气还有利于低价硫化物（如 FeS、MnS 等）的溶解和转化，抑制湖底致黑物质的生成（Liu et al.，2015）；也可以改善底栖生物的生存环境，提高鱼虾等的供氧水平。目前，已经有很多湖底曝气应用于富营养化湖泊和水库修复的实例，Moore 等将湖底曝气应用于美国 Newman 湖，他们自 1992 年开始曝气以抑制该缺氧湖泊中的磷循环，研究表明，该系统能够维持足够的氧气以减少内部磷负荷，但需要全年保持运行。Toffolon 等将湖底曝气应用于意大利 Serraia 湖，在此期间，检测到湖泊溶解氧增加，同时浮游植物生物量减少，而蓝藻被绿藻植物取代，这可能是由于曝气使湖泊中可用性营养盐减少。实际上，长期的湖底曝气并不能改变湖泊富营养化的状态，且对表层底泥氮、磷形态的改变较为微弱（Yin et al.，2019）。然而，单一的曝气技术通常由于能耗高、控制区域小而难以得到实际应用，且在界面处曝气过程中还可能造成底泥的再悬浮，对水体造成污染。此外，一旦曝气停止，湖泊富营养化的状态会在短期内恢复。

4）扰动控制

包括修建围隔降低风浪扰动和底泥悬浮，控制鱼类（尤其是底层鱼类）以降低底泥生物扰动，促进水体颗粒物沉降，削减内源污染，降低水体氮、磷负荷。如位于荷兰的 Breukeleveen 湖，由于湖底有很厚的松软底泥且水深较浅，很容易发生再悬浮。但是在湖内建起围栏后，波浪导致的再悬浮现象得以消除，沉积物得到逐渐压实，湖水透明度得到提高，水生植物生长状况趋好。沉积物压实和水生植物定植同时削减了氮、磷的内源负荷，提高了湖泊水质。

7.4.3.2 化学修复方法

化学修复方法就是向受污沉积物或水体中加入修复材料（钝化剂或絮凝剂），该钝化剂（或絮凝剂）能通过沉淀、吸附等理化作用降低水体中污染物或颗粒物的浓度，同时使底泥中的污染物的易活化形态惰性化，且原位修复材料能在底泥表面形成一个“活性隔离层”，增加底泥中污染物的固定作用，以减少污染沉积物向上覆水释放（Jacobs and Förstner，1999），同时也可以通过材料对表层沉积物的压实作用，减少底泥的再悬浮，如图 7.17 中所示的底泥内源磷的控制。钝化剂（或絮凝剂）的选择非常重要，应考虑到使用的安全性、有效性与可操作性，并且不会产生二次污染 。

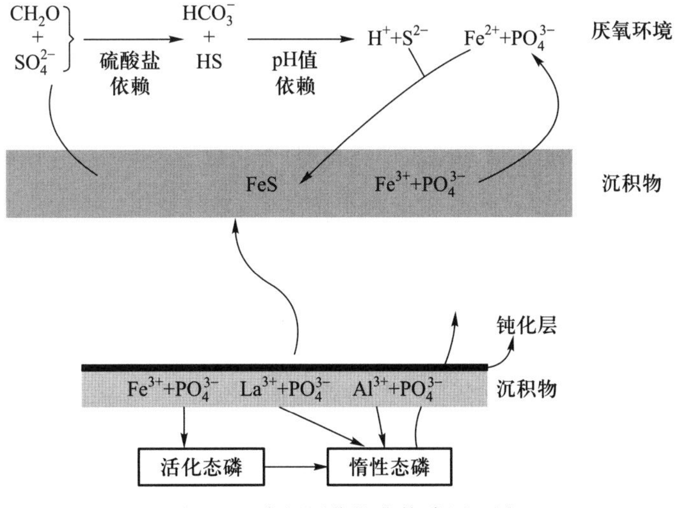

图 7.17 底泥原位钝化控磷原理图

底泥钝化或固化主要通过向受污沉积物投加天然或改性的修复材料，通过材料与底泥中污染物发生沉淀、吸附等行为限制污染物的生物有效性或活性，以达到控制污染沉积物的目的(Peng et al.,2009)。目前，国际上针对底泥中磷、重金属与有机物污染已经开发出多种钝化剂或固化材料。通常，对于磷、重金属的控制主要是依靠钝化剂将底泥中磷、重金属的易活化形态降低甚至完全转成惰性态，由此大大降低其在沉积物-水界面的迁移性。而底泥中有机物的控制则主要是通过向底泥中添加对有机物具有较强吸附能力的碳质等材料来限制其生物有效性。

目前，底泥原位钝化主要针对湖泊中内源磷的污染，在国际上开展了较多的研究和工程应用。钝化材料是底泥原位钝化技术的核心。底泥磷钝化剂的发展，国际上经历了从使用传统的惰性材料到目前的活性材料的过程 (Zamparas and Zacharias,2014)。传统的惰性材料指的是砂砾、洁净的土壤等。由于这些材料存在对磷的吸附容量较低导致覆盖的厚度较厚、随着时间的延长而逐渐失去对内源磷的控制效果等问题已遭弃用。以铝盐(硫酸铝、氯化铝)、铁盐(氯化铁、硫酸铁)以及钙盐(硫酸钙、氧化钙)为基础的化学药剂在欧美国家得到了广泛的应用，其中以铝盐为主的化学钝化剂应用最为广泛。然而，铝盐对磷有效固定作用的 pH 值范围在 6~9，其常受蓝藻水华引起的水体 pH 值陡然升高的影响 。此外，频繁的风浪扰动易引起铝盐颗粒物的再悬浮，进而对其控磷效率也造成较大的影响 (Egemose et al.,2010)。虽然存在较大争议，铝盐仍被认为是一种有效的湖泊内源磷钝化剂，其已经在全球数百个湖泊中得到使用，能有效控制湖泊水体磷的浓度，降低内源磷释放，削减湖泊叶绿素 a 的浓度。近年来，大多数研究者试图将活性金属(铝、钙、镧、锆等)负载到黏土矿物或者其他固相介质中以增强其抗风浪能力，拓展其在浅水湖泊中的使用范围，且已成为一种趋势。这主要包括铝改性沸石(Gibbs and Özkundakci,2011)、铝改性膨润土(Yan et al.,2010)、镧改性给水厂铁铝泥(Wang et al.,2018)、钙改性沸石(Mitrogiannis et al.,2017)、热处理富钙凹凸棒(孔明等,2013)以及人工合成钙硅化合物 (Li et al.,2017)等。上述研究主要集中在材料固磷性能、室内控磷效率测试以及现场小范围的应用，未进行大规模的应用。目前，最为著名的磷钝化剂是澳大利亚联邦科学与工业研究组织(CSIRO)所研发的一种将稀土镧负载到膨润土上的新型锁磷剂(英文商标名为 Phoslock®)(Meis et al.,2012)，目前已经商业化。该型钝化剂是含 5%左右的镧改性膨润土(质量比)。众多的研究报道发现，镧改性膨润土能够有效控制底泥内源磷的释放，有效缓解湖泊富营养化的程度(Reitzel et al.,2013)。Phoslock®已经与铝盐基锁磷剂(氯化铝、硫酸铝或者铝负载黏土)并列为国际上效率相当的主流锁磷剂产品，且已经得到广泛应用。此外，在一些硬水或者水体 pH 值较高的湖泊中，以钙基产品为主的锁磷剂(方解石、石灰石等)也得到了使用(Dittrich et al.,2011;Berg et al.,2004)。总体而言，国际上形成了以铝型和镧型为主、钙型材料为辅的底泥原位修复技术核心体系。

不同类型的底泥钝化剂对湖泊水体以及底泥中磷的钝化机理截然不同。如铝盐主要是通过水解成氢氧化铝，与水体磷形成磷酸铝沉淀。铝盐的加入同时增强了底泥对磷的吸附和固定，其作用机理也是通过与底泥中活性磷进行反应形成磷酸铝沉淀。然而，施用过铝盐的底泥钝化区的活性点位随着时间的延长会逐渐减少。众多利用传统的磷化学形态连续分级提取的研究表明，铝盐的施用可以增加底泥中铝结合态磷(Al-P)的含量，同时减少底泥中可移动磷(指磷形态连续提取的弱吸附态磷、铁结合态磷以及有机磷之和)的含量。如 Rydin 等(2017)利用聚铝在波罗的海的富营养化海湾中经过三年的治理后发现,表层底泥中 Al-P 的含量显著增加。随后的连续监测表明,投加铝盐后富营养化程度得到遏制。在富营养化水体中,蓝藻的暴发所引起的光合作用常常会导致水体 pH 值升高到 10 以上,因此在这种水体中投加钙盐被认为是有效的。钙离子与磷可以在 pH 值较高(>9)的情况下形成稳定的钙磷沉淀[磷酸二钙、磷酸三钙或者羟基磷灰石(磷酸十钙)]。具体所形成的钙磷沉淀种类随着时间和具体的水体环境会有不同。如钙与磷首选会形成不稳定的磷酸二钙,而随着时间的延长,这种钙磷沉淀会逐渐转化成稳定的羟基磷灰石。向底泥中投加钙盐会显著增加底泥钙磷沉淀的含量(磷形态提取法获得),而同时会降低底泥中可移动磷(又称为活性磷)的含量(Yin et al.,2013)。Phoslock® 与水相磷的作用方式主要是 Phoslock® 中的镧与磷形成稳定的磷酸镧沉淀($LaPO_4^{3-}$)(Meis et al.,2012)。磷酸镧具有较小的容度积($ksp=10^{-25}$),其在较为广泛的 pH 值范围内(4.5~8.5)均能有效控磷。磷形态分级表明,底泥中投加了 Phoslock® 后,钙结合态磷(Ca-P)和残渣态磷(Res-P)的含量显著增加,而底泥中的可移动磷均显著地减少。

底泥原位钝化控磷技术虽然可在一定时期内对湖泊中磷具有较好的效果,然而其受外部因素的影响仍较大。在浅水湖泊中,风浪的持续扰动会对湖底钝化层进行逐渐的剥蚀,由此削弱其对表层底泥污染的控制。此外,在浅水富营养化湖泊中,悬浮颗粒物的浓度较高,其不断的沉降一方面增加了表层底泥活性磷的含量,导致初次投加量的不足;另一方面悬浮物中的易溶性有机质通过与钝化材料的竞争反应也会影响底泥原位钝化控磷的效率 。此外也有研究表明,沉积物中大量的生物扰动作用也会促使钝化层的层理结构发生改变,甚至会携带钝化材料不断下潜,均显著影响底泥原位钝化控磷效果。未来对于钝化技术的发展仍应聚焦于钝化材料的研发,开发出多功能、复合型以及生态友好型的材料是未来的发展趋势和方向。

7.4.3.3 植物修复控制氮、磷内源污染

大型水生植物对沉积物营养盐内源污染的影响已有很多研究。例如,Granéli 和 Solander(1988)认为,大型水生植物能够通过提高水体透明度、降低再悬浮作用、减弱上覆水体的水面复氧作用来改变间隙水和沉积物的环境条件,从而改变水-土界面交换通量。Andersen(1994)在丹麦的 Kvie 湖的草型湖区和深水湖区(无水生植被生长)进行磷酸盐释放研究后发现,草型湖区沉积物间隙水显示了较高的磷酸盐含量,理论上应具有较高的磷酸盐分子扩散通量,但观测到的上覆水的磷酸盐释放速率却大大低于利用扩散定律计算的分子扩散通量结果。他认为其原因是水生植被对释放出来的磷酸盐的吸收,以及水生植被的同化放氧作用导致表层沉积物形成氧化层,阻碍了磷酸盐的释放。James 等(1996)却在美国威斯康星州的 Delavan 湖研究中发现,水生植被的生长能够改变水体和表层沉积物的 pH 值和溶解氧浓度,从而提高表层沉积物中磷酸盐的活动性和释放能力。Brock 等(1983)在荷兰 Waal 河形成的牛轭湖的研究中发现,睡莲能够吸收水体中的氮、磷,并在腐烂后将碎屑态的有机氮、磷营养盐很快地转化为无机态的营养盐,并加重沉积物的氮、磷负荷,这种转化在温度较高时速度更快。因此睡莲可以被认为起到了生物泵的作用,将水体中的营养盐吸收到沉积物中,并通过有机态向无机态的转化重新进入水体中,加重水体的营养盐负荷。

除了对氮、磷等内源污染的控制外,沉水植物还可以通过对重金属等的富集和收集,达到控制重金属污染的目的。如颜昌宙等(2006)研究了沉水植物轮叶黑藻

(*Hydrilla verticillata*)和穗花狐尾藻(*Myriophyllum spicatum*)对 Cu^{2+} 离子的去除,结果发现,轮叶黑藻对 Cu^{2+} 的最大积累量为 11295.31 μg・g^{-1},而穗花狐尾藻对 Cu^{2+} 的最大积累量为 6861.26 μg・g^{-1}。因此,这些具有一定重金属累积功能的大型水生植物往往被选择作为重金属内源污染控制物种。

沉水植物可以通过根系泌氧提高沉积物氧化水平,以及具有提高根系微生物活性等作用,从而增强沉积物中内源有机污染物的降解。例如,Liu 等(2014)进行了持续 54 天的苦草(*Vallisneria spiralis*)对多环芳烃(PAH)污染的沉积物的修复实验发现,与未种植苦草相比,在种植了苦草的沉积物中,降解去除多环芳烃的比例分别增加了 15.2%~21.5%(菲)和 9.1%~2.7%(芘)。质量平衡计算表明,植物自身的吸收累积不到0.39%,说明沉水植物主要通过改变环境条件达到增强有机污染物降解的作用。

7.4.3.4 联合控制途径

在氮、磷内源污染的实际控制工程中,往往采用多种手段进行联合控制,一方面能弥补单一控制方式的不足或者可以削弱负面效应;另一方面,可以起到协同强化的效果。例如,采用阻断法、改善氧化还原环境、改变沉积物可利用性联合工程措施。在实际工程中,采用覆盖+沉水植物恢复的手段,降低再悬浮引起的内源氮、磷释放,使水体氮、磷(更多的是颗粒态或者吸附在颗粒物上的组分)更多固定在沉积物中,或者形成惰性组分,从而降低内源污染水平。

7.4.4 内源污染治理案例

7.4.4.1 早期的覆盖治理案例

位于德国北部的阿伦德湖(Lake Arendsee)(图 7.18)是欧洲较早开展内源污染修复的湖泊之一,深度为 49.5 m。这个湖泊从有文字描述以来(Halbfass,1896)一直是一个贫营养型湖泊,但到了 1960—1972 年,湖泊营养状态发生了剧烈转换,可能与 20 世纪 50 年代 Arendsee 镇连续输入污水和上游佛勒湖(Fauler See)的排水有关。该湖变得

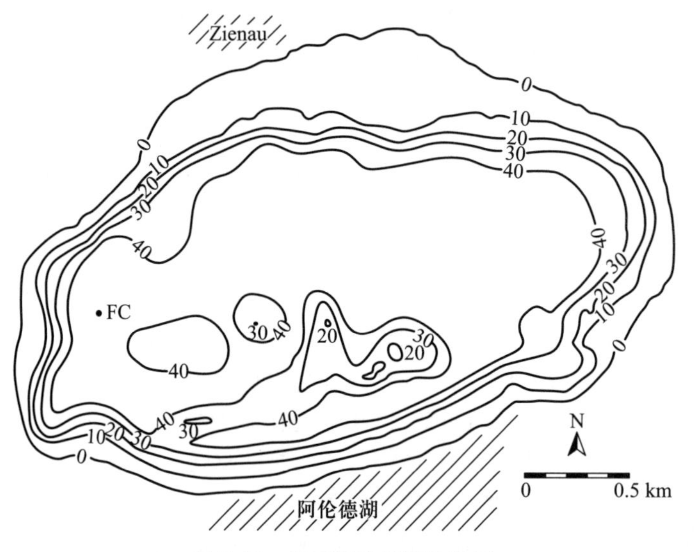

图 7.18 德国阿伦德湖位置图

高度富营养化,初级生产力高,蓝绿藻占主导地位(Rönicke et al.,1995)。由于阿伦德湖湖水长达 114 年的停留时间,湖泊内源负荷对湖泊水环境修复至关重要。为了应对内源污染的问题,20 世纪 70 年代后期,在湖泊内源治理概念被提出以及早期的覆盖等治理技术发展后,阿伦德湖先后进行了两次内源修复。其中,采用自然沉积的泥灰岩(碳酸盐矿物)进行了全湖覆盖(Rönicke et al.,1995)。

阿伦德湖北部沿海地区的玛珥湖(Lake Marl)岸堤是由方解石和石英石组成的湖泥灰岩,这种矿物材料具有非常高的方解石含量,因此具有良好的吸附能力,非常适合用来与磷酸盐等发生共沉淀,形成沉积物表面的扩散屏障,以减少养分释放到水柱。由于天然湖泥灰岩的磷酸盐和有机物含量较低,因此施用湖泥灰岩不会增加养分负荷。

1995 年 10 月至 12 月,约 6×10^4 m^3 的湖泥灰岩,通过绞吸挖泥船,从玛珥湖输送并分散播撒到阿伦德湖(图 7.19),大约覆盖了湖底面积的 75%,形成厚度约 10 mm 的方解石层。通过使用天然沉积和无毒无害的湖泊泥灰岩沉淀和沉积物覆盖,避免了人工化学品或其他营养物和重金属的输入,并能使水体磷酸盐含量下降 96%(封闭实验)。

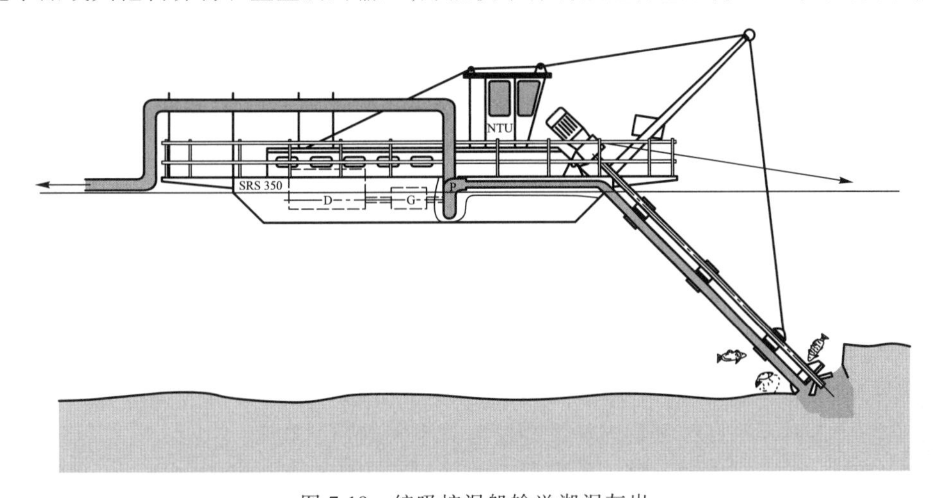

图 7.19 绞吸挖泥船输送湖泥灰岩

湖泥灰岩覆盖工程被认为是非常成功的内源污染控制工程。但是,最近的湖泊水环境调查结果显示,虽然自 1995 年以来没有观察到蓝藻优势种群形成,并未暴发藻类水华(Stögbauer,1998),但是,湖泥灰岩覆盖工程实施后湖水平均溶解磷浓度仅略有下降,1997 年的平均磷浓度估计为 160 $\mu g\cdot L^{-1}$(Rönicke and Beyer,1998)。

如此大规模的覆盖控制内源污染的工程并不多见。虽然在工程实施前对这类覆盖技术寄予厚望,但事实上,尽管在内源磷的控制上有所效果,但是由于外源生活污水的持续输入,湖泊并未得以彻底修复。

7.4.4.2 疏浚法案例

五里湖是一个较早开展生态疏浚、同时又开展了较长时间(15 年)效果跟踪的湖泊。它位于无锡市西南,具有防洪、供水、航运、旅游及水产养殖等综合生态功能。随着无锡市经济社会发展,城市南扩,五里湖已逐渐演变为城市内部湖泊。20 世纪 50 年代,五里湖水质良好,为Ⅱ—Ⅲ类水质。城市发展对五里湖水环境影响较大,入湖河流携带大量污染物入湖,使五里湖成为太湖水污染最重、污染发展速度最快、生态危害最大的湖湾。进入 80 年代后,水质几乎每 10 年下降一个等级,到 2002 年五里湖已经发展成为重度富营养化湖区,水质均处于劣 V 类。五里湖底泥污染严重,有机质、TN 及 TP 含量为太湖底泥平均值的 2~3 倍(王鸿涌等,2009)。

2002 年,五里湖开始实施生态清淤工程。据调查,五里湖体淤泥厚度在 0.2~2.0 m,平均淤积深度为 0.6~0.8 m,淤积总量为 3.6×10^6 m^3(王鸿涌等,2009)。根据湖区淤泥厚度、分布、污染物含量及回淤特征等,确定清淤范围为五里湖全湖(湖岸边 10 余米保留),实际的清淤面积为 5.6 km^2。根据污染底泥的分布特征,西五里湖的清淤深度设计为 50 cm,东五里湖的清淤深度为 70 cm,实际清淤总量为 2.34×10^6 m^3,项目总投资额为 7200 万元。采用荷兰进口的环保绞吸挖泥船,配用湖泊环保清淤的绞刀头,外加密封罩,可防止污染底泥再悬浮,一次挖厚为 30 cm,且不扰动下层原状土。同时采用先进的卫星定位系统(DGPS),确保不漏挖超挖。五里湖生态清淤工程于 2002 年 3 月开工建设,整个工程于 2003 年 3 月全面完成。五里湖实施生态清淤后,估算出湖体的有机质、TN 及 TP 分别为 7.56×10^4 t、0.22×10^4 t 和 0.49×10^4 t,分别比原表层沉积物下降了 24.5%、25.2%和 65.1%(王鸿涌等,2012)。

为了评估五里湖生态清淤的环境效益,科研人员对五里湖的疏浚效果进行了跟踪研究。王栋等(2005)对五里湖疏浚后的短期效应进行了跟踪发现,五里湖疏浚后沉积物重金属及磷都显著降低,疏浚后半年内水柱中 TP 和溶解性磷含量比疏浚前下降 10%~25%,叶绿素 a 含量下降 40 %左右。另外疏浚后沉积物间隙水和水柱中磷浓度降低,改变水柱中藻类密度及组成(Cao et al.,2007)。俞海桥等(2007)研究发现,五里湖底泥疏浚与水生植被重建结合对沉积物中 TN 及 TP 消减效果更好,清淤后水柱中 TN 及 TP 均比较低,水生植物恢复良好。刘爱菊和孔繁翔(2006)对五里湖疏浚后重金属的风险进行了评价,底泥清淤后沉积物中重金属污染物总量显著降低,但不能完全消除沉积物的生态毒性风险,甚至还有可能导致其生态毒性的风险进一步增加。可见五里湖生态清淤对于不同类型的内源污染物有着不同的控制效应。

中国科学院南京地理与湖泊研究所范成新研究团队对五里湖生态清淤工程控制内源氮、磷释放的效应进行了长达 15 年的跟踪研究(Liu et al.,2016),发现在短期内,清淤工程对内源磷释放的控制效果要优于对于氮释放的控制效果,但在外源输入的不断影响下,疏浚对氮释放的控制时效性优于对磷的控制时效性,在五里湖外源负荷逐渐降低的情况下,生态清淤后五里湖上覆水中氮浓度消减效果优于磷(图 7.20)。总地来说,如果外源负荷没有降低,生态清淤可以达到中期(小于 3 年)控制内源氮、磷负荷的目标;如果在流域尺度上外源负荷得到较好控制,生态清淤则能够实现长期控制内源氮、磷负荷的目标。五里湖生态清淤工程对于我国富营养湖库的治理实践具有重要的借鉴意义。

7.4.4.3 多技术联合修复案例

一个有效的内源污染控制和治理工程往往需要多种内源控制技术联合。如疏浚和沉水植物恢复,覆盖和沉水植物修复,消浪、污染物阻断和沉水植物修复技术等。在深水湖泊和浅水湖泊的内源污染控制中,技术的选择或多技术的联合方式并不相同。如深水湖泊不具备沉水植物的修复基础,大多采用物理和化学的方法进行联合控制。而浅水湖泊控制内源污染,大多从物理和化学的手段着手,并最后以生物手段尤其是沉水植物的修复作为长效控制的终点。

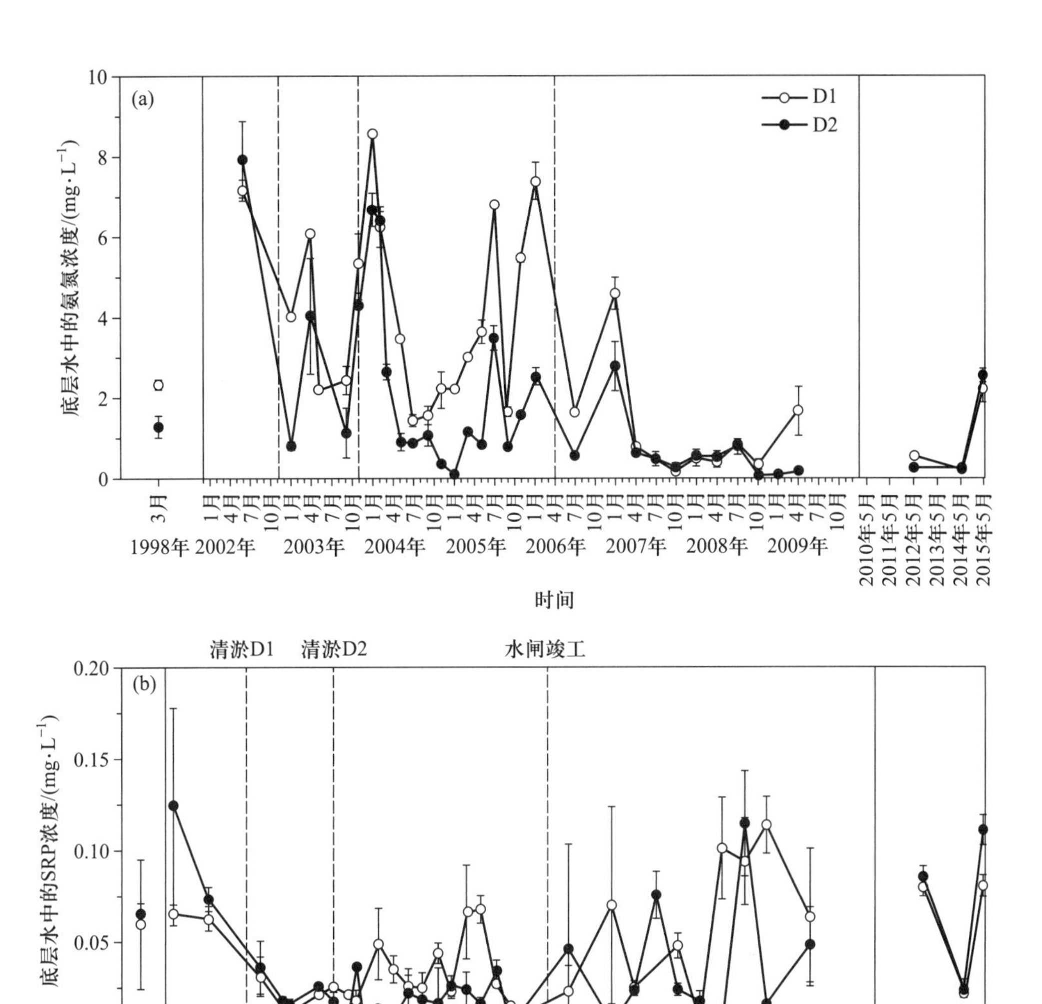

图 7.20 五里湖疏浚后水体氨氮和磷酸盐浓度在 15 年间的变化。D1 和 D2 指五里湖中的两个位点

美国华盛顿州的长湖(Long Lake)选择了硫酸铝和沉水植物[伊乐藻(*Elodea densa*)]作为联合技术控制内源污染。通过硫酸铝处理,持续控制内源负荷五年,全湖沉水植物生物量恢复至 30~250 g·m^{-2}。在这个湖中密集的伊乐藻可通过形成风浪屏障来阻止沉积物磷的释放。但是,到秋末和冬季,伊乐藻衰亡后,通过铁-氧化还原机制,又会促进沉积物磷的释放。

我国大量的浅水富营养化湖泊的内源污染治理也大都沿用类似的联合技术。

7.5 湖泊生态灾害预测及控制

7.5.1 湖泊生态灾害主要类型

生态灾害是指在一些因素的干扰下,生态系统平衡改变所带来的各种始料未及的现象和突发事件,如生态系统破坏、生物多样性丧失、财产损失、人员伤亡和社会安定失稳等。生态灾害的发生根源于生态系统结构和功能的灾变(Scheffer et al.,1993;Scheffer et al.,2001)。由于环境污染导致的湖泊生态灾害主要包括蓝藻水华暴发及其引发的次生灾害。

天然水体接纳过量营养物质(主要指氮、磷),使藻类以及其他水生生物异常繁殖。人类社会经济活动加速了湖泊富营养化进程,使富营养化成为最为普遍、最为严重的湖泊生态灾害问题。我国中大型湖泊大部分已进入富营养化状态,部分水体已达到严重富营养化水平。其中蓝藻水华是国内外富营养化湖泊最常见的水环境问题,对生态和人类健康的危害最为严重。蓝藻水华导致水体透明度下降,溶解氧变化剧烈,水质恶化,从而使水生生态系统和水体功能受到影响和破坏(孔繁翔等,2011),如太湖、巢湖、滇池。甚至出现大规模"湖泛"现象,如太湖。

7.5.2 蓝藻水华生态灾害

蓝藻水华是国内外富营养化湖泊中最常见的水环境问题。蓝藻水华指分散在水柱中有浮力的浮游蓝藻在水体表面的聚集(Reynolds et al.,2001)。澳大利亚和新西兰环境保护委员会(Australian and New Zealand Environment and Conservation Council)(1992)认为,在富营养化水体中蓝藻大量繁殖,水体中藻细胞叶绿素 a 浓度达 10 $mg \cdot m^{-3}$ 或藻细胞达 1.5×10^4 个 · mL^{-1},并在水面形成一层蓝绿色而有恶臭味的浮沫时,则认为该水体出现蓝藻水华。

7.5.2.1 蓝藻水华灾害主要形式

1) 藻毒素

蓝藻过量繁殖形成水华并向水体中释放藻毒素,不仅影响湖泊感官性状,而且对水生生物、人类健康及饮用水生产造成影响。研究发现,2 000 多种蓝绿藻中有 40 余种可产生毒素,50%以上的蓝藻水华具有毒性,对动物及人类健康产生危害,甚至导致其死亡(Skulberg et al.,1984;Hernandez et al.,2009;Dao et al.,2010)。

根据化学结构,蓝藻毒素分为三类:环肽(cyclipeptide)、生物碱(alkaloid)和脂多糖(lipopolysaccharide,LPS)。根据蓝藻毒素对动物的致毒方式,可分为具有肝毒性(hepatotoxins)的环肽类毒素——微囊藻毒素(microcystin,MC)、节球藻毒素(nodularin),具有肝毒性的生物碱毒素——柱孢藻毒素(cylindrospermopsin),具有神经毒素(neurotoxin)的生物碱毒素——类毒素和麻痹性贝类毒素。神经毒素和肝毒素的危害大,具有急性致死作用。此外,还有细胞毒性、皮肤毒性和刺激性毒性的藻毒素,如脂多糖、皮肤毒素(dermatotoxin)等(杨柳燕和肖琳,2011),这一类对动物没有较强致死毒性,但具有较高的特异生物活性。

具有环状七肽结构的微囊藻毒素和具有环状五肽结构的节球藻毒素是世界各地水华出现频率最高,也是对人类健康最具有威胁的毒素之一。大多数环肽毒素是水溶性的,在水环境中,此类毒素通常包含在蓝藻细胞内,但细胞凋亡分解后则释放到水体中。其中,微囊藻毒素是最常见的也是研究最为广泛的蓝藻毒素,由鱼腥藻属(*Anabaena*)、微囊藻属(*Microcystis*)、颤藻属(*Oscillatoria*)、念珠藻属(*Nostoc*)、项圈藻属(*Anabaenopsis*)以及陆生的软管藻属(*Hapalosiphon*)等藻类产生(Agrawal and Gopal,2013)。目前,已经发现的微囊藻毒素异构体毒性不尽相同,但是其中分布最广泛、毒性最强的是微囊藻毒素-LR(MC-LR),其 LD_{50}值(小鼠皮下注射)为 47 μg · kg^{-1}(Botes et al.,1985;Lam et al.,1995)。因此,世界卫生组织(WHO)(2006)和我国最新《生活饮用水卫生标准(GB5749—2006)》(卫生部,2006)中规定,饮用水中 MC-LR 限值为 1.0 μg · L^{-1}。另外,微囊藻毒素-RR(MC-RR)和微囊藻毒素-YR(MC-YR)也在世界范围内的水体中被广泛检出,其中 MC-RR 是我国多数水体中比例最高的种类(Chen et al.,2006;Song et al.,2007),但是没有相应的控制标准。节球藻毒素存在于泡沫节球藻(*Nodularia spumigena*)中。柱孢藻毒素目前仅发现拟筒胞藻、束丝藻等少数几个属可以产生。

神经毒素主要作用于动物的神经系统。鱼腥藻属(*Anabaena*)、束丝藻属(*Aphanizomenon*)、颤藻属(*Oscillatoria*)和束毛藻属(*Trichodesmium*)等都能产生神经毒素。神经毒素主要包括类毒素-a(anatoxin-a)、类毒素-a(s)[anatoxin-a(s)]、石房蛤毒素(saxitoxin,STX)、新石房蛤毒素(neosaxitoxin)和膝沟藻毒素(gonyautoxin)等,其中后三者统称为麻痹性贝类毒素(paralytic shellfish poison)。它们均为生物碱类物质,作用迅速,可影响乙酰胆碱的正常释放,导致神经肌肉过度兴奋而痉挛,最后致使动物呼吸受限,窒息死亡。神经毒素不稳定,半衰期短,自然条件下即可迅速降解为无毒。类毒素仅限于蓝藻产生,而麻痹性贝类毒素除蓝藻外,还可来自某些海洋藻类。

蓝藻还可以产生其他几种生物活性物质,这类毒素对动物没有较强的致死毒性,但具有较高的特异生物活性,其中一些具药物活性。藻类代谢物中已发现多种细胞毒素,如脂多糖和皮肤类毒素等。脂多糖类毒素可从裂须藻(*Schizothrix calcicola*)、颤藻、鱼腥藻、微囊藻和组囊藻中分离到。皮肤毒素主要从海洋蓝藻中发现,目前尚未见淡水蓝藻的报道。

同一水体同一藻种中产毒株和无毒株共存,蓝藻水华发生不同阶段产毒株和无毒株的比例也不同。研究认为,藻类产生毒素的生理作用主要是进化和自我保护,产生机理主要有遗传的差异和受环境因子的影响。例如,微囊藻有毒株和无毒株的遗传差异在于是否存在一种编码毒素合成酶的基因。影响蓝藻毒素产生的多种环境因素包括光照、温度、营养盐、盐度、pH 值、微量元素、外界胁迫等。

2) 嗅味物质

富营养化水体中,藻、菌微生物群落过剩生长,不断分泌和产生出各种具有异味的次生代谢产物,影响水质,增加自来水厂水处理耗费,引起水产品存在异味并降低旅游地区的美学价值等。因此,富营养化水体中藻源嗅味物质的产生逐渐得到人们的广泛关注。

水体中的嗅味包括嗅(odor)、味(taste)和口感(mouthfeel)三个方面,以嗅的问题为主,是水中某些化学物质(即致嗅物质)对人的舌、鼻及口等处感觉神经末梢刺激的一种综合感觉(李勇等,2009)。国外学者根据长期积累的资料绘制了“嗅味分析轮形图”(taste and odor wheel),将异味及导致异味的挥发性化合物分为 13 类,其中嗅觉异味占 8 类,包括土霉味、油脂味、草木味、鱼腥味、烂菜味、腐败味、氯化物味及药味(Schweitze and Khiari,2004)。

目前已调查发现多达 200 多种藻可以产生嗅味,其中蓝藻尤其是丝状藻能产生已知嗅味中的 25%(Watson,2003)。藻源性嗅味物质中,土臭素(geosmin)和二甲基异莰醇(2-MIB)是全世界出现频率最高也是研究最广泛的。两者都是萜类化合物,难以被自来水厂中的氧化过程去除,又因为嗅阈值较低,所以是嗅味事件的主要物质。席藻属、颤藻属、束丝藻属、鞘丝藻属及鱼腥藻属的部分藻类能产生这两种嗅味物质(Smith,

2008)。蓝藻产生的另两类新的嗅味物质也引起了重视:一种是由发酵产生的醇酚(hydroxyketone),另外一种是由类胡萝卜素降解产生的降胡萝卜素(norcarotenoid),比如β-环柠檬醛(β-cyclocitral)和β-紫罗兰酮(β-ionone)。β-环柠檬醛可以由球状蓝藻产生,尤其是微囊藻属(例如铜绿微囊藻)产生的主要嗅味物质。

由于嗅味物质来源多样,蓝藻水华暴发对水生态环境的综合作用均对嗅味物质的发生规律产生影响,因此自然水体中嗅味物质与蓝藻生物量之间的关系随湖泊类型存在较大的差异,这使得嗅味物质的预测预警存在较大不确定性。

3) 藻源有机物

随着富营养化的加剧,水体中的藻类及其分泌物(藻源有机物;algogenic organic matter,AOM)成为许多地表水系统中天然有机物的重要组成部分(Lin et al.,2005;Nalewajko and Lean,1972)。

藻源有机物是藻类在生长过程中产生的一些产物,主要是蛋白质、中性或是带电的多糖、核酸、脂肪和其他的小分子物质,其中多糖占80%~90%(Fogg,1983;Myklestad,1995)。存在于细胞内部的称为“胞内有机物”(intracellular organic matter,IOM),释放至细胞外的称为“胞外有机物”(extracellular organic matter,EOM)。藻源有机物成分复杂,分子量、溶解性有机碳浓度、糖类和糖醛酸含量的变化与蓝藻种类和生长阶段有关(Bernhardt et al.,1985;Hoyer et al.,1985)。除了能直接定性定量的物质如藻毒素、嗅味物质等,大部分的AOM不能直接定性,需要用不同的表征方法得到如光谱吸收特性、官能团含量等信息,例如,元素分析、紫外可见光谱、三维荧光光谱、极性分析、亲和层析、高效分子排阻液相色谱、高温裂解-气质联仪、核磁共振分析等。

相比陆源有机物,AOM中疏水性的物质、芳香烃、苯酚等含量低,而有机氮含量多,具有高亲水性、低芳香烃、高异质性的特点(Her et al.,2004)。AOM氮含量高,主要是由于藻细胞壁含有葡糖胺(N-acetyglucosamine)和乙酰胞壁酸(N-acetylmuramic acid)的交联肽链及其他含氮物,藻细胞中含有大量的有机氮,如蛋白质、氨基酸和有机胺类,以及可以产生含氮二级代谢产物,如微囊藻毒素及萜类嗅味物质(如土臭素和2-MIB)等(Wetzel and Likens,2000)。蓝藻中的固氮藻固定的TN有45%可以转化为有机氮(Westerhoff and Mash,2002)。

AOM的存在会影响水处理过程中的单元操作效率,增加混凝剂的用量,降低混凝效率(Paralkar and Edzwald,1996),且难以被过滤去除(Ma and Liu,2002);而AOM中的碳和氮可能会使预氧化或消毒需要更多的氯,降低氯的有效性,生成消毒副产物(DBP)(Croue et al.,1999a,1999b);导致管网中细菌的生成(Escobar et al.,2001)。自1974年最早在氯化消毒的自来水中发现氯仿和其他的三卤甲烷(THM),至今检测到用氯消毒或者使用其他的消毒剂(如氯胺、臭氧和二氧化氯)消毒产生的DBP超过600种(Krasner et al.,2006;Bond et al.,2011)。藻及AOM已成为消毒副产物重要前驱物,可以生成含碳类消毒副产物(C-DBP)和含氮类消毒副产物(N-DBP),如三卤甲烷、卤乙酸、卤代乙腈、卤代乙酰胺、卤代硝基甲烷、二甲基亚硝胺等。由于AOM中含氮量高,氯化含氮物质产生的N-DBP比C-DBP毒性更强(Oliver,1983;Muellner et al.,2007),所以尽管报道的N-DBP浓度较低,但是比C-DBP危险性可能更大(Richardson et al.,2007)。

4) 蓝藻聚集危害

藻类过度繁殖,增加水体化学需氧量(COD)、生物需氧量(BOD)和悬浮颗粒物

(SS)浓度,大量消耗水体中的溶解氧,使湖泊进入厌氧状态,从而引发或加速湖底营养物质的释放,造成水体的高营养负荷,导致恶性循环(孔繁翔等,2011)。对于渔业养殖的湖泊水体而言,溶解氧的急剧变化会对鱼类的孵化和生存产生影响,造成鱼类种群的结构变化,影响鱼的质量;水华的发生对整个水生生态环境也会产生不利影响,将导致水生生物的稳定性和多样性降低,还会使一些珍贵的鱼种消失,使养殖业的经济效益大幅度下降。

蓝藻水华的发生对湖泊生态环境功能造成极大影响,制约了湖泊水资源的可利用性,而且直接危害着人类的健康生存和社会经济的可持续发展。

7.5.2.2 蓝藻水华监控预警

(1) 基于长期高频野外同步观测,从物理、化学和生物方面遴选出蓝藻水华不同阶段的监测指标(表 7.10),确定蓝藻水华形成的主导生态因子及其阈值,为水华预测预警提供理论基础与指标体系(孔繁翔和高光,2005)。建议以藻蓝素为检测指标,克服冬季蓝藻生物量低、细胞形态难以辨认的检测难题;确定越冬蓝藻时空分布、复苏生物量与积温正相关以及蓝藻水华物候学的基本规律;确定蓝藻的复苏温度阈值和上浮积聚形成水华的风速气象阈值,构建水华预测预警的指标体系,确定蓝藻生消过程模型的关键技术参数(Cao et al.,2008,2006;吴晓东,2008)。

表 7.10 蓝藻水华监测指标体系

分类	指标	遥感监测	自动高频原位监测	人工检测	数值换算
物理指标(可行性/精度)	风速风向	√/中	√/高		
	气温、水温	√/高	√/高		
	波浪湖流		√/高		√/中
	透明度	√/中	√/高		√/中
	太阳辐射		√/高		√/中
化学指标(可行性/精度)	各类氮、磷浓度		√/中	√/高	
	溶解氧浓度		√/高		
	浊度	√/高	√/高		√/高
	悬浮物	√/高	√/高		√/高
	COD、有色可溶性有机物	√/中		√/高	
	有毒有害物			√/高	
生物指标(可行性/精度)	叶绿素	√/中	√/中	√/高	
	藻蓝素	√/低	√/中	√/高	
	藻毒素			√/高	
	细胞数量、活性			√/高	
	浮游植物群落			√/高	
	浮游、底栖动物			√/高	

(2) 构建卫星遥感、自动监测和人工巡测的空地一体化网络,开发蓝藻水华数据同化系统,提高遥感反演数据的精度和时空连续性,为水华预测预警提供现状数据。基于遥感影像自身的湖泊环境动态分区技术,构建复杂水体环境下(水浅、水浑、风浪干扰强烈)蓝藻水华形成不同阶段的关键参数(叶绿素、藻蓝素、表层水温)的遥感定量反演模型;利用所建水质、气象和水文自动在线监测站的高频数据(每 15 分钟一次),开发以水动力模型为载体的湖泊蓝藻水华数据同化系统,提高叶绿素和藻蓝素遥感数据的时空连续性(马荣华等,2008)。

(3) 建立模型。利用生态学原理,根据不同气候条件下蓝藻原位生长率以及不同风向和风速条件下水华蓝藻的漂移速率参数,构建水体叶绿素 a 浓度预测模型和水华发生概率预报模型(Huang et al.,2012)。蓝藻水华发生与很多因素相关,如藻类密度,风速,风向,降雨等,建立蓝藻水华的预报模型通常用如下公式进行表达:

F(水华概率)= f(藻类密度,风速,风向,降雨,有效光辐射,湖流,TN,TP,水温,电导率,溶解无机氮,溶解无机磷,pH 值,溶解氧,……)

根据历史数据可将营养盐等在长时间尺度上影响蓝藻生物量的环境因素忽略,将公式简化为

$$F=f(N_t,V_w,R) \tag{7.33}$$

式中,F 为水华的发生频率;N_t为对应时刻水体中的藻类密度;V_w为该时刻的风速;R 为降水情况。风速和降水情况可以通过气象预报获得,而水体中藻类密度则可根据生态学原理由如下公式计算:

$$N_t=N_0+(B_t-D_t)+(I_t-E_t) \tag{7.34}$$

式中,N_t 为对应时刻(t)的水体中藻类密度;N_0 为监测时刻(0)藻类密度;B_t、D_t、I_t、E_t 分别是 0—t 时段该湖区藻类的生长、死亡、迁入、迁出的生物量。蓝藻由于生长、死亡引起的变化量,可用以下公式计算:

$$(B_t-D_t)=N_0\times[(1+q)^{\frac{1}{24}}-1] \tag{7.35}$$

式中,q 为叶绿素 a 浓度的日变化率,各气象条件下的藻类日变化率用表 7.11 的参数来进行计算;N_0 可以通过现场监测获得。

表 7.11 蓝藻水华预报中叶绿素 a 浓度、风速、降水与水华发生概率的对应表

叶绿素 a 浓度 /($\mu g\cdot L^{-1}$)	$f_1(N_t)$	风力(风速) /($m\cdot s^{-1}$)	$f_2(V)$	降水	$f_3(R)$
60 以上	1	1~2 级(0.3~3.3)	1	晴、多云	1
50	0.9	3 级(3.4~5.4)	0.9	阴、小雨	0.9
40	0.8	4 级(5.5~7.9)	0.8	阵雨、雷阵雨	0.8
30	0.6	5 级(8.0~10.7)	0.7	中雨	0.7
20	0.4	5 级以上(>10.8)	0.5	中、大、暴雨	0

构建水体叶绿素 a 浓度预测模型,输入监测水域即时的叶绿素 a 浓度值、分布状况以及气象信息数据,输出监测水域预测期内叶绿素 a 浓度的预测值。为定量描述水域叶绿素 a 浓度的分布及变化过程,将监测水体网格化,水体网格单元大小为 a m×b m 的矩形,通常 a、b 可根据预测要求在 200~500 m 范围选择。

对于水体网格单元内迁入(或迁出)的蓝藻量,风速是主要决定因素。迁入(或迁出)的蓝藻量可用以下公式计算:

$$E=a\times V\times t\times d\times P\times C \tag{7.36}$$

式中,a 为网格的边长;E 为迁入(或迁出)的藻类量;V 为风速;t 为时间(1 h 或 3 600 s);d 为水深;P 为发生漂移的藻类占总藻量的百分比;C 为水体中叶绿素 a 的浓度,相关参数根据观测数据选取。

(4) 研发尺度匹配且空间完整的系统初始场的构建技术,建立系统初始场与模型尺度上的相互转换模型,实现同一空间尺度下输入参数驱动的湖泊水动力、营养盐分布和蓝藻生消过程等模型的耦合,形成环境空间动态模拟技术;根据已构建的预测预警指标体系,通过蓝藻生消过程模型关键技术参数驱动系统的自我运行,在预测准确率不降低的情况下,降低模型数据采集工作量,提高模型运行时效,实现系统、快速、实时、连续运行(Wu et al.,2010)。系统获得现状数据后,根据未来水文与气象信息,3 小时内可提供未来 24~72 小时蓝藻水华发生概率的空间分布图,预测结果与实时遥感图像比对表明,未来 24 小时预测准确率达 80%以上。蓝藻水华预测预警工作流程见图 7.21。

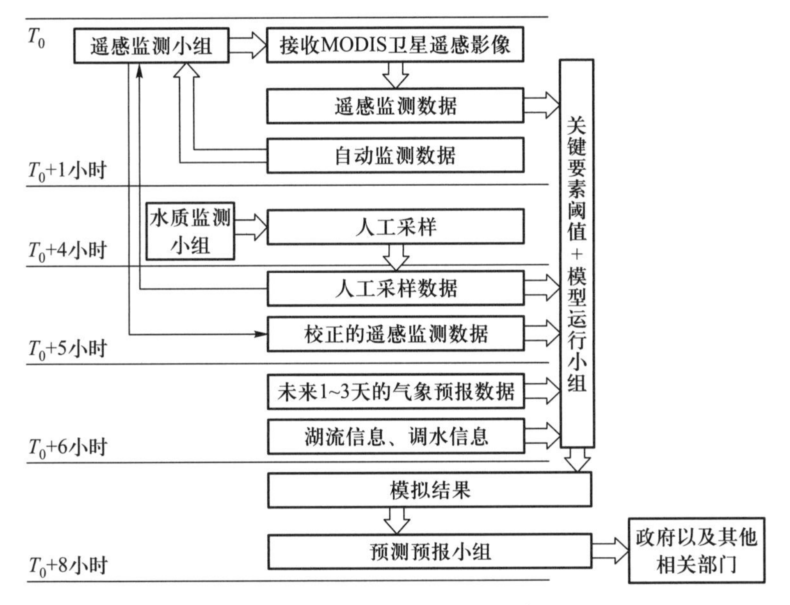

图 7.21 蓝藻水华预测预警工作流程

7.5.2.3 蓝藻水华预控指标体系

有效控制蓝藻水华需要对蓝藻水华发展过程进行监测,建立蓝藻水华预控指标体系,制定蓝藻数量控制的临界值,形成蓝藻水华风险管理模式,指导湖库管理措施制定和执行,减小蓝藻水华对生态环境的危害风险。

1) 蓝藻水华风险评估

建立蓝藻预警体系,关键是对蓝藻生长及其产生的污染进行风险评估,预测水体中有毒蓝藻水华暴发的概率。环境变量及其重要性以及环境变量之间联系的相关信息用于确定特定湖泊中蓝藻生长的概率以及藻华的形成,例如应用 Chla-TP 关系回归模型(Vollenweider 模型)、二维和三维流体动力学模型,对蓝藻等不同藻类的发生过程进行建模。

澳大利亚水质处理合作研究中心研究人员开发了一种简单的蓝藻风险评估模型。该模型假设磷是控制生物群最终产量大小的限制变量,仅利用磷浓度来预测蓝藻在水体中所产生毒素和嗅味的最高等级。采用相关文献中磷与蓝藻细胞数量之间的经验关系以及从澳大利亚自然发生的蓝藻生物群中测得的微囊藻毒素、贝类毒素和土臭素的实际细胞含量或“细胞当量”,将得出的生长预测结果与历史记录中的实际蓝藻生长数据相比较,以验证在该模型中使用的计算值。该简单模型虽未考虑控制藻类生长的复杂动态相互作用,但简单易操作,可以应用于执行管理策略,减少与蓝藻生长、毒素和嗅味污染相关的风险。

2) 蓝藻预警等级框架建立

蓝藻水华所产生的藻源性污染物类型多样,在实际操作中难以全面监测,一般将水体中具产毒潜力的蓝藻数量作为控制指标。“澳大利亚饮用水预警等级框架”(Alert Level Framework,ALF)是最早提出的蓝藻预警指标体系,被 WHO 采纳并在世界范围内广泛应用(Bartram et al.,1999),目标在于管理毒性蓝藻水华,可以应用于饮用水水源和其他功能水体。ALF 以蓝藻细胞数目(cyanobacterial cell count)或当量细胞生物体积(equivalent cell biovolume)为评估指标,与饮用水相关指导值进行比较,评估蓝藻水华的潜在危险程度。

WHO 蓝藻预警框架与具产毒潜力的蓝藻数量的发展密切相关,框架中依据藻细胞计数或叶绿素 a 所得到的数据,区分为三个预警等级:侦测等级(vigilance level)、预警等级 1(level 1)和预警等级 2(level 2)。当水体检测到蓝藻即进入侦测等级,藻密度监测工作为每周一次。预警等级 1 定义为蓝藻密度 2 000 个细胞 · mL^{-1}(或细胞生物体积0.2 mm^3 · L^{-1}或叶绿素a 1 μg · L^{-1}),依据 WHO 饮用水微囊藻毒素指导值(MC-LR 1 μg · L^{-1})、蓝藻细胞中记载的最高微囊藻毒素浓度以及蓝藻生长速率获得。预警等级 2 为蓝藻密度 100 000 个细胞 · mL^{-1}(或细胞生物体积 10 mm^3 · L^{-1}或叶绿素a 50 μg · L^{-1}),以平均蓝藻细胞微囊藻毒素当量为 0.2 pg · mL^{-1}为依据获得,此等级代表水体毒性 20 倍于 WHO 微囊藻毒素指导值。

每个预警阶段制定了相关的监测计划及应变行动。不同阶段的应变行动中,包含几个重要的行动项目,例如,增加发生水华事件水体的采样及监测频率、操作技术的介入、卫生与相关主管机关咨询、最后消费者及媒体信息发布等。

蓝藻预警等级框架的运行方式:① 整个框架的启动开始于监测到蓝藻细胞数达到侦测等级。要求每周一次监测频率,密切关注蓝藻发展。② 当监测到中等数量的蓝藻细胞数目时,将启动预警等级 1 中的应变行动,内容包括:发出预警通知、增加事件发生水体的采样次数以及进行毒性评估等。③ 当监测到蓝藻细胞数目提高到足以使水体中毒素浓度有机会超出指导规范的浓度值时,即启动预警等级 2 中的应变行动。此时,水厂水处理工艺尤为重要,应评估水厂对毒素处理效能,若处理工艺处理能力不够,应启动紧急供水计划,包括替代供水、取水口位置变更、分送瓶装水给居民等。必须持续监测水体水华,以作为判断水华是否减轻以及供水是否恢复正常的依据。建议监测的时间间隔为 3~7 天,在此期间蓝藻生物群毒性强度可能会转变,但是不太可能变成完全无毒,且浓度也不易降低到极低。

3) 蓝藻预警指标体系的发展

1999 年 WHO 蓝藻预警等级框架发布之后,研究人员开展大量研究持续发展这一体系。Izydorczyk 等(2009)用藻类在线监测仪连续监测,并根据叶绿素 a 与藻毒素的关系建立了所研究水体的蓝藻预警等级框架。在我国,施玮和蒋颂辉(2003)结合国内外文献中的毒理学试验和现场生态学调查资料,并根据微囊藻毒素(MC-LR)的限值及其与藻类的关系,制定了饮用水源中的藻类限值,提出安全限值、警戒限值和危险限值,分别为 1.0×10^4 个细胞 · L^{-1}、2.1×10^5 个细胞 · L^{-1} 和 1.2×10^6 个细胞 · L^{-1}。Schmidt 等(2008)考虑到水厂对藻毒素的去除效率,提出了建立水源地蓝藻生物量的最大允许值(maximum tolerable value,MT 值)的方法,并根据所研究期间的所有 MT 值范围,将水体中实际的蓝藻生物量划分为三个区域:绿色安全区域,低于计算的最小的 MT 值,不会发生出水超过限值的情况;黄色区域,在所得到的 MT 值的最大值和最小值之间,可能会发生出水超过限值的情况;红色区域,高于最大的 MT 值,一定会发生出水超过限值的情况。确定三个区域的方法基于监测值的统计,在藻毒素和蓝藻数量的关系不确定的水域,比直接建立 MC-LR 与蓝藻数量关系更具有优势。

以往研究均以 MC-LR 为标准建立蓝藻预警值,而蓝藻水华对水环境的污染影响除了藻毒素还包括嗅味物质及其他 AOM 经氯化之后形成的消毒副产物,制定以藻毒素、嗅味物质和消毒副产物为参考指标的蓝藻预警指标体系,有利于全面指导水源地蓝藻的控制。蓝藻及其代谢产物的发生具有季节变化特征,建立不同阶段的蓝藻预警值对于实际工作的可操作性具有重要意义。冯慕华等综合考虑了环境因子作用下不同密度蓝藻生长过程代谢产物形成的动态变化过程,提出了一种保障水源地安全的蓝藻阈值的建立方法(专利号:ZL201410328682.9),利用不同蓝藻水华发生阶段蓝藻密度与代谢产物相关关系,获得不同代谢产物对应的蓝藻密度限值,依据最小容忍原则,取其中蓝藻密度限值的最小值确立为水源地的蓝藻密度阈值。Shang 等(2015)针对蓝藻水华发生的不同阶段,分别建立了以不同微囊藻毒素异构体(MC-LR、MC-YR、MC-RR)为参考指标的蓝藻预警体系,成功地用于指导巢湖蓝藻水华控制。

7.5.2.4 蓝藻水华控制

藻类控制可以通过控制湖泊污染的点源、面源和内源等措施减少湖泊污染负荷,恢复湖泊水质,这是长效治理方式,但也是一个长期、缓慢、逐步推进的过程。对于重要水体局部应急控制蓝藻水华,国内外应用的方法可以归纳为生物法、化学法和物理法。

1) 生物法

湖泊生态系统抑藻的第一种方法主要通过生态系统内部的调节机制(如某些生物的抑藻作用),控制湖泊藻类数量,以降低藻类数量增加造成的湖泊生态系统恶化。主要利用微生物抑藻剂,包括蓝藻病毒(噬藻体)、溶藻细菌、原生动物、真菌和放线菌等。适合在水华发生初期使用,短期内控制藻类生物量或阻止藻类大量增殖。该方法清除蓝藻水华虽然不存在化学污染问题,但有可能对湖泊生物群落结构、生物多样性造成一定的影响;而且受湖泊环境影响,难以起到理想的控藻效果。因此,对微生物抑藻剂的长期生态效应、除藻效果的稳定性等尚待进一步研究。

第二种方法是恢复大型水生植物,抑制藻类增长。大型水生植物和藻类均为生态系统初级生产者,由于湖泊污染后,水体透明度下降,使某些大型水生植物消失,取而代之的耐污染的藻类大量滋生。通过恢复大型水生植物,降低湖泊水体营养盐负荷,控制藻类生长,调节湖泊生态系统。以现存物种为主作为恢复的先锋种或建群种,筛选净化水质的物种,合理配置大型水生生物群落,设计最适恢复面积,并对恢复后的管理采收进行合理规划。

第三种方法是生物控藻方式,控制藻类数量。生物控藻方式是根据生物间的食物链关系,改变生物群落的结构,增加对蓝藻的牧食压力。经典的生物控藻方法是“上行调控”,通过增加湖泊中食肉性鱼类来减少食浮游动物(zooplanktivore)或食底栖动物(benthivore)鱼类的数量,这使得大型浮游动物如溞类的丰度得以增加,进而用它们的牧食能力来控制藻类。另外,也可以根据“下行效应”原理(也称为“非经典生物控藻”),通过合理控制食浮游生物的滤食性鱼类对蓝藻的捕食来控制蓝藻生物量。通过增加水体浮游动物、底栖生物数量,加强对藻类的摄食作用。通过投放、悬挂滤食性的螺、蚌等软体动物,大量滤食水体中的藻类,从而使得水体中的藻类生物量大量减少。

例如,滤食性鱼类鲢、鳙鱼利用鳃耙、鳃耙网、腭皱和鳃耙管构成的滤食器官滤食(Paerl and Huisman,2008),能够有效地摄取大多数大型藻类和形成水华的蓝藻群体。鲢鱼滤食的藻类大小为 8~100 μm,鳙鱼滤食的藻类大小为 17~3 000 μm(Paerl and Huisman,2009)。尽管鲢、鳙鱼能够有效地滤食藻类,但由于其肠道肠液的 pH 值通常大于 6,且缺乏纤维素酶,无法对浮游植物的纤维素细胞壁酸解和酶解(Zhou et al.,2014;Paerl et al.,2011)。在其所排泄的鱼粪中含有大量未被消化的藻类,有的形态依然完整,保持其细胞活性(Xu et al.,2014)。因此鱼粪也被称为“假粪”(pseudofaeces),鱼粪中仍保持完整形态的各藻类数量比例因藻类属种的不同而存在差异(Smith,1986),未消化的活藻能很快参与水体物质的再循环。因此,利用鲢、鳙鱼控制蓝藻水华,有赖于对水体动、植物群落及其相互关系的了解。

2) 化学法

化学方法是通过杀藻剂、金属制剂及光敏剂等化学制剂来抑制藻的繁殖(Jančula and Maršálek,2011)。

常用的杀藻剂有敌草隆、草藻灭等。敌草隆又名 3-(3,4-二氯苯基)-1,1-二甲基脲,该药剂通过阻止氧的产生及电子在光系统Ⅱ中的传输来抑制蓝藻等微生物的光合作用,进而控制藻的繁殖(Giacomazzi and Cochet,2004)。Zimba 等(2002)在 8 个 0.4 hm^2的鱼塘中用 0.01 $mg \cdot L^{-1}$敌草隆进行了为期 9 周的抑藻实验发现,嗅味物质(2-甲基异莰醇)得到消除,浮游植物结构发生改变,丝状蓝藻被硅藻所取代,对水质的影响也较小。草藻灭主要是通过制成的液体及颗粒阻碍藻类 RNA 的合成,是一种直接接触型的藻类抑制剂。虽然已有研究表明,草藻灭对蓝藻的毒性要比对鱼类及绿藻要大,但是它对一些原生动物有一定的毒性,且对浑浊水体产生不良影响(Jančula and Maršáek,2011)。

金属制剂有铝、铁、钙、铜离子等制剂,其中铝、铁离子制剂主要通过絮凝作用而除藻,钙离子制剂主要是通过熟石灰的形式促使藻的沉降(Jančula and Maršálek,2011;Prepas et al.,2001;De Julio et al.,2010)。铜离子制剂是最常见的藻类抑制剂,它对蓝藻的毒性及抑制作用受到水环境因素(pH 值、电导率、DOC、离子强度)、制剂的形式及剂量等因素的影响(De Schamphelaere and Janssen,2006)。铜离子制剂引起的蓝藻细胞的破裂及藻毒素的释放在使用前应充分考虑,有围隔实验表明,使用铜离子制剂抑藻 9 天内水体藻毒素含量高达 1 300~1 800 $\mu g \cdot L^{-1}$(Jones and Orr,1994)。

光敏剂主要包括过氧化氢、二氧化钛及酞菁。光敏剂抑藻主要通过在光照射下产生氧自由基进而使藻类等生物失活,其中过氧化氢效果最佳(Jančula and Maršálek,2011)。

3）物理法

物理法主要利用工程技术手段清除水华聚积区域的蓝藻。主要包括超声波控藻、曝气充氧、吸附剂促沉、引水稀释冲刷、围隔拦截、机械清除等。

超声波控藻主要是利用超声波的空化效应，形成数千万的空化气泡向内爆破产生局部高温、高压，达到破坏蓝藻细胞结构的目的（Rajasekhar et al.，2012）。控藻效果跟超声频率有关，频率越高，效果越好，但高强度超声频率可能会引起藻毒素的释放。Zhang 等（2006）选择在 80 W、80 kHz 功率下超声 5 min，胞外藻毒素的含量从 0.87 $\mu g \cdot L^{-1}$ 上升至 3.11 $\mu g \cdot L^{-1}$。因此该技术在水源水体中使用要慎重考虑。

曝气充氧控藻主要是通过水体流动的增强促进水体混合，以干扰温度分层，并将藻类驱赶至深水层，抑制藻的生长（张饮江等，2013）。扬水桶技术是曝气充氧控藻的典型技术，该技术主要利用压缩空气向水体释放大气弹，促使上下层水体循环混合，破坏水体分层进而抑藻（邵路路和陆开宏，2013）。Jungo 等（2001）利用扬水筒技术在荷兰 Nieuwe Meer 湖进行了长达 7 年的实验，通过该技术使微囊藻生物量减小为原来的 1/20。

吸附剂促沉控藻主要是利用一些天然具有吸附特性的物质与蓝藻吸附产生絮体而沉降。2005 年江苏南京玄武湖发生蓝藻水华，当地政府向湖区投加近 300 t 的改性黏土对蓝藻进行应急治理，使藻华基本消失（梅卓华等，2010）。Pan 等（2006）筛选 26 种太湖当地的黏土及矿物质进行组合控制蓝藻水华，在投加 0.7 $g \cdot L^{-1}$海泡石、云母、三氧化二铁、高岭石组合后，8 h 内可去除 90%的微囊藻。

引水稀释冲刷主要通过控制水体的停留时间控制蓝藻水华，一般水体每天更换 10%～15%的总体积水量，中型水库每 30 天更换一次水就足够控制蓝藻水华（徐宪根，2014）。但是也要防止高营养负荷的水体的引入，以免造成更大污染及引发浮游植物生长。例如，刘文杰等（2012）发现，通过引水后尚湖的西湖区营养盐浓度上升 2～3 倍。

围隔拦截技术主要是在湖岸带设置柔性围隔，在蓝藻水华暴发时，阻碍蓝藻向迎风湖岸聚积。围隔分为全封闭固定式围隔、半幅固定式围隔、可隐没式围隔、可移动式围隔、气幕挡藻设施等。目前太湖、巢湖等蓝藻水华较严重的湖泊均布有大型围隔拦截蓝藻。固定式围隔能有效拦挡大湖面漂移蓝藻，但由于水流不交换，围隔内自生滋长的蓝藻无法排出，易出现围隔内蓝藻聚集问题。可隐没式围隔浮体充气后浮现于水面实现隔离效果，浮体放气后沉匿于水底恢复自然水面，保持水流交换，并且能自我保护延长使用寿命，尤其适合台风地区和北方冰冻地区。气幕挡藻设施利用水中气幕建立起拦挡漂浮性蓝藻的无形防线，不影响水流、水体景观和水上交通。实际应用中，根据水域环境和保护需求选择围隔构建方式。

蓝藻的机械清除，即用机械手段将藻从水体中清除分离。蓝藻水华暴发后对水体蓝藻进行打捞清除是最高效、直接的控制方法之一（Yan et al.，2011），且无明显负面影响。现有的水面蓝藻清除设备根据目的和用途大致可以分为两类，一类用于收集湖泊天然藻类资源，另一类用于防治重要水域里的蓝藻灾害。在美国俄勒冈州的大型浅水湖泊 Upper Klamath，天然藻类资源收集装置以大型浮动平台为基础，在一侧排列安装带筛机，将黏结成网的丝状蓝藻水华束丝藻（*Aphanizomenon flosaquae*）直接拉扯到平台上，冰冻干燥后用于制作保健品。而对于蓝藻灾害防治，沿湖岸堆集较厚的蓝藻层采取直接抽取后以管道输送上岸的清除方式。富藻水层采集器漂浮于水面，有畚箕形、双体船形、船形或圆形，人工移动或有线遥控移动，例如双体船形线控吸藻设备和吸取型蓝藻打捞船。对于远离湖岸比较稀薄的蓝藻漂浮层,国内外已有多种蓝藻打捞船,一般采用"含藻水层采集-过滤分离-浓缩"的工艺。含藻水层采集方式有悬臂-吸盘式和V形导流式;过滤分离采用带筛机振动斜筛,转鼓过滤器等;浓缩应用絮凝-压滤、卧螺离心、电磁分离等技术。过滤面积受载体船只严格限制,浓缩设备较为笨重,占用较大空间,能耗大,或需要添加药剂。李文朝等应用鲢鱼滤食藻类原理研制了大型仿生式水面蓝藻清除设备(图 7.22),采用"宽幅分离铲-多分支泵管汲取-鳃式过滤器-叠层式摇振浓缩筛-藻浆袋储运"工艺,形成对低密度水华蓝藻高效富集清除的成套技术,单机除藻效率高,汲取处理富藻水单位能耗和成本低,不添加任何药剂,不引起藻源污染物释放,高效、节能、环保;并通过仿生富集除藻技术的设备化、工程化和产业化促进推广应用,建立了蓝藻水华早期防控、敏感水域高标准控藻、生态修复期除藻控藻、水源地控藻及原水过滤除藻等技术示范工程,完善了蓝藻水华发生-发展-消亡全程除藻控藻理念和技术,推进了工程化应用。

图 7.22 大型仿生式水面蓝藻清除设备

综上,化学方法利用化学药剂进行控藻,可能对水质有负面影响,造成二次污染,并对其他水生动植物也有毒性。生物方法控藻周期长、见效慢。物理方法,特别是蓝藻机械清除因见效快、简单易行、对水质无副作用、不造成二次污染等优点,成为目前蓝藻聚积防控应用最广泛的手段之一。

7.5.3 湖泛等次生灾害

7.5.3.1 湖泛次生灾害的发生机制

许多生态灾害发生以后,常诱发一连串的其他灾害接连发生,这种现象称为灾害链。灾害链中最早发生的起作用的灾害称为原生灾害,而由原生灾害所诱导出来的灾害则称为次生灾害。湖泛即是由湖泊蓝藻水华暴发诱发的次生灾害。

1) 湖泛发生特征

湖泛是指湖泊水体中(包括沉积物)富含大量的有机物质,在微生物的分解作用下,大量消耗氧气,进而出现厌氧分解,在还原的条件下快速地释放出大量致黑(或者其他颜色)致臭物质,进而影响水质和湖泊生态系统结构和功能乃至引发环境或者生态灾难的现象(陆桂华和马倩,2009;范成新,2015)。由于色度上与周围水体具有肉眼可辨的轮廓,湖泛也被称为"污水团""黑水团";此外考虑水体普遍有刺激性恶臭,故还称为"黑臭"等。在国外类似湖泊水体发黑发臭的"湖泛"现象被称为"black water"或者“black spot”。目前,国内外已有多个湖泊发生湖泛,如意大利的加尔达湖(Lake Garda)、日本的霞浦湖(Lake Kasumigaura)、美国的Lower Mystic 湖。自20世纪末开始,湖泛现象频繁出现于太湖。除太湖外,我国多个省、市富营养化湖泊均已暴发过类似的湖泛问题,如河北白洋淀、安徽巢湖、云南滇池、湖北南湖等严重富营养化湖泊,以及部分河流和城市河道均出现过类似的“黑水”事件,造成了巨大的经济损失,极大地影响了湖泊周边人们的生产和生活,是我国湖泊生态环境进一步恶化的一个标志。而由于各国具体发生环境的差异,在不同地域的湖泛特点不同,其暴发通常具有随机性和突然性,这对监测和预警“湖泛”的发生造成了困难。

湖泛发生时水体的视觉变化给人们的感受最为直接,在湖泛发生区,水体浑浊呈黑色或浆褐色,表层有气泡冒出,与非湖泛区水体有较清晰的边界,有团状形态,具移动性。刘国峰和申秋实等研究初步推断,硫化亚铁(FeS)是太湖湖泛的主要致黑物质(刘国锋,2009;申秋实和范成新,2015);另外,嗅觉也是判断水体性质的主要现场感官,湖泛区水体普遍伴有似硫化氢等恶臭。卢信等(2012)应用顶空固相萃取技术,确认含硫氨基酸是太湖湖泛致臭挥发性有机硫化物的主要前驱物。而不依赖于人的视觉和嗅觉器官,湖泛的最典型特征就是水体缺氧。水体缺氧是指水体中的溶解氧浓度已降低到对系统中大多数生物体存活不利的状态(Diaz and Rosenberg,2008)。无论藻体聚积区或是发生藻源或草源性湖泛水域,湖泛形成的缺氧都会造成水质的严重恶化,引起水体中 COD、TP、TN 和氨氮(NH_3-N)异常升高。

2) *湖泛形成的主要条件*

湖泛的发生是生态系统遭到破坏的结果,生态系统的破坏又是一系列环境问题协同导致的。因而,湖泛的发生受多种因素影响,通常包括物质基础、气相条件及必要的生物因素(范成新,2015)。

(1) 湖泛形成的物质条件

湖泛发生的物质基础主要包括外源物质基础和内源物质基础。过量的外源营养物质输入到水体中导致产生过量的初级生产力,同时消耗了水体中的氧气。因此过量的营养物质在水体缺氧甚至“湖泛”的发生过程中都起到了“导火索”的作用。而蓝藻和某些快速繁殖水生植物的堆积与污染有机质的输入是湖泛发生的物源基础。已有研究表明,在指定的太湖条件下,发生湖泛的鲜藻聚积程度在 0.526~0.790 $g \cdot m^{-2}$(刘国锋,2009)。并且藻体聚积量越大,湖泛形成所需的聚积时间越短。但是死藻聚积可降低湖泛发生对聚藻量的要求,可发生湖泛的死藻聚积量仅需 0.250 $g \cdot m^{-2}$(孙飞飞等,2010)。死藻比例越大,所需的湖泛发生时间越短,湖泛发生风险也越大。

(2) 湖泛形成的气象条件

适宜的气象水文条件(光照、温度、风速、水体垂直热分层等)是湖泛的触发因素。连续多日的高温后遇气温骤降,是诱发湖泛的重要条件之一。这是因为气温骤降引起湖水的温度分层消失,水体上下对流过程加强,触发下层大量厌氧性物质上翻,加快了湖泛事件的形成(范成新,2015;刘俊杰等,2018)。受湖区营养盐供应量及生物体空间竞争等限制和影响,完全依赖水域内的藻类自发生长到足够发生湖泛所需的单位聚积量实际上难以发生,往往需要适当的风情(如风速和风向)作为其规模性聚积的驱动力(刘俊杰等,2018)。较低的气压状态也是大部分湖泛发生的诱发条件,低气压有利于水体底层厌氧分解产生的气泡等物质上浮,包括一些未分解完全的有机质碎块上翻,加速水相的厌氧分解进入“链式反应”阶段。

(3) 湖泛发生的生物机制

湖泊中的微生物在水生生态系统的生物地球化学循环和能量流动过程中具有重要作用。大量研究显示,微生物在藻、草有机质的快速分解、异味物质的产生、碳硫元素的转化甚至湖泛后期的生态系统恢复等方面都具有关键作用。参与湖泛发生过程的有机物主要来源于藻、草死亡残体和沉积物中有机质,其在微生物作用下将会从好氧分解转变为缺氧和厌氧分解。湖泛形成中的关键微生物类群包括真菌、细菌和古菌群落。

水生真菌在草源性及藻源性有机物质的前期分解以及促进其他腐生微生物的分解中发挥着重要作用,如担子菌门(Basidiomycota)和壶菌门(Chytridiomycota)(郑九文等,2013)。细菌群落中的梭菌属(*Clostridium*)、硫酸盐还原菌(sulfate-reducing bacteria, SRB)、变形菌门的 α 变形菌(alphaproteobacteria)和 β 变形菌(betaproteobacteria)、拟杆菌门(Bacteroidetes)和放线菌门(Actinobacteria)等都是常见的湖泛细菌群落(邢鹏等,2015)。古菌中的产甲烷古菌(methanogens)及甲烷氧化菌(anaerobic methanotrophic archaea)在厌氧分解有机质的过程中也发挥着重要作用(Xing et al.,2012)。甲烷属具挥发性的有机无味气体,对湖泛的致臭不产生贡献,但藻体生物质可在厌氧沉积物中被产甲烷菌微生物快速地转化成甲烷。当电子受体 SO_4^{2-}、Mn(Ⅳ)、Fe(Ⅲ)、NO_3^-存在时,甲烷可能成为关键的电子供体驱动生物质的降解。但是湖泛形成过程中发挥重要作用的梭菌、硫酸盐还原菌和产甲烷菌等微生物在实际湖体中是很充足的,因此对于湖泛形成而言,广泛存在于水体和底泥等介质的微生物并不构成湖泛形成的限制条件。

3) 湖泛的生消过程

湖泛的生消过程大致可分为4个阶段(图7.23),即(藻类或水草)生物聚积阶段、(水体)耗氧缺氧阶段、(湖泛)暴发成灾阶段和(水体)复氧消退阶段。各阶段特征可总结如下。

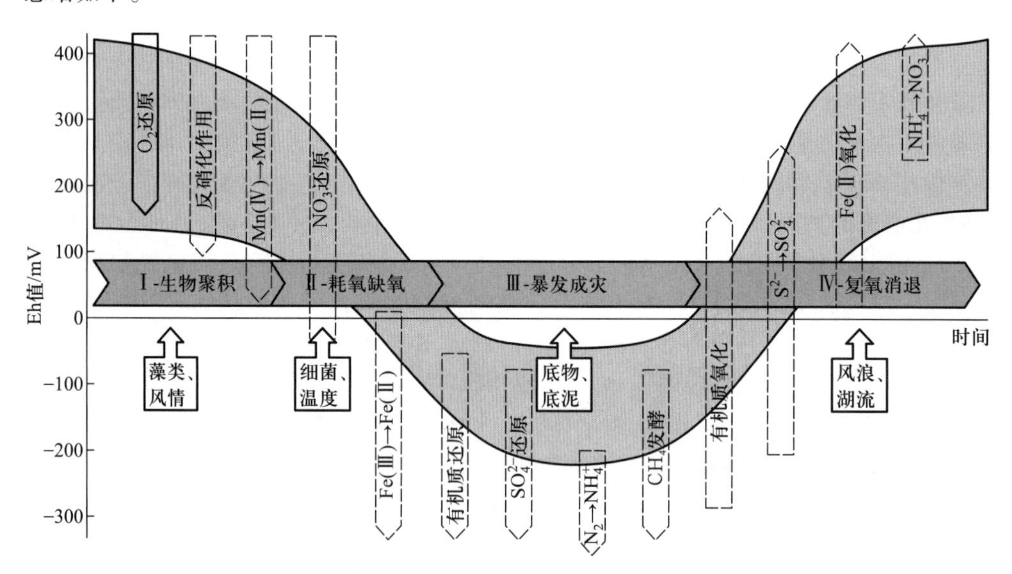

图7.23 湖泛生消4个阶段条件和相关氧化还原反应示意

(1) 生物聚积阶段

对于藻类而言,该阶段是指水华形成后,藻体主要在风力的推动下,向某一地形适宜的水域迁移和聚积;对大型水生植物而言,是指水草生长后在局部水域形成生物质的大量死亡和堆积。此阶段一般需要 10 天左右，长则 20 天短则数天。

（2）耗氧缺氧阶段

该阶段是指在适当高的水温调节下，以微生物对死亡生物体的耗氧降解为驱动，使水体依次并急剧出现厌氧和缺氧状态。这一阶段通常需要 1 天以上达到缺氧（DO<2 mg·L^{-1}），3 天以上达到厌氧环境，表观 Eh 值可伸展很宽范围（约 300 mV 到约 50 mV），主要条件为水温和参与的细菌。水温大致保持在 23.5 ℃以上，最常见时间段为春夏之交的水温上升期。参与此过程的微生物主要有以 DO 为电子受体的需氧性异养微生物，和对有机物催化氧化并伴随使非溶解性 Fe（Ⅲ）、不溶性 Mn（Ⅳ）和 NO_3^-分别还原为可溶性 Fe（Ⅱ）、Mn（Ⅱ）及 NH_4^+（→N_2）的各种兼性厌氧性微生物，并形成低浓度的含硫致臭代谢产物。

（3）暴发成灾阶段

该阶段是指水体在高度缺氧和高温环境下形成湖泛，暴发出以 FeS 为主要致黑金属硫化物和以含硫有机物为主要致臭物的黑臭"水团"，并普遍造成水域水质严重恶化和一些生物的死亡。这一阶段通常延续数小时至数 10 天不等，水体 DO 显示为 0 或<0.2 mg·L^{-1}，表观 Eh 值多在-20 mV 以下，主要物质条件为生物质底物和底泥，他们可持续和有效提供有机质和还原性致黑组分。参与此阶段的微生物主要为可催化有机物氧化的专性厌氧微生物（硫酸盐还原菌、梭菌、产甲烷古菌以及甲烷氧化菌）。由于水体 SO_4^{2-} 和有机质被快速还原以及 N_2 生成 NH_4^+，再加上底泥厌氧条件下对氮、磷的高强度释放，水体中致黑物（FeS）、致臭物以及以 COD、氨氮和 TP 为主要体现的水质指标出现历史高水平浓度区间，黑水团在水流和风的作用下，可做一定范围和距离的迁移。

（4）复氧消退阶段

该阶段是指水体在风浪和湖流等水文气象条件下，已发湖泛区水体因快速复氧、黑臭水团的迁移扩散等，水域内黑臭出现消退，并最终使水体水质得到恢复。这一过程通常需要数小时至 2~3 天，主要条件为风浪和湖流。随着生物质趋向耗竭，厌氧和兼性厌氧微生物在内部逐步失去活力，低 Eh 值越来越难以维系，Eh 值逐步上升；另外从外部分析，一方面湖泛所形成的黑水团，在水-气界面以及在外围边界上一直与外部（气、水）发生着氧的侵入和反侵入；另一方面，随湖流的动力牵引，部分或整体以扩散方式逐步跟随湖流离开原发水域。随着内部 Eh 值的上升和风浪、湖流促进下氧的快速输入，水体有机质含量大幅下降、底泥氮磷营养物释放减弱，使得依赖缺氧环境的致黑致臭物快速氧化直至散去消失。

7.5.3.2 黑浊水体遥感监测

蓝藻水华大量滋生堆聚于湖湾沿岸，腐败后沉降至底泥，泥-藻残体混合的高有机污染物释放出来的次生代谢物硫化物与底泥重金属污染相互作用，较易形成致黑物质，从而形成湖泛（阎荣等，2004）。湖泛发生形成的黑浊水体主要特点是水体比普通湖水浑浊，部分甚至呈现黑色，另外持续时间较短，变化较快，发生区域面积偏小，通常在 50 km^{2}以下。因此，在数据源的选择上，必须选择时间和空间分辨率都高的卫星传感器。在常用的卫星中，MODIS 时间分辨率较高，1 天可以重返两次，但由于空间分辨率最高只有 250 m，很难观测到黑浊水体。而我国自行研制发射的环境卫星 HJ-1A/B 系列，空间分辨率 30 m，两颗星组网后重返周期仅为 2 天。因此，环境卫星是当前较为理想的监测黑浊水体的数据源。

卫星接收到的信号中,90%来自大气的信息,因此必须进行大气校正后,才能获得真实的水体信息。针对环境卫星数据,采用基于 MODIS 气溶胶参数信息的环境卫星 CCD 数据二类水体大气校正算法确定黑水团水体在遥感影像上的光谱特征(李旭文等,2012)。光谱差异的分析显示,黑水团水体之所以出现黑色,是因为水体反射率较低,而且水体光谱比较平滑,与普通水体光谱特征差别较大(李佐琛等,2015)。另外,使用卫星数据进行水体浊度的动态监测,是由于浊度的变化带来了不同波段的反射率光谱的差异,例如在近红外波段处,水体的光学特性主要体现在纯水的吸收和悬浮颗粒物的后向散射,故用反射率的比值组合可以有效提取水中浊度变化的信息,实现浊度的反演,从而实现对蓝藻水华堆积等一系列黑臭水体的监测。

黑臭水体的卫星遥感监测技术 CCD 数据的大气校正算法主要包括大气分子和气溶胶散射计算,算法流程如图 7.24 所示。

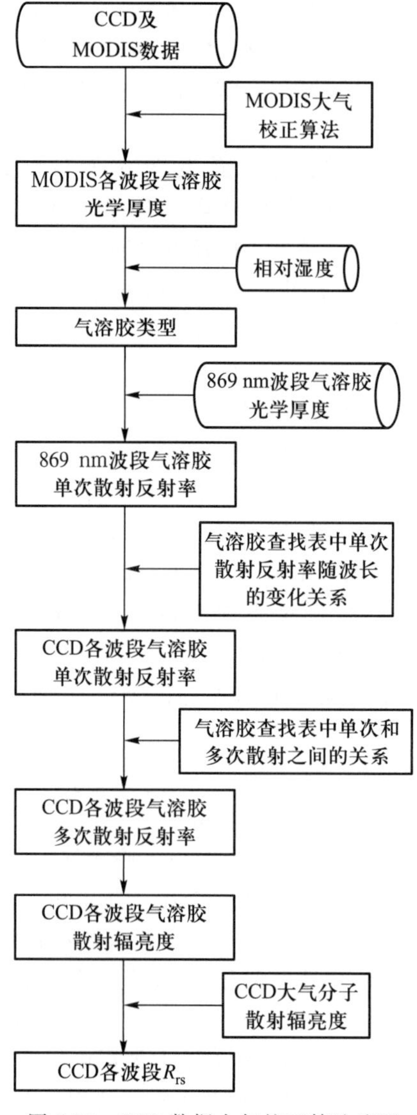

图 7.24　CCD 数据大气校正算法流程

黑水团与普通水体光谱特征差别较大，因此根据对光谱特征的分析，可以通过多波段加和的方法提取黑水团光谱特征，对阈值统计归类后，确定黑水团提取的阈值范围为 $\mathrm{sum}(b1+b2+b3)<0.4$，式中，$b1=495$ nm，$b2=550$ nm，$b3=680$ nm。

此外，对各波段进行积分处理变化后，波段出现新的特征，可以根据这个特征采用归一化植被指数（NDVI）等方法进行提取，对阈值统计归类后，确定黑水团提取的阈值范围为 NDVI<-0.65。NDVI=(NIR-RED)/(NIR+RED)，其中，NIR 为近红外波段反射率，环境卫星中可选取第 4 波段；RED 为红光波段反射率，环境卫星中可选取第 3 波段。

选取 CCD 的波段范围内任意两个波段的遥感反射率比值，与浊度进行相关分析，得到具有较高相关系数的波段组合主要集中于蓝波段、红波段和近红外波段。应用与实测浊度 NTU 同步的 CCD 传感器影像进行分析表明，浊度的对数 ln(NTU) 与波段比值两者呈现较好线性关系：

$$\ln(\mathrm{NTU}) = 4.23\times R_{\mathrm{rs}}(B3)/R_{\mathrm{rs}}(B2)+0.263\,9 \tag{7.37}$$

式中，$B2$ 为环境卫星中第 2 波段；$B3$ 为环境卫星中第 3 波段。使用该模型可以很好地进行浊度的动态监测。

7.5.3.3 湖泛灾害的应急处理与长效控制

浅水湖泊湖泛灾害的发生，深刻改变了湖泊环境生源性要素的地球化学循环过程，急剧加重了湖泊水体水质污染程度及进一步退化风险，严重破坏了湖泊生态系统稳定与平衡，不仅造成生态环境次生灾害，而且还能危害到人类社会水资源与水环境安全。在科学认识和掌握湖泛发生规律和形成机理的基础上，开展湖泛灾害的治理，具有重要的理论与实践意义。从本学科的专业角度出发，本书中所有有关湖泛灾害的治理方法与应对策略仅限于湖泊生态环境本身范围，社会经济领域对应策略不在本书讨论范围之内。

从湖泛治理的时效性上来讲，湖泛的治理可以分为应急处理与长效控制两大类。湖泛灾害的应急处理是指在湖泛灾害发生后，应用相应工程技术手段暂时消除或减轻水体黑臭。而湖泛的长效控制是指在湖泛发生敏感水域，应用相应的工程技术手段，人为切断湖泛暴发的物源供应基础，在水环境中形成不利于湖泛暴发的环境条件，从而长期抑制和阻止湖泛的发生。应急处理与长效控制两者既有共同点，又有不同点。共同或相似点体现在治理策略上，主要有以下三点：第一，治理目的相同，即两者都是通过工程技术手段，达到减轻湖泛灾害程度或暴发的治理目的；第二，治理思路相似，两者均以恢复水体溶解氧或保持水体溶解氧为治理湖泛水体的根本思路；第三，治理手段性质相同，当前湖泛应急处理或者长效控制均以物理和化学技术手段为主，未见生物处理手段。但就治理的具体方法上，应急处理和长效控制有明显的区别：第一，治理对象状态不同，前者的治理对象为湖泛已发生后的受污染水体，而后者的治理对象为未发生湖泛的湖泊水体；第二，治理目标不同，前者的治理目标是消除湖泛水体的黑臭问题，而后者的治理目标是通过工程技术手段阻止湖泛一系列问题的全面暴发；第三，治理侧重点不同，前者的治理侧重于水体而且只限于水体，后者的治理侧重于底泥且有时兼顾水体和积聚藻类。应急处理和长效控制都是湖泛灾害治理的重要组成部分，前者治湖泛之灾、后者防湖泛成灾，前者治应急之表、后者除成灾之本，在湖泛灾害治理过程中，两者互相补充缺一不可。

从湖泛治理的本质上来说，无论是应急处理还是长效控制，两者都要正确把握湖泛发生的科学机制，遵从湖泛治理的基本共同原则，从而开展有针对性的治理与防控。

1）湖泛治理的基本原则

浅水湖泊湖泛的基本特征为水体视觉上发黑、嗅觉上发臭、水体 DO 含量接近于 0 mg·L^{-1}、且 Fe^{2+} 和 $\sum S^{2-}$ 含量高。因此，消除视觉上的黑、嗅觉上的臭、提升水体 DO 含量从缺氧/厌氧至有氧/好氧水平、降低水体 Fe^{2+} 和 $\sum S^{2-}$ 含量，是消除湖泛的基本要求。在上述基本特征中：水体 Fe^{2+} 和 $\sum S^{2-}$ 含量高是湖泛水体致黑的根本原因；水体 DO 含量长期维持在缺氧厌氧水平是湖泛发生的主要环境影响因素；水体发黑发臭是湖泛发生后的直接表现。因此，一般认为，水体发黑发臭是湖泛现象之表，而水体 DO 含量低、Fe^{2+} 和 $\sum S^{2-}$ 含量高是湖泛发生之本。所以，从湖泛治理的角度来说，治本是根本，即提升水体 DO 含量从缺氧/厌氧至有氧/好氧水平或防止水体 DO 含量从有氧/好氧降低至缺氧/厌氧、降低水体 Fe^{2+} 和 $\sum S^{2-}$ 含量或防止水体 Fe^{2+} 和 $\sum S^{2-}$ 含量升高，是消除和预防湖泛发生的根本要害所在。

然而，湖泛的发生是湖泊水体、积聚藻类或其他大规模死亡生物质以及底泥共同作用的结果。水体从有氧/好氧向缺氧/厌氧的转变是湖泛发生的必经过程。DO 的持续减少会造成氧化还原状态改变，并导致表层沉积物中 S、Fe 等环境敏感元素的赋存方式发生变化，而这两种元素被认为和湖泊黑水及湖泛水体致黑紧密相关。当低氧现象持续且有机质和营养盐在沉积物中积累后，最终会形成缺氧状态且产生 H_2S 类物质。沉积物-水界面的缺氧以及表层沉积物的还原态环境还促使 Fe 的氢氧化物向间隙水中释放及溶解，并在铁还原细菌的作用下产生 Fe^{2+} 积累的现象。因此，沉积物-水界面理化性质的变化会对湖泛的酝酿及暴发产生影响，普遍认为浅水湖泊湖泛暴发的两个关键指标为水体 DO 和表层沉积物。

因此，湖泛的治理一定是从多方面入手，才能形成行之有效的治理方法，达到科学治理与防控的目的。湖泛的具体承载对象为水体，然而水体本身是湖泛发生的承受者。而诱发湖泛的直接物质条件为大量积聚的藻类或其他大规模死亡生物质和湖泊底泥，前者是水体 DO 降低的直接原因，后者则是水体 Fe^{2+} 和 $\sum S^{2-}$ 含量升高的直接供应者。当消除其暴发的诱因和切断致黑的物源供应基础后，湖泛的消除和预控目的就自然达到了。因此，当前湖泛治理技术以提升水体 DO 和减轻底泥污染为主要抓手。相应地，依据治理原理的不同，可将湖泛的治理技术分为两大类：① 针对 DO 提升或防止 DO 降低的增氧技术，如曝气、环境材料投加和蓝藻打捞；② 针对削减底泥污染和 Fe^{2+}、$\sum S^{2-}$ 供应的底泥污染消除技术，如底泥疏浚。

湖泛的应急处理有曝气增氧、应急材料投加两种工程技术手段。从长效控制的角度来看，就是要保证：第一，水体 DO 含量较高，水体不发生缺氧现象；第二，表层沉积物氧化还原条件良好，不发生大规模 Fe、S 还原现象。因此，目前主要被应用的湖泛长效控制技术有水体曝气增氧、环境材料投加、底泥疏浚和蓝藻打捞。

2）湖泛治理的主要技术与手段

（1）水体曝气增氧

DO 是影响湖泛发生的重要环境因子，水体尤其是水底边界层 DO 的缺失对湖泛的发生具有根本性的影响。在太湖湖泛水域，DO 绝大多数情况处于厌氧（≤2 mg·L^{-1}）状态，使得鱼类要么逃离要么死亡；在湖泛严重水域 DO 多低于 0.1 mg·L^{-1}，此时壳类和软体生物已难以存活，这也就说明，人们为何在湖泛现场可观察到大量死亡的泥鳅。

缺氧环境甚至对微小生物的组成和时空分布都可能构成影响。另外，无论藻体聚积区还是发生藻源或草源性湖泛水域，湖泛形成的缺氧都会造成水质的严重恶化，其中 COD_{Mn}/COD_{Cr}、TP、TN 和 NH_3-N 等参数往往达到历史异常水平。因此，利用曝气增氧的工程技术手段，在湖泛发生敏感水域恢复和维持水体 DO 含量，是定点预防湖泛暴发的重要预控措施。

水体曝气增氧的作用主要体现在：① 水体的纵向和横向循环将水体底层低溶解氧的水提升到表层形成表面流，表面流的形成使表层水体不断更新，不仅有助于改善水体的表面张力，而且提高了水-气界面的氧浓度梯度，加快了大气复氧速度和效率。② 系统的运行消除了水体中的 DO 分层现象，将中下层 DO 的含量提高数倍，使 H_2S、FeS 等厌氧分解产物降低，取而代之的是好氧分解产物 CO_2、H_2O 和硫酸盐，水体黑臭现象消失。

（2）环境材料投加

环境材料，又称环境友好型材料，是指既能满足材料使用性能又同时具有良好的环境协调性的一类材料的总称。其主要特征是无毒无害，减少污染，具有较高的效率等。在水污染治理中，环境材料已经得到了较为广泛的应用。湖泛发生的过程时间较短，发生地点、发生时间以及持续时间等等受外界环境条件的影响，往往不是人力所能控制的。曝气效果虽也较为理想，但由于其相对的不可移动性，机动性不足，而环境材料可以很好地弥补这一不足。已研究出的可用于水体修复与治理的环境材料主要有黏土或改性黏土材料、天然高分子絮凝材料以及氧化型材料。

中国科学院南京地理与湖泊研究所应用投加高铁酸钾复合材料的方法取得了较好的实验室效果，可达到同步提升氧化还原状态与消除嗅味物质的目的。高铁酸钾材料能够有效地促进湖泛厌氧水体的氧化还原电位迅速提升，氧化去除水体中的含硫嗅味物质。同时高铁酸钾与水反应的产物氢氧化铁能够起到絮凝沉降颗粒物以及吸附水体中磷酸根的作用，而黄土等黏土材料仅通过物理吸附作用对水体色度和营养盐等有一定程度的改善。

（3）底泥疏浚

底泥疏浚是水环境综合治理中经常被应用的工程技术措施。通俗地讲，就是将受污染或者风险较大的底泥从水底河床/湖床中移除外置，从而达到减少水体底泥内源污染的问题。与未疏浚底泥相比，将湖泛易发区底泥疏浚 20 cm 可有效抑制湖泛的发生。

疏浚处理后，上覆水 Fe^{2+} 含量明显高于对照组，在整个湖泛模拟期内始终维持在较低的水平，并未呈现出典型的上升趋势。与此相比，未疏浚样品中，上覆水 Fe^{2+} 含量在湖泛暴发前急剧升高，并在湖泛暴发时达到峰值。同时，上覆水 $\sum S^{2-}$ 含量也呈现类似的变化趋势，经疏浚处理后其含量在整个湖泛模拟期内始终维持在较低的水平，而未疏浚样品中上覆水 $\sum S^{2-}$ 含量在湖泛暴发的第 26 天前后急剧升高，从而为湖泛的形成提供了重要的物质基础。因此，疏浚处理组有效地控制了上覆水中 Fe^{2+} 和 $\sum S^{2-}$ 含量的增加趋势，从而减少了湖泛致黑物质形成的风险（图 7.25）。

底泥疏浚处理且新生界面稳定形成后，沉积物-水界面 DO 渗透深度较深，SO_4^{2-} 还原作用被强烈抑制，沉积物-水界面 $\sum H_2S$ 产生速率缓慢且无法在表层积累，同时沉积物及间隙水中 Fe^{2+} 含量明显较低，表层沉积物不具备湖泛暴发的环境条件及物质基础，从而有效切断了致黑物质产生的物源供应，从源头上抑制湖泛的发生（图 7.26）。

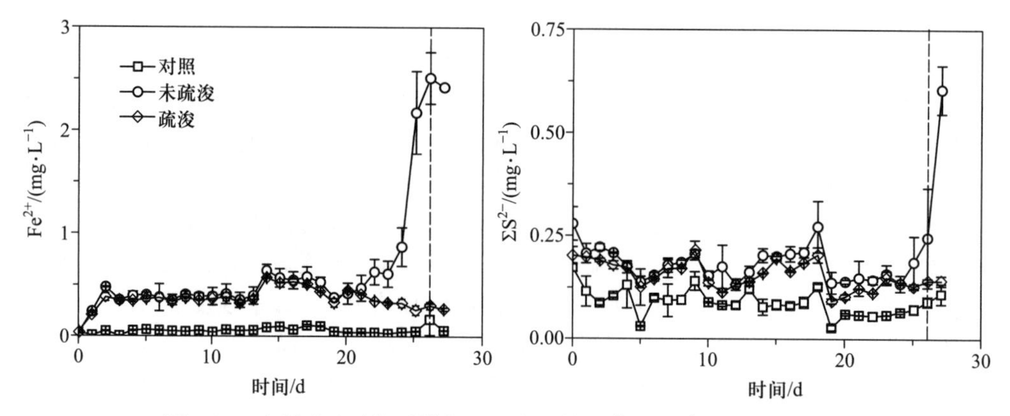

图 7.25　底泥疏浚后湖泛模拟过程中水体 Fe^{2+} 和 $\sum S^{2-}$ 含量变化特征

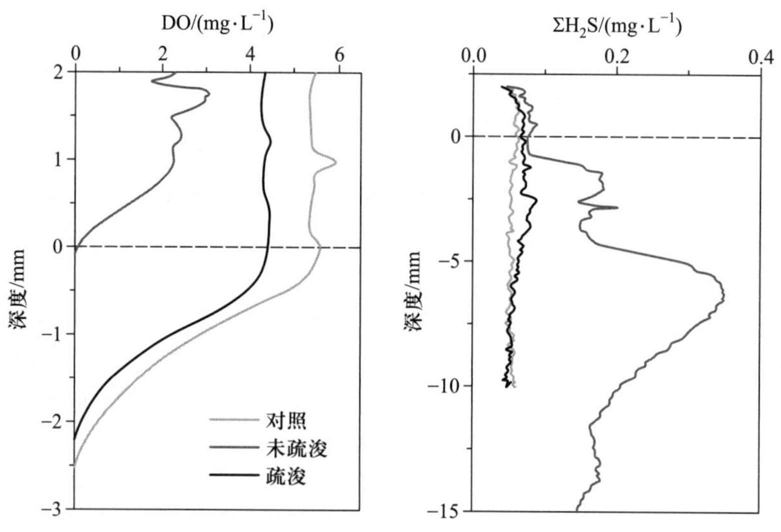

图 7.26　沉积物不同处理方式后沉积物-水界面 DO 和 $\sum H_2S$ 剖面特征。其中，对照和疏浚处理未发生湖泛，未疏浚处理发生湖泛

（4）蓝藻打捞

浮游植物大量积聚死亡后耗氧分解，是造成浅水湖泊水体 DO 下降的主要原因。湖泛的暴发也被认为是重度富营养化湖泊及大规模有害藻类水华发展到极端阶段的一个产物。因此，在这类湖泊中，有效开展积聚藻类打捞，避免藻类积聚后大规模死亡进而引发水体缺氧是预防湖泛发生的一个重要途径。

7.6　湖泊生态修复与调控

7.6.1　湖泊生态修复与调控的概念及内涵

7.6.1.1　湖泊生态修复

湖泊生态修复的兴起与发展源自湖泊的水质恶化、水体富营养化、藻类大量增殖以及沼泽化现象，湖泊资源利用价值和生态系统服务功能下降。湖泊生态修复属于恢复生态学范畴，是 20 世纪 70 年代发展起来的现代应用生态学的分支。国际上较早的研究就已经涉及削减水体氮磷营养盐(Vollenweider,1968;Ryding,1978)、沉积物内源负荷(Ryding and Forsberg,1977)、流域污水分流改道(Edmondson,1970)、外源磷的临界值(Vollenweider,1976)、沉积物氧化(Ripl,1978)、水位调控(Richardson,1975)以及对湖泊修复项目的总结与评述等方面(Bjork,1972)。我国较早的湖泊生态修复研究是20世纪80年代初的杭州西湖水生植被恢复(陈洪达,1984)、中国科学院南京地理与湖泊研究所在苏州黄天荡葑门塘开展的凤眼莲污水资源化生态工程(郑师章等,1987;颜京松,1986)以及90年代太湖五里湖的生态修复(李文朝,1996)和浅水湖泊生态系统的多稳态理论探讨(李文朝,1997)。

近50年来,随着人类活动加剧、全球气候变化与湖泊生态系统退化,湖泊生态修复引起学术界广泛重视,得到迅速发展,并成为生态学领域的研究热点。湖泊生态恢复研究早期主要依据生态学中的演替理论,研究的是生态系统退化的原因、机理及其生态学过程(许木启和黄玉瑶,1998;秦伯强等,2005;Cairns,1991)。

与生态修复相关的术语很多,常见的主要有:恢复(restoration 或 recovery)、改造(reclamation)、调整(remediation)、再植(revegetation)、修复(rehabilitation)、重建(reconstruction)、持续发展(sustainable development)和栖息地改善(habitat mitigation)等(Bradshaw,1983,1997;Buckley,1989;Diamond,1985;Jordan et al.,1987;Johnson and Bradshaw,1979;Wali,1992)。这些术语的共同之处是都包括"恢复与发展"的内涵,使原来受到干扰或者损害的系统恢复后生态系统服务价值增加,能够持续发展,并为人类所持续利用(丁运华,2000)。

湖泊生态修复强调系统结构的恢复,其实质是生态系统功能的恢复(Bradshaw,1983)。Cairns(1991)等将生态修复的概念定义为:恢复被损害生态系统到接近于它受干扰前的自然状况的管理与操作过程,即重建该系统干扰前的结构与功能及有关的物理、化学和生物学特征(Diamond,1985;Pickett et al.,1994;Dobson et al.,1997;朱震达等,1998)。目前,生态修复中的"修复"普遍用"恢复"一词,已不仅是指恢复到原先状态,而是泛指包括修复、重建、整治、复垦等在内的所有活动。

7.6.1.2 湖泊生态调控

狭义的生态调控(ecological control 或 ecological regulation)与上述生态修复含义接近。生态修复强调以生物为核心的生态系统的结构与功能的恢复,而生态调控则偏向于以生态系统服务价值提升为目的的系统结构与功能修复与管理,主要通过物理、化学、生物、工程等方法,着力恢复湖库生态系统生物链,完善水域生态系统结构,增强水体的自净能力和生态系统对干扰的抵抗力,促进水域生态系统的良性循环。广义的湖泊生态调控还包括为保证湖库生物栖息地完整性的生态水文过程调控,内容涵盖水量、水位及水位变幅节律的调控。

湖泊生态调控需要在湖库生态安全评估的基础上,深入分析湖库生态安全问题,明确产生生态与环境问题的原因,选择对症的技术方案或技术组合方案实施调控,并评估调控技术的目标可达性及生态安全性。采取措施的过程中,应对水体进行跟踪式的生态监测,及时修改调整方案。

湖泊生态调控所涉及的对象范围较为宽泛。考虑到大型湖库的水生态系统特征的空间异质性,生态调控建议以湖库特殊生境如湖滨带、敏感水域(如鱼类栖息地、产卵场、洄游区等和饮用水源保护区)、浅水区、水华高发区为调控重点。生态调控核心指标主要选取饮用水源达标率、天然湖滨带/消落带长度比例、浅水区水生植被覆盖度、鱼体残毒监测达标率、水华暴发频率和水生生物多样性，用于反映湖库饮用水源、栖息地、生态系统健康和水产品等服务功能的改善要求；参考指标为湖体水质达标率、湖体营养状态指数、湖体浮游植物多样性指数、渔业产值等（郑丙辉等，2014）。

7.6.2 湖泊生态修复与调控的机制及方法

7.6.2.1 浅水湖泊稳态转换 (regime shift)

在欧洲和北美湖泊研究与恢复中发现，湖泊中存在多种不稳定状态或两种稳定状态。Scheffer 等（1993，2001）以及 Scheffer 和 Jeppesen（1998）提出了“浅水湖泊稳态转换理论”，指出生态系统存在多个稳定状态，浅水湖泊在一定营养条件下（$TP<0.05\sim0.15\ mg\cdot L^{-1}$）（图 7.27）水体可能处于两个不同的典型状态，一个为浮游植物占优势的“浊水态”，另一个为沉水植物占优势的“清水态”（Scheffer et al.，1993，2001；Scheffer and Jeppesen，1998）（图 7.28）。

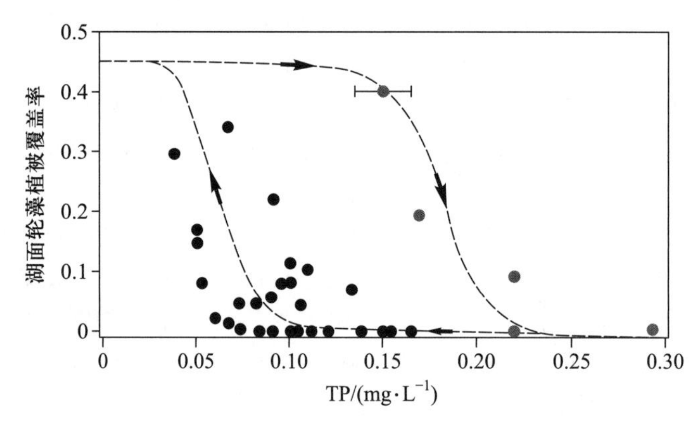

图 7.27 随水体磷浓度减少 Veluwe 湖轮藻植被增加的滞后响应。灰点代表 60 年代末至 70 年代初，随磷增加植被下降的趋势；黑点表示 90 年代水体营养减少后植被逐渐增加的情况

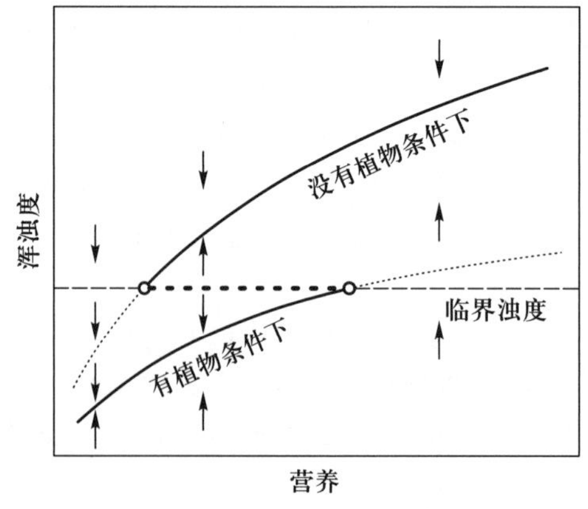

图 7.28 浅水湖泊稳态转换模型：① 浊度随营养水平上升而上升；② 沉水植物降低浊度；③ 当超过临界浊度，沉水植物消亡

当湖泊生态系统受到随机事件干扰(即条件,通常为营养水平),如果所产生的干扰力(perturbation)未超出系统内部抵抗力(resistance)或恢复力(resilience),原系统波动不大,仍然处于原状态;当系统被不断干扰,条件发生大的变化,系统内部抵抗力或恢复力变小,较微弱的干扰力就使系统状态发生转变(Scheffer et al.,2001)。

这个稳态转换理论阐明了当受到外界干扰(如含磷废水不断排入),水体 TP 浓度超过 0.15 mg · L^{-1}时,藻类大量繁殖,水体透明度急剧下降,维持水体处于清水状态的沉水植物消失,使湖泊水体跃变至浑浊状态。人们要想使湖泊向水质好的清水状态发展,就必须采取一系列削减营养物质的措施。例如在欧洲温带浅水湖泊中,水体磷浓度减低至 0.05~0.08 mg · L^{-1},才有可能实现转变(图 7.27)。由此可见,稳态转换理论对于富营养化湖泊的生态恢复具有重要的指导意义,其中削减水体营养盐(尤其是磷)至关重要。

7.6.2.2 经典生物操纵、上行与下行效应及营养级联学说

Cook 等(1993)认为,最早观察到鱼与浮游动物关系的可能是 Caird(1945),他观察到放养大嘴鱼后抑制了浮游植物生长。但对食物网内部联系的深入了解开始于 20 世纪 60 年代。1961 年,Hrbáček 等(1961)提出,浮游动物的生物量不仅是营养负荷的反映,而且取决于鱼的存在,因为某些鱼类能够降低浮游动物的生物量,转而引起浮游植物生物量的提高。4 年以后,Brooks 和 Dodson(1965)发现,鱼的捕食能够使浮游动物向小型个体和种类转变。其后,Hall 等(1976)提出了"体型-效率假说"(size-efficiency hypothesis)增加人们对食物网关系的认识(Gulati and van Donk,2002;刘春光等,2004)。

1975 年,Shapiro 等提出了生物操纵(biomanipulation)术语和方法,即通过去除滤食性鱼类(planktivore)或放养肉食性鱼类(piscivore)降低滤食性鱼类的数量,使浮游动物的生物量增加和体型增大,从而提高浮游动物对浮游植物的摄食效率,降低浮游植物的数量。这种方法也被称作食物网操纵(food-web manipulation)。这个方法开始是作为湖泊工程性措施(换水、沉积物疏浚)削减营养的补充手段而被提出,之后,大量中尺度和全湖性湖泊恢复试验对生物操纵理论进行广泛测试(Benndorf et al.,1988;Gulati et al.,1989;Cook et al.,1993;Mortensen et al.,1994)。通过调控减少或去除滤食性鱼类,消除或减小浮游动物被捕食压力,增加水体浮游动物生物量,浮游动物群落转换至大体型种占优势状态,从而压制水体浮游植物生物量增长,导致水体短期或长期处于清水状态。第一次国际生物操纵大会对此类生物操纵研究进行详细总结(Gulati et al.,1989;Gophen,1990;Lammens et al.,1990;Benndorf,1990)。

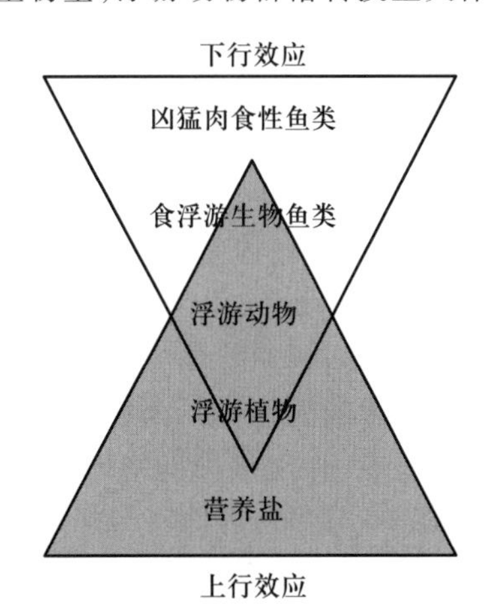

图 7.29 上行与下行效应理论

根据大型生态系统模拟结果,McQueen 等(1986)提出著名的"营养衰减理论",也称为上行与下行效应(top-down/bottom-up effect)(图 7.29)。该理论认为,每一营养级的最大生物量是由下一级营养水平所决定的,处于上层的捕食者数量受下层食物资源控制,浮游植物生物量是由上行效应(力)与下行效应(力)共同决定的,而非营养物质单独决定(McQueen,1990;DeMelo et al.,1992)。Carpenter

和 Kitchell(1988)进行的长期食物网操纵证明了类似现象。这个理论同时指出,在富营养湖泊中,营养链自上向下传递时有强烈衰减,处于下层的浮游动物对藻类控制作用较弱,而寡营养湖泊的营养链向下衰减较小。

Carpenter 等(1985)以及 Carpenter 和 Kitchell(1992,1993)提出了"营养级联相互作用"(trophic cascading interaction)的概念。其主要观点是,食物网顶层的生物种群的捕食压力通过选择性捕食在营养级中自上向下传递,对初级生产力产生较大影响。DeMelo 等(1992)总结了 118 个水体对生物操纵的响应结果认为,下行效应在浮游动物与浮游植物营养级是较弱的,近 80%的现场研究案例不响应这个理论或响应不确定,并在此基础上对此理论作为湖泊恢复与管理的工具进行质疑,认为不应该过度推断自然现象。Carpenter 和 Kitchell(1992)对 DeMelo 的质疑进行了回答,指出"营养级联"不是单因素理论,生态系统中生物间关系是复杂的,有时是非线性的。Gulati 和 van Donk(2002)认为,DeMelo 分析的案例中有些是较深的湖泊,可能是造成分析结果出现偏差的原因。Benndorf 等(2002)也将不成功的生物操纵归因于较深的水体有高含量的磷元素导致藻类维持较高的生物量。Hansson 等(1998)则对生物操纵持肯定态度,他认为生物操纵技术不仅可以作为湖泊恢复管理工具,而且其前景是乐观的和经济可行的。

Carpenter 和 Kitchell(1988)对研究进展进行了总结认为,湖泊恢复管理者和渔业生物学者不应该把生物操纵理论作为改善水质的信条,生物操纵理论依据还不充分,需要更多不同地区湖泊现场研究来丰富和充实。凶猛肉食性鱼类的下行效应对浮游植物生物量的减少影响机理并不很明确,不应把其作用完全归功于凶猛肉食性鱼类的调控,因为多数研究案例表明,在浮游植物下降的同时,水体营养和滤食性鱼类也同时下降,没有直接的肉食性鱼类引起浮游植物下降的证据;而且,在有滤食性鱼类和肉食性鱼类的湖泊中,叶绿素 a/TP 的回归斜率低于只有滤食性鱼类的,这隐含着,在缺乏肉食性鱼类的条件下,浮游植物随营养下降有较大的减少。但是,支持营养级联理论的研究则表明,不论水体 TP 高低,放养肉食性鱼类的湖泊其浮游植物生物量均较低(Jeppesen et al.,1990;Gulati et al.,1989;Gulati and van Donk,2002)。

综上所述,生物操纵理论仍存在较大争议。近年来的研究阐述了生物操纵效果受气候条件影响较大,在温带湖泊中其响应较为显著,而亚热带和热带湖泊由于生态系统结构更为复杂,响应效果较弱(Chen et al.,2009)。

7.6.2.3 非经典生物操纵(鲢、鳙鱼控藻)

滤食性鱼类,诸如鲢、鳙鱼,主要以滤食浮游生物为生,因而它们直接可以作为生物操纵工具来控制夏季藻类生长,特别是体形较大的蓝藻。在我国最著名的例子是武汉东湖,70 年代出现大量蓝藻水华,但至 1985 年蓝藻突然消失,并在以后的 14 年中没有再出现大规模蓝藻水华暴发。经过 1989—1992 年在东湖的现场围隔试验,刘建康和谢平(1999)阐述了武汉东湖蓝藻消失是鲢鱼摄食造成的,并指出在水体中放养鲢、鳙鱼的密度达到 50 $g \cdot m^{-3}$时,可以控制蓝藻水华发生。Xie(1996)提出,在东湖水质保持现状情况下,鲢、鳙鱼放养密度超过 40~50 $g \cdot m^{-3}$时,水华可以得到有效遏止。Crisman 和 Beaver(1990)支持这一观点,认为在热带和亚热带地区枝角类种类较少,而且体型也小,滤食性鱼类是更为合适的生物操纵工具。类似现象也被国外许多学者观察到(Datta and Jana,1998;Starling and Rocha,1990;Starling,1993;Starling et al.,1998;Radke and Kahl,2002),研究地区包括欧洲、南美洲和亚洲。

在国内外大量研究与实践的基础上,谢平(2003)总结了非经典生物操纵技术原理,即利用营养级上下级相邻的鲢、鳙鱼控制藻类,其技术的核心是控制过量繁殖的藻类,特别是水华蓝藻。鲢、鳙鱼生长速度快,易于捕捞,通过捕捞可以从水体中移出营养盐。据谢平估算,东湖年平均投入鱼种含 TN 9.6 t、TP 1.8 t,但成鱼捕获仅带出 TN 48 t、TP 8.8 t。

除了武汉东湖,巢湖渔业管理委员会也采取大量放养鲢、鳙鱼的措施,取得了显著除藻的效果,并将这些鱼类称为"食藻鱼"(刘建康和谢平,1999)。在超富营养的云南滇池利用此技术实施了大规模的控制蓝藻计划,但未取得理想效果。有些学者持不同观点:大型浮游植物被大量滤食后,减少了微小浮游植物的养分竞争,而微小种类的繁殖能力较强,其生物量往往会上升甚至取代大型种类,有时浮游植物的总生物量也因此而增加(李春雁和崔毅,2002)。此外,鲢鱼仅能消化利用所滤食藻类的一小部分,其余部分则以粪便形式进入分解环节或被鲢鱼等重新滤食。一些营养物质直接以浮游植物可利用的化学形式排出鱼的体外,使水体发生营养元素的"短路"现象,而营养物质在低层次上流通量的增加会促进浮游植物总生物量的提高(董双林,1994)。

由此可见,利用鲢、鳙鱼作为生物操纵手段还存在一些争议(Starling et al.,1998)。Radke 和 Kahl(2002)认为,鱼的放养密度、初始状态浮游动植物种类组成以及温度变化(Starling et al.,1998;Fukushima et al.,1999;Datta and Jana,1998)也是造成结果不一致的原因。从成功的案例看,控制的对象主要是微囊藻(*Microcysis* sp.),对于小型藻类的去除效果不明显(Herodek et al.,1989;Dong and Li,1994;Vörös et al.,1997)。利用大型溞类(*Daphnia* sp.)来削减富营养湖泊中的藻类在温带气候下较为普遍,主要因为溞类有高效的群落滤食率(Sterner,1989)。但是,如果夏季温度较高,浮游动物不能维持较高的生物量(Horn and Horn,1995),或者气候条件(热带)本来就使大型浮游动物缺乏(Nielssen,1984;Radke and Kahl,2002;谢平,2003),浮游植物群落从小体型转变为不适合浮游动物摄食的大型藻类或单细胞藻类聚群(孔繁翔和高光,2005;杨州和孔繁翔,2005),植食性浮游动物被鱼类、无脊椎动物捕食(Gliwicz and Pijanowska,1989;Reynolds,1994;Benndorf,1995;Drenner and Hambright,1999),采用鲢、鳙鱼去除此类藻类可能是有效的(Radke and Kahl,2002)。

对于以小体型浮游植物为优势的水体,鲢鱼的控制效果不显著。80 年代后期,在德国的水库采用鲢鱼控制藻类,改善水质,结果夏季浮游动物大量减少(浮游动物群落主要是由 *Daphnia galeata* 构成),而浮游植物生物量却没有显著降低(Horn and Horn,1995;Radke and Kahl,2002)。实际上,鲢鱼有时对减少浮游植物总生物量是无效的(Miura,1990;Lieberman,1996;Wu et al.,1997),原因之一是已证明其不能有效地滤食 <10 μm 的颗粒物质(Herodek et al.,1989;Smith,1989;Dong and Li,1994;Vörös et al.,1997)。其次,鲢鱼的长期放养也可能促使浮游动物小型化,也降低了对藻类的捕食压力。鲢鱼的大小选择性捕食和鲢鱼存在的化学信号可能导致基因型或表现型发生变化而引起溞类个体小型化(Pace et al.,1984;Stibor,1992;Lampert,1993)。

综上所述,采用鲢、鳙鱼或大型浮游动物来控制藻类生长的方法,因气候、地区、被控制水体浮游动植物本底个体大小与种类组成等条件的不同而各有利弊,因此,进行湖泊恢复与富营养化控制时要因地制宜,分别对待。例如,鲢、鳙鱼主要用来控制热带与亚热带湖泊的夏季蓝藻生长,大型浮游动物的方法则主要用来降低温带湖泊藻类生物量。也可以有机整合这两种技术措施,对于有条件的水体,可以考虑在藻类堆积区域放养大量鲢、鳙鱼,而在敞开水域放养凶猛性鱼类和建立沉水植被,利用浮游动物减少春季藻类生物量,改善水下光照条件,有利于沉水植被的建立,实现包括夏季在内的良好水质状态。Smith(1993)建议,利用一系列组合池塘来发挥鲢、鳙鱼与浮游动物各自的优势,降低水体的藻类生物量。此外,值得一提的是,根据长期野外现场观察,鲢、鳙鱼控藻技术适用的水面不宜过大,水面太大会带来管理方面的诸多困难,如太湖五里湖生态重建试验区的试验取得较好的效果,面积为 625~60 000 m^2。

7.6.3 湖泊生态修复与调控总体思路与基本原则

湖泊水环境保护与生态修复是一项系统工程,在复杂的修复工作中确定总体思路是最为核心的任务。

7.6.3.1 湖泊生态系统修复总体思路

首先需要确定湖泊修复目标。湖泊生态系统修复目标是通过一系列保护与调控措施将已经退化的水生态系统修复至能够长期维持清水稳态的水平,弥补已退化的不合理的生态系统结构,包括栖息地生境、环境理化条件、生物结构,减轻负面影响程度,恢复生态系统原有功能,使生态系统具有更高的生态忍耐性。也就是说,通过模仿一个自然的、可以自我调节的并与所在区域完全整合的系统,从而最大限度地减缓水生态系统退化的程度,使系统恢复到可以接受的、能长期自我维持的、稳定的状态水平,通常不可能也不需要使退化的水生态系统退回到原始状态。

湖泊生态系统修复主要强调两个方面内容:一是强调生态系统服务价值的修复,通过修复措施尽可能地排除干扰并使人类的负面影响降低到最低限度;二是尽可能地使受损的生态系统结构和生态功能恢复到接近干扰前的状态。

湖泊作为一类开放生态系统,与外界复杂的环境因素变化有着紧密联系,引起其退化的原因也是复杂而多样的,不同的湖泊退化原因与程度也具有一定的差异,所采取的修复措施也应该具有针对性,通常采用“一湖一策”。

湖泊修复面对的是一类生态系统,其治理与修复策略要在生态系统层次上通盘考虑,各单项技术措施之间需有机联系,强调配套技术整合,并以“生态系统方法”修复系统内部优化的生物结构、高效的生态功能和协调的内在关系,实现湖泊整体生态修复,修复其生态系统完整性。因此,湖泊生态修复具有系统性、复杂性和艰巨性。

浅水湖泊生态修复过程通常包括:① 在修复对象生态环境问题科学诊断与受损前的背景分析的基础上,确定修复目标与方案,最大限度降低人类活动干扰程度;② 削减和控制污染源(包括外源和内源),降低湖内水体污染负荷;③ 修复湖滨带浅水区基底条件和生物栖息环境,重建干扰前的物理环境条件,改善水体和土壤化学状况;④ 采用生物操纵措施,去除具负面影响的生物组分,增加生态系统恢复力,引入与恢复已消亡的土著动植物物种,建立水生植物群落,增加生物多样性和系统稳定性。需要指出的是,首先,由于人类对自然生态系统演替规律的认识还相当匮乏,在进行湖泊修复时,所采取的干扰力度不宜过大,非自然水域生态系统组分与来源的物种(如化学药物和陆生物种)尽量少用与引入,除非作为应急辅助和临时性措施;其次,生态系统具有自我设计与组织能力,顺应自然力去调控引导,而不是肆意干扰与扭曲,要以采用生态手段为主。应该强调修复不是简单的生态系统搭建,而是恢复与结构相应的系统内在的协调功能,并能够长期自我维持系统稳定。

此外需要强调的是,控制与削减外源性营养物输入是湖泊生态系统修复及水体变清的关键手段,也是保证生态修复成功的前提。许多研究表明,即使外源污染被削减,湖泊并不一定得到有利的响应,而是出现响应滞后现象,主要是由高营养负荷期间积累在沉积物中的磷释放所引起的,其次是不健全的生物结构造成的,大量浮游动物食性的鱼类和底层鱼类阻碍湖泊修复进程,需要开展鱼类结构调控。

在浅水湖泊中,大型沉水植物对生态系统的动态变化有着重要影响,是水体处于清水状态的关键因素。Hosper 和 Meijer(1993)提出,沉水植物对保持长期稳定清水状态有极重要的作用。水生植被的恢复应该从沿岸带着手,先恢复湖滨浅水区生物栖息地与健全湿地功能,再利用食物网调控或上行/下行效应以及其他改善水质措施来调节敞水区生物结构与水环境条件,逐步扩大和发展水生植被覆盖区域,增加生物多样性,达到最终生态修复目的。荷兰在经历了 20 多年的湖泊修复后,将重点放在湖岸带浅水区的修复与保护,通过水位调节来修复和发展半水生生态系统,同时强调在人工调控下启动生态系统自然修复进程。

7.6.3.2 湖泊生态系统修复基本原则

湖泊污染和生态退化的成因、作用方式和影响程度存在很大差别,因此,修复的目标、层次也不同,也很难有统一的标准,但需要遵循共同的基本原则。生态修复与重建的原则一般包括自然法则、社会经济可持续原则、地域性原则、生态系统学原则、最小风险原则与效益最大原则、美学原则等(章家恩和徐琪,1999;任海和彭少麟,2002)。

自然法则要求在实施修复计划时尊重科学规律,如基础生态学中限制因子理论、种群或生态系统演替规律、食物链网能量流动规律、生态位理论等;根据种群或生态系统自身的演替规律分步骤分阶段实施,循序渐进,不能急于求成。例如,修复与重建水生植被时要首先引入耐污染、耐低光照、速生型先锋物种,特别是受水下光照限制小的挺水植物与浮叶植物,改善水体环境,再于浅水区种植先锋沉水植物,然后增加沉水植物品种和向较深区域进行扩增。此外,还要根据生物间及其与环境间的共生、互惠、竞争和拮抗关系,以及生态位和生物多样性原理,构建生态系统结构和生物群落,使物质循环和能量转化处于最大利用和最优循环状态,力求达到环境、植被、生物同步和谐演进。

社会经济技术条件在一定尺度上制约着恢复与重建的可能性、水平与深度。社会经济可持续原则要求修复计划要提高系统服务价值,并满足人类社会经济与自然社会和谐持续发展要求。

地域性原则是指不同区域具有不同的生态环境背景,如气候条件、地貌和水文条件等,这种地域的差异性和特殊性就要求我们在修复与重建退化生态系统的时候要因地制宜,具体问题具体分析。

生态系统学原则是指湖泊生态系统作为由诸多物理、化学和生物要素组成的复杂统一体,其功能强调生态系统结构、格局及影响因素的整体性。因此,湖泊修复时要全面考虑其整体性。现代湖泊修复是在充分考虑理化因素和有机体之间相互作用基础上的系统工程,强调配套技术的整合。

最小风险原则与效益最大原则是指由于生态系统的复杂性以及某些环境要素的突变性,加之人们对生态过程及其内在运行机制认识的局限性,人们往往不可能对生态修复与重建的后果以及生态最终演替方向进行准确的估计和把握,因此,在某种意义上,退化生态系统的修复与重建具有一定的风险性。这就要求我们认真地透彻地研究修复对象，经过综合的分析评价、论证，将其风险降到最低限度。同时，生态修复往往又是一个高成本投入工程，因此，在考虑当前经济的承受能力的同时，又要考虑生态修复的经济效益和收益周期。

美学原则是指退化生态系统的修复与重建应给人以美的享受。

7.6.4 湖泊生态系统修复的主要内容

湖泊生态系统修复目的是通过生态措施修复湖泊和与其相连的湿地生态系统中物理、化学和生物的完整性，以改善和促进结构与功能的正常运转，获得良好水质。其主要内容包括以下几个方面。

7.6.4.1 沉水植被修复

水生植被具有重要生态功能，能够稳定沉积物，为具有净化作用的附着生物提供栖息场所，降低悬浮颗粒物，促进水体中磷沉降，减少沉积物磷释放，因此沉水植物繁茂的湖泊一般具有较高清澈度，以及较低的营养盐浓度和藻类生物量，湖泊生态修复的重要内容之一是修复与重建水生植被，尤其是沉水植物群落。

沉水植被的修复关键在于其生境条件的改善，为初期种群进入、生存及繁衍创造条件。生境改善的技术措施通常包括：改性土壤絮凝沉降控藻技术，降低水体浊度和改善沉积物氧化还原条件；将 $Ca(NO_3)_2$ 注射至沉积物中，氧化表层 15~20 cm 沉积物，并通过提高 pH 值和添加 $CaCO_3$ 和 $FeCl_3$ 促使与磷结合，降低水体营养盐。当营养盐负荷很低的情况下，附着生物的生物量和生产力将受到遏制，而高等水生植物的生长条件将得到改善；构筑消浪桩和漂浮湿地等，削减风浪对水生植物的物理影响；调控鱼类数量与种群结构，消除草食性鱼类的牧食、底层鱼类扰动导致的沉积物悬浮、捕食浮游动物等不利因素；构建植物浮岛斑块，稳定水体、降低营养盐、削减藻类、提高透明度。

沉水植被种植技术一般包括：① 物种选择及群落配置。优先考虑选择少量先锋物种，先恢复生态系统的基本结构和功能；随着生境条件的不断改善，逐步栽种新的物种，增加物种的多样性。过程是：多步骤、多次栽种；根据空间生境梯度上的变化，按水生植物生活型配置群落；根据水生植物的季节差异合理配置群落，使植物种群在生长期上密切衔接，形成常绿人工水生植被。② 整株移栽与断枝扦插。③ 种子培育和营养繁殖体移植。④ 渐沉式幼苗沉床移栽。

7.6.4.2 湖泊生物调控

生物操纵有成功的经验，也有失败教训。生物操纵时需要注意：① 所有相对静止的淡水生态系统都存在营养级联和上行/下行效应，但由于生态系统的复杂性，其结构和过程存在差异，生物操纵受制于不同类型湖泊；② 由于资源和捕食者影响，浮游动物数量常常发生较大波动，使生物操纵发生作用不同(Gliwicz, 2002)；③ 进行生物操纵的湖泊中鱼对磷循环有显著影响(Hülsmann and Voigt, 2002)；④ 在炎热的夏季，即使滤食性鱼类数量已有大幅度下降，大型浮游动物(如 *Daphnia*)生物量时常会下降至很低的水平(Hülsmann and Voigt, 2002)；⑤ 鲢鱼对藻类虽然有一定滤食作用，但它对枝角类的影响更大，一般不应用于全湖生物操纵，仅仅应用于局部水体控制蓝藻；⑥ 在浅水湖泊中要维持沉水植物占优势的清水状态，需要长期不懈地运用此项技术；⑦ 生物操纵对深水、温度分层湖的水质影响不大；⑧ 食物网效应可以引起富营养分层湖的水体透明度增加，甚至当磷负荷处于较高水平（$0.85\ g \cdot m^{-2} \cdot a^{-1}$）（Lathrop et al.，2002）；⑨ 在富营养浅水湖泊中，由于渔业强度、鱼类增殖循环和水体温度波动的不同，鱼类种群数量对水体影响的程度有一定差异，而在热带水体中，很高的杂食性鱼类现存量加速营养循环，对水质造成负面影响；⑩ 总体上生物操纵是有效的湖泊恢复技术，但高内源营养负荷需要降低，一般生物操纵的运用可以加速湖泊的恢复过程，但是外源磷负荷需不超过 $0.6 \sim 0.8\ g \cdot m^{-2} \cdot a^{-1}$（Benndorf，1995）。

7.6.4.3 生境条件改善

环境因子对沉水植物有着显著影响，非生物要素包括水下光强、水温、营养水平、溶解无机碳、底泥物化性质、水文（风浪、水位及水流）、水体污染物（重金属、持久性有机污染物、抗生素等）等；生物要素主要包括附着生物和藻类、鱼类。在开展水生植被修复时要首先考虑环境条件的改善，营造适应于水生植物生长繁衍的生境。

1）水下光强

适宜的水下光强是沉水植物生长的必需环境因子，藻型富营养湖泊较低的透明度较易形成水下光照不足，是制约沉水植被恢复的关键因子。湖泊沉水植物分布与水体光补偿深度、沉水植物自身光合作用能力及光补偿点的差异有着很大关系。一般认为，水底光强不足入射光的 1%时，沉水植物就不能定居（刘建康，1999）。陈洪达（1990）通过测定 8 种沉水植物的光补偿点指出，处于透明度 3 倍水深处的沉水植物光合作用虽然低，但仍可正常生长；而在透明度 4 倍水深处植物生长不良，甚至死亡。在梁子湖的研究发现，当水深/透明度>5.26 时，绝大部分水草的生长受到威胁（陈中义等，2000）。国外一些学者对水生植物分布与透明度之间的关系也做了细致研究，Chambers 和 Kelff（1985）依据世界范围的资料，提出了沉水植物分布的深度（Zc）与透明度（D）之间的关系式：$Zc^{0.5} = 1.33\log(D) + 1.40$（$R = 0.76, p < 0.000\ 1$）。为了保证沉水植物的正常生长所需的光照，应注意湖底的光强要大于沉水植物的光补偿点，或者水体光合层深度（Zeu）需要接近或等于湖泊深度。当水下光强不满足沉水植物生长需要时，要适时开闸放水，控制湖泊维持适当的水位高度。

2）水温

水温对沉水植物的影响较气温对陆生植物的影响要弱。不过，水温显著影响植物季节生长和物候，决定植物的萌发、营养生长量和最大生长量、生殖生长和休眠。研究表明，菹草、大茨藻和苦草 3 种沉水植物的种子萌发与水温、种皮结构以及萌发基质有关，水温对种子萌发有促进作用（由文辉和宋永昌，1995）。全球气候变暖可能导致自由漂浮植物和浮叶植物扩张，沉水植物叶表面附着生物增加，进而影响沉水植物生长与发育（Meerhoff et al.，2003）。在 0~40 ℃温度范围内，随着温度的升高，植物光合作用产生的氧气量一般也在升高，表明适当地升高温度可以提高光合作用的强度；但当温度达到 50 ℃时，光合作用产生的氧气量开始下降，说明太高的温度将直接影响光合作用的进程（陈维，2008）。水温升高也导致各种沉水植物光补偿点升高（任南等，1996；表 7.12），这种现象也说明，温度较低的春季栽种沉水植物易存活，夏季则需要更高的水体透明度。

表 7.12　光照强度与 5 种沉水植物净产氧量的关系

植物	水温/℃	光照强度与净产氧量的关系	样品数/个	相关系数	光补偿点/lx
菹草	4	$y = 0.000\ 89x - 0.173$	8	0.952	195
	15	$y = 0.001\ 54x - 0.641$	8	0.963	398
	20	$y = 0.002\ 81x - 1.63$	8	0.967	580
狐尾藻	4	$y = 0.000\ 75x - 0.175$	8	0.977	233
	15	$y = 0.001\ 51x - 0.639$	7	0.948	424
	20	$y = 0.002\ 90x - 1.909$	8	0.925	658
金鱼藻	4	$y = 0.000\ 30x - 0.114$	8	0.972	375
	15	$y = 0.000\ 83x - 0.559$	8	0.982	674
	20	$y = 0.000\ 78x - 0.896$	8	0.885	1 148
	30	$y = 0.002\ 59x - 4.671$	8	0.977	1 802
大茨藻	15	$y = 0.000\ 36x - 0.071\ 0$	8	0.951	199
	20	$y = 0.000\ 59x - 0.203$	7	0.958	345
	30	$y = 0.000\ 87x - 0.397$	6	0.965	456
苦草	4	$y = 0.000\ 63x - 0.036$	8	0.972	58
	15	$y = 0.000\ 73x - 0.077$	8	0.960	106
	20	$y = 0.000\ 92x - 0.262$	9	0.953	284
	30	$y = 0.001\ 28x - 0.542$	8	0.984	423

3）营养水平

营养水平对水生植物的影响明显。挺水和浮叶植物受水体营养盐影响较少，主要依赖基质营养生长。水体营养水平主要影响漂浮植物和沉水植物，有的沉水植物耐肥水生活，故称为耐污种类；有的沉水植物喜偏瘦水体，一般称为清水型种类；但沉水植物主要还是受制于基质营养水平。多数漂浮植物喜肥水生活，营养水平贫瘠的水体通常其生长不良。有研究认为，在贫营养水体或轻度富营养化水平下，氮、磷的缺乏是水生植物的限制因子；而在重度富营养水体，限制因子不再是氮、磷，而是矿物元素（葛滢等，2000）。在拟开展沉水植物修复的水体中要注意氨氮对植物的胁迫作用。多位学者研究发现，高氨环境会强烈抑制沉水植物生长，对抗氧化系统产生强烈的攻击，并使得组织内抗氧化酶系统被激活、出现活性氧自由基（reactive oxygen species）氧化胁迫以及 C-N 代谢失衡紊乱（Wang et al.，2008；Cao，2016）。高氨、低光、低氧会产生协同作用，抑制植物光合和呼吸作用并导致沉水植物生长受限和 C 代谢失衡。如苦草，当光照不足入射光的 30%、水体溶氧<5.5 $mg \cdot L^{-1}$时，植株生长与 C 代谢受阻严重，碳水化合物储存量降低；高氨在植物体内大量累积而诱发毒性，消耗植物体内大量碳水化合物，抑制植物生长及代谢；氨氮>1.0 $mg \cdot L^{-1}$时，苦草 N 代谢活跃，游离氨基酸（FAA）含量升高,可溶性碳/游离氨基酸值降低,淀粉含量呈降低趋势(卢姣姣等,2018)。朱增银等(2006)研究发现,在 4 mg · L^{-1}的 TN、0.2 mg · L^{-1}的 TP、氨氮浓度>0.67 mg · L^{-1}的条件下,苦草受到显著抑制。因此,在进行沉水植物修复前,首先要考虑采取措施降低水中氨氮浓度,其次要削减高浓度的 TN、TP。

此外,随着沉水植物光合作用强度增加,水中 HCO_3^-、CO_3^{2-}逐渐增多,成为水中优势的碳酸离子种类。当 pH>8.5 时水中 HCO_3^-占优势,此时水中几乎没有游离 CO_2;进一步当 pH>9.5 时 CO_3^{2-}占优势,因此沉水植物的生长都受到无机碳源的限制,调节水体 pH 值也需要考虑此环节。

4) 水文

水位波动是浅水湖泊重要的水文动态过程,尤其在我国长江中下游地区的大型通江浅水湖泊,季节性水位波动已成为影响湖泊生态系统的重要因素。我国典型的浅水湖泊巢湖的年内水位波动可达 1~2 m,梁子湖水位波动可达 3 m,鄱阳湖水位波动可达 9 m 以上(丁庆章等,2014)。水位波动造成的水深条件改变对湖滨区域生态系统造成的直观影响是沉水植被生物量及种群结构的变化。水深对沉水植物生长的影响主要体现在以下两个方面。

一方面,水深改变影响沉水植物生长发育、形态特征及内部结构。水深改变可影响沉水植物地上部分与地下部分之间(包括茎与根、叶与根之间)的生物量分配的平衡关系,以及营养生长与生殖生长之间的平衡(Lentz-Cipollini and Dunson,2006;Scholte,2007)。水深增加时,植物可通过增加植株高度、节间高度、叶片面积等地上部分生物量以适应水文条件的变化(Mommer et al.,2005;Yang et al.,2004)。持续的高水位使得很多湿地植物在萌发后缩短营养生长和开花结实时间,即在春天或夏初便完成生长繁殖,在洪水到来前就已完成一个生命周期,以种子和地下营养繁殖体的形式等待翌年适宜的环境条件萌发生长(Warwick and Brock,2003)。在内部结构影响方面,当植物处于淹水状态下通常能诱导形成通气组织(White and Ganf,2002)和增加组织中的孔隙体积占总体积的百分比(Gibberd et al.,2001;Malik et al.,2002),发达的通气组织为气体在体内运输提供了一条低阻力通道,有利于植物器官间及植物和外部环境间的气体交换,是水生植物重要的生存机制。不同沉水植物均有各自适应的水深范围,如陈正勇等(2011)的研究认为,菹草生长的适宜水深范围是 0.5~2.5 m;吴晓东等(2011)的研究认为,黑藻生长的适宜水深范围是 0.5~1.5 m;杨鑫等(2014)对苦草生长特性的研究发现,当水深达到 2 m 时将大大限制苦草的繁殖。

另一方面,水深改变将影响沉水植物根际沉积物等生长环境,从而影响沉水植物的生长。当水位增加时,水底沉积物-水-根际界面系统氧化还原环境将发生改变,高水位下根系氧消耗可能增加,从而使沉积物-水界面氮、磷交换状况发生改变,如沉积物中 Fe-P 及可交换态氨氮在氧消耗状况下溶解和释放(Brandes and Devol,1997;Hupfer and Lewandowski,2008)。这种改变会使沉水植物根系固持沉积物氮、磷作用降低,削减其水质净化效果。可见,适宜的水深条件和与植物物候相适应的水位波动节律是湖泊水生植被修复的关键因素,影响到各类生活型水生植物的空间分布及配植。

5) 附着生物

着生藻类常与周丛动物、细菌及有机碎屑一同组成水草表面的覆盖物,不仅是水体食物网的重要环节,被水生动物利用,而且对水草的生长、发育产生影响。着生藻类不仅大大削弱了到达植物表面的光照和营养物浓度,其代谢产物还对水生植物的光合作用具有抑制作用(Christian et al.,1983)。因此,导致富营养化湖泊水生植被衰亡的原因,不仅是浮游藻类生物量的增加,也是水生植被表面着生藻类生物量的增加。研究发现,淀山湖5种沉水植物上着生藻类群落密度总体上存在季节变化,且不同的沉水植物上藻类着生密度存在差异,着生藻类密度和生物量高的水草往往过早凋落(由文辉,1999)。附着生物对沉水植物的影响主要体现在两方面:一是通过遮光、阻碍作用影响宿主沉水植物的营养吸收,从而降低其生长速率;二是着生藻类的代谢产物会对宿主产生一定毒害作用,影响其生理学特性(王华等,2008)。着生藻类生存能力比沉水植物强,在野外有着生藻类大量存在时,不应直接进行沉水植物修复,应先进行合适、有效的除藻措施。

6) 鱼类

鱼类放养对沉水植物的生长和群落结构产生强烈的影响,渔业强度较大时对植被产生直接牧食和间接的破坏效应,其结果是导致植被的退化。草食性鱼类以水体中的水草为食物,大量放养草食性鱼类加速了水体富营养进程中水生植被特别是沉水植被的衰退,水生植物种类大量减少,优势种从 K 选择型转变为 r 选择型,使湖泊迅速由草型转为藻型(陈洪达,1989)。武汉东湖1963年水草极为丰富,之后大量放养草鱼,草鱼先是择食喜欢吃的苦草、菹草、黄丝草、小茨藻,当喜吃水草匮乏时,不喜吃的植物也被吃光。到1979年时,植物带已基本不存在了。内蒙古的岱海,1954年开始人工放流,由于过量放流草鱼,湖内丰富的水草资源在数年内被破坏殆尽,草鱼甚至饥不择食,捕食其他小鱼(张国华等,1997)。水草被吃光后,水体的天然净化能力大大降低,浮游植物大量繁殖,透明度明显降低。我国大多数的中小型湖泊和水库都放养各种经济鱼类,以尽可能地利用水中的各类饵料生物资源。但是这种生产性养鱼活动势必对水体生态系统的结构和功能产生一定的影响。根据Carpenter提出的“营养链级学说”,天然水域中鳙鱼对浮游动物的摄食减缓了后者对浮游植物的摄食压力,浮游植物生物量和初级生产力上升;鲢鱼对大型浮游植物的大量摄食使得小型浮游藻类得以增殖;鲢、鳙鱼加快了水体磷的释放速率或循环速度,整个水体的透明度会越来越低,水下光照越来越少,沉水植被的恢复更加困难。如在我国东湖放养滤食性鱼类后,大型浮游植物生物量下降,小型浮游植物生物量上升;在湖中心,小于30 μm藻类细胞的叶绿素a量占总浮游植物叶绿素a量的92%;20世纪90年代藻类的数量是80年代的7倍;虽然鲢、鳙鱼密度持续增加使得东湖蓝藻“水华”消失,但是“水华”消失后,东湖富营养化程度并没有降低,而是加速发展。因此,Spataru和Gophen(1985)认为,鲢鱼可以有效地控制浮游植物的生长,但前提是采取有效措施为浮游动物提供庇护所,使高密度的浮游动物与鲢鱼共存(苏胜齐和姚维志,2002)。可见,富营养化湖泊中鱼类群落结构的改变对湖泊生态系统的相对稳定具有决定性作用。修复湖泊沉水植被前和过程中对鱼类结构、数量的不断调控是相当重要的。

7.6.4.4 湖滨带湿地系统修复

湿地修复的目标是指通过生态技术或生态工程对退化或消失的湿地进行修复或重建,再现干扰前的结构和功能,以及相关的物理、化学和生物特性,使其恢复系统的阻滞力与自我维持力。目标内容包括:建立合理的生物种群结构(丰富度、多度)、系统结构(植被和土壤的片层结构)、格局(系统的水平分布)、异质性(各个组分的多变量组成)

和功能(水力和能量流动、地球化学物质循环等基本生态系统过程的表现)。根据不同的地域条件、社会经济和文化景观要求以及湿地退化程度,湿地系统修复的目标也会不同,但存在一些基本要求:① 实现生态系统地表基底稳定性;② 恢复植被特征、覆盖率和土壤原有特性;③ 增加物种数量与生物多样性;④ 提高生态系统生产力与自我维持力;⑤ 减少或控制环境污染;⑥ 增加自然景观价值和系统服务价值。

湿地系统修复应遵循以下基本原则:① 依据湿地生态过程(水文、生物地球化学、生态系统动态、物种适应等)规律,修复与重建具有自组织、自设计、自维持的生态系统;② 能够充分利用自然能源,如太阳能、水能和水体中营养物质等,尽量减少人为输入和管理强度;③ 能够抵御自然灾害(洪水、干旱、风暴、种群异常等)的扰动,并能够从各种扰动中迅速自我恢复;④ 具有多种功能,提供多种效益,其中可以有1~2个主要目标,尤其在重建已消失的湿地时,修复的湿地必须具有原有湿地的大部分或全部功能;⑤ 要考虑其生态交错带特性,同时考虑在湿地周边建立缓冲带,防止来自地势高的物质和径流的直接影响;⑥ 注重生态系统功能的修复,而不是形式的修复与重建;⑦ 在进行湿地系统修复时要加强监测,防止外来物种的侵入和生物物种的死亡;⑧ 湿地系统修复是复杂而长期的工程,生态系统协调、生物定居、功能实现以及生态系统过程的建立与发展需要足够的时间,因此需要长期计划与监测。

在进行湿地系统修复时,除上述原则以外,还要考虑地域性、效益最优、风险最小以及美学等原则,根据生态系统自身的演替规律,分步骤、分阶段地进行修复和重建,并根据生态位和生物多样性原则来构建生态系统生物群落,使物质循环、能量转化以及信息流动处于最大利用和最优循环状态,达到湿地生态系统的水文、植被和动物等生态系统要素的同步与协调演替。湖滨带湿地修复一般包括:湿地基底性质修复、湿地水文优化调配、湿地植物修复、生物多样性修复以及湿地景观格局设计五个方面。

7.6.4.5 湖泊生物修复

生物修复(bioremediation)是一种常用的环境治理的技术手段,广义的生物修复通常是指利用各种生物(包括植物、动物和微生物)的特性,吸收、降解、转化环境中污染物,使污染的环境得到改善的治理技术,一般分为植物修复、动物修复和微生物修复三种类型。狭义的生物修复通常是指在自然和人工控制条件下,微生物的生命代谢活动减少环境中的污染物浓度或使其无害化,从而使环境能够部分或完全地恢复的过程。利用生物修复技术可通过直接作用,即驯化、筛选、诱变、基因重组等技术得到以目标降解物质为主要碳源和能源的微生物,向处理水体投入一定量的该菌种来达到去除降解物质的目的,或通过共代谢作用,利用微生物和植物或动物的共同作用来达到除污效果。

常用的生物修复技术方法包括:① 投菌法(bioangmentation),直接向污染的环境中接入外源的污染降解菌,同时提供这些菌生长所需的营养。② 生物培养法(bioculture),定期地向污染环境中投加过氧化氢和营养,以满足污染环境中已经存在的降解菌的需要,以便使污染环境中微生物通过代谢将污染物彻底矿化为二氧化碳和水。

植物修复(phytoremedying)是指在污染环境中栽种对污染物吸收力高、耐受性强的植物,应用植物的生物吸收及根区修复机理(植物-微生物的联合作用)从污染环境中去除污染物或将污染物予以固定。湖泊水生植被修复以及利用植物浮岛去除水体污染物也属于植物修复。

7.6.5 湖泊生态系统修复的评价方法

湖泊生态系统修复评价是对所实施的生态修复效果进行科学、客观和准确的评价，及时了解湖泊生态系统所处现状、恢复程度等方面的信息，为进一步调整和改进修复方案提供依据，并可为有关湖泊研究提供相应的基础知识，对未来生态修复实施提供有效的反馈。湖泊生态修复成功与否首先需要选择合适的评价指标，建立评价指标体系，再通过公式计算指标权重，依据修复目标选择恰当的模型和方法获得评价结果。

Gulati 等(2008)认为，湖泊生态修复成功与否要通过长期监测结果来评价，主要包括水体透明度是否增加，蓝藻生物量和水华暴发频率是否明显减少，湖泊中大型食藻类的浮游动物和水生植物覆盖率是否增加。有的学者建议，主要依据利益相关方是否获得成功来判断，包括美感、经济价值、娱乐教育等功能的实现；学习方面的成功，包括对科研的贡献、管理经验的积累以及改善修复和评估方法等；生态修复的成功，包括实现修复目标，改善生态，达到系统自维持，没有对系统造成永久性破坏等(Palmer et al., 2005)。国际恢复生态学会(SER)认为，成功修复的生态系统有至少9个方面的特征：① 有受损前或参照系统的物种，并形成了相应的群落结构；② 最大限度地恢复了土著种类；③ 出现了维持生态稳定所必需的功能群；④ 物理环境可以保障维持系统稳定或沿着既定恢复轨迹发展的关键物种的繁殖；⑤ 发育的各阶段功能正常；⑥ 系统及单元结构能适宜地整合到区域环境之中，与周围环境存在生物和非生物的作用与交流；⑦ 区域环境中对系统健康和完整性构成威胁的因素已根除或降到了最低；⑧ 对区域环境中存在的周期性胁迫有足够的恢复力；⑨ 系统能像受损前或参照系统一样自我维持，能在目前环境条件下持续下去，系统的多样性、结构和功能可能因环境胁迫而有所波动。

7.6.5.1 评价指标的选择

在湖泊生态系统修复评价中采用较多的指标是水体的理化特性。目前，国内外学者将 COD_{Mn}、水体透明度(SD)和TN、TP、DO、氨氮浓度作为湖泊富营养化修复评价的主要指标。对丹麦204个湖泊的调查显示，当TP浓度超过0.1 mg · L^{-1}、TN浓度超过2.0 mg · L^{-1}时，水生植物的覆盖率趋于零(Gonzales et al., 2005)。因而在对富营养化湖泊修复评价理化指标中应重点考虑TN和TP浓度。沉水植物生长与水体透明度有较强的相关性，水体透明度下降将会影响沉水植物生长；而水体中DO浓度直接关系着浮游动物、鱼类等的生存，生态状况良好的水体其DO浓度要高于受损水体。因此选择这6项指标作为湖泊生态系统修复的评价指标能较好地判断湖泊质量是否得到有效改善(张文慧等, 2015)。

水生生物应作为湖泊生态系统修复评价中的重要指标组成。Verdonschot 等(2013)梳理发表的文献发现，采用鱼类、藻类、浮游动物和大型水生植物作为湖泊生态系统修复评价指标的超过60%。

由于短期或长期降水不足以及上游工农业用水量大，湖泊的入湖水量减少，造成湖泊面积的萎蔫和湖泊总存储量的减少。对于具有供水职能的湖泊，湖泊水量的减少将会使所处区域的供水安全受到威胁。对于多数湖泊来说，湖泊水量的减少容易导致湖滨带湿地消失，从而导致大量水生生物的丧失，并会直接威胁珍稀野生动植物的生存。

湖滨带的缓冲作用也会受到损害,入湖污染物得不到有效拦截,将加速湖泊水质恶化。湖泊水量减少与水位下降可能造成河湖水系阻断,影响鱼类洄游与繁殖,湖泊生物结构遭到破坏;此外也影响具有通航功能湖泊的航运功能。当水量严重不足时,湖泊的生态功能会受到严重损害甚至丧失。对于面临水量减少的湖泊,应确定湖泊的生态水位和生态需水量,保证湖泊的水量和水域面积满足相应指标才有利于其他的生态修复工作的开展。

因此,湖泊生态系统修复评价指标的选择需要综合考虑湖泊的生物与非生物结构、生态功能及生态系统服务功能、水质等方面的指标。

7.6.5.2 评价参照系的选择

湖泊生态修复成功指在物理、化学指标以及生物种类等多方面将湖泊修复到相应水平,实际修复评价工作中需要建立参照条件,将修复区域的多种指标与参照条件进行有效对比,进而得出湖泊修复是否成功的结论。欧盟的水框架指令中要求,水体生态质量评价需要包括水化学特性、水生生物结构、生物量的评价,需将目前的湖泊状态与未受明显干扰的湖泊(即参照生态系统)进行对比,并明确了确定湖泊参照条件的方法,包括历史数据法、专家评价法、空间状态分析法、数学模型法和古湖沼学法。

古湖沼学法使用放射性测年法计算不同湖泊的沉积物在时间序列下的累积率变化,重建干扰前的生态系统营养盐水平、酸化程度、有机碳含量和痕量金属的组成等不同时期湖泊的特性,从而确定湖泊理论上未受人类干扰或人类活动影响较小时所处的状态,以此作为湖泊修复的参照系。

除了将历史时期的湖泊状态作为参照条件外,也可用与其气候、地形、湖泊构造相同或类似的且受到较少人类干扰的湖泊状态作为参照条件。相比于参照历史时期的湖泊来说,选取当前的湖泊状态作为参照能提供更加详尽的参考。

7.6.5.3 湖泊生态系统修复评价方法

湖泊生态系统修复评价方法主要通过对比生态修复前后水体水质的变化状况以及水体中水生生物的种类和数量变化进行评价。评价方法主要分为生物监测法和多指标综合评价法。

生物监测法包括群落学指标法和指示物种法。群落学指标法可通过直接对比研究区域物种组成情况的实测值与参照值,对修复后湖泊的物种多样性、生物量和物种丰度等进行评价;指示物种法是根据生态系统关键物种、特有物种、环境敏感物种、濒危物种等的生产力、生物量及其他生态指标将修复区与参照区进行对比,进而对湖泊生态修复效果进行评价。应用较为广泛的水体指示物种有鱼类、硅藻和底栖无脊椎动物。

多指标综合评价法是在选择不同组织水平的类群并考虑不同尺度的前提下,对生态系统各组织水平进行综合评价。湖泊生态系统是包括内外因素的综合体,因此其评价指标体系应包括外部、环境要素和生态三个方面指标。外部指标主要包括外源输入量、系统最大承载力、湖泊生态系统对外界的输出、湖滨带平均宽度和生态系统状况等;环境要素指标包括 TN、TP、COD、DO、换水周期、沉积物状态及释放速率等;生态指标主要包括结构、功能和系统指标。在对湖泊进行生态系统修复评价中,需充分认识待评价湖泊的特性,从三个方面指标中选取适用于该湖泊的指标构建综合评价指标体系。

评价指标体系建立后,要根据指标在生态系统修复评价中的重要性差异,设置不同的权重。指标权重的确定分为主观赋权法、客观赋权法和主客观组合赋权法。主观赋权法是依据专家意见确定各指标的重要性,从而确定权重,决策结果会因专家的主观意见而产生偏差,主要有层次分析法、Delphi 法和相关指数加权法。客观赋权法是根据客观信息(如评价指标值或评价指标值所构成的判断矩阵)确定指标权重,能够避免主观性,评价结果更符合实际,主要有熵权法、主成分分析法。在生态系统修复评价中,有些指标有较为客观的数据,而有些指标则很难加以量化,因此仅采用主观赋权法或客观赋权法均有一定的局限性。目前,普遍采用主客观组合赋权法,如层次分析法与熵权法相结合的方法,层次分析法与模糊数学相结合的模糊层次分析法。层次分析法被广泛使用,具有所需数据少、易于计算的特性,其本质是对复杂系统的评价元素进行数学化分析,难以量化的指标可结合模糊数学,运用模糊层次分析法构造模糊隶属度矩阵,进而进行权重计算。

湖泊生态系统修复工程成功与否不仅要考虑修复后在环境层面上是否达到相应的要求,同时需在社会效益、项目投入成本以及使用的修复技术成熟度等方面进行评价,以便今后开展更为有效、成本更加低廉的修复工程。因此,多指标综合评价法对湖泊生态系统进行了更为综合的考虑,需在层次分析等方法的基础上构建生态效益、社会效益、经济效益、项目完成程度等多方面的指标体系来对湖泊生态系统修复工程进行有效的评价(张文慧等,2015)。

7.6.6 国外湖泊修复案例介绍

7.6.6.1 北美湖泊

20 世纪 60—70 年代,美国许多湖泊富营养化问题日趋严重,美国国家环境保护署(EPA)成立专门调查委员会,1973—1976 年调查发现,大部分湖泊处于富营养化状态。从 1975 年开始,由 EPA 组织实施了全国性的湖泊清洁计划(Clean Lake Program, CLP)。美国初期湖泊修复计划主要是控制污染源,对一些湖泊只进行了源头控制和污染水体分流,使湖泊恢复到接近受损前状态,如华盛顿湖(Cooke et al.,1993)。但多数情况下,由于水污染严重,湖泊生物要素和沉积物发生了大的改变,因此采取湖内治理措施是必要的。美国以及北欧湖泊修复研究表明,在控制了污染源、外源氮、磷营养物质已经被大量削减的情况下,许多湖泊恢复响应缓慢,原因是长期富营养化过程积累在湖泊沉积物中的氮、磷营养物质的释放仍然可以维持藻类大量增殖和低的透明度,阻碍了湖泊修复进程(Cooke et al.,1993;Søndergaard et al.,2000;Gulati and van Donk,2002)。从 1975 年至 1985 年 10 年间,CLP 的 313 个研究项目(分布在 47 个州)得到政府资助。1991 年,美国国会再次为 CLP 拨款 800 万美元作为少数几个湖泊修复计划的启动和维持经费。1989 年,美国国家研究委员会(NRC)委托隶属于水科学技术部的水域生态系统修复委员会(CRAE)开展水域生态系统修复情况和形势的总体评价。实施的湖泊修复计划包括解决点源和非点源污染问题,阻止野生种群和群落多样性的下降,修复各种类型的生境,其中优先修复那些濒危种类的生境。计划实施的最终目标是保护和修复河流、湖泊和湿地生态系统中物理、化学和生物的完整性,以改善和促进结构与功能的正常运转(许木启和黄玉瑶,1998)。

在与湖泊相连接的湿地修复研究方面,目前主要采取流域控制(watershed control)和湖内行动(in-lake action)相结合的途径。在这些过程中,许多修复技术如废水处理、点源控制、土地处理、湿地处理、光化学处理、沉积物疏浚与氧化、湖岸植被种植、生物操纵(biomanipulation)、生物控制及生物收获等被应用并已取得显著效果。Shapiro(1990)总结了美国24个湖泊应用生物操纵的成果,表明该项技术在改善湖泊水质方面是行之有效的。

美国对伊利湖、密歇根湖等五大湖及许多富营养湖泊的修复与重建途径进行探索,其中包括工程性措施(建造污水处理厂深层处理废水、非点源污染物截流、污水隔离分流转移至湿地)、理化方法处理(化学药剂除磷、底层曝气、沉积物疏浚)、生态性措施(水生植被恢复、重新引进当地土著鱼种、消除外来入侵种类及群落结构调整等)、无磷洗涤剂推广使用、土地利用与农业耕作革新和行政管理措施,在五大湖的富营养化控制、难降解有毒污染物等去除、渔业资源恢复和自然景观重建等方面取得了显著的成果(Magnuson et al., 1980; Hartig and Thomas, 1988; Schelske and Capenter, 1992; Cooke et al., 1993)。

华盛顿湖富营养化控制与水质改善方面取得了明显的效果,被视为湖泊生态修复的范例(Edmondson, 1977, 1979; Lehman, 1986; Committee on Restoration of Aquatic Ecosystem and Commission on Geosciences, Environment, and Resources, 1992; Cooke et al., 1993)。华盛顿湖治理前平均水深37 m,年冲刷率0.4 ,TP为64 $\mu g \cdot L^{-1}$,SD为1.0 m,Chla为36 $\mu g \cdot L^{-1}$。治理后TP为19 $\mu g \cdot L^{-1}$,SD为3.1 m,Chla为6 $\mu g \cdot L^{-1}$。华盛顿湖接近完全恢复归因于88%的来自外源磷被分流,水体较深,换水周期短,下层水体不缺氧,富营养化阶段相对短,以及内源污染负荷不严重。而Sammamish湖透明度和磷的改善效果不如华盛顿湖,因为其相对浅(18 m),且下层存在厌氧层,内源负荷较严重,外源磷仅削减35%(Cooke et al., 1993)。

威斯康星州的麦迪逊湖群(包括Mendota、Monona、Waubesa和Kegonsa 4个湖)也采取污水污染源控制(污水深度处理与分流),使TP降低至40~90 $\mu g \cdot L^{-1}$,SD增加,溶解性活性磷(SRP)和Chla减少(Lathrop, 1988)。

非点源污染物河道处理、截流、污水隔离分流转移至湿地被运用于湖泊保护,如入湖河道用$Al_2(SO_4)_3 14H_2O$(1~2 $mg \cdot L^{-1}$)、$FeSO_4$(3.5~10 $mg \cdot L^{-1}$)、$FeCl_3$、$CaCO_3$(120 $mg \cdot L^{-1}$)等化学药剂处理、湖周边构建污染物滞留库(detention basin)与溢流坝(pre-dam)、修复自然湿地和修建人工湿地等污染物拦截系统。例如,Apopka湖在湖边修建构造湿地,湖水从此处循环,30%的颗粒磷与大部分颗粒物被滞留,提高湖水的透明度和降低了营养,从而促进了修复进程(Lowe et al., 1992)。

摩西湖(Lake Moses)通过稀释与冲刷方法,春天至夏天的平均透明度增加了一倍,TP和Chla至少降低了50%(Cooke et al., 1993)。较典型的例子还有Green湖和荷兰的Veluwe湖(Hosper and Meijer, 1986)。

美国康涅狄格州的Wonoscopomuc湖利用下层水抽提(hypolimnetic withdrawal)技术将湖泊下层含高磷负荷水去除,实施2年后,从沉积物释放的79%的TP被移走,使TP含量从24~30 $\mu g \cdot L^{-1}$降低至10~14 $\mu g \cdot L^{-1}$,水体DO也有大幅度提高(Kortmann et al., 1983; Numberg, 1987)。下层水抽提技术一般运用于温度分层、水较深且内源污染严重的湖泊。

沉积物氧化(sediment oxidation)作为湖泊修复技术之一被运用于内源营养控制,主要是将$Ca(NO_3)_2$注射至沉积物中来氧化表层15~20 cm沉积物,通过提高pH值和添加$FeCl_3$促使与P结合。此方法是由Rilp(1978)发明的,因此也被称为“Riplox”

(Donabaum et al.,1999)。

以上湖泊修复长期和大规模研究与实践经验是:内外污染源“双治”措施是必要的,尤其需要加强对夏季沉积物磷释放的控制。环境友好型化学药剂在治理时是可以采用的,但维持时间短,需要与生态措施结合以维持长效,一般认为只适用于中小型湖泊,若需要反复使用则存在风险。与湖泊相连接的湿地修复对于流域污染控制效果显著。生物方法是经济可行的,适用于大规模湖泊修复与管理,以生物群落结构调整为手段的生物操纵及生物收获在改善湖泊水质方面是行之有效的;生态修复强调国家、政府各部门与研究人员相互配合,为水域生态系统的修复做出积极努力。建立水质预测模型预测修复计划的长期效果是必要的,可以为进一步调整措施提供依据(Cooke et al.,1993)。

7.6.6.2 欧洲湖泊

欧洲一些国家相继开展了大量水域生态系统恢复研究工作,并取得明显成效。Søndergaard 等(2000)总结了丹麦 20 个浅水湖泊恢复计划实施成果,丹麦最常用恢复措施是改善肉食性鱼类的生长条件,削减浮游动物食性鱼类和底栖动物食性鱼类,目的是为大型浮游动物、底栖藻类和大型沉水植物生长提供条件;放养凶猛肉食性鱼类控制幼鱼多度、抑制新增鱼类生物量,也作为去除鱼类的补充手段,这一方法已在丹麦 10 个湖中得到运用。利用氧气和硝酸盐对分层湖泊底部氧化,减少湖内污染沉积物磷释放量。在一些生物操纵湖泊中移栽沉水植物,增加大型水生植物多度和覆盖面积。这些湖泊恢复结果显示:① 外源营养负荷必须削减至 0.05~0.100 mg P · L^{-1}或以下,才能长期有效维持好水质;② 至少要削减 80%的鱼类现存量,从而获得对次营养级有影响的潜力,并避免有过快的新产生的鱼类增殖;③ 如果浮游动物对浮游植物已经产生影响力,放养凶猛肉食性鱼类密度也需要大于 0.1 条 · m^{-2},并每年需要反复进行,直至稳定的清水状态出现;④ 分层湖泊底部氧化的观测结果显示,内源磷负荷被有效降低;⑤ 种植沉水植物需要防止水禽的巨大破坏作用。

瑞典的 Trummen 湖在 20 世纪 80 年代前接纳大量生活和工业污水,造成严重藻华、鱼类死亡。随后通过生态工程的综合治理,水质得到很大改善(Bjork,1988)。洒生石灰的技术曾经在欧洲酸化湖泊的恢复中应用十分普遍。瑞典、挪威等国应用这种方法进行大量的实验研究,积累了丰富资料和成功的经验,同时也总结了尚待解决的问题(Brown et al.,1988;Lessmark and Thormelof,1986)。瑞典的 Finjasjon 湖(12 km^2)在 20 世纪初水清澈,透明度 2 m,后来大量城市污水输入使水体浑浊。为了改善水质建立了污水处理厂,经过处理后,外源磷负荷从 5.9 g · m^{-2} · a^{-1}下降至 0.45 g · m^{-2} · a^{-1},接近可接受水平。之后实施了底泥疏浚计划,去除 25%污染底泥;加大对磷的控制,以降低由于疏浚而产生的内源磷释放量,进一步削减营养负荷;沿湖岸带建立 5 m 的缓冲区;去除 430 t 草食性鱼类(大约总量的 80%),使磷从 0.200 mg · L^{-1}下降至 0.050 mg · L^{-1},Chla 也从 100 μg · L^{-1}下降至 20~30 μg · L^{-1},透明度从 0.4 m 上升到 1.5~2 m,沉水植物覆盖面积从 1%上升至 20%;一些肉食性鱼类又回到湖中,从 8%上升至 50%;浮游动物/浮游植物比值也上升了,表明浮游动物对浮游植物产生抑制作用。但是三年后观测到鲤鱼数量增加,营养浓度和藻类生物量也明显上升(Perrow and Davy,2002;王雨春,2005)。

芬兰 Vesijarvi 湖有良好的渔业和水质,透明度高。但 20 世纪 80 年代,该湖外部磷负荷达到 2.1 g·m^{-2}·a^{-1},经过 10 年努力,下降至 0.2 g·m^{-2}·a^{-1},但水体中有大量鳊鱼和底层鱼(欧鲤)。1987—1994 年实施了大规模的恢复措施,包括大量削减鳊鱼和底层鱼生物量,对鲈鱼采取一定保护,将雨水排入管道,并对滨岸带管理,恢复挺水植物。鳊鱼密度从 175 kg·hm^{-2}下降至 52 kg·hm^{-2},底层鱼从 75 kg·hm^{-2}下降至 12 kg·hm^{-2};TP 从 0.05 mg·L^{-1}下降至 0.03 mg·L^{-1},Chla 从 23~28 μg·L^{-1}下降至 10 μg·L^{-1},透明度从 1.6 m 上升至 3 m,沉水植物最大分布水深从 2.5 m 上升至 3.5 m。

荷兰湖泊以提供野生动物保护、旅游娱乐功能为主,由于水体营养负荷增加、水生植物消失以及鱼类结构的不合理,藻类(颤藻)大量繁殖,降低了湖泊利用价值。荷兰湖泊恢复初期阶段采取的主要措施是削减外源污染输入和引水冲释,但是,仅控制外部磷负荷不能获得理想的水质。Hosper(1998)提出,湖泊是一类较完整的生态系统,湖泊的恢复要以生态系统观点,考虑各种相关因素,理解藻类动力学和系统修复所产生的阻滞力,并用生态系统方法来实现。Hosper 和 Meijer(1993)研究了以调控鱼类为主要手段的食物链控制对富营养化的影响,提出生物调控之后,沉水植物对保持长期稳定清水状态有极重要作用。同时也要考虑娱乐便利,许多湖泊以恢复稳定的、地被型沉水植物的清水型水体为目标。荷兰的许多浅水湖泊,如 Loosdrecht、Nieuwkoop 和 Reeuwijk 湖,以颤藻为优势,大量颤藻水华阻碍湖泊恢复。因此,消除颤藻水华是主要目标。方法是降低外部磷输入量、改善水体光照条件、冬季用含磷量低的水冲释以去除颤藻种源;对于风引起的底泥再悬浮和非藻类产生的浊度则需要适当改变湖泊形态,如建造小岛、大坝或深的底泥储蓄池等(Hosper,1998)。

Naardermeer 湖是荷兰生物多样性保护的重要湖泊,面积约 700 hm^2,湖底大部分是沙质土,水深约 1 m,水位比周围高,大量水通过渗漏损失。生物多样性丧失和富营养化后,采用各种措施以减少外源和内源营养负荷,通过削减污水排入量、对部分区域疏浚、建立污水处理厂去除湖水中磷,其中用邻近湖中含磷量很低的水输入冲释是主要手段之一,目标是恢复一个沉水植物占优势的系统(Bootsma et al.,1999),以此来维持湖泊好水质状态。

荷兰外部污染控制是成功的,1985—1995 年,由于污水脱磷设备的使用,荷兰境内点源排放的磷总量减少了 65%,但是由于内部营养负荷高,外部负荷减少的量被内部释放抵消了。湖泊生态系统的失衡,如大量滤食性鱼类和底栖生物食性鱼类以及沉水植物的缺乏,是湖泊难以恢复的重要因素。因此,除了控制外部污水流入,换水、疏浚、生物操纵等也是被常常运用的(Meijer,2000)。

VeluWenmeetr 湖面积为 3 356 hm^2,平均深度 1.25 m,容积为 42×10^6 m^3。20 世纪 60 年代后期,富营养化导致湖水水质急剧恶化。1971 年以后,发生了大规模的蓝藻(阿氏颤藻,*Oscillatoria agardhii*)水华,透明度夏天为 0.2 m、冬天为 0.5 m。1979 年 2 月,湖中磷的外部负荷从 2.7 g·m^{-2}·a^{-1}降到了 1.5 g·m^{-2}·a^{-1},但仍未解决问题。主要原因为藻类生长摄取水体中 CO_2,水中 pH 值升高,增加了沉积物中磷酸盐(主要形式为磷酸铁)的溶解度,促进藻类的不断繁殖;藻类光合作用结果使 pH 值更高,磷继续释放,藻类进一步生长。此外,夏季极高的藻类生物量以及与此有关的沉积物需氧量(SOD)增加,可能会导致湖水和沉积物界面呈现厌氧条件。通过换水打破这个内部自我增强阻滞力的循环,限制了藻类的生长,pH 值也相应降低,使得从底质释放的磷减少。清洗水中含有大量的钙离子和重碳酸根离子,会形成碳酸钙沉淀,降低 pH 值,使春季透明度提高,改善了湖泊的光照条件,促进了湖泊的生态恢复(宋国君和王亚男,

2003)。

Wolderwijd 湖是位于荷兰中部的一个大浅水湖,面积达 2 650 hm^2,水深为 0.5~2.5 m,平均深度为 1.5 m,水体浑浊,沉水植物稀少,有几条小河从农业区流入湖中,20 世纪 70 年代早期,该湖就以持续的阿氏颤藻水华为特征(Meijer and Hosper,1997)。在 1988—1989 年以及 1991—1992 年用低磷高钙水进行过周期性的换水,换水强度分别为 $(1\sim2)\times10^6\ m^3\cdot$月$^{-1}$和$(4\sim7)\times10^6\ m^3\cdot$月$^{-1}$,虽然 TP 和 Chla 的浓度下降了 50%,但是夏季的平均透明度只是从 0.2 m 上升到 0.3 m。1990—1991 年展开大规模的生物操纵,去除了 75%的鳊鱼和拟鲤,鱼的生物量从 205 $kg\cdot hm^{-2}$下降至 45 $kg\cdot hm^{-2}$,又放养了 217 尾$\cdot hm^{-2}$的梭子鱼,由于 *Daphnia galeata* 牧食,水体透明度上升至 1.8 m,沉水植物覆盖从 28 hm^2增加到 438 hm^2(Gulati and van Donk,2002)。

在其他小浅水湖等进行的试验结论是:浮游生物食性鱼多于 20 $kg\cdot hm^{-2}$,就不能期待比较丰富的浮游动物数量出现;在由风浪引起的沉积物再悬浮作用较强的大浅水湖中,大于 25 $kg\cdot hm^{-2}$的底栖生物食性鱼类对浑浊度有影响。因此,要控制浮游生物食性鱼低于 20 $kg\cdot hm^{-2}$,底栖生物食性鱼低于 25 $kg\cdot hm^{-2}$。在面积较大(大于 30 hm^2)的浅水湖中,以鱼类削减为主的生物控制技术是可行的,虽然在大湖中,风浪引起再悬浮将会降低成功的机会,但长期的结果说明,春季溞类的数量处于高峰期时,轮藻得以繁殖扩张,在有轮藻的湖区,湖水可以保持清洁。因此,为高密度的轮藻创造较好的生长条件对于湖水从污浊向清洁转变是最有效的途径。几个值得注意的问题:① 鱼类数量削减技术是否可促进湖泊生态恢复,这是能否取得成功的先决条件,要特别注意控制幼鱼的增殖,同时要防止邻近地区鱼的迁入;② 从对 9 个面积 1.5~2 650 hm^2不等的平均深度为 1.0~1.8 m 的浅水湖实施的生物控制来看,只有 2 个没有得到预期的效果,可见清除鱼类措施基本上是有效的,鱼群削减为湖泊的生态恢复提供了很好的机会;③ 湖水的清洁状态是否稳定,主要是考察夏季是否保持较清洁的状态,重点在于 7—8 月的透明度和沉水植被状况的长期趋势,因为此时刚出生的鱼苗对于浮游动物和底栖生物(如新糠虾,*Neomysis integer*)的摄食强度都是很大的;④ 要注意控制夏季沉积物营养释放,进行生物控制的湖泊要求 TP 的浓度最好控制在 0.08~0.15 $mg\cdot L^{-1}$或更低,这样可以保证水的清洁状态的稳定性;⑤ 高密度蓝藻的存在会降低成功的机会,使得削减鱼群的有效性降低(Gulati and van Donk,2002;宋国君和王亚男,2003)。

荷兰浅水湖泊的恢复和生物控制主要有以下经验:① 生物操纵,主要是减少鱼类数量或放养肉食性鱼类,是提高湖水透明度的非常有效的方法。在荷兰 90%的生物操纵技术都使得湖水的透明度有所提高;由于大量鱼的清除,湖泊状态得到很大改善,去除鱼类力度最大的湖泊效果最好。② 实行生物操纵的湖泊,其透明度和 Chla 浓度得到的改善,大于仅仅削减磷负荷的湖泊。③ 溞类在开敞水域的摄食导致了湖水在春季的清洁状态,并且由于低的藻类生物量,大型水生植物覆盖了多于 25%的湖底。④ 虽然营养物水平还很高,但其透明度依然较采取措施前高,为进一步沉水植物发展提供良好条件。除了生物操纵外,主要采取的措施还包括:① 污水深度处理(advanced wastewater treatment),最大限度削减外源营养盐;② 沉积物疏浚+营养物化学固定,但疏浚只在为数不多的湖泊采用过;③ 水力调控、换水及稀释湖内高浓度营养盐;④ 泼洒 $FeCl_3$、明矾、石灰(针对酸性湖泊)等抑制沉积物磷释放;⑤ 针对较深、分层湖泊进行动力混合;⑥ 建设人工岛来减少吹程长的湖区的风浪扰动,降低沉积物再悬浮;⑦ 通过水位管理促进岸带沉水植被恢复。

Alte Donau 湖是奥地利维也纳的一个浅水城市湖泊，平均水深 2.3 m，最大水深 6.8 m，湖面面积 1.59 km^2，换水时间 150~210 天。1992 年该湖丝状蓝藻拟柱孢藻(*Cylindrospermopsis raciborskii*)显著增加，透明度开始下降，同时沉水植物也逐渐减少，湖泊转变成“藻型浊水状态”。导致湖泊状态变化的主要原因有：① 营养盐输入量大；② 水位变化；③ 水禽数量过大；④ 大量的底栖鱼类和滤食性鱼类；⑤ 休闲娱乐强度过大。1992 年开始对 Alte Donau 湖综合治理，目标是恢复到原来的“草型清水状态”。恢复工作包括：① 污染负荷和环境容量以及其他背景状况调查；② 实施外源截污工程，包括点源、非点源及地下水控制；③ 1993 年开始人工曝气，消除湖泊分层、降低沉积物磷释放、抑制藻类生长；④ 1994 年进行换水，降低湖内污染负荷；⑤ 人工种植岸边水生植物，恢复岸带水生植被；⑥ 1995 年又进行了大规模的沉水植物人工移栽；⑦ 引入肉食性鱼类；⑧ 对沉积物采取化学氧化(Riplox)和化学絮凝(chemical flocculation)，以实现沉积物磷钝化，而没有进行疏浚。由于采取上述措施，结果显示，湖泊营养(TP 为 27 $\mu g \cdot L^{-1}$，1995 年)和 Chla(达到 12 $\mu g \cdot L^{-1}$，1995 年)大幅度减少，水体藻类由丝状蓝藻转变成以硅藻和绿藻为主，透明度有较大提高，沉水植物得以恢复。此后，研究人员和湖泊管理部门又努力将高体型的眼子菜科沉水植物占优势的状态转变成低植被型轮藻占优势状态，原因是当地居民及旅游管理部门认为高体型的沉水植物太多而影响帆船和游泳运动，并影响景观，而要建立轮藻型水体，TP 要控制在小于 25 $\mu g \cdot L^{-1}$(Donabaum et al.，1999)。

参考文献

白杨，2017. 深水湖泊与浅水湖泊热力分层特征及其影响因素. 硕士学位论文. 无锡：江南大学.

柏景方，2006. 污水处理技术. 哈尔滨：哈尔滨工业大学出版社.

鲍广强，尹亮，余金龙，等，2018. 基于综合营养状态指数和 BP 神经网络的黑河富营养化评价. 水土保持通报，38(01)：264-269.

邴海健，吴艳宏，刘恩峰，等，2010. 长江中下游不同湖泊沉积物中重金属污染物的累积及其潜在生态风险评价. 湖泊科学，22(05)：675-683.

陈春霄，姜霞，郑丙辉，等，2013. 太湖竺山湾沉积物重金属形态分析及风险评价. 环境科学与技术，36(06)：177-182.

陈洪达，1984. 杭州西湖水生植被恢复的途径与水质净化问题. 水生生物学集刊，8(2)：237-244.

陈洪达，1989. 养鱼对东湖生态系统的影响. 水生生物学报，13(4)：359-368.

陈洪达，1990. 武汉东湖水下光照对水生植物的影响. 湖北渔业，(2)：20-24.

陈飘雪，王变，孙庆业，2016. 焦岗湖及入湖河流表层沉积物重金属潜在生态风险评价. 湿地科学，14(1)：37-43.

陈秋颖，金彩霞，吕山花，等，2008. 兽药残留及其对生态环境影响的研究进展. 安徽农业科学，36(16)：6943-6945.

陈珊，许宜平，王子健，2011. 有机污染物生物有效性的评价方法. 环境化学，30(1)：158-164.

陈维，2008. 探究环境因素对光合作用强度的影响. 生物学通报，43(2)：55-57.

陈学凯，刘晓波，彭文启，等，2018. 程海流域非点源污染负荷估算及其控制对策. 环境科学，39(1)：77-88.

陈正勇，王国祥，吴晓东，等，2011. 不同水深条件下菹草(*Potamogeton crispus*)的适应对策. 湖泊科学，6：942-948.

陈志笃,王立志,2013. 复合前置库技术对水体净化效果. 生态环境学报,(9):1588-1593.

陈中义,雷泽湘,周进,2000. 梁子湖6种沉水植物种群数量和生物量周年动态. 水生生物学报,24(6):582-588.

崔奕波,刘建康,华俐,1991. 摄食水平和食物种类对金鱼生长及氮、磷排泄的影响. 水生生物学报,15(3):200-206.

丁庆章,刘学勤,张晓可,2014. 水位波动对长江中下游湖泊湖滨带底质环境的影响. 湖泊科学,26(3):340-348.

丁运华,2000. 关于生态恢复几个问题的讨论. 中国沙漠,20(3):341-344.

董双林,1994. 鲢鱼的放养对水质影响的研究进展. 生态学杂志,13(2):66-68.

范成新,2015. 太湖湖泛形成研究进展与展望. 湖泊科学,27(4):553-566.

范成新,张路,秦伯强,等,2004a. 太湖沉积物-水界面生源要素迁移机制及定量化——1. 铵态氮释放速率的空间差异及源-汇通量. 湖泊科学,16(1):10-20.

范成新,张路,王建军,等,2004b. 湖泊底泥疏浚对内源释放影响的过程与机理. 科学通报,49(15):1523-1528.

葛滢,常杰,王晓月,等,2000. 两种程度富营养化水中不同植物生理生态特性与净化能力的关系. 生态学报,20(6):1050-1055.

龚春生,2007. 城市小型浅水湖泊内源污染及环保清淤深度研究. 博士学位论文. 南京:河海大学.

龚梦丹,金增锋,王燕,等,2017. 长江中下游典型浅水湖泊沉积物-水界面磷与铁的耦合关系. 湖泊科学,29(05):1103-1111.

郭洪波,2015. 污水处理厂新技术应用. 城市建设理论研究(电子版),2015(2):1457.

韩梅,周小平,程媛华,等,2014. 环太湖主要河流氮素组成特征及来源. 环境科学研究,27(12):1450-1457.

胡譞予,2015. 水环境中抗生素对健康的危害. 食品与药品,3:215-219.

黄玉瑶,2001. 内陆水域污染生态学——原理与应用. 北京:科学出版社.

籍国东,倪晋仁,孙铁珩,2004. 持久性有毒物污染底泥修复技术进展. 生态学杂志,23(4):118-121.

孔繁翔,高光,2005. 大型浅水富营养化湖泊中蓝藻水华形成机理的思考. 生态学报,25(3):589-595.

孔繁翔,胡维平,谷孝鸿,等,2007. 太湖梅梁湾2007年蓝藻水华形成及取水口污水团成因分析与应急措施建议. 湖泊科学,19(4):357-358.

孔繁翔,宋立荣,等,2011. 蓝藻水华形成过程及其环境特征研究. 北京:科学出版社.

雷晓东,熊蓉春,魏刚,2002. 膜分离法污水处理技术. 工业水处理,22(2):1-3.

李冰冰,2018. 湖泊和土壤中的微生物群落对氮磷输入的响应研究. 博士学位论文. 合肥:中国科学技术大学.

李财,任明漪,石丹,等,2018. 薄膜扩散梯度(DGT)——技术进展及展望. 农业环境科学学报,37(12):2613-2628.

李春雁,崔毅,2002. 生物操纵法对养殖水体富营养化防治的探讨. 海洋水产研究,23(1):71-75.

李恒鹏,陈雯,刘晓玫,2004. 流域综合管理方法与技术. 湖泊科学,16(1):85-90.

李侃竹,吴立乐,黄圣琳,等,2014. 污水处理厂中红霉素抗药性基因的污染特征及选择性因子. 环境科学,35(12):4589-4595.

李文朝,1996. 浅型富营养湖泊的生态恢复——五里湖水生植被重建实验. 湖泊科学,8(Suppl.):1-9.

李文朝,1997. 浅水湖泊生态系统的多稳态理论及其应用. 湖泊科学,9(2):97-104.

李新艳,李恒鹏,杨桂山,等,2016. 江浙沪地区农村生活污水污染调查. 生态与农村环境学报,(6):

923-932.

李旭文,牛志春,姜晟,等,2012. 环境卫星 CCD 影像在太湖湖泛暗色水团监测中的应用. 环境监控与预警,04:1-9.

李艳波,温和,刘立华,2010. 垂直流人工湿地处理农村污水的探讨. 中国环保产业,(7):49-51.

李勇,张晓健,陈超,2009. 我国饮用水中嗅味问题及其研究进展. 环境科学,30(002):583-588.

李佐琛,段洪涛,张玉超,等,2015. 藻源型湖泛发生过程水色变化规律. 中国环境科学,35:524-532.

林承奇,胡恭任,于瑞莲,等,2017. 九龙江表层沉积物重金属赋存形态及生态风险. 环境科学,38(3):1002-1009.

刘爱菊,孔繁翔,2006. 底泥疏浚对五里湖沉积物生物毒性的影响. 环境污染与防治,28(12):881-883.

刘臣炜、汪德爟,2006. 湖泊富营养化内源污染的机理和控制技术研究. 农业环境科学学报,(S2):814-818.

刘春光,邱金泉,王雯,等,2004. 富营养化湖泊治理中的生物操纵理论. 农业环境科学学报,23(1):198-201.

刘恩峰,沈吉,杨丽原,等,2007. 南四湖及主要入湖河流表层沉积物重金属形态组成及污染研究. 环境科学,28(6):1377-1383.

刘峰,胡继伟,吴迪,等,2011. 基于形态学分析红枫湖沉积物中重金属的分布特征及污染评价. 环境化学,30(2):440-446.

刘国锋,2009. 藻源性湖泛对太湖沉积物水界面物质行为影响及预控研究. 博士学位论文. 南京:中国科学院南京地理与湖泊研究所.

刘惠英,王永文,关兴中,2012. 鄱阳湖湿地适宜生态需水位研究. 南昌工程学院学报,31(3):46-50.

刘建康,1999. 高级水生生物学. 北京:科学出版社.

刘建康,谢平,1999. 揭开武汉东湖蓝藻水华消失之谜. 长江流域资源与环境,8(3):312-319.

刘娟,李红春,王津,等,2012. 华南某铀矿开采利用对地表水环境质量的影响. 环境化学,31(07):981-989.

刘俊杰,陆隽,朱广伟,等,2018. 2009—2017 年太湖湖泛发生特征及其影响因素. 湖泊科学,30(5):1196-1205.

刘堂水,张育新,韩伟伟,等,2019. 水体氮循环、氨氮及亚硝酸盐的有效防控. 渔业致富指南,19:23-24.

刘文杰,宋立荣,许璞,等,2012. 引水对尚湖浮游植物群落结构和营养盐浓度的影响. 水生态学杂志,33(1):37-41.

卢姣姣,张 萌,全水清,等,2018. 低氧、高铵和低光对沉水植物苦草(*Vallisneria natans*)生长与 C-N 代谢生理指标的影响特征. 湖泊科学,30(4):1064-1074.

卢信,冯紫艳,商景阁,等,2012. 不同有机基质诱发的水体黑臭及主要致臭物(VOSCs)产生机制研究. 环境科学,33(9):3152-3159.

陆桂华,马倩,2009. 太湖水域“湖泛”及其成因研究. 水科学进展,20(3):438-442.

陆桂华,马倩,2010. 2009 年太湖水域“湖泛”监测与分析. 湖泊科学,22(4):481-487.

陆书玉,栾胜基,朱坦,2001. 环境影响评价. 北京:高等教育出版社.

路瑞锁,宋豫秦,2003. 云贵高原湖泊的生物入侵原因探讨. 环境保护,8:35-37.

吕晋,2012. 浅水湖泊浮游植物生长影响因子及修复评价指标体系研究. 博士学位论文. 武汉:华中科技大学.

罗军,王晓蓉,张昊,等,2011. 梯度扩散薄膜技术(DGT)的理论及其在环境中的应用. I:工作原理、特性与在土壤中的应用. 农业环境科学学报,30(02):205-213.

马荣华,孔繁翔,段洪涛,等,2008. 基于卫星遥感的太湖蓝藻水华时空分布规律认识. 湖泊科学,20:687-694.

马荣华,杨桂山,段洪涛,等,2011. 中国湖泊的数量、面积与空间分布. 中国科学:地球科学,41(3):394-401.

马双丽,李晓秀,王圣瑞,等,2014. 芬兰湖泊水环境污染治理与保护. 水利发展研究,(12):106-110.

梅玫,黄勇. 2012. 水体中浊度测定方法的研究进展. 广东化工,39(09):158-159.

梅卓华,张哲海,赵春霞,等,2010. 南京玄武湖蓝藻水华治理后水质和浮游植物的动态变化. 湖泊科学,22(1):44-48.

倪中华,王新发,2008. 污水生态处理技术的研究现状. 全国建筑给水排水委员会. 给水分会. 热水分会. 青年工程师协会联合年会.

彭秋桐,李中强,邓绪伟,等. 2019. 城市湖泊氮磷沉降输入量及影响因子——以武汉东湖为例. 环境科学学报,39(8):2635-2643.

齐孟文,刘凤娟,2004. 城市水体富营养化的生态危害及其防治措施. 环境与可持续发展,(1):44-46.

秦伯强,2007. 湖泊富营养化治理的技术对策. 环境保护,(19):22-24.

秦伯强,高光,胡维平,等,2005. 浅水湖泊生态系统恢复的理论与实践思考. 湖泊科学,17(1):9-16.

秦伯强,许海,董百丽,2011. 富营养化湖泊治理的理论与实践. 北京:高等教育出版社.

秦伯强,杨柳燕,陈非洲,等,2006. 湖泊富营养化发生机制与控制技术及其应用. 科学通报,(16):1857-1866.

邱海源,2005. 天然水体沉积物中有机污染物的迁移. 科学技术与工程,5(04):215-221.

任海,刘庆,李凌浩,2008. 恢复生态学导论(第二版). 北京:科学出版社.

任海,彭少麟,2001. 恢复生态学导论. 北京:科学出版社.

任海,王俊,陆宏芳,2014. 恢复生态学的理论与研究进展. 生态学报,34(15):4117-4124.

任南,严国安,马剑敏,等,1996. 环境因子对东湖几种沉水植物生理的影响研究. 武汉大学学报(自然科学版),42(2):213-218.

邵路路,陆开宏,2013. 原位应急处理水源地蓝藻水华的物理技术研究及展望. 上海环境科学,32(4):160-165.

申秋实,范成新,2015. 藻源性湖泛水体显黑颗粒的元素形态分析与鉴定. 湖泊科学,27(4):591-598.

沈晓飞,马巍,罗佳翠,等,2013. 湖库营养状态评价方法及适用性分析. 中国水利水电科学研究院学报,11(1):74-80.

施玮,蒋颂辉,2003. 中国饮用水源水中藻类卫生标准研究. 卫生研究,32(002):97-100.

舒金华,黄文钰,吴延根,1996. 中国湖泊营养类型的分类研究. 湖泊科学,8(3):193-200.

宋大平,左强,刘本生,等,2018. 农业面源污染中氮排放时空变化及其健康风险评价研究——以淮河流域为例. 农业环境科学学报,37(6):1219-1231.

宋国君,王亚男,2003. 荷兰浅水湖泊生态恢复实践. 上海环境科学,22(5):346-348.

宋思祺,鞠瑞营,杜欣羽,等,2017. 重金属铅和汞对斑马鱼胚胎的毒性及抗氧化酶活性的影响. 畜牧与饲料科学,38(7):5-9.

宋运学,王波,2003. 湖泊水库水体污染控制措施分析. 太原科技,(4):76-77.

苏东辉,郑正,王勇,等,2005. 农村生活污水处理技术探讨. 环境科学与技术,28(1):79-81.

苏胜齐,姚维志,2002. 沉水植物与环境关系评述. 农业环境保护,21(6):570-573.

孙飞飞,尹桂平,范成新,等,2010. 藻华聚积及污水入流对太湖上下层水体营养盐含量的影响. 水利水电科技进展,30(5):24-28.
覃新闻,薛联青,王新平,等,2013. 塔河流域干旱预警及灾害效应风险评估. 南京:东南大学出版社.
王佰梅,王潜,张睿昊,2017. 网箱养鱼清理对潘大水库水质影响分析. 海河水利,10:14-15.
王鸿涌,张海泉,朱喜,等,2009. 太湖无锡地区水资源保护和水污染防治. 北京:中国水利水电出版社,213-220.
王鸿涌,张海泉,朱喜,等,2012. 太湖蓝藻治理创新与实践. 北京:中国水利水电出版社,205-211.
王华,逄勇,刘申宝,等,2008. 沉水植物生长影响因子研究进展. 生态学报,28(8):3958-3968.
王立明,刘德文,2008. 网箱养鱼对潘家口水库水质的影响分析. 河北渔业,6:642-644.
王明翠,刘雪芹,张建辉,2002. 湖泊富营养化评价方法及分级标准. 中国环境监测,18(5):47-49.
王箫璇,曹燕芝,丁颖,等,2017. 氮磷营养盐控制与湖泊蓝藻水华治理研究进展. 农业灾害研究,7(11):36-40.
王又蓉,2007. 污水处理问答. 北京:国防工业出版社.
王雨春,2005. 湖泊水库水环境污染与修复. 见:周怀东,彭文启,等. 水污染与水环境修复. 北京:化学工业出版社,196-270.
王志强,崔爱花,缪建群,等,2017. 淡水湖泊生态系统退化驱动因子及修复技术研究进展. 生态学报,37(18):6253-6264.
卫生部,2006. 生活饮用水卫生标准(GB 5749—2006). 北京:中国标准出版社.
闻洋,陈寒嫣,杨炳君,等,2018. 典型兽用抗生素对斑马鱼的急性毒性及氧化应激的影响. 吉林师范大学学报(自然科学版),39(2):94-98.
吴晓东,2008. 蓝藻水华形成的关键过程研究及太湖蓝藻水华的预报. 博士学位论文. 南京:中国科学院南京地理与湖泊研究所.
吴晓东,王国祥,陈正勇,等,2011. 水深梯度对黑藻生长的影响. 生态与农村环境学报,4:40-45.
吴莹,丁继华,王幸紫,2011. 浅谈湖泊水污染的流域控制. 河湖水生态水环境专题论坛.
武昕原,刘峰,Whisenant S G,2007. 恢复生态学进展——北美视角,见:邬建国,葛剑平,韩兴国,等. 现代生态学讲座(Ⅲ):学科进展与热点论题. 北京:高等教育出版社,285-306.
谢平,2003. 鲢、鳙鱼与藻类水华控制. 北京:科学出版社.
谢平,2008. 太湖蓝藻的历史发展与水华灾害——为何 2007 年在贡湖水厂出现水污染事件? 北京:科学出版社,118.
邢鹏,胡万婷,吴瑜凡,等,2015. 浅水湖泊湖泛(黑水团)中的微生物生态学研究进展. 湖泊科学,27(4):567-574.
徐宪根,2014. 巢湖水源区蓝藻水华发生规律及控制响应. 博士学位论文. 北京:中国科学院大学.
徐志侠,陈敏建,董增川,2004. 湖泊最低生态水位计算方法. 生态学报,24(10):2324-2328.
许木启,黄玉瑶,1998. 受损水域生态恢复与重建研究. 生态学报,18(5):547-558.
许双双,李志花,邓一荣,等,2009. 湖泊水污染控制技术(上). 环境保护,433(22):52-54.
许志波,杨仪,卞莉,等,2019. 太湖大气氮磷干湿沉降特征. 环境监控与预警,11(4):37-42.
阎荣,孔繁翔,韩小波,2004. 太湖底泥表层越冬藻类群落动态的荧光分析法初步研究. 湖泊科学,16:163-168.
颜昌宙,曾阿妍,金相灿,等,2006. 沉水植物轮叶黑藻和穗花狐尾藻对 Cu^{2+} 的等温吸附特征. 环境科学,06:1068-1072.
颜京松,1986. 污水资源化生态工程原理及类型. 农村生态环境,4:19-23.
杨州,孔繁翔,2005. 浮游动物诱发藻类群体的形成. 生态学报,25(8):2084-2089.
杨桂山,马荣华,张路,等,2010. 中国湖泊现状及面临的重大问题与保护策略. 湖泊科学,22(6):

799-810.
杨林章,吴永红,2018. 农业面源污染防控与水环境保护. 中国科学院院刊,33(2):168-176.
杨柳燕,肖琳,2011. 湖泊蓝藻水华暴发、危害与控制. 北京:科学出版社.
杨梅玲,胡忠军,刘其根,等,2013. 利用综合营养状态指数和修正的营养状态指数评价千岛湖水质变化(2007 年—2011 年). 上海海洋大学学报,22(2):240-245.
杨鑫,孙淑云,柏祥,等. 2014. 水深梯度对苦草(*Vallisneria natans*)光合荧光特性的影响. 湖泊科学,6:879-886.
杨展里,2001. 我国城市污水处理技术剖析及对策研究. 环境科学研究,14(5):61-64.
杨赵,2017. 湖泊沉积物中氮磷源-汇现象影响因素研究进展. 环境科学导刊,36(S1):16-19.
叶必雄,张岚,2015. 环境水体及饮用水中抗生素污染现状及健康影响分析. 环境与健康杂志,32(2):173-178.
尹澄清,王星,1998. 中国水生态问题的严峻形势和科学对策. 中国科技论坛.
尹军,崔玉波,2006. 人工湿地污水处理技术. 北京:化学工业出版社.
应亮,2000. 引用水中的硝酸盐对健康的影响. 净水技术,18:47-49.
由文辉,1999. 淀山湖着生藻类群落结果与数量特征. 环境科学,20(5):59-62.
由文辉,宋永昌,1995. 淀山湖 3 种沉水植物的种子萌发生态. 应用生态学报,6(2):196-200.
余辉,张璐璐,燕姝雯,等,2011. 太湖氮磷营养盐大气湿沉降特征及入湖贡献率. 环境科学研究,24(11):1210-1219.
余娅丽,蒲迅赤,李然,等,2015. 基于感官色度的含沙水体景观质量定量评价方法研究. 中国水利水电科学研究院学报,13(06):414-420.
俞海桥,方涛,夏世斌,等,2007. 不同生态修复措施下太湖西五里湖沉积物氮磷形态的时空分布. 湖泊科学,19(6):683-689.
袁雯,杨凯,吴建平,2007. 城市化进程中平原河网地区河流结构特征及其分类方法探讨. 地理科学,27(3):401-407.
袁志宇,赵斐然,2008. 水体富营养化及生物学控制. 中国农村水利水电,(3):57-59.
张国华,曹文宣,陈宜瑜,1997. 湖泊放养渔业对我国湖泊生态系统的影响. 水生生物学报,21(3):271-280.
张民,孔繁翔,2015. 巢湖富营养化的历程、空间分布与治理策略(1984—2013 年). 湖泊科学,27(5):791-798.
张文慧,胡小贞,许秋瑾,等,2015. 湖泊生态修复评价研究进展. 环境工程技术学报,5(6):545-550.
张晓晗,万甜,程文,等,2018. 喹诺酮类和磺胺类抗生素对绿藻生长的影响. 水资源与水工程学报,(4):115-120.
张饮江,李岩,张曼曼,等,2013. 富营养化水体原位控藻技术研究进展. 科技导报,31(10):67-73.
张运林,2015. 气候变暖对湖泊热力及溶解氧分层影响研究进展. 水科学进展,26(1):130-139.
章光新,武瑶,吴燕锋,等,2018. 湿地生态水文学研究综述. 水科学进展,29(5):737-748.
章家恩,徐琪,1999. 恢复生态学研究的一些基本问题探讨. 应用生态学报,10(1):109-113.
郑丙辉,王丽婧,李虹,等,2014. 湖库生态安全调控技术框架研究. 湖泊科学, 26(2):169-176.
郑九文,邢鹏,余多慰,等,2013. 不同水生植物残体分解过程中真菌群落结构. 生态学杂志,32(2):368-374.
郑师章,黄静娟,何敏,1987. 异养细菌在凤眼莲根系和水体中的大类和数量比较研究. 生态学杂志,6(4):30-32.
钟继承,刘国锋,范成新,等,2009. 湖泊底泥疏浚环境效应:I. 内源磷释放控制作用. 湖泊科学,21(1):84-93.

钟木喜,2012. 污水处理厂处理污水的新技术分析. 科技创新与应用,(21):145.

周广涛,范宝克,孙华君,2011. 论城市污水处理的节能途径. 城市建设理论研究(电子版),(23):1-4.

周怀东,彭文启,2005. 水污染与水环境修复. 北京:化学工业出版社.

周云凯,姜加虎,黄群,等,2008. 内蒙古岱海水质咸化过程分析. 干旱区资源与环境,22(12):51-55.

周志峰,2013. 浅议污水处理厂的节能途径. 城市建设理论研究:电子版:1-4.

朱建刚,余新晓,李晶,等,2009. 图像分析计算水系分形维数的改进方法与应用. 地球信息科学学报,11(5):610-616.

朱增银,陈灿,贾海霞,等,2006. 不同氮源对苦草(*Vallisneria natans*)生长及生理指标的影响. 植物资源与环境学报,15(4):48-51.

朱震达,赵兴梁,凌裕泉,等,1998. 治沙工程学. 北京:中国环境科学出版社.

Jones C R, Walti K, Adams M S, 1983. Phytoplankton as a factor in the decline of the submersed macrophyte *Myriophyllum spicatum* L. in Lake Wingra, Wisconsin, U. S. A. Hydrobiologia, 107(3):213-219.

Agrawal A, Gopal K, 2013. *Toxic Cyanobacteria in Water and Their Public Health Consequences*. Berhin: Springer.

Andersen F O, Ring P, 1999. Comparison of phosphorus release from littoral and profundal sediments in a shallow, eutrophic lake. Hydrobiologia, 409:175-183.

Auer M T, Johnson N A, Penn M R, et al., 1993. Measurement and verification of rates of sediment phosphorus release for a hypereutrophic urban lake. Hydrobiologia, 253:301-309.

Australian and New Zealand Environment and Conservation Council, 1992. *Australian Water Quality Guidelines for Fresh and Marine Waters, National Water Quality Management Strategy*. Canberra: Australian and New Zealand Environment and Conservation Council.

Bartram J, Burch M, Falconer I R, et al., 1999. Situation assessment, planning and management. In: Chorus I, Bartram J(eds). *Toxic Cyanobacteria in Water: A Guide to Their Public Health Consequences, Monitoring and Management*. UK: Spon Press.

Benndorf J, 1990. Conditions for effective biomanipulation: Conclusions derived from whole-lake experiments in Europe. Hydrobiologia, 200/201:187-203.

Benndorf J, 1995. Possibilities and limits for controlling eutrophication by biomanipulation. Internationale Revue der Gesamten Hydrobiologie, 80:519-534.

Benndorf J, Böing W, Koop J, et al., 2002. Top-down control of phytoplankton: The role of time scale, lake depth and trophic state. Freshwater Biology, 47:2282-2295.

Benndorf J, Schultz H, Benndorf A, et al., 1988. Foodweb manipulation by enhancement of piscivorous fish stocks: Long-term effects in the hypertrophic Bautzen reservoir. Limnologica, 19:97-110.

Berelson W, Heggie D, Longmore A, et al., 1998. Benthic nutrient recycling in Port Phillip Bay, Australia. Estuarine, Coastal and Shelf Science, 46(6):917-934.

Bernhardt H, Hoyer O, Schell H, et al., 1985. Reaction mechanisms involved in the influence of algogenic organic matter on flocculation. Zeitschrift für Wasser-und Abwasser-Forschung, 18(1):18-30.

Bjork S, 1972. Swedish lake restoration program gets results. Ambio, 1:153-165.

Bjork S, 1988. Redevelopment of lake ecosystem—a case study approach. Ambio, 17:90-98.

Bond T, Huang J, Templeton M R, et al., 2011. Occurrence and control of nitrogenous disinfection by-products in drinking water—a review. Water Research, 45(15):4341-4354.

Bootsma M C, Barendreg T A, van Alphen J C A, 1999. Effectiveness of reducing external nutrient load entering a eutrophicated shallow lake ecosystem in the Naardermeer nature reserve, the Netherlands.

Biol. Conserv.,90:193-201.

Botes D P,Wessels P L,Kruger H,et al.,1985. Structural studies on cyanoginosins-Lr,-Yr,-Ya,and-Ym,peptide toxins from microcystis aeruginosa. Journal of the Chemical Society,1:2747-2748.

Bradshaw A D,1983. The reconstruction of ecosystems:Presidential address to the British ecological society. Journal of Applied Ecology,20(1):1-17.

Bradshaw A D,1997. Restoration ecology and sustainable development. In:Urbanska K,Webb N R(eds). *Restoration Ecology*. Cambridge:Cambridge University Press.

Brandes J A,Devol A H,1997. Isotopic fractionation of oxygen and nitrogen in coastal marine sediments. Geochimica et Cosmochimica Acta,61(9):1793-1801.

Brock T,Bongaerts M C M,Heijnen G J M A,et al.,1983. Nitrogen and phosphorus accumulation and cycling by *Nymphoides peltata*(Gmel.)O. Kuntze(Menyanthaceae). Aquatic Botany,17(3-4):189-214.

Brooks J L,Dodson S I,1965. Predation,body size,and the composition of the plankton. Science,150:28-35.

Brown D J A,Howells G D,Loch F,1988. A research watershed liming project. Water,Soil,Pollut,41:25-42.

Buckley G P,1989. *Biological Habitat Reconstruction*. London:Belhaven Press.

Cairns J Jr,1991. The status of the theoretical and applied science of restoration ecology. The Environmental Professional,13:186-194.

Cao H,Kong F,Luo L,et al.,2006. Effects of wind and wind-induced waves on vertical phytoplankton distribution and surface blooms of *Microcystis aeruginosa* in Lake Taihu. J. Freshwat. Ecol.,21:231-238.

Cao H,Kong F,Tan J,et al.,2005. Recruitment of total phytoplankton,chlorophytes and cyanobacteria from lake sediments recorded by photosynthetic pigments in a large,shallow lake(Lake Taihu,China). Int. Rev. Hydrobiol.,90:347-357.

Cao H,Tao Y,Kong F,et al.,2008. Relationship between temperature and cyanobacterial recruitment from sediments in laboratory and field studies. J. Freshwat. Ecol.,23:405-412.

Cao J X,Sun Q,Zhao D H,et al.,2020. A critical review of the appearance of black-odorous waterbodies in China and treatment methods. Journal of Hazardous Materials,385:121511.

Cao X Y,Song C L,Li Q M,et al.,2007. Dredging effects on P status and phytoplankton density and composition during winter and spring in Lake Taihu,China. Hydrobiologia,581:287-295.

Carpenter S R,Kitchell J F,1993. *The Trophic Cascade in Lakes. Cambridge Studies in Ecology*. Cambridge:Cambridge University Press,385.

Carpenter S R,2005. Eutrophication of aquatic ecosystems:Bistability and soil phosphorus. PNAS,102(29):10002-10005.

Carpenter S R,Kitchell J F,1988. Consumer control of lake productivity—large-scale experimental manipulations reveal complex interactions among lake organisms. BioScience,38(11):764-769.

Carpenter S R,Kitchell J F,1992. Trophic cascade and biomanipulation interface of research and management-a reply to the comment by De Melo et al. Limnol. Oceanogr.,37:208-213.

Carpenter S R,Kitchell J F,Hodgson J R,1985. Cascading trophic interactions and lake productivity. Bioscience,35(10):634-639.

Carpenter S R,Lathrop R C,1999. Lake restoration:Capabilities and needs. Hydrobiologia,395/396:19-28.

Chambers P A,Kalff J,1985. Depth distribution and biomass of submerged aquatic macrophytes communities in relation to Secchi depth. Can. J. Fish. Aquat. Sci.,42:701-709.

Chen K, Bao C, Zhou W, et al., 2009. Responses of zooplankton to ecological restoration in Wuli Bay of Lake Taihu, a subtropical shallow lake in China. Verh. Internat. Verein. Limnol., 30(6): 929–935.

Chen W, Song L, Gan N, et al., 2006. Sorption, degradation and mobility of microcystins in Chinese agriculture soils: Risk assessment for groundwater protection. Environmental Pollution, 144(3): 752–758.

Committee on Restoration of Aquatic Ecosystem, Commission on Geosciencees, Environment, and Resources. 1992. *Restoration of Aquatic Ecosystems: Science, Technology, and Public Policy*. Washington: National Academy Press.

Conley D J, Paerl H W, Howarth R W, et al., 2009. Controlling eutrophication: Nitrogen and phosphorus. Science, 323: 1014–1015.

Cooke G D, 1980. Covering bottom sediments as a lake restoration technique. Water Resources Bulletin, 16(5): 921–926.

Cooke G D, Welch E B, Peterson S A, et al., 1993. *Restoration and Management of Lakes and Reservoirs*. 2nd ed. Ann Arbor: Lewis Publishers.

Cowan J, Pennock J, Boynton W, 1996. Seasonal and interannual patterns of sediment-water nutrient and oxygen fluxes in Mobile Bay, Alabama (USA): Regulating factors and ecological significance. Marine Ecology progress series, 141(1): 229–245.

Crisman T L, Beaver I R, 1990. Applicability of planktonic biomanipulation: For managing eutrophication in the subtropics. Hydrobiologia, 200/201: 177–185.

Croue J, Debroux J, Amy G, et al., 1999a. Natural organic matter: Structural characteristics and reactive properties. Formation and Control of Disinfection by–Products in Drinking Water, 65–93.

Croue J, Violleau D, Labouyrie-Rouillier L, et al., 1999b. *Dbp Formation Potentials of Hydrophobic and Hydrophilic Nom Fractions: A Comparison between a Low and a High-Humic Water*. Washington: Amer Chemical Soc.

Dao T S, Do-Hong L C, Wiegand C, 2010. Chronic effects of cyanobacterial toxins on *Daphnia magna* and their offspring. Toxicon, 55(7): 1244–1254.

Datta S, Jana B B, 1998. Control of bloom in a tropical lake: Grazing efficiency of some herbivorous fishes. Journal of Fish Biology, 53: 12–24.

Davison W, Gadi R, Kobayashi T, 1998. In situ measurement of dissolved phosphorus in natural waters using DGT. Analytica Chimica Acta, 370: 29–38.

De Julio M, Fioravante D, De Julio T, et al., 2010. A methodology for optimising the removal of cyanobacteria cells from a brazilian eutrophic water. Brazilian Journal of Chemical Engineering, 27(1): 113–126.

De Schamphelaere K A, Janssen C R, 2006. Bioavailability models for predicting copper toxicity to freshwater green microalgae as a function of water chemistry. Environmental Science and Technology, 40(14): 4514–4522.

DeMelo R, France R, McQueen D J, 1992. Biomanipulation: Hit or myth? Limnol. Oceanogr., 37: 192–207.

Devol A H, 1987. Verification of flux measurements made with in situ benthic chambers. Deep Sea Research Part A. Oceanographic Research Papers, 34(5–6): 1007–1026.

Diamond J, 1985. How and why eroded ecosystems should be restored. Nature, 313: 629–630.

Diaz R J, Rosenberg R, 2008. Spreading dead zones and consequences for marine ecosystems. Science, 321: 926–929.

Didham R K, Norton D A, 2006. When are alternative stable states more likely to occur? Oikos, 113(2): 357–362.

Dobson A P, Bradshaw A D, Baker A J M, 1997. Hopes for the future: Restoration ecology and conservation biology. Science, 277(25)515–522.

Donabaum K, Schagerl M, Dokulil M T, 1999. Integrated management to restore macrophyte domination. Hydrobiologia, 395/396: 87–97.

Dondajewska R, Kozak A, Rosinska J, et al., 2019. Water quality and phytoplankton structure changes under the influence of effective microorganisms (EM) and barley straw—lake restoration case study. Science of the Total Environment, 660: 1355–1366.

Dong S, Li D, 1994. Comparative studies on the feeding selectivity of silver carp *Hypophthalmichthys molitrix* and bighead carp *Aristichthys nobilis*. Journal of Fish Biology, 44: 621–626.

Drenner R W, Hambright K D, 1999. Review: Biomanipulation of fish assemblages as a lake restoration technique. Archiv für Hydrobiologie, 146: 129–165.

Duval B, Ludlam S D, 2001. The black water chemocline of meromictic Lower Mystic Lake, Massachusetts, USA. International Review of Hydrobiologia, 86(2): 165–181.

Edmondson W T, 1970. Phosphorus, nitrogen and algae in Lake Washington after diversion of sewage. Science, 169(3946): 690–691.

Edmondson W T, 1977. *Recovery of Lake Washington from Eutrophication: In Recovery and Restoration of Damaged Ecosystems*. Charlottesville: University Press of Virginia, 102–109.

Edmondson W T, 1979. Lake Washington and predictability of limnological events. Arch. Hydrobiol., 13: 234–241.

Egemose S, Reitzel K, Andersen Fø, et al., 2010. Chemical lake restoration products: Sediment stability and phosphorus dynamics. Environmental Science and Technology, 44(3): 985–991.

Ellis D E, Lutz E J, Odom J M, et al., 2000. Bioaugmentation for accelerated in situ anaerobic bioremediation. Environmental Science and Technology, 34(11): 2254–2260.

Escobar I C, Randall A A, Taylor J S, 2001. Bacterial growth in distribution systems: Effect of assimilable organic carbon and biodegradable dissolved organic carbon. Environmental Science and Technology, 35(17): 3442–3447.

Fang J, Ma J, Yang X, et al., 2010. Formation of carbonaceous and nitrogenous disinfection by-products from the chlorination of *Microcystis aeruginosa*. Water Research, 44(6): 1934–1940.

Fast A W, 1972. Artificial aeration as a lake restoration technique. USEPA.

Fisher T, Carlson P, Barber R, 1982. Sediment nutrient regeneration in three North Carolina estuaries. Estuarine, Coastal and Shelf Science, 14(1): 101–116.

Fogg G, 1983. The ecological significance of extracellular products of phytoplankton photosynthesis. Botanica Marina, 26(1): 3–14.

Friedrich J, Dinkel C, Friedl G, et al., 2002. Benthic nutrient cycling and diagenetic pathways in the northwestern Black Sea. Estuarine, Coastal and Shelf Science, 54(3): 369–383.

Fukushima M, Takamura N, Sun L, et al., 1999. Changes in the plankton community following introduction of filter–feeding planktivorous fish. Freshwater Biology, 42: 719–735.

Galloway J N, Townsend AR, Erisman J W, et al., 2008. Transformation of the nitrogen cycle: Recent trends, questions, and potential solutions. Science, 320: 889–892.

Gao J, Li L, Hu Z, et al., 2015. Ammonia stress on the carbon metabolism of *Ceratophyllum demersum*. Environ. Toxicol. Chem., 34(4): 843–849.

Gao J, Li L, Hu Z, et al., 2016. Effect of ammonia stress on nitrogen metabolism of *Ceratophyllum demersum*. Environ. Toxicol. Chem., 35(1): 205–211.

Gao X L, Zhou F X, Chen C T A, 2014. Pollution status of the Bohai Sea: An overview of the environmental quality assessment related trace metals. Environment International,62:12–30.

Geffard A,Geffard E,His H,et al.,2003. Assessment of the bioavailability and toxicity of sediment-associated polycyclic aromatic hydrocarbons and heavy metals applied to *Crassostrea gigas* embryos and larvae. Marine Pollution Bulletin,46(4):481–490.

Giacomazzi S,Cochet N,2004. Environmental impact of diuron transformation:A review. Chemosphere,56(11):1021–1032.

Gibberd M R,Gray J D,Cocks P S,et al.,2001. Waterlogging tolerance among a diverse range of trifolium accessions is related to root porosity,lateral root formation and "Aerotropic Rooting". Annals of Botany,88:579–589.

Gleick P H,1996. Water in crisis:Path to sustainable water use. Ecological Applications,8(3):571–579.

Gleick P H,2000. The changing water paradigm:A look at twenty-first century water resource development. Water International,25(1):127–138.

Gliwicz Z M,2002. On the different nature of top-down and bottom-up effects in pelagic food webs. Freshwater Biology,47:2296–2312.

Gliwicz Z M,Pijanowska J,1989. The role of predation in zooplankton succession. In:Sommer U(ed). *Plankton Ecology:Succession in Plankton Communities*. Berlin:Springer-Verlag,253–296.

Goldschmidt T,Witte F,Wanink J J C B,1993. Cascading effects of the introduced Nile perch on the detritivorous/phytoplanktivorous species in the sublittoral areas of Lake Victoria. Conserration Biology,7(3):686–700.

Gonzales S M,Jeppesen E,Goma J,et al.,2005. Does high nitrogen loading prevent clear–water conditions in shallow lakes at moderately high phosphorus concentration. Freshwater Biology,50:27–41.

Gophen M,1990. Biomanipulation—retrospective and future development. Hydrobiologia,200:1–11.

Granéli W,Solander D,1988. Influence of aquatic macrophyte on phosphorus cycling in lake,Hydrobiologia,170:245–266. Gulati R D,Lammens E,Meijer M L,et al.,1989. Biomanipulation:Tool for water management. Proceedings of an International Conference. Amsterdam.

Gulati R D,Pires L M D,Vandonk E,2008. Lake restoration studies:Failures,bottlenecks and prospects of new ecotechnological measures. Limnologica,38(5):233–247.

Gulati R D,van Donk E,2002. Lakes in the Netherlands,their origin,eutrophication and restoration:State–of–the–art review. Hydrobiologia,478:73–106.

Guo L,2007. Doing battle with the green monster of Taihu Lake. Science,317:1166.

Hakanson L,1980. An ecological risk index for aquatic pollution control—a sedimentological approach. Water Research,14(8):975–1001.

Halbfass W,1896. Der Arendsee in der Altmark. Petermanns Mitt. aus J. Peters geograph. Anst.,42:173–187

Hall D J,Threlkeld S T,Burns C W,et al.,1976. The size–efficiency hypothesis and the size structure of zooplankton communities. Ann. Rev. Ecol. Syst.,7:177–208.

Halle S,2007. Science,art,or application—the "Karma" of restoration ecology. Restoration Ecology,15(2):358–361.

Hansson L A,Annadotter H,Bergman E,et al.,1998. Biomanipulation as an application of food-chain theory:Constraints,synthesis,and recommendations for temperate lakes. Ecosystems,1:558–574.

Hartig J H,Thomas R L,1988. Development of plans to restore degraded areas in the Great Lakes. Environ. Manage.,12:327–347.

Her N,Amy G,Park H R,et al.,2004. Characterizing algogenic organic matter(AOM)and evaluating associated of membrane fouling. Water Research,38(6):1427–1438.

Hernández J M, López-Rodas V, Costas E, 2009. Microcystins from tap water could be a risk factor for liver and colorectal cancer: A risk intensified by global change. Medical Hypotheses, 72(5): 539-540.

Herodek S, Tátrai I, Olah J, et al., 1989. Feeding experiments with silver carp (*Hypophthalmichthys molitrix* Val.) fry. Aquaculture, 83: 331-344.

Hibbert A, 1967. Forest treatment effects on water yield. In: Sopper W A L H (ed). International Symposium on Forest Hydrology. Oxford: Pergamon, 527-543.

Horn W, Horn H, 1995. Interrelationships between crustacean zooplankton and phytoplankton: Results from 15 years of field observations at the mesotrophic Saidenbach Reservoir (Germany). Hydrobiologia, 307: 231-238.

Hosper S H, 1998. Stable states, buffers and switches: An ecosystem approach to the restoration and management of shallow lakes in Netherlands. Wat. Sci. tech., 37(3): 151-164.

Hosper S H, Meijer M-L, 1986. Control of phosphorus loading and flushing as restoration methods for Lake Veluwe, The Netherlands. Hydrobiological Bulletin, 20: 183-194.

Hosper S H, Meijer M-L, 1993. Biomanipulation, willit work for your lake. A simple test for the assessment of chances for clear water, following drastic fish-stock reduction in shallow eutrophic lakes. Ecological Engineering, 2: 63-72.

Hoyer O, Lusse B, Bernhardt H, 1985. Isolation and characterization of extracellular organic matter (EOM) from algae. Zeitschrift für Wasser-und Abwasser-Forschung, 18(2): 76-90.

Hrbáček J, Dvorakova M, Kořínek V, et al., 1961. Demonstration of the effect of the fish stock on the species composition of zooplankton and the intensity of metabolism of the whole plankton association. Verh. Int. Vere. Limnol., 14: 192-195.

Huang J, Gao J, Hörmann G, 2012. Hydrodynamic-phytoplankton model for short-term forecasts of phytoplankton in Lake Taihu, China. Limnologica-Ecology and Management of Inland Waters, 42: 7-18.

Huang J C, Zhang Y J, Arhonditsis G B, et al., 2019. How successful are the restoration efforts of China's lakes and reservoirs? Environment International, 123: 96-103.

Huckins J N, Tubergen M W, Manuweera G K, 1990. Semipermeable membrance devices containing model lipid: A new approach to monitoring the bioavailability of lipophilic contaminants and estimating their bioconcentration factor. Chemosphere, (20): 533-552.

Hupfer M, Lewandowski J, 2008. Oxygen controls the phosphorus release from lake sediments—a long-lasting paradigm in limnology. International Review of Hydrobiology, 93(4-5): 415-432.

Hülsmann S, Voigt H, 2002. Life history of *Daphnia galeata* in a hypertrophic reservoir and consequences of non-consumptive mortality for the initiation of a midsummer decline. Freshwater Biology, 47: 2313-2324.

Ingram H A P, 1987. Ecohydrology of Scottish peatlands. Earth and Environmental Science Transactions of the Royal Society of Edinburgh, 78(4): 287-296.

Izydorczyk K, Carpentier C, Mrówczynski J, et al., 2009. Establishment of an alert level framework for cyanobacteria in drinking water resources by using the algae online analyser for monitoring cyanobacterial chlorophyll a. Water Research, 43(4): 989-996.

Jacobs P H, Förstner U, 1999. Concept of subaqueous capping of contaminated sediments with active barrier systems (ABS) using natural and modified zeolites. Water Research, 33(9): 2083-2087.

James W F, Barko J W, Eakin H L, 1995. Internal phosphorus loading in Lake Pepin, Upper Mississippi River. Journal of Freshwater Ecology, 10: 269-276.

James W F, Barko J W, Field S J, 1996. Phosphorus mobilization from littoral sediments of an inlet region in Lake Delavan, Wisconsin. Archiv fur Hydrobiologie, 138: 245-257.

Jančula D, Maršálek B, 2011. Critical review of actually available chemical compounds for prevention and management of cyanobacterial blooms. Chemosphere, 85(9): 1415–1422.

Jenkin B M, Mortimer C H, 1938. Sampling lake deposits. Nature, 142: 834–835.

Jeppesen E, Jensen J P, Kristensen P, et al., 1990. Fish manipulation as a lake restoration tool in shallow eutrophic temperate lakes 2: Threshold levels, long-term stability and conclusions. Hydrobiologia, 200/201: 219–227.

Jeppesen E, Søndergaard M, Søndergaard M, et al., 1998. *The Structuring Role of Submerged Macrophytes in Lakes*. New York: Springer-Verlag.

Jin X C, 2003. Analysis of eutrophication state and trend for lakes in China. J. Limnol., 62(2): 60–66.

Johnson M S, Bradshaw A D, 1979. Ecological principles for restoration of disturbed and degraded lands. Applied Biology, 4: 141–147.

Jones G J, Orr P T, 1994. Release and degradation of microcystin following algicide treatment of a *Microcystis aeruginosa* bloom in a recreational lake, as determined by HPLC and protein phosphatase inhibition assay. Water Research, 28(4): 871–876.

Jordan W, Gilpin M, Abers J, 1987. *Restoration Ecological Research*. New York: Cambridge University Press.

Jungo E, Visser P M, Stroom J, et al., 2001. Artificial mixing to reduce growth of the blue-green alga *Microcystis* in Lake Nieuwe Meer, Amsterdam: An evaluation of 7 years of experience. Water Science and Technology: Water Supply, 1(1): 17–23.

Kalff J, 2002. 湖沼学——内陆水生态系统. 古滨河, 刘正文, 李宽意, 等, 译. 2011. 北京: 高等教育出版社.

Kortmann R W, Davis E R, Frink C R, et al., 1983. Hypolimnetic withdrawal: Restoration of Wonoscopomuc, Connecticut. In: *Lake Restoraton Protection and Management*. 46–55.

Krasner S W, Weinberg H S, Richardson S D, et al., 2006. Occurrence of a new generation of disinfection byproducts. Environmental Science and Technology, 40(23): 7175–7185.

Küpper H, Küpper F C, Spiller M, 2006. [Heavy metal]-chlorophylls formed in vivo during heavy metal stress and degradation products formed during digestion, extraction and storage of plant material. In: Grimm B, Porra R J, Rüdiger W, et al. (eds). *Chlorophylls and Bacteriochlorophylls*. Berlin: Springer, 67–77.

Lam A K-Y, Fedorak P M, Prepas E E, 1995. Biotransformation of the cyanobacterial hepatotoxin microcystin-Lr, as determined by HPLC and protein phosphatase bioassay. Environmental Science and Technology, 29(1): 242–246.

Lammens E H R R, Gulati R D, Meijer M L, et al., 1990. The first biomanipulation conference: A synthesis. Hydrobiologia, 200/201: 619–627.

Lampert W, 1993. Phenotypic plasticity of the size at first reproduction in *Daphnia*: The importance of maternal size. Ecology, 74: 1455–1466.

Lathrop R C, 1988. Trends in summer phosphorus, chlorophyll and water clarity in the Yahara lakes. 1976–1988. Research Management Findings, No. 17, Wisconsin Dept. Nat. Res., Madison.

Lathrop R C, Johnson B M, Johnson T B, et al., 2002. Stocking piscivores to improve fishing and water clarity: A synthesis of the Lake Mendota biomanipulation project. Freshwater Biology, 47: 2410–2424.

Lehman J T, 1986. Control of eutrophication in Lake Washington. In: Usher M B (ed). *Ecological Knowledge and Environmental Problem Solving*. Washington: National Academy Press, 301–306.

Lentz-Cipollini K A, Dunson W A, 2006. Abiotic features of seasonal pond habitat and effects on endangered northeastern bulrush, *Scirpus ancistrochaetus* Schuyler, in central Pennsylvania. Castanea, 71(4):

272-281.

Lessmark O,Thormelof E,1986. Liming in Sweden. Water,Air,Soil Pollut,31:809-815.

Lieberman D M,1996. Use of silver carp(*Hypophthalmichthys molitrix*) and bighead carp(*Aristichthys nobilis*)for algae control in a small pond:Changes in water quality. Journal of Freshwater Ecology,11:391-397.

Lin J,Kao W,Tsai K,et al.,2005. A novel algal toxicity testing technique for assessing the toxicity of both metallic and organic toxicants. Water Research,39(9):1869-1877.

Liu C,Shen Q,Zhou Q,et al.,2015. Precontrol of algae-induced black blooms through sediment dredging at appropriate depth in a typical eutrophic shallow lake. Ecological Engineering,77(4):139-145.

Liu C,Zhong J C,Wang J J,et al.,2016. Fifteen-year study of environmental dredging effect on variation of nitrogen and phosphorus exchange across the sediment-water interface of an urban lake. Environmental Pollution,219:639-648.

Liu H,Meng F,Tong Y,et al.,2014. Effect of plant density on phytoremediation of polycyclic aromatic hydrocarbons contaminated sediments with *Vallisneria spiralis*. Ecological Engineering,73:380-385.

Lowe E F,Battoe L E,Stites D L,Coveney M F,1992. Particulate phosphorus removal via wetland filtration:An examination of potential for hypertrophic lake restoration. Environ. Manage.,16:67-74.

Lu G H,Ma Q,Zhang J H,2011. Analysis of black water aggregation in Taihu Lake. Water Sci. Eng.,4:374-385.

Lu X,Fan C X,Shang J G,et al.,2012. Headspace soli-phase microextraction for the determination of volatile sulfur compounds in odorous hyper-eutrophic freshwater lakes using gas chromatography with flame photometric detection. Microchemical Journal,104:26-32.

Lu X,Fan C,He W,et al.,2013. Sulfur-containing amino acid methionine as the precursor of volatile organic sulfur compounds in algea-induced black bloom. Journal of Environmental Sciences—China,25(1):33-43.

Ma J,Liu W,2002. Effectiveness and mechanism of potassium ferrate(Ⅵ)preoxidation for algae removal by coagulation. Water Research,36(4):871-878.

Magnuson J J,Regier H A,et al.,1980. *To Rehabilitate and Restore Great Lakes Ecosystems:The Recorvery Process in Damaged Ecosystems*. Ann Arbrr Science Publishers INC,95-110.

Malik A I,Timothy D C,Hans L,et al.,2002. Short-term waterlogging has long-term effects on the growth and physiology of wheat. New Phytologist,153:225-236.

McQueen D J,1990. Manipulating lake community structure. Where do we go from here? Freshwater Biol.,23:613-620.

McQueen D J,Post J R,Mills E L,1986. Trophic relationships in freshwater pelagic ecosystems. Canadian Journal of Fisheries and Aquatic Sciences,43:1571-1581.

Meerhoff M,Mazzeo N,Moss B,et al.,2003. The structuring role of free-floating versus submerged plants in a shallow subtropical lake. Aquatic Ecology,37:377-391.

Meijer M-L,2000. Biomanipulation in the Netherlands. 15 years of experience. PhD. Thesis. University of Wageningen,206.

Meijer M-L,H Hosper,1997. Effects of biomanipulation in the large and shallow Lake Wolderwijd,The Netherlands. Hydrobiologia,342/343:335-349.

Meis S,Spears B M,Maberly S C,et al.,2012. Sediment amendment with Phoslock in Clatto Reservoir(Dundee,UK):Investigating changes in sediment elemental composition and phosphorus fractionation. Journal of Environmental Management,93(1):185-193.

Mengis M,Gachter R,Wehrli B,et al.,1997. Nitrogen elimination in two deep eutrophic lakes. Limnology and Oceanography, 42(7): 1530-1543.

Migon C, Sandroni V, 1999. Phosphorus in rainwater: Partitioning inputs and impact on the surface coastal ocean. Limnology Oceanography, 44(4): 1160-1165.

Miura T, 1990. The effects of planktivorous fishes on the plankton community in a eutrophic lake. Hydrobiologia, 200: 201: 567-579.

Mommer L, De Kroon H, Pierik R, et al., 2005. A functional comparison of acclimation to shade and submergence in two terrestrial plant species. New Phytologist, 167(1): 197-206.

Moore P A, Reddy K R, Fisher M M, 1998. Phosphorus flux between sediment and overlying water in Lake Okeechobee, Florida: Spatial and temporal variations. Journal of Environmental Quality, 27: 1428-1439.

Moreno-Mateos D, Power M E, Comín F A, et al., 2012. Structural and functional loss in restored wetland ecosystems. PLoS Biology, 10(1): e1001247.

Mortensen E, Jeppesen E, Sondergaard M, et al., 1994. Nutrient dynamics and biological structure in shallow freshwater and Brakish lakes. Hydrobiologia, 275/276: 1-507.

Mortimer C H, 1941. The exchange of dissolved substances between mud and water in lakes. Parts I and II. J. Ecol., 29: 280-329.

Muellner M G, Wagner E D, McCalla K, et al., 2007. Haloacetonitriles vs. regulated haloacetic acids: Are nitrogen-containing DBPS more toxic? Environmental Science and Technology, 41(2): 645-651.

Muller G, 1969. Index of geoaccumulation in sediments of the Rhine River. Geojournal, 2(3): 109-118.

Myklestad S M, 1995. Release of extracellular products by phytoplankton with special emphasis on polysaccharides. Science of the Total Environment, 165(1-3): 155-164.

Nalewajko C, Lean D R S, 1972. Growth and excretion in planktonic algae and bacteria. Journal of Phycology, 8(4): 361-366.

Nielsen L P, Glud R N, 1996. Denitrification in a coastal sediment measured in situ by the nitrogen isotope pairing technique applied to a benthic flux chamber. Marine Ecology Progress Series, 137(1): 181-186.

Nielssen J P, 1984. Tropical lakes-functional ecology and future development: The need for a process-oriented approach. Hydrobiologia, 113: 213-242.

Novák Z, Jánószky M, Viktória B, et al., 2014. Zinc tolerance and zinc removal ability of living and dried biomass of *Desmodesmus* communis. Bulletin of Environmental Contamination and Toxicology, 93(6): 676-682.

Numberg G K, 1987. Hypolimnetic withdrawal as lake restoration technique. J. Environ. Eng., 113: 1006-1016.

Oliver B G, 1983. Dihaloacetonitriles in drinking-water—algae and fulvic-acid as precursors. Environmental Science and Technology, 17(2): 80-83.

Ongore C O, Aura C M, Ogari Z, et al., 2018. Spatial-temporal dynamics of water hyacinth, *Eichhornia crassipes* (Mart.) and other macrophytes and their impact on fisheries in Lake Victoria, Kenya. Journal of Great Lakes Research, 44(6): 1273-1280.

Ortega T, Ponce R, Forja J M, et al., 2002. Inorganic carbon fluxes at the water-sediment interface in five littoral systems in Spain (southern Europe). Hydrobiologia, 469: 109-116.

Otsuki A, Wetzel R G, 1972. Coprecipitation of phosphate with carbonates in a marl lake. Limnology and Oceanography, 17(5): 763-767.

Pace M L, Porter K G, Feig Y S, 1984. Life history variation within a parthenogenetic population of *Daphnia parvula*. Oecologia, 63: 43-51.

Paerl H W, Huisman J, 2008. Blooms like it hot. Science—New York, 320(5872): 57-58.

Paerl H W, Huisman J, 2009. Climate change: A catalyst for global expansion of harmful cyanobacterial blooms. Environmental Microbiology Reports, 1(1): 27-37.

Paerl H W, Xu H, Mccarthy M J, et al., 2011. Controlling harmful cyanobacterial blooms in a hyper-eutrophic lake(Lake Taihu, China): The need for a dual nutrient(N & P) management strategy. Water Research, 45(5): 1973-1983.

Palmer M A, Bernhardt E S, Allan J D, et al., 2005. Standards for ecologically successful river restoration. Journal of Applied Ecology, 42(2): 208-217.

Pan G, Zhang M M, Chen H, et al., 2006. Removal of cyanobacterial blooms in Taihu Lake using local soils. I. Equilibrium and kinetic screening on the flocculation of *Microcystis aeruginosa* using commercially available clays and minerals. Environmental Pollution, 141(2): 195-200.

Paralkar A, Edzwald J K, 1996. Effect of ozone on EOM and coagulation. Journal-American Water Works Association, 88(4): 143-154.

Park Y, Cho K H, Park J, et al., 2015. Development of early-warning protocol for predicting chlorophyll-a concentration using machine learning models in freshwater and estuarine reservoirs, Korea. Science of the Total Environment, 502: 31-41.

Peng J F, Song Y H, Yuan P, et al., 2009. The remediation of heavy metals contaminated sediment. Journal of Hazardous Materials, 161(2-3): 633-640.

Perelo L, W. 2010. Review: In situ and bioremediation of organic pollutants in aquatic sediments. Journal of Hazardous Materials, 177(1-3): 81-89.

Perrow M R, Davy A J, 2002. *Handbook of Ecological Restoration*. Cambridge: Cambridge University Press.

Pettersson K, 2001. Phosphorus characteristics of settling and suspended particles in Lake Erken. Science of the Total Environment, 266: 79-86.

Philippot L, Raaijmakers J M, Lemanceau P, 2013. Going back to the roots: The microbial ecology of the rhizosphere. Nature Reviews Microbiology, 11(11): 789-799.

Pickett S T A, Parker V T, 1994. Avoiding the old pit falls: Opportunities in a new discipline. Restoration Ecology, 2: 75-79.

Pinto E, Sigaud-Kutner T C, Leitao M A, et al., 2003. Heavy metal-induced oxidative stress in algae. Journal of Phycology, 39(6): 1008-1018.

Prepas E E, Pinel-Alloul B, Chambers P A, et al., 2001. Lime treatment and its effects on the chemistry and biota of hardwater eutrophic lakes: Lime treatment and its effect on the chemistry and biota of hardwater eutrophic lakes. Freshwater Biology, 46(8): 1049-1060.

Radke R J, Kahl U, 2002. Effects of a filter-feeding fish [silver carp, *Hypophthalmichthys molitrix* (Val.)] on phyto- and zooplankton in a mesotrophic reservoir: Results from an enclosure experiment. Freshwater Biology, 47: 2337-2344.

Rajasekhar P, Fan L, Nguyen T, et al., 2012. A review of the use of sonication to control cyanobacterial blooms. Water Research, 46(14): 4319-4329.

Reynolds C S, 1994. The ecological basis for the successful biomanipulation of aquatic communities. Archiv für Hydrobiologie, 130: 1-33.

Reynolds C S, Irish A E, Elliot J A, 2001. The ecological basis for simulating phytoplankton responses to environmental change(PROTECH). Ecological Modelling, 140(30): 271-291.

Richardson L V, 1975. Water level manipulation: A tool for aquatic weed control. Hyacinth Contr., 8-11.

Richardson S D, Plewa M J, Wagner E D, et al., 2007. Occurrence, genotoxicity, and carcinogenicity of regulated and emerging disinfection by-products in drinking water: A review and roadmap for research. Mutation Research/Reviews in Mutation Research, 636(1-3): 178-242.

Ripl W, 1976. Biochemical oxidation of polluted lake sediment with nitrate: A new lake restoration method. Ambio 5(3): 132–135.

Ripl W, 1978. Oxidation of lake sediments with nitrate—a restoration method for former recipients. Inst. of Limnology,

Risgaard-Petersen N, Rysgaard S, Nielsen L P, et al., 1994. Diurnal variation of denitrification and nitrification in sediments colonized by benthic microphytes. Limnology and Oceanography, 39(3): 573–579.

Rixen T, Baum A, Pohlmann T, et al., 2008. The Siak, a tropical black water river in central Sumatra on the verge of anoxia. Biogeochemistry, 90(2): 129–140.

Rowe G T, Clifford C H, Smith K, 1975. Benthic nutrient regeneration and its coupling to primary productivity in coastal waters. Nature, 255: 215–217.

Rydin E, 2000, Potentially mobile phosphorus in Lake Erken sediment. Water Research, 34: 2037–2042.

Rydin E, Kumblad L, Wulff F, et al., 2017. Remediation of a eutrophic bay in the Baltic Sea. Environmental Science and Technology, 51(8): 4559–4566.

Ryding S O, 1978. Recovery of polluted lakes. Loading, water quality and responses to nutrient reduction. Acta Univ. Upsal., 459: 44.

Ryding S O, Forsberg C, 1977. Sediments as a nutrient source in shallow, polluted lakes. In: Golterman H L(ed). *Interactions between Sediments and Fresh Water Junk*. The Hague, 227–234.

Rönicke H, Beyer M, 1998. W ElsnerSeekreideaufspülung am Arendsee-ein neues Restaurierungsverfahren für überdüngte. Hartwasserseen Gaia, 7: 117–126.

Rönicke H, Beyer M, Tittel J, 1995. Möglichkeiten zur Steuerung der Blaualgendynamik in eutrophierten stehenden Gewässern durch Maßnahmen der Seenrestaurierung. In: Jaeger D, Koschel R(eds). *Verfahren zur Sanierung und Restaurierung stehender Gewässer*. Jena, New York: Gustav Fischer Verlag Stuttgart, 133–156.

Scheffer M, 1998. *Ecology of Shallow Lakes*. London: Chapman and Hall.

Scheffer M, Carpenter S R, Foley J A, et al., 2001. Catastrophic shifts in ecosystems. Nature, 413: 591–596.

Scheffer M, Hosper H, Meijer M L, et al., 1993. Alternative equilibria in shallow lakes. Trends in Ecology and Evolution, 8: 275–279.

Scheffer M, Jeppesen E, 1998. Alternative stable states in shallow lakes. In: Jeppesen E, Søndergaard M, Søndergaard M, et al. (eds). *The Structuring Role of Submerged Macrophytes in Lakes*. New York: Springer Verlag, 397–407.

Schelske C L, Capenter S R, 1992. *Lake Michigan: Restoration of Aquatic Ecosystems*. Washington: Nature Academic Press, 380–392.

Schmidt W, Bornmann K, Imhof L, et al., 2008. Assessing drinking water treatment systems for safety against cyanotoxin breakthrough using maximum tolerable values. Environmental Toxicology, 23(3): 337–345.

Scholte P, 2007. Maximum flood depth characterizes above-ground biomass in African seasonally shallowly flooded grasslands. Journal of Tropical Ecology, 23(1): 63–72.

Schweitze L, Khiari D, 2004. Olfactory and chemical analysis of taste and odor episodes in drinking water supplies. Reviews in Environmental Science and Biotechnology, 3(1): 3–13.

Seiki T, Izawa H, Date E, 1989. Benthic nutrient remineralization and oxygen consumption in the coastal area of Hiroshima Bay. Water Research, 23(2): 219–228.

Seitzinger S P, 1988. Denitrification in freshwater and coastal marine ecosystems: Ecological and geochemical significance. Limnol. Oceanogr., 33: 702–724.

Shang L, Feng M, Liu F, et al., 2015. The establishment of preliminary safety threshold values for cyanobacteria based on periodic variations in different microcystin congeners in Lake Chaohu, China. Environmental Science: Processes and Impacts, 17(4): 728-739.

Shapiro J, 1990. Biomanipulation: The next Phase—making it stable. Hydrobiologia, 200/201: 13-27.

Shapiro J, Lamarra V, Lynch M, 1975. Biomanipulation: An ecosystem approach to lake restoration. In: Brezoik P L, Fox J L(eds). *Preoceedings of a Symposium on Water quality Management through Biological Control*. Gainesville: University of Florida, 85-96.

Shen Q, Shao S, Wang Z, et al., 2012. Fade and recovery process of algae-induced black bloom in Lake Taihu under different wind conditions. Chinese Science Bulletin, 57(12): 1060-1066.

Shen Q, Zhou Q, Shao S, et al., 2014. Estimation of in-situ sediment nutrients release at the submerged plant induced black bloom area in Lake Taihu. Journal of Lake Sciences, 26(2): 177-184.

Shen Q S, Zhou Q L, Shang J G, et al., 2014. Beyond hypoxia: Occurrence and characteristics of black blooms due to the decompo sition of the submerged plant *Potamogeton crispus* in a shallow lake. Journal of Environmental Sciences, 26(2): 281-288.

Shen Z Y, Chen L, Ding X W, et al., 2013. Long-term variation(1960—2003) and causal factors of non-point-source nitrogen and phosphorus in the upper reach of the Yangtze river. Journal of Hazardous Materials, 252-253: 45-56.

Simpson S L, Burston V L, Jolley D F, et al., 2006. Application of surrogate methods for assessing the bioavailability of PAHs in sediments to a sediment ingesting bivalve. Chemosphere, 2006(65): 2401-2410.

Skulberg O M, Codd G A, Carmichael W W, 1984. Toxic blue-green algal blooms in Europe: A growing problem. Ambio: Journal of Human Environment, 13(4): 245-247.

Smith D W, 1989. The feeding selectivity of silver carp, *Hypophthalmichthys molitrix* Val. Journal of Fish Biology, 34: 819-828.

Smith D W, 1993. Wastewater treatment with complementary filter feeders: A new method to control excessive suspended solids and nutrients in stabilization ponds. Water Environment Research, 65: 650-654.

Smith J L, Boyer G L, Zimba P V, 2008. A review of cyanobacterial odorous and bioactive metabolites: Impacts and management alternatives in aquaculture. Aquaculture, 280(1-4): 5-20.

Smith V H, 1986. Light and nutrient effects on the relative biomass of blue-green algae in lake phytoplankton. Canadian Journal of Fisheries and Aquatic Sciences, 43(1): 148-153.

Smith V H, Schindler D W J T I E, 2009. Eutrophication science: Where do we go from here? Trends in Ecology and Evolution, 24(4): 201-207.

Song L R, Chen W, Peng L, et al., 2007. Distribution and bioaccumulation of microcystins in water columns: A systematic investigation into the environmental fate and the risks associated with microcystins in Meiliang Bay, Lake Taihu. Water Research, 41: 2853-2864.

Spataru P, Gophen M, 1985. Feeding behavior of silver carp *Hypophthalmichthys molitrix* Val. and its impact on the food web in Lake Kinneret, Israel. Hydrobiologia, 120: 53-61.

Starling F L R M, 1993. Control of eutrophication by silver carp(*Hypophthalmichthys molitrix*) in the tropical Paranoa Reservoir(Brasilia, Brazil): A mesocosm experiment. Hydrobiologia, 257: 143-152.

Starling F L R M, Rocha A J A, 1990. Experimental study of the impacts of planktivorous fishes on the plankton community and eutrophication of a tropical Brazilian reservoir. Hydrobiologia, 200/201: 581-591.

Starling F, Beveridge M, Lazzaro X, et al., 1998. Silver carp biomass effects on the plankton community in Paranoa Reservoir(Brazil) and an assessment of its potential for improving water quality in lacustrine environments. International Review of Hydrobiology, 83: 499-507.

Sterner R W, 1989. The role of grazers in phytoplankton succession. In: Sommer U (ed). *Plankton Ecology: Succession in Plankton Communities*. Berlin: Springer-Verlag, 107-170.

Stibor H, 1992. Predator induced life-history shifts in a freshwater cladoceran. Oecologia, 92: 162-165.

Stone R, 2011. China aims to turn tide against toxic lake pollution. Science, 333: 1210-1211.

Stögbauer A, 1998. Eutrophierungsentwicklung und Schwermetallbelastung des Arendsees. Thesis, Institute of Petrography and Geochemistry, University of Karlsruhe.

Stüben D, Walpersdorf E, Voss K, et al., 1998. Application of lake marl at Lake Arendsee, NE Germany: First results of a geochemical monitoring during the restoration experiment. Science of the Total Environment, 218(1): 33-44.

Søndergaard M, Jensen J P, Jeppesen E, 2003. Role of sediment and internal loading of phosphorus in shallow lakes. Hydrobiologia, 506(1-3): 135-145.

Søndergaard M, Jeppesen E, Jensen J P, et al., 2000. Lake restoration in Denmark. Lakes and Reservoirs: Research and Management, 5: 151-159.

Södergren A, 1987. Solvent filled dialysis membranes simulate uptake of pollutants by aquatic organisms. Environmental Science and Technology, 21(9): 855-863.

Thompson I P, van der Gast C J, Ciric L, 2005. Bioaugmentation for bioremediation: The challenge of strain selection. Environmental Microbiology, 7(7): 909-915.

van Andel J, Aronson J, 2012. *Restoration Ecology: The New Frontier*. 2nd ed. Oxford: Wiley-Blackwell.

Verdonschot P F M, Spea R S B M, Feld C K, et al., 2013. A comparative review of recovery processes in rivers, lakes, estuarine and coastal waters. Hydrobiologia, 704(1): 453-474.

Visser E J, Blom C W, Voesenek L A, 1996. Flooding-induced adventitious rooting in *Rumex*: Morphology and development in an ecological perspective. Acta Botanica Neerlandica, 45(1): 17-28.

Vollenweider R A, 1968. Scientific fundamentals of the eutro-phication of lakes and flowing waters with special reference to nitrogen and phosphorus as factors in eutrophication. OECD DAS/CSI 68. 27, Paris. 254.

Vollenweider R A, 1976. Advances in defining critical loading levels for phosphorus in lake eutrophication. Mem. Ist. Ital. Idrobiol. 33: 53-83.

Vörös L, Oldal I, Présing M, 1997. Sizeselective filtration and taxon-specific digestion of plankton algae by silver carp (*Hypophthalmichthys molitrix* Val.). Hydrobiologia, 342: 223-228.

Wali M K, 1992. *Ecosystem Rehabilitation*. Hague: the Netherlands.

Wang C, Wu Y, Wang Y, et al., 2018. Lanthanum-modified drinking water treatment residue for initial rapid and long-term equilibrium phosphorus immobilization to control eutrophication. Water Research, 137: 173-183.

Wang C, Zhang S H, Wang P F, et al., 2008. Metabolic adaptations to ammonia-induced oxidative stress in leaves of the submerged macrophyte *Vallisneria natans* (Lour.) Hara. Aquatic Toxicology, 87: 88-98.

Wang J F, Chen J A, Ding Sh M, et al., 2015b. Effects of temperature on phosphorus release in sediments of Hongfeng Lake, southwest China: An experimental study using diffusive gradients in thin-films (DGT) technique. Environmental Earth Sciences, 74(7): 5885-5894.

Wang S, Jin X, Zhao H, et al., 2005. Phosphorus fractions and its release in the sediments from the shallow lakes in the middle and lower reaches of Yangtze River Area in China. Colloids and Surfaces A, 273 (2006): 109-116.

Wang X L, Ding Sh M, zhang Q, et al., 2015a. Assessment on contaminations in sediments of an intake and the inflow canals in Taihu Lake, China. Frontiers of Environmental Science and Engineering, 9(4): 665-674.

Warwick W M, Brock A, 2003. Plant reproduction in temporary wetlands the effects of seasonal timing, depth, and duration of flooding. Aquatic Botany, 77: 153-167.

Watson S B, 2003. Cyanobacterial and eukaryotic algal odour compounds: Signals or by-products? A review of their biological activity. Phycologia, 42(4): 332-350.

Weatherill J J, Atashgahi S, Schneidewind U, et al., 2018. Natural attenuation of chlorinated ethenes in hyporheic zones: A review of key biogeochemical processes and in-situ transformation potential. Water Research, 128: 362-382.

Westerhoff P, Mash H, 2002. Dissolved organic nitrogen in drinking water supplies: A review. Aqua, 51: 415-448.

Wetzel R G, Likens G E, 2000. *Limnological Analysis*. Berlin: Springer Verlag.

Whisenant S G, 1999. *Repairing Damaged Wildlands: A Process-orientated, Landscape-scale Approach*. Cambridge: Cambridge University Press.

White S D, Ganfa, 2002. A comparison of the morphology, gas space anatomy and potential for internal aeration in *Phragmites australis* under variable and static water regimes. Aquatic Botany, 73: 115-127.

WHO, 2006. Guidelines for drinking water quality, incorporating first addendum.

Wu L, Xie P, Dai M, et al., 1997. Effects of silver carp density on zooplankton and water quality: Implications for eutrophic lakes in China. Journal of Freshwater Ecology, 12: 437-444.

Wu X D, Kong F, Chen Y, et al., 2010. Horizontal distribution and transport processes of bloom-forming *Microcystis* in a large shallow lake (Taihu, China). Limnologica, 40: 8-15.

Xie P, 1996. Experimental studies on the role of planktivorous fishes in the elimination of *Microcystis* bloom from Donghu Lake using enclosure method. Chin. J. Oceanol. Limnol., 14(3): 193-204.

Xing P, Li H, Liu Q, et al., 2012. Composition of the archaeal community involved in methane production during the decomposition of *Microcystis* blooms in the laboratory. Canadian Journal of Microbiology, 58: 1153-1158.

Xu F L, 1996. Ecosystem health assessment for Lake Chao: A shallow eutrophic Chinese lake. Lake and Reservoirs: Research and Management, 2(2): 101-109.

Xu F L, 1997. Exergy and structural exergy as ecological indicators for the development state of the Lake Chaohu ecosystem. Ecological Modelling, 99(1): 41-49.

Xu F L, 1999. Ecological indicators for assessing fresh water ecosystem health. Ecological Modelling, 116(1): 77-106.

Xu F L, Zhao Z Y, Zhan W, et al., 2005. An ecosystem health index methodology (EHIM) for lake ecosystem health assessment. Ecological Modelling, 188: 327-339.

Xu H, Paerl H, Qin B, et al., 2014. Determining critical nutrient thresholds needed to control harmful cyanobacterial blooms in eutrophic Lake Taihu, China. Environmental Science and Technology, 49(2): 1051-1059.

Yan Q, Wang A, Yu C, et al., 2011. Enzymatic characterization of acid tolerance response (ATR) during the enhanced biohydrogen production process from Taihu cyanobacteria via anaerobic digestion. International Journal of Hydrogen Energy, 36(1): 405-410.

Yan Z S, Jiang H L, Cai H Y, et al., 2015. Complex interactions between the macrophyte *Acorus calamus* and microbial fuel cells during pyrene and benzo[a]pyrene degradation in sediments. Scientific Reports, 5: 10709.

Yang M, Yu J W, Li Z L, et al., 2008. Taihu Lake not to blame for Wuxi's woes. Science, 319: 158.

Yang Y, Yu D, Li Y, et al., 2004. Phenotypic plasticity of two submersed plants in response to flooding. Journal of Freshwater Ecology, 19(1): 69-76.

Yin H, Kong M, Fan C, 2013. Batch investigations on P immobilization from wastewaters and sediment using natural calcium rich sepiolite as a reactive material. Water Research, 47(13): 4247-4258.

Yin H, Wang J, Zhang R, et al., 2019. Performance of physical and chemical methods in the co-reduction of internal phosphorus and nitrogen loading from the sediment of a black odorous river. Science of the Total Environment, 663: 68-77.

Young T P, Petersen D A, Clary J J, 2005. The ecology of restoration: Historical links, emerging issues and unexplored realms. Ecology Letters, 8(6): 662-673.

Zamparas M, Zacharias I, 2014. Restoration of eutrophic freshwater by managing internal nutrient loads. A review. Science of the Total Environment, 496: 551-562.

Zbikowski J, Simcic T, Pajk F, et al., 2019. Respiration rates in shallow lakes of different types: Contribution of benthic microorganisms, macrophytes, plankton and macrozoobenthos. Hydrobiologia, 828(1): 117-136.

Zhang G, Zhang P, Wang B, et al., 2006. Ultrasonic frequency effects on the removal of *Microcystis aeruginosa*. Ultrasonics Sonochemistry, 13(5): 446-450.

Zhang H, Davison W, Gadi R, et al., 1998. In situ measurement of dissolved phosphorus in natural waters using DGT. Analytica Chimica Acta, 370: 29-38.

Zhang T, Gannon S M, Nevin K P, et al., 2010. Stimulating the anaerobic degradation of aromatic hydrocarbons in contaminated sediments by providing an electrode as the electron acceptor. Environmental Microbiology, 12(4): 1011-1020.

Zhang W Q, Jin X, Liu D, et al., 2017. Temporal and spatial variation of nitrogen and phosphorus and eutrophication assessment for a typical arid river—Fuyang River in northern China. Journal of Environmental Sciences, 55: 41-48.

Zhang Y L, Qin B Q, Liu M L, 2007. Tempral-spatial variations of chlorophylla and primary production in Meiliang Bay, Lake Taihu, China from 1995-2003. J. Plankton Res., 39: 707-719.

Zhou Q, Chen W, Shan K, et al., 2014. Influence of sunlight on the proliferation of cyanobacterial blooms and its potential applications in Lake Taihu, China. Journal of Environmental Sciences, 26(3): 626-635.

Zimba P V, Tucker C S, Mischke C C, et al., 2002. Short-term effect of diuron on catfish pond ecology. North American Journal of Aquaculture, 64(1): 16-23.

索　引

N

P

Q

R

S

T

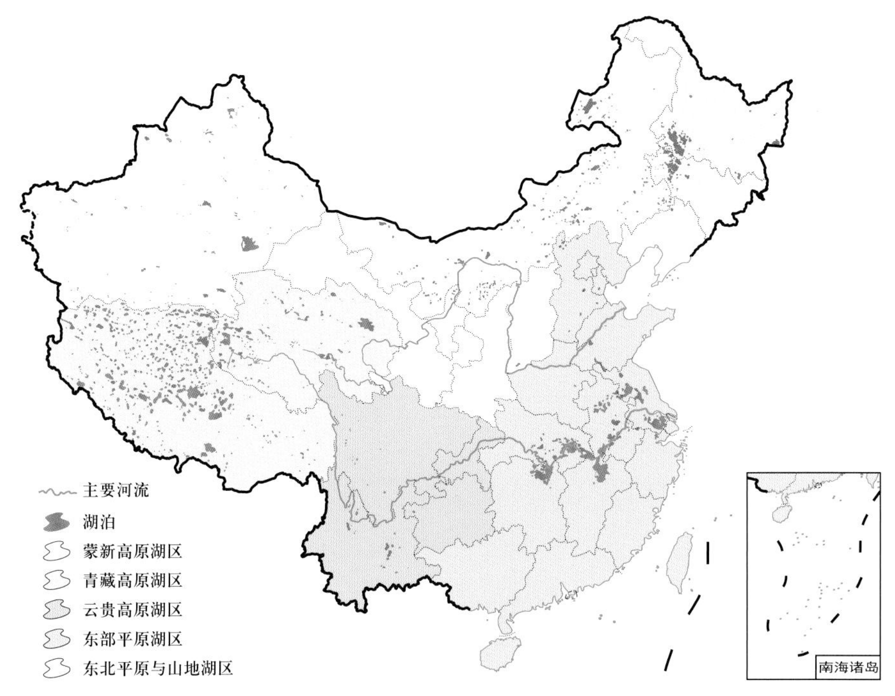

图 2.16　我国湖泊分布图

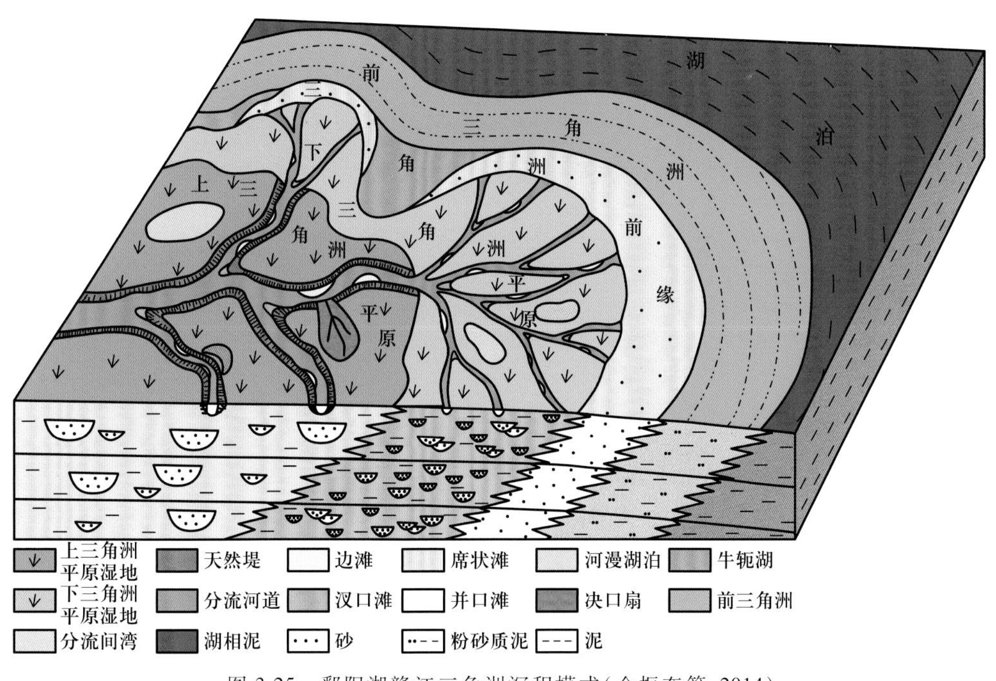

图 3.25　鄱阳湖赣江三角洲沉积模式(金振奎等,2014)

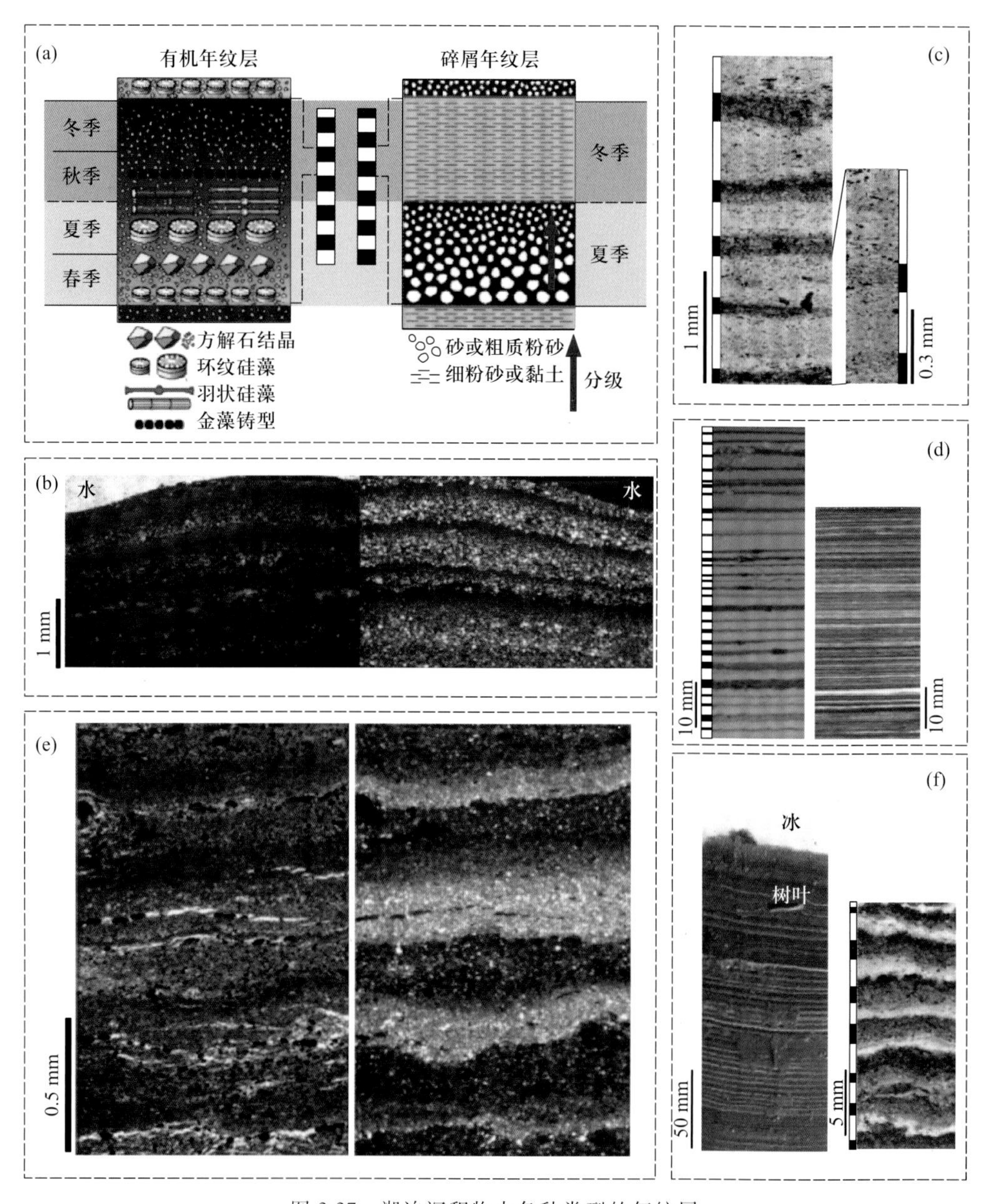

图 3.37　湖泊沉积物中各种类型的年纹层

(a) 有机年纹层和碎屑年纹层沉积简化图;(b) 加拿大北极圈附近 C2 湖沉积物-水界面附近的碎屑年纹层(左图为正常灯,右图为极化灯),灰白色层对应夏季融雪携带粗粒沉积,暗黑色层对应冬季悬浮细粒沉积;(c) 德国 Holzmaar 玛珥湖中硅藻年纹层,浅白色对应大量浮游藻类暴发,深色对应底栖和附生藻类;(d) 以色列死海内生年纹层,其中文石层和石膏层是夏季高蒸发速率导致湖水中离子浓度增高形成的纹层,而砂、淤泥和黏土组成的碎屑混合层则是冬季降水带入大量的矿物质碎屑进入湖泊中沉积而形成的;(e) 芬兰 Alimmainen Savijarvi 湖碎屑-生物混合年纹层,春季积雪融水携带的外来矿物碎屑形成灰白色层,其余季节自生有机质积累为棕褐色;(f) 德国 Sacrower See 石灰质-生物质年纹层,春季浮游硅藻暴发形成的黑色薄层,夏季白色方解石层和冬季浅灰色碎屑层

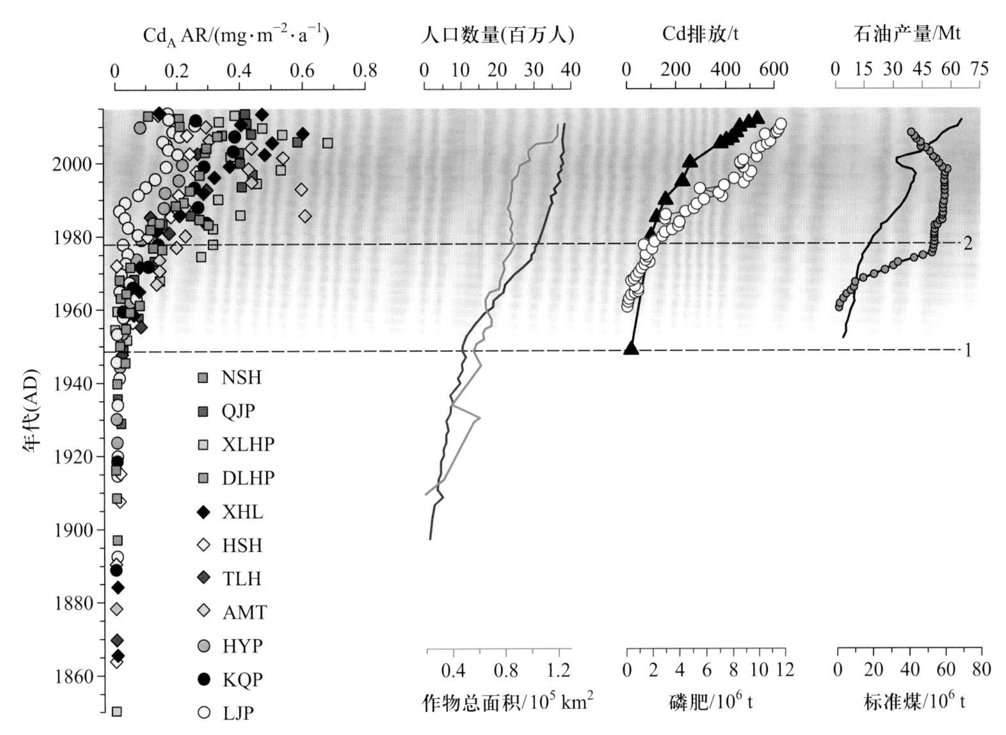

图 3.65 东北松嫩平原湖泊沉积记录的 Cd 通量变化及与区域经济发展数据比较

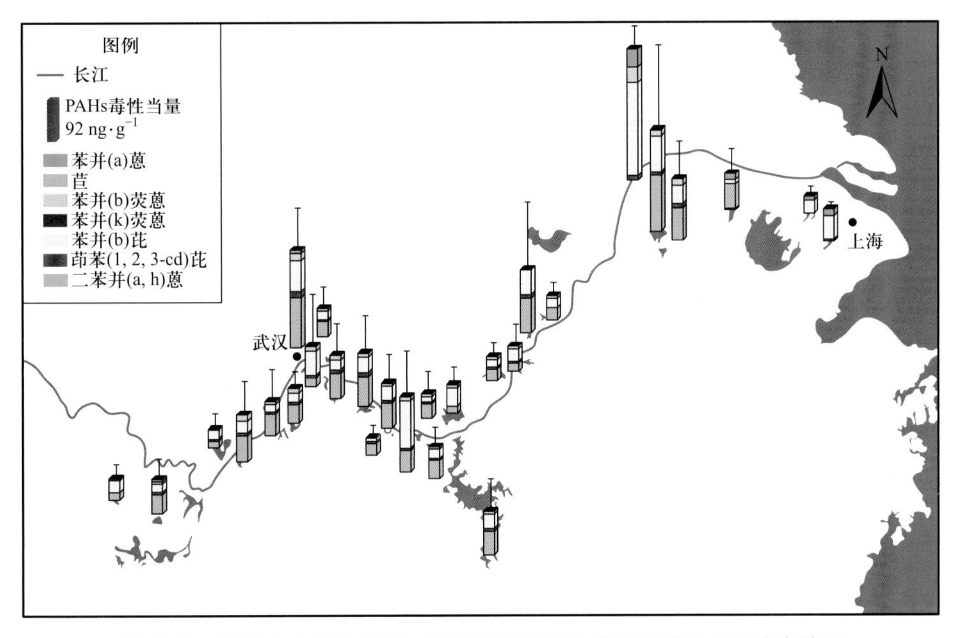

图 3.68 长江中下游地区湖泊表层沉积物毒性当量浓度的空间分布特征

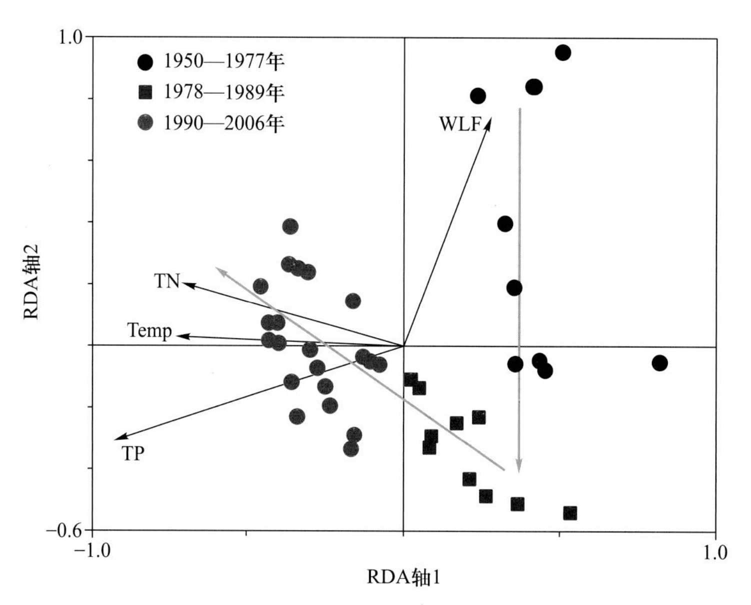

WLF,水位;Temp,温度;TP,沉积物总磷;TN,沉积物总氮

图 3.70　巢湖沉积钻孔古生态数据与环境关系的冗余分析结果

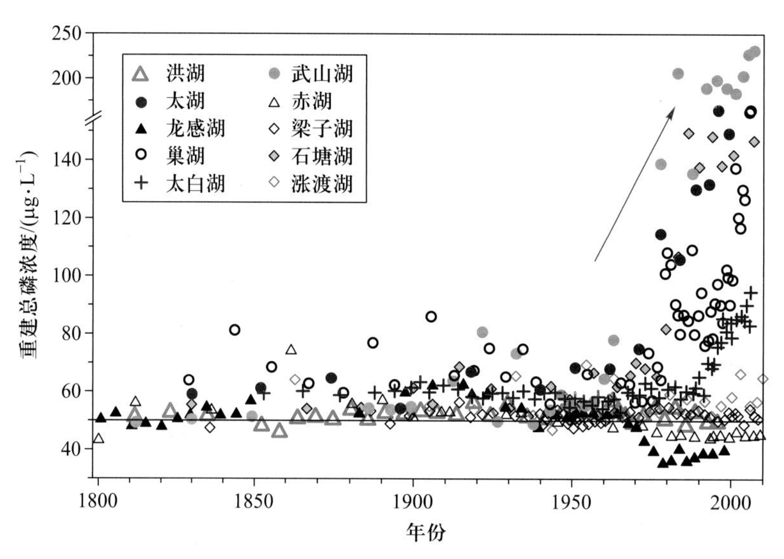

图 3.72　长江中下游湖泊过去湖水总磷浓度的定量重建结果。湖水总磷浓度的重建基于区域转换函数;箭头方向指示一些湖泊近几十年发生了严重富营养化;基线表示总磷本底水平

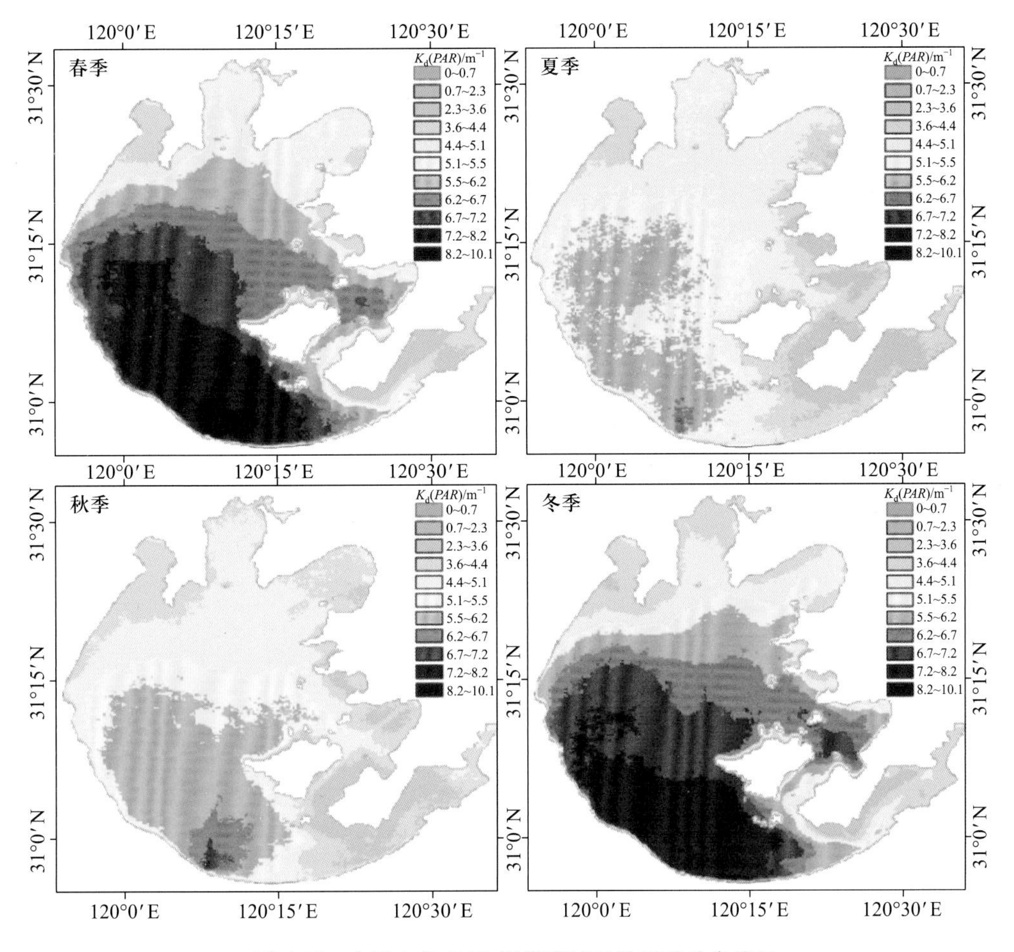

图 4.26　太湖水体 PAR 漫射衰减系数四季分布格局

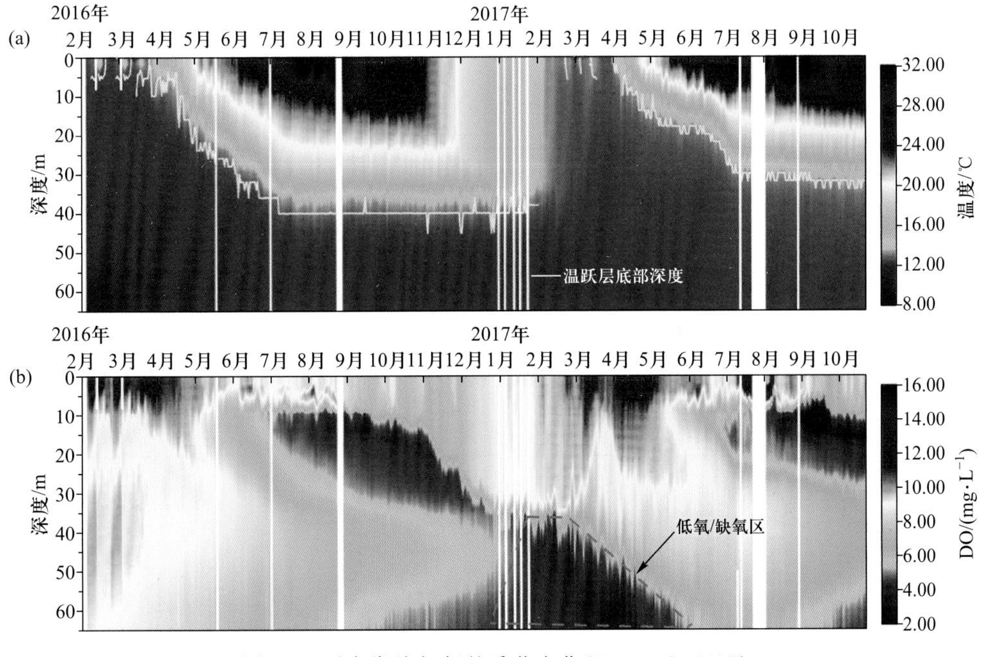

图 5.4　千岛湖溶解氧的季节变化(Liu et al.,2019)

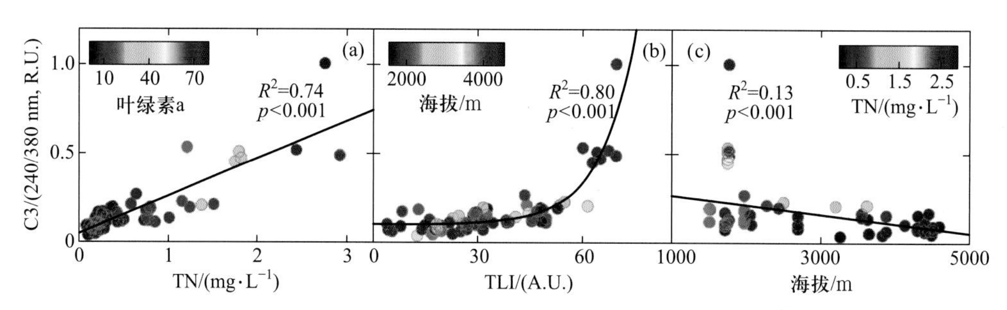

图 5.12 云贵高原湖泊微生物作用类腐殖酸荧光强度与总氮(TN)、综合富营养指数(TLI)及海拔之间的关系(Zhou et al.,2018a)

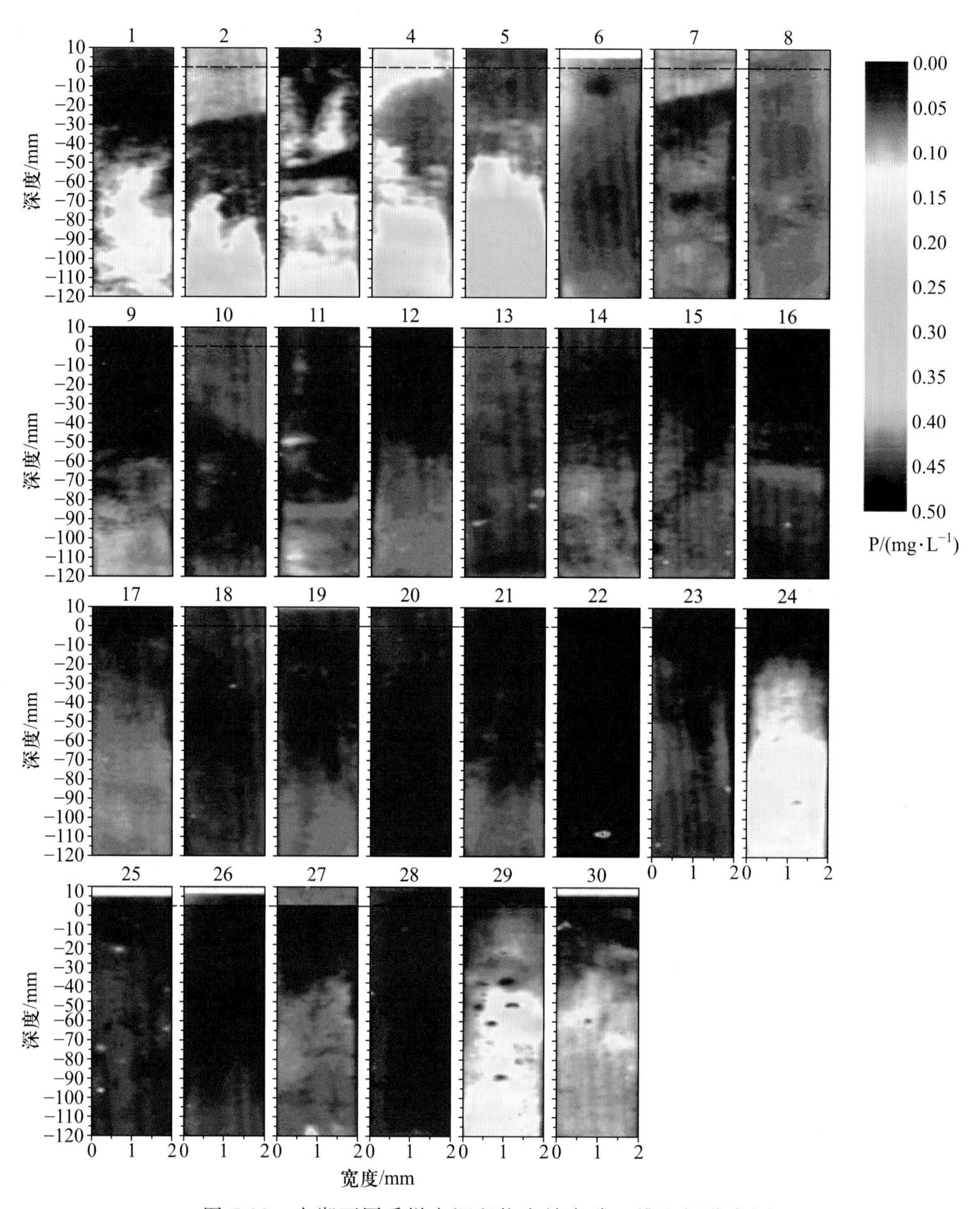

图 5.33 太湖不同采样点沉积物有效态磷二维空间分布图